MONOGRAPHIEN ZUR VÖLKERKUNDE

HERAUSGEGEBEN VOM HAMBURGISCHEN MUSEUM FÜR VÖLKERKUNDE

– III –

DIE MI-KULTUR

DER HAGENBERG-STÄMME IM ÖSTLICHEN ZENTRAL-NEUGUINEA

VON

HERMANN STRAUSS

MISSIONAR DER NEUDETTELSAUER MISSION

OGELBENG, MOUNT HAGEN

UNTER MITARBEIT

VON

HERBERT TISCHNER

KUSTOS AM MUSEUM FÜR VÖLKERKUNDE

HAMBURG

KOMMISSIONSVERLAG CRAM, DE GRUYTER & CO.

HAMBURG 1962

GEDRUCKT MIT UNTERSTÜTZUNG DER DEUTSCHEN FORSCHUNGSGEMEINSCHAFT

Druck: Harden & Schlüter, Buchdruckerei, Hamburg 26
Satz: Erwin Vest, Hamburg 1
Klischees: Bahrenfelder Klischee-Werkstätten, G.m.b.H., Hamburg-Bahrenfeld

DIE MI-KULTUR

DER HAGENBERG-STÄMME IM ÖSTLICHEN ZENTRAL-NEUGUINEA

EINE RELIGIONS-SOZIOLOGISCHE STUDIE

VON

HERMANN STRAUSS

UNTER MITARBEIT
VON
HERBERT TISCHNER

KOMMISSIONSVERLAG CRAM, DE GRUYTER & CO.

HAMBURG 1962

13 Farb-, 25 Schwarzweiss-Photos auf 12 Tafeln, 14 Text-Abbildungen, 1 Karte

VORWORT

Die Eingeborenen, von denen dieses Buch handelt, gehören der verwaltungsmässigen Gebietseinteilung nach zur Bevölkerung der Western Highlands des Territorry of New Guinea; ein kleinerer Teil von ihnen zu den Southern Highlands of Papua. Die geographischen Grenzen ihres Siedlungsraumes sind folgende: im Westen das Hagengebirge; im Osten ein Nebenfluss des oberen Wahgi, namens *Kimel*; im Süden der *Mt. Ialibu* und im Norden der *Jimmi*-Fluss.

Vom Dasein dieser Menschen wusste die Aussenwelt bis zum Jahre 1933 nichts. Sie selbst lebten in ihrer abgeschlossenen Gebirgswelt noch in der Steinzeit. Von ihrem Weltbild soll uns hier einer der ihren, *Wuti Moŋ Roŋenda*, mit seinen eigenen Worten einiges erzählen:

Wir sahen die Flüsse vom Hagengebirge aus nach den verschiedenen Himmelsrichtungen abwärtsfliessen. Unser Land hielten wir für den Nabel der Welt. Wir pflegten zu sagen, dass hier im Zentrum wir Menschen wohnen. Aussen herum sei das Land der Geister und Dämonen. Die Seelen der Verstorbenen, so meinten wir, folgen den Flussläufen, um in das Land der Geister und ins Totenreich zu kommen. Unsere Hochflächen und Flusstäler sahen wir in der Ferne abgeschlossen durch hohe Gebirgszüge. Wir nannten sie den Himmelszaun. Wir meinten, die Gebirge schlössen die Erde ein wie ein Zaun ein Feld umschliesst. Am fernen Horizont kamen die Himmelsfüsse auf die Erde herunter. Wir pflegten zu sagen, dass die Himmelsbeine zuerst blau wie der Himmel selbst waren; durch die Berührung mit der Erde wurden sie grau und schwarz. Sie verwandelten sich nach unten hin ganz zu Erde und nach oben hin wurden sie zu Waldbäumen. Daher steht oben am Himmelszaun entlang überall der Hochwald. Die obere Hälfte des Hochwaldes nannten wir bereits Himmel. Von den Wipfeln der hohen Bäume führt eine Leiter aus Lianen nach oben. Droben im Himmel sind die Überirdischen. Sie pflegen auf das Hochgebirge und in den Hochwald herunterzukommen. Dann senken sich die Wolken und Nebel auf die Erde herab und bedecken das Land der Menschen. Zuweilen bleiben viele kleine Wölkchen oben und breiten sich über den ganzen Himmel aus. Wir pflegen dann zu sagen, die Überirdischen schwärmen aus. Im Hochgebirge sprechen wir nicht laut und vermeiden alle Geräusche, um die Aufmerksamkeit der Überirdischen nicht auf uns zu lenken. Sie kämen sonst von oben herab, und das könnte für uns ein Unglück bedeuten. In grauer Vorzeit verkehrten sie friedlich mit den Menschen, aber seit langem schon nicht mehr.

Hinter dem Himmelszaun, so pflegen wir zu sagen, liegt das Land der Sonne und des Mondes. Im Lande der Sonne ist alles verdorrt und ausgebrannt. Der Boden hat dort Risse und das Gestein ist glühend heiss. Die Flüsse, die durch das Land der Menschen fliessen, gelangen hinter dem Himmelszaun in das Land der Sonne. Das Wasser staut sich dort und auf den glühenden Felsen verdampft es. Dampf, Nebel und Wolken kommen von dort wieder in das Land der Menschen zurück.

Bei Erdbeben pflegen wir den Hauptpfosten unserer Häuser zu umklammern. So sollen die Unterirdischen den Fuss der Erde festhalten, damit sie nicht zusammenstürzt. Wenn sie an den Fuss der Erde stossen oder ihn absichtlich erschüttern, bebt die Erde, und wir fürchten, unter ihr begraben zu werden.

Die ersten Missionare, die im Jahre 1934 zu diesen Steinzeitmenschen kamen, wussten nichts von ihrer Sprache; auch die Sitten und Gebräuche dieser Eingeborenen waren der Aussenwelt unbekannt. Um die Jahreswende 1936/37 kam ich als junger Missionar auf die Station *Ogelbeŋ*, die etwas mehr als zwei Jahre vorher am Hagenberg angelegt worden war. Wollte man damals von der Station aus zu den nächstwohnenden Eingeborenen gehen, so musste man schon gleich hinter der Station ihren Buschpfaden folgen. Einen gemachten Weg gab es noch nicht. Es gab auch keine Dörfer. Die Eingeborenen lebten in Streusiedlungen. Die allgemeine Lage war noch unsicher. Die nächste Regierungsstation lag vier Tagereisen weit entfernt.

Der damalige Stationsleiter in *Ogelbeŋ*, Missionar Georg Vicedom, trieb mit grossem Fleiss völkerkundliche Studien. Er empfahl mir, mich ebenfalls intensiv mit der Sprache dieser Menschen zu befassen. Dies war auch mein Ziel, denn es ist doch vor allem die Sprache, die das unentbehrliche Werkzeug des Missionars darstellt. In der Sprache kommt das Seelenleben eines Volkes in quellender Fülle zum Ausdruck. Bei tieferem Eindringen in die Sprache zeigte es sich, dass eine grosse Fülle idiomatischer Ausdrücke und Redewendungen unverständlich blieb, solange man nicht den geistigen Zusammenhang mit Sitte und Brauchtum, gesellschaftlicher Struktur, Recht und Religion oder Zauberei und Magie kannte, den solche zur Voraussetzung haben und auf den sie hinweisen. So ging mir beispielsweise die Bedeutung des guten und das bösen Blickes im Glauben der Leute erst durch die Arbeit an der Sprache auf. Gründliches Erforschen der Sprache aber ist nicht möglich ohne gleichzeitiges Eindringen in die Kultur und in das Geistesleben des betreffenden Volksstammes. So brachte meine Sammlung von sprachlichem Material zugleich auch wertvolle Ergänzungen zu dem von Vicedom gesammelten völkerkundlichen Material. Der gegenseitige Gedankenaustausch zwischen uns beiden half jedem auf seinem Gebiet.

Aus dem bisher Gesagten geht hervor, dass das Material, welches der vorliegenden Arbeit zugrundeliegt, aus dem Verlangen heraus gesammelt wurde, zu einer gründlichen Kenntnis der Sprache und des Geisteslebens der Eingeborenen am Hagenberg zu kommen. Der eigentliche Antrieb dazu war die missionarische Aufgabe, die mir gestellt war.

Wie die Arbeit vieler anderer Menschen über die Erde hin, so wurde auch die meine jäh unterbrochen durch den Ausbruch des zweiten Weltkrieges. Ich bin Professor Dr. G. Vicedom zu Dank verpflichtet für die Mitverarbeitung meines bis damals gesammten Materials in seinem Werk über „*Die Mbowamb*". Andernfalls wäre es sicherlich ebenso in den Kriegswirren verlorengegangen, wie mein damals bereits umfangreiches Wörterverzeichnis der Hagensprache und weitere Textsammlungen. Dass mein erster Entwurf zu einer Grammatik der Hagensprache vom Sommer 1939, sowie eine kleine Gesprächs- und Wörtersammlung nach dem Kriegsende wieder in meine Hände kam, dafür habe ich Rev. John Kuder, D. D. zu danken. Die Wiederaufnahme meiner Arbeit nach dem Kriege bedeutete so viel wie einen Neuanfang. Ein kleiner Ertrag dieser weiteren Arbeitsperiode hier im Hagenberg-Gebiet bis zum Jahre

1956, als ich mit meiner Familie nach langer Abwesenheit in den ersten Heimaturlaub ging, ist die vorliegende Arbeit, zu der ich durch das Entgegenkommen meiner heimatlichen Missionsbehörde in Neuendettelsau die nötige Zeit fand.

Bei der hier vorliegenden Studie über „Die *Mi*-Kultur der Hagenbergstämme" handelt es sich um eine Ergänzung und Fortführung der bekannten ersten dreibändigen *Mbowamb*-Monographie von G. Vicedom und H. Tischner aus den Jahren 1943/48.

Hinweise auf diese Monographie sind in diesem Buch um der Kürze willen bezeichnet mit: Bd. I (II, III) und folgenden Seiten- oder Nr.-Angaben.

Durch meine jahrelange Weiterarbeit unter den *Mbowamb* war es mir möglich, noch ungeklärte Fragen und Zusammenhänge zu beantworten und zu erkennen, wobei nunmehr auch alle die Gaue und Bevölkerungsteile der *Mbowamb* mit in Betracht gezogen werden konnten, zu denen wir damals vor dem Kriege noch keinen Zugang hatten. Auch im Hinblick auf die Sprachschwierigkeiten und sonstige hinderliche Umstände in den Anfangsjahren unserer Tätigkeit ist es selbstverständlich, dass sich bei der späteren Weiterarbeit manche Berichtigungen ergeben mussten.

Die Kenntnis der früheren Monographie ist für das Verständnis dieses Buches über „Die *Mi*-Kultur" gewiss von grossem Wert. Die vorliegende völkerkundliche Studie kann aber trotzdem auch als selbständige Arbeit über die Religion, Soziologie und Psychologie der *Mbowamb* gewertet und benutzt werden.

Es bleibt uns noch die angenehme Pflicht, unseren besonderen Dank zum Ausdruck zu bringen

Herrn Prof. Dr. Franz Termer, Direktor des Museums für Völkerkunde, Hamburg, für die Bereitschaft, unsere Arbeit in die Reihe der Monographien des Museums aufzunehmen,

der Deutschen Forschungsgemeinschaft für die Bewilligung der Geldmittel zur Ausarbeitung und Drucklegung des Buches,

dem Evangelisch-Lutherischen Landeskirchenverband, München, für einen Zuschuss zur Deckung der Kosten für Farbtafeln,

Fräulein Dascha Detering, der wissenschaftlichen Zeichnerin am Hamburgischen Museum für Völkerkunde, für ihre mit grosser Sorgfalt und vorbildlich ausgeführten Zeichnungen,

den Bahrenfelder Klischee-Werkstätten G.m.b.H. für ihr grosszügiges Entgegenkommen bei der Herstellung der vorzüglichen Farb- und Schwarzweiss-Klischees,

den Firmen Harden & Schlüter, Buchdruckerei und Erwin Vest, Maschinensatz, für ihre zur vollen Zufriedenheit durchgeführten druck- und satztechnischen Arbeiten,

den grössten Dank schulde ich Herrn Dr. Herbert Tischner, Kustos der Südsee-Abteilung am Hamburgischen Museum für Völkerkunde, ohne dessen Initiative und sachkundige Beratung dieses Buch nicht erschienen wäre und in dessen Händen infolge meiner Abwesenheit ausserdem die Mühe des Korrekturlesens und der ganzen Drucklegung lag.

Dr. Herbert Tischner
Hamburg
Museum für Völkerkunde

Hermann Strauss
Ogelbeng — Mount Hagen
im Januar 1962

EINIGE KURZE BEMERKUNGEN ZUR MEDLPA-SPRACHE

Die Sprache der *Mbowamb* ist schon in phonetischer Hinsicht nicht leicht. Sämtliche Vokale kommen in vorderer und mittlerer oder auch innerer Stellung vor und unterscheiden dadurch sonst gleichlautende Wörter. Unter den Konsonanten fallen die *gl*- und *dl*-Laute auf. Ein Vorzug der Sprache ist, dass sie ein temporales und ein konditionales *wenn* unterscheidet, das durch zwei verschiedene Suffixe ausgedrückt wird. Eine Besonderheit des *Medlpa* ist, dass dasselbe Mittel, welches zur Bildung der Verba der Bewegung verwendet wird, auch dazu gebraucht wird, intransitive Verba transitiv und andere kausal zu machen und obendrein noch dazu dient, als Infix am Verb zu kennzeichnen, ob ein Vorgang oder eine Handlung vom handelnden Subjekt aus gesehen sich in der Intension nach aussen oder nach innen richtet, d. h. ob sich der Zweck der Handlung oder des Vorganges auf das handelnde Subjekt selbst oder aber auf ein fernes Objekt bezieht.

Lautzeichen:

- *ŋ* steht für *ng* (wie in singen).
- ö steht für ein sehr „dunkles" *a* innerer Stellung.
- ô unterscheidet Vokale mittlerer oder innerer Stellung von solchen vorderer Stellung. Sie sind kurz und „eng" zu sprechen, wogegen solche ohne dieses Zirkumflexzeichen lang und offen sind.

Der Pepet- oder Murmellaut der früheren Monographie ist fallengelassen, weil er keinen eigenen Laut von Bedeutung darstellt. Es handelt sich nur um das Hinübergleiten des Explosionsstroms von einem Konsonanten zum unmittelbar folgenden Nachbarkonsonanten.

INHALT

ABBILDUNGEN

A. NAME UND VERBREITUNG DER MBOWAMB

KAPITEL 1
DAS RELIGIÖSE SELBSTVERSTÄNDNIS DER MBOWAMB

1. Woher kommen wir?

Das mythologische Denken der *Mbowamb* beschäftigt sich nicht sehr viel mit der Frage nach der Herkunft der sie umgebenden Natur. „Himmel und Erde, Bäume, Pflanzen, Flüsse und alle Dinge liegen da, wie sie immer dagelegen haben und immer daliegen werden", so sagt man. Man nimmt diese Dinge also als gegeben hin.

Dagegen besteht ein tiefes Interesse an der eigenen Herkunft. Hier geht es um das mythologisch-religiöse Selbstverständnis und dessen Auswirkungen im praktischen Leben. Es ist nicht ein theoretisches Interesse hinsichtlich der Herkunft des Lebens an sich und der Menschen im allgemeinen, sondern ein brennendes Interesse an der Herkunft der eigenen Gruppe, der man angehört. Das religiöse Selbstverständnis ist gemeinschafts- oder gruppengebunden. Der einzelne weiss sich als Glied seiner Gemeinschaft. Dass er aus ihr kommt und darum ihr zugehört, ist so selbstverständlich, dass darüber kein Wort zu verlieren ist. Das Selbstverständnis dreht sich also um die eigene Gruppe, nicht um das Individuum.

Die praktische Frage lautet darum nicht: woher komme ich einzelner? Auch nicht: woher kommen wir Menschen? Sondern sie lautet: wie steht es mit dem Ursprung der Gruppe, der ich selbst angehöre? — Wir werden sehen, dass die *Mbowamb* keine Einheit bilden, sondern in 140 und mehr Gruppen zerfallen, die einander verhältnismässig selbständig gegenübertreten, untereinander Rivalen sind, zusammen keine politische Einheit bilden und sich oft befehdet und bekämpft haben. Jede dieser Gruppen hat die Frage nach ihrer hintergründigen Herkunft und ihrer eigenständigen Zeugungs- und Vermehrungskraft in einer eigenen Mythe für sich beantwortet.

2. Das religiöse Ur-Erlebnis

des Stammvaters jeder Gruppe gilt für die ganze Gruppe, die ihre Abstammung auf ihn zurückführt. Was er erlebt und getan hat, wirkt durch die Generationen all seiner Nachkommen hin. Er selbst war „überirdischer" Herkunft. Die hintergründige Macht, die ihm an einem „Ort schöpferischen Geschehens" ein Anspruchs- und Eigentumszeichen als Rechtsanspruch auf ihn — und damit auch auf alle seine Nachkommen durch die Generationen hin — „hingelegt" und ihm damit die Opferstätte zwecks Erfüllung des Opferanspruchs „gezeigt" und das umliegende Land folglich als Siedlungsland „gegeben" hat, hat damit auch die Zeugungs-, Vermehrungs- und Wachstumskraft „gegeben", die nun durch die Generationen hin in der Gruppe zu ihrer Vermehrung und ihrem Gedeihen wirksam sind. Dies alles ist an Hand der Mythen über die Herkunft und Abstammung der Gruppen näher zu entfalten. Dabei wird sich zeigen, dass der soziologische Aufbau der Gesellschaft, die Exogamie, der Opferdienst, damit aber auch Handel und Wirtschaft, auf das religiöse Ur-Erlebnis des Stammvaters jeder eigenständigen Gruppe zurückgehen. Als selbständige Gruppe kann nur die auftreten, die eine Mythe hat über das Ur-Erlebnis des Altvaters, auf den sie ihre Abstammung zurückführt. Die Komponenten dieses Ur-Erlebnisses kehren stereotyp in allen Herkunfts- oder Abstammungslegenden jeder Gruppe wieder. Sie heissen: *Kona wiŋndi- Tei-medl, Mi* und *Kona uglimb*. Diese Begriffe sollen an gegebener Stelle näher erläutert werden.

3. Sie sind „gepflanzt".

Ihr religiöses Selbstverständnis kommt schon in ihrer Selbstbezeichnung als „*Mbowamb*" zum Ausdruck. Der Name ist ein Compositum aus *mbo* und *wamb*. Dieses *wamb* ist selbst wieder zusammengesetzt aus *wö* „Mann" — unter Elision des „ö" — und *amb* „Frau"; *w-amb* ist also wörtlich „Mann-Frau" im Sinne von „Leute, Menschen". Es kommt auch singularisch im Sinne von „Mensch" vor. Das dem *wamb* vorangestellte *mbo* heisst „Pflänzling, Setzling". Die Leute bezeichnen sich also als „Pflänzlingsleute, Setzlingsmenschen".

Der Begriff „*mbo*" findet in der Sprache eine reiche Anwendung, besonders in Wortzusammensetzungen. Eine solche ist z. B. *êk-mbo indi* „jemandem Wort-Pflänzlinge einsetzen", ihn unterweisen. — „*Mbo*" kann als Grund- und als Bestimmungswort auftreten. So gibt es z. B. neben dem „*mbo-wamb*" auch „*wamb-mbo*". Letzteres heisst „Menschen-Setzling". So ist der Stammvater einer Gruppe ein „Menschen-Setzling", so wie man etwa junge Schweinchen, die man sich zwecks Gründung einer Schweinezucht eintut, als *kûŋ-mbo* „Schweine-Setzlinge" bezeichnet. Wie nun alles, was der Stammvater erlebt und getan hat, für alle seine Nachkommen Gültigkeit hat, so überträgt man vom Stammvater den Begriff „*wamb-mbo* Menschen-Setzling" auf die ganze Gruppe, die auf ihn ihre Abstammung zurückführt und nennt sie ebenfalls *wamb-mbo* — kurz einfach auch nur *mbo* — weil sie ja wie ein Pflänzling wächst, sich vermehrt und neue Pflänzlinge abwirft.

Es ist nicht unwichtig, zu erwähnen, dass auch das *Medlpa* ebenso wie andere Papua-Sprachen zwei Wörter hat, um den mbo „Setzling" (vgl. *Kâte: ukicne*) und den *pugl* „Wurzelstock" (*Kâte: fuŋne*) voneinander zu unterscheiden. Es ist also nicht so, wie Bd. II, 25* gesagt ist: „*Mbo* heisst der Wurzelstock" oder Bd. I, 25 „*Mbowamb* sind also die Eingeborenen mit dem gleichen Wurzelstock, mit gleicher Abstammung". Die Menschen gleicher Abstammung, d. h. praktisch immer die jeweilige Gruppe, die ihre Abstammung auf einen gemeinsamen Stammvater zurückführt, sind nicht *mbo-wamb kögl*, sondern *wamb-mbo kögl* — dieser Menschen-Setzling; im Gegensatz zu den *wamb-mbo kats*, anderen Menschen-Setzlingen, anderen Grup-

*) Alle Literatur-Hinweise: „Bd. I (II, III)" mit folgenden Seiten- oder Nr.-Angaben beziehen sich auf die dreibändige Monographie Vicedom/Tischner, Die Mbowamb. Hamburg 1943—48.

pen also. Hier ist *mbo* also das Grundwort, wogegen es in *mbo-wamb* Bestimmungswort ist, denn der Begriff „Setzlingsmenschen" weist auf das hintergründige Gepflanztsein hin. Mit anderen Worten *Mbo-wamb* ist ein religiöser Begriff, der ja gerade dies anzeigt, dass diese *wamb* ihren *pugl*, Wurzelstock, eben n i c h t aus sich und in sich selbst haben, sondern von einem hintergründigen *pugl-wö*, Wurzelstock-Mann, zwecks Vermehrung als Menschen-Setzlinge einst „gepflanzt" wurden, so wie man etwa im Felde Taro-, Yams-Setzlinge usw. pflanzt.

Weil „*Mbowamb*" ein religiöser Begriff ist, deshalb bilden denn auch andere religiöse Begriffe den notwendigen Gegensatz dazu; nämlich die „Himmelsleute", die „Erdbebenleute", die „Kunde-Leute", die Toten, die Geister und Dämonen. So liegt dem Begriff „Setzlingsleute" eigentlich die ganze Religion der *Mbowamb* zugrunde. Im Gegensatz zu den „Himmelsleuten„, die keine „Setzung" oder „Einpflanzung" kennen, sondern „immer da waren und immer dasein werden", sind sie wie Pflänzlinge gesetzt, gepflanzt. Als solche wachsen sie, vermehren sich, sind Kommen und Gehen — Geburt und Tod — unterworfen. Im Gegensatz zu den verstorbenen Leuten sind sie die lebendigen Leute, die sich fortpflanzen. Im Gegensatz zu den Geistern und Dämonen, die einen Geister-Leib haben, haben sie einen *mbo-köŋ*, Pflänzlingsleib, der wächst, Kinder zeugt oder gebiert, also noch richtig lebendig ist.

Dass in dem vorangestellten *mbo* dieser religiöse Sinnbezug vorliegt und nicht die Abstammung gemeint ist, die ja durch das nachgestellte *mbo* ausgedrückt wird, wie wir gesehen haben, könnte an mehreren Beispielen noch weiter belegt werden. Es genüge auf den Ausdruck *mbo kon*, Setzling gerade, richtig, ordentlich, hinzuweisen. Man sagt von einem Verstorbenen *mbo kon om*, er kam als richtiger, lebendiger Mensch, und nicht als Gespenst, als er etwa nachts im Traum erschien oder auch sonst irgendwie vor die Seele trat, ganz in derselben menschlichen Gestalt, wie man ihn zu seinen Lebzeiten gekannt hatte. *Mbo-kon-wamb* heisst also nicht „Menschen mit gerader Abstammung" (Bd. II, 475), sondern es bezeichnet das menschliche Bild Verstorbener im Gegensatz zur geisterhaften Gespenstererscheinung. Es ist bei den *Mbowamb* sozusagen jedem Kinde klar, dass man damit sagen will, man habe den Toten in seiner menschlichen Gestalt vor sich gesehen und keine Gespenstererscheinung gehabt.*

4. Gemeinsame Abstammung?

Wie wir gesehen haben, bezeichnet *mbo-wamb* den religiösen Hintergrund, das mythologische Selbstverständnis gegenüber dem Begriff *wamb-mbo*, der die konkrete Gruppe bezeichnet, die ihre Abstammung auf den ihr gemeinsamen Stammvater zurückführt. Wohl bezeichnen sich alle Gruppen als *Mbowamb*, aber man kann nicht sagen, „Dadurch schliessen sich die verschiedenen Stämme zu einer Einheit zusammen . . ." (Bd. I, 25), sondern jede Gruppe sagt das in erster Linie nur von sich. Dass a l l e Gruppen es von sich sagen, aber eben immer nur in der Form der Selbstaussage: *ten Mbowamb*, w i r sind *Mbowamb*, zeigt an, dass das mythologisch-religiöse Selbstverständnis all' der Gruppen, die sich so als *Mbowamb* bezeichnen, ihnen allen gemeinsam ist, aber auf dieser gemeinsamen religiösen Grundlage sind sie

* Wegen seines religiösen Sinngehaltes hat heute der Begriff *Mbowamb* bei Christen und Heiden die Bedeutung „Nicht-Getaufte" oder „Nichtchristen" angenommen.

n i c h t zu einer tatsächlichen Einheit gekommen. Mit anderen Worten, der Begriff *Mbowamb* hat keine politische Bedeutung. Er steht darum auch nicht im Gegensatz zu *wamb edlpa*, andere Leute (Bd. I, 25 „*wamb etlpa*"), denn „andere Leute" sind ja solche, die sich selbst auch als *Mbowamb* bezeichnen; vielmehr steht *wamb-mbo*, die Gruppe gleicher Abstammung, im Gegensatz zu *wamb edlpa*, anderen Leuten, d. h. den Gruppen, die ihre Abstammung auf i h r e n jeweiligen Stammvater zurückführen. — Der Begriff *Mbowamb* hat sich auch nicht am Gegensatz zu den *Kewa* gebildet (Bd. I, 25 „*keiwa wamb*"). *Kewa* ist der Name für eine Gruppe von Eingeborenen, die südlich des *Mt. Giluwe* wohnen (s. Kap. 2, 1 b). Sie spielten vor Ankunft der Weissen schon immer die wichtige Rolle der Vermittlung von Wertsachen, vor allem der begehrten Perlmuschel *ken* und der Cymbium-Schnecke *raem* (Bd. I, 110 f.), die auf einer primitiven Handelsroute von der Südküste von Papua her durch den Handel von Stamm zu Stamm weitergegeben wurden und so schließlich durch die nächsten Nachbarn, nämlich die *Kewa*, auch auf das Hochland der *Mbowamb* kamen (Bd. I, 232). Weil man also durch die *Kewa* schon immer diese begehrten Muscheln und Schnecken auf dem Wege des Tauschhandels bekommen hatte, wenn auch meist nur kleine und beschädigte Stücke und durchaus nicht in der Anzahl wie sie neuerdings die Weissen und die mit ihnen ins Land der *Mbowamb* kommenden Eingeborenen brachten, die aus Gebieten kamen, die den *Mbowamb* natürlich ganz unbekannt waren, darum wurde nun der Name *Kewa* auch auf diese Eingeborenen übertragen.

Nun sind aber doch Mythen vorhanden über die g e m e i n s a m e Abkunft a l l e r Gruppen, die sich als *Mbowamb* bezeichnen. In Bd. III, Nr. 11 ist eine solche Mythe erzählt, die die Abstammung aller Gruppen der *Mbowamb* auf zwei Himmelsmenschen zurückführt. In der Mythe über den Einbruch der Todeskräfte in die Menschenwelt (Kap. 16) könnte man in den beiden Ur-Alten auch so etwas wie die gemeinsamen Ur- oder Stammeltern aller *Mbowamb* sehen. Aber das liegt dort nicht in der Absicht der Mythe, die nur über das Problem des Todes etwas aussagen will. Es gibt auch eine Mythe, wonach zwei Geister sich in Menschen verwandelten und so die Urahnen des Menschengeschlechtes wurden:

„Es war ein Geist *Örnt* mit seiner Frau. Nur die beiden waren da. Es gab durchaus noch keine Menschen. Das Land lag unbewohnt und unbebaut da. Weil die beiden Geister nur für sich allein da waren, dachten sie bei sich: wir wollen uns in einen Fluss legen und von dort dann ein offenbares und kein verborgenes Dasein (so wie die Geister) mehr führen! Sie legten sich in den Fluss, und da schälte sich ihre „Geisterhaut" (Gestalt, Körper) ab (Wasser gilt als verjüngend, lebenserneuernd; siehe *Kôr Eimb*-Kult Kap. 60). Sie warfen die „Geisterhaut" fort (wurden also „echte" Menschen). Sie zeugten Kinder; die vermehrten sich und so sind wir heute viele Menschen."

Erzählt von *Jamka Pepka Wanöglka*

Die Geister namens *Örnt* leben heute noch an allen Flussufern. Sie werden aber nicht verehrt. Es werden ihnen keine Opfer dargebracht. So spielt auch die gemeinsame Abstammung aller Gruppen im praktischen Leben keine Rolle, denn die *Mbowamb* bilden ja keine politische Einheit, sondern zerfallen in viele Gruppen. In ihrem religiösen Überlieferungsgut ist also wohl eine gemeinsame Grundlage vorhanden, ihr hintergründiges Selbstverständnis als „Setzlingsmenschen" ist ihnen allen gemeinsam, aber im praktischen Leben haben sich die auseinanderstrebenden Tendenzen infolge von Rivalität, Argwohn, Misstrauen, Todeszauberei, Blutrachepflicht usw. und daraus resultierende Feindschaften und Fehden als viel stärker erwiesen. Sie hatten auch keinen g e m e i n s a m e n äusseren Feind, der sie zu einem Zusammenschluss aller Gruppen genötigt hätte. Je mehr sie sich vermehrten und ausbreiteten, desto loser wurde der Zusammenhang zwischen den weiter auseinander wohnenden Gruppen. So treten im praktischen Leben immer nur die einzelnen Gruppen, die ihre Abstammung nicht auf ihnen allen gemeinsame Ureltern zurückführen, sondern jede von ihnen auf ihren eignen Stammvater, als massgebende und handelnde Einheiten auf. Jede Gruppe hat ihre eigene Mythe über die Herkunft ihres Stammvaters, ihre Opferstätte, ihre eigenständige Zeugungs-, Vermehrungs- und Wachstumskraft. Diese Herkunfts- und Abstammungsmythen der Gruppen sind daher für das praktische Leben bestimmend. Würden die vielen Gruppen, die sich als *Mbowamb* bezeichnen, die Zurückführung ihrer Abstammung auf ihnen allen gemeinsame Ur- oder Stammeltern im praktischen Leben gelten lassen, so würde das ihrer Auffassung nach, der zufolge ja gerade die mythologischen Uranfänge durch die Generationen hin wirksam sind, tatsächlich bedeuten, dass sie alle miteinander blutsverwandt wären, so dass dann Heirat nicht nur innerhalb der Gruppe gemeinsamer Abstammung, sondern innerhalb aller *Mbowamb* ausgeschlossen wäre.

Nach allem bisher Gesagten kann es nicht wundernehmen, dass der Begriff „*Mbowamb*" eigentlich nur den *Mbowamb* selber bekannt ist. Von Aussenstehenden wurden sie nie so genannt und von den Weissen und der Regierung werden sie seit ihrer Entdeckung (1933/34) *Hagen natives* oder *Hagen people* genannt (nach ihrem Siedlungsgebiet, dem bekannten Mt. Hagen).

5. Sie sollen Opfer darbringen.

Der Bergiff „Setzlingsmenschen" enthält für jeden *Mbowamb* den Sinnbezug zum Pflanzen von Setzlingen in Gärten und Feldern, sowie zum Holen von „Setzlingen" für seine Schweinezucht. So, wie man Setzlinge pflanzt oder einen Eber und junge Mutterschweinchen als „Setzlinge" anschafft, um später die Frucht davon zu geniessen, so sollen auch die „Pflänzlingsleute" denen, die sie „gepflanzt" haben, „Frucht" darbringen, nämlich Opfer. Die *Mbowamb* sind diejenigen *wamb*, die kultisch „Frucht bringen". Das Opfer und der Opfer-Kult steht darum im Leben der *Mbowamb* im Zentrum. Aus ihm fliesst Macht, Zeugungs-, Vermehrungs- und Lebenskraft, Heil, Gesundheit und Friede her. Feldbau, Handel, Wirtschaft, Kult — kurz alle Lebensäusserungen sind auf das Opfer ausgerichtet. Ohne das Opfer verlören sie ihre Beziehung und damit ihren Sinn. Das Opfer gibt dem Leben Sinn und erhält es.

Wenn man die *Mbowamb* in ihrem täglichen Tun und Treiben beobachte, könne man bei ihnen „nicht viel Religion" feststellen, so meinte einmal ein Weisser, der sie zu kennen glaubte. Er meinte zu sehen, dass sich bei ihnen alles nur um Schweine, Wertsachen und Frauen drehe und um damit zusammenhängende Streitigkeiten. Er sah aber offenbar nicht, dass alle Anstrengungen letztlich darauf hinzielen, immer wieder im Besitz von Opfertieren zu sein, damit man immer wieder die lebenswichtigen Opfer darbringen kann. Diese Wichtigkeit des Opferdienstes zeigt wiederum, dass das Selbstverständnis der *Mbowamb* ein durchaus religiöses ist.

Ihre Religion enthält ausserdem Elemente, wie man sie in allen Variationen in allen primitiven Religionen findet; nämlich Mana-Glauben, Animismus, Totemismus, Glauben an guten und an bösen Blick, an die Kraft des *nô konts*, des „jungen Wassers", fetischistische und schamanistische Züge, weisse und schwarze Magie, usw.

KAPITEL 2
GEOGRAPHISCHE VERBREITUNG

1. Die äußeren Grenzen

des von den *Mbowamb* oder Hagen-Leuten bewohnten Gebietes werden gebildet:

a) im Norden vom unteren *Jimmi* River. Auf dem nördlichen *Jimmi*-Ufer in den Ausläufern des Bismarck- und Schradergebirges leben keine *Mbowamb* mehr (wie Bd. I, 25 u. a. O. vermutet), sondern da leben die *Arema-Napa*, die *Arema-Leute*, die im Gegensatz zu den Hagen-Leuten auffallend klein sind und eine ganz andere Sprache sprechen. Da ihr Gebiet bislang noch immer zur „Uncontrolled Area" gehörte, weiss man so gut wie nichts über ihre Sprache und Kultur. Bei Todesfällen scheinen bei ihnen die Hinterbliebenen dem Toten ihre Hütte zu überlassen. Sie bauen sich in der Nähe lieber eine neue als die Rache des Toten durch Hinausschaffen auf sich zu ziehen. Auf meinen Reisen ins *Jimmi*-Tal kam ich etliche Male mit einigen *Arema* in Verbindung, die über den Fluss zu uns kamen. Den *Jimmi* oder *Yuat* überqueren sie schwimmend, indem sie ein primitives Floss vor sich herschieben, auf das sie ihre Habseligkeiten legen; auch Frauen und Kinder bringen sie auf diese Weise hin und her. Von ihrer Sprache konnte ich Proben aufnehmen, wovon hier einige gegeben seien, um zu zeigen, dass *Arema* und *Medlpa*, das ihm am Jimmi benachbart ist, wirklich ganz verschieden voneinander sind.

MEDLPA	AREMA	DEUTSCH
Kan mek wâ	*Hi ha-ea*	Bring die Liane!
owâ kou rom	*Wenö au rörnt*	Der Hund jaulte
Opa nö-töi	*Nu aka-he*	Bekriegt euch nicht!
Na rok nuimb	*ŋga rosi mbin*	Ich werde Tabak rauchen
Kaŋ-ambogla	*Ök-jamak*	Jungen und Mädchen, Kinder
Nô nuimin	*ŋgö mbinöm*	Wir werden Wasser trinken
Rumbugl ronom	*Zenar rarnt*	Es wird Nacht
Na-ŋa maŋa kants	*ŋga-ne jape kopero*	Ich sehe mein Haus
Nde-pona nants	*Ha-mamsa aetam*	Welcher Wald?

b) Das Wohngebiet der *Mbowamb* erstreckt sich im Süden ein Stück weit in das Hochland von Papua (Southern Highlands) hinein. Dort wird es begrenzt vom *Mt. Giluwe*, *Mt. Ialibu* und von dem unteren *Kaugel* River.

In der Orthographie der geographischen Namen richte ich mich nach der „World Aeronautical Chart", Published by the Aeronautical Chart Service, U.S. Air Force, Washington, D. C. October 1945. Revised April 1952. — In der Mbowamb-Monographie sind z. B. Bd. I, 24 *Mt. Giluwe* als *„Ketloa-Letlip"*, *Mt. Ialibu* als *„Yalbu"*, der *Kaugel* River als *„Kawitl"* in der dortigen Skizze eingetragen. Nach meiner Kenntnis sagen die Eingeborenen für *Mt. Giluwe* *„Kidluö"* (nichtaspirierter K-Laut), für den *Mt. Ialibu* *„Iadlpu"* für den Kaugel *„Kâwudl"* oder *„Kakudl"*. Ich gebe diese Beispiele nur, um daran zu zeigen, wie in der schriftlichen Fixierung — und nicht nur in den hier genannten drei Fallen — ein rechtes Durcheinander vorliegt.

Südlich vom *Mt. Giluwe* wohnen die Kapitel 1, 4 schon einmal erwähnten *Kewa*. Ihre Sprache scheint mit der der *Mendi*-Leute verwandt, die südwestlich des *Mt. Giluwe* wohnen.

Zum Beweis, dass es sich um keinen Hagen-Dialekt mehr handelt, seien hier einige Proben gegeben:

MEDLPA	KEWA	DEUTSCH
Na môŋ kants	*Ni le arndalo*	„Ich sehe Auge", beobachte
Nêm kan	*Ne arndale*	Du siehst
Wö tsi kanem	*Ali ment arndala*	Ein Mann sieht
Ten kanemon	*Na arndalema*	Wir sehen
W-amb kögl kanemen	*Win-ali arndaleme*	Die Leute sehen
Ndip nonom	*Le-pona lecka*	Das Feuer brennt
Ur penemen	*U paictaleme*	Sie schlafen
Tedl pênêmbogl	*Tsha packalepa*	Wir beide hören
Ten nô nonomon	*Na iba nalema*	Wir trinken Wasser
Keta, ŋgu	*Kambula, acka*	Mund, Zähne
Ten-ŋa maŋa	*Na-n arnda*	Unser Haus

Interessant ist, dass in *Kewa* wie in *Jabêm* und *Kâte* der harte Stimmabsatz — c — auftritt, der sich in den Western Highlands nicht findet.

Südlich vom *Mt. Ialibu* wohnen die *Wiru*. Von ihnen ist so gut wie nichts bekannt. Sie hängen sich Knochen verstorbener Angehöriger um als Zeichen der Verehrung und um ihren Schutz zu geniessen. Zwischen ihnen und den Eingeborenen am *Lake Kutubu* bestehen offenbar gewisse Zusammenhänge, denn es findet sich bei ihnen auch die eigentümliche Zählweise, die F. E. Williams beschrieben hat.*

Das Zählen beginnt am kleinen Finger der linken Hand. Wie überall in Neuguinea werden die eingebogenen Finger gezählt. Die anderen Zählstellen werden beim Zählen entweder mit dem Finger berührt oder durch Hinzeigen angedeutet. Symmetrisch gegenüberliegende Stellen werden gezählt. Die Zahlwörter sind *Kewa*-Wörter. (siehe Abb. 1 Seite 8)

c) Im Osten wird das Wohngebiet der *Mbowamb* begrenzt durch eine Linie, die vom *Kumedl*, einem linken Nebenfluss des *Wagi* (*Wahgi;* die Eingeborenen sagen *Wöka*) hinüberführt in die *Kubor* Mountains; östlich dieser Linie wohnen die als *Banz-* und *Minj*-Leute bekannten Eingeborenen des mittleren *Wagi*-Tales. Die Sprache der *Banz*-Leute wird von den Hagen-Leuten als *Nagl* bezeichnet; zwischen *Medlpa* und *Nagl* bestehen manche Gemeinsamkeiten.

Über die Sprachen des Hochlandes siehe Capell, A. Distribution of Languages in the Central Highlands, New Guinea. (Oceania, Vol. XIX, No. 2 u. a.

d) Im Westen wird das Wohngebiet der Hagen-Leute begrenzt durch den langgestreckten Gebirgszug *Mudl*, der als Hagen Range oder Mt. Hagen bekannt ist (vgl. Bd. I, 1 ff.). Die Leute westlich vom Hagenberg waren den *Mbowamb* schon immer als *Eŋa*-Leute bekannt (Bd. I, 23). Sie hatten mit ihnen auch früher schon Handelsbeziehungen. Manche Hagen-Leute beteiligten sich schon vor Ankunft der Weissen — und beteiligen sich auch heute noch — am „*Te*" der *Eŋa*, einer dem *Môka* etwas ähnlichen Einrichtung.

---

* Williams, F. E. Natives of Lake Kutubu, Papua. (Oceania Monographs No 6. Sydney 1940).

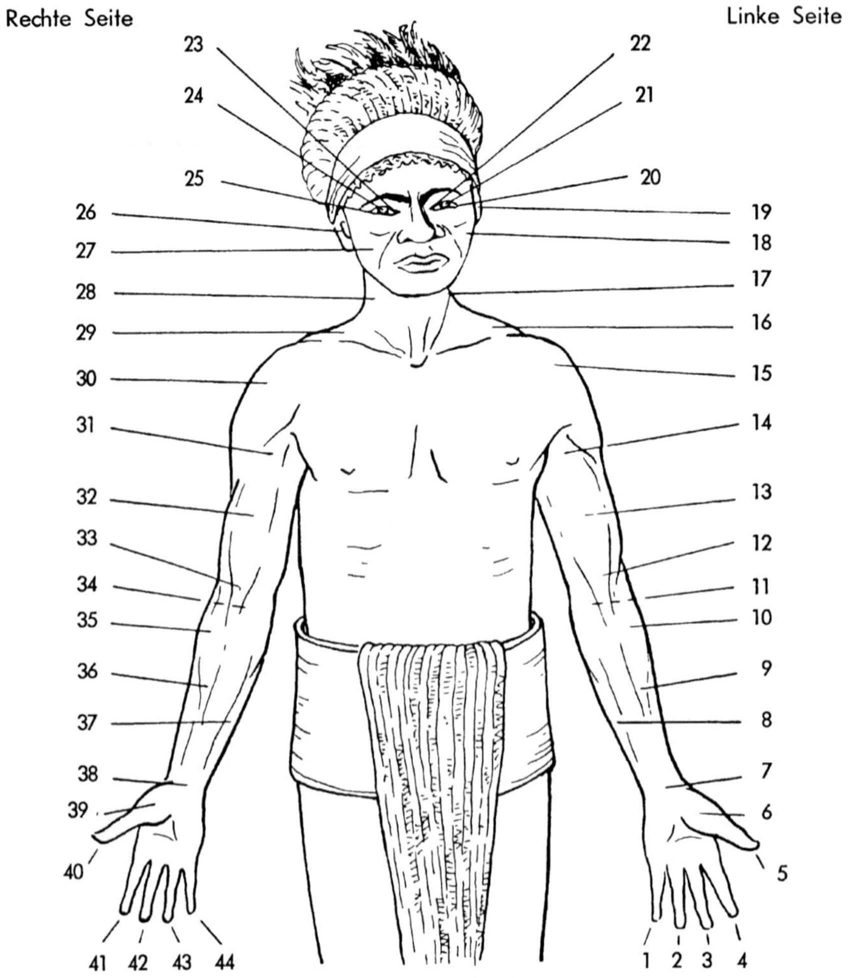

Abb. 1. Eine nur bei festlichen Gelegenheiten zum Abzählen sehr vieler Wertsachen und Schweine von einigen Stämmen der Southern Highlands angewendete — sonst für Neuguinea — ungewöhnliche Zählweise.

1 *kali*
2 *labo*
3 *repo*
4 *mala*
5 *tshu*
6 *tshu menti* (Daumenballen)
7 *kerepo* (Puls)
8 *palacki* (Sehnen)
9 *noe* (Muskelansatz)
10 *noe menti* (Muskel)
11 *koma* (Ellbogen)
12 *wineropa* (Muskelansatz)
13 *aliropa* (Muskel)
14 *paea* (Muskelansatz oben)
15 *kuli*
16 *ma*
17 *noim* (Hals)
18 *jacka* (Wange)
19 *pae* (Ohr)
20 *le packi* (äußerer Augenwinkel)
21 *le* (Auge)
22 *le packi menti* (innerer Augenwinkel)
23 *Mendane le packi menti* (andere Seite innerer Augenwinkel)
24 *Mendane le* (andere Seite Auge)
25 *Mendane le packi*
26 „ *pae*
27 „ *jacka*
28 „ *noim*
29 „ *ma*
30 „ *kuli*
31 „ *paea*
32 „ *aliropa*
33 „ *wineropa*
34 „ *koma*
35 „ *noe menti*
36 „ *noe*
37 „ *palacki*
38 „ *kerepo*
39 „ *tshu menti*
40 „ *tshu*
41 „ *mala*
42 „ *repo*
43 „ *labo*
44 „ *kali*

Elkin, A. P. Delayed exchange in Wabag Sub-District, Central Highlands of New Guinea, with notes on the social organization. (Oceania, vol. XXIII, No. 3. 1953).

Da ich Proben der *Eŋa*-Sprache — *Tsaka-pi* — aufgenommen habe, seien hier etliche wiedergegeben:

MEDLPA	TSAKA-PI	DEUTSCH
Röŋ kö-rnd-amb	*Ne jaŋga-ko-ro*	Ich will für jemanden Essen kochen
Röŋ ka-rnd-a	*Ne jaŋga-k-a*	Koche du für jemanden Essen
Röŋ kö-rnd-aŋga	*Ne jaŋg-k-ena*	Er soll für jemanden Essen kochen
Medl iö nambedl-e	*Mbaeŋg ndok aik*	Was ist denn das?
Nenz e-medl etêk na	*Lelo opa pio la*	Sage so wie ich sage
Koŋon itimb-medl its	*Kalai pilu-li piu*	Was ich arbeiten wollte, habe ich gearbeitet.

Diese paar Beispiele mögen genügen, zu zeigen, dass es sich um zwei verschiedene Sprachen handelt.

2. Die einzelnen Landschaften

oder *oroŋa* „Seiten" des von den Hagen-Leuten bewohnten Gebietes innerhalb der oben unter a-d angegebenen Grenzen werden von ihnen durch eigene Namen unterschieden. Jede hat ihre topographischen, klimatischen, wirtschaftlichen, sprachlichen usw. Besonderheiten.

a) *Medlpa-oroŋa*, die *Medlpa-Seite*, d. i. die Gegend der Quellflüsse des *Wagi* in den *Kubor* Mountains und das obere *Wagi*-Tal. In den Tälern dieses *Medlpa*-Gebietes gibt es viel Sumpf und daher auch viel Moskitos. Der Boden des *Medlpa*-Gebietes gilt bei den Eingeborenen als sehr gut und das Klima sehr angenehm. Die Bewohner werden von den übrigen Hagen-Leuten, also von den Aussenstehenden, als *Medlpa-wamb* zusammengefasst. Sie selbst bezeichnen sich selten so, sondern sagen von sich natürlich *ten mbowamb*, wir sind Setzlingsleute.

Die Regierung hat bei Banz, also im mittleren Wagi-Tal, einen schönen Anfang mit Malariabekämpfung durch Trockenlegung der Sümpfe gemacht.

b) *Kopon-oroŋa*, die *Kopon*-Seite, d. i. das Gebiet zwischen den nördlichen Bergen des oberen *Wagi*-Tales — also der Wasserscheide zwischen *Wagi* und *Jimmi* einerseits und zwischen dem *Pöiö* (bekannt als *Bayer* River) und dem von den Hagen-Leuten *Ndimi* genannten *Jimmi* River andererseits. Dieses Gebiet ist zum Teil sehr zerrissen und weist Höhenunterschiede von 3000-300 m ü. d. M. auf. Es gilt als das heisseste aller von *Mbowamb* bewohnten Gebiete. Dementsprechend sind auch Flora und Fauna mehr den Küstengebieten Neuguineas entsprechend als etwa droben im *Wagi*-Tal oder noch höher hinauf gegen das Hagen- und *Kâwudl*-Gebirge. Die Bewohner des Kopon-Gebietes werden von den übrigen Hagen-Leuten zusammengefasst als *Kopon-wamb*. Sie selbst sagen natürlich von sich: *ten mbo-wamb* wir sind Setzlingsleute.

c) *Koma-oroŋa*, die Koma-Seite, d. i. das östliche Vorland des Hagen-Gebirges. Hier liegt die Regierungsstation des Hagen-Districts, die ebenfalls Mount Hagen heisst und zugleich Headquarters des Western Highlands District ist. Hier liegt auch die Missionsstation *Uglbeŋ* (bekannt

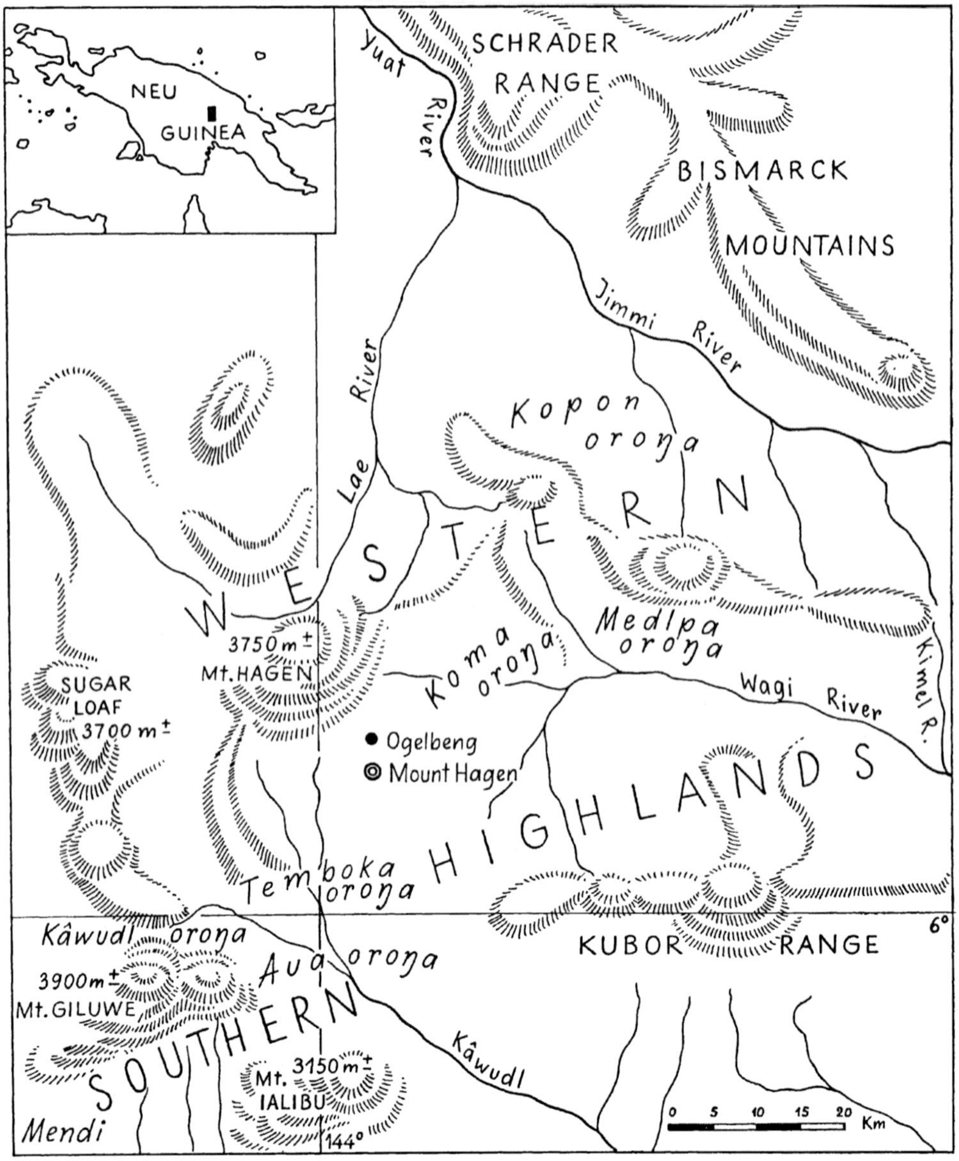

Das Siedlungsgebiet der Mbowamb und seine einzelnen Landschaften.

als *Ogelbeng*). Die Höhe ü. d. M. ist hier etwa 1600-1800 m. Die Landschaft ist offenbar nach ihrem Klima genannt, denn *koma* heisst „die angenehme Kühle". Auch hier werden die Bewohner von den anderen Hagen-Leuten als *Koma-wamb* zusammengefasst und sie selbst sagen wiederum von sich, wir sind *Mbowamb* (oder auch *Mbo-iamb*, denn hier ist Grenzgebiet der *Medlpa*- und *Temboka*-Dialekte).

d) *Temboka*- oder *Meam-oroŋa*, die *Temboka*- oder *Meam*-Seite (B. I, 25 u. a. O. „*Ndemboka*"), d. i. das Tal des *Nöpidlö*-Flusses — auch „*Nabedla, Nabiljer*" usw. geschrieben. Es ist ein sehr schönes und fruchtbares Tal. Die Bewohner werden von den anderen als *Temboka-wamb* bezeichnet; sie selbst, bzw. eben immer die jeweilige Gruppe sagen von sich: *odl mbo-iamb* — oder auch *mbo-iambu* —, wir sind Setzlingsleute.

e) *Kâwudl-oroŋa*, die *Kâwudl*-Seite, d.i. das obere *Kâwudl*-Tal (*Kaugel* River, s. Kap. 2, 1b) und die Abhänge des *Mt. Kidluö* im Osten und Norden (die südlichen und westlichen gehören zum grösseren Teil nicht mehr zum Hagen —, sondern zum *Mendi*-District). Der Boden ist z. Tl. recht kärglich, das Klima ist rauh, es gibt nicht selten eisige Winde und Hagelschläge. Die Eingeborenen wohnen hier 2000 m und höher ü. d. M. Die Ernährungslage hat sich dort wie auch in anderen Gebieten des Neuguinea-Inlandes durch Einführung europäischer Gemüse, Kartoffeln, Kraut, Tomaten usw. sehr gebessert, was von den Leuten auch dankbar anerkannt wird. Die Bewohner nennen sich, bzw. jede ihrer Gruppen sagt von sich *odl mbo-iambu*, wir sind Setzlingsleute. Von den anderen Hagen-Leuten werden sie *Kâwudl-wamb* genannt.

f) *Aua-oroŋa*, die *Aua*-Seite, d. i. das Gebiet zwischen *Mt. Kidluö* und *Mt. Ialibu* auf dem Hochland von Papua. Es hat ziemlich die gleichen Boden- und Klimaverhältnisse wie das *Kâwudl*-Gebiet. Auch die Höhenlage ist ungefähr dieselbe. Der Verwaltung nach gehört das *Aua*-Gebiet nicht mehr zum Hagen Sub-District, Western Highlands, sondern zum *Ialibu* Sub-District, Southern Highlands mit den Headquarters in *Mendi*. Die von den Hagen-Leuten als „*Aua-wamb*" bezeichneten Bewohner des *Aua*-Gebietes sind aber ohne Frage noch Hagen-Leute. Diese *Aua*-Stämme sagen von sich daher auch: *dlinö imbo-iambu*, wir sind Setzlingsleute, was die übrigen Eingebornen des *Ialibu* Sub-Districts nicht mehr tun.

3. Die Sprache.

a) Wie zu erwarten finden sich im Wortschatz und besonders in der Aussprache landschaftliche Besonderheiten, mehr oder weniger stark voneinander abweichende Dialekte also. Es sind in der Hauptsache der *Medlpa*-, *Temboka*- (oder *Meam*-) *Kâwudl*- und *Aua*-Dialekt. Die Grenzen dieser Dialekte decken sich jedoch nicht einfach mit denen der oben genannten Landschaften. So wird *Medlpa* z. B. nicht nur in der ebenfalls „*Medlpa*" genannten Landschaft gesprochen, sondern auch im ganzen *Kopon*-Gebiet. Auch im *Koma*-Gebiet wird es noch gesprochen, aber dort ist es stark vom *Temboka*-Dialekt beeinflusst, so dass gerade in der Umgebung von *Ogelbeng* eine Art Mischform von *Medlpa* und *Temboka* gesprochen wird. Der *Temboka*-Dialekt greift ebenfalls über die Landschaft „*Temboka*" hinaus und die Mischform mit dem *Kâwudl*-Dialekt heisst „*Meam*", diejenige mit dem *Aua*-Dialekt dagegen wird als „*Miem*" bezeichnet. Auch die *Kâwudl*- und *Aua*-Dialekte gehen in ihren Grenzgebieten ineinander über.

b) Beispiele zur Verwandtschaft der Hagen-Dialekte

	MEDLPA	TEMBOKA	KAWUDL	AUA	DEUTSCH
Nomina:	*wö*	*iö*	*iö*	*ie*	Mann
	kaŋ	*kaŋ*	*kaŋ*	*kaŋg*	Knabe
	koŋon	*koŋon*	*koŋon*	*koŋgon*	Arbeit
	ndip	*zep*	*tep*	*tipö*	Feuer
	opa	*opa*	*opa*	*opa*	Krieg
	maŋa	*ulka*	*ulkö*	*ulka*	Haus
	nde	*unts*	*unt*	*unto*	Baum
Pron. Pers.	*na*	*na*	*na*	*na*	ich
	nêm	*nu*	*nu*	*nu*	du
	ten	*odl*	*odl*	*dlinö*	wir
	enêm	*enê*	*en*	*eno*	ihr
Adv.	*kits*	*kere*	*kere*	*keri*	schlecht
	rogl	*togl*	*tugl*	*toglko*	lang
	unts	*ui*	*uimö*	*uima*	einst
	nui	*nudl*	*nodl*	*nodlo*	essbar
Verbwurzeln	*nâ*	*nâ*	*nâ*	*nâ*	essen
	ta	*dla*	*tsa*	*ta*	nehmen
	na	*na*	*na*	*na*	sagen
	modl	*mogl*	*mogl*	*mor*	leben
	kagl	*kagl*	*kagl*	*kagl*	braten
Konj.	Präsens Sing.				
	pênts	*pedleker*	*pidl*	*pilto*	ich höre
	pên	*pedleken*	*pidln*	*piltön*	du hörst
	pênêm	*pedlekem*	*pidlköm*	*piltöm*	er hört

Diese wenigen Beispiele mögen genügen, um zu zeigen, dass die verschiedenen Hagen-Dialekte eine gemeinsame Grundlage haben. Gesetze des Lautwandels liessen sich leicht nachweisen. So zeigen also auch die Dialekte genauso wie die in allen sechs Gebieten bei allen Gruppen übliche Selbstbezeichnung als *mbo-wamb*, *mbo-iamb*, *mbo-iambu*, *imbo-iambu*, wie auch ihre Kultur und Religion trotz der Variationen in den einzelnen Landschaften, dass alle *Mbowamb* oder Hagen-Leute zusammengehören, wenn sie auch politisch keine Einheit bilden und sich oft untereinander befehdeten und bekämpften.

Nach meinem Dafürhalten ist das eigentliche und besondere Charakteristikum der *Medlpa*-Sprache die kausative Verbform, d. h. die Verbform, die anzeigt, dass hier ein Subjekt, das normalerweise das betreffende Geschehnis ausführt, durch ein anderes Subjekt zum Objekt dieses Geschehnisvorganges gemacht wird. Dieses Charakteristikum findet sich auch in all den anderen Hagen-Dialekten.

KAPITEL 3
BEWOHNER DER SECHS LANDSCHAFTEN

Richtet man an Hagen-Eingeborne in irgend einer der oben aufgeführten sechs Landschaften die Frage nach ihren Bewohnern, so erhält man leicht eine Aufzählung von Gruppen-Namen. Dabei fällt einem sofort auf, dass die Gruppen immer p a a r w e i s e genannt werden. Das dabei nachgestellte *ragl*, das im Unterschied zum Zahlwort *ragl* keinen Druckakzent trägt, ist das Pron. pers. der 3. P. Dualis, also „die beiden". Zwischen die jeweiligen zwei Gruppen-Namen müssen wir ein „und" setzen.

1. DIE BEWOHNER DES MEDLPA-GEBIETES

Hier finden sich südlich des *Wagi*-Flusses folgende Gruppen:

1. *Kudli Kedle ragl*
2. *Warke Kenapogl ragl*
3. *Mombogle Öpni ragl*
4. *Ruŋi Möŋkö ragl*
5. *Moŋke Mamoglka ragl*
6. *Mea Waglke ragl*

Die *Ruŋi*, die in den Kubor Mountains wohnen, stellen Hagen-Steinbeile her (Bd. I, 122 f. Abb. 29—33); ebenso die *Öpni*, die im Quellgebiet des Roman, eines rechten Nebenflusses des *Wagi* wohnen.

Nördlich des *Wagi* finden sich folgende Gruppen:

7. *Olt-Pöi Moŋidlkö ragl*
8. *Komonka Glaka ragl*
9. *Kentipi Prantika ragl*
10. *ŋguglkö Nöglkö ragl*
11. *Keme Penti ragl*
12. *Roglaka Waglepka ragl*
13. *Tepoka Kamedlka ragl*
14. *Ruŋi Kenapogl ragl*
15. *Kumepi Kentipi ragl*
16. *Kombogla Mineimbi ragl*

2. DIE BEWOHNER DES KOPON-GEBIETES

1. *ŋone Kawedlka ragl*
2. *Rone Köuglö ragl*
3. *Wödli Rumalka ragl*
4. *Wuti Ukörni ragl*
5. *Kope Ukörni ragl*
6. *Pörkö Nönamb ragl*
7. *Oglmene Make ragl*
8. *Kurup Jörni ragl*

Die *Make*, die am Oberlauf eines Nebenflusses des *Jimmi* wohnen, stellen ebenfalls Hagenäxte her.

3. DIE BEWOHNER DES KOMA-GEBIETES

1. *Ndika Kuŋurnkö ragl*
2. *Kentka (Kendika) Jamka ragl*
3. *Keme Kukidlka ragl*
4. *Elte Penambe ragl*
5. *Medlaka Glalka ragl*
6. *Moke (Mokae) Kope ragl*
7. *Kumunti (Kumundi) Römunti ragl*
8. *Medle Medlama ragl*
9. *Kunkö Kênapka ragl*
10. *Kope Nokopa ragl*

Es sind also 20 verschiedene Gruppen, die das *Koma*-Gebiet bewohnen. In der *Mbowamb*-Monographie Bd. I—III sind hiervon 13 erwähnt. Sie werden dort nicht „Gruppen", sondern „Stämme" genannt. (Kap. 5). Die in Klammern beigefügte Schreibung ist die dort verwendete. Bei Konsonantenzusammenstoß setzen die Hagen-Leute die einzelnen Konsonanten nicht scharf ab, sondern ziehen den Explosionsstrom vom einen zum andern Konsonanten hinüber, was von Europäern leicht als eine Art Vokal gehört wird. Dass die Nachsilbe *-ka* von Europäern bald als „*ka*", bald als „*ga*" gehört wird, kommt daher, dass es sich um einen nicht-aspirierten Konsonanten handelt. Dr. Capell bezeichnet ihn meines Wissens als „devoiced g". Da er stimmlos ist, ziehe ich die Schreibung *-ka* vor. Dass es *Kentka* und nicht „*Kendiga*" heissen muss, ist leicht einzusehen, wenn man weiss, dass der Name von der grossen grünen Zikade kommt, die *Kent* und nicht „*Kendi*" heisst.

4. DIE BEWOHNER DES TEMBOKA-GEBIETES

1. *Neŋka (Neŋga) Muntka (Mundika) ragl*
2. *Kutimb (Kotumbu) Glöpkö ragl*
3. *Pöglkö Patedl ragl*
4. *Uglkö Ukpukö ragl*
5. *Mea Mana ragl*
6. *Koka Medlike ragl*
7. *Opkö Glopkö ragl*
8. *Rurukö Memkö ragl*
9. *Epogla Ödlö ragl*
10. *Koglanemb Tipukö ragl*
11. *Tea Ndena ragl*
12. *Kopedl Glöpkö ragl*
13. *Kope Kumpkö ragl*
14. *Padliŋka Pareglka ragl*

Die *Neŋka* wohnen im *Koma*-Gebiet. Sie werden aber immer mit den im *Temboka*-Gebiet wohnenden *Muntka* zusammengefasst und die Legende der *Neŋka* über die Herkunft weist tatsächlich ins *Temboka*-Gebiet. Über die Namen in Klammern s. Anm. oben unter 3.

5. DIE BEWOHNER DES KAWịUDL-GEBIETES

1. *Poiaka Padlem ragl*
2. *Komeka Glaglka ragl*
3. *Muntka Glöglkö ragl*
4. *Kepaka Têpaka ragl*
5. *Komogla Pönimb ragl*
6. *Kâika Glopni ragl*
7. *Moropaŋe Ndaka ragl*
8. *Tugl Momogla ragl*
9. *Joropa Kanimbe ragl*
10. *Wouglö Kâpuglma ragl*
11. *Kodl Perai ragl*
12. *Gleimö Ödlö ragl*
13. *Kutkö Keŋgedlka ragl*
14. *Mumi Jap ragl*

6. DIE BEWOHNER DES AUA-GEBIETES

1. *Kureglka Nareglka ragl*
2. *Penaka Jaŋpinö ragl*
3. *Epuglma Glkaglka ragl*
4. *Ekae Makae ragl*
5. *Pupae Perakae ragl*
6. *Uglkai Wödladl ragl*
7. *Kumö Taŋgikö ragl*
8. *Ekeka Kemimbö ragl*

Das sind also im ganzen 70 Doppel- oder 140 Einzelgruppen. Es sind tatsächlich noch mehr vorhanden als hier aufgeführt sind. Die Aufstellung macht also keinen Anspruch auf Vollständigkeit, besonders nicht in den äusseren Randgebieten. Jede dieser 140 und mehr Gruppen führt ihre Herkunft und Abstammung auf einen eigenen Stammvater zurück. Wie schon ausgeführt, sagt jede Gruppe von sich: *ten mbo-wamb*, wir sind Setzlingsleute, und ebenso sagt jede von sich: *ten wamb-mbo tsi*, wir sind ein Menschen-Setzling. Das eine drückt das religiöse Selbstverständnis aus, das andere bezeichnet die Gruppe gleicher Abstammung.

Die grösste Seelenzahl haben die *Mineimbi* (Kap. 1, 16) mit 6000-7000 Seelen und die *Ndika* und *Moke* (Kap. 3,3) mit je etwa 5000 Seelen aufzuweisen. Es gibt aber auch kleine Gruppen unter den oben aufgeführten mit 500-700 Seelen. Die letzte amtliche Volkszählung in den Landschaften 1-4 zeigte eine Bevölkerungszahl von nahezu 100.000 Menschen. *Kâwudl* und Aua waren bei meiner Abreise im Jahre 1956 nach meiner Kenntnis noch nicht amtlich gezählt. Die Hagen-Bevölkerung ist also viel zahlreicher als früher geschätzt wurde. Da die Kindersterblichkeit durch ärztliche Fürsorge seitens der Regierung und der Missionare stark zurückgegangen und die Verluste durch die früheren Stammeskriege ausgeschaltet sind, liegt seit den letzten zwanzig Jahren auch eine starke Bevölkerungszunahme vor.

In der *Mbowamb*-Monographie Bd. I—III sind das *Koma*- und Teile des *Temboka*-Gebietes im Blickfeld, da unsere Bewegungsfreiheit damals sehr beschränkt war. Wie der Verfasser Bd. I, 24 sagt, „wurde das Material doch hauptsächlich unter den *Ndika* und *Jamka* gesammelt".

KAPITEL 4
DIE ERGÄNZLICHKEIT

1. Die Zusammenfassung von je zwei Gruppen.

Warum zählen die *Mbowamb* die Gruppen nicht einzeln auf, sondern fassen immer zwei zu einer Einheit zusammen? Von jedem Gruppen-Paar spricht man wie von zwei Individuen im Dual.

Man könnte dieses paarweise Zusammenfassen der Gruppen aus der Mentalität der *Mbowamb* erklären. Dieses paarweise Zusammenfassen wird nämlich auch sonst weithin geübt. Man spricht z. B. von *mugl möi ragl* „Himmel (und) Erde, die beiden"; *ants kadlimp ragl* „Sonne und Mond die beiden"; *rumbugl röŋmö ragl* „Nacht und Tag die beiden"; *têpam mam ragl* „Vater und Mutter die beiden", usw. Man zählt die Monde (Monate) paarweise, fasst immer zwei als „älteren und jüngeren Bruder" zusamen (Bd. II, 313). Man fasst Tiere, Vögel, Gegenstände, Nahrungsmittel, Wertsachen usw. immer paarweise zusammen. Ebenso geschieht das Abzählen immer in Paaren. Ungleiche Zahlen empfindet man als ergänzungsbedürftig. Ein Einzelnes kann man nicht wirklich mitzählen; es ist nicht vollständig, gleichsam nur die eine Hälfte. Da heisst es sofort: *tsi kawa-rndom* „eines hat es aus der Reihe geschlagen", es ist „ausgefallen" und „steht abseits". Es ist ein geistiges Bedürfnis der *Mbowamb* das Einzelstehende durch ein Dazugehöriges zu ergänzen, zu vervollständigen. Erst zusammen mit seinem „Komplement", seiner Ergänzung also, wird das Einzelstehende ein Vollwertiges und Vollgültiges. Diese Denkungsart der „Ergänzlichkeit" ist durch die Sprache und somit durch die ganze geistige Erfassung der Wirklichkeit zu verfolgen. Nach meinem Dafürhalten geht es dabei nicht um ein „Prinzip" — auch nicht um ein „männliches und weibliches Prinzip" (Bd. II, 430 unten; 435) —, sondern um die lebendige E r f a h r u n g der Ergänzungsbedürftigkeit, des Angelegtseins aller Wesen und Dinge auf ein anderes, eben auf eine Ergänzung oder „Erfüllung" hin, ohne die das einzelne Wesen oder Ding eben „aus der Reihe geschlagen" oder „aus seinem Ort gefallen", ein abseitsstehendes und un-erfülltes ist. Erst das Dazugehörige ergibt Vollwertigkeit: *ŋui jarnd-ŋui*, Gabe — Gegengabe; *ints-ni jarnd-ni*, Rede — Antwort; *ogla-mana*, oben — unten; *rogl-punt*, lang — kurz; usw. Beim Zählen mit Hilfe der Finger ist die eine Hand nur eine Hälfte, erst mit der andern Hand zusammen gibt es *ki tenda*, e i n e — ganze — Hand, so dass der Begriff „eine Hand" zur Zahleinheit geworden ist und anstelle von *eŋak*, acht, stehen kann. (Die Daumen zählt man dabei nicht mit, weil sie „abseits" stehen; s. Kap. 47, 5).

Die Anlage aufs andre hin, die Ergänzlichkeit, wird von den *Mbowamb* natürlich auch beim Menschen selber sehr stark empfunden. Man sagt, dass schon das Kleinkind, der Säugling, seine Ergänzung, nämlich seinen künftigen Ehepartner findet, und zwar sieht er ihn in dem gemeinen Samenkäfer *ŋgorkörna, (Bruchus granarius)*. Dieses „Finden" und „Sehen" des künftigen Ehepartners bezeichnet man als *wö amb iti*, wörtlich „Mann Frau tun, machen".

„Eben erst geborene Kinder, die man in einem Netzsack in Blätter gehüllt und in eine wärmende Pandanus-Matte gelegt bei sich hat, erkennen weder Väter und Mütter noch irgend welche sonstigen Leute, auch nehmen sie noch keine Speisen zu sich, aber es liegt oft schon ein glückliches Lächeln auf ihrem Gesichtchen. Ist es ein Mädchen, das so lächelt, dann sagen wir: es lächelt, weil es seinen *ŋgorkörna*-Mann, seinen künftigen Ehemann, sieht. Ist es ein Knabe, dann sagen wir: er lächelt, weil er seine künftige Ehefrau, seine ‚Frau ŋgorkörna' soeben findet. Wenn jedoch Säuglinge ihren *ŋgorkörna-wö* oder *amb ŋgorkörna* nicht finden, dann weinen sie unaufhörlich, dann sagen wir: sie finden sie nicht; ob wohl ein Geist sie ‚nimmt und verborgen hält?' Dann befragen wir die Geister, welcher ‚es tut' und bringen ein kleines Opfer dar. Wenn die Säuglinge ihren Mann oder ihre Frau dann finden und lächeln, dann sagen wir: ‚Nun nimmt der Geist seine Frau oder ihren Mann und zeigt sie ihm — oder ihn ihr. Das ist aber recht!' "

„Die kleinen Kinder lächeln nicht ohne Grund. Wenn die Mütter die Säuglinge auf dem Schosse halten, erkennen sie ihre Mütter noch nicht. Sie schauen aber hinauf zum Hausdach, blicken da oben umher und wenn sie ihre Frau, ihren Mann da oben sehen, lächeln sie zufrieden. Wenn etwa ein Knäblein noch oben schaut, aber nicht lächelt, auch die Brust nicht nimmt, die ihm die Mutter reicht, sondern unruhig überall umherblickt und immer weint, dann deshalb, weil er seine Ehefrau nicht finden kann."

„Wenn ein kleines Kind als Säugling nicht viel geweint hat und dann zur Zeit, wenn es zahnt, sich körperlich nicht recht entwickelt, mager und schwächlich bleibt, dann sagen wir: das Kind bleibt so sehr in der Entwicklung zurück, weil es im Säuglingsalter ‚nicht Mann-Frau gemacht hat!' Was wollen wir sagen? Schuld ist, dass es als Säugling nur immer ‚seinen eigenen Nabel nahm und ass!' Es wird ein armes, kinderloses Menschenkind bleiben; es wird nicht heiraten. Ob es wohl bald sterben wird?"

„Wenn dagegen ein kleines Kind sich kräftig entwickelt, dann sagen wir: es hat schon als Säugling ‚Mann-Frau gemacht' und darum hat sich bei ihm auch ein normales Seelenleben entfaltet. Es wird ein tüchtiger Mensch werden, wird heiraten und Kinder haben. Die werden ihm (ihr) dann nach seinem (ihrem) Tode einmal Opfer darbringen. Wer aber wird dem (der) Kinderlosen Opfer bringen?"

An die Stelle des *ŋgorkörna*-Mannes oder der -Frau tritt dann im Leben des Menschen der wirkliche Ehemann oder die wirkliche Ehefrau. Der *ŋgorkörna* spielt keine Rolle mehr. Er ist für Kinder oder Erwachsene auch nicht etwa tabu. Entscheidend ist allein das „Finden" und „Sehen" im Säuglingsalter. Schon da entscheidet es sich, ob der Mensch seine Ergänzung finden wird, auf die hin er angelegt ist. Der Säugling, der sie nicht „findet", sondern „seine eigene Nabelschnur nimmt und isst", d. h. wohl auf seine eigene Gruppe hin „introvertiert" ist, so dass sich bei ihm die Anlage auf den anderen hin nicht entwickelt, wird auch keinen *nôman we*, d. h. kein normales unbeschwertes Innenleben entwickeln, wird nicht zu ergänztem und damit vollem Menschdasein kommen.

Die ganze *ŋgorkörna*-Anschauung erinnert sehr an das „Auffinden eines „Kameraden, Bruders" durch denStammvater einer Gruppe in den Abstammungsmythen, die wir später kennenlernen werden (Kap. 6). Jedem Kleinkind, das später in die menschlichen Beziehungen vollwertig und ungestört hineinwachsen wird, widerfährt als Säugling eigentlich dasselbe Erlebnis des Partner-Findens, das einst der Stammvater der Gruppe hatte. Bleibt es aus, so bedeutet es eine schwere Störung für die Entwicklung des Kindes; es bleibt körperlich und seelisch un-ergänzt, eine „Hälfte". Der Schaden reicht weit, erstreckt sich sogar über dieses Leben hinaus: da solch eine Hälfte ohne Nachkommen bleiben wird, wird ihm auch nach dem Tode einmal niemand die den Toten „existenz"-notwendigen Opfer bringen.

Die „Ergänzlichkeit zur Zwei-Einheit ist ein ganz wesentlicher Zug der Religion und Kultur der Mbowamb. Was die Zusammenfassung zweier Gruppen zu einer "Zwei-Einheit" anlangt, so geschieht sie ebenso wenig, wie die Zusammenstellung von Dingen und Sachen zu jeweils einem Paar einfach willkürlich, sondern auf Grund eines in Wesen, Eigenart, Herkunft usw. empfundenen hintergründigen Zusammenhanges. Die Zusammenfassung zweier Gruppen von Menschen erfolgt auf Grund einer ursprünglichen geheimnisvollen Beziehung, die zwischen ihnen besteht oder jedenfalls einmal bestand.

Worin aber besteht oder bestand sie? Ein solches Gruppenpaar wie etwa die *Kombogla Mineimbi ragl* (Kap. 3, 1 : 16) sagen von sich: *tedl öŋin öŋin ragl* — wir beide sind Kameraden, Freunde, Brüder. Es handelt sich aber nicht einfach um das brüderlich-nachbarliche Zusammenleben solcher Gruppenpaare, denn manche von ihnen wohnen nicht im gleichen Gebiet, sind also nicht Grenz-Nachbarn, wie z. B. die *Kentka Jamka ragl.* Ich glaube, die eigentliche Antwort auf die obige Frage, worauf die Zusammenfassung von je zwei Gruppen zu einem Gruppen-Paar beruht, kann erst gegeben werden im Zusammenhang mit den mythologischen Aussagen über die Entstehung der Gruppen (Kap. 7,7).

2. Die Namen der Gruppen.

Sie ergänzen die Vorstellung von der konkreten Gruppe insofern, als sie den Zusammenhang anzeigen zwischen der Gruppe und der hintergründigen Macht, die ihr Zeugungs-, Vermehrungs- und Lebenskraft gibt. Die Namen der Gruppen geben u. a. die Frage auf, warum manche lediglich Ortsnamen sind, während andere zugleich der Name eines Tieres, Vogels, Baumes usw. sind. Warum nennen sich z. B. die *Kukidla*, Betelpalmblatt-Leute oder die *Ndika*,

Taroherzblatt-Leute? Warum nennt sich eine Gruppe „die roten Paradiesvogel-Leute", eine andere „die Hunde-Leute", oder „Beuteltier-Leute", auch „Vogel-, Kakadu-, Kasuar-, Mücken-, Eidechsen-, Schmeissfliegen-, Ratten-, Blut-, Flaschenkürbis-, Bananen-, Moos-, Bambus-Leute", usw.? Warum enden viele der Gruppennamen auf -ka und andere nicht? Die Mythen über die Herkunft und Entstehung der Gruppen werden über diese Fragen Auskunft geben.

B. ENTSTEHUNG DER EINZELNEN GRUPPEN DER MBOWAMB

KAPITEL 5
DIE AUFZWEIGUNG DER GRUPPE UND DAS MI

Die einzelne Gruppe der 140 und mehr Gruppen der *Mbowamb* ist nicht eine ungegliederte Masse. Gliederung ist notwendig, wenn eine Gruppe, wie z. B. die *Mineimbi*, 6000 bis 7000 Seelen zählt. So sind also die *Mbowamb* nicht nur in viele Gruppen aufgeteilt, sondern jede dieser Gruppen ist auch wieder in sich aufgezweigt in Teile und Untergruppen; sozusagen in Haupt- und Nebenäste und Zweige. Der Ausdruck „Aufzweigung" ist absichtlich gewählt. Es handelt sich nicht um irgend eine „Organisation". Ich könnte natürlich „Organischer Aufbau der Gruppe" sagen, in dem Sinne, wie sich eine Pflanze aus sich selbst aufbaut. Falsch wäre es, wenn man damit irgend einen Begriff planmässiger Leitung verbinden wollte. Die Gruppe wächst und verzweigt sich wie ein Baum.

Zur Veranschaulichung sei die Verzweigung zweier Gruppen vorgeführt; und zwar zuerst die der *Muntka* (*Temboka*-Gebiet) und später die der *Ndika* (*Koma*-Gebiet).

MUNTKA

I. *Mbo tenda* — Die „Muntstrauch-ler"
„Ein Setzling"

II. *Mbo kats*
„Teil-Setzlinge"

1. *Muntka Kâwudl-öŋgidl*	2. *Muntka Meam-pêi* oder *Temboka-öŋgidl*	3. *Tedlaka-Muntka*	4. *Mönts-Muntka*

III. *Pana-ru*
„Feld-Abteile" (Als Beispiel diene hier nur II, 2)
Teil-Gruppen der *Muntka Temboka-öŋgidl*

1. *Neŋkamb*	2. *Tedlikömb*	3. *Rapogl-öŋgidl*	4. *Möreip-öŋgidl*

IV. *Anda-Noimp*

zu III, 1	zu III, 2	zu III, 3	zu III, 4
a) *Kuglumb*	a) *Glöpkömb*	a) *Komeimb*	a) *Akedlmbo*
b) *Timpömb*	b) *Kentkömb*	b) *Komb*	b) *Timpömb*
c) *Jamkamb*		c) *Akedlmbo*	c) *Roglömb*

Die weitere Aufzweigung der *Anda-Noimp*-Gruppen der *Muntka* soll hier nicht verfolgt werden, sondern diese weitere Aufzweigung bis hinunter zur Einzelfamilie sei später am Beispiel der *Ndika* gezeigt (Kap. 11, 11).

Zu I: siehe die Mythe der Muntka (Kap. 6, 2 und 7).

Zu II: Um die vier „Teil-Setzlinge" der „Munt-Strauchler" voneinander unterscheiden zu können, werden sie nach der Landschaft benannt, in der sie wohnen: 1. *Kâwudl*-Gebiet, 2. im *Temboka*- oder *Meam*-Gebiet. Das Wort *öŋgidl* heisst stehen; also „Die Muntstrauchler *Kâwudl*-Steher, . . . *Temboka*-Steher". Das Wort *pêi* heisst liegen, was auch den Sinn von „wohnen" hat. In der Bildung „*Kâwudl*-Steher, *Temboka*-Steher" schwingt aber mehr mit als in der „Meam-Wohner", denn das „Stehen" besagt, dass sich die Gruppe dort als selbständige Gruppe auf ihrem Land gegen andere, die ihr das Land streitig machen wollen, behaupten muss; dass sie ein Stück des von *Mbowamb* bewohnten Gebietes wehrhaft verteidigt.

Bei II, 3 und II, 4 fällt auf, dass das Wort *Muntka* nachgestellt ist. *Tedlaka* und *Mönts* bezeichnen wohl auch Landschaften, aber nicht mehr solche, die noch von irgend welchen *Mbowamb* als ihr Land beansprucht werden könnten, denn dort wohnen andre Völkerschaften. *Tedlaka* ist nicht mehr in lebendiger Verbindung mit einem der Gaue der Hagen-Leute; dasselbe gilt von *Mönts*, dem von den Weissen heute als *Mendi* bezeichneten Gebiet südwestlich des Mt. Kidluö, wo die Kap. 2, b erwähnten *Mendi*-Leute wohnen. Zu irgend einer Zeit sind einmal zwei *Muntka* ausgewandert nach *Tedlaka* und *Mönts*, von woher ihre Frauen kamen. Das wissen die *Muntka* noch und bezeichnen daher die Nachkommen jener beiden „Auswanderer" für sich — denn dort haben sie natürlich andere Gruppen-Namen — als *Tedlaka*- und *Mönts-Muntka*. Da sie ausserhalb des Landes der *Mbowamb* wohnen, kann man sie unmöglich etwa als „*Tedlaka*-Steher" und „*Mönts*-Steher" bezeichnen. Diese Teil-Setzlinge 3 und 4 sind also ihrem Setzling eigentlich verloren gegangen.

Zu III: Die Bezeichnung *Pana-ru*, Feld-Abteile, spiegelt die Aufteilung des Landes wider, das ja dem ganzen Teil-Setzling gehört, aber an die *Pana-ru*-Gruppen verteilt ist, so wie ein einzelnes Feld, bzw. dessen Abteile an die einzelnen Familienmitglieder verteilt wird.

Die Namen der *Pana-ru* III, 1 und III, 2 enden auf *-amb*, Frau (*-ömb* ist dasselbe; das ö ist nur eine bei den *Mbowamb* sehr beliebe Lautangleichung, was man unter IV. noch besser sehen kann, wo fast alle Namen der *Anda-Noimp*-Gruppen auf „Frau" enden und die Lautangleichung etwa durch Kontraktion von a und i zu *-eimb* und *-umb* geführt hat. III, 1 war ganz offensichtlich eine *Neŋkaamb*, Neŋka-Frau, die von dem *Muntka* Altvater geheiratet wurde, auf die III, 1 sich zurückführt. III, 2 enthält den Gruppen-Namen *Tedlik*, also denjenigen der Ehefrau des *Muntka* Altvaters, auf den III, 2 ihre Abstammung zurückführt.

Die Namengebung der vielen Zweig- und Teil-Gruppen erfolgt ja nicht von aussen her, so wenig, wie die ursprüngliche Namengebung des ganzen Setzlings. Sie ist Selbst-Erlebnis und Selbst-Verständnis. Die ursprüngliche Namengebung des „Einen Setzlings" ist Ausdruck dafür, dass er die Zeugungs- und Lebenskraft zur Entstehung einer grossen Gruppe erlebt hat, wie wir bei den Mythen sehen werden. Die Namengebung der späteren Zweiggruppen dagegen erfolgt erst durch die Mitglieder der betreffenden Gruppe selbst zu einem Zeitpunkt, wo sie die ererbte Vermehrungskraft bereits zahlreich genug gemacht hat, dass sie als relativ selbständige Teil- oder Untergruppe innerhalb von II auftreten kann. Die Männer der betreffenden Teilgruppe sagen dann etwa: Unser Altvater hat die *Meŋka-* oder die *Tedlik-*Frau — oder aus welcher Gruppe auch immer sie im einzelnen Fall stammte — geheiratet und gerade mit ihr zeugte er vielleicht 4 oder 6 Söhne, so dass wir nun so zahlreich geworden sind. Deshalb wollen wir unsere Gruppe nun nach dem Namen des Setzlings jener Altmutter nennen; also im vorliegenden Falle: *Muntka Temboko-öŋgidl Neŋkamb* oder . . . *Tedlikömb.* — Es liegt darin dann auch eine besondere Anerkennung gegenüber den *Neŋka-* oder *Tedlik-*Leuten usw., was wiederum den Freundschafts- und Handelsbeziehungen mit ihnen zugute kommt. Mit einem Preisgeben der patrilinearen Abstammung und patrilokalen Zugehörigkeit hat die Benennung irgendeiner Untergruppe nach dem Setzling, aus dem einst ihre Ahnmutter kam, nichts zu tun, sondern hier sind Gesichtspunkte der Freundschaft und des Wirtschaftsaustausches massgebend.

III, 3 und III, 4 dagegen sind nicht nach Ahnmüttern genannt, sondern nach der Gemarkung auf der sie „stehen". Ihr Name zeigt an, dass diese beiden Gemarkungen nicht ungefährdet sind; andere erheben Anspruch darauf. Sie werden nur durch wachsames „Stehen" gehalten.

Zu IV: Wie die ganze Gruppe, der "Eine Setzling" also, seine Abstammung auf einen Stammvater zurückführt, so führen alle Zweig- und Untergruppen die ihre ebenfalls auf einen solchen zurück. Man nennt sie *wö anda*, Alt-Väter, und im Unterschied zu ihnen erhält der allererste Stammvater der ganzen Gruppe den Zusatz *Komon* d. h. erstgeboren oder auch wesentlich, wichtig, echt, unerlässlich. Die Aufzweigungen der *Pana-ru* (III) werden also *Anda-Noimp* genannt (IV), d. h. „Altvater-Penis". Die patrilineare Abstammung wird durch diese Bezeichnung der Aufzweigungen der *Pana-ru* oder Feld-Abteile ziemlich drastisch in Erinnerung gebracht.

Die einzelnen *Anda-Noimp*-Gruppen der *Muntka* sind wiederum nach den Namen der Gruppen der Ehefrauen jener Altväter genannt, auf die sie sich zurückführen. Nur III, 3c und III, 4a sind nach den Altvätern selbst genannt. *Akedlmbo* ist zusammengesetzt aus *mbo*, Setzling, und *akedl* — hintennach, letzter, zuletzt; d. h. also jener Altvater war in seiner Generation der Jüngste seiner Brüder.

2. „Stamm" oder „Setzling"?

Was von mir bis jetzt als „Gruppe" bezeichnet wird, ist in der *Mbowamb*-Monographie I-III als „Stamm" bezeichnet. Es ist dort also von dem „Stamm der *Muntka*, Stamm der *Ndika*" oder auch „*Kendika*-Stamm, *Jamka*-Stamm" usw. die Rede. Was aber ist ein „Stamm"? Welches Kriterium ist für diesen Begriff massgebend? Etwa die gemeinsame Sprache? Dann wären sämtliche „Stämme" z. B. des *Medlpa-*, *Kopon-* und wenigstens zum Teil, soweit sie *Medlpa* sprechen auch die des *Koma*-Gebietes e i n „Stamm", weil sie alle den *Medlpa*-Dialekt sprechen. Wie schon früher ausgeführt, werden sie aber von den anderen *Mbowamb* nicht etwa nach ihrer gemeinsamen Sprache alle als „*Medlpa*-Leute" zusamengefasst, sondern trotz der gleichen Sprache werden sie nach ihren L a n d s c h a f t e n entweder als *Medlpa*- oder als *Kopon-* und *Koma*-Leute bezeichnet. Sie selbst aber stellen keine politische und auch keine Abstammungseinheit dar, sondern zerfallen eben in selbständige Gruppen oder „Stämme". („Clan" wäre nach meinem Dafürhalten bei den *Mbowamb* besser als „Gruppe" oder „Stamm; weil aber „Clan" in Bd. II, 24f. auf die *Anda-Noimp*-Gruppen angewendet ist, will ich den Begriff nicht anstelle von „Stamm" setzen).

Wie wir gesehen haben, sind die *Temboka-*, *Kâwudl-* und *Aua*-Dialekte unverkennbar mit dem *Medlpa*-Dialekte verwandt und offenbar gehen sie alle auf eine gemeinsame Grundlage zurück, so dass man der gemeinsamen Sprachgrundlage nach alle *Mbowamb* als e i n e n Stamm bezeichnen könnte. Wir zögern es zu tun, weil man in Neuguinea nicht gewohnt ist, von 100 000 und mehr Menschen als von „ e i n e m Stamm" zu reden. Tatsächlich haben die Bewohner der unter Kap. 2, 2 a—f aufgeführten Gebiete nicht nur sprachliche, sondern auch somatisch, kulturell, psychologisch und in ihren Mythen und Kulten usw. ganz offen zutage liegende, oder wenn verborgen, doch unschwer nachzuweisende, sehr weitgehende Gemeinsamkeiten, die sie gegenüber den *Eŋa*-Leuten im Westen, den *Banz*-Leuten im Osten, den *Mendi*-Leuten im Süden und den *Arema*-Leuten im Norden eben sofort als „Hagen-Leute" erscheinen lassen. Die *Mbowamb* oder *Hagen*-Leute wären demnach als e i n Volksstamm Neuguineas zu bezeichnen, der freilich weit davon entfernt ist, politisch-organisatorisch eine Einheit zu bilden. Es fungieren nicht einmal die oben aufgeführten Doppelgruppen, auch noch nicht die einzelnen „Gruppen" oder „Stämme" als politisch-rechtliche Einheiten, sondern erst die am Beispiel der *Muntka* unter II genannten Teil-Setzlinge.

Die Hagen-Leute selber sagen weder „Gruppe" noch „Stamm", sondern eben *wamb-mbo*, Menschen-Setzling oder auch nur *mbo*, Setzling, Pflänzling. Wie die Haustiere sich mehren, wenn man erst einmal durch *mbo ti*, Setzlinge holen, die Grundlage zu einer Zucht gelegt hat, wie die Wertsachen sich mehren, wenn man erst einmal durch *môka mbo pindi*, Môka Setzlinge hinlegen, die Grundlage zu einem *Môka* gelegt hat, wie das junge Bäumchen wächst, wenn man es nur durch *mbo tei*, Setzling hinlegen, eben Einpflanzen in seinen Nährboden dazu bringt und wie die Nährpflanze des Menschen im Boden einwurzelt, wächst, sich verzweigt, Blätter und Früchte trägt, wenn der Mnsch sie nur erst einmal durch *mbo mundi*, Setzling dasein machen, eben durch Einpflanzen dazu bringt, so auch der Urahne oder Stammvater einer Gruppe von Menschen: er wurde einst von einem der Überirdischen als *wamb* mbo, Menschensetzling, hier unten „hingelegt", d. h. gepflanzt, gesteckt, gesetzt, zur Zeugung und Vermehrung einer Menschen-Gruppe. Alle seine Nachkommen sind *mbo tenda* — e i n Setzling, weil sie alle von dem *mbo komon* — dem ersten Setzling, dem wichtigen, grundlegenden herkommen. So sind alle *Muntka* zusammen *mbo tenda* (Kap. 5, 1, I). Dasselbe sagen von sich die *Kentka ten wamb mbo tenda*, wir sind alle e i n Menschen-Setzling, ebenso die *Ndika*, die *Jamka*, kurz alle und jede der 140 und mehr Gruppen sagen das auch von sich.

Weil also die Hagen-Leute selbst weder „Gruppe" noch „Stamm" sagen, sondern „Setzling", will ich den Begriff „Setzling" auch in diesem Sinne gebrauchen, also für diejenige soziologische Einheit, die Bd. I—III „Stamm" genannt wurde und von mir bis jetzt wenig befriedigend „Gruppe" genannt wird, weil ich dafür an gegebener Stelle den Begriff „*Mi*-Gemeinschaft" einführen will (Kap. 6, 5). Es handelt sich nicht um ein fruchtloses Jonglieren mit Begriffen, sondern es geht darum, dass durch die Bezeichnung der konkreten Gruppe oder des Stammes als Setzling mit dem Sinnbezug dieses Begriffes auf das Pflanzen, die Vorstellung vom konkreten Setzling ihr notwendiges Komplement, ihre Ergänzung, Erfüllung (Kap. 4) findet durch die gleichzeitig damit gegebene Bezugnahme auf die hintergründige Macht, die den „Setzling hingelegt" hat und ihm Wachstums-, Zeugungs- und Vermehrungskraft gibt. Mit anderen Worten, es geht darum, dass unsere Begriffe Gruppe oder Stamm oder sonst einer „stückhaft" sind, wogegen wir in dem Eingeborenen-Begriff Setzling einen Ganzheitsbegriff vor uns haben, der nicht nur das vor Augen liegende gesellschaftliche Gebilde meint, sondern zugleich auch dessen hintergründige Beziehungen zur Macht mit umschliesst (Kap. 1; 2, 3).

3. Stammbäume.

Der Nachweis der Abstammung von einem Altvater ist bei den *Mbowamb* beliebt. Die Abstammung ist immer patrilinear. Wie schon Kap. 5, 1 zu IV gesagt ist, führen alle Teil- und Zweiggruppen eines Setzlings ihre Abstammung über Altväter von 5—6, im besten Falle 8—9 Generationen zurück auf den Altvater, dessen söhne-reiche Ehe zur Begründung der betreffenden Zweiggruppe führte. Etwas anderes ist der Stammvater des ganzen Setzlings, der deshalb auch den wichtigen Zusatz *komon* erhält. Er hatte einen mythologischen Vater und hat vor unvordenklichen Zeiten gelebt, so dass man natürlich bis zu ihm zurück die Generationenfolge nicht mehr überschauen kann. Es genügt zu wissen, dass er der Stammvater oder Urahne des ganzen Setzlings war.

Aber auch die Stammväter oder Begründer der Teil-Setzlinge (am Beispiel der *Muntka* römisch II) haben in den allermeisten Fällen schon vor so langer Zeit gelebt, dass man die Generationenfolge auch nicht bis zu ihnen zurückführt. Wenn Bd. II, 26 gesagt wird, „Wenn die *Mbowamb* behaupten, dass die Stammbäume auf den Urahnen zurückgehen, der eingewandert ist, so müssen wir das bezweifeln, denn in der kurzen Zeit von 7—8 Generationen hätte sich die Bevölkerung nicht so vermehren . . . können. Die Eingeborenen täuschen sich da eben, weil für die ferneren Ahnen ihr Gedächtnis sie im Stich lässt", so ist dazu wohl zu sagen, dass es sich bei der Aufzählung von Stammbäumen, die immer der patrilinearen Abstammung kleinerer Zweiggruppen innerhalb eines Setzlings gelten, überhaupt nicht um die Zurückführung bis auf den *têpam komon* — den erstgeborenen, wirklichen Vater des ganzen Setzlings handelt, also gar nicht um den eigentlichen „Urahnen", sondern immer nur um die Begründer der jeweiligen kleineren Zweiggruppen eines Setzlings oder auch Teil-Setzlings, die um ihrer relativen Selbständigkeit und gegenseitigen Rivalität willen solche Stammbäume mit grösstem Eifer repetieren und tradieren. Handelt es sich dabei etwa um den Nachweis der Abstammung von dem Begründer oder Stammvater einer *Anda-Noimp*-Gruppe (*Muntka* IV), so dürfte die Generationenfolge der Altväter wahrscheinlich noch in guter Erinnerung sein und stimmen, denn die Alten eines *Anda-Noimp* helfen da eifrig zusammen. Macht man aber auch einmal den Versuch, die

Generationenfolge eines Teil-Setzlings mit Hilfe der Namen der Altväter zu rekonstruieren, so unterläuft ihnen dabei wohl sicher eine „perspektivische Verkürzung" der tatsächlichen Generationenfolge; sie kommen dabei auch im besten Falle nicht über neun Generationen hinaus. Es ist mir nie begegnet, dass der Nachweis der Generationenfolge für einen ganzen Setzling bis zurück auf den wirklichen Urahnen mythologischen Ursprungs versucht wurde. Wir werden noch sehen, dass auch jener „*Maip*" (Bd. II, 26) durchaus nicht der Urahne aller *Ndika* ist („Als Urahnen sieht jedoch die ganze Bevölkerung des *Ndika*-Stammes *Maip* an. In ihm ist der ganze Stamm vereinigt" Bd. II, 40), sondern nur der Stammvater eines Teil-Setzlings der *Ndika* (Kap. 11, 11 v). Die Aufzählung von Stammbäumen dreht sich also immer nur um näherliegende Stammväter von Teil- und Untergruppen eines ganzen Setzlings und nicht um den wirklichen Ur-Ahnen oder echten Stammvater des ganzen Setzlings, von dessen überirdischer Abkunft die Mythe oder Sage über die Herkunft und Entstehung des Setzlings Kunde gibt.

KAPITEL 6
MYTHEN DER „SETZLINGE"

1. Ursprung und Entstehung der Setzlinge.

a) Wir haben gesehen, dass die *Mbowamb* oder Hagen-Leute in 140 und mehr einzelne „Menschen-Setzlinge" oder einfach „Setzlinge" gegliedert sind. Jeder Setzling ist dann wieder in sich gegliedert oder aufgezweigt, wie bisher am Beispiel der *Muntka* erst zu einem Teil gezeigt ist. Ehe nun am Beispiel der *Ndika* (Kap. 11, 11) diese Aufzweigung bis zu Ende vorgeführt werden soll, möchte ich erst auf die Frage nach dem Ursprung und der Entstehung der Setzlinge eingehen.

Die Antwort auf diese Frage hat jeder Setzling für sich in einer Mythe oder Sage, die nur ihm zugehört. Ausser der Mythe, die Aussagen macht über die überirdische Abkunft des *anda têpam komon*-e, des „wirklichen, echten, wesentlichen Altvater-Vaters", des ganzen Setzlings, hat dann jeder Teil-Setzling auch noch seine eigene Mythe oder Sage über das Ur-Erlebnis des Stammvaters eines jeden Teil-Setzlings. Die Gründe dafür werden sich später zeigen.

b) Diese Mythen oder Sagen über die Herkunft und Entstehung der Setzlinge und Teil-Setzlinge spielen im praktischen Leben eine sehr wichtige Rolle, denn es ist eigentlich nur eine Entfaltung dieser Mythen. Auf ihnen beruht die religiöse, gesellschaftliche, politische und rechtliche Einheit — ursprünglich der Setzlinge und später, nach starker Vermehrung — der Teil-Setzlinge, sowie die Exogamie, die patrilineare Abstammung und patrilokale Zugehörigkeit.

c) Jeder Setzling bzw. Teil-Setzling hat ein ihm Zugehöriges, das ihn ergänzt. Erst mit diesem Zugehörigen zusammen ist er ein Vollwertiges, ein Ganzes. Auch hier stossen wir also wieder auf die Vorstellung der Ergänzlichkeit (vgl. Kap. 4). Dieses Zugehörige — eine Pflanze, ein Tier, Vogel, Baum, Stein usw. — wird als *ŏŋin*, Freund, Bruder, bezeichnet. Es handelt sich also wohl um eine Art Totemismus. Ich werde aber die betreffenden Begriffe der Hagen-Sprache anwenden, denn meine Aufgabe ist es ja nicht, die Anschauungen der Hagen-Leute über ihre Setzlinge und Teil-Setzlinge in ein gewisses, vorgefasstes Schema — etwa Totemismus — einzureihen, sondern meine Aufgabe ist nur die möglichst sachgetreue Wiedergabe und anschauliche Beschreibung der Erscheinungen.

In dem Kapitel „Totemismus" Bd. II, 88 ff. lesen wir auf S. 89 unten: „Sonderbarerweise hat diese totemistische Auffassung von dem Ursprung des Lebens keinen Niederschlag in den Mythen des Volkes gefunden, wie es anderswo in der Südsee der Fall ist. Trotzdem ist auch der Totemismus am Hagenberg in dem religiösen Überlieferungsgut verankert." Die entsprechenden Mythen waren uns damals nur noch nicht bekannt.

2. Die Mythe der Muntka.

„Eine Jungfrau ging allein in den Wald, um Bastschnüre zu holen. Als sie im Walde so für sich hinging, sah sie auf einer Astgabel des *ŋgedl* genannten Strauches, der Bast liefert für die Frauenschürzen — die deshalb auch *ŋgedl* heissen — ein Vogelnest. Das Nest war aus Zweigen des *Munt*-Strauches hergestellt. Es lag ein Ei darin, das auf einer Unterlage aus *Munt*-Blättern ruhte. Die Jungfrau rief: Ei — a, da liegt ja ein Ei! Sie griff zu, um es in ihre Netztasche zu stecken. Aber das Ei zerbrach! Sie ass es roh."

„Als sie dann wieder daheim war, fand es sich, dass die Jungfrau schwanger war. Da sagten die Leute: das junge Mädchen ist ja in anderen Umständen! Ob sie wohl mit irgend einem Manne zusammen *wanêŋ-röŋ*, „Heimlichkeitsessen" (Deckrede für widerrechtlichen Verkehr) gegessen hat? — Die Jungfrau gebar einen Sohn. Als sie ihn da im Netzsack bei sich hatte, kam der *Köi Ndoa*, Vogel namens *Ndoa*, eine Geierart, und fütterte das Knäblein. Immer wieder brachte er ihm kleine Stückchen Schweinefleisch. Aus seinen Federn machte er ihm eine schöne Unterlage. Darum schmücken wir uns heute noch beim Tanz mit *Ndoa*-Federn. — Wenn er ihn fütterte und ihm die Unterlage wieder in Ordnung brachte, und der Knabe weinte, so nahm er ihn auf seine Arme und sprach (der Vogel!): Ich komme doch als dein V a t e r ! Da brauchst du doch nicht zu weinen. — Er wiegte ihn dann auf den Armen. So hegte und pflegte er ihn und der Knabe wuchs und wurde sehr bald ein Mann."

„Die Jungfrau dachte bei sich: wie soll ich den Knaben nur heissen? Ich kann ihn doch nicht nach mir nennen! (Beachte hier die patrilineare Auffassung; das Kind gehört von Mutterleib an dem väterlichen Kona zu; s. Kap. 13 u. 44). Da nannte sie ihn „*Munt-ka*".

„Der junge *Muntka* nahm dann eine Frau. An dem Ort, wo seine Mutter das Vogelei gefunden hatte, brachte er Opfer dar. Er „trug" (zeugte) vier Söhne. Ihre Nachkommen sind die vier „*Muntka* Teil-Setzlinge": *Muntka Kâwudl-öŋgidl*, *Muntka Temboka-öŋgidl* (oder *Meampêi*), die *Tedlaka-Muntka* und die *Mönts-Muntka*" (Kap. 5, 1).

Diese Mythe über die Herkunft des Urahnen aller *Muntka* und die Entstehung ihres Setzlings wurde mir auf der Gehilfenstation Eglêm von den Alten der *Muntka Temboka-öŋgidl* erzählt. Sie wohnen dort am Oberlauf des *Nöpidlö*, unterhalb des erloschenen Vulkans *Kuglmiŋ* vor dem Hagenberg (Bd. I, Bild 3). Auch bei den etwa 60 km weiter südwestlich wohnenden *Muntka-Kâwudl-öŋgidl* wird sie noch erzählt. Das *Kâwudl*-Gebiet gilt übrigens als die Heimat aller *Muntka*.

3. Die Sage der Muntka Temboka-önggidl.*

Die Alten in *Eglêm* fuhren fort, zu erzählen:

„Als die *Muntka* sich zerstreuten, kam einer das *Nöpidla*-Tal herauf bis hinter *Eglêm*. Er war aus dem *Kâwudl-oroŋa* über die Berge gekommen und schon weit gewandert. Er dachte

* Aus satztechnischen Grunden erscheint hier wie im Folgenden in den fett gesetzten Überschriften der sonst im Text mit „ŋ" wiedergegebene Laut als „ng".

auf seiner Wanderung bei sich: Wohin werde ich mich wohl noch wenden?! Als er hier in *Eglêm* im Walde herumlief, erlegte er ein Beuteltier. Als er es in der Kochgrube dämpfte, kam plötzlich eine *Rapa*-Eidechse hervor. Er erschrak und sagte: Wenn du das Fleisch essen willst, dann iss es nur! — Er liess es liegen und ging fort. Er dachte bei sich: Das hier ist ja ein *Kona wiŋndi!* Am anderen Morgen nahm er das Beuteltier, wärmte es auf und verzehrte es. Er nahm eine Frau und ‚trug' viele Söhne."

„Der Ort, an dem die *Rapa*-Eidechse hervorkam, ist der *Kona wiŋndi* von uns *Muntka Temboka-öŋgidl*. Die *Rapa* nennen wir unseren *öŋin*, ‚Bruder'. Wenn Feinde uns angreifen oder durch Zauberei umbringen wollen, so stecken sie sich Zweige vom *Munt*-Strauch in die Armringe oder auf die Basthaube. Erwischen sie eine *Muntka-Rapa*, so misshandeln sie sie vor uns. Wenn wir das sehen, dann wissen wir, dass sie Böses gegen uns im Schilde führen. Wie sie unseren *öŋin* behandeln, so wollen sie es auch mit uns machen."

„Wenn wir *Muntka* nach einem Kriege wieder Frieden schliessen, dann halten wir *Munt*-Zweige in der Hand und stecken solche in den Boden. Wir sagen dann, es soll wieder Friede herrschen. — Wenn wir auf eine Reise wollen oder auf einen Handelsgang oder Kriegszug und es kommt eine *Rapa*-Eidechse hervor, dann sagen wir: Die *Muntka-Rapa* zeigt sich, lasst uns umkehren! Es hat keinen Zweck; es würde uns nur Misserfolg und Unglück zustossen. Dann lassen wir es sein und kehren wieder heim."

„Wenn uns jemand eines Vergehens oder Diebstahls beschuldigt und Wiedergutmachung fordert, dann sagen wir: Wir haben es nicht getan — *Muntka Mi!* Dann lassen sie von uns ab. — Wenn wir ein Vergehen ‚zudecken' (verheimlichen, ableugnen) und sagen (trotzdem) ‚*Muntka Mi*', dann wird uns das *Mi* ‚fressen' ".

Die Mythe der *Muntka* und ihre Fortsetzung bei den *Muntka Temboka-öŋgidl* ist hoch interessant. Ich habe auch die Mythen und Sagen vieler anderer Setzlinge und Teil-Setzlinge gesammelt und werde davon noch mehrere Beispiele aus Vergleichs- und anderen Gründen bringen. Da viele Setzlinge und Teil-Setzlinge, wie z. B. die *Muntka Temboka-öŋgidl*, nicht mehr auf dem Land ihrer Vorfahren leben, sondern ausgewandert sind oder vertrieben wurden, ist es nicht mehr bei allen möglich, auch noch die Ursprungsmythe über den ganzen Setzling zu erfahren; man kann aber immer und überall auf jeden Fall die Sagen über die Abzweigung und Konstituierung der — zeitlich ja viel jüngeren — Teil-Setzlinge erfahren. Bei den *Muntka*, *Mineimbi* und anderen kenne ich beides, sowohl die Mythen über den Urahnen, als auch die über die Stammväter der Teil-Setzlinge. — Die Begriffe aus der Eingeborenensprache, die in den Mythen immer wieder vorkommen, sind beladen mit Bedeutung für das religiöse, rechtliche und soziale Leben der *Mbowamb*. Sie sind zum Verständnis unerlässlich und müssen deshalb näher erläutert werden. Zunächst zwei: das *Mi* und der *Kona wiŋndi*.

4. Das Mi.

Der *Munt*-Strauch, aus dessen Zweigen das *Mi-maŋa*, „Vogelnest", gemacht war und aus dessen Blättern die Unterlage für jenes Vogelei hergestellt war, wird von allen *Muntka* — also von dem ganzen Setzling als ihr *Mi* bezeichnet. Die *Rapa*-Eidechse, auch *Muntka-Rapa* genannt, ein 30 cm langes Tier, ist nur das *Mi* der *Muntka Temboka-öŋgidl*, eines Teil-Setzlings also. Sie zeigt sich ja auch erst in der Mythe oder Sage der *Muntka Temboka-öŋgidl*.

In welchem Zusammenhang tritt nun die *Muntka-Rapa* als *Mi* auf? Sie kommt an dem Erdofen hervor, in dem das Beuteltier gedämpft wird. Dieses plötzliche Hervorkommen erschreckt den *Muntka*-Mann. Er versteht es ganz offenbar als Anspruch an sein Beuteltier. Daher stellt er die Frage: Willst du es essen? Er fordert dazu auf: iss es! — Wie wir aus weiteren Ursprungsmythen anderer Setzlinge sehen werden, handelt es sich um den O p f e r a n s p r u c h.

Weiter erfahren wir, dass das *Mi* vor Misserfolg, Gefahren und Unglück warnt, gegen falsche Anklage in Rechtssachen und unbegründete Sühneforderung schützt, als Unterpfand des Friedens gilt, bei Verheimlichung getanen Unrechts und damit Verweigerung der berechtigten Sühneforderung unter Berufung auf das *Mi*, die Missetäter „frisst", d. h. ihnen die Lebenskraft aufzehrt. Es übt also eine Schutz- und Rechtsfunktion aus. — Das *Mi* wird als *ŏŋin*, Bruder, bezeichnet. Man fühlt sich also mit ihm blutsverwandt. Alle, die zu ihm gehören, sind also „Geschwister", sind mit ihm eine „Blutsgemeinschaft". Damit schliesst das *Mi* jegliche Heiratsverbindung unter solchen „Geschwistern" aus — die „*Mi*-Gemeinschaft" ist exogam.

Sprachlicher Exkurs über den Begriff Mi.

a) Das Wort *mi* bezeichnet zunächst einmal etwas so Unscheinbares wie das welke Laub, die Spreu. Für die weitere Entwicklung des Begriffes *mi* ist nicht unbedeutend, dass das welke Laub schweigend herabfällt und sich wie von unsichtbarer Hand geleitet auf ein Fleckchen Erde legt, als ob es — für den „mystischen" Sinn der Eingeborenen — dies gleichsam beanspruchen und in Besitz nehmen wollte. — Weil Tier-, Schweine- und Vogelnester aus *mi* — Laub, Spreu gebaut sind, nennt man sie *mi-maŋa*, „Laub-Hütten". — Hier ist für die weitere Entwicklung des Begriffes daran zu denken, dass aus den *mi-maŋa* die jungen Tiere, Schweine, Vögel kommen — also neues Leben! — Aus dem *mi-maŋa* in der *Muntka*-Mythe jenes Vogelei, von dessen Genuss die Jungfrau schwanger wird. Das *mi* — das Reisig und welke Laub — des *mi-maŋa* kommt dort vom *Munt*-Strauch und dieser *Munt*-Strauch wird zum *Mi* der „*Munt*-Strauchler"!

b) In einer verbalen Zusammensetzung mit *iti* — sein, werden, heisst *mi iti* — Spreu sein, Spreu werden, soviel wie vergehen, zugrundegehen, wie welkes Laub schliesslich verrottet. — So „frisst" das *Mi* die Lebenskraft der Missetäter, die die Missetat verheimlichen und ableugnen, dass sie vergehen, zugrundegehen (Kap. 38, 1).

c) Das Wort *mi* wird auch als Vokabel gebraucht im Sinne eines emphatischen „nein!" — Dies erinnert an die Berufung auf das *Mi* im Falle falscher Anschuldigung: wir haben es n i c h t getan — *Muntka Mi* (s. Kap. 38, 4)!

d) Sodann heisst *mi* auch das „Verbotszeichen" (Bd. II, Taf. 8, Bild 1). Man verwendet ja dazu *mi*, Reisig und welkes Laub. Es ist nicht unwichtig zu erwähnen, dass *mi* n i c h t „*tabu*" heisst — letzteres heisst *mouwi* — es handelt sich beim *mi* um ein Verbot im rechtlichen Sinne.

e) Das *mi* ist aber nicht nur „Verbotszeichen", also niemals nur negativ, sondern hat den positiven Sinn eines „Anspruchs- und Eigentumszeichens". Darum werden *Mi*-Zeichen auch gebraucht, um kundzutun, dass ein Vergehen am Eigentum eines anderen erfolgt ist. Sind etwa Früchte aus dem Feld entwendet worden, so legt man Blätter der gestohlenen Früchte auf die Gabelung des *Mi*-Zeichens. Das ist eine Forderung auf Entschädigung. Sind etwa Muscheln gestohlen worden, so stellt man mit Laub die Form einer Muschel dar, und zwar so viele, wie gestohlen wurden und steckt sie auf das *Mi*-Zeichen. Das heisst also, dass *Mi*-Zeichen verwendet werden, um auch den Rechtsanspruch auf Wiedergutmachung und Sühne kundzutun.

Der Sinngehalt des Wortes Mi im mythologischen Gebrauch.

a) Hier wird die Eidechse, der Strauch, Vogel, Baum, Stein, Tier usw. eines Setzlings oder Teil-Setzlings, also sein *öŋin*, Bruder, als *ten-ŋa Mi* unser *Mi* bezeichnet.

b) Dieses *Mi* wurde von der hintergründigen Macht „hingelegt". Es wird darum auch als *Ten-ŋa Tei-medl*, unser Hingelegtes, bezeichnet. Darüber ist später noch mehr zu sagen. Es sei hier nur festgehalten, dass *Mi* im mythologischen Verstand dasselbe „Ding" im Auge hat, wie *Tei-medl* und *öŋin*.

c) Dieses *Mi* wird nicht als Willkür „hingelegt"; es zeigt sich nicht von ungefähr. Es wird sofort als Opfer-Anspruch verstanden und damit als Rechtsanspruch auf den Setzling oder den Teil-Setzling. Er gehört der hintergründigen Macht, die ihn „gesetzt, gepflanzt" hat und von der er Lebens-, Zeugungs- und Vermehrungskraft empfängt. Diese Macht richtet über dem Setzling oder Teil-Setzling ein *Mi*-Zeichen auf, und zwar auf Grund ihres Urhebers — und damit auch Besitzrechtes. Gerade auch im mythologischen Gebrauch wäre der Sinn des *Mi* mit „Verbotszeichen" nur sehr unvollkommen, weil nur negativ wiedergegeben. Schon beim alltäglichen Gebrauch der *Mi*-Zeichen haben wir gesehen, dass ihr Sinn nicht nur darin liegt, Unbefugten den Zutritt oder Zugriff zu wehren (Bd. II, 103, 163, 318 u. a. O.), sondern ihr positiver Sinn liegt darin, dass sie Eigentums-Zeichen sind, also den Rechtsanspruch erheben auf Besitz, Bewahrung und Gebrauch. Sie s c h ü t z e n auch das Eigentum, so, wie das mythologische *Mi* die *Mi*-Gemeinschaft schützt.

d) Das *Mi* wird auch als *öŋin*, Bruder, bezeichnet, weil in ihm Lebens-, Zeugungs- und Vermehrungskraft „zufliesst", in diesem „Gegenüber" also dasselbe „Blut" enthalten ist, wie in der betreffenden *Mi*-Gemeinschaft. Somit ist es also „Bruder".

e) Da das *Mi*, dieser „Bruder" gerade nur dem einen Setzling oder Teil-Setzling speziell „hingelegt" wird, da der „Bruder" gerade nur dem Urahn des einen Setzlings oder dem Stammvater nur des einen Teil-Setzlings sich „zeigt", nur von ihm „gefunden" wird, gerade nur ihm „begegnet" und nicht irgend welchen anderen, wird in ihm die Lebens-, Zeugungs- und Vermehrungskraft, die durch ihn einem zufliesst, als eigenständige erkannt, die nur in „uns" wirksam ist; die der anderen ist eine andere, so, wie die Eidechse sich etwa von einem Strauch, ein Vogel sich etwa von einem Stein unterscheidet. Es ist darum immer „ u n s e r *Mi*, u n s e r *Tei-medl*, u n s e r *öŋin*", nicht der oder das der anderen. So grenzt das *Mi* als „Verbotszeichen" der hintergründigen Macht die betreffende *Mi*-Gemeinschaft gegen alle anderen *Mi*-Gemeinschaften ab, macht sie zu einer selbständigen soziologischen und politischen Einheit, schliesst sie aber auch als „Eigentumszeichen" mit der hintergründigen Macht sowohl, als auch untereinander zu einer *Mi*-Gemeinschaft zusammen, schützt und bewahrt sie.

f) Keine Zeugungsmythe berichtet über eine hintergründige Zeugung einer Urahne oder Ahnfrau und in keiner Mythe oder Sage „begegnet" das *Mi* einer *Mi*-Gemeinschaft jemals einer Frau, sondern immer nur einem Mann als Urahne oder Stammvater. So sind die *Mi*-Gemeinschaften, die Setzlinge und Teil-Setzlinge also, immer patrilinear und patrilokal.

g) Das *Mi* oder *Tei-medl* als *öŋin*, Bruder, macht alle Glieder der ihm zugehörigen *Mi*-Gemeinschaft zu seinen „Geschwistern" und damit zugleich auch zu „Geschwistern" untereinander. Das „Blut", das durch das *Mi* ihnen zufliesst, ist in ihnen allen wirksam. So ist die *Mi*-Gemeinschaft exogam.

h) Das *Mi* schliesst die Glieder einer *Mi*-Gemeinschaft nicht nur als „Blutsverwandte" zusammen, sondern auch als seelisch Verwandte; also nicht nur biologisch, sondern auch psychologisch. So steht das *Mi* auch für das gute Einvernehmen, den Frieden, für die ungestörten zwischenmenschlich-seelischen Beziehungen. Werden sie gestört durch verheimlichtes und nicht wieder gutgemachtes Unrecht, so „frisst" das *Mi*. Es ist also das Gruppen- oder besser Gemeinschaftsgewissen. Als solches wacht es ja auch über die Exogamie der *Mi*-Gemeinschaft und regelt Heirat und Ehe.

i) Das *Mi* übt eine rechtliche Funktion auch insofern aus, als die Anrufung des *Mi* in Rechtshändeln einem Eidschwur gleichkommt und die unrechtmässige Berufung auf das *Mi* einem Meineid mit Folgen. Soll es nicht „fressen", so muss Wiedergutmachung und Sühne geleistet werden, denn es will das gute Einvernehmen, den Frieden.

j) Da das *Mi* „hingelegt" wurde als Opferanspruch, schliesst dieses „Hingelegte" die *Mi*-Gemeinschaft auch als Kult-Gemeinschaft zusammen.

k) Die *Mi*-Zeichen im alltäglichen Leben sind Abbilder des Urbildes des am *Kona wiŋdi* einer *Mi*-Gemeinschaft „hingelegten" mythologischen *Mi*-Zeichens. Von ihm haben sie ihre „Kraft" und Wirkung. Deshalb sind sie auch gefürchtet. Sie erinnern an und vergegenwärtigen die „fressende Funktion" des *Mi*, wodurch die Missetäter zu *mi*, zu „abgefallenem Laub, zu Spreu" werden; also sterben und verderben.

So findet sich also im alltäglichen Gebrauch des Wortes *mi* der hintergründige Sinn des mythologischen *Mi*. — Alles nur programmatisch über das *Mi* Gesagte ist später noch näher zu entfalten.

5. Die Mi-Gemeinschaft.

Da das *Mi* — ursprünglich wohl nur erst — den Setzling und — nach starker Vermehrung später dann — den Teil-Setzling als eine Gruppe eigenständiger Lebens- und Vermehrungskraft gegen alle anderen Gruppen abgrenzt und als das „Gruppen-*Mi*" alle seine „Geschwister" zu einer Gemeinschaft nach „Blut" und „Seele" zusammenschliesst, darum habe ich nun oben bereits die Wendungen „*Mi*-Gruppe" oder besser „*Mi*-Gemeinschaft" verwendet. Um dem von mir zuerst gebrauchten blassen Begriff „Gruppe" etwas mehr Farbe zu geben, hätte ich wohl von Anfang an den Begriff „Totem-Gruppe" anwenden können, wenn es mir nicht darum ginge, die Einreihung in ein vorgefasstes Schema möglichst zu vermeiden und durch Verwendung der charakteristischen Hagen-Begriffe ein, wie ich meine, lebendigeres Bild von den Vorstellungen der Hagen-Leute zu vermitteln.

Wenn irgend welche *Mbowamb* von *ten-ŋa Mi*, unser Mi, sprechen, so meinen sie niemals ein allgemeines *Mi*, sondern immer ihr eigenes, das der *Mi*-Gemeinschaft, der sie jeweils angehören, ganz speziell „hingelegt" wurde als ihre „Ergänzung, Erfüllung", ihr „Bruder" und damit als Unterscheidungszeichen ihres „Blutes", d. h. ihrer Zeugungs- und Vermehrungskraft, die sich von dem „Blut" anderer *Mi*-Gruppen als andersartig und eigenständig abhebt, so dass Heiratsverbindungen eingegangen werden können; ferner aber auch „hingelegt", gleichsam als representatio des Anspruches des hintergründigen Erzeugers oder besser „Zeugers" des Urahnen der betreffenden *Mi*-Gruppe auf sein Urheber-, Besitz- und Bewahrungsrecht, das im Opferanspruch konkrete Form annimmt. — Vom *Mi* als Eigentumsanspruch dieses überirdischen Erzeugers an s e i n e n Setzling leitet sich aller Anspruch der *Mi*-Gemeinschaft und ihrer Glieder untereinander sowohl, wie auch gegenüber anderen *Mi*-Gruppen auf Urheber-, Besitz-, Eigentums- und Bewahrungsrecht ab, einschliesslich des Anspruchs auf Wiedergutmachung und Sühne. Es ist über diese rechtliche Seite der Sache später noch mehr zu sagen.

6. Das religiöse Ur-Erlebnis (vgl. hierzu Kap. 1, 2)

Wenn die *Mbowamb* etwas Ausserordentliches erleben wie es z. B. das Kommen der ersten Weissen oder des ersten Flugzeuges war, so beschreiben sie ein solches Erlebnis mit den Ausdrücken *te pu ragl etepa kögli, pipidl, murnt-moŋ, minŋön.* Sie alle bedeuten die innere Erschütterung vor dem Geheimnis des ganz Neuen, Unbekannten und darum Unheimlichen. Der erste Ausdruck „Urin und Stuhl lassen und sich damit einschmieren" zeigt drastisch, dass die innere Erschütterung auch die leiblichen Organe trifft. Der zweite Ausdruck *pipidl* heisst Scham *(Kâte: mimi).* Man empfindet Scham vor Menschen, aber z. B. auch vor den Geistern. *Kôr pipidl iti*, sich vor den Geistern schämen, ist ein oft gehörter Ausdruck, der zugleich anzeigt, dass die Übersetzung mit „Scham" nicht genügt. Scham ist offenbar der Furcht verwandt und deshalb wähle ich die Übersetzung „Scham-Furcht". Der dritte Ausdruck *murnt-moŋ* heisst „Furcht", aber im Unterschied zu *roŋa*, Angst, ist es die Furcht, die auf dem — wenn auch noch so verdeckten — Schuldgefühl ruht (s. Kap. 28, 3). Der vierte Ausdruck *minŋön* bezeichnet die „Angst vor dem Numinosen", die „Scheu" oder awe, wenn es besonders heftig kommt, „Schrecken und Entsetzen". Mit diesen — und noch anderen — Ausdrücken bezeichnen die *Mbowamb* das besondere, aussergewöhnliche Erleben an „heiligen Plätzen", zu „heiligen Zeiten", bei Krankheits-, Todesfällen usw.

Selbstverständlich treten diese Ausdrücke auch immer in den Ursprungs- oder Abstammungsmythen auf. Ausdrücklich heisst es z. B. von jenem *Muntka*-Mann: *rots nemba minŋön purum*, er fuhr zusammen und Ehrfurcht erfüllte ihn. Weil ihm hier das für ihn und alle seine Nachkommen so wichtige *Mi* hingelegt wurde, weil er es als Opfer-Anspruch verstand, weil hier seine Wanderschaft zu Ende kam, denn nun war ihm die Opferstätte gezeigt, in deren Bereich er sich ansiedeln sollte, weil hier das „Grauen der Einsamkeit" durch das Gegenüber des „Bruders" in das Bewusstsein der Geborgenheit in der zur „Zwei-Einheit erfüllten" Gemeinschaft verwandelt wurde und weil dies alles mit den für das Erlebnis des Hintergründigen, des Unbekannten und Ausserordentlichen bezeichnenden inneren Vorgängen verbunden war, weil ihm endlich zeitlose mythologische Gültigkeit zukommt, darum nenne ich dieses Erlebnis des Stammvaters einer *Mi*-Gemeinschaft an ihrem *Kona winŋdi* das religiöse U r - E r l e b n i s.

7. Die Unterscheidung von „mbo tenda" und „mbo kats".

Alle Nachkommen jenes Urahnen der *Muntka*, der mit Hilfe jenes Vogeleies gezeugt wurde, sind durch den *Munt*-Strauch, das *Mi* also, als die *Mi*-Gruppe der „*Munt*-Strauchler" bekannt. Sie selbst sagen darum auch von sich: *Ten Muntka mbo tenda* „wir Muntka sind ein Setzling", obwohl sie nicht alle in derselben Landschaft zusammen wohnen. Nun sagen aber etwa die *Muntka Kâwudl-öŋgidl* auch von sich: *Ten Muntka mbo kats*, wir sind ein Muntka Teil-Setzling. Ebendasselbe sagen auch die *Muntka Temboka-öŋgidl*, wie wir gesehen haben (Kap. 5, 1). Ich habe bisher die wörtliche Übersetzung „Teil-Setzling" beibehalten, den Sinn von „*mbo kats*" kann man aber in Deutsch am besten mit „Ableger" wiedergeben, also: wir sind ein Muntka-Ableger. — Diese Unterscheidung von *mbo*, Setzling und *mbo kats*, Ableger, finden wir auch bei allen anderen *Mi*-Gemeinschaften.

Da also aus dem ersten Setzling offenbar spätere Ableger hervorgingen, ist es notwendig, die Unterscheidung zwischen primären und sekundären *Mi*-Gruppen zu machen. Da nun aber auch aus den sekundären *Mi*-Gruppen bei sehr starker Vermehrung im Laufe der Generationen oft noch weitere Ableger mit Eigenständigkeit hervorgegangen sind, will ich für sekundäre und alle weiteren *Mi*-Gruppen die — leider etwas unbeholfene — Bezeichnung „Ableger-*Mi*-Gruppe" oder „Ableger-*Mi*-Gemeinschaft" verwenden, im Unterschied zur ursprünglichen *Mi*-Gemeinschaft. Die beiden Bezeichnungen meinen also jeweils dieselbe soziologische Einheit wie *mbo*, Setzling und *mbo kats*, Ableger.

8. Die Exogamie.

Die Unterscheidung ist wichtig. Die schon erwähnte Rivalität, das Verlangen nach Ehre und Ansehen, das man sich gar nicht intensiv genug vorstellen kann, das Misstrauen z. B. in Folge des Zauberglaubens, das starke und zornige Verlangen nach Vergeltung und Rache, dies alles u. a. m. hat wohl sehr dazu beigetragen, dass die ursprünglichen *Mi*-Gemeinschaften der *Mbowamb* kaum je als kultische, politische, soziale usw. Einheit auftreten und handeln, sondern nur die einzelnen Ableger-*Mi*-Gruppen, die unter sich immer Rivalen sind und einander oft bekämpfen.

Die Einheit und der Zusammenhalt der ursprünglichen *Mi*-Gemeinschaften wurde aber unter die einzelnen Ableger-*Mi*-Gemeinschaften „aufgeteilt", auch aus einem sehr positiven Grund; dadurch wurden Heiraten auch innerhalb der primären *Mi*-Gemeinschaft möglich. Die Entstehung der „Ableger" hängt also wohl sehr stark mit dem Gesetz der Exogamie zusammen. Dies bedarf näherer Erläuterung.

Um bei dem Beispiel der *Muntka* zu bleiben: Die *Muntka Temboka-öŋgidl* etwa können Töchter der *Muntka Kâwudl-öŋgidl* heiraten und umgekehrt. Die Exogamie erstreckt sich also nicht mehr auf die ursprüngliche *Mi*-Gruppe der *Muntka* als Ganzes, sondern nur auf die Ableger-*Mi*-Gruppen. So ist es auch bei allen anderen *Mi*-Gruppen. Wie schon einmal erwähnt sind in der „*Mbowamb*-Monographie" Bd. I-III die von mir zuerst als „Gruppen", dann als „Setzlinge" und nun auch als „*Mi*-Gruppen" oder „*Mi*-Gemeinschaften" bezeichneten Einheiten als „Stämme" bezeichnet und dementsprechend ist dann vom *Muntka*-Stamm, *Neŋka*-Stamm usw. die Rede. Ebenso auch von „Stammes-Exogamie". Bd. II, 88 lesen wir: „Die exogame Heirat, die unter den *Mbowamb* Sitte ist, und die nur von Stamm zu Stamm gehandhabt wird, lässt den Schluss zu, dass es sich bei diesen Stämmen um Volksgruppen handelt, die zu verschiedenen Totems gehören . . . Heirat zwischen Gliedern der gleichen Totemgruppen ist also verboten. Die Totemgruppe umfasst dabei ganze Stämme (gemeint ist hier wohl, dass jede ‚Totemgruppe' immer den ganzen ‚Stamm' umfasst) und nicht nur einzelne Sippen." Tatsächlich erstreckt sich aber die Exogamie nicht auf den ganzen „Stamm" oder „Setzling", sondern nur auf die jeweiligen „Ableger" eines jeden „Setzlings", d. h. also, dass die Ableger-*Mi*-Gruppen innerhalb einer ursprünglichen *Mi*-Gruppe einander gegenüber genauso als exogame Einheiten auftreten, wie sie das nach aussen hin gegenüber anderen *Mi*-Gruppen und deren Ableger-*Mi*-Gruppen tun. Die Bemerkung Bd. II, 25 unten zeigt, dass der Verfasser dies damals natürlich auch schon beobachtete, nur suchte er es auf andere und doch wohl kaum annehmbare Weise zu erklären: „Wenn wir . . . feststellen können, dass auch innerhalb des Stammes Heiratsverbindungen eingegangen werden können, so handelt es sich dabei um Stammesteile, die sich nicht auf Grund gemeinsamer Abstammung miteinander verwandt fühlen. Sie stellen dann entweder noch einen Rest der Urbevölkerung dar, oder es sind vom Stamme adoptierte Sippen und aufgenommene Splitterstämmchen." — Gerade am Beispiel der *Ndika*, deren „Stammbaum der herrschenden *Ndika*-Männer" Bd. II, 26 ff gegeben ist, wird noch zu zeigen sein, dass sich die ursprüngliche *Mi*-Gemeinschaft der *Ndika* im Laufe der Zeit durch starke Vermehrung aufgezweigt hat in eine ganze Anzahl nun gegeneinander exogamer Ableger-*Mi*-Gruppen, die schon seit vielen Generationen Heiratsverbindungen untereinander eingegangen sind und eingehen, obwohl es sich um gebürtige, also echte und nicht etwa adoptierte oder sonstwie angenommene *Ndika* oder etwa „einen Rest der Urbevölkerung" handelt.

9. Wiederholung des religiösen Ur-Erlebnisses.

Wie aber kann eine exogame *Mi*-Gruppe sich denn in sich selbst aufzweigen zu exogamen Teil-Gruppen, die dann untereinander Heiratsverbindungen eingehen können? Muss es nicht zum unabänderlichen Wesen der *Mi*-Gruppe gehören, dass unter allen ihren Gliedern Heiratsverbindungen ausgeschlossen sind, nachdem sie doch durch ihr *Mi* untereinander alle „Geschwister" sind?! Auf diese Frage gibt uns bereits die Entstehungssage der *Muntka Temboka-öŋgidl* Antwort.

Zur Zeit, als nur der *Munt*-Strauch das *Mi* der *Muntka* war, gab es auch nur eine einzige exogame *Muntka*-Mi-Gruppe. All ihre Glieder waren „*Munt*-Strauchler" und damit „Geschwister", für die Heirat untereinander ausgeschlossen war. Dass nun z. B. die *Muntka Temboka-öŋgidl* nicht nur die ursprüngliche *Muntka*-Mythe haben (Kap. 6, 2), sondern auch ihre eigene (Kap. 6, 3), also nicht nur über die Abkunft ihres Urahnen, des Stammvaters aller *Muntka*, sondern auch über ihren eigenen Stammvater, den Begründer der *Temboka-öŋgidl* und seine Erlebnisse Bescheid wissen, ist von grösster Bedeutung. Wie jener geheimnisvolle Vater den Urahnen der *Muntka* zeugte und ihm im *Munt*-Strauch das *Mi* „hinlegte", und wie der wunderbar schnell erwachsene Urahne dann an jenem *Kona wiŋndi* Opfer darbrachte, weil sich ihm dort das *Mi* selber zeigte und er darin staunend-erschreckend die Macht zur Entstehung und Vermehrung einer Gruppe von Menschen erlebte, so berichtet auch die Sage über den Stammvater der *Muntka Temboka-öŋgidl*, dass er auf seiner Wanderung im Walde hinter

Eglêm eben diesselbe Erlebnis hatte: in der *Muntka-Rapa* begegnete ihm der Opferanspruch und darin zugleich der neue „Bruder", in dem sich ihm die in ihm wirksam werden wollende Zeugungs- und Vermehrungskraft „zeigte" zum Zwecke der Entstehung eines *Muntka*-Ablegers. Darum fand er hier ein neues *Mi:* die *Muntka-Rapa!* Seinen Kindern und deren Nachkommen wird ihre Lebenskraft nicht mehr durch den *Munt*-Strauch als „Unterlage" oder „Leitung" zufliessen, sondern durch die *Rapa.* Sie werden ihr „Blut" und ihre zwischenmenschlich-seelischen Beziehungen nicht mehr im *Munt*-Strauch, sondern in der *Rapa* „sehen". Der Name „*Muntka*" wird sie zwar für alle Zeiten daran erinnern, dass der Urahne als ursprünglicher „Menschen-Setzling" geheimnisvoller Herkunft war und dass er im *Munt*-Strauch sein Gegenüber, seine Ergänzung und „Erfüllung" fand, aber i h r Gegenüber, ihre Ergänzung und Erfüllung wird von nun an die *Muntka-Rapa* sein. Sie werden zwar nur ein „Ableger" sein, aber die Lebens-, Zeugungs- und Vermehrungskraft, die in ihnen wirksam sein wird, wird sich künftig so unterscheiden, wie sich eine *Rapa*-Eidechse vom *Munt*-Strauch unterscheidet. Ein „*Rapa-Muntka*" wird von nun an, wenn er will, etwa eine *Muntka Kâwudl-öŋgidl* heiraten können, weil die noch weiterhin den *Munt*-Strauch zum *Mi* haben, so dass des *Muntka-Rapa*-Mannes Braut eine *Munt*-Strauch-Tochter sein wird.

Der gleiche Vorgang der Wiederholung des religiösen Ur-Erlebnisses, das u. a. den Opferanspruch und damit eine neue Opferstätte und das Geschenk eines neuen *Mi* einschliesst zum Zwecke der Entstehung einer Ableger-*Mi*-Gruppe, kann durch viele Beispiele aus anderen *Mi*-Gruppen aller Gaue der *Mbowamb* belegt werden. Es kann das Gesetz aufgestellt werden: ohne religiöses Ur-Erlebnis kann keine neue und eigenständige exogame Ableger-*Mi*-Gruppe aus einer ursprünglichen *Mi*-Gruppe entstehen. Positiv gewendet: jede Ableger-*Mi*-Gruppe, die immer exogam, patrilinear und patrilokal ist, hat ihr eigenes Mi und übt den gemeinsamen Kult an ihrem eignen *Kona wiŋndi.*

10. Der Kona wingndi.

Der Ort, an dem in der *Muntka* Mythe jene Jungfrau das geheimnisvolle Ei fand, wurde dann von dem erwachsenen Sohn und seinen Nachkommen der *Kona wiŋndi* der *Muntka* genannt. Dort war ihm der Opferanspruch gestellt worden und dort war darum die Opferstätte der ursprünglichen *Muntka Mi*-Gruppe. Dasselbe erzählt die Sage der *Muntka Temboka-öŋgidl.* Der Ort, an dem die *Muntka-Rapa* am Erdofen zum Vorschein kam und als Opferanspruch, *Mi* und „Bruder" verstanden wurde, wurde und ist bis heute der *Kona wiŋndi* der *Temboka-öŋgidl.* Es ist also auch hier zwischen „ursprünglichem" und „späterem" *Kona wiŋndi* zu unterscheiden. Nicht nur jede der 140 und mehr *Mi*-Gruppen der *Mbowamb* wissen ihren ursprünglichen *Kona wiŋndi* noch anzugeben, auch wenn sie „ausgewandert" sind oder vertrieben wurden, sondern auch jede Ableger-*Mi*-Gruppe hat ihren eignen *Kona wiŋndi.*

Erläuterung des Begriffs: Das Wort „*wiŋndi*" — manche sagen auch „*wöŋndi*" oder „*weŋndi*" — ist das Verbaladjektiv vom Verb *weŋndedl,* etwas geschickt, aussergewöhnlich gut, auf geniale Weise machen; oder auch „als Erster etwas machen, was bis dahin noch niemand gemacht hat", also im Sinne von erfinden, schaffen, schöpferisch sein. In diesem

Sinne wird es von Menschen gesagt, die etwas besonderes kunstfertig herstellen können oder etwas ganz Neues machen, was bis dahin noch niemand so gemacht hatte. Für die Mbowamb zeigt sich darin — wie für alle „Primitiven" — dass solche Menschen von den hintergründigen Mächten „schöpferisch begabt" oder „genial veranlagt" wurden. Denn das „weŋndedl" ist ja nicht menschlicher Herkunft, sondern ist mittelbar und abgeleitet; unmittelbar und urspünglich gilt es nur von den hintergründigen Mächten selbst.

Über die Bedeutung des Begriffes „*Kona*" s. Bd. II, 319 f. Es ist zu dem dort Gesagten zu bemerken, dass *kona* nicht auch „Regen" heisst. Die *Mbowamb* haben drei verschiedene „n": ein dentales, ein palatales und eins mit einem leichten j-Vorschlag (spanisches ñ mit Zirkumflex). *Kona* mit palatalem „n" heisst Platz, Stelle, Ort, Gegend, Land. *Kona* mit dentalem n dagegen heisst Regen und dann im weiteren Sinn atmosphärische Erscheinungen wie z. B. das Regenwetter, die schlechte Witterung, die Menschen krank macht, der Blitzschlag, der einen Menschen tötet, usw. Luft- oder gar Himmelsraum heisst es allerdings nicht; dafür sagt man *waka*, die Leere, und *mugl*, der Dampf, Dunst, Himmel (sky). — Der *Temboka*-Dialekt hat für die im *Medlpa* so gleichlautenden Wörter „*kona*", in denen nur das palatale oder dentale „n" den Bedeutungsunterschied anzeigt, zwei ganz verschiedene Wörter, nämlich *kodla* für Platz, Ort usw. und *glo:* für Regen, Wetter.

Die Wendung *kona wiŋndi* bedeutet also ausserordentlicher, genialer, schöpferischer Platz; oder auch Ort, an dem es (er) etwas Hervorragendes, Neues, Geniales, Schöpferisches machte. Worin dieses „schöpferische Geschehen" bestand, sagen uns die Herkunfts- und Abstammungsmythen der *Mi*-Gruppen und Ableger-*Mi*-Gruppen. Manche wissen davon zu erzählen, dass jener hintergründige und geheimnisvolle Vater, der in der *Muntka*-Mythe als Vogel auftritt und dort dem Knaben die Unterlage schön herrichtet, ebenso auch den Platz „genial herrichtet", an dem er das *Mi* „hinlegte". Zum „Ort schöpferischen Geschehens" gehört natürlich vor allem jenes Ei, von dessen Genuss die Jungfrau schwanger wurde. Zum Begriff *kona wiŋndi* gehört der Sinnbezug auf den hintergründigen Vater; es gehört dazu das *Tei-medl* oder *Mi*, der Opferanspruch und die Opfer, die ja selbst in gewissem Sinn „schöpferisches Geschehen" sind. Für das Eingeborenen-Denken „partizipieren" diese Begriffe ja alle aneinander, einer ergänzt, durchdringt, erfüllt den anderen, denn es ist immer „ganzheitliches" Denken. — Wie wir später sehen werden, sind auch die Herkunftsmythen oder Sagen anderer *Mi*-Gruppen und Ableger-*Mi*-Gruppen nur immer eine Variation des gleichen Themas.

Wer auf simple Weise die für ihn vielleicht „simple" Frage an „Primitive" stellen wollte: „wer hat euch geschaffen?" oder „habt ihr einen Schöpfer?" wird wohl auf wenig Verständnis stossen und dann vielleicht meinen, sie hätten „keinen höheren Begriff", keine Vorstellung von einem Schöpfer. Wer aber z. B. die Mbowamb fragen würde: hat es mit euch einst etwas Ausserordentliches (Wunderbares, Geniales, Schöpferisches) gemacht?, der wird auf sehr viel Verständnis stossen. Die Leute werden etwa die Mythe des Ursprungs ihrer Gruppe erzählen und sie werden sogar den Ort zeigen können, an dem einst etwas Ausserordentliches geschah. Sie werden sagen: dies ist unser *Kona wiŋndi*. — Freilich muss der Fragende ihre Sprache sprechen und ihr Vertrauen besitzen.

KAPITEL 7
WEITERE HERKUNFTSMYTHEN

Um zu zeigen, dass auch im *Medlpa*- und *Kopon*-Gebiet die gleichen mythologischen Vorstellungen sich finden über die Herkunft und Entstehung einer *Mi*- oder Ableger-*Mi*-Gemeinschaft, wie wir sie bei den *Muntka* im *Kâwudl*- und *Temboka*-Gebiet gesehen haben, seien nun einige weitere Beispiele von Mythen angeführt. Zunächst die der *Mineimbi*.

Die *Mineimbi* wohnen etwa 50 km nordöstlich von den *Muntka Temboka-öŋgidl* in den *Aeŋ*-Bergen. Während die *Muntka* den *Kâwudl*- bzw. *Temboka*-Dialekt sprechen, sprechen die *Mineimbi* als Bewohner des *Medlpa*-Gebietes das *Medlpa*. Trotz der geographischen und sprachlichen Entfernung ist die Gleichheit des mythologischen Selbstverständnisses, wie es in der folgenden *Mineimbi*-Mythe zum Ausdruck kommt, mit dem der *Muntka*-Mythe sofort zu sehen.

1. Die Mythe der Mineimbi.

Die Alten der *Mineimbi* erzählten mir in *Kraroŋ* folgendes:

„Hinten am *Aeŋ*-Berg auf der Westseite drunten unweit der schönen Aussicht *Ȯŋgikö* hatten sie am Rande des Urwaldes ein schönes Feld geschlagen. Das nach der ersten Ernte überwucherte Feld reinigten sie dann später wieder und bepflanzten es zum zweiten Male. — Eine Frau und ihre Tochter gingen am Fluss entlang aufwärts. Die beiden fingen Frösche und stiegen dann zu dem Feld hinauf, wo sie Gemüse holten.

Als sie sich dann am Feldrand hingesetzt hatten, da sahen sie wie unterhalb des Feldes auf einem „*Mineimb*" genannten Platze unter einem Yamsstock hervor ein *Glokedla*-Vogel aufflog. Das Mädchen sagte, ich will hinuntergehen und nachsehen! Da lag unter dem Stock der *Mbonoŋ* genannten Yamsart in einem Vogelnest ein Ei. Sie nahm es heraus, trug es zu ihrer Mutter hinauf und sagte: Mutter, schau nur! Da habe ich ein Vogelei gefunden. Sie wickelten das Ei in Rohrgemüseblätter ein und steckten es in ihren Netzsack.

Drüben in *Roglpa*, in ihrer Siedlung, wollten sie kochen und als sie die Sachen aus dem Tragnetz holen wollten, siehe, da lag ein neugeborenes Knäblein darin! Als sie das sehen, erschraken sie und die Tochter sagte: Liebe Mutter, wir beide waren doch die ganze Zeit unterwegs gewesen ohne dass sich etwas Sonderliches zugetragen hätte und nun liegt das Knäblein hier in unserem Netzsack! Die Frau stillte den Säugling. Er wurde ganz schnell gross und ass alle Speisen. Die beiden sagten, wir haben ihn als *köi* „Vogel (Ei)" gefunden hinten in *Mineimb* und nannten ihn deshalb *Mineimb-i-Köi*, den *Mineimbi*-Vogel.

Sie wunderten sich, warum er so schnell wuchs und stark wurde. Droben am *Aeŋ*-Berg hörten sie öfters ein Schweinchen schreien. Als sie gingen, um nachzusehen, da sahen sie und siehe, droben am *Aeŋ*-Bach sass ein riesiger *köi Ndoa*, Geier, und zerlegte ein kleines Schwein, so wie Menschen ein Schwein zerlegen. Dann trug er die Stücke flussaufwärts. Sie sagten, wir wollen doch den Ort sehen, an dem er sich zum Fressen niedersetzt. Sie gingen ihm nach und siehe da, droben am *Aeŋ-Ku*, einer kahlen Felsplatte auf der Spitze des

Aeŋ-Berges, legte er die Stücke auf. Der Knabe sass dort! und der Geier reichte ihm immer wieder kleine Stückchen, die er alle verzehrte. — Nun wussten sie, warum er so schnell wuchs und stark war.

Der *Mineimbi*-Vogel ging dann auf den Liebeswerbetanz (*amb kanan*, Bd. II, 190 f.). Einer *Têpoka*-Frau namens *Nggoldei* gab er Liebeszauber, dann machte er sich wieder auf den Heimweg. Er wurde schwer krank. Da bauten sie ihm hinten an der schönen Aussicht bei *Öŋgökö*, dort wo sie im Feld das Vogelei gefunden hatten, eine Hütte und legten ihn hinein. (Am Ort seines geheimnisvollen Ursprunges wird er wieder genesen!) — Die *Têpoka* wollten ihm die Jungfrau nicht geben, aber die *Nggoldei* sagte, ich will zu dem Mann gehen! („zum Manne gehen" heisst in *Medlpa* „heiraten"). Sie bestand auf ihrem Willen, kam und ging hinauf in die Hütte des *Mineimbi*-Vogels. Dort lebten sie zusammen.

Der *Mineimbi*-Vogel gab seine Schwester dem *Kombogla Kae* zur Frau. Er ging mit seinem Schwager den *Aeŋ*-Berg hinauf. Dort oben auf jener Steinplatte, dem *Aeŋ-Ku*, war Holz aufgeschichtet und zwar war es Holz vom *Uin*-Baum. Oben auf dem Holz lagen Kochsteine gerade wie zum Heissmachen, um Essen im Erdofen zu dämpfen! Der *Mineimbi-Vogel* sah es zuerst, fuhr zusammen, empfand Ehrfurcht und sagte erst nichts. Dann sprach er: da macht es (er) mir ja etwas Ausserordentliches! Ich sehe, dies ist mein *Kona wiŋndi*. — Er fasste die Steine an und deshalb ist „*Ku*-Stein" das *Mi* von uns *Mineimbi*. Jener *Kombogla Kae* fasste das Holz an und deshalb ist der Baum *Uin* noch heute das *Mi* der *Kombogla*. — Sie brachten dann dort oben am *Aeŋ-Ku* Opfer dar.

Mineimbi-Vogel zeugte einen Sohn und nannte ihn *Komon*; nach ihm sind heute die *Mineimbi Komonka* genannt. Den zweiten nannte er *Rup*; nach ihm sind die *Mineimbi Ruprupka* genannt. Den dritten nannte er *Namb*; nach ihm sind die *Mineimbi Nambka* genannt. Nach dem vierten namens *Pape* sind die *Mineimbi Papeka* genannt. Nach dem fünften und letzten namens *Napa* sind die *Mineimbi Napaka* genannt."

„Wenn wir Mineimbi zum Kampf ausziehen wollen und sehen droben über dem *Aeŋ*-Berg mehrere *Ndoa*-Geier kreisen, dann sagen wir, es wird gut gehen! Dann ziehen wir aus zum Kampf und schlagen unsere Feinde in die Flucht. Wenn wir aber sehen, dass sich droben nur ein Geier zeigt und nur immer mit eingezogenem Kopf dasitzt, dann wissen wir, dass es für uns schlecht ausgehen würde und lassen den geplanten Kriegszug sein."

„Weil der *Glokedla*-Vogel auf jenem Ei sass, deshalb töten wir *Mineimbi* keinen *Glokedla*. Wir essen auch die *Mbanoŋ*-Yams nicht. Wenn unsere Feinde vor uns einen *Glokedla* töten oder sich *Mbonoŋ*-Blätter aufstecken, dann wissen wir, dass sie uns verzaubern oder angreifen wollen. Wenn wir nach einem Krieg Frieden schliessen wollen, dann legen wir einen Stein hin. — Wenn wir zu Unrecht angeklagt werden, dann nehmen wir einen Stein, lecken ihn an und sagen: Wir haben es nicht getan — *Mineimbi Mi!* Wir lügen dann nicht, denn sonst würde uns das *Mi* fressen".

2. Die überirdische Abkunft des Urahnen.

Wie bei den *Muntka* so ist auch bei den *Mineimbi* der *anda-têpam, têpam komon-e* „der wirkliche Altvater-Vater", der Urahne, auf einen überirdischen Vater zurückgeführt, der wiederum als Vogel auftritt. Dass er in der *Mineimbi*-Mythe einmal als *Glokedla*, dann als *Ndoa* auftritt, ist dem mythologischen Denken kein Problem. Wieder ist es eine Jungfrau, die das Ei findet. Die Geburt des Knaben wird hier allerdings sogar umgangen. Er kommt geheimnisvoller Weise direkt aus dem Ei — ein starker Ausdruck für die Anschauung, dass die Frau und Mutter beim Zustandekommen des Kindes nichts beizutragen hat (Bd. II, 43 unten und 236) als die Pflege und durch die Muttermilch eine gewisse Stärkung der Lebenskraft. Die Zeugungs- und Vermehrungskraft liegt allein bei den Vätern. Das Vorhandensein der Frau und Mutter wird einfach vorausgesetzt. Die *Muntka*-Mythe zeigt klar, dass die Frau nur Gefäss ist zur Aufnahme der im Vogelei enthaltenen Zeugungskraft des hintergründigen Vaters. In der *Mineimbi*-Mythe wird sie nicht einmal als „Gefass" für nötig erachtet. Jedoch spielt immerhin ihr Netzsack diese Rolle! — Sowohl der kleine *Muntka* als auch der kleine *Mineimbi*-Vogel werden von ihrem Vater mit Fleisch gefüttert. Die Ernährung durch die Mutter wird in der *Muntka*-Mythe überhaupt nicht erwähnt, in der *Mineimbi*-Mythe gerade nur gestreift. Der Beitrag der Mutter soll möglichst nicht in Erscheinung treten. Das patrilineare Denken ist beherrschend. Das Fleisch, mit dem die Knaben von den Vätern gefüttert werden, ist natürlich Opferfleisch, sozusagen „Götterspeise", darum werden die beiden auch so ganz aussergewöhnlich schnell gross und stark. — Die überirdische Abkunft, die Jungfrauengeburt, die Ernährung mit „Götterspeise" erinnert merkwürdig etwa an die altorientalische Mythologie.

3. Die patrilineare Abstammung.

Wie der Urahne einer *Mi*-Gruppe nach den Herkunftsmythen der *Mbowamb* immer auf einen überirdischen Vater zurückgeführt und die Mutter nur nebenbei, aber ohne Name und Herkunft erwähnt wird, so wird auch die Abstammung der Glieder der *Mi*-Gruppe oder Ableger-*Mi*-Gruppe immer nur patrilinear gerechnet. Die Abstammungslinie wird von Generation zu Generation übeı die *wö anda*, „Altväter", zurückverfolgt. Das *Mi*, also das „Blut", wird ja nicht durch die Mütter vererbt, sondern nur durch die Väter. Zufolge der Exogamie kommen die Mütter immer aus anderen *Mi*-Gruppen. Jede *Mi*-Gruppe führt ihre Abstammung immer auf einen „wirklichen Altvater-Vater" zurück und jede Ableger-*Mi*-Gruppe ihre Abstammung wiederum auf ihren Stammvater, der ja auch ein Nachkomme jenes Urahnen ist. So wird auch die Abstammung aller Glieder immer nur durch die väterliche Linie verfolgt. Die *Mi*- und Ableger-*Mi*-Gruppe ist immer patrilinear (Kap. 5, 1 und 3).

4. Die patrilokale K o n a - Zugehörigkeit.

Sowohl der Urahne einer *Mi*-Gruppe, wie auch der Stammvater einer Ableger-*Mi*-Gruppe siedeln sich immer um den *Kona wiŋndi*, den Ort schöpferischen Geschehens her an. Diesem *Kona* gehören sie zu. Was für sie gilt, gilt auch für alle ihre Nachkommen. Patrilineare Abstammung und patrilokale *Kona*-Zugehörigkeit gehören zusammen. Die *Mi*- und Ableger-

Mi-Gruppe ist immer patrilinear und patrilokal. So wenig, wie die patrilineare Abstammung jemals verleugnet werden kann, kann auch die patrilokale *Kona*-Zugehörigkeit jemals abgelegt werden. Auch die Frauen, die ja infolge der Exogamie immer in eine andere *Mi*-Gruppe einheiraten, gehören auch als verheiratete Frauen immer noch ihrer patrilinearen *Mi*-Gruppe und ihrem patrilokalen *Kona* an. Sie behalten dort immer Heimatrecht. Im *Kona* ihres Ehemannes wird die verheiratete Frau noch immer nach dem Namen ihrer väterlichen *Mi*-Gruppe genannt. Ihre patrilineare Abstammung und patrilokale *Kona*-Zugehörigkeit werden sozusagen jedesmal so oft sie gerufen wird, in Erinnerung gebracht, denn auf diesen beiden Dingen beruht ja überhaupt die Möglichkeit der Ehe. (Kap. 13, 1). Wie die patrilineare Abstammung aller Glieder einer *Mi*- und Ableger-*Mi*-Gruppe auf dem gemeinsamen *Mi* beruht, so auch die patrilokale *Kona*-Zugehörigkeit, denn das *Mi* ist ortsgebunden. Es wurde ja nicht irgendwo und überall „hingelegt", sondern nur an einen bestimmten Ort, eben an den *Kona wiŋndi*, um den herum daher auch das Siedlungsland liegt.

5. Das „gegebene" Siedlungsland.

Es ist ein bedeutsamer Zug der Sage der *Muntka Temboka-öŋgidl*, dass darin von ihrem Stammvater gesagt wird, er habe auf seiner Wanderung immer gedacht: Wohin werde ich mich wohl noch wenden? Er zog aus und wusste nicht wohin. Durch das Hervortreten des *Mi*, in dem ihm der „Bruder" begegnet und der Opferanspruch, womit gleichzeitig die Opferstätte und der Ort schöpferischen Geschehens „aufgefunden" ist, kommt der unruhvolle und gefährliche Wanderzug zu Ende. Um den *Kona wiŋndi*, der zur Kult- und Opferstätte des neuen *Muntka*-Ablegers wird, liegt zugleich das ihm von der hintergründigen Macht zugedachte Siedlungsland.

Wie man nun von *ten-ŋa kona wiŋndi*, unserem schöpferischen Ort, spricht, so auch von *ten-ŋa kona*, unserem Platz, oder unserem Land. Damit meint man das Siedlungsland. Es wird auch *ten-ŋa möi*, unsere Erde, oder unser Boden genannt. Es ist wie das Mi und der *Kona wiŋndi* von der hintergründigen Macht „gegeben" und wird von den Altvätern von Generation zu Generation weiter vererbt. Wenn also der Ausdruck „patrilokaler *Kona*" gebraucht wird, so ist damit das von den Vätern ererbte Siedlungsland einer *Mi*- oder Ableger-*Mi*-Gruppe gemeint. Auf ihm liegen die einzelnen Siedlungen, die man als *maŋa-kona*, „Häuser-Platz" (Kurzform: *maŋ-kona*) bezeichnet (Bd. II, 2 f.). Es gibt auch noch das weitere Kompositum *möi-maŋ-kona*, „Erde-Haus-Land", d. h. „die Heimat". Ist man mit Hagen-Leuten auch nur für kurze Zeit auf Reisen und nur in einer nicht sehr fernen Gegend, so kann man bald bei ihnen Anzeichen des Heimwehs sehen, und fragt man sie nach dem Grund ihrer Niedergeschlagenheit, so heisst es: *na-ŋa möi-maŋkona ken-ken enem*, „es macht — in mir — nach meiner Heimat Sehnsucht". Für alle *Mbowamb*, ob Mann oder Frau, verheiratet oder unverheiratet, ist und bleibt immer der patrilokale *Kona* die geliebte Heimat und die patrilokale *Kona*-Zugehörigkeit die unlösliche Bindung und der feste Halt. Dies alles ist ein klares Zeichen der patriarchalischen Grundstruktur der Gesellschaft bei den *Mbowamb*.

6. Der machtvolle Name.

Die Mythe der Muntka und die der Mineimbi zeigt unter vielem anderen auch auf, wie die betreffende *Mi*-Gemeinschaft zu ihrem Namen kam. Bei den *Muntka* wurde der Strauch, aus dessen Zweigen das Nest gemacht war, auf dessen Blättern das Ei lag, zugleich auch das *Mi*, nach dem der „hochgeborene" Knabe und dann auch seine Nachkommen, die ganze *Mi*-Gruppe also, genannt wurde. Das *Mi*, der Name des Urahnen und der Gruppen-Name sind hier also ein und derselbe Name „*Munt*".

Die Nachsilbe *-ka* ist Beziehungssuffix. Es drückt einen lebendigen Zusammenhang aus. Der Knabe „*Muntka*" und seine Nachkommen stehen in einer wesentlichen Beziehung zum *Munt*-Strauch. Es ist dies aber nicht nur die bei „Primitiven" auch sonst wichtige Beziehung zwischen Namensvettern, sondern ist viel mehr. Wie wir schon sahen, wird diese Beziehung als Geschwisterverhältnis, als zwischenmenschlich-seelische Beziehung, als Gruppengewissen, als Vergegenwärtigung und Vergegenständlichung der besonderen Lebens-, Zeugungs- und Vermehrungskraft, die in der *Mi*-Gruppe wirksam ist, und als Beziehung zum hintergründigen „Erzeuger" aufgefasst.

Vergleicht man nun die Namen der *Mi*-Gruppen der *Mbowamb* so fällt einem auf, dass viele auf dieses -ka enden. (Einige auch auf *-a*, *-ö* oder *-kö*, was nur Lautangleichungen sind und dem Sinn nach dasselbe was *-ka* besagt). So stehen z. B. die *Neŋ-ka* in wesentlicher Beziehung zum Baum *Neŋ*. Die *Kim-kö* zum Gemüse *Kim*. Die *Têpa-ka* zum Flaschenkürbis Têpa. Die *Keŋgedl-ka* zur Bambusart *Keŋgedl*. Die *Komogl-ka* zu dem maulwurfähnlichen *Tier Komogl*. Die *Kepa-ka* zum Beuteltier *Kepa* usw.

Zuweilen ist das Tier, der Stein, der Vogel usw., zu dem eine *Mi*- oder auch Ableger-*Mi*-Gruppe in wesentlicher Beziehung steht, nicht beim eigentlichen Namen genannt, sondern mit einem Decknamen, wie es z. B. bei den *Kenap-ka* der Fall ist. Sie stehen in Beziehung zum roten Paradiesvogel *Parka* und müssten demnach eigentlich *Parka-ka* heissen. Nun ist aber *Kenap* der Deckname für *Parka*, denn dieser für den Tanzschmuck bei allen *Mbowamb* so wichtige Vogel darf nicht bei seinem Namen genannt werden, sonst wird er vergrämt und flieht. Nach dem Decknamen für *Parka* sind diese Leute also *Kenap-ka* geheissen. Solche Decknamen lassen zuweilen den Sinn eines Gruppen-Namens dem Aussenstehenden nicht ohne weiteres deutbar erscheinen. Tatsache ist, dass alle *Mi*-Gruppen, deren Name auf *-ka* (*-a*, *-kö* oder *-ö*) endet, nach ihrem *Mi* genannt sind. Schon ihr Name sagt einem dann ihr *Mi*, d. h. welcher Vogel, Baum, Stein usw. ihr *Mi* ist.

Auf die Gruppen-Namen ist schon Bd. II, 56 unten aufmerksam gemacht, obwohl damals auf die gestellte Frage noch keine befriedigende Antwort gegeben werden konnte. Wenn es dann dort heisst, „Eines ist jedoch auffallend, nämlich, dass alle auf „*a*" endigenden Namen starke Stämme bezeichnen, während die Stämme mit dem Auslaut „*i*" klein und schwach sind. Nur der Stamm der *Kumndi* macht eine „Ausnahme", so weiss man heute, dass dem nicht so ist. Gerade die auf „*i*" endigenden *Mineimbi*, die 6000—7000 Seelen zählen, sind unter allen *Mi*-Gruppen der *Mbowamb* die stärkste. Es ist auch nicht so, „dass in den Stämmen, deren Name auf „*i*" endigt, die Urbevölkerung das Übergewicht hat, während in den Stämmen auf „*a*" das eingewanderte Element die Mehrzahl darstellt" (ibid.); vielmehr sind alle die *Mi*-Gruppen, deren Name auf „*i*" endigt — oder auch auf „-e", was nur eine Lautangleichung ist — nach ihrem *Kona wiŋndi* genannt. Nach der Mythe der *Mineimbi* hiess der Ort, an dem sie das Vogelei fanden, „*Mineimb*". Dort *ugl weŋndepa tsi itim* „machte es ein ausserordentliches Kunststück", nämlich dass „es" das Vogelei „hinlegte", aus dem dann der Knabe kam. Nach diesem Ort sind alle Nachkommen des *Mineimbi*-Vogels und seiner Söhne, also die ganze *Mi*-Gruppe genannt. Das „-*i*" oder in anderen Fällen das „-e" entspricht etwa unserem Artikel. Man sagt also „d e r *Mineimb*", „*Kudli*" heisst d e r *Kudl*, „*Medle*" heisst d e r *Medl* usw.; man spricht von der *Mi*-Gruppe also im Singular wie von einem Individuum, denn für die Kollektiv-Vorstellungen, die Partizipationen oder das ganzheitliche Denken der Mbowamb sind der Urahne und alle seine Nachkommen gleichsam wie e i n e Person, alle sind umschlossen von dem e i n e n *Mi*.

Da also der N a m e der *Mi*-Gemeinschaft immer entweder der des *Mi* selber oder aber des *Kona wiŋndi* ist, liegt in dem Namen der ursprünglichen *Mi*-Gruppe ein bleibendes Anteilhaben an der Macht vor, die sich am *Kona wiŋndi* und im *Mi* gezeigt hat. Zwar ist der Name nicht einfach dasselbe wie der *Kona wiŋndi* und das *Mi*, aber er hat Anteil an derselben Macht. Weil es aber der Name entweder des Urahnen selber ist oder doch des „schöpferischen Ortes", an dem das Ei gefunden wurde, aus dem der Urahne kam, darum kann dieser Name auch niemals abgelegt werden, so wenig wie man den Urahnen selbst verleugnen kann und will. Der gemeinsame Name bleibt auch dann, wenn die einzelnen Ableger-*Mi*-Gruppen sich gegenseitig bekämpfen und kaum noch viel mehr als eben diesen Namen gemeinsam haben. Wohl aber kann die Macht, die sich am ursprünglichen *Kona wiŋndi* und im ursprünglichen *Mi* zeigte und den Urahnen zeugte, wiederum in einem anderen *Mi* und an einem anderen Ort als „zeugend-schöpferisch" sich zeigen, den „Ablegern" also ein neues, eigenständiges *Mi* und einen eigenen *Kona wiŋndi* „geben". Der Name des gemeinsamen Urahnen verliert dadurch für sie nicht seine Mächtigkeit, er wird nur „ergänzt", entweder durch den Namen des Wohngebietes der betreffenden Ableger-*Mi*-Gruppe wie z. B. *Muntka Temboka-öŋgidl* oder durch den Zusatz *komon*, erstgeborener oder *akedl*, letztgeborener, was sich auf den Stammvater der jeweiligen Ableger-*Mi*-Gruppe bezieht und darauf beruht, dass er in seiner Generation damals in der Reihe seiner Brüder entweder erster oder letzter war, wie z. B. bei den *Kentka* die beiden Ableger-*Mi*-Gruppen *Kentka Komon-ka* und *Kentka Akedl-ka*. Es besteht auch noch die Möglichkeit, die wir bei den *Mineimbi* finden, nämlich dass die Ableger sich die Namen der Söhne des Urahnen beilegen und ihren Ursprung direkt auf diese Söhne zurückführen, die Sage ihrer Entstehung als Ableger-*Mi*-Gruppen dann auch gleich mit der Mythe über die Herkunft des Urahnen verbinden: also *Mineimbi Komonka*, *Mineimbi Ruprupka* usw. (Kap. 7, 1). — Weil der Gruppen-Name am *Mi* und *Kona wiŋndi*, bzw. an der hintergründigen Macht, die sich dort „offenbarte", partizipiert, kann man z. B. einfach sagen: *Ten-ŋa mbi pemba* „unser Name wird liegen", d. h. bleiben, von Dauer und Bedeutung sein, wenn man der Zuversicht Ausdruck geben will, dass die *Mi*-Gemeinschaft immer bestehen, florieren, Macht, Ehre und Ansehen haben wird. Umgekehrt kann man die pessimistische Voraussage, dass die Gruppe an Vitalität, Überlegenheit und Achtung einbüssen wird, in die Worte kleiden, „unser Name wird nicht liegen".

7. Die paarweise Zusammenfassung

der *Mi*-Gruppen die in Kapitel 4, 1 zunächst mit einer Frage endete, kann nunmehr im folgenden am Beispiel der *Mineimbi*-Mythe beantwortet werden. Danach „fanden" der Erste aller *Mineimbi*, jener „*Mineimbi*-Vogel" und der Erste aller *Kombogla*, jener „*Kombogla Kae*", der des *Mineimbi*-Vogels Schwester zur Frau genommen hatte, ihr jeweiliges *Mi* und damit den Opferanspruch am gleichen *Kona wiŋndi*. Die hintergründige Macht, die ihnen zwar je ein eigenes *Mi* „hinlegte" — Stein und Holz (vom Baum *Uin*) zum Opferfeuer — wurde ihnen beiden am selben Ort „offenbar". So wurden sie *Kombogla Mineimbi ragl* „der *Kombogla* und der *Mineimb*, die beiden" und so werden die beiden *Mi*-Gruppen auch heute noch immer zusammen genannt. Sie pflegten Opfer-Gemeinschaft, Wirtschaftsaustausch und Lebenshilfe in jedem Verstand. Sie bekriegten sich gegenseitig nicht, sondern leisteten sich Kriegshilfe gegen die gemeinsamen Feinde. Weil aber der *Kona wiŋndi*, so wie der Name auch Anteil hat an der hintergründigen Macht, und weil diese den beiden ihr jeweiliges *Mi* am gleichen Orte „hinlegte", darum nahmen oder gaben die *Mineimbi* und *Kombogla* keine Töchter gegenseitig zur Ehe, so wie auch heute noch die Eheverwandten aller *Mi*-Gruppen Opfergemeinschaft und Wirtschaftsaustausch pflegen, sich gegenseitige Lebenshilfe leisten und sich gegenseitig wenigstens für mehrere Generationen keine Töchter mehr zur Ehe geben oder nehmen. — So, wie bei den *Mineimbi* und *Kombogla*, geht auch bei allen anderen *Mi*-Gruppen diese Zusammenfassung zur „Zwei-Einheit" auf ein gemeinsames Ur-Erlebnis der jeweiligen „erstgeborenen, wesentlichen, echten Altväter-Väter" der beiden so zusammengefassten *Mi*-Gruppen zurück.

Erst mit wachsender Vermehrung und der dadurch gegebenen Möglichkeit der Entstehung von Ableger-*Mi*-Gruppen, von denen ja dann jede ihr eigenes und anderes *Mi* hat, werden dann auch wieder Heiratsverbindungen möglich, genauso, wie ja auch unter einstigen Eheverwandten nach Ablauf von 3-5 Generationen wieder neue Heiratsverbindungen möglich sind und geübt werden. Diese Dinge hängen ja alle mit den halb mythologischen, halb sagenhaften Geschehnissen der Ur-Anfänge der *Mi*-Gruppen zusammen. — Die *Mbowamb* wissen aber heute noch genau, dass die so zur „Zwei-Einheit" verbundenen *Mi*-Gruppen „früher" keine Heiratsverbindungen pflegten.

Da viele, vielleicht alle *Mi*-Gruppen der *Mbowamb* durch die ewigen Fehden und Kämpfe im Laufe der Generationen wohl immer wieder einmal aus ihren Wohnsitzen verdrängt wurden und andere vor sich her daraus verdrängten, so war nicht in allen Fällen die Zusammenfassung der zwei Gruppen so konstant wie z. B. bei den *Kombogla* und *Mineimbi*, die in den *Aeŋ*-Bergen wohnend wohl nicht so leicht verdrängt werden konnten wie etwa die in den offenen Tälern und Ebenen wohnenden Gruppen. Auch war der Bevölkerungsdruck nicht von allen Seiten her gleich, noch war das Land der *Mbowamb* von allen Seiten her gleich zugänglich. Im Westen lag immer das Hagengebirge wie ein Schutzwall da. Im Norden war es für die körperlich kleinen *Arema* wohl nicht verlockend über den Jimmi River und das heisse, ungesunde Jimmi-Tal hin ins *Kopon*-Gebiet vorzudringen. Im Osten ging die Bevölkerungsbewegung natürlicherweise eher das Wagi-Tal abwärts als aufwärts. So blieb nur der Süden, und tatsächlich zeigen die geschichtlichen und sagenhaften Erzählungen der *Mbowamb*, dass die *Mbowamb* von Süden und Südwesten her, also aus *Aua*, wie z. B. die

Jamka, und *Kâwudl*, wie z. B. die *Ndika*, stark ins Nöpidlö — und Wagi-Tal vordrängten, was ja auch nur natürlich ist, weil dort Boden- und Klimaverhältnisse viel besser sind, als in diesen beiden so hoch gelegenen Gebieten (s. Kap. 2, 2 e und f). So gab es z. B. einmal eine Zeit, wo nicht *Kentka* und *Jamka* (Kap. 3, 3) als Gruppenpaar zusammengefasst wurden, sondern wo es hiess: *Ndika Kentka ragl.* Sie wissen auch noch davon zu erzählen, dass die *Kent*, die grosse Zirpe, das *Mi* der *Kentka*, und der *Ndi*, der Blätterstock des Taro, das *Mi* der *Ndi-ka* am gleichen *Kona wiŋndi* in *Wödlömugl* zusammen „gefunden" wurden und dass dementsprechend die *Ndika* und *Kentka* sowie die *Kombogla* und *Mineimbi*, keine Heiratsverbindungen pflegten. — Aber dann kamen die *Jamka*, und ihre Wandersage (Bd. III, Nr. 39) erzählt, dass die *Kentka* die wandernden *Jamka* bei sich aufnahmen und dass der führende *Jamka* dann vor allem dort an dem Orte *Pentêkidl* sein *Mi* „fand" und damit seinen *Kona wiŋndi*, also auf Grund und Boden der *Kentka!* Von da an hiess es *Kentka Jamka ragl*, zumal die *Ndika* bald anfingen, die *Jamka* als Eindringlinge zu bekämpfen. Die *Ndika* wurden dann mit den *Kuŋurnkö* zusammengefasst, denn der Erste der *Kuŋurnkö* hatte sein Ur-Erlebnis auf *Ndika*-Boden (Kap. 8, 5). Diese wenigen Beispiele mögen genügen, zu zeigen, dass wohl die geheimnisvolle Grundlage der paarweisen Zusammenfassung von je zwei *Mi*-Gruppen immer konstant bleibt, dass aber in manchen Fällen die also zusammengefassten *Mi*-Gruppen nicht immer dieselben waren. Das geschichtliche Auf und Ab ist auch den *Mbowamb* nicht ohne Eingriffe vorübergegangen.

KAPITEL 8
HERKUNFTSMYTHEN (Fortsetzung)

1. Die Mythe der Kentipi.

Die *Kentipi* wohnen im *Meldpa*-Gebiet (Kap. 3, 1 : 9) im Bereich des Eingeborenenhospitals *Kotna*, das dort von der Lutherischen Mission geführt wird. Wie die Mythen der *Muntka* und *Mineimbi* schon zeigten, gehört zu dem „ausserordentlichen Kunststück" am *Kona wiŋndi* vor allem das „Offenbarwerden" des *Mi*, d. h. des Tieres, Vogels, Baumes, Steines usw., in dem sich der Urahne einer *Mi*-Gruppe oder auch der Stammvater einer Ableger-*Mi*-Gruppe u. a. als Setzling oder auch Ableger eigenständiger Lebens-, Zeugungs- und Vermehrungskraft „numinoserweise" erlebt und erkennt, mit Geltung für seine Nachkommen.

Die Alten der *Kentipi* erzählten mir auf unserer Gehilfenstation Romŋa folgendes:

„Der Altvater von uns *Kentipi* kam auf seiner Wanderung auch hierher und übernachtete hier in der Nähe von *Kugli* in einer Feldhütte. Ein hellfarbiger Mann kam *ogla mana*, von oben herunter und richtete in *Kugli* einen Platz ausserordentlich schön (schöpferisch) her. Der *Kentipi* erwachte des nachts aus dem Schlaf und hörte wie draussen jemand ein Lied sang und einen Tanz aufführte. Er lauschte, konnte aber nicht klar feststellen, ob es talaufwärts oder -abwärts war. Schliesslich wurde ihm klar, dass es in *Kugli* selbst sein musste.

In der Frühe ging er hin, um den Platz des nächtlichen Geschehens ausfindig zu machen. Inmitten von Kugli fand er den wunderbar geschmückten Platz. An den Aussenseiten waren Kasuarinen, Araukarien, Lebensbäume, Cordylinen usw. gepflanzt. In der Mitte war vom langen

Tanzen alles glatt und flach getreten. Den Hund *Pöi*, den der Mann von oben mit sich geführt hatte, liess er in der Felsengrotte dort zurück. Als er sich anschickte, nach oben zurückzugehen, sprach er zu dem Hund: „Ich gehe nach oben zurück. Bleibe du hier liegen und warte. Wenn du siehst, dass ein *mbo-wö*, Setzlings-Mann kommt, dann zeige ihm, dass er hier Opfer darbringen soll. „Mit diesen Worten ging er nach oben zurück.

Als der *Kentipi* dorthin kam und den Platz sah, *puŋgepuŋ nitim*, „schrak er zusammen" und verwunderte sich sehr. Als er dann herumblickte, sah er, dass der Hund *Pöi* sich in die Felsengrotte zurückzog. An der Stelle, auf der er gelegen hatte, brannte ein Feuer: *ŋgi nemba pitim*, es brannte immerzu, ohne zu erlöschen. Als er das sah, ging er zurück zu der Hütte, holte dort das Fleisch-Paket, das er mitgebracht hatte und dämpfte es. (*Kûŋ kui*, Fleisch im Erdofen dämpfen, hat immer auch den Sinn von „opfern").

Er dachte bei sich selbst: *nda-ndi ja idlö weŋndenem tsi kants-eka*, da sehe ich ja wahrlich, dass mir hier Ausserordentliches geschieht! Dies ist ja mein *Kona uglimb*! Als ihm diese Erkenntnis aufgegangen war, hat er als von dort Gekommener seinen ersten Sohn „getragen" (s. Kap. 9, 15). Er nannte ihn *Komon*, Erstgeborener. Seine Nachkommen sind die *Kentipi Komon-ka*. Der zweite Sohn, den er „trug", heiratete eine *Raŋka*; danach heissen seine Nachkommen nun *Kentipi Raŋ-amb*. Den dritten und letzten Sohn nannte er *Akedl*, der Letzte oder Nachgeborene. Nach ihm sind die *Kentipi Akedlka* genannt.

Den Hund nennen wir *Kentipi* unser *Tei·medl* (s. Kap. 9, 5). Wir *Kentipi* töten keinen Hund und essen kein Hundefleisch. Der Hund ist unser *öŋin*, Bruder. Wir sprechen auch den Namen *owâ*, Hund, nicht aus, sondern sagen dafür *Ndena* oder *Ente* (Decknamen). Wenn wir morgens vor unsere Hütte treten und sehen Spuren eines Hundes, der nachts herkam und dann wieder fortlief, dann sagen wir, der Hund *Pöi* will, dass wir ein Opfer darbringen. Dann sagen wir es den anderen und bringen an unserem *Kona wiŋndi* ein Opfer dar. — Wenn wir zu einem Unternehmen ausziehen wollen, und es läuft uns ein fremder Hund über den Weg, dann sagen wir, der Hund *Pöi* warnt uns. Wir werden keinen Erfolg haben oder es wird uns ein Unglück zustossen. Dann lassen wir es sein und bleiben daheim. — Wenn wir nachts im Traum einen Hund sehen, der schweifwedelnd auf uns zukommt, unsere Hand ableckt, wegläuft und wieder kommt, dann erzählen wir es am anderen Morgen den anderen und wir sagen dann: wir werden Glück und Erfolg haben! Dann führen wir das geplante Unternehmen aus. — Wenn uns jemand zu Unrecht anklagt, dann sagen wir: wir haben es nicht getan — *Kentipi Mi*! Dann ist es gut."

Der schön hergerichtete Platz erinnert direkt an die Zeremonialplätze der Hagen-Leute, also an die *mokapena* und — nur anlässlich der Kultfeste — geschmückten Geheim- und Kultplätze. Sie sind zumeist nicht identisch mit dem *Kona wiŋndi*, aber sie sind seine „Abbilder" und haben als solche auch Anteil an der „Machtfülle" und „Lebenskraft" des *Kona wiŋndi*. Sie gehen auf die mythologische Urzeit zurück; ebenso die Tänze, wie aus dieser *Kentipi*-Mythe klar hervorgeht und wie auch in der *Muntka*-Mythe vom Tanzschmuck gesagt ist.

2. Die Mythe der Olt-Pöi-Leute.

Sie leben im *Kumedl*-Tal, also an der Grenze des *Medlpa*-Gebietes nach *Banz* hin (Kap. 2, 2 u. Kap. 3, 1:7). Sie wissen folgendes zu erzählen:

„Der Altvater *Nundin* kam hierher und übernachtete. Nachts erwachte er an einem schlagartigen Geräusch, das öfters wiederholt wurde. Er lauschte und lauschte, bis er schliesslich merkte, dass es irgendwo droben am Hang sein musste. —

Er machte sich des Morgens frühe auf und stieg den Hang hinauf, um zu sehen, was dort in der Nacht wohl so ein aussergewöhnliches Geräusch gemacht haben mochte. Er „fand" dort oben die Grotte namens *Olt-Ku*, Olt-Felsen, und musste sich sehr darüber wundern. Als er näher hinsah, merkte er, wie der Hund *Pöi* sich in die Grotte zurückzog. Der *ogla-wö*, der „Oben-Mann" oder „der Mann von oben" hatte „den Hund genommen und ihn dort liegen gemacht", ihn dort in der Grotte gelassen, als er wieder „nach oben ging".

Der Altvater *Nundin* sah, dass dort, wo der Hund gelegen hatte, ehe er ganz in der Grotte verschwand, ein Feuer immerzu brannte. Er ging und holte einen Schweineschlegel, den er vor der Felsengrotte opferte. Er dachte bei sich: nun seh ich ja wahrlich, dass es mir hier einen „schöpferischen Machterweis gezeigt hat"! Da nahm er sich eine Frau und die beiden „trugen" einen Sohn. Er nannte ihn nach dem Hund *Pöi* ebenfalls *Pöi*. Der Tei-wö, Tei-Mann, machte ein geniales Kunststück droben an der *Olt*-Grotte; dort fand der Altvater unser *Tei-medl*. Darum sind wir die *Olt-Pöi-wamb*. Wir essen kein Hundefleisch und sprechen den Namen *owâ*, Hund, nicht aus. Wenn der Hund *Pöi* uns nachts erscheint, dann erzählen wir es allen und dann sagen wir: es wird gut werden (gehen). Wenn er heulend und mit eingezogenem Schwanz daherkommt, dann sagen wir: es wird schlecht gehen und bleiben zuhause. Wenn wir Wiedergutmachung leisten sollen und haben nichts verbrochen, dann sagen wir: *ten-ŋa Mi tetêm*, wir haben ein Mi — *Olt-Pöi Mi!* Dann lassen sie von uns ab. Wenn wir morgens vor die Hütten treten und sehen, dass nachts ein Hund hier war, dann verfolgen wir die Spuren. Wenn sie hinauf zum *Olt*-Felsen führen, dann wissen wir, der Hund *Pöi* will, dass wir an unserm *Kona uglimb* ein Opfer darbringen sollen. Wir sagen es allen und bringen dann dort oben ein Opfer dar. Dann steht es gut."

3. Die Mythe der Nöglkö.

Die *Nöglkö* (Kap. 3, 1:10) wohnen an den talwärtigen Berghängen auf der Nordseite des Wagi-Tales gegenüber dem langgestreckten Grasberg *Ep* unten im Tal, wo er sich aus dem sumpfigen Gelände dort gleichsam wie eine Insel erhebt und an seinen Hängen Siedlungen möglich macht. Aus der hier folgenden Sage des *Nöglkö* geht hervor, dass sie ursprünglich dort drüben sassen. Dort hatte ihr Stammvater einst das Ur-Erlebnis am *Kona wiŋndi*.

„Als der Altvater *Nögl* auf seiner Wanderung an den *Ep* kam, sah er dort an den Grashängen zu seiner grossen Verwunderung mitten im Gras- und Sumpfland eine Gruppe von *Neŋ*-Bäumen stehen, obwohl dort sonst weit und breit keine *Neŋ*-Bäume wuchsen. Da sprach er bei sich selbst: dies ist doch wahrlich eine Sache, die sich sonst nur in bewaldeten Gegenden findet? Wie kommt sie denn hierher? Da sehe ich ja wahrhaftig, dass es mir hier ein schöpferisches Kunststück macht! Er zog dann nicht mehr weiter, sondern siedelte sich dort an. Er nahm eine Frau und „trug" viele Söhne. — Wir *Nöglkö* sprechen den Namen des Baumes *Neŋ* nicht aus, sondern *gleŋndep Nögl netemon*, gebrauchen dafür den Decknamen *Nögl*, denn der *Neŋ*-Baum ist unser *Tei-medl*. Wenn wir „*Mi* anfassen" wollen, dann nehmen wir Zweige des *Neŋ* in die Hand und sagen, wir haben ein *Mi* — *Nöglkö Mi!*"

Der *Neŋ*-Baum ist auch das *Tei-medl* und *Mi* der etwa 50 km weiter westlich an den Ostabhängen des Hagenberges lebenden *Neŋ-ka*, die also ohne Decknamen direkt nach ihm genannt sind. Warum sich die *Nöglkö* und *Neŋka* trotzdem nicht als „Geschwister" fühlen, darüber s. Kap. 9. 5.

Die Umsiedlung: Wie gesagt, wohnen die *Nöglkö* heute nicht mehr drunten im Tal am *Ep*-Berg, sondern auf der Nordseite des Tales. Wie ging das zu? „Als die *Nöglkö* drüben am *Ep* sich vermehrt hatten, wollten sie aus dem Grasland weg und sich in den gegenüberliegenden Bergen ansiedeln. Der *Nöglkö Kitsuö* dachte oft bei sich: dort drüben gibt es sicher viel Bau- und Brennholz! Er sah den hohen Felsen namens *Muri-Ku* droben am Berghang aufragen und dachte, wenn ich mich nur dort drüben niederlassen könnte! — Als er eines Tages am Fluss unten sein Beil schärfte, hörte er in der Baumkrone die *Waemben*-Taube gurren. Er hörte, wie sie immer *Ku-wök Ku-wök* „sagte". Er dachte bei sich selbst: was mir immer im Sinne liegt, wenn ich den *Ku*, Felsen, da droben sehe, das spricht sie ja wahrhaftig aus! — Er packte alle seine Sachen zusammen und kam herüber in die Gegend, wo wir heute wohnen. Er sah, wie die *Waemben*-Taube herüberflog und droben in den *Muri-Ku*, den *Muri*-Felsen, sich zurückzog. Da brachte er dort Opfer dar. So machen wir es heute noch. Der *Muri-Ku* ist unser *Kona* wiŋndi. Die *Waemben*-Taube töten und essen wir nicht. Wenn man von uns für einen Diebstahl Wiedergutmachung verlangt, dann fassen wir *Neŋ*-Zweige an und sagen: wir waren es nicht — *Nöglkö Mi!* — Wenn wir Frieden schliessen wollen, stecken wir *Neŋ*-Zweige in den Boden.

Weil er bei seinem Auszug einen Schweinestrick und Vogelpfeile mitnahm und nach hierher mitbrachte, darum gehen wir in den Wäldern droben viel auf Jagd und wir ziehen auch viele Schweine auf. Sein älterer Bruder verliess ebenfalls die Siedlung am *Ep* und wanderte aus. Er nahm aber Pfeil und Bogen mit und wanderte talabwärts. Weil er Waffen mitnahm, deshalb müssen seine Nachkommen immer viel Krieg führen und können nicht viel Schweine aufziehen."

„Wenn wir *Nöglkö* zu einem Kriegszug uns rüsten, dann bringen wir erst an unserm *Kona wiŋndi* ein Opfer dar. Wenn wir alles aus dem Erdofen nehmen und sehen, dass auch das Gemüse gar ist, dann sagen wir: unser Vater hat es gegessen — d. h. er hat das Opfer angenommen —, nun lasst uns ausziehen und unsere Feinde schlagen! Dann schlagen wir sie in die Flucht. Sehen wir aber, dass es nicht gar gekocht ist, dann sagen wir: unser Vater hat das Opfer nicht angenommen. Wenn er uns „aus den Augenwinkeln anschauen wird" (s. Kap. 15, 3), werden die Feinde uns besiegen; darum lasst uns die Sache abbrechen. Wir ziehen dann nicht zum Kampfe aus. — Wenn wir ein Wirtschaftsaustausch-, ein Tanz- oder Kult-Fest veranstalten wollen, bringen wir auch erst am *Kona wiŋndi* ein Opfer dar und sehen, ob das Gemüse im Erdofen schön durchgedämpft ist. Wenn ja, so wissen wir, dass es ein Erfolg werden wird; dass unsere Felder, Schweine und Kinder gedeihen werden; dass wir mit unserer Fleischverteilung Eindruck machen und viel Ruhm haben werden. — Wenn es aber nicht gut durchgedämpft ist, dann lassen wir die grosse Unternehmung sein, denn dann würde es ein Misserfolg werden."

4. Die Mythe der Make.

Die *Make* wohnen im *Kopon*-Gebiet (Kap. 3, 2:7) und zwar im Quellgebiet eines Nebenflusses des Jimmi.

„Als unser Altvater *Mak* auf seiner Wanderung am Flussufer übernachtete, wachte er des Nachts auf und hörte ein Geräusch wie von aufeinanderfallenden Steinen. Er ging frühmorgens hin und sah hinten am Fluss wie der hellfarbige Mann dort Steine umdrehte. Dann sah er ihn nicht mehr. Am Ufer war ein Feuer angezündet. Die Glut brannte immerzu. Unser Altvater *Mak* ging und holte ein Lendenstück, das er eingewickelt in der Hütte liegen hatte. Er brachte ein Opfer dar. Als er an der Stelle nachforschte, wo der hellhäutige Mann Steine umgedreht hatte, sah er da einen schönen flachen Stein liegen, der eine auffallend schöne ud scharfe Kante hatte. Er polierte ihn und da trat eine wundervolle Maserung hervor. Er sprach bei sich selbst, da macht es mir ja ein schöpferisches Kunststück! Dies ist ja mein *Kona uglimb!* Der *Make*-Name wird gross werden!

Er nahm einen Schleifstein, setzte sich an das Wasser und tauchte den Stein immer wieder ein, indem er die scharfe Kante zur Schneide schliff. Dann machte er einen Beistiel und setzte die Klinge ein. Er nahm das Beil und erwarb sich damit eine Frau. Die beiden ‚trugen' fünf Söhne. Er nannte sie *Kui*, *Krake*, *Nggolk*, *Kopon* und *Kraŋ*. Danach sind unsere fünf *Make*-Ableger genannt.

Der Stein ist unser *Tei-medl*. Wenn wir einer Sache beschuldigt werden, die wir nicht getan haben, dann nehmen wir eine Beilklinge, lecken sie an und sagen: wir haben es nicht getan — *Make Mi!* So sagen wir aber nur, wenn wir unschuldig sind, denn sonst würde uns das *Mi* fressen; davor fürchten wir uns."

Diese Herkunftsmythen oder Sagen der *Mi*- oder Ableger-*Mi*-Gruppen werden vor anderen Mbowamb nicht geheim gehalten. So werden sie auch von anderen weitererzählt. Dabei werden sie dann u. U. auch losgelöst von der *Mi*-Gruppe, der eine solche Mythe oder Sage zugehört und werden dann zu mehr oder weniger allgemeinen Sagen und Märchen. Bd. III, Nr. 32 ist die Mythe der *Ruŋi*-Leute wiedergegeben, die so wie die *Make* Hagen-Steinbeile herstellen (Kap. 3, 1:4). Sie wurde aber nicht von einem *Ruŋi* erzählt, sondern von *Jamka Ko*, weil wir ja vor dem Kriege auf den Umkreis von *Ogelbeng* beschränkt waren. Ko gebrauchte da u. a. offenbar das Wort Kor, Geist (Kap. 20, 1), weil es dort heisst: „... dann wollen wir dem Geist der Axte Opfer bringen". Es ist uns nämlich der Begriff „Geist" in den Herkunftsmythen und Sagen über die Abstammung noch nicht begegnet. Lässt man sich diese Mythen und Sagen immer von den Alten der jeweiligen *Mi*- oder Ableger-*Mi*-Gruppe selbst erzählen, so wird es jedem auffallen, dass sie im Zusammenhang mit dem ganzen Komplex, der durch die Begriffe *Kona wiŋndi*, *Mi*, *Tei-medl*, *Kona uglimb*, Vogel, hellhäutiger Mann, „Oben"- oder *Tei*-Leute (Kap. 9, 11) umschrieben ist, diesen Begriff „Geist" nicht verwenden. Er gehört in die Schicht des Natur- und Totengeister-Dienstes (Kap. 20). Die Begriffe, die zu dem gehören, was ich um der Kurze des Ausdrucks willen den „*Mi*-Komplex" nennen möchte, waren uns damals zum größeren Teil noch nicht bekannt und die bekannten waren uns in ihrem Zusammenhang und in ihrer vollen Bedeutung noch nicht klar. Ganz richtig bemerkt G. Vicedom in einer Anmerkung zur *Ruŋi*-Mythe, „da am Hagenberg jede Fleischmahlzeit ein Opfer an die Ahnen ist, wobei man den Geschlechtsverkehr streng meidet, handelt es sich also hier um andere religiöse Bräuche". Nun aber freilich nicht so, wie das wohl gemeint ist, dass zwischen dem Gebiet am Hagenberg und dem der Kubor Mountains, wo die *Ruŋi* leben, wesentlich verschiedene religiöse Bräuche herrschten, sondern so, dass der Geisterglaube und Geisterkult einer anderen Schicht im religiösen Erleben aller *Mbowamb* angehört, als die hier behandelten Vorstellungen und Erlebnisse des *Mi*-Komplexes, die um Zeugung, Abstammung, Vermehrung, Exogamie, soziologischen Aufbau, Rechtsleben, Opferdienst an den „Oben"- oder *Tei*-Leuten kreisen. Von diesem Zusammenhang her gesehen ist jener Zug in der von *Jamka Ko* erzählten *Ruŋi*-Mythe, dass die beiden Alten beim Opfer keine Enthaltsamkeit pflegten, kein Merkmal, welches die *Ruŋi* in ihren religiösen Bräuchen etwa von den *Koma*-Leuten unterscheiden würde, denn das Nehmen einer Frau und die Zeugung von Kindern auf Grund des Erlebnisses eigenständiger Zeugungs- und Vermehrungskraft ist ja ein sehr wesentlicher Zug der Herkunftsmythen und Abstammungssagen aller *Mi*- und Ableger-*Mi*-Gruppen in allen Gauen der *Mbowamb*.

5. Die Mythe der Kungurnkö.

Die bisherigen Beispiele an Gruppen-Mythen der *Mbowamb* sind von Bewohnern des *Temboka*-, *Medlpa*- und *Kopon*-Gebietes genommen. Die Sage der *Kuŋurnkö* führt uns nun ins *Koma*-Gebiet (s. auch Kap. 11, 2). Ihr *Kona wiŋndi* liegt im Siedlungsbereich der *Ndika Roglamb* (s. Kap. 3, 3:1 u. Kap. 7, 7).

„Ein unverheirateter Mann durchzog das *Medlpa*-Gebiet, hatte aber kein Gefallen an dem Sumpf- und Grasland des oberen *Wagi*- und *Mökö*-Tales. Er beschloss, weiter nach Westen zu ziehen. Er hatte einen Hund und einen Eber bei sich. Er kam an den *Wagi*. Da war keine Brücke. Er lief den Fluss entlang bis er an eine Stelle kam, wo die Ufer näher zusammentreten. Dort machte er eine notdürftige Brücke und überschritt den Fluss. Er wanderte dann weiter nach Westen bis er nach *Kugl* kam, wo er übernachtete. Die Beuteltiere, die ihm sein Hund zubrachte, wollte er dort kochen und verzehren. Er stiess altes Kochlaub mit dem Fuss auf einen Haufen, um eine Kochgrube auszuheben. Dabei stiess er einen Cordylinenstengel an der Wurzel los, dass er zurückfiel gegen einen Erdwall, an den der Stengel sich lehnte. Aber nur für einen Augenblick. Die Spitze mit den Blättern neigte sich und der Stengel fiel zurück. Dabei bog er sich zu einem Kreis mit dem Umfang eines *Rokopa*-Erdofens! Die Cordylinenblätter fielen auf die Beuteltiere. Als er das sah, fuhr er zusammen, erstaunte sehr und dachte: da macht es mir ja ein ausserordentliches Kunststück! Er dämpfte die Beuteltiere, dass der *tirndeglem*, Opfer-Dampf, von dem Erdofen aufstieg. — Er baute sich dort an und heiratete eine *Glaglka*-Frau. Die beiden ‚trugen' nur einen Sohn, den hiessen sie *Kuŋurn*. Nach ihm heisst man uns die *Kuŋurn-kö*.

Der Vater des *Kuŋurn* starb und der Sohn folgte seiner Mutter und wohnte als ‚*amb-ents-mei*' (Kap. 12, 2) bei seiner Onkel- und Vetternschaft. Zusammen mit einem seiner Vettern stellte er immer im Walde Beuteltierfallen. Eines Tages gerieten die beiden über eine Beute in Streit. Sie verprügelten sich mit den Schnapphebeln der Fallen. Da erfüllte den *Kuŋurn* Rache-Zorn und er beschloss, wieder zurück nach *Kugl* zu gehen. Er dachte bei sich: dort in *Kugl* hat es ja meinem lieben Vater ein schöpferisches Kunststück gemacht. Dort ist mein *Kona uglimbl* Er ging und brachte am *Kona wiŋndi* ein Opfer dar. Er legte neue Felder an und pflanzte Bäume. Um den *Kona wiŋndi* machte er einen Zaun und verbot den anderen Leuten, ihn zu betreten. Er ‚trug' viele Söhne und wir *Kuŋurnkö* haben uns von Generation zu Generation vermehrt. — Wenn wir von jemandem zu Unrecht beschuldigt werden, dann fassen wir Cordylinenlaub an und sagen: wir haben es nicht getan — *Kugl köiö* (Cordyline) *Mil* — Wir lügen dann nicht; würden wir die Cordyline lügnerischerweise anfassen, dann würde sie uns fressen. Dann müssten wir sterben."

Die Leute sagen, „*Kuŋurn*" bezeichnet kein Ding, es ist nur ein Name, den der Stammesvater seinem Sohn „schöpferischerweise" gab. — Zu beachten ist, dass der junge *Kuŋurn* die *Mi*-Gemeinschaft der *Glaglka*, aus der seine Mutter kam, wieder verliess, weil er am *Kona wiŋndi* und *Mi* seines Vaters den Schutz und das Recht fand, das ihm seine Vettern offenbar nicht angedeihen liessen!

6. Die Mythe der Kepaka.

Kepa ist ein Beuteltier. Die *Kepaka* wohnen im *Kâwudl*-Gebiet (Kap. 3, 5:4). Sie werden hier nicht deshalb angeführt, weil ihre Mythe gegenüber den bisherigen etwas wesentlich Neues brächte, sondern nur als Beispiel dafür, dass sich dieselben Vorstellungen, wie sie die bisherigen Mythen oder Sagen schon brachten, auch im *Kâwudl*-Gebiet finden. Es ist dies ja zwar auch schon durch die *Muntka*-Mythe dargetan, denn die *Muntka* stammen ursprünglich aus dem *Kâwudl*-Gebiet.

„Unser Altvater, von dem wir *Kepaka* abstammen, wanderte im Wald umher. Er kam an eine Felsengrotte und sah, wie sich ein aussergewöhnlich grosses *Kepa* in die Grotte zurückzog.

Er ging ihm nach, ob er es vielleicht erlegen könnte, aber er erschrak und empfand Furcht, als er in der Grotte eine Feuerstelle bemerkte, auf der Glut und heisse Asche lag, und die Glut erlosch nicht. Er dachte, dies ist ja mein *Kona uglimb;* die *Kepaka* werden sich sehr vermehren und eine starke Gruppe werden, deren Name gross werden und an alle Horizonte gehen wird! Er brachte dort Opfer dar. Er ‚trug' einen Sohn, den nannte er *Kepa*. So sind wir viele Nachkommen und man nennt uns die *Kepa-ka*. Unser *Kona wiŋndi* heisst *Kepa-mudl*, Sitz des Kepa.

Ich könnte noch weitere Mythen und Sagen über Ursprung und Abstammung vieler anderer Setzlinge und Ableger bringen, da die Hauptmotive aber immer die gleichen sind, ist dies nicht nötig.

7. Annahme eines fremden Mi.

Eine Ableger-*Mi*-Gruppe der oben unter 3. erwähnten *Nöglkö* weiss folgendes zu erzählen: „Unser Stammvater befand sich im Wald auf Beuteltierjagd. Da kam er plötzlich vor eine Felsengrotte. Unterhalb der Felsen befand sich ein Wassertümpel, aus dem die weissen und gefleckten Schweine kommen. Oberhalb der Felsen war ein anderer Tümpel, aus dem die schwarzen Schweine kommen. Vor der Grotte brannte ein Feuer. Er sah, wie sich ein aussergewöhnlich grosses Beuteltier *‚Maea'* (*Kepa Maea ragl* werden immer zusammen genannt) eben in die Felsengrotte zurückzog. — Wie der Stammvater dort Opfer darbrachte, so machten es dann auch seine Söhne und deren Nachkommen. Wenn sie gingen, um zu opfern, so brauchten die Männer nie eine Feuersehne oder Glut mitzunehmen. Das Feuer droben an der Grotte brannte immerzu und erlosch nie.

Eines Tages kam es zu einem grossen Krieg. Wir wurden in die Flucht geschlagen und unsere Siedlungen wurden zerstört. Wir zerstreuten uns in alle Winde. Unsere Feinde, die *Kentipi*, vertrieben uns. Damals erlosch das Feuer droben in der Grotte. Es wurden auch keine Opfer mehr dort oben dargebracht.

Wir, die Nachkommen der Vertriebenen, kamen dann später wieder zurück. Das *Maea* hielten wir nicht mehr für tabu. Wir jagten, kochten und assen es. Wir erinnerten uns daran, dass unsere Vorväter droben in der Grotte Opfer dargebracht hatten. Da beschlossen wir, das auch wieder zu tun. Wir nahmen Opfertiere, Holz und Feuersehne und machten uns auf den Weg. Vor der Grotte richteten wir alles zum Opfer. Als wir beim Dämpfen der Opfertiere waren, sahen wir aus dem Walde hinter der Grotte einen fremden Hund auf uns zukommen. Dann sahen wir ihn nicht mehr. Wir sagten zueinander: Hier im Walde, wo keine Siedlungen der Menschen sind, läuft ein Hund umher? Wessen mag er denn sein? Das ist ein ganz neues, aussergewöhnliches Kunststück! Das ist ja wahrlich unser *Tei-medl!* Hier ist ja unser *Kona uglimb!* Seitdem halten wir den Hund heilig und nennen ihn *‚Ndena'* oder *‚Ente'*. Es ist u n s e r *Nöglkö* Hund *Pöi*." (S. Kap. 8, 1!)

Die Macht, die früher für diese *Nöglkö* Ableger-*Mi*-Gruppe das *Maea* repräsentierte, versagte in jenem Kriege. Das Feuer erlosch. Das *Mi* der Feinde, der Hund *Pöi* der *Kentipi* also, hatte sich im Kampf als weit überlegen erwiesen. Als die Nachkommen der Vertriebenen sich wieder in der alten Heimat sammelten, „begegnete" ihnen ein neues *Mi* — der Hund *Pöi* ihrer Feinde! (s. Kap. 9, 5 letzter Abschnitt)

KAPITEL 9
DIE KOMPONENTEN DES MI-KOMPLEXES

1. Das Mi.

In Kap. 6, 4 a-k „Der Sinngehalt des Wortes *Mi* im mythologischen (Sprach-)Gebrauch" haben wir bereits kennengelernt, in wie vielfältiger Weise sich die hintergründige Macht durch das *Mi* an und in der *Mi*-Gruppe wirksam zeigt. Zu den einzelnen Punkten werden später noch durch Beispiele aus dem konkreten Leben und Handeln der *Mbowamb* die nötigen Erläuterungen zu geben sein.

2. Der Kona wingndi.

Auch diesen Begriff haben wir in Kap. 6, 10 schon etwas näher kennengelernt. Es wurde dort auf die Notwendigkeit der Unterscheidung zwischen „ursprünglichem" und „späterem" *Kona wiŋndi* hingewiesen. Diese Notwendigkeit ist schon damit gegeben, dass aus der ursprünglich kleinen, zunächst nur aus der Familie des Urahnen bestehenden oder richtiger nur aus dem Urahnen und seinen Söhnen sich zusammensetzenden *Mi*-Gemeinschaft, erst im Laufe der Zeit durch Vermehrung ein oder auch mehrere Ableger hervorgehen, die gleichsam als Legitimation ihrer exogamen Eigenständigkeit gegenüber der urspünglichen *Mi*-Gemeinschaft und gegenüber den anderen Ablegern jeweils in einer eigenen Mythe oder Herkunftssage die „Urkunde" der „Auffindung" eines eigenen *Mi* und *Kona wiŋndi* durch ihren jeweiligen Stammvater haben. Weiter ist diese Unterscheidung deshalb nötig, weil eine Reihe von *Mi*- bzw. Ableger-*Mi*-Gemeinschaften aus ihrem ursprünglichen Wohngebiet vertrieben wurden oder es wegen schlechter Lebensbedingungen verliessen, wie z. B. die *Jamka*, die *Ndika*, die *Nöglkö* und alle in Kap. 8, 1-6 angeführten, oder auch wegen starker Vermehrung zwecks neuer Landnahme „auswanderten". Bei allen erinnert aber der gemeinsame Name entweder noch an ihr ursprüngliches *Mi* oder an ihren ursprünglichen *Kona wiŋndi*. So wohnen z. B. die *Römunti* etwa 15 km nördlich von *Ogelbeng*; etwa 40 km südlich von *Ogelbeng* gibt es einen Ort *Römunt*, und jeder *Römunti* weiss heute noch, dass sein grosser Name davon herkommt, weil das der ursprüngliche „Ort schöpferischen Geschehens" aller *Römunti* war. Dort hatte ihr Urahne das religiöse Ur-Erlebnis und dieser Urahne war natürlich selbst überirdischer Herkunft und von seinem Vater in Vogelgestalt grossgefüttert worden, so wie das von dem Urahnen jeder ursprünglichen *Mi*-Gruppe der *Mbowamb* gesagt wird.

Wie wir schon bei den *Muntka Temboka-öŋgidl* sahen und nun auch aus den anderen, oben wiedergegebenen Abstammungsmythen sehen können, wird das zeitlose mythologische Ur-Erlebnis der „Auffindung" eines neuen *Mi* und *Kona wiŋndi* auch auf dem neuen, erst noch fremden Boden gemacht, wodurch er zur Heimat wird. Das gilt aber auch dann, wenn infolge starker Vermehrung die ursprüngliche *Mi*-Gruppe sich aufzweigt in zwei oder mehr selbständige exogame Ableger-*Mi*-Gruppen, o h n e dass diese „auswandern", sondern nur angrenzendes Land in Besitz nehmen (vgl. Kap. 6, 9).

3. Der gemeinsame Name.

Inwiefern der *mbi ou*, mächtige und „grosse" Name, der alle Ableger eines ursprünglichen Setzlings für alle Zeiten als solches kennzeichnet (infolge der „Partizipation", Levy Brühl), als eine Komponente des *Mi*-Komplexes zu bezeichnen ist, geht aus Kap. 7, 6 hervor.

4. Der Kona uglimb.

Dieser Begriff, der uns in den weiteren Abstammungssagen nun öfters begegnete, wurde bisher noch nicht erläutert. Schon der Begriff *kona*, Ort, Gegend, Land, zeigt das Gemeinsame mit dem anderen Begriff *kona wiŋndi* an. Mit beiden Begriffen ist derselbe *kona* gemeint, nur von zwei Seiten aus gesehen. Wie schon dargetan, bezeichnet *wiŋndi* das „ausserordentliche, geniale, schöpferische" Können und Tun der hintergründigen Macht, die sich am *kona wiŋndi* gleichzeitig „offenbart" und „verbirgt". Dieser *Kona wiŋndi* wird nun bei allen *Mi*- und Ableger-*Mi*-Gemeinschaften auch als *Kona uglimb* bezeichnet. *Uglimb* heisst zunächst einmal Nabel. Der *kona uglimb* ist also der „Nabel-Ort". Sodann hat es auch die übertragene Bedeutung Mittelpunkt, Zentrum. Gemeint ist nicht, dass dieser Ort auch räumlich-geographisch im Zentrum des Siedlungslandes einer *Mi*-Gruppe liegt. Das k a n n sein, m u s s aber nicht sein. Worauf es ankommt, ist, dass der „Nabel-Ort" das Lebenszentrum der *Mi*-Gemeinschaft ist, wo ihr die Lebens-, Zeugungs- und Vermehrungskraft zufliesst. Hier ist der Ort, wo der Urahne — oder im Falle der Ableger-*Mi*-Gruppen der Stammvater — die geheimnisvolle und hintergründige Verbindung mit seinem übermenschlichen Vater erlebt hat, und durch ihn hat dieser „Nabel" oder Lebens-„Mittelpunkt" auch für alle die Gültigkeit, die ihre Abstammung auf ihn zurückführen.

Ausdrücklich sei hier vermerkt, dass *uglimb* n i c h t etwa auch Nabel s c h n u r heisst und also n i c h t die Verbindung des Kindes mit der M u t t e r — und dann auf die *Mi*-Gruppe ubertragen etwa ihre Verbindung mit der „Muttersippe, dem Mutterbruder" oder mit einer „Altmutter, Urahne" oder so etwas im Auge hat. Die Nabelschnur heisst *tem* und wird daher auch verwendet, um die V e r w a n d t s c h a f t (aber niemals Abstammung!) mütterlicherseits zu bezeichnen. *Ten tem tenda*, wir sind e i n e Nabelschnur, heisst: unsere Mütter — oder auch Grossmütter — kamen aus ein- und derselben *Mi*-Gruppe; wir können deshalb in unserer und der folgenden Generation nicht schon wieder Heiratsverbindungen eingehen, obwohl „wir" verschiedenen — immer patrilinearen und lokalen *Mi*-Gruppen — angehören. — Dass der „Ort genialen Geschehens" und der „Nabelort" derselbe Ort sind, zeigt wiederum sehr deutlich das patrilineare Abstammungs- und patrilokale *Kona*-Zugehörigkeits-Verständnis.

5. Das Tei-medl.

Auch dieser Begriff ist uns in den angeführten Mythen oder Sagen schon öfters begegnet. Das *Mi* wird von den *Mbowamb* auch als *Tei-medl* bezeichnet. Es handelt sich aber nicht einfach um zwei Namen, sondern um zwei Aspekte derselben Sache. *Tei-medl* ist zusammengesetzt aus *tei* und *medl*. *Tei* ist das Verbaladjektiv vom Verbum *tea-*, das sowohl transitiv als auch intransitiv vorkommt. Transitiv bedeutet es hinlegen; intransitiv liegen, in übertragener Bedeutung vorhanden sein, dasein, denn was liegt, ist da. Was nun aber immer liegt, ist bleibend, dauernd (vgl. Kâte *fofone* vom Verb *fo* — liegen). Was aber bleibend, dauernd ist, ist auch verlässlich. So hat im *Medlpa* das Verbaladjekiv *tei* sowohl den konkreten, wie auch diesen übertragenen Sinn. — *Medl* heisst die Sache, das Ding. Es wird unter Voranstellung des Verbaladjektivs zur Substantivierung des Begriffs verwendet. *Tei-medl* heisst demnach von der transitiven Bedeutung des Verbs her das Hingelegte, von der intransitiven her das Liegende und damit auch das Bleibende, Verlässliche.

In den bisher angeführten Abstammungssagen treten als *Mi* auf: Der *Munt*-Strauch, der Hund *Pöi*, der Laubbaum *Neŋ*, der Stein, aus dem die Beilklingen hergestellt werden, der Felsen auf dem *Aeŋ*-Berg, die Cordyline und ein Gruppen-Name. Da nun diese Dinge sowohl in den Sagen, als auch im täglichen Leben heute nicht nur als *Mi*, sondern auch als *Tei-medl*, das Bleibende, das Zuverlässige, bezeichnet werden, müssen wir uns die Frage stellen, w a r u m diese zweite Bezeichnung neben und ausser *Mi* gebraucht wird.

Würde der Vogel, der Stein, das Tier usw., zu dem jeweils eine Gruppe von Menschen in wesentlicher Beziehung steht, von den *Mbowamb* nur als *Mi* bezeichnet, so könnte man es in der Hauptsache von der Gesellschaft her, also nur unter den Gesichtspunkten „Abstammung, Exogamie, Regelung der Heirat, der Verwandtschaft" usw. verstehen. Die Bezeichnung *Tei-medl* aber setzt es in unverkennbare Beziehung zu den *Tei-wamb* (siehe dieses Kap. Abschnitt 11), und darum wird es auch immer sofort als Opfer-Anspruch verstanden. Das *Tei-medl* ist das *Mi* in seiner religiösen Funktion. Es übt eine kultische Funktion aus. Wie es einst dem Urahnen oder Stammvater „hingelegt" wurde als Anspruch auf Opfer, so mahnt es die Gemeinschaft immer wieder einmal an diesen Opferanspruch, wie in einigen der Abstammungssagen ausdrücklich auch gesagt wird. Die Opfer gelten nicht ihm, sondern den *Tei-wamb*. Es ist sozusagen der Zwischengänger zwischen dem übermenschlichen (Er-)Zeuger und „seinem Setzling". Allerdings können die *Mbowamb* infolge ihrer „Ganzheitsvorstellungen" oder des Gesetzes der Partizipation oft auch so reden, als ob die Opfer dem *Tei-medl* selber gelten würden, wie wir gleich noch hervorheben werden. Diese unlösliche Zusammengehörigkeit aller Komponenten des *Mi*-Komplexes und der gemeinsame Sinnbezug aller auf die hintergründige Macht, ermöglichen es z. B. auch, dass dieselbe Pflanze, wie etwa der *Neŋ*-Baum oder die Cordyline (vgl. Kap. 11, 10) oder auch dasselbe Tier, wie etwa der Hund, *Tei-medl* und *Mi* von mehr als einer *Mi*- oder Ableger-*Mi*-Gruppe sein können, o h n e dass dadurch etwa die „Hunde-Menschen" der verschiedenen „Hunde-Gruppen" alle zu „Geschwistern" werden, wie man meinen würde, wenn man den unlöslichen Zusammenhang zwischen *Kona wiŋndi*, *Kona uglimb*, *Mi* und *Tei-medl* ausser acht lassen würde. Der Hund ist eben nicht irgendwo „hingelegt" worden, sondern nur am *Kona wiŋndi* und zwar jeder der Gruppen, die den Hund als *Mi* und *Tei-medl* haben, an i h r e m jeweiligen *Kona wiŋndi*. Darum heissen auch z. B. die „Hunde-Leute" im *Kumedl*-Tal nicht einfach nur *Pöi*-Leute, sondern *Olt-Pöi*-Leute (Kap. 8, 2), also nicht nur nach dem Hund *Pöi*, den ja auch die *Kentipi* (Kap. 8, 1) für sich in Anspruch nehmen, sondern zugleich auch nach dem *Olt-Ku*, also dem „Ort schöpferischen Geschehens", an den eben gerade ihnen der Hund in die Felsengrotte „hingelegt" wurde.

6. Der Opfer-Anspruch.

Alle Herkunfts- und Abstammungsmythen der *Mi*- oder Ableger-*Mi*-Gemeinschaften der *Mbowamb* zeigen klar, dass es beim *Tei-medl* darum geht, dass die hintergründige Macht Opfer haben will. Es ist darin zunächst nicht gesagt, w a s geopfert werden soll, aber von jedem Urahnen oder Stammvater wird es als klarer Hinweis darauf verstanden, d a s s geopfert werden soll. Sowohl die *Kentipi*, als auch die *Olt-Pöi*-Leute sagen darum, dass der Hund auch immer wieder einmal kommt und sie an ihre Pflicht erinnert. Der oben erwähnte unlösliche Zusammenhang zwischen dem *Tei-medl* oder *Mi*, dem *Kona uglimb* oder *wiŋndi* und der hintergründigen Macht, lässt in den Aussagen der Eingeborenen nicht selten den ebenfalls oben erwähnten Eindruck entstehen, als gelte das Opfer dem *Tei-medl* selber, wie z. B. in folgender Schilderung eines *Olt-Pöi*-Mannes: „Wenn wir am Morgen sehen, dass die Spuren des Hundes, der nachts vor unsere Hütte kam, hinausführen zum *Olt*-Felsen, dann rufen wir alle unsere Männer zusammen und sagen: wir sollen Kinderreichtum haben und gute Ernten; wir sollen gesund bleiben und nicht sterben, darum kam der Hund *Pöi*! Lasst uns Schweine holen! — Wir holen sie dann und bringen sie hinauf zur Felsengrotte, wo der Hund *Pöi* ist. Wir nehmen Feuerholz, viel Bananen, Gemüse und Süsskartoffeln mit. Das Opferfleisch wird von uns schweigend und in gebückter Stellung in die Felsengrotte getragen. Dort fasst unser Häuptling alle Stricke, an die die Schweine gebunden sind, zusammen und spricht das Opfergebet: Du hast vor unseren Hütten Fusspuren hinterlassen. Darum bringen wir nun ein Opfer dar. Iss es und betrachte uns mit guten Blicken, damit wir viele Männer werden (i. e. uns mehren) und unseren Feinden überlegen sind."

7. Das Opferfeuer.

Als jener „*Mineimbi*-Vogel" mit seinem Schwager zum *Aeŋ*-Stein hochstieg, also zu dem Felsen, auf dem sitzend er der Mythe nach als kleiner Knabe von jenem Vogel *Ndoa* gefüttert wurde, da war Holz aufgeschichtet und obendarauf waren Steine gelegt, genauso wie die *Mbowamb* es noch heute machen, wenn sie die Kochsteine erhitzen wollen. Vom Feuer selber wird nichts gesagt, aber es ist natürlich eine klare Aufforderung zum Opfern, und das Opferfleisch muss ja immer im Erdofen gedämpft oder auch kleinere Stücke auf dem Feuer geröstet werden. — In anderen Mythen legt sich etwa das schweigend herabfallende Laub auf den bereits dämpfenden Erdofen oder doch auf die zum Kochen bereitgelegten Beuteltiere. Die *Muntka-Rapa* kam am Erdofen hervor, nicht irgendwo sonst. Zum Braten und Dämpfen gehört natürlich immer auch das Feuer. — Andere Mythen erwähnen direkt, dass dort, wo der Hund, das *Kepa*, das *Maea* usw. lagen, ein Feuer brannte oder dass wenigstens glühende Kohlen dalagen. Das Geheimnisvolle und Hintergründige des Feuers kommt darin zum Ausdruck, dass es wohl brennt oder glüht, aber nicht verlöscht. Das Feuer ist von Hause aus O p f e r feuer. Als solches *ŋgi nemba pitim* „bleibend es lag". Das Opferfeuer ist „immerwährendes, ewiges Feuer".

Mythen und Märchen über den Hund *Pöi* als Helfer der Menschen und besonders als Überbringer des Feuers werden von allen *Mbowamb* erzählt. Beispiele sind in Bd. III, Nr. 11 u. 31 gegeben. Bezeichnenderweise wird er dafür von seiner „Mutter" verprügelt. Der „Vater" gibt es nach den Herkunftsmythen gern und willig, aber allerdings, um für die Gabe die Gegengabe in Gestalt der Opfer zu erhalten — was aber durchaus nicht als Handel verstanden werden darf, sondern als Ausdruck der Lebensgemeinschaft, denn durch die Opfer will er ja seinen Setzlingsleuten wiederum Leben und Gedeihen mehren. — Bemerkenswerterweise gibt es auch Erzählungen in allen möglichen Variationen und Kombinationen, die das Feuer auf einen Vogel — der ja die mythologische Gestalt des Vaters ist — zurückführen (Bd. III, Nr. 17 ist ein Beispiel dafür). Der entscheidende Punkt ist, dass das Feuer als O p f e r f e u e r verstanden wird. Ohne dieses konnten die Menschen keine Opfer darbringen, und d a r u m ging es ihnen in jener Vorzeit, als die „Mutter" es noch zurückhielt, sehr schlecht.

8. Die Opferstätte.

Wie aus den Herkunftsmythen hervorgeht, ist mit dem *Kona wiŋndi* auch die Opferstätte „gefunden", denn am *Kona wiŋndi* wird dann vom Urahnen oder Stammvater sofort das Opfer dargebracht und wie er getan hatte, so machten es dann auch seine Söhne und Nachkommen. Der *Kona wiŋndi* ist für die ganze *Mi*- oder Ableger-*Mi*-Gemeinschaft die Kult- und Opferstätte. Der „Oben-Anruf" (Kap. 57) wurde daher immer auf dem *Kona wiŋndi* veranstaltet.

Etwas anderes sind die Opfer an die Toten, die an den jeweiligen Gräberstätten dargebracht werden. Etwas anderes sind auch die *Kôr*-Kultfeste, die gewöhnlich n i c h t auf dem *Kona wiŋdi* veranstaltet werden. Man holt aber bezeichnenderweise von dort das „Kult-*Mi*" des *Kôr ou* (Kap. 61, f und Kap. 62, 3 letzter Abschnitt).

9. Das Siedlungsland.

Wie in Kap. 7, 5 im Anschluss an die Sage der *Muntka Temboka-öŋgidl* gesagt ist, dass mit der Opferstätte auch das Siedlungsland „gegeben" ist, so können wir auch als einen bedeutsamen Zug aller Abstammungssagen feststellen, dass der Wanderer, der zunächst noch gar nicht zu bleiben gedachte und darum nur in einer Nothütte übernachtete, durch die Begegnung mit dem *Tei-medl* und *Mi* am *Konâ wiŋndi* oder *kona uglimb* von seiner Wanderschaft erlöst wird. Im Bereich der Opferstätte kann er sich ohne weitere Bedenken getrost ansiedeln. Darum gehört auch das Siedlungsland zum ganzen *Mi*-Komplex.

10. Die mythologische Gestalt des Vaters.

Der Urahne einer primären *Mi*-Gruppe hat keinen irdischen Vater. Seine Zeugung und Geburt ist von Geheimnissen umwittert. Das Vogelei weist nicht etwa auf eine überirdische Mutter hin. Bei den *Muntka* wird die Jungfrau vom Genuss des Vogeleies schwanger; bei den *Mineimbi* vertritt der Netzsack die Stelle des Mutterleibes. Nach der Geburt tritt der Vogel auf, der sich des Knabens annimmt. Er richtet ihm eine Unterlage (auch hier tritt schon das bedeutungsvolle Verb „hinlegen" auf!); er füttert ihn gross; er wiegt ihn auf seinen Armen! Er spricht ihn an und bezeichnet sich selbst als seinen Vater!

Die Aussagen über die geheimnisvolle Herkunft, wunderbare Geburt, aussergewöhnliche Ernährung und Versorgung durch einen Vogel, über das wunderbar schnelle Heranwachsen des Urahnen, des „erstgeborenen, wesentlichen, echten Altvater Vaters" einer *Mi*-Gruppe sind bei allen *Mbowamb* immer gleich. Ich habe daher den Teil der Mythe, der sich mit dieser hintergründigen Herkunft des Urahnen befasst, nur bei den *Muntka* und *Mineimbi* angeführt. — In den Mythen der *Kentipi*, *Olt-Pöi-wamb*, *Nöglkö* usw. liegt das Interesse ganz auf der „Auffindung" der für das Leben der *Mi*-Gruppe so wesentlichen Dinge wie des *Kona wiŋndi* oder *Kona uglimb*, des *Tei-medl* oder *Mi*. Dabei tritt einmal die Taube *Waemben* auf und zwar bei der Umsiedlung der *Nöglkö* (Kap. 8, 3), wo sie den Weg in das neue Siedlungsgebiet weist und vorangeht. Da sie nicht *Tei-medl* oder *Mi* der *Nöglkö* ist, ist sie ebenfalls die mythologische

Gestalt des überirdischen Vaters. — Bei den *Kentipi* und anderen tritt ein hellhäutiger Mann auf, der *ogla mana*, von oben nach unten kommt und wieder nach oben zurückgeht. Er ist es, der das *Tei-medl* und *Mi* „hinlegt". Er wird von den Leuten auch als *Ogla-wö*, also Oben-Mann oder Mann von oben oder auch als *Tei-wö*, also *Tei-Mann* bezeichnet. — Bei den *Mineimbi* und anderen tritt der Vogel auch heute noch warnend oder ermutigend auf. Die Vogelfedern des Tanzschmuckes sind Vergegenwärtigung der mythologischen Gestalt des Vaters; überhaupt der *Tei*-Männer, die gerne in Vogelgestalt auftreten. Da die Vogelweibchen nur ein unscheinbares Federkleid, die Männchen aber den herrlichsten Federschmuck haben, sind natürlich schon deshalb die *Tei*-Männer im Tanzschmuck vertreten!

Wir haben also folgenden Sachverhalt: Wo es um die „Zeugung" des Knaben geht, der dann zum ersten oder ältesten Vater aller Altväter der *Mi*-Gruppe wird, zum Urahnen der Gruppe also, sind „Vogelei", „Jungfrau" und „Vater in Vogelgestalt" die Stichwörter. (Noch heute bezeichnen die *Mbowamb* die heranwachsende Leibesfrucht als *Köi mugl* Vogelei oder *köi wagl* Vogeljunges und zwar in allen *Mi*-Gruppen, ganz gleich, ob ihr jeweiliges *Mi* ein Hund, Stein, Baum usw. ist, denn das *Mi* spielte bei der „Zeugung" des Urahnen noch keine Rolle; es wurde ihm erst „hingelegt" — daher ja auch *Tei-medl* — das „Hingelegte" genannt — als er schon erwachsen war.) Damit ist die patrilineare Abstammung begründet.

In dem Teil der Mythen, der sich mit der Auffindung des *Mi* am *Kona wiŋndi* befasst, das als „Hingelegtes" verstanden wird, kann der überirdische Vater des Urahnen als Vogel oder auch „hellhäutiger Mann von oben" auftreten, muss es aber nicht. In den Mythen mancher *Mi*-Gruppen wird weder Vogel noch hellhäutiger Mann erwähnt, trotzdem ist er aber das Agens hinter dem „schöpferischen Geschehen" am *Kona wiŋndi*, denn auch von ihnen wird das *Mi* als „Hingelegtes" verstanden, und auch für sie ist der Sinnbezug gegeben auf jenen hintergründigen Vater ihres Urahnen. Nach dem Gesetz der Partizipation verschmilzt in den Vorstellungen und Aussagen der *Mbowamb* aber oft auch der Urahne mit dem hintergründigen Vater des Urahnen. Für das Leben der Gruppe sind eben die eigentlich wesentlichen Dinge: *Kona wiŋndi*, *Kona uglimb*, *Tei-medl*, *Mi* und damit patrilineare Abstammung und patrilineare *Kona*-Zugehörigkeit, sowie der Opferdienst. Diese wesentlichen Dinge werden nach den Mythen oder Sagen über die Entstehung der Ableger-*Mi*-Gruppen auch von deren jeweiligem Stammvater „gefunden", obwohl er ja nicht wie einst der Urahne einen überirdischen, sondern einen irdischen Vater hatte. Er macht trotzdem genauso wie einst der Urahne das entscheidende Urerlebnis, in dem ihm die für das Leben und Handeln einer eigenständigen Gruppe wesentlichen Dinge „begegnen", wodurch Opferstätte und Siedlungsplan (patrilokal), sowie *öŋin*, Bruder, als Vergegenwärtigung eigenständiger Zeugungs- und Vermehrungskraft „gefunden" sind (patrilinear und exogam).

11. Die Ogla- oder Tei-wamb.

Wer hat das *Tei-medl* hingelegt? Ein *Tei*-Mann! Statt *Tei-wö* nennt man ihn auch *Ogla-wö*, also „Oben-Mann" oder „Mann von oben". Es gibt auch *Tei-amb* oder *Ogla-amb*, also *Tei*-Frauen oder „Frauen von oben". Man spricht deshalb auch von *Tei-wamb* und von *Ogla-wamb*, von *Tei*-Leuten oder „Oben-Leuten" also. In Bd. II der „*Mbowamb*-Monographie" sind sie unter dem Namen „*Tae-wamb*" beschrieben; auch als „Ober-*Tae*-Menschen" (Bd. III, Nr. 12, 13, 15).

Tae ist die *Temboka*-Form von *Medlpa Tei*. Ein *Tae*- oder *Tei-wö* heisst wörtlich übersetzt ein „Hinleger". Wenn uns dieser Wortsinn und der Zusammenhang zwischen *Tei-medl* und *Tei-wö* und damit der Zusammenhang zwischen den *Tei-wö* und der Entstehung der *Mi*-Gruppen damals noch nicht klar war, so ist doch die Sache selbst z. B. in Bd. II, 309 insofern erwähnt, als es dort heisst: „Man nimmt an, dass die *Taewamb* die Urahnen des Menschengeschlechts seien und dass alle Sachen, die man auf der Erde findet, von den *Taewamb* heruntergeworfen wurden." Das Interesse der *Mbowamb* ist natürlich nicht auf Schöpfung oder Natur in unserem Sinne gerichtet — diese Begriffe sind in der Sprache schon gar nicht vorhanden — sondern ihr Interesse geht immer auf die eigene Gruppe, auf die Menschen also und was in der Umwelt für sie wichtig ist. Man sagt von den *Tei-wamb*, sie haben die Lebensmittel, die Wachstumskraft in den Gärten und Feldern *mana-ndok ŋoroŋ*, wörtlich „herunterkommen machen und gegeben", d. h. (vom Himmel) heruntergegeben. Oder sie haben Quellen, Flüsse, Seen und Tümpel, auch Sträucher und Bäume, die den Menschen nützen „hingelegt". Wie schon früher erwähnt, wird das Verb „hinlegen" und seine intr. Form „liegen", nicht nur im wörtlichen, sondern auch übertragenen Sinn gebraucht. Die „Hinleger" haben alles „durch Hinlegen dasein gemacht", was für die „Setzlingsmenschen" wesentlich und nützlich ist. Von allem anderen, woran man nicht interessiert ist, sagt man *pora purum* — es hat sich von selbst ausgebreitet, so wie das Unkraut in den Feldern!

Es gibt viele Namen einzelner *Tei*-Männer und *Tei*-Frauen; z. B. den *Tei ŋgola*, auch *Ogla ŋgola* genannt; den *Tei* oder *Ogla Nuk-Nuk* (auch *Nuŋ-Nuŋ;* der Name ist Schallnachahmung, denn es handelt sich um eine Gestalt des „Donnerers" und zwar um den nicht allzu nah und gefährlich rollenden Donner, wogegen *Ogla ŋgugl* und *Ogla ŋgagla* den krachenden Donner verkörpern, der sofort dem „fressenden" Blitzschlag folgt). Oft nennt man auch keinen Namen, sondern sagt einfach ein *Tei*- oder Oben-Mann. Es gibt auch eine ganze Anzahl Namen für *Tei*- oder Oben-Frauen, z. B. *Ogla Puli, Ogla Kalep, Ogla Er, Ogla Mambagl*, usw.

Von den Obenfrauen sagt man nur, dass sie auch, so wie die Oben-Männer, die Setzlinge der Nährpflanzen der Menschen aufbewahren, sie nehmen und (vom Himmel) heruntergeben. Dagegen wird das „Setzen, Pflanzen" eines „Menschen-Setzlings" niemals einer Oben-Frau zugeschrieben, sondern immer einem Oben-Mann. Er hat das Vogelei „hingelegt", den Urahnen gehegt und gepflegt. Von ihm kommt die Zeugungs- und Vermehrungskraft der Gruppe und sie wird deshalb auch nur durch die Männer vererbt. Weil die Zeugungs- und Vermehrungskraft des *Tei*-Mannes nicht freischwebend, nicht ohne „Zuleitung" oder „Instrument" (s. dieses Kap. Abschn. 14) auf seinen „Setzling" einwirkt, darum hat er ihr das „Bleibende hingelegt". In ihm wirkt die Kraft des *Tei*-Mannes zur Vermehrung und Entfaltung, zum Segen, Heil, Gesundheit und Gedeihen der Gruppe auf sie ein. Durch das *Tei-medl* wirkt der *Tei*-Mann in seiner Gruppe von Menschen durch die Generationen hin, mit anderen Worten es wird vom Urahnen her durch seine Söhne und deren Söhne von Generation zu Generation weiter vererbt. Die *Mbowamb* können deshalb den ganzen *Mi*-Komplex als „Das Kunststück, wodurch wir ausgeschlüpft sind und uns vermehrt haben" bezeichnen. Der *Tei*-Mann hat auch alle anderen *ugl kae*, „guten Kunststücke" (Kap. 14, 2) „heruntergegeben". Was er dafür erwartet, sind Opfer (s. „Oben-Anruf" Kap. 57). — Wenn es Bd. II, 353 von den *Taewamb* heisst, „Sie haben für das religiöse Leben des Volkes keine Bedeutung mehr", so konnte der Schluss nur gezogen werden, weil uns damals der Zusammenhang zwischen den *Tei-wö* und dem *Mi*-Komplex noch nicht klar war, der für das religiöse, rechtliche, politische und soziale Leben der *Mbowamb* von grösster Bedeutung ist. Er besagt, dass die *Mi*-, bzw. Ableger-*Mi*-Gruppe e i n e exogame Bluts-, Opfer-, Wirtschafts-, Schutz-, Wehr-, Seelen- und Rechtsgemeinschaft ist.

E i n höchstes Wesen?

Die *Mbowamb* sprechen für gewöhnlich von einem *Tei*- oder Oben-Mann, einer *Tei*- oder Oben-Frau, indem sie ihm oder ihr einen Namen geben. Einige dieser Namen sind oben angeführt. Sie fassen diese einzelnen auch zusammen unter dem Begriff *Tei-wamb* — Tei-Menschen oder *Ogla-wamb* — Leute von oben. Ausserdem reden sie auch viel von Natur- und Totengeistern. — Wenn aber besondere Erlebnisse — etwa eine grosse Hungersnot — ein grosses Sterben, eine tiefe Erregung hervorrufen, wenn besonders frappante Unglücks- oder Todesfälle vorkommen, bei denen die g e w ö h n l i c h e Zurückführung auf die Einwirkung von allerlei Geistern und Zauberkräften oder auch von seiten des gereizten *Mi* (Kap. 38, 1) nicht befriedigt, dann kann man auch hören, dass sie sagen *Ogla-e-nts enem*, der Oben tut es — also ohne einen der sonst üblichen zusätzlichen Namen für den „Oben". Die sprachliche Form zeigt dabei das individualisierende, etwa unserem Artikel entsprechende e und das Agentis-Suffix *-nts*. Wenn ein junger Mann etwa plötzlich stirbt oder im Kampfe fällt, überhaupt wenn „das böse Kunststück des Sterbens" Menschen „nimmt und macht, dass sie abbrechen", so wie man einen grünen Ast abbricht, wenn sie also in den besten Jahren sterben, sagt man: *Edlêm Ogla-e-nts pak ŋoglŋa konom* — weil er selbst, der *Ogla*, ihn verdeckt hat (so wie Wolken die Sonne verdecken), darum stirbt er (so plötzlich). Wird eine Gruppe durch viele Todesfälle auffallend stark dezimiert, so sagt man zu ihr (als Gruppe im Sing.): „Wir sahen alle, wie der Oben dich verdeckt hat (d. h. wohl, dass dir keine Strahlen der Kraft und Macht mehr zuflossen), darum musst du nun in unendlicher Wiederholung weinen". Werden im Kampfe viele Männer getötet, so sagt man: „Er selbst, der *Ogla*, hat ihre Köpfe verteilt" (s. Kap. 21), nämlich an Geister und Dämonen, die nun die Menschen umbringen konnten, weil der *Ogla* sie ihnen übergab. — Wird eine Partei im Kampfe besiegt wider alles Erwarten, so sagt man: „Seht ihr denn nicht, dass er selbst, der Oben, Öffnungen machte (nämlich für das magisch Böse, für die Geister usw.; S. Kap. 20, 7), so dass sie besiegt werden konnten?" — Kommt ein Mann, für den man keine Hoffnung mehr hatte, doch lebend aus heissem Kampf zurück, so sagt man: „Er selbst, der Oben, hat ihn nicht ausgezogen (sc. aus der Reihe der Lebenden) und hat ihn nicht übergeben". — Bei grossem Kindersterben sagt man: „Er selbst, der Oben, nimmt alle unsere Kinder nach oben." — Wenn Eheleute keine Kinder bekommen, so sagt man: „Ihr *Kona* liegt ja ganz fahl da; der Oben selbst als der Wurzelstock-Mann (der Besitzer) gibt ihnen keines." — Bei grosser Dürre sagt man: „Er selbst, der Oben, nimmt den Regen nach oben." — Bei grosser Hungersnot: „Er selbst, der Oben, fasst an (s. Kap. 32, die rechtliche Bedeutung des Verbs *ambil*, anfassen) und nimmt (die Wachstumskraft) nach oben — was wollen w i r da sagen?!" — Auch in bezug auf das Tun und Treiben der Menschen sagt man: „Wie die Sonne oben steht (und alles sieht), so pflegt er selbst, der Oben, unsere Sitten und Gepflogenheiten immer zu sehen!" (Über den Begriff *kani*, sehen s. Kap. 15, c). In guten Zeiten kann man auch hören: „Er selbst, der Oben, gibt von Fruchtzeit zu Fruchtzeit, unsere Feldfrüchte und Lebensmittel immer wieder herunter; das ist aber sehr recht!"

In solchen Wendungen tritt also meist zu dem individualisierenden und konkretisierenden „e" und dem Agentis-Suffix auch noch das Pron. pers. emphat. der 3. Pers. sing. Nach den angeführten Beispielen sollte man auch meinen, dass „der Oben" oder *Ogla*-e im Leben der Leute wahrscheinlich eine grosse Rolle spielt. Aber wie schon gesagt, hört man solche Aussagen über den „Oben" allein, ohne Beinamen — denn mit Beinamen wird oft und viel von den „Oben-Männern" usw. geredet — fast nur in Zeiten besonderer Erregung, meist in Notzeiten, wie ja auch der *Ogla-mörn* (Kap. 57) immer nur in Notzeiten ausgeführt wurde. Im gewöhnlichen Leben und zu gewöhnlichen Zeiten macht man obige Aussagen ganz genauso auch von den Natur- und Totengeistern, besonders bei Menschen und Ereignissen, die n i c h t d i e g a n z e *Mi*-Gemeinschaft, sondern nur Einzelne oder nur Familien angehen.

Im allgemeinen Sprachgebrauch des Volkes kann man den Ausdruck „Oben nimmt" wohl sehr oft hören; aber schon die sprachliche Form zeigt dabei ganz klar, dass mit *ogla*, oben, nicht „der Oben" gemeint ist, sondern dass wir es mit „nach oben" übersetzen müssen und dass das Subjekt des Verbs „nehmen" nicht ein „er", sondern ein „es" ist; z. B. „es (er?) nimmt die Feldfrüchte und Lebensmittel alle nach oben"; beim Tod eines Kindes: Es (er?) nimmt das Kind nach oben. — Auch beim Mangel an Wertsachen: es (er?) nimmt die Wertsachen alle nach oben. — Wenn die Schweine nicht gedeihen: es nimmt die Schweine nach oben. — In *Medlpa* heisst der entsprechende Ausdruck: *ogla tênêm*, wörtlich: „es (er?) nimmt (nach) oben" (*ogla* ist auch Ortsadverb für die Ruhe am Ort, wie auch für die Bewegung zum Ort hin). Man denkt bei diesem Ausdruck nicht an „den Oben", sondern er hat die allgemeine Bedeutung „es gedeiht nicht, missrät, geht ein, stirbt"; im Falle der Wertsachen: sie sind rar. — Aber auch wenn wir als Agens ein „es" nehmen, ist natürlich für die *Mbowamb* doch immer der Sinnbezug auf die *Tei*- oder *Ogla*-Leute gegeben, denen man ja nicht nur das „Setzen" der „Menschen-Pflänzlinge" zuschreibt, sondern auch das „Hinlegen" oder „Heruntergeben" aller Dinge, die für das Leben und Gedeihen der *Mbowamb* „hier unten" nötig sind.

Die *Tei*- oder *Ogla*-Menschen kennen weder Anfang noch Ende. „Sie leben wie sie immer lebten und immer leben werden". Es gibt für sie kein Sterben. Eine zu beachtende Tatsache ist, dass man niemals einen *Tei*- oder Oben-Mann mit einer *Tei*- oder Oben-Frau zu einem Paar zusammenfasst, obwohl man diese beliebte paarweise Zusammenfassung auch auf die *Tei*- oder *Ogla*-Leute anwendet. Da es unter ihnen keinen Geschlechtsverkehr gibt und die Zeugungsfähigkeit immer den Männern zugehört, gibt es unter den *Tei*- oder Oben-Leuten keine Ehepaare. Die Oben-Männer sind zeugend-erschaffend tätig ohne die Mitwirkung der Oben-Frauen. Paarweise zusammengefasst werden bei den *Tei*- oder Oben-Leuten immer nur je zwei Männer oder je zwei Frauen.

Es sind in den Aussagen der *Mbowamb* keine Anhaltspunkte vorhanden, die etwa zu dem Schluss berechtigten, dass alle *Ogla-wamb* auf den e i n e n Ogla als ihren Zeuger-Schöpfer zurückzuführen wären. Wohl muss es jedem Kenner der *Mbowamb* auffallen, dass alle anderen überirdischen Männer und Frauen vor ihrem speziellen Namen immer sozusagen den Gruppen-Namen *Tei* oder *Ogla* haben, so wie das bei den *Mbowamb* selber auch der Fall ist, wogegen ja der Urahne jeder *Mi*-Gruppe ursprünglich auch nur seinen Personen-Namen hat, der dann für seine Söhne und alle Nachkommen zum Gruppen-Namen wird. So hat auch *edlêm Ogla*-e, er selbst, der Oben, im Unterschied zu allen andren „Oben-Menschen" keinen weiteren Namen als eben nur *Ogla;* und dieses *Ogla* steht dann wie bei den Menschen der Gruppen-Name (Kap. 11, 13) bei den anderen Oben-Menschen immer voran: *Ogla ŋgola, Ogla Kalep,* usw. — Aber das Interesse der *Mbowamb* ist in garkeiner Weise auf diese Dinge gerichtet. Man reflektiert nicht über einen Anfang aller Dinge im Sinne eines Schöpfungsaktes, sondern ist allein daran interessiert, dass ein *Tei* oder *Ogla* mit oder ohne individuellen Beinamen jetzt und hier von Fruchtzeit zu Fruchtzeit die für die Menschen lebensnotwendigen Dinge immer wieder „heruntergibt" und nicht (nach) „oben nimmt", denn das würde Armut, Hunger und böse Zeiten bedeuten.

12. Das wertvolle Irdische

ist das Opfertier. Wenn in den Mythen und Sagen das *Tei-medl* oder *Mi* auch als Opfer-Anspruch verstanden wird, so muss es etwas Wertvolles geben, und zwar hier unten auf Erden, das als Opfer dargebracht werden soll. Danach wird „von oben" verlangt. Dieses Wertvolle ist das S c h w e i n. Es ist darum auch d a s Opfertier. In mehreren der Ursprungs- und Abstammungsmythen wird erwähnt, dass der Urahne oder Stammvater ein erjagtes Beuteltier im Erdofen dämpfen und essen wollte, aber etwa durch die Eidechse oder durch ein herabfallendes Laub davon abgehalten wurde, denn er verstand das sofort als *Mi,* als Verbots- und Eigentumszeichen also. Er sagt darum auch: „wenn du es essen willst, dann iss es" und lässt es liegen. Aber dann heisst es auch wieder, dass das Beuteltier von dem Überirdischen doch nicht berührt war, als der Mann wieder zurückkam. Warum das? Die Mythen über die *Teiwamb* geben darüber Aufschluss. Danach gehören die Beuteltiere und die Vögel den *Teiwamb* (Bd. II, 325 oben). Überhaupt ist die Vorstellung von den *Teiwamb* unverkennbar durch die Beobachtung der merkwürdigen Eigenschaften und Fähigkeiten dieser Tiere und der Vögel geformt. Die Oben- oder *Tei*-Leute nehmen in den Mythen und Märchen der *Mbowamb* auch selber gerne die Gestalt von Vögeln und Beuteltieren an. Sie erscheinen und verschwinden so plötzlich wie diese. Man sieht sie und dann sieht man sie plötzlich wieder nicht. Sie „kommen heraus" und „ziehen sich zurück". — Weil sie ihnen also zugehören, darum werden sie als Opfertiere von den *Tei*- oder *Ogla-wamb* a b g e l e h n t.

Die Beuteltiere und Vögel halten sich meist *ogla,* oben, auf, im Bereich der *Tei*- und *Ogla-wamb* also. Die Schweine dagegen auf der Erde, im Bereich der „Setzlingsmenschen". Sie gehören den Menschen zu. Sie wurden und werden auch nicht „von oben heruntergegeben", sondern nach der in Bd. III, Nr. 15 wiedergegebenen Mythe z. B. riefen zwei *Tei*- oder Oben-Männer die Schweine aus einem See hervor (vgl. auch Kap. 8, 7), und zwar für die Menschen, damit diese ein Opfertier haben, das sie als Opfer darbringen können. Die Tümpel und Weiher gelten als Plätze, aus denen die verschieden farbigen Sorten der Schweine hervorkommen. Weil so wie einst nicht die „Setzlingsmenschen", sondern nur die „Oben-Männer" sie hervorrufen konnten und können, daher die Aufzählung all' der Weiher, Seen und Tümpel in den Segenssprüchen oder Nennung der Schweinesorten im „Oben-Anruf" (Kap. 57).

In einer Anmerkung zu der Bd. III, Nr. 12 wiedergegebenen Mythe über die *Teiwamb* (dort „*Taewamb*") ist gesagt: „Die *Taewamb* sondern sich von den Menschen der Erde ab, obwohl dazu kein besonderer Grund vorliegt. Auch dass sie Widerwillen gegen die Schweine haben, ist sonderbar, da doch das Schwein das Lieblingstier der Eingeborenen Neuguineas ist." Es wird aber doch in eben dieser Mythe erzählt, dass die *Teiwamb* selbst die Menschen auffordern, ihnen Schweine zu geben! Es heisst: „Morgen früh werden wir hinunterkommen, dann sollt ihr uns Schweine s c h l a c h t e n . . . Gebt uns aber k e i n e l e b e n d e n Schweine..."! (Sperrung von mir.) Das heisst doch ganz klar, dass die *Teiwamb* die Schweine als O p f e r dargebracht haben wollten. Zu dem Zweck muss man die Tiere aber schlachten und im Erdofen dämpfen. Das Vergehen jener alten Frau bestand darin, dass sie in Gegenwart der *Teiwamb* ein lebendes Schweinchen bei sich hatte und verbarg — also das Opfer vorenthielt. Das war ein kultisches Vergehen und wird darum von der Mythe als gültiger Grund für den Rückzug der *Teiwamb* angeführt.

In diesem Zusammenhang ist es nicht unwichtig, zu erwähnen, dass es unter den *Mbowamb* wohl Beuteltier-Gruppen und Vogel-Gruppen, aber keine Schweine-Gruppen gibt. Der durch das *Tei-medl* oder *Mi* erhobene Opfer-Anspruch hat es auf das Opfer von Schweinen abgesehen. Das Schwein als Opfertier kann nicht zugleich auch *Tei-medl* oder *Mi* sein. — Aus den Mythen über das „Gepflanztwerden" der „Menschensetzlinge" geht hervor, dass ein *Tei*-Mann eine *Mi*-Gruppe zu dem Zweck ins Leben ruft und ihr Zeugungs- und Vermehrungskraft verleiht, damit sie ihm Opfer bringt und zwar Schweineopfer. Darin wird die Bedeutung des Opfergedankens für das mythologische Selbstverständnis der *Mbowamb* offenbar.

13. Opfergeruch und Opfergebet.

Fragt man die *Mbowamb*, was von den Überirdischen vom Opfertier denn gegessen werde, so sagen sie: der *tirndêglem*, d. i. der liebliche Geruch, der schon beim Sengen der Opfertiere und erst recht vom Erdofen aufsteigt. *Medlpa* hat ein Wort für Wohlgeruch, nämlich *möra;* für üblen Geruch das Wort *elkögl.* Dagegen bezeichnet *tirndêglem* ausschliesslich den Wohlgeruch, der vom Opfer aufsteigt. Er enthält die Lebenskraft des Opfertieres. Eben damit dieser *tirndêglem* aufsteigen kann, muss das Opfertier abgesengt, zerlegt, geröstet oder gedämpft werden.

Das Opfergebet heisst *atseŋa.* Es ist etwas anderes als der *mörn,* Segenszauberspruch. Er wird nur gemurmelt, das Opfergebet dagegen wird gesprochen. Bei den Opfern an die Toten wird es gerade so gesprochen, wie man mit den anderen Menschen spricht. Nun hat man freilich die *Tei-* oder *Oglawamb* nie so gesehen und gekannt, wie man die Toten zu ihren Lebzeiten sah und kannte. Deshalb ist das Opfergebet denn auch beim Opfer an die *Teiwamb* kein Sprechen, sondern ein lautes Rufen. Die *Mbowamb* bezeichnen dieses Rufen auch als *mörn,* Segenszauberspruch, und reden daher von *Oglamörn* (Bd. II, 416 ff.) Dieser „Oben-Segenszauberspruch" unterscheidet sich aber sehr wesentlich von jedem anderen Zauberspruch, der nur gemurmelt wird. Hier ist es ein lauter Ruf, und der den *Tei-* oder Oben- Mann darstellende Eingeborene gibt ja stellvertretend für den *Tei*-Mann auch auf den Anruf hin jedesmal Antwort! Tatsächlich bezeichnen die *Mbowamb* es selbst ausser mit *oglamörn* auch noch mit *wao-rui,* Ruf schlagen, rufen. Ich übersetze daher *ogla-mörn* mit „Oben-Anruf" (Kap. 57).

14. Das Opfermahl.

Wie einst der Stammvater einer *Mi*-Gruppe bei seinem Urerlebnis am Ort schöpferischen Geschehens das dort dargebrachte Opfer dann aus dem Erdofen nahm und verzehrte und so durch dieses Opfermahl mit dem überirdischen Vater, von dem der *tirndêglem* mit Wohlgefallen aufgenommen wurde, Essgemeinschaft hatte, so sind von da an alle seine männlichen Nachkommen durch die Opfermahlzeiten in der gleichen Essgemeinschaft zusammengeschlossen. Von daher ist jede Mahlzeit Opfermahl, und Essgemeinschaft ist Vertrauensgemeinschaft. Mit dem Fremden isst man nicht.

Dieser Zusammenhang kommt am stärksten in dem Begriff *men* zum Ausdruck. Dieses *men* heisst zunächst einmal „das fette Fleisch"; sodann hat es die übertragene Bedeutung „gutes Einvernehmen, Eintracht, Gemeinschaft, Liebe". *Wamb men-mudl ragl* sind zwei Menschen, die in Freundschaft und Liebe einander zugetan sind. Ein Häuptling und seine Mannen werden unter dem Begriff *men* als eine Gemeinschaft der Eintracht und gegenseitigen Lebenshilfe zusammengefasst. Heisst ein Häuptling etwa *Udl*, so spricht man von *Udl-men* und meint damit ihn und seine Brüder, Söhne und sonstigen Männer, die mit ihm zusammen Opfer- und Essgemeinschaft und darum Vertrauen, Eintracht und gegenseitige Hilfe pflegen; (s. Bd. II, 62, wo *men* mit unserer Nachsilbe „-schaft" wiedergegeben ist). Man muss bedenken, dass *men* — das fette Fleisch — vom Opfertier herkommt. Es ist das Mittel, das gute Einvernehmen mit den hintergründigen Mächten aufrecht zu erhalten und damit auch untereinander. Denn zum Opfer gehört ja immer die Essgemeinschaft, wo das *men* gegessen wird und so immer wieder Eintracht und Liebe herstellt. Liebe und Gemeinschaft ist für die *Mbowamb* wie für alle Eingeborenen nichts Abstraktes und nur Gefühlsmässiges, sondern schliesst immer die Essgemeinschaft und die gegenseitige Lebenshilfe ein (vgl. auch *Kâte: jauŋ*). *Men pe têm* kann bei den *Mbowamb* je nach Kontext heissen „fettes Fleisch liegt", d. h. das Tier ist fett, oder auch „es ist fettes Fleisch vorhanden"; oder es kann ebensogut heissen: gutes Einvernehmen, Lebenshilfe, Vertrauen und Gemeinschaft ist vorhanden.

Beim Essen teilen die Einzelnen gerne die Bissen; tauschen sie aus oder schneiden von ihrem Stück eine Hälfte ab und geben sie an den Nächsten weiter; brechen etwa eine Süsskartoffel und teilen aus. Das ist mehr als nur Sitte; es ist Ausdruck grössten gegenseitigen Vertrauens und Herstellung echter Gemeinschaft. Der Name der Speise, die man so miteinander verzehrt hat, dient nachher als Rufname derer, die miteinander Essgemeinschaft hatten. Hat man etwa eine Schweinsleber oder -zunge geteilt und miteinander verzehrt, so rufen sich nachher alle Beteiligten untereinander *kaemp* — Leber — oder *anembedl* — Zunge; das macht man auch bei Früchten so. Wann immer man *Mbowamb* einander „Taro", „Maiskolben", „Zukkerrohr" usw. rufen oder nennen hört, so weiss man, dass die Betreffenden diese Dinge miteinander geteilt und verzehrt haben.

Die an einem gemeinsamen Opfermahl Beteiligten aber nennen sich *mi-nts-nui*, *maepoglanui*, d. h. durch das *Mi* (gleichsam als Instrument) Gefütterte — den das *„nts"* an *mi* ist Agent.-Suffix, das auch das Mittel oder Instrument bezeichnet — und *maepogla* ist das Aufnehmen der Nahrung durch den jungen Vogel, den der alte Vogel atzt; sie sind also die Geatzten. Hier kommt der Zusammenhang zwischen Opfer, Opfermahl und dem hintergründigen Vater, der in der mythologischen Gestalt des Vogels einst den Urahnen als kleinen Jungen gefüttert hat, aufs deutlichste zum Ausdruck: wir sind die mit Hilfe des *Mi* gefütterten und (vom Vogel-Vater) Ernährten! Nun werden wir auch so wachsen und gedeihen und uns vermehren wie einst unser Urahne! — Zugleich wird hier deutlich, wie das Opfer nicht nur den überirdischen Vätern, sondern auch den Opfernden selbst zugutekommt. Im Opfermahl füttert der Vogelvater seine kleinen Jungen, nachdem sie ihn durch den aufsteigenden *tirndêglem* ergötzt haben. So dient es der Befestigung der Gemeinschaft, des Gedeihens und Wohlergehens.

15. Opfer und Kindersegen.

Ein gemeinsamer Zug aller Herkunfts- und Abstammungsmythen ist es, dass der Urahne oder Stammvater nach dem Opfer am *Kona wiŋndi* hingeht, sich eine Frau nimmt und viele Söhne „trägt". Er „trägt" sie gleichsam als Gabe aus dem Opfer mit sich hinweg. Darum hat das Verb *mei*, tragen, auch die Bedeutung von zeugen u n d von gebären (Bd. II, 43 unten). Die Frau kann nichts Wesentliches dazu tun. Das Wesentliche ist getan, wenn die Männer die Opfer dargebracht haben. Beide Eltern können das Kind nur aus dem Opfer „tragen". In der *Mineimbi*-Mythe tragen die beiden Frauen das Ei im Netzsack mit sich, in der *Muntka*-Mythe trägt die Jungfrau das verzehrte Ei in sich; so tragen auch die Urahnen und Stammväter ihre Söhne — natürlich auch ihre Töchter, aber diese sind nicht erwähnenswert, weil sie für Abstammung und Weitervererbung keine Bedeutung haben und später den väterlichen *Kona* verlassen, um in einen anderen einzuheiraten. Darum dürfen sie auch nicht am Opfermahl teilnehmen, ebensowenig wie die Frauen und Mütter, also die Eingeheirateten. Diese nicht, weil sie aus anderen *Mi*-Gemeinschaften und anderen *Kona* kommen, jene nicht, weil sie in andere einheiraten werden. Dass sie dann eine gewisse Menge an vitaler Kraft aus ihrem väterlichen *Kona* in den ihres künftigen Ehemannes mitnehmen werden, kann man sowieso nicht verhindern, aber am Opfermahl lässt man sie nicht teilnehmen, weil sie sonst auch noch die Zeugungs- und Vermehrungskraft ihrer väterlichen *Mi*-Gruppe mit in die fremde *Mi*-Gruppe nehmen und diese damit über Gebühr stärken würden. — So stehen die Mädchen, Frauen und Mütter zwischen den partrilinearen *Mi*-Gruppen und sind von dem Besten, das die Männer haben, ihrer Opfergemeinschaft, ausgeschlossen.

KAPITEL 10
MI-KOMPLEX UND FRAU

a) Herkunft der Jungfrau.

In den bisher wiedergegebenen Herkunfts- und Abstammungssagen wird nicht gefragt, woher die Frau oder Jungfrau wohl kam, die zur Mutter des „hochgeborenen" Knaben ausersehen wurde. Sie ist einfach da. Ebenso gehen auch die Stammväter jeweils hin und heiraten ein Mädchen, ohne dass viel gesagt wird, woher so ein Mädchen nun eigentlich stammte. Ihr Dasein wird einfach vorausgesetzt, so wie ja auch heute die Töchter anderer *Mi*-Gruppen einfach da sein, damit man sie sich zur Ehe nehmen kann! Darüber reflektiert man nicht.

Es gibt aber doch in den Mythen einiger *Mi*-Gruppen auch etwas über die Herkunft der Jungfrau zu hören, die der Stammvater zur Frau nahm. Als Beispiel dafür sei hier die Mythe der *Pirkö*-Leute angeführt. Die *Pirkö* sind die Nachbarn der *Make* (Kap. 8, 4) im *Kopon*-Gebiet.

Ihr *Kona wiŋndi* liegt oben am *Madla-Pass*, auf der *Jimmi*-Seite bei dem „Ausruhplatz", von wo man einen herrlichen Ausblick auf die gegenüberliegenden Bismarck- und Schraderketten und das tief unten liegende *Jimmi-Tal* hat.

b) Die Mythe der Pirkö.

„Unser Altvater kam auf seiner Wanderung über den *Madla*-Pass. Er errichtete sich eine notdürftige Unterkunftshütte für die Nacht. Als er ein Stück in den Busch hineinlief, um Feuerholz zu holen, musste er sehr staunen, so hoch oben einige Stauden der *Pir*-Banane zu finden. Er dachte bei sich selbst: diese *Pir*-Banane wächst doch sonst drunten im Tal. Nun finde ich sie wahrlich hier oben! — Er hob dort einen kleinen Erdofen aus, um sein Beuteltier zu dünsten. Da fiel ein abgestorbenes Bananenblatt auf sein Beuteltier. Er sagte: Wenn du es essen willst, so iss es nur! — Er liess es im Erdofen und ging zurück zu seiner Hütte. Er dachte: hier macht es mir doch wahrlich ein schöpferisches Kunststück!

Als er in der Nacht erwachte, hörte er, dass etwas ein reibendes Geräusch machte. Er lauschte, konnte aber nicht feststellen, was es war. Als er in der Frühe zum Erdofen ging, sah er, dass an der *Pir*-Bananenstaude die äussere Deckschicht abgerieben war. Er nahm einen Splitter der Grün-Schnecke und steckte ihn in den *Pir*-Stamm. — Des Nachts kam eine Jungfrau, umfasste die Bananenstaude und in dem Glauben, sie „mache an der Staude nur so auf und ab", schlitzte sie sich zwischen den Beinen an dem Muschelsplitter auf. — Der Mann nahm sie zur Frau und siedelte sich hier an, wo wir nun von Generation zu Generation nach einander wohnen. Er „trug" einen Sohn, den nannte er *Pir-kö;* so nennt man uns die *Pirkö*, „Pir-Bananler". Einen zweiten Sohn nannte er *Mbedla*. Nach ihm sind die *Pirkö Mbedla-mbo* genannt. Einen dritten nannte er *Köiö;* nach ihm sind die *Pirkö Köiö-pei* genannt.

Die Früchte der *Pir*-Banane essen wir nicht. Wenn unsere Feinde uns umbringen wollen, zerreissen sie *Pir*-Blätter und stecken sich Stücke davon auf ihre Basthauben. Dort oben am *Madla*-Pass, wo es das geniale Kunststück machte, ist unser *Kona uglimb*. Wenn man uns ungerechterweise beschuldigt und Wiedergutmachung verlangt, dann fassen wir ein *Pir*-Blatt an, zerkauen es und sagen: wir waren es nicht — *Pirkö Mi!* Dann lassen sie von uns ab."

c) „Verschlossene Jungfrauen".

Das Ideal der unberührten Jungfrau, die aus ihrer väterlichen *Mi*-Gruppe als Braut in die *Mi*-Gruppe ihres Bräutigams kommt, ist durch die sagenhafte Gestalt der „verschlossenen Jungfrau" dargestellt. Nach Sagen und Märchen aller Variationen gehören solche „verschlossene Jungfrauen" aber nicht den *Mbowamb* zu, sondern sind „kinderlose Frauen" oder „Dienstmägde" der *Tei*- oder Oben-Männer, die mit ihnen keinen Geschlechtsverkehr pflegen. Bd. III, Nr. 16 ist eine solche Mythe für die Entstehung des *Kôr ŋênap*-Kultes (dort „*Kor Nganap*") angeführt. Nun tritt dieses Motiv hier im *Kopon*-Gebiet auf, wo der *Kôr ŋênap* noch niemals gefeiert wurde. Dieses Motiv ist in Märchen und Sagen auch sonst in allen Gauen der *Mbowamb* zu finden. Es sei nur ein Beispiel dafür angeführt:

„Ein Mann gab seine Schwester dem *Ndepona Nikint* zur Frau. Er nahm sie mit sich in den Wald in seine Siedlung. (*Ndepona Nikint* ist ein *Tei*-Mann, der bald als Vogel, bald als Mann auftritt. Es gibt auch einen Vogel namens *Nikint*, der sich im Walde aufhält. *Ndepona* heisst „Wald", daher der Name des *Tei*-Mannes „Wald-*Nikint*"). Die Frau fand ein Vogelei und ass es roh. Später dachte sie bei sich: ich habe doch mit keinem Mann verkehrt und nun bin ich guter Hoffnung! Sie gebar einen Knaben und der Wald-*Nikint* fütterte ihn. Er wurde sehr schnell gross und stark. (Nach der Bd. III, Nr. 15 wiedergegebenen Version trank die Frau ohne es zu wissen den Urin des *Nikint* und wurde davon schwanger). — Der Bruder der Frau kam eines Tages und verlangte den „Kaufpreis" für seine Schwester. Der Wald-*Nikint* gab ihm viele Wertsachen und Schweine, aber er war noch immer nicht zufrieden. Da sagte *Nikint:* willst du wohl, dass ich dir mein „schlechtes Beil" gebe? Der Mann nickte Zustimmung und da gab ihm der Wald-*Nikint* eine *amb waŋen* „kinderlose Frau". (Auch heute noch werden Dienstleute der reichen Herren als „Beilstiel-Leute" bezeichnet, so wie die *Tei-* oder *Ogla-wamb* ihre Dienstmägde als „schlechtes Beil" bezeichnen). Als der Mann nicht wusste, wie er die vielen Wertsachen und Schweine, die ihm der Wald-*Nikint* gegeben hatte, alle mitnehmen sollte, sagte die Frau: was schleppst du dich denn ab? Lasse doch alles hier! So liess er alles dort. — Der Wald-*Nikint* warnte ihn, er solle die kinderlose Frau nicht schlagen. (Das Verb „schlagen" hat im entsprechenden Kontext auch den Sinn „mit einer Frau verkehren"). Die „kinderlose Frau" weigerte sich, in das Haus des Mannes zu gehen. Sie sagte, sie wolle sich draussen im Gebüsch aufhalten. Da liess der Mann sie gewähren. — Als er am anderen Morgen sich nach ihr umsah, schrak er zusammen und erstaunte sehr: dort, wo vorher nur Gebüsch gewesen war, war ein schöner Zeremonialplatz geschaffen und mit Ziersträuchern und Bäumen bepflanzt. Auch ein nagelneues Männerhaus stand da! Die kinderlose Frau sagte zu dem Mann: du willst doch sicher heiraten. Geh doch und hole dir eine Frau! — Er ging und warb um viele Mädchen, aber überall wurde er abgewiesen, weil die Leute wussten, dass er arm war. Schliesslich bekam er nur ein armes Mädchen. Als er aber für sie erstaunlich viele Wertsachen und Schweine gab, kamen viele andere auch zu ihm. —

Eines Abends besuchte er die „kinderlose Frau" und wollte nicht heimgehen. Sie sprach, wenn du bei mir schlafen willst, dann nicht diese Nacht, sondern die kommende — und schickte ihn fort. Als er am andern Morgen sich umsah, war der schöne Platz verschwunden! Überall war wieder Gebüsch. Die Frau war fort. —

Als der Mann wieder zum Wald-*Nikint* kam, sagte dieser zu ihm: Habe ich dir nicht gesagt, du sollst mit meinem „schlechten Beil" nicht „bezüglich Mann und Frau tun"? Nun ist sie fort! — Schliesslich gab er sie ihm wieder mit. Am andern Morgen war der schöne Platz wieder da. Der Mann lebte in grossem Wohlstand, in Frieden und Gesundheit. Die kinderlose Frau behandelte er mit Ehrfucht."

d) Das Ideal der patrilinearen Mi-Gruppe.

Dieses Märchen erinnert sehr an die Herkunftsmythen der *Mi*-Gruppen. Die „kinderlose Frau" ist ein Abbild des *Tei-medl* oder *Mi*, das Wohlstand, Heil, Friede, Gesundheit usw.

bedeutet, aber auch Verbot geschlechtlicher Beziehungen innerhalb der *Mi*-Gruppe. Wird dies übertreten, so lösen sich Friede, Glück und Wohlstand auf. — Wie beim „Hinlegen" des *Tei-medl* und *Mi* wird hier ein wundervoller Platz geschaffen, der Mann bekommt viele Wertsachen und Schweine, wird mächtig und angesehen. Das geht alles auf diese „Dienstmagd" zurück, o h n e dass für sie ein „Kaufpreis" zu entrichten wäre. Das wäre auch das Ideal der Hagen-Männer!; die Pflege-, Arbeits-, Erwerbs- und Bewahrungskraft der Frau für Wohlstand und Gedeihen der patrilinearen *Mi*-Gruppe einsetzen zu können, ohne dafür einen „Kaufpreis" entrichten zu müssen!; zeugend-schaffend tätig zu sein wie die *Tei*- oder Oben-Männer, ohne dabei auf die *Tei*- oder Oben-Frauen angewiesen zu sein! Dann müsste man nicht die geliebten Wertsachen und Opfertiere für den Erwerb einer Frau an eine andere *Mi*-Gruppe weggeben! So zu werden wie die *Tei*- und Oben-Männer, wäre ideal! Aber da ist das Verlangen „bezüglich Mann und Frau zu tun"! Der Geschlechtsverkehr ist ein „böses Kunststück". Schon der Versuch dazu kostet dem Mann in der Erzählung Glück und Wohlstand. — So macht man auch heute noch einem Manne, der sich geschlechtlich vergeht, wofür man mindestens ein Opfertier hingeben muss, wenn es darüber nicht zu Blutvergiessen kommen soll, bittere Vorwürfe: warum bringst du dich und uns um dieser „kleinen Sache" willen und wegen dieses „bösen Kunststückes" in Armut? Warum bist du nicht wie ein Mann schaffend-erwerbend tätig, sondern „öffnest die Frauenschürze, dass wir sie nun wieder knüpfen müssen!" — H i e r liegt der Grund für die schlechte Bewertung des Geschlechtsverkehrs und man darf darin keine moralischen oder ethischen Gesichtspunkte in unserem Sinne suchen. Nicht der Geschlechtsverkehr überhaupt wird als *ugl kit*, „böses Kunststück" angesehen — böse im Sinne von Kraft- und Machtverlust für die Gruppe —, sondern nur der Geschlechtsverkehr innerhalb der durch das *Mi* geschützten „Geschwister-Gemeinschaft". Hinter der „Wald-*Nikint*"-Mythe liegt noch ein anderes Moment, auf das wir später noch näher eingehen werden, nämlich, dass Heiratsverbindung und damit geschlechtliche Beziehung zwischen der Gruppe eines Mannes und der einer Frau immer nur e i n m a l möglich ist, denn schon durch e i n e Verbindung ist die Zeugungskraft der Gruppe des Mannes mit der Lebenskraft der Gruppe der Frau verbunden — und auf d i e s e Verbindung kommt es ja an — die beteiligten Individuen sind von daher gesehen sozusagen nebensächlich — und sie kann in derselben Generation nicht mehrere Male hergestellt werden, wo sie doch durch die e i n e Heirat schon hergestellt ist (Kap. 13, 4a letzter Abschnitt).

Da die *Mi*-Gruppe ihre Zeugungs-, Lebens- und Vermehrungskraft durch das *Tei-medl* oder *Mi* von dem *Tei*- oder *Ogla*-Mann erhält, der der überirdische Vater ihres Urahnen war und diese *Tei*- oder Oben-Männer mit den *Tei*- oder Oben-Frauen keinen Geschlechtsverkehr pflegen, wie auch innerhalb der *Mi*-Gruppe kein Geschlechtsverkehr stattfinden soll, so ist der Geschlechtsverkehr überhaupt zu meiden, sobald und sooft man das mythologische Geschehen von einst wiederholt, nämlich beim Opfer und Kult.

Man kann also nicht einfach ganz allgemein sagen, „Die Menschen sind . . . durch den Geschlechtsverkehr gefallen . . ." (Bd. II, 424), denn die Herkunftsmythen zeigen ja ganz klar, dass er bejaht wird, wenn die beiden Partner aus jeweils verschiedenen exogamen Gruppen stammen. So hat z. B. in der *Pirkö*-Mythe das Tun des Mannes mit der „verschlossenen Jungfrau" nicht nur keinerlei nachteilige Folgen für ihn, sondern er wird dadurch zum Begründer einer blühenden *Mi*-Gruppe!

Was nun aber die hintergründige Herkunft der Frauen betrifft, so wird diese Frage von den *Mbowamb* dahin beantwortet, dass ihre Ahnmütter einst zwar nicht wie die Urahnen der Männer von den *Tei*- oder Oben-Männern zeugend-schaffend ins Leben gerufen und als „Menschen-Setzlinge gepflanzt" wurden, dass sie aber insofern auch hintergründiger Herkunft sind, als ihre Ahnmütter einst Dienstmägde der *Tei*- oder Oben-Männer waren und dann zu den „Setzlingsmännern" kamen, die sie zu ihren Frauen machten. In Bezug auf die „verschlossenen Jungfrauen" sagt man darum, wie Bd. II, 424 erwähnt: „Von diesen Frauen sollen heute die Frauen der Menschen abstammen und ihnen gleichgebildet sein. Seitdem gibt es eine Zeugung zwischen Mann und Frau." Und so sind auch heute noch die Frauen die „Dienstmägde" der „Setzlingsmänner", denn in keiner der Mythen und Sagen werden die Frauen, auch nicht jene „ursprünglichen" Frauen, zu Trägerinnen des „Blutes" und der Vermehrungskraft einer *Mi*-Gruppe gemacht; auch nicht in der sogenannten *Kôr ŋênap*-Mythe, Bd. III, Nr. 16, denn auch da ist es nicht die mythologische Gestalt jener Frau, die Zeugungs- und Vermehrungskraft vermittelt, sondern diese wird vermittelt durch die „Sachen", die sie ihrer Schwester übergibt mit dem Auftrag, sie ihrem M a n n e auszuhändigen! Darunter befinden sich bezeichnenderweise Vogelschmuck — also die representatio der mythologischen Gestalt des Vater, sc. des *Tei*- oder Oben-Mannes! — und rote Cordylinen, die das *Tei-medl* oder *Mi* sehr vieler *Mi*- oder Ableger-*Mi*-Gemeinschaften sind (s. Kap. 11, 10)!

C. FUNKTION DES MI IM AUFBAU DER GESELLSCHAFT

KAPITEL 11
DIE GLIEDERUNG DER MI-GRUPPEN

1. Die Aufgliederung der Mi-Gemeinschaften.

Die hunderttausend und mehr Menschen, die alle von sich sagen „wir sind *Mbowamb*" sind keine ungegliederte Masse, sondern bilden 140 und mehr *Mi*-Gemeinschaften, die durch ihr jeweiliges *Mi* als exogame Einheiten voneinander abgegrenzt werden (Kap. 6, d, e). Da das *Tei-medl* oder *Mi* auch als „Bruder" bezeichnet wird, handelt es sich in der Beziehung zu ihm nicht um ein Abstammungs-, sondern um ein Geschwisterverhältnis.

Da nun eine ursprüngliche *Mi*-Gruppe durch starke Vermehrung möglicherweise bis zu 5000 oder gar 7000 Seelen zählen kann, sind diese vielen „Geschwister" einer *Mi*-Gruppe ebenfalls wieder in Gruppen gegliedert. Schon im Zusammenhang mit den *Muntka* (Kap. 5, 1) wurde darauf hingewiesen, dass die einzelne *Mi*-Gruppe keine ungegliederte Masse ist. Es wurde dort bereits die Verzweigung oder Aufgliederung in Ableger-*Mi*-Gruppen, die nun auch unter sich exogam sind, und ihre weitere Aufgliederung in „Feld-Abteil"-Gruppen und dann deren Aufzweigung in „Altvater-Penis"-Gruppen gezeigt.

Am Beispiel der *Ndika* soll die weitere Aufgliederung in immer kleinere Einheiten bis hin zur Familie gezeigt werden. Es könnte diese Gliederung an irgend einer der in Kap. 3, 1-6 mit Namen aufgeführten *Mi*-Gruppen in irgend einer Landschaft des Hagen-Gebietes aufgezeigt werden, denn diese Art des organischen Aufbaus der *Mi*-Gruppen ist überall gleich. Ich wähle das Beispiel der *Ndika*, weil diese einmal zu den zahlenmässig stärksten *Mi*-Gruppen gehören und darum eine ganze Reihe von Ableger-*Mi*-Gruppen haben; zum anderen auch, weil Bd. II, 26 ff. wohl Stammbäume führender *Ndika*-Männer gegeben sind, aber die organische Gliederung der *Ndika* — oder irgend einer anderen *Mi*-Gruppe — nicht im Zusammenhang dargestellt ist. Zum Verständnis der Aufgliederung der *Ndika* ist es jedoch nötig, erst auf die Frage ihrer Herkunft und Abstammung einzugehen.

2. Die Mythe der Ndika.

Ndika ist zusammengesetzt aus *ndi* und dem Beziehungssuffix *-ka* (Kap. 7, 6). Bd. II, 89 heisst es von den *Ndika*, sie „führen ihren Stammesnamen auf den Taro, *ndika*, zurück". Das ndi ist aber nicht der Name einer Taro-Sorte — Taro heisst *me* — sondern *ndi* heisst zunächst einmal Haar, Borste, Feder; sodann wird auch das Herzblatt des Taro als *ndi* bezeichnet. Die *Ndika* sagen, ihr grosser Name komme vom Taro-Herzblatt *ndi*. Sie sind also von Hause aus „Taroherzblätt-ler". Über ihren Urahnen und seine Erlebnisse ist auch den ältesten *Ndika*-Männern keine Kunde mehr geworden. Die *Ndika* kennen also keine Mythe über die Herkunft und wunderbare Abkunft ihres Urahnen und damit auch keine über eine Auffindung ihres ursprünglichen *Kona wiŋndi* und *Tei-medl* oder *Mi*. Der Sage nach soll die primäre *Mi*-Gruppe der *Ndika* „irgendwo weit im Südwesten" gelebt haben. Sie soll ausgestorben sein; aber alle heutigen *Ndika* führen ihre Abstammung auf diese primäre *Ndika*-Gruppe zurück.

3. Sage der Ndika Kuip-önggidl.

Was die *Ndika* heute noch haben, sind nur Mythen oder Sagen über die Entstehung ihrer verschiedenen Ableger-*Mi*-Gruppen. Es sei hier die Sage über die Abzweigung von jener primären *Mi*-Gruppe der *Ndika* „irgendwo weit im Südwesten" wiedergegeben, wie sie mir der alte *Ndika Kikrui*, *Mapen*, *Medl* und andere erzählt haben.

„Im *Kâwudl*-Gebiet verjagten sie einen Mann namens *Ndika Wagl-ma*, weil er aus allen Feldern heimlich Früchte entwendete, Frauen missbrauchte und alle „bösen Kunststücke" machte. (Weil er es machte, darum sagt man heute noch allen *Ndika* nach, dass sie *kara-pi* sind, d. h. von allen „guten Kunststücken" — Sitten und Gebräuchen — „abstehen".) Als er fortziehen musste, nahm er einen Hund und seine Waffen mit — darum führen die *Ndika* so viel Krieg. Er übernachtete auf seiner Wanderung oft. Er kam und kam. Etwa halbwegs sah er eine Frau in einem Süsskartoffelfeld arbeiten. Er verging sich an ihr. Dann schrie die Frau. Da kamen die Männer und wollten ihm den Weg versperren. Er war aber schnell weiter abwärts gegangen. Da liessen sie ihn ziehen. Der Mann kam dann droben den *Nuŋö*-Wald herunter. Dort dämpfte er unter einem Felsüberhang sein auf dem Weg erlegtes Beuteltier. Am anderen Morgen wusste er nicht, wo er etwa eine Süsskartoffel hernehmen sollte. Er war sehr hungrig. Er stieg auf einen Baum und hielt Ausschau. Da sah er, wie hier unten im *Temboka*- und *Koma*-Gebiet weites offenes Land lag. Da nahm er hierher seinen Weg. Aber er kam an eine steile Felswand am *Weagl*. Er wusste nicht, wie er da herunterkommen sollte. Als er ratlos um sich blickte, sah er, wie eine Wurzel des hohen *Köpiö*-Baumes an der Felswand hinunter in die Erde ging. Daran sich haltend konnte er den Abstieg machen. Er kam dann herunter nach *Kunpeŋ*. Von dort zog er weiter nach *Umŋö* und von dort nach *Kuip*. (Er kam also über den Hagenberg-Pass, den *Weagl* herunter, das *Nöpidlö*-Tal herauf bis nach *Kuip*. Das ist auch heute noch ein viel begangener Weg vom *Temboka*- ins *Kâwudl*-Gebiet.) Unterwegs hatte ihm sein Hund ein Beuteltier zugetragen. In *Kuip* zerlegte er es und dämpfte es im Erdofen. Als er es herausnehmen wollte, fiel ein Cordylinen-Blatt auf seine Hand. Er erschrak und sagte: wenn du es essen willst, dann iss es! — Erst am anderen Morgen nahm er es dann aus dem Erdofen und verzehrte es. Er wanderte nicht weiter, sondern blieb in *Kuip*. Er nahm eine Frau und die beiden ‚trugen' vier Söhne. Weil es in *Kuip* ein schöpferisches Kunststück machte, nannten sie sich *Ndika Kuip-öŋgidl.*"

Die Sage zeigt, dass die ursprüngliche *Ndika*-Gruppe im *Kâwudl*-Gebiet lebte. Dort gibt es aber heute keine *Ndika* mehr. Die Leute haben also sicher recht, wenn sie sagen, diese *Ndika* seien ausgestorben. Die Sage gibt uns auch den Grund an für den Wegzug des Auswanderers: er hatte sich gesetzlos betragen und wurde darum vertrieben.

4. Die Ndika Koa-ngom.

Die obige Sage über die Entstehung der Ableger-*Mi*-Gruppe namens *Ndika Kuip-öŋgidl* hat eine Fortsetzung. Danach wanderte einer namens *Ketoa* von *Kuip* aus, weil die hochgelegene Gegend von *Kuip* recht kärglichen Boden hat, so dass sie sich nicht mehr alle dort ernähren konnten als die Gruppe sich vermehrte. *Ketoa* nahm eine *Koa*-Bambussehne mit. Unterwegs jagte er ein Beuteltier. Als er es in *Moeakep* dünsten wollte, nahm er zum Feuerreiben die mitgenommene Bambussehne. Er warf sie dann beim Erdofen hin. Später bemerkte er zu seiner grossen Verwunderung, dass die Bambussehne grünte! Sie hatte im Boden Wurzel geschlagen! (Noch heute wird der dortige Bambusbestand darauf zurückgeführt.) Für den Altvater *Ketoa* war das ein schöpferisches Kunststück, das er als Opfer-Anspruch und Geschenk eines eigenen *Mi* verstand. Er siedelte sich dort an, nahm eine Frau und „trug" viele Söhne. Sie und ihre Nachkommen wurden nach dem *Koa*-Bambus die Ableger-*Mi*-Gruppe der *Ndika Koa-ŋom*, der „Bambusblättler".

5. Die Ndika Anda-Pönts.

Ein anderer Abwanderer der *Ndika Kuip-öŋgidl* hiess *Pönts*, der „Dunkelfarbige". Er zog ebenfalls das *Rurugl*-Tal hinab, ging dann aber weiter nach Süden, überschritt den *Nöpidlö* und siedelte sich dort in den talwärtigen Bergen an. Seine Nachkommen sind nach ihm genannt, wie z. B. auch die *Kuŋurnkö* (Kap. 8, 5) nach dem Namen ihres Stammvaters genannt sind. Das *Mi* der *Ndika Anda-Pönts* ist wieder die Cordyline. Ein Cordylinen-Blatt fiel herab auf den Erdofen des Altvaters *Pönts*. Der Ort, an dem es geschah, heisst *Glop*. *Glop* gilt noch heute als *Kona wiŋndi* der *Ndika Anda-Pönts*, obwohl die grössere Zahl von ihnen nicht mehr dort wohnt. Ihr *Mi* heisst nach diesem Ort die *Glop*-Cordyline.

Wir haben nun also drei selbständige und gegeneinander exogame Ableger-*Mi*-Gruppen der *Ndika*. Die *Ndika Kuip-öŋgidl* haben sich wohl infolge der Abwanderungen in der Folgezeit nicht mehr in noch weitere Ableger geteilt; wohl aber die *Ndika Koa-ŋom* und *Anda-Pönts*. Von ihrer Teilung in weitere Ableger liegt nun aber sicher eine Zeit des Kommens und Gehens einer ganzen Reihe von Generationen. Dann teilten sich die *Koa-ŋom* in zwei, die *Anda-Pönts* in drei Ableger, die nun bis in die heutige Zeit so existieren.

6. Teilung der Ndika Koa-ngom.

a) Die *Ndika Maeŋ-aŋgedl:* sie sind zahlenmässig eine sehr starke Gruppe. Als direkte Nachfolger der *Koa-ŋom* nennen sie sich auch noch *Ndika Koa-ŋom Maep-aŋgedl* und betrachten den Bambus noch als für sie weiter-geltende Beziehung neben ihrem eigenen *Mi:* „Wenn uns die Feinde angreifen oder verzaubern wollen, stecken sie sich ein Bambusblatt in den Armring oder spalten vor unseren Augen einen Bambusschössling. Wenn wir das sehen, wissen wir, was sie gegen uns im Schilde führen. — Wenn einer von uns stirbt, dann sagen wir: so wie sie mit dem Bambus umgegangen sind, haben sie nun unseren Mann durch Todeszauber umgebracht. — Wenn wir auf eine Reise gehen und sehen am Wege zerbrochenen Bambus, dann kehren wir wieder um. Es würde uns sonst ein Unglück begegnen. Wenn wir zum Kampfe ausziehen wollen und sehen, dass am Bambus vor unserem Männerhaus eine Anzahl Bambusspitzen abgeknickt sind, dann lassen wir von dem Kriegszug ab. Wenn wir aber trotzdem ausziehen, dann haben wir Verluste. Wir empfinden dann Reue und sagen: es (er?) wollte uns ja zurückhalten; wären wir doch bloss nicht ausgezogen! Nun haben wir die Niederlage und die Verluste.

Der Stammvater der *Ndika Maep-aŋgedl* ist jener *Maep*, der Bd. II, 40 (dort *Temboka*-Form *Maip*) als Stammvater der *Ndika* betrachtet wird: „Als Urahne sieht . . . die ganze Bevölkerung des *Ndika*-Stammes *Maip* an. In ihm ist der ganze Stamm vereinigt." Dies gilt nur für die *Ndika Maep-aŋgedl*, in deren Siedlungsgebiet *Ogelbeng* liegt. Es heisst ja dort auch gleich anschliessend, „Eine Grossippe hat jedoch einen anderen Stammvater". Wie die *Ndika*-Aufzweigung (Kap. 11, 11) zeigt, hat nicht nur eine, sondern haben viele „Grossippen" einen eigenen Stammvater. — Jener *Maep* wanderte also von *Moeakep* aus. Er ging talabwärts und in einem Hain namens *Tetêkedl* in *Wödlömugl* hatte er ein Ur-Erlebnis, das ihm ein eigenes *Mi* schenkte und zwar wiederum eine Cordyline. Auch sind in der Sage über dieses Erlebnis wieder alle die bekannten Motive vorhanden: *Maep* siedelt sich beim *Kona wiŋndi* und *Kona uglimb* in *Wödlömugl* an. Die *Tetêkedl*-Cordyline ist sein *Tei-medl* und *Mi*. — Hätten die *Maep-aŋgedl* das Bambusblatt behalten als ihr spezielles *Mi*, so wären sie eben noch immer „Bambusblättler" und wären niemals die eigenständige exogame Ableger-*Mi*-Gruppe namens „*Maep-aŋgedl*" geworden. Im Unterschied zu den *Mukökö*, die ebenfalls Abkommen und Nachfolger der *Ndika*-„Bambusblättler" sind, mussten sie ihr eigenes *Mi* haben.

b) die *Ndika Mukökö:* ihr Stammvater wanderte nicht ab, sondern blieb in *Moeakep;* dies ist darum noch heute der *Kona wiŋndi* der *Mukökö*. Zwecks Klarheit sei gesagt, dass die *Koaŋom* bei ihrer Teilung in *Maep-aŋgedl* und *Mukökö* aufhörten, als Gruppe zu existieren; nur der Name lebt aus genealogischen Gründen weiter. Die *Mukökö* sind nach ihrem *Mi* „*Mukö*", einem moosähnlichen Gewächs, genannt. In der Sage über das Ur-Erlebnis, das der Stammvater in *Moeakep* hatte, sind wieder die bekannten Motive vorhanden, die zu diesem Erlebnis immer gehören. — Die in Bd. II, Nr. 40 wiedergegebene Erzählung hat nichts mit der Entstehung der dort genannten *Ndika*-Gruppen zu tun. Die Geschichte zeigt ja selbst, dass die *Ndika Maep-aŋgedl* (dort „*Maipaŋketlkaŋ*") und *Ndika Mukökö* (dort „*Mulkêka*") damals schon selbständige exogame Gruppen waren, sonst würde ja nicht berichtet, dass die *Mukökö* jenen Männern der *Maep-aŋgedl* Töchter zu Frauen gaben. Die Geschichte ist also viel jünger als die Entstehung dieser beiden *Ndika* Ableger-*Mi*-Gruppen und sie handelt nur davon, wie zwei junge *Maep-aŋgedl*-Burschen (daher das „*kaŋ*") in Schwierigkeiten mit den *Moke*, den alten Feinden der *Ndika*, sich verwickelten, wie die *Mukökö* ihnen halfen und schliesslich Töchter zur Ehe gaben. Dabei handelte es sich natürlich nicht um „die Aufnahme in den Stamm", wie dort in einer Anmerkung gesagt wird, denn es waren ja schon Angehörige einer *Ndika* Ableger-*Mi*-Gruppe! Auch ist die Angabe darüber, dass die *Ndika* damals „gerade dem Kor-Wop-Geist geopfert" haben, kein Beweis dafür, dass „die Aufnahme in den Stamm . . . durch ein Opfer besiegelt" wird. Die Erzählung will nur eine Zeitangabe machen. Es ist eine geschichtliche Erinnerung daran, dass die Sache sich zur Zeit eines „*Kor Wop*"-Festes abspielte. Eine „Aufnahme in den Stamm" in diesem Sinne gibt es nicht.

7. Teilung der Ndika Anda-Pönts.

a) *Ndika Anda-Pönts Kurntkö*, kurz auch nur *Ndika Kurntkö* genannt: Die *Anda-Pönts teilten* sich in drei Ableger und hörten auf, als Gruppe weiterhin zu existieren. Nur der Name besteht zwecks Nachweis der Abstammung und Zusammenfassung der Ableger noch weiter. — Dieser Name *Kurntkö* ist zusammengesetzt aus *kurnt*, hellfarbig, und der bekannten Beziehungspartikel -*ka* oder -*kö*. Ihr Stammvater hatte der Sage nach ein Ur-Erlebnis an einem „hellglänzenden" Weiher bei *Rokopa*. Dieser schimmernde Weiher erregte in ihm Staunen, Erschrecken und Verwunderung. Er verstand ihn als *Tei-medl* und *Mi* und damit auch als Opfer-Anspruch; also als Vergegenwärtigung speziell für ihn (und damit für seine Nachkommen) „gegebener" Zeugungs- und Vermehrungskraft. Nach diesem *num*, Weiher, See, *kurnt*, ist also die Ableger-*Mi*-Gruppe der *Ndika Kurntkö* genannt.

b) Die *Ndika Ruŋö-pei:* In ihrem Gruppennamen haben wir das Verb *pei*, wohnen; sie sind also die „*Ruŋö-Anwohner*". *Ruŋö* ist ihr *Kona wiŋndi*, nach dem sie also näher bezeichnet sind. Ihr *Mi* ist wieder einmal die Cordyline, und zwar nach dem *Kona wiŋndi* die *Ruŋö*-Cordyline.

c) Die *Ndika Paŋaka:* Hier haben wir den seltenen Fall, dass ein Name nicht nur zum Gruppen-Namen geworden ist, sondern dass der Name *Paŋa* auch zugleich *Mi* ist (s. Anm. am Schluss von Kap. 8, 5). Der Sage nach heiratete der Stammvater, nachdem er von einem Vogel den Namen *Paŋa* ganz deutlich hatte rufen hören. Er verstand dies als *Mi* und Opfer-Anspruch. — Wenn die *Paŋaka* bei falscher Anklage sich zum Erweis ihrer Unschuld auf ihr *Mi* berufen wollen, so „fassen wir den Namen *Paŋa* an und sagen: wir haben es nicht getan — *Paŋaka Mi!*" Sie können also nichts wirklich in die Hand nehmen, wie sonst die meisten *Mi*- oder Ableger-*Mi*-Gruppen, aber trotzdem sagen sie „anfassen" (über diesen Begriff s. Kap. 32).

Ergebnis:

Der primäre Setzling namens *Ndi-ka*, Taro-Herzblätt-ler (I) hatte einen Ableger namens *Ndika Kuip-öŋgidl* „*Kuip*-Steher" (II). Aus ihm gingen im Laufe der Generationen zwei weitere Ableger hervor: *Ndika Koa-ŋom*, Bambus-Blätt-ler und *Ndika Anda-Pönts*, Altvater dunkelfarbig (II, a). Hier ist nun zu beachten, dass die *Kuip-öŋgidl* n i c h t in ihren Ablegern aufgingen, wie das oft der Fall ist, so dass nur noch der Name, aber nicht mehr die Gruppe weiterbesteht, sondern die *Kuip-öŋgidl* leben noch heute auf ihrem Siedlungsgebiet um *Kuip* als eigene exogame Ableger-*Mi*-Gruppe der *Ndika* weiter, setzten seitdem aber keine weiteren Ableger aus sich heraus, wohl aber die *Koa-ŋom* und die *Anda-Pönts*. Die *Koa-ŋom* teilten sich in die *Maep-aŋgedl* und *Mukökö*. *Koa-ŋom* selbst ging in dieser Teilung auf. Dasselbe gilt von den *Anda-Pönts*, die sich in die drei Ableger *Kurntkö*, *Ruŋöpei* und *Paŋaka* aufteilten (II, b).

Der Klarheit halber füge ich bei den Ableger-*Mi*-Gruppen noch immer den vollen Namen der primären *Mi*-Gruppe, aus der sie hervorgingen hinzu; im Falle der Ndika schreibe ich also nicht nur „*Ndi*", sondern füge auch das „-*ka*" dazu. Die Mbowamb selber aber sagen nur *Ndi*, wenn sie von einem *Ndika*-Ableger reden; also z. B. Ndi-*Paŋaka*, *Ndi Mukoko* usw. Darin kommt zum Ausdruck, dass die *Mi*-Beziehung, die ursprünglich zum „Taro-Herzblatt" bestand und durch das -*ka* ausgedrückt wurde, nun auf das jeweilige eigene *Mi* der betreffenden Ableger-*Mi*-Gruppe übergegangen ist. Nur wenn sie von allen Ablegern eines primaren Setzlings zusammenfassend reden, setzen sie auch das -*ka* (-*kö*, -*a*, *ö*, -*e*, -*i*) dazu.

8. Exogamie und Ur-Erlebnis.

Die Exogamie einer *Mi*- oder Ableger-*Mi*-Gruppe geht also zurück auf ein numinoses Erlebnis spezifischer Zeugungs- und Vermehrungskraft. Da dieses Erlebnis immer eingebettet ist in das „Auffinden" eines eigenen *Kona wiŋndi*, der auch als *Kona uglimb* verstanden wird, sowie als Opferstätte, in deren Bereich das Siedlungsland „gegeben" ist, und verbunden ist mit dem (abwechselnden) „Hervortreten" und sich wieder „Zurückziehen" des *Tei-medl*, das auch als „Bruder" und als *Mi* verstanden wird, zu welchem Zweck es auch von einem Überirdischen „hingelegt" wird, und weil dies alles staunend-erschreckend und ehrfürchtig erschaudernd erlebt wird, habe ich dieses Erlebnis als „religiöses Ur-Erlebnis" bezeichnet (Kap. 1, 2; Kap. 6, 6). Es wird immer dem Urahnen einer *Mi*-Gruppe und dem Stammvater einer Ableger-*Mi*-Gruppe zugeschrieben. Die consecutio temporis ist dabei für die *Mbowamb* gewiss unwesentlich; wesentlich ist die consecutio rei.

Gerade dieses Ur-Erlebnis macht klar, dass der Aufbau der Gesellschaft nicht nur vom Soziologischen, sondern grundlegend vom Religiösen her verstanden werden will. Gewiss hat die Teilung eines ursprünglichen Setzlings in eine Anzahl von Ablegern mit natürlichem Wachstum und Vermehrung, mit dem Verlangen nach Heiratsverbindungen, mit Rivalität usw. zu tun. So hat sich im Falle der *Ndika* — um bei diesem Beispiel zu bleiben — die exogame *Mi*-Gruppe, die vor Zeiten nur e i n e war, im Laufe einer langen Zeit des Wachstums und der Vermehrung aufgezweigt bis in die heutigen s e c h s Ableger-*Mi*-Gruppen, die zwar immer noch den *Ndika*-Namen gemeinsam haben, dazu aber auch ihre eigenen; diese sind nicht nur jede für sich selbständig, sondern auch gegeneinander exogam, so dass sie seit vielen Generationen untereinander Heiratsverbindungen eingehen (was merkwürdigerweise immer auch bedeutet, dass sie Rivalen sind und sich — selbst mit Waffen — bekämpfen). Die Tatsache aber, dass auch jedem Stammvater einer Ableger-*Mi*-Gruppe dasselbe religiöse Ur-Erlebnis zugeschrieben wird, wie es einst der Urahne des ganzen Setzlings hatte, zeigt klar, dass auch die Entstehung einer Ableger-*Mi*-Gruppe nicht nur von obigen Gesichtspunkten her verstanden sein will, sondern genauso wie das „Pflanzen" eines ersten Setzlings in Beziehung gesetzt wird zur hintergründigen Macht. Daraus ergibt sich die Feststellung, dass die Exogamie einer Gruppe kein starres und unwandelbares Tabu-Gesetz ist, sondern der lebendigen Entwicklung unterliegt. Anders ausgedrückt: weil das zeitlose mythologische Geschehen und damit das religiöse Ur-Erlebnis immer wieder einmal sich ereignen kann, ist die Konstituierung neuer exogamer Ableger-*Mi*-Gruppen möglich. Die lebendige Religion ermöglicht also immer wieder einmal eine gewisse Umschichtung innerhalb der 140 und mehr *Mi*-Gruppen der *Mbowamb*.

Wäre die Exogamie einer Gruppe ein starres, für alle Zeiten unveränderlich festliegendes Gesetz, so wäre es auch bei stärkster Vermehrung niemals möglich, dass sich z. B. ein *Ndika Mukökö* eine Frau aus den *Ndika Paŋaka* holen könnte. Die *Ndika* müssten für alle Zeiten ihre Frauen immer nur aus Gruppen ganz anderer Namen, also immer nur „von aussen" holen. Durch die Aufteilung in sechs exogame Ableger-*Mi*-Gruppen ist es ihnen möglich, nicht nur von aussen, sondern auch von innen, also aus den *Ndika* selbst, Frauen, zur Ehe zu nehmen oder zu geben. Gewiss kann z. B. ein *Ndika Maep-aŋgedl*-Mann keine *Ndika Maep-aŋgedl*-Frau heiraten; sie sind ja „Geschwister"; wohl aber kann ein *Ndika Maepaŋgedl*-Mann eine *Ndika*

Mukökö oder *Ruŋö-pei, Kurntkö, Paŋaka* oder *Kuip-öŋgidl* heiraten. Ebenso kann eine geborene *Ndika Maep-aŋgedl* in irgendeine der anderen fünf *Ndika* Ableger-*Mi*-Gruppen einheiraten.

Wollte man mit Frazer sagen, dass etwa eine „Hunde-Frau" oder eine *Mukö*-„Moos"-Frau eigentlich logischerweise auch nur einen „Hunde-Mann" oder einen „Moos-Mann" heiraten dürfte und nicht etwa ein „Paradiesvogel-Mann" eine „Eidechsen-Frau", so ist zu sagen, dass das *Tei-medl* oder *Mi* die Menschen, deren „Bruder" es ist, eben gerade nicht zu Hunden, Moos, Paradiesvögeln, Eidechsen usw. macht, sondern in dem Gegenüber des „Bruders" erkennen sie sich als „Geschwister" und als solche können sie sich nicht heiraten. Ihr „Bleibendes, Verlässliches" und „Verbots- und Eigentumszeichen" schliesst sie zusammen zu einer E i n h e i t, von der man wie von einem Individuum im Singular spricht, zu einer unlöslichen „Geschwister"-Gemeinschaft. Dies allein ist es, worauf es ankommt.

Die *Jamka.*

Dieselbe Sache findet sich auch bei allen anderen *Mi*-Gruppen der *Mbowamb.* So sind z. B. die *Mineimbi* als die nach Seelenzahl stärkste *Mi*-Gruppe der *Mbowamb* in zehn exogame Ableger-*Mi*-Gruppen geteilt. Auch die Nachbarn der *Ndika,* die *Jamka,* sind so aufgezweigt. *Jamka* Ableger-*Mi*-Gruppen mit eigenem *Mi* und infolgedessen exogam sind die *Jamka Jatnemb, Jamka Maep-aŋgedl, Jamka Pöntmbo, Jamka Pepka.* Bd. II, 88 heisst es von den *Jamka:* „Sie haben weder Tier noch Pflanze, die für sie tabu sind." Dem ist nicht so. Die *Jamka Pepka* z. B. essen nicht die Stengel einer Abart des Rohrgemüses Pep, weil das ihr *Mi* ist, nach dem sie die *Pep-ka* sind. Sie haben ja auch ihren eigenen *Kona wiŋndi.* Wie die heutigen *Ndika,* so sind ja auch die *Jamka* alle nur „Ableger" eines „Setzlings", der der Sage nach an einem Platze „Jam" lebte. Wie wir heute wissen, liegt dieses *„Jam"* am *Mt. Ialibu* im *Aua*-Gebiet (Kap. 2, b). Bd. III, Nr. 39 ist der Wegzug aus *Aua* herüber ins *Temboka*-Gebiet und dann schliesslich ins *Koma*-Gebiet geschildert, wo sie noch heute wohnen. In der Erzählung von *Ko* ist das natürlich alles kurz zusammengefasst. Die Sage zeigt klar, warum die heutigen *Jamka* noch alle sagen, ihr gemeinsamer *Kona wiŋndi* liege im Siedlungsgebiet der *Kentka* in *Pentêkidl.* Dort fiel das Cordylienlaub herab — nach der einen Version fiel es dem *Jamka* sogar auf die Hand. Er verstand das sofort als Opfer-Anspruch und bezeichnenderweise liessen sich ja dann diese wandernden *Jamka* auch dort um *Pentêkidl* nieder. Wie schon Kap. 7, 7 erwähnt, beruht auf diesem „Auffinden" eines *Kona wiŋndi* und *Mi* der *Jamka* auf *Kentka*-Boden die bis heute fortbestehende Zusammenfassung des Gruppenpaares *Kentka Jamka ragl,* obwohl die *Jamka* nicht bei den *Kentka* auf dem Grenzgebiet zwischen *Koma* und *Temboka* wohnen blieben, sondern später weiterzogen und sich schliesslich im eigentlichen *Koma*-Gebiet ansiedelten. Am Schluss der Erzählung wird von *Ko* auch das „Anfassen des *Mi*" bei Rechtshändeln erwähnt: „Wenn wir jetzt etwas handeln, dann fassen wir die Cordyline dabei an" (ibid.). Bd. II, 140 unten, ist diese Berufung auf das *Mi* in Rechtssachen angedeutet. Es ist darüber später noch viel mehr zu sagen. Wenn die Berufung auf das *Mi* dort und in einer Anmerkung zur oben erwähnten *Jamka*-Sage mit der „Ehrlichkeit" jenes Stammvaters der heutigen *Jamka* in Zusammenhang gebracht und gesagt wird, „Die *Jamka* berufen sich bei diesen Unschuldsbeteuerungen ganz besonders auf ihren Ahnen, der so ehrlich war, dass er um eines Cordylinenblattes willen sein Beuteltier dem Geist überliess", so ist einmal dazu zu sagen, dass es bei der Überlassung des Opfertieres nicht darum ging, dass er „ehrlich" war, sondern dass er sich dem Opfer-Anspruch beugte; und zum anderen, dass sich die *Jamka* bei solchen Rechtshändeln wie alle anderen *Mbowamb* nicht auf ihren Ahnen — höchstens infolge der „Partizipation", (Kap. 9, 10) — sondern auf ihr *Mi* berufen. (Sinn und Bedeutung dieser Berufung auf das *Mi* kann erst später näher ausgeführt werden.)

Die Cordyline als *Mi*.

Die Tatsache, dass nun schon von mehreren Gruppen gesagt wurde, die Cordyline sei ihr *Mi*, bedarf einer näheren Erläuterung.

Die Cordyline, die von der männlichen Bevölkerung des Hagen-Gebietes in allen Landschaften, wo Hagen-Leute wohnen, als Gesässbedeckung getragen und darum auch in allen Siedlungen angepflanzt wird (cf. Bd. II, 330, 404, 424 u. a.), gewährt bei allen Hagen-Leuten einmal als Gesäss-Decklaub ihren Trägern Schutz nicht nur als Bekleidung, sondern auch im religiös-magischen Sinn; zum anderen wird sie auf dem Platz gepflanzt, an dem nach der Geburt eines Kindes die seelenstoff-haltige Placenta vergraben wurde (Kap. 14, 5); drittens wird sie bei allen *Mbowamb* noch verwendet bei der symbolisch-magischen Anthropophagie (Bd. II, 170), indem man junge Cordylinen-Blätter zerreibt — um die totemistische Lebenskraft des erschlagenen Feindes, den man hier „verspeist", nun auch noch zu „zerreiben" und sich einzuverleiben — und mit der Schweineleber usw. zusammen isst, und schliesslich wird die Cordyline auch verwendet bei der Überbringung einer Todesnachricht: Wenn der Beauftragte einer feindlichen Gruppe den ihm übergebenen Todeszauber „an den Mann gebracht" hat und der Verzauberte stirbt, dann bringt der Beauftragte eine ausgerissene Cordyline mit und übergibt sie seinen Auftraggebern, denn der Lebenszusammenhang zwischen dieser „Lebenspflanze" und dem Toten ist zerrissen. — Nun erhält der Beauftragte von seinen Auftraggebern die früher abgesprochene Bezahlung für seine Dienste (eine Muschel, ein Stück Fleisch). Dies geschieht auch dann, wenn die Cordyline nicht das Gruppen-*Mi* eines Verzauberten ist. Man glaubt also ganz allgemein an einen Lebenszusammenhang zwischen der Cordyline und den Menschen. Auch manche sonstigen Zusammenhänge weisen darauf hin, dass vielleicht einmal in grauer Vorzeit die Cordyline das *Mi* einer gemeinsamen Ahnengruppe a l l e r *Mbowamb* war. Es weist darauf auch folgendes hin: Cordyline heisst *köiö;* nun kann man bei allen *Mbowamb* hören, auch bei denen, die die Cordyline nicht als *Mi* haben, dass sie statt *Mi ömbidl* — das *Mi* anfassen, d. h. sich auf das *Mi* berufen, auch sagen *köiö ömbidl* — die Cordyline anfassen, mit ganz derselben Bedeutung „sich auf das *Mi* berufen", auch wenn ihr betreffendes *Mi* vielleicht ein Stein, ein Vogel usw. ist. Ebenso sagt man: „die Cordyline geht und frisst die Menschen", statt „das *Mi* geht und frisst die Menschen" (s. Kap. 32). Vielleicht wurde gerade deshalb die Cordyline als Gesässbedeckung verwendet, weil es ursprünglich das gemeinsame *Mi* war? Man trug dann das *Mi*, den „Bruder" gleich bei sich, denn die Cordyline gilt ja auch allgemein als Unterpfand des Friedens, und bei schwierigen Rechtshändeln konnte man dann leicht dieses *Mi* „anfassen" und sich darauf berufen, so wie man das heute noch bei allen Gruppen beobachten kann, deren *Mi* die Cordyline ist (Kap. 38).

Da nun aber das *Mi*, wie wir gesehen haben, doch die blutsverwandte exogame Gruppe bezeichnet, wären ja alle die Gruppen, welche die Cordyline als *Mi* haben — und das sind ziemlich viele — tatsächlich nicht der Abstammung nach verschiedene, sondern nur e i n e blutsverwandte Gruppe von „Geschwistern"! Es ist dem aber nicht so, und hier ist das zu wiederholen, was z. B. in Bezug auf die „Hunde-Gruppen" schon gesagt wurde (Kap. 9, 5), dass nämlich auch diese „Cordylinen-Gruppen" nicht einfach ganz allgemein die Cordyline zum *Mi* haben, sondern eine nach ihren *Kona wiŋndi* benannte Cordyline. So ist das *Mi* der *Ndika Kuip-öŋgidl* eben die ganz spezielle *Kuip*-Cordyline; das *Mi* der *Maeŋ-aŋgedl* ist die *Tetêkedl*-, das der *Anda-Pönts* die *Glop*-, das der *Ruŋö-pei* die *Ruŋö*-, das der *Jamka* die *Pentêkidl*-Cordyline; so auch bei allen anderen Cordylinen-Gruppen. Es handelt sich dabei selbstverständlich nicht um botanische Spezies der Cordyline, sondern zum Begriff *mi* gehört, wie wir gesehen haben, der Begriff „hinlegen"; „hingelegt" aber wird das *Mi* — in diesem Falle also die Cordyline — immer an einem ganz speziellen Ort und eigens für die jeweilige Gruppe allein. Dieser Ort ist ihr *Kona wiŋndi* oder *Kona uglimb*. Nach ihm ist die Cordyline dann auch genannt. So sehen wir auch hier wieder, wie eng *Mi*, *Kona wiŋndi* usw. zusammengehören.

11. Aufbau der Ndika als Paradigma.

a) Der „Setzling" und seine „Ableger".

I. *Mbo tenda*
E i n Setzling

N D *I* - *k a*
„Taroherzblätt-ler"

II. *Mbo kats*
Ableger

Ndika Kuip-öŋgidl

II, a

Ndika Koa-ŋom | *Ndika Kuip-öŋgidl* | *Ndika Anda-Pönts*

II, b

Ndika | *Ndika* | *Ndika*

1. *Maep-aŋgedl* 2. *Mukökö* 3. *Kuip-öŋgidl* 4. *Kurntkö* 5. *Ruŋö-pei* 6. *Paŋaka*

b) Die Aufgliederung der Ableger-Mi-Gruppen

Die einzelne Ableger-*Mi*-Gruppe kann zahlenmässig sehr stark sein. Da ihre Aufgliederung auch an weniger als gerade an sechs Ableger-*Mi*-Gruppen gezeigt werden kann, lasse ich zwecks Raumersparnis die *Ruŋö-pei* und *Paŋaka* weg.

III. *Pana-ru*
„Feld-Abteile"

zu II, b, 1	zu II, b, 2	zu II, b, 3	zu II, b, 4
1a *Roglmbo*	2a *Roglamb*	3a *Kentkamb*	4a *Kurntumb*
1b *Komb*	2b *Kigl-öŋgidl*	3b *Roglamb*	4b *Ronemb*
1c *Akedlmbo*	2c *Nuŋö-pei*	3c *Meamb*	4c *Kedlam-pei*
1d *Pareglemb*		3d *Kulkömb*	4d *Ndedlekamb*
1e *Muglmana*			4e *Eŋamb*
1f *Roglamb*			4f *Pareglemb*

Vor die Namen dieser „Feldabteil-Gruppen wird von den *Mbowamb* immer der Gesamtname gesetzt; also im Falle der *Ndika* hier heisst es z. B. immer: *Ndika Roglmbo, Ndika Komb.* usw. Fur Aussenstehende aber wird der genaue Standort auch noch durch Vorsetzen des Namens der Ableger-*Mi*-Gruppe bestimmt; also z. B. *Ndika (Koa-ŋom) Mukökö Roglamb, Ndika (Anda-Pönts) Kurntkö Kurntumb,* usw.

IV. *Anda-Noimp*
„Altvater-Penis"

zu III, 1a	zu III, 2a	zu III, 3a	zu III, 4a
1. *Oprmbo*	1. *Murumb*	1. *Pönimb*	1. *Eltedlemb*
2. *Koma-pei*	2. *Kutkömb*	2. *Kents-nui*	2. *Akedlmbo*
3. *Medlakamb*	3. *Ködlipömb*		3. *Kaeparumbumb*
zu III, 1b	zu !II, 2b	zu III, 3b	zu III, 4b
1. *Kuntimb*	1. *Parkamb*	1. *Möi-mudl-wö*	1. *Pareglemb*
2. *Keglepamb*	2. *Rölkömb*	2. *Ropa-mundi*	2. *Maepekamb*
3. *Kawedlkamb*	3. *Kigl-pei*		3. *Rumpumb*
	4. *Pöŋimb*		
zu III, 1c	zu III, 2c	zu III, 3c	zu III, 4c
1. *Palkamb*	1. *Mokamb*	1. *Romendemb*	1. *Wuluŋ-pei*
2. *Keimbömb*	2. *Rumbumb*	2. *Muntumb*	2. *Alöŋ-pei*
	3. *Akedlmbo*		
	4. *Roglemb*		
zu III, 1d		zu III, 3d	zu III, 4d
1. *Pareglemb*		1. *Wö-nts-mei*	1. *Pöndikömb*
		2. *Amb-ents-mei*	2. *Eltedlemb*
zu III, 1e			zu III, 4e
1. *Wuluŋ-pei*			1. *Eŋamb*
2. *Alöŋ-pei*			
zu III, 1f			zu III, 4f
1. *Wiömb*			1. *Wuluŋ-pei*
2. *Roglömb*			2. *Alöŋ-pei*

Auch bei diesen Gliedern der „Feld-Abteile" wird bei den Wissenden nur der Gesamtname vorangesetzt; im Falle der *Ndika* also z. B. sagt man nur: *Ndika Oprmbo, Ndika Koma-pei,* usw. Sollen dagegen Aussenstehende den genauen Standort einer *Anda-Noimp*-Gruppe wissen, so muss man sagen: *Ndika (Koa-ŋom) Maep-aŋgedl Roglmbo Oprmbo,* usw.

Die Gliederung der *Anda-Noimp*-Gruppen bis hin zur Familie soll nun zwecks Raumersparnis nur am Beispiel IV, 1 — erste Spalte — *Oprmbo* gezeigt werden. Ihr Stammvater hiess *Opr*, nach ihm ist sie *Opr*-Setzling genannt.

V. *Rapa*

„Männerhaus"

	zu IV, 1 — erste Spalte	
1. *Kolkmudl-Rapa* Altvater *Wiö*	2. *Pulkümb-Rapa* Altvater *Mara*	3. *Tipkö Rapa* Altvater *Muri*

VI. *Anda-kaŋêm*
„Altvater und Sohn"

zu V, 1	zu V, 2	zu V, 3
1. *Kudli*	1. *Maep*	1. *Paken*
2. *Mak*	2. *Apa*	2. *Pentwant*
3. *Ruminfs*	3. *Kama*	3. *Mok*
4. *Kidlip*		
5. *Wiö*		

VII. . . . *öŋinödl*
„. . . und seine Brüderschaft"

Kudli öŋinödl	*Maep öŋinödl*	*Paken öŋinödl*

VIII. *Têpam-kaŋêmadl*
„Vater und Söhneschaft"

Kudli und sein Sohn *Koi*	*Maep kaŋêm Tiki*	*Paken kaŋêm Ui*
Kudli kaŋêm Wae	*Maep kaŋêm* Kae	*Paken kaŋêm Kits*
Kudli kaŋê Noŋgr	usw.	usw.
usw.		

Der Aufbau einer *Mi*-Gruppe, die immer patrilinearer Abstammung und patrilokaler *Kona*-Zugehörigkeit ist, ist hier am Beispiel der *Ndika* nun von Anfang bis zu Ende aufgezeigt. Diese organische Aufzweigung findet sich in gleicher Weise — wenn auch nicht immer in gleicher Menge der einzelnen Äste, Zweige und Zweiglein — bei allen *Mi*-Gruppen der *Mbowamb*. (Die *Mineimbi* haben allerdings noch mehr, nämlich zehn Ableger-*Mi*-Gruppen, aber das ändert ja nichts an dem Aufbau-Schema).

12. Die acht Einheiten im Aufbau einer Mi-Gruppe.

I. *Mbo tenda*, e i n Setzling. So werden also die *Ndika* in ihrer Gesamtheit bezeichnet. So auch die *Jamka*, *Muntka*, *Mineimbi* usw. Solange der Setzling zahlenmässig noch klein war, war er e i n e exogame *Mi*-Gruppe. — Der Name des Setzlings bleibt für alle Zeiten. Er fasst seine Ableger zusammen, auch wenn diese nach Interesse und Neigung nur noch sehr lose miteinander verbunden sind und sich sogar bekriegen.

II. *Mbo kats,* Ableger. Wohl entstehen sie durch Vermehrung des Setzlings, aber ihre Entstehung wird, wie wir gesehen haben, ebenfalls mythologisch verstanden. Es geht nicht nur um den genealogischen Abstammungsnachweis vom ersten Setzling, sondern um den hintergründigen Zusammenhang mit den Zeuger-Schöpfern, die den Ablegern eine eigene und andere Zeugungskraft „geben", die an einem eigenen „Verlässlichen, Bruder, *Mi*" erkannt wird, so dass die Ableger nun gegeneinander exogam sind, d. h. untereinander Heiratsverbindungen eingehen können.

III. *Pana-ru:* Die Bezeichnung dieser Glieder einer Ableger-*Mi*-Gruppe als „Feld-Abteil"-Gruppen zeigt an, dass es von III ab nicht mehr um das — durch I und II gesicherte — mythologisch — religiöse Selbstverständnis geht, sondern von III ab spiegeln die Namen der „Äste" und „Zweige" konkrete Dinge wie Land und Heiratsverbindungen wider. Die Frage nach *Kona wiŋndi, Kona uglimb, Tei-medl* und *Mi* ist für sie ja gelöst — wenigstens solange nicht die eine oder andere *Pana-ru*-Gruppe nach II, also in die Ableger-*Mi*-Gruppen aufrückt. Sie wird dann durch eine Mythe oder Sage über ein Urerlebnis i h r e s Stammvaters ihre Legitimation als Ableger- Mi-Gruppe erweisen. Es wird darüber noch einiges zu sagen sein.

Die Bezeichnung für die unter III aufgeführten Glieder von II (II, a u. II, b) ist also von der Feldeinteilung hergenommen, gemeint ist aber die Aufteilung des S i e d l u n g s l a n d e s, das im Bereich des *Kona wiŋndi* jeder Ableger-*Mi*-Gruppe liegt und ihr g e m e i n s a m gehört. Wie wir gesehen haben, wird ja gerade auch die In-Besitz-Nahme des Landes immer mythologisch verstanden. Deshalb ist das Land für die Eingeborenen unveräusserlich. Es ist kein Handelsartikel, den man kaufen oder verkaufen könnte. Für „Land wegnehmen" gebraucht man daher auch denselben Ausdruck wie für „eine Ehefrau wegnehmen", nämlich *maŋgepa-ti,* widerrechtlich nehmen. Wenn dies von Weiss oder Braun geschieht, so rührt es die tiefsten Schichten der Seele der Eingeborenen auf. — Wie nun also eine *Mi*- oder Ableger-*Mi*-Gruppe keine ungegliederte Masse ist, sondern ein durchgegliederter Organismus, so ist auch ihr Siedlungsland aufgeteilt unter die „Feld-Abteil"-Gruppen. Schon ihre Benennung spiegelt also diese Tatsache wider.

Die vier *Ndika* Ableger, deren Gliederung oben unter III dargestellt ist, haben also zusammen 19 *Pana-ru*-Gruppen. Davon sind 14 nach der *Mi*-Gruppe genannt, aus der einst die Frau des Stammvaters der jeweiligen *Pana-ru*-Gruppe kam. Wir haben das auch schon bei den *Muntka* gesehen und dort die Gründe für diese Erscheinung angeführt (Kap. 5, 1 : zu III). Eine *Pana-ru* ist nach ihrem Stammvater genannt und vier nach der Gemarkung, in der sie siedeln. — Alle führen ihre Abstammung über Altväter zurück auf den einstigen Begründer ihrer jeweiligen Ableger-*Mi*-Gruppe und von da auf den gemeinsamen Urahnen der ursprünglichen *Mi*-Gruppe, falls über ihn und seine Erlebnisse noch eine Sage oder Mythe überliefert worden ist.

IV. *Anda-Noimp,* „Altvater-Penis". Diese Benennung für die Glieder der *Pana-ru* bringt die patrilineare Abstammung drastisch in Erinnerung. Diese *Anda-Noimp*-Gruppen sind Bd. II, 24/25 „Grossippen oder Klans" genannt, denn es heisst dort: „Für diese Grossippe oder Klan habe ich bis jetzt in der *Mbowamb*-Sprache kein eigenes Wort gefunden". — Die 19 *Pana-ru* der *Ndika* sind also in 46 *Anda-Noimp* gegliedert. Die Namen der *Anda-Noimp* gehen wieder zurück entweder auf die Namen der *Mi*-Gruppen der Ehefrauen der jeweiligen Stammväter der *Anda-Noimp* oder aber auf die Stammväter selbst, die dann aber meist nicht mit ihrem Personen-Namen genannt sind, sondern als *komon* — älterer Bruder oder *akedl* — jüngerer Bruder (sc. ihrer eigenen Brüder in ihrer Generation) in dem Namen der von ihnen herkommenden *Anda-Noimp*-Gruppe weiterleben. Oder der Name der *Anda-Noimp*-Gruppe ist der Name der Gemarkung, in der sie siedelt. — Bei den *Ndika* sind von den 46 *Anda-Noimp* 30 nach der *Mi*-Gruppe der Ehefrau des jeweiligen Stammvaters, nur 3 nach dem Stammvater selbst und 8 nach ihrem Siedlungsland genannt. Bleiben noch 5 — und diese sind besonders interessant, weil ihre Namen anzeigen, wie genau und unumstösslich die patrilineare *Mi*- und patrilokale *Kona*-Zugehörigkeit festgehalten wird. Es ist darum über Sinn und Bedeutung dieser 5 Namen noch allerlei zu sagen (s. Kap. 12, 2 und 12, 3b). Es handelt sich um die Gruppen unter IV, Spalte 3, Nr. 2 zu III, a; Nr. 1 u. 2 zu III, 3b; Nr. 1 u. 2 zu III, d; also um lauter *Anda-Noimp*-Gruppen der *Ndika Kuip-öŋgidl*.

V. Rapa, „Männerhaus"-Gruppen. Es handelt sich hier nicht um das konkrete Männerhaus, *maŋa rapa*, sondern um den Begriff „Männerhaus-Gemeinschaft", der zur Benennung der Gliederungen der *Anda-Noimp* verwendet wird. Es ist dafür nur das Beispiel der *Ndika Oprmbo* gewählt (IV, 1 — Spalte 1). Diese *Anda-Noimp*-Gruppe ist also gegliedert in drei Männerhaus-Gemeinschaften. Als *Anda-Noimp*-Gruppe führt sie ihre Abstammung auf einen Altvater namens *Opr* zurück. Dieser *Opr*, von dem man sagt, dass er fünf Generationen zurück gelebt habe, was vielleicht eine „perspektivische Verkürzung" sein mag, hat heute etwa 136 männliche Nachkommen. Diese sind also verteilt auf drei Männerhaus-Gemeinschaften, von denen jede wieder ihren eigenen Altvater anzugeben weiss, von dem sie abstammt: 1. *Wiö*, 2. *Mara*, 3. *Muri*. Sie sollen Urenkel jenes *Opr* gewesen sein. *Wiö* baute seinerzeit sein Männerhaus in *Kolkmugl*, *Mara* in *Puglkümb* und *Muri* in *Tipkö*. Nach diesen drei Orten, an denen die einstigen Männerhäuser der Altväter standen, sind also die jetzigen drei Männerhaus-Gemeinschaften genannt. Diese Benennung bedeutet also nicht, dass alle männlichen Glieder einer solchen *Rapa*-Gemeinschaft heute nur e i n *maŋa rapa* haben; in Wirklichkeit hat jeder der führenden Männer einer solchen *Rapa-Gemeinschaft* sein eigenes *maŋa rapa*. Die Benennung *Rapa* für die Gemeinschaft kommt von dem einstigen *maŋa rapa* des Altvaters, von dem man abstammt.

Die *Mbowamb* sagen, die Einteilung in *Rapa*-Gemeinschaften sei wegen der für sie so wichtigen Fleischverteilung bei grossen Festen notwendig. Das ist aber natürlich nur ein sehr vordergründiger Anlass. Gerade das Männerhaus spielt in Mythen, Sagen und Märchen der *Mbowamb*, wie ja auch in ihrem alltäglichen Leben eine grosse Rolle und das *maŋa rapa* des Stammvaters der *Rapa*-Gemeinschaft ist Abbild des *maŋa rapa* des Stammvaters der Ableger-*Mi*-Gruppe und des *maŋa rapa* des Urahnen, das nach mancher Mythe ihm auf geheimnisvolle Weise errichtet wurde und aus dem seine Söhne hervorgingen, die in nicht wenigen Herkunftsmythen — wohl wieder in „perspektivischer Verkürzung — schon als Begründer der einzelnen Ableger-*Mi*-Gemeinschaften genannt werden. Die *Rapa*-Gemeinschaft spielt darum auch heute noch eine gewisse Rolle in der Anwendung des exogamen Grundsatzes bei der Heirat, wie wir noch sehen werden (Kap. 13, 4).

VI. *Anda-kaŋêm*, „Altvater und Sohn". So also benennt man die Gliederung einer *Rapa*-Gemeinschaft. Statt *Anda*, Altvater, kann man auch den N a m e n des Altvaters gebrauchen, was dann aber eine mehr persönliche Redeweise ist. So hatte z. B. jener unter V, 1 genannte Altvater Wiö fünf Söhne. Während nun Aussenstehende von ihnen als einer *Anda-kaŋêm*-Gruppe sprechen, fassen ihre Bekannten und auch sie sich selbst zusammen als *Wiö kaŋêmadl*, Wiö und seine Söhneschaft; man gebraucht hier also die pluralistische Form, wogegen die

Gruppenbenennung mit *Anda-kaŋêm*, Altvater und Sohn, die Form der Einzahl hat. Wir haben hier demnach auch wieder die schon bekannte Weise, von einer Gruppe wie von einem Individuum im Singular zu sprechen.

Diese *Anda-kaŋêm*-Gruppen sind Bd. II, 24 als „Sippen" bezeichnet. Dort heisst es: „Die *Mbowamb* bezeichnen die Sippe mit *andakaŋ*. *Anda* heisst der Alte, *kaŋ* der Knabe, der Junge." Die Form „*andakaŋ*" ist dabei um das -êm verkürzt, so dass nur „*-kaŋ*" bleibt, was ja aber, wie auch dort gesagt ist, nur ganz allgemein „Knabe, Junge" heisst. Dagegen trägt die Gruppenbenennung *Anda-kaŋêm* dieses Beziehungssuffix -êm, was die Bedeutung „— sein Sohn" ergibt. Gerade auf diese Altvater-Sohn-Beziehung kommt es ja an, denn der Begriff *Anda-kaŋêm* will wieder die patrilineare Abstammung und patrilokale Siedlung herausstellen. — Auch die dort ausgesprochene Vermutung, dass die „Reduplikation" von *andakaŋ*, nämlich *andakaŋ* — *wandakaŋ* (sie heisst richtig: *anda-kaŋêm* — *wanda-kaŋêm* und kommt auch ohne das „*w*" vor) vielleicht so entstanden sei, „dass *wanda* eine Vokalassimilation bei der Reduplikation durchgemacht hat und von *wenda*, die alte Frau, kommt" und „der Ausdruck . . . also dann heissen (würde): Alter Mann, junger Mann, alte Frau, junge Frau, kurz gesagt, die ganze zusammengehörige Bevölkerung", kann bei der vorliegenden patrilinearen Auffassung nicht zutreffen, denn einmal will dieser Begriff *Anda-kaŋêm* die patrilineare Generationenfolge über die Altväter zu den Söhnen festhalten; zum anderen ist die Iteration hier ein Mittel der Sprache, eine Vielheit auszudrücken. *Anda-kaŋêm-(w)-anda-kaŋêm* ist daher wiederzugeben mit „alle die vielen Altvater-Sohn-Gruppen". Was die Form *w-anda* betrifft, so ist die ebenfalls dort ausgesprochene andere Vermutung richtig, dass sie zusammengesetzt ist aus *wö*, Mann, und *anda*, was auch tatsächlich die sprachliche Vollform für Altvater darstellt; es ist nur das „ö" eliminiert.

Da die Gruppen-Namen von III—VI in den verschiedenen *Mi*- und Ableger-*Mi*-Gruppen oft gleichlautend sind, zeigt nur der gemeinsame Name der *Mi*-Gruppe an, wohin einer der „Äste" oder „Zweige" gehört, und um ihren Standort für Aussenstehende genau zu bestimmen, muss man z. B. für eine *Anda-kaŋêm*-Gruppe immer die ganze Stufenleiter von I—VI ablaufen; also etwa: *Ndika (Koa-ŋom) Maep-aŋgedl (Roglmbo) Oprmbo Tipkö Rapa Muri kaŋêmadl. (Koa-ŋom* und *Roglmbo* kann man auch weglassen, weil diese beiden Gruppen nur noch genealogische Bedeutung haben, tatsächlich aber nicht mehr existieren, sondern in ihren Nachfolgern aufgegangen sind).

VII. . . . *öŋinödl*, „. . . und seine Brüderschaft". Hier muss immer der Name des führenden Mannes einer „Brüderschaft" eingesetzt werden. Unter diesem Begriff können die Söhne eines Altvaters zusammengefasst werden, wenn und sofern man den Blick nicht auf den Altvater richtet, sondern auf seine Söhne. Diese Gruppen-Benennung richtet sich immer auf die im vollen Leben und Schaffen stehende Generation. Da man eine solche „Brüderschaft" nach dem führenden Bruder benennt, spricht man etwa von *Kudli öŋinödl*, *Kudli* und seine Brüderschaft. Im Leben der *Mbowamb* spielt gerade dieser Begriff eine sehr grosse Rolle, denn eine „Brüderschaft" hält normalerweise in allen wichtigen Dingen des Lebens fest zusammen.

VIII. *Têpam-kaŋêmadl*, „Vater und seine Söhneschaft". Dies ist die patrilineare und -lokale Familie. Unter der Überschrift „Der Begriff Familie" heisst es Bd. II, 62 „Anscheinend spielt die Familie im soziologischen Aufbau des Volkes überhaupt keine Rolle, denn es ist uns bis jetzt nicht gelungen, in der Sprache ein Wort zu entdecken, welches sich auch nur entfernt mit unserem Begriff Familie decken würde. Für die kleinste soziologische Einheit des Volkes haben sie also kein Wort." Es ist richtig, dass für unsere Begriffe zur Familie auch die Frau und Mutter und nicht nur der Vater und die Söhne, sondern auch die Töchter gehören. Vom patrilinearen Anliegen der *Mbowamb* aus kommt es aber eben gerade auf den „Vater und seine Söhneschaft" an, denn sie gelten als die Blutsträger und „Fortpflanzer". Sie gehören zum väterlichen *Kona* und bleiben dort. Von patrilinearen und -lokalen Gesichtspunkten aus ist die Bezeichnung der Familie als „Vater und seine Söhneschaft" zu verstehen. Sie hat es mit der Abstammung und Fortpflanzung zu tun und nicht mit gefühlsmässigen und moralischen Gesichtspunkten der Zusammengehörigkeit der Frauen und Töchter mit der Familie, die die *Mbowamb* aber sehr wohl auch kennen. Die in eine *Mi*-Gruppe eingeheirateten Frauen können allerdings niemals Angehörige der Mi-Gruppe ihrer Ehemänner werden; auf der Tatsache, dass sie anderen *Mi*-Gruppen angehören, beruht ja gerade die Möglichkeit ihrer Heirat.

Die eigenen Töchter einer *Mi*-Gruppe bleiben normalerweise nur bis zum heiratsfähigen Alter in ihr. Die Heirat führt sie hinaus in andere *Mi*-Gruppen. Selbstverständlich bleiben auch sie ihrer Abstammung nach immer Glieder ihrer eigenen *Mi*-Gruppe. Sie können auch nicht einmal den Namen der *Mi*-Gruppe des Ehemannes annehmen. Bei Auflösung der Ehe oder im Falle des Ablebens des Ehemannes kann eine Frau, wenn sie will, denn auch jederzeit in ihre eigene *Mi*-Gruppe zurückkehren, in der sie immer Heimatrecht behält. Auch zusammen mit ihren Kindern kann sie zurückkommen, sofern die *Mi*-Gruppe des verstorbenen Ehemannes die Kinder herausgibt.

Bei den durch Heirat in eine *Mi*-Gruppe hereingenommenen Frauen hat es die *Mi*-Gruppe nicht mehr mit ihren eigenen Gliedern zu tun, sondern mit Gliedern anderer *Mi*-Gruppen. Deshalb ist unter Heirat und Ehe nochmals von „Familie" zu reden.

Die Benennung der „Familie" als „Vater und seine Söhneschaft", weil sie der konstante Faktor auf dem von den Vorvätern ererbten *Kona* ist, zeigt wiederum sehr klar die patriarchale Gesellschaftsordnung der *Mbowamb*. — Der organische Aufbau einer ganzen *Mi*-Gruppe geht in der Tat von der patrilinearen und -lokalen Familie aus. Sie ist die Zelle oder besser — um bei dem Ausdruck der *Mbowamb* zu bleiben — der Setzling, dessen Einpflanzung oder Setzung auf einen *Tei*- oder Oben-Mann zurückgeführt wird, der in den Herkunfts- und Abstammungsmythen als „Vater" auftritt und handelt. Der ursprüngliche Setzling besteht aus dem Knaben geheimnisvoller Herkunft und Geburt, der sehr schnell heranwächst, eine Frau nimmt und Söhne „trägt". So ist die kleinste soziologische Einheit, der „Vater und seine Söhneschaft" auch „gegeben". Auf sie geht der Anfang des Wachstums und der Vermehrung einer *Mi*-Gruppe zurück. Der erste *wamb mbo*, Menschen-Setzling, ist zur Zeugung von Söhnen „gepflanzt", weshalb denn auch der Begriff Setzling auf seine ganze Nachkommenschaft durch die Generationen hin angewendet wird. Römisch I des oben dargestellten organischen Aufbaues einer *Mi*-Gruppe berührt sich also mit römisch VIII; d. h. die einzelne patrilineare und -lokale Familie stellt in steter Wiederholung dasselbe dar, was einst in grauer Vorzeit der ursprüngliche Setzling am Anfang war, nämlich ein „Vater und seine Söhneschaft".

13. Das Individuum.

Die kleinste Gruppe „der Vater und seine Söhneschaft" besteht nicht mehr aus noch kleineren Grüppchen, sondern aus Individuen. Jedes Individuum trägt seinen eigenen Personen-Namen. Die Einzelperson ist aber immer Glied der Gemeinschaft. Durch ihren Eigennamen ist sie jedoch nur als Individuum gekennzeichnet, noch nicht als Glied ihrer Gemeinschaft und darum steht bei den *Mbowamb* vor dem Personen-Namen immer der Name der *Mi*-Gemeinschaft. Im Falle eines Knaben namens *Parka*, roter Paradiesvogel, weiss man damit noch nicht, wohin er gehört. *Parka* allein sagt auch noch nichts über das Geschlecht; auch ein Mädchen kann *Parka* heissen. Es muss also schon einmal *ambogla*, Mädchen oder *kaŋ*, Junge, vor *Parka* stehen. Gehört also ein *kaŋ Parka* etwa zu den *Ndika*, so heisst es immer: *Ndika kaŋ Parka*. Nun gibt es aber unter den *Ndika* viele *Kaŋ Parka*. Zu seiner völligen und unmissverständlichen Eingliederung muss es darum heissen: *Ndika Maep-aŋgedl Oprmbo Kolkmudl-Rapa anda Kudli kaŋêm-wö Mek-ŋa kaŋêm kaŋ Parka-e*, „der Junge namens *Parka*, der Sohn des Jung-Mannes *Mek*, des Sohnes des Altvaters *Kudli* von der *Kolkmudl-Rapa-Gemeinschaft*, aus der *Anda-Noimp*-Gruppe namens *Oprmbo*, aus dem Ableger namens *Maep-aŋgedl* der *Ndika*". Damit ist der Standort unseres *kaŋ Parka* als Glied der *Ndika* auch für jeden Aussenstehenden genau angegeben. Für die, die ihn kennen, ist er natürlich etwas einfacher der *Ndika Oprmbo kaŋ Parka* oder ganz einfach der *Ndika kaŋ Parka*.

14. Das konstante Schema.

Die soziologische Schichtung erscheint konstant, wenn wir das abstrakte Schema betrachten. Die Gruppen und Grüppchen sind ja alle eingereiht unter die Gruppen-Benennungen von I-VIII. Im wirklichen Leben aber erfolgt immer wieder einmal eine Umschichtung durch stärkeres Wachstum hier und Zurückbleiben dort; durch Dezimierung infolge von Epidemien oder Kriegen, durch Aufsplitterung infolge einer schweren Niederlage oder infolge inneren Zwistes wegen der oft recht hemmungslos wirkenden Kräfte des Ehrgeizes und der Habsucht. So wissen z. B. die *Jamka* zu erzählen, dass sich die *Jamka Pepka* aus „Rache-Zorn" als Ableger-*Mi*-Gruppe von ihnen abgezweigt haben. — Andere gehen in den dauernden Kämpfen zugrunde oder sterben infolge grosser Krankheitsnöte aus. Wieder andere hörten auf zu existieren, weil sie bei der Teilung infolge starker Vermehrung in ihren „Teilen" aufgingen, die dann an ihre Stelle vorrückten. Was heute nur eine *Rapa*-Gemeinschaft ist, mag durch starke Vermehrung nach einer Reihe von Generationen zu einer *Anda-Noimp*-Gruppe aufrücken; oder eine solche mag vorrücken in die Klasse der *Pana-ru*, usw. Bei den *Ndika* wurde schon erwähnt, dass 1a, Spalte 1 unter III heute nur noch dem Namen nach existiert. Sie hat sich geteilt in die Gruppen 1-3, Spalte 1 unter IV. und diese sind tatsächlich vorgerückt in die *Pana-ru*-Klasse. — Die einzelnen Gruppen unterliegen also dem Auf und Ab des Lebens. Nur das Schema, in das sie ihrer Grösse und Bedeutung nach eingereiht werden, bleibt konstant. Es ist deshalb nicht so, wie Bd. II, 41 gesagt ist „Man müsste also für jedes soziologische Gebilde, das mit jeder Generation entsteht, eine eigene Bezeichnung haben". Die Bezeichnungen bleiben, nur die „soziologischen Gebilde selber wachsen oder bleiben zurück und rücken bei starker Vermehrung vor an die ihnen gebührende Stelle.

15. Die Terminologie.

Wie ich schon für den Begriff „Stamm" die Begriffe der *Mbowamb* selbst, nämlich „Setzling" oder „*Mi*-Gruppe" vorgezogen habe, so auch bei den weiteren Gliederungen von II-VIII. Wie schon erwähnt wurde, sind in Bd. II die „Altvater-Penis"-Gruppen als „Grossippen" oder „Clan", die *Anda-kaŋêm*-Gruppen als „Sippen" bezeichnet. Die „Brüderschaften" werden dort, wenn ich recht sehe, als „kollektive Grossfamilie" bezeichnet (Bd. II, 63). Wie aber soll man die von mir „Ableger-*Mi*-Gruppen" genannten Einheiten sonst nennen? Oder die „Feld-Abteil"-Gruppen?, die *Rapa*-Gruppen?, die „*Têpam-kaŋêmadl*"?

KAPITEL 12
DIE REGELUNG AUSSERORDENTLICHER VERHÄLTNISSE

1. Es ist eine Tatsache, dass man nicht selten in den Siedlungen der *Mbowamb* Leute ansässig findet, die nach ihrer patrilinearen Abstammung und patrilokalen *Kona*-Zugehörigkeit n i c h t in die betreffende Siedlung gehören und trotzdem sogar den Namen der *Mi*-Gruppe tragen, zu der die Siedlung gehört. Es ist hier nicht von den eingeheirateten Frauen die Rede. Bei diesen ist es ja klar, dass sie auf Grund der Exogamie immer anderer Abstammung und *Kona*-Zugehörigkeit sein müssen und sind als ihre Ehemänner. Ihnen gibt man ja auch n i c h t den Namen der *Mi*-Gruppe, in die sie eingeheiratet haben, sondern sie tragen vor ihrem Personen-Namen immer noch den Namen ihrer eigenen *Mi*-Gruppe, aus der sie stammen. Sondern hier ist von adoptierten Kindern oder sonstwie aufgenommenen und zugezogenen Leuten die Rede, denen man tatsächlich auch den Namen d e r *Mi*-Gruppe gibt, die sie aufgenommen und eingebürgert hat. Wird hier die *Mi*-Zugehörigkeit missachtet und verleugnet? Es kann vorweg gesagt werden, dass dies nicht der Fall ist. Es handelt sich hier um aussergewöhnliche, d. h. ausser der allgemeinen Ordnung der patrilokalen Ansiedlung stehende Verhältnisse, die darum auch einer besonderen Regelung bedürfen, um sich in die gewöhnliche Ordnung der Dinge zu fügen und diese nicht zu stören. Man hat darum für diese Einordnung solcher, ausser der normalen Ordnung stehenden Verhältnisse, besondere Benennungen und Begriffe.

Es wird Bd. II, 44 gesagt, „Das Gesetz, dass Sippengenossen in der Manneslinie vom Sippenahnen abstammen müssen, kann auch umgangen werden". Es werden dafür Fälle angeführt, wo etwa Kinder der Schwester eines Mannes infolge von Ehescheidung oder Tod des Ehemannes und Vaters in die *Mi*-Gemeinschaft ihres Mutter-Bruders abwandern; oder wo Kinder anderer *Mi*-Gruppen im Kriege geraubt und wie eigene aufgezogen und adoptiert werden. Von solchen Kindern heisst es, „Diese Kinder werden dann in der Sippe wie eigene Kinder behandelt, den gleichen Heiratsgesetzen unterworfen und fühlen sich als Erwachsene auch als Sippenglieder. Die Zugehörigkeit zur Sippe beruht dann nicht mehr auf Blutsverwandtschaften, sondern auf einer Art Milchverwandtschaft" (ibid.). Dazu ist zu sagen, dass das „Gesetz" der patrilinearen Abstammung n i c h t umgangen werden kann, denn das würde ja sonst im Falle von Heirat zu unrechtmässiger und nach der Auffassung der *Mbowamb* blutschänderischer Ehe führen. Dass die *Kona*-Zugehörigkeit, also die patrilokale Ansiedlung unter Umständen umgangen wird, kann man nicht verhindern, weil es die Unterstützung derer findet, die davon bevölkerungs-, wehr- und wirtschaftspolitischen Nutzen haben. Ferner, dass man solche Kinder eben nicht „den gleichen Heiratsgesetzen" unterwirft, gerade weil man sie durch spätere Einheirat für immer in der eigenen Gruppe festhalten will. Dies kann nur geschehen, wenn man ihre patrilineare Abstammung nicht verleugnet. Ist etwa ein angenommenes kleines Mädchen ganz fremder Herkunft, so beruht gerade auf ihrer fremden *Mi*-Zugehörigkeit oder Abstammung die Möglichkeit ihrer späteren Einheirat in die *Mi*-Gruppe ihres „Pflegevaters". Würde man ihre patrilineare Abstammung verleugnen und sie in die eigene Abstammungslinie einreihen, so würde man sich selber gerade dieser erwünschten Möglichkeit berauben. Das gleiche gilt für Knaben. Ihnen kann man später nur dann eine eigene Tochter zur Frau geben, wenn ihre Abstammung eben gerade nicht umgangen wird. Wenn dort weiter gesagt ist, „Diese Glieder der Sippe sollen nichts von ihrer Abstammung erfahren, sondern immer in dem Glauben leben, dass sie auch blutmässig von der Sippe abstammen" (ibid.), so ist zu sagen, dass bei Eingeborenen ein solcher Versuch praktisch nicht durchführbar wäre. Gewiss versuchen die „Pflegeeltern" solchen Kindern ihre andere Abstammung zu verbergen, solange sie noch klein sind, weil man fürchtet, sie könnten sich für die Rückkehr in ihre eigene *Mi*-Gruppe entscheiden, sobald sie einmal grösser sind. Aber andere Kinder wissen darum und geraten sie etwa nur einmal beim Spiel in Streit, so rufen sie solchen Kindern zu: ihr seid ja *poŋendamb* „Abgebrochene", sc. von ihrer eigenen *Mi*-Gruppe „abgebrochen"! Das ist die schwerste Kränkung, die einem widerfahren kann und die „Pflegeeltern" müssen dann alles aufbieten, die Kinder wieder zu beruhigen und zu halten. Kehren sie trotzdem in ihre eigene *Mi*-Gruppe zurück, so fordert man dort für die bisherige Pflege und Fürsorge Schadenersatz und erhält dann etwa ein Schwein und ein Wertstück (s. auch Kap. 12, 4). Eine „Sippenassimilation" (Bd. II, 45) in dem Sinne, dass die blutsmässige (patrilineare) Abstammung missachtet würde oder abgeleugnet werden könnte, gibt es nicht. Die *Mbowamb* haben eben deshalb eine Reihe von Bezeichnungen, die dem unabdingbaren Anliegen der patrilinearen Abstammung und patrilokalen *Kona*-Zugehörigkeit gelten und sie bei ausser der gewöhnlichen Ordnung stehenden Verhältnissen unumstösslich festhalten, denn dadurch wird ja die Möglichkeit oder aber Unmöglichkeit ehelicher Verbindungen festgestellt und Heirat und Ehe geregelt. An dieser Ordnung ist nicht zu rütteln.

2. Die Aufnahme von rechtlich Verwandten.

Gemeint ist hier die Auf- und Annahme von Kindern eigener Töchter, also von Enkeln oder eigenen Schwestern, also Neffen und Nichten, wenn und falls solche Kinder ihren väterlichen *Kona* wegen ungewöhnlicher Verhältnisse verlassen und in den *Kona* ihrer Grossväter mütterlicherseits und ihrer Mutter-Brüder kommen, um für immer da zu bleiben. Eine *Mi*-Gruppe hat ja nicht nur Söhne, sondern auch Töchter. Infolge der Exogamie gehen diese Töchter bei der Heirat fort in die *Mi*-Gruppe und *Kona* ihrer Ehemänner. Aber wir sahen schon, dass sie trotzdem Angehörige ihrer väterlichen *Mi*-Gruppe bleiben und dort immer Heimatrecht behalten. Ihre Kinder aber gehören nach der herrschenden patrilinearen Abstammungsordnung zu dem *Mi* und *Kona* ihrer Väter. Bleiben diese Kinder jedoch aussergewöhnlicher Umstände halber nicht in ihrer väterlichen *Mi*-Gruppe, so gewährt ihnen die *Mi*-Gruppe ihrer Mutter bei sich Heimatrecht. Dadurch sind dann aber ungewöhnliche Verhältnisse geschaffen, die einer besonderen Regelung bedürfen. Dies geschieht durch den Begriff *amb-ênts-mei* „von der Frau Geborene".

Mit diesem Begriff soll natürlich nicht der Selbstverständlichkeit Ausdruck gegeben werden, dass schliesslich alle Kinder „von der Frau Geborene" sind. Diese Benennung ist auch nicht nur sozusagen die „Adoptionsurkunde", die die *Mi*-Gruppe, aus der eine Frau und Mutter kam, den Kindern dieser Frau und Mutter ausstellt und ihnen damit bei sich Heimatrecht gibt, wenn sie bei ihr Aufnahme suchen. Diese Kinder sind ja Enkel, bzw. Neffen und Nichten, die durch das bestehende Verwandtschaftsschema als solche klassifiziert sind (Kap. 13), wobei aber vorausgesetzt ist, dass sie in ihrem väterlichen *Kona* leben, den sie nun verlassen haben. Weil sie von nun an im *Kona* ihrer Grossväter mütterlicherseits, bzw. im *Kona* der Brüder ihrer Mütter leben und aufwachsen werden, genügen die gewöhnlichen Verwandtschaftsbezeichnungen nicht mehr, weil sie das normale Verbleiben der Kinder im väterlichen *Kona* voraussetzen. Durch den *Kona*-Wechsel besteht die Gefahr, dass auch ihr *Mi*, d. h. ihre Abstammungs- und Blutsverwandtschaft verwechselt und die exogame Heiratsordnung gefährdet wird. Eben diese Gefahr verbotener Heiraten will der Begriff „von der Frau Geborene" verhindern. Er will die grundlegende und unter keinen Umständen preiszugebende *Mi*-Bezeichnung, also Abstammung und Blutsverwandtschaft vor Vermischung schützen und sie gerade bei ungewöhnlichen Verhältnissen aufrechterhalten. Er tritt darum auch nur dann auf. Bei normalen Verhältnissen ist seine Anwendung nicht nötig. — Dies muss noch an einem praktischen Beispiel veranschaulicht werden. Ich nehme zu diesem Zweck der Veranschaulichung die *Ndika Maep-aŋgedl Anda-Noimp-Gruppe* namens *Koma-pei* (Kap. 11, 11; Spalte 1 unter IV, 2).

Diese *Ndika Koma-pei* zählen z. Z. rund 170 männliche Personen, die nach *Mi* und *Kona* dorthin gehören, also wirklich g e b o r e n e *Koma-pei* sind. Daneben gibt es aber in der Siedlung der *Koma-pei* noch rund 40 männliche Personen, die man zwar ebenfalls *Koma-pei* nennt, aber bei einem Teil von ihnen mit dem Zusatz „von der Frau Geborene". Bei den anderen hat man noch andere zusätzliche Begriffe, die wir gleich noch kennenlernen werden. Diese zusätzlichen Benennungen zeigen jedem Kundigen sofort, dass es sich hier nicht um geborene *Koma-pei* handelt; dass sie also nach *Mi* und *Kona* von Hause aus nicht zu den *Koma-pei* gehören. Bei denen, die zu „*Koma-pei*" hinzu noch mit dem Zusatz „von der Frau Geborene" bezeichnet werden, besagt dies, dass ihre Mutter eine gebürtige *Koma-pei*-Frau ist oder war. Von der Seite ihres Vaters her aber gehören sie einem anderen *Mi* und *Kona* zu, denn für die patrilineare Auffassung der *Mbowamb* ist ja die Abstammung und *Kona*-Zugehörigkeit a l l e i n v o n V a t e r s S e i t e h e r b e s t i m m t. Durch den Zusatz „von der Frau Geborene" ist also wohl die Verwandtschaft von Mutters Seite her bestätigt, aber ebenso ist damit bestätigt, dass die also Gekennzeichneten im Grunde nicht in diese Siedlung gehören, sondern zur *Mi*-Gruppe ihrer jeweiligen Väter, und dass sie darum auch nach der allgemeinen Ordnung im *Kona* ihrer Väter leben sollten, wenn nicht ungewöhnliche Verhältnisse vorlägen. — Solche *Koma-pei amb-ênt-mei* sind z. B. die vier nun erwachsenen Brüder *Koim*, *Kuri*, *Num* und *Pöndö*. Ihre Mutter war eine geborene *Koma-pei*; ihr Vater ein *Ndika Kurntkö Ndedlekamb*. Als er im Kriege getötet worden war, kam die Mutter mit ihren vier Buben in ihre väterliche *Anda-Noimp*-Gruppe zurück, wo sie auf Grund ihres Geburtsrechtes noch immer

Heimatrecht hatte. (Über die rechtliche Seite solcher Mitnahme von Kindern siehe Kap. 12, 4.) Diese vier sind nun längst verheiratet und haben selber schon Kinder. Man nennt sie nun nicht mehr nur als einzelne, sondern auch zusammen die kleine Gruppe der „*Koma-pei amb-ênts-mei*". Werden sie sich im Laufe etlicher Generationen so vermehren, dass sie zahlenmässig etwa in die Klasse der *Anda-Noimp*-Gruppen aufrücken, so wird das ihr Gruppen-Name sein, wie wir ein Beispiel dieser Art bei den *Ndika Kuip-öŋgidl* haben, wo eine *Anda-Noimp*-Gruppe diesen Namen trägt (Kap. 11, 11; Spalte 3, zu III, d 3, 2).

Weitere *Koma-pei amb-ênt-mei* sind: *Tembon*, dessen Vater ein *Muntka* war. *Nukints* — der Vater war ein *Kukidlkö. Koŋ* — der Vater war ein *Römunti. Ndoa* — der Vater war ein *Neŋka*. Die jeweiligen Mütter waren immer geborene *Koma-pei*. Es muss aber nicht immer die *Mi*-Gruppe und der *Kona* der Mutter sein, wohin man seine Zuflucht nimmt. Es kann auch die *Mi*-Gruppe und der *Kona* einer Grossmutter sein, wie z. B. im Falle des *Ndika Koma-pei amb-ênt-mei KOTS*, dessen Mutter eine geborene *Muntka* war. Als der Vater des *Kots* starb — ein *Ndika Kuip-öŋgidl* war er gewesen — da ging der kleine *Kots* aus Gründen, die er wohl anzugeben wüsste, nicht zur *Mi*-Gruppe seiner Mutter-Brüder, also nicht zu den *Muntka*, sondern zu den *Koma-pei*. Die Grossmutter von Vaters Seite war eine geborene *Koma-pei*. Deshalb kam nun der Enkel *Kots* zu den *Koma-pei*, wo er als „von unserer Frau Geborener" aufgenommen wurde. — Im Falle des *Ndika Koma-pei amb-ênts-mei UDL* war es noch anders. Dieser *Udl* stammt aus der heute völlig aufgeriebenen *Mi*-Gruppe der *Öŋkö*. Ein Bruder von *Udls* Vater, also nach unseren Begriffen *Udls Onkel*, hatte seinerzeit eine *Koma-pei* geheiratet. Die Ehe war kinderlos geblieben. Der Mann kam dann im Kampfe um, ebenso sein Bruder, *Udls* Vater. Offenbar mochte *Udl* die *Koma-pei*-Frau, die ja auch als seine „Mutter" klassifiziert war, lieber als seine eigene Mutter; vielleicht war seine Mutter auch schon tot; auf jeden Fall kam er mit zu den *Koma-pei*, als jene Frau nach dem Tode ihres Mannes in ihre väterliche *Mi*-Gruppe zurückkehrte, und *Udl* wurde hier als „von unserer Frau Geborener" aufgenommen.

Es gibt sehr viele Gruppen, in denen man durchaus keine „von der Frau Geborene" findet. Es soll darum durch Anführung von Beispielen zwecks Veranschaulichung dieses Begriffes nicht der Eindruck erweckt werden, dass Frauen bei Auflösung einer Ehe oder Witwen immer und in jedem Fall in ihre väterliche *Mi*-Gruppe zurückkehren und erst recht nicht, dass die Kinder immer mitgehen. Im Gegenteil kann man bei den Hagenleuten im allgemeinen feststellen, dass Kinder, besonders Knaben, sich eben wirklich nur in Ausnahmefällen ungewöhnlicher Umstände halber von ihren Vätern und ihrem väterlichen *Kona* trennen. Man kann sogar im allgemeinen eine direkt auffallende stärkere Anhänglichkeit der Kinder an die Väter und umgekehrt beobachten, wobei ja „Väter" auch die Brüder eines leiblichen Vaters einschliesst, so dass im Falle seines Todes immer noch „Väter" da sind, die sich im allgemeinen sehr der Kinder annehmen.

Wo nun aber in einer Gruppe solche *amb-ênts-mei* — von der Frau Geborene — vorhanden sind, da wird um der klaren Unterscheidung willen auch die Anwendung des gegensätzlichen Begriffes „*wö-ênt-mei* — vom Mann Getragene" — (vgl. Kap. 9, 15) notwendig. Auch dieser Begriff will natürlich nicht die Selbstverständlichkeit erst noch feststellen, dass die also Benannten ihr Leben auch einem Vater verdanken, sondern, wie das *amb-ênts-mei* die in der Gruppe lebenden Angehörigen eines anderen *Mi* und *Kona* als solche kennzeichnet, so hebt ihnen gegenüber das *wö-ênts-mei* diejenigen hervor, die auf Grund ihrer *Mi-* und *Kona*-Zugehörigkeit von Hause aus in die betreffende Siedlung gehören. Beide Begriffe treten also nur dort auf, wo durch die Aufnahme von Verwandten als *Kona*-Genossen möglicherweise Unklarheiten entstehen könnten hinsichtlich Heirat und Ehe. Das Interesse, das hinter diesen beiden Begriffen steht, ist immer die Wahrung der patrilinearen und -lokalen Grundordnung der Gesellschaft. Nur von daher sind sie zu verstehen. Sie werden deshalb auch n i c h t a l l g e m e i n und n i c h t i n j e d e r Gruppe angewendet, sondern immer n u r d a n n , wenn durch die Aufnahme solcher, mit denen man rechtlich verwandt ist, aber verschiedener *Mi-* und *Kona*-Zugehörigkeit, in einer Siedlung ungewöhnliche Verhältnisse geschaffen sind, durch die es zu Missverständnissen kommen könnte, w e i l die Aufgenommenen nicht mehr den Namen ihrer eigenen patrilinearen *Mi*-Gruppe tragen und nicht patrilokal angesiedelt sind.

Diese beiden Begriffe wö- und *amb-ênts-mei* sind offenbar anders verstanden, wenn es Bd. II, 43/44 z. B. heisst, dass sie eine „Doppellinie in der Sippe" bezeichnen sollen und zwar ganz allgemein und in jeder „Sippe"; und dass das *amb-ênts-mei* „eine Verwandtschaft" ausdrücke. Gewiss handelt es sich um Verwandte, aber zur Bezeichnung der Verwandtschaft hat man die reiche Nomenklatur der Verwandtschaftsnamen (Kap. 13). Hier geht es nicht um die Feststellung der Verwandtschaft, sondern um die Klarstellung der Abstammung, also der *Mi-* und *Kona*-Gemeinschaft unter ungewöhnlichen Verhältnissen. Die beiden Begriffe halten fest, dass die Zugehörigkeit zu dieser Gemeinschaft im Grunde niemals ablegbar ist, auch nicht durch das Verlassen des väterlichen *Kona* und Aufgabe des Gruppennamens der Väter. Alle die, die aus ihrer patrilinearen und -lokalen *Mi*-Gemeinschaft abwandern und sich bei einer anderen ansiedeln, aus der einst ihre Mutter, Gross- oder Urgrossmutter kam, können sich wohl auf Grund dieser Tatsachen dort ansiedeln. Man weist ihnen dort Siedlungsland zu, weil die Zuwanderung eine Stärkung der Gruppe bedeutet; sie können sogar den Namen ihrer väterlichen *Mi*-Gruppe ablegen, aber sie können niemals ihre *Mi-* und das heisst Abstammungs- und Blutsgemeinschaft — verleugnen. Eben dies halten diese beiden Begriffe fest. Sie schützen also die allgemein geglaubte und in den Herkunfts- und Abstammungssagen fundierte Anschauung von der patrilinearen Abstammng und patrilokalen *Kona*-Zugehörigkeit. Es kann also nicht gesagt werden „*Ambuent* mei führt ausserhalb der eigenen Sippe in eine andere soziologische Gesellschaft und verbindet diese mit der eigenen Sippe durch die mutterrechtlichen Reste . . ." (Bd. II, 80). Im Gegenteil verweist dieser Begriff die dadurch Gekennzeichneten gerade auf ihre eigene patrilineare und -lokale *Mi*-Gruppe, obwohl oder vielmehr weil sie nicht mehr dort, sondern ausserhalb leben. Die dadurch entstandenen, ausser der gewöhnlichen Ordnung stehenden Verhältnisse werden durch diese Bezeichnung geordnet, gerade im Interesse der einheitlichen patrilinearen und -lokalen Grundstruktur der Gesellschaft. Dass die beiden Begriffe n u r der Ordnung solcher ausserordentlicher Verhältnisse dienen und daher auch nur ausnahmsweise und in Notfällen gebraucht werden, geht auch aus dem Bd. II, 44 zitierten Text hervor: „Wenn die Knaben und Männer, die von den Frauen geboren werden, Krieg führen oder sonst etwas anstellen und zu den Brüdern der Frau (also ihrer Mutter) flüchten und sich bei ihnen niederlassen, dann sagen die Brüder der Frau zu den anderen Männern (ihrer Sippe): „Das ist ein Frauengeborener, ihr aber seid Männergeborene . . ." Hier wird ja klar gesagt, dass die beiden Begriffe nur dann angewendet werden, „Wenn die Knaben und

Männer . . . flüchten und sich . . . niederlassen". Da genügen dann die unter normalen Verhältnissen gebrauchten Verwandtschaftsbegriffe nicht mehr, weil ihre Anwendung voraussetzt, dass die beiderseitigen Verwandten in ihrem jeweiligen väterlichen *Kona* leben, der aber hier von der einen Seite verlassen wird, um bei den Verwandten mütterlicherseits zu leben. Da diese zwei Begriffe nur der Ordnung dieser ungewöhnlichen Verhältnisse dienen, kann man von ihnen nicht sagen, dass sie „eine grosse Rolle . . . im Aufbau der Gesellschaft spielen" (Bd. II, 80), denn sie weisen ja nur bei der Regelung von Ausnahmefällen auf den schon bestehenden Aufbau der Gesellschaft hin. Es kann aus ihrem Vorhandensein auch nicht der weitreichende Schluss gezogen werden: „Schon dass sich diese beiden Begriffe bilden konnten und dieser Unterschied im Aufbau der Sippe und Gesellschaft gemacht wird, zeigt, dass der Aufbau der Sippe kein einheitlicher ist und dass sich ein Riss durch die Gesellschaft zieht", (ibid.), wenn doch diese beiden Begriffe gerade dazu da sind und gebraucht werden, um auf den einheitlichen und unzerreissbaren Aufbau der Gesellschaft aus patrilinearen und -lokalen *Mi*-Gruppen, Ableger-*Mi*-Gruppen, *Pana-ru* usw. hinzuweisen und ihn zu schützen.

Die „Zikaden-Esser".

Dass die *Mi*-Gemeinschaft bleibend ist und unter keinen Umständen ohne schwere Folgen verleugnet oder missachtet werden kann, dafür ist der Name einer *Anda-Noimp*-Gruppe der *Ndika Kuip-öŋgidl* ein kleines Beispiel; nämlich der Name *Kents-nui* — „Zikaden-Esser" (Kap. 11, 11; IV, Spalte 3, zu III, 3a, 2). Sie gelten bei den *Kuip-öŋgidl* als „von der Frau Geborene". Das bedeutet, wie wir gesehen haben, dass sie nicht von einem *Kuip-öŋgidl*-Mann abstammen und folglich auch ein anderes *Mi* haben. In der Tat ist die *Kuip*-Cordyline (vgl. Kap. 11, 10) auch nicht ihr *Mi*, sondern die *Kent*, grosse Zirpe oder Zikade. (Das „*s*" in *Kents-nui* ist nicht konstant, sondern tritt nur vor Nasalen auf.) Nun gibt es unter allen *Mbowamb* nur eine *Mi*-Gruppe, deren *Mi* die Zikade ist, nämlich die *Kent-ka*. Tatsächlich wissen die *Kents-nui* auch noch davon zu erzählen, dass sie von einem *Kent-ka*-Mann abstammen. Er entzweite sich mit seiner *Kentka*-„Brüderschaft" und aus Ärger und Zorn verliess er sie und siedelte sich bei seinen Schwägern in *Kuip* an. (Dies kann also auch zur Abwanderung aus dem väterlichen *Kona* führen, und zwar ist gerade diese Verärgerung und der „Rache-Zorn" bei den *Mbowamb* ein ziemlich häufiges Motiv solcher Abwanderung.) Seine Kinder blieben dann als „von der Frau Geborene" in *Kuip*. Das ist schon so lange her, dass die *Kents-nui* inzwischen durch Vermehrung bis in die *Anda-Noimp*-Klasse vorgerückt sind. Sie hatten früher auch als Gruppe immer „*amb-ênt-mei*" geheissen, bis eines Tages einer ihrer Mannen wohl glaubte, die Zikade sei für ihn nun nicht mehr tabu, die vom Vorfahren ererbte *Mi*-Gemeinschaft also nicht mehr bindend und verpflichtend. Der Sage nach „ass er eine Zikade", was wohl eine Deckrede dafür ist, dass er sich an einer „Zikadlerin" verging und — starb. Von da an gab man zur Warnung Aller der ganzen Gruppe in Spott und Ernst den Namen „*Kents-nui*" — Zikaden-Esser. Diese Geschichte zeigt, dass es ein Ablegen der *Mi*-Zugehörigkeit nicht gibt, solange die Gruppe, der man angehört, sich nicht durch sehr starke Vermehrung in die Klasse der Ableger-*Mi*-Gruppen einreiht und durch eine Abstammungsmythe über ein Ur-Erlebnis ihres Stammvaters, das ihr ein eigenes *Mi* und einen eigenen *Kona wiŋndi* schenkte, als exogame Ableger-*Mi*-Gruppe konstituiert und legitimiert (vgl. Kap. 11, 8 u. 14). Solange das nicht der Fall ist, können Gruppen, die als „von der Frau Geborene" bezeichnet sind, mit der *Mi*-Gruppe keine Heiratsverbindungen eingehen, von der sie abstammen — was ja immer „väterlicherseits abstammen" heisst. Wohl aber können sie mit der *Mi*-Gruppe, die sie aufgenommen hat, weil eine aus dieser Gruppe gebürtige Frau (vielleicht vor langer Zeit) ihre Mutter war, Heiratsverbindungen eingehen, wenn nach Ablauf von mindestens vier bis fünf Generationen die Erinnerung an eine nahe Verwandtschaft (mütterlicherseits) völlig verblasst ist.

3. Die Aufnahme von Nicht-Verwandten.

In der Siedlung der weiter oben als Beispiel angeführten *Ndika Koma-pei* finden sich dann ausser den als *Koma-pei amb-ênt-mei* Gekennzeichneten noch andere, die zu dem Gruppen-Namen *Ndika Koma-pei* noch den zusätzlichen Begriff *rögli*, *têpa-röndi*, *Ropa-mundi*, *Ombamudl*, oder *Tepa-mundi* usw. in ihrer Bezeichnung führen. Auch hier besagt jeder dieser zusätzlichen Begriffe wieder sofort, dass es sich nicht um gebürtige *Koma-pei* handelt, sondern um solche, die von Hause aus — und das heisst immer von Vaters Seite her — ein anderes *Mi* und einen anderen *Kona* haben als die *Ndika Koma-pei*, bei denen sie aufgenommen wurden, weil sie ihren väterlichen *Kona* verlassen mussten, weggenommen wurden oder ihn auch selbst aus Rache-Zorn verliessen.

a) Eingebürgerte und solche, die „als Setzlinge eingetan" wurden: *Rögli* heisst „werden zu, sich verwandeln in . . ." und *têpa-röndi* heisst „nehmen und machen zu (tr.) verwandeln in . . ." Ein Aufgenommenes oder Aufgenommene „verwandeln sich in" *Ndika*, *Kentka* usw. Oder man sagt von sich: Ich habe sie „genommen und verwandelt in" *Ndika*, *Kentka* usw. Es handelt sich also um die „Einbürgerung" oder „Naturalisation" solcher, die eigentlich nicht zur Siedlung gehören, weil sie Angehörige einer anderen *Mi*-Gemeinschaft sind. Wie im Falle in die Siedlung aufgenommener Verwandter gibt man auch diesen Eingebürgerten den Namen der *Mi*-Gruppe, die sie aufnimmt, weist ihnen Boden zur Bewirtschaftung zu, verleiht ihnen Heimat- und Bürgerrecht. Wegen der dadurch erzielten Stärkung der eigenen Wehr- und Wirtschaftskraft möchte man sie am liebsten völlig assimilieren. Man kann jedoch ihr *Mi*, also ihre patrilineare Abstammung nicht ändern, aber man kann etwa eingebürgerten jungen Männern, gerade dank der anderen *Mi*-Zugehörigkeit, Töchter aus der eigenen *Mi*-Gemeinschaft zur Ehe geben. Die männlichen Nachkommen aus solchen Ehen kann man dann als „von unserer Frau Geborene" so eng wie nur überhaupt möglich an sich binden und bei den weiblichen Nachkommen hat man im Falle der Heirat dann Anspruch auf einen gewissen Anteil am eingehenden „Frauen-Kaufpreis". Nicht-verwandte kleine Mädchen, die man aufzieht und einbürgert, kann man auf Grund ihrer anderen *Mi*-Zugehörigkeit den eigenen Söhnen zu Frauen geben. — Bei der Aufnahme und Einbürgerung kann es sich um bereits Erwachsene handeln oder aber um noch ganz kleine Kinder. Dabei handelt es sich allermeist um den Bd. II, 180 erwähnten „Kinderraub". Man stösst im Kampfe auf einen verlassenen Säugling und nimmt ihn mit. Will man dann später wieder mit den Feinden zu einem Friedensschluss kommen, dann nimmt man oft solche Kinder und „tut sie vor sich her", d. h. man bietet als Zeichen des guten Willens den Feinden die Rückgabe solcher Kinder an, wenn sie zum Frieden geneigt sind. Man hält, hegt und pflegt sie in solchen Fällen also nur als eine Art Pfand. Will man sie aber behalten, so sagt man, es sind *mbo nuŋgli* — als Setzlinge Eingetane. Man zieht sie auf und als „Eingebürgerte" bleiben sie dann in dieser *Mi*-Gruppe.

b) Kriegsvertriebene und Einheimische: Bei grossen Kriegen kam es vor, dass die Besiegten völlig versprengt und ihres Siedlungsgebietes beraubt wurden. Die einzelnen Splitter konnten sich dann nur dadurch retten, dass sie sich von Häuptlingen starker *Mi*-Gruppen aufnehmen liessen. Diese gaben ihnen dann ihren eigenen Gruppen-Namen mit dem Zusatz *Ropa-mundi* — „geschlagen und vertrieben". Für die Einheimischen gebrauchte man dann zwecks klarer Unterscheidung den Begriff *Möi-mudl-wö* — „Land-Sitz-Männer", d. h. die Landeigentümer, die auf eigenem Grund und Boden sitzen. Bei den *Ndika Kuip-öŋgidl* tragen die *Anda-Noimp*-Gruppen Kap. 11, 11 unter IV, Spalte 3, zu III, 3b diese Bezeichnungen als ihren Gruppen-Namen: 1. *Möi-mudl-wö*, 2. *Ropa-mundi*. Daraus ersieht jeder Eingeborene sofort, dass die Gruppe Nr. 2 ihrem *Mi* nach keine *Ndika Kuip-öŋgidl* ist und dem *Kona* nach keine ursprünglich hier beheimatete. Wie bei *wö-ênts-mei* und *amb-ênts-mei* geht es auch bei diesem Begriffspaar wieder um *Mi* und *Kona*. Dieses erstere Begriffspaar kann man aber im vorliegenden Fall nicht gebrauchen, weil es sich nicht um Verwandte (durch Heirat und Ehe) handelt. Daher die Anwendung eines anderen Begriffspaares, welches die patri l o k a l e Bedeutung des *Mi* hervorhebt, wogegen das bei aufgenommenen Verwandten gebrauchte Begriffspaar die patri l i n e a r e Bedeutung des *Mi* herausstellt. Den Kriegsvertriebenen wurde also von den Einheimischen Siedlungsland zugewiesen, weil man durch die Aufnahme von Vertriebenen eine Stärkung der eigenen Wehr- und Wirtschaftskraft erzielte. Sie gaben den Namen ihrer väterlichen *Mi*-Gruppe auf und nahmen den ihrer Beschützer an. Im vorliegenden Falle sind sie nun bekannt als *Ndika Kuip-öŋgidl Roglamb Ropa-mundi*. Dieser Zusatz „Kriegsvertriebene" hält im Gegensatz zu den *Roglamb Möi-mudl-wö*, „Landsitzern", fest, dass zwischen ihnen keine *Mi*-Gemeinschaft besteht und infolgedessen Heiratsbeziehungen möglich sind.

c) Zugezogene: Zuweilen findet sich die Bezeichnung *Omba-mudl*. Wörtlich heisst das „Gekommen und gesessen", d. h. zugezogen. In den meisten Fällen handelt es sich dabei um Eltern oder Geschwister einer eingeheirateten Frau. Eheverwandte kommen oft zu langen Besuchen. Sie helfen dann auch beim Feldbestellen oder Hausbau usw. mit. Unter Umständen bleibt dann etwa der alleinstehende Vater der Frau oder ein alleinstehender Bruder für immer in der *Mi*-Gruppe, in die die Tochter bzw. Schwester eingeheiratet hat. Zuweilen kommt es vor, dass mehrere Familien zusammen aus irgend welchen Gründen aus ihrer *Mi*-Gruppe ab- und bei einer anderen einwandern. Weil sie nicht vertrieben wurden, sondern selber kamen, darum werden sie von der *Mi*-Gruppe, die sie gerne aufnahm, als *Omba-mudl*, Zugezogene, bezeichnet. Wiederum geht es dabei zur Klarstellung möglicher oder unmöglicher Heiratsverbindungen darum, das durch die Ab- bzw. Zuwanderung entstandene ungewöhnliche Verhältnis zu regeln.

d) Aufgenommene: Hier handelt es sich um die Begriffe *Tepa-mundi*, *Tepa-pindi* oder *Tepa-mudl*, die man anstelle der unter a-c aufgeführten zusätzlichen Benennungen verwendet, wenn man die eigene Tat der Aufnahme hervorkehren will. Sie heissen in gleicher Reihenfolge wörtlich „Hinlegen und dasein machen, Hinlegen und da wohnen machen, Hinlegen und dasein", also etwa „bei sich haben". Mit einem gewissen Stolz kehrt man die eigene Tat der Aufnahme hervor und rühmt sich selbst: I c h bin es — nämlich die Gruppe, von der man ja immer im Singular spricht — der diese hier bei sich aufgenommen hat! Solche Aufnahme anderer ist mir möglich, weil ich ein solcher bin, der grosse Wehr- und Wirtschaftskraft besitzt! Ihr anderen, ihr armen Schlucker, denen der Mund immer trocken bleibt (sc. von *men*, „fettem Fleisch" und damit auch von „Lebenshilfe", vgl. Kap. 9, 14), macht mir das doch einmal nach, wenn ihr könnt!

Indem alle in diesem Paragraphen aufgeführten zusätzlichen Benennungen die jeweilige *Mi*-Zugehörigkeit herausstellen, stellen sie zugleich die Unmöglichkeit oder aber Möglichkeit von Heiratsverbindungen heraus. Wo sie möglich sind und als wünschenswert und vorteilhaft erscheinen, gibt man solchen Aufgenommenen eigene Töchter zu Frauen. Die Nachkommen sind dann nicht mehr „Vertriebene, Zugezogene oder Aufgenommene", sondern rücken auf zu *amb-ênts-mei*. Als solche können sie zwar auch niemals wirklich Blutsverwandte, also volle Mitglieder der *Mi*-Gemeinschaft werden, aber immerhin zu rechtlich Verwandten auf Grund von Heirat mit stärkerer Bindung an die *Mi*-Gruppe, die sie einst aufgenommen hat. Zudem sind mit ihnen nach Ablauf von weiteren 5–6 Generationen jeweils wieder neue Heiratsverbindungen möglich.

4. Rechtliche Folgen.

In der *Mi*-Gruppe, die Verwandte oder Nicht-Verwandte aufnimmt und ihnen Siedlungsland zuweist, müssen sie für ihre „Herren" arbeiten. Von diesem Gesichtspunkt her hat man für sie auch die Bezeichnung *ten-ŋa wamb eta* „unsere Beilstiel-Leute" (Bd. II, 44 erwähnt). Sind sie aber einmal fest eingewurzelt, vielleicht erst in der zweiten und dritten Generation, so dass „es in ihrem Herzen Heimat-Heimat macht", dann hört diese Verpflichtung auf. Sie haben dann dieselben Rechte und Pflichten wie die anderen.

Handelt es sich um erwachsene Männer, so kann die *Mi*-Gruppe, aus der sie abwandern, wohl versuchen, sie zur Rückkehr zu bewegen — und nicht selten hat sie damit nach einiger Zeit auch Erfolg — aber irgendwelche Rechtsansprüche an die *Mi*-Gruppe, die sie aufnimmt, kann sie nicht stellen. Anders ist dies jedoch, wenn etwa Kinder in die *Mi*-Gruppe ihrer Mutter abwandern. (Über Rückkehr von Witwen siehe Kap. 13, 6.) Handelt es sich um Knaben, so setzt ihre väterliche *Mi*-Gruppe erst alles daran, sie wieder zurückzuerhalten. Gelingt es nicht, so fordert man den für ihre Mutter geleisteten „Kaufpreis" und weitere Leistungen wieder zurück. Wenn nötig, schreckt man dabei auch vor gewaltsamer Selbsthilfe nicht zurück, indem man einen Überfall auf die Wertsachen- und Schweinebestände der anderen *Mi*-Gruppe macht (vgl. Bd. II, 107 ff.). — Handelt es sich dagegen um Mädchen, die abwandern, so nimmt man es hin, wenn sie noch klein sind, denn bei ihrer späteren Heirat meldet man sich zur Stelle und fordert den entsprechenden Anteil am „Kaufpreis". — Auch bei den „als Setzlinge eingetanen" Kindern findet sich deren *Mi*-Gruppe nicht einfach damit ab, sondern fordert sie zurück. Handelt es sich dabei um Waisenkinder oder um Kinder von sehr einflusslosen Eltern, so bietet die Gruppe sie der anderen vielleicht als „Gegenleistung" für einen Erschlagenen, den die andere Partei noch „auszugleichen" hätte, ehe es zum Friedensschluss kommen könnte. Man überlässt sie ihr dann „als Setzlinge", um endlich wieder zum Frieden zu kommen. — Die Eltern und Verwandten solcher Kinder geben deswegen aber ihren Anspruch auf „Entschädigung" nicht auf, und die „Pflegeeltern" geben ihnen dann Wertsachen und Schweine. Auch bei späterer Verheiratung solcher Kinder werden sich die eigentlichen Angehörigen immer wieder melden, um jeweils ihren Anteil an Schweinen und Wertsachen zu erhalten; (vgl. Bd. II, 178 ff. über Adoption i n n e r h a l b einer *Mi*-Gruppe). Man sieht, dass aus solchen „ungewöhnlichen Verhältnissen" sich genug Konfliktstoffe ergeben, die immer wieder von Fall zu Fall geregelt werden müssen. Auch von dieser Seite der „Entschädigungsansprüche" und der „Nutzniessung" her gesehen, kann also von einer Geheimhaltung der jeweiligen *Mi*- und *Kona*-Zugehörigkeit im Ernste nicht die Rede sein.

5. Urbevölkerung und Eingewanderte?

Weil die hier beschriebene Tatsache, dass man zuweilen in den *Mi*-Gruppen der *Mbowamb* Menschen findet, die ihrer Abstammung nach nicht in die betreffende Gruppe gehören — in der „Mbowamb-Monographie" Bd. I - III z. T. auch auf einen Unterschied in der Bevölkerung zwischen einer „Urbevölkerung" und „Eingewanderten" zurückgeführt wird — muss auf diese Frage noch kurz eingegangen werden. Die Mythen und Sagen über Herkunft und Abstammung der *Mi*- und Ableger-*Mi*-Gruppen lassen erkennen, dass im Laufe der Geschichte der *Mbowamb* allerlei Wanderungen und Bevölkerungsverschiebungen stattgefunden haben. Darüber kann es keinen Zweifel geben. Aber in diesen Herkunfts- und Abstammungsmythen werden keine wirklich fremden Völkerschaften erwähnt, sondern es geht immer nur um *Mbowamb*, mit den für sie charakteristischen Gruppen-Namen und Gruppen-Aufbau. Es geht auch immer um die für die *Mbowamb* so bezeichnenden Dinge wie *Kona wiŋndi* und *Mi*. Man kann aus diesen Mythen und Sagen also nichts feststellen über eine „Urbevölkerung" und eine „eingewanderte Bevölkerung"; auch gibt es dafür keine Begriffe in der Sprache der *Mbowamb*. — Nun heisst es aber z. B. Bd. III in einer Vorbemerkung zu Nr. 38, S. 64: „Mit diesen Sagen ist der geschichtliche Beweis vorhanden, dass die Herrenschicht der Bevölkerung eingewandert ist." Dementsprechend wird dann auch immer wieder unterschieden zwischen „Urbevölkerung" und „eingewanderter Bevölkerung". Bd. II, 2 ist die Rede von „der zugewanderten höherstehenden Bevölkerung"; auf S. 26 von einem „Rest der Urbevölkerung"; auf S. 42 von der „eingewanderten Führerschicht als Herrenrasse", usw. Die fraglos vorhandenen und auffallenden somatischen Unterschiede im Wuchs und in der dunkleren oder auffallend helleren Hautfarbe werden Bd. I, 25 zusammengefasst unter die Begriffe „kleinwüchsige Urbevölkerung, eine eingewanderte dunkle Rasse und eine eingewanderte helle Rasse", die „drei verschiedene Typen" darstellen, „die allerdings meist nicht mehr rein, sondern mehr oder weniger miteinander vermischt auftreten" (ibid.). Bezüglich der „Eingewanderten" ist Bd. III, 64 gesagt: „Leider weiss man aber nicht, wo das Ursprungsland selbst liegt". — Für die „Einwanderung" in das Gebiet einer „Urbevölkerung" werden hauptsächlich die Sagen der *Jamka* und *Ndika* angeführt. Nun sahen wir, dass die *Ndika*, wie z. B. auch die *Muntka Temboka-öŋgidl* aus dem *Kâwudl*-Gebiet kamen. Vor dem Kriege kannten wir das *Kâwudl*-Gebiet noch nicht. Heute wissen wir, dass dort ebenfalls nur *Mbowamb* leben (Kap. 3, 5). Was die *Jamka* betrifft, so kennen wir jetzt *„Jam"* am Fusse des *Mt. Ialibu*, von wo sie herüberwanderten, wie sie selbst noch heute sagen (Kap. 11, 9). Bis dorthin reicht noch heute das Wohngebiet der *Mbowamb*. Es handelte sich also einst bei den *Ndika*, *Jamka* und anderen nur um ein Abwandern aus einer Landschaft der

Mbowamb und um ein Zuwandern in eine andere. Gewiss fanden sie dort kein Niemandsland vor, aber ihre Wandersagen berichten uns nichts über eine „andersrassige Urbevölkerung", sondern sie reden immer nur von anderen *Mi*-Gruppen der *Mbowamb*, die sie etwa aufnahmen oder aber auch bekämpften; sie berichten davon, wie z. B. die *Kimkö*, *Ngone*, *Kope* u. a. aus ihren Wohnsitzen vertrieben und dadurch veranlasst wurden, weiter nach Osten oder Norden auszuweichen. — Bd. I, 26 oben wird gesagt: „Das kleine, pygmäenhafte Element gehört der Urbevölkerung an und steht im Zusammenhang mit den Zwergen im *Ndimi* (*Jimmi* River). Am Fusse des Hagenberges ist diese Rasse bereits so stark verbreitet, dass sie mindestens die Hälfte der Bevölkerung ausmacht. Je weiter man von dort nach Norden geht, desto reinrassiger wird sie." Das *Jimmi*-Gebiet (*Kopon*-Gebiet Kap. 2, 2 b u. Kap. 3, 2) war uns vor dem Kriege auch nur vom Hörensagen bekannt. Heute wissen wir, dass dort nur *Medlpa*-sprechende *Mbowamb* leben, die an Körpergrösse den übrigen Hagen-Leuten in nichts nachstehen. Was aber die kleinwüchsigen Leute anbelangt, so bilden sie auch „am Fuss des Hagenberges", so wie in allen anderen Gauen der *Mbowamb* zahlenmässig keine auffallende und keine eigene Bevölkerungsschicht, sondern es handelt sich immer nur um einzelne, auffallend kleine Leute. Nach Norden zu kam ich öfters bis an die Grenzen des Gebietes der *Mbowamb* (was dort auch die Grenze der sogenannten „Controlled Area" war) und dann dort in Kontakt mit den *Arema-Napa* (Kap. 2, 1), also den kleinwüchsigen Leuten jenseits des unteren *Jimmi* und des Schradergebirges. Von einem Zusammenhang zwischen ihnen und den kleinwüchsigen Einzelnen unter den *Mbowamb* kann man jedenfalls heute nichts feststellen. Es lässt sich auch aus der gesamten Überlieferung der *Mbowamb* nichts feststellen über die Entstehung der verschiedenen Typen der Hell- und Dunkelfarbigen usw. Was sich heute feststellen lässt, ist nur die Tatsache, dass in den *Mi*-Gruppen der *Mbowamb* Hell- und Dunkelhäutige, körperlich Grosse und Kleine zusammengeschlossen sind zu patrilinearen und -lokalen Einheiten, die ihre ursprüngliche Herkunft und Abstammung mythologisch verstehen. Vom gesellschaftlichen Aufbau her wird kein Unterschied gemacht nach irgendwelchen somatischen oder rassischen Gesichtspunkten. Die patrilineare Abstammung und patrilokale Zugehörigkeit zum *Kona wiŋndi*, *Kona uglimb*, *Teimedl* oder *Mi* ist allein entscheidend. Danach allein sind alle eingegliedert und davon ist niemand ausgeschlossen. Es ist auch Bd. II, 25 gesagt: Die „eingewanderte Bevölkerung weiss nichts über die Urbevölkerung anzugeben" und „Es ist der Urbevölkerung nicht bewusst, dass sie fremde Menschen bei sich aufgenommen hat". Es wüsste auch niemand anzugeben, wer nun eigentlich als „Urbevölkerung" und als „eingewanderte Bevölkerung" anzugeben wäre, denn alle sagen von sich „wir sind *Mbowamb*", alle sind gleicherweise eingegliedert in die soziologischen Gruppen und alle sprechen die gleiche Sprache.

KAPITEL 13
MI-GEMEINSCHAFT UND VERWANDTSCHAFT

1. Mi-Gemeinschaft ist Blutsverwandtschaft.

Wir haben gesehen, dass das *Mi* als *öŋin*, Bruder, angesehen wird. Alle Glieder der *Mi*-Gruppe stehen zu ihm im Geschwister-Verhältnis und damit sind sie auch untereinander alle „Geschwister". Heiratsverbindungen sind unter ihnen unmöglich; die *Mi*-Gruppe ist immer exogam. Der „Bruder", der der *Mi*-Gruppe „hingelegt" wurde, weist auf den hintergründigen Vater hin, der die *Mi*-Gruppe in ihrem Urahnen zeugend-erschaffend „pflanzte". Die Abstammung ist patrilinear und die Ansiedlung, weil sie im Bereich des vom hintergründigen Vater bestimmten *Kona wiŋndi* liegt, ist patrilokal. So wie beim Ursprung des Urahnen nur der hintergründige Vater zeugend-erschaffend tätig war und die irdische Mutter ihn nur „trug" und durch die Muttermilch nur etwas von ihrer vitalen (aber nicht zeugend-schöpferischen) Kraft gab, so gelten auch heute noch nur die Männer als Träger der durch das *Mi* ihnen zufliessenden Zeugungs- und Vermehrungskraft, des „Blutes" also. Die Blutsverwandtschaft beruht demnach nur auf der immer patrilinearen Abstammung. Die *Mbo-wö* sagen, wir geben unseren Kindern unser „Blut". Die Frauen oder Mütter dagegen, die ja auf Grund der Exogamie immer aus einem anderen *Kona* mit einem anderen *Mi* kommen, können ihr *Mi*, d. h. ihr „Blut" nicht an ihre Kinder weitervererben. Würden die Mütter ihr jeweiliges *Mi* den Kindern vererben, so hiesse das, dass in den Kindern zwei verschiedene *Mi*-Gruppen, nämlich die ihres Vaters und die ihrer Mutter zu e i n e r *Mi*-Gruppe verschmelzen würden, was unmöglich ist; weshalb denn auch die Kinder immer nur den Namen der *Mi*-Gruppe ihres Vaters tragen (abgesehen von den beschriebenen Ausnahmen, die durch zusätzliche Begriffe geregelt werden. Kap. 12).

Dass eine Mutter ihr *Mi*, ihr „Blut" also, ihren Kindern nicht vererben kann, geht auch daraus hervor, dass nach Ablauf von 5-6 Generationen ihre Nachkommen sich wieder eine Frau aus ihrer *Mi*-Gruppe holen oder eine Tochter dorthin zur Ehe geben können. Zwei *Mi*-Gruppen werden also durch eine Heirat in den Kindern aus dieser Ehe n i c h t blutsverwandt. Die Blutsverwandten sind und bleiben immer einseitig patrilinearer Abstammung und gleicher patrilokaler *Kona*-Zugehörigkeit. Aus dieser Auffassung ergibt sich, dass Mutter und Kind n i c h t als blutsverwandt vorgestellt werden. Sie gehören ja auch tatsächlich zwei verschiedenen *Mi*-Gruppen an: Das Kind der *Mi*-Gruppe s e i n e s Vaters und die Mutter derjenigen i h r e s Vaters. An dieser soziologischen Grundordnung ändert sich auch in der Familie nichts. Es liegt darin auch keine Härte für Mutter und Kind, denn der Liebe beider zueinander tut das keinen Abbruch. Es ist ja nur die Gesellschaft, die sie um der exogamen Heiratsordnung willen ihrer jeweiligen *Mi*-Gruppe zuweist. — In den „Erklärungen zur Blutsverwandtschaft" Bd. II, 70 wird wieder von der Manneslinie, *wuê mei" (wö-ênts-mei)*, und von der *ambu mei*-Linie, deren Vertreterin die eigene Mutter mit ihren Schwestern ist, gesprochen. Väter und Mütter wenden aber diese beiden Begriffe auf ihre Kinder überhaupt niemals an, also auch deren Brüder und Schwestern nicht, denn diese gelten ja ebenfalls als „Väter" und „Mütter". In welchem Zusammenhang diese beiden Begriffe tatsächlich und ausschliesslich gebraucht werden, wurde schon dargelegt, nämlich zur Regelung ungewöhnlicher Verhältnisse (Kap. 12, 2). — Die gleiche Abstammung und die Blutsverwandtschaft aller Glieder einer *Mi*-Gruppe kommt auch durch folgendes Begriffspaar zum Ausdruck: *ekit-oroŋa* „Draussen-Seite" und *rukruŋ-oroŋa*, „Drinnen-Seite". Das „Draussen" meint den weiten Bereich aller anderen *Mi*-Gruppen und die *ekit-oroŋa-wamb* sind „die Menschen ausserhalb", mit denen man nicht gleicher Abstammung und also auch nicht blutsverwandt ist. Das „Drinnen" meint den Bereich innerhalb der eigenen *Mi*-Gemeinschaft und die *rukruŋ-oroŋa-wamb* sind „die Menschen innerhalb", mit denen man (immer von den Vätern her) gleicher Abstammung und darum auch blutsverwandt ist. Das „Draussen" ist immer zugleich auch „die Fremde, das Elend", und das „Drinnen" ist immer „Heimat, Gemeinschaft, Geborgenheit".

2. Bezeichnungen der Blutsverwandtschaft.

Der gemeinsame „grosse Name" (Kap. 7,6) bezeichnet die Gruppe als eine Einheit gleicher Abstammung und gleichen Blutes. Wie wir gesehen haben, ist es keine starre Einheit, sondern eine gegliederte, so dass „Blut" und Abstammung auch durch die Gliederungen der *Mi*-Gruppe bezeichnet sind. Das entsprechende Gegenüber sind hier immer die anderen *Mi*-Gruppen und ihre Gliederungen. Nun stehen sich aber nicht nur Gruppen gegenüber, sondern auch Individuen. Es muss also nicht nur das Verhältnis der Gruppen und ihrer Gliederungen zueinander durch entsprechende Bezeichnungen geregelt werden, sondern auch das der einzelnen Menschen, die einer Gruppe angehören. Das verwandtschaftliche Verhältnis „der Menschen innerhalb" der eigenen Gruppe wird durch die Bezeichnungen für die Blutsverwandtschaft geregelt.

Hier ist nun in erster Linie wieder der Begriff *öŋin* zu nennen, den wir schon beim *Mi* kennengelernt haben, weil es auch als *öŋin* bezeichnet wird. Ich habe dieses *öŋin* mit „Bruder" übersetzt, es enthält aber noch den Begriff des Geschlechts und ist deshalb mit „Geschwister gleichen Geschlechts" wiederzugeben. Je nachdem, ob die redende Person, die eine andere Person als ihren *öŋin* bezeichnet, männlichen oder weiblichen Geschlechts ist, müssen wir diesen Begriff dann mit „Bruder" oder „Schwester" übersetzen. Da nun *Mi*-Gemeinschaft gleich Blutsgemeinschaft ist, bezeichnen sich alle männlichen und weiblichen Menschen innerhalb einer *Mi*-Gemeinschaft untereinander als *öŋin* oder in der Mehrzahlform als *öŋinödl*, „Geschwisterschaft gleichen Geschlechts". Wie nun aber innerhalb des weiten Kreises der *Mi*-Gruppe die Abstammung auch durch die engeren und engsten Kreise ihrer Gliederungen (Kap. 11, 12) dargestellt wird, so schliesst auch der weite Kreis der Blutsverwandtschaft all der „Menschen innerhalb" engere und engste Kreise der näheren und nächsten Blutsverwandtschaft mit leiblichen Vätern und Geschwistern ein. Da aber der Begriff *öŋin* oder *öŋinödl* den weiten Kreis aller durch das *Mi* blutsverwandten „Menschen innerhalb" umschliessen kann, sind zusätzliche Begriffe nötig, wenn die nähere und nächste Blutsverwandtschaft mit leiblichen Geschwistern bezeichnet werden soll, wie wir noch sehen werden. Dasselbe gilt aber auch von allen anderen Verwandtschaftsbegriffen.

Wie *öŋin* „das Geschwister gleichen Geschlechts" bezeichnet, so *kimun* „das Geschwister anderen Geschlechts". Es hängt also wieder vom Geschlecht des Redenden ab, der eine andere Person als *kimun* bezeichnet, ob wir es mit Bruder oder Schwester übersetzen müssen.

Alle Verwandtschaftsbezeichnungen können mit Suffixen versehen werden, die das Zugehörigkeitsverhältnis zu einer der drei grammatischen Personen angeben:

	Sing.	Plural
1. u. 3. Pers.	*öŋin, kimun,* mein (sein, ihr) Geschwister gleichen oder anderen Geschlechts	*öŋinödl, kimunödl,* meine (seine, ihre) Geschwister gleichen oder anderen Geschlechts
2. Pers.	*aŋena, kemuna*	*aŋenadl, kemunadl*

Die Formen der 1. u. 3. Pers. sind also gleich. Durch Vorstellen der Possessivpronomens wird die Zahl der Besitzer genau bestimmt. Die Beziehungssuffixe drücken ein wesentliches Zugehörigkeitsverhältnis aus.

Die Bezeichnungen für die Blutsverwandtschaften sind Bd. II, 65-67 zu finden. Dazu ist zu ergänzen, dass unterschieden wird zwischen Formen der Bezugnahme und Anredeformen. Erstere haben die Zugehörigkeitssuffixe, letztere nicht. Dem liegt wieder der Unterschied zwischen „den Menschen innerhalb" und „den Menschen ausserhalb" zugrunde. Die Formen der Bezugnahme gebraucht man nur nach aussen hin; innerhalb der Verwandtschaft gebraucht man sie nicht, sondern nur die Formen der Anrede und zwar auch zur Bezugnahme. — Da man die eingeheirateten Frauen, die Mütter und Grossmütter also, die ja nach *Mi* und *Kona* ausserhalb der *Mi*-Gemeinschaft ihrer Ehemänner stehen, von Heirat und Familienleben her trotzdem zu „den Menschen innerhalb" rechnet, sind sie hier mit zu nennen.

a) Anredeformen in der gleichen Generation, also für *öŋin* „das Geschwister gleichen Geschlechts" und für *kimun* „das Geschwister anderen Geschlechts" sind:

Sing.	Plural
ana, aja	*ana-men, aja-men*

b) Anredeform für die mittlere Generation:

(wö-)ta, Vater, *ata*, Vaters Schwester (Muhme)	*ta-men, ata-men*
wawa, Vaters Bruder (Onkel)	*wawa-men*
(amb-)ma, Mutter, *papa*, Mutters Schwester (Tante)	*ma-men, papa-men*

Formen der Bezugnahme:

1. u. 3. Pers.	*têpam*, mein — sein, ihr — Vater	*têpamadl*
2. Pers.	*têpanem*	*têpanemadl*
	ötin, meine — seine, ihre — Muhme	*ötinödl*
	atena	*atenadl*
	mam, meine — seine, ihre — Mutter	*ma-madl*
	manem	*manemadl*

Die beiden Formen *wawa* für Vaters Bruder und *papa* für Mutters Schwester sind sehr interessant. Einmal deshalb, weil Primitive die Brüder des Vaters auch unter „Vater" gruppieren, und die Schwestern der Mutter unter „Mutter". Das ist auch bei den Hagen-Leuten so bei der Bezugnahme auf sie „den Menschen ausserhalb" gegenüber. Da werden sie auch als Väter bzw. Mütter klassifiziert und die entsprechenden Formen mit den Beziehungssuffixen für die drei Personen gebraucht, denn nach aussen hin geht es darum, die Möglichkeit oder aber Unmöglichkeit von Heiratsverbindungen festzuhalten. Zum anderen sind diese Formen deshalb interessant, weil sie zeigen, dass man „nach innen hin" sehr wohl zu unterscheiden weiss, zwischen den leiblichen Eltern und ihren Geschwistern. Weil wawa und papa nur „nach innen hin" gebraucht werden, wenn man „unter sich" ist, darum gibt es für sie auch keine Beziehungssuffixe zu den jeweiligen Personen, denn „unter sich" weiss man darüber ja Bescheid. Dasselbe gilt auch für die Anredeformen aller anderen Verwandtschaftsbegriffe, die man ebenfalls nicht „nach aussen hin", also nicht zur Regelung von Heirat und Ehe gebraucht, sondern immer nur unter sich.

c) Anredeform für die Generation der Alten

(wö-)anda, Altvater, — für Grossvater väterlicher- und mütterlicherseits.
(amb-)wenda, Altmutter, — für Grossmutter väterlicher- und mütterlicherseits.

Form der Bezugnahme anderen gegenüber:
anda, gefolgt von seinem Rufnamen: Grossvater väterlicherseits
anda kudlpam, Grossvater mütterlicherseits
wend(-a)ap, Grossmutter väterlicher- und mütterlicherseits.

1. u. 3. Pers.	*apom*, meine — seine, ihre — Grossmutter	*apomadl*
2. Pers.	*aponem*	*aponemadl*
	anda kudlpam, mein — sein, ihr — Grossvater mütterlicherseits	*anda kudlpamadl*
	anda kudlpanem	*anda kudlpanemadl*

Beziehungssuffixe der Bezugnahme gibt es hier also für die Grossväter väterlicherseits nicht, weil sie ja im väterlichen *Kona* leben, zu dem sie ihrem *Mi* nach auch gehören. Dagegen gibt es solche für die Grossväter mütterlicherseits, weil sie nach *Mi* und *Kona* „draussen" leben. Für die Grossmütter gilt es nach beiden Seiten hin, weil sowohl die Mutter des Vaters, wie auch die Mutter der Mutter jeweils aus verschiedenen *Kona* mit verschiedenem *Mi* stammen. Der Ausdruck *kudlpam* bezeichnet das Tabu-Verhältnis bei Eheverwandten (Bd. II, 75 f.). Dass der Grossvater mütterlicherseits darunter gruppiert wird, und dass man für die Grossmütter nach beiden Seiten hin einen eigenen Verwandtschaftsbegriff hat, zeigt an, dass Heiratsverbindungen zu den drei verwandten *Kona* bis auf weiteres tabu sind: nämlich zum *Kona*, aus dem die Mutter stammt; zum *kona*, aus dem Vaters Mutter stammt und zum *kona*, aus dem Mutters Mutter stammt.

Anm.: Unter V. sind Bd. II, 67 die unter 3. u. 4. angeführten Begriffe *wawa* und *papa* zu streichen; Brüder der Grossväter werden unter *anda*, die Brüder der Grossmütter unter *anda kudlpam*, die Schwestern der beiderseitigen Grossmütter unter *wend-ap* gruppiert. — Ebenso sind sie unter VI., 3.4. zu streichen.

d) Anredeformen für die Generation der Enkel.

Sie sind die gleichen wie für die Grosseltern, nur dass man hier die Enkelgeneration mit *kaŋ*, Junge, bzw. *ambogla*, Mädchen, bezeichnet; dies also statt *wö*, Mann, und *amb* Frau setzt; den Enkel also als *kaŋ anda*, Junge Grossvater, anspricht und die Enkelin als *ambogla ap*, Mädchen Grossmutter. — Dies gilt auch für die Formen der Bezugnahme für die Enkel und Enkelinnen. Unter ihnen allen sind Heiratsbeziehungen tabu.

e) Anredeformen bei der Generation der Kinder.

Kaŋ (wö-)ta, Junge (Mann-)Vater, *ambogla (wö-)ta*, Mädchen (Mann-)Vater, — so reden also Väter ihre Kinder an. Mütter sagen sogar zu ihrem Jungen: *Amb-ma* Frau Mutter! Zu ihrer Tochter: *ambogla-ma*, Mädchen Mutter. Die Eltern gebrauchen also dieselbe Anrede wie sie die Kinder für ihre Eltern gebrauchen! Wie wir sehen werden, gilt dasselbe für Oheim und Neffen/Nichten; für Muhme und Neffen/Nichten, und dass es für Grosseltern und Enkel gegenseitig gilt, sahen wir ja schon. Wie sich sonst Angehörige der gleichen Generation etwa gegenseitig Bruder/Schwester oder Vetter/Base nennen, so nennen sich also hier Angehörige verschiedener Generationen gegenseitig ebenfalls bei ihren Klassifikationsnamen.
Bezugnahme auf die Kinder:

1. u. 3. Pers.	*kaŋêm*, mein	
	— sein, ihr — Sohn	*kaŋêmadl*
2. Pers.	*kaŋenêm*, dein Sohn	*kaŋenêmadl*
	mboglam, meine	
	— seine, ihre — Tochter	*mboglamadl*
	mboglanem, deine Tochter	*mboglanemadl*

Man sagt hier: *na-ŋa kaŋêm kaŋ Parka-e*, mein Sohn, der Junge (namens) Parka; *nêm-ŋa mboglanêm ambogla* Kae-e, deine Tochter, das Mädchen (namens) Kae, usw.

Dass die Mutter diese Formen der Bezugnahme auf ihre Kinder genau so anwendet wie der Vater, zeigt an, dass die *Mi*-Gruppe der Mutter ihren Kindern bei sich Heimatrecht gewährt und sie in ihren *Kona* aufnimmt, wenn sie das wollen, wie wir Kap. 12, 2 gesehen haben.

f) Die Generation der Urgrosseltern wird nach beiden Seiten hin unter die Begriffe *anda rots*, Altväter Erschrecken, und *wenda rots*, Altmütter Erschrecken zusammengefasst. Diese Ausdrücke spiegeln die Tatsache des Sterbens wider, bei der man „erschrickt". — Die Generation der Ur-Urgrosseltern wird gruppiert unter *anda koköma*, Altväter Motten und *wenda koköma*, Altmütter Motten. Dass man sie als „Motten" bezeichnet, spiegelt den Glauben wider, dass die Toten sich schliesslich in Motten verwandeln und so wie diese beim Schein des Feuers in die Hütten geflogen kommen, um das Feuer schwirren, sich die Flügel versengen und schliesslich zugrundegehen. — So erlischt allmählich, wie die Erinnerung an die Toten, auch die Erinnerung der *Mi*-Gruppen, aus denen sie einst kamen, an eine nähere Verwandtschaft auf Grund einer einstigen Heirat. Dass die Urenkel und Ur-Urenkel noch unter diesen selben Begriffen zusammengefasst werden, bedeutet ja, dass unter ihnen noch keine neue Heiratsverbindung möglich ist. — Was weiter als die Generation der Ur-Urgrosseltern zurückliegt, wird zusammengefasst unter dem Begriff *anda-kouö* und *wenda-kouö*, „Altväter und Altmütter flüchtig errichtete Übernachtungshütte". — Zwischen den beteiligten *Kona* bestehen nun nur noch sehr flüchtige Beziehungen, die man auch als *wamb kan petêm* „Leute Schnur sie liegt" bezeichnet, d. h. „es besteht eine sehr weitläufige Verwandtschaft". Die Mehrzahlform *anda-kouömen* hat schon die ganz allgemeine Bedeutung „die Ahnen". — Es ist allgemeine Sitte bei den Hagen-Leuten, dass nach Ablauf von 5-6 Generationen zwischen zwei *Kona* wieder eine Heiratsverbindung eingegangen werden kann, denn nun ist die Verwandtschaft auf Grund einer früheren Heirat erloschen.

3. Mi-Gemeinschaft und Heirat.

„Heiraten" heisst, vom Mann aus gesehen, *amb ti* — eine Frau nehmen; von der Frau aus gesehen heisst es *wö pi* — zum Manne gehen. Diese beiden sprachlichen Ausdrücke spiegeln also die patrilineare Grundordnung der Gesellschaft wider: der Mann nimmt die Frau zu sich in seinen patrilokalen *Kona;* die Frau geht zum Manne, verlässt also den *Kona* ihres Vaters, um in dem ihres Ehemannes zu wohnen.

Durch eine Heirat treten immer Angehörige zweier *Mi*-Gruppen und damit zweier *Kona* miteinander in Verbindung. Hier ist es nun zum Verständnis der Auffassung der *Mbowamb* wichtig zu wissen, dass nach dieser ihrer Auffassung durch eine Heirat nicht nur zwei Individuen, auch nicht nur zwei Familien, sondern zwei *Mi* und *Kona* miteinander in eine lebenswichtige Beziehung treten. Durch eine Heirat wird gleichsam der Kontakt hergestellt zwischen der „Stromleitung" der Zeugungs- und Vermehrungskraft der einen Gruppe — vermittelt durch den Mann — und der Wachstumskraft der anderen — vermittelt durch die Frau. Von daher gesehen ist es klar, dass Heirat und Ehe nicht nur persönliche Angelegenheit der beteiligten Individuen ist; auch nicht nur ihrer Familien, sondern zweier *Mi* und *Kona.* Ihre Glieder treten durch eine Heirat in die rechtliche Beziehung der Eheverwandtschaft ein. — Wie nun aber der weite Kreis einer *Mi*-Gruppe die engeren Kreise der Ableger-*Mi*-Gruppen einschliesst, die gegeneinander exogam sind, und wie die nähere und nächste Abstammung und Blutsverwandtschaft innerhalb des weiteren und weitesten Kreises durch engere und engste Kreise dargestellt wird, so auch die Eheverwandtschaft. Die Kreise der näheren und nächsten Eheverwandtschaften sind dargestellt durch die *Rapa*-Gemeinchaften, Brüderschaften und Vater-Söhneschaften. Über diese Kreise hinaus gelten die Mitglieder einer Ableger-*Mi*-Gemeinschaft nur als „weit im Hintergrund liegende" Eheverwandte. Dehnt man also praktisch die Eheverwandtschaft nicht über die *Rapa*-Gemeinschaften beider Seiten hinaus aus, so bewirkt doch der Gedanke der Verbindung zweier *Mi* folgendes: die *Rapa*-Gemeinschaft einer (immer exogamen) Ableger-*Mi*-Gruppe holt nicht für mehrere, sondern n u r f ü r e i n e n ihrer Jungmänner in einer Generation n u r e i n m a l e i n e F r a u aus der anderen Ableger-*Mi*-Gruppe, mit der sie diese e i n e Heiratsverbindung eingeht (Kap. 11:12, V). Nach der Auffassung der *Mbowamb* wird durch diese e i n e Heirat der Kontakt hergestellt zwischen den beiden *Mi* und *Kona.* Er kann an einer zweiten und dritten Stelle durch dieselben blutsverwandten Männer derselben Generation einer *Rapa*-Gemeinschaft nicht nochmals hergestellt werden. Der e i n e Kontakt beider Ströme betrifft nicht nur die beiden Individuen, die sich zur Ehe verbinden, sondern a l l e Mitglieder ihrer beiderseitigen Gemeinschaften. Deshalb könnte grundsätzlich irgendeiner der Brüder der Ehemann sein, und irgendeine der Schwestern die Ehefrau. Durch die e i n e Heirat werden sie alle sofort in das Schema der Eheverwandtschaft eingegliedert und unter Eheverwandten kann dann k e i n e w e i t e r e Heirat stattfinden, und zwar nun nicht nur in derselben Generation, sondern für mindestens vier weitere Generationen, bis die durch die eine Heirat begründete Eheverwandtschaft wieder als erloschen gilt. Ein praktisches Beispiel soll dies zeigen.

Ich wähle als Beispiel die *Ndika Oprmbo Kolkmudl-Rapa* (Kap. 11, 11:V, 1). Die verheirateten Männer dieser *Kolkmudl-Rapa*-Gemeinschaft holten sich ihre Frauen nicht etwa alle von den *Muntka*, sondern nur einer aus ihnen nahm e i n e Frau aus einer *Muntka* Ableger-*Mi*-Gruppe, nämlich der *Temboka-öŋgidl.* Auch Polygynisten können sich ihre zweite, dritte usw. Frau n i c h t aus derselben Ableger-*Mi*-Gruppe holen, sondern immer nur aus jeweils ganz anderen Ableger-*Mi*-Gruppen. Die polygamen Ehen im *Kolkmudl-Rapa*, nämlich die der drei führenden Männer *Kudli*, *Mak* und *Rumints* sollen dies zeigen. Ihre Ehefrauen stammen aus folgenden *Mi*- bzw. Ableger-*Mi*-Gruppen:

a) *Kudli*
1. *Jamka Jatnemb*
2. *Ndika Mukökö*
3. *Keme Ketaglakamb*
4. *Glaglk Kuŋurnkö*
5. *Jamka Pepka*
6. *Kuŋurnkö Neŋömb*

b) *Mak*
1. *Paglka*
2. *Moke Komonka*
3. *Neŋka Oeamb*
4. *Ulkö Komb*
5. *Römurnti Kurndumb*
6. *Ndika Paŋaka*
7. *Okpukö*

c) *Rumints*
1. *Moke Nambaka*
2. *Ndika Ruŋö-pei*
3. *Kumurnti Wutkö*
4. *Kuglkö Gleimbo*
5. *Moke Kü-pei Eltemb*
6. *Kimkö Maraka*
7. *Moke Akedlka*
8. *Muntka Temboka-öŋgidl*
9. *Kope Ketaka*
10. *Elte Weimbo*

Durch diese polygamen Ehen von drei Männern haben also die *Ndika Oprmbo* schon mit 23 verschiedenen Ableger-*Mi*-Gruppen Heirats- und damit auch immer Wirtschaftsverbindung. Wo hier *Mi*-Gruppen wie z. B. die *Moke* und *Jamka* oben öfters als einmal auftreten, ist im Auge zu behalten, dass die zwei *Jamka*- und die vier *Moke*-Frauen je aus verschiedenen Ableger-*Mi*-Gruppen der *Jamka* bzw. *Moke* kommen. — Dass dieser Grundsatz auch für monogame Ehen gilt, zeigt sich daran, dass in monogamen Ehen der *Oprmbo Kolkmudl-Rapa* die jeweilige Ehefrau eine *Kukidlkö*, *Ngone*, *Kentka*, *Uglkö*, *Mineimbi*, *Rone*, *Medle*, *Penambe*, *Ndika Kurntkö*, *Ndika Kuip-öŋgidl*, *Medlaka*, *Ndena*, *Kombogla* usw. ist.

Da durch die Eheverwandtschaft Heiratsverbindungen der Söhne und Töchter mit der jeweiligen Ableger-*Mi*-Gruppe, aus der ihre Mutter stammt, tabu sind, holt man für die eigenen Söhne Frauen aus wieder anderen Ableger-*Mi*-Gruppen und verheiratet die Töchter in wieder ganz andere *Rapa*-Gemeinschaften, mit denen keine Eheverwandtschaft besteht. Dies erklärt die für Neuguinea-Verhältnisse sehr weitverzweigten Verbindungen der *Mbowamb* untereinander auch schon längst vor Ankunft der Weissen. Wie einst der Stammvater einer *Mi*-Gruppe exogam heiratete und dann nach den Abstammungssagen auch seinen Söhnen keine Frauen aus der Verwandtschaft ihrer Mutter nahm, so wiederholt sich dieses Geschehen auch heute noch immer wieder.

4. Die Eheverwandtschaft.

Durch eine Heirat werden nicht nur die leiblichen Eltern und Geschwister zweier Eheleute zu Verwandten, sondern auch die unter die Begriffe „Vater" und „Mutter", auch „Bruder" und „Schwester" gruppierten Mitglieder der beiderseitigen *Rapa*-Gemeinschaften. — Die Eheverwandtschaft ist Bd. 67-69 aufgeführt. Dazu ist ergänzend zu sagen, dass auch hier der Unterschied zwischen „Geschwistern gleichen Geschlechts" und „Geschwistern anderen Geschlechts" vorliegt.

a) Die Bezeichnung *Kimum* (Bd. II „kêimên", die *Temboka*-Form für *Medlpa* Kimum) — nicht zu verwechseln mit dem Blutsverwandtschaftsbegriff kimun — bedeutet „Geschwister gleichen Geschlechts des Ehepartners". Vom Mann aus gesehen fallen darunter also alle leiblichen Schwestern seiner Ehefrau **und** alle weiteren als ihre *„öŋin* — Geschwister gleichen Geschlechts" — gruppierten Personen. Von der Frau aus gesehen fallen darunter alle leiblichen Brüder des Ehemannes **und** alle weiteren, als seine *„öŋin* — Geschwister gleichen Geschlechts" — gruppierten Personen.

Weil diese *Kimum*-Beziehung jegliche Heiratsverbindung unter diesen *Kimumödl* ausschliesst, darum treten hier auch die uns schon bekannten Beziehungssuffixe zu den drei Personen auf:

1. u. 3. Pers.	*Kimum*, meines — seines, ihres Ehepartners Geschwister gleichen Geschlechts	*Kimumödl*
2. Pers.	*kemuna*	*kemunadl*

Die Anrede ist hier vom Mann aus *amb*, Frau; von der Frau aus *wö*, Mann. Dass hier also die Anrede dieselbe ist wie beim Ehemann und der Ehefrau, zeigt an, dass zwischen den als *Kimum* klassifizierten Personen kein Scheu-Verhältnis besteht. Theoretisch könnte ja irgend eines von ihnen, wie wir gesehen haben, die Stelle des Ehemannes bzw. der Ehefrau einnehmen. Praktisch tritt dies ja auch ein, wenn im Falle frühen Todes des Ehemannes einer der „Brüder" die Witwe heiratet oder bei frühem Tod der Ehefrau eine unverheiratete „Schwester" etwa an ihre Stelle tritt. Wenn nun also zwischen den *Kimumödl* auch kein Tabu-Verhältnis besteht, so bedeutet dies doch nicht eine Art Gruppen- oder Kollektiv-Ehe; es gibt dafür auch keine Begriffe in der Sprache der *Mbowamb*, weil es dies als Institution nicht gibt. Ich habe auch nicht gefunden, dass etwaiger Geschlechtsverkehr unter ihnen „nicht strafbar" sei und „Ein Mann, der die Frauen seiner Brüder mitbezahlt hat, . . . auch Anspruch auf diese" habe (Bd. II, 74). Er erwirbt sich dadurch einen Anspruch auf gleiche Hilfe seitens seiner Brüder, wie ja die wirtschaftlichen Dinge bei den *Mbowamb* immer auf Gegenseitigkeit beruhen, und er erwirbt sich einen Anspruch auf einen angemessenen Anteil, wenn später einmal der Kaufpreis für die Töchter aus den Ehen seiner Brüder eingehen wird. Dann wird er aufzählen, was er einst zum „ Erwerb" der Frau und Mutter beigesteuert hat, aber einen Anspruch auf die Frau erwirbt er sich meiner Kenntnis nach dadurch nicht. Der Gedanke wird überhaupt durch die *Mi*-Vorstellung, die gerade auch Ehe und Geschlechtsleben umfasst, in Schach gehalten. Trotzdem kommen natürlich auch unter den *Kimumödl* geschlechtliche Vergehen vor. Eine Frau fordert z. B. ihren *Kimum* zuweilen bloss aus Verärgerung über ihren Ehemann dazu auf. Aber es stellt das eine Störung des *Mi* dar, die sich rächt (Kap. 33), und kein Ehemann wird bei den *Mbowamb* Missbrauch seiner Frau hinnehmen, auch nicht, wenn der eigene Bruder darin verwickelt ist. Kommt es heraus, dann muss „die Frauenschürze geknüpft" werden durch Herausgabe eines Opfertieres oder eines Wertstückes, auch wenn der Missetäter ein Bruder ist.

Durch eine Heirat werden also alle *öŋinödl* des Ehemannes und alle *öŋinödl* der Ehefrau, also ihre beiderseitigen „Geschwister gleichen Geschlechts" zu gegenseitigen *Kimum-kimumödl*, d. h. zu „Geschwistern gleichen Geschlechts der Ehepartner". *Kimumödl* können nicht in eheliche Verbindung treten, denn der Kontakt zwischen ihren beiderseitigen *Mi* und *Kona* ist durch die **eine** Heirat, die sie alle sofort zu *Kimum-kimumödl* macht, schon hergestellt. Durch diese

Einreihung sämtlicher „Geschwister gleichen Geschlechts" auf beiden Seiten unter den Begriff *kimum* sind also Doppelheiraten ausgeschlossen, d. h. ein Bruder kann nicht die Schwester der Ehefrau seines Bruders heiraten. Selbstverständlich werden auch alle Personen, die zwar nicht von der Blutsverwandtschaft her „Geschwister gleichen Geschlechts" sind, aber von der Eheverwandtschaft her als solche klassifiziert werden, dann auch als *kimum*, als „Geschwister gleichen Geschlechts des Ehepartners" klassifiziert. Als Beispiel dafür sei die Ehefrau des Bruders angeführt. Sie wird als *öŋin*, Schwester meiner Ehefrau, klassifiziert; folglich stehe ich logischerweise zu ihr im *Kimum*-Verhältnis.

b) Für das „Geschwister a n d e r e n Geschlechts des Ehepartners" kann man natürlich nicht nur ein und denselben Begriff anwenden wie in der Blutsverwandtschaft, wo *kimun*, das blutsverwandte „Geschwister anderen Geschlechts" auch im gleichen *Kona* wohnt. Die *kimunödl* des Ehemannes, also seine Schwestern, werden durch die Heirat hinausgeführt in andere *Mi*-Gemeinschaften und *Kona*. Sie werden dann unter „*mönin*" gruppiert. Die *kimunödl* der Ehefrau, also ihre Brüder, bleiben in ihrem väterlichen *Kona*. Sie werden unter „*koglom*" gruppiert (Bd. II, 68 „*koklum*", a. O. „*koklom*"). Von dieser Klassifizierung als *koglom* wird kein Bruder der Ehefrau ausgenommen; auch nicht der jüngere Bruder, und zwar ebensowenig, wie sich einer der Brüder von der rechtlichen Vertretung ihrer Schwester ausnehmen lässt! (vgl. dagegen Bd. II, 74). Durch Heirat und Ehe entstehen rechtliche Beziehungen, die bei den *Mbowamb* auf Seiten des Ehemannes durch seine Väter und Brüder wahrgenommen und vertreten werden (nicht nur durch einen Vater und einen Bruder) und auf Seiten der Ehefrau ebenso durch ihre Väter und Brüder. Gewiss spielt der *öŋin komon* (von der Frau aus gesehen *kimun komon*) gewöhnlich die führende Rolle, wenn der führende Mann unter den „Vätern" schon alt ist, aber die anderen Väter und Brüder sind auch alle dabei, denn sie erhalten ja auch jeder einen Anteil am Kaufpreis für ihre Schwester, weil sie sich andererseits auch beim Kauf ihrer Ehefrauen gegenseitig unterstützen. — Weil es sich also bei den Begriffen *mönin* und *koglom* um wesentliche Beziehungen handelt, die der Ordnung von Heirat und Ehe dienen, darum finden wir bei ihnen auch die uns schon von der Blutsverwandtschaft her bekannten Beziehungssuffixe zu den drei Personen:

Anrede: *Man* für „das Geschwister a n d e r e n Geschlechts des Ehemannes",
also Schwägerin einer Frau.

Pöi oder *Pöi-kaŋ* für „das Geschwister a n d e r e n Geschlechts der Ehefrau". Der Name des Sagen-Hundes „*Pöi*", der das Feuer gebracht hat, dient hier also als Deckname für „Schwager" bei der direkten Anrede — eine Erinnerung an das mystische Erlebnis des Urahnen und seines Schwagers am Kona wiŋndi mit dem Opferfeuer.

Formen der Bezugnahme: (ein Mann nimmt Bezug auf seinen Schwager)

1. u. 3. Pers.	*koglom*, mein — sein — Schwager	*koglomadl*
2. Pers.	*koglonom*, dein Schwager	*koglonomadl*

von der Frau aus in Bezug auf ihre Schwägerin:

	mönin, meine — ihre — Schwägerin	*möninödl*
	manena, deine Schwägerin	*manenadl*

Heiratsbeziehungen zwischen Personen, die als *mönin* und *koglom* klassifiziert sind, sind tabu. Damit ist Schwesterntausch ausgeschlossen.

c) Gegenseitige Anrede von Ehegatten:
amb, Frau und *wö*, Mann.

Bezugnahme:

1. u. 3. Pers.	*ambom*, meine — seine — Ehefrau	*ambomadl*
2. Pers.	*ambonom*, deine Ehefrau	*ambonomadl*
	wam, mein — ihr — Ehemann	*wamadl*
	wanem, dein Ehemann	*wanemadl*

Man sagt: *na-ŋa ambom amb-e*, meine Ehefrau, die Frau
na-ŋa wam wö-e, mein Ehemann, der Mann.

Die Generation der Kinder.

Wie wir gesehen haben, sind Kinder innerhalb derselben *Mi-* bzw. Ableger-*Mi*-Gemeinschaft blutsverwandt. Die Kinder von Eheverwandten aber gehören verschiedenen Ableger-*Mi*-Gemeinschaften an und sind deshalb nicht blutsverwandt. Sie werden daher unter anderen Verwandtschaftsbegriffen gruppiert.

a) Die Kinder der Brüder der Ehefrau, der Schwäger also, werden als *pam* klassifiziert. Denselben Begriff wendet man aber auch auf die Kinder der Schwestern eines Mannes an, denn sie gehören ja durch i h r e n Vater wieder einer anderen Gemeinschaft und einem anderen *Kona* an. Wie beim Eltern-Kinder-Verhältnis, so wird auch beim Oheim-Neffen/Nichten-Verhältnis von beiden Seiten die g l e i c h e Anrede verwendet, nämlich *apa*, Mehrzahlform *apa-men*. Innerhalb der Verwandtschaft verwendet man auch hier diese Form ebenso für die Bezugnahme. Die Formen der Bezugnahme nach aussen hin heissen:

1. u. 3. Pers.	*pam*, mein — sein, ihr — Oheim, Neffe/Nichte	*pamadl*
	panem, dein Oheim, Neffe/Nichte	*panemadl*

Zur Bezeichnung der Generation: *pam-wö*, „Oheim-Mann" und *pam-kaŋ*, „Oheim-Junge" oder *pam-ambogla*, „Oheim-Mädchen".

b) Das Verhältnis zwischen den Kindern eines Mannes und seiner Schwestern, das Muhme-Neffen/Nichten-Verhältnis also, ist mit *ötin* bezeichnet. Die Formen dafür sind schon unter Kap. 13:2, b gegeben. Auch hier ist die Anrede gegenseitig wieder die gleiche und die Generationenebene wird durch *amb-ata*, Frau Muhme, und *kaŋ-ata*, Junge-Muhme, bzw. *ambogla-ata*, Mädchen-Muhme, angegeben.

Anm.: Beachtlich ist, dass bei *pam* — also bei Angehörigen des *Mi* und *Kona* der Mutter — die Bezeichnung für die Generationsebene n a c h gestellt wird, bei *ata* — also von Haus aus Angehörigen des väterlichen *Mi* und *Kona* — dagegen v o r a n.

Da also die Begriffe *ata* oder *ötin* und *apa* oder *pam* nicht nur auf Oheim und Muhme, sondern auch auf ihre Neffen und Nichten angewendet werden, ist Heirat unter Vettern und Basen ausgeschlossen.

c) Die Kinder eines Mannes und seiner Brüder, die Kinder seiner Schwestern und die Kinder der Schwäger eines Mannes und seiner Brüder sind alle zusammengefasst unter den Begriff *pedl-pam;* Mehrzahlform *pedl-pamadl.* Für die 2. Pers. *pedl-panem* und *pedl-panemadl.* Anrede untereinander ist *Kor-pedl* oder auch nur *Pedl.* Heiraten unter Vettern und Basen sind ausgeschlossen; neue Verbindungen zwischen ihren jeweiligen Gemeinschaften und *Kona* kommen in ihrer Generation nicht in Frage.

d) Die erwachsenen *Pedl-pamadl* u n d i h r e Kinder werden dann wieder unter dem Eltern-Kinder-Schema gruppiert, so dass auch Heirat unter Kindes-Kindern ausgeschlossen ist. Man sagt dann: *wamb pugl petêm,* „Leute Wurzelstock er liegt", d. h. es liegt eine gemeinsame Verwandtschaft vor; oder auch *kaemp tenda,* wir sind „einer Leber". (Die Leber gilt als Sitz der Zuneigung und des Mitgefühls.) Oder man sagt auch *tem tenda,* wir sind „einer Nabelschnur". Auch in der dritten Generation nach einer Heirat ist Wiederholung ehelicher Verbindungen noch ausgeschlossen, wie wir schon gesehen haben.

e) Die nächstfolgende Generation wird dann als *wamb ponton* zusammengefasst, d. h. als „weitläufige" oder „weitverzweigte Verwandtschaft" auf Grund einer schon weit zurückliegenden Ehe. — Man verfolgt diese nun immer weitläufiger werdende Verwandtschaft noch bis in die fünfte Generation hinein mit dem schon früher erwähnten Ausdruck *wamb kan petêm,* „Leute Schnur sie liegt". Dieser Ausdruck ist vom weitläufigen Gerank des Flaschenkürbis hergenommen. Von nun an erlischt die Erinnerung an einstige Heiratsverbindungen und diese können sich nun wiederholen.

Die Verwandtschaftsgrade.

werden durch besondere Beiwörter näher gekennzeichnet. Zur genauen Bezeichnung der leiblichen Eltern und Geschwister z. B. genügen ja die Begriffe „Vater, Mutter, Bruder, Schwester" nicht, weil sie auch für andere als leibliche Eltern und Geschwister gebraucht werden. Da infolge der *Mi*-Gemeinschaft und *Kona*-Zugehörigkeit a l l e zu einer Ableger-*Mi*-Gruppe gehörigen Personen gemeinsamer Abstammung sind und als solche je nachdem als „Brüder" oder „Schwestern", als „Väter" oder im Falle der Mütter auch deren Schwestern, die immer in ganz anderen *Mi*-Gruppen verheiratet sind, als „Mütter" gruppiert werden, muss diesen Verwandtschaftsbenennungen noch ein Wort beigefügt werden, wenn man innerhalb des Klassifikationsschemas die lebendige Beziehung leiblicher Verwandtschaft genau bezeichnen will. Solche Beiwörter sind *könz* und *merntpogl.* Beide sind schwer zu übersetzen und nicht mit einem Wort wiederzugeben. Das Wort *könz* wird auch in Verbindung mit *kona* gebraucht und heisst da „der *kona,* zu dem man in unaufgebbarer Beziehung steht"; gefühlsmässig schwingt dasselbe mit wie für uns in dem Wort „Heimat". Mein *têpam könz* ist „mein Vater, zu dem ich in engster, unveräusserlicher Beziehung stehe". Ein *öŋin könz* ist ein „unzertrennliches Geschwister gleichen Geschlechts". Das Wort *merntpogl* kann man mit „einzigartig, unverkennbar" wiedergeben. Eines Mannes Ehefrau ist seine *ambom merntpogl*-e, „die unverkennbare Ehefrau von ihm". Die mit dem Beiwort *könz* oder *merntpogl* versehenen Bluts- oder Eheverwandten sind immer die besonders nahestehenden, durch unlösliche Bande verbundenen und mit besonderer Aufmerksamkeit und Fürsorge umgebenen Verwandten im Gegensatz zu den anderen, die zwar unter denselben Verwandtschaftsnamen klassifiziert, aber eben nicht als *könz* oder *merntpogl* bezeichnet werden; sie sind Verwandte zweiten Grades. Die Verwandten dritten Grades bezeichnet man als *mbuluŋ-oroŋa*, „rückseitige" Verwandte. Ein *têpam mbuluŋ-oroŋa*, „rückwärtiger Vater" ist z. B. der Ehemann der Schwester von Vaters Bruders Ehefrau, der auch mein „Vater" ist, weil er als „Bruder" meines Vaters klassifiziert wird, aber einem ganz anderen *Mi* und *Kona* angehört.

Das Ausgreifen der Eheverwandtschaft.

a) Da infolge der Anwendung des Begriffes der *Mi*-Gemeinschaft auf die Heirat eine Frau und ihre Schwestern, die von Hause aus ja der gleichen *Mi*-Gemeinschaft angehören, niemals alle in ein und dieselbe *Mi*-Gemeinschaft einheiraten können, sondern jede von ihnen in eine andere, so leben sie also als verheiratete Frauen in ganz verschiedenen *Mi*-Gemeinschaften und *Kona*. Da sie Schwestern sind, werden ihre Ehemänner aus ganz verschiedenen *Mi*-Gemeinschaften zu Ehe-Verwandten, und zwar werden sie als *öŋin*, Brüder, klassifiziert. Ein verheirateter Mann hat also „Brüder" nicht nur in seiner eigenen *Mi*-Gemeinschaft, sondern auch in all' den anderen *Mi*-Gemeinschaften, in denen Schwestern seiner Ehefrau(en) verheiratet sind. Man verwendet auf sie aber nicht die mit dem Zugehörigkeitssuffix versehene Form *öŋinödl* an, denn das bedeutet ja „Brüder-Gemeinschaft" auf Grund gleicher *Mi*- und *Kona*-Zugehörigkeit, sondern wenn man sie als eine Mehrzahl zusammenfasst, spricht man von ihnen nur als von *öŋin-wö kaz* „andere Brüder-Männer"; sprechen nur zwei solche Männer von sich als „Brüder", so setzen sie sofort erklärend hinzu: unsere Ehefrauen sind Schwestern. Es bleibt also in jedem Fall der wesentliche Unterschied gewahrt zwischen *Mi*-Gemeinschaft und Verwandtschaft auf Grund von Heirat.

b) Da auch ein Mann Schwestern hat, tritt er durch ihre Heirat mit weiteren *Mi*-Gemeinschaften in Verbindung. Seine Schwestern können ja als *kimumödl* seiner Ehefrau(en) nicht etwa in deren *Mi*-Gemeinschaften hinein verheiratet werden, denn Schwesterntausch ist gerade durch den Begriff *kimum* ausgeschlossen. Sie heiraten also jede von ihnen in eine ganz andere *Mi*-Gemeinschaft. Ihre Ehemänner sind ihres Bruders *koglomadl*. Ein Mann hat demnach Schwäger sowohl im *Kona* der Brüder seiner Frau, wie auch in all' den *Kona*, in die seine Schwester einheiraten. Während nun die Schwestern seiner Ehefrau als „Geschwister gleichen Geschlechts der Ehefrau" gruppiert werden, werden die Schwestern der Ehemänner seiner eigenen Schwestern als „seine Geschwister anderen Geschlechts" gruppiert; ebenso auch die Frauen der Brüder des Ehemannes seiner Schwester. Damit ist jeglicher Austausch von „Schwestern" auch nach diesen Seiten hin ausgeschlossen. Bd. II, 67; B, a wäre also zu ergänzen, dass für einen Mann zu seinen „Geschwistern anderen Geschlechts" (Vokativ *aja*) auch die Schwestern des Ehemannes seiner eigenen Schwester gehören und die Ehefrauen der Brüder dieses Ehemannes seiner Schwester.

Tabu-Verhältnisse unter Eheverwandten.

Auch sie basieren auf dem Grundgedanken, dass der einmalige Kontakt zwischen zwei *Mi*-Gemeinschaften durch e i n e Heirat nicht an weiteren Stellen wiederholbar ist. Deshalb wird dann auch die Frau des Sohnes unter den Tabu-Begriff *kudl-pam* eingereiht (Bd. II, 75 ff.). Dagegen kommen Schwiegermutter und -tochter unter die Begriffe „Grossmutter — Enkelin", die beide von Haus aus je einer anderen *Mi*-Gemeinschaft angehören.

Heirat und Familie.

a) Die monogame Ehe.

Wir haben die Familie schon als eine Einheit, die achte, im Aufbau einer patrilinearen und -lokalen *Mi*-Gemeinschaft kennengelernt (Kap. 11, 11). Dort wurde sie ganz von der e i n e n *Mi*-Gemeinschaft her verstanden, nämlich von der des Ehemannes und Vaters. Von der Heirat, also von der Verbindung z w e i e r *Mi*-Gemeinschaften her gesehen, bezeichnen die *Mbowamb* die Familie nicht mehr nur als „Vater und seine Söhneschaft", sondern als *wam ambom kaŋambogla mbö*, „ihr Ehemann, seine Ehefrau und die Kinder". Statt *wam*, Ehemann, gebraucht man meist des Ehemannes Namen, also etwa *Kuri ambom kaŋambogla mbö*, Kuri, seine Ehefrau und die Kinder (vgl. Kap. 11, 12:VIII). Dass diese Familie eine klar abgegrenzte Einheit ist, geht auch daraus hervor, dass der Ehemann ein kleines Männerhaus und die Ehefrau ein eigenes Frauenhaus hat, in dem ihre Kinder mit ihr wohnen solange sie noch kleiner sind; erst später gehen die Söhne zum Vater ins Männerhaus. Nicht selten sind aber auch Familienhäuser, in denen Vater, Mutter und Kinder zusammen wohnen. — Der Begriff „kollektive Familie" (Bd. II, 63) kommt in der Sprache der *Mbowamb* nicht vor.

b) Die polygame Ehe.

Da ein Mann nicht die Schwester seiner Ehefrau heiratet, auch keine der Frauen, die als ihre „Schwestern" klassifiziert sind, stammen die Frauen einer polygynen Ehe immer aus verschiedenen *Mi*-Gemeinschaften. Die zuerst geheiratete Frau heisst *peŋ-amb*, Haupt-Frau; die jüngste, zuletzt geheiratete heisst *amb akêpedla*. Dazwischen sind die *amb ruk*, mittleren Frauen. Für das Verhältnis der Frauen einer polygynen Ehe untereinander und ihrem Eheherrn gegenüber ist es bezeichnend, dass sie sich gegenseitig *wödlik-amb*, Liebeszauber-Frauen nennen, die aufeinander eifersüchtig sind, und von denen jede durch Anwendung von Liebeszauber die Liebe des gemeinsamen Ehemannes auf sich zu lenken versucht. (Der Ehemann selbst nennt sie nicht so; vgl. Bd. II, 67:B, II a.) Er nennt sie „Hauptfrau", „mittlere Frau" und „Frau Schönplatz-Empfinden". Für „Familie" gebraucht man auch im Falle einer polygamen Ehe die bei der monogamen Ehe übliche Bezeichnung, nur dass hier *ambom* „seine Ehefrau" im Plural erscheint, also etwa: *Mek ambomadl kaŋambogla mbö*, „Mek, seine Ehefrauen und Kinder".

Anm.: Die *Mbowamb* selbst sagen, ihre Vorfahren hätten noch wenig oder keine polygynen Ehen gekannt. Die Polygamie sei erst später aufgekommen. Auffallend ist jedenfalls, dass die Mythen und Sagen über die Herkunft und Abstammung der *Mi*- bzw. Ableger-*Mi*-Gemeinschaften immer nur von e i n e r Ehefrau der Urahnen oder Stammvaters berichten. Es ist mir dafür auch nicht eine Ausnahme bekannt geworden.

5. Charakteristika des Verwandtschaftssystems.

a) Sowohl Bluts- als auch Ehe-Verwandtschaft basieren auf dem Grundgedanken der patrilinearen und -lokalen *Mi*-Gemeinschaft.

b) Es legt den Unterschied im Geschlecht zugrunde in den Ausdrücken *öŋin, kimun, koglom, ata* und *kimum.*

c) Eine einzige Heirat zwischen zwei *Kona* bringt die Blutsverwandten der beiden Ehepartner, aber auch alle ihre unter denselben Verwandtschaftsnamen klassifizierten weiteren Verwandten heiratsfähigen Alters in die Beziehung gegenseitiger „Geschwister gleichen Geschlechts der beiden Ehepartner"; zwischen ihnen ist jede weitere Heiratsverbindung ausgeschlossen. Darin zeigt sich, dass die Schwestern der Ehefrau(en) eines Mannes immer in ganz verschiedene *Mi*-Gemeinschaften und *Kona* einheiraten, und dass die Ehefrauen seiner Brüder immer aus jeweils verschiedenen *Mi*-Gruppen und *Kona* kommen. Nicht nur Schwestern-, sondern auch Töchter-Austausch ist ausgeschlossen, denn auch unter den Kindern gegenseitiger *Kimum-ödl* kann keine Heirat stattfinden.

d) Es verwendet direkte Anredeformen ohne Beziehungssuffixe, die aber den „Menschen innerhalb" gegenüber auch als Formen der Bezugnahme gebraucht werden, im Unterschied zu den mit Personalzugehörigkeitssuffixen versehenen Formen der Bezugnahme den „Menschen ausserhalb" gegenüber. Man kann also wie z. B. im Kâte von „Vater" oder „Mutter" schlechthin reden ohne Bezugnahme auf einen Besitzer; man kann aber auch so, wie z. B. im Jabêm, von „mein Vater" oder „deine Mutter" usw. reden, also mit Hinweis auf den Besitzer, indem man die Formen mit den Beziehungssuffixen gebraucht.

e) Töchter der eigenen *Mi*-Gruppe, die also später in andere *Mi*-Gruppen einheiraten werden, redet man vom heiratsfähigen Alter ab als *ten-ŋa amb*, unsere Frau(en), an und nimmt mit diesem Ausdruck auch anderen gegenüber Bezug auf sie. In der direkten Anrede der eigenen Ehefrau gebraucht man ebenfalls einfach das Wort *amb*, Frau, aber zur Bezugnahme auf sie anderen gegenüber verwendet man die mit den Suffixen versehenen Formen; dasselbe gilt auch für den *wam*, Ehemann, der in der direkten Rede auch nur der *wö*, Mann, ist.

f) Eines Mannes eigene Kinder, die Kinder seiner leiblichen Brüder und die Kinder aller als seine „Brüder" klassifizierten Ehemänner der Schwestern seiner Frau sind seine „Kinder". Die Kinder der Brüder seiner Frau und die Kinder seiner Schwestern sind seine *pamadl* und er ist ihr *pam*. Heirat gegenseitiger Vettern und Basen ist ausgeschlossen.

g) Die Kinder der *pamadl* väterlicher- und mütterlicherseits werden alle zusammengefasst unter dem Begriff *pedl-pam*. Heirat ist, wie unter Geschwisterkindern, so auch unter Geschwisterkinds-Kindern ausgeschlossen. Ihre Ehefrauen und Ehemänner werden wieder jeweils ganz verschiedenen *Mi* und *Kona* angehören, weshalb sie einfach als *ambom amb-e*, seine Ehefrau, die Frau und als *wam wö-e*, ihr Ehemann, der Mann, bezeichnet werden.

h) Die Schwester eines Mannes und seine eigenen Kinder sind gegenseitige *öntinödl;* sie gehören zwei verschiedenen *Mi* und *Kona* an.

i) Die Bezeichnung *kudl-pam* zeigt an, dass es Tabu-Verhältnisse unter Eheverwandten gibt. Da zwischen Schwiegermutter und -tochter kein solches besteht, werden sie in das Grossmutter-Enkelin-Verhältnis eingereiht; sie stammen beide aus ganz verschiedenen *Mi*-Gruppen und Kona. Als Enkel und Enkelinnen klassifizierte Personen können sich nicht heiraten.

j) Die Verwandtschaftsbegriffe geben keine Altersstufe oder Generationenebene an, weshalb sie denn auch in der Anredeform immer wechselseitig zwischen zwei Generationen ge-

MEDLPA-VERWANI

Verwandtschaft eines Manne

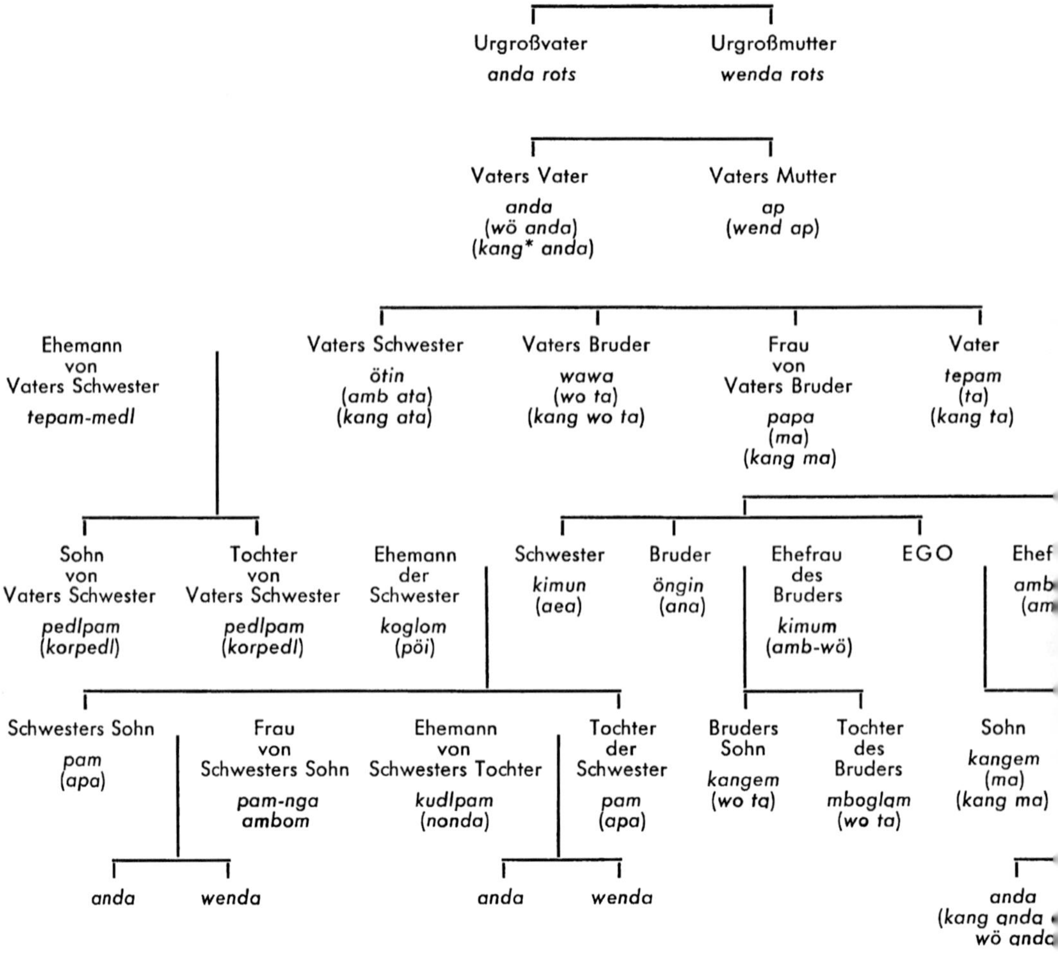

* Aus satztechnischen Gründen erscheint hie

BEZEICHNUNGEN

seitige Anreden in Klammern

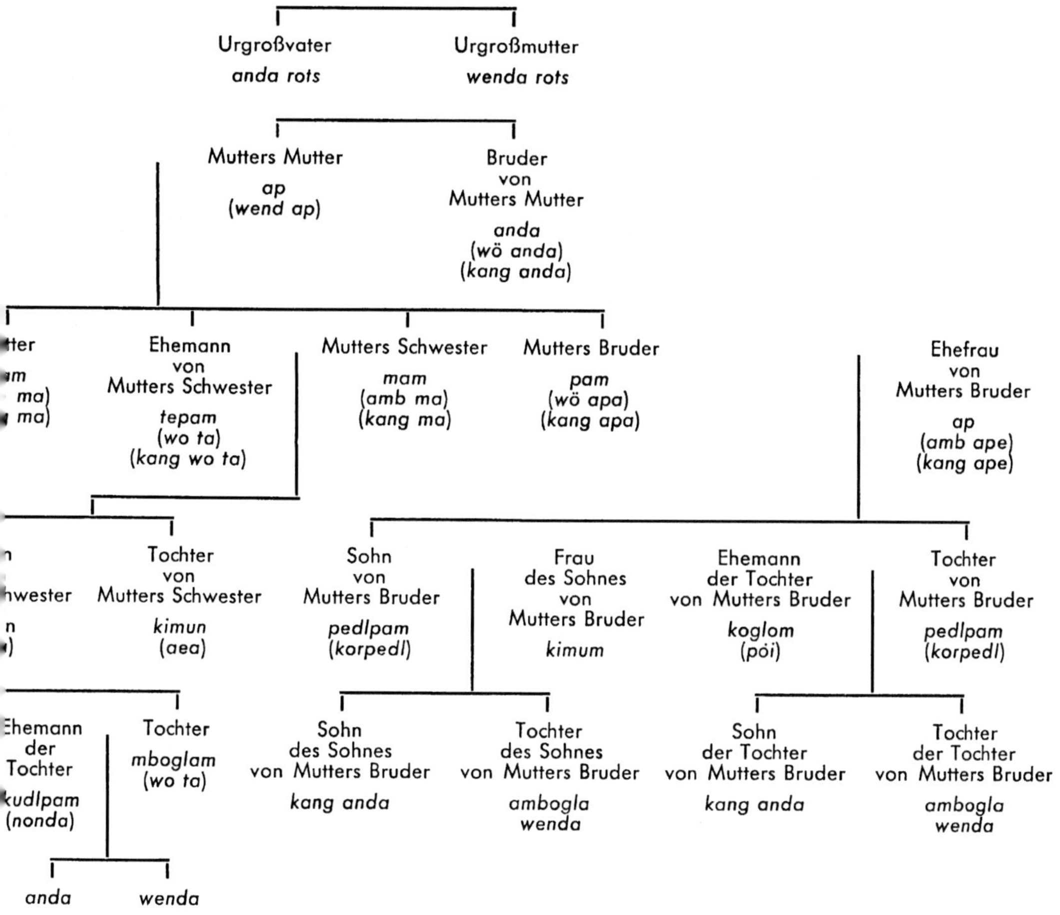

er sonst mit „ŋ" wiedergegebene Laut als „ng".

Verwandtsc

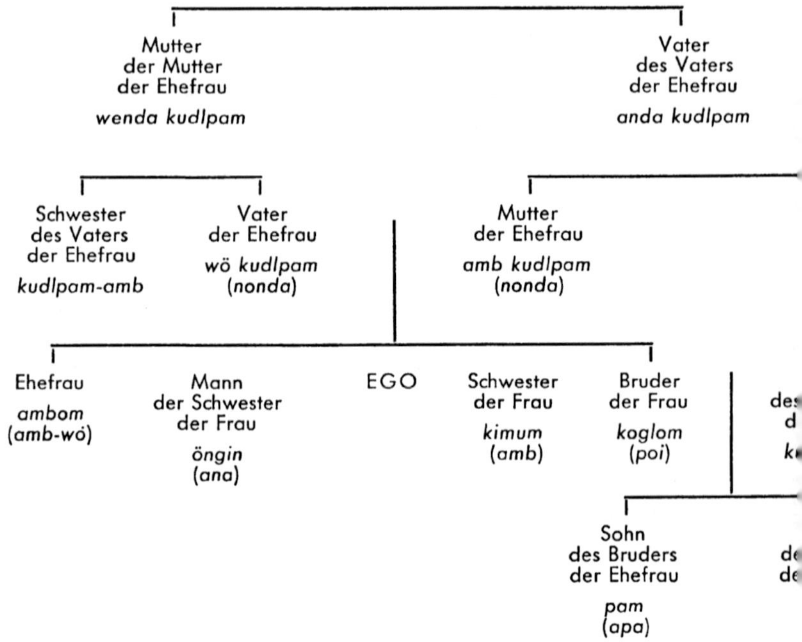

Mutter der Mutter der Ehefrau
wenda kudlpam
Vater des Vaters der Ehefrau
anda kudlpam
Schwester des Vaters der Ehefrau
kudlpam-amb
Vater der Ehefrau
wö kudlpam (*nonda*)
Mutter der Ehefrau
amb kudlpam (*nonda*)
Ehefrau
ambom (*amb-wö*)
Mann der Schwester der Frau
öngin (*ana*)
EGO
Schwester der Frau
kimum (*amb*)
Bruder der Frau
koglom (*poi*)
Sohn des Bruders der Ehefrau
pam (*apa*)

Ehefrau

r
nes
frau
-wö

Ehefrau
des Bruders
der Mutter
der Ehefrau
kudlpam-amb

Sohn
des Bruders
Schwiegermutter
koglom

Frau
des Sohnes
der Schwiegermutter
kimum

Mann
der Tochter
des Bruders
der Schwiegermutter
koglom

Tochter
des Bruders
der Schwiegermutter
kimum

braucht werden: der Sohn redet den Vater *ta* an, ebenso aber auch der Vater den Sohn! Mutter und Tochter reden sich gegenseitig mit demselben Wort *ma* an. Onkel und Neffen/Nichten reden sich gleicherweise mit *apa*, Tanten und Neffen/Nichten mit *ata* an. Grossmutter und Enkel nennen sich gegenseitig *ap;* Grossvater und Enkel *anda;* Schwiegereltern und -sohn nennen sich gegenseitig mit dem Decknamen *nonda* (Pilz). Was sonst nur zwischen Angehörigen gleicher Altersstufe oder gleicher Generation üblich ist, wird hier auf Glieder verschiedener Generationen übertragen.

Um die Generationsebene anzugeben, sind also Zusätze nötig: *na-ŋa kaŋ wö-ta*, „mein Junge Mann-Vater", redet ein Vater seinen Jungen an; *na-ŋa wö-ta*, „mein Mann-Vater" sagt der Sohn zum Vater. Bei der Bezugnahme heisst es: *na-ŋa kaŋêm kaŋ-e*, „mein Sohn, der Junge" oder *na-ŋa kaŋêm wö-e*, „mein Sohn, der Mann". *Wö-apa* oder *pam-wö* ist der Onkel; *kaŋ-apa* oder *pam-kaŋ* ist der Neffe. *Amb-ata* oder *ötin-amb* ist die Tante, *ambogla-ata* oder *ötin-ambogla* ist die Nichte, *kaŋ-ata* oder *ötin-kaŋ* der Neffe usw. — Bei grossem Altersunterschied unter Geschwistern werden diese Zusätze *wö, amb, kaŋ, ambogla* ebenfalls angewendet, was wir etwa mit „grosser Bruder", „kleine Schwester" usw. wiedergeben können. Etwas anderes ist die Alterfolge nach Geburt, die mit *komon*, „der Erste, Erstgeborene", *ruknö*, „Mittlerer" und *akedl*, „Nachgeborener, Jüngster", wiedergegeben wird. — Wo von dritten über die *kimunödl, öŋinödl, pamadl, ötinödl* oder *kimumödl* anderer gesprochen wird, geben die Zusätze *amb, wö, kaŋ, ambogla* auch noch genau an, um welches Geschlecht es sich handelt.

k) Iterierte Formen bringen die Gegenseitigkeit zum Ausdruck:
öŋin öŋin ragl, zwei Geschwister gleichen Geschlechts.
kimun kimun ragl, zwei Geschwister anderen Geschlechts.

In der Mehrzahl trägt nur das zweite Wort das Beziehungssuffix, also etwa *öŋin-öŋinödl mbö*, die gegenseitigen Geschwister gleichen Geschlechts; *kimun-kimunödl mbö*, die gegenseitigen Geschwister anderen Geschlechts. *Pam-pamadl* sind die gegenseitig im *Pam*-Verhältnis stehenden Mutterbrüder und ihre Neffen/Nichten. *Ötin-ötinödl* sind die gegenseitig im *Ata*-Verhältnis stehenden Vaterschwester und ihre Neffen/Nichten. Vom jeweiligen Ehepartner aus gesehen sind die *kimum-kimumödl*, die im Verhältnis der „Geschwister gleichen Geschlechts des Ehepartners" stehenden Personen. *Koglom-koglomadl* sind die gegenseitigen Schwäger.

6. Die Leviratsehe.

Im Falle frühzeitigen Todes des Ehemannes kann einer seiner Brüder die Witwe heiraten, denn das ist ja keine neue — sonst unmögliche — Kontaktaufnahme zwischen den beiden, durch die eine Heirat schon verbundenen, *Mi* und *Kona*, sondern nur eine Fortführung der schon bestehenden Beziehungen. Weil es dabei nicht eigentlich auf die Individuen ankommt, wie wir gesehen haben, kann irgend einer der Brüder die Stelle des verstorbenen Bruders einnehmen. Gerade die Leviratsehe zeigt noch einmal die grundsätzliche Auffassung von Heirat und Ehe als Verbindung zweier *Mi* und *Kona*. Die Fortführung der Ehe eines verstorbenen Bruders durch einen seiner Brüder ist allerdings keine Pflicht, sondern ein Vorrecht. Es besteht auch keine feste Regel, dass etwa der nächstälteste Bruder die Witwe bekäme, sondern die Brüder können das unter sich regeln. Wer immer von ihnen die Witwe nimmt, gibt den anderen Brüdern eine Art „Abfindung" in Gestalt eines Opfertieres, das dem Verstorbenen geopfert und dann verzehrt wird, wodurch der durch den Todesfall gefährdete Lebensstrom wieder in Ordnung fliessen soll. Einen nochmaligen Kaufpreis an die Väter und Brüder der Witwe gibt es nicht, denn auch in dieser wirtschaftlich-rechtlichen Hinsicht wird Heirat und Ehe nicht individualistisch aufgefasst. Der einmalige Kaufpreis wurde ja nicht von dem verstorbenen Ehemann (allein) geleistet, sondern von seinem ganzen *Kona*. — Die Witwe wird nicht zur Wiederheirat gezwungen. Sie kann frei entscheiden. Wenn sie nicht einen der Brüder ihres verstorbenen Ehemannes nehmen will, kann sie jederzeit bei ihren Söhnen bleiben, wenn diese schon erwachsen und verheiratet sind. Oder sie kann sich für Rückkehr in ihre eigene *Mi*-Gemeinschaft entscheiden, wo sie in ihrem väterlichen *Kona* immer Heimatrecht hat. Ist sie noch eine jüngere Frau, und sind ihre Kinder noch so jung, dass sie sie mitnehmen will, so wird es freilich zähe Verhandlungen über Rückgabe des Frauenkaufpreises geben, der für sie einst gegeben wurde. Soll es darüber nicht zum Streit und Krieg kommen, so einigt man sich in solchen Fällen meist dahin, dass man die Söhne der Witwe im *Kona* ihres verstorbenen Mannes behält, den Frauenkaufpreis nicht zurückfordert und die Töchter der Witwe mit ihr ziehen lässt, denn wenn diese Töchter später einmal heiraten werden, werden sich die Brüder und Söhne ihres verstorbenen Vaters auf jeden Fall einstellen, ihr Mitsprachrecht geltend machen und ihren Anteil am eingehenden „Kaufpreis" fordern und erhalten. — Ist eine Witwe, die sich zum Verlassen des *Kona* ihres toten Ehemannes entschliesst, noch so jung, dass man damit rechnen kann, dass sie nochmals in eine andere *Mi*-Gemeinschaft und *Kona* einheiraten wird, wo dann nochmals ein Kaufpreis für sie geleistet werden wird, so werden die Brüder des verstorbenen Ehemannes im *Kona* des neuen Ehemannes einen entsprechenden Anteil am Kaufpreis fordern und erhalten, w e n n sie den von ihnen früher geleisteten Kaufpreis nach dem Tode ihres Bruders nicht zurückverlangt und nicht zurückerhalten haben.

Ob eine Witwe im *Kona* ihres toten Ehemannes bleibt oder nicht, hängt in allererster Linie vom „religiösen Frieden" oder „Unfrieden" in diesem *Kona* ab; d. h. ob ihr dort beispielsweise schon Kinder gestorben sind oder nicht, ob sie Fehlgeburten hatte oder nicht, was für sie religiösen Unfrieden bedeutet, den sie dann nach dem Tode des Ehemannes zu fliehen suchen wird. Auch ob ihr Mann im Frieden mit seinen Vätern, Brüdern und Schwägern gestorben ist oder nicht, ob sie im Zusammenhang mit dem Tode ihres Mannes der Beihilfe zur Todeszauberei beschuldigt wird oder nicht; all' dies beeinflusst sehr stark ihre Entscheidung, zu bleiben oder zu gehen (vgl. Bd. II, 123 u. 224 ff.).

Das Gegenstück zum bisher Gesagten ist, dass im Falle frühen Todes der Ehefrau eine ihrer noch unverheirateten Schwestern ihre Stelle einnehmen kann. Der Tod der Ehefrau hebt also die Regel auf, dass ein Mann nicht die Schwester seiner Frau heiraten kann. Wieder kommt es nicht auf die Individuen an, sondern auf die Fortsetzung des bereits bestehenden Kontaktes der zwei beteiligten *Mi*-Gemeinschaften. In diesem Falle muss allerdings für die Schwester ein gewisser Kaufpreis geleistet werden, wenn er auch geringer ist als sonst. — Will ein Witwer nicht mehr heiraten oder wenigstens nicht die Schwester seiner verstorbenen Frau heiraten, so kann einer seiner jüngeren Brüder, wenn er will, eine Frau aus dem *Kona* seiner verstorbenen Schwägerin zur Ehe nehmen, was ja vorher ausgeschlossen war.

D. MI UND MANA

KAPITEL 14
ÄUSSERUNGEN DER MACHT

1. Aus den Äusserungen der Macht schliesst man auf ihr Vorhandensein. Die Macht äussert sich aber nicht nur als eine und nicht einheitlich. Ihre Äusserungen sind vielgestaltig und abgestuft. Die *Mbowamb* sehen hinter jeder Machtäusserung auch immer einen personhaften Willen. Es sind immer willenbegabte Wesen, die Macht äussern. Eine solche Machtäusserung ersten Ranges geschah und geschieht noch immer am „Ort schöpferischen Geschehens". Das *Mi* jeder Gruppe gilt als „unser mächtiges Ding", als „unser Hingelegtes" und „unser Bleibendes, Verlässliches".

2. Der umfassende Begriff für Machtäusserungen jeglicher Art ist *ugl.* Dieser vielgebrauchte und vielschichtige Begriff ist im Deutschen schwer mit einem Wort wiederzugeben. *Ugl* bedeutet „Gepflogenheit, Gewohnheit, Sitte, grossartige Veranstaltung, Kunststück, Wundertat". *Ugl* ist Lebens- und Machtäusserung, auf welche Weise und in welchem Grade und Mass sie auch immer sich zeigen mag. Dabei ist „Macht" nicht im ethischen, sondern im magischen Sinn zu verstehen. Der Begriff *ugl* hat in jeder Eingeborenensprache sein Äquivalent; z. B. im *Kâte* „*mâsi*", im *Jabêm* „*mêtê*". Es gibt *ugl kae,* gute Machtäusserungen und *ugl kits,* böse Machtäusserungen. *Ugl* selbst ist in Bezug auf „gut" und „böse" ein neutraler Begriff. Man muss erst *kae,* gut oder *kits,* schlecht, böse, dazusetzen und dabei darf „gut und böse" noch nicht im ethischen Sinne genommen werden. Ein *ugl* ist *kae* oder *kits* je nachdem, ob er dem Leben der eigenen Gemeinschaft nützt oder schadet. Es gibt auch eine Art Steigerung: *ugl ama kae* sind „sehr nützliche . . .", *ugl ama kae-we* „überaus nützliche Machtäusserungen"; so gibt es auch *ugl ama kits* und *ugl ama kits-we.* Es gibt *ugl kae* und *ugl kits* der *Tei-* oder Oben-Menschen, der Geister, der Menschen und der Erdbebenleute. Aber auch für unsere Begriffe leblose und tote Dinge zeigen gute oder schlechte Machtäusserungen. — Ein *ugl ama kae-we* war natürlich die Setzung der eigenen *Mi*-Gemeinschaft, das „Hinlegen" des *Tei-medl,* des „starken Dinges", das sich dem Urahnen der *Mi*-Gruppe oder dem Stammvater der Ableger-*Mi*-Gruppe als *Mi* zeigte, denn dieses *Mi* verkörpert das „Mächtige", das man Lebens-, Zeugungs- und Vermehrungskraft nennt.

3. Die Begriffe *man, rondogl* und *ombedl.* Der Begriff *man* bedeutet mächtig, machtvoll, magisch wirksam. Er wird aber ausschliesslich vom Wort des Menschen gebraucht. *Man-êk*, die Rede, der Mächtigkeit eignet, ist die Unterweisung, die ein weiser Vater seinem Sohn, eine gute Mutter ihrer Tochter mitgibt. Die Eltern machen durch ihre *man-êk* ihre Kinder stark und fest. Sind die Kinder im Leben tüchtig und erfolgreich, so sagt man „sie tragen die *man-êk* ihrer Eltern bei sich". Eine pflichtvergessene Frau fragt der Ehemann etwa: dir hat dein Vater wohl keine *man-êk* mitgegeben? Auch die Unterweisung, die ein Medizinmann seinem Schüler angedeihen lässt, ist *man-êk*, machtvoll-wirksame Rede. Die *mörn-êk*, Zaubersprüche, sind wirksam, weil der Medizinmann zugleich die *man-êk* seines vielleicht längst verstorbenen Meisters „mit sich herumträgt". Der Inhalt der *man-êk* erstreckt sich auf Tabu-Regeln, Opferanweisungen, Meidung magisch böser Menschen, Orte und Dinge; er hat aber auch ethischen Gehalt, denn er umschliesst auch vielerlei Mahnungen zum guten Betragen, zu Fleiss, Treue, Stetigkeit; sich vor Händeln und Streitereien zu hüten, friedlich und arbeitsam zu leben, sich vor allem zu hüten, was Verachtung und Armut mit sich bringt, wie sittliche Vergehen, Diebstahl, Unredlichkeit, Säumigkeit in der Gegenleistung oder gar „Fressen" der Gaben, d. h. die Gegengaben überhaupt nicht leisten; nicht „hinter dem Rücken anderer reden", den Feinden gegenüber mannhaft und wehrhaft zu sein, sich vor „schlechtem Essen" (d. h. Todeszauber) zu hüten, nicht herumlungern, anderer Menschen Ehr und Gut zu achten, selber nach Ehre, Ansehen und Reichtum zu streben, die richtige Heiratsverbindung einzugehen, die alten Eltern zu versorgen. Den Mädchen prägen die Eltern ein, wenn sie einmal verheiratet sind, ihrem Ehemann nicht zu widersprechen, ihm gutes Essen zu bereiten, die Kinder zu pflegen, die Schweine immer gut zu versorgen, die Felder von Unkraut sauber zu halten, nicht aus des Ehemannes *Kona* wegzulaufen. Alle diese Ermahnungen zusammen sind *man-êk*, deren Wirkung von den *Mbowamb* in erster Linie magisch aufgefasst wird. — Von besonderer Mächtigkeit ist auch die *kedlamemp-êk*, die letzten Abschiedsreden alter Eltern; sie bringen Segen mit sich. Das gleiche gilt auch von der *köntik-êk*, dem Testament eines Sterbenden, der seine Hinterlassenschaften an seine Kinder verteilt und dabei sagt: Wertsachen und Schweinestricke, d. h. eine gedeihliche Schweinezucht, sollen immer in euren Händen liegen. Wem Sterbende aus irgendeinem Groll Böses wünschen, dem wird es sehr schlecht gehen. Es ist nicht nur die Ermahnung, die Unterweisung, der gute Rat, der letzte Wille, worauf es eigentlich ankommt, sondern die magische Kraft der Rede. Im Wort liegt Macht und Mächtigkeit.

Von den Piloten der Flugzeuge sagten die *Mbowamb*, sie müssten eine besondere *man-êk* „bei sich tragen", sonst könnten sie nicht in den Flugzeugen in der Luft herumfliegen.

Ein weiterer Begriff für Macht und ihre Äusserungen ist das Wort *rondogl*, „stark, mächtig". Auch Dinge zeigen Machtäusserungen. Wie schon oben bemerkt, gibt es für die *Mbowamb* keine „toten" Dinge. Sie zeigen alle entweder *ugl kae*, gute Machtäusserungen oder aber *ugl kits*, schlechte Machtäusserungen. Unter den Menschen gelten als *rondogl* die Häuptlinge und Medizinmänner; ferner jeder Mensch, der etwas Geniales vollbringt, etwas Ausserordentliches, Neues, Merkwürdiges, Auffallendes. Darin zeigt sich Macht. Es gibt auch *ugl rondogl* „machtvolles Geschehen" oder „wunderbare, staunenerregende Taten". Wirtschafts- und Kultfeste sind natürlich solche *ugl rondogl*. Nicht nur die Oben-Leute, die Geister und die Menschen können *ugl rondogl* vollbringen, sondern auch die Vögel, Tiere, Pflanzen, Steine, das Wasser usw., wenn sie von Geistern oder Menschen dazu eingesetzt werden, denn obwohl sie *medl rondogl*, Machtträger, sind, verhalten sie sich von sich aus eigentlich neutral; sie sind gleichsam in Ruhe; es muss sie immer erst ein persönlicher Wille zum Einsatz bringen.

Ferner wird das Wort *ombedl* „Knochen" verwendet, um gewisse Machtäusserungen auszudrücken. Weil Knochen hart und fest sind und der Verwesung widerstehen, gelten sie als Träger besonders vieler Lebenskraft. Darum hat *ombedl* auch die Bedeutung von „Macht, Kraft". *Oka wamb ombedl amborom*, „die Süsskartoffel — das Hauptnahrungsmittel der *Mbowamb* — verleiht den Menschen Kraft". Alle Harthölzer gelten als *medl rondogl* oder *medl ombedl* „starke, mächtige Dinge"; ebenso Steine, auch Kriechtiere, die sich häuten, was als jedesmalige Verjüngung aufgefasst wird. Ebenso *nô konts* „das junge Wasser"; es ist lebenschaffendes Wasser. Hierher gehört auch *min*, „die Seele", als hervorragender Träger von Lebenskraft. *Min-i wamb nôman ombedl amborom*, „die Seele verleiht dem Geist des Menschen Kraft", so wie die Süsskartoffel dem Leib — oder besser dem Menschen, denn er ist Mensch plus Seele. Hierher gehört auch der Tod. Für Tod oder Todesfall hat die Hagen-Sprache kein Wort, denn der Tod ist kein natürlicher Vorgang, sondern ein *ugl*, Machterweis der Toten, der Geister, des gereizten *Mi* (Kap. 33) oder „er selbst, der *Ogla*", zeigt diesen „bösen Machterweis".

Als Träger besonderer Macht und Lebenskraft gilt auch die Farbe *kunt*, worunter man rosa-, hell- bis dunkelrot zusammenfasst. Die sehr Hellhäutigen unter den *Mbowamb* werden als *wamb kunt*, hellfarbige Menschen, bezeichnet. Diese hellere Hautfarbe gilt gegenüber der dunkleren als Ideal. Hellfarbige Menschen gelten als magisch mächtiger. Die *Mbowamb* bezeichnen auch die Europäer nicht als „weiss", sondern mit demselben Ausdruck wie ihre hellhäutigen Volksgenossen, nämlich als *wamb kunt* oder *kunt-wamb*. Sie haben die Europäer von Anfang an mit ihren eigenen *wamb kunt* auf eine Stufe gestellt und darum auch von daher niemals das geringste Unterlegenheitsgefühl gegenüber den Europäern empfunden. Sie selber setzten sich ja schon immer, auch vor Ankunft der Weissen, aus *wamb kunt pombra mbö*, hell- und dunkelhäutigen Menschen, zusammen.

Auch die Begriffe „warm, heiss" enthalten zugleich den Sinn von „machtvoll". In den höhergelegenen Gegenden mit kärglichem Boden packen die *Mbowamb* in ausgehobene Vertiefungen eine Menge Abfall, welkes Laub und dürres Gras, über dem sie dann die hohen Rundbeete aufhäufen. Das ist nicht etwa Bodenverbesserung im rationellen, sondern im magischen Sinn. Man sagt, dies hält die Wurzeln und Ranken der Süsskartoffeln „warm"; es gibt dann mehr und grössere Früchte, weil die Wärme selber schon Macht und Wachstumskraft bedeutet. Der Begriff *mugl*, Wärme, hat darum auch den weiteren Sinn von Kern, gegenüber der Schale und dann noch die daraus weiter entwickelte Bedeutung „das Wirksame, Echte, Gehaltvolle, Wahre".

4. Die besondere Form als Hinweis auf die Mächtigkeit.

Dinge sind Träger von Macht, schon allein durch ihre besonders auffallende und merkwürdige Form. Bei den Hagen-Leuten gilt dies vor allem von den Steinen, die im Fluss zu auffallend glatten und schön gestalteten Formen abgeschliffen wurden. Wer einen solchen findet, nimmt ihn als *medl rondogl*, mächtige Sache, mit heim. Dies gilt erst recht von den Sternkeulen, Mörsern, Pistillen, Schalen usw., die man etwa beim Ausheben einer tiefen Grube, beim Grabenziehen oder sonstwie findet. Sie können nur als übermenschlicher Machterweis verstanden werden. Darum bringt man solchen merkwürdigen Steinen Verehrung dar und opfert ihnen, indem man sie bei den grossen Kultfesten aufstellt, mit dem Fett der Opfertiere einreibt, mit Erdfarben verziert und die Steinschalen mit Schweineblut füllt. Träger ganz besonderer Macht sind Steine oder Bambusstücke, denen man durch Bearbeitung Vogelgestalt gegeben hat, denn schon ihre Gestalt weist dann auf den „myst:schen" Zusammenhang mit der mythologischen Gestalt des Vaters hin. Die Steine, die man so verehrt, wenn immer sie eine besondere und merkwürdige Form zeigen, verkörpern weder Tote noch Lebende (Bd. II, 393), sondern sind „machtvolle Sachen". Da sie schon um ihrer Form willen als Machtträger verstanden werden, müssen sie auch nicht erst etwa durch Opfer oder Zaubersprüche dazu gemacht werden (Bd. II, 391 ff; 434 f.). Ihrer Gefährlichkeit muss man durch besonderes Verhalten begegnen und ihre Machterweise, die ja auch *ugl kits*, böse Machtäusserungen, sein könnten, müssen durch richtiges Verhalten, durch Sprüche, besonders auch Lob-Sprüche und durch Opfer auf die erwünschte Bahn von *ugl kae*, „guten Machtäusserungen", geleitet werden.

Fetischismus.

An diesen erinnert die Steinverehrung der *Mbowamb* sehr stark, da jeder, der einen solchen Stein findet, ihn als „meinen Geist, der zu mir gekommen ist" (s. Kap. 20, 6) bezeichnet. Man verlässt sich auf die Macht dieser Steine, deren guter Machtäusserung man sich gewiss ist, wenn man sich richtig zu ihnen verhält, ihr Lob singt und ihnen Opfer bringt. Man „trägt sie herum" und bewahrt sie am besonderen Platz auf, wo man sie vergräbt, um sie vor unerwünschten Blicken zu schützen. Nur wenn man ihnen Opfer darbringen will, holt man sie hervor, stellt sie dann aber in besonderen und abgesonderten Hütten auf. Sowohl ihr Versteck als auch die Kulthütten und -plätze gelten natürlich als Stätten konzentrierter Macht, die bei den *Mbowamb* für Frauen und Mädchen als lebensgefährlich gelten. Diese dürfen sie weder sehen noch betreten. Diese Machtträger sind fähig, gute Ernten, Gesundheit, gedeihliche Schweinezucht, Kinderreichtum, Gesundheit, Heil und Frieden zu bescheren. Es sind Fetische, die man vom Fundort nach Hause trägt, aufbewahrt, hervorholt, aufstellt, mit ihnen handelt, umgeht. Man kann diese Machtträger in die Hand nehmen, in die Netztasche stecken, in Kulthütten aufstellen. Man hat so die Macht bei sich. Man sagt, wir bringen ihnen Opfer dar und „tragen sie mit uns herum". Sie gelten als „vom Himmel gefallen"; besonders auch die Mörser, Stampfer usw., die künstlich bearbeiteten Steine also. In ihrer Summa sind sie Hort des Gemeinwesens, wobei man aber bezeichnenderweise sowohl über dem Ort ihrer Aufbewahrung als auch bei ihrer Aufstellung anlässlich der Kultfeste immer das *Mi* über ihnen aufrichtet oder einpflanzt (Kap. 29).

5. Können ist Zeichen von Macht.

Die Hersteller von primitiven Geräten, Steinbeilen, Rindengürteln mit ihren Verzierungen, Zeremonialbeilen, Trommeln, Flöten, Speeren, Schilden, Pfeil und Bogen usw. verdanken ihre Kunstfertigkeit der magischen Macht. Ihr Können wird mit demselben Wort ausgedrückt wie das „Können", das sich dem Urahnen am *Kona wiŋndi*, Ort genialen oder schöpferischen Machterweises, zeigte. *Ugl weŋndêpa tsi enem*, „schöpferisch tätig seiend macht er ein Kunststück", sagt man von jedem Menschen, der etwas Ausserordentliches, Auffallendes, Ungewöhnliches, besonderes Können Erforderndes macht oder herstellt. Wir sahen bei den *Make*, dass der Stein, aus dem sie die Beilklingen herstellen, ihr *Mi*, überaus machtvolles Ding, ist. Ornamente jeglicher Art, auch Gesichtsbemalungen sind immer „schöpferische Kunststücke" und als solche Ausdruck von Macht, Anzeichen von Mächtigkeit. Auf Kultfesten trägt man besonders schön gestrickte Schürzen, auch Schürzen, in die Schweineschwänze geflochten sind, die die Macht des Opfers vergegenwärtigen. In die Festschürzen sind Haare von Beuteltieren eingestrickt, also Haare von Tieren der mächtigen *Tei*- oder Oben-Leute. Für die Goldrand-Muscheln, die mit einem Harzring besonders mana-haltiger Bäume eingefasst und in das „mächtig-starke" Rötelpulver eingebettet sind (vgl. oben die Farbe *kunt*), hat man wunderschön geknüpfte Bänder, die als „gutes, schönes Kunststück" auch noch die Macht des Wertstückes erhöhen (Bd. I, 118, Abb. 26; Taf. 4, 10 etc.). Aller Tanzschmuck, der eben nur von Leuten mit entsprechendem magischen Können angefertigt werden kann, weist hin auf den mystischen Zusammenhang mit der mythologischen Gestalt des Vaters des Urahnen. Da die Weissen Wertsachen in Fülle ins Land bringen und doch keinerlei Rücksicht auf die den *Mbowamb* so wichtigen hintergründigen Machtzusammenhänge nehmen, zerfällt mit dem eigentlichen Motiv auch das künstlerische Schaffen der *Mbowamb*. Auf die Schilde steckte man im Kampfe hohe F e d e r s t ä b e (Bd. I, 219). Das war mehr als Schmuck oder Kampfabzeichen, auch mehr als nur „Erinnerung" an die mythologische Gestalt des Vaters des Urahnen. Es war Vergegenwärtigung seiner Macht. Man trug so diese Macht im Kampfe bei sich und vor sich her. Die schützende und helfende Macht des *Mi*, die Überlegenheit über die Feinde, war so bei den Kämpfern. Dass man die Waffen und die Zeremonialbeile auf den Opferfesten immer bei sich trägt, ist ebenfalls mehr als nur Schaustellung: durch die Opfer werden sie erneut „geladen" mit Macht. Die Herstellung von Trommeln ist ebenfalls Ausdruck besonderen magischen Könnens. Sie müssen daher abseits an besonderen Plätzen hergestellt werden. Wer eine Trommel schnitzen will, muss sich besonders verhalten, muss sich von Frauen und Mädchen absondern, sich bestimmter Speisen enthalten. Es geht gleichsam um das Einfangen der magischen Macht des Tones. Diese Macht kommt in erster Linie und in hervorragender Weise in den Stimmen der Vögel zum Ausdruck. Es wurde schon früher auf die enge Beziehung zwischen den Vögeln und den *Tei*- oder Oben-Menschen hingewiesen. Bündel brennender Vogelfedern werden durch die ausgehöhlte Trommel gejagt: die Kraft und der gute Klang der Vogelstimmen soll dadurch auf die Trommeln übertragen werden. — Der jungen Braut gibt man einen Grabstock mit, wenn man sie in feierlichem Zug in den *Kona* ihres künftigen Ehemannes bringt. Dieser neue Grabstock ist nicht nur Ausdruck der vermehrten wirtschaftlichen Kraft, die diese junge Frau bedeutet, sondern verkörpert die Wachstumsmacht ihrer *Mi*-Gemeinschaft, die sie nun mitbringt in den *Kona* ihres Mannes. — In diesem Zusammenhang sind auch die *Omak* (Bd. I, 137) der einflussreichen Männer zu nennen; es sind dies etwa zehn Zentimeter lange dünne Bambusstäbchen (selten auch Röhrenknochen), die zu etwa zehn oder zwanzig parallel übereinander auf dünne Schnüre aufgereiht, auf der Brust herabhängend, getragen werden. (Bd. 1, Taf. 7 Bild 1; Taf. 8 Bild 2.) Sie sind keine „Rangabzeichen" weder des „Moka" noch der „sozialen Stellung", sondern sind Machtträger. Sie zeigen auch nicht etwa an, wie viele Wertstücke oder Schweine solch' ein Mann „besitzt". Er „besitzt" zu Zeiten vielleicht überhaupt keine und trägt trotzdem diese Stäbchen weiter. Es kommt nicht auf den Besitz, sondern auf die Macht an. Wohl liest der Mann an diesen Stäbchen ab, wie viele *Moka* er schon gegeben oder schon empfangen hat — auch beim Empfang eines *Moka* fügt er ein weiteres Stäbchen hinzu — aber nicht aus „wirtschaftlichem Interesse", sondern als Ausdruck seiner Mächtigkeit. Es kommt den *Mbowamb* nicht nur nicht darauf an, dass einer reich ist und Schätze ansammelt und damit zugleich zurückhält, sondern solches Horten und Zurückhalten gilt als *ugl kits*, als „böses Kunststück", das ihm nur Verachtung einbrächte. Es kommt ihnen vielmehr darauf an, dass einer die Mächtigkeit besitzt, immer wieder grosse Opfer- und damit zugleich Wirtschaftsfeste zu veranstalten, wobei die Wertsachen und Opfertiere „durch seine Hände gehen" und der Gemeinschaft zugute kommen. Diese Mächtigkeit zeigt sich in seinen *Omak*-Stäbchen und jedes weitere Stäbchen mehrt diese magische Mächtigkeit. Es sind Bambusstäbchen, und der Bambus gilt an sich schon als Träger von Lebenskräften. Aus ihnen macht man aber auch die Bambusflöten und sie zeigen die Macht der Vogelstimmen. Vögel aber gehören zu den mächtigen *Tei*- oder Oben-Leuten. Beim *Köitamb-Kult*, „Vogel-Machtding-Kult (Bd. II, 180 ff.), wurden Bambusflöten geblasen. Diese Flöten verkörperten den Vogel *Mber* oder *Kitö-kitö-komb*, den wir noch als Initiator der Zeremonialplätze und des *Moka* kennenlernen werden. Die *Tei*- oder Oben-Männer treten in ihm wiederum in Vogelgestalt auf. Anlässlich aller Kultfeste wurde die kleine Panflöte namens *Peruli-miŋ* geblasen als Warnung für alle Aussenstehenden, dass hier konzentrierte Macht vorhanden ist, der sich zu nahen für sie gefährlich war. — Die Medizinbeutel aller Medizinmänner im Lande der *Mbowamb* enthalten eine Menge *tamb-medl*, „Macht-Sachen", Träger von Lebenskräften, wovon der Medizinmann den Kranken etwas ins Essen schabt, und jeder Medizinmann hat von einem der altvorderen Medizinmänner her einen kleinen runden Stein, den er als Fetisch bei sich trägt. Darin ist ihm die Macht zur Verfügung, dass seine Sprüche und Heilkräuter wirksam sind. — Auch die Häuptlinge tragen mindestens einen solchen Stein bei sich, den sie als *naŋa ui-medl*, „mein zu mir Gekommenes" (s. Kap. 20, 6), bezeichnen. Darin eigentlich liegt die Macht für ihre Häuptlingsmächtigkeit. Solche Steine werden vom Vater auf den Sohn vererbt. — Der Halsschmuck, die Arm- und Beinringe und andere Dinge verstorbener Angehöriger, wie auch Haare und *Omak* toter Häuptlinge, trägt man als Amulette bei sich, weil sie magisch wirksam sind (Bd. II, 390). Wenn man einen Knochen eines Toten Jahre hindurch mit sich herumträgt, so ist das nicht nur etwa ständige Erinnerung an die Blutrache, sondern ist als Reliquie Machtträger. Wir sahen ja schon, dass *ombedl*, Knochen, überhaupt die Bedeutung von „Kraft, Macht" hat. — Der *Mana*-Glaube der *Mbowamb* könnte durch viele weitere Beispiele belegt werden. Es sei nur noch darauf hingewiesen, dass die Vorstellung von Macht und die vom Seelenstoff oft zumindest sehr nahe beisammen liegen. In den Kleidungsstücken, Werkzeugen, Waffen eines Menschen ist auch etwas von seiner *min* ‚Seele, von seiner Lebenskraft also. Fetzen oder Bruchstücke solch' abgelegter persönlicher Habe kann der böse Wille eines Feindes zur Vernichtung der Lebenskraft des betreffenden Menschen verwenden, zur Todeszauberei also. — Den Zusammenhang zwischen der Lebens- und Wachstumskraft des einzelnen Menschen und der Cordyline, die man bei seiner Geburt pflanzte, sieht man ganz ausgeprägt (Bd. II, 240 unten). In Placenta, Nabelschnur und Exkrementen ist Seelenkraft enthalten. Sie werden immer vergraben, ein Zaun herum gemacht und eine Cordyline darauf gepflanzt. Bezeichnenderweise eine Cordyline (vgl. Kap. 11, 10). Nicht „die Sachen sollen kraftlos werden" (Bd. II, 241 oben), sondern die Lebenskraft lebt weiter in der Cordyline; dieselbe Lebenskraft, die auch das Kind beseelt. Wächst und gedeiht die Cordyline, so ist man gewiss, dass auch das Kind wächst und gedeiht. Bleibt sie kümmerlich, so hat man Angst und Sorge um das Leben des Kindes. Geht sie ein, so muss auch das Kind früh sterben.

6. Die Pogla-mbo.

Der Lebenszusammenhang zwischen einem Menschen und der bei seiner Geburt einst über der Placenta usw. gepflanzten Cordyline wurde in Kap. 11, 10 insofern schon gestreift, als dort auf die Verwendung von Cordylinen-Blättern bei der symbolisch-magischen Anthropophagie und von Cordylinen-Zweigen oder ausgerissenen Cordylinen bei der Überbringung einer Todesnachricht hingewiesen wurde. Jedes Kind bei den *Mbowamb* hat s e i n e Cordyline, die bei seiner Geburt gepflanzt wurde. Zwischen den beiden besteht ein Lebenszusammenhang im Sinne des Nagualismus: die gleiche Lebenskraft ist wirksam in der Cordyline wie im Kind. Man hat dafür bei den *Mbowamb* den Decknamen *pogla-mbo*, „Zweig-Setzling". Sind die Kinder einmal erwachsen, gesund und kräftig, so gibt man aber nicht mehr sehr acht auf ihre spezielle Cordyline, sondern der hintergründige Lebenszusammenhang der Gesellschaft mit ihrem jeweiligen *Mi* und *Mi*-Komplex steht dann an erster Stelle für jedes erwachsene Individuum; er kann aber noch durch den Ausdruck *pogla-mbo*, Zweig-Setzling, bezeichnet und im Todesfalle durch einen abgerissenen Cordylinen-Zweig oder irgendeine ausgerissene Cordyline als „abgerissen" dargetan werden.

Als *pogla-mbo* bezeichnet man aber auch die Zierstrauchständer auf den Zeremonialplätzen und die dort vergrabenen „überaus machtvollen Steine" (Bd. I, 134; dort „*poklambo*"). Die Zierstrauchständer sind Bd. I, 149 auch „Zierstrauchhügel" genannt; die *Mbowamb* selber nennen sie also nur *pogla-mbo*, Zweig-Setzling. Wie die Zeremonialplätze selbst nur Abbild des Urbildes des *Kona wiŋndi* sind, der in vielen Herkunfts- und Abstammungsmythen als ein vom überirdischen Vater „schön verzierter Platz" bezeichnet wird, auf dem der hellhäutige Oben-Mann nachts tanzte, und auf dem er Reihen von Bäumen und Cordylinen als Träger von Lebenskraft einpflanzte, so sind auch die *pogla-mbo* nichts anderes ,als eine magisch wirksame Wiederholung der Einpflanzung solch' überaus machtvoller Träger von Lebenskräften, wozu man ja nach dem Verständnis der *Mbowamb* auch immer die Wirtschaftskraft rechnen muss. Die *pogla-mbo* sind eine Zuwendung der Macht des *Mi*-Komplexes an die einzelnen kleineren und kleinsten Gruppen einer *Mi*- oder Ableger-*Mi*-Gemeinschaft. Die Zeremonialplätze gehören immer einer *öŋinödl*-Gruppe (Kap. 11, 12 u. römisch VII) und die einzelnen *pogla-mbo* auf diesen Plätzen gehören in erster Linie den führenden Männern dieser „Brüderschaften". Dagegen gehört der *Kona wiŋndi* der ganzen Ableger-*Mi*-Gemeinschaft und ist darum nur einmal vorhanden. Die Macht, die sich an diesem „Ort schöpferischen Geschehens" einst dem Urahnen oder Stammvater zeigte, wirkt durch das *Mi* oder *Tei-medl* auf die ganze grosse Ableger-*Mi*-Gemeinschaft ein. Jede kleinere und kleinste Gruppe möchte sie aber möglichst nahe bei sich und unter sich haben. Man holt sich deshalb die Setzlinge, die man auf den Zierstrauchständern des eigenen Zeremonialplatzes einpflanzen will, vom gemeinsamen *Kona wiŋndi*. In diesen Machtträgern hat man dann die ganze Macht des *Mi*-Komplexes gegenwärtig auf dem eigenen *Kona*. Wie der mythologische Vater einst in der Nacht tanzte auf dem „Ort schöpferischen Geschehens", so umtanzt man noch heute die neuerrichteten Zierstrauchständer. Diesen Tanz nennt man *nde-mbo-kanan*, „Baum-Setzlings-Tanz". Es ist alles Wiederholung mythologischen Geschehens und dadurch Realisierung und Vergegenwärtigung der mythologischen Macht, die einst auch den ersten „Menschen-Setzling pflanzte", von dem die ganze *Mi*-Gruppe abstammt. Man holt sich also diese Macht heran in die kleinsten Gemeinschaften jeder *Mi*-Gruppe. Dies ist nach meinem Dafürhalten keine „Individualisierung der Religion" wie z. B. Bd. II, 413 gesagt ist: „In den kleinen Opfern und anderen religiösen Handlungen wird die Religion individualisiert. Die Religion der *Mbowamb* neigt ja geradezu dazu, das zu tun", sondern es handelt sich um das Streben nach einer möglichst grossen und wirksamen A n t e i l h a b e an der hintergründigen Macht und Lebenskraft der ganzen *Mi*- oder Ableger-*Mi*-Gemeinschaft. Diesen *pogla-mbo* braucht auch nicht erst „durch Zaubersprüche Kraft übertragen" zu werden (Bd. I, 149), sondern sie s i n d schon *representatio* der Macht, damit aber auch Garanten der Lebens-, Vermehrungs- und Wirtschaftskraft einer „Brüderschaft", die gerade darin ihre relative Selbständigkeit innerhalb ihrer grösseren *Mi*-Gemeinschaft erfährt. Dass man auch die „Geistersteine" mit demselben Decknamen *pogla-mbo* bezeichnet und zum Teil in den *pogla-mbo*, „Zierstrauchständern", vergräbt, zeigt an, dass die Macht, die sie als Machtträger verkörpern, keine andere ist als die im *Mi*-Komplex wirksame. „Ahnensteine" sind sie nicht, denn solche gibt es bei den *Mbowamb* überhaupt nicht. Es sind immer Träger der Macht, die sich als Lebens-, Wachstums- und Vermehrungskraft wirksam zeigt. Auch wenn sie als Geister vorgestellt werden, geht es doch immer um diese Macht und Lebenskraft.

7. Verhalten des Menschen bei Machtäusserungen.

Die Bd. II, 397 ff. aufgeführten Beispiele von *temadl*, „Vorzeichen, deren es unendlich viele gibt, wie auch Machtäusserungen unendlich vielfältig und zahlreich sind, sind mehr als nur ‚Zeichen' oder ‚Vorbedeutungen' ". Sie können selber schon die erste Stockung im Machtzufluss sein; schon das erste Glied in der Kette der drohenden *ugl kits*. Man kann da nur noch versuchen, auszuweichen, abzulassen. Darum hat in der Hagen-Sprache das Wort *temadl* den Sinn von Warnung vor Gefahr oder aufgepasst! Lebensgefahr! Ein *temadl-kona*, „Vorbedeutungsplatz", ist eine Stätte, die nur unter Lebensgefahr und darum unter entsprechenden Vorkehrungen und Sicherungen, am allerbesten nur mit der Absicht zu opfern, betreten wird. Anderenfalls ist sie zu meiden, weil dort Macht in gefährlicher Fülle und Konzentration vorhanden ist. Weil man nie sicher sein kann, ob sich die Macht von Fall zu Fall in *ugl kae* oder aber *ugl* kits äussern wird, darum gilt sogar der *Kona wiŋndi* oder *kona uglimb* als *temadl-kona*. Obwohl sich dort die Macht zeugend-schöpferisch zum Heile des „Menschensetzlings" gezeigt hat, kann man diesen „Ort schöpferischen Geschehens" sogar als „Stätte, an der wir Menschen sterben werden" bezeichnen. Darin liegt kein Widerspruch, denn die Macht kann eben auch *ugl kits* äussern, besonders, wenn sich der Mensch ihr gegenüber nicht richtig verhält. Stätten konzentrierter Macht sind darum immer tabu. Gerade auch der „Ort schöpferischen Geschehens" ist tabu. Das bedeutet aber durchaus nicht, dass ein Betreten überhaupt verboten sei, sondern es bedeutet nur, dass es nicht einfach wahllos und „nicht nur so", d. h. zweck- und sinnlos, und selbstverständlich nicht frevelhaft geschehen darf. Der Mensch soll achtgeben, Rücksicht nehmen, Ehrfurcht entgegenbringen und sich zum Zweck des Opfers nahen.

Dass das Tabu vom Menschen keine passive, sondern im Gegenteil gerade eine aktive Haltung fordert, von ihm etwas verlangt, dem er nachkommen soll, kommt in der Hagen-

Sprache deutlich zum Ausdruck, wo der Begriff tabu durch das transitive Verb *mou-ndui*, abgesondert dasein machen, vertreten ist. Was oder wen man „nimmt und abgesondert dasein macht" verwendet man nicht; man nimmt darauf Rücksicht, man enthält sich, man bringt Scheu und Ehrfurcht entgegen. Der also handelnde Mensch wird dadurch selber in den Zustand des „abgesondert Dasein" versetzt, der mit dem Verbaladjektiv des obigen Verb *mou-ndui* als mouwi bezeichnet wird (Bd. II, 408 ff.).

Diesem besonderen Verhalten geht auf seiten des Menschen immer das Erschauern, der Schauder, die Scham-Furcht, das Zittern und Entsetzen voraus (Kap. 6, 6). Das „nehmen und abgesondert dasein machen" und das „abgesondert leben" geht also nicht auf sekundäre Motive wie Nützlichkeitserwägungen, Abscheu, Ekel usw. zurück, sondern immer auf ein Erlebnis von Macht und Machtäusserungen. Unter den vielen Tabu-Geboten mögen auch bei den *Mbowamb* viele nur noch Tradition sein, und im einzelnen Fall mag die Machtäusserung, auf die ein Tabu einst die entsprechende Antwort war, nicht mehr lebendig erfahren werden, aber wenn man nach der psychologischen Seite eines scheinbar nur noch traditionellen Verhaltens fragt, so fallen eben doch die Ausdrücke „Scham-Furcht, Zusammenschrecken, Erschaudern, Grauen" usw.

Zum Tabu gehört auch das bei den *Mbowamb* sehr beliebte *gleŋ-ndêpa ni*, „Gebrauchen von Decknamen". Man spricht die Namen magisch gefürchteter Dinge oder Personen aus Vorsicht lieber gar nicht aus. Man erwähnt sie am besten niemals direkt, sondern nur indirekt und vor allem gebraucht man dann Decknamen. Sie bilden den Schutz gegen die Gefahr. So ist z. B. ein Kranker nicht einfach klipp und klar „krank", sondern „er liegt im Haus". Der Tote ist nicht „gestorben", sondern „er ist nach oben gegangen". Eine Frau, die ihre für die Hagen-Männer immer lebensgefährlichen „Tage hat", ist „draussen in der Laubhütte"; man sagt „ich habe mein Baum-Ästchen gespitzt und dem Mann gegeben" für „ich habe einen Mann gedungen, für mich die Blutrache auszuführen". Gerade auch erwünschte Machtwirkungen will man nicht stören durch direkte Namennennung; z. B. sagt man nicht, es ist ein Opfertier vorhanden, sondern man sagt „eine Zunge ist vorhanden", usw.

Man darf auch nicht wahllos jeden Tag arbeiten. Es gibt immer wieder machtvolle und darum gefährliche Tage und Zeiten, an denen sich die *Mbowamb* durch entsprechendes Verhalten vor der überschäumenden Macht in acht nehmen müssen. — Besonders kritisch wird die Lage auch, wenn bei Verletzungen etwa mit einem Bambusmesser, einem Beil, einer Pfeilspitze oder dergl. Freundes- und Bruderblut fliesst (Bd. II, 410). Der Begleiter, der das Blut fliessen sieht, ist dadurch sofort zu besonderem Verhalten verpflichtet. Der Verletzte und er stehen nun in einem ganz besonderen Verhältnis: es liegt auf ihnen beiden eine Art Bann. Weil Blut fliesst, muss das *Mi* aufgebracht sein (Kap. 33). Die Verletzung ist Machtäusserung des gereizten *Mi*. Die Verletzung ist nicht nur ein böses Omen, sondern schon erste Folge der ganz offenbar eingetretenen Stockung des Zuflusses der bewahrenden Macht. Hier gilt es „zu nehmen und abgesondert dasein zu machen", auch „abgesondert zu leben", wenn nicht weitere „böse Kunststücke" folgen sollen. Das erste ist, dass der, der das Blut fliessen sieht, dem Verletzten sofort den betreffenden Gegenstand wegnimmt. Er nimmt etwa das Buschmesser an sich und behält es. Einmal verletzt, könnte sich der andere noch öfters damit verletzen. Indem der Zuschauer das Messer wegnimmt und behält, macht er es von seinem bisherigen Besitzer „abgesondert dasein". Der „Rache-Zorn", der das Messer hier zur Verletzung des Mannes benützt hat, könnte sich nun aber gegen den richten, der es an sich nimmt. Darum wird dieser sich nun bis auf weiteres aller guten Speisen enthalten. Er wird kein Fleisch, keine Taro und Yams, auch keine gedämpften Süsskartoffeln mehr zu sich nehmen, sondern wird sich in der Hauptsache nur noch von kleinen Süsskartoffeln nähren, die auf dem Feuer geröstet wurden. Durch dieses besondere Verhalten soll der Bann gebrochen werden, der auf ihnen beiden liegt. Erst wenn die Wunde völlig geheilt und kein weiteres Unglück mehr passiert sein wird, wird der Geheilte dem anderen, der sich aller guten Speisen enthält, wieder „den Mund bedenkenlos machen", dass er alle Speisen wieder „wahllos" essen darf, indem er, der Geheilte, entweder einen Schweineschlegel oder ein kleines Tier opfert und sie beide dann das Opferfleisch gemeinsam verzehren. Das abgenommene Messer erhält der Besitzer nicht mehr zurück; im Laufe der Zeit wird ihm aber der andere auf dem Wege des Wirtschaftsaustausches wieder ein anderes Messer verschaffen. Durch das sofortige Wegnehmen des gefährlichen Gegenstandes hat er „ihm das Leben gerettet" und durch das Fasten hat er den Gegenstand für sich verwendungsfähig gemacht, ohne von ihm *ugl kits* fürchten zu müssen.

Temadl, Vorzeichen, sind also nicht nur Hinweise auf bevorstehende Machtäusserungen, sondern sie sind selbst schon die erste solcher nun offenbar zu erwartenden Machtäusserungen. Der Mensch wird aufmerksam, dass er sich durch besonderes Verhalten darauf einstellen muss. Die erste Reaktion des Menschen auf ein als Äusserung hintergründiger Mächte empfundenes „Kunststück" ist wohl immer, dass er es als gefährlich empfindet und für sich Gefahr wittert. Es können dann aber durchaus auch „gute Kunststücke" folgen. Als Beispiel seien die Sachen angeführt, die zu den *Mbowamb* gelangten, lange bevor irgend welche Weisse bis ins Innere Neuguineas eingedrungen waren. Die Hagen-Leute erzählten, dass eines Tages eine abgenützte Klinge eines Eisenbeiles bei ihnen auftauchte, die allgemeine Aufmerksamkeit und grosse Verwunderung erregte. Die, die sie vom Wagi-Tal herauf eingehandelt hatten, „nahmen sie und machten sie abgesondert dasein" und enthielten sich längerer Zeit aller guten Speisen. Der Deckel einer Blechdose, der ebenso den Weg bis ins Land der *Mbowamb* gefunden hatte, wurde als „Sonnenauge" verehrt. Beil und Deckel galten als „mächtig starke Sachen"; so auch ein Fetzen eines roten Lendentuches und ein fremder Armreifen. Man durfte sich diesen „starken Sachen" gegenüber so wenig einfach „alltäglich" verhalten, wie man sich einem Fremden gegenüber „alltäglich" verhält. Man begrüsst ihn freundlich und reicht ihm als erstes ein Stück Zuckerrohr. Damit wird seine fremde Macht gleichsam „gebannt". Oder man behandelt ihn gleich als Feind, weil man seiner fremden Macht nicht traut. In diesen Dingen, die also schon lange vor den Weissen zu den *Mbowamb* gelangten, offenbarte sich für sie eine fremde Macht, der gegenüber es galt, sich mit besonderer Wachsamkeit und Vorsicht zu verhalten. Sie konnte schädlich oder nützlich werden; in jedem Fall musste man auf der Hut sein. Man sagte: diese starken Sachen kommen „nicht bloss so", nicht ohne Grund und Absicht. „Sie kommen, weil es im Begriffe ist, einen Machterweis zu vollbringen", so sagte man. — Als dann die ersten Weissen kamen und mehr solcher „starken Sachen" mit sich führten, da deutete man die früher zu ihnen gelangten Dinge als *nedlaglwâ*, „Erstlingsfrüchte", als den „ersten Anbruch", die ersten Früchte eines neuen, nun erntereifen Feldes. Wie der Genuss der Erstlingsfrüchte, die man aus einem Felde nimmt, nicht „einfach darauflos", sondern immer nur durch besonderes Verhalten und unter einem Opfer an die hintergründigen Mächte geschehen durfte, so hatte man sich auch diesen „Erstlingsfrüchten" gegenüber besonders verhalten, man hatte „sie genommen und abgesondert dasein gemacht". Darum durfte man nun so wie bei einem ernte-reifen Feld nach dem „ersten Anbruch" auf eine Fülle weiterer „Früchte" hoffen! Deswegen beschlossen nun die klugen unter den Hagen-Häuptlingen in nächtlicher Ratsversammlung während der aufregenden Tage der ersten Ankunft der Weissen, diese fremden Hellhäutigen nicht anzugreifen und zu töten, wie Hitzköpfe geraten und schon einen ersten Versuch dazu gemacht hatten, weil sie die Eindringlinge mit den sagenhaften „hellhäutigen Menschenfressern" in Verbindung brachten, von denen in den Sagen der *Mbowamb* immer wieder und in vielen Variationen die Rede ist. Sie beschlossen, sich lieber gut zu dieser fremden Erscheinung zu stellen, um von ihr Nutzen zu ziehen, nachdem sie schon so „starke Sachen" als „Erstlingsfrüchte" vorausgeschickt und so einen „starken Hinweis" auf ihre Macht gegeben hatte.

8. Unterschiede an Mächtigkeit unter den Menschen.

Innerhalb der *Mi*-Gemeinschaften unterscheidet man zwischen

a) *wamb kits kae mbö*, „den schlechten und den guten Menschen". Darin darf man aber durchaus kein ethisches oder moralisches Urteil suchen. Die „schlechten Menschen" sind die schwächlichen, die körperlich kleinen, die geistig weniger regsamen, die der Rede nicht mächtigen. Dies alles geht auf einen Mangel an Machtzufluss zurück. — Dagegen gelten die körperlich grossen und starken, die robusten, die geistig beweglichen und die der Rede mächtigen Menschen als „gute, schöne Leute". Sie verfügen über mehr Macht im magischen Sinne. Der grösste Raufbold, der geschickteste Dieb, der ärgste Schreier, einer, der die handfestesten Lügen an den Mann bringt, der rücksichtsloseste, der sich immer durchzusetzen weiss, gilt als „guter Mann".

b) *wamb ou kedl mbö*, „den grossen und den kleinen Leuten". Diese Unterscheidung hat ganz und gar nichts mit der Körpergrösse zu tun, sondern bezieht sich auf Ehre und Ansehen. Die „grossen Leute" sind die führenden Leute, die immer den Ton angeben, die die grossen Kult- und Wirtschaftsfeste organisieren und deshalb in ihrer jeweiligen *Mi*-Gemeinschaft am meisten Achtung und Ansehen geniessen. Ein „grosser Mann" braucht nicht unbedingt moralisch „gross" zu sein; seine „Grösse" beruht in erster Linie auf seiner magischen Mächtigkeit. Dagegen kann ein Mensch moralisch „gross" sein, er gilt trotzdem als „kleiner Mann", weil er keine tonangebenden Qualitäten besitzt, sich unterordnet und von anderen führen lässt. Die „kleinen Leute" sind immer die, die ihrer „grossen Herren" Arbeiten verrichten, zu deren Wirtschaftsunternehmungen beisteuern und bei den grossen Opfer- und Wirtschaftsfesten, die die „grossen Leute" organisieren, durch kleine Beiträge mithelfen und mitmachen, schon vorher die dafür nötigen grossen Felder anlegen, die Festplätze richten helfen, die Unterkunftshütten für die Festgäste bauen usw.

c) *wamb nuim koropa mbö*, „die reichen und die armen Leute". Auch diese beiden Begriffe darf man nicht einfach in unserem Sinne verstehen. Auch hier ist wieder der magische Machtzufluss das entscheidende Merkmal. Wir werden später noch einmal auf den Begriff *nuim* zurückkommen; hier sei er zunächst mit „reich" übersetzt. Eine *amb nuim*, reiche Frau, ist aber z. B. keine, die in unserem Sinne Reichtümer besitzt, sondern die zunächst schon einmal über tüchtige Körperkräfte verfügt, die sich von niemandem etwas bieten lässt, auch nicht von ihrem

Eheherren, die viele fette Schweine aufzuziehen versteht und eine grosse Kinderschar hat, aber trotzdem noch immer robust ist. Ein *wö nuim*, reicher Mann, ist keiner, der Schätze hortet; er hat vielleicht nicht einmal zu Zeiten ein einziges Wertstück zuhause liegen; aber er ist einer, durch dessen Hände immer wieder viele Wertstücke und Schweine gehen, weil er viele wirtschaftliche Beziehungen hat, viele Frauen und „kleine Leute", die für ihn arbeiten, so dass er immer wieder Kult- und Wirtschaftsfeste veranstalten kann, woran alle teilnehmen und Tage der Freude, des Ruhmes und des guten Essens verleben können. — Dagegen sind die „armen Leute" solche, die nichts zu veranstalten wissen, die zu den grossen Festen nur einen kleineren Beitrag leisten, die nur eine Frau und darum nur kleinere Felder und weniger Schweine haben. Aber es sind durchaus keine „Armen" in dem Sinne, dass sie gar kein Wertstück besässen; erst recht nicht in dem Sinne, dass sie vielleicht kein Stück Land ihr eigen nennen würden. Sie sind nur wenig unternehmungslustig, haben wenig wirtschaftliche Beziehungen zu anderen, sind darum auch meist zu Hause und helfen nebenbei mit, die Arbeiten ihres „reichen Herrn" zu verrichten. Ihr Mana-Zufluss ist gering; darum sind sie genügsam und machen nichts aus sich.

Die in Kap. 12, 5 erwähnten somatischen Unterschiede und die nun hier oben genannten Unterschiede nach Ansehen und Besitz werden also von den *Mbowamb* selbst auf ein verschiedenes Mass von Mächtigkeit und Machtzufluss im magischen Sinne zurückgeführt. Unsere Begriffe wie „soziale Schichten" oder gar „Klassen" auf diese Verhältnisse der Hagen-Leute anzuwenden, empfinde ich als abwegig. Dasselbe gilt für den Begriff „Sklave", für den schon die Hagen-Sprache keinen Ausdruck hat. Bd. II, 48 ist *wö waŋen* mit „Sklave" übersetzt. Es heisst aber eigentlich nur „der kinderlose, körperlich schwächliche Mann". Solche *wö waŋen* können auch verheiratet sein. In einer kinderlosen Ehe heissen beide Ehepartner *wö waŋen*, resp. *amb waŋen*. In einer polygamen Ehe heisst eine sonst körperlich kräftige und in der Arbeit tüchtige Frau doch *amb waŋen*, wenn sie keine Kinder hat. Der eigentliche Sinn des Begriffes *waŋen* liegt also in der Kinderlosigkeit, was natürlich wieder auf die Einwirkung hintergründiger Mächte und den fehlenden Machtzufluss zurückgeführt wird. — Von „Versklavung" irgendwelcher Leute kann man bei den *Mbowamb* bestimmt nicht sprechen. Auch die, die für „grosse Leute" arbeiten, werden dafür immer entschädigt, mindestens durch ein grosses, gemeinsames Mahl, das der „grosse Herr" veranstalten muss. Alle Dienstleute werden von den „reichen Männern" sehr gut versorgt, das gegenseitige Verhältnis beruht immer auf Freiwilligkeit, sehr oft auf gegenseitiger Zuneigung. Oft sind es auch Eheverwandte, die kommen und eine Zeitlang bei den anfälligen Arbeiten mithelfen (vgl. Kap. 12, 3 a-d). Von „Klassen" kann man bei den *Mbowamb* schon gar nicht reden. Die „guten und schlechten, grossen und kleinen, reichen und armen Leute" sind alle zusammengeschlossen in ihren jeweiligen *Mi*-Gemeinschaften und deren Untergruppierungen. Je nach Tüchtigkeit, Begabung, Ausdauer und Energie bedeuten sie innerhalb ihrer *Mi*-Gemeinschaft mehr oder weniger. Sie sind aber alle zusammen immer aufeinander angewiesen und leisten sich auch gegenseitige Lebenshilfe. Von einer „Klassenbildung" kann keine Rede sein. Bd. II, 49 heisst es darum auch: „Die *Mbowamb* sind so verbunden, dass sich die sozialen Unterschiede nicht im Gemeinschaftsleben des Volkes bemerkbar machen . . ."

Auch Abraham L. Gitlow, der seine Informationen zum größten Teil von Pater W. Ross hat, redet in seinen „Economics of the Mount Hagen Tribes, New Guinea" von „. . . five well defined groupings or classes in society" und von einer „well defined serf class". Nach meinem Dafürhalten ist das eine Übertragung unserer Vorstellungen auf die ganz und gar anderen Verhältnisse der Hagen-Leute.

5. Die „mystische" Weltauffassung der Mbowamb.

Alle Machtäusserungen von Menschen und Dingen werden übersinnlichen oder hintergründigen Mächten zugeschrieben. Alles Irdische ist nicht nur ein Gleichnis des Übersinnlichen und Hintergründigen, sondern es quillt sozusagen aus dem unaufhörlichen Wirken und Schaffen geheimnisvoller Mächte her. Es gibt für die *Mbowamb* schlechterdings nichts, was aus dem Zusammenhang mit dem religiös-magischen Urgrund herausfallen würde. Daher findet der Geist der Eingeborenen in dem, was wir natürliche Zusammenhänge nennen, keine befriedigende Antwort. Wir schreiben z. B. Hab und Gut, das wir vielleicht besitzen, etwa unserer Eltern Fleiss und Tüchtigkeit zu oder auch unserer eigenen Begabung und Geschicklichkeit, unserer sozialen Stellung. Die *Mbowamb* befriedigt diese „natürliche" Erklärung nicht. Sie schreiben es der Hilfe hintergründiger Mächte zu. Haben sie Glück und Erfolg, erlangen sie den ersehnten Kinderreichtum, haben sie eine gute Ernte, haben sie innerhalb ihrer *Mi*-Gemeinschaft eine angesehene und geachtete Stellung, Erfolg in Handel und Wandel, so ist für sie das alles eine Folge der wirksamen Hilfe der hintergründigen Mächte, die durch immer wiederholte Opfer günstig gesinnt sind. In Glück und Erfolg sieht man darum zugleich wieder eine Versicherung der guten Gesinnung dieser Mächte. Eine vordergründige Erklärung, die etwa den Erfolg aus allerlei günstigen Umständen herleiten wollte, lässt den Geist der *Mbowamb* unbefriedigt, denn sie entbehrt der religiösen Überzeugungskraft, nach der die Eingeborenen vor allem verlangen. Die religiöse Antwort allein ist für sie die gültige, in der sie Befriedigung und Ruhe finden. Dabei darf man Religion und Magie nicht gegeneinander ausspielen wollen, als sei das eine „höher" und das andere „niedriger". Die Geisteshaltung der *Mbowamb* ist geschlossen religiös-magisch. Man darf auch nicht glauben, dass die Eingeborenen die natürlichen Zusammenhänge einfach übersehen; sie beobachten sie öfters und genauer, als wir vielleicht meinen; sie gehen aber darüber hinweg, weil sie auf das für sie Eigentliche und Wichtige zusteuern. Sie kennen kein unpersönliches, absichtsloses, rein „sachliches" Geschehen. Es muss immer ein lebendiges, tätiges, mit einem Willen begabtes und bestimmte Zwecke und Ziele verfolgendes Wesen dahinterstecken. So ist z. B. bei einer an sich recht unwichtigen Erscheinung wie dem Echo für die *Mbowamb* nicht der Vorgang der Schallbrechung das die Aufmerksamkeit erregende Moment, sondern das offensichtliche Vorhandensein eines Geistwesens. Dass in der Felswand, in der Schlucht oder im Walde ein Geist haust, der uns im Echo schreckt, stellt für sie die richtige Erklärung dar. Sie schrecken vor solcher magisch-mystischen Auffassung der Erscheinungen auch in all' den Fällen nicht zurück, wo sie ihnen Grauen einflösst. Im Gegenteil, das Grauen ist für sie ein wesentlicher Bestandteil der gültigen und befriedigenden Antwort. Suchen sie doch nie nur eine Antwort für den „gesunden Menschenverstand", sondern auch für Herz und Gemüt. Erst wenn sie die magisch-religiöse Antwort gefunden haben, haben sie auch das beruhigende Bewusstsein, dass sie sich einer Erscheinung gegenüber richtig werden einstellen und verhalten können. So sind für die *Mbowamb* Leben und Sterben, Wachsen und Reifen, Schaffen und Streben, Säen und Ernten, Handel und Wandel, Arbeit und Vergnügen, Leid und Freud, Wunden und Krankheiten, gute und böse Zeiten, Glück und Unglück, Einzel- und Gemeinschaftsleben, Sitte und Recht, kurzum Alles und Jedes eingebettet in ihre magisch-mystische Weltauffassung, die alles Vorhandene einteilt in Träger von Lebens- und Todeskräften, die von personhaftem Willen guter oder böser Art eingesetzt werden, entweder *ugl kae* oder aber *ugl kits* zu vollbringen.

KAPITEL 15
GEFÄHRDUNG DURCH TRÄGER VON TODESKRÄFTEN

1. Die Einstufung der Machtträger

geschieht immer durch die Menschen und sie gehen immer davon aus, was ihnen nützlich oder schädlich ist. Alles, was ist, verteilt sich für die *Mbowamb* in Träger von Lebens- und von Todeskräften. Die Machtäusserungen der einen gelten als *wamb muglmin-ŋö ugl mbö*, Kunststücke, durch die wir Menschen leben werden"; das sind zugleich *ugl kae*, „gute Kunststücke". Menschen und Dinge, die solche guten Kunststücke vollbringen, gelten ebenfalls als *kae*, gut, schön, ebenso als *rondogl*, stark, mächtig. Als unsere „ganz ungeheuer starke Sache" wird das *Tei-medl* oder *Mi* bezeichnet. Es ist Träger von Macht, Lebens-, Zeugungs- und Wachstumskraft. Darum gibt es auch Lebenshilfe und Schutz. Es ist hier aber stark hervorzuheben, dass das *Mi* einer *Mi*-Gemeinschaft durchaus nicht bei allen anderen schon auf Grund des allgemeinen Macht- oder Mana-Glaubens als besonders „mächtig" gelten muss. Es k a n n das *Mi* einer *Mi*-Gruppe ein Ding sein, das auch bei allen anderen, deren *Mi* es nicht ist, wegen seines *Mana*-Gehaltes als ein „sehr mächtiges Ding" gilt, es m u s s aber nicht so sein. Entscheidend ist beim *Mi*, dass es der betreffenden Gruppe „Hingelegtes" ist, um es für sie zum „machtbegabten Ding" zu machen. Weil es von einem *Tei*-Mann für eine Gruppe von Menschen „hingelegt" und von ihrem Urahnen oder Stammvater „gefunden" wurde, ist es eo ipso für diese Gruppe eine „überaus starke Sache". Mag also eine Pflanze, ein Vogel usw. seinem „Gehalt an Mana" nach für die *Mbowamb* n i c h t zu den besonders machtvollen Dingen gehören, so ist es doch als *Tei-medl* oder *Mi* für die Gemeinschaft, die mit ihm zusammengehört, i m m e r eine „mächtig-starke Sache". Es kommt hier auf den Destinativ *ten-ŋa* „unser" oder „für uns" an. Mag diese „Sache" für alle anderen nichts Besonderes sein — „für uns" ist sie ohne Zweifel *ten-ŋa medl rondogl-we*, „unser sehr machtvolles Ding".

2. Träger von Todeskräften.

Sie sind ebenfalls „mächtig, machtvoll". Ihre Machtäusserungen gelten als *wamb kuglmin e-ŋa ugl mbö*, Kunststücke, durch die wir Menschen sterben werden. Solche „Kunststücke" sind natürlich *kits*, böse, schlecht, aber ungeheuer mächtig. Als Träger von Todeskräften gelten in erster Linie alle Stoffe, die als Todeszauber verwendet werden, wie z. B. Haare, Leber, Nierenfett von Leichen und Leichensaft; mineralische Stoffe, für die mir vier Fundstellen bekannt geworden sind. Sie werden in 5-10 cm lange und 1-2 cm weite Bambusröhrchen gefüllt, die man dann mit einem Blätterstöpsel verschliesst und auf dem *ateŋa*-Gestell über dem Feuerplatz im Hause aufbewahrt. Durch Feuchtigkeit und Kälte würde der Todeszauberstoff nämlich an Kraft und Wirkung verlieren. — Soll jemand durch Todeszauber umgebracht werden, so findet man Zwischengänger, die auf Versprechung einer Belohnung hin willens sind, ein Bambusröhrchen mit dem Zauberstoff an sich zu nehmen, um ihn bei Gelegenheit dem ausersehenen Opfer zu verabreichen. Dies muss heimlich geschehen. Das Opfer darf nichts davon merken. Es würde sonst den Todeszauberstoff ja nicht zu sich nehmen. Der Zwischenträger gibt sich den Anschein eines freundlichen Besuchers. Er bringt vielleicht ein Stück gekochtes Fleisch mit, um es mit dem zu Verzaubernden zu teilen. Dabei gibt er gut acht, die Hälfte, die er vorher heimlich mit dem Zauberstoff eingerieben hat, dem anderen zuzuteilen, der es ohne Argwohn verzehrt. Hat man gerade kein Fleisch zur Verfügung, so lässt sich mit einer gebratenen Süsskartoffel oder anderen Speisen dasselbe erreichen. Es genügt ja schon, die magische Todeskraft des Zauberstoffes zur Wirkung zu bringen, auch wenn nur ein ganz klein wenig davon ins Essen gemischt wird. Manche Zwischenträger verabreichen ein wenig davon einfach dadurch, dass sie etliche Körnlein ihrem Opfer auf die Zunge legen, wenn es nachts im tiefen Schlaf mit offenem Munde daliegt. Eine andere Möglichkeit der Verabreichung ist die, dass etwas von dem Zauberstoff auf den Kopf oder ins Haar geschüttet wird (Bd. I, 136, Abb. 50-54). Sobald der Kontakt zwischen Zauberstoff und Opfer hergestellt ist — sei es durch innere oder äussere Verabreichung — so beginnt dieser Träger stärkster Todeskräfte seine magische Wirkung. Inzwischen hat man dann dem Todgeweihten von der heimlich vollzogenen Verabreichung wissen lassen. Als Träger hoher Todeskräfte gelten sodann einige Farnarten, z. B. *Pints* und der *Poketa*-Baum, weil man *Pints*- und *Poketa*-Blätter zum Einwickeln der Leichen verwendet. Giftige Pilze, verdorbenes Fleisch, kurzum alles, was Übelsein, Erbrechen, Kopfschmerzen und Krankheiten hervorruft, gilt als Träger von Todeskräften; auch der „böse Blick" gehört hierher.

3. Die Macht des Blickes.

Im Blick liegt Kraft. Wir spüren diese Kraft. Wir empfinden einen Blick als freundlich, gütig, bewahrend, segnend, helfend; oder auch als feindlich, herausfordernd, drohend, lauernd, betörend, verwirrend, stechend, bannend, fluchbeladen. Wir erklären uns diese Kraft und Wirkung des Blickes psychologisch; die Hagen-Leute magisch-religiös. Die magische Kraft des Blickes ist nicht eine freischwebende, ungebundene Kraft an sich; sie eignet bestimmten Menschen und den Geistern. Sie wirkt nicht irgendwie und auf irgendwen, sondern ist geleitet von dem affektgeladenen Willen eines Menschen oder Geistes. Erst der gute oder böse Wille einer Person — Mensch oder Geist — verleiht der an sich neutralen Macht des Blickes gute oder böse Wirkung.

a) Der Glaube an den guten Blick.

Nêm kandep morndornt, molkon koglöin, „ich lasse dich durch meinen Blick leben, du sollst erst nach langem Leben sterben", sagt man zu einem Menschen, der einem Gutes erwiesen hat. „Ich will dich mit meinem Blick leben lassen und bewahren", so sagt etwa der Grossvater zu seinem Enkel, der ihm zugetan ist und laufend mit Trinkwasser, Feuerholz, Feldfrüchten usw. versorgt. Des Grossvaters Blick, in welchem zugleich die Bewahrungskraft des *Mi* der patriarchalen Ordnung mitschwingt, hat Macht, den Enkel vor bösen Einflüssen anderer, übelgesinnter Mächte und Menschen zu bewahren. „Ich schaue dich mit guten Blicken an", hat darum den Sinn von „ich segne dich". Auch dem guten Blick der Mutter, des Vaters, Onkels oder irgend eines Verwandten wird die bewahrende und segnende Kraft des Blickes zugeschrieben.

Menschen, deren Leben durch Krankheit gefährdet ist und die darum mit besonderem Neid auf die Gesunden blicken, sammeln gleichsam besonders viel „Kraft" in ihrem Blick. Erweist man solchen Menschen Gutes, so schauen sie einen mit besonders guten Blicken an. „Wenn ein Mensch mit Frambösie oder Aussatz befallen ist und wie ein Sterbender daliegt, und ihm dann ein gesunder, kräftiger Mann oder Junge etwas von seinem guten Essen oder Schweinefleisch einwickelt und hinbringt, dann sagt der Kranke: mich, der ich keinen guten Bissen zu essen habe und dessen Kehle trocken ist, erfreust du mit deiner Gabe! Ich will dich mit meinen Blicken leben lassen; du sollst erst in hohem Alter sterben." — Kommt es vor, dass solch' ein Wohltäter in jüngeren Jahren plötzlich stirbt, so sagt der Kranke: „Hier muss einem der Geister ein Fehler unterlaufen sein!" (dass er den guten Mann sterben liess). — Die Macht des guten Blickes steigert sich in ihrer bewahrenden und segnenden Wirkung mit zunehmendem Alter. Sie ist am wirksamsten nach Übertritt aus dem Menschen- in das Geisterdasein. Die helfenden und bewahrenden Geister umfangen die Lebenden mit ihren guten Blicken, hüllen sie gleichsam darin ein; daher der sprachliche Ausdruck: die Geister lassen uns durch ihre Blicke leben.

b) Der Glaube an den bösen Blick.

Der „böse Blick" wird in der Hagen-Sprache *môŋ-edl*, Augenpfeil, genannt. Wie der aus weiter Ferne abgeschossene Pfeil durch seine magische Flug- und Treffkraft namens *orogl* den Vogel oder den Feind trifft, so trifft der tödliche Augenpfeil, der von *môŋ-orogl*, der magischen Flug- und Treffkraft des Auges, gelenkt wird, einen Menschen, dass er krank wird und sterben muss. Diesem tödlichen Augenpfeil sind vor allem auch Kinder ausgesetzt. „Wenn eines Mannes Erstgeborener oder auch sonst eines der Kinder gestorben ist, und der Mann sieht dann später ein anderes Kind, das seinem toten Kinde gleicht, so sagt er: ‚hier sehe ich ja wahrhaftig ein Kind, das ganz genau so aussieht wie jenes mir entrissene!' Er muss dann weinen und denkt bei sich, wenn nur dieses Kind hier gestorben wäre, dann wäre es recht! Er ‚schlägt dann dieses Kind mit dem Augenpfeil' und zu Hause erzählt er seinen Leuten: ‚ich habe ein Kind getroffen, das genau meinem toten Kinde gleicht. Es hat genau dasselbe Gesicht und dieselbe Gestalt. Als ich es sah, drehte sich in mir alles um und ich schlug es mit dem Augenpfeil. Hoffentlich stirbt es!' — Da zanken ihn dann seine Leute und sagen: ‚weisst du nicht, dass der Augenpfeil Kinder wirklich töten kann?! Willst du denn dieses Kind umbringen?' Dann antwortet der Mann: ‚weil mich beim Anblick dieses Kindes der Rache-Zorn ergriff, darum schlug ich es mit dem Augenpfeil, und ihr sollt sehen, was daraus wird; darum erzähle ich es euch! Soll ich mir vielleicht mit einer Perlmuttermuschel ein anderes Kind erwerben, so wie man sonst Dinge mit Wertstücken erwirbt? Oder was könnte ich sonst wohl machen?' (um den Schmerz über meinen Verlust zu stillen). Wird das Kind dann vielleicht erst nach Jahr und Tag schwer krank und stirbt, so sagt der Mann zu seinen eigenen Leuten daheim: ‚Das Kind, das meinem toten Kinde so auffallend gleicht, schlug ich seinerzeit mit dem Augenpfeil; nun ist es gestorben, das ist recht. Ich habe es euch ja gesagt! — Habe ich ihnen vielleicht ein Schwein erschlagen, so dass sie mich nun ausfindig machen und Schadenersatz verlangen könnten? Nur keine Sorge! Den tödlichen Augenpfeil sieht keiner schwirren. Ich habe einiges an Weh und Schmerz ausgestanden; nun soll auch der Vater dieses Kindes etwas davon spüren! Nun ist mein Inneres leichter."

Man sieht aus diesem Beispiel folgendes: der „böse Blick" ist die am wenigsten erkennbare Form von Todeszauberei. Der Täter kann hier am wenigsten zur Rechenschaft gezogen werden. Und der böse Blick ist die „billigste" Form, den Rache-Zorn zu stillen. Der beabsichtigte böse Blick geht auf den Schmerz über einen Verlust und auf den Neid über den Besitz anderer zurück. Er ist die Machtäusserung der „Verlangensseele" namens *kôm* (Kap. 18, 3).

Eine weniger heftige Art des bösen Blickes wird nicht als „Augenpfeil" bezeichnet, sondern als „Abwenden des guten Blickes" oder als „Entlassen, Fortschicken aus dem bewahrenden Bereich des guten Blickes". Wie Eltern und Grosseltern, Onkel und Tanten und sonstige Verwandte die Fähigkeit des bewahrenden, segnenden Blickes haben, so haben sie auch die Fähigkeit des schädigenden Blickes. Ist ein Vater mit seinem Sohn, ein Grossvater mit seinem Enkel, eine Mutter mit ihrer Tochter unzufrieden, so sagt man „ich tue dich hinweg von meinem (guten) Blick". Der Betreffende ist dann allen bösen Einflüssen, Krankheiten, Misserfolg usw. ausgeliefert. Dieselbe Vorstellung liegt auch vor bei dem sprachlichen Ausdruck „die Geister schauen uns aus der Augen-nichtig-Seite an", d. h. sie betrachten uns mit ablehnenden Blicken. Dies sagt man besonders bei Misserfolg in Handel und Wandel, beim Ausbleiben von Wertsachen, beim Misslingen einer Veranstaltung und bei allerlei Unglück und Krankheit. Dies alles ist Folge des „ablehnenden Blickes" der Geister. Auch der Ausdruck „Geist Auge sehen" ist zureichende Erklärung einer plötzlichen, heftigen Krankheit. Wenn jemand, der zur Zeit der Abenddämmerung noch an den Fluss gegangen war, um Wasser zu schöpfen, nach der Rückkehr ins Haus plötzlich in Fieberschauern zusammenbricht, so sagt man: „er hat das Auge der Geister gesehen". Es strahlt von den Augen der Geister etwas Wesenhaftes aus, das wie eine „Ansteckung" wirkt. Bd. II, 259 unten schreibt der Verfasser: „Ganz sonderbar ist, dass man auch eine Krankheit, die durch Missgunst der Geister, bzw. durch Nichteinhaltung der Vorsichtsmassregeln ihnen gegenüber, entsteht, als Ansteckung bezeichnet". „Ansteckung" wird von den *Mbowamb* immer magisch aufgefasst, deswegen können sie dieses Wort auch hier anwenden für die „Ansteckung durch den bösen Blick", von dem wir damals noch nicht wussten, dass der Glaube an die Macht des Blickes bei den Hagen-Leuten so ausgeprägt vorliegt.

c) Hilfe gegen den bösen Blick.

Weil das aus dem „üblen Auge" Ausgestrahlte dem Betroffenen anhängt ,ist es möglich, dieses magische Etwas mit Hilfe heisser Betelpalmblätter oder über dem Feuer erhitzter Löwenzahnblüten wieder abzustreifen. Der in Eile herbeigerufene Medizinmann bespricht diese Blätter und Blüten, indem er sie über dem Feuer erhitzt. Weil diese dem Aufenthaltsbereich des betreffenden Geistes entnommen und somit ihm zugehörig sind, fühlt sich der Geist durch die Verwendung „seiner Sachen" ertappt und „gestellt", damit auch schon „gebannt". Er schämt sich, dass man ihn erkannt hat und lässt von seinem Opfer ab. Das bereits aus seinem Auge ausgestrahlte, böse Etwas streift der Medizinmann von dem Kranken ab und wirft es fort. Da kann der Kranke wieder genesen.

Die beste Vorbeugung und Bewahrung gegen alle Arten und Wirkungen des bösen Blickes bestehen in einem guten und ungestörten Verhältnis zu den bewahrenden Mächten, deren guter Blick fähig ist, jegliche Wirkung des bösen Blickes fernzuhalten und zu bannen. Die beste Therapie ist das Opfer. Die oben erwähnte magische Vertreibung eines übelgesinnten Geistes wird ja nur solchen Geistern gegenüber angewendet, von denen man sowieso keine Hilfe erwartet, nämlich gegenüber Fluss-, Wald- und Sumpfgeistern. Haben jemanden dagegen die eigenen Schutz- und Hilfsgeister aus Unzufriedenheit oder Neid „böse angeschaut", so ist das einzig Richtige, dagegen anzuwendende Mittel, das Opfer. Vom Opfer sagt man dann voll Zuversicht *kanemba* — es wird ansehen, d. h. es wird helfen, heilen, segnen. Diesen Ausdruck „es wird ansehen", den man sprachlich genau so richtig auch mit „er — sie — wird ansehen" wiedergeben kann und den man auch bei jeglicher sonstiger Krankenbehandlung und heute auch bei Verabreichung von europäischer Medizin anwendet, haben wir solange nicht recht verstanden, als wir nicht um den Glauben an den guten und bösen Blick wussten. „Es — er — wird ansehen", d. h. das Opfer, die Prozedur des Medizinmannes, die Verabreichung der Medizin durch den Arzt oder die Schwester wird helfen, weil wir nun wieder in den Bereich des guten Blickes gebracht sind, der „uns leben lässt".

KAPITEL 16
DER EINBRUCH DES TODES

1. Die ugl kits.

Wie es *ugl kae*, gute „Kunststücke", Verhaltensweisen, Tatäusserungen gibt im Sinne des Vorteilhaften und Nützlichen, so gibt es auch *ugl kits*, böse „Kunststücke" oder schlechte Machtäusserungen im Sinne des Nachteiligen, Schädlichen und Feindlichen. Alles, was das Wohlergehen, das gute Einvernehmen und die friedlichen Beziehungen stört, sind *ugl kits*. Sie sind das freilich nur dann, wenn man s e l b e r davon betroffen und geschädigt wird. Da man nicht nur durch Verstösse und Vergehen moralisch-rechtlicher Art nachteilig betroffen und geschädigt werden kann, sondern z. B. auch durch Unglück, Missgeschick, wirtschaftliche Not, schlechtes Wetter usw. fällt auch alles dies unter diesen dynamischen Machtbegriff *ugl*, der in diesem Falle, wo man selbst davon betroffen wird, natürlich ein böser *ugl* ist. Was alles von den *Mbowamb* im einzelnen als „böse Kunststücke" bezeichnet wird, soll später ausgeführt werden.

2. Krankheit und Tod

sind unter die schlimmsten aller *ugl kits* zu zählen, weil sie ein furchtbares Anzeichen sind für den gestörten oder gar unterbundenen Machtzufluss und ein grauenerregender Beweis für die eingetretene Störung des guten Verhältnisses zu den das Leben tragenden Mächten. Der australische Ethnologe F. E. Williams schreibt in seiner Studie über die *Natives of Lake Kutubu, Papua*, man könne die Kultur und Religion der südlichen Hochländer um den Kutubu-See darstellen unter dem übergreifenden Gesichtspunkt der Verhütung und Überwindung von Krankheitsnöten. Das gilt auch für die *Mbowamb* in den Western Highlands, denn Krankheiten und der Tod selbst sind für sie Folgen der Störungen des tragenden Lebensgrundes der zwischenmenschlich-seelischen Beziehungen untereinander und zu dem, diese Beziehungen darstellenden *Mi*, sowie zu den hintergründigen Mächten. Positiv gewendet könnte man dies für die *Mbowamb* auch so ausdrücken: das Leitmotiv ihrer Religion und Kultur ist die Erhaltung und Anreicherung des gegebenen Lebens und darum nach Möglichkeit die Vermeidung oder doch baldmöglichste Beseitigung der Störungen der tragenden Beziehungen innerhalb der *Mi*-Gemeinschaften, wozu ja auch die Toten gehören; also Wiederherstellung und Befestigung des guten Einvernehmens in der Gemeinschaft.

3. Der Einbruch des Todes

in die Menschenwelt gilt als etwas Furchtbares. Er wird nicht den *Tei*- oder Oben-Leuten zugeschrieben, die ja die Setzlingsmenschen „pflanzten", ihnen am *Kona wiŋndi* durch das *Mi* Lebens-, Zeugungs- und Vermehrungskraft „hinlegten" und den Opfer-Anspruch stellen, um als Antwort auf die Opfer dann wieder Leben und Zahl der „Pflänzlingsleute" immer von neuem zu stärken und zu mehren. Über die Oben-Leute selber hat der Tod keine Macht.

Die *Mbowamb* fragen nicht, w o h e r der Tod kam, sondern w i e er in die Menschenwelt einbrechen konnte. Die Mittel, nämlich die Träger von Todeskräften, durch die der Tod wirksam werden konnte, werden einfach als vorhanden vorausgesetzt. Die brennende Frage ist, w a r u m und w i e konnten sie wirksam werden? Es musste sie doch erst ein verkehrter Wille zum Einsatz bringen! Nach der Mythe über den Einbruch des Todes in die Menschenwelt wird dafür eine „Uralte", eine Frau also, verantwortlich gemacht. Wir sahen schon, dass nach der Mythe über den Abbruch des Verkehrs der *Tei* -oder Oben-Leute mit den Menschen, zu denen sie vorher herunterzukommen pflegten, ebenfalls eine alte Frau die Schuld hatte (Kap. 9, 1 u. Bd. III, Nr. 12). Warum bürdet man gerade der Frau solch' schwere Schuld auf? In der patriarchalen Gesellschaft mit ihrer Hochschätzung des Mannes und alles Männlichen, sowie der Gestalt des Vaters, der „Geschwistergemeinschaft" durch das *Mi*, wo die Abstammung immer patrilinear und die *Kona*-Zugehörigkeit immer patrilokal ist, steht die Frau tatsächlich zwischen der *Mi*-Gemeinschaft ihres Vaters und der ihres Ehemannes. Sie steht eigentlich oft vor dem Problem der doppelten Loyalität und wird dadurch oft der Anlass zu Streit und Auseinandersetzungen. Hier liegt eine Einbruchstelle aller „bösen Kunststücke". — Man leistet auch nur sehr ungern den „Kaufpreis", weil man dabei Opfertiere und Wertsachen, die beide „Macht" bedeuten, an die andere, meist rivalisierende Gruppe abgeben muss. Man bedauert auch, dass man durch die eigenen Töchter, indem man sie zur Ehe weggibt, etwas von der eigenen Lebenskraft und Macht an die andere *Mi*-Gruppe abgeben und diese dadurch eigentlich wider Willen stärken muss. Ihre Söhne und Enkel werden einst in Kämpfen auf der anderen Seite stehen! Das Ideal wäre Zeugung von Kindern o h n e Frau und Mutter, so wie die *Tei*- oder Oben-Männer keine Geschlechtsgemeinschaft mit den *Tei*- oder Oben-Frauen haben und die Urahnen der „Setzlingsmenschen" einst mit Hilfe eines Vogeleies „pflanzten". Diesem Ideal sucht man in den Kultfesten nahezukommen. Wie wir aus der hier folgenden Mythe gleich sehen werden, bedeutet dies aber nicht, dass der Geschlechtsverkehr als „Ursache des Todes" (Bd. II, 77) angesehen wird oder dass „die Menschen . . . durch den Geschlechtsverkehr gefallen und von der übernatürlichen Macht abgewichen" sind (Bd. II, 424).

4. Die Mythe über den Einbruch des Todes.

Wamb kui-ken tikidl ragl. Über das Sterben und Sich-verjüngen der Menschen: Es lebten ein Uralter und eine Uralte. Die Uralte gebar einen Sohn. Das Knäblein hatte Stuhlgang und der Stuhl kam auf den Schoss seiner Mutter zu liegen. Die Uralte wusste sich nicht zu helfen und konnte es nicht wegwischen. Da merkte es der Uralte und sprach: Warte bis ich im Walde herumlaufend Blätter und Rinden von Bäumen holen und dir geben werde, die sich abschälen; damit kannst du es dann abwischen. Ich will das gute Kunststück machen, dass die Menschen sich häuten (d. h. verjüngen; Bäume, deren alte, rissige Borke sich ablöst, die Bäume selber aber immer weiterwachsen, gelten als Träger von Lebenskräften. Wie das Abwerfen der alten Haut bei den Kriechtieren als Verjüngung gilt, so auch bei den Bäumen das Abstossen der äusseren Rinde. Man verwendet für beides dasselbe Wort *tikidl)*.

Die Uralte wartete und wartete auf seine Rückkehr; aber er blieb ihr zu lange aus. Der Kot auf ihrem Schoss verbreitete einen unausstehlichen Gestank. Da nahm sie Blätter, die in Reichweite waren. Das aber waren Blätter vom *Pints* und *Poketa* (Kap. 15, 2)! Damit wischte sie es ab und schaffte es weg.

Nach dem Glauben der *Mbowamb* ist in den Exkrementen *min* Lebenskraft (Seelenstoff) enthalten. Kommt dieses *min* mit Trägern von Todeskräften in Berührung, so wird auch die Person selbst der Einwirkung der Todeskräfte verfallen.

Inzwischen hatte der Uralte im Walde die Sachen gesammelt, die der immer wiederkehrenden Verjüngung der Menschen dienen sollten. Als er endlich damit ankam, sprach die Uralte zu ihm: du liebe Güte! Weil du solange nicht zurückkamst, und ich es vor Ekel nicht mehr aushalten konnte, habe ich schon alles fortgewischt! — Da wurde der Uralte von Rache-Zorn erfüllt und sprach: Während ich mich um die Verjüngung der Menschen mühe, hast du schon das Kunststück des Sterbenmüssens der Menschen vollbracht! Mit diesen Worten warf er alle Sachen der Verjüngung der Menschen fort! — „Deshalb Menschen Sterben davon Sitte die liegen-sie herwärts herwärts sie kommt immer", d. h. deshalb herrscht nun der Tod unter den Menschen von Generation zu Generation. Erzählt von *Kentka Meneŋa* und *Kombogla Kuts*

Bei einem Todesfall kann man die *Mbowamb* oft klagen hören: o weh! Warum hast du Uralte dies Kunststück des Sterbenmüssens der Menschen vollbracht. Warum hast du des Uralten Rede widersprochen, dass wir nun immer sterben müssen! Hätte er doch das gute Kunststück der Verjüngung der Menschen gemacht! Dann würden wir uns nun immer häuten. „Wir sind zornig auf die Uralte und schimpfen über sie."

Die Uralte erlag dem Grundfehler der Frau — bei den *Mbowambl* — dem Widerspruch. In ihrem Widerspruch beging sie eine (magische) Sünde: sie brachte das Knäblein in Berührung mit den schlimmsten Trägern von Todeskräften, den *Pints* und *Poketa*, die noch heute zum Einwickeln der Leichen verwendet werden. — Muss in der Frau, zwischen zwei *Mi*-Gemeinschaften stehend, nicht der Widerspruch sich aufbäumen? — Die Mythe erklärt nicht die Herkunft von Tod und Todeskräften, sondern ihren Einbruch in die Menschenwelt. Dass der Uralte zu lange brauchte und die Uralte nicht warten konnte, ist ein Verhängnis, das sehr zu bedauern und zu beklagen ist, dem gegenüber es aber keine Erklärung mehr gibt, sondern nur Klage und ohnmächtigen Groll (vgl. Bd. II, 271 ff.). — Die Mythe sagt nichts über den Geschlechtsverkehr als Ursache des Todes. Die beiden Uralten zeugen und gebären ja den Knaben und dies hat nicht die üblen Folgen, sondern es ist der Missgriff der Uralten, die die Blätter von Trägern magischer Todeskräfte verwendete. — Der Uralte, *wömbugl-wamb ugl-wö*, und die Uralte, *wömbugl-wambugl-amb*, sind hier offenbar die Urahnen des Menschengeschlechts. Die Mythe gehört also nicht dem *Tei*- und *Mi*-Komplex an. Von daher gibt es ja auch zum Problem des Einbruches der

Todeskräfte in die Menschenwelt nichts zu sagen, denn da geht es um Leben, Zeugung, Vermehrung, Kraft und Macht und nicht um Ohnmacht. Der Junge ist von den beiden Uralten gezeugt, damit er als Menschenkind lebe. Als solches ist er von Todeskräften bedroht und der Uralte, der Vater also, möchte für ihn den *ugl*, Kunststück, Sitte", ewigen Verjüngens einführen in die Menschenwelt, so dass alle Nachkommen des Knaben immer wiederkehrender Verjüngung teilhaftig würden. — Ebenso wirkt nun das, was die Uralte machte, in ewiger Wiederholung als *ugl*, „Sitte", weiter. Allerdings nicht mechanisch, sondern so, wie der verkehrte Wille der Uralten es den Todeskräften ermöglichte zur Wirkung zu kommen, so gibt es für die *Mbowamb* auch heute keine „natürliche" Todesursache, sondern von Todesfall zu Todesfall ist es der böse Wille von Geistern und Menschen, der die Todeskräfte zur Wirkung bringt.

5. Der Tod, „eine schmerzliche Scham".

„Wenn einer unserer Leute stirbt, dann pflegen wir von Schmerz und Scham-Furcht erfüllt zu sein. Unsere Feinde aber *öp noromen*, geniessen die Schadenfreude". — Der Schmerz ist ohne weiteres verständlich. Warum aber *pipidl*, Scham-Furcht? Einmal deshalb, weil die eigene bewahrende und schützenden Mächte mindestens versagt haben müssen, die von den Feinden in Bewegung gesetzten Todeskräfte abzuwehren. Dafür muss man sich schämen vor den Feinden, deren Mächte offenbar stärker sind. Man muss aber auch fürchten, dass die offenbar gereizten und erzürnten Mächte vielleicht noch mehr Todesfälle in der eigenen *Mi*-Gemeinschaft verursachen. Oder noch schlimmer, die eigenen Mächte haben vielleicht selbst die Todeskräfte des Zaubers, der Krankheit, der Vernichtung der Lebenskraft aktiv eingesetzt. Grund genug zur „Scham-Furcht".

Am schwersten aber ist das *öp-nui*, das „Schadenfreude essen" (geniessen) auf Seiten der Feinde zu ertragen, besonders deshalb, weil sie wirklich guten Grund dazu haben! Denn ganz offenbar können sie, die Feinde, überzeugt sein, dass ihre hintergründigen Mächte erfolgreich für sie tätig sind, während die unseren uns im Stich gelassen haben und gegen uns sind. Daher unsere nun offenbare Ohnmacht. Unsere *Mi*-Gemeinschaft ist durch den erfolgreichen Einbruch der Todeskräfte nun bis auf weiteres gefährlich offen für diese Todeskräfte. Unsere Geister „liegen nicht mehr quer", der Damm ist durchbrochen, der Zaun durchlöchert, in der Reihe unserer Mannen ist eine Lücke, wir sind „ins Leere hingetan". — Weiter bedeutet unser Todesfall einen empfindlichen Verlust an Arbeits-, Wirtschafts- und Wehrkraft. Die Feinde haben nur zu Recht mit ihrer Schadenfreude. Sie ist aber auch ein klarer Beweis dafür, dass sie an dem Todesfall schuld sind. Sie müssen gezaubert haben; daher die Schadenfreude! Sie sind es und keine anderen ,die unseren Mann umgebracht haben! — Bd. II, 169 f. ist diese Schadenfreude der Feinde bei der Siegesfeier nach einem gelungenen Rachezug beschrieben. Bei den Freudengesängen, die dort angeführt sind, ist das Wort *öp* für „Schadenfreude" verwechselt mit dem Wort *eip* für „Aschensalz". Dasselbe auf S. 150, wo dieses *öp-nui*, „Schadenfreude geniessen", als Herausforderung zum Krieg erwähnt ist. Das „Geniessen der Schadenfreude" wird von den Feinden also auch gefeiert, wenn kein Kampf stattgefunden hat, sondern wenn bei „denen da drüben" nur ein Todesfall durch Krankheit vorliegt. Die Schwäche und Ohnmacht, die jeder Krankheits- und Todesfall bedeutet, wird von den Feinden weidlich ausgekostet.

6. Die Todeszauberei.

Es besteht für mich kein Zweifel, dass man dabei auf beiden Seiten von Todeszauberei spricht a u c h d a n n , wenn kein Mensch irgendeinen Zauber angewandt hat! Auf Seiten der Trauernden nimmt man gerade die offene Schadenfreude der Feinde als Beweis dafür, dass sie gezaubert haben müssen! Man sagt „sie haben unseren Mann geschlagen und gefressen" — derselbe Ausdruck, der auch bei Totschlag oder Tötung im Kampf gebraucht wird. Hier ist aber gemeint, durch Zauber getötet und „gefressen". — Auf Seiten der Feinde aber rühmt man sich der Todeszauberei, auch wenn man gar nicht gezaubert hat, einmal um den Trauernden noch mehr „Scham-Furcht" zu verursachen, zum anderen und vor allem aber auch zur Erhöhung des eigenen Ruhmes und Machtgefühls. Nun kann man sich einmal wirklich als den starken und überlegenen Mann aufspielen. So eine Gelegenheit lässt man sich nicht entgehen! Die trauernde *Mi*-Gruppe fühlt ihre religiös-magische Ohnmacht und Unterlegenheit in Furcht und schmerzlicher Scham. Die Feinde aber fühlen ihre magisch-religiöse Überlegenheit, denn die hintergründigen Mächte haben ihnen offenbar zu diesem Triumph verholfen, den man nun in gewaltiger Schadenfreude auskosten kann. Man salbt sich, schmückt sich und tanzt, während die anderen sich mit Schmutz und Asche beschmieren und Haar und Bart ausraufen. Man fühlt sich voller Macht, die anderen sind voller Ohnmacht.

Zum Verständnis der Todeszauberei und ihrer Auswirkungen bei den *Mbowamb* gehören also mancherlei psychologische Momente: das bohrende Verlangen nach Überlegenheit über die anderen *Mi*-Gruppen; der gegenseitige Stolz, die Rivalität, der Neid, die Habsucht, die Ehrsucht, die Verachtung, die man füreinander hat, der Hass, der Rache-Zorn, das Verlangen nach Vergeltung, die offene und grenzenlose Schadenfreude bei Missgeschick und Unglück anderer verführt sie dazu, sich bei Not und Tod anderer laut der eigenen Macht und Überlegenheit zu rühmen und zu behaupten, dass man etwa einen eben Verstorbenen einer feindlichen *Mi*-Gruppe durch Zauberei „erschlagen" habe, auch wenn man in Wahrheit gar keinen Zauber gebraucht hat. Der Todesfall bei den anderen löst auf eine uns vielleicht schwer verständliche Weise die tief befriedigende Überzeugung aus, dass der Todeszauber, den man gar nicht gebraucht hat, nun endlich gewirkt habe; man hat dies ja sicher oft genug gewünscht! — Dasselbe gilt für die Betroffenen: auch wenn ihr Mann nie einen Zauberstoff verschluckt hat, so erhalten ihre Gedanken und Gefühle durch den Todesfall wie von selbst doch den Anstoss, die „befriedigende Erklärung" in einer Untat ihrer Feinde zu suchen. Die Feinde müssen gezaubert haben! Das oben erwähnte schadenfrohe und triumphierende Verhalten ihrer alten Gegner ist ihnen dann ja auch eine untrügliche Bestätigung ihrer Vermutung. Es kann nur der Erfolg einer Untat der alten Feinde sein, dass man nun so gedemütigt, so ohnmächtig, so unterlegen ist! Es ist darum nicht nur die religiöse Pflicht zur Blutrache, sondern auch das Verlangen nach Kompensation ihrer durch einen Todesfall ausgelösten „schmerzlichen Scham", was sie zum Rachezug treibt. — Es soll mit dem Gesagten nicht behauptet werden, dass die *Mbowamb* keinen Todeszauber anwenden. Darum geht es hier nicht; sondern es geht mir darum, herauszustellen, dass der G l a u b e an die Macht des Todeszaubers, die unheimliche Furcht vor ihm, aber auch die befriedigende Erklärung und befreiende Reaktion, die dieser Glaube bietet, das eigentlich Entscheidende sind. Dazu kommt bei den *Mbowamb* noch die feste Überzeugung, dass die

Macht des Zaubers gar nicht wirksam würde, wenn nicht ein böser Wille sie zum Einsatz brächte. An dem bösen Willen dazu ist nun allerdings weder bei menschlichen noch bei aussermenschlichen Feinden zu zweifeln.

7. Popogl.

Ich habe nun schon öfters den Ausdruck „Rache-Zorn" gebraucht. Es ist dies ein Versuch zur Übersetzung des Hagen-Wortes *popogl*, das sich im Deutschen nur schwer mit einem Wort wiedergeben lässt. Es spielt im Leben der *Mbowamb* eine grosse Rolle und wird sehr oft gebraucht. Es bedeutet „Ärger, Verdruss, Groll, Zorn" und gleichzeitig „das Verlangen nach Vergeltung". Um diese Bedeutung in einem Ausdruck einigermassen einzufangen, wählte ich die Übersetzung „Rache-Zorn". Jedes Vergehen ruft bei den Betroffenen diesen Rache-Zorn hervor. Er muss durch entsprechende Wiedergutmachung gestillt werden, durch Sühne gelöscht werden. Entweder stillen ihn die Missetäter von sich aus durch Sühnegaben oder man greift zur Selbsthilfe mit den Waffen oder mittels Todeszauber. — Unterbleibt beides, so ziehen sich die Beleidigten und von Rache-Zorn Erfüllten grollend auf sich selbst zurück und „fressen ihren Rache-Zorn in sich hinein". Gerade dies aber ist sehr gefährlich, denn es ruft das *Mi* auf den Plan, wie noch zu zeigen sein wird. Die von *popogl* erfüllten Menschen, denen keine Gerechtigkeit wiederfährt, „pflegen den Weg abzubrechen", d. h. sie brechen die guten Beziehungen zu den eigenen *Mi*-Genossen ab, die ihnen nicht beistehen und ziehen sich auf sich selbst zurück. Das aber bedeutet eine schwere Störung des guten Einvernehmens, für das das *Mi* steht und darum auch heftig auf solche Störungen reagiert.

KAPITEL 17
VERSCHIEDENE ARTEN DER TODESZAUBEREI

1. Die Todeszauberei bei den *Mbowamb* ist in Bd. I u. II der „*Mbowamb*-Monographie" unter den Stichwörtern „Gift, Giftmischerei, Vergiftung" behandelt. Die Hagen-Sprache kennt diese Ausdrücke nicht. In Pidgin-Englisch spricht man allerdings von poison, Gift, wenn man Todeszauber meint. In Kâte heisst es *hafec*, Binden, nämlich Einbinden des Seelenstoffes in „Seelen-Päckchen" zwecks Verzauberung zum Tode. In der Hagen-Sprache heisst der Todeszauber *Kopêrna* (in Bd. I, II „*kopena*" geschrieben). Es ist dies aber der Name für den Ingwer. Um genau zu sein, spricht man deshalb von *nui-kopêrna*, Ess-Ingwer, und *nö-ni-kopêrna*, nichtessbarer Ingwer. Jedermann weiss, dass mit letzterem der Todeszauberstoff gemeint ist, der in kleinen Bambusröhrchen aufbewahrt wird (Bd. I, 136, Giftröhrchen). Man vergleicht also die Macht des Zauberstoffes mit dem beissenden Saft des Ingwers. Die magische Kraft des Zaubers ist ihnen mit der Schärfe des Ingwers vergleichbar. — Auch das Töten mit diesem Zauberstoff bezeichnet man nicht als „Vergiften", sondern man gebraucht dafür die gleichen Ausdrücke wie für das Töten durch Schlag, Stich, Hieb, Schuss; nämlich einfach *rui*, schlagen. Will man genau sein, so kann man das Töten durch physische Gewalt auch mit *ropa-kundi*, schlagen und sterben machen, also „töten" wiedergeben; das Töten durch Zauberei aber mit *ropa-nui*, schlagen und

fressen. Sagen die *Mbowamb* etwa: man hat unseren Mann geschlagen und gefressen, so weiss jeder, dass sie sagen wollen ,er wurde durch Zauberei umgebracht. Damit ist also die Wirkung des Zaubers als ein magisches „Fressen" bezeichnet. Die *min*, Lebenskraft, Seele, des Betroffenen wird durch den Zauberstoff magisch „aufgefressen". Dass die Wirkung des Zauberstoffes trotz der in Bd. I u. II gebrauchten Ausdrücke „Gift, Vergiftung" usw. nicht chemisch, sondern magisch aufgefasst wird, ist auch dort dargelegt. Es ist auch noch die weitere Auffassung der *Mbowamb* hinzuzunehmen, dass der Zauberstoff, obwohl er Träger konzentrierter magischer Todeskräfte ist, doch nicht wirksam wird, wenn er nicht durch den bösen Willen von Menschen eingesetzt wird, und wenn die bewahrenden hintergründigen Mächte nicht ihren Schutz von dem Betroffenen zurückziehen.

2. Weitere Arten von Todeszauberei.

Ausser der Todeszauberei mit Hilfe von *kopêrna* gibt es auch noch andere Möglichkeiten, einen Menschen durch Zauber umzubringen. Es geht bei der Todeszauberei um die Vernichtung der *min*, Seele, Lebenskraft des Menschen, der umgebracht werden soll. Ein wirksames Mittel, dies Ziel zu erreichen, glauben die *Mbowamb* im *kopêrna* zu haben. Es ist dies aber nicht der einzige Todeszauber, den die *Mbowamb* kennen und praktizieren, um eines Menschen Lebenskraft zu vernichten. Wir sahen schon, dass auch das „Töten mit dem Augenpfeil" eine Art von Todeszauberei ist. Es gibt noch andere. Bei Anwendung dieser anderen Methoden braucht man aber erst etwas von der *min*, Seele, des ausersehenen Opfers, um sie der Einwirkung der zerstörenden Kräfte auszusetzen. Dadurch unterscheiden sich diese anderen Arten vom magischen Töten mit dem Augenpfeil oder mit Hilfe des *kopêrna*.

Man glaubt, dass etwas von der *min* eines Menschen in Speiseresten usw. vorhanden ist. Vor allem aber ist viel davon in alten abgelegten Kleidungsstücken wie Schürzen, Gürteln, Gesäss-Deckzweigen, Arm- und Beinringen, Basthauben, Kopfnetzen usw enthalten; kurz in allem, was lange Zeit in enger Berührung mit dem Menschen war. Man versucht, wenigstens einen Fetzen solch' abgelegter Sachen zu erwischen. Das packt man dann erst in *Pints*- und *Poketa*-Blätter, die ja, wie wir sahen, hervorragende Träger von Todeskräften sind. Dann umwickelt man es aussen mit ganz gewöhnlichen, unauffälligen Blättern. Mit solch' einem „Seelenpäckchen" kann man dann eine der folgenden Methoden anwenden:

a) Man wirft es unauffällig in ein offenes Grab. Der Verstorbene kann sich dann im Tode noch an seinem noch lebenden Gegner durch Einwirkung auf seine *min* rächen. Der Leichensaft wird das ganze Seelenpäckchen mit Todeskraft durchtränken. Der Mensch wird dann dem Tode verfallen.

b) Zuweilen sieht man solche Seelenpäckchen auf Bäumen an einen Ast gebunden an der Stelle, wo sich zwei Äste im Winde aneinander reiben. Die Seelenkraft des Menschen soll hier langsam zerrieben werden. Man sagt niemandem etwas davon, aber durch ein heimliches Opfer an einen Totengeist, der einem dabei behilflich sein wird, sagt man ihm davon und engagiert seine Hilfe. Wird der Mensch dann — vielleicht erst nach Jahren — krank und stirbt, so schreibt man sich vor den eigenen *Mi*-Genossen das „Verdienst" daran zu und hat dann den Triumph des starken Mannes und der Rache. Man rühmt sich nun der Tat und empfindet grosse Genugtuung. Das Verlangen nach Vergeltung, das magische Denken, die religiöse Pflicht zur Blutrache, das Gewissen, der Ausgleich zwischen einem Verlust in den eigenen Reihen und nun in den Reihen der Rivalen und Feinde —all das kommt nun zur Ruhe. Die Zusammenhänge sind nun für die *Mbowamb* klar, die Verhältnise sind wieder in Ordnung gebracht, ohne dass man zu den Waffen greifen und einen ungewissen Krieg anfangen musste! Hier sieht man die für das Gewissen und die Lebensbeziehungen untereinander ausgleichende Funktion des Glaubens an die Todeszauberei.

c) Man kann das Seelenpäckchen auch bei einem Wasserfall vergraben und mit einem Stein beschweren. Das Rauschen des Wasserfalles soll der eingegrabenen *min* die Sinne ganz verwirren. Es soll auch jedes Rufen der Seele oder des ihr zugehörigen Menschen übertönen. Nässe und Kälte sollen das Seelenpäckchen durchdringen und die Lebenskraft „kalt machen", d. h. kraft- und wirkungslos; sie töten und vernichten.

3. Name und Todeszauberei.

Auch der Name eines Menschen kann zur Todeszauberei verwendet werden. Der Name ist ein Teil der zwischenmenschlich-seelischen Beziehungen. Der Name ist die Seele des einzelnen; der Name ist die Person. Als Antwort auf den Namen-Anruf erscheint die Person, oder wenigstens die Seele. Da kann man sie möglicherweise fangen und vernichten. Aber dazu braucht man die Hilfe des Medizinmannes. Die Funktion der Medizinmänner beschränkt sich ja durchaus nicht nur auf die Hilfe gegen Krankheit und Tod; also nicht nur auf Erhaltung des Lebens, sondern sie lassen sich auch dingen, um Leben zu vernichten. Wenn man einen Mann im offenen Kampf oder durch Auflauern am Kreuzweg oder auch durch Verabreichung von Todeszauber vergeblich umzubringen versucht hat, so ruft man schliesslich einen Medizinmann zu Hilfe.

Kunt mou kotemen, d. h. wörtlich „sie pflegen einen Rotgemüsehaufen zu dämpfen". Es handelt sich dabei aber um die Vernichtung eines Feindes mit Hilfe seines Namens. Wie die Lebenskraft der ganzen *Mi*-Gemeinschaft in ihrem „grossen, mächtigen Namen" enthalten ist, der ja, wie wir sahen, der Name des *Mi* oder aber des *Kona wiŋndi* ist, so ist auch der Name des einzelnen Menschen zugleich seine *min*, Seele, Lebenskraft. Darum kann ein Medizinmann mit Hilfe des Namens die Seele eines Menschen herbeirufen mit der Absicht, sie zu vernichten. Man verfährt dabei folgendermassen:

Es wird erst ein grosser Haufe von sogenannten *kim kunt*, rotem Gemüse, herbeigeholt. Dieses Rotgemüse gehört auch zu den Gemüsesorten, die man immer beim Schlachten verwendet. Die Seele dessen, der gerufen und vernichtet werden soll, glaubt man damit besser zu überzeugen, dass hier wirklich geschlachtet werden soll, dass es für sie also *tirndêglem*, lieblichen Opfergeruch, (Kap. 9, 13) zu geniessen geben wird. Denn wie die Geister, so nähren sich auch schon die Seelen von dem die Lebenskraft der Opfertiere enthaltenden Opfergeruch. Wie das Opferfleisch den Menschen nährt, so der Opfergeruch seine Seele. Dies gehört mit zum Verständnis des Opfers bei den Mbowamb. — Es wird nun ein besonders tiefer Erdofen ausgehoben und Kochsteine werden auf dem Feuer erhitzt. Dabei sucht man zwei mit besonders schöner und glatter Fläche aus, denn zwischen diesen beiden Steinen soll nachher die Seele dessen zerdampft werden, den man umbringen möchte. — In den Erdofen wird zuunterst eine Anzahl *Pints*- und *Poketa*-Blätter gelegt, weil sie ja Träger konzentrierter Todeskräfte sind. Auch die Wände des Erdofens werden damit ausgelegt und nicht wie sonst mit Bananenblättern. Den eigenen Geistern wird ein kleines Opfertier geschlachtet, das natürlich in einem anderen Erdofen gedämpft wird, in den man selbstverständlich keine Träger von Todeskräften legt. Dieses Opfer soll die Geister zur Mitwirkung veranlassen, denn man braucht ihre Hilfe. Sie müssen nämlich hingehen und die Geister dessen, den man umbringen will, dazu willig machen, dass sie ihn „herausgeben". — Von dem Opfertier nimmt man das Nierenfett und steckt es auf ein Bambusrohr, *kiö*, das man als Bambusfackeln zu verwenden pflegt. Das Nierenfett gilt neben der Leber, dem Herzen und den Kopf- und Rückenstücken als besonders *mana*-haltig und darum gibt es auch einen besonders guten und kräftigen *tirndêglem*, der die Geister und Seelen anlockt. Einige der Männer halten die Holzstangen griffbereit, um auf ein Zeichen des Medizinmannes hin sofort die heissen Steine vom Feuer in den Erdofen zu legen. — Der Medizinmann ruft nun laut den Namen des Mannes, auf den man es abgesehen hat. Er ruft in die Richtung des Wohngebietes dieses Mannes; also z. B. etwa: *Ruruka Mek*, komm her! Komm schnell! Er murmelt dann folgenden Spruch: Die Eidechse *Rapa* läuft hurtig durchs Gebüsch. Die Schlange *Pöiö* schlängelt sich durch das Wurzelgeflecht. Der Vogel *Mek* fliegt von Baum zu Baum. — Analog dieser hurtigen Tiere soll die Seele des Gerufenen sich schnell einstellen. — Der Medizinmann starrt nun eine Weile in die Richtung der Siedlung des *Ruruka Mek* droben hinter den Hügeln jenseits des *Rurugl*-Flusses. Plötzlich zeigt er mit der Hand auf den gegenüberliegenden Hang: dort oben kommt er! Alle Anwesenden schauen angestrengt in die angedeutete Richtung. Sie können zwar nichts sehen, aber der Medizinmann sieht die Person des *Mek* zweifellos kommen. Er ist eben doch „unser starker Mann"! Er sagt: hört ihr denn nicht seinen Pfiff und *Wao*-Ruf? Er möchte wissen, was wir von ihm wollen! Nun ruft der Medizinmann laut zum Hang hinüber: *Ruruka Mek*, wir dämpfen hier für dich Schweinefleisch. Komm her, nimm und iss! Dann ruft er den Anwesenden zu: er kommt, er kommt! Schnell, nehmt heisse Steine! Haltet das geröstete Nierenfett hoch! Die Seele des *Ruruka Mek* kommt und labt sich am *tirndêglem*!

In Eile wird ein grosser flacher Stein vom Feuer genommen und rotglühend in den Erdofen gelegt. Der Mann, der den Bambusstengel mit dem gerösteten Nierenfett hält, an dem sich die Seele des *Ruruka Mek* geniesserisch betätigt, lässt den Stengel auf ein Zeichen des Medizinmannes hin plötzlich in den Erdofen fallen, so dass das Stückchen Nierenfett auf den flachen heissen Stein zu liegen kommt. Sofort wird es mit einem zweiten heissen Stein bedeckt — die Seele des *Ruruka Mek* liegt nun zwischen den beiden heissen Steinen! In Eile füllt man darauf den Erdofen randvoll mit Rotgemüse und heissen Steinen. Während die Seele schon zwischen den heissen Steinen schmort, biegt man die Enden der *Pints*- und *Poketa*-Blätter oben ein und packt so den Erdofen ganz fest zu. Man schüttet erst auch noch etwas Wasser darauf, damit auch der heisse Dampf noch mithilft, die schon schwer verbrannte Seele des *Ruruka Mek* zu vernichten. Oben darauf wirft man dürres Laub und etliche Prügel — ganz so, wie sonst beim Dämpfen der Speisen im Erdofen. Dann begibt man sich in die Siedlung. In der Nacht holt man dann alles wieder aus dem bis dahin abgekühlten Erdofen heraus. Gegessen wird das Rotgemüse in diesem Falle natürlich nicht; es klebt ja voller Todeskräfte. Man wirft es fort. — In der Hütte um das Feuer sitzend versichert man sich gegenseitig immer wieder, dass der Mann nun bestimmt krank werden und sterben wird. — Hört man vielleicht nach einigen Monaten des

Wartens, dass er tatsächlich erkrankt ist, so wartet man auf seinen Tod. Ein Zwischengänger sorgt dafür, dem *Ruruka Mek* jegliche Hoffnung auf Wiedergenesung zu nehmen. Er wisse aus ganz sicherer Quelle, dass man seine Lebenskraft vernichtet habe. Deshalb sei er nun ja auch erkrankt. Hilfe könne es für ihn kaum noch geben. Wenn nur die furchtbare Todeszauberei nicht wäre! — Stirbt der *Ruruka Mek* tatsächlich, so überbringt der Zwischengänger gegen den üblichen Lohn die Todesnachricht durch Übergabe einer ausgerissenen Cordyline oder eines abgebrochenen Cordylinen-Zweiges. Nun herrscht eitel Schadenfreude, dass man diesen gefährlichen Rivalen und Feind endlich erledigt habe, nachdem man schon auf allerlei Weise vergeblich versucht hatte, ihn wegzuschaffen.

„Man pflegt ein Bäumchen anzufassen."

Das „Anfassen eines Bäumchens", das nun beschrieben werden soll, hat genau denselben Sinn und Zweck wie das Rotgemüsedämpfen. Letzteres wird mehr im *Koma-* und *Temboka*-Gebiet, das „Bäumchen-Anfassen" dagegen mehr im *Medlpa-* und *Kopon*-Gebiet geübt. — Da ein Feind nicht nur von seinen eigenen Leuten, sondern auch vor allem von seinem *Mi* und von seinen Geistern beschützt wird, ist es nicht leicht, ihm beizukommen. Wieder kommt der Medizinmann zu Hilfe, indem er erst einmal die Seele des Feindes „festnimmt". Dann kann man ihm endlich auch mit den Waffen beikommen. — Auch beim „Bäumchen-Anfassen" muss wie immer erst ein Opfer an die eigenen Geister dargebracht werden, damit sie „vorangehen" und die Schutz- und Hilfsgeister des Feindes, der umgebracht werden soll, willig machen, „ihren Mann fortzutragen und zu übergeben" (Kap. 21). Es ist dies für die *Mbowamb* sozusagen selbstverständlich; ohne das geht es nicht. — Ein konkretes Beispiel soll nun den Vorgang klarmachen.

Die *Kumunti* wollten die *Kope* im Kampfe schlagen. Sie hatten es vor allem auf die *Kope Pouö-* und *Kaep*-Brüderschaft abgesehen. Sie wollten deren Anführer *Pouö* und *Kaep* umbringen zwecks Rache für zwei führende *Kumunti*-Männer, die in einem früheren Kampf von den *Kope* erschlagen worden waren. Aber die *Kumunti* konnten trotz aller Anstrengungen den beiden nicht beikommen. Da riefen sie schliesslich einen Medizinmann zu Hilfe, um „das Bäumchen anzufassen". Nachdem das Opfer an die *Kumunti*-Toten dargebracht war, liess sich der Medizinmann ein kleines Laubbäumchen reichen. An den Wurzeln befestigte er etwas Nierenfett. Dann rief er laut die Namen von *Kope Pouö* und *Kaep* die talwärtigen Berge hinauf. Durch Rufen der Namen „macht der Medizinmann die Betreffenden kommen und dasein", ist allgemeine Überzeugung. Plötzlich versicherte er denn auch, dass die beiden dort oben gelaufen kämen, um den *tirndêglem* des Nierenfettes zu geniessen. Er bückte sich nieder, flüsterte ihre Namen auch in das bereits ausgehobene Pflanzloch hinein. Dann pflanzte er schnell das Bäumchen ein, füllte das Loch rasch mit Erde auf, und indem er die Erde von kräftigen Männern feststampfen liess, sagte er: „ich nehme die *min* von *Kope Pouö* und *Kaep* und mache sie da unten in der Grube dasein". Da sind sie nun ganz fest eingeschlossen und können nicht mehr heraus. Weil das Bäumchen beim schnellen Einpflanzen und Feststampfen auch nicht abbrach, sagten die *Kumunti:* nun endlich werden wir die beiden erschlagen können! Sie führten um das Bäumchen dann ein Siegesgeschrei auf. Sie haben dann den magisch schon ganz vorweggenommenen Kampfzug auch wirklich unternommen und die beiden getötet.

Kam es vor, dass ein Bäumchen beim „Anfassen" abbrach, so sagte man: die Seelen sind entflohen; wir werden keinen Erfolg haben und man unternahm dann daraufhin keinen Kriegszug, bevor man sich durch wieder andere magische Prozeduren des Sieges gewiss glaubte. — Neben der magischen Überwindung des Feindes durch Bannung seiner Lebenskraft lag darin also zugleich auch eine Vorzeichen-Befragung (Bd. II, 403 f.).

Da auch im *Medlpa*-Gebiet die Pfosten der Männerhäuser als konzentrierte Machtträger der ganzen Heimstätte gelten, geschieht die Setzung dieser Pfosten immer unter Mitwirkung eines Medizinmannes. Dieser pflanzt neben anderen Dingen (vgl. Bd. II, 15) auch Federn des Vogels *Ndoa* mit den Pfosten ein, denn der *Ndoa* tritt besonders gern als mythologische Gestalt des Vaters auf; ausserdem ist es üblich, dabei auch die Seelen der führenden Männer der rivalisierenden und feindlichen Gruppen mit in das Setzloch zu bannen, indem der Medizinmann deren Namen hineinruft. Dies ist eine rein magische Überwindung der Kraft und Überlegenheit der Feinde. Hierin erlebt man einen gewaltigen Triumph, mit einer uns schlecht vorstellbaren Gewissheit des eigenen Macht- und Überlegenheitsgefühls über alle anderen.

E. MI - GEMEINSCHAFT UND SEELEN, TOTE, GEISTER

KAPITEL 18
DIE SEELEN

1. Mi und min.

Min ist die „Seele". Das *Mi* ist, wie wir oben sahen, einmal der Zusammenhang der *Mi*-Gruppen mit den hintergründigen Mächten. Dieser Zusammenhang tat sich kund in dem *Mi* als dem „Hingelegten, Bleibenden, Verlässlichen". Er wird immer wieder vergegenwärtigt und erneuert durch den Opferdienst. In dem Gegenüber des *Mi*, also der Pflanze, dem Baum, dem Vogel, dem Tier, dem Stein oder was immer das *Mi* einer *Mi*- bzw. Ableger-*Mi*-Gruppe sein mag, wird aber nicht nur die hintergründige Macht, die es „hinlegte", sondern zum anderen auch die damit „gegebene" oder „gefundene" Mächtigkeit der eigenen *Mi*-Gemeinschaft erfahren, denn das *Mi* ist ja, wie wir sahen, „u n s e r e mächtig-starke Sache", die u n s mächtig-stark macht. Diese Mächtigkeit wird erlebt als gemeinsame Abstammung, gemeinsames Blut, gemeinsamer Opferdienst und Mahlgemeinschaft, als gemeinsamer grosser Name durch die Generationen hin, als Schutz und gegenseitige Lebenshilfe, aber auch als Seelen- und Rechtsgemeinschaft, wie wir noch sehen werden.

Die Lebensmacht, die durch das *Mi* allen Gliedern der *Mi*-Gemeinschaft zufliesst als Zeugungs-, Vermehrungs und Wachstumskraft der Gruppe, wird von den einzelnen, hier zwar in gradueller Abstufung, auch als magische Seelenkraft erfahren und von jedem als *na-ŋa min-i* „m e i n e Seele" bezeichnet. Es ist aber nicht die Einzelseele in unserem Sinn, sondern ist der A n t e i l, das A n t e i l h a b e n des einzelnen an der g e m e i n s a m e n Lebenskraft und Seelenmacht der Gruppe, an der alle Glieder der Gruppe irgendeinen Anteil haben (Kap. 14,5). In dem Gegenüber des *Mi* als „Bruder" erfahren sich die Glieder einer *Mi*-Gemeinschaft alle auch als gegenseitige „Geschwister", die auch seelisch miteinander in engstem Zusammenhang stehen. Das *Mi* steht darum auch für die zwischen-menschlich seelischen Beziehungen (Kap. 6:4, h), für das Seelenleben in der Gemeinschaft, für das den *Mbowamb* so wichtige gute Einvernehmen der Glieder einer Gemeinschaft. Von diesem Zusammenhang her ist die Reaktion des *Mi* auf verheimlichtes Unrecht zu verstehen; auch das „*Mi*-Brennen", das „*Mi*-Schöpfen", die Übergabe des *Mi* oder eines Kindes, worauf weiter unten noch näher einzugehen sein wird. Im *Mi* ist dieselbe Macht, die als *min* „Seele" zu den einzelnen kommt und mit ihnen verbunden lebt. Das *Mi* ist der grosse Zusammenhang der *min* der einzelnen mit der *Mi*-Gemeinschaft und ihrer hintergründigen Macht. Das *Mi* ist das Seelenleben in der Gemeinschaft, der es ja als *öŋin*, „Geschwister gleichen Geschlechts", wesentlich gemeinschaftbegründend und -erhaltend ist. Die *min*, Seele, ist zwar mit dem einzelnen Träger, dem Ich, verbunden, sie ist aber zu ihm hinzugekommen als ein anderes. Sie ist ihm überlegen, ist nur sein Anteilhaben an der Macht und dem Seelenleben in der Gemeinschaft. Der einzelne erfährt deshalb seine *min* als etwas, das Staunen, Verwunderung und Erschauern erregt wie etwas Geheimnisvolles, Übermenschliches, mit dem man achtsam und mit besonderer Vorsicht umgehen muss; und das nicht nur mit der eigenen Seele, sondern auch mit den Seelen der anderen, denn seelische Verstimmungen und Störungen des Seelenlebens innerhalb der *Mi*-Gemeinschaft sind etwas sehr Schlimmes. Sie rufen eine Reaktion des *Mi* hervor, die lebensgefährlich wird, wenn die Störungen nicht beseitigt und das Seelenleben in der Gemeinschaft nicht bereinigt und wiederhergestellt wird (Kap. 33).

2. Der Träger der Seele.

ist der einzelne Mensch. Zu ihm kommt die Seele und lebt in Verbindung mit ihm. Der Mensch besteht nach der Auffassung der *Mbowamb* aus einem Körper, einem *nôman*, „Vernunft, Ichbewusstsein", einem *nôman-mbo*, „Verstand", aus vielen *kôm*, „Verlangensseelen", einer *min kae*, „guten schönen Seele" und einer *min rakra*, „wilden Seele". Der Begriff *min* ist entsprechend dem Erleben der Seelenmacht sehr vielschichtig. —

Die *Mbowamb* können ohne weiteres sagen, „der Körper ist der eigentliche Mensch" oder „der Körper ist der Mensch selbst". Sie meinen damit natürlich den belebten und beseelten Körper. Den Körper als Träger der Lebenskraft und der „guten Seele". Man kann also im Sinne der *Mbowamb* nicht sagen, „der Körper spielt für das Leben keine grosse Rolle . . ." (Bd. II, 299). Er ist ja der Träger der Seele. Ohne ihn kann sie nicht weiterleben, jedenfalls nicht als Seele, denn wenn er tot ist, wird sie zum *kôr*, „Geist". Gerade ein gesunder, kräftiger Körper gilt als untrügliches Zeichen für die ungestörte Verbindung und Gemeinschaft mit der Seele.

Wie die Wirkungen der hintergründigen Mächte an der Gemeinschaft in der gemeinsamen Abstammung, dem gemeinsamen Blut, der Exogamie, im Opfer, in der Essgemeinschaft, in dem grossen Namen, in Schutz und Lebenshilfe und in den zwischen-menschlich seelischen Beziehungen an das *Mi* gebunden sind und durch dieses vermittelt werden, so auch die Lebenskraft oder Seelenmacht beim einzelnen Menschen. Sie ist nicht freischwebend und wirkt nicht rein geistig. Die Seele bedarf immer eines Trägers. Die Seele als Lebenskraft ist eine Art Fluidum, ein wirksamer „Stoff". Er ist wie das Blut überall im Körper des Seelenträgers vorhanden; in manchen Körperteilen freilich schwächer, in anderen stärker (vgl. Bd. II, 304). Man kann aber im Sinne der *Mbowamb* nicht nur vom Herzen sagen, „Das Herz ist Träger des Lebens, weil es die Seele, die Lebenskraft beherbergt" und „Es ist sozusagen die Lebenszentrale. Die anderen Organe und Glieder sind bedeutungslos . . ." (Bd. II, 299). Wir sahen oben, dass viel Lebenskraft z. B. in den Augen ist, die als „guter" oder „böser Blick" wirksam werden kann. Besonders viel Lebenskraft liegt für die *Mbowamb* auch in den Haaren und im

Haupt. Das Haar abschneiden, heisst, das Leben abschneiden. Das Haupt und der Kreis unmittelbar über und hinter dem Haupt gilt den *Mbowamb* als Sitz der Seele, die sozusagen zum Menschen als lebendem Körper noch hinzukommt, mit ihm in Verbindung lebt, ihn im Schlafe verlässt, um auf Nahrungssuche zu gehen, am Morgen wieder zurückkommt, so dass dann der Mensch „zusammenschrickt, aus dem Schlaf fährt". Sie hat mit den Totengeistern Umgang, die ja auch noch zur *Mi*-Gemeinschaft gehören (Bd. II, 333 f.). Weil sie nach dem Tode ihres Trägers auch ein „Geist" werden wird, darum nährt sie sich schon zu Lebzeiten ihres Trägers ebenso wie die Geister vom *tirndêglem* der Opfer. Nach dem Tode ihres Trägers wird sie sich als Geist auf und über dem Haupte seiner Kinder aufhalten. — Wir werden noch sehen, dass gerade das Haupt bei den *Mbowamb* ganz besonders religiöse Bedeutung hat und bei der Jugendweihe die Stelle einnimmt, die bei anderen Völkerschaften Neuguineas dabei den Genitalien zukommt (Kap. 48, 2). Diese Seele, die auf dem Haupte ihres Trägers ihren Sitz hat und besonders durch die Haare mit ihm verbunden ist, wirkt natürlich auch auf den ganzen Körper ein, von dem sie sagen, er sei schon selber „der eigentliche Mensch", aber sie ist nicht ohne weiteres identisch mit der im Körper und seinen Organen wirksamen Lebensmacht oder Seelenkraft, die, wie wir sahen, z. B. auch den Kleidungsstücken eines Menschen anhaftet und von einem Feind zwecks Todeszauberei in Päckchen gebunden werden kann. „Wenn eine verheiratete Frau im *Kona* ihres Ehemannes schlecht behandelt wird, dann warnt ihr Vater oder Bruder sie: nimm deine Haare, deine Frauenschürzen, deine Kopfnetze und alles gut in acht! Wenn sie dich (sic!) mit einem Toten begraben (s. Kapitel 17:2,a), dann wirst du bestimmt sterben!" Es wurde auch schon oben auf die enge Verbindung zwischen dem Namen eines Menschen und seiner *min* hingewiesen. Der Medizinmann kann mit Hilfe des Namens eines Menschen dessen *min* „rufen und dasein machen", um den betreffenden Menschen völlig zu entmächtigen und zu vernichten. Auch wurde in Kapitel 14, 5 schon erwähnt, dass die Seele eines Neugeborenen in der Placenta usw. ist, so dass Kind und Cordyline miteinander wachsen. Diese Vorstellung tritt sehr oft in Sagen und Märchen der *Mbowamb* auf, wo ein Held erst getötet werden kann, wenn der Vogel, das Bäumchen, der Wassertümpel usw., mit dem er in lebenswichtigem Zusammenhang steht, zuerst getötet, ausgerissen oder entwässert wird. Es ist dies sehr wahrscheinlich nicht nur von der blossen Seelenvorstellung her aufzufassen, sondern es ist darin eine Art Schutzwesen, sein *Nagual*, im Sinne des Individualtotemismus.

Dass die Seele im Sinne der „Lebenskraft" auch in allen Organen und Gliedern des Körpers enthalten ist, geht auch aus folgendem hervor: „Wenn wir uns beim Tode eines Angehörigen ein Fingerglied abhacken wollen, so binden wir es erst mit einer Schnur ab (Es soll beim Abhacken nicht zu viel Lebensstoff verlorengehen). Wenn wir es dann abhacken, machen wir mit dem Beil erst einen Hieb in die Luft, damit die *min* sich aus der Hack- oder Schnittstelle zurückzieht und nicht selber vom Beil oder Messer getroffen wird. Das abgehackte Glied „springt fort" und wir fürchten uns. Es geht nämlich in den Busch und baut sich unter Büschen von *Pints* und *Poketa* ein *mimaŋa* „Nest" (denn wie ein Leichnam will es in diese Träger der Todeskräfte eingehüllt sein). Wenn wir dann einmal sterben werden, wird es aus dem Nest hervorkommen und uns mit stachelbesetzten Zweigen ins Gesicht schlagen, dass wir furchtbare Schmerzen leiden werden. Sie, die mit dem Fingerglied abgetrennte *min*, wird sehr zornig sein und sagen: mich hast du abgehackt und fortgeworfen. Nun kommst du ja wahrlich hinterher. Das ist aber recht! Nun sollst du auch einigen Schmerz empfinden! Nach solch' höhnenden Worten wird sie uns schrecklich schlagen, so pflegen wir zu sagen und uns zu fürchten".

Die Seele oder Lebenskraft des Feindes kann man sich selber einverleiben und dadurch die eigene Seelenmacht mehren, indem man den erschlagenen Feind verspeist. Allerdings kannten und praktizierten die *Mbowamb* selber nur eine sozusagen verfeinerte Menschenfresserei, die ihnen auf Grund des Glaubens an den Zusammenhang zwischen Seele und Lebenspflanze möglich war, aber der Grundgedanke ist derselbe wie bei der Anthropophagie überhaupt, nämlich die Einverleibung der Lebenskraft des anderen zwecks Mehrung der eigenen. Die symbolisch-magische Anthropophagie der *Mbowamb* ist in Bd. II, 170 erwähnt. Der entscheidende Gesichtspunkt ist aber, dass der zu Verspeisende insofern anwesend ist und tatsächlich selbst verspeist wird, als man seine Lebenskraft in den Cordylinenblättern anwesend glaubt, die man aus den Beständen des im Kampfe Erschlagenen beschafft, zerreibt und zusammen mit dem Opferfleisch isst. Dabei ist auch an die Mächtigkeit des Wortes zu erinnern, denn indem man sich anschickt, etwa die Schweinsleber zu verzehren, sagt man ausdrücklich: ich esse seine, des erschlagenen Feindes, Leber. Durch das magisch wirksame Wort isst man gleichsam eben nicht die Leber des als Opfer an die eigenen Hilfsgeister geschlachteten Schweines, sondern die Leber des Menschen, von dem man sagt, dass es seine Leber sei, und damit ein Stück seiner Lebenskraft. Auf diese Weise nennt und verspeist man a l l e Organe eines getöteten Feindes, auch die Geschlechtsteile; nur nennt man diese unter einem Decknamen. Ich esse seine „Vögel", d. h. die Hoden. Ich esse seinen „Kasuar", d. h. den Penis. Es wurde schon früher darauf hingewiesen, dass besonders viel Lebenskraft oder mana-ähnlicher Lebensstoff auch in den Nieren, in den Lenden- und Rückenstücken, im Herzen, in der Leber und in der Zunge vorhanden ist. Je nach Bedeutung und Funktion eines Organs schliesst man auf seinen Gehalt an magischer Mächtigkeit oder Lebenskraft. Sie findet sich nach dem Glauben der *Mbowamb* auch im Atem, im „Mund-Wasser", d. h. Speichel und Kuss. Dass gerade auch das Blut besonderer Träger von Lebensstoff ist, wurde schon aus der *Mi*-Vorstellung klar. Es zeigte sich uns auch darin, dass der, der aus der Verletzung des Kameraden frisches Blut fliessen sieht, sich besonders verhalten, gute Speisen meiden und abgesondert leben muss. Weil das Blut und auch das Fett der Opfertiere viel Lebensstoff enthält, reibt man sich mit dem Fett den ganzen Körper ein. Es erhöht die eigene magische Lebendigkeit und bildet eine Isolierschicht gegen alle Träger von Todeskräften. Das Blut der Opfertiere füllt man in die Steinschalen, damit die Geister, die diese Steinschalen darstellen, sich an der Lebenskraft der Opfertiere nicht nur durch den *tirndêglem*, sondern auch durch das Blut laben und stärken können. Zum gleichen Zweck bestreicht man die Geistersteine auch mit dem Fett und mit manahaltigen Erdfarben.

Der Seelenstoff der Toten ist noch im Leichnam. Er fliesst als Leichensaft konzentriert ab. Daher fängt man diesen auf, um ihn zu Zauberzwecken zu verwenden oder die Knochenspitzen von Pfeilen und Spiessen darin einzutauchen, ehe man sie unter Anrufung der Geister in die Schäfte einsetzt. Er ist magische Todeskraft. Da Häuptlinge besonders viel Lebensstoff haben, begrub man sie folgendermassen: von der Grube aus wurde eine unterirdische Seitenkammer gegraben, tief und weit genug, dass man den Leichnam darin unterbringen konnte und zwar so dass der abfliessende Leichensaft in die in der Grube auf der Seite des Eingangs zu dieser

Seitenhöhle aufgestellten Bambusröhren fliessen konnte. Den Leichen entnahm man auch Nierenfett, Lendenstücke und andere, besonders viel Seelenstoff enthaltende, Teile. Man liess sie auf dem Feuer verkohlen und füllte die zerstossene Masse in die Zauberröhrchen. — In Sagen und Märchen der *Mbowamb* nähren sich besonders gefährliche Frauen von Fleischstücken, die sie nachts von Leichen herausschneiden, in den Netzsack stecken und mit heimnehmen gerade so, wie man bei den *Mbowamb* sonst gedämpftes Schweinefleisch in Netzsäcken nach Hause trägt. Solche Frauen werden von ihren Männren sofort umgebracht, wenn man sie entdeckt hat, denn sie sind Trägerinnen gefährlichsten magischen Todesstoffes. Wie die Seele, die auf dem Haupt des Menschen ihren Sitz hat, nach dem Todes ihres Trägers zum *kôr*, Geist, wird, so wird dann der Lebensstoff zu magischer Krankheits- und Todeskraft.

Zum Menschen gehört sein Schatten. Die Toten werfen keinen Schatten. „Wenn die Sonne am Himmel steht, und wir sehen unseren *oglmene*, „kühlen Schatten", auf der Erde, dann pflegen wir zu sagen: unsere *min* geht mit uns. Es ist dies nicht die „wilde Seele", sondern die „gute, schöne Seele", die mit uns zusammenlebt. Sie pflegt mit uns zu gehen, wo wir hingehen. Sie pflegt mit uns heimzukommen. Sie ist bei uns, auch wenn wir in den Fruchtgärten und Feldern arbeiten. Immer ist diese (Schatten-)Seele bei uns. Auch am Abend vor dem Schlafengehen in der Hütte am Herdfeuer sitzend pflegen wir sie im Schein des auflodernden Feuers als Schatten an der Wand zu sehen. Es ist die *min*, mit der wir Tag und Nacht zusammenleben. Wenn wir das Opferfleisch essen, so hat sie mit uns Essgemeinschaft, so pflegen wir zu sagen.

Die *min* ist nicht einfach das menschliche Bewusstsein oder sein „Innenleben" oder „geistiges Leben". Wie die Lebenskraft des Menschen sich im ganzen Körper findet, besonders stark in den Augen, im Herzen, in der Leber, den Nieren, Haaren und im Kopf, aber nicht darauf beschränkt ist, sondern sich im Namen, im Schatten, in den Kleidern, Waffen, Geräten usw. findet und in dem Vogel, Stein, Tier, Baum usw., der als *Mi* der Gruppe zugleich *öŋin*, Geschwister gleichen Geschlechts, der Glieder einer *Mi*-Gemeinschaft ist, so ist diese *min* als Lebenskraft der Umwelt gegenüber überhaupt nicht scharf abgegrenzt. Sie ist nicht einfach nur das Leben des Menschen, auch nicht einfach das menschliche Bewusstsein, sondern eine Macht, die neben dem Menschen auch andere Wesen und Dinge beseelt und lebendig macht, selbst wenn sie für uns „tote" Dinge sind, und die erst dem menschlichen Bewusstsein, das schon ohne sie vorhanden ist, Kraft verleihen muss, um es in Funktion zu setzen und wirksam zu machen. *Min-i wamb nôman ombedl amborom*, „die Seele verleiht dem menschlichen Bewusstsein Kraft". Sie ist die den menschlichen *nôman* mit Energie versehende Macht.

Der *nôman* ist Bd. II, 299 ff. beschrieben (dort *„noman"*). *Nôman* ist das menschliche Bewusstsein, die Vernunft. Der Begriff *nôman* wird nur vom menschlichen Bewusstsein, von der Vernunft gebraucht. Er ist kein von einer Dingvorstellung abstrahierter Begriff wie etwa im Kâte das maŋ, „das Innere", was in seiner konkreten Bedeutung z. B. auch das Innere etwa des Hauses bedeuten kann; er bezeichnet auch kein Organ des Körpers, auch keine Zusammenfassung wie etwa „Unterleib" oder „Eingeweide", sondern ist das menschliche Vernunftvermögen, sein Ichbewusstsein. Gefühlsvermögen ist der *nôman* nur insofern, als aus ihm Trotz, Rache-Zorn, Traurigkeit oder Freude, Zuneigung und Hingabe oder Abneigung und Ablehnung aufsteigen kann. „Ich gebe dir meinen *nôman*", heisst, ich gebe dir mein ganzes Ich mit allem Dichten und Trachten. „Mein *nôman* ist ganz verknotet", heisst, ich bin vor Rache-Zorn wie von

Sinnen. Er ist der Sitz von persönlichen Lust- und Unlustgefühlen. Alles, was der *nôman* „aufquellen und nach aussen gehen macht", ist immer ich-bezogen. Das gilt auch dann, wenn man den „*nôman* dem anderen gibt". Darum verlegen die *Mbowamb* den Sitz von Mitgefühl, Mitleid, Erbarmen in die Leber, nicht in den *nôman*. „Es macht mich bezüglich deiner Leber", heisst, ich fühle mit dir. „Ich sterbe mit der Leber", heisst, ich empfinde tiefes Mitgefühl und Erbarmen. Das Herz dagegen ist der Sitz von Lust und Schmerz, Freude und Traurigkeit, Mut und Furcht. Besonders grossen Schmerz verlegt man auch in die Eingeweide; Schmerz und Traurigkeit über Krankheit und Tod aber in die Brusthöhle, denn Krankheit und Tod sind die Negation alles dessen, wofür das *Mi* steht. Das *Mi* aber hängt mit dem Gewissen und dieses beim einzelnen Menschen mit der Brusthöhle zusammen, wie wir noch sehen werden. Aus eben diesem Grunde hat auch nur die sozusagen „vernünftige Furcht", die sich als Verzagtheit in konkreter Gefahr äussert, ihren Sitz im Herzen; wogegen es wieder anders ist mit der unerklärlichen Angst und mit der Furcht, die aus einem Schuldgefühl kommt. D i e s e Angst und d i e s e Furcht sitzen in der Brusthöhle und sind dort nicht an ein Organ des menschlichen Körpers gebunden. Ich halte nach meiner Kenntnis der *Mbowamb* die *munt*, „Brusthöhle", für die Stelle beim einzelnen Menschen, worin sich die *Mi*-Beziehung — immer einschliesslich der hintergründigen Mächte und nicht nur der menschlichen Gesellschaft allein — als Gemeinschaftsgewissen für den einzelnen unter Umständen bis zur unerklärlichen Angst spürbar macht (Kap. 28, 3).

Der *nôman* ist mehr als nur „der Verstand". Der „normale Menschenverstand" ist nur ein „Ableger" des *nôman* und wird darum auch als *nôman-mbo*, Nôman-Ableger, bezeichnet. Beide erhalten ihre Energie und Wirkungskraft nicht vom Herzen, sondern von der Seele. (vgl. aber Bd. II, 299 f.). Jedenfalls sagen die *Mbowamb* nicht, das Herz, sondern „die Seele gibt dem *nôman* Kraft". Ist die Seele im Schlafe abwesend, so ruht der Verstand; der *nôman* „hört" und „sieht" Träume. Wird die Seele von Geistern festgehalten, so sind Verstand und Vernunft ganz schwach oder völlig verdunkelt. Wird der Mensch von einem Geist besessen, so ist der Verstand völlig verdreht und der *nôman* von dämonischer Kraft erfüllt. Wenn „die Seele dem *nôman* Kraft ü b e r r e i c h t ", wie der stehende Ausdruck eigentlich wörtlich heisst, so „macht der *nôman* die Gedanken — Worte, Reden — hervorsprudeln und nach aussen gehen". Er ist spontan tätig. Das Nachdenken und Überlegen kommt hinterher. Dementsprechend unterscheidet man zwei Hälften des *nôman:* die obere Hälfte „macht Reden, Wollen aufsprudeln, dass es nach aussen geht"; die untere Hälfte dagegen „macht nochmal *nôman* dasein", d. h. sie überdenkt, wägt ab, stimmt zu oder lehnt ab; stellt die Folgen vor Augen, lässt den Menschen Reue empfinden oder beschwichtigt und findet für ihn rechtfertigende Gründe. Die Tätigkeit der beiden Hälften des *nôman* wird als eine Vielheit empfunden. Man spricht dann von nôman in der Mehrzahl. Das Ideal ist Einzahl und Einheit des nôman (Bd. II, 300).

3. Die kôm.

Hier handelt es sich um die Triebe des Menschen, um jegliches Verlangen und Begehren. Sie werden als eine Macht eigener Art erlebt und nicht der *min*, Seele, zugeschrieben, sondern den *kôm* (Bd. II, 301 kom; die Zusammensetzung *„noman kom"* wird von den *Mbowamb* meines Wissens so nicht gebraucht, denn es sind nicht „Vernunft-*kôm*", sondern sind „*kôm*, die in der *nôman*-Gegend" oder „auf der *nôman*-Seite liegen", d. h. sich aufhalten, da sind). Wir können *kôm* vielleicht am besten mit „Begehrens-" oder „Verlangensseele", auch „Trieb-Seele" übersetzen. Wie der Mensch nach vielem verlangt und vieles begehrt, so hat er auch viele *kôm* in sich. Die „Verlangensseelen" sind eine Vielzahl. Der Mensch hat einen *kôm* nach gutem Essen, nach Schlaf, nach Wertsachen und Besitz, nach Land ,nach dem anderen Geschlecht, nach Faulheit, nach Ansehen und Ruhm, nach Streit, Krieg, Vergeltung usw. Diese vielen *kôm* sind im Menschen da oder der Mensch „macht sie dasein". Sie sind nicht etwas, was „man am besten mit den Verstandesgruppen wiedergibt" (Bd. II, 301), sondern sind das Triebleben des Menschen, sein Begehren, Verlangen, seine Gier und seine Süchte. Die *Mbowamb* drücken es damit aus, dass sie sagen, es sind „fressende Wesen". Ein *kôm* kann im Menschen „abbrechen", wenn ihm das betreffende Verlangen nicht befriedigt wird. Bringt jemand z. B. Verlangen nach Schweinefleisch zum Ausdruck, so sucht man dieses Verlangen, wenn irgend möglich, zu stillen, und man bemerkt dazu: sein *kôm* könnte sonst abbrechen, und dann, so glaubt man, müsste der betreffende Mensch sterben. Die begehrende Verlangensseele wäre dann nämlich schwer beleidigt und würde des Menschen Lebenskraft aufzehren, weshalb er sterben müsste. Kein Wunder, dass es bei den *Mbowamb* kaum möglich ist, Kindern irgendwelches Verlangen und Begehren nicht zu stillen, und dass es als *ugl kits*, „schlechte Sitte", gilt, einem Menschen eine Bitte abzuschlagen.

Die *kôm* stellt man sich als vogelähnliche Wesen vor, die sich im Menschen einnisten. Es gibt auch wilde *kôm*, die als Steine in Vogelgestalt an Erdrutschen und ausgewaschenen Flussufern hausen. Das Abrutschen der Erde und Steine führt man auf sie zurück. Fressen und Zerstören ist ihre Natur. Die wilden *kôm* fliegen nachts aus und suchen einem etwa mit offenem Munde schlafenden Menschen in den Körper zu dringen, um ihm seine Lebenskraft aufzufressen, dass der Mensch sterben muss. Sie können sich auch in Tiere, Bäume, Schlangen, Skorpione usw. verwandeln, aber ihre eigentliche Gestalt ist ein vogelähnlicher Stein (Bd. I, 132 „*kom koim*"). Die Medizinmänner haben auch *kôm* aus Bambusstücken, ebenfalls in Vogelgestalt (Kap. 23, 3). Auch die *kôm*, die als „Verlangensseelen" im Menschen hausen, können „ausfliegen" und anderen gefährlich werden. Kommt fremder Besuch, so warnt man die Kinder, damit sie verschwinden. Die *kôm* des Fremden könnten die Kinder „fressen". Man macht hier ganz die gleichen Aussagen wie beim „bösen Blick" (Kap. 15:1, b). Das Etwas, das aus dem begehrlichen Blick hervorschiesst wie ein Pfeil, ist ein *kôm*. Er dringt in den anderen Menschen ein und frisst ihm seine Lebenskraft auf. Eben darum soll man eine Bitte nicht abschlagen, besonders dann nicht, wenn der andere das Wertstück, das Schwein, das Essen usw. schon erblickt hat. Durch den Blick ist die Erwartung des begehrenden *kôm* schon aufs höchste gestiegen. Wird die Bitte nicht erfüllt, dann wird dieser *kôm* „abbrechen" und das wird schlimme Folgen für den Träger des *kôm* haben; er wird sterben müssen. Bei denen aber, die die Bitte abschlugen, wird er wie der böse Blick wirken; er wird sie von innen her auffressen. Darum sagen die *Mbowamb* etwa, wenn jemand sie beim Essen überrascht: „lasst uns ihm zu essen geben, damit er, hiermit beschäftigt, seinen Blick nach unten und nicht auf uns gerichtet hält!"

Die *kôm* sind Bd. II, 256 als „Krankheitsgeister" erwähnt. Die *Mbowamb* bezeichnen sie aber niemals als „Geister". Es sind Seelen, die Vogelgestalt haben und sich durch ihr „begehrliches Fressen" von der *min* unterscheiden. — Sie sind ebenfalls dort auch erwähnt als „die

Fähigkeit des Menschen, ein Doppelleben zu führen". Es handelt sich darum, dass solch' ein *kôm* eines Menschen, der von ganzer Seele wünscht, dass sein Rivale oder Feind krank werden und sterben möge, von diesem Menschen als eine Art Vogel ausfliegen, sich im anderen festsetzen und dessen Lebenskraft aufzehren kann, so dass er ganz apathisch wird, völlig abmagert und schliesslich zugrundegeht, wenn ihm nicht ein Medizinmann den fressenden *kôm* vertreibt. — Ähnliche Anschauungen finden sich in vielen Variationen in der Südsee. Sie finden sich auch in den Eastern Highlands, New Guinea, wo so ein „fressendes Wesen" einen Menschen überfallen und ihm Hieb- und Stichwunden beibringen kann, den Leib aufschlitzen, lebenswichtige Organe herausreissen und alles wieder so in Ordnung bringen kann, dass äusserlich nichts zu sehen ist; aber der Mensch muss sterben. Ganz ähnlich sind die von Rev. Mager beschriebenen *saŋguma*-Vorstellungen im Madang-Gebiet.

4. Vielzahl an Seelen.

Während die *Mbowamb* bei jedem Menschen von den *kôm* in der Mehrzahl reden, weil es sich um eine Vielzahl solcher *kôm* handelt, die jeder Mensch besitzt, sprechen sie von der *min* immer nur in der Einzahl. Wenn sie allerdings von ihrer *min rakra*, „wilden Seele", reden, so sagen sie: „wir Setzlingsmenschen haben zwei Seelen". Wir werden diese „wilde Seele" gleich noch näher kennenlernen. Für gewöhnlich spricht man nicht von ihr, sondern nur von der Seele in der Einzahl. Ob es sich dann um die *min* handelt, die mit dem abgehackten Fingerglied „fortspringt" oder die anderen Körperteile und Organe mit Lebenskraft und Seelenmacht erfüllt, ob es die *min* ist, die auf dem Haupt ihren Sitz hat oder im Schatten den Menschen begleitet, beim flackernden Feuer als Schatten an der Wand neben ihm sitzt oder auf einsamen Wegen im Rauschen der Cordylinenblätter, die sein Gesäss bedecken, hinter ihm hergeht, ob es endlich die *min* ist, die seinem *nôman* Kraft überreicht, so dass all' dies zusammen wie eine Vielheit von *min* erscheint, niemals spricht der Setzlingsmensch von seiner *min* in der Mehrzahlform. Ihre Einheit liegt wohl darin, dass sie in all' diesen Erscheinungsformen zum Heile des Menschen bei, in, auf und über ihm, auch um ihn ist, als Ergänzung, Kraft, Macht, Schutz usw., aber ihm nicht eigentlich und wirklich g e g e n ü b e r t r i t t. Das tut sie, wie wir sahen, in dem abgehackten Fingerglied, aber erst nach dem Tod ihres Trägers, und vor diesem Gegenübertreten fürchtet man sich, denn es ist feindlich. Zu Lebzeiten ihres Trägers aber gibt es eine Weise, in der sie ihm auch schon richtig gegenübertritt und das ist im Wasser. Dieses Spiegelbild, das man auch *min* nennt, wird als feindlich empfunden, als etwas ganz anderes „von aussen her", als eine zweite *min*, nicht als eine Erscheinungsweise der *min kae*, sondern als *min rakra*, „wilde Seele". Würde man nicht mit Entsetzen die eigenen Gesichtszüge darin erkennen, würde sie wohl nicht als einem zugehörig anerkannt werden. Wohl wird auch die „gute Seele" als ein Anderes, Überlegenes erlebt, aber sie kommt zum Menschen, um mit ihm zu leben, nicht aber ihm feindlich gegenüberzutreten. Ich habe es öfters erlebt, dass *Mbowamb* den ersten Spiegel mit Grauen ablehnten. Sie wollten nichts damit zu tun haben. Wenn sie dann doch anderer Meinung werden und schliesslich grösstes Verlangen danach zeigen, so ist das so wie bei der *roŋa*, „der Angst, die hin und her läuft" (s. w. unten); die mit Entsetzen flieht und dann doch wieder angezogen wird und zurückkommt.

5. Die Gestalt der Seele.

Als die den Körper und seine Organe belebende Seelenkraft unterscheidet sich die *min* nicht von diesen Organen und Körperteilen. Als Schattenbild hat sie ganz die Gestalt des Menschen. Auch im Traum sieht man die Seele so. Der verlangenden Sehnsucht nach einem lieben Menschen in der Ferne oder im Tode erscheint seine Seele ebenfalls in der Gestalt des betreffenden Menschen. Im übrigen aber bezeichnen die *Mbowamb* die Seele als „klein". Sie ist nicht so gross wie der Mensch selbst. Man nennt sie „kleines Kind". Sie ist also nicht einfach Abbild des Menschen, sondern sie tritt zu ihm als ein Anderes, das behutsam und pfleglich behandelt werden muss. Sie ist Hinweis auf ein anderes Leben ausserhalb des Menschen. Sie kommt zum Menschen als ihrem Träger, um mit ihm zu leben, ihn mit Lebensstoff und Seelenmacht zu füllen, seiner Vernunft Kraft darzureichen, so wie die Süsskartoffel seinem Körper „Kraft überreicht", aber wenn er nicht achtgibt, zerreisst die Verbindung und er muss sterben. Weil die Seele nicht einfach ein dem Körper von vornherein Zugehöriges ist, sondern etwas zum Körper Hinzugekommenes, daher der sprachliche Ausdruck: die Seele als anhängendes Zweites tragend, habe ich mein Wesen. Oder: indem die *min* sich mit dem Menschen fest verbindet, hat er sein Wesen. Dieser zweite Ausdruck, „sich fest verbinden", enthält in der Hagen-Sprache das Bild von der Liane, die sich von einem Baum zum anderen rankt und auf der die Beuteltiere hinüber- und herüberklettern. Dieses Bild wird auch sehr viel von dem Zusammenhang zwischen der *Mi*-Gemeinschaft und ihrem *Mi* gebraucht. — Ein gesunder Körper und ein aktiver *nôman* sind den *Mbowamb* der beste Beweis für die gute Verbindung mit der *min*, wogegen kränkliches Aussehen und geistige Mattigkeit deutlich anzeigen, dass eine Lockerung oder Lösung der Verbindung eingetreten ist. Magert jemand zu Haut und Knochen ab und ist ganz teilnahmslos, so sagt man: dieses Menschen *min* wird von den Geistern draussen auf dem Hofplatz oder hinter den Hütten im Gebüsch festgehalten. Die einzig logische Kur ist dann das „Seelenschnurknüpfen" (Kap. 24).

6. Min rakra, „die wilde Seele".

Hier handelt es sich also um die für uns merkwürdige Erscheinung, dass die *Mbowamb* behaupten, jeder Mensch habe ausser seiner „guten, schönen Seele" auch eine „wilde Seele". „Wir pflegen zu sagen, dass wir zwei Seelen haben. Unsere wilde Seele hält sich im Wasser (in Flüssen) auf. Zuweilen schlüpft sie auch in Baum- oder Steinhöhlen. Sie lebt von wilden Nahrungsmitteln, die sie im Fluss oder im Gebüsch findet. An Flussufern nimmt sie Algen und solche Sachen, verwandelt sie in eine Art Taro und verzehrt sie. Im Busch findet sie wilde Bananen. Sie lebt von den Sachen, von denen sich auch die verwilderten Geister und die wilden Waldhunde nähren." „Wir pflegen zu sagen, die wilde Seele, die unten im Wasser ist und uns böse anschaut (Spiegelbild), uns fressen will. Wenn sie die Seele, die bei uns ist, ergreifen und mit fortnehmen will, lässt sie sich nicht mitnehmen. Die Seele, die unten im Wasser ist, kommt dann zu uns hinter das Haus, treibt sich dort im Gebüsch herum und versucht, unsere *min rukruŋ-oroŋa*, ‚Seele innerhalb', zu verführen, dass sie mit ihr gehen solle. Wir sagen immer: unsere *min ekit-oroŋa*, ‚Seele ausserhalb', will unsere ‚Seele innerhalb' nur ‚nehmen und in eine wilde Seele verwandeln'. Wir nehmen dann eine Liane vom Busch hinter dem Hause, zerklopfen sie und jagen die wilde Seele unter Geschrei davon. Dann sagen wir, jetzt ist sie fort. Wir sind aber sehr ungewiss, ob sie nicht bald wiederkommen wird. Wir werfen darum Steine in den Busch und ins Wasser und rufen: gehe fort! Geh' und bleibe im ‚Draussen-Bereich', wo du hingehörst. Hier in unserer Siedlung fliessen jetzt zwei Wasserquellen!" Dieser Hinweis auf „die zwei Wasserquellen in der Siedlung" bedeutet einmal die Frischwasserquelle, aus der man Koch- und Trinkwasser holt. Das „junge Wasser", das dort „ohne Aufhören hervorquillt", gilt als Träger von Lebenskräften. Sie kommen unseren Körpern zugute, so dass auf dieser Seite keine Angriffsfläche für dich, wilde Seele, ist, die du uns umbringen möchtest. Zum anderen ist es Hinweis auf das „*Mi*-Schöpfen", das wir später noch kennenlernen werden und das eine sakramentale Versöhnungszermonie ist, die das Seelenleben in der Gemeinschaft wieder in Ordnung bringt (Kap. 40), so dass auch nach dieser Seite hin für dich, wilde Seele, bei uns keine Angriffsfläche für dich besteht. Also, gehe fort!

Die „wilde Seele" hat ganz offenbar auch etwas von dem Schrecken an sich, den der Mensch empfindet, wenn er sich im Fluss plötzlich seinem Bilde gegenübersieht. Weil der Mensch erschrickt, hat auch das Bild im Wasser Schreckenszüge an sich und die *Mbowamb* sagen, diese „*min* unten im Wasser" ist nicht unsere *min mernt-pogl*, „Seele als echtes Abbild des Menschen". Das ist nur die „gute Seele" oder „unsere Seele innerhalb". Diese „unsere Seele ausserhalb" ist dagegen unser Feind; sie will uns fressen und unsere „gute Seele" entführen. Die „Seele ausserhalb" trachtet nach dem Glauben der *Mbowamb* dem Menschen nach dem Leben, wie „die Menschen ausserhalb" und wie der „*kona* ausserhalb". „Wir pflegen zu sagen: sie ist eine wilde Seele. Sie kümmert sich um uns nur, um uns elend, verlassen und verwüstet zu machen; um uns verrückt und besessen zu machen. Sie treibt sich umher, indem sie sich in Wind verwandelt. Sie ahmt unsere Seele nach; sie tut so, wie wir zu leben pflegen; sie treibt sich nur herum, um uns umzubringen. Wenn jemand stirbt, dann sagen wir immer: seine wilde Seele hat es solange getrieben, bis sie nun diesen Menschen selbst erschlagen hat und mit sich fortnimmt. Ob sie ihn wohl an allen Flussufern herumschleppt oder in Baumhöhlen versteckt?, so pflegen wir ungewiss zu fragen."

Wie die „Seele innerhalb" als gute Seele die helfende, bewahrende und heilvolle Beziehung zu den „Menschen innerhalb" der *Mi*-Gemeinschaft, zum „Land innerhalb" des schützenden Siedlungsbereiches und zu den schützenden und Lebenshilfe gebenden hintergründigen Mächten darstellt, so gehen wir wohl nicht fehl, anzunehmen, dass diese wilde Seele als „Seele ausserhalb", wie die *Mbowamb* sie auch nennen, die Furcht vor der Bedrohung durch die feindliche Mit- und Umwelt im „Draussen-Bereich" und die Erfahrung ihrer Feindschaft, sowie die der Feindschaft und bösen Machtäusserungen dämonischer Kräfte und Mächte darstellt.

7. Die Seele als Vogel und Beuteltier.

Während man sich die *kôm* des Menschen und die *kôm rakra*, „wilden *kôm*", an Flüssen und Abgründen (Kap. 18, 3) grundsätzlich in vogelähnlicher Gestalt vorstellt, hat die *min* als Lebenskraft die Gestalt der Körperteile und Organe, in denen sie sich als belebende und aktivierende Macht äussert. Als Wesen aber, das mit dem Menschen lebt, ihn in seinem Schatten begleitet,auf seinem Haupte anwesend ist und vielleicht einmal in einem schauerlichen Erlebnis „gesehen" wird, — wie z. B. *Ndena Ndum* eines hatte, der genau sah, wie ihm seine Seele vom Kopf ins Feuer fiel, als er in der Hütte neben dem Herdfeuer sass, und der sich dann mit allen Zeichen des Schreckens bei mir erkundigte, ob er nun sterben müsse, — hat die Seele die Gestalt des Menschen, wenn sie auch „klein" ist, wie „ein kleines Kind". Wie wir sahen, können die Triebseelen namens *kôm* wie Vögel fortfliegen, sich in einen Stein oder Bambus in Vogelgestalt verwandeln zum Zwecke des „magischen Fressens". Dagegen sagen die *Mbowamb* niemals, dass sich die gute Seele oder „Seele innerhalb" in ein „fressendes Wesen" verwandelt. Sie ist ja wirkender Lebensstoff und kraftgebende Seelenmacht. Diese *min* kann sich aber in einen friedlichen Vogel oder in ein Beuteltier verwandeln, um ihrer Nahrungssuche nachzugehen, während *wamb edlêm*, „der Mensch selbst", schläft. Wenn sie dann gegen Morgen zurückkommt, wacht der Mensch auf und „empfindet wieder seinen Verstand". Auf diesen Wegen draussen herum ist die *min* freilich noch viel mehr gefährdet, als sonst schon. Als Vogel oder Beuteltier kann sie von Menschen angeschossen oder getötet werden (Bd. II, 305). Oder sie wird von den Geistern festgehalten, dass sie nicht mehr zu ihrem Träger zurückkehren kann (Kap. 24, 4).

8. Seele und Tod.

Nach dem Tode des Menschen, so sagen die *Mbowamb*, treiben sich die *kôm* als verwilderte fressende Wesen herum. Die *min* als Kraftstoff verwandelt sich beim Toten in Todesstoff. Die *min* als hintergründiges Wesen aber, das nur in Verbindung mit dem Menschen lebte, solange er selbst am Leben war, verlässt den toten Menschen und folgt den Flussläufen. Dies nicht nur ostwärts, wie Bd. II, 310 erwähnt ist, sondern in jeder Landschaft der *Mbowamb* eben den jeweiligen Flüssen nach, in welcher Richtung auch immer sie fliessen mögen. Wenn der Träger der Seele gestorben ist, braucht sie einen anderen Träger. Dies ist das „junge Wasser", das ja auch vom Mana-Glauben her als Träger von Lebenskräften gilt. Mit Trägern von Todeskräften kann und darf die *min* sich ja nicht einlassen, aber auf den Flüssen kann sie in den *uglŋö-kona*, in „das Land für immer", gehen. Das Wort *uglŋö* kommt auch in anderen Verbindungen vor im Sinne von „für immer, dauernd", im Gegensatz zu *keaka*, vorübergehend. *Uglŋö* ist nicht zu verwechseln mit *ugl*, Kunststück, Sitte. *Uglŋö-kona* heisst also nicht „Land der Sitte" (Bd. II, 31 „uklŋa"). Dieser „Wasserweg" der Seelen Verstorbener wird ebenfalls als *uglŋö-nombogla*, „der Weg für immer", bezeichnet. Auf ihm kann die *min* zunächst noch immer wieder einmal zum toten Menschen zurückkehren und um ihn oder sein Grab sein. Zu den Hinterbliebenen kann sie dann noch *mbo kon*, als „richtiger Setzling", kommen, d. h. ihnen in der menschlichen Gestalt des Verstorbenen erscheinen. Bald aber kommt sie zu ihnen als *kôr*, Totengeist, der Opfer haben möchte. Da spricht man nicht mehr von der *min*. Sie ist fortgegangen, „den Weg für immer", um in „das Land für immer" zu gehen. Was jetzt an Stelle des Menschen in der Siedlung der Hinterbliebenen und bei den Gräbern ist, ist sein *kôr*. Zu seinen Lebzeiten konnte der Mensch selbst für seine Seele sorgen, soweit das an ihm lag und nötig war. Für seinen *kôr* aber müssen die Hinterbliebenen durch Errichtung eines „Geisterwohnhauses", einer Opferhütte und durch Opfer sorgen, wenn sie nicht seinen Rache-Zorn hervorrufen wollen. — Fragt man nach etlichen Generationen wieder nach einem längst Verstorbenen, so sagt man: er hat sich in eine Motte verwandelt. Die Motte verbrennt sich schliesslich die Flügel am nächtlichen Hüttenfeuer der Lebenden und geht so endgültig zugrunde

(Kap. 13:2, f.). Die Erinnerung an den längst Verstorbenen erlischt mehr und mehr. Dann bringt man dem *kôr* keine Einzelopfer mehr dar, wie das die Kinder und vielleicht auch noch die Kindeskinder des Verstorbenen taten, sondern nur noch zusammen mit allen anderen *kôr* schon länger verstorbener Verwandter, die man nicht mehr einzeln, sondern nur noch als Gruppe behandelt und zwar als Gruppe der *mbo-kôr*, Setzlingsgeister, d. h. solche Geister, die aus verstorbenen verwandten Setzlingsmenschen hervorgingen.

9. Seele und Mi-Komplex.

Die oben erwähnte Fähigkeit der *min*, sich in Vögel oder in Beuteltiere zu verwandeln, bringt uns nun wieder zu den *Tei*- oder Oben-Leuten zurück, deren Tiere ja die Vögel und Beuteltiere sind, und die sie deshalb nicht als Opfer dargebracht haben wollen. Damit sind wir aber wieder bei den hintergründigen Vätern der *Mi*-Gruppen, die sie zeugend-schöpferisch „pflanzten" und ihnen das „mächtig-starke Ding", nämlich das *Mi*, „hinlegten". Die *min* hängt mit der Macht zusammen, die sich im *Mi* zeigt. Das *Mi* bezeichnet darum auch den grossen Zusammenhang der einzelnen *min* der Glieder der *Mi*-Gemeinschaft als zwischenmenschlich-seelische Beziehungen und als Beziehung zu den zeugend-schöpferischen überirdischen Vätern der *Mi*-Gemeinschaften. Von dem hintergründigen Zusammenhang her, den ich als „*Mi*-Komplex" bezeichnete (Kap. 9), sehen die *Mbowamb* nicht nur den Menschen und die menschliche Gemeinschaft, sondern auch die ganze Mit- und Umwelt, auch die Über- und Unterwelt. Der Bd. II, 321 unter „Das geographische Denken" erwähnte „Erdnabel" ist der „Nabelort", der in Kap. 9,5 in seinem Zusammenhang mit den *Mi*-Vorstellungen der *Mbowamb* gezeigt ist. Es ist „der Ort schöpferischen Geschehens", der den Mittelpunkt, das Zentrum des Lebens der *Mi*-Gemeinschaft bildet, denn er ist ja die eigentliche Opferstätte. J e d e *Mi*-Gemeinschaft sagt von i h r e m *Kona wiŋndi*, dass er auch ihr *Kona uglimb*, Nabelort, Zentrum, sei. Das Denken und Handeln der *Mbowamb* geht darum nach meinem Dafürhalten auch nicht vom Einzelmenschen und seinem *nôman* oder Herzen aus, sondern von der *Mi*-Gemeinschaft. Von ihrem „Ort schöpferischen Geschehens", ihrer ursprünglichen Opferstätte aus, die ihr hintergründiges Zentrum ist und eben deshalb „Nabelort, Mittelpunkt" genannt wird, ist auch das ganze Land eingeteilt in „Land innerhalb" des *Mi*-Bereiches einer *Mi*-Gemeinschaft und in „Land ausserhalb" dieses Bereiches, genau so wie man auch von „Menschen innerhalb" und von „Menschen ausserhalb", von „der Seele innerhalb" und von „der Seele ausserhalb" spricht.

10. Seele und Opfertier.

Es wurde schon erwähnt, dass auch die Seele, die nach dem Tode des Menschen zum *kôr*, Geist, werden wird, sich schon zu Lebzeiten ihres Trägers — so wie die Toten, die Naturgeister und *Tei*- oder Obenleute — am *tirndêglem* der Opfertiere labt und nährt. Die Opfer kommen den *Mbowamb* selbst also nicht nur durch die dadurch erzielte Befestigung oder Wiederherstellung der guten Beziehungen zu den hintergründigen Mächten zugute, sondern auch dadurch, dass sich ihre Seelen daran nähren und durch das Opfermahl auch die Beziehungen zwischen den Menschen und ihren Seelen befestigt werden. Weil also auch die Seele so, wie die Obenleute, die Geister und die Menschen, vom Opfer lebt, darum sieht man auch Seele und Opfertier in engstem Zusammenhang. Wie eng der Zusammenhang gesehen wird, soll folgender

Text zeigen: „Wenn bei uns ein Schwein eingeht und dann nacheinander meist die ganze Herde zugrundegeht, weil der Gestank (vom ersten toten Tier als Träger magischer Todeskräfte) sie alle krank macht und tötet, so pflegt auch der Besitzer zu sterben. Wenn nicht er selbst, so doch seine Frau, die die Schweine füttert. Wenn der Besitzer stirbt und die Leute zur Trauerfeier kommen, pflegen sie zu sagen: dieses toten Mannes Seele ist schon vor seinem Tode völlig gestorben (nämlich so, wie ein Opfertier ums andere einging). Jetzt ist nur der Leichnam gestorben" (sic!). Wenn nur drei oder vier Schweine eingehen, dann pflegt kein erwachsener Mensch zu sterben, sondern nur eines der Kinder. (Es ist dann nicht so viel Seelenmacht verlorengegangen, wie wenn die ganze Herde stirbt!) Die Opfertiere enthalten Seelenmacht, so wie die Menschen, und deshalb sprechen die *Mbowamb* von den Schweinen tatsächlich auch als von „unserer Seele". Wollen die hintergründigen Mächte aus irgendeinem Groll einen Menschen oder einen aus seiner Gruppe umbringen, was in diesem Zusammenhang das gleiche ist, so vernichten sie ihm zuerst seine Opfertiere. Dann hat er keine Möglichkeit mehr, seine Seele zu ernähren, noch die offenbar durch irgendein Versehen oder Vergehen gestörten zwischenmenschlich-seelischen Beziehungen und die zu den hintergründigen Mächten durch Opfer wieder herzustellen. Er muss dann sterben. „Wenn die Geister eine Familie oder eine Gruppe von Menschen ausrotten wollen, dann halten sie erst Kriegsrat und sagen: lasst uns zuerst alle ihre Schweine vernichten! Wenn wir das nicht tun, sondern zuerst die Menschen „anschauen" — sc. mit dem bösen Blick —, würden sie zwar krank werden, aber sie würden sagen, die Geister tun es und würden uns dann Opfer darbringen. Wenn wir dann die Opfer geniessen und dadurch unseren Groll gegen diese Menschen abklingen lassen, würden sie voll neuer Lebenskraft blühen und gedeihen. Das soll nicht sein! Darum lasst uns erst alle Schweine völlig erledigen, und wenn dann diese Menschen in grösster Verlegenheit sein und sich nicht zu helfen wissen werden, dann lasst uns die Leute (mit dem bösen Blick) anschauen, dass sie krank werden. Wenn sie dann nichts haben, womit sie ihre Seele lösen könnten, dann lasst sie uns völlig durch Anschauen töten, dass sie wirklich sterben und zugrundegehen!" — Die Opfertiere sind also für die Seelen der Menschen eine Art „Lebensversicherung" und zwar in so hohem Mass, dass man sie selber als „Seele" ansprechen kann. „Wenn wir nachts im Traum sehen, dass wir unseren Feinden ein Schwein übergeben, dann sagen wir am folgenden Morgen zu unseren *Mi*-Genossen: lasst uns nicht irgendwo hingehen, d. h. nicht aus dem *rukruŋ-oroŋa*, dem „Innenbereich" der schützenden *Mi*-Gemeinschaft hinausgehen in den *ekit-oroŋa*, den „Draussen-Bereich" der feindlichen Umwelt. Wir haben bereits unsere Seele weggegeben (obwohl es nur ein Traum war, aber Träume sind Wirklichkeit). Die Feinde würden einen von uns umbringen!" — Gibt man Opfertiere weg, so ist die Sicherung der Seele dahin. Die mit ihr und den Geistern im Opfermahl gepflegte gute Beziehung ist bis auf weiteres in Frage gestellt. Die hintergründigen Mächte sehen sich um ein Opfer betrogen und sind deshalb bereit, in ihrem Kriegsrat die Menschen, die die Opfertiere weggegeben haben, an ihre menschlichen und übermenschlichen Feinde auszuliefern. So ist Weggabe eines Schweines soviel wie völlige Preisgabe der eigenen Seele! Hier liegt der Grund, dass man im Handel nur gedämpftes Schweinefleisch weggibt, an dessen lebensstoffhaltigem Opferduft die hintergründigen Mächte der eigenen *Mi*-Gemeinschaft sich schon gelabt und gesättigt haben, und dass man lebende Schweine nur an Freunde und Verwandte durch Blut oder Heirat weggibt, aber nicht an Fremde. Aber in jedem Fall bedeutet Abgabe von Schweinen eine grosse Gefährdung. Daher das Gabe-Gegengabe-Schema im Handel, aber auch beim „Frauenkauf" und bei der Bezahlung von Gefallenen der Kriegsverbündeten. Man gibt keine Schweine weg ohne Aussicht darauf, dass man auch wieder solche als Gegengabe zurückbekommt, wenn auch nicht die gleiche Anzahl, so doch eines oder etliche, so dass man nie ohne „die eigentliche, wesentliche Sache" ist, die man (im Bedarfsfall) „forttragen kann" — nämlich zum Opferplatz — und mit der man „machen kann",* nämlich kultisch handeln. Kein Hingeben ohne Hernehmen! Gewiss, das ist *do ut des*, aber nicht aus Egoismus und Nützlichkeitsstreben, sondern aus Selbsterhaltungstrieb, denn es geht hier um Leben oder Tod!

KAPITEL 19
DIE TOTEN

1. Das Leben nach dem Tode

stellt man sich ganz ähnlich dem irdischen Leben vor, aber nicht besser, sondern schlechter. Die Sprache gebraucht Ausdrücke der Nacht, des Dunklen und Finsteren, um das Dasein der Toten zu beschreiben. Es ist ein Schattendasein. Die Toten hungern und frieren, haben nur schlechte Nahrung, sind Wind und Wetter, Regen und Kälte ausgesetzt. Es ist ein Leben „draussen". „Hinausgehen" kann darum als Deckrede für „sterben, tot" gebraucht werden; auch „ins Gebüsch gehen", dorthin, wo die Gräber sind. Das „Draussen" bezeichnet das Dasein der Toten im Gegensatz zum „Drinnen" am wärmenden Hüttenfeuer Sitzen der Lebenden, aber auch ganz allgemein das „Draussen", ausserhalb des wahren, echten, wirklichen Lebens sein. „Die Toten schauen von draussen neidisch herein. Sie neiden uns den von Öl und Fett glänzenden Schein des geschmeidigen Körpers. Sie neiden uns das durch wippenden Federschmuck, glänzenden Muschelbehang und rauschendes Gesässdecklaub beschwingte Lebensgefühl. Nur wir, die Lebenden, erfreuen uns noch der Frauen, Wertsachen und Schweine. Nur wir feiern richtige Feste und vollbringen Wesenhaftes. Der Toten Dasein ist nur ein Schemen." — Daher das drängende Verlangen der *Mbowamb* nach langem Leben und daher die Überzeugung vom Neide der Toten. „Als er noch lebte", sagen wir wohl von einem Toten; „als er noch am Tage wandelte", sagen die *Mbowamb*. Nun „ist ihm die Sonne untergegangen". Nun „ist er draussen in der Nacht". — Die Toten sind darum auf die Fürsorge ihrer Hinterbliebenen angewiesen, wie sie es schon in ihrer Krankheit waren. Bauen sie ihnen kein „Geister-Wohnhaus", so müssen sie draussen frieren, sind Wind und Regen ausgesetzt. Bringen sie ihnen keine Opfer dar, so haben sie nur ganz schlechte Nahrung und müssen ein kümmerliches Dasein fristen.

2. Die Gestalt der Toten.

Wenn die *Mbowamb* von Totenerscheinungen sprachen, und ich ihnen die Frage nach der Gestalt der Toten vorlegte, sagten sie: „Sie reissen den Mund auf, strecken die Zunge weit heraus, fassen ihre Ohrläppchen und ziehen sie weit ab, sperren die Augen auf und schauen uns

* Das Verb *iti*, tun, machen, hat auch die Bedeutung von kultisch handeln.

unheimlich an. Ihr Blick ist flackernd, die Augenlider flimmern. Sie erheben die Hände in Augenhöhe und halten die Finger wie zum Greifen gekrümmt. Sie wollen uns mit sich fortholen." Furcht und Schrecken der Lebenden zeigt sich in diesem Bilde der Toten. Wer einen Toten in solcher Gestalt sieht, sagt, ich habe einen *kôr*, Gespenst, Geist, gesehen. Es wurde aber schon früher erwähnt, dass die Toten auch ganz in der Gestalt des Verstorbenen erscheinen können, wie man ihn zu seinen Lebzeiten gekannt hat, was dann nicht als *kôr*, sondern als *mbo kon*, „richtiger Setzlingsmensch", beschrieben wird. Man stellt sich ja die Toten bei den *Mbowamb* nicht als körperlose Wesen vor, sondern der g a n z e Mensch ist der Verstorbene. Man gebraucht deshalb neben *kôr*, Geist, für die Toten auch den Ausdruck *wamb kui*, die gestorbenen Menschen. Man schreibt ihnen darum auch weiterhin dieselben Eigenschaften, Fähigkeiten und Bedürfnisse zu, die sie auch im Leben hatten. Die Toten können aber auch in der Gestalt des Totenvogels, einer Eidechse usw. erscheinen. Sie können pfeifen, sprechen und allerlei Geräusche verursachen. Schliesslich nehmen sie, wie oben erwähnt, die Gestalt von Motten an und können dann nochmals und endgültig sterben.

3. Die unheimliche Aktivität der Toten.

Die *Mbowamb* stellen sich ihre Toten nicht machtlos und nicht untätig vor. Die Frage, woher die Toten ihre Macht haben, sei weiter unten besprochen. Zunächst also ihre Aktivität. Die Toten sind den *Mbowamb* ja nicht in unserem Sinne „tot". Die Toten sind in unheimlicher Weise anwesend und tätig. Auch die Toten können so wie die Lebenden *ugl kae*, „gute Kunststücke, Verhaltensweisen, Sitten" betätigen, aber auch *ugl kits*, „böse Kunststücke" usw. (siehe Kap. 14, 2). Erstere sind bei den Lebenden begehrt, letztere gefürchtet. Die Toten können durch ihre Aktivität den Lebenden nützen oder schaden. Sie können den Menschen Glück und Heil, gute Ernten, Kinderreichtum, Gesundheit, Wertsachen, langes Leben, kurz Hilfe und Schutz in jeder Hinsicht verschaffen. Sie können ihnen aber auch Unheil, Unglück, Unfrieden, Krankheit, Seuchen, Not und Tod bereiten. Es hängt ganz von dem guten oder schlechten Einvernehmen mit ihnen ab. Denn wie unter den Lebenden das gute Einvernehmen und ungestörte Seelenleben in der Gemeinschaft Heil, Gesundheit und Wohlstand bedeutet, die durch irgendwelche Vergehen in Verwirrung und Unordnung gebrachten seelischen Beziehungen in der Gemeinschaft aber eine gefährliche Reaktion des *Mi* hervorrufen, wenn sie nicht in Ordnung gebracht werden, ganz so verhält es sich auch mit den Toten, die ja auch noch zur *Mi*-Gemeinschaft gehören. Sie sind nicht einfach grundlos tätig zu Nutzen oder Schaden ihrer Hinterbliebenen, sondern es hängt das ganz und gar davon ab, ob die gegenseitigen Beziehungen in Ordnung sind oder nicht. Die Toten sind ja noch von denselben Empfindungen und Leidenschaften beseelt wie die Lebenden. Sie sind es sogar in gesteigertem Masse, denn es kommt bei ihnen von vornherein noch der Neid auf die Lebenden hinzu, weil diese noch im Leibe sein, sich noch des richtigen Lebens freuen, in warmen Hütten wohnen, gutes Essen geniessen, noch wirkliche Feste feiern können! Man muss schon aus diesem Grunde auf die Toten noch mehr Rücksicht nehmen, als auf die Lebenden. Schon ihr Sterben und die voraufgehende Krankheit oder Verzauberung macht die Toten böse. Dazu kommen dann allerlei Versäumnisse seitens der Lebenden in ihren Verpflichtungen gegenüber den Toten. Dafür nur ein Beispiel. Bei Todesfällen, die auf gewaltsame Einwirkung der Feinde zurückzuführen sind, also beim Tod durch

Waffengewalt oder durch Zauberei, gilt unbedingt die Blutrachepflicht. Versäumnis dieser religiösen Pflicht zieht die Rache des betreffenden Toten an seinen Hinterbliebenen nach sich. Bei den *Roglaka* wurde ein junger Mann vom Aussatz befallen. Er hatte nicht gewusst, dass sein Vater an Zauberei gestorben war. Erst der Medizinmann hat es ihm offenbart, als er ihn befragte, welcher Totengeist ihm wohl den Aussatz geschickt habe. Weil er es nicht gewusst hatte, hatte er auch keine Blutrache geübt. Deshalb hatte dann sein Vater den Aussatz „angeworben" und ihn seinem Sohne zugeschickt. — Für Lebende und Tote ist genug Konfliktstoff gegeben, ihre gegenseitigen Beziehungen in Unordnung und Verwirrung zu bringen und dies ist es dann, was die Toten veranlasst, ihren hinterbliebenen Angehörigen allerlei *ugl kits* zu erweisen. Die Toten handeln also nicht einfach willkürlich, sondern so, wie die zwischenmenschlich seelischen Beziehungen in der Gemeinschaft der Lebenden Gesundheit, Glück und Heil bedeuten, wenn sie in Ordnung sind, die gestörten Beziehungen aber Unglück, Unfrieden und Unheil, so auch zwischen den Toten und den Lebenden: Es sind die guten oder schlechten Beziehungen, die je nachdem die Toten veranlassen, ihren Hinterbliebenen Gutes oder Schlechtes zu bewirken.

4. Die mächtigen Toten.

Sterben ist für den *Mbowamb* kein wirkliches Ende, sondern nur das Aufhören der einen, freilich äusserst geschätzten und erwünschten Existenzform, für die der Begriff *wamb*, „Leute, Menschen" oder *mbo-wamb*, „Setzlingsmenschen", steht, und der Anfang einer anderen, wenig begehrten Daseinsform, für die der Begriff *kôr*, Gespenst, Geist, steht. Die Toten leben, sind aktiv, haben Wünsche, Sehnsüchte, Bedürfnisse ganz ähnlich denen der noch Lebenden. Sie sind aufs stärkste am Tun und Treiben der Hinterbliebenen interessiert. Sie sind immer gegenwärtig und beobachten alles. Sie haben die Macht Kinder- und Erntesegen zu verleihen, auch Wohlstand und Ansehen. Sie haben aber auch die Macht, dies alles zu versagen und dazu Unglück, Unheil und Unfrieden zu schicken. Man muss daher auch die grösste Rücksicht auf sie nehmen, ihre Wünsche erfüllen, sie in Ehren halten, was vornehmlich durch Opfer geschieht.

Es beruht die Macht der Toten aber nicht auf ihrer eigenen Mächtigkeit, sondern höchstens auf ihrer gesteigerten Fähigkeit, die Träger hintergründiger Lebens- oder Todeskräfte für oder aber gegen die Lebenden einzusetzen. Die Toten sind mächtig, weil ihnen Macht zufliesst. Schon zu ihren Lebzeiten war ja, wir wir sahen, ihre Tüchtigkeit, Begabung, Redegewandtheit, ihr Können, ihre körperliche Kraft und Gesundheit, Erfolg, Wohlstand, Ehre, Ansehen, Glück usw. nichts anderes als Ausdruck der Macht, die ihnen aus geheimnisvollen Quellen zuströmte. Als Tote haben sie nun noch besseren Zugang zu diesen Quellen. Eigenschaften und Fähigkeiten des lebenden bleiben ja auch beim toten Menschen dieselben, sie steigern sich aber noch, werden magisch mächtiger. Jeder Tote nimmt auch unter den Toten dieselbe Stellung ein, wie er sie zu Lebzeiten innehatte. Daran ändert sich im Tode nichts mehr. Nur muss jeder, so wie im Leben, auch im Tode diese Stellung erhalten und immer wieder zu befestigen suchen durch neuen Machtzufluss. Dies geschieht vornehmlich durch die Opfer, die ihm dargebracht werden. Dasselbe gilt natürlich auch für die, an denen sich im Leben nur wenig und nicht in besonderer Weise Macht zeigte, so dass sie körperlich schwächer, leichter anfällig für Krankheiten, weniger erfolgreich, wenig begabt und glücklich, wenig beachtet und gefürchtet waren. Auch daran ändert sich im Tode nichts mehr. Die Begriffe, die stärkeren oder schwächeren

Machtzufluss und darum auch grössere oder geringere Einflussmöglichkeiten anzeigen, werden daher genau so wie von den Lebenden auch von den Toten gebraucht. Auch unter den Toten gib es „Reiche und Arme", auch „Grosse und Kleine" und „Gute und Schlechte" (vgl. Kap. 14, 8). Wie die Toten noch zur *Mi*-Gemeinschaft der Lebenden gerechnet werden, so ist auch ihre Kraft und Macht abhängig von der hintergründigen Macht, die sich einst in den Trägern von Lebens- oder aber von Todeskräfen kundtat und noch immer kundtut.

Ganz besonders mächtig sind die Toten, von denen die *Mbowamb* gauben, dass sie nach ihrem Tode nicht „den Weg für immer" und nicht in „das Land für immer" gingen", sondern *ogla*, „nach oben", also zu den *Tei-* oder *Ogla-wamb*. Nur die „gewöhnlich Sterblichen" gehen diesen Weg in dieses Land. Die Urahnen der *Mi*-Gruppen und die Stammväter der Ableger-*Mi*-Gruppen „gingen nach oben". Dasselbe gilt noch heute von den Männern, die im Leben für ihre jeweilige Gemeinschaft auf Grund ihrer besonderen magischen Mächtigkeit auch ganz besondere Bedeutung hatten (Kapitel 26, 2). Weil sie im Leben zu Wohlstand, Ruhm und Ehre der Gruppe beitrugen, weil sie durch Schlichten der Konflikte immer wieder die Macht, die das *Mi* vermittelt, als seelischen Gleichklang der Gemeinschaft zur Wirkung bringen konnten und weil sie durch Veranstaltung der grossen Opferfeste als Vergegenwärtigung des mythischen Geschehens dadurch der Macht gleichsam Gelegenheit gaben, sich immer wieder in besonderer Weise zu zeigen und der jeweiligen *Mi*-Gemeinschaft zur Stärkung und Vermehrung zuzufliessen, darum gehen solche Männer nach ihrem Tode „nach oben". Wenn es bei ihrem Begräbnis regnet, so „weint das Land" und wenn es in der Ferne donnert, so ist das ein Zeichen dafür, dass sie „dröhnenden Schrittes nach oben gehen". Dieses „Gehen nach oben" ist der sprachliche Ausdruck dafür, dass sie zu den mächtigen Oben-Leuten gehen und darum auch im Tode in besonderer und gesteigerter Weise sorgen können für den Machtzufluss durch das *Mi*, das einst die zeugend-schöpferisch tätigen Oben-Männer der jeweiligen *Mi*-Gemeinschaft zu Gedeihen und Heil „hinlegten".

KAPITEL 20
DIE GEISTER UND DIE TOTENGEISTER

1. Erläuterung des Begriffes kôr.

Wir können *kôr* mit „Gespenst, Dämon, Geist" übersetzen. Die *Mbowamb* unterscheiden zwischen *kôr* im allgemeinen und den *mbo-kôr* im besonderen. Die *mbo-kôr*, Setzlingsgeister, sind diejenigen Geister, die aus einem *mbo*, Menschen-Setzling, hervorgegangen sind und darum auch als Geister noch, so wie einst im Leben, Glieder der *Mi*-Gemeinschaft sind, darum auch noch Anteil haben am Leben der Gemeinschaft und aktiv auf dieses einwirken (vgl. dazu Bd. II, 347 ff. „*mbokor*"). So hat jede *Mi*- Gruppe ihre eigenen *mbo-kôr* und jede bezeichnet die der anderen als *kôr edlpa*, andere Geister, oder als *mbo-kôr kats*, wieder andere Setzlingsgeister, also genauso, wie man auch die anderen *Mi*-Gruppen bezeichnet (s. Kapitel 3, 3).

Kôr ist Sammelbegriff und bezeichnet die Art. Als Artbegriff steht *kôr* im Gegensatz zu *wamb*, Leute, Menschen, und bezeichnet ein Wesen ohne solches Fleisch und Bein, wie es die

Setzlingsmenschen haben. Es heisst also nicht, dass die *kôr* gestaltlose oder körperlose Wesen sind. Alle *kôr* haben irgend einen Körper und damit eine Gestalt — und wenn ihr Körper ein Stein ist! Das Charakteristische der *kôr* und das ihnen allen Gemeinsame ist ihr unbändiger Wille, ihre unheimliche Aktivität, ihre unmenschliche Fähigkeit, überall zu sein und auch das Unmögliche zu können. Ihr Begehren, Wollen und Handeln trägt menschliche Züge, aber potenziert. Es ist dem der Menschen ähnlich und doch auch wieder anders. Die *kôr* haben Zugang zu den hintergründigen Lebens- und Todesmächten, sie sind aber keine Personifizierung dieser Mächte. Ihr Zugang zu den Mächten und ihre Fähigkeit, diese Mächte für oder gegen die Menschen einzusetzen, ist nicht gleich. Dementsprechend sind auch die *ugl*, Kunststücke, Gepflogenheiten", die sie vollbringen, nicht gleich, sondern verschieden. Wie unter den Menschen, so gibt es auch unter allen *kôr* je nach ihrer Mächtigkeit grosse und kleine, auch reiche und arme sowie gute und schlechte (vgl. Kapitel 14, 8).

Das *ô* in *kôr* ist so kurz wie nur möglich zu sprechen. Es ist ein o-Laut innerer Stellung, darum schreibe ich *ô*. G. Vicedom schreibt es in Bd. I—III „*kor*". Pater W. Ross schreibt es „*kur*" (Anthropos, Bd. 31, 1936 u. a. O.).

Als Sammelbegriff umfasst *kôr* nicht nur die *mbo-kôr* der Untergliederungen der eigenen *Mi*-Gruppe und die *mbo-kôr* der anderen *Mi*-Gruppen, sondern auch die *kôr*, die in, natürlich oder künstlich, besonders geformten Steinen zu den Menschen „kommen" und als *kôr ou*, „Gross-Geister" des Wachstums, der Fruchtbarkeit und des Gedeihens von den *Mbowamb* „kultisch vermehrt und gepflegt werden" (s. Kapitel 14, 4). Diese Steine, die man in den Gross-Geister-Kulten *Poŋönts*, *Wöp*, *Ngênap*, *Maep* und im Steinkult der *Mineimbi* verehrte und ihnen Opfer darbrachte, sind weder eine Verkörperung Lebender noch Toter, noch auch der hintergründigen Lebens- und Schaffensmächte, sondern in ihnen „kommen" *kôr*, die zu mythologischen Grössen geworden sind, zu den *Mbowamb*. Sie können hintergründige Macht des Lebens, Wachsens, Gedeihens und des Heils nur „zuleiten", aber nicht verkörpern. (vgl. dagegen B. II, 429 ff. „Sie eignen die Steine teilweise den Verstorbenen, also den Geistern zu, teilweise werden Lebende durch die Steine verkörpert" und „ . . . dass man die übernatürliche Macht selbst und die *mbokor*, als zur übernatürlichen Macht gewordene Menschen durch Gegenstände darstellt und verehrt . . ."). Diese Steine sind für die *Mbowamb kôr*, Geister, und als solche werden sie von den *Mbowamb* zusammen mit den Geistern verstorbener Menschen verehrt, aber auch mit den *kôr*, Geistern, die sich in Flüssen, Weihern, Wassertümpeln, Quellen, Wäldern, Hainen und in Bäumen, in Wirbelwinden und Stürmen aufhalten und kundtun. Der Sammelbegriff *kôr* schliesst bei den *Mbowamb* also die Geister der Verstorbenen u n d diejenigen Geistwesen, die wir etwa Wachstums- oder Naturgeister oder je nach ihrer Wirkung etwa auch Dämonen nennen würden, alle zusammen. Viele dieser *kôr* verschiedenster Art und Herkunft haben einen N a m e n. Der Einzelname schon sagt den *Mbowamb*, um welche Art von *kôr* es sich handelt, aber wie bei den Menschen, so wird auch bei den Geistern vor den Einzelnamen immer der „grosse Name" *kôr* gesetzt. Der Einzelname kann auch eine Vielheit derselben Gattung bezeichnen.

Dieser Oberbegriff *kôr* bezeichnet eine ganz bestimmte Existenzform, nämlich die Existenz als Gespenst, Dämon, Geist. Dass es sich um diese besondere Daseinsform handelt, wird immer gleich klargestellt durch Vorstellen von *kôr* vor die Einzelnamen der verschiedensten *kôr*. Was nicht dieses Vorzeichen trägt, gehört auch nicht zu den *kôr*. So werden gerade die *Tei*- oder

Ogla-wamb niemals als *kôr* bezeichnet; auch nicht die Erdbebenmenschen (vgl. dagegen Bd. II, 346 unten u. a. O.), noch die *Rönaŋ-wamb* (Kapitel 22, 2) und selbstverständlich erst recht nicht die *Mbo-wamb*. Das Charakteristische aller mit *wamb*, Leute, Menschen, bezeichneten Wesen, ob über oder unter der Erde, besteht ja gerade darin, dass sie eben keine *kôr* sind. Auch die *kôm*, die „fressenden" Wesen, sind keine *kôr*. Sie werden von den *Mbowamb* auch niemals als *kôr* bezeichnet. (vgl. dagegen Bd. II, 344 oben).

Der Begriff *kôr* hängt nämlich mit „Krankheit, Sterben" zusammen (Bd. II, 254: Im *Temboka*-Dialekt „heisst die Krankheit *kôr* und ist die gleiche Bezeichnung wie die für Geist"). Das bedeutet aber, dass *kôr* eine Existenzform bezeichnet, die erst durch Krankheit und Tod hindurch erreicht wird; die deshalb auch im Gegensatz zu der Existenzform aller *wamb* steht. Die *Tei*- oder *Ogla-wamb*, die *Kidlömbömb-wamb*, Erdbebenleute, die *Rönaŋ-wamb* und die *Mbowamb* haben einen Leib, der (noch) nicht durch den Tod zerstört wurde. Alle *kôr* aber haben ihren ursprünglichen Leib verloren und haben nun sozusagen einen sekundären, gespenstigen oder geisterhaften Leib. Sie sind aus der „*wamb*-Existenz" in die „*kôr*-Existenz" übergetreten. Sie sind irgendwann einmal durch ein Sterben, einen Tod hindurchgegangen. Darum sind sie auch a l l e Träger von Krankheits- und Todesstoffen, selbst wenn man ihnen Opfer darbringt, um Macht für sich zu gewinnen. Die Opfer bringt man ihnen ja zum Teil gerade auch deswegen dar, damit sie ihren Krankheits- und Todesstoff nicht gegen einen zur Anwendung bringen sollen.

Gebrauchen die *Mbowamb* nur den Oberbegriff *kôr*, so weiss man ohne Kontext und nähere Kenntnis der Umstände noch nicht, ob sie von einem Toten oder von einem der vielen Naturgeister oder -dämonen sprechen. Letztere werden darum durch den Zusatz ihrer Einzel- oder Gattungsnamen näher bestimmt. Die in den grossen Kultfesten verehrten „Stein-Geister" bestimmt man näher durch den Zusatz „gross"; sie sind die *kôr ou*, Gross-Geister. Die Geister der Verstorbenen aber kann man unmissverständlich durch den Zusatz *kui* „ge-, verstorben" kennzeichnen. Die *kôr kui* sind „Geister gestorbene", also die Totengeister. Wenn die *Mbowamb* ganz generell von den Geistern sprechen, so reden sie nur von den *kôr* ohne irgendwelche Unterscheidung. Haben sie dabei aber die zwei grossen Klassen oder Gruppen von Geistern im Auge, so unterscheiden sie zwischen *kôr* und *kôr kui*.

Wir sahen schon, dass die *min*, Seele der Verstorbenen, „den Weg für immer" in „das Land für immer" geht. Der *wamb on*, Menschen-Leichnam, dagegen wird aufgebahrt und schliesslich beigesetzt (Bd. II, 271 ff.). Dieses Fortgehen der Seele für immer und die Wegschaffung des Leichnams bedeutet aber durchaus nicht, dass nun der Platz, den der Lebende unter seiner Gruppe und in seiner Siedlung einzunehmen pflegte, einfach leer ist. Er ist noch irgendwie da und wirksam. Zuerst spricht man noch von den Seelen der Verstorbenen, aber schon bald spricht man von ihnen nicht mehr unter Anwendung des Begriffes „Seele", sondern nur noch als von *kôr*, genauer *kôr kui*. Die Verstorbenen sind in die Daseinsform der *kôr* übergegangen. Auch die Ausdrücke *wamb kôr kui* „Leute Geister gestorben", also verstorbene Menschen, oder einfach *wamb kui*, „Menschen verstorbene", werden gebraucht. Darin kommt zum Ausdruck, dass bei ihnen der Übergang vom Dasein der *wamb* in das der *kôr* zeitlich noch näher oder ferner, aber nicht allzu fern zurückliegt. Bei allen anderen Geistern, die man nur als *kôr* bezeichnet, ohne den Zusatz *kui*, verstorben, besteht dagegen keine Erinnerung mehr an ihr einstiges Dasein als *wamb*.

Auch werden alle *kôr* irgendwie in menschlicher Gestalt vorgestellt, auch wenn ihr Rücken vielleicht nur wie ein knorriger Baum oder wie ein von Moos überzogener Felsblock aussieht; aber auch dann, wenn es sich überhaupt nur um besonders geformte Steine handelt oder um Mörser, Stampfer usw. Weil solch' ein Stein den *Mbowamb* ein Geist und eben kein Stein ist, sagen sie zu ihm auch nicht *ku*, Stein, sondern *kôr*, Geist. Das Compositum *kor ku* (Bd. II, 392 u. 429 f.) wurde von den *Mbowamb* selbst nicht gebraucht, sondern zuerst nur von uns und dann erst von ihnen nachgesagt. Weil im Stein ein *kôr* zum Menschen „kommt", darum ist der Stein der *kôr*. In der dazu gehörigen Sage trägt der betreffende *kôr aber* immer menschliche Züge; auf jeden Fall, soweit Gesicht, Hände, Augen und die anderen Sinne in Betracht kommen.

2. Natur- und Totengeister.

Es ist also wichtig, klar festzuhalten, dass die *Mbowamb* „*kôr*" als Oberbegriff sowohl für Wasser-, Sumpf-, Wald-, Wild-, Steingeister usw., als auch für die verstorbenen Menschen gebrauchen, dass sie ihn aber n i c h t anwenden auf die Bewohner der Über- und der Unterwelt. Diese fallen vielmehr alle unter den Begriff *wamb*, Leute, Menschen, wie auch die *Mbowamb* selber, die im Land der Setzlingsmenschen wohnen. Das Totenreich, das Land für immer, ist darum auch nicht unter der Erde, sondern ist die Fortsetzung des Landes der Setzlingsmenschen. „Die *kôr kui* leben an allen Horizonten". „Wir *Mbowamb* wohnen herwärts, die *kôr kui* wohnen fortwärts". Die hohen Berge umgeben als *mugl-pagla*, „Himmelszaun", das Land der Setzlingsmenschen. Dort stehen die *mugl-kömp*, „Himmelsfüsse", auf der Erde. Oben ist „er selbst, der Oben" (Kapitel 9, 11), die *Tei*- oder Oben-Menschen, zu denen auch die Donnerer gehören. Alle *kôr* aber wohnen „hier unten" und kommen immer wieder aus ihren „fortwärtigen" Wohnbereichen und treiben sich in den Siedlungen der Setzlingsmenchen umher, auch in Feld und Wald, auf allen Wegen, an Flüssen und Tümpeln. In Höhlen, Bäumen, Weihern, Hainen und Wäldern nehmen sie als Naturdämonen Daueraufenthalt. Zusammen mit den verstorbenen Menschen fallen sie aber noch immer unter dieselbe Kategorie *kôr*. Darunter fallen auch die Gross-Geister (Bd. II, 353 „Hochgeister" genannt), die sich in handlichen Steinen bei den Setzlingsmenschen einstellen, zu ihnen „kommen", um in den grossen Kultfesten mit Opfern bedacht und verehrt zu werden. Ob ihren Machtäusserungen nach grosse oder kleine, reiche oder arme, gute oder schlechte *kôr* — immer müssen sich die *Mbowamb* mit ihnen abringen, gute Beziehungen zu ihnen unterhalten oder wieder herstellen, sie suchen oder aber meiden.

So kommt auch von der psychologischen Seite her die grundsätzliche Gleichheit aller *kôr* zum Ausdruck. Ob es sich um Natur- oder Totengeister handelt, die Begegnung mit ihnen ruft bei den *Mbowamb* immer die gleiche Reaktion hervor und wird auch mit denselben Ausdrücken beschrieben. Natürlich ist ihr jeweiliger Zugang zur Macht und damit auch ihre Machtäusserung verschieden. Die *Mbowamb* verhalten sich dann auch dementsprechend verschieden, wenn der erste Schrecken überwunden ist, aber gerade dieser „erste Schrecken" ist immer derselbe, um welche Art von *kôr* es sich auch handeln mag. *Minŋön*, Erschrecken, und *pipidl*, Scham-Furcht, vor den Toten, vor den Dämonen und vor den Gross-Geistern und ihre Verehrung sind bei den *Mbowamb* also grundsätzlich gleich. Auch den Fluss-, Feld- und Wald-*kôr* wird übrigens nicht nur Furcht, sondern auch Verehrung, d. h. Opfer dargebracht von den *Mbowamb*, die „zu ihnen gehören", d. h. in deren Siedlungsbereich sie sich aufhalten. (vgl. dagegen Bd. II, 343: „Ihre Existenz ist nicht an menschliche Verehrung gebunden"). Verehrung der *kôr*, ob es sich um Verstorbene, um Geister an Flüssen, Seen usw. oder um Gross-Geister handelt, ist also bei den *Mbowamb* grundsätzlich auch immer dieselbe, nämlich Darbringung von Opfern. Nur werden diese Opfer je nachdem nur von Einzelnen, von kleineren Gruppen oder aber von einem ganzen *Ou-kum*, „Gross-Bund" (s. Kapitel 56) dargebracht. Eben weil den *kôr ou*, Gross-Geistern, immer ein ganzer *ou-kum*, „Gross-Bund" die Opfer darbringt, werden sie „Gross-Geister" genannt. Aber in der Opfervorstellung und in der Erwartung, die man an die Opfer knüpft, ist grundsätzlich kein Unterschied ob es sich um Toten- oder Naturgeister handelt. Dass die *Mbowamb* alle *kôr* sich ähnlich den *kôr kui*, Totengeistern, vorstellen, auch wenn es sich um Steine wie bei den Gross-Geistern, um Fluss- oder Sumpfgeister wie bei den *kôr wagl* (s. Bd. II, 344 f. dort „*korwakl*"), um die Feldgeister *ŋöneipö* (Bd. II, 343 „*Nganaipa*") oder um die Waldgeister *Reimi*, *Pöŋönts* usw. handelt, geht nach meinem Dafürhalten u. a. auch daraus hervor, dass alle *kôr* immer entweder als „Mann" oder als „Frau" aufgefasst werden, und dass man z. B. den Gross-Geist, *kôr ŋênap* (Bd. II, 423 ff., dort „*Kor Nganap*") auch „die Frau vom *Kâwudl*-Gebiet" oder „die Frau vom *Mendi*-Gebiet" nennt. Was sich als Gross-Geist-Kult des *ŋênap* in manchen Gebieten der *Mbowamb* ausgebreitet hatte, mochte ursprünglich zurückgehen auf Erscheinungen einer verstorbenen *Kâwudl*- oder *Mendi*-Frau und ihre „Künststücke" als Tote, vermischt mit Elementen aus den Herkunfts- und Abstammungsmythen der *Mi*-Gemeinschaften, wo von „verschlossenen" *Tei*- oder Oben-Frauen die Rede ist (s. Kapitel 10).

3. Kôr und Mi.

Wie die lebenden Menschen ihre Lebenskraft, ihre Fähigkeiten, ihre Seele, kurz alles, worin sich eine zu ihnen gekommene Macht zeigt, nicht aus sich selber haben, sondern ihnen aus hintergründigen Quellen zufliesst, und wie auch die *kôr kui*, Geister der Verstorbenen, nicht aus sich selbst mächtig sind (Kapitel 19, 4), sondern hintergründige Macht nur in gesteigerter Weise f ü r oder aber g e g e n ihre Hinterbliebenen einsetzen können, so eignet auch allen anderen *kôr* die Macht nicht selber, sondern sie haben nur besseren Zugang zur Macht als die Menschen und können sie auf eine Weise einsetzen, wie das unter den Menchen nur den Zauberern und Medizinmännern möglich ist, für die es, wie für alle *kôr*, den Begriff „unmöglich" kaum gibt. Die hintergründige Macht aber wirkt nicht rein geistig, wie wir sahen; sie ist immer an einen „Stoff", an Träger oder an eine Art „Leitung" gebunden. Auch die *kôr* können nur mächtig sein, wenn sie Träger von Lebens- oder Todeskräften zur Anwendung bringen können und wenn ihnen selbst Macht zuströmt. Die Macht des Gross-Geistes *Eimb* (Kapitel 60) ist so in Wahrheit die Wachstumskraft des „jungen Wassers". Die anderen Gross-Geister aber erhalten ihre Macht „zugeleitet" durch ein *Mi*. So wie den *Mi*-Gemeinschaften der Setzlingsmenschen das Mächtige, das man Zeugungs-, Vermehrungs- und Wachstumskraft nennt, zugeleitet wird durch das „Instrument" des jeweiligen *Mi*, so stellt man bei den grossen Kultfesten der Gross-Geister ein *kôr pôr-ombedl* auf dem Kultplatz auf, das als ihr *Mi* gilt

(Kapitel 62, 3), wodurch ihnen Macht zufliesst. Wir begegnen dabei wieder dem Begriff *ombedl*, „Knochen", den wir schon in Kapitel 14, 3 als einen der Mana-Begriffe der *Mbowamb* kennenlernten. Das *Mi* des Gross-Geistes Wöp (Kapitel 61 f.) ist ein Laubbaum namens *kraep*, der zu den besten Harthölzern und zu den Bäumen zählt, die ihre Borke abstossen, sich also „häuten" und damit nach dem Glauben der *Mbowamb* immer wieder verjüngen (vgl. Kapitel 16, 4). Das *Mi* der Gross-Geister *Maep*, *Pöŋönts* und *ŋênap* ist die rote Cordyline. Blätter dieser Cordyline werden nach der Mythe des *ŋênap*, Bd. III, Nr. 16, nicht als „Medizinpflanzen" (ibidem), sondern als Opfer-Anspruch überbracht (s. auch Kapitel 10 unten). Beim *ŋênap*-Kult zerreibt man solche Blätter der roten Cordyline, legt sie auf ein Brett oder eine Mulde, und während der Nacht müssen diese, auch tatsächlich als *Mi* bezeichneten Blätter, immer wieder einmal berührt werden (vgl. Bd. II, 443 oben), um sich durch diesen „Machtleiter" die hintergründige Macht anzueignen, genauso wie man bei den anderen Gross-Geist-Kultfesten immer wieder deren *Mi*, den oben erwähnten *pôr-ombedl*, berührt, um durch diese „Leitung" sich die Macht zufliessen zu lassen.

4. Die podl der Geister.

Podl heisst „Plattform"; je nach Zusammensetzung mit einem anderen, modifizierenden Begriff auch „Gestell" oder „Steg, Brücke, Leiter". Alle Geister, ob Toten- oder Naturgeister, bedürfen einer oder mehrerer *podl* als Aufenthaltsort, aber auch zu ihrem Umhersein an den verschiedensten Orten. So wie die *min*, nachdem sie durch den Tod ihren Träger, den Menschen, verloren hat, das „junge Wasser" als ihren „Weg für immer" benützt, so brauchen auch alle Geister gewisse *podl* zum Aufenthalt und gleichsam als „Sprungbretter" zur Fortbewegung von einem Ort zum anderen. Als solche *podl* der Geister gilt ebenfalls vornehmlich das „junge Wasser", aber auch viele Pflanzen, Bäume, Steine, Erden usw. Es müssen dies aber immer Träger von Lebenskräften sein, denn Träger von Todeskräften könnten auch den Geistern gefährlich werden! Nichts zeigt deutlicher als diese Anschauung der *Mbowamb* von den *podl* der Geister, dass auch die Geister ihre Macht nicht aus sich selber haben, sondern auch so wie die Menschen auf den Zufluss hintergründiger Macht angewiesen sind. Diese Macht verteilt sich den *Mbowamb* in Träger von Lebens-, Zeugungs-, Vermehrungs-, Wachstums-, Heil- und Seelenkräften und in Träger von Krankheits-, Unglücks-, Unheils-, Zerstörungs- und Todeskräften. Auch die Geister müssen den Verderbensmächten ausweichen unter Benützung eines *podl*, in dem die Macht des Heils und des Gedeihens wirksam ist. Dies alles gilt auch von den Gross-Geistern, die als „Wachstums- und Fruchtbarkeitsgeister" oder Geister des Gedeihens verehrt werden. Auch diese Gross-Geister sind auf solche *podl* angewiesen. Ebenso auch die *kôr kui*, die Totengeister. Sie benützen auch die Menschen als ihre *podl*. Geistern, deren Hilfe man haben möchte, pflanzt man die Bäumchen, Sträucher oder Pflanzen hinter dem Männerhaus oder auch beim Frauenhaus an, die als ihre *podl* gelten. Dort halten sie sich dann gerne auf. Auch bei Opfern breitet man dann den Geistern Blätter eines solchen *podl* hin, damit sie kommen und sich darauf niederlassen, so wie man etwa einem hohen Gast eine Pandanusmatte als Sitz hinbreitet.

5. Geister und Wille.

Schon bei den Toten sahen wir, dass sie nicht willen- und tatenlos, sondern voll von Wünschen und Wollen und darum unheimlich aktiv sind. Als Totengeister können sie überall sein und sind schon darum den Menchen weit überlegen. Das gilt auch von den Naturgeistern, die ebenfalls viel wünschen und wollen. Sie alle können den Menschen schaden oder nützen, je nach den vorliegenden guten oder schlechten gegenseitigen Beziehungen. Auf diese Beziehungen kommt es entscheidend an, weil die *Mbowamb* an den Geistern einen unheimlichen Willen erfahren. Besonders auch die *kôr ou*, die Gross-Geister, wie der *Ngênap*, *Wöp*, *Eimb*, *Pöŋönts*, *Maep* usw. können den *Mbowamb* Gedeihen oder Verderben zuschicken. Aber auch diese Gross-Geistern sind so wenig wie irgendwelche anderen als *kôr* bezeichnete Wesen „eine personifizierte Kraft" (Bd. II, 431). Es scheint mir nach meiner Kenntnis der *Mbowamb* der Begriff *kôr* niemals für „die übernatürliche Macht" zu stehen (Bd. II, 339 Seele und Geist). Dort wird der Begriff *kôr* gleichgesetzt mit „übernatürlicher Macht", was dann natürlich erst recht bei den *kôr ou*, den Gross-Geistern, geschieht, vor allem beim *kôr ŋênap* (Bd. II, 432 ff.) Weder die grossen noch die kleinen Geister sind die „übernatürliche Macht, noch auch ihre Erscheinungsformen. (Bd. II, 435: „Die übernatürliche Macht hat zwei Erscheinungsformen . . ."). Bei den *Mbowamb* hat die hintergründige Macht soviele Erscheinungsformen wie das geheimnisvolle Leben, Werden und Vergehen in seiner Fülle an *ugl kae* und *ugl kits*, guten und bösen Machtäusserungen, Erscheinungsformen der grössten Mannigfaltigkeit aufweist. Die *kôr* haben nur besonderen Anteil an der hintergründigen Macht, und vor allem verstehen sie es, auf besondere Weise die geheimen Schaffens- und Lebenskräfte oder auch die Unglücks-, Krankheits- und Todesmächte für oder gegen die Setzlingsmenschen „anzuwerben" und durch „Anschauen" oder auch „Anfassen" auf die Menschen überzuleiten, sie damit „anzustecken". Dahinter steht ihr Wille, dies zu tun. Auch die von der Natur besonders geformten Steine und die künstlich zu Mörsern, Pistillen, Schalen usw. geformten Steine, die die heutigen *Mbowamb* nicht selber herstellen, sondern im Boden finden und als *kôr*, Geister, bezeichnen, sie als Gross-Geister verehren, d. h. ihnen Opfer bringen, weil sie Wachstum, Vermehrung und Heil für Menschen, Schweine und Felder verschaffen können, haben einen Willen, denn sie „kommen" zu den Menschen, um von ihnen Opfer zu erlangen und werden unwillig und böse, wenn man ihnen nicht opfert. Weil a l l e *kôr*, „Geister" und *kôr kui*, Totengeister, mit unheimlichem Willen begabte Wesen sind, darum können sie auch für die *Mbowamb* bald gute und bald böse Geister sein, je nachdem, ob sie auf Grund der jeweils bestehenden guten oder schlechten Beziehungen zu ihrem Heil oder Unheil aktiv sind und ihren Willen betätigen. Einen stets und immer nur guten Geist kennen die *Mbowamb* nicht. Auch der Bd. II, 343 als „guter Geist" erwähnte „*Nganaipa*" kann zuweilen sehr schlecht an den *Mbowamb* handeln. Alle *kôr* haben für die *Mbowamb* immer etwas Unberechenbares an sich. Sie sind ja alle immer geschäftig tätig. Sie wünschen, begehren und wollen immer irgend etwas. Wird ihnen von den Menschen ihr Wille nicht getan, so werden sie unheimlich böse und setzen „böse Kunststücke" gegen die Menchen in Bewegung. Sie sind den Menschen an List, Verschlagenheit und auch an Können weit überlegen. Das ist kein Widerspruch zu ihrem sonst geglaubten Schattendasein, denn ihr Wille erfährt, schon angetrieben durch den Neid auf die Lebenden, eine ungeheure Steigerung. Auf ihrem dauernden Planen, Wollen und Geschäftigsein, das von den Menschen niemals voraus berechnet und durchschaut werden kann, beruht zum grossen Teil die Angst und Furcht der Menschen vor ihnen. Man muss deshalb immer vor ihnen auf der Hut sein und sich ihnen gegenüber besonders verhalten, d. h. allerlei Tabu-Regeln beachten. Bei Unglück, Misserfolg, Krankheit usw. besteht grundsätzlich immer die Möglichkeit, dass irgendeiner der *kôr* oder *kôr kui* aus irgendeinem *popogl*, Rache-Zorn, heraus, dies „böse Kunststück" veranlasst hat, auch wenn man glaubte, dass man vielleicht gerade mit ihm auf gutem Fusse stand. Man bedarf daher auch besonderer Methoden, um herauszufinden, welcher der vielen *kôr* oder *kôr kui* bei einem vorliegenden „schlechten Machterweis" dahintersteckt, weil er aus irgendeinem Grunde verstimmt ist.

6. Der Begriff „kommen"

ist bezeichnend für den Erlebnis- und Vorstellungskreis der *Mbowamb*, der durch die Geister und Totengeister hervorgerufen wird. Dagegen haben wir früher schon gesehen, dass für den *Mi*-Komplex das Verbum *tea*, intrans. liegen und trans. hinlegen, kennzeichnend ist (Kapitel 9, 5). Das *Mi* ist *tei*, hingelegt, und wird darum auch *Tei-medl*, „das Hingelegte", genannt. Der mythologische Vater einer *Mi*-Gruppe ist ein *Tei-wö*, „Hinleger". Er hat auch das Vogelei hingelegt, aus dem der Urahne kam. Die Hinleger haben alles, was es an Nahrungsmitteln und sonstigen für die *Mbowamb* wichtigen und nützlichen Dingen gibt, „von oben heruntergehen und liegen machen". Für den ganzen Erlebnis- und Vorstellungskreis, den ich *Mi*-Komplex genannt habe, ist, von den *Mbowamb* her gesehen, das Verbum „begegnen" und „finden" bezeichnend. Der Urahne oder Stammvater „begegnete" dem *Mi* und *„fand"* den *Kona wiŋndi*.

Dagegen sind also für den Erlebniskreis, in dessen Mittelpunkt die *kôr* und *kôr kui* stehen, die Verben *ogl*, kommen, und *ui*, gekommen, charakteristisch. Sie sagen niemals, dass ihr *Mi* „gekommen" oder dass ein *kôr* ihnen „hingelegt" worden sei. Wenn einer einen besonders geformten Stein findet, so sagt er: „Mein *kôr* ist zu mir gekommen", wenn es sich um einen *wö-kôr*, Mann-Geist, handelt, was die *Mbowamb* aus der konkaven (!) oder auch durch Rillen usw. vertieften oder durch Höcker usw. erhabenen, jedenfalls irgendwie „unterbrochenen" nicht einheitlich glatten Form ersehen, denn es muss hier stark betont werden, dass die *Mbowamb* gerade in den glatten und länglichen Steinen, die sonst von der Völkerkunde immer als phallische, also männliche, Steine gedeutet werden, die *representatio* der „verschlossenen Jungfrauen" sehen, also einen *kôr ŋênap*-Stein, einen *amb-kôr*, Frau-Geist. Gerade weil ein solcher Stein ganz glatt und seine Form durch nichts unterbrochen, nicht „geöffnet", sondern „verschlossen" ist, ist er *ndukörnö*, „ganz, unversehrt, nicht angebrochen", so wie auch die mythologischen Jungfrauen *ndukörnö*, „verschlossen" sind. Wer einen solchen länglich-glatten Stein findet, sagt: „*na-ŋa amb na-ken onom*, meine Frau kommt zu mir".

Vom *Mi* sagt man niemals, dass „wir es kultisch behandeln und umhertragen", wohl aber sagt man dies von solchen Geister-Steinen. Vielmehr „das *Mi* behandelt uns und trägt uns umher". Dem *Mi* werden niemals Opfer dargebracht. Es erhebt nur den Opferanspruch und erinnert immer wieder daran, aber die Opfer selbst werden den *Tei-* oder Obenleuten dargebracht. Diese sind, wie schon früher dargelegt, auch keine *kôr*, sondern *wamb*. Darum kommt in den Herkunfts- und Abstammungsmythen der Begriff *kôr* auch nicht vor (wenn die *Mbowamb* ungestört davon berichten). Auch in den Kultfesten wird genau unterschieden zwischen *kôr* und *Tei-wamb*. So wurde in dem „Oben-Anruf" (Bd. II, 416 Das Fruchtbarkeitsfest) niemals irgendwelchen *kôr*, sondern immer nur den *Tei*- oder Oben-Leuten geopfert, zu denen auch die beiden Donnerer *Nggugl* und *Nggagla* (naher, krachender Donner) und der *Nuŋnuŋ* oder *Nuknuk* (fernes, dumpfes Donnerrollen) gehören. Da auch diese Donnerer niemals als *kôr* bezeichnet wurden, kann man im Sinne der *Mbowamb* von ihnen auch nicht als „Gewittergeist" reden. im *Mi*-Komplex werden die Zeugungs- und Wachstumsmächte nicht als *kôr*, Geister, vorgestellt, sondern als *wamb*, Leute, Menschen.

Trotzdem können aber die *Mbowamb* gelegentlich einmal, besonders wenn man sie durch häufiges Fragen unterbricht, so reden, als wären *kôr* und *Tei*- oder *Ogla-wamb* auswechselbare Begriffe. So sagte mir z. B. einmal einer: „Als der Stammvater auf seiner Wanderung durch fremde Gegenden in eine offene Graslandschaft kam und plötzlich eine Gruppe von Bäumen mitten in der Savanne beieinander stehen sah, erschrak er und sprach bei sich selbst: Das ist doch eine Sache, die sonst nur im Walde wächst und nun steht sie plötzlich hier! Das hat ein *kôr* getan! Er hat sich in meinen *öŋin*, Bruder, verwandelt und ist hierher g e k o m m e n. Das ist mein ‚Ort schöpferischen Geschehens'. Hier will ich mich ansiedeln! Diese Sache (sc. die Bäume) will ich besonders nehmen, absondern (heilig halten) und einen Zaun um den *kona wiŋndi* machen, dass die Leute nicht einfach da herumlaufen. Diese Sache kommt doch zu mir, dass ich zu einer grossen Gruppe werde und mich vermehre. Sie wird meine Schweine und Nahrungsmittel gedeihen lassen. Diese Sache sehe ich sonst doch nur im Walde und nun kommt sie wahrlich hierher! Das ist ein *kôr*, der sich selber darin versteckt hält! — Er brachte dort ein Opfer dar. Er nahm eine Frau und ‚trug' viele Söhne ..." — Hier gehen deutlich Vorstellungen und Ausdrücke aus dem *Kôr*- mit solchen aus dem *Mi*-Komplex zusammen. Trotzdem ist es aber eine Tatsache, dass nach dem Glauben der *Mbowamb* nur die *Tei*- oder Oben-Männer zeugend-schöpferisch die „Menschen-Setzlinge" einst „pflanzten" und als die „Hinleger" das *Mi* und alles andere, den Menschen Nötige und Nützliche „hinlegten", wogegen die Geister nur das schon Vorhandene benützen und für oder gegen die Menschen „anwerben" können.

Die *Tei*- oder Oben-Männer „geben" die Zeugungs-, Vermehrungs-, Wachstums- und Seelenkräfte „von oben herunter". Diese Kräfte sind „oben" vorhanden; für die Menschen „hier unten" werden sie aber erst wirksam, wenn der gute Wille der „Hinleger" sie „heruntergibt" und in den Menschen, ihren Gärten und Feldern, Wertsachen und Schweinen „liegen macht", wenn sie für die einzelne Gruppe von Menschen je ein *Mi* „hinlegen". Hier wird noch einmal deutlich, warum das *Mi* auch „Hingelegtes, Bleibendes, Verlässliches" genannt wird. Es ist für die betreffende menschliche Gemeinschaft als Zuleitung hintergründiger Macht wirksam, weil es ein *Tei*-Mann zu diesem Zwecke für sie „hingelegt" hat. Die vielen Geister und Totengeister aber können zum Guten oder Bösen, Nutzen oder Schaden der Menschen nur wirken, wenn sie zu ihnen „kommen". Darum „kommen" auch die Steine, die als Machtträger und Manifestation eines der Gross-Geister gelten, zu den Menschen, um für oder gegen sie zu wirken, je nachdem, ob sie Opfer erhalten oder nicht, die gegenseitigen Beziehungen also gut oder schlecht sind. Ebenso „kommen" auch die Totengeister. Will man sie befragen, ihnen opfern, sie zur Mithilfe einladen, so lädt man sie erst ein „zu kommen".

Die Geister und Totengeister sind den *Mbowamb* schon räumlich näher als die Oben-Leute, aber auch ihre Aktivität ist sozusagen viel aufdringlicher. Die „Hinleger" wirken wie die Zeugungs-, Wachstums-, Gesundheits-, Heils- und Seelenmacht still und im Verborgenen. Ging alles gut, so dachten die *Mbowamb* für gewöhnlich nicht an die *Tei*-Leute. Man brachte ihnen Opfer dar und rief zu ihnen hinauf, Lebens- und Wachstumskraft „herunterzugeben" nur noch dann, wenn Seuchen, ein grosses Sterben, Misswuchs und allgemeine Hungersnot infolge langer Kriege den *Mbowamb* wieder ihre Oben-Leute in Erinnerung brachten. Dann waren die *Mbowamb* der Überzeugung, dass nun die Oben-Leute alle Lebens- und Wachstumskraft „zu sich hinaufgenommen "hatten. Nun musste man ihnen Opfer darbringen, wenn sie sie wieder „heruntergeben" sollten. An ihr *Mi* dagegen erinnern sich die *Mbowamb* fast tagtäglich, wie wir weiter unten noch sehen werden, denn es steht ja auch für das Seelenleben in der Gemeinschaft, für Gemeinschaftsgewissen und Recht. — War die Lebens- und Wachstumskraft von den Oben-Leuten „nach oben genommen", so waren auch die Geister und Totengeister nicht mehr in der Lage, sie noch zu vermitteln. Sie können sie ja nicht „geben", sondern immer nur vermitteln. Alle Opfer an die Geister und die Toten halfen dann nichts mehr. Dann musste man schon zu denen gehen, die die Setzlingsmenschen einst selber „gepflanzt" und alles für sie Nötige „hingelegt" hatten.

In normalen Zeiten aber, wenn es den *Mbowamb* gut ging, standen die geschäftigen Geister und Totengeister im Vordergrund. Es genügte dann, wenn sie alle guten Kräfte für die *Mbowamb* „anwarben" und vermittelten, die bösen Kräfte aber abdämmten und zurückhielten. Durch Opfer an sie musste man dann nur immer wieder für die Erhaltung oder Erneuerung guter Beziehungen sorgen. Die magischen Kräfte des Lebens, wozu auch Glück und Wohlstand, Gesundheit und Heil, Friede und gute Zeiten usw. gehören, und die magischen Kräfte des Todes, wozu auch Unglück, Armut, Misswuchs, Krankheit, Unheil, Unfriede, Unfall, Wunden, böse Zeiten, Krieg, Misserfolg, Zauberei usw. gehören, sind nach dem Glauben der *Mbowamb* ja nicht schon von sich aus für oder gegen die Menschen wirksam. Sie befinden sich sozusagen in ruhendem Zustand. Es muss erst ein guter oder böser Wille kommen, der sie für oder gegen jemanden einsetzt. Die *Mbowamb* kennen kein absichtsloses, unpersönliches, rein sachliches Geschehen. Es muss immer ein lebendiger und aktiver Wille dahinterstehen, der bestimmte Absichten und Ziele verfolgt, zu deren Verwirklichung er sich der vorhandenen Lebens- oder Todeskräfte bedient. Eben dies können die Geister und die Toten in hervorragender Weise. Die Lebens- und Todeskräfte sind vorhanden; a u f d i e M e n s c h e n aber wirken sie erst ein, wenn sie von einem guten oder verkehrten Willen aktiviert und eingesetzt werden. Die Lebenskräfte in ihrer äusseren und inneren Mannigfaltigkeit wurden einst von den „Hinlegern" für die *Mbowamb* „heruntergegeben". Sie können sie darum auch wieder „hinaufnehmen", wenn sie mit den Menschen unzufrieden sind. W o h e r diese Kräfte „dort oben" kamen, diese Frage quält die *Mbowamb* nicht. Sie waren „oben" einfach da, so dass die Oben-Leute sie „heruntergeben" konnten. Über die Todeskräfte aber haben sie als Erklärung die Mythe von ihrem Einbruch in die Menschenwelt durch den verkehrten Willen jener Uralten. Dies Verhängnis ist schwer zu beklagen, zu ändern ist es jedoch nicht. Was man aber tun kann und muss, ist, durch Opfer immer wieder den guten Willen derer zu gewinnen, die in unendlich geschäftiger Weise die „heruntergegebenen" Lebenskräfte und die als Verhängnis eingebrochenen Todeskräfte je nach guter oder schlechter Beziehung für oder gegen die Menschen einzusetzen wissen, nämlich die *kôr* und die *kôr kui*, die Geister und die Totengeister. Wie in der Sprache diese unheimliche Aktivität der Geister zum Ausdruck kommt, dafür nur ein Beispiel: Man kann nicht sagen „ich fiel ohnmächtig zu Boden", sondern man muss sagen: „es — er, sie — schlug mich und machte mich auf den Boden fallen". Was wir als Subjekt betrachten, das wird so sehr oft zum Objekt und die Hagen-Sprache hat für diesen eigentümlichen Vorgang, dass ein Subjekt, das eigentlich selbst handeln sollte, durch ein anderes, für oder gegen es handelndes, zum Objekt gemacht wird, sogar eine eigene Verbalform, nämlich die kausative.

7. Die Wirkungsweise der kôr oder kôr kui.

Es handelt sich hier nicht um eine primitive „Wissenschaft", sondern um den menschlichen Weg der *Mbowamb* zu einem Verständnis ihrer eigenen Existenz. Sie brauchen dieses Verständnis nicht als theoretisches Wissen, sondern zum Leben wie die tägliche Süsskartoffel. Erst dieses Verständnis setzt sie instand, dem Leben in all' seinen Erscheinungen entsprechend zu begegnen.

Die Sprache der *Mbowamb* gebraucht folgende Bilder, um den Einsatz der Macht oder ihre Abwehr für oder gegen die Menschen zu beschreiben:

a) Die Geister bauen einen Damm, so wie die *Mbowamb* beim Fischen einen Fluss aufstauen. Dieser Damm soll die Flut des Magisch-Bösen aufhalten und zurückdämmen, die von Geistern bösen Willens in Bewegung gesetzt ist. Sind die Geister durch ein Vergehen oder Versehen der *Mbowamb* mit Rache-Zorn erfüllt, so durchstechen sie diesen Damm, dass alle „bösen Kunststücke" über die Menschen hereinbrechen können, wie z. B. Seuchen, Kindersterben, Krankheiten aller Art, Misswuchs, böse Zeiten, Hunger, Unfälle, Streit und Krieg.

b) Sind die Geister guten Willens, so umgeben sie die Menschen wie eine schützende Wand oder wie ein Zaun. Sind die Geister aber bösen Willens, so durchlöchern sie die schützende Wand, so wie etwa ein Dieb die Hauswand durchlöchert, um einzubrechen; oder wie die Schweine den Zaun durchlöchern und ausbrechen. Erst wenn die schützende Wand oder der umhegende Zaun von den Geistern durchlöchert sind, können die bösen Kräfte gegen die Menschen wirksam werden.

c) Die magischen Kräfte des Bösen werden von den Geistern angeworben, so wie ein kriegführender Häuptling andere zum Zwecke der Kriegshilfe anwirbt. Menschen werden krank, weil die Geister im Rache-Zorn eine Krankheit angeworben und sie dem betreffenden Menschen zugeschickt haben, so wie der Kriegshäuptling seine Mannen gegen den Feind schickt.

d) Die Geister umgeben die Siedlungen der Menschen, um böse Geister oder Einflüsse „in die Ferne hinzutun", also fernzuhalten. Sind die helfenden Geister aber aus irgendeinem Grunde verstimmt, so „nehmen sie den Menschen und machen ihn in der *waka* dasein". *Waka* heisst „Leere, Einöde, unbewohnte Gegend, Luftraum". Der Sinn dieses Ausdrucks „in der Leere dasein machen" ist mit „aussetzen, preisgeben" zu übersetzen. Der Mensch ist dann der lauernden Krankheits- und Todesmacht, dem drohenden Unglück oder Misserfolg usw. „ausgeliefert", so wie einer, der von seiner Gemeinschaft ausgestossen wird und sich dann in der unbewohnten Gegend anbauen muss, allen Feinden preisgegeben ist.

e) Die Geister, die bösen Willens sind, „schlagen" oder „fressen" die Menschen. Sie berühren sie oder senden durch ihren Blick einen „Augenpfeil" gegen sie.

f) Sind die Geister guten Willens, so werden sie sich „quer hinlegen" vor die Menschen, d. h. den Weg versperren, den die von Rache-Zorn erfüllten Geister und Dämonen etwa kommen und von ihnen angeworbene Mächte des Bösen heranführen wollen. Sie werden ihre Angriffe abwehren, sie fernhalten, so wie sich etwa eine starke *Pana-ru*-Gruppe einer benachbarten und befreundeten Ableger-*Mi*-Gemeinschaft vor eine andere, durch ihre starken Feinde in ihrem Bestand bedrohte, bei den *Mbowamb* vor sie hin „querzulegen" pflegte; d. h. sie nahm das Niemandsland zwischen ihrem Schützling und dessen Feinden in Besitz und liess sich dort nieder, so dass die Feinde erst sie angreifen mussten, wenn sie Zugang zur beschützten Gruppe finden wollten. — Oder aber die Geister legen sich nicht quer, d. h. sie ziehen ihren Schutz zurück, so dass die feindlichen Geister sich betätigen und die angeworbenen Kräfte und bösen Mächte zum Einsatz bringen können.

g) Auch in Handel und Wirtschaft, bei Kriegszügen oder grossen Festen wird jeder Erfolg auf die Mitwirkung der Geister guten Willens zurückgeführt. Die Geister „gehen uns voran" oder „sie stehen an unserem Ellbogen", d. h. sie stehen uns zur Seite. „Sie sind gerade, richtig da", d. h. sie sind uns wohlgesinnt und stehen darum auf ihrem Posten; oder „wir nehmen die Geister und machen sie durch Opfer richtig dasein". Die Geister „reden Speichel-Rede" bedeutet, sie verhandeln im Flüsterton mit den Geistern des Mannes, von dem man etwa ein Wertstück oder ein Schwein, ein *Môka* oder auch eine Tochter zur Frau haben möchte. Sie müssen den Besitzer erst willig machen, sich von seinem Besitz zu trennen, damit bei ihm der Besitz nicht „festsitzt", sondern „sich löst", ohne dass einer seiner *kôm* „abbricht", denn niemand unter den *Mbowamb* trennt gerne die geheimnisvolle Beziehung zwischen sich und seinem Besitz, weil auch seine eigenen Geister eifersüchtig darüber wachen. Sie müssen durch die Geister des Bittenden erst zur Herausgabe willig gemacht werden. — Die Geister guten Willens „pflanzen für uns die Felder" und „sie machen uns die Schweine gross und fett". Sie sind ja auf die Opfer angewiesen, wenn sie sich nicht bloss von „ganz schlechtem Essen" nähren, sondern mana-haltige Nahrung in Form des Opfergeruches geniessen wollen. Sie sind darum sehr interessiert an der Schweinezucht. Sie „ziehen die Schweine auf". Sie bewahren sie vor Seuchen und Krankheiten. Sie geben auf sie acht, dass sie sich auf der Weide draussen nicht verlaufen und verirren; dass sie nicht Fremden in die Hände fallen. Die Opfertiere gehören darum eigentlich auch den Geistern und den Toten. Sie haben das erste Anrecht darauf. Sie freuen sich schon immer auf den Tag, wo ihnen Opfertiere geschlachtet werden. Aber immer wieder kommt es freilich vor, dass die Menschen solche Opfertiere zu anderen Zwecken verwenden, ohne den Geistern und den Totengeistern erst davon zu sagen und ihnen „Entschädigung" durch ein anderes Opfertier anzubieten. Solcher Frevel bedeutet eine schwere Störung des guten Einvernehmens. Der Rache-Zorn veranlasst dann die Geister oder die Toten, dem Frevler Unglück, Krankheit oder dergleichen zu schicken. So werden dann selbst die Opfertiere, die doch dem guten Einvernehmen dienen sollen, oft der Anlass zu Racheakten der Toten und der Geister und führen damit zum Unfrieden in der Gemeinschaft der Toten und der Lebenden.

— Die Geister guten Willens behüten die Kinder und „tragen sie pfleglich herum". Sie „fassen unser Haupt an" und „spinnen ein Gewebe von unseren Haaren zu sich hin", dass sie mit uns verbunden sind wie die Bäume im Urwald durch die Schlingpflanzen und Lianen.

KAPITEL 21
DIE TOTENGEISTER HIELTEN KRIEGSRAT

Wie sehr die Totengeister aktiv eingreifen und über Leben oder Tod ihrer noch lebenden Angehörigen entscheiden, sei hier an einer Sage der *Mbowamb* gezeigt.

„Es war einmal eine Jungfrau. Ihr Vater und ihre Mutter waren beide schon gestorben. Sie hatte vier Brüder. Eines Tages gaben die Brüder sie einem Manne zur Ehe. Dafür erhielten sie acht Schweine, acht Muscheln und acht Beigaben. Als die Brüder diese Sachen unter sich und ihren Väter- und Onkelschaften zu verteilen sich anschickten, da sagten drei von ihnen, das grösste der Schweine solle den verstorbenen Eltern als Opfertier zugesprochen werden. Das solle ihr Anteil sein an dem ‚Kaufpreis' für ihre Tochter. Würden wir den toten Eltern gar nichts von den Dingen geben, sondern alles unter uns verteilen, so könnte unsere Schwester eines Tages ihren Mann verlassen (weil die toten Eltern dann nämlich aus Rache-Zorn in der Ehe Unfrieden stiften und ihre Tochter zum Verlasssen des *Kona* ihres Ehemannes veranlassen würden, damit der ‚Kaufpreis' für sie wieder herausgegeben werden müsste, weil sie nichts davon bekommen hatten!) und dann würden wir es schmerzlich empfinden, wenn wir die Sachen wieder herausgeben müssten.

Der ältere Bruder aber widersprach ihnen. Er sagte: ‚Dieses grosse Schwein wollen wir für uns selber zurückbehalten, denn wir könnten es eines Tages nötig brauchen, um etwa eine Schuld zu sühnen oder eine grosse Sache zu veranstalten.' Er sprach zu seinen Brüdern: ‚Wenn ihr euch bald Frauen nehmen wollt, werden dann vielleicht die beiden Toten zurückkommen und euch die nötigen Sachen zum Kaufpreis für eure Bräute geben?' So frevelhaft redete er! Er setzte seinen Willen durch und behielt das grösste Schwein für sich.

Die junge Frau trug Fleisch an ihre Verwandten aus, wie es nach der Hochzeit so Sitte ist. Da wurde sie vom Einbruch der Nacht überrascht. Weil gerade ein grosses Geister-Wohnhaus offenstand, ging sie dort hinein, um darin zu übernachten. Plötzlich kam ihr verstorbener Onkel herein! Er fragte sie, ob sie ‚für immer' oder nur ‚vorübergehend' komme (also zu den Toten oder noch zu den Lebenden gehöre). Da antwortete sie, sie sei nur unterwegs von der Dunkelheit überrascht worden und nach ihres Mannes *Kona* sei ja noch ein weiter Weg; so wolle sie hier nur übernachten. Da sprach der Tote: ‚Es ist schon gut. Es werden jetzt aber viele Tote zu einer Versammlung kommen.' Mit diesen Worten nahm er die Frau, setzte sie in den tiefen Erdofen und deckte sie mit altem Kochlaub zu. Nur die Augen liess er ihr frei und sagte, sie solle so die Vorgänge beobachtend sitzenbleiben.

Nun kamen viele Totengeister zur Versammlung. Nur einer fehlte schliesslich noch. Da ging ein anderer hinaus und pfiff wie ein Vogel. Da kam auch der fehlende noch an. Als sie alle beisammen waren, zerlegten sie ein Stück Opferfleisch, das sie da liegen hatten und verzehrten es. Dann sprachen sie: ‚In Kürze wird ein Kampf stattfinden. Welchen unserer noch lebenden Männer sollen wir da wohl im Kampf übergeben, dass er von den Feinden erschlagen wird? Lasst uns sehen, wie viele Männer da sind!' Da zählten sie alle bei Namen auf. Ein Toter sagte, er habe nur drei Männer. Von denen wolle er keinen hergeben, da sie ihm Opfer darbringen müssten. Ein anderer Totengeist sagte, er habe nur zwei Männer, die für ihn die Opfer darbrächten; davon wolle er unter keinen Umständen einen herausgeben. Alle anderen sagten ebenso. Jeder meinte, wenn er einen seiner ‚Opfer-Männer' im Kampf den Feinden übergebe, so bekäme er nicht mehr genug Opfer. Sie lehnten es daher alle ab, irgendeinen ihrer ‚Opfer-Männer' herauszugeben.

Nur jener Mann, dessen Tochter in dem Erdofen sass und alles sah und hörte, hatte sich noch nicht geäussert. Nun sprach er: ‚Ich habe vier Söhne. Der älteste hat das grosse Opfertier, das die anderen drei mir und meiner Frau als Opfer darbringen wollten, für sich zurückbehalten und uns beide als ‚arme Schlucker' verhöhnt. Darum bin ich der Meinung, er solle nicht am Leben bleiben. Frau Mutter, was meinst du?' Da sprach die alte Frau: ‚Ich werde ihn nicht herausgeben, unter gar keinen Umständen! Alter, du glaubst wohl, andere Männer werden dir dann Opfer darbringen?!' Sie lehnte entschieden ab. Aber der Alte sprach: ‚Du alte Frau, weisst nicht, was du redest. Ich will nicht auf dich hören!' Die anderen stimmten ihm alle zu. Da sprach die alte Frau: ‚Du musst dann eben bei den anderen Geistern hier, die es alle ablehnen, einen ihrer Opfer-Männer herauszugeben, betteln gehen, dass sie dir etwas abgeben, wenn ihnen Opfer dargebracht werden. Gib nur deinen Ältesten den Feinden hin, dass sie ihn erschlagen, wie es dein Wille ist! Meine anderen drei aber gebe ich nicht heraus. Wenn die mir opfern, so glaube nur nicht, dass du etwas davon bekommen wirst. Ich werde dich sitzenlassen und dir nichts zuteilen!' Da antwortete der alte Mann: .Ich will deine Reden nicht hören. Du warst von jeher des Widerspruchs voll! Wird denn einer, der uns das grosse Opfertier, das uns aus dem Kaufpreis unserer Tochter doch zustand, vorenthalten und seinen Brüdern widersprochen hat, es uns zu geben, vielleicht später ein anständiges Opfer für uns beide darbringen? Hätte er uns beide nicht verhöhnt und uns das grosse Opfertier zugesprochen, so sollte er am Leben bleiben. Weil er es uns beiden nicht gegönnt hat, werde ich ihn forttragen und im Kampf den Feinden übergeben!' Die anderen Totengeister alle, die die Sache nicht persönlich betraf, stimmten lebhaft dem Alten zu. Sie sagten: .Du hast ganz recht! Du hast ja vier Söhne. Nur den einen wollen wir dann forttragen und den Feinden ausliefern.' Dies erhoben sie denn auch zum festen Beschluss.

Der Onkel (Mutterbruder) aber des Verurteilten reichte heimlich seiner Nichte ein Stückchen von dem Opferfleisch, das die Geister verteilt, er aber nicht gegessen hatte, hinunter in den Erdofen und flüsterte ihr heimlich zu, sie solle es zu ihren Brüdern bringen und den ältesten warnen, dass er nicht in den Kampf ziehen solle, denn sein Vater wolle ihn preisgeben. — Sie machte sich dann auch des Morgens sehr frühe auf und ging in den *Kona* ihrer Brüder. Dort sagte sie: ‚Meine Brüder, zieht nicht in den Kampf! Ich habe gehört, wie Mutter und Vater sagten, sie beide wollten einen von euch (aus Rücksicht nennt sie nicht den ältesten Bruder) forttragen und im Kampfe den Feinden preisgeben. Seht hier dies Stückchen Geister-Opferfleisch! Es ist der Beweis für die Wahrheit meiner Aussage. Glaubt nur nicht, dass ich lüge.'

Die Brüder aber hörten nicht auf sie. Sie richteten ihre Waffen, und als der Kampf losbrach, zogen sie aus zum Streit. Ihr ältester Bruder wurde von den feindlichen Pfeilen getroffen und dann mit Speeren durchbohrt. Die drei anderen Brüder kamen zurück und sagten: ‚Unsere Schwester hat doch wahr gesprochen! Hätten wir nur auf sie gehört! Nun wollen wir nie mehr ein Opfertier, das unserem Vater und unserer Mutter gehört, zu anderen Zwecken verwenden! Die Toten hören alles, sehen alles, wissen alles und werden von Rache-Zorn erfüllt, wenn wir ihrem Willen nicht entsprechen. Darum lasst uns sie ehren durch Opfer, dann werden sie unser Haupt anfassen und uns pfleglich umhertragen!"

Erzählt von *Ndika Kuip-öŋgidl OPE*

Sagen und Schauergeschichten dieser und ähnlicher Art erfüllen bei den *Mbowamb* in Wahrheit den Zweck von „Lehrstücken". Nach einer Opferfeier werden sie abends um das Hüttenfeuer sitzend schon den Kindern immer wiedeı einmal erzählt, um ihnen die Notwendigkeit der Opfer an die Geister und die Toten einzuprägen. Obige Geschichte zeigt eindringlich, wie sehr die Geister an den Opfertieren interessiert sind, weil sie auf dieses „gute Essen" angewiesen sind, wenn sie sich nicht nur von „allerlei schlechten Lebensmitteln" kümmerlich nähren wollen. Sie zeigt auch, warum die Unfruchtbarkeit und Kinderlosigkeit bei den *Mbowamb* so sehr bedauert und mit dem geringschätzigen Ausdruck *waŋen* (Kap. 14:8, c) belegt wird. Kinderlose haben nach ihrem Tode keine „Opfer-Männer", denn die Hinterbliebenen opfern bei den *Mbowamb* immer nur ihren eigenen verstorbenen Verwandten, es sei denn, dass es sich bei einem Toten um einen für die ganze Gruppe wichtigen Mann handelt, der „nach oben" ging.

Diese Geschichte ist noch deshalb interessant, weil sie zeigt, dass auch unter den Toten der Vater, also der Vertreter der patriarchalen *Mi*-Gemeinschaft das ausschlaggebende Wort spricht. Die Mutter kann nur widersprechen, was ihr auch im Leben als Hauptcharakterzug nachgesagt wird. Der Mutterbruder kann nur versuchen, zu warnen, um so auf indirekte Weise dem Willen des Vaters entgegenzuwirken. Das entscheidende Wort hat weder die Mutter noch ihr Bruder, sondern der Vater.

KAPITEL 22
DIE KOR KIDL-KÖI UND DIE RÖNANG

1. Verhinderte Kinder als Geister.

Hier handelt es sich um die *kôr kidl-köi.* Wörtlich heisst das „Geister Wegwurf-Vögel". So nennen die *Mbowamb* die Totengeister der „verhinderten Kinder", nämlich solcher, die durch Abortus, Frühgeburt, Fehlgeburt oder Abtreibung „weggeworfen" wurden. So wurden sie verhindert, als Setzlingsmenschen zu leben. Dass sie als „Vögel" bezeichnet werden, ist nicht überraschend. Es wurde schon in Kap. 9, 10 erwähnt, dass die *Mbowamb* die Frucht im Mutterleib als *köi mugl,* Vogelei oder *köi wagl,* Vogel-Junges, bezeichnen, denn es kam ja schon der erste „Menschen-Setzling", der Urahne jeder jeweiligen *Mi*-Gruppe, aus einem geheimnisvollen Vogelei. — Totgeborene Kinder sowohl, wie die zur Unzeit ausgestossene

Frucht, treten also so wie die nach einem längeren oder kürzeren Leben verstorbenen *Mbowamb* in das Dasein der *kôr* über. Diese *kôr kidl-köi*, so glaubt man, wohnen im kühlen Schatten der Bäume an den Flussufern, also beim lebenspendenden „jungen Wasser", das sie nach ihrer Ausstossung aus dem Fruchtwasser suchen. Sie sind natürlich nicht gut zu sprechen auf Frauen und gelten als besonders gute Schutzgeister ihrer Väter. Die Väter sind ja über ihren vorzeitigen Tod besonders traurig, denn die väterliche *Mi*-Gruppe wird dadurch um ihren Zuwachs betrogen, wogegen sich die Mütter bei den *Mbowamb* meist nicht sehr darüber bekümmern. Werden die Frauen doch u. U. von ihren *Mi*-Gruppen zum Abtreiben aufgefordert, wenn irgendeine Verstimmung vielleicht über die Wertsachenfrage vorliegt. Oder die Frauen tun es selber aus Angst vor der Geburt. Die Väter bringen den *kôr kidl-köi* Opfer dar. Ein Polygamist hat auf jeden Fall mehrere solcher *kôr kidl-köi*. Er „fasst sie durch Opfer zusammen, nimmt sie und macht sie dasein". Dann bittet er sie, ihn auf seinen vielen „Handelsgängen" schützend zu umgeben, im Kampfe die schwirrenden Pfeile von ihm abzulenken, ihm Erfolg, Glück und Gesundheit zu bringen. (Bd. II, 60 sind mit „gute kleine Geister "eben diese *kôr kidl-köi* gemeint). Weil sie ihren Müttern sozusagen die Schuld geben, dass sie nicht zum wirklichen Leben kamen, darum machen sie gerne Frauen krank und sind besonders erwartenden Müttern gefährlich. Sie wollen an ihnen ihren Rache-Zorn stillen. Nur durch Opfer können sie besänftigt werden.

2. Rönang-wamb.

Rönaŋ heisst „Kunde, Botschaft" im Sinne von Vorhersage. *Rönaŋ-wamb* könnte man dem Sinne nach mit „Engel" übersetzen, die eine Kunde kommender Dinge übermitteln. Auf den hohen Bergzügen um das Land der *Mbowamb*, dem *mugl-pagla*, Himmelszaun, sollen die Kunde-Leute" sich aufhalten. Offenbar findet in diesem Glauben der Eindruck, den die hochaufragenden Bergspitzen auf die *Mbowamb* machen, seinen Ausdruck. Wenn ein Unglück, ein Todesfall, ein Unheil irgendwelcher Art eintreten wird, dann hören die Menschen, die unten an den Berghängen und in den Tälern wohnen, wie nachts die *Rönaŋ-wamb* droben einen Lärm machen, wie wenn Krieger an ihre Schilde schlagen. Sie klagen und heulen, dass es wie ferne Totenklage anzuhören ist. Dann sagen die Leute, es wird gewiss bald Krieg geben. — Wenn kein Schild- und Waffenlärm zu hören ist, sondern nur starkes Klagen, dann sagen die Leute, es wird bald grosse Trauerklage über einen Toten geben. — Wenn sie droben freudigen Lärm wie bei Siegestänzen machen, dann ziehen die Kämpfer freudig und mit Siegeszuversicht in den Kampf, und es gelingt ihnen dann, ihre Feinde zu besiegen. — Wenn sie aber droben ein Klagegeheul machen, dann sagen die Männer im Tal, unsere Feinde werden uns gewiss besiegen.

„Man kann die *Rönaŋ-wamb* nicht sehen, aber hören. Sie wissen alles im voraus, was geschehen wird, denn sie sind klug. Sie kündigen uns alles vorher an, und darum ist es gut, dass wir sie haben. Wenn wir im Erdofen Fleisch und Früchte dämpfen und dann alles herausholen, um es zu essen, dann sagen wir das Lob der *Rönaŋ-wamb* und verkünden ihren Ruhm, damit sie es hören und uns dann freundlich gesinnt sind. Dann werden wir in Wohlstand und Frieden leben. Würden wir essen, ohne sie zu loben und zu rühmen, dann würden sie uns böse sein, unsere Totengeister uns ‚fressen', unsere Feinde uns verzaubern und im Kampfe besiegen." — Es handelt sich also nicht um tatsächliche Opfer; sie greifen ja auch nicht aktiv ein, sondern melden nur kommende Dinge an. Man lobt sie, dass sie nicht zu oft „böse Kunde" weitergeben.

KAPITEL 23
MI-GEMEINSCHAFT UND MEDIZINMANN

1. Im Dienst der Gemeinschaft.

Den führenden Männern einer *Mi*-Gemeinschaft und ihren Untergliederungen leistet der Medizinmann einen grossen Dienst dadurch, dass er ihnen das *Mi* ihrer Gemeinschaft „anfassend übergibt". (Über den Begriff „anfassen" s. Kap. 32, 1.) Daran wird schon gleich deutlich, dass er nicht nur Medizinmann ist, sondern auch die Funktion eines Priesters ausübt. Er steht zwischen den hintergründigen Mächten und den Menschen. Bei den *Ndika Mukökö* z. B. überreicht er jedem der dort führenden Männer ein *Mukö*-Pflänzlein mit den Worten: „Dies wird euch Gesundheit, Überlegenheit über die Feinde, viele Frauen und Kinder, Vermehrung und Gedeihen der Opfertiere, reiche Ernten, viele Wertsachen, gutes Einvernehmen, Heil und Frieden geben". Sie nehmen es dann und pflanzen es hinter ihrem Männerhaus ein. — Dieses *Mukö*-Gewächs ist ja das *Mi* der *Mukökö* Ableger-*Mi*-Gruppe, nach dem sie genannt sind. Hier aber eignet der „Priester" dieses *Mi* dem einzelnen führenden Mann in besonderer Weise zu, so dass die Macht ihm nicht nur wie der *Mukökö*-Gemeinschaft im allgemeinen, sondern ihm als einem führenden Mann im besonderen zufliesst.

Der ungestörte Machtzufluss durch das *Mi* ist für die Lebens-, Zeugungs- und Vermehrungsmächtigkeit der *Mi*-Gruppe, für Eintracht, seelischen Gleichklang, Frieden, Gesundheit und Wohlergehen von grösster Wichtigkeit. Die Geister und Totengeister können dabei mithelfen, aber auch störend und hindernd eingreifen. Durch verheimlichte und unbereinigte Vergehen kann das *Mi* selber schwer gereizt werden und dann den lebenswichtigen Machtstrom abstellen und lebensgefährlich reagieren. Solche Störungen und Verwirrungen treten aber im Leben häufig und auf vielerlei Art und Weise ein, und sie können nur zum Teil durch das Eingreifen der führenden Männer geschlichtet und bereinigt werden. Haben Geister ihre Hand im Spiel, so gilt es, erst auszufinden, welche der vielen Geister und Totengeister dahinterstecken; wer von ihnen durch welch' ein Vergehen oder Versehen etwa beleidigt wurde, so dass er nun Unglück, Krankheit usw. „angeworben" und für die Todeskräfte den Weg freigegeben hat zum Einbruch in die *Mi*-Gemeinschaft. Krankheiten können auch durch die *kôm* hervorgerufen worden sein. Wer kann es wissen?! In jedem Fall von Unglück, Misserfolg, Krankheit usw. liegt ein gefährliches Anzeichen, dass die schützende Wand durchlöchert ist. Wer aber „tut es"? In jedem Fall ist es grundsätzlich Bedrohung des Lebens selbst, und zwar nicht allein des einzelnen, nun gerade Betroffenen, sondern der ganzen Gemeinschaft. Die *Mbowamb* müssen immer eine Kettenreaktion befürchten, weil der einzelne Fall schon anzeigt, dass eine Störung im Bereich des *Mi*, also in den zwischenmenschlich-seelischen Beziehungen und in den

Beziehungen zu den hintergründigen Mächten vorliegen muss. Diese Störungen gilt es zu überwinden. Es geht niemals nur um den einzelnen Fall von Unglück, Krankheit usw., noch um den einzelnen, gerade Betroffenen, sondern um die ganze Gemeinschaft einschliesslich ihrer geheimnisvollen Beziehungen. Droht eine gefährliche Reaktion des *Mi*, handelt es sich um Fälle, bei denen zum Erweis der Unschuld oder zur Auffindung der Schuldigen das *Mi*-Brennen oder Übergabe eines fremden *Mi* gefordert wird, oder um Fälle, die eine sakramentale Versöhnungszeremonie nötig machen, immer bedarf es der Mitwirkung eines Mannes, dem besondere Kräfte und Gehilfen zur Verfügung stehen. So nimmt der *mörn-wö*, „Segensspruch-Mann", Medizinmann (Bd. II, 266 ff.) in der Gesellschaft eine sehr wichtige Stellung ein. Er hilft mit, die richtigen Ursachen oder besser Ursächer aufzufinden, geheime Störungen im Machtzufluss zu überwinden und den seelischen Einklang, das gute Einvernehmen wieder herzustellen.

2. Die Legitimation als Medizinmann.

Nicht jeder kann Medizinmann sein oder werden. Er muss den Machtzustrom des *Mi* seiner *Mi*-Gruppe in ganz besonderer Weise besitzen. Deshalb hat er die Pflanze, den Stein oder was immer das *Mi* seiner Gruppe ist, bei sich zu Hause eingepflanzt oder aufbewahrt „liegen". Ist es ein Tier, so trägt er dessen Haare, ist es ein Vogel, so trägt er dessen Federn mit sich herum. Zu seiner „Amtstracht" gehört ein Flügelpaar des grossen, geierähnlichen Vogels *Ndoa*, in dessen Gestalt nach den Herkunftsmythen der *Mbowamb* der überirdische Vater des Urahnen einer *Mi*-Gruppe besonders gern auftritt. Der Medizinmann lässt sich Haar und Bart üppig wachsen, weil Haar als besonders mana-haltig gilt und den Geistern zum Anknüpfen der Fäden ihres feinen Verbindungsgewebes dient (s. Kap. 48, 2). Er geht nie zur Ausübung seiner Kunst, ohne sich das Gesicht mit einem Gemisch von Fett der Opfertiere und zerriebener Holzkohle bis zur Unkenntlichkeit einzureiben. Diese Aufmachung gehört zu seinem Beruf, der ja nicht seine Privatsache ist, sondern er übt ihn im Dienst der Gesellschaft aus. — Der Medizinmann muss besondere Gehilfen haben. Er muss von einem älteren Medizinmann, meist seinem Vater, unterwiesen sein. Er lehrt ihn die magisch wirksamen Sprüche und die Verwendung der *tamb-medl*, der „mana-haltigen Sachen" oder „Beigaben" (weil diese zu den Opfern und Sprüchen hinzu, zusammen mit gewissen Nahrungsmitteln den Kranken noch „dreingegeben" werden). Er muss auch von einem Totengeist in besonderer Weise „ergriffen" und „in Besitz genommen" werden; dieser Geist muss immer wieder einmal „zu ihm kommen". Er muss „richtig dasein", d. h. auf seinem Posten stehen, ihm als einer seiner Gehilfen zur Seite stehen.

Die Unterweisung selbst erfolgt immer unter Opfer und Opfergebet an die verstorbenen *mörn-wö*. Der *Ndika* Medizinmann *Kip*, der 1953 starb, kannte z. B. seine Vorfahren, die alle auch Medizinmänner gewesen waren, bis auf 7 Generationen zurück noch bei Namen. Die Unterweisung muss immer paarweise sein, damit, wenn einer stirbt, der andere die Praxis weiterführen und die Sprüche weitergeben kann. So hatten *Kip* und sein *Mi*-Bruder *Köiö* schon wieder *Kip's* Söhne *Kuts* und *Pendena* unterwiesen. Das ergab bei *Kip* folgende Generationenfolge:

1. *Ketoa* und *Mömi*
2. *Nöŋörni* und *Pidli*
3. *Kopanda* und *Ndoa*
4. *Ukenda* und *Wakenda*
5. *Wotedl* und *Atedl*
6. *Pora* und *Pon*
7. *Tu* und *Tan*
8. *Kip* und *Köiö*
9. *Kuts* und *Pendena*

Die Unterweisung gilt als *man-êk*, mächtiges Wort (s. Kap. 14, 3). Wie auch sonst die Macht immer verborgen ist und sich nur durch *ugl*, Machtäusserungen, zeigt, so ist es auch für diese *man-êk* wesentlich, dass sie geheim bleibt. Nur der Eingeweihte darf sie wissen und beim Gebrauch nur vor sich hinmurmeln. Die anderen s o l l e n sie gar nicht verstehen. Deshalb sind diese Sprüche auch oft mit unverständlichen Wörtern und mit einer Menge von Deckreden durchsetzt.

Der junge Medizinmann nimmt seine Praxis erst wirklich auf, wenn er zum ersten Mal von einem Totengeist richtig *têpa wiö-ndonom*, „genommen und in Ekstase versetzt" worden ist. Er führt dann eine Art schamanischer Tänze auf. Er fällt zu Boden, der ganze Körper wird von Zuckungen und Krämpfen geschüttelt, Schaum steht ihm vor dem Mund. Er erhebt sich wieder und tanzt weiter. Er rast und ist von Sinnen. Er tanzt bis zur völligen Erschöpfung. Dies ereignet sich öffentlich im Beisein des Volkes. Wenn die Leute dies sehen, dann sagen sie: „Nun haben wir einen Medizinmann. Das ist aber recht!" Erst dieses „Nehmen und in Ekstase versetzen" ist für das Volk die eigentliche Legitimation des Medizinmannes. Nun glaubt man, dass er auch die nötigen Gehilfen haben und die Anwendung der ihm übergebenen geheimen Sprüche und der *tamb-medl* durch ihn nun auch von Erfolg sein wird. Seine besondere Anteilnahme an der Macht des *Mi*, die ja immer Macht der sozialen Gemeinschaft ist, macht ihn wohl zum „starken Mann", aber das sind ja die Häuptlinge auch. Das unterscheidet ihn noch nicht wirklich von ihnen. Erst die allen sichtbare Ekstase macht ihn zum Medizinmann, der durch Anwendung der geheimen Sprüche Erfolg haben wird, weil nun dieser Totengeist immer „zu ihm kommen und geradestehen wird". — Von dem unterwiesenen Paar aus einer *Mi*-Gemeinschaft sind nicht beide tätig, sondern nur der, der so von einem Geist ergriffen wird. Erst wenn er sterben sollte, ergreift sein Geist den ebenfalls in der Kunst unterwiesenen Kameraden, und erst dann wird dieser die erlernte Kunst wirklich ausüben können. — Diesem Geist wird nun der Medizinmann auch immer wieder Opfer darbringen. Es ist der Geist seines verstorbenen Vaters oder Lehrers und zu ihm spricht er folgendes Opfergebet: „Mein Vater, der du mich in der Segensspruch-Kunst unterwiesen hast, komme zu mir und unterstütze mich. Gehe du mir immer voran. Wir beide wollen dann nie Mangel an Opferfleisch haben!" — Da der Medizinmann für seine Dienste immer wieder einmal ein Stück Fleisch bekommt, ist er in der Lage, „seinem Geist" auch immer wieder Opfer darzubringen und ihn so immer wieder zur Mithilfe zu gewinnen.

3. Das Auffinden von Gehilfen.

Der Geist, der ihn ergreift und von ihm auch als „mein Gehilfe" bezeichnet wird, wird von ihm nicht „gefunden", sondern er „ k o m m t " zu ihm, wie es für die Geister immer charakteristisch ist (s. Kap. 20, 6). Jeder Medizinmann hat ausser diesem Geist eines Toten, der ihn ergreift, auch noch Gehilfen anderer Art. Sie „kommen" aber nicht zu ihm, sondern er muss sie „finden". Es handelt sich hier um sogenannte *kôm*. Wie wir Kap. 18, 3 sahen, werden die „Trieb- oder Verlangensseelen", die „auf der *nôman*-Seite" jedes Menschen vorhanden sind, als *kôm* bezeichnet. Wird ein Trieb oder Begehren eines Menschen übermächtig, so kann dieser als *kôm* vorgestellte Trieb in der Gestalt eines vogelähnlichen Wesens aus dem Menschen „ausfliegen", sich in einem anderen Menschen festsetzen und ihm die Lebenskraft von innen her auffressen, so dass er sterben muss. Wie es nun neben und ausser der *min*, Seele, des Menschen, auch noch eine *min rakra*, wilde Seele, gibt (Kap. 18, 6), so gibt es neben und ausser den vielen *kôm*, die im Seelenleben des Menschen hausen, auch noch *kôm rakra*, wilde *kôm*, die im „Draussen-Bereich" hausen, als zerstörende Wesen Erdrutsche und Auswaschungen an Flussufern verursachen, für gewöhnlich die Gestalt eines vogelähnlichen Steines oder Bambusstückes haben, besonders nachts ausfliegen, sich in den Opfertieren oder in den *Mbowamb* selbst festsetzen und ihnen die Lebenskraft aufzehren, von der sie sich nähren. Als Heimat solcher wilden *kôm* gilt vor allem das *Kopon*-Gebiet, weil es in dieser wildzerklüfteten Landschaft besonders häufig Erdrutsche und starke Erosion gibt. Nun haben aber die *mörn-wö* die Fähigkeit, solche wilden *kôm* zu „finden" und zu zähmen, dass sie ihnen zu Willen sind. So hatte z. B. ein *mörn-wö*, der *Penambe* namens *Juimp*, einen Stein, der einem Vogel nachgebildet war. Er nannte ihn *Kopon kôm Koimb*, d. h. „*Kôm* namens *Koimb* aus der Landschaft *Kopon*". (Also nicht „*komkoin*", wie ich in den Texten, die Bd. II, 257 angeführt sind, damals noch ungenau schrieb.) Sodann hatte *Juimp* noch einen weiteren Stein, der mit Basttuch umwickelt und mit Fellstücken, Krallen und Kiefern des *Watseŋa* (Neuguinea-Marders) behangen war (als Vergegenwärtigung seiner „fressenden" Eigenschaften). *Juimp* hatte diese beiden aber gezähmt, dass sie ihm zu Dienst und Willen waren. In seiner Sprache nannte er sie darum auch *na-ŋa kentmants-wamb ragl*, meine beiden Gehilfen. *Juimp* erzählte mir, wie er diese beiden *kôm* gefunden hatte, folgendermassen: „Ich war *kekedlip*, d. h. ‚vom *kôr* im Geist gestört' und lief in allen Gegenden herum. So kam ich hinunter bis in das *Kopon*-Gebiet. Dort schlief ich in einer Hütte oben am Waldrand. Als ich nachts erwachte und ins Tal hinabsah, bemerkte ich drunten am Fluss eine kleine Feuerflamme, die immerzu brannte. Ich dachte, da macht es doch wahrlich ein starkes Kunststück; — In aller Frühe ging ich hinunter und da sah ich Kohlen liegen und Schweineborsten. Es hatte Schweineborsten genommen und damit ein *Mi*-Zeichen gemacht (Verbots-, Eigentumszeichen). Ich suchte unter dem Steingeröll und plötzlich sah ich, wie aus Schweinehaaren eine Unterlage gemacht war, und darauf lag dieser Stein in Vogelgestalt und schlief! Ich stiess ihn an und sprach zu ihm: ‚*Kopon Kôm Koimb!* Das ist aber recht, dass ich dich hier finde. Wenn du meine Rede hörst (d. h. mir gehorsam, untertan bist), werden wir beide zusammen in einem schönen Hause wohnen. Du brauchst dich dann nicht mehr in der Wildnis herumzutreiben. Ich werde dich umhertragen und dein Lob sagen. Dein Name wird gross werden (berühmt)! Wenn wir beide dann kranke Schweine und kranke Menschen gesund machen werden, werden wir immer Fleisch bekommen. Du wirst dann nie mehr Mangel an Schweinefleisch haben! Wenn ein Kranker sagen wird, es sei ihm nun wieder leicht geworden, die Kraft seiner Sinne sei zurückgekehrt, dann werden wir beide aber bestimmt viel Fleisch erhalten! Komm, lass uns Fleisch essend zusammen herumlaufen!' Mit diesen Worten nahm ich ihn auf und steckte ihn in meine Netztasche. Ich habe ihn mit meiner *man-êk* gezähmt (s. Kap. 14, 3). Mit seiner Hilfe habe ich schon viele kranke Schweine und viele Menschen gesund gemacht. Er vertreibt besonders alle *kôm*, die in Schweinen sitzend ‚fressen', dass sie zugrunde gehen müssten, wenn sie nicht vertrieben würden."

Von dem anderen *kôm*, den er *Watseŋa* nannte, erzählte *Juimp:* „Den *kôm Watseŋa* fand ich nicht drunten im *Kopon*-Gebiet, sondern hier in der *Koma*-Gegend am *Rou*-Fluss (5 km von *Ogelbeng*). Dort war am Steilufer ein starker Niederbruch von Steinen und Erde erfolgt. Da dachte ich: Du ‚Sache' liegst doch bestimmt hier! Ich suchte, und da fand ich unter den Steinen den *kôm*. Ich nahm ihn mit nach Hause und zähmte ihn mit meiner *man-êk*. Der *kôm Watseŋa* war auf seinem Flug vom *Kopon*-Gebiet bis in die Gegend von *Ogelbeng* gekommen. Er suchte, wo er sich in einem Menschen festsetzen und fressen könnte. Weil ich ihm immer wieder Fleisch gebe, ist er mir zu Diensten. Ihn schicke ich aus, um die wilden *kôm* zu verjagen, wenn sie in Menschen stecken und fressen. Dann werden die Menschen wieder gesund."

4. Kôm-Spruch.

Wird der Medizinmann zu einem Kranken gerufen, und die Diagnose lautet schliesslich, es sässe ein fressender *kôm* in dem Kranken, so gilt es, diesen wilden *kôm* zu vertreiben, wenn der Kranke wieder genesen soll. Der Medizinmann setzt sich hin, packt einen seiner Gehilfen aus und schickt sich an, ihn gegen den wilden *kôm* loszuschicken. Er hält seinen gezähmten *kôm* an einer Schnur vor sich, etwa in Mundhöhe, denn er muss am Anfang des Spruches und bei gewissen Pausen immer wieder einmal auf den *kôm* blasen, um ihn durch seinen seele-haltigen Hauch in Bewegung zu setzen und zur Jagd auf den wilden *kôm* zu veranlassen. Der Medizinmann sagt also seinen Spruch direkt auf den vorgehaltenen zahmen *kôm* hin, mit sehr gedämpfter Stimme, die nur gegen den Schluss zu grösserer Stärke ansteigt. Am Anfang hängt der *kôm* ganz ruhig. Allmählich beginnt er, sich leicht hin und her zu bewegen. Gerät er dann gegen Ende des Spruches in immer stärkere und schliesslich stürmische Bewegung, so ist es ein klares Zeichen dafür, dass er sich auf den wilden *kôm* stürzen und ihn verjagen wird — der Kranke wird genesen. Verhält der gezähmte *kôm* sich aber bis zu Ende ruhig und hängt bewegungslos an seiner Schnur, so ist für den Kranken keine Hoffnung. Der Medizinmann sagt dann zu den Angehörigen des Kranken, sie sollen ihm die übliche Fleischgabe nicht geben, denn der Kranke werde sterben. Er nimmt dann nichts für seine Dienste. —

Der folgende Spruch, wie ihn *Penambe Juimp* gebrauchte, richtet sich im vorliegenden Fall gegen einen wilden *kôm koimb*, der in der Siedlung namens *Glou* einen „Menschen frisst":

Anblasen: Der *kôm koimb* hauste drunten am *Ndimi*-Fluss
Er flog auf und fiel auf einer Kasuarine ein.
Am Schwanz war er rot.
Augen hatte er wie die rote *Koron*-Frucht.
Den Sterz stellte er hoch.
Er sprach: ich will fressen!
Er sprach: ich will geniessen!

Anblasen: Er flog über dem *Ndimi*-Fluss hin und her.
Dann liess er sich im Felsgeröll nieder.
Dann flog er auf einen *Moke*-Baum.
Er flog im *Ndimi*-Tal hin und her.
Er flog im *Kopon*-Land auf und ab.
Er sprach: ich will fressen!
Er sprach: ich will geniessen!

Anblasen: Er flog hinüber ins *Glei*-Tal (*Ɣuat*).
Er baute sich ein Nest aus Farnkraut.
Dort blieb er und schlief.
Er flog im *Glei*-Tal hin und her.
Dann flog er das *Glei*-Tal herauf.
Er sprach: ich will fressen!
Er sprach: ich will geniessen!

Anblasen: Er flog im *Eŋa*-Land hin und her.
Er machte allerlei Umwege.
Er fiel auf einer Araukarie ein.
Am Baumast lief er auf und ab.
Auf der Astgabel sitzend ruhte er aus.
Er sprach: ich will fressen!
Er sprach: ich will geniessen!

Anblasen: Von dort flog er weg in ein Zuckerrohrfeld.
Er setzte sich auf ein Rohr.
Er flog das *Pöiö*-Tal herauf.
Er setzte sich auf einen Gemüsestengel.
Er flog herüber ins *Glumants*-Flusstal.
Er sprach: ich will fressen!
Er sprach: ich will geniessen!

Anblasen: Im *Glumants*-Tal flog er auf und ab.
Er liess sich auf dem Wasser nieder.
Stolz wiegte er sich auf und ab.
Den Sterz stellte er hoch.
Es plätscherte das Wasser.
Er sprach: ich will fressen!
Er sprach: ich will geniessen!

Anblasen:	Er stellte die Ohren und lauschte. Im Gewittersturm flog er auf und ab. Tag und Nacht flog er hin und her. Er flog herüber nach *Uglpeŋ*. Er flog hinunter nach *Glomets*. Er sprach: ich will fressen! Er sprach: ich will geniessen!
Anblasen:	Mit eingezogenem Kopf sass er da. Er streckte den Hals. Am Fluss verwandelte er sich in einen Frosch. Er streckte sich und wurde zur Schlange. Er krümmte sich und wurde zum Marder. Er sprach: ich will fressen! Er sprach: ich will geniessen!
Anblasen: (Immer stärkere Bewegung des zahmen *kôm)*	Drüben in *Kröpugl* flog er hin und her. Er wetzte sich am Stein den Schnabel. In *Kupalka* flog er auf und ab. Hier in *Glou* fiel er ein!
	Er öffnete die Muschelschnur. Er schlüpfte dem Schläfer in den Mund. Er sprach: ich schlage, ich schlage ihn! Er schlüpfte tiefer und frass und frass!
Anblasen: (stärkste Bewegung des zahmen *kôm)*	Ich schlage ihn mit dem scharfen Beil! Ich zerstückle ihn mit dem Bambusmesser! Nun schreit er auf vor Schmerz und Qual! — — — Durch meine Kunst bring ich den Menschen Rettung! Durch meine Kunst bring ich den Menschen Leben! Durch meine Kunst bring ich den Menschen Frieden! Durch meine Kunst hol ich den wilden *kôm* heraus!

Bei diesem Spruch handelt es sich offenbar darum, dass der Medizinmann den Weg des wilden *kôm* ganz genau verfolgt, d. h. seine Schleichwege aufdeckt. Dadurch bekommt er ihn in seine Gewalt und führt seinen gezähmten *kôm* auf die richtige Spur, der so den wilden *kôm* verfolgen und schliesslich beim „Fressen" seines Opfers überraschen und vernichten kann. — Den gezähmten *kôm* steckt nun der Medizinmann wieder in seine Tasche. Dann reibt er den

Kranken mit den Blättern ab, die er in seinem Medizinbeutel mitgebracht hat. Plötzlich hält er inne: an dieser Stelle reibt er heftig, drückt, zieht und zeigt allen Anwesenden zu ihrem grossen Erstaunen einen Stein, den er eben aus dem Körper des Kranken gezogen hat — den wilden *kôm*! Sein gezähmter *kôm* hat ihn umgebracht und er hat ihn soeben herausgeholt! — Natürlich hatte er ihn vorher in die Blätter gewickelt gehabt, aber das ist für ihn nun n i c h t einfach Betrug. Würde er selbst an einer solch' schleichenden Krankheit leiden, die bei den *Mbowamb* auf solch' einen fressenden *kôm* zurückgeführt wird, so würde er selbst auch für sich einen Medizinmann holen und dieselbe „Kur" an sich üben lassen. Der Medizinmann steht eben selbst voll und ganz unter dem Glauben und dem Lebensverständnis seines Volkes. (Zur Gestalt dieser *kôm* vgl. Bd. I, 132 Abb. 47 u. 48).

Wie schon Kapitel 17, 3 erwähnt, stellen die Medizinmänner der *Mbowamb* ihre Kunst nicht nur in den Dienst der Erhaltung, sondern auch der Zerstörung von Leben. So können sie ihre gezähmten *kôm* nicht nur ausschicken, um wilde *kôm* beim „Fressen" zu jagen und zu vernichten, sondern auch, um selbst in anderen Menschen oder auch in Schweinen die Lebenskraft aufzufressen.

5. Heilung bei Todeszauber.

Ergibt die Diagnose des Medizinmannes, dass bei einem Patienten *wamb petem*, „Mensch liegt", d. h. dass dem Kranken Todeszauberstoff aus Leichenteilen bereitet und heimlich verabreicht wurde oder lautet die Diagnose, dass *röŋ petem*, „Essen liegt", d. h. dass er aus mineralischen Stoffen bereiteten Todeszauberstoff gegessen und nun in sich hat — in jedem Fall muss der Todesstoff aus dem Körper des Kranken entfernt werden. Dies geschieht so:

Der Medizinmann zerreibt eine Anzahl mitgebrachter Ameisenpuppen (Ameisen tragen emsig fort, so soll der Todesstoff fortgeschafft werden). Er zerreibt auch allerlei scharfe, beissende Blätter von Pflanzen, die als Träger von Lebenskräften gelten. Ameisen- und Blättergemisch begiesst er dann mit etwas „jungem Wasser" und verabreicht es dem Kranken. Dazu sagt er folgenden Spruch:

Ihr zwei Flüsse, der „zahme" und der „wilde"!
An euren Ufern und am Rand des *Mbapena*-Tümpels
rülpst der Kasuar und tut es hinaus. Er trinkt
und trocknet ab. Er füllt sich und trägt es fort.
In der Graslandschaft entleert er sich!

Nach dem Analogiegedanken soll der Kranke durch diesen Spruch Durchfall bekommen, so dass aller Todesstoff aus seinem Körper abgeführt wird. — Um den Durchfall dann wieder zum Stillstand zu bringen, sagt der Medizinmann folgenden Spruch:

Auf dem *Mbona*-See bewegt und regt es sich.
Auf dem *Mokonö*-See wogt es auf und ab.
Ich pflanze einen Lebensbaum
Und drücke ihn fest!

Mit diesen Worten pflanzt er eine rote Cordyline oder auch sonst ein Bäumchen, das als Träger von Lebenskräften gilt. Der Kranke weiss, dass er leben wird. Er wird von nun an sein Lebensbäumchen hegen und pflegen, denn sein Leben und dieses Bäumchen wachsen nun zusammen. Durch den Todeszauber war sein Leben schwer bedroht. Es handelt sich nun gleichsam um einen Neu-Anfang, den nun das Lebensbäumchen verkörpert, so wie einst die in seinem *te-pagla* für ihn gepflanzte Cordyline den ersten Anfang bedeutete (s. Schluss von Kapitel 14, 5).

6. Die Verwendung von tamb-medl.

Die Kunst der Medizinmänner beruht auf dem Glauben der *Mbowamb* an den Lebens- und Seelenzusammenhang durch das *Mi*, an die Aktivität der Geister und der *kôm*, auf dem Glauben an das mächtige Wort, das beim Medizinmann in der *man-êk* und *mörn-êk* wirkt, sowie auf dem Glauben an die Träger von Lebens-, bzw. von Todeskräften. Jeder Medizinmann hat seinen Beutel voller *tamb-medl*. Das sind Rinden, Wurzeln, Früchte, Blätter, Steine, Erden, Klauen, Haare und dergleichen, die alle als Träger besonderer Lebenskräfte gelten.

Die Krankheiten selber können verschiedene Ursachen oder besser Ursächer haben. Eine Krankheit kann z. B. eine Reaktion des gereizten *Mi* sein (Kapitel 38, 1). Das muss der Medizinmann feststellen. Mit der Feststellung ist zugleich gegeben, was zu tun ist. Es kann ein fressender *kôm* der Ursächer sein. Für diesen Fall haben wir die entsprechende Behandlung schon kennengelernt. Es kann die Verbindung mit der Seele des Menschen unterbrochen sein. Da muss dann der Medizinmann „die Seelenschnur knüpfen", wie wir noch sehen werden (Kapitel 24). Endlich aber können Krankheiten durch Toten- oder andere -geister „angeworben" und auf die Menschen losgelassen worden sein. Dann gilt es, unter den vielen Geistern, die da in Frage kommen können, den eigentlichen Täter herauszufinden und durch Opfer zu versöhnen. Hier ist es nun wichtig zu sehen, dass nach dem Glauben der *Mbowamb* diese Opfer nur dazu dienen, den feindlichen Willen des betreffenden Geistes zu stillen und ihn wieder günstig zu stimmen, dass aber die jeweilige Krankheit selbst eine gewisse Selbständigkeit erlangt, nachdem der Geist sie angeworben und ihr durch Zurückziehen seines Schutzes über den Menschen Macht gegeben hat. Sie kann durch das Opfer an den Geist nicht schon vertrieben werden, sondern das muss durch magische Mittel geschehen. Deshalb verabreicht der Medizinmann dem Kranken diese *tamb-medl*. Einem kleinen Teil davon kann wohl eine gewisse medizinische Wirkung nicht abgesprochen werden (Bd. II, 269), aber das Interesse ist durchaus nicht darauf gerichtet; es konzentriert sich ganz auf die magische Wirkung. Der Medizinmann schabt davon dem Kranken etwas auf eine Banane oder auf ein Stück Süsskartoffel und fordert ihn auf, das zu essen. Als Beispiel seien nur einige „Mittel" genannt:

Ein Stückchen ganz verhärtetes Wildschweinfleisch. Davon schabt er etwas ab. Das Wildschwein ist robust, in seiner Wildheit zeigt sich Macht. Auch lebt es im stets sich erneuernden „ewigen" Wald: so soll auch die Lebenskraft des Menschen sich erneuern und die Krankheit besiegen. — Ein Steinchen namens *toe*, Urgestein. In seiner Härte zeigt sich Kraft. Sie soll auf den Kranken übergehen. — Schlangen- oder Eidechsenhaut: wie diese Tiere sich fortbewegen, so schnell soll auch die Krankheit verschwinden, und so flink und wendig soll auch der Kranke wieder herumlaufen können. — Eine Pflanze namens *mbuglumbuglömb*. So heisst eigentlich der Krebs; so heisst aber auch diese Pflanze, die die Medizinmänner selber anpflanzen, um sie immer zur Hand zu haben. Ihre Wirkung liegt hier im N a m e n : wie der Krebs so soll auch die Krankheit sich rückwärts bewegen und verziehen.

Zuweilen handelt es sich aber auch darum, dass nicht nur die Krankheit, sondern auch der Geist vertrieben werden soll, der sie angeworben hat. Wie bei den Seelen und den *kôm*, so ist auch bei den Geistern die Unterscheidung der *Mbowamb* vorhanden zwischen „Geistern innerhalb", d. h. zur eigenen Gruppe gehörig, und „Geistern ausserhalb", d. h. anderen, fremden Gruppen zugehörig. Beim Opfer handelt es sich darum, einen der „Geister innerhalb", der m i t R e c h t aufgebracht ist, weil man ihn vernachlässigt hatte, wieder zu versöhnen, dass er nicht nur von dem Kranken ablässt, sondern auch seine sozusagen normale Funktion wieder erfüllt, nämlich den Menschen schützend und helfend zu umgeben. Bei dem Geist aber, den man durch magische Mittel vertreiben will, handelt es sich um einen der „Geister ausserhalb", dessen Leichensaft, Nierenfett usw. dem Kranken von irgendwelchen fremden Leuten verabreicht wurde, als man ihm bei seinem „Herumstreunen in fremden Häusern" ein Essen vorsetzte, das er nicht abzulehnen verstand, weil der fremde Geist ihn erst schon „dumm" gemacht hatte.

Man kann Obiges aber nicht auf die allgemeine Formel bringen, dass in Krankheitsfällen den „Geistern innerhalb" Opfer gebracht, und dass „Geister ausserhalb" durch magische Mittel vertrieben würden, denn auch unter den „Geistern innerhalb" kann es *kôr rakra*, wilde Geister, geben. Es sind die Geister solcher verstorbener Angehörigen, die auch zu Lebzeiten schon Eigenbrödler waren und sich gegen die eigene *Mi*-Gemeinschaft missbrauchen liessen; die als „nicht ganz normal" galten, sich viel draussen in Feld und Busch aufhielten und öfters Anfälle von Geistesstörung hatten. Von ihnen erwartet man auch im Tode keine Hilfe und keinen Schutz. Man lässt sie deshalb vom Medizinmann vertreiben, ohne ihnen zu opfern. Auch bei Krankheiten, die mit Geistesstörungen verbunden sind, lässt man den Geist verjagen, den der Medizinmann als Ursächer festgestellt hat, auch wenn es sich dabei eigentlich um einen der „Geister innerhalb" handelt. Er handelt ja nicht aus Verstimmung und Rache-Zorn, wie es bei den „Menschen innerhalb" auch vorkommt, sondern er handelt ja wie ein Feind aus dem „Bereich ausserhalb".

Zur Vertreibung solcher Geister hat der Medizinmann *tamb-medl rakra*, Träger magisch wilder Kräfte. Er schabt dem Kranken z. B. etwas von einem Hornissennest auf eine Banane; auch etwas Betelpfeffer und etwas von einer sehr stacheligen Himbeerart. Wie die Menschen vor diesen Dingen fliehen, so soll auch der Geist davongehen. Handelt es sich dabei um einen der „Geister innerhalb", so sagt man: „Er hat unseren Angehörigen *rakra*, wild, verwildert, gemacht, dass ihm von unseren Feinden ‚böses Essen' (Zauberstoff) verabreicht werden konnte. Er hat die innere Haltlosigkeit bei ihm verursacht, so dass er nicht nur Sitte und Anstand vergass und sich bei allen möglichen und unmöglichen Leuten herumtrieb, sondern auch alle gebotene Vorsicht ausser acht liess und von irgend jemandem ein Essen annahm, was doch ein normaler und anständiger Mensch nicht tut! So soll nun unser Medizinmann durch seine ‚wilden Medizin-Sachen' diesen Geist ebenfalls veranlassen, dass er verwildert. Er soll fort und sich nicht mehr in unserer Siedlung aufhalten, sondern draussen in der Wildnis herumtreiben!" — Der Medizinmann mischt deshalb dem Kranken auch etliche Haarstückchen vom „verwilderten Waldhund" bei. Mit all' diesen Dingen will man nicht nur „Analogiezauber" treiben, sondern dem betreffenden Geist unmissverständlich andeuten, wo er künftig seine *podl* (s. Kapitel 20, 4) suchen solle!

7. Das Bannen der Geister

an den ihnen gebührenden Platz ist etwas anderes als das Vertreiben oder Verjagen mit Hilfe magischer Mittel. Es gibt mehrere Arten des Bannens (s. Bd. II, 283 f.), aber es kann immer nur von einem Medizinmann vorgenommen werden. Als Beispiel dafür soll hier nur das *kôr ndema pödl*, „den Geister-Bannkreis ziehen", beschrieben werden.

„Wenn in eines Mannes Siedlung Leute immer wieder krank werden, so sagt der Mann schliesslich, es müsse da einer der Toten sich ungebührlich herumtreiben, d. h. immer wieder zu den Lebenden ins Haus kommen und sie durch Anschauen krank machen. Deshalb solle nun der Medizinmann kommen und den Geist an seinen gebührenden Ort verweisen. Er holt dann einen *mörn-wö*. Dieser muss nun erst durch ‚Pfeil-Stechen' herausfinden, um welchen Toten es sich handelt, der den Frieden der Lebenden dauernd stört. Ist dies festgestellt, so bringen die Männer ein kleines Opfertier und begeben sich zusammen mit dem Medizinmann zum Begräbnisplatz. Dort wird das Opfertier geschlachtet. Der *mörn-wö* nimmt etwas von der Leber oder sonst ein besonders viel Lebenskraft enthaltendes Stück, brät es auf dem Feuer, legt es dann in des Toten Opferhäuschen und sagt zu ihm: Du gehst immer zurück in die Siedlung deiner Leute. Du berührst dort Frauen und Kinder und schaust die Männer an, dass sie krank werden. Lass das doch sein! Heute bringe ich dich von Mitleid erfüllt hierher zum Geister-Wohnplatz und nehme dich und mache dich hier dasein. Ich bin der Mann, der *man-êk* mit sich herumträgt. Ich habe die Gemüsepflanzen *kun* und *wörou* mitgebracht und pflanze sie nun vor deiner Opferhütte hier ein. Gehe nun nicht mehr in die Siedlung zurück. Bleibe hier und begnüge dich damit, um das *kun*- und *wörou*-Gemüse zu bitten. Wenn dann etwas Fleisch vorhanden sein wird, dann werden sie dir schon zur rechten Zeit immer wieder einmal etwas herbringen. Ich nehme dich nun und mache dich hier dasein, indem ich den Bannkreis zwischen dir und deinen Leuten ziehe. Dein Herumtreiben in der Siedlung und das Berühren und Anschauen der Leute — das lass nun sein."

Kun und *wörou* sind die beiden beim Schlachten unerlässlichen Würzpflanzen. Wenn *kun* und *wörou* geholt werden, so bedeutet das, dass geschlachtet wird. — Wird hie und da einmal jemand krank, aber nicht andauernd und immer wieder wie im vorliegenden Fall, so sagt man: „die Geister bitten um *kun* und *wörou*", d. h. um Opferfleisch. Das ist der Totengeister gutes Recht, denn sie haben so wie die Lebenden ein nur zu verständliches Verlangen nach Schweinefleisch. Das ist ganz in der Ordnung, und dagegen kann man nichts sagen, sondern muss eben ein Opfer darbringen, um ihr berechtigtes Verlangen wieder auf einige Zeit zu stillen. Müssen sie allzu lange darauf waren und machen dann jemanden in der Siedlung krank, um endlich wieder einmal ein Opfer zu erhalten, so kann man auch dagegen nichts einwenden; im Gegenteil, man hat dann ja durch das Opfer die Möglichkeit, dem Kranken wieder zur Genesung zu verhelfen. Dem Geist aber, der schier unaufhörlich Krankheiten gegen die eigenen Hinterbliebenen anwirbt, um andauernd Opfer zu erhalten, was über die Leistungsfähigkeit seiner Leute geht, sagt man mit obigem Ausdruck „beschränke dich aufs Bitten um *kun* und *wörou*", er solle nur gelegentich ein Opfer verlangen, nicht andauernd und zu Unzeiten, wenn gar kein Fleisch vorhanden ist. Das Pflanzen von *kun* und *wörou* vor der Opferhütte weist den Toten also einmal auf die Ordnung hin, dass man nur zu gewissen Zeiten Fleisch zur Verfügung hat, zum anderen ist es aber auch eine feste Zusage an ihn, dass man ihm opfern will, wenn immer geschlachtet wird.

Ist die Zeremonie auf dem Gräberplatz beendet, so bringen sie das Opferfleisch mit in die Siedlung und der Medizinmann gibt nun auch dem Kranken etwas davon. „Wenn die Kranken ein Stückchen Leber oder so etwas essen, dann fahren sie zusammen", denn ihre „Lebensgeister" kehren zurück durch die Essgemeinschaft am Opferfleisch mit dem Geist oder den Geistern, die sie bisher immer krank machen. Sie sind nun zur Ruhe gebracht, das *men*, „fette Fleisch liegt", d. h. das gute Einvernehmen, die Gemeinschaft, ist wieder hergestellt und das bedeutet Leben! (s. Kapitel 9, 14).

KAPITEL 24
DAS SEELENSCHNURKNÜPFEN

In der Sprache der *Mbowamb* heisst es *min kan kugli*, „Seele Schnur ziehen, knüpfen". Es kann nicht von irgend jemandem, sondern nur vom Medizinmann vorgenommen werden. Es wird im Zusammenhang der grossen Kultfeste gemacht für alle Glieder der *Mi*-Gemeinschaft, um den vorhandenen und durch das *Mi* dargestellten seelischen Zusammenhang mit den hintergründigen Mächten und den Gliedern der Gemeinschaft untereinander zu befestigen, so dass in der geschlossenen Reihe der *Mi*-Genossen keines durch den Tod *koŋ kawa ndomba*, „aus der Reihe geschlagen wird" und „keine Lücke entsteht". Es wird aber auch gemacht in Krankheitsfällen, um bei dem einzelnen Kranken die unterbrochene Verbindung zwischen ihm und seiner Seele wieder anzuknüpfen. Wir müssen bei den *Mbowamb* also zwischen zwei Arten von Seelenschnurknüpfen unterscheiden: einer Befestigung der Verbindung zwischen der Seelenmacht und allen (gesunden) Gliedern der *Mi*-Gemeinschaft und einer Wiederherstellung der unterbrochenen Verbindung in Krankheitsfällen. Hier soll diese Handlung des Heilens beschrieben werden.

1. Symptome.

Appetitlosigkeit, sehr starke Abmagerung, völlige Teilnahmslosigkeit, ganz schlaftrunkenes Wesen, schleichende Krankheit, sind für die Angehörigen eines Kranken starke Anzeichen dafür, dass die Seele aus dem Kranken gewichen ist. Man weiss, dass ein Opfer an die Geister, — wie es sonst bei Krankheiten u. U. dargebracht werden kann, ohne dass man einen Medizinmann zu Rate zieht, wenn man nur einigermassen sicher ist, welcher der möglichen Geister die Krankheit angeworben hat, — im Falle der Abwesenheit der Seele eines Kranken nicht ohne Hilfe eines *mörn-wö* vollzogen werden kann. Man geht also schliesslich, um den *mörn-wö* zu holen.

2. Diagnose.

Der *mörn-wö* begibt sich in das Innere der Hütte, in der der Kranke auf dürrem Laub und Blättern an der Feuerstelle liegt; vielleicht noch mit einer Pandanusmatte zugedeckt. Er lässt sich neben dem Kranken nieder. Seine erste Frage an den Patienten lautet: „Wie ging es letzte Nacht?" Mit dieser Frage will er den Kranken oder doch seine Umgebung zu irgendwelchen Aussagen über sein Ergehen veranlassen. — Der Kranke antwortet dann auch: „Ich möchte mich aufsetzen, kann aber nicht. Die Krankheit lässt nicht ab und ich muss deshalb immer liegen. Ich kann nichts essen. Ich bin der Meinung, dass meine Seele draussen hinter dem Haus im Gebüsch sich befindet." — Der *mörn-wö* bestätigt lebhaft die Auffassung des Kranken über sein Befinden und sagt, dass er gekommen sei, die Seelenschnur zu knüpfen.

3. Vorbehandlung.

Der *mörn-wö* lässt sich von den Angehörigen des Kranken eine Banane reichen und spricht: „Hier liegt der Kranke ohne etwas zu essen, er fühlt sich sehr schwach. Ich muss ihm erst einmal etwas Stärkendes geben". Er nimmt die Banane, schält sie und indem er sie in Mundhöhe vor sich hält, bespricht er sie:

Pä pä pä	zunichte zunichte zunichte!
Kurnup pradl	Verstand und Herz klar!
Nôman pradl	Vernunft und Wille klar!
Môŋ pradl	Auge klar!
Kum pradl	Gehör klar!
Keta pradl	Mund klar!
pradl pradl pradl	klar klar klar!

Die also besprochene Banane reicht er dem Kranken mit der feierlichen Aufforderung: „Nimm und iss!" — Es herrscht tiefe Stille im Raum. Würde einer der Anwesenden einen Laut dazwischenreden, so würde er nach allgemeiner Überzeugung krank und müsste sterben. Der Kranke isst etwas von der Banane und ist nun in der Lage, dem weiteren Tun des *mörn-wö* zu folgen.

4. Welcher Geist hält die Seele des Kranken fest?

Dies sicher ausfindig zu machen, ist die nächste Aufgabe des *mörn-wö*. Es geschieht durch das *edlmôŋ-pudl*, „Pfeil-Stechen" (Bd. II, 405 f. dort *„etl moŋ pokli"*). Bei allen möglichen leichteren Sachen kann es zwar auch durch andere magisch starke Männer ausgeführt werden, aber in wirklichen Krankheitsfällen holt man dazu den *mörn-wö*. Er nimmt einen Pfeil — nicht nur die Spitze — und sticht damit in den Boden unter Nennung des Namens eines Verstorbenen aus der Gruppe des Kranken. Man glaubt, dass der Geist, der die Krankheit verursacht, bei Nennung seines Namens den Pfeil festhält, so dass der *mörn-wö* ihn nur noch unter grösster Kraftanstrengung herausziehen kann, während er bei Nennung nicht zutreffender Namen Verstorbener den Pfeil mühelos und leicht hin und her bewegen oder herausziehen kann. Die Auswahl des Toten, der an der Krankheit schuld sein soll, das Markieren des Festhaltens des

Pfeiles bei Nennung des „richtigen" Namens und die Vorspiegelung der schier übermenschlichen Anstrengung, die zum Herausziehen des vom Geiste nun festgehaltenen Pfeiles notwendig und so stark ist, dass ihm tatsächlich der Schweiss aus allen Poren rinnt, ist des Medizinmannes eigenes Geheimnis. Ihn als Schwindler zu bezeichnen wäre gefehlt. Er ist tief durchdrungen von seinem Beruf. Er unterliegt denselben Überzeugungen wie das ganze Volk. Er bringt die psychologische Lage seiner Patienten und deren Angehörigen, ihre Befürchtungen und Vermutungen weislich mit in Anschlag bei seiner Diagnose und gibt durch seine entschiedene Feststellung des Geistes, der eine Krankheit angeworben hat, der betroffenen Gemeinschaft die Möglichkeit, sich nun mit ihrem Opfer „an den rechten Mann zu wenden" und so die unerträgliche Spannung, in die sie durch die vorherige Ungewissheit versetzt worden waren, zu lösen und in der beruhigenden Gewissheit zu handeln, nun in der Lage zu sein, das Richtige zu tun.

Beim Seelenschnurknüpfen handelt es sich nicht darum, dass einer der Geister eine Krankheit angeworben hat, sondern dass er die Seele des Kranken festhielt, als sie gegen Morgen von ihrem nächtlichen Nahrungsuchen wieder zu ihrem menschlichen Partner zurückkehren wollte. Aber auch hier gilt es, den betreffenden Geist erst aus den vielen Verstorbenen herauszufinden. Der *mörn-wö* nimmt hier meist nicht einen Pfeil, sondern einen zugespitzten Prügel, weil er hier nicht in den Boden sticht, sondern durch die hintere Hauswand, denn die Geister halten die Seele hinter dem Haus im Gebüsch fest, wo die Gräber sind. Es soll auch ein etwas grösseres Loch in der Hauswand geben, durch das hindurch der *mörn-wö* die Geister sehen und den Täter erkennen kann. — Er versammelt alle Angehörigen des Kranken um sich. Besonders wichtig ist die Anwesenheit all' der Gruppen-Brüder des Kranken, die im Besitze fetter Schweine sind. Wieder ist während dieser Prozedur absolute Stille gefordert, um das Erscheinen der Geister auf den Anruf des *mörn-wö* hin nicht in Frage zu stellen. Wieder gilt, dass der, der etwa Bemerkungen machen oder gar lachen würde über das Tun des *mörn-wö*, krank werden und sterben würde. — Der *mörn-wö* nimmt also den Prügel in die Hand und stösst mit Wucht etwa in Augenhöhe durch die Hauswand auf der Hinterseite des Hauses, von wo nach allgemeinem Glauben auch sonst, besonders nachts, die Totengeister gerne herkommen. Er ruft dann mit kräftiger Stimme:

Pugl pugl pugl, Anfang Anfang Anfang! (auch: Grund, Ursache). *Timpi Raema mbö röŋgeip-medl etek moroŋ*, „die Wildschweine und die Kasuare (Decknamen für Geister und Seelen) machten das Fersenstoss-Spiel, ein beliebtes Kampfspiel der *Mbowamb*, welches sehr oft in Streit ausartet. Dieses und das Schmutz-werf-Spiel werden auch als Vorspiel zu Streit und Krieg gemacht (Bd. II, 334). Der *mörn-wö* ruft also den Geistern zu, dass sie bei den Kampfspielen mit den Seelen die Seele dieses Kranken festnahmen und noch immer festhalten. Er stösst den Prügel in dem Loch durch die Wand hin und her. Der Geist, dessen Namen er eben rief und der es nicht ist, der die Seele festhält, stösst nämlich den Prügel zurück. Der *mörn-wö* hält auch immer wieder einmal inne und späht durch das Loch in der Wand hinaus, um die Totengeister zu sehen, die sich da draussen einstellen. Er schiebt den Prügel wieder kräftig hin und her, ruft weitere Namen Verstorbener, späht wieder hinaus. Die Anwesenden helfen ihm insofern, als sie ihm immer wieder Namen ihrer Toten zuflüstern. Eine grosse Spannung und Erwartung liegt über dem Raum. Wird es dem *mörn-wö* gelingen, den Toten ausfindig zu machen, der die Seele des Kranken festhält und ihm so wieder Hoffnung auf Genesung zu geben und der ganzen Gruppe wieder Eintracht und Frieden? Soeben nennt er den Namen des verstorbenen Vaters des Kranken. Wie mit einem gewaltigen Ruck scheint der Prügel ihm aus der Hand und durch die Hauswand hinausgerissen zu werden. Da muss der *mörn-wö* schwer schaffen, dass ihm der Tote den Prügel nicht entreisst. Sie ringen beide miteinander, dass dem *mörn-wö* nun wirklich die Schweisstropfen von der Stirne perlen! Schliesslich gelingt es ihm, schnell einen Blick nach draussen zu werfen, um den mit atemloser Spannung Wartenden die volle Gewissheit zu geben, dass der Geist, der da draussen steht und den Prügel an sich zu reissen versucht, wirklich derselbe ist, dessen Namen er da zuletzt gerufen hatte. Er sagt unter angestrengtestem Festhalten des Prügels: „Ich sehe da wahrlich, dass der eigene Vater des Kranken die Seele seines Sohnes festhält. Er möchte dem Sohne alle Lebenskraft auffressen!" — Als Ersatz bleibt nur die Hingabe und das Opfer eines grossen, fetten Opfertieres. Der Totengeist erklärt sich bereit, die Seele des Kranken gegen ein entsprechendes Opfer wieder herauszugeben. Aber ganz wie unter den lebenden *Mbowamb*, so nennt nun auch der Tote nicht einfach „schamlos" das Schwein, auf das sein Begehren so heftig gerichtet ist. Es ist darum die weitere Aufgabe des *mörn-wö* auch noch herauszufinden, welches der vorhandenen Opfertiere der Geist haben möchte.

5. Verhandlungen über das Opfertier.

Nachdem also die Art der Erkrankung festgestellt und bekannt ist, welcher Geist „es tut", und nachdem nun auch seine Bereitschaft vorliegt, die Seele im Austausch gegen ein fettes Opfertier wieder herauszugeben, gilt es noch festzustellen, auf welches Schwein aus der ganzen Herde der Geist es abgesehen hat. Er würde ja nicht einfach mit irgendeinem beliebigen zufrieden sein. Ein ihm nicht zusagendes würde er ablehnen, genauso, wie es unter den Lebenden auch oft hergeht. Gelingt es dem *mörn-wö*, den Toten dazu zu bringen, „sein" Schwein zu nennen, dann wird man der baldigen Genesung des Kranken wieder um einen wesentlichen Schritt näher gekommen sein. — Er gibt nun folgende Aussage des Geises an die Versammelten bekannt: „Der Vater wollte ein Schwein essen, er fütterte es deshalb auch gross. Als aber der Sohn es verhandelte, da wurde der tote Vater zornig und beschloss, den Sohn ‚zu schlagen und zu fressen'. Deshalb führt er seine Seele draussen im Gebüsch mit sich herum. Er erwartet für die Herausgabe der Seele ein ebenso grosses und fettes, wie das verhandelte es war!" — Nach dieser Ankündigung sagt der *mörn-wö* weiter: „Ich will nun euere Schweine, die ihr noch besitzt, dem Vater einzeln nennen". Er spricht also zu dem Toten durch das Loch in der Wand und sagt zu ihm: „Willst du, dass er dir das hellhäutige Mutterschwein opfert?" Bei dieser Frage schiebt er wieder den Prügel in der Wand hin und her. Der Geist schiebt ihn zurück — also lehnt er das eben genannte Schwein ab. Da fragt der *mörn-wö* weiter: „Tust du es, damit sie dir das kastrierte Tier opfern?" — Kein Festhalten des Prügels, also Ablehnung des genannten Tieres. „Tust du es, damit sie dir das junge, noch nicht trächtige Tier opfern?" Kein Festhalten des Prügels. — „Tust du es, damit sie dir das Schwein mit den langen Eberhauern opfern, das er gegen jenes von dir grossgezogene Tier eintauschte?" Jetzt fasst draussen der Geist zu! Wieder muss der Medizinmann schwer schaffen, um den Prügel überhaupt noch festhalten zu können, so stürmisch gibt der Geist sein Verlangen nach diesem Opfertier kund.

Der *mörn-wö* sagt nun zu den Leuten: „Da ich sehe, dass euer Vater das grosse Schwein mit den Eberhauern essen will, sollt ihr noch heute Abend die ersten Vorbereitungen für das Opfer treffen. Sehen wir dann morgen früh, dass der Kranke eine gute Nacht hatte, dann wollen wir dem Vater das grosse Tier opfern". Der führende Mann aus der Gruppe des Kranken antwortet: „Es ist recht, was du sagst. Dir werden ja vom langen Festhalten des Prügels die Hände klamm. Lass es nun gut sein! Wir wollen diesen Abend nur ein kleines Ferkel opfern, damit du die Seelenschnur knüpfen kannst. Morgen wollen wir dann sehen, wie es dem Kranken geht. Fühlt er sich frei und spürt er neue Kraft, so wollen wir die Vorbereitungen für das Opfer des grossen Tieres treffen und übermorgen wollen wir es dann schlachten. Der tote Vater soll dann in Ruhe und Frieden dasein!" — Ehe man wirklich das grosse Tier drangibt, will man also ganz sicher sein, dass der Tote die gefangene Seele herausgegeben hat.

6. Das Zeichen des mörn-wö an die Geister.

Wie schon zu Anfang des „Pfeil-Stechens", so gibt nun der Medizinmann auch zum Schluss ein Zeichen an die Geister: bei geschlossenem Mund zieht er durch schnelles Öffnen und Schliessen der Lippen Luft durch die Zähne ein, dass es wie Mäusepfeifen klingt. Dies macht er bei jeder Ausübung seiner Tätigkeit, also auch zu Beginn und Schluss seiner magischen Sprüche. Es ist in erster Linie das Zeichen an „seinen Geist", von dem er ergriffen und immer begleitet ist, dass er auf seinem Posten sein und als vornehmster Gehilfe nun mitwirken solle. Dasselbe Zeichen am Schluss sagt ihm und auch den Geistern, die man bei Namen rief, dass die machtvolle Handlung nun beendet sei.

7. Das Einholen der Seele.

Das kleine Ferkel wird geschlachtet. Man besorgt eine sehr lange Liane. Das eine Ende der Liane gibt der *mörn-wö* dem Kranken in die Hand. Er hält es fest. Das andere Ende nimmt der *mörn-wö*, bringt es durch die Hüttentüre hinaus und um das Haus bis in das Gebüsch dahinter. Dort bindet er die Liane an einem Hartholzbäumchen fest, das als Träger besonders starker Lebenskraft gilt. Das kleine Ferkel wird im Opfergebet allen *mbo-kôr*, Setzlingsgeistern, der Gruppe des Kranken dargebracht, nicht etwa nur dem toten Vater, der nun bekannt ist als der, der die Seele des Kranken festhält. Die anderen Geister müssen nämlich durch dieses kleine Opfer auch willig gemacht werden, bei der Sache mitzutun und nicht etwa den Geist, der sich zur Herausgabe der Seele bereit erklärt hat, wieder umzustimmen! — Ein Stückchen der Leber oder sonst eines besonders mana-haltigen Organs des Opfertieres wird nun vom *mörn-wö* auf dem Feuer geröstet und an das Ende der Liane gebunden, das der Kranke in der Hand hält. Der gute Geruch soll die Seele anziehen und leiten auf ihrem Wege zurück zum Kranken. Der *mörn-wö* begibt sich wieder hinter das Haus, klopft mit einem Büschel lebenskrafthaltiger Blätter auf die Liane, stösst etliche leise Pfiffe aus und lockt die Seele: „Komm zurück, komm zurück!" Dann klopft er mit den Blättern die Liane entlang, fasst diese immer wieder einmal prüfend an. Sie befindet sich in leiser Schwingung, ein gutes Zeichen; die schweigend und mäuschenstill wartenden Zuschauer wissen, dass nun die Seele entlang der Liane auf dem Wege zurück zu dem Kranken ist. Langsam und lockend bringt so der *mörn-wö* die Seele bis nach vorne an den Hauseingang. Er tritt schliesslich in die Hütte ein, die Liane noch immer mit den Blättern beklopfend, dass sie in leichter Schwingung bleibt. Nun gibt er schnell dem Kranken ein Zeichen, dass er das Leberstückchen rasch abnehmen und verschlucken soll. Ist das geschehen, so kniet der *mörn-wö* vor dem Kranken nieder, beugt sich gegen ihn vor und horcht. Durch etliche leise Pfiffe „fragt" er die Seele, ob sie nun wieder in Verbindung mit „ihrem Menschen" da sei. Die Seele gibt die erwünschte Antwort durch etliche dumpf klingende Pfiffe. — Natürlich wird auch diese „Antwort" durch den *mörn-wö* selber gegeben, indem er durch Einziehen der Luft dumpfer klingende Pfiffe hervorbringt. Er versichert dann dem Kranken noch mit eindringlichen Worten, dass nun wieder alles gut sei, denn seine Seele lebe nun wieder mit ihm zusammen. — Die *Mbowamb* sind überzeugt, dass so schon viele Menschen wieder gesund wurden, die sonst hätten sterben müssen. (s. auch Bd. II, 384 f.).

8. Das Opfer stellt das gute Einvernehmen wieder her.

Nach dem Einholen der Seele gibt der *mörn-wö* dem Patienten nochmals eine so wie oben besprochene Banane zu essen. Dann ermahnt er die Leute, sich nun möglichst leise zu verhalten; der Kranke müsse nun schlafen. Dann verabschiedet er sich und geht weg. — Am anderen Morgen kommt er wieder und erkundigt sich nach dem Ergehen während der Nacht. Mit grosser Erleichterung sagt man ihm, der Patient habe eine so gute Nacht gehabt, wie schon lange nicht mehr, und dass alle sich mit ihm schon auf die Opferschlachtung am folgenden Tag freuen. Alle sind sie von neuem Mut und guter Zuversicht beseelt. —

Das Opfer am folgenden Tag wird ebenfalls unter Mitwirkung des *mörn-wö* veranstaltet. Er verteilt das Opferfleisch, auch der Reconvaleszent bekommt von ihm ein besonderes Stück zugeteilt. Durch die Essgemeinschaft der Lebenden und Toten am Opferfleisch wird das so wichtige gute Einvernehmen wieder hergestellt. — Der *mörn-wö* erhält für seine Dienste ebenfalls ein Stück Fleisch; zuweilen auch noch ein kleineres Wertstück.

KAPITEL 25
DAS KOMMEN EINES WAHRSAGERGEISTES

1. Ein Kommen besonderer Art.

In Kapitel 20, 6 wurde gesagt, dass alle Geister zu den *Mbowamb* „kommen". Dabei handelt es sich aber nur darum, dass sie von den *Mbowamb* „kultisch behandelt und umhergetragen" werden wollen. Hier dagegen handelt es sich nun darum, dass ein Totengeist zu einem Menschen kommt, um ihn zu e r g r e i f e n , so dass der betreffende Mensch zu einer Art Medium wird. Dieses Kommen mit dieser Absicht nennt man *kor tepak ui*, „als Wahrsagergeist kommen". (Bd. II, 285). Es handelt sich nicht um eine Zeremonie oder einen Geist namens *Tepak*, sondern irgendein kürzlich Verstorbener kann mit der Absicht kommen, einen der Hinterbliebenen zu ergreifen und als Medium zu benützen. Wie er ihn ergreift und in Ekstase versetzt, das ist ganz ähnlich wie beim Medizinmann, nur dass hier der Ergriffene nicht in der Kunst der Medizinmänner unterrichtet zu sein braucht. Krankenbehandlung mit Hilfe von

Gehilfen, magischen Sprüchen und *tamb-medl* kann ein solcher vom Geist Ergriffener also nicht unternehmen, er kann aber die eine wichtige Funktion des *mörn-wö* übernehmen, die unzufriedenen Geister auszufinden und zu sagen, welcher Geist etwas Nachteiliges im Schilde führt oder schon vollbracht hat, und was getan werden muss, um das gute Einvernehmen wieder herzustellen. Man hat in einem solchen von einem Totengeist Ergriffenen — was übrigens auch eine Frau sein kann und auch häufig ist — eine Art „Verbindungsmann" zu den Geistern, und das ist eine sehr gute Sache. Jede Gemeinschaft legt Wert darauf, solche „Verbindung" zu haben, um zu erfahren, was die immer und rastlos tätigen Toten planen und vorhaben.

2. Anzeichen

dafür, dass ein Geist jemanden ergreifen will, sind folgende: Wenn nach einem Todesfall unter den Hinterbliebenen ein Mann, Frau oder Kind immerzu gähnen, sich immer wieder dehnen und strecken muss, dann sagen die anderen: „Der Geist unseres Toten will zu ihm kommen und von ihm Besitz ergreifen!" — Wenn es den Betreffenden dann plötzlich heftig schüttelt, wenn er nicht mehr klar bei Sinnen ist und sich draussen herumtreibt, dann sagen die Leute: „Der Totengeist tut es; lasst uns gehen und den Medizinmann holen! Lasst uns Vögel oder so etwas opfern!" — Die Mitwirkung eines *mörn-wö* ist hier aus mehreren Gründen nötig. Einmal hat sich der Totengeist noch gar nicht endgültig entschieden, was er schliesslich anstellen will. Es könnte nämlich auch sein, dass er den Menschen, bei dem sich die Anzeichen des Ergriffenwerdens bemerkbar machen, plötzlich doch nicht „zum Guten", sondern zum Schaden ergreift, ihn „nimmt und in den Abgrund schlägt" oder ihn „nimmt und in den Fluss schlägt". Auch besteht Gefahr, dass er sich nicht mit diesem einen Hinterbliebenen begnügt, sondern auch noch andere „berührt" oder „anschaut" und schliesslich jemanden „schlägt" oder „frisst". Nicht nur all' diese gefährlichen Möglichkeiten sind abzuwehren von den bis jetzt noch nicht betroffenen Hinterbliebenen, sondern gerade auch von dem Betroffenen, denn Berührung mit Totengeistern birgt zunächst immer Todesgefahr in sich. Der Tote muss beeinflusst werden, zu der für die Lebenden günstigen Entscheidung zu gelangen. Deshalb ist die Mitwirkung des *mörn-wö* unerlässlich.

3. Vogelopfer und magischer Kreis.

Opfer von Vögeln und magische Handlung geschehen nun folgendermassen: Die Männer und Burschen jagen etliche Vögel. Sie reihen sie an einer Liane auf. Sie richten den Platz vor der Opferhütte schön her. Dort legen sie ein Rundholz auf den Boden, stecken eine Astgabel des Neŋ-Baumes hinein und binden um die Astgabel ein korbähnliches Geflecht; das ist der primitive Opferaltar. Der Angehörige, bei dem sich die Aktivität des Toten zeigte, wird herbeigeholt und vor den Opferaltar gesetzt. Der *mörn-wö* erhebt die an der Bastschnur aufgereihten Vögel bis zum Kopf des vom Geist offenbar erkorenen — und dadurch zugleich gefährdeten wie begünstigten — Menschen, bewegt sie um den Kopf im Kreise herum und sagt dabei folgenden Spruch:

> „Die Laufvögel und die ‚Oben-Vögel' — die nicht auf der Erde, sondern in Bäumen nisten — ziehen umher. Sie suchen einen Platz zum Nestbau — so wie offenbar der Tote eine Bleibestätte sucht."

Die Vögel hält er dabei, in der linken Hand, in der rechten den Kasuarknochendolch. Der vom Geist Erkorene steht nun. Unter Murmeln obigen Spruches bringt der *mörn-wö* die Vögel vom Kopf des Stehenden den ganzen Körper entlang herunter, indem er immer wieder den magischen Kreis um den Körper zieht. Schliesslich legt er sie ihm vor die Füsse und zieht mit dem Knochendolch den magischen Kreis, der wohl die Form eines Vogelnestes nachahmt, auf dem Boden. Dabei sagt er: „Die Vögel haben den Platz gefunden. Sie bauen ihr Nest." — So soll offenbar der Totengeist diesen einen Menschen hier als seine Bleibestätte betrachten, sie nicht zerstören und die anderen Hinterbliebenen in Ruhe lassen.

Nun werden die Vögel gerupft. Zusammen mit Gemüse werden sie im Erdofen mit Hilfe heisser Steine gedämpft; auch eine Menge Bananen. Den Totengeistern opfert man also unter gewissen Umständen auch Vögel oder Beuteltiere. — Der *mörn-wö* knüpft inzwischen eine Bastschnur an das Opfergestell. Das andere Ende der Schnur bindet er dem nun wieder vor dem Opfergestell Sitzenden an den Haaren fest. Dann nimmt er Blätter der *Keŋerna*-Banane und die breiten Blätter des *Kuglump*-Strauches. Beide gelten als beliebte *podl* (Kap. 20, 4) der Totengeister. Mit diesen Blättern beklopft er Kopf und Stirn dessen, von dem der Geist Besitz ergreifen soll. Dann macht er aus diesen Blättern eine Art Napf und giesst frisches Quellwasser hinein; mit diesem besprengt er dann alle Blutsverwandten des Toten. Diese Besprengung hat ganz offenbar denselben Sinn, wie wir ihn noch bei der sakramentalen Versöhnungszeremonie bei drohender Reaktion des *Mi* (Kap. 40) kennenlernen werden. Lägen nämlich Störungen durch uneingestandene und unbereinigte Vergehen vor im zwischen-menschlich seelischen Bereich der Gemeinschaft, zu der ja — wie die anderen Verstorbenen — auch dieser Tote gehört, so könnte die ganze Mühe umsonst sein. — Hier gehen also Opfer, Magie und sakramentale Zeremonie zusammen. Man kann sie auch sonst im Leben der *Mbowamb* nicht trennen. — Die magische Handlung soll den Totengeist vom wählerischen und unentschiedenen Herumschweifen und „Anschauen" aller anderen Glieder der Gemeinschaft abbringen und ihn an dies eine Glied der Gemeinschaft binden, das er sich doch offenbar ausersehen hat, wie nach seinem dauernden Gähnen, Sich-strecken, Herumschweifen usw. zu schliessen ist. All' den anderen soll damit Ruhe und Friede wiedergegeben werden. Das Opfer soll verhüten, dass die enge Berührung mit dem Totengeist nicht wie sonst Krankheit und Tod des Betroffenen zur Folge hat. Die ganze Handlung aber, Opfer, Magie und Besprengung, zielt positiv darauf hin, der Gemeinschaft einen nutzbringenden Verbindungsmann zu den Geistern zu verschaffen. Darum sagt der *mörn-wö* denn auch zum Abschluss: „Euren Toten habe ich nun zu euch heimgeholt!" Die Antwort der Leute lautet: „Das ist aber recht, dass wir einen *mörn-wö* haben. Wer hätte sonst unseren Toten zu uns heimgeholt?!" —

Vom Opferfleisch wird dem Toten natürlich etwas auf den Opferaltar gelegt. Die Männer und Burschen nehmen alle am Opfermahl teil; auch der nun wirklich von Geist Ergriffene. Er tanzt, hat Zuckungen und Krämpfe, wälzt sich am Boden und sitzt schliesslich wieder mit an der Mahlzeit. Das Mahl verbindet sie alle, die Lebenden und die Toten, zum guten Einvernehmen.

4. Die Betätigung des Wahrsagergeistes.

Sie gleicht weithin der des Medizinmannes, soweit die Befragung der Geister in Betracht kommt. Da dieser Geist, der den Befallenen immer wieder einmal in Ekstase versetzt, zerrt und reisst, zu den Totengeistern gehört, kann er den Lebenden direkt Kunde bringen von dem, was dort vor sich geht. Man braucht nun nicht mehr den *mörn-wö* zu bemühen, um die Geister für einen zu befragen.

In erster Linie sagt einem dieser Geist, wer ihn zu Lebzeiten verzaubert hat. Man weiss nun, an wem der Blutrachepflicht Genüge getan werden kann und kann sicher sein, dass er selbst dabei mithilft. In Krankheitsfällen innerhalb der eigenen Gruppe sagt er einem, welcher der Geister unzufrieden ist und durch ein Opfer befriedigt werden kann, damit er den Kranken und damit auch seine ganze Gruppe wieder in Frieden lässt. — Verläuft sich ein Schwein, dass alles Suchen nichts hilft, so sagte er einem, wo es zu finden ist und welcher Geist es war, der „es nahm und in die Irre gehen machte". — Vor allem aber erhöht der Besitz eines solchen vom Geist Ergriffenen den Einfluss und das Ansehen der betreffenden Gruppe und das bringt eine gewaltige, uns kaum vorstellbare Steigerung des Lebensgefühls mit sich!

Der Geistergriffene selber ist seit der oben beschriebenen Opferhandlung für gewöhnlich ganz normal. Er geht tagsüber seiner Beschäftigung nach. Nur abends, wenn die Leute ums Hüttenfeuer beisammen sind, betätigt er sich als Wahrsager. Wenn Leute ihn befragen wollen wegen Zauberei, Krankheits- und Todesfällen, wegen verirrter Kinder, kranker oder entlaufener Schweine usw., dann verabreden sie tasgüber mit ihm eine abendliche Zusammenkunft. Eine solche Zusammenkunft soll nun beschrieben werden. Sie ist typisch für alle solche Zusammenkünfte. Die hier beschriebene fand im Oktober 1949 bei den *Ndika Paŋaka* statt. In diesem Fall handelte es sich um eine Frau, die „einen Geist hatte":

Die *Ndika Paŋaka Ronemb* hatten einen Schwerkranken. Sie trafen am Vormittag jene Frau der *Paŋaka Kurntumb*, als sie im Süsskartoffelfeld arbeitete und fragten sie, wann sie zu ihr kommen dürften. Sie bestellte sie für den kommenden Abend. Als es dunkel geworden war, und die Leute alle in der Hütte waren, fing die Frau plötzlich an heftig zu gähnen, sich zu recken und zu strecken. Sie sagte, ich sehe ihn dort hinten kommen und warten. Da erstarb sofort jegliche Unterhaltung. Man machte das Feuer aus, bedeckte noch glühende Kohlen mit Asche, so dass es in der Hütte stockfinster war. Die Frau legte sich in der hinteren Hausecke auf eine Matte. Sie sagte, sie müsse sich hinlegen. Nach einer Weile atemloser Stille kam draussen hinter dem Hause der Geist heran und tat einen deutlichen Pfiff. Dann hörte man aussen an der Wand, dort wo die Frau in der Ecke lag, ein Schaben und Kratzen. Das bewegte sich an der Wand nach oben, so als ob jemand heraufklettere. Als es oben zwischen Wand und Dach angekommen war, hörte es sich plötzlich an, als ob jemand herunter in die Hütte springe. Dann hörte man, dass jemand auf die Blättermatte der Frau kopfte. Es hörte sich an wie Tropfen, die auf alte, dürre Blätter fallen. Die Leute begrüssten den Geist in der Dunkelheit, so wie man einen Ankommenden begrüsst: „Freund, kommst du; das ist aber recht!" Der Geist antwortete erst mit einem Pfiff, wie ein Vogel. Dann sprach er mit hohler Stimme: „Ja, ich komme! Warum habt ihr nach mir geschickt, der ich doch von Arbeit und Verhandlungen so bedrängt bin?!" Die Leute sagten: „Unser Angehöriges ist sehr krank. Wir sind in Sorgen, denn wir versuchten vergebens auszufinden, wer die Krankheit geschickt hat. Wir meinen, du kannst uns sicher genauen Bescheid geben, darum sind wir gekommen." Da sprach der Geist: „Ihr lieben Leute, ich will sofort gehen und des Kranken verstorbene Eltern befragen." — Es dauerte nun eine Weile und dann sagte der Geist: „Vater und Mutter eures Kranken sagen mir, sie seien es nicht, sondern der verstorbene jüngere Bruder des Kranken. Er hatte gehofft, jenes fette Schwein würde ihm geopfert werden, das dann aber der Schwager drunten im Tal erhielt. Aus Rache-Zorn schickte er dann dem älteren Bruder diese Krankheit zu. Er ist nun aber willens, von ihm abzulassen, wenn ihm das grosse gefleckte Schwein als Opfer dargebracht würde. Sollte ihm dieses aber wieder verweigert werden, so sei er fest entschlossen, den Kranken zu ‚fressen'. Das ist, was ich soeben erfragen konnte." Da sprachen die Leute wieder: „Sage du dem verstorbenen Bruder, er solle von dem Kranken ablassen. Wir wollen ihm dann, wenn wir sehen, dass es dem Kranken wirklich besser geht, das genannte Schwein opfern. Können wir denn vielleicht ein Schwein nehmen und in einen Menschen verwandeln?!" (d. h. der Mensch ist uns lieber als das Schwein). Der Geist sprach: „Ich will es ausrichten." Dann hörte man wieder ein schabendes Geräusch an der hinteren Hauswand hochgehen und es war, als ob jemand hinaufklettere. Die Frau erhob sich von ihrer Matte und sagte, man solle das Feuer anblasen, dass es auflodere. Wenn er in der Nacht gehe, könne er leicht stolpern. — Sie sassen dann noch lange beisammen. Sie sagten, nun wird unser Mann bestimmt wieder gesund werden. Wir werden das genannte Schwein opfern. Der Tote soll nur heute Nacht schon von dem Kranken ablassen.

Am anderen Morgen sagte er ihnen auf ihre Frage, er habe schon lange keine solch' gute Nacht mehr gehabt. Sie brachten dann das Schwein und der Kranke betete: „Mein Bruder! Es war mir nicht bewusst, dass du jenes Schwein essen wolltest, das ich meinem Schwager drunten gab. Da hast du diese Krankheit angeworben, und sie hat mir schwer zu schaffen gemacht. Da du nun wegen dieses Schweines den Weg zu mir abgebrochen hast (d. h. die Gemeinschaft aufgesagt hast), jetzt aber ein anderes Schwein nennst, das du gerne essen möchtest, damit der Weg zwischen uns beiden wieder begangen wird, sind wir dabei, es hier als Opfer für dich darzubringen. Iss es und stille dein Verlangen!" — Wie immer bei den Opfern der *Mbowamb* handelt es sich nicht nur um den Gabe-Gegengabe-Gedanken, sondern um die Wiederherstellung des guten Einvernehmens, das für Wohlergehen und Frieden aller Beteiligten, auch der Toten, unerlässlich ist.

5. Medizinmänner und Gross-Geister-Dienst.

Auch bei den Kultfesten der Gross-Geister ist die Mitwirkung von Medizinmännern in ihrer Funktion als Priester notwendig. Für den *Kor ŋênap* ist das in Bd. II, 423 und 443 erwähnt. Auch bei allen anderen Gross-Geist-Kulten wirken sie mit. Sie schicken da die Männer auch in den Wald, um *Poketa*-Hölzer zu spalten und so eine Menge Stäbchen zu gewinnen. Das nennt man „Geisterstäbchen spalten". Sie bringen diese zum Geisterplatz, und jeder nimmt so viele Stäbchen, wie er auf dem bevorstehenden Kultfest Schweine zu opfern gedenkt. Die Stäbchen bewahrt man auf, um später noch genau zu wissen, wie viele Tiere man opferte und an Freunde und Verwandte verteilte, damit man dann bei deren Kultfest einen genauen Anhaltspunkt hat, ob man dort dieselbe Menge Fleisch zugeteilt bekommt oder nicht. Die Stäbchen halten also die Verpflichtung zur Gegenleistung der anderen fest. Warum aber nimmt man gerade *Poketa*-Stäbchen, wo doch der *Poketa* als hervorragender Träger von Todeskräften gilt?! Weil sie nämlich die Gefahr repräsentieren, in der man vor dem Opferfest schwebte. Das Leben war von Krankheits- und Todeskräften bedroht. Um wieder Leben zu gewinnen, gibt man die Opfertiere hin, die ja auch als „unsere Seele" bezeichnet werden, wie wir in Kap. 18, 10 sahen. In den Stäbchen hat man die Vergegenwärtigung der abgewendeten Gefahr und den Beweis für die Verpflichtung der Geister, nun für die erhaltenen Opfer das Leben und Schaffen der Gemeinschaft und ihrer Glieder schützend zu umgeben. Wie die, die vom Fleisch zugeteilt bekamen, auf ihren Kultfesten die entsprechenden Gegengaben leisten sollen, so auch die Geister für das erhaltene Opferfleisch. In diesen Stäbchen liegt also derselbe Sinn, wie in den *Omak*-Stäbchen der *wö nuim:* Ausdruck der Leistung und der dafür erhaltenen oder noch zu erhaltenden Kraft.

F. MI-GEMEINSCHAFT UND FÜHRUNG/ RATSVERSAMMLUNG

KAPITEL 26
DIE FÜHRUNG DER MI-GEMEINSCHAFT

1. Die Führung der Mi-Gemeinschaft.

Jede menschliche Gemeinschaft bedarf der Leitung und Führung. So ist es auch bei den *Mbowamb*. Die Führung ist bei ihnen nichts organisatorisch Gemachtes. Die führenden Männer sind die machtbegabten Häuptlinge. Bd. II, 58 lesen wir: „Wenn man den *Mbowamb* die Frage vorlegt, wer denn unter den *wö nuim* nun eigentlich ihr Häuptling sei, so können sie darauf keine klare Antwort geben". Für „Häuptling" wird dort das Wort *pugl-wö (pugl wuê)* gebraucht. Es wird dann aber daneben ganz richtig die Bedeutung „Besitzer" gesetzt. *Pugl-wö* heisst tatsächlich „Ursächer, Gründer, Anfänger, Erfinder, Hersteller" und eben darum auch „Besitzer". Für „Häuptling" ist es also nicht gut zu gebrauchen. (vgl. auch Kâte, *lune*, und *wofuŋ*). In der Hagen-Sprache sind die Bezeichnungen für Häuptling *wö peŋ, wö peŋ munt, wö mumuk, wö nuim, wö nuim mumuk, wö peŋ mumuk, êk-ni-wö.* In jeder dieser Bezeichnungen kommen eine oder mehrere Seiten seiner Eigenschaften und seines Amtes zum Ausdruck. Insofern manche dieser Bezeichnungen nicht auf alle, sondern nur auf bestimmte Häuptlinge angewendet werden, kommt darin auch ein gradueller Unterschied in der Bedeutung der Häuptlinge für ihre Gemeinschaft zum Ausdruck.

Der Ausdruck *wö waglöm* (Bd. II, 46 „waklom") ist keine Amtsbezeichnung, auch keine für einen anderen Mann nach dem Häuptling, sondern ist nur eine affektgeladene Feststellung seitens der Glieder der Gemeinschaft, dass ihr Häuptling *„waglöm"*, einzigartig, unersetzlich, sei.

2. Die Häuptlinge.

Vorweg ist zu bemerken, dass es so etwas wie nur e i n e n Häuptling — etwa gar eines ganzen „Stammes" — bei den *Mbowamb* überhaupt nicht gibt. Nur in Kriegszeiten w ä h l t man einen aus den vielen Häuptlingen als obersten Anführer einer ganzen Ableger-*Mi*-Gemeinschaft und ihrer Verbündeten. Das ist aber ein Ausnahmezustand. Unter normalen Verhältnissen kann man bei den *Mbowamb* von einer „demokratischen Führung" sprechen insofern, als die vielen Häuptlinge einer Ableger-*Mi*-Gruppe und ihrer Untergliederungen einen Rat bilden, worauf noch zurückzukommen ist.

a) Wö *peŋ* „Mann Haupt", Häuptling also. Es wurde schon Kapitel 18, 2 gesagt, dass das Haupt des Menschen als besonderer Sitz der Seele gilt, und dass das Haar besonders viel Mana enthält. Der *wö peŋ*, Haupt-Mann, nun hat ganz besonders viel Lebenskraft und Macht. Von daher hat er sein Amt. Deshalb wurde er Häuptling. Er hat dieses Amt tatsächlich nicht von seinem Vater ererbt, denn nur derjenige unter allen Söhnen eines Häuptlings wird der Nachfolger seines Vaters, dessen Körpergrösse und -stärke, Mut, Klugheit, Beredsamkeit usw. ihn als den am meisten mit Macht begabten Sohn des alten Häuptlings ausweist. — Wö *peŋ* bezeichnet also den Mann, dessen Rat, Wort und Tat hervorragende und ausschlaggebende Bedeutung hat.

b) Wö *peŋ munt* „Mann Haupt rundes". Dies ist nur eine Steigerung des unter a) Gesagten. Das „rund" bezieht sich auf seine grosse Basthaube, die so rund und voll ist von seinem reichen, vollen Haupthaar und seine Häuptlingsmächtigkeit besonders zum Ausdruck bringt.

c) Wö *mumuk* „Mann Zusammenfassung". Die verbale Zusammensetzung *mumuk rui* heisst „zusammenfassen". Es ist damit nicht in erster Linie gemeint, dass er alle Glieder seiner Gemeinschaft zusammenfasst, sondern dieses *mumuk* bezieht sich auf die Opferhandlungen, die der *wö mumuk* für die Gemeinschaft vollzieht. Beim Opfer fasst er nämlich alle die Stricke zusammen, an die die Opfertiere gebunden sind. Diese Stricke zusammenhaltend spricht er das Opfergebet. Wie er die Stricke der Opfertiere alle in seinen Händen zusammenfasst, so sollen die hintergründigen Mächte ihn und die ganze Gemeinschaft, in deren Stellvertretung er die Opfer darbringt, „zusammenfassen", dass in ihrer Reihe durch Unglück und Tod keine Lücke entsteht, sondern dass sie „leben und gute Tage sehen". Wö *mumuk* bezeichnet also das Amt des Häuptlings in seiner priesterlichen Funktion.

d) Wö *nuim* „Mann gross-mächtiger". Der Begriff *nuim* wurde schon Kapitel 14, 8, c erläutert. Demnach bezeichnet man alle körperlich grossen und kräftigen Leute, auch Frauen, als *nuim*. Auch Kinderreichtum, Reichtum an Schweinen und Wertsachen und damit verbundenes Ansehen schliesst dieser Begriff *nuim* ein, denn in dem allen zeigt sich Macht. Auch von Dingen besonders von Wertsachen gebraucht man dieses Wort *nuim*. Ein *medl nuim toa* ist „ein grossmächtiges Wertstück".

Der Begriff *wö nuim* hat aber im Sprachgebrauch der *Mbowamb* auch den ganz bestimmten Sinn von „Häuptling". Während jedoch die *wö peŋ* die führenden Männer der *Rapa*-Gemeinschaften sind und die *wö peŋ munt* die führenden Männer der *Anda-Noimp*-Gruppen, sind die *wö nuim* zunächst einmal führend in den *öŋinödl*-Gruppen (Kapitel 11: 11, VII). Sie können dann auch führend, also *wö peŋ* und *wö peŋ munt* in den umfassenderen Gliederungen ihrer Ableger-*Mi*-Gemeinschaften sein, wenn sie dafür geeignet sind. Für ihre kleineren Brüderschaftsgruppen sind sie auf jeden Fall die führenden Männer, also (kleinere) Häuptlinge. Entsprechend der Vielzahl von *öŋinödl*-Gruppen gibt es unter den *Mbowamb* auch eine grosse Zahl von *wö nuim*, zumal auch noch jede Brüderschaftsgruppe nicht nur einen, sondern mehrere *wö nuim* hat. Von dem Mann, der als *wö nuim* bezeichnet wird, besagt es zunächst schon einmal, dass er körperlich gross und stark ist; schon darin zeigt sich, dass er Mächtigkeit besitzt. Körperliche Grösse, Stärke und robuste Gesundheit sind Voraussetzung der Häuptlingschaft. Ohne sie kann bei den *Mbowamb* keiner Häuptling werden. Nicht der erstgeborene Sohn — wenn ihm diese Voraussetzungen fehlen — folgt dem Vater in der Häuptlingswürde, oder besser „Herrenwürde", denn der Ausdruck „Herr" gibt die Bedeutung von *wö nuim* fast besser wieder, als „Häuptling", sondern sein körperlich stärkster und auch sonst tüchtigster Sohn. In der Gesundheit der Herren und der Häuptlinge ist „Heil", unter dem auch die ganze Gemeinschaft stark und gesund bleibt. Die Häuptlinge haben auch viele Frauen und Kinder, worin wiederum ihre besondere Begabung mit Macht sich zeigt. Sie sind „Mehrer des Volkes". Sie sind auch reich. Sie können die Leute speisen, denn sie haben viele und grosse Felder. Sie können ihnen Schweinefleisch und Wertsachen, also Gaben geben und immer wieder einmal Feste für sie veranstalten. Nicht, dass einer Reichtum ansammelt und bei sich aufhäuft; macht einen Mann zum *wö nuim*, das würde ihn im Gegenteil zum „schlechten, bösen Herrn" machen, sondern dass immer wieder viele Schweine und Wertsachen durch seine Hände gehen, der Gemeinschaft und in den Opfern ihren Toten zugute kommen, indem er durch Veranstaltung von Opferfesten den Menschen zugleich auch immer wieder einmal frohe Festtage verschafft. Er muss also durch Heirat (Polygamie) möglichst viele „Wege seiner Kraft", d. h. Wirtschaftsbeziehungen haben, auf denen er immer wieder die nötigen Wertsachen und auch Opfertiere erhält und auch selber wieder weitergeben kann, denn dadurch gewinnt er Ansehen und „sein Name geht aus an alle Horizonte". Darin liegt dann für ihn Ehre und Macht — und zugleich für seine Gruppe mit ihren „kleinen und grossen, armen und reichen, guten und schlechten Leuten". Denn ein *wö nuim* „grossmächtiger Mann" ist bei den *Mbowamb* nichts ohne seine Beziehungen zu verschwägerten *Mi*-Gruppen und ohne das gute Einvernehmen mit seinen „kleinen Leuten", die für ihn die Felder besorgen, Schweine grossziehen und sie ihm zur Verfügung stellen (allerdings in Erwartung von Gegengaben) und sonstige Arbeiten für ihn verrichten. Er ist ganz und gar auf sie angewiesen und nur durch dauernde Fürsorge für sie kann er seine „Herrschaft" bewahren. Nur wenn seine Leute ihm helfen, ist er immer wieder einmal in der Lage, Opfer- und *Môka*-Feste zu veranstalten, und nur wenn er solche Feste veranstalten kann, „raunen seine Leute sein Lob" und „machen seinen Namen überall bekannt". Nur dann gilt er wirklich als Machtträger, vor dem auch das Wetter Respekt hat, so dass es bei seinen Unternehmungen und Veranstaltungen nicht regnet.

e) Wö *nuim mumuk* „grossmächtiger Mann Zusammenfassung". In dieser Bezeichnung sind c) und d) vereinigt. Der *wö nuim mumuk* ist der Führende unter den *wö nuim* einer Brüderschaftsgruppe, d. h. er bringt für diese Gruppe die Opfer dar. Das *mumuk* zeigt auch an, dass er all' die unter d) genannten Eigenschaften und Dinge nicht aus eigener Machtvollkommenheit hat, sondern dass sie ihm aus den Opfern kommen. Alles, was den Opfern zugeschrieben wird, wie Gesundheit, Heil, Leben, Wohlstand, Glück, Eintracht, Friede wird darum auch von ihm, der die Opfer darbringt, gesagt. Die sprachliche Form, in der das geschieht, zeigt aber wiederum an, dass er nicht selber der Ursächer und Urheber ist, sondern das ausführende Organ: „Er macht uns in Wohlstand und Glück dasein". „Er fasst uns zusammen und macht uns in Eintracht und Frieden dasein". „Er nimmt uns und macht Kopf lebendig liegen", d. h. er rettet uns aus Gefahr und Tod. Aber eben dieses Verb „machen, tun" hat in der Hagen-Sprache kultische Bedeutung. Es bezeichnet das „Tätigsein, Handeln, Tun zwecks Opferveranstaltung". Der Häuptling „macht, tut" dies alles seinen Leuten durch die Opfer.

f) Wö *peŋ mumuk* „Mann Haupt Zusammenfassung". Hier sind a) und c) vereinigt. Wö *peŋ mumuk* wird der in Kriegszeiten von allen Gruppen einer Ableger-*Mi*-Gemeinschaft und ihren Verbündeten gewählte Kriegshäuptling genannt. *Mumuk* zeigt wiederum an, dass ihm auch seine kriegerische Kraft und Klugheit aus den Opfern zufliesst. Er ist allen seinen Feinden überlegen durch die Opfer. Da schlägt er die Feinde in die Flucht und „macht sie in der Ferne dasein" und „rettet sein Land und Volk".

g) *Ek-ni-wö* „Rede-Sagen-Mann". Dies heisst nicht nur „der Redner", denn ein Häuptling muss auch immer des Wortes mächtig sein, sondern es heisst auch „der Schlichter". Der Häuptling redet nicht nur in eigener Sache, sondern sehr oft als Stellvertreter seiner Leute. Ohne Rednergabe kann keiner Häuptling sein, denn dürftige Handhabung des Wortes wäre ein schlimmes Zeichen fehlenden Machtzuflusses. Der älteste Sohn eines Häuptings kann seinem Vater nicht im Amte folgen, wenn er keine Rede-Gabe, obschon alles andere hat. Was der Häuptling sagt, darf kein Geschwätz sein, weshalb er auch ein *wö rundi* „kluger, weiser Mann" sein muss. In seiner Weisheit zeigt sich Macht. Er muss auch seine Leute beraten können mit weisem und gutem Rat. Er muss Meinungsverschiedenheiten in der Gemeinschaft ausgleichen und zum Consensus bringen können. Dann rühmt man von ihm: „Er bringt unsere (verschiedenen) Reden zuhauf". Oder „Er macht uns eines Sinnes" und „er nimmt unsere Reden und macht sie zu e i n e r ". Auch hier erinnert „machen" wieder an den Sinnbezug zum Opfer. Der Häuptling muss auch verborgenen Dingen weislich nachforschen und sie vorsichtig ans Licht bringen können, indem er die Heimlichen und Verheimlicher dazu bringt, zu beichten, um das gestörte gute Einvernehmen wieder herzustellen, von dem alles abhängt (Kapitel 38, 2).

3. Abstufungen.

In den verschiedenen Bezeichnungen der *Mbowamb* für ihre führenden Männer spiegelt sich die Aufgliederung der *Mi*-Gemeinschaften wieder. Wie schon oben bemerkt, sind die *wö nuim* nur führend in ihrer jeweiligen Brüderschaftsgruppe. Die besten aus ihnen sind führend in den *Anda-kaŋêm-* und *Rapa*-Gemeinschaften. Diese nennt man dann *wö peŋ*, auch *wö nuim mumuk*. Als Berater und Schlichter sind sie *êk-ni-wö*. Die besten aus ihnen sind als *wö peŋ munt* bestimmend in den *Anda Noimp-* und *Pana-ru*-Gruppen; und diese zusammen sind führend für eine ganze Ableger-*Mi*-Gruppe. Also bei weitem nicht alle *wö nuim* sind auch *wö peŋ* usw., sondern nur die, die infolge ihrer Qualitäten als Ausfluss ihrer Macht über ihre jeweilige kleinere Gruppe hinaus auch Bedeutung haben für die grösseren Gliederungen einer Ableger-*Mi*-Gruppe.

Das beste, was man ihnen allen nachsagen kann, ist, dass sie gütig und freundlich sind; sich um ihre Leute kümmern, um ihr Wohlergehen wirklich besorgt sind; dass sie friedliebend sind und die Gemeinschaft nicht hitzköpfig und leichtfertig in kriegerische Verwicklungen hineinziehen. Zum Leben, Schaffen und Sich-vermehren braucht man das gute Einvernehmen und den Frieden. Nur dann kann man die nötige Stärke sammeln, um schliesslich den Feinden übermächtig zu begegnen. Nur im Frieden kann man die Opfertiere aufziehen, die man braucht für die lebenschaffenden und -mehrenden Opfer.

KAPITEL 27
RATSVERSAMMLUNGEN

1. Der kedl-kum.

Kedl heisst klein, *kum* ist das Paket. *Kedl-kum* heisst also wörtlich das „Klein-Paket". Es gibt auch ein *ou-kum*, ein „Gross-Paket". Bezüglich der Ratsversammlungen der führenden Männer der *Mbowamb* ist der Sinn dieser beiden Aussprüche also „der kleine Rat" und „der grosse Rat". Die beiden Benennungen hängen zusammen mit dem Ausdruck *êk kum rui* „Rede (in ein) Paket (ein-) schlagen", d. h. beraten und Beschluss fassen.

Beim *kedl-kum* handelt es sich um die Ratsversammlung auf der Ebene der *Pana-ru*-Gruppen. Jeder *Pana-ru* hat seine eigene Ratsversammlung. Sie wird gebildet durch die *wö peŋ (munt)* sämtlicher Altvater-Penis-Gruppen eines *Pana-ru*. Im *kedl-kum* werden alle Angelegenheiten, die den *Pana-ru* gemeinsam angehen, auch gemeinsam beraten. Es geht dabei zumeist um Dinge, die die Ableger-*Mi*-Gruppe gemeinsam unternehmen möchte, wozu aber die Zustimmung und Mitwirkung aller ihrer *Pana-ru* nötig ist. Die Ratsversammlung jedes *Pana-ru* muss sie erst besprechen, beschliessen oder ablehnen, ehe der gemeinsame Rat einer Ableger-*Mi*-Gruppe, der *ou-kum* also, sie gemeinsam besprechen und beschliessen kann. Es handelt sich dabei vor allem um Krieg und Frieden, um Bezahlung der Toten von Kriegsverbündeten, um Schweine- und Wertsachen-Austausch, um gemeinsame Feste, Opfer und Totenmahle bedeutender Verstorbener.

Weil der *kedl-kum* eines *Pana-ru* alle lebenswichtigen Dinge, die den *Pana-ru* gemeinsam betreffen und unter Beteiligung aller seiner Untergliederungen ausgeführt werden, gemeinsam berät und beschliesst, darum überträgt man den Namen dieser Ratsversammlung auch auf die ganze *Pana-ru*-Gruppe und nennt sie von politischen und rechtlichen Gesichtspunkten her ebenfalls einen *kedl-kum*, ein „Klein-Paket". *Kedl-kum* bezeichnet also sowohl die Ratsversammlung des *Pana-ru*, als auch den ganzen *Pana-ru* selbst, so dass man statt *Pana-ru* auch *kedl-kum* sagen kann.

Alle Dinge, die nur die einzelnen *Anda-Noimp*, *Rapa*-Gemeinschaften, *anda-kaŋêm* oder *têpam-kaŋêmadl öŋinödl* allein angehen, werden von ihnen allein beraten und beschlossen. Auf dieser Ebene gibt es keine geschlossene Ratsversammlung der *wö peŋ* und *wö nuim* allein, sondern das sind immer öffentliche Versammlungen, wo alle Männer und Jungmänner der betreffenden Gruppe, oft auch geladene oder zufällige Besucher, auch Frauen und Kinder dabeisitzen.

Da schon die kleinen Brüderschaftsgruppen nicht nur einen, sondern zwei, drei *wö nuim* haben, halten sich die vielen *wö nuim* dauernd gegenseitig unter Kontrolle. Es herrscht ausgesprochene Rivalität unter ihnen. Es kann also kein *wö nuim* einfach eigenmächtig handeln, ohne von den anderen zu Rechenschaft gezogen zu werden. Wenn auch in jeder *öŋinödl*-Gruppe nur einer der *wö nuim* das ausschlaggebende Wort hat, weil er auf Grund seiner Rednergabe, seiner Weisheit, seines Glückes usw. als grösster Machtträger offenbar ist, so kann er doch nicht die anderen einfach knechten. Das Ideal der *Mbowamb* ist, dass ein rechter *wö nuim* seine Leute weislich führt und wie ein Vater für sie sorgt. Der „Sklavenhalter" wird von der Gemeinschaft abgelehnt.

2. Der ou-kum.

Dies ist die Ratsversammlung einer Ableger-*Mi*-Gruppe. All' ihre *kedl-kum*, vor allem die einflussreichsten Männer aus jedem „kleinen Rat" kommen hier als „grosser Rat" zusammen. Der *ou-kum* hört die Meinungen und Vorschläge all' seiner *kedl-kum*. Ist man in einer Sache zu einer gemeinsamen Beschlussfassung gekommen, so macht man für etwaige Termine eine entsprechende Anzahl von Knoten in Schnüre, die dann jeder mit nach Hause nehmen kann. Sind etwa Zahlen von Wertsachen und Schweinen festgesetzt worden, die bei einer bestimmten Sache zu leisten sind, so gibt man auch diese durch Knoten an, die man in weitere Schnüre macht.

Wie *kedl-kum* auf den ganzen *Pana-ru*, so wird auch *ou-kum* auf die ganze Ableger-*Mi*-Gruppe angewendet, so dass man statt *wamb mbo kats* auch *ou-kum* sagen kann. Eine *Mi*-Gruppe, wie z. B. die *Ndika*, hat also in ihren sechs Ableger-Mi-Gruppen (Kapitel 11: 11, IIb) sechs *ou-kum*. In ihren *Pana-ru* hat sie die entsprechende Anzahl *kedl-kum*. Für die Übersetzung von *ou-kum* und *kedl-kum* verwende ich absichtlich nicht das vielleicht naheliegende Wort „Verband", spreche also bewusst nicht von „Klein-Verband" und „Gross-Verband", denn für die *Mbowamb* handelt es sich nicht um einen mehr oder weniger zufälligen und darum zeitlichen Zusammenschluss vielleicht auf Grund gemeinsamer Interessen, sondern um organisch gewordene und gegliederte Gemeinschaft auf Grund eines gemeinsamen *Mi*. Der sprachliche Ausdruck „diese Leute Paket schlagend sie leben" heisst für sie nicht etwa, dass diese Leute einen Verband oder Bund schliessen, sondern dass sie eine Einheit, eine Gemeinschaft sind.

Dass man für eine Gemeinschaft und ihre Ratsversammlung denselben Ausdruck verwenden kann, zeigt die Einheit von Volks- und Rechtsleben — aber freilich nur auf der Ebene der einzelnen *Pana-ru* und Ableger-*Mi*-Gruppen. Dass man nicht die ganze *Mi*-Gruppe, sondern nur die einzelne Ableger-*Mi*-Gruppe als *ou-kum*, „Gross-Paket, bezeichnet, spiegelt die Tatsache wider, dass nur die einzelnen Ableger-*Mi*-Gruppen, aber nicht die ganze *Mi*-Gruppe geschlossen handelnd auftreten. Über das „Gross-Paket" hinaus gibt es im praktischen Handeln der *Mbowamb* nicht ein noch grösseres „Paket". Die *Mi*-Gruppe als Ganzes ist wegen der gegenseitigen Rivalität ihrer Ableger praktisch nicht aktionsfähig.

3. Der Kriegsrat.

Geheime Zusammenkünfte und Geheimberatungen sind die Versammlungen eines *ou-kum* oder eines *kedl-kum* nicht. Dagegen finden völlig geheime Zusammenkünfte der führenden Männer statt, wenn es sich um die Beratung und Terminbestimmung eines Kriegszuges handelt oder auch um die Anwendung von Todeszauberei. Für solche Geheimberatungen hat man daher auch eine eigene Benennung, nämlich *edl glöŋi*, „Kriegsrat". Ist man dabei zu einem festen Beschluss gelangt über die Art der Ausführung und über den Termin, so gräbt man ein Loch in die Erde und vergräbt darin einen Stein. Dies ist das Zeichen für alle Eingeweihten, den gemeinsam beschlossenen Kriegszug und Angriffstermin geheim zu halten. Alle Vorbereitungen sollen ganz geheim getroffen werden, und sie sollen schweigen wie der vergrabene Stein. Erst am Morgen des Angriffs wird der *wö peŋ mumuk*, der oberste Kriegshäuptling, den Stein ausgraben und öffentlich auf seinen Zeremonialplatz werfen. — Verrät einer der Eingeweihten den Plan vorher oder lässt dem Anzugreifenden geheime Nachricht zukommen, und er wird erwischt, so muss er mindestens eine grosse Anzahl Opfertiere und Wertstücke als Sühne für seinen Verrat geben, wenn er nicht ausgestossen oder umgebracht werden will. — Auch ein Zurücktreten oder Abstehen von gemeinsamen Beschlüssen des *kedl-kum* oder *ou-kum* wird von der Gemeinschaft verurteilt. Es bringt den Schuldigen hinaus in den „Draussen-Bereich", ins „Elend".

G. MI- UND GEMEINSCHAFTSGEWISSEN

KAPITEL 28
DAS GEWISSEN

Die *Mbowamb* sagen „der *nôman* pflegt uns zwei Reden zu geben". In Kapitel 18, 2 am Schluss wurde schon gesagt, dass sie auch zwischen zwei Hälften des *nôman* unterscheiden. Die obere Hälfte „macht Gedanken und Wollen spontan hervorsprudeln", die untere Hälfte bedenkt die Implikationen. Es sind das aber nur die „einander verklagenden und entschuldigenden Gedanken" des einzelnen Menschen. Allerdings zeigt sich darin, dass er die Reaktion der Mitmenschen, der Gemeinschaft, der Toten und der hintergründigen Mächte fürchtet. Er hat das unbestimmte und unbehagliche Empfinden, dass sie irgendwie um seine Taten „wissen". Es ist bei den *Mbowamb* sogar nicht nur ein „unbestimmtes Empfinden", sondern alle *Mbowamb* sind davon überzeugt, dass verheimlichtes und darum ungesühntes und nicht bereinigtes Unrecht eine Reaktion des *Mi* hervorrufen wird. Also muss es um das verheimlichte Unrecht wissen. Das *Mi* ist das Gemeinschaftsgewissen. Als solches regelt es schon das ganze wichtige Gebiet von Heirat und Ehe. Es müssen beim einzelnen Menschen aber sozusagen Ansatzstellen für die Wirkung des Gemeinschaftsgewissens vorhanden sein. Bei den *Mbowamb* ist auffallend, worauf schon gegen Schluss von Kapitel 18, 2 hingewiesen wurde, dass sie eine ganze Reihe von inneren Gefühlen und Empfindungen an bestimmte Organe des menschlichen Körpers gebunden glauben, aber nicht *roŋa, pipidl* und *muntmoŋ*. Diese spürt der Mensch nur in der *munt* „Brusthöhle", ohne dass sie dort an ein bestimmtes Organ gebunden wären, nicht einmal an den *nôman*, sonst würden nämlich die *Mbowamb* auch von diesen Dreien sagen, wie sie es bei allen anderen Empfindungen und Gefühlen tun, dass der *nôman* oder eines der inneren Organe „sie dasein macht" oder „sie hervorquellen macht" oder aber, dass es sich um einen der vielen *kôm* oder um eine Wirkung der Seele handelt.

1. Ronga – „die Angst, die hin und herläuft".

Sie wurde schon in Kap. 6, 6 unter den Begriffen erwähnt, mit denen die *Mbowamb* ihr religiöses Erleben des Hintergründigen, Geheimnisvollen, Unbekannten, aber „Mächtigen" zu beschreiben versuchen. Was sie mit dem Begriff *roŋa* meinen, geht z. B. gut hervor aus ihrer Schilderung der ersten Landung eines Flugzeuges im Hagen-Gebiet. „Als wir den ersten Flugplatz fertig eingeebnet hatten, wunderten wir uns sehr, was das wohl für eine Art Tanzplatz sein sollte. Als die Weissen uns sagen liessen, am folgenden Tag käme eine Flug-Sache, stellten wir uns in hellen Scharen ein. Es war schon etliche Male vorher ein Flugzeug dagewesen, aber nur oben in der Luft. Es kreiste und flog dann wieder davon, ohne herunterzukommen. So wussten wir schon, dass es fürchterlich brummt. Als nun am Tage der ersten Landung das Brummen in der Ferne zu hören war, stiegen viele von uns auf Bäume, andere versteckten sich hinter Zäunen, Hecken, Büschen und Hütten. Es kam wie ein ungeheuer grosses Frauenhaus durch die Luft geflogen. Als es landete und seine Nase gewaltig brummte, warfen wir uns alle auf die Erde hin. Viele rannten davon. Die meisten liessen unwillkürlich Stuhl und Wasser von sich gehen. Wir mehr beherzten Männer hatten *roŋa*, Angst, die uns hinundherlaufen machte. Wir liefen ein Stück zurück, dann kamen wir wieder näher, um zu sehen, welche *ugl*, Kunststücke, Machtäusserungen, das Flugzeug weiterhin machen würde. Da sahen wir, dass viele Säcke und Kisten ausgeladen wurden! Da gingen wir ganz nahe hin und machten Verlangensseelen auf unserer *nôman*-Seite dasein nach den Wertsachen. Wir sagten, es macht ja *ugl kae!* Es bringt uns Wertsachen, das ist aber recht! — Als später seine Nase wieder anfing sich zu drehen und schrecklich zu donnern, rannten wir alle wieder hinter irgendein Versteck. Von dort aus sahen wir zu, wie es fliegend nach oben ging. Dann liefen wir und holten Feldfrüchte und Schweine, um dafür von den Weissen die guten Sachen zu erhalten."

Hier sieht man deutlich, wie die Leute vor dem „mächtig-starken Ding" Angst hatten, aus Angst sich versteckten, ein Stück wegliefen, aber doch nicht nach Hause gingen, sondern merkwürdig fasziniert wieder zu dem Angst einflössenden Ding zurückkamen. Diese „Angst, die hin- und herläuft", ist die „primitive Ur-Angst", die also auch die *Mbowamb* sehr wohl kennen und *roŋa* nennen.

Diese *roŋa* zeigt sich auch in den Herkunfts- und Abstammungsmythen. Der einsame Urahne oder Stammvater erschrickt vor dem welken Cordylinenlaub, das plötzlich heimlich und leise sich auf sein Beuteltier legt; vor der Eidechse, die plötzlich gerade am Erdofen hervorkommt. Er wird des Nachts aus dem Schlaf aufgeschreckt durch ein geheimnisvolles Klopfen, Schlagen oder Tanzen. Als das Laub auf sein Beuteltier fällt, kann er gerade noch sagen: „Wenn du es essen willst, so iss es", aber dann läuft er weg. Er ist erschrocken und hat Angst. Dann kommt er aber doch wieder zurück. Er fühlt sich angezogen von dem geheimnisvollen Geschehen, vor dem er erst Angst hatte und noch hat, denn er bringt zu seiner Sicherung ein Opfer dar. Dies aber auch, um die Macht für sich zu gewinnen, die sich da zeigt. — So verhalten sich die *Mbowamb* also auch heute noch allem Fremden und Unbekannten gegenüber. Zuerst heisst es sofort: „Es ist im Begriff, einen *ugl* zu vollbringen!", einen Machterweis also. Daher Vorsicht! Die Angst lässt sie ausrufen: „Es will uns schlagen!", d. h. umbringen. „Es will uns fressen!", d. h. auf magische Weise die Lebenskraft aufzehren. Die Stellung, die sie dabei einnehmen, ist immer halb zum Bleiben, halb zum sofortigen Verschwinden gewendet. Zeigt sich irgendeine im Sinne der *Mbowamb* „gute" Machtäusserung, so hört man sie sofort sagen: „Wenn wir die mächtig-starke Sache nur bei uns haben könnten!".

Wir hätten diese *roŋa*, „Angst ,die hin- und herläuft", aber nur zum Teil verstanden, wenn wir nur das sehen würden, dass die *Mbowamb* das Geheimnisvolle, das bei ihnen *roŋa* hervorruft, m e i d e n wollen, aber dann doch wieder davon e i n g e n o m m e n werden; dass es sie a b s t ö s s t und doch auch wieder a n z i e h t. Diese *roŋa* ruft nämlich bei den *Mbowamb* auch die Empfindung hervor, dass sie etwas s o l l e n , dass das — der, die — Fremde etwas von ihnen w i l l. Darum hört man sie bei solchen Gelegenheiten auch sagen: „Es zeigt sich nicht nur so!", d. h. grund- und absichtslos. Es ist zwar kein Schuldgefühl, wie wenn sie gegen ein Tabu verstossen oder ein Vergehen begangen hätten, denn dann würden sie das Wort *muntmoŋ* gebrauchen, aber es ist doch das ganz bestimmte Empfinden, dass man durch f a l - s c h e s oder aber durch r i c h t i g e s V e r h a l t e n die Macht, die sich in der merkwürdigen Erscheinung oder in dem auffallenden Gegenstand zeigt und doch zugleich verbirgt, f ü r oder aber g e g e n sich haben kann. Da man nur aus ihren Äusserungen erkennen kann, ob sie für einen „gut" oder „schlecht" sein wird, weicht man halb zurück und halb nähert man sich. Diese *roŋa* der *Mbowamb* ist die Voraussetzung dafür, dass in ihren Mythen über das „Auffinden" eines *Mi* der Urahne oder Stammvater das Cordylinenlaub, das Kriechtier, den Vogel, den Stein oder was immer es ist, eben als *Mi*, „Verbots- und zugleich Anspruchszeichen", versteht. Er empfindet der hintergründigen Macht gegenüber eine Schuldverpflichtung, obwohl er sich keines Vergehens gegen sie bewusst ist. Er läuft weg, kommt aber wieder und opfert ein Schwein oder wenigstens ein Stück Schweinefleisch, das er gerade mit sich führte. Das *Mi*, das ihm da „hingelegt" wird, macht ihm *roŋa*, so wie die *Mbowamb* auch heute noch beim Anblick gewöhnlicher *mi*-Zeichen (s. solche *mi*-Zeichen Bd. II, 318) *roŋa* empfinden. Durch das Opfer von *men*, fettem Fleisch, will er *men*, gutes Einvernehmen, Gemeinschaft, herstellen. Nach vollzogenem Opfer kommt darum die Angst des Ur-Ahnen oder Stammvaters zur Ruhe. Nun hat er in dem Ort schöpferischen Geschehens einen heiligen Ort und damit eine Heimstätte um diesen Ort her und in dem *Mi* hat er das „Bleibende, Verlässliche" und einen „Bruder", so dass die Angst der Einsamkeit von ihm genommen ist. Genauso ist es auch heute noch bei allen Opfern der *Mbowamb:* in ihnen löst sich ihr Empfinden, dass sie etwas sollen und wird der Anspruch erfüllt des hintergründigen Gegenübers, das offenbar etwas von ihnen will. Dann ist das gute Einvernehmen (wieder) hergestellt.

2. Pipidl – „die Scham-Furcht".

Der Begriff „Scham" spielt bei allen Eingeborenen Neuguineas eine grosse Rolle*. — Auch bei den *Mbowamb* spielt der Begriff *pipidl*, Scham, eine grosse Rolle. Ich möchte aber stark betonen, dass bei ihrem Begriff *pipidl* die Übersetzung mit „Scham" nicht genügt. Ich habe ihn deshalb in Kap. 6, 6 mit „Scham-Furcht" wiederzugeben versucht. Es ist Scham, die der *roŋa*, „Furcht, die hinundherläuft", verwandt ist. Im konkreten Einzelfall des Ertapptwerdens über einer Untat ist es auch bei den *Mbowamb* vielleicht nur Scham vor den anderen und Angst vor den Folgen. Aber sie empfinden *pipidl* auch vor den Geistern und jedem geheimnisvollen und unerklärlichen Geschehen, a u c h wenn sie sich k e i n e s V e r g e h e n s und somit keiner Schuld bewusst sind. *Pipidl* und vor allem *roŋa* liegen auch schon v o r jedem tatsächlichen

* H. Ian Hogbin, „Shame: A Study of Social Conformity in a New Guinea Village", Oceania, Vol. XVII, 1947 ist z. B. eine Untersuchung uber diesen Begriff. In seiner „New Guinea Christianity" bei den Malalo sagt er: „The pagan religion did not recognize conscience, the nearest approach being the notion of maya, the word used for the shame or embarassment felt by a person discovered in irregular behaviour" und „. . . this shame is associated more with annoyance at being found out than with feelings of guilt and remorse." Er zitiert auch Missionar Lehner: „Maya never inhibits anyone unless the culprit is afraid of being seen".

Vergehen. Sie werden gewiss im konkreten Fall von tatsächlichen Vergehen hervorgerufen dadurch, dass nun die Gemeinschaft etwas von dem Missetäter will, nämlich Eingeständnis und Wiedergutmachung, aber bei den *Mbowamb* kann man die „Scham-Furcht" nicht einfach nur von der Gesellschaft und vom Gesehenwerden her erklären, denn sie stellt sich wie die *roŋa* auch dann ein, wenn die Gemeinschaft nicht darum weiss — das hintergründige *Mi* „weiss" auf jeden Fall darum. Sie stellt sich auch ein, abgesehen von tatsächlichen Vergehen, schon dadurch, dass die *Mbowamb* in gewissen Erscheinungen und Erlebnissen einen „übermenschlichen" Anspruch an sich empfinden zu besonderem Verhalten, zum Beichten verheimlichter Dinge — trotz der damit verbundenen Scham! — und Anspruch auf Opfer. Es geht bei diesen Begriffen nicht nur um eine — dann sehr mangelhafte — Annäherung an das westliche „moralische Gewissen" des Individualismus, sondern um das Gemeinschaftsgewissen mit hintergründiger Bindung, das sich bei den einzelnen „meldet"; und das in erster Linie nicht im moralischen, sondern im religiösen und das heisst im ursprünglichen, nicht weiter ableitbaren Sinn.

3. Muntmong, Furcht, die aus der Schuld kommt.

Dieses Wort *muntmoŋ* darf nicht verwechselt werden mit *muntmôŋ*, „Herz", was ausser dem „o" ganz gleichlautend ist; bei ersterem liegt aber auch der Druckakzent auf der zweiten Silbe, bei letzterem auf der ersten. Das eine heisst wörtlich „Brusthöhlenknorren", das andere „Brusthöhlenfrucht", Herz. B e i d e Begriffe haben auch den Sinn von „Furcht", aber es ist Furcht ganz verschiedener Art und Herkunft. Wie schon in Kap. 18, 2 erwähnt, ist das eine die „vernünftige Furcht", die sich bei alltäglichen Anlässen als Verzagtheit und mangelnder Mut zeigt, also ein „moralischer" Mangel. Von ihr sagt man, dass sie ihren Sitz im Herzen hat. Der Name des Organs dient darum auch als Name für diese Art Furcht. Dagegen bezeichnet „Brusthöhlenknorren" das Schuldgefühl und die aus ihm kommende Furcht. Mit *moŋ*, „Ast, Knorren", (im Holz oder Brett) bezeichnen die *Mbowamb* irgendein Vergehen, das den Frieden, das gute Einvernehmen stört; (vgl. *Kâte* „*bahac*", das aber nur die leichteren Vergehen bezeichnet). „Es ist ein Knorren vorhanden", heisst: „es liegt eine Schuld vor". Wer etwas „tut und einen Knorren dasein macht" ist der Schuldige. Sein Schuldgefühl ruft bei ihm einen *munt-moŋ*, „Brusthöhlenast", hervor. Bei schlimmeren Vergehen ist es sogar ein *köimp-moŋ*, „Nasen-Ast", so wie der Aststumpf des abgebrochenen Astes am Baum hervorsteht. Es ist durch das Vergehen etwas abgebrochen, so wie der Aststumpf eben vom abgebrochenen Ast herrührt. Es ist das gute Einvernehmen, die zwischenmenschliche Beziehung, abgebrochen. Es ist nun ein „Aststumpf, ein Knorren" vorhanden in den Beziehungen zu den vom Vergehen Betroffenen, und das ruft in der Brusthöhle der Missetäter einen „Brusthöhlenknorren" hervor. Die vorhandene Schuld und das aus ihr kommende Schuldgefühl und Furcht benennt man also mit demselben Wort *moŋ*, Knorren. Bei den vom Vergehen Betroffenen bedeutet *moŋ* das durch die Schuld der anderen gestörte seelische Gleichgewicht. Es ist eine *nits*, „Beschädigung", bei ihnen eingetreten, die aber nicht nur und nicht in erster Linie den „Sachschaden" meint, sondern den Schaden in den zwischenmenschlich-seelischen Beziehungen. Der „Knorren" liegt also einmal nach aussen in den Beziehungen zu denen vor, an denen man sich vergangen hat, zum anderen nach innen in der eigenen Brusthöhle. Schuldig wird man an den anderen, und für die *Mbowamb* ist es bezeichnend, dass sie die Schuld der einzelnen als gemeinsame nehmen und auf sich als Gemeinschaft beziehen, denn sie sagen: „W i r haben (durch Diebstahl, üble Nachrede usw.) einen Knorren dasein gemacht", auch wenn nur ein einzelner aus ihnen die Untat begangen hat. Auch in ihrer Brusthöhle ist darum ein „Knorren" da oder ein „Nasen-Ast", denn durch das Vergehen sind die zwischenmenschlich-seelischen Beziehungen gestört, für die das *Mi* steht. Darum treffen nach ihrem Verständnis auch die Folgen sie alle. Wenn das gute Einvernehmen durch Wiedergutmachung nicht wiederhergestellt wird, fürchten sie die Reaktion des *Mi*, die infolge des Gesamtzusammenhanges irgendeinen von ihnen oder sie alle treffen kann. Sie wissen ja in vielen Fällen um die Vergehen der einzelnen, aber selbst wenn einzelne ihre Missetaten ebensooft zu verheimlichen verstehen, so „weiss" doch das *Mi* darum und wird reagieren. Das Gemeinschaftsgewissen ist nicht nur ein „Mit-Wissen" der anderen, sondern vor allem und in jedem Fall ein „Mit-Wissen" des *Mi*.

Dieses „Mitwissen" des *Mi* kommt auch darin zum Ausdruck, dass es um die seelische Verstimmung und um den Rache-Zorn der durch ein Vergehen Betroffenen „weiss". Können sie ihren Rache-Zorn nicht stillen, entweder dadurch, dass die Übeltäter sich zu ihrer Tat bekennen und Wiedergutmachung leisten oder dadurch, dass sie sich die (zuerst verweigerte) Wiedergutmachung selbst durch Drohung mit Gewalt verschaffen können, so *munt mi tênêm*, nimmt ihre „Brusthöhle" das *Mi* für sich in Anspruch, d. h. sie ziehen sich ganz auf sich selbst zurück, fressen ihren Rache-Zorn in sich hinein und warten auf die Reaktion des *Mi*. Leben auch die Missetäter trotz des „Knorrens" in ihrer Brusthöhle einfach fröhlich weiter, als ob nichts geschehen wäre, so quält doch auch sie die Angst vor der drohenden Reaktion des *Mi*, denn sie wissen als *Mbowamb*, dass das *Mi* das gute Einvernehmen, die ungestörten zwischenmenschlich-seelischen Beziehungen oder doch ihre Wiederherstellung will. Das *Mi* als „Wächter über die *ugl*, die Sitten und Gebräuche", haben wir zum Teil insofern schon kennengelernt, als es über die Exogamie, Heirat und Ehe „wacht". Es ist aber keine rationale Grösse, sondern eine mystisch-hintergründige. Es ist primär eine religiöse Grösse und darum ist es ja auch in der Gemeinschaft „bleibend" und „verlässlich", um immer wieder an den ursprünglichen Opfer-Anspruch zu erinnern, damit durch die wiederholten Opfer immer wieder das gute Einvernehmen zwischen den Setzlingsmenschen, den Toten und hintergründigen Mächten hergestellt wird. Weil Übeltaten und Vergehen sich letztlich immer gegen das *Mi* richten, welches alle Glieder der Gemeinschaft zu einer „Geschwistergemeinschaft" zusammenschliesst und mit den hintergründigen Mächten verbindet, darum rufen Vergehen gegen „die Menschen innerhalb", die tiefsten seelischen Störungen hervor. Es ist dem Bruder schier unfasslich, dass der Bruder sich an ihm vergehen sollte. Es nimmt ihm alle Lebenskraft, so dass er krank wird. Die seelische Verstörung steht oft in keinem Verhältnis zu dem vielleicht nur geringfügigen Vergehen, aber es wurde einem zugefügt durch einen, der als „*Mi*-Bruder" doch „ein Herz und eine Seele" mit einem sein sollte, wie es das *Mi* eigentlich will. Darum nimmt man seine Zuflucht auch zum *Mi*. „Die Brusthöhle nimmt *Mi*" für sich in Anspruch und wartet auf seine Reaktion gegen die Übeltäter und ihre Mitwisser, auch wenn sie alles ableugnen.

4. Die Verantwortung.

Die *Mbowamb* haben auch noch andere Begriffe, die die hier geschilderten Zusammenhänge zur Grundlage haben; z. B. *mineimbidl*, „Schuld", welche Vergeltung und Sühne fordert bei Mord durch offene oder heimliche Gewalt (Zauberei, heimliches Dingen eines Mörders) oder bei „Fressen" der Gaben, d. h. Schuldigbleiben der Gegengaben. *Punt*, „Schulden", die man dem Geber schuldet und durch Gegengaben begleicht. *Nits*, „die Beschädigung", z. B. der gesunden Baumrinde, Beschädigung eines Wertstückes, Scharte einer Beilklinge usw. Dieser Begriff bedeutet auch „Schuld", und zwar die Schuld, die durch eine „Gegenbeschädigung" zu „ergänzen" ist, wenn sie *kapogla*, „entsprechen" oder „gleich" sein soll. Auch für die verschiedenen Arten der Wiedergutmachung und Sühne haben sie verschiedene Begriffe. Alle diese Begriffe und ihr jeweiliger Kontext zeigen, dass die *Mbowamb* sich natürlich irgendwie für ihr Verhalten, ihre Reden und Taten verantwortlich wissen. Das zeigt ja auch schon die Unterscheidung zwischen der impulsiven und der nachdenklichen, die Folgen abwägenden oder bedauernden Hälfte des *nôman*. Darum sind auch gerade bei den *Mbowamb* die Selbstgespräche, in denen der Mensch sich selbst verklagend oder entschuldigend, beglückwünschend oder bedauernd gegenübertritt, so ausgeprägt, dass die Sprache dafür sogar einen eigenen Korrelationshinweis hat über die in anderen Eingeborenensprachen sonst üblichen Korrelationen zu den drei grammatischen Personen hinaus. Der „Setzlingsmensch" vereinigt zwei Ich in sich. „Der *Mbowö* kennt die zwei Naturen in der Brust des Menschen" (Bd. II, 300). Mit dem einen Ich stimmt er zu, mit dem anderen lehnt er sich dagegen auf. Seine *kôm* begehren etwas und verführen ihn, aber nach vollbrachter Tat „pflegt unser *nôman* zu nehmen und dasein zu machen", nämlich die ständige Erinnerung an die Tat und die Angst vor ihren Folgen. Der *nôman* und die *kôm* sind aber nicht einfach ohne Mitwirkung des Menschen in ihm. Seine Mitwirkung und Verantwortung kommt sprachlich darin zum Ausdruck, dass der Mensch „macht, dass die *kôm* auf der *nôman*-Seite liegen" oder „macht, dass sie vorhanden sind". So sagt man, wenn man des Menschen Willen, sein Begehren und sein Wollen ausdrücken will. Ich glaube darum nicht, dass man sagen kann: „Der Eingeborene kann . . . gar kein Verantwortungsbewusstsein in unserem Sinne haben und darum auch kein Gewissen. Es ist ja eine äussere Kraft, die ihn regiert . . .". (Bd. II, 306). Gewiss, man kann in der Sprache der *Mbowamb* alles so ausdrücken, dass das eigentliche Agens nicht der Mensch, sondern ein ausser- oder übermenschliches „Er, Sie, Es" ist; man kann aber auch mit Hilfe der kausativen Verbform die Verantwortung des Menschen sehr genau und sehr stark ausdrücken. Da ist dann der M e n s c h das handelnde Subjekt und macht jemanden oder etwas zum Objekt, f ü r oder g e g e n das er handelt. Gewiss mag das Verantwortungsbewusstsein nicht „in unserem Sinne" vorhanden sein, weil die hier in unserem Zusammenhang gemeinten Taten und Erlebnisse der *Mbowamb* sich immer auf die Ganzheit beziehen, d. h. es nicht nur mit der vordergründigen, sondern immer auch mit der hintergründigen Welt und ihren Mächten zu tun haben, aus deren Zusammenhang sie nicht zu lösen sind. Es handelt sich darum auch nicht um Verantwortung im Sinne der „sittlichen Persönlichkeit" des Individualismus, sondern um eine solche eines Gliedes der Gemeinschaft. Wobei freilich auch der Begriff „Gemeinschaft" nicht im Sinne unserer heutigen Gesellschaft und Weltanschauungen verstanden sein will, denn die *Mi*-Gemeinschaft der *Mbowamb* ist nichts ohne die hintergründigen Mächte, die sie einst „pflanzten", und deren gutes Einvernehmen mit ihr, das für den Bestand der Gemeinschaft lebensnotwendig ist. Von hier aus ist bei den *Mbowamb* auch das Gewissen zu verstehen.

5. Die Reue.

Die *Mbowamb* wissen auch um *edlik*, „die Reue". „Wenn manche Männer gegen einen Teil der ‚Menschen innerhalb' *ugl kits*, böse Sitten, begangen haben, verheimlichen es aber und leisten keine Wiedergutmachung, und wenn sie dann sehen, dass die Geschädigten sich vor Rache-Zorn ganz auf sich zurückziehen und krank werden (!), so dass man fürchten muss, dass sie sterben, dann haben die Missetäter Angst, empfinden Reue, bekennen ihre Untat und leisten Sühne. Sie pflegen zu sagen: wenn wir es weiterhin verheimlichen und nicht wiedergutmachen, dann wird uns das *Mi* fressen (i. e. die Lebenskraft entziehen). Wenn sie es beichten und Sühne leisten, dann werden die Kranken wieder gesund." Es mag sich bei dieser „Reue" der *Mbowamb* nicht um Reue in unserem Sinne handeln, und gewiss ist es nicht Reue im Sinne christlicher *contritio*, aber es ist doch auch nicht nur Reue darüber, dass man sich hat erwischen lassen und dass man nun zur Wiedergutmachung vielleicht ein Opfertier oder ein geliebtes Wertstück herausgeben muss, sondern es ist auch Reue darüber, dass man das gute Einvernehmen „der Menschen innerhalb" gestört hat, so dass nun *Mi*-Genossen krank werden und vielleicht sterben müssen. Sicher gibt es unter den *Mbowamb* auch viele, die trotz ihres „Knorrens in der Brusthöhle" und trotz des Wissens, dass diejenigen, denen sie ein Unrecht zufügten, vor Rache-Zorn krank werden und daran sterben können, ihr Unrecht weiterhin verheimlichen und folglich auch die Wiedergutmachung verweigern, aber dann greift die Gemeinschaft ein, und durch Sühneforderungen, Schläge, Misshandlungen oder Ausstossung der Verheimlicher „macht sie, dass sie Reue empfinden". Dies kann man freilich nur, wenn die Begründung des Verdachtes so gut wie bewiesen ist. Tappt man dagegen ganz im Dunkeln, wer eine Untat begangen haben könnte, so hat man noch immer die Zuflucht zum *Mi*, das man durch „*Mi*-Brennen" (Kapitel 39) veranlasst, „zu machen, dass die Verheimlicher Reue empfinden"; nicht, um die materielle Wiedergutmachung zu erzwingen, sondern um die Verheimlicher offenbar zu machen zwecks Wiederherstellung des guten Einvernehmens, damit das *Mi* nicht weiter „frisst". Denn das *Mi* als Gemeinschaftsgewissen will das gute Einvernehmen „der Menschen innerhalb". Dieses letztere ist lebensnotwendig, und darum werden alle Vergehen letztlich nur nach dem Masse beurteilt, in welchem sie dieses gute Einvernehmen stören. Nicht der materielle Schaden, den sie anrichten, ist das Schlimme, sondern der Schaden in den zwischenmenschlich-seelischen Beziehungen. Auch die Wiedergutmachung hat letzten Endes nicht den möglichen Gewinn an Gütern, sondern die dadurch erzielte Wiederherstellung des guten Einvernehmens zum Ziel. Von hier aus sind der herrschende Grundsatz des *do ut des* und das *ius talionis* in ihrer Tiefe zu verstehen: bei beiden geht es um das ungestörte Seelenleben in der Gemeinschaft oder doch um seine Wiederherstellung. Es geht um die Ganzheit der zwischenmenschlich-seelischen Beziehungen, einschliesslich der durch das *Mi* vergegenwärtigten Beziehungen zu den überirdischen Mächten.

6. Die alltäglichen Mi-Zeichen

der *Mbowamb* (Kapitel 6, 4 Sprachl. Exkurs d, e) müssen ebenfalls im Zusammenhang mit dem Gemeinschaftsgewissen gesehen werden. Bei irgendwelchen Vergehen am Eigentum anderer appelliert man durch Aufstellen solcher Zeichen (Bd. II, 103, 163, 318 u. a. O.) nicht nur an die Diebe zwecks Wiedergutmachung, sondern auch an das *Mi*, den „Bruder", dass es die heimlichen Diebe „fressen" soll. Das ist der Grund, warum diese alltäglichen *Mi*-Zeichen gefürchtet sind; (s. Bd. II, 377, wo dies unter „Verbotszauber" aufgeführt ist). Weil das *Mi* die *Mi*-Genossen schützt, darum stellt man solche *Mi*-Zeichen auch gegen gefürchtete Geister auf, auch gegen Blitzschlag (Bd. II, 346 u. 318) auf, denn die *Mbowamb* glauben, dass auch alle diese Mächte nur gegen sie wirksam werden können, wenn ihr *Mi* aus Reaktion gegen ein unter ihnen verheimlichtes Vergehen seinen Schutz zurückzieht und „sie fressen will".

H. MI- UND RECHTSLEBEN

KAPITEL 29
DIE MI-BEZEICHNUNG ALS RECHTSZUSTAND

1. Religion und Recht.

Keine menschliche Gemeinschaft kann in einem rechtlosen Zustand existieren. Recht ist eine Lebensnotwendigkeit. Jede Missachtung des Rechts bringt die Lebensgrundlagen einer Gemeinschaft in Gefahr und ihr Zusammenleben in Unordnung. Das Recht gehört darum bei den *Mbowamb* zur Religion. Man kann beide nicht voneinander trennen. Die Religion als die Beziehung zu den das Leben der Gemeinschaft „pflanzenden" und tragenden Mächten hat zugleich auch die wichtige Funktion der Erhaltung und Sicherung des gegebenen Lebens. Solche Erhaltung und Sicherung geschieht bei den *Mbowamb* immer wieder durch die Opfer. Sie werden darum durch das *Tei-medl*, „Hingelegte, Bleibende", einer Gemeinschaft immer wieder gefordert für den *Tei*-Mann, der die Gruppe einst „pflanzte". Im Opfer-Anspruch ist auch klar sein Rechtsanspruch als Urheber und Besitzer enthalten. Darum wird das *Tei-medl* auch immer als *Mi*, „Anspruchs- und Eigentumszeichen", verstanden (Kapitel 9, 5). Bei den *Mbowamb* kommt die Zusammengehörigkeit von Religion und Recht aufs deutlichste zum Ausdruck durch die zwei Bezeichnungen für ein und dieselbe Sache. Wenn sie von ihrem *Tei-medl* sprechen, so meinen sie damit auch ihr *Mi*. *Tei-medl* und *Mi* sind nicht zwei verschiedene Dinge, sondern nur zwei F u n k t i o n e n ein und derselben Sache. Als *Tei-medl* verkörpert es die Beziehung der *Mi*-Gemeinschaft zu dem *Tei*-Mann, der einst ihren Urahnen als „ersten, wesentlichen Menschen-Setzling" zeugend-schöpferisch „pflanzte", weshalb er durch das *Tei-medl* an sie den Opfer-Anspruch stellt. Eigentums- und Besitzerrecht schliessen auch das Bewahrungsrecht ein, darum ist das *Mi* das Instrument, durch das er seiner Gemeinschaft von Setzlingsmenschen immer wieder die durch die Opfer entbundenen Kräfte zuleitet, so dass die Zeugungs- und Vermehrungskraft, mithin die Lebensmacht der Gruppe erhalten und immer wieder neu angereichert und gestärkt wird. Es verbindet alle ihm als dem „Geschwister gleichen Geschlechts" Zugehörigen zu einer unzerreissbaren Lebensgemeinschaft, die es gegen alle anderen *Mi*- oder Ableger-*Mi*-Gruppen als eine festumrissene soziale und politische Einheit abgrenzt.

2. Recht und Sitte.

Wie wir Kapitel 14, 2 sahen, werden von den *Mbowamb* alle Lebens- und Machtäusserungen als *„ugl"* bezeichnet. Es wurde darauf hingewiesen, dass dies ein sehr umfassender Begriff sei. Er wurde von mir bisher meist im Sinne von Kunststück, Machtäusserung gebraucht und ferner, dass er auch „grossartige Veranstaltung, Sitte, Gepflogenheit, Gewohnheit" bedeutet. Also jegliche Betätigung in Denken, Fühlen, Wollen, Reden, Handeln ist *ugl*. Das mythologische Geschehen, das zur „Einpflanzung" und Vermehrung der eigenen Gruppe führte, war natürlich ein „überaus gutes Kunststück", eine „hervorragend gute Sitte". Was einst geschah, ist „Sitte, Gewohnheit, Gepflogenheit" ganz im Sinne von „Recht" geworden. Eine „überaus gute Sitte" ist der Rechtszustand, das rechtlich geordnete Leben, das gute Einvernehmen der eigenen Gruppe. Recht im Sinne eines abstrakten Gebildes ist den *Mbowamb* natürlich so wie allen „Primitiven" völlig fremd. Die *ugl kae*, „guten und nützlichen Lebens- und Machtäusserungen", sind als Sitten, Gepflogenheiten den *Mbowamb* Recht und Gesetz. Recht als Sitte ist aber keine sachliche Grösse, denn Sitten und Gepflogenheiten gehen von Personen aus und von Dingen, hinter denen man einen personhaften Willen sieht. So ist Recht als Sitte bei den *Mbowamb* die Fülle von Beziehungen zwischenmenschlich-seelischer und hintergründiger Art, wobei deshalb immer das „für" oder „gegen" jemanden eine wesentliche Rolle spielt. Dass diese subjektive Auffassung mit ihrem „für" und „gegen" eine allgemeine und objektive Anwendung von Recht in unserem Sinne unwahrscheinlich macht, liegt auf der Hand. Es liegt darin eine starke Begrenzung, worauf noch zurückzukommen sein wird.

3. Das gute Einvernehmen.

Eine „ausserordentliche gute Sitte" ist natürlich das gute Einvernehmen, die Eintracht. Sie ist dargestellt durch die Beziehung aller Glieder einer Ableger-*Mi*-Gemeinschaft und ihrer Untergliederungen zu dem *Mi* als dem gemeinsamen „Geschwister gleichen Geschlechts". Dass das gute Einvernehmen immer wieder gestärkt, erneuert oder bei Störungen wiederhergestellt wird durch Opfer, haben wir schon in Kapitel 9, 14 gesehen, wo auch der Begriff *„men"* erläutert wurde. Zum guten Einvernehmen mit den übersinnlichen Mächten sowohl, als auch untereinander wurde der Gemeinschaft das *Mi* „hingelegt". In diesem Gegenüber erkennen sich die Glieder einer Gemeinschaft nicht nur als „Blutsverwandte" gleicher Abstammung, sondern auch als Lebens- und Seelengemeinschaft; auch als Gemeinschaft gleicher Sitten, gleichen Rechtes also. Es legt die bindende Verpflichtung auf die Glieder der Gemeinschaft zu gegenseitiger Lebenshilfe in jedem Verstand; zur Vermeidung sexueller Beziehungen innerhalb der „Geschwisterschaft"; zu gegenseitiger Achtung, Ehrlichkeit und Offenheit. Vergehen sollen eingestanden und durch Sühnegaben bereinigt werden. Das *Mi* will den seelischen Einklang in der Gemeinschaft. Die „Geschwister" sind durch ihr gemeinsames *Mi* eine Einheit, die auch in seelisch-geistiger Eintracht leben soll. Das gute Einvernehmen bedeutet Macht zum Leben, Heil und Gesundheit, Glück und Wohlergehen; auch Kinder- und Männerreichtum zwecks guter Überlegenheit über die Feinde. Für die „männerreiche Gemeinschaft" hat man darum auch eine eigene, rühmende Bezeichnung: *wö mudl kögl*. Dies bedeutet nicht nur, dass die Knaben und Männer der Gruppe zahlreich sind, sondern auch, dass in „ihrer Reihe keine Lücke ist", dass also keiner durch Tod im Kampf oder durch Krankheit und Todeszauber ausgefallen ist; dass keiner „aus der Reihe geschlagen" wurde.

Die Gemeinschaft kann ohne gutes Einvernehmen nicht bestehen; aber auch der einzelne nicht ohne die Gemeinschaft. Nur in der Gemeinschaft können die *Mbowamb* wirklich leben. Absonderung oder Ausschluss aus dem Bereich des guten Einvernehmens bedeutet im *ekit-oroŋa*, „Draussen-Bereich", sein, im *wapra-kona*, „unbebauten Land, Einöde". Dort ist man ein *poŋendam*, „Abgerissener, Gemeinschaftsloser", der allen Gefahren ausgesetzt, „von allen guten Geister verlassen" ist, denn sie sind mit in die Störung des guten Einvernehmens hineingezogen. Sie sind nun nicht mehr für, sondern g e g e n ihn und „nehmen ihn und machen ihn in der Leere dasein". Er wird auch „seinen *nôman* machen, dass er alle wird", d. h. sein Innenleben wird sich verzehren. Es wird *wapra*, öde, unbebaut, wüst, werden, so sagen die *Mbowamb* von einem, der seinen väterlichen *kona* verlässt oder von dort ausgestossen wird, weil das gute Einvernehmen gestört ist. Deshalb suchen solche *poŋendam* nach Möglichkeit sofort Aufnahme in Gemeinschaft und *kona* mütterlicher- oder grossmütterlicherseits oder selbst im *kona* von Nicht-verwandten, wenn diese willig sind, solche Aufnahme zu gewähren (Kapitel 12).

4. Kopen – der Friede.

Während *men* das gute Einvernehmen zwischen „den Menschen innerhalb" einer Ableger-*Mi*-Gemeinschaft und ihre Untergliederungen bedeutet, das durch die Opfer immer wieder befestigt und erneuert und durch die *ugl kae*, die guten Sitten, erhalten wird, bedeutet *kopen* den Frieden und die friedlichen Beziehungen zu „den Menschen ausserhalb" und ihren jeweiligen Gruppen. *Kopen* ist zunächst einmal der Name einer breitblättrigen Wasserpflanze, die auf der ungestörten Wasserfläche der Weiher und kleinen Seen im Lande der *Mbowamb* sich ausbreitet, von allen Seiten her aufeinander zuwächst und schliesslich eine ganze Decke bildet. Nach dieser Pflanze nennt man auch die friedlichen Beziehungen unter den verschiedenen Gruppen der *Mbowamb* „*kopen*". Da man infolge der Exogamie viele Beziehungen zu „Gruppen ausserhalb" hat (Kapitel 13, 3), kommt bei den *Mbowamb* all' diesen Gruppen gegenüber der *kopen* dem *men* gleich, denn mit ihnen tauscht man ja auch Opfertiere, die das *men* liefern, und hat Essgemeinschaft mit ihnen (Kapitel 9, 14). Die beiden Begriffe werden auch abwechselnd für die guten, friedlichen Beziehungen zu den übersinnlichen Mächten gebraucht. Die sprachlichen Ausdrücke in Verbindung mit *kopen* und *men* zeigen, dass gutes Einvernehmen und Frieden nicht ohne weiteres als einfach vorhanden angenommen und vorausgesetzt werden können. *Men morom* und *kopen morom* sagt man, d. h. wörtlich „das gute Einvernehmen l e b t" und „der Friede l e b t", weil der mythologische „Vogel-Vater" für seine Gruppe von Setzlingsmenschen *men* und *kopen mo-rndo-rom*, d. h. „gutes Einvernehmen" oder „Frieden leben, dasein macht". Darum hat man nach langen Kriegszeiten den „Oben-Anruf" an den *Ogla-Nuknuk*, „Oben-Donnerer", veranstaltet. Man sagte, er sei böse darüber, dass die *Mbowamb* immer streiten und kriegen. Man rief zu ihm hinauf und brachte ihm Opfer dar, damit „er uns wieder im Frieden leben, dasein macht" (Kapitel 57). Dass darum auch das *Mi* als das „Hingelegte, Bleibende, Verlässliche" für den Frieden steht, denn es grenzt ja eine *Mi*-Gemeinschaft nicht in feindlicher Absicht gegen alle anderen *Mi*-Gruppen ab, sondern um dadurch

Heiratsverbindungen, also friedliche Beziehungen zu ermöglichen, geht unter anderem auch daraus hervor, dass die *Mbowamb* glauben, das *Mi* umfriedet und schützt die Gemeinschaft; dass sie darum zwecks Kampfansage an die Feinde erst deren *Mi* misshandelten und dass bei Friedensschlüssen das *Mi* „angefasst", d. h. überreicht werden musste, wenn sie gültig und „verlässlich" sein sollten. — Natürlich sagen die *Mbowamb* im alltäglichen Leben in erster Linie auch von ihren *wö peŋ* und *wö nuim mumuk*, dass „sie tun und uns im Frieden leben machen", dass „sie tuend uns zusammenfassen und in Eintracht dasein machen". Es wurde schon bemerkt, dass das Verb „tun" auch „das kultische Handeln" bezeichnet, nämlich die Darbringung von Opfern, die *men* und *kopen* entbinden. Weil sie durch das *Mi* als Instrument (Kapitel 9, 14) „herfliessen", darum gelten sie auch als *ugl ama kae-we*, ausserordentlich gute Kunststücke, Sitten der *Tei-wamb*, der „Hinleger".

Wie *men*, so bedeutet auch *kopen* zugleich Macht zum Leben, Heil und Gesundheit, Glück und Wohlstand, die ungehinderte Betätigung aller *ugl kae*, guten Sitten, wozu ja nicht nur Sitten im moralischen Sinne gehören, sondern auch Gedeihen und Wohlfahrt, Feste, Wirtschaftsunternehmungen, Kinderreichtum, gute Ernten, kurzum: Heil und Wohlergehen in jeder Hinsicht. Dies alles fällt in der Sprache der *Mbowamb* unter den Begriff *ugl kae*, gute Sitten oder gute Verhaltensweisen. Es sind *ugl kae* einerseits der übersinnlichen Mächte, andererseits der Setzlingsleute. Ohne Frieden keine Wohlfahrt.

KAPITEL 30
DAS SITTLICHE VERHALTEN

der *Mbowamb* im umfassenden Sinn von Beachtung und Befolgung alles dessen, was bei ihnen *ugl kae*, gute Sitten und Gebräuche, sind, aber auch als „Recht" gilt im Sinne von rechtlichem und richtigem Verhalten, hat nach meinem Dafürhalten trotz des ausgeprägten und sich oft recht über die Massen zeigenden Ichbewusstsein und Geltungsbedürfnisses der einzelnen doch das gute Einvernehmen in der Gemeinschaft und die friedlichen Beziehungen nach aussen hin zur Richtschnur. Alle *ugl*, Sitten, Taten, eines menschlichen oder hintergründigen Agens, die ja zunächst rechtlich-sittlich indifferent sind, werden gut oder schlecht je nachdem, ob sie den guten Beziehungen in der Gemeinschaft und ihren Gliedern nützen oder schaden, wobei daran zu denken ist, dass „gutes Einvernehmen" und „Gemeinschaft" in der Hagen-Sprache durch dasselbe Wort *men* bezeichnet werden und dass dieses *men* immer den Sinnbezug zum Opfer und damit zu den übersinnlichen Mächten hat, so dass Störung des guten Einvernehmens in der Gemeinschaft immer a u c h die Beziehungen zu diesen Mächten trifft. Dieses Verständnis vorausgesetzt, ist Störung oder Förderung des guten Einvernehmens in der Gemeinschaft, wie mir scheint, bei den *Mbowamb* der oberste Masstab für Recht und Moral. Das ist kein sachlich-objektiver, sondern ein subjektiver, immer auf Personen und personhafte Beziehungen, niemals auf eine blosse „Sache" und blosse Sachwerte anzuwendender Masstab. Damit ist gegeben, dass auch seine Anwendung nicht sachlich-objektiv und nicht für alle gleich, sondern je nach Nähe oder Ferne persönlicher Beziehungen geschieht. Damit hängt aber auch zusammen, dass es nicht von vornherein feststeht, ob ein *ugl* „gut" oder „schlecht" ist; ja dass er u. U. bald gut, bald schlecht sein kann.

Wenn nun dieser Masstab auch nur auf die jeweils eigene Gruppe und ihre Beziehungen angewendet wird, so wendet eben doch j e d e Gruppe der *Mbowamb* diesen selben Masstab auf sich an und in j e d e r Gruppe trägt er dieselben, festumrissenen Züge, so dass man die „Sitten" nennen kann, die als *ugl kae*, gute Verhaltensweisen oder gute Wundertaten gelten, w e i l sie das gute Einvernehmen fördern. Der Begriff *men*, gutes Einvernehmen, Gemeinschaft, darf nun freilich nicht in unserem Sinne verstanden werden. Er ist ganz im Zusammenhang der Welt der *Mbowamb* zu sehen. Darin liegt überhaupt die grosse Schwierigkeit der Vermittlung eines richtigen Bildes, dass die anscheinend gleichen Begriffe hüben und drüben doch weithin Verschiedenes besagen, weil sie vom jeweiligen Kulturkontext geprägt sind. So können die *Mbowamb* auch mit ihrem „guten Einvernehmen" vieles verbinden, was bei uns jedes gute Einvernehmen in Frage stellen würde. Andererseits wird bei ihnen vieles für das gute Einvernehmen nötig erachtet, was wir dafür nicht für nötig halten. Wir können z. B. über manche Dinge herzhaft und bedenkenlos lachen, wo es bei den *Mbowamb* als das gute Einvernehmen störend verpönt ist. Wir meinen nicht, dass man grundsätzlich jede, auch die ausgefallendste Bitte, erfüllen sollte. Hat bei den *Mbowamb* z. B. einer ein Beil, so muss er es hergeben, will er nicht gegen die Sitte verstossen, wenn ihn ein anderer, der keines hat, darum bittet. Bei uns gehört es nicht zum „guten Recht", ja geradezu zur Aufgabe des tüchtigen Menschen, bei allen Verwandten und Bekannten immer wieder herumzulaufen und sie um Wertsachen und Schweine zu bitten, damit man seine eigenen Verpflichtungen erfüllen oder eine „schöne Wundertat", nämlich ein Wirtschaftsaustauschfest, veranstalten kann. Solches „Herumlaufen" und „Bitten" sind bei den *Mbowamb* stehende Begriffe, wobei jeder sofort weiss, um was es sich handelt. Auch ohne weitere Erklärung weiss man, wenn es von einem heisst, „er läuft zwecks Bitten herum", dass der „angesehene, tüchtige" und „grossmächtige Herr" unterwegs ist, um gegen Versprechungen späterer Gegengaben, wann immer das sein wird, sich Wertsachen und Schweine zu erbitten. Das ist eine „gute Sitte". Das nennen sie „den Wegen unserer Kraft nachgehen". Es ist eine Ehre für den anderen, dass einer kommt und von ihm Schweine und Wertsachen erbittet. Das zeigt, dass er ihn für einen wohlhabenden Mann ansieht. Man ist es darum schon der eigenen Ehre schuldig, die Bitte zu gewähren. Für unsere Begriffe ist das eine „elende Bettelei" und keine „gute Sitte". Wir glauben nicht, gegen das gute Einvernehmen zu verstossen, wenn wir uns nicht darauf einlassen. Bei den *Mbowamb* befolgt solch' ein „Bittender" die gute Sitte, und wer ihm seine Bitte abschlägt, verstösst gegen das gute Einvernehmen. Der andere ist im Recht, wenn er dann die Beziehungen zu ihm abbricht. Wir halten Kaufen und Verkaufen, wobei der feste Preis sofort und ganz genau bezahlt wird, nicht für „eine sehr schlechte Sitte" wie die *Mbowamb*. Das macht man nur mit wildfremden Menschen. Wo einigermasen gutes Einvernehmen vorliegt, überlässt man es dem Empfänger, nach s e i n e m Gutdünken und zu der ihm gefälligen Zeit für das Empfangene eine Gegengabe zu geben. Als „Mann von Ehre" wird er dann, so erwartet man, ja auch viel mehr geben, als der Wert des Empfangenen eigentlich ausmacht. Gerade auch dieses Weit-mehr-geben gehört bei den *Mbowamb* zum guten Einvernehmen. Auch der Tauschhandel, wo sofort Gleichwertiges gegeneinander ausgetauscht wird, gilt bei den *Mbowamb* als „schlechte Sitte". Unter Menschen guten Einvernehmens gilt allein dies als „die sehr gute Sitte", dass man erst einmal Gaben gibt und dann wartet, bis der Empfänger seine Gegengaben geben wird. Das allein entspricht dem guten Einvernehmen und fördert es. Wenn bei uns jemandem eine Bitte abgeschlagen wird, so ist er nicht sofort von „Rache-Zorn" erfüllt, wie die *Mbowamb*, die das auch noch als „sein gutes Recht" ansehen, weil er „beleidigt worden ist". — Bei den *Mbowamb* ist es auch ein Beitrag zum guten Einvernehmen, wenn man ein Werkzeug oder sonst etwas, das man geborgt hat, möglichst lange behält und erst dann zurückgibt, wenn der Besitzer einen daran erinnert. —

Zu den guten Sitten, die das gute Einvernehmen fördern, gehört vor allem die gegenseitige Lebenshilfe in jeder Hinsicht; sodann Offenheit und Ehrlichkeit gegenüber den „Menschen innerhalb"; Bekennen von Vergehen gegen sie und Wiedergutmachung durch Sühnegaben; Gutes von ihnen reden, nicht „hinter ihrem Rücken reden", sie nicht bestehlen, sondern ihr Eigentum „sehen und hineingehen machen", d. h. es bewachen, zusammenhalten und für sie bewahren; sie nicht „mit erhobener Stimme anreden", nicht schimpfen, nicht reizen, nicht erzürnen; sie bei Missgeschick, Unglück, Krankheit usw. lebhaft bedauern und „sterben vor Mitleid mit ihnen"; sie nicht schlagen; ihnen jede Bitte erfüllen und bei wirtschaftlichen Unternehmungen helfen.

Verhalten und Taten, die zum guten Einvernehmen der Menschen innerhalb der eigenen Gemeinschaft beitragen, werden nicht von allen Gliedern in gleichem Masse erwartet. Sie sind verteilt und abgestuft; es richtet sich nach Alter und Stellung. Aber man hat ein ganz bestimmtes Bild von dem, was erwartet wird. Für jede Stufe und Stellung hat man ein ganz bestimmtes Kenn- und Leitwort, in dem die jeweiligen Erwartungen ethischer Art zusammengefasst erscheinen. Das soll an einigen Beispielen gezeigt werden.

a) Für die *wö nuim* und *wö peŋ* ist bei den *Mbowamb* dieses Kenn- und Leitwort *koma-tei* „Kühlung-hinlegend", d. h. „gütig, friedliebend". *Koma* ist „die Kühle, die erquickt", z. B. an den schattigen Flussufern, die von den *Mbowamb* in der Hitze des Tages zur Abkühlung und Erquickung gern aufgesucht werden. So sollen die führenden Männer ihre Leute „erquicken", indem sie gütig, freundlich, leutselig, friedliebend sind. Sie sollen um das leibliche Wohl ihrer Leute besorgt sein, sie speisen und ihnen Feste veranstalten, die Opfer für sie darbringen, sie nicht in schnellem Rache-Zorn vergewaltigen; auch nicht in Schwierigkeiten und plötzliche kriegerische Verwicklungen bringen. Sie sollen auf das gute Einvernehmen, aber auch auf den Frieden nach aussen hin ganz besonders bedacht sein, denn nur dann können sie auch immer wieder „herumlaufen", viele Schweine und Wertsachen „erbitten" und dann Feste veranstalten, die eine „Erquickung" für alle sind. Dann werden ihre Leute „ihr Lob raunen" und „ihren Namen rühmen und preisen" und „machen, dass ihr Ruhm bis an alle Horizonte geht". — Das Gegenstück dazu ist der *pontoma-rui*, „bissige, wütige", Haupt-Mann, der schnell aufbraust, seine Leute schimpft und schlägt, nicht für sie sorgt, sie leicht in Auseinandersetzungen und Verwicklungen, Streit und Krieg bringt.

b) Für die Erwartungen, die die *Mbowamb* an die Ehefrauen stellen, ist ihr Kenn- und Leitwort *kimini*, „weich, sanft, mollig", wie eine bestimmte Grasart bei ihnen, die einen weichen Teppich bildet, worauf sie sich gern zum Ausruhen und einem Mittagschläfchen hinlegen. Die beste Ehefrau ist die, die ihres Mannes „Haupt hinlegt", dass er sich daheim ausruhen und erholen kann. Sie soll ihm gutes Essen kochen, die Schweine regelmässig und gut versorgen, sie soll des Mannes Verwandte alle genau kennen, bei Besuchen sofort erkennen, freundlich begrüssen und besonders gut bewirten; auch sonst alle Gäste immer mit Hingabe und Eifer betreuen. Sie soll in den Gärten und Feldern kein Unkraut hochkommen lassen, soll beim Ausgraben von Süsskartoffeln die betreffenden Beete sofort wieder schön herrichten, die Erde aufhäufeln, damit die darin noch enthaltenen kleineren Früchte ordentlich weiterwachsen können. Sie soll immer ein Auge haben auf des Ehemannes Basthauben und Schürzen, dass er nicht mit zerrissenen herumlaufen muss. Sie soll ihm rechtzeitig neue, besonders auch Festschürzen stricken. Wenn der Mann „Schweinesetzlinge" heimbringt, soll sie sich besonders derer annehmen und sie nicht nur am Spätnachmittag wie die grossen Tiere, sondern auch am Morgen füttern. Sie soll sich um die Kinder kümmern, sie mit besonders gutem Essen versorgen, sie behüten, pfleglich herumtragen und grossziehen. Sie soll des Ehemannes „Rede hören", d. h. ihm gehorchen und nicht widersprechen. Sie soll möglichst im *kona* ihres Mannes bleiben, nicht „herumlaufen" und nicht zu oft auf Besuch in ihren väterlichen *kona* gehen. Wenn sie dorthin geht, soll sie sich nicht überreden lassen, „böses Essen", d. h. Zauberstoff mitzunehmen und ihn nicht heimlich auf ihres Mannes Essen oder im Schlaf auf sein Haupt schütten. — Wenn sie all' das tut, dann sagt ihr Mann: „Dein Vater hat dir ‚machtvolle Mahn-Rede' mitgegeben und du trägst sie bei dir. Das ist aber sehr recht!" Er „gibt" ihr dann sein ganzes Denken und Trachten, teilt jegliches Essen mit ihr, liebt und ehrt sie. — Das Gegenstück ist die Frau, die nicht des Mannes Rede hört und immer sofort widerspricht. Sie tut das Gegenteil von all' dem oben Gesagten. Zwischen den beiden ist kein gutes Einvernehmen, sondern Groll und Rache-Zorn. Der Mann droht ihr, er werde bald eine andere heiraten. Hört sie nicht, so kommt es zwischen den beiden zu Schlägereien. Sie zerkratzen und verprügeln sich. Sie läuft dann weg in ihren väterlichen *kona*. Will der Mann sie zurückhaben, so muss er Sühnegeld geben. Liegt die Schuld eindeutig bei der Frau, so geben auch ihre Väter und Brüder dem Manne Sühnegaben. Ändert sie ihr Betragen nicht, so setzt ihr der Mann eines Tages ihre wenigen Habseligkeiten vor die Tür zum Zeichen, dass er sich von ihr scheidet. Dann kommen ihre Väter und Brüder und verlangen, je nachdem, den ganzen oder halben „Kaufpreis" zurück. Sie will vielleicht auch die Kinder, wenigstens die Mädchen mit sich nehmen. So ist dann das gute Einvernehmen und der Friede zwischen den beiden *kona* völlig gestört. Es gibt lange Verhandlungen und eine lange Verstimmung, wenn es nicht sogar der Anlass zu einem Kriege wird (Bd. II, 223).

Für die Erwartungen, die man an die Ehemänner stellt, ist der „gute Mann" das Kenn- und Leitwort. Er versorgt Frau und Kinder, hegt und pflegt sie, ermahnt sie oft und „macht sie durch Unterweisung fest". Er lässt die Kinder nicht in anderer Leute Häusern herumlaufen und durch „böses Essen" in Gefahr kommen. Er bleibt zu Hause und richtet die Felder, macht Zäune und hält die ganze Siedlung sauber instand. Er sorgt für „Schweinesetzlinge", damit immer genügend Opfertiere vorhanden sind. Er gibt auch seiner Frau immer wieder einmal ein Stück Fleisch, damit sie auch ihren eigenen Toten opfern kann. Er „läuft herum", um Schweine und Wertsachen zu „erbitten", damit er auch mit seinen Schwiegervätern und Schwägern immer wieder Wirtschaftsaustausch pflegen kann. Dann besteht auch mit ihnen gutes Einvernehmen.

c) Für das, was man von den Kindern erwartet, ist das Kenn- und Leitwort *koip-pi*, wörtlich „Aal-sein", d. h. ihr Wachstum, Gehorchen und Tun soll so glatt vor sich gehen, wie ein Aal glatt ist. So hat *koip-pi* den Sinn von „folgsam". Die Eltern lieben folgsame Kinder. Die Mutter betrachtet den folgsamen Jungen mit dem „guten Blick". Sie strickt ihm schöne Schürzen, flicht Bein- und Armringe für ihn, kocht ihm die Süsskartoffeln und immer die besten Zuspeisen. — Der Vater betrachtet den folgsamen Sohn mit dem „guten Blick". Er macht ihm Rindengürtel, knüpft *Omak*-Stäbchen für ihn zusammen und hängt sie ihm um, stellt ihn beim Arbeiten „an seinen Ellbogen", d. h. er zeigt ihm alles, ermahnt und unterweist ihn, macht ihm Vogelpfeile und einen Bogen, lehrt ihn sie handhaben, macht ihm ein Arbeitsbeil, gibt es ihm und ermahnt ihn: „Arbeite mit dem Beil, haue Zaunstecken, hole Feuerholz und spalte es; wenn du gross bist, dann lege Gärten und Felder an, baue ein schönes Haus, nimm dir eine gehorsame und fleissige Frau, ziehe Schweine auf und ‚laufe herum', Wertsachen zu erbitten!" Vater und Mutter „machen ihre Söhne und Töchter durch Unterweisung fest", indem sie ihnen alles sagen. Dem Jungen sagen sie, wie er später eine Frau nehmen, Kinder „tragen", Arbeiten verrichten, Veranstaltungen machen, Opfer darbringen, in Eintracht und Frieden leben, den Feinden begegnen soll. — Die Mutter macht für die Tochter, wenn sie noch klein ist, die Schürzen und Netze, salbt sie mit Schweinefett ein, richtet ihr die Haare. Vater und Mutter ermahnen die Töchter immer wieder und „machen sie durch Unterweisungen fest", wie sie später einmal „zum Manne gehen", d. h. heiraten, in der Ehemänner jeweiligem *kona* bleiben, aufmerksam, arbeitsam, folgsam sein, nicht widersprechen, Kinder grossziehen, Schweine füttern, auf Wertsachen achten und dafür sorgen sollen, dass die Ehemänner „den Wegen ihrer Kraft nachgehend herumlaufen" (Kap. 51, 2).

Von den folgsamen Kindern erwarten die alten Eltern, dass die Söhne sie ehren, sich um sie kümmern, ihnen immer zu essen geben, auch immer vom Schweinefleisch abgeben, mit anderen Worten: sie nicht aus der so wesentlichen Essgemeinschaft ausschliessen, sie immer freundlich anreden, nicht anschreien, ihr Mitgefühl lebhaft äussern, ihre Kinder — die Enkel also — immer dazu anhalten, dass sie die Grosseltern laufend mit Trinkwasser und Feuerholz versorgen. Die in anderen *kona* verheirateten Töchter sollen die alten Eltern besuchen, ihnen immer gutes Essen mitbringen und ihre Besorgnis lebhaft zum Ausdruck bringen, dass nun die Eltern leider immer älter werden, dass sie eines Tages sterben könnten und die Töchter dann nicht mehr wüssten, zu wem sie noch in dem geliebten väterlichen *kona* kommen könnten.

Die „Kraft" der Altväter sieht man z. B. in folgender Aussage: „Wenn die Jungmänner die alten Väter gut verpflegen, ihren Rat einholen und befolgen, sie ehren und lieben, so pflegen sie zu sagen: ‚Ich mache dich durch meine Blicke leben. Du sollst erst alt und lebenssatt sterben!' — Solchen Jungmännern stösst dann nichts Übles zu. Sie haben Glück und Erfolg. Im Kampfe trifft sie kein Geschoss. Sie sind ihren Feinden immer überlegen. Sie werden nicht das Opfer eines Überfalls an einer Wegkreuzung. Sie haben folgsame Frauen und viele Kinder". — Diese „Kraft der Alten" nimmt nach ihrem Hinscheiden noch zu. Darum versprechen sie den Kindern, sie wollen einmal (als Tote) „euer Haupt anfassend euch pfleglich umhertragen" und ermahnen sie, ihnen einst immer wieder Opfer darzubringen.

Das Gegenstück sind die unfolgsamen Kinder, die ihrer Eltern Reden nicht hören. Sie sind *pöltölts*, widerborstig. Die Eltern werden böse und greifen zum Prügel. Dann nehmen auch die Kinder einen Prügel. „Sie pflegen eine Prügelei zu machen. Dann sagen die Eltern: ‚Wir haben doch gute Kinder geboren und nun machen sie uns durch ihr Betragen vor Schmerz sterben'." Man sagt dann, „diese Kinder werden nicht lange auf Erden leben. Sie haben kein gutes Einvernehmen mit ihren Eltern, so werden sie bald sterben!" — Behandeln erwachsene Kinder die alten Eltern schlecht, so drohen sie: „Wartet nur! Wir werden nun bald sterben. Wir werden dann die Felder nicht für euch pflanzen. Wir werden die Schweine nicht für euch aufziehen. Wir werden eure Kinder nehmen und dumm machen. Wir werden machen, dass euer *kona* fahlgelb aussehen wird, (d. h. durch Kindersterben, Mangel an Opfertieren und Wertsachen wird ‚kein frisches Leben' im *kona* sein). Wir werden euch durch Anschauen krank machen. Wir werden euch nehmen und in die Leere hintun!"

d) Für das, was man von den Altersgenossen, besonders innerhalb der *Rapa*-Gemeinschaft erwartet, ist *men*, das gute Einvernehmen selber, das Kenn- und Leitwort. Sie sind — oder sollen sein — *wö men-mudl*, „Männer lebender Eintracht"; oder, eben je nach Altersstufe, auch *kaŋ-wö*, Jungmänner solch' guten Einvernehmens, dass man sie unter Verwendung des Namens des Ältesten oder Führenden unter ihnen etwa die Nore-*men*, „Nore-Gemeinschaft", nennt. So bezeichnet dann *men* auch die konkrete Gruppe und die guten Beziehungen innerhalb dieser Gruppe. Diese sollen sich immer wieder in gegenseitiger Lebenshilfe praktisch zeigen, verwirklichen.

e) Das gute Einvernehmen zwischen *komon akedl*, „älteren und jüngeren" Geschwistern, ist ebenfalls vor allem praktische Lebenshilfe. Schwestern, die ja immer in ganz verschiedenen *kona* verheiratet sind, besuchen und helfen einander in ihren Arbeiten. Dabei opfert man in der Opferecke im Frauenhaus der Schwester, die man besucht, den toten Eltern und pflegt dabei mit ihnen und untereinander Mahlgemeinschaft. — Der ältere Bruder hat besondere Fürsorgepflicht für seine jüngeren Brüder, aber umgekehrt sollen auch sie, sobald sie dem Alter nach dazu imstande sind, dem älteren Bruder Lebenshilfe leisten. Der ältere Bruder soll besonders auch dafür sorgen, dass die jüngeren auch eine Frau bekommen, aber die Brüder sollen sich auch gegenseitig bei der Aufbringung eines „Kaufpreises" unterstützen. Denn nicht nur dem älteren Bruder, sondern allen Brüdern wird ja beim Eingang eines „Kaufpreises" für eine ihrer Schwestern davon zugeteilt. Das gute Einvernehmen ist nie einseitig, sondern immer gegenseitig.

f) Das gute Einvernehmen zeigt sich physisch-psychisch bei den *Mbowamb* darin, dass eine *men*-Gemeinschaft nur einen *nôman* und nur eine Rede hat. Auch darin, dass es bei jedem der Glieder „in bezug auf die anderen Leber Leber macht", d. h. dass man von gegenseitiger Sympathie, Anteilnahme und Mitgefühl erfüllt ist. Weder das gute Einvernehmen noch das gegenseitige Mitgefühl ist bei den *Mbowamb* aber etwas Weiches, Verhätscheltes, sondern immer praktisch. Es schliesst eine gewisse Autorität und Unterordnung nicht aus, sondern ein. Allerdings darf die Autorität weder bei Häuptlingen, noch bei Eltern und älteren Brüdern sich herrisch zeigen, sonst ruft sie sofort seelische Verstimmung hervor, und man lehnt sich dagegen auf. Zunächst durch Zank, Streit, Prügelei. Wird das nicht durch Aussprachen und gegenseitige Sühnegaben bereinigt, so setzt bei denen, die sich benachteiligt und unterdrückt fühlen, noch tiefere Verstimmung ein. Man bricht dann zu den andern „den Weg ab" und zieht sich grollend auf sich selbst zurück. Davon wird man dann entweder selber oder einer der „Unterdrücker" krank. Das aber ist die gefährlichste Form physisch-seelischer Störung, denn dies wird bei den *Mbowamb* als Reaktion des *Mi* verstanden.

g) Unerlaubte sexuelle Beziehungen werden bei den *Mbowamb* als „heimliches Essen geniessen" bezeichnet. Heimliches Essen — nun nicht im übertragenen Sinn gemeint — ist schon Rückzug aus der Essgemeinschaft, die für die Eintracht wesentlich ist. Auch sonst bedeutet alles Heimliche immer Störung des guten Einvernehmens. „Wer sich absondert, der sucht was ihn gelüstet." Unerlaubter Umgang zwischen Menschen, die ihr *Mi* zu gegenseitigen „Geschwistern" verbindet, bedeutet immer eine schwere Störung des guten Einvernehmens. Aber auch sexuelle Vergehen mit „Menschen ausserhalb" ist „heimliches Essen" und verlangt Sühne, wenn es darüber nicht zu kriegerischen Verwicklungen kommen soll. Einer, der bei den *Mbowamb* immer den Frauen nachgeht oder auch immer bei seiner eigenen Frau zu Hause sitzt und nicht wie „ein richtiger Mann" bei anderen Männern „herumlaufend Opfertiere und Wertsachen erbittet", braucht für den Spott nicht zu sorgen. Muss einer für eine Missetat ein Wertstück oder ein Opfertier weggeben, um „die Frauenschürze zu knüpfen", so machen ihm seine *Mi*-Brüder die heftigsten Vorwürfe. „Das hast du nun von der kleinen Sache, dem kurzen Vergnügen, statt dass du wie ein Mann grosse Sachen (sc. Schweine und Wertsachen) zusammenbringst, dass wir unsere *ugl kae*, guten Kunststücke, Sitten (sc. Opfer- und Wertsachenfeste) veranstalten können! Wegen dieser kleinen Sache bleibt dir nun der Mund trocken!", nämlich „trocken" vom *men* - fetten Fleisch - und damit der Essgemeinschaft und dem guten Einvernehmen (s. Bd. II, 112, ff.).

h) Wenn bei den *Mbowamb* die Erwartungen, die man an das ethische Verhalten je nach Alter und sozialer Stellung richtet, in der Wirklichkeit auch meist weit hinter dem Ideal zurückbleiben, so zeigen diese Erwartungen doch, dass auch bei den *Mbowamb* Leitbilder und Leitmotive vorhanden sind. Darin zeigt sich die Sehnsucht nach dem „guten Häuptling", der „guten Ehefrau", den „guten Eltern" usw. Man braucht sie für das lebensnotwendige gute Einvernehmen in der Gemeinschaft (s. „Moral", Bd. II, 232 ff.).

KAPITEL 31
RECHTSGEPFLOGENHEITEN

Diese Überschrift wähle ich, um festzuhalten, dass bei den *Mbowamb* „Recht" mit dem dynamischen Begriff *ugl* bezeichnet wird, also immer „Kunststück, Sitte, Gepflogenheit" ist. Es ging und geht grundlegend von denen aus, die in grauer Vorzeit solche Kunststücke, Sitten und Gepflogenheiten übten. Darum wurden und werden sie seit den Zeiten der Ur-Anfänge der *Mi*-Gruppen „von Generation zu Generation ausübend herwärts und herwärts getragen", d. h. als Rechtsgepflogenheiten überliefert. Es ist heilige Tradition. Überlieferung, Sitte und Recht sind eins. Die patrilineare Abstammung bringt das grundlegende Recht der patrilokalen *Kona*-Zugehörigkeit mit sich. Dadurch gehört man zu den „Menschen innerhalb" der *Mi*- bzw. Ableger-*Mi*-Gruppe. Jeglicher Rechtsanwendung liegt der fundamentale Gegensatz zwischen den „Menschen innerhalb" und den „Menschen ausserhalb" zugrunde.

a) Das Landrecht.

In-Besitz-nahme von Land und Ansiedlung hängt nach den Ursprungssagen der *Mbowamb* aufs engste zusammen mit der Auffindung des *Kona wiŋndi* und *Mi*. Land zur Ansiedlung ist mit der Anweisung der Opferstätte „gegeben". Es ist wie die patrilineare Abstammung über die Altväter der Generationen hin vom Stammvater oder Urahnen ererbt. Es gehört der *Mi*-Gemeinschaft und ihren einzelnen Ablegern. Wie nun aber die Anteilhabe an der grossen Gemeinschaft distributiven Charakter hat, d. h. aufgeteilt und abgestuft ist als ein Teilhaben an den grösseren, kleineren und kleinsten Untergliederungen der Gruppe, und wie auch die Blutsverwandtschaft innerhalb der Gruppe ebenso verteilt und abgestuft ist durch weite, engere und engste Kreise der fernen, näheren und nächsten Blutsverwandtschaft, so hat auch das Teilhaben am gemeinsamen Land der Gruppe diesen distributiven Charakter. Wir sahen, wie die Aufteilung des Landes einer Ableger-*Mi*-Gruppe an ihre grossen Untergliederungen sich widerspiegelt in deren Bezeichnung als *Pana-ru*, „Feld-Abteil"-Gruppen. Ein solcher *Pana-ru* bewirtschaftet das ihm gehörige Land aber auch nicht gemeinsam, sondern hält es verteilt an die Brüderschafts- und schliesslich Vater-Sohn-Gruppen. So wird also das Land bebaut von den mono- oder polygynen Vater-Sohn-Gruppen (Familien). Ihnen gehören die Abteile in den Fruchtgärten, Gemüsegärten und Süsskartoffelfeldern.

Eigenes Land hat man nur im väterlichen *Kona*. Der Begriff „auf der Vertiefung des Vaters leben", d. h. auf seinem Anwesen, seinem Land, spielt nicht nur als Rechtsbegriff eine grosse Rolle, sondern in ihm schwingt zugleich die Verbundenheit mit der Heimat mit, die Zugehörigkeit zur pratrilokalen Gemeinschaft. Auf seinem Land hob der Vater einst eine Vertiefung aus, um darin sein Haus zu bauen und aussen herum einen Erdwall aufzuwerfen, der nicht nur gegen Wind und Wetter schützt, sondern auch gegen magisch böse Kräfte, gegen böse Geister und Dämonen. Denn auf diesem Wall pflanzt man auch die rote Cordyline an, zu der für alle *Mbowamb* — auch für die, die ein anderes *Mi* haben — eine geheimnisvolle hintergründige Beziehung besteht. In der Nähe dieser Heimstätte bauen sich auch die erwachsenen Söhne an und bebauen das umliegende Land. „Wenn die Häuser zerfallen und die gute Erde der Felder aufgebraucht ist, dann pflegen sie sich auf einer anderen Seite ihres Landes Häuser zu errichten und neue Felder anzulegen. Auf diese Weise überziehen sich die verlassenen Felder und Siedlungen wieder mit Gras und Gebüsch. So pflegen sie mit Anlagen von Siedlungen und Feldern auf ihrem ganzen Land herumzukommen, bis sie schliesslich an der Grenze angekommen sind. Wenn sie dann sehen, dass auf der früheren Niederlassung die Bäume hochgewachsen sind und der Boden wieder gut geworden ist, kehren sie zur alten „Haus-Vertiefung" zurück. Wo ein Vater früher einmal gewohnt hat, dort baut sich dann der Sohn wieder ein Haus. Er sagt: ‚Die Asche von meines Vaters oder Grossvaters Herdfeuer liegt hier unten im Boden. Dies ist meine Erde.' Er legt dann dort auch wieder Felder an und bleibt für lange Zeit dort wohnen. So pflegen sie es immer zu machen."

Das Land gehört der ganzen Ableger-*Mi*-Gruppe gemeinsam. Es wird daher äusseren Feinden gegenüber auch gemeinsam verteidigt. Natürlich gibt es auch innerhalb der Gruppe und ihrer grossen, kleinen und kleinsten Untergliederungen allerlei Land- und Grenzstreitigkeiten. Diese werden aber je nach Ernst und Umfang auf der Ebene der jeweils betroffenen

Untergliederungen geregelt. Die *Rapa*-Gemeinschaften haben über das ihnen zur Verfügung stehende Land ganz freies Verfügungsrecht. Ihre Untergliederungen bis hinunter zur einzelnen Vater-Sohn-Gruppe können es nach Gutdünken bearbeiten oder unbebaut liegen lassen. Sie können etwas davon auch Eheverwandten oder Weissen zum Anbau überlassen. Dies wird aber niemals als ein Abtreten oder als ein Verkauf verstanden, sondern nur als Überlassung zur Nutzniessung gegen entsprechende Entschädigung in Wertsachen oder Arbeitsleistung. Wie wir sahen, kann so auch Vertriebenen, Zugezogenen oder sonstwie Aufgenommenen Land zur Verfügung gestellt werden. Sie müssen dann für die Landbesitzer arbeiten, bis sie sich schliesslich Anerkennung als Gleichberechtigte erarbeitet haben. Man gibt ihnen auch „Schweine-Setzlinge" als Grundlage für eine Schweinezucht. Dafür müssen sie dann später an ihre Wohltäter eine Anzahl grosser Opfertiere abgeben. Ziehen solche aufgenommene Angehörige einer anderen *Mi*-Gruppe irgendwann einmal wieder in ihre eigene *Mi*-Gruppe zurück, „so pflegen wir die von ihnen verlassenen Häuser und Felder in Besitz zu nehmen". Das Land war also nicht etwa an sie abgegeben, sondern nur zur Nutzniessung überlassen. Darum nehmen es die Eigentümer dann selbstverständlich mit allem, was darauf ist, wieder in Besitz und Gebrauch.

b) Arbeitsteilung.

Die distributive Anteilhabe am Land der Gruppe setzt sich fort bis in die einzelnen Gärten und Felder, denn auch diese werden aufgeteilt in Quer- und Längsabteile. Jedes Familienglied bekommt sein Abteil zugewiesen. Sind etwa die Schwiegereltern eines Mannes bei ihm oder unverheiratete Schwestern und ein kinderloser Bruder, so bekommt auch jedes von ihnen sein Feldabteil zugewiesen. Ebenso jedes Kind. Damit ist der „distributiven Gerechtigkeit" Genüge getan. Auf diese Weise hat jedes einmal die Genugtuung, dass man nun von „seinem" Abteil Früchte holt und sich nährt. Denn es ist nicht etwa die vorhandene Arbeitsteilung, die zu dieser Einteilung der Felder in einzelne Abteile führt, sondern die Anerkennung ihrer einzelnen Glieder seitens der Familiengemeinschaft. Es ist nämlich nicht so, dass jedes einzelne sein ihm zugewiesenes Abteil selbst bearbeiten und bepflanzen müsste. Noch weniger nährt sich jedes nur von seinem Abteil. Ein Feld wird gemeinsam angelegt und bearbeitet. Auch die Früchte werden gemeinsam verzehrt.

Es liegt aber eine Arbeitsteilung vor nach der Schwere der Arbeit. Die Männer pflegen zuerst die äussersten Gräben um das ganze Feld zu ziehen. Damit ist die Grösse des Feldes festgelegt. Innerhalb dieser Grenzen ziehen sie dann zuerst die Längs- und dann die Quergräben. Dabei entstehen dann die Beete. Die Beete selbst werden nicht umgegraben, sondern nur die Erde, die beim Ausstechen der Längs- und Quergräben frei wird, wird auf die Beete geworfen. Das ganze Feld wird nun nach Querabteilen vom Familienhaupt verteilt. Für sich nimmt der Mann nur eines. Der Frau gibt er vier Abteile und pflegt dabei zu ihr zu sagen: „Dies sind deine Abteile. Nur dies eine gehört mir. Von deinen Abteilen sollst du dann später die Süsskartoffeln ausgraben, kochen, die Leute damit speisen und die Schweine füttern. Das meinige soll unberührt liegenbleiben. Wenn du einmal längere Zeit auf Besuch zu deinen Leuten gehen wirst, will ich dann die Früchte für mich, die Kinder und die Schweine aus meinem Abteil nehmen. Würde ich während deiner Abwesenheit aus deinen Abteilen nehmen, so könnte dir das sehr missfallen und bei dir Verstimmung hervorrufen." Mit diesen Worten teilt er der Frau ihre Abteile zu, dann auch jedem der Kinder ein Abteil, usw. Das Schema variiert je nach den Verhältnissen.

Süsskartoffelfeld

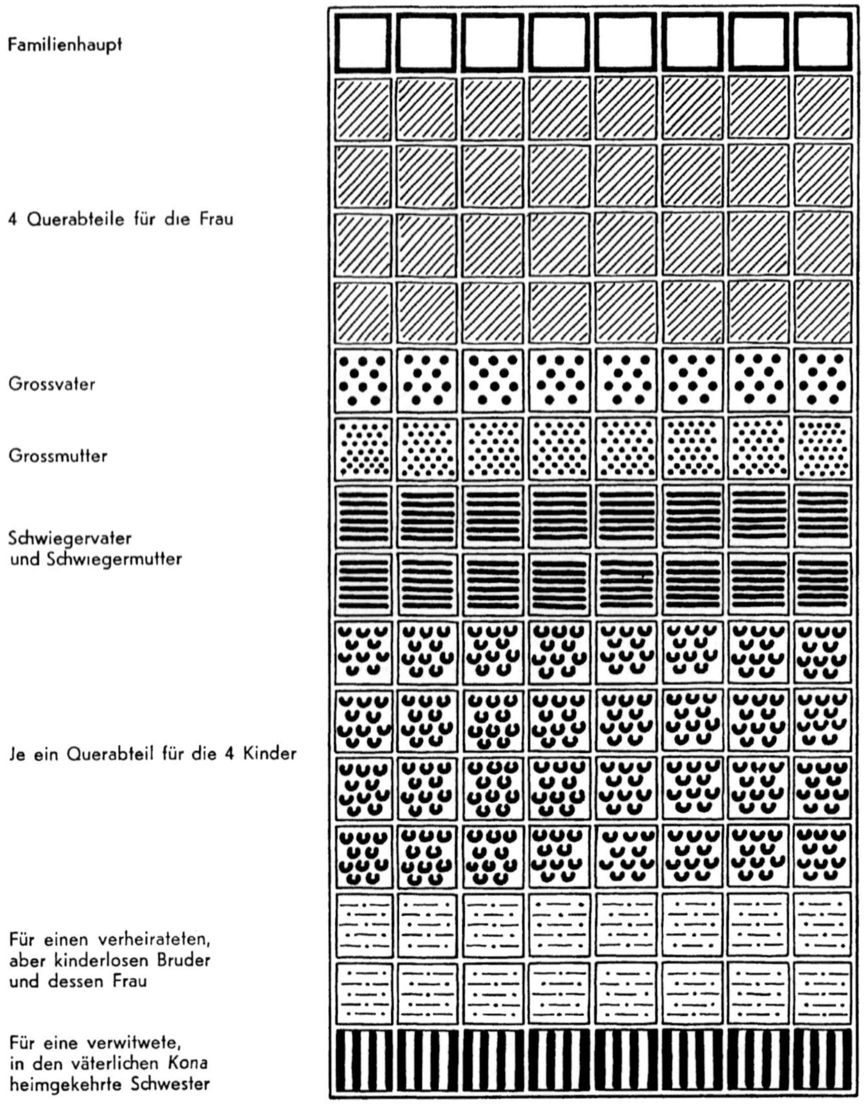

Bei Feldern mit Rundbeeten und vor allem bei Feldern, die an Abhängen im Hochwald angelegt werden, wo man keine Längs- und Quergräben zieht, benützt man zur Kennzeichnung der Feldabteile kurze Stöcke, die man in den Boden steckt. Die Rundbeete werden auf den völlig abgeernteten und dann noch von den Schweinen umgewühlten Feldern mit Längs- und Quergräben gemacht. Dabei werden nun auch die früher nicht umgegrabenen „Schachtbrett"-Beete umgegraben, denn man hebt da zuerst Vertiefungen aus, füllt sie mit Gras und dürrem Laub und wirft dann hohe Rundbeete auf. Es ist dies eine primitive Bodenverbesserung, die aber als magische „Erwärmung" für die Wurzeln der Nährpflanzen aufgefasst wird.

Vor dem Pflanzen zerklopfen die Frauen und Kinder die Erdschollen und beseitigen Steine und Wurzeln. Das Ausheben der Pflanzlöcher ist wieder Männerarbeit. Die Frauen und Kinder holen die Setzlinge und pflanzen sie ein. Das Jäten und Sauberhalten des Feldes ist Frauenarbeit; ebenso das Holen der Früchte. Die Frauen werden aber dabei auch von Männern, besonders von den ehe- und kinderlosen, unterstützt. Die Süsskartoffeln werden an Flussufern oder in Wasserlachen abgewaschen. Auch dies ist Frauenarbeit. Das Ausheben der Kochgruben, Herbeischaffen von Kochsteinen und Feuerholz, sowie das Erhitzen der Steine ist wieder Männerarbeit. Das Schälen der Früchte wird meist von den Frauen und Kindern besorgt. Die Männer legen die Erdöfen inzwischen mit Bananenblättern aus, legen die zu dämpfenden Früchte und, falls geschlachtet wird — was ebenfalls Männerarbeit ist — auch die Fleischstücke und die heissen Steine in die Kochgruben. — Ist ein Feld erntereif und der „Anbruch" durch ein Opfer „geheiligt", so nährt sich die ganze Familie zunächst eine Zeitlang von den Abteilen der Mutter, dann des Grossvaters, der Grossmutter, der Kinder usw. Der „Besitzer" des Abteils, das gerade an der Reihe ist, fühlt sich dann besonders geehrt. — Zunächst werden aus jedem Abteil nur die allergrössten Früchte herausgeholt. Die noch kleinen lässt man weiterwachsen. Das gibt dann eine zweite Ernte. So kann eine Familie von einem Süsskartoffelfeld zwei oder drei Fruchtzeiten lang leben. Von den Männern werden darum gerade die Frauen besonders geschätzt und gelobt, die bei jedem Ausgraben von Früchten so schonend wie möglich vorgehen, sorgfältig auswählen und sofort die Erde über den ausgegrabenen Stellen wieder schön aufhäufeln. Sind die Abteile mit Ausnahme des Abteils des Mannes alle einmal abgeerntet, so kommt dann die Frau zum Mann und sagt: „Dein Abteil liegt nun schon so lange unberührt, dass die grossen Früchte wohl anfangen, schlecht zu werden." Dann erlaubt ihr der Mann, auch von seinem Abteil zu nehmen. Lehnt er es dagegen ab, weil er vielleicht in nächster Zeit ein Fest geben will, so rührt die Frau das Abteil des Mannes nicht an.

Die Gemüsegärten werden ebenso nach einzelnen Abteilen an die Familienglieder verteilt. Hier findet auch eine Verteilung der Anpflanzung der verschiedenen Gemüsearten auf Mann und Frau statt. Die Frauen pflegen auf ihren Abteilen die verschiedenen Blattgemüse, Bohnen und Gurken zu pflanzen; auch Tomaten, Kraut, Ingwer, Salat, Mais usw. Die Männer dagegen pflanzen auf ihren Abteilen vor allem das Zuckerrohr, denn jeder Gast, der in die Siedlung kommt, wird vom Mann zuerst mit einem erfrischenden Zuckerrohr bewillkommt. Die Frau kocht inzwischen das Essen. Die Männer pflanzen ferner die Bananen, das Rohrgemüse und Mais. Taro und Yams können auf dem Hochland nur in geringen Mengen angepflanzt werden, weil sie besonders guten Boden brauchen. Sie werden von Mann und Frau gemeinsam angepflanzt. Dem Hochland-Klima nach können die *Mbowamb* eigentlich laufend frisches Gemüse haben. Man hat es aber nur immer eine Zeitlang. Eben solange, wie die Abteile der Frauen und Kinder an der Reihe sind. Kommen dann die Abteile der Männer, so hat man eine Zeitlang eben nur die Rohrgemüse *ropen* und *mui*, sowie Bananen.

Man sieht bei den *Mbowamb* oft sehr grosse Felder und Gemüsegärten. Diese werden nicht von den Familien einzeln, sondern von den jeweiligen Bruderschaftsgruppen gemeinsam angelegt. Jeder Einzelfamilie wird aber ein entsprechendes Stück zugewiesen, das sie dann genauso wie das Einzelfeld nach Abteilen den einzelnen Familiengliedern zuteilt.

In der Ernährung der *Mbowamb* ist eine grosse Verbesserung und vor allem Mannigfaltigkeit eingetreten durch Einführung der Kartoffeln, Tomaten, Bananensorten, Mais, Kohl, Zwiebeln, Erdnüssen usw.

Je mehr Frauen ein Mann hat, um so grössere Felder kann er anlegen, weil ihm dann die Kräfte zum Pflanzen, Jäten, Pflegen zur Verfügung stehen. Je grössere Felder er hat, desto mehr Früchte stehen für die Schweinefütterung zur Verfügung. Damit hat er viele Opfertiere, viele Möglichkeiten zum Wirtschaftsaustausch zwecks Pflege des guten Einvernehmens und seines eigenen Ansehens. Hier liegt die wirtschaftliche und soziale Bedeutung der Polygamie. Denn man möchte durch sie auch viele Söhne und Töchter haben, um dadurch mit immer mehr Gruppen in Heirats- und Wirtschaftsbeziehungen treten zu können, wodurch allein der eigene Einfluss und Ruhm zu erhöhen ist, wie auch die eigene Wohlfahrt und Sicherheit. Es geht also nicht so sehr um Gewinnung von Arbeitskräften, denn die Häuptlinge der *Mbowamb* waren schon immer nicht nur auf ihre eigenen Arbeitskräfte angewiesen. Sie konnten und können bei entsprechender Bedeutung für die kleinere oder grössere Gruppe *wamb koŋon ruŋ ti*, „die Leute zur Arbeit zusammenrufen" lassen, die ihnen dann grosse Felder für ihre Zwecke anlegen. Es handelt sich dabei ja nicht um Zwecke individualistischer Wirtschaft. Es geht überhaupt nicht nur um das Wirtschaftliche, sondern um die Gemeinschaft. Es geht um die Treue zum führenden Mann der jeweiligen kleineren oder grösseren Gruppe. Es geht um einen Beitrag zur Erhöhung seines Namens, unter dessen Glanz und Schein sich die ganze Gruppe wohlfühlt. Für solche Gemeinschaftsarbeit bei den „grossen Herren" gab es keinen Zwang, sondern völlige Freiwilligkeit. Freilich, wer sich ausschloss, verstiess gegen das gute Einvernehmen und gegen die gute Sitte. Als „Gegengabe" für die Arbeitsleistung und vor allem zur Linderung der „Schmerzen" und des aus den „Schmerzen" kommenden seelischen Verdrusses, den die „furchtbar schwere Arbeit" hervorrief, muss vom Häuptling eine grosse Opfermahlzeit veranstaltet werden. — Das Wesentliche ist, dass es nicht als reines Arbeitsverhältnis zwecks Produktion und Lohn aufgefasst wird, sondern in erster Linie als menschlich-persönliche Beziehung.

Heute ahmen einzelne Häuptlinge der *Mbowamb* die Weissen nach, indem sie junge Männer gegen Bezahlung eines Monatslohnes anwerben. Als Anklang an den *ugl kae*, die gute Sitte, der früheren Zeit macht man dann am Monatsende mit solchen Arbeitern zusammen ein „*soup-kogli* — Suppenkochen", wobei Wort, Art und Zubereitung der „*soup*" den Weissen nachgeahmt wird.

c) Eigentumsrecht.

Privateigentum in dem Sinn, dass der einzelne irgendwelche Güter ganz für sich besitzen und geniessen darf, ohne dass die anderen damit rechnen dürften, dass er mit ihnen teilt, an sie weitergibt oder zeitweise überlässt, kennen die *Mbowamb* kaum. Wohl gibt es in der Sprache den Ausdruck *köpom*, der die Dinge bezeichnet, von denen einer sich niemals trennt, die er nicht verleiht und nicht teilt oder weitergibt. Das wird aber von den anderen nicht gerne gesehen, obwohl sie es auch tun. Einer hat gewisse Schmuckstücke, Zaubersachen usw., die er niemals verleiht oder verhandelt, weil sie ihm etwa als Erbstück eines toten Vaters oder

Bruders nicht nur „teuer", sondern Reliquien sind. Auch eine besonders glänzende und grosse Muschel wird von einem aus der immer fliessenden wirtschaftlichen Zirkulation plötzlich herausgenommen und für immer behalten, obwohl er von den anderen darüber zur Rede gestellt wird. Eine Ausrede findet sich leicht, und solch' ein Stück wird ja im Männerhaus oder auch auf dem Geheimplatz unter dem Wurzelwerk eines hohen Baumes heimlich vergraben. Sie heisst nun die *de-pugl-ken*, „Wurzelstock-Muschel", und hat die Aufgabe und die Kraft, viele weitere Muscheln immer wieder anzuziehen, dass sie ihren Weg gerade zu diesem Männerhaus hier finden werden. Ihre Grösse und ihr besonders intensiver goldgelber Schimmer ist untrügliches Zeichen ihrer magischen Mächtigkeit. Wie immer und auch in anderen Dingen, kann diese Mächtigkeit nur konkret wirksam werden, wenn sie nur wenig oder nur wenigen offenbar, zum grösseren Teil und für die meisten aber verborgen ist. Darum also vergräbt man sie. Darum gibt man sie auch leihweise nicht mehr ab. — Solches Zurückhalten auf Dauer ist nicht die Regel, sondern die Ausnahme von der Regel. Es handelt sich dabei auch nicht um Dinge gewöhnlicher, sondern aussergewöhnlicher Art und besonderer Bedeutung für den einzelnen. Ansammeln und Horten von Reichtümern ist nicht Sitte. Wird es von einem „hohen Herrn" doch einmal getan, so bezeichnen seine eigenen „grossen und kleinen Leute" das als „ganz böse Sitte". Die „gute Sitte" will, dass Wirtschaftsgüter zirkulieren, immer wieder anderen zugute kommen, immer wieder von neuem das gute Einvernehmen und die friedlichen Beziehungen irdischer und überirdischer Art erneuern sollen. Liegenschaften irgendwelcher Art gehören natürlich überhaupt nie zum privaten Eigentum eines einzelnen und von beweglicher Habe nur die wenigen genannten Dinge besonderer Art und Beziehung. Opfertiere und Wertsachen sind nur in sehr bedingtem Sinne Privateigentum. Schon das Festhalten von ganz privaten Dingen besonderer Bedeutung für den einzelnen wird nicht sehr gerne gesehen. Dies ist bezeichnend ,denn von allem, was der einzelne erwirbt und — vorübergehend — hat, darf die Familie, die Brüderschaft, die Altvater-Sohn-Gruppe, die *Rapa*-Gemeinschaft usw., vor allem aber auch die Eheverwandtschaft immer erwarten, dass er es — nach kürzerer oder längerer Zeit — weitergibt, und in den ständigen Wirtschaftsaustauschprozess einreiht, also nicht ungebührlich lange liegen lässt oder gar für immer behält. Das Zurückhalten der Wertsachen ist eine „sehr schlechte Sitte". Aber nicht nur, weil dadurch die wirtschaftliche Zirkulation ins Stocken gerät, sondern weil es das gute Einvernehmen stört und hindert, statt es zu fördern und zu festigen. Gerade deshalb soll aber auch das Weitergeben nicht wahllos und leichtsinnig erfolgen. Der Mann wird als klug und weise gerühmt, der seine Wertsachen und Schweine zusammenhält, damit er dann zur rechten Zeit den „rechten" Leuten, nämlich seinen Bluts- und Eheverwandten Gaben oder aber Gegengaben machen kann. Wer sie aber an den ersten besten verschleudert, gilt als unklug und unzuverlässig.

d) Erwerbs- und Besitzrecht.

Es gründet auf der Arbeitsleistung. Was einer sich erarbeitet, gehört ihm auch. Aber wiederum nicht, um es für sich allein zu geniessen, sondern mit den anderen zu teilen. Handelt es sich um Wertstücke, die sich einer erworben hat, so soll er sie als „Setzlinge" verwenden, um damit bei einem oder mehreren anderen, Schweine (Kap. 53) oder Wertsachen (Kap. 54) zu „pflanzen", wie man Setzlinge im Feld oder Garten pflanzt, um später die Früchte zu geniessen. Er soll beisteuern zum Erwerb von Frauen für seine — noch unverheirateten — Brüder. Hält er seine Güter zurück, so stört er das gute Einvernehmen, die menschlichen und hintergründigen Beziehungen. — Der Begriff „Arbeit" oder „Arbeitsleistung" darf natürlich nicht einfach in unserem Sinne verstanden werden. Auch das „Herumlaufen" zwecks Erbitten von Wertsachen und Opfertieren gilt als „schmerzensreiche Arbeit". „Wenn einer aus einer Brüderschaftsgruppe sich einen Netzsack voll Wertsachen herumlaufend und bittend erworben hat, so pflegt er davon je ein Wertstück seinen jüngeren Brüdern zu geben und sagt, dass sie dies als ‚Setzling' verwenden und sich ebenfalls Wertsachen erwerben sollen, damit sie auch am allgemeinen Wirtschaftsaustausch teilnehmen können. Anderenfalls, so sagt er, bleibt ihr arme Schlucker. — Mit den Schweinen pflegen sie es ebenso zu halten. Wenn ein Bruder ein langes Frauenhaus hat mit vielen Abteilen, in denen nachts die Schweine untergebracht werden, dann gibt er davon ‚Schweinesetzlinge' an seine jüngeren Brüder, die mit ihren Frauen bis dahin nur immer Süsskartoffeln essen, weil sie noch keine Schweine haben. Dann sagt er, sie sollen sich aus diesen ‚Setzlingen' eine gute Herde heranziehen, dass sie auch Opfertiere haben und sich dann am allgemeinen Wirtschaftsaustausch beteiligen können." — Natürlich müssen diese Brüder zu gegebener Zeit für das Empfangene auch wieder die entsprechenden Gegenleistungen machen. Es muss dies im Zusammenhang mit dem Wertsachen- und dem Schweine-*Môka* noch näher ausgeführt werden.

Besitzrecht auf Grund von Arbeitsleistung gilt auch bei Baum- und Waldbeständen. Ein Baum gehört dem, der ihn angepflanzt hat. Das gilt auch dann noch, wenn der Wohnsitz gewechselt wurde. „Verlässt ein Mann aus irgendeinem Rache-Zorn seinen väterlichen *Kona* und läst sich im *Kona* der Verwandten seiner Frau nieder, so pflegt er dort unter anderem auch allerlei Sträucher und Bäume anzupflanzen. Zieht er dann später einmal wieder zurück in seinen väterlichen *Kona*, so kommt er von Zeit zu Zeit an den Platz, den ihm die Verwandten zur Ansiedlung überlassen hatten und holt die Pandanusfrüchte von den Stöcken, die er dort angepflanzt hatte. Er holt sich auch Feuerholz aus den von ihm dort angepflanzten Busch- und Baumbeständen. Auch Bastschnüre von den Sträuchern, die er selber pflanzte." — Das Besitzrecht auf Bäume vererbt sich vom Vater auf den Sohn. Gruppen, die früher aus ihrem Wohnsitz vertrieben wurden, erheben noch heute, selbst nach Ablauf mehrerer Generationen, Anspruch auf die Baumbestände ihrer früheren Heimat. Dies ist ein besonders häufiger Anlass zu tiefgehenden Auseinandersetzungen. — Weil heutzutage infolge der Anwesenheit von Weissen der Bedarf an Feuer- und Bauholz viel stärker ist — und damit auch der mögliche Gewinn aus vorhandenen Waldbeständen — erheben nun die Gruppen, die an den Abhängen der Gebirge leben, auch bewusst Rechtsanspruch auf den selbstgewachsenen Bergwald in ihrer Nähe.

Auf der Arbeitsleistung gründet auch ein gewisser gemeinsamer Besitzanteil zwischen Eheleuten. Der wirkliche Privatbesitz der Frau ist bei den *Mbowamb* ja sehr gering. Es handelt sich da vor allem um ihre Schürzen, Kopf- und Tragnetze, einen gewissen Vorrat an Bastschnüren und Basttuch, was aber zur Verarbeitung bestimmt ist; ferner um etliche Knochennadeln, Fett- und Wasserflaschen, Regenmatten, Schweinestricke, Grabstöcke, Samen und Setzlinge, Schweine- und Liebeszauber. Alles, was eine Frau nicht täglich benützt, bewahrt sie in Netzsäcken auf, die sie im Schlafraum des Frauenhauses an Lianen aufknüpft, die oben an den

Dachsparren befestigt sind. Zu ihrem Privatbesitz gehören in sehr bedingtem Sinne auch etliche Wertsachen und Schweine, die sie etwa von ihrem Vater, ihrer Mutter, Onkel, Bruder oder Ehemann für sich erhalten hat. „Die Frau pflegt eifersüchtig zu wachen über das Schwein, das sie von ihrem Vater als ‚Setzling' bekommen hat und sie pflegt es gut. Wenn eines Tages ihr Mann dieses Schwein für seine Zwecke haben möchte, dann sagt sie zu ihm: ‚Hast du es mir vielleicht zum Aufziehen gegeben oder mein Vater?!' Sie lehnt es ab, dieses Schwein ihrem Mann zu geben, w e n n ihr d e r Z w e c k n i c h t g e f ä l l t, für den ihr Mann es haben möchte. Manche Männer nehmen es dann einfach gewaltsam weg. Aber darüber kommt es zwischen den Eheleuten dann zu Zank und Streit, dass sie sich gegenseitig bei den Haaren ziehen und mit Stöcken verprügeln. — Wo aber der Mann auf seine Frau zu hören pflegt, sagt er: ‚Es wäre nicht recht, wenn ich dir dieses Schwein einfach wegnehmen würde. Wenn du es mir von dir aus eines Tages selbst gerne zuteilst (!), dann will ich es an meine Freunde weitergeben, sonst nicht.' W a n n aber wird es ihm die Frau gerne z u t e i l e n? Wenn eine Frau sieht, dass ihr Mann mit ihrem Vater und mit ihren Brüdern ‚den Wegen seiner Kraft nachgeht', d. h. mit ihnen Wirtschaftsaustausch pflegt, wie sich das unter Eheverwandten gehört, dann teilt sie ihm auch die Schweine, die eigentlich ihr gehören, gerne zu. Der Mann schlachtet diese dann und verteilt davon an seine Frau und an ihre Leute. Etwas davon behält er auch für sich und seine Leute, weil diese Schweine ja auch mit den Süsskartoffeln aus seinen Feldern aufgezogen sind."

Bei den *Mbowamb* ist es eine wesentliche Aufgabe der Frauen darauf zu sehen, dass ihre Ehemänner vor allem mit den Vätern und Brüdern der Frauen Wirtschaftsaustausch pflegen. — „Der Ehemann pflegt seiner Frau von den jungen Ferkeln, die er erwirbt, eines oder das andere als ihr eigenes zu übergeben. Er sagt: ‚Dies gebe ich dir. Ziehe es für mich mit den meinigen zusammen auf.' — Sie muss seine Schweine füttern, d a f ü r gibt er ihr eines, das dann ihr gehört. Wenn die Frauen von ihren Vätern, Brüdern, Onkel oder Ehemännern kleine Schweine zugeteilt bekommen, so denken sie immer daran, dass sie ihnen gehören. Sie sagen dann bei sich selbst: diese will ich aufziehen, den Leuten geben oder selbst schlachten, kochen und essen! Sie ziehen solche Schweine mit denen des Ehemannes zusammen auf. Sie wissen sie aber genau zu unterscheiden. Wenn sie sie mit Süsskartoffeln gemeinsam füttern, so pflegen sie dabei die Schweine bei Namen zu nennen und zu sagen: ‚Dies gehört dem Mann, dies gehört mir!' " „Wirft ein Mutterschwein, das der Frau gehört, Junge, so sagt der Mann nach einiger Zeit zu ihr: ‚Gib mir ein Ferkel, damit ich es aufziehen kann. Du pflegst eine ablehnende Haltung einzunehmen, wenn ich eines deiner grossen Schweine für meine Zwecke verwenden möchte. So wirst du es auch wieder machen mit diesen hier, wenn sie einmal grossgefüttert sind. Darum gib mir jetzt eines ab, solange sie noch klein sind!' Die Frau verteilt dann die Ferkel; etliche teilt sie dem Manne zu, den grösseren Teil behält sie selbst. Davon gibt sie dann aber ihrem Vater eines, weil er ihr einst die Grundlage zu einer eigenen Schweinezucht gelegt hat. Etliche gibt sie an ihre Brüder oder Schwestern ab, um ihnen auch eine Grundlage zu einer Zucht zu legen. Dafür erhält sie von diesen dann später natürlich auch wieder Gegengaben. So geht es immer hin und her." Man kann diesen Wirtschaftsaustausch nur recht verstehen, wenn man ihn nicht gesondert nimmt, sondern in seinem Zusammenhang mit dem Opferdienst der *Mbowamb*, der die zwischenmenschlich-seelischen und hintergründigen Beziehungen und damit das Wohlergehen im weitesten Sinn des Wortes fördert, eben weil er immer wieder in die Lage versetzt, die lebenswichtigen Opfer darzubringen.

Auf Grund der gemeinsamen Arbeitsleistung besteht zwischen Eheleuten auch ein gewisser gemeinsamer Besitzanteil. „Wenn ein Mann und seine Frau irgendwo ein Mutterschwein mit Ferkeln erhalten, so gehen sie beide hin. Die Frau steckt die Ferkel in ein grosses Tragnetz, und der Mann führt das Muttertier. Zu Hause bringen sie die kleine Herde unter. Sie gehört ihnen beiden gemeinsam. Wenn sie dann später eines davon schlachten wollen, was ja immer zugleich auch opfern heisst, dann fragt der Mann die Frau um ihre Einwilligung, weil sie die Tiere aufzieht. Sie hat Anteil und Mitspracherecht. Wenn die Frau antwortet: ‚wir wollen es so machen, wie du sagst', dann führen sie den Plan aus. Wenn aber die Frau ablehnt, weil die Tiere noch nicht gross genug sind, oder weil ihr der Zweck nicht gefällt, den der Mann im Auge hat, dann gibt es zwischen den beiden einen heftigen Wortwechsel. Der Mann pflegt dann aufzubrausen und die Frau mit einem Prügel zu schlagen. Dann greift auch die Frau zum Stock und pflegt den Mann anzuschreien: ‚Von nun an kannst du selber die Süsskartoffeln ausgraben und die Schweine füttern! Während ich die Tiere erst grossfüttern möchte, willst du immer wieder eines vorzeitig weggeben. Während ich die Herde zusammenhalten möchte, willst du sie zerstreuen! Nun zieh du nur deine Schweine selber auf!' Im Zorn verlässt sie dann ihren Mann und geht heim in ihren väterlichen *Kona*. — Die Männer pflegen zuweilen solche Reden ihrer Frauen nicht zu beachten. Sie sagen: ‚Gehören die Tiere vielleicht dir?!' und schlachten immer wieder eines aus der Herde oder geben eines weg, um damit ein ‚*Môka* zu pflanzen'. Zuweilen hören sie aber auch auf die Frauen, denken bei sich, die Frau hat recht und lassen die Herde beisammen."

„Wenn wir einen jungen Kasuar einsperren, um ihn aufzuziehen, so betrachten Mann und Frau ihn als ihren gemeinsamen Besitz. Der Mann macht die Einfriedung und den Stall, das Futtergestell und den Wassertrog. Die Frau besorgt die Fütterung." — „Die Fettflaschen gehören den beiden gemeinsam. Die Frau füllt das Fett ein, indem sie es auf Bananenblättern mittels heisser Steine zergehen lässt. Wenn der Mann Wertsachen erbittend herumlaufen will, so salbt er sich mit dem Fett aus der Flasche ein. Zu einem Fest salbt sich auch die Frau damit ein; auch zu einem Besuch in ihrem väterlichen *Kona*. — Manche der Schmucksachen verwenden Mann und Frau ebenfalls gemeinsam. — Schweine, Hunde, Kasuare, Beuteltiere, die die Männer heimbringen, werden von den Frauen immer gefüttert. Darum pflegen die Frauen zu sagen: ‚Wir füttern die Tiere und machen sie gross.' Damit begründen sie ihren Anspruch auf Mitbesitz."

Anspruch auf Mitbesitz infolge einer Arbeitsleistung kann abgelöst werden durch eine Gegenleistung. Die Leute, die für ihren Häuptling ein Feld angelegt haben, haben keinen Anspruch auf den Genuss der Feldfrüchte,. weil ihnen der Häuptling für ihre Arbeitsleistung ein grosses Mahl veranstaltete. Würde er das unterlassen, so würden sie sich nachher an dem Felde schadlos zu halten suchen. Die Frau, die die Schweine des Mannes mitversorgt, erhält dafür vom Manne immer wieder einmal kleine Fleischgaben für sich selbst und die Kinder. Damit ist ihrem Anspruch auf Mitbesitz an den Schweinen des Mannes Genüge getan. — Das Frauenhaus gehört wirklich der Frau, obwohl der Mann es gebaut hat. Der Mann sagt bei sich selbst: Ich werde ein Frauenhaus bauen und darin Abteile für meine Schweine unterbringen, damit die Frau nachts die Schweine dort füttert und bewacht. Am Eingang werde ich ein grosses Abteil als Koch- und Essplatz richten. Dort wird die Frau für mich die Süsskartoffeln braten oder kochen und dort werde ich sie verzehren. Dort werde ich am hinteren Ende des Hauses auch ein Abteil als Schlafraum abgrenzen und darin meine Frau und kleinen Kinder des Nachts unterbringen. D a f ü r will ich das Haus der Frau bauen. Dort werden auch ihre Mütter, Schwestern und sonstigen Verwandten sie besuchen können. — Das *maŋa rapa kedl*, „kleine Männerhaus", ist Angelegenheit des einzelnen Familienvaters. Das baut er für sich, um dort seine Wertsachen, Beile, Waffen, Netztaschen und Zaubersachen aufbewahren und vor begehrlichen Blicken und Zugriffen schützen zu können. Leben seine beiden alten Eltern noch, so bringt er sie dort unter. Er sagt zu ihnen: „Ihr beide habt mich ernährt und aufgezogen. D a f ü r bringe ich euch beide nun in meinem kleinen Männerhaus unter. Hier sollt ihr beide wohnen. Wenn ich abwesend bin, sollt ihr beide auf meine Sachen achtgeben. Wenn viele Besucher kommen, und das grosse Männerhaus ganz besetzt sein wird, so will ich kommen und hier im kleinen Männerhaus schlafen." — Wenn seine Schwiegereltern zu ihm auf Besuch kommen, so bringt er sie ebenfalls dort unter. — Das *maŋa rapa pötö*, „gemeinsame Männerhaus", dagegen ist Angelegenheit der Brüderschaftsgruppe. Sie bauen darum dieses Haus auch gemeinsam. Dort halten sie ihre Besprechungen und haben dort ihre Schlafräume. — Lässt sich ein Mann beim Bau seiner eigenen Hütte von anderen helfen, so wird ihre Arbeitsleistung wiederum durch eine gemeinsame Mahlzeit, die er ihnen gibt und durch Fleischgaben vergütet. — Es liegt also auch den Rechtsgewohnheiten immer das Gabe-Gegengabe-Schema zugrunde, das nicht dem Eigennutz, sondern dem guten Einvernehmen dienen soll.

e) Erstanspruchsrecht.

Zu den Rechtsgepflogenheiten der *Mbowamb* gehört auch die Anerkennung des ersten Anspruchs. Das Siedlungsland der verschiedenen *Mi*-Gruppen grenzt meist nicht unmittelbar aneinander. Es liegt dazwischen ein Stück unbebautes Land. Dort bauen aber einzelne sich eine Hütte, um (in Friedenszeiten) ihre Schweine dort zu weiden. Wer zuerst kommt, dem gehört dann das Land um seine Hütte. Will sich ein anderer in der Nähe auch eine Schweineweide abstecken und eine Hütte bauen, so wird er den zuerst Gekommenen um Erlaubnis fragen. — Hierher gehört auch das Erfindungs- und Entdeckerrecht (Bd. II, 118). Wer als erster Waffen, Werkzeuge, Lieder, Tänze, Kultfeste, Trommeln usw. macht, muss entschädigt werden, wenn andere es nachmachen wollen. Sein erster Anspruch darauf ist nicht nur rechtlich, sondern auch religiös begründet, was sich klar darin zeigt, dass man von ihm sagt, er habe die Sache „schöpferischerweise" gemacht. Man wendet da also denselben Ausdruck an, den man von den in den Urzeiten zeugend-schöpferisch tätigen, hintergründigen Vätern gebraucht.

f) Das Finderrecht.

Der ehrliche Finder wird immer mit einer kleinen Gabe belohnt. Sogar das Auffinden einer Leiche berechtigt zu einer Belohnung. „Wer den Leichnam eines im Gebüsch, am Flussufer oder an einer Wegkreuzung Ermordeten findet, erkennt und zu der Gruppe bringt, der er angehört, wird dafür mit einem Wertstück oder mit Fleischgaben belohnt. Dies pflegt anlässlich des Totenmahles zu geschehen, zu dem die Finder und Überbringer der Leiche dann eingeladen werden." — „Wenn jemand ein Werkzeug, ein Wertstück, ein Beil oder ähnliches findet und dem Besitzer zurückgibt, sagt er: ‚Wie hätte ich es jemals wieder zurückerhalten können, wenn du es an andere weitergegeben und es mir verheimlicht hättest?! Ich sehe, du bist ein verständiger Mann. Ich werde dir einen Finderlohn geben!' " Man gibt dann meist ein Stück Fleisch oder auch eine kleine Muschel. Heutzutage geben manche auch ein kleines Geldstück. — „Wenn ein Schwein sich auf der Weide verläuft und trotz allen Suchens nicht mehr aufzufinden ist, dann pflegen sie es aufzugeben. Wird das Schwein dann von anderen im Busch aufgefunden, die nicht wissen, wem es wohl gehören mag, so nehmen sie es heim und reihen es in ihre Herde ein. — Wird dies dem Besitzer nach einiger Zeit bekannt, so wird er vorstellig. Zuweilen melden es auch die Leute selbst dem Besitzer, sobald sie erfahren, wer es ist, dem das zugelaufene Schwein gehört. — Der Besitzer sagt dann zu denen, die ihm sein Schwein inzwischen fütterten und nachts im Hause zusammen mit ihrer Herde unterbrachten: ‚Ich sehe, ihr seid verständige Leute. Wenn ihr mein Tier da heimlich geschlachtet hättet, so hätte ich es wohl nie erfahren. Weil ihr es mir nun zurückgebt, kann ich es selber schlachten. Das ist aber recht!' — Wenn er es dann später schlachtet, so gibt er entsprechend der Länge der Zeit, die ihm die Finder das Tier fütterten, entweder ein Stück vom Rücken, einen Schlegel oder eine ganze Seite."

g) Das Handelsrecht.

Ihm liegt wiederum das Gabe-Gegengabe-Schema zugrunde. Dies besagt, dass Austausch wirtschaftlicher Güter zwischen den „Menschen innerhalb", aber auch zwischen den Eheverwandten eben n i c h t „blosser Handel" sein soll. Wie er auf Grund der vorhandenen guten Beziehungen überhaupt erst geschieht, so soll er auch der immer neuen Verwirklichung, Belebung und Befestigung dieser wesentlichen Beziehungen dienen. Grundgesetz dieses Wirtschaftsaustausches ist, dass z u e r s t d i e G ü t e r a l s G a b e n h i n g e g e b e n w e r d e n, und dass die G e g e n g a b e n e r s t n a c h l a n g e r Z e i t zu geben sind. Nach der Auffassung der *Mbowamb* bringt nur diese Form des Austausches von Wirtschaftsgütern die guten Beziehungen und das gegenseitige Vertrauen der beiden Partner zum Ausdruck. Den Zeitpunkt der Rückkehr dieser Gaben in Form von Gegengaben, ebenso die Anzahl, Grösse, Güte und damit den Gesamtwert der Gegenleistung zu bestimmen, das überlässt der Geber z u n ä c h s t einmal ganz dem Empfänger, wenigstens innerhalb der von der Gesamtheit als recht und schicklich anerkannten Grenzen. Die Gegengabe soll normalerweise nicht länger als zwei bis vier Fruchtzeiten auf sich warten lassen, wenn sie nicht statt der Förderung eine — dann meist sehr böse und tiefgehende! — Störung der guten Beziehungen hervorrufen will. Sie soll mindestens *kapogla*, d. h. nach Grösse, Schönheit und Wert mit der Gabe „übereinstimmend", ihr „entsprechend" sein, wenn sie nicht Schwierigkeiten hervorrufen, sondern akzeptiert werden soll. Ferner ist bei den *Mbowamb* ein ausserordentlich wichtiges und wesentliches Moment, dass der Wirtschaftsaustausch der E h r e und dem A n s e h e n sowohl der Geber und Empfänger von Gaben, als auch der Geber und Empfänger von Gegengaben dienen soll. Man will also einander n i c h t n u r w i r t s c h a f t l i c h, sondern auch menschlich-seelisch helfen, indem man das bei allen *Mbowamb* immer ausserordentlich stark vorhandene Verlangen nach Ehre und Ansehen einander zu stillen sucht. Wer von mir ein Opfertier oder Wertstück erbitten kommt, hat nicht nur gute Beziehungen zu mir, sondern hat von mir auch eine hohe Meinung. Seine Bitte ehrt mich. Wer mir das Angebot macht, mir Wirtschaftsgüter über eine längere Zeit hin zu liefern, um ihm später einmal die Gegenleistung zu machen, hat Vertrauen zu mir, das mich ehrt und mir bei Dritten Ansehen verschafft. Es gibt mir ferner die Möglichkeit, die Gegenleistung als öffentliche und festlich verbrämte Angelegenheit aufzuziehen, wobei meine grossartigen Beziehungen dann auch öffentlich-deutlich und allen sichtbar werden. Da wird dann mein EGO glänzen können, wie mein Muschel- und Federschmuck! Es wird aber auch meine Gruppe daran beteiligt sein, Freude, Genuss und Ehre haben und „mein Lob raunen und meinen Namen leben machen"!

Dieser gegenseitige Austausch von Produktions- und Erwerbsgütern ist also durchaus nicht als getrenntes Gebiet der sog. „Wirtschaft" zu betrachten. Das geht schon aus dem bisher Gesagten hervor. Er ist auch nicht zu trennen vom Opferdienst der *Mbowamb*, also von ihrem kultisch-religiösen Leben. Er ermöglicht immer wieder die Opfer und ist selbst ein Opfer. Es geht bei dieser Art von Wirtschaftsaustausch, wo man erst bei der anderen Gruppe oder dem Partner „Schweine pflanzt" oder „Wertsachen pflanzt", d. h. ihm über eine gewisse Zeit hin gewisse Mengen von Fleisch und Wertsachen liefert, um dann später aus dieser „Pflanzung„ die „Früchte" zu geniessen, nicht um Handel. Auch nicht einfach und keinesfalls nur um rein wirtschaftliche Notwendigkeiten, sondern um die gegenseitige ganzheitliche Lebenshilfe. Sie schliesst wirtschaftliche, religiöse und menschlich-seelische Dinge, wie das Verlangen nach Ehre und Ruhm, bei den anderen ein. Wird jemandem dieser Wirtschafts-, Opfer- und Ehr-Austausch von Bluts- oder Eheverwandten vorenthalten und abgeschlagen, so ist nicht der wirtschaftliche Schaden, sondern die darin liegende Missachtung, Herabwürdigung und Ablehnung der Opfermahlgemeinschaft das Schlimme, ja das Furchtbare. Es führt zum Abbruch aller Beziehungen und zu solch' tiefgehendem Rache-Zorn, dass er möglicherweise Krankheit und Tod zur Folge haben kann.

Dagegen geht es um rein wirtschaftlich nötige Dinge und nur um Handel *(trade)* in der Form des Tauschhandels, wenn die Partner einander ganz fremd sind. Da gibt es keine aufgeschobene, sondern nur sofortige Gegenleistung für Empfangenes. Wenn die *Mbowamb* in alter Zeit z. B. Aschensalz brauchten, das bei den *Enga*-Leuten westlich des Hagen-Berges erzeugt wurde, oder wenn man Steinbeile erlangen wollte, die nur in den *Kubor*-Mountains oder in der *Wagi-Jimmi*-Gegend hergestellt wurden, so konnte man sich zwar für gewöhnlich infolge der allgemeinen Unsicherheit nicht an Ort und Stelle begeben, um mit den Herstellern selbst in Verbindung zu treten, sondern war auf die Vermittlung durch andere angewiesen. Die *Enga*-Leute schickten ihr Aschensalz mit Hilfe der *Neŋka*, *Poiaka*, *Muntka* und anderer, mit denen sie Heiratsverbindungen pflegten, ostwärts unter die Hagen-Leute, von denen es dann gegen kleine Muscheln oder Fleischstücke eingetauscht wurde. Hier war natürlich gegen Versprechen späterer Bezahlung nichts zu erlangen. Da wäre ein solches Ansinnen natürlich nur mit der höhnischen Bemerkung abgetan worden, ob man wohl zu stehlen beabsichtige oder „dumm" (von einem Geist „dumm gemacht") sei?! —

Ebenso schickten die *Make* im Nordosten und die *Ruŋi* und *Öpni* im Südosten ihre Steinbeile mit Hilfe verschwägerter Gruppen westwärts. Von Gruppe zu Gruppe tauschte man die erwünschten Beile ein und schickte die übrigen weiter an die Gruppen, mit denen man selbst wieder durch Heirat verwandt war. Der Gegenwert musste sofort auf demselben Wege zurückgehen — nicht erst nach etlichen Fruchtzeiten — denn sonst händigten die Überbringer und Zwischengänger die Waren überhaupt nicht aus. So entstand ein Inter-Gruppen-Handel, den die Sprache als *podl etepa-ti*, „eine Brücke benützend handeln", bezeichnet, zum Unterschied von dem Tauschhandel „ohne Brücke" und unter Verwandten und Bekannten, wo die Partner ohne Vermittlung Dritter direkt miteinander verhandeln und ihre Sachen austauschen, was *rarep-rui* heisst. — Männerreiche Gruppen, die stark bewaffnet sich auch über weite Entfernungen hinauswagen und das Übernachten bei Gruppen in Kauf nehmen konnten, mit denen man auch nicht einmal mehr entfernt verwandt war, gingen auch selbst wenigstens bis in die Nähe der *Ruŋi* im Osten oder der *Enga* im Westen, um dort das begehrte Aschensalz oder die Beile, Waffen, Muscheln, Baum- oder Fruchtsetzlinge und Samen, Bastschnüre, Vogelfedern, das begehrte Öl, das in langen Bambusröhren von Südwesten her auf der fernen *Mönts*-Gegend eingehandelt wurde, Bambusgürtel aus dem mittleren *Wagi*-Tal oder was immer es sein mochte, gegen die mitgebrachten Wertsachen oder Fleischstücke einzutauschen. Der flüchtige Charakter dieses Handels, bei dem es nur um Sachen ohne die geschätzten persönlichen Beziehungen geht, kommt in der Bezeichnung, die die Sprache für diesen direkten Tauschhandel in der Fremde und mit Fremden hat, zum Ausdruck: *aŋgedlpa ti*, „stehend nehmen". Die ungesicherte Rechtslage zwischen den Gruppen zeigte sich darin, dass solche Männer, die sich zwecks solchen Tauschhandels über weite Entfernungen hin wagten, immer damit rechnen mussten, dass sie an einem Flussübergang, an einer Wegkreuzung oder im Walde überfallen und ausgeplündert wurden, falls sie nicht stark genug waren, solche Überfälle abzuwehren. „Wenn Männer aus fernen Gegenden kamen, um Steinbeile, Aschensalz, Wertsachen oder sonstige Dinge einzutauschen, so pflegte man ihnen an Wegkreuzungen aufzulauern. Man sagte dann: ‚Hier kommen ja ganz unbekannte Männer aus der Ferne. Sie wollen Sachen eintauschen und haben deshalb sicher allerlei bei sich. Lasst uns ihnen ihre Sachen abnehmen!' Wenn dabei einer ermordet wurde, so pflegte man den Leichnam in den nahen Fluss zu werfen. — Wenn solche Räuber dann später einmal selbst weit fortgingen, um etwas einzutauschen, so pflegt man sie wieder zu erkennen und Vergeltung zu üben, indem man ihnen ebenfalls ihre Sachen mit Gewalt abnahm".

Die *Mbowamb* kennen also das *podl etepa ti*, den indirekten Tauschhandel mit Fremden durch Vermittlung Dritter; das *aŋgedlpa ti* „stehend nehmen", den direkten Tauschhandel mit Fremden, wozu man sich selbst in die Fremde begeben muss und das *rarep-rui*, den direkten Tauschhandel unter Freunden und Verwandten. Letzterer gilt als minderwertige Form des Austausches von Wirtschaftsgütern, weil es dabei nur um die Sachen geht. Die allein hoch- und vollwertige Form ist das *kuŋ mbo pindi*, „Schweine Setzlinge liegen machen", und *medl mbo pindi*, „Wertsachen Setzlinge liegen machen", d. h. der Wirtschaftsaustausch auf Grund der vorliegenden menschlich-persönlichen Beziehungen und als integrierender Bestandteil des Opferdienstes, wobei nicht nur der reine Gegenwert in Sachen, sondern, wenn es irgend möglich ist, mehr zurückgegeben werden soll; aber nicht sofort, wie bei der „schlechten Sitte" des Kaufs und Verkaufs, sondern erst nach längerer Zeit, so wie man in einem Felde nicht sofort, sondern erst nach längerer Zeit erntet. Die „Ernte" soll dann zur höheren Ehre der zwischenmenschlich-persönlichen und der hintergründigen Beziehungen in aller Öffentlichkeit stattfinden.

h) Leihen.

Dies kommt nur unter Verwandten in Frage. Wie sehr dabei wieder auf das gute Einvernehmen Rücksicht genommen wird, geht aus folgendem Text klar hervor: „Wenn ein Verwandter kommt, um sich ein Beil, einen Grabstock oder sonst etwas zu entleihen, so pflegt man es ihm zu geben. Er verrichtet dann damit seine Arbeit. Nach langer Zeit erst pflegt der Besitzer zu mahnen, dass er nun sein Werkzeug selber brauche. Dann gibt man es zurück". Ohne Mahnung seitens des Besitzers pflegt man es nicht zurückzugeben, um ihn nicht zu verstimmen! Er könnte nämlich sonst glauben, man habe an seinem Werkzeug keine Freude mehr oder man habe gar etwas gegen ihn! — Um des guten Einvernehmens willen entlehnt man sich dasselbe Werkzeug nach Ablauf einer kürzeren oder längeren Frist wieder. „Der Besitzer pflegt dann zu sagen: ‚Das ist aber recht, dass dir mein Beil — Messer, Grabstock — so gut gefällt! Da wäre es ja ein Unrecht, wenn ich es dir vorenthalten würde!' Mit diesen Worten pflegt er es ihm dann wieder zu überlassen und fügt hinzu: ‚Du kommst zu mir, um es wieder zu entlehnen, weil wir so gute Freunde sind. Darum sollst du es nun bei dir behalten. Ich werde es mir nur gelegentlich zurückholen, wenn ich es brauche. Im übrigen sollst du es ganz fest und sicher bei dir aufbewahren, deine Arbeiten damit verrichten, aber sonst niemandem geben. Sollte jemand dich darum angehen, so sage, es gehört mir. Wird mich einer darum angehen, so will ich sagen, dass es dir gehört. Auf diese Weise wollen wir es als unser beider gemeinsamen Besitz halten". — Auf diese Art suchen also zwei gute Freunde dem dauernden „Bitten" anderer guter Freunde auszuweichen.

Auch für Geliehenes gibt „der verständige Mensch" immer irgend eine kleine Gabe. „Entlehnt sich einer ein Beil, um einen Zaun zu machen, so pflegt er dafür dem Besitzer des Beiles Gemüse, Gurken, Süsskartoffeln oder ähnliches für die leihweise Überlassung zu geben. Er gibt es aber erst dann, wenn der Besitzer ihn darum bittet. — Wenn sie sich heutzutage einen Spaten leihweise geben lassen, um damit Gräben zu ziehen und Erdwälle um die Felder aufzuwerfen, so laden sie später die, die ihnen die Werkzeuge geliehen haben, zur Teilnahme an einem Festessen ein, wo es die so sehr beliebten *Pats*-Knollen gibt. Es handelt sich dabei um die einheimische Bohnenart *teŋadl*, deren Wurzeln sich etwa zu Rettichgrösse verdicken und *pats* genannt werden.

i) Das Erbrecht.

Wie wenig es bei den *Mbowamb* ein Recht im Sinne eines „geschriebenen Gesetzes" als sachlich-objektive Grösse gibt, und wie sehr alle Rechtsgepflogenheiten von persönlichen Beziehungen abhängen, zeigt sich gerade auch im Erbrecht. Die Verteilung der Hinterlassenschaft der Verstorbenen geschieht streng nach der *kendik-êk*, dem letzten Willen eines Sterbenden. Er ist ja als Toter mit dabei und würde jede Abweichung von seinem letzten Willen als schweres Unrecht ahnden! Was aber ist der beherrschende Gesichtspunkt, nach dem ein Sterbender seine Wertsachen, Schweine, Waffen, Werkzeuge, Schmucksachen, Taschen, Kleidungsstücke, Zaubersachen, Frucht- und Baumbestände an seine Brüder, Söhne und Töchter in seinem letzten Willen vermacht? Er richtet sich ganz nach dem Grad des guten Einvernehmens. Das meiste wird er dem Sohne vermachen, der am meisten nach seinem Herzen geraten ist und sich am besten seiner angenommen hat. Ihn wird er auch zu seinem Erblasser einsetzen. In bezug auf seine Schweine wird er etwa zu ihm sagen: „Das grosse, fette Schwein sollst du bei meinem Tode schlachten und an die Leute verteilen, damit sie es essen d a f ü r , dass sie bei der Beerdigung den Gestank meines Leichnams ertragen mussten. Sorge dafür, dass ein Teil der kastrierten Tiere beim grossen Totenmahl, das ihr für mich halten werdet, geschlachtet (geopfert) wird. Die Muttertiere schlachte nicht. Zwei davon gebe ich dir. Deine Schweinezucht soll gedeihen. Den jungen Eber teile ich deinem älteren Bruder zu, d a f ü r , dass er mir ein Schwein zum Abschied geschlachtet hat. Dein nächster Bruder hat oft meiner Rede widersprochen. Er soll selbst zusehen, wie er zu einer Schweinezucht kommt! Deinen beiden Schwestern, die im *Kona* ihrer Ehemänner leben, gib je zwei von den Ferkeln d a f ü r , dass sie mich oft besucht, bemitleidet und Fleischgaben als Abschiedsgeschenk gebracht haben. — Eines der Schweine gib deiner Mutter und ein anderes schlachte deinen Vettern."

„Ist der jüngste Sohn etwa noch nicht verheiratet, so vermacht ihm der sterbende Vater alle seine Sachen und Schweine, weil er ihm noch keine Frau erworben hat. In diesem Falle lässt er seine verheirateten Söhne und Töchter kommen und sagt ihnen: ‚Ich gehe, indem ich alles eurem jüngsten Bruder hinterlasse, damit er sich eine Frau erwerben kann. Wäre der Jüngste nicht ohne Frau, so würde ich unter euch alles gleichmässig verteilt haben. Wie die Dinge liegen, soll mein jüngster Sohn unser beider (!) Besitz allein verwalten. Ihr sollt ihn deshalb nach meinem Tode aber nicht belästigen und den Besitz nicht zerstreuen!' Nach solcher Ermahnung legt er sich dann zum Sterben hin." — War der jüngste Sohn aber „schön schauend herumgelaufen", d. h, faul und gleichgültig gewesen und nicht bei seinem alten Vater geblieben, und hat er ihn nicht gut versorgt, so verteilt der Sterbende alle seine Sachen an die anderen Kinder und an die Gruppe seiner Frau und sagt ihnen: „Tragt es fort! Ihr habt mich immer mit Feuerholz versorgt, auch mit Essen und Trinken, habt mich besucht und mich bemitleidet, darum gebe ich euch nun dies alles. Mein jüngster Sohn hat mir viel Schmerzen gemacht, darum soll er leer ausgehen!"

„Ist der jüngste Sohn schon verheiratet, wie alle anderen seiner Geschwister, so pflegt der sterbende Vater seinen ältesten Sohn mit der Verteilung seiner Hinterlassenschaft zu beauftragen, w e n n zwischen dem Vater und ihm ein gutes Verhältnis vorhanden war. A n d e r e n f a l l s beauftragt er einen anderen der Söhne damit oder auch einen seiner Brüder. Er bestimmt im einzelnen, was seine Brüder, seine Söhne und Töchter, seine Frau und deren Verwandten erhalten sollen. Am meisten pflegt er dem Sohne zuzuteilen, mit dem das beste Einvernehmen bestand." — Dabei ist immer daran zu erinnern, dass in der Hagen-Sprache „gutes Einvernehmen" durch *men* ausgedrückt wird, was auch das fette Fleisch beim Opfermahl bezeichnet. — „Hat ein Sterbender niemanden zum Erblasser bestimmt, so übernimmt es einer seiner Brüder oder Söhne, der ihm am nächsten stand, das Erbe zu verteilen." (Über Rechtssachen vgl. auch Bd. II, 120 ff.)

k) Das Recht und die Toten.

Recht als *ugl*, Sitte, Gepflogenheit, ist von den Ahnen und den Verstorbenen überkommen. Auf sie muss in allem die grösste Rücksicht genommen werden. Man kann bei den *Mbowamb* nicht von Rechtsgepflogenheiten sprechen ohne auch immer die Toten in Rechnung zu stellen. Vieles muss getan oder aber unterlassen werden, weil ein Rechtsanspruch oder ein Verbot der Verstorbenen vorliegt. Ein vorteilhafter Tausch etwa mit einem Wertstück darf nicht vorgenommen werden, weil das eigene Wertstück z. B. von einem verstorbenen Bruder überkommen ist, der eigens auftrug, es für immer als persönliche Habe zu behalten. Es kommt dann einer magisch mächtigen Reliquie gleich, die andere Wertsachen „anziehen" wird. Man will es darum auch selbst gegen ein viel wertvolleres Stück niemals hergeben, weil sein magischer Wert den rein wirtschaftlichen weit übersteigt. — Ein Tier darf nicht verhandelt werden, so vorteilhaft das im Augenblick auch sein möchte, weil es einem Verstorbenen gehört, dem es geopfert werden soll. — Ein Feld darf erst dann bearbeitet werden, wenn den Toten, denen es einst gehörte, Opfer dargebracht sind. Ebenso darf man von einem erntereifen Feld nicht einfach ohne weiteres nehmen, sondern erst nach Darbringung des „Anbruch"-Opfers dürfen die Früchte genossen werden. — Einen Baum darf nur derjenige fällen, dem er im letzten Willen des Toten zugesprochen wurde, der ihn einst gepflanzt hat.

KAPITEL 32
DIE RECHTSGÜLTIGKEIT

1. Schutz der Abmachungen.

Wann und wodurch wird bei den *Mbowamb* eine Abmachung, ein Versprechen, ein Handel, eine Übergabe oder Übereignung rechtsgültig und rechtskräftig wirksam? Hier muss auf den viel gebrauchten und wichtigen Begriff *ömbidl* (Realis-Stamm; der Idealist ist *ambogla*) eingegangen werden. *Ömbidl* heisst „in die Hand nehmen, anfassen". Überlässt ein Hagen-Mann etwa ein Grundstück einem anderen zur Nutzniessung, so sagt er feierlich: „*Amboglop ŋont*, anfassend gebe ich es". Das ist die rechtliche Übergabe. Er kann nun aber doch nicht etwa das Grundstück dabei „in die Hand nehmen, anfassen" und dem anderen übergeben. Es ist auch nicht so gemeint, denn das Objekt zu diesem feierlich ausgesprochenen „anfassend übergebe ich" ist hier z. B. nicht das Grundstück, d. h. es ist es nur zum Verb „geben". Das Objekt zum Verb „anfassen" aber ist das *Mi* der jeweiligen Gruppe. Der volle Ausdruck heisst „*Mi amboglpa ŋui* — das *Mi* anfassend (etwas) übergeben". Es ist für die *Mbowamb* beim Gebrauch des Verb *ömbidl* in diesem Kontext selbstverständlich, dass das *Mi* das Objekt zu „anfassen" ist. Die Pflanze, der Baum, der Vogel, der Stein oder was immer das *Mi* einer Gruppe sein mag, wird bei Rechtsangelegenheiten „in die Hand genommen", um die Übergabe des Grundstückes, des Opfertieres, des Wertstückes usw. als rechtmässige und rechtsgültige Übergabe zu kennzeichnen. Auch ein Mädchen wird zur Ehe „anfassend übergeben". Dies ist die rechtswirksame Übergabe. Sie geschieht immer öffentlich und feierlich auf dem Zeremonialplatz. — Nicht nur in Verbindung mit dem Verb „geben", sondern auch in Verbindung mit den Verben „nehmen, reden, tun" hat der Begriff „anfassen" die wichtige Bedeutung des rechtlichen und rechtswirksamen Gebens, Nehmens, Redens, Tuns.

Der Ausdruck *mi ömbidl*, „das Mi anfassen", wird auch ohne ein weiteres Verbum gebraucht. Er bedeutet „eine rechtsgültige, wegweisende Entscheidung treffen". *Mi amboglpa pindi*, „das *Mi* anfassen und machen, dass es liegt", heisst „ein Vorhaben, ein Programm für eine gemeinsame Veranstaltung rechtsgültig festlegen". — Der Urahne oder Stammvater hat einst *mi amboglpa murum*, „das Mi anfassend gelebt", d. h. er hat in erster Linie die rechtlich geordneten, guten Beziehungen zu den hintergründigen Mächten eingehalten und damit auch für seine Nachkommen durch alle Generationen hin den Anfang gemacht, den Grund gelegt für das rechtlich geordnete gute Einvernehmen und die friedlichen Beziehungen. Von hier aus hat der Ausdruck „das *Mi* anfassen" in der Sprache heute auch den allgemeinen Sinn von „den rechten Anfang machen, den richtigen Grund legen"; oder auch „etwas erst genau erklären und genau instruieren, wie es zu machen ist; was zu tun ist, damit es richtig wird".

Es gibt auch den Ausdruck „*Mi*-Rede anfassen". Das ist der *terminus technicus* für die Berufung auf das Gruppen-*Mi* in Rechtshändeln, worauf noch zurückzukommen ist. Man muss dabei das *Mi* in die Hand nehmen. Die „*Mi*-Rede" ist rechtsgültige Aussage. An ihr wird weder gezweifelt, noch gerüttelt. Was „das *Mi* anfassend" gesagt wird, gilt. — Bei Gruppen, deren *Mi* die Cordyline ist, bindet man ein Cordylinenblatt um ein Wertstück, das man dem anderen zu geben verspricht. Das ist die bindende Zusage, dass er es erhalten wird. Er hat nun Rechtsanspruch darauf. Ist das Gruppen-*Mi* des Empfängers eines Wertstückes oder eines Opfertieres ebenfalls eine Cordyline, so lässt man sich von ihm ein Cordylinenlaub überreichen, in das er einen Knoten macht. Das ist die rechtsverbindliche Zusage seinerseits, dass er eine mindestens gleichwertige Gegengabe zur rechten Zeit geben wird. Nach dem Glauben der *Mbowamb* kommt die Zusage unter Anfassen des *Mi* einem Eidschwur gleich. Wird er gebrochen, so hat es böse Folgen, denn das *Mi* steht für das gute Einvernehmen, für die friedlichen Beziehungen und deshalb auch für die Innehaltung rechtlicher Verpflichtungen.

Nicht jedes Gruppen-*Mi* der *Mbowamb* eignet sich zum Anfassen. Es ist dies auch gar nicht nötig. Wie eines Menschen und jedes Dinges Name auch sein Wesen, seine Seele enthält, ja der Mensch oder das Ding selber ist, so auch beim *Mi*. Es genügt schon die Nennung seines Namens, ohne dass man es selbst in die Hand nimmt oder anfasst. Deshalb ist ja auch der Name des *Mi* tabu. Nur unter diesen besonderen Umständen, wo es um rechtliche Dinge geht, spricht man ihn aus. Man kann das Aussprechen des Namens aber auch hier vermeiden, indem man sich mit Hilfe von Decknamen auf das *Mi* bezieht. Solch' ein Deckname für das jeweilige Gruppen-*Mi* ist bei allen *Mbowamb* das Wort *pogla*, Zweig. Viele Ausdrücke in der Sprache sind nur dann zu verstehen, wenn man um den Sinnbezug auf die *Mi*-Vorstellung weiss. So heisst z. B. in der Wirtschafts- und Handelssprache der Ausdruck „den Zweig kräftig hineinstecken", soviel wie „einander im Wert entsprechende Gaben und Gegengaben geben ohne Übervorteilung des anderen", d. h. also, in Handel und Wirtschaft dem Recht entsprechend handeln. Zuweilen nennt man das Gruppen-*Mi* auch bei seinem Gattungsnamen. Man droht etwa dem anderen: „Wenn du es wieder tust, wird dich dein Vogel oder dein Stein „fressen", d. h. dein *Mi* wird reagieren, du wirst krank werden und vielleicht sterben müssen!

Man muss sich hier der magischen Mächtigkeit des Wortes erinnern. Wie das *Mi* durch tatsächliches Anfassen gegenwärtig ist, so ist es (seiner Macht nach) auch gegenwärtig durch Nennung seines Namens, selbst wenn man nur den Gattungs- oder einen Decknamen gebraucht. Es ist schon vergegenwärtigt durch die blosse Feststellung: Wir haben ein *Mi!* In alltäglichen Rechtsfällen begnügt man sich deshalb auch bloss mit dieser Feststellung. Eine Aussage oder Handlung, die „*Mi*-Rede anfassend" getan wird, ist rechtmässige und rechtswirksame Aussage oder Handlung, weil sie in G e g e n w a r t d e s *M i* geschieht, auch wenn das *Mi* dabei nicht wirklich in die Hand genommen wird. Von der Gegenwart des *Mi* erhalten die zu stehenden Formeln gewordenen verbalen Zusammensetzungen „anfassend reden, anfassend geben, anfassend nehmen, anfassend tun" ihren Sinn; nämlich r e c h t s v e r b i n d l i c h reden, geben, nehmen, tun, auch wenn man das Objekt zu „anfassen" dabei weder tatsächlich anfasst, noch auch bei Namen nennt oder „*Mi*" und „*Mi*-Rede" als grammatisches Objekt vor „anfassen" setzt, weil alle *Mbowamb* wissen, um was es geht.

Es gibt auch ein Reden, Geben, Nehmen, Tun ohne Rechtsverbindlichkeit. Was aber „anfassend" gesagt, gegeben, genommen, getan wird, i s t rechtsverbindlich. Darum gibt man bei den *Mbowamb* z. B. ein Wertstück, ein Gerät usw. nicht gerne „nur zum Anschauen" direkt in die Hand. Jedenfalls nicht, ohne dass sie vorher ausdrücklich sagen, dass man es n i c h t abzugeben gedenkt. Gibt man es versehentlich doch dem anderen direkt in die Hand, so heisst es nachher gleich: „Nun gehört es mir! Ich habe es ja schon ‚anfassend genommen', da du es mir ‚anfassend gegeben' hast." Wenn immer man Menschen, Tiere, Gegenstände usw. „anfassend" übergibt oder übernimmt, werden sie zum rechtlich und rechtswirksam übergebenen und übernommenen Besitz. Auch von den Häuptlingen und Schlichtern sagt man „anfassend spricht er", wenn es sich um eine verpflichtende, rechtswirksame Rede handelt.

Im entsprechenden Kontext hat also das Verb „anfassen" allein schon die vom *Mi* her gegebene r e c h t l i c h e Bedeutung, auch wenn das Objekt „*Mi*" oder „*Mi*-Rede" unausgesprochen bleibt. „Den Mann anfassend lebe ich" heisst, ich lebe mit ihm in rechtlich geordneten, friedlichen Beziehungen, die wir beide durch guten Austausch wirtschaftlicher Güter immer wieder realisieren. — Die Redewendung „es wird anfassen" heisst, „es wird gut, richtig, gültig sein"; aber auch „es wird schicklich sein", weil Recht ja auch die „gute Sitte" ist. — Die „Zeit anfassen" oder „den gelegenen Zeitpunkt anfassen", heisst, einen für alle Beteiligten gültigen und verpflichtenden Termin oder Treffpunkt festsetzen. — Die Redewendung „nehmen und anfassend tun", bedeutet, „sich dreist und frech das Recht herausnehmen, etwas zu tun". „Nehmen und anfassend kommen" bedeutet, „widerrechtlich kommen", z. B. ohne dass man eingeladen ist; oder kommen, als ob alles in bester Ordnung wäre, obwohl eine Verschuldung vorliegt, die zu bereinigen man eigentlich kommen sollte, was man aber nicht tut. — Die kausative Form von „anfassen", nämlich „machen, dass einer anfasst", hat den Sinn von „ihn durch widerrechtliches Verhalten dazu veranlassen, dass er sein Recht verteidigt"; also „ihn herausfordern, ihn aufreizen". Das Verbal-Adjektiv „anfassbar" wird gebraucht, um den „anfassbaren Mann" oder die „anfassbare Sache" zu bezeichnen, nämlich den ungefährlichen, verständigen, verlässlichen Mann und das magisch ungefährliche Ding, weil man gegenseitig auf die rechtlich geordneten Beziehungen guten Einvernehmens trauen kann.

Dagegen ist der „nicht anfassbare Mann" der gefährliche Mann, mit dem kein solches Verhältnis besteht. Dasselbe gilt von dem „nicht anfassbaren Ding".

Wie das Verb „anfassen" in den angeführten Zusammenhängen die hintergründig-mächtige Bedeutung durch den Sinnbezug auf das *Mi* hat, wird auch deutlich daran, dass man dieses Verb „anfassen" durch das Wort *mi* ersetzen kann. So kann man z. B. statt *(mi)* „anfassend werde ich es dir geben" auch sagen: *na kopa mi ŋuimb*, „ich werde es dir beim *Mi* wahrhaftig geben!"

2. Schutz des Eigentums.

Wie das *Mi* seine Gruppe abgrenzt, stärkt und schützt, und wie es die rechtlichen Beziehungen abgrenzt und schützt, so auch Eigentum und Besitz der Gruppe und ihrer Glieder. Darum beruft man sich auf das *Mi* bei rechtlicher Übergabe oder Übernahme irgendwelchen Eigentums, einschliesslich der Übergabe und Übernahme einer Braut. — Diese rechtliche Funktion des *Mi* kommt auch sehr deutlich und greifbar zum Ausdruck in den alltäglichen *Mi*-Zeichen als Verbots-, Anspruchs- und Eigentumszeichen. Sie werden immer respektiert. Findet man z. B. im Hochwald einen schönen Stamm, den man etwa als Hauspfosten verwenden möchte, so haut man eine ◇ Kerbe in den Stamm. Sie gilt genauso als *Mi*-Zeichen, wie die bei denen man irgendwelche Kräuter um einen Stock wickelt und diesen aufstellt. Kein anderer wird diesen Baum anrühren. Wenn es doch geschieht, so ist es ein Vergehen gegen Recht und Sitte und muss gesühnt werden, wenn es nicht zu weiteren Verwicklungen führen soll. Bei Verletzung des Eigentums anderer erhalten diese Mi-Zeichen die Bedeutung des Rechtsanspruchs auf Wiedergutmachung (s. Bd. II, Taf. 8, Bild 1). Wenn es Bd. II, 103 heisst: „Da aber durch solch' ein Zeichen das Feld bezaubert wurde . . ." und „Mit Verbotszeichen ist gewöhnlich ein Fluch verbunden, den die Diebe sehr fürchten", so handelt es sich da wohl nicht um Zauber und Verbotszauber, sondern um die von allen *Mbowamb* gefürchtete Reaktion des *Mi*, auf die noch näher einzugehen sein wird. Vergehen am Eigentum des anderen heisst darum auch „das *Mi* herausziehend nehmen".

KAPITEL 33
STÖRUNGEN DES RECHTSZUSTANDES

1. die ugl kits – bösen Sitten.

Wie bei den *Mbowamb* das Recht nicht sachlich-objektiv, also nicht als eine rational-begriffliche Grösse, sondern subjektiv-persönlich und mythologisch verstanden wird, so auch das Unrecht. Wie die Rechtsordnung oder der rechtliche Zustand sich als gutes Einvernehmen und friedliche Beziehungen zwischenmenschlich-seelischer, aber auch mystisch-hintergründiger Art darstellt, so auch die Störungen des Rechtszustandes als Störungen des guten Einvernehmens und der friedlichen Beziehungen. Wie die Sprache für „Recht" z. B. „gerade Sitte" oder „richtiges Verhalten", auch „gute Gepflogenheit" und (dem vorgegebenen, traditionellen Mass) „entsprechendes Tun" sagt, so sagt sie für „Unrecht" auch „böse Sitte" oder „schlechte

Gewohnheiten", dem Masse „nicht entsprechendes Tun" oder auch „jemand vor Rache-Zorn sterben machendes Tun". Das mythologische Verständnis zeigt sich sprachlich darin, dass das, was wir etwa als „gesetzestreues Verhalten" bezeichnen, von den *Mbowamb* als „das *Mi* anfassend leben" bezeichnet wird; und das „gesetzwidrige Verhalten" als „das *Mi* ausziehendes Tun". Gerade das *Mi* ist aber keine „Sache", sondern ein „Bruder". Die *Mbowamb* kommen anders ausgedrückt nicht mit „Gesetzen", also nicht mit etwas Unpersönlich-Sächlichem in Konflikt, wenn sie widerrechtlich handeln, sondern immer mit — irdischen oder überirdischen — Leuten und Personen. Es gibt keine unabhängige, allgemeine Institution wie Polizei und Gericht, die durch widerrechtliches Verhalten irgendwelcher Leute in Bewegung gesetzt und den Fall sachlich-objektiv prüfen würde. Widerrechtliches Verhalten stört nur die zwischenmenschlich-persönlichen und die hintergründigen Beziehungen der Beteiligten und Betroffenen, und sie müssen zugleich auch die Richter und Schlichter sein.

Alles, was die zwischenmenschlich-persönlichen und hintergründigen Beziehungen stört, sind *ugl kits*, „böse Sitten". Dazu werden aber auch Krankheits- und Todesfälle gerechnet. Auch das sind „böse Sitten", und zwar nicht etwa nur deshalb, weil hier die Feinde wieder einmal einen Todeszauber erfolgreich angewendet haben, sondern auch deshalb, weil hier die bösen Sitten von *Mi*-Genossen eine Reaktion des *Mi* hervorgerufen haben, dass es seine schützende, stärkende und bewahrende Kraft zurückgezogen hat. Hätte es das nicht getan, so hätte z. B. der Zauber der Feinde gar nicht wirksam werden können. Natürlich gibt es auch kultische Vergehen, und so kann Unglück, Krankheit und Tod auch zurückgehen auf irgendeine Verstimmung oder einen Rache-Zorn der Toten oder eines der Gross-Geister, wenn nicht gar „Er selbst, der Oben" es getan hat. Unsere Scheidung zwischen unmoralischem Verhalten oder Unrecht und Sünde kennen die *Mbowamb* weder begrifflich noch faktisch, weil religiöses, ethisches und rechtliches Verhalten sich so wenig wie das Leben selber in getrennte Sektionen zerlegen lässt. Dementsprechend ist unmoralisches Verhalten und Sünde auch das Unrecht. Dabei decken sich diese Begriffe noch weithin nicht mit den unseren. Es ist aber alles, was das gute Einvernehmen und die friedlichen Beziehungen vorder- und hintergründiger Art stört, gleicherweise *ugl kits*. Das kann z. B. schon die „ganz üble Nachrede" sein, dass einer keine Wertsachen zu seiner Verfügung habe! Es kann sich nur darum handeln, dass jemand beleidigt ist, weil man ihn „angeschrieen" habe. Es können nur „böse Worte" sein. Man kann wohl nicht in Abrede stellen, dass die *Mbowamb* sehr empfindlich sind, trotz — oder wohl gerade wegen — ihrer sonst recht robusten Art. Schon das Erheben der Stimme und laute Sprechen kann sehr übelgenommen werden, weil es als verpöntes „Anschreien" oder „Schimpfen" empfunden wird. Menschen guten Einvernehmens, die sich etwas zu sagen haben, sagen es mit leiser, bei den *Mbowamb* meist sogar mit unterdrückter Stimme. Wirkliche Freunde sagen sich „Speichel-Rede", d. h. sie führen ihre Unterhaltung und Besprechung so leise und nur im Flüsterton, damit nicht irgendwelche immer offen oder auch verborgen anwesenden Lauscher sie hören können. Spricht man also laut mit einem, so ist es bei den *Mbowamb* schon ein Zeichen dafür, dass wirklich gutes Einvernehmen nicht vorhanden ist, welches leise von konkreten wirtschaftlichen Dingen sprechen würde, in denen sich das „fette Fleisch — gute Einvernehmen" praktisch und verlässlich zeigt. „Wenn jemand seinen alten Eltern böse Rede sagt, so werden sie davon krank und sterben. Dann kommen sie als Geister zurück und rächen sich an dem Betreffenden, indem sie ihm die Sinne verwirren, dass er wie ein Verrückter redet und handelt". — Die friedlichen Beziehungen werden gestört durch Nicht-Einhalten von Versprechen. Darum gilt das auch als böse Sitte. Vor allem dann in ganz besonderem Masse, wenn eine „*Mi*-Rede", also eine rechtskräftige Abmachung nicht eingehalten wird; wenn ein rechtmässig zustande gekommener Beschluss missachtet, durch gegenteiliges Handeln zunichte gemacht, die „Rede-Verpackung" aufgelöst oder wie etwas Eingepflanztes wieder „herausgezogen" wird. Das gute Einvernehmen wird gestört durch Reden hinter dem Rücken, üble Nachrede, Verleumdung, Ehebruch, durch jegliches Vergehen am Eigentum anderer, durch schlechtes Geben und schlechte Gegengaben, durch zu langes Anstehenlassen oder gar Unterlassen der Gegengaben, überhaupt durch Nichteinhalten eingegangener Verpflichtungen, durch Herumlaufen in anderer Leute Häuser und Gärten, alles Angaffen, durch herausforderndes Reden und Benehmen, durch Beschimpfung, Schmähung, Ableugnen einer Untat und damit Verweigerung der Wiedergutmachung, durch Aufstacheln anderer und Aufhetzen gegen Dritte; auch dadurch, dass man sie ihren Wirtschaftspartnern abspenstig macht und sie überredet, anderen nichts zu geben, die um Wertsachen und Opfertiere „bittend herumlaufen"; durch Anwendung physischer Gewalt, durch Zauberei, durch den bösen Blick, durch frevelhaftes Reden und Handeln, durch Misshandeln des *Mi* einer anderen Gruppe, durch Verstösse gegen Tabus und durch Vorenthalten der schuldigen Opfergaben, und durch all' das, was schon in Kap. 30, a-g genannt wurde als Gegenteil des erwarteten sittlichen Verhaltens. W a n n , w o und i n w e l c h e m M a s s e all' dies als „böse Sitten "gilt, muss noch gesagt werden, denn alle *ugl*, „Verhaltensweisen, Tatäusserungen", werden ja erst von einem bestimmten Standpunkt aus „gut" oder „böse".

Wie das Benehmen, Verhalten, Denken, Reden, Tun und Lassen der Setzlingsmenschen zusammen unter den dynamischen Begriff *ugl* fallen und dann je nach Standpunkt als „guter" oder aber „böser" *ugl* beurteilt werden, so wird auch das Benehmen usw. der *Tei*- oder Oben-Leute, der Erdbebenleute, der Toten und der Geister mit diesem gleichen Begriff bezeichnet. Auch sie haben also je nachdem „gute" oder „schlechte Sitten". So sahen wir z. B., dass die Geister, wenn sie bösen Willens sind, die Menschen durch Anschauen oder Berühren krank machen. Die Geister, die guten Willens sind, können sie eben dadurch „leben machen". Weil die Oben-Leute alles den *Mbowamb* Lebensnotwendige „heruntergehen machend gaben" oder „hinlegten", darum haben sie „gute Sitten". Wohlstand, Gesundheit, Glück, gute Zeiten, gute Ernten, Kinderreichtum, gutes Wetter, langes Leben, Heil in jedem Verstand sind eben ihre *ugl kae*, guten Machtäusserungen, Kunststücke, Grosstaten, Sitten, Gepflogenheiten oder wie immer man den Begriff *ugl* übersetzen mag. Wenn die Geister und Toten guten Willens sind und den Menschen diese Dinge vermitteln, so sind das auch von ihnen „gute Sitten". Nehmen die Oben-Leute aber alles Wachstum aus den Feldern und alles gute Einvernehmen von den Menschen weg und schicken ihnen die Geister aus bösem Willen Unglück, Krankheit usw. zu, so vollbringen sie „böse Sitten". Darum gelten eben Wunden, Krankheiten, Unfälle, Unglück, Misswuchs, Hungersnot, Seuchen, böse Zeiten, Unwetter, Unheil, Sterben als „böse Sitten". Sie stören genau so, ja noch mehr, als die moralisch „bösen Sitten" das gute Einvernehmen und die friedlichen Beziehungen vorder- und hintergründiger Art.

2. Die Reaktion auf die „bösen Sitten".

Je nach Mass und Stärke einer „bösen Sitte" reagieren die Betroffenen entweder dadurch, dass sie keine Antwort mehr geben, aber zunächst schweigend sitzen bleiben, dass sie „ein Gesicht machen" und „die Erde sehend dasitzen". Viel schlimmer ist es schon, wenn „es im *nôman* Schmerzen macht"; noch schlimmer, wenn der Betroffene den Missetäter „aus den Augenwinkeln anschaut". Ganz schlimm wird es, wenn der „*nôman* sich verwirrt und ganz verknotet". Dann steigt der *popogl* auf, von dem wir schon in Kap. 16, 7 hörten, dass er im Leben der *Mbowamb* eine sehr grosse Rolle spielt. Andere Eingeborene Neuguineas unterscheiden in ihrer Sprache zwischen „Ärger" und „Zorn", die *Mbowamb* dagegen nicht. Sie haben ein eigenes Wort für „Wut, Zorneswut", aber Ärger und Verdruss sind bei ihnen auch gleich Zorn, der nach Vergeltung und Wiedergutmachung schreit. Darum übersetze ich *popogl* mit „Rache-Zorn". Wenn er „hochkommt", dann schreien sie einander an, machen einander herunter, spucken vor einander aus, fauchen und sprühen dem Gegner ihren Speichel ins Gesicht, fahren aufeinander los und zerren sich bei Haar und Bart, ergreifen Prügel und schlagen aufeinander los. — Ist der Missetäter nicht selbst greifbar gegenwärtig, so rennen sie im Rache-Zorn in seine Siedlung. „Wenn wir vor Rache-Zorn sterben, so pflegen wir zu weinen. Dann pflegen wir in den *Kona* des schlechten Mannes zu laufen. Wir reissen ihm dort die Süsskartoffeln aus. Wir hauen alle Bananenstauden um und alles Zuckerrohr. Wir sagen: ‚Nun wirst du alle Schweine auf einmal verzehren!' — und vernichten ihm alle Lebensmittel. Wir sagen: ‚Nun sollst du abends heimkommen und im Frauenhaus sitzend dein Essen ruhig verzehren! Nachts sollst du mit deiner Frau gut darin schlafen!' — und legen Feuer an sein Frauenhaus. Dann rennen wir in sein Männerhaus, urinieren in die Feuerstelle und verrichten dort unsere Notdurft: ‚Nun sollst du von draussen heimkommen, Feuer anzünden, deine Süsskartoffeln rösten, dich fein aufwärmen und dann gut ruhen! Vor Gestank wirst du fliehen und in anderer Leute Häuser Unterschlupf suchen!' — Dann holen wir die Schweine und nehmen sie mit. Wir sagen dann bei uns selbst: ‚Nun sollst du die fetten Schweine schlachten! Die jungen aufziehen und grosse Feste halten, damit die Leute dein Lob raunen und dein grosser Name an alle Horizonte ausgehe! Nun sollen dir die Leute für deine grossen Gaben reiche Gegengaben geben, damit du Wirtschaftsaustausch treiben und Opfermahlzeiten halten kannst. Gut soll es dir gehen! — Aber, was du bisher geopfert hast, ist genug! Nun wollen wir uns etwas an deinen Opfertieren ergötzen! Du wirst nun nicht wissen, woher du Opfertiere für deine Toten und Geister nehmen sollst. Da werden sie dich und deine Gruppe krank machen und du (das ‚du' bezieht sich ebensogut auf seine Gruppe) sollst sterben und verderben!' — Mit solchen Worten entführen wir die Schweine. Wir nehmen alles mit, was wir erwischen können: Beile, Messer, Wertsachen, Fettflaschen, Schmucksachen."

Auf jeden Fall muss der Rache-Zorn gestillt werden und Genugtuung erhalten. Diese Art unbesonnener und massloser Reaktion aus Rache-Zorn gilt aber selber als „böse Sitte", denn dadurch setzt man sich dem Täter gegenüber selber ins Unrecht. Die mehr Besonnenen und Klügeren lassen sich deshalb durch ihren Rache-Zorn nicht soweit hinreissen, sondern denken an die zu empfangende Wiedergutmachung.

Im vorigen handelt es sich um die seelische Reaktion auf angetanes Unrecht. Die anerkannte r e c h t l i c h e Reaktion ist die Erhebung einer Anklage und Forderung auf Wiedergutmachung. Dies kann man auch durch Unterhändler tun. Es gab bei den *Mbowamb* überall sogenannte „Zwischengänger", die bei Rechtsstreitigkeiten feindlicher Gruppen die anerkannten Unterhändler waren und überall unbelästigt passieren konnten, auch in Kriegszeiten. — Ist nur einem einzelnen eine „böse Sitte", also Unrecht getan worden, so steht er bei seiner Anklage und Sühneforderung nie allein. Es steht immer die ganze Brüderschaftsgruppe und *Rapa*-Gemeinschaft hinter ihm, spricht und führt die Verhandlungen für ihn.

Wie die Menschen, so reagieren auch die Oben-Leute, die Geister und die Toten auf „böse Sitten", Unrecht also, das ihnen die Menschen antun. Vom Oben-*Nuknuk* z. B. sagte man, dass er deshalb alle Wachstumskraft aus den Gärten und Feldern und von den Schweinen zu sich „hinaufnahm", weil die Menschen immerzu Kriege führten und keinen Frieden mehr schlossen, so dass sie ihm auch keine Opfer mehr darbringen konnten. Die Toten und die Geister werben Krankheit, Unglück, Tod usw. gegen die Setzlingsmenschen an, weil sie es unterlassen, ihnen ein ordentliches Geisterwohnhaus zu bauen und ihnen Opfer zu bringen. — Es wird dies aber nicht als „Strafe" in unserem Sinne aufgefasst, sondern als eine Reaktion und ein Mittel „sich in Erinnerung zu bringen" und die begehrten Opfer zu erlangen, wenn man sich tatsächlich gewisser Versäumnisse und damit einer „Verschuldung" bewusst ist. Ist man das aber nicht, so fasst man bei den *Mbowamb* Unglück, Misswuchs, Unheil, Krankheit usw. als Beleidigung (!) auf, wie bei einem von Menschen angetanen Unrecht und reagiert dementsprechend auch bei Geistern und Toten gegenüber mit seelischer Verstimmung und mit *popogl.* Weil Krankheit, Sterben, Unglück usw. ja auch unter den Begriff *ugl* fallen und somit „böse Sitten" der Geister und der Toten sind, also Unrecht, durch das sie die guten Beziehungen zwischen den Menschen und ihnen selbst stören, darum macht man ihnen im ersten Zorn auch heftige Vorwürfe, fühlt sich von ihnen ganz ungerecht behandelt. Bei ihnen weiss man ja die Gründe für das „Unrecht", das sie einem da zufügen, noch viel weniger, als oft schon bei den Menschen. Man muss sie erst erforschen und hierbei ist, wie wir sahen, die Hilfe des Medizinmannes als „Zwischengänger" und „Unterhändler" unentbehrlich. — Zunächst aber empfinden die *Mbowamb* Sterben, Krankheit, Unglück usw. erst einmal als eine angetane Schmach, ein Unrecht, das genau so wenig zu verstehen ist, wie wenn einem von den „Menschen innerhalb" ein Unrecht zugefügt wird. Darum dann auch die Schadenfreude der Feinde und die eigene „schmerzliche Scham" (Kap. 16, 5).

KAPITEL 34
DIE FRIEDLICHE BEILEGUNG VON STÖRUNGEN

1. Die Wiedergutmachung.

Oberster Grundsatz ist, dass jedes, auch das geringste Vergehen wieder gutgemacht und jede Schuld gesühnt werden muss, wenn der Rechtsfriede und das gute Einvernehmen wieder hergestellt werden sollen. Die Wiedergutmachung muss *kapogla,* d. h. einem Vergehen angemessen, entsprechend sein. Sie darf nicht hinter dem entsprechenden Mass zurückbleiben.

Die Forderung auf Wiedergutmachung darf aber auch das rechte Mass nicht übersteigen, wenn das Ziel, nämlich die Wiederherstellung guter Beziehungen erreicht werden soll. Anderenfalls bleibt nach der einen oder anderen Seite hin seelische Verstimmung zurück, die, wenn ihr nicht Gerechtigkeit wiederfährt, entweder zur gewaltsamen Rechtshilfe und damit möglicherweise zum Krieg schreitet oder aber sich grollend auf sich selbst zurückzieht und dann nach dem Glauben der *Mbowamb* Krankheit und sogar den Tod zur Folge haben kann. So tief gehen die rechtlichen Angelegenheiten.

Dem fremden Beobachter mag es leicht so scheinen, als ginge es den *Mbowamb* bei Wiedergutmachung und Sühne nur um die Stillung ihres Verlangens nach Vergeltung und nur um den dabei möglichen Gewinn an materiellen Gütern. Ich glaube jedoch, dass es ihnen dabei im Grunde um die Wiederherstellung des lebenswichtigen guten Einvernehmens geht. Friedliche Beilegung von Störungen der Gemeinschaftsbeziehungen durch Unrecht innerhalb der *Mi*-Gemeinschaft selbst, aber auch nach aussen hin, ist bei den *Mbowamb* grundsätzlich möglich durch Wiedergutmachung und Sühne. Es muss nur die dem Vergehen oder der Schuld entsprechende Anzahl von Wertsachen oder Opfertieren gegeben werden. Diese Möglichkeit der Wiedergutmachung und Sühne beruht nach meinem Dafürhalten auf der herrschenden *lex talionis*, die ja nicht nur die Vergeltung will, sondern durch ihr Bestehen auf dem rechten Mass zwischen Schuld und Sühne, zwischen Vergehen und Wiedergutmachung Schlimmeres auch verhüten will. Es soll etwa für das Auge wirklich nur das Auge und nicht im Rache-Zorn auch gleich noch dazu etwa die Hand oder vielleicht gleich der ganze Mensch „genommen" werden. Bei den *Mbowamb* kann unter Umständen sogar ein Mord durch Herausgabe von mindestens vier grossen Goldrandmuscheln und vier grossen Opfertieren gesühnt werden, wenn es sich nicht um Blutsverwandte handelt. Unter Blutsverwandten kann freilich ein Mord von Menschen weder gestraft noch gesühnt werden, denn da handelt es sich ja um eine Art Selbstmord, auf den das *Mi* reagiert, indem es die Mörder und ihre Gruppe *nomba mbo nom-ndomba*, „fressen und ausrotten wird", d. h. die durch den Mord eingetretene furchtbare Störung der zwischenmenschlich-seelischen und hintergründigen Beziehungen wird einer solchen Gruppe die Lebensgrundlage und Lebenskraft entziehen, wenn sie den „Selbstmord" durch einen weiteren zu vergelten sucht: *mi etemba*, „sie wird als welkes Laub verrotten". Darum gibt man bei den *Mbowamb* tatsächlich auch bei einem solchen „Brudermord" die bei Mord eines „Menschen ausserhalb" üblichen Sühnegaben. Dies wird aber nicht als Sühne für den Brudermord verstanden — der ja nicht gesühnt werden kann —, sondern soll nur den Rache-Zorn der nächsten Angehörigen des Ermordeten dämpfen, eben damit sie nicht zurückschlagen, und die Gruppe sich selbst zerstört. Oder auch, dass sie ihren Rache-Zorn nicht „in sich hineinfressen", nicht alle Beziehungen abbrechen und sich grollend auf sich selbst zurückziehen, denn dies würde nach der Überzeugung der *Mbowamb* die eben genannte, der Gruppe lebensgefährliche Reaktion ihres *Mi* auslösen, so dass die Gruppe nach und nach aussterben müsste.

Jedes Vergehen ist rechtswidriges Handeln, aber es richtet sich nicht gegen ein unpersönliches „Recht", sondern gegen *men*, „das gute Einvernehmen" und gegen *kopen*, „die friedlichen Beziehungen". Wie sehr der Be- und Verurteilung aller Vergehen die Auffassung von *men* und *kopen* zugrunde liegt, zeigt sich in dem Begriff „abbrechend handeln", der das rechtswidrige Handeln bezeichnet, weil es die friedlichen Beziehungen und das gute Einvernehmen „abbricht".

2. Die rechtsmässige Anklage und Sühneforderung.

Da jedes „abbrechende Tun" bei den Betroffenen Verärgerung und das Verlangen nach Wiedergutmachung oder aber nach Vergeltung hervorruft, ist es verständlich, dass ein auf frischer Tat ertappter Missetäter im ersten Rache-Zorn oft übel zugerichtet wird. Es ist verständlich, wenn man ihn „rechts und links ohrfeigt", so dass er „um und um fällt"; wenn ein im Felde oder Garten wühlendes Schwein eines anderen sofort gespeert wird. Es ist dies eine spontane Reaktion, aber nicht die rechtlich anerkannte Form der Anklage. Im Gegenteil bringt solch' heftige Reaktion die von einem Unrecht Betroffenen dann selbst gegenüber einem Missetäter ins Unrecht. Deshalb zanken die *Mi*-Genossen, wenn einer von ihnen sich im ersten Zorn über ein ihm zugefügtes Unrecht sofort zu einer Rauferei oder gar zum Ergreifen der Waffen hinreissen lässt. „Hättest du doch deinen Verstand behalten, so hätten wir Klage erheben und die Forderung auf entsprechenden Schadenersatz oder auf Sühnegaben stellen können. Durch deinen Rache-Zorn hast du dich selbst in Schuld gebracht. Nun siehe du zu, wie du zu einem Ausgleich kommst!"

Das allgemein anerkannte und richtige Vorgehen nach geschehenem Unrecht zwecks Erhebung rechtlicher Klage und des Anspruches auf Schadenersatz oder Sühnegaben verlangt erst einmal eine genaue Erhebung des Tatbestandes, am besten durch die Häuptlinge und Schlichter. Sie müssen darum ja auch, wie schon früher gesagt wurde, die Gabe der Klugheit und Festigkeit haben, um allem genau und sachlich auf den Grund zu gehen und Heimliches mit Vorsicht zu erforschen und Verborgenes weislich zu ergründen. Sie pflegen also erst, wenn möglich, den Tatort selber in Augenschein zu nehmen, Zeugen zu befragen, den Tatbestand nach allen Seiten hin festzustellen und genau nachzuforschen, ob ein Vergehen oder ein Verbrechen wirklich als (die friedlichen Beziehungen) abbrechendes Tun bezeichnet und dann entsprechend schlimmer bewertet werden muss, oder ob es sich um eine „Gegenbeschädigung" auf Grund einer noch nicht bereinigten früheren „Beschädigung" handelt. Ob es also um ein Unrecht mit oder ohne Grund geht. Es kann sich um „Selbsthilfe" handeln, weil dem jetzigen Missetäter für ein früher an ihm selbst begangenes Unrecht noch keine Wiedergutmachung oder Genugtuung geworden ist. Dies alles muss weislich erforscht und bei der Klage mit in Rechnung gestellt werden, um die den jeweiligen Umständen a n g e m e s s e n e und e n t s p r e c h e n d e Forderung auf Wiedergutmachung zu stellen. Geht die Schuldklage und Sühneforderung nämlich sehr über das rechte Mass hinaus, so gefährdet man von vornherein die Wiedergutmachung und damit die Wiederherstellung friedlicher Beziehungen.

Handelt es sich bei einem Vergehen um eine Reaktion auf ein vorliegendes und nicht bereinigtes früheres Vergehen, also um eine Schadloshaltung durch Selbsthilfe, so kann keine Klage erhoben, sondern nur ein friedlicher Ausgleich angestrebt werden. Es kommt bei den *Mbowamb* bei Vergehen sehr darauf an, ob für eine Untat ein Rechtsgrund vorliegt oder nicht. „Rechtsgrund" deckt sich nicht mit unseren Begriffen. „Recht" als „Sitte" ist immer kasual.

So wird als „gültiger Rechtsgrund" für ein „böses Kunststück" das Vorliegen einer unbeglichenen Schuld angesehen. Ein Unrecht ist kein Unrecht, wenn es auf Grund einer unbereinigten Schuld begangen wird, sondern Selbsthilfe, weil einem die rechtliche Wiedergutmachung dieser Schuld trotz Klage verweigert wurde. Die Umstände, unter denen ein Vergehen oder ein Verbrechen geschah, werden nicht nur als mildernd, sondern als entscheidend bewertet. Sie sind der oberste Gesichtspunkt, nach dem alle rechtswidrigen Handlungen in zwei Gruppen zerfallen, nämlich in solche, die die bestehenden guten Beziehungen „abbrechend getan werden" und solche, die auf Grund schon abgebrochener Beziehungen vollbracht werden. Dasselbe gilt hinsichtlich des Grades der Schuld, nämlich ob eine Untat aus eigener Initiative der Täter geschah oder ob Anstiftung durch andere, Provokation, Aussicht auf Belohnung durch die Anstifter vorliegt. Bei den weiter unten folgenden Beispielen sind diese Unterschiede im Tatbefund immer im Auge zu behalten.

Nach sachgemässer Aufnahme des Tatbestandes und Erforschung der Tatmotive ist der nächste Schritt die Erhebung der Klage. Dies kann man durch sogenannte Zwischengänger oder Mittelsmänner tun lassen. Man kann es aber auch selber tun, wenn es die Rücksicht auf die eigene Sicherheit erlaubt. Wer immer die Klage erheben will, begibt sich in die Siedlung der Missetäter und „bricht Rede vor ihrer Haustüre". Daher der sprachliche Ausdruck „vor unserer Türe wird Rede liegen" für „man wird gegen uns Anklage erheben". Sind die eines Vergehens Schuldigen um der Wiederherstellung friedlicher Beziehungen willen grundsätzlich zur Wiedergutmachung bereit, so werden sie sich auch bereitfinden zur Festsetzung eines Termins, an dem sie sich auf dem Zeremonialplatz der Kläger einfinden wollen. Wie nämlich bei der rechtlichen Übergabe von Wertsachen, Opfertieren, Gegenleistungen oder auch einer Braut, so ist auch bei Rechtshändeln immer der öffentliche Zeremonialplatz der einen oder anderen Gruppe der richtige Platz, auf dem Klage und Verteidigung geschieht. Die Parteien der Kläger und der Angeklagten sitzen sich hier gegenüber. Ein Sprecher der Kläger legt erst den ganzen Fall dar, so wie er sich von seiner Partei aus gesehen darstellt. Auch die Motive und Handlungen der Angeklagten werden von diesem Sprecher nach der Sicht seiner Partei dargestellt. Dies nennt man „den Wurzelstock der Rede ausgrabend machen, dass er öffentlich daliegt". Dann tritt der Sprecher der Gegenpartei auf und bringt deren Auffassung des Falles und ihre Gegenargumente gegen die Anklage vor. — Für die Sache der Kläger ist es wichtig, dass sie auch Zeugenaussagen beibringen können. Aber noch wichtiger ist der Nachweis etwa der Fusspuren der Täter oder die Beibringung sonstiger Beweise, wie z. B. etwas von den Tätern am Tatort Zurückgelassenes oder Verlorenes. Handelt es sich um den Diebstahl einer wertvollen Muschel, so halten die Bestohlenen unter Umständen jahrelang ein Auge darauf gerichtet, an wen die mutmasslichen Diebe Wertstücke weitergeben. Dort sucht man dann das Weitergegebene zu Gesicht zu bekommen und zu identifizieren. Handelt es sich um einen Schweinediebstahl, wobei das gestohlene Tier von den Dieben geschlachtet und heimlich verzehrt wurde, so sucht man die Feuerstelle, den Erdofen, die Kochsteine, die Knochen und sonstigen Überreste oder wenigstens Spuren der heimlichen und verheimlichten Tat aufzufinden. Die *Mbowamb* wissen ja immer in weitem Umkreis, ob, wo und von wem zu der und der Zeit geschlachtet wurde. Gegen solche handgreiflichen Beweise ist dann schlecht anzukommen. Deshalb versuchen Diebe auch immer ihre Fusspuren zu verwischen und zu beseitigen.

Es wird einer eigens dafür angestellt. Man glaubt auch an die Fähigkeit magischer Tarnung, um nicht gesehen zu werden und an einen Zauber, um die Fusspuren auszulöschen. Haben die Kläger aber Zeugen und tatsächliche Beweise, so ist dagegen nichts zu machen. Um dann noch einigermassen das Gesicht zu wahren, wird die Verteidigung allerlei Taten der Kläger aufdeckende Gegenreden halten. Hat man aber im Grunde gegen die handfesten Beweise der Kläger nichts Stichhaltiges zur Widerlegung vorzubringen und ist man gewillt, zwecks Bereinigung der Angelegenheit die geforderte Wiedergutmachung zu leisten, so sitzt die Partei der Angeklagten schliesslich „vor Scham und Verlegenheit in den Boden schauend da". Das ist dann das Zeichen ihrer Bereitschaft zur Wiedergutmachung, über die man sich dann noch einigt. Auch der Zeitpunkt und Ort, wann und wo sie zu leisten ist, wird dann „das *Mi* anfassend", also rechtswirksam festgelegt. Hier ist es nun aber sehr wichtig, darauf hinzuweisen, dass die eigentliche Versöhnung noch nicht durch die rechtliche Erledigung der Sache vollzogen ist, also nicht durch Schadenersatz oder Sühnegaben erreicht wird. Sie sind nur die Voraussetzung zur Versöhnung, nicht schon die Versöhnung selbst. Sie erfolgt erst, wenn sie überhaupt erfolgen soll, durch ein die ganze Angelegenheit endgültig abschliessendes gemeinsames Opfermahl, also auf religiöser Grundlage, weil ja jedes Vergehen nicht nur die Wiedergutmachung des materiellen Schadens erfordert, sondern auch die Wiedergutmachung des seelischen Schadens, d. h. die Wiederherstellung der zwischenmenschlich-seelischen Beziehungen, einschliesslich der Beziehungen zu den hintergründigen Mächten, die ebenfalls immer mit in die Störungen des guten Einvernehmens hineingezogen sind. Das Opfermahl stellt *men* und *kopen* wieder her, weil das Opfer diese wieder herstellt mit den übersinnlichen Mächten.

KAPITEL 35
BEISPIELE FÜR DIE WIEDERGUTMACHUNG

a) Für das heimliche Nehmen von Süsskartoffeln oder anderen Früchten aus jemandes Feld oder Garten muss man die entsprechende Menge derselben Früchte als Schadenersatz geben. Dasselbe gilt, wenn Schweine die Felder oder Gärten der anderen verwüsten. Als Zeichen, dass man die Schuldigen kennt und von ihnen Schadenersatz fordert, legt man ihnen etwas Süsskartoffellaub oder aber Blätter und Stengel der jeweils entwendeten Früchte vor ihre Haustüre und beginnt zu klagen oder gar zu weinen. Sind die also Angeklagten dann willig, die Wiedergutmachung zu leisten, so geht es erst noch um die genaue Festlegung der Höhe des Schadens und des rechten, entsprechenden Masses für den Schadenersatz, ehe dieser wirklich geleistet wird.

b) Für ein gestohlenes und heimlich geschlachtetes Schwein muss ein anderes derselben Grösse und Güte gegeben werden. Schweinediebstähle sind bei den *Mbowamb* sehr häufig gewesen. Weil solche Diebstähle meist nachts ausgeführt wurden, wenn alles schlief, war es im allgemeinen nicht einfach, die Täter ausfindig zu machen. Nicht selten werden die Täter aber von einem aus ihren eigenen Reihen verraten, der sich beim Verteilen des Fleisches benachteiligt glaubte. Er behält dann heimlich einige der Knochen zurück und merkt sich vor allem die Kochstelle, wo von den Dieben das Fleisch im Erdofen gedämpft wurde. Sie versuchen ja durch Bedecken mit Laub und Zweigen die Spuren ihres heimlichen Tuns immer möglichst zu verwischen. Es ist aber natürlich nicht schwer für jemanden, der solch' eine Stelle weiss, sie aufzudecken. Aus Verärgerung über die Benachteiligung geht er dann zu den Bestohlenen und sagt ihnen, wer die Täter sind. Sie schicken dann einen Zwischenträger. Er erhebt vor der Haustüre der Täter die Anklage. Die Täter pflegen zunächst alles abzuleugnen. Sie sagen zu dem, der die Anklage überbringt: „Du hast deiner Rede eine Knochenspitze einsetzen lassen", d. h. du kommst im Auftrag anderer, um uns zu verletzen und zu beleidigen. Mach', dass du fortgehst!" Dann machen sich die Bestohlenen mit ihren Waffen in grosser Anzahl selbst auf, begeben sich vor die Haustüre der Täter und „machen, dass dort Rede liegt". Die Täter höhnen: „Überlegt euch, ob ihr nicht woanders einen Dummen finden könnt, der euch grundlos ein Schwein zur Schlachtung überlässt! Bei uns hier seid ihr an die Falschen gekommen". Nun tritt der Zeuge hervor und beschuldigt sie ganz offen unter Vorzeigen und Aufzählen seiner Beweise. Die Täter geben dann vielleicht ohne weiteres zu, dass sie tatsächlich ein Schwein verzehrt hätten, es sei aber von woandersher gewesen. Sie fragen: „War euer Schwein ein männliches oder ein weibliches? War es weiss oder gefleckt oder schwarz?" Sie versuchen sich irgendwie reinzuwaschen, geben die Tat aber schliesslich zu, wenn sie es nicht auf bleibende schwere Verstimmung und Streit ankommen lassen wollen.

c) Für entwendete Wertsachen gilt derselbe Grundsatz, dass die gleiche Zahl und Grösse zurückzugeben ist. „Wenn jemand eines anderen Wertsachen stiehlt, und ein dritter beobachtet es von einem verborgenen Platz aus, so pflegt er es nachher dem Bestohlenen zu sagen. Der Bestohlene geht dann zum Dieb — wenn er zu den „Menschen innerhalb" gehört oder zu seinen rechtlichen Verwandten; gehört er dagegen zu den Feinden, so schickt er einen Zwischengänger — erhebt dort Klage und pflegt zu sagen: „Du bist gesehen worden, wie du mir mein Wertstück aus meinem Hause nahmst. Gib es mir zurück! Falls du es schon an andere weitergegeben hast, so gib mir ein anderes, entsprechendes als Schadenersatz". Der Dieb pflegt alles abzuleugnen. Er sagt: „Du hast mich wohl wahrlich gesehen. Das ist ja grossartig! Ich habe aber kein Wertstück im Hause und werde dir auch nichts geben. Du möchstest gerne ein Wertstück von mir unrechtmässigerweise an dich bringen. Geh nur!" Der Bestohlene holt dann den Zeugen herbei, der es gesehen hat. Dieser hat inzwischen heimliche Nachforschungen angestellt, an wen der Dieb das gestohlene Gut bereits weitergegeben hat. Dort holt er es und bringt es mit in die Hütte des Diebes. Der Bestohlene konfrontiert nun Dieb und Zeugen. Der Dieb sagt etwa zum Zeugen: „Du hast mich nicht in dieses Mannes Haus gehen sehen. Du lügst!" Der Zeuge nimmt nun das betreffende Wertstück aus der Umhüllung und sagt: „Dann hast du wohl auch dieses Stück nicht aus dem Hause geholt und nicht an N. N. weitergegeben? Also gebe ich es diesem Manne hier!" Damit überreicht er es dem Bestohlenen. Er nimmt es an sich und sagt zu dem Dieb: „Dies mein einziges Wertstück hier hast du mir gestohlen und leugnest es doch ab! Ich nehme es nun mit. Ich verlange nicht, dass du bekennst und dich schämen musst". — Ist aber das gestohlene Stück selbst nicht aufzutreiben, so nimmt der Kläger dem Angeklagten einfach irgendein anderes Wertstück ab und sagt: „Ich verhelfe mir selbst zu meinem Recht, nachdem du alles ableugnest. Du hast mir mein Wertstück ja grundlos gestohlen, ohne dass meinerseits dir gegenüber irgendein Vergehen vorliegt, auf das du dich berufen könntest." — Der andere antwortet: „Du nimmst mir mein Wertstück hier aus einem Grunde ab, den ich nicht kenne. Ich weiss, dass ich nichts Unrechtes getan habe, auf Grund dessen du dir nun zu deinem Recht verhelfen könntest. Ich habe von dir nichts gestohlen!" — Dann pflegt der Bestohlene zu antworten: „Du weisst also von nichts! Ich nehme aber dieses Wertstück mit und werde es bei mir behalten. Gehe du nun in dich und sieh hinunter in dein Inneres. Wenn du dann findest, dass ich dir Unrecht tue, dann komm und sage es mir. Dann will ich dir dein Wertstück wieder zurückgeben. Du solltest es mir ja „anfassend übergeben", um deinen Diebstahl wieder gutzumachen. Da du aber dazu keine Lust zeigst, weil du dich schämst zu gestehen, so nehme ich es eben selbst an mich, um einen Schadenersatz für das meinige zu haben". Mit diesen Worten nimmt er das Wertstück zu sich und geht. — Der Dieb aber schämt sich und denkt bei sich: „Ich habe es zwar abgeleugnet, aber er hat mich durchschaut. Nun hat er mein eigenes Wertstück mitgenommen. Soll er es mitnehmen!" Er verhält sich dann schweigend, weil er weiss, dass der andere im Recht ist. Aber erst bei einer späteren „allgemeinen Beichte" (Kapitel 38, 2) pflegen sie dann zu bekennen, dass sie es tatsächlich waren, und erst bei dem Opfermahl pflegen sich die Beteiligten dann wieder zu versöhnen, vorausgesetzt, dass es sich um einen Diebstahl oder sonstige Vergehen an „Menschen innerhalb" oder durch Heirat Verwandte handelt.

d) Für die Wiedergutmachung bei Frauenmissbrauch ist der stehende Ausdruck „die Frauenschürze knüpfen". Normalerweise muss ein Opfertier gegeben werden. Es kommt aber auch hier wieder wie immer auf die näheren Umstände und Motive an. „Wenn eine Frau in eines anderen Mannes Feld Süsskartoffeln, Gemüse, Mais, Bohnen, Gurken oder sonst etwas heimlich entwendet, und der Besitzer des Feldes sieht sie dabei, so vergewaltigt er sie. Die Frau verheimlicht es dann ihrem Ehemann, denn der würde sie sonst verprügeln, weil das auf Grund ihrer Dieberei an ihr geschah, so dass man dafür keine Sühne fordern kann. Der andere kommt aber für gewöhnlich zum Ehemann und sagt es ihm. Dann pflegen die Ehemänner ihre Frauen mit einem Stock zu verhauen. Zum anderen pflegen sie zu sagen: „Die Frau hat aus deinem Felde gestohlen. Dafür hat du dich an ihr vergangen. Ich werde dir also für die gestohlenen Früchte keine Entschädigung geben. Wir sind quitt!" Der Feldbesitzer pflegt dann zu sagen: „Du sprichst die Wahrheit. Ihrem Diebstahl entsprechend habe ich schon Vergeltung an ihr geübt. Sie soll nicht noch einmal in meinen Feldern stehlen! Ich bin gekommen und habe es bekannt. Das ist genug! Dabei soll es nun bleiben." — „Wenn ein Mann sich grundlos an einer Frau vergeht, ohne dass ihrerseits oder auf Seiten ihres Ehemannes ein Vergehen vorliegt, auf das er sich berufen könnte, so muss er als Sühnegabe ein Opfertier geben, wenn er nicht gespiesst oder der Anlass zu einer Fehde werden will". Hat ein Missetäter gerade kein genügend grosses Opfertier, so bietet er eine grosse Goldrand-Muschel als Sühnegabe an. Kann der geschädigte Ehemann diese Muschel gerade für seine Zwecke gebrauchen, so nimmt er sie an. Denkt er aber daran, dass er seiner Brüderschaftsgruppe ein Opfermahl geben möchte, so lehnt er es ab und besteht darauf, dass er als Sühnegabe ein Schwein erhält.

„Wenn eine Jungfrau einen jungen Mann gerne sieht und ihn verführt, so pflegen die beiden „heimliches Essen essend herumzulaufen". Wenn sie dann gesehen werden und die Leute reden davon, dann lauern die Leute der Jungfrau den beiden auf. Wenn sie sie dann erwischen, pflegen sie den Mann mit dem Beil oder Spiess zu verwunden. Dann pflegen die

Väter und *Mi*-Brüder des Mannes ihn zu fragen: „Gehst du selbst dorthin, wo die Jungfrau wohnt oder kommt sie zu dir, um dich zu verführen?" Wenn er dann sagt, dass er sich an ihr vergeht, weil er denkt, dass sie es verheimlichen wird, da sie ja selbst zu ihm kommt und ihn dazu auffordert, dann pflegen die Väter und Brüder zu sagen: „Man hat unseren Jungen grundlos verwundet". Sie geben dann keine Sühnegaben, sondern lassen es auf eine Fehde ankommen. — Ist es aber so, dass sie sehen, dass die Jungfrau keine Schuld hat, sondern, dass die Schuld bei dem jungen Manne liegt, dann versuchen sie, die Sache dadurch wieder ins Reine zu bringen, dass sie die Jungfrau für den Mann erwerben. Stimmt die Gruppe der Jungfrau zu, so begnügen sie sich mit dem gewöhnlichen „Kaufpreis". — Sehen sie aber, dass der Mann die Frau nur vergewaltigt hat, dann werden die Väter und Brüder über ihn zornig und sagen zu ihm: „Wegen der kleinen Sache müssen wir nun unsere wesentlichen Sachen hingeben, um die Frauenschürze zu knüpfen". Im Zorn gehen sie dann hin, schlagen Schweinepflöcke ein, binden Schweine an und geben Wertsachen, wie man es beim „Frauenkauf" zu tun pflegt. Dann sagen sie zu dem jungen Mann: „Du hast dich mit der Frau nur vergnügt und willst sie nicht heiraten! Die Sachen, die wir für eine Frau für dich gegeben hätten, haben wir nun für deine bösen ‚Kunststücke' weggeben müssen. Nun siehe du zu, wie du zu einer Frau kommst. Warum hast du aus Auflehnung gehandelt!".

e) Sühnegaben eines Bruders für Vergehen an der Frau des Bruders: „Wenn einer von zwei Brüdern, die im besten Einvernehmen miteinander leben, längere Zeit von daheim abwesend ist, so pflegt der Bruder, der zu Hause ist, auch die Frau des Bruders mit Feuerholz zu versorgen und ihr sonst allerlei kleine Dienste zu erweisen. Dabei kommt es dann nicht selten vor, dass die beiden ‚heimliches Essen essen'. Wenn dann später der Bruder nach Hause kommt, so pflegt die Frau nichts davon zu verraten, weil sie sich sagt, die Brüder werden darüber in Streit geraten. Ärgert sich aber die Frau dann einmal besonders über ihren Mann, dann pflegt sie die Sache im Ärger zu verraten. Dann ziehen sich die beiden Brüder an den Haaren, raufen und prügeln sich. Sie hegen dann Rache-Zorn gegeneinander. Schliesslich sagt der Schuldige, er wolle durch Hergabe eines grossen Opfertieres die Frauenschürze knüpfen. Sie halten dann ein gemeinsames Opfermahl und dann ist das gute Einvernehmen wieder hergestellt. — Eine kluge Frau aber behält die Sache ganz für sich, damit es nicht zum Streit unter den Brüdern kommt. Sie pflegt dann nur für sich zu denken: Warum nur habe ich nicht nein gesagt?! Warum nur hat er es nicht sein lassen?! So macht sie sich selbst Vorwürfe, aber schweigt.

f) Sühnegaben einer Frau an ihren Mann: „Wenn einer von zwei Brüdern lange abwesend ist, und die Ehefrau des Abwesenden fordert dann den, der zu Hause ist, auf, sich an ihr zu vergehen, so pflegt der standhafte Mann daran zu denken, dass er mit seinem Bruder in bestem Einvernehmen zu leben pflegt. Er vergeht sich nicht an der Frau seines Bruders und pflegt sie abzuweisen. Wenn dann später sein Bruder wieder zurückkommt, so pflegt er ihn darauf aufmerksam zu machen, welch' ein Ansinnen die Frau an ihn stellte. Er warnt seinen Bruder und sagt zu ihm, er solle auf der Hut sein, denn diese Frau sei sicher auch bereit, von seinen Feinden Todeszauber anzunehmen, um ihren Mann damit zu Tode zu zaubern. — Der Bruder macht dann seiner Frau die schwersten Vorwürfe und nimmt ihre Netzsäcke und Fettflaschen und stellt sie vor die Türe auf den Hof hinaus als unmissverständliches Zeichen, dass er sich von ihr scheidet. Wenn dann die Frau heim in ihren väterlichen *Kona* kommt, fragen ihre Väter und Brüder nach dem Grund. Sie machen ihr dann Vorwürfe. Sie pflegen zu sagen: ‚Was sollen wir nun tun? Warum hast du das getan? Nun kommst du verprügelt und verstossen nach Hause!' Sie pflegen dann der Frau ein Schwein und ein Wertstück zu geben und zu sagen: ‚Dies geben wir ins Männerhaus hinein, d. h. es ist die Sühnegabe für deinen Mann. Bringe es hin zu ihm!' Die Frau bringt es dann ihrem Mann und er pflegt die Sühnegaben anzunehmen. Er ermahnt dann seine Frau, sie solle nicht mehr vor anderen Männern ‚die Schilfrohrblüte spielen', sondern ihres Vaters starker *man*-Rede eingedenk sein. Die beiden leben dann wieder miteinander".

g) Sühnegaben eines Ehemannes für schlechte Behandlung seiner Frau: „Wenn ein Mann seine Frau ohne Grund zankt und schimpft, sie schlägt und in jeder Hinsicht schlecht behandelt, dann sagt die Frau schliesslich zu ihm: ‚Mache ich vielleicht meine Arbeit schlecht, dass du mich so behandelst? Ich pflege auf dein Wort zu hören, versorge dauernd die Schweine, halte die Felder in Ordnung, ziehe die Kinder auf und doch behandelst du mich so! Nun sollst du deine Süsskartoffeln im Blätterbündel herumtragen, d. h. kaltes Essen haben. Ich will nun heim in meinen väterlichen Kona gehen.' Mit diesen Worten verlässt sie ihn. — Der Mann pflegt dann bald in sich zu gehen und zu sich selbst zu sagen: ‚Meine Frau ist wahrlich fort! Warum nur habe ich sie immer so behandelt? Weil ich frevelhaft an ihr gehandelt habe, muss ich nun kaltes Essen haben und wie unter einem fremden Dache schlafen!' Er geht dann schliesslich denselben Weg nach, den seine Frau genommen hat und sagt zu ihr, er sei gekommen, um sie wieder zu sich zu nehmen. Dann pflegt die Frau zu ihm zu sagen: ‚Deine Leute haben dich wohl schlecht versorgt, dass du nun zu mir gelaufen kommst?!' So höhnt und schimpft sie ihn. Aber er sagt: ‚Ich will dir eine Sühnegabe geben dafür, dass ich dich mit dem Prügel geschlagen habe. Komm mit heim! Sage, dass einer deiner Leute mit uns beiden kommen solle, dem du das Schwein übergeben willst'. Die Frau pflegt dann entweder ihren Vater, ihren Bruder oder eine ihrer Schwestern mitzunehmen, je nachdem, wem sie gerade für Empfangenes eine Gegengabe zukommen lassen will. Dem Betreffenden übergibt sie dann das Schwein, das sie von ihrem Mann als Sühnegabe erhält.".

„Hat ein Mann guten Grund, seine Frau zu verprügeln, so gibt er keine Sühnegaben. Wenn eines Mannes Ehefrau die Süsskartoffelfelder nicht jätet, beim Ausgraben der Früchte nicht schonend vorgeht, sondern gleich die kleinen Früchte mit den grossen ausreisst und die Beete zerstört, so dass nichts mehr nachwachsen kann; wenn sie dem Mann Süsskartoffeln nicht brät und die Kinder nicht mit Nahrung versorgt; wenn sie gleichgültig und verkommen herumliegt oder faul und anderen Männern schöne Augen machend herumläuft, dann schimpft sie der Mann. Er pflegt zu sagen: ‚Hat dir dein Vater keine starke *man*-Rede mitgegeben oder hat er mich zum Besten gehalten und mir etwas anderes gegeben, als was ich damals haben wollte?!' Er greift dann zum Stock, verprügelt sie und jagt sie schliesslich davon. — Wenn dann die Frau in ihren väterlichen *Kona* kommt, pflegen ihre Väter und Brüder zu sagen: ‚Wir haben dich dem Manne gegeben und für dich den ‚Kaufpreis' erhalten! Wärest du doch dem Manne auch eine ordentliche Frau! Wir sollen dich wohl nun bemitleiden, dich pfleglich behandeln und versorgen? Das werden wir nicht tun! Wegen deiner Widerborstigkeit hat dich dein Mann verprügelt und fortgejagt. Wir kennen dich ja. Aber wenn du in dich gehen und zu ihm zurückkehren willst, werden wir dir eine Sühnegabe für deinen Mann mitgeben. Wenn du aber verkommen und verwildert herumlaufen willst, so tue es. Wir können dich nicht halten'. — Der Ehemann bedauert es zwar, dass er nun mit kaltem Essen zufrieden sein muss, aber er holt die verkommene Frau nicht zurück, sondern denkt daran, eine andere zu heiraten. Die Frau kommt dann aber gelegentlich wieder zu ihm zurück und er verhält sich schweigend. Wenn sie es aber wieder treibt wie vorher, vertreibt er sie von seinem *Kona*. Sie lässt sich dann mit anderen Männern ein und treibt sich mit ihnen herum. Solche Frauen pflegen wir dann Huren zu nennen. Der Ehemann verlangt dann von den Vätern und Brüdern einer solchen Frau, dass sie ihm ‚den Kaufpreis ausgraben und zurückgeben'. Manche pflegen das dann auch zu tun. Andere pflegen zu sagen: ‚Haben wir die Frau vielleicht noch bei uns, um sie einem anderen Manne zu geben? Die Sachen, die wir seinerzeit von deiner Gruppe für sie erhielten, sind längst nicht mehr in unseren Händen. Wir wollen dir aber eine Entschädigung geben'. Sie pflegen dann dem Manne ein Opfertier oder eine Goldrand-Muschel anzubieten. Wenn er es ablehnt, kommt es zu einer Fehde. — Manche gutmütigen Männer pflegen zu der Untüchtigkeit und dem Ungehorsam ihrer Frauen zu schweigen und sich zu sagen, es sei ja schliesslich die Frau, die sie sich mit viel Schweinen und Wertsachen erworben hätten".

Zuweilen pflegt auch ein Mann von seiner Frau Sühnegaben zu fordern. „Wenn eine Frau den Mann spielt, dann hält sie sich einen Prügel griffbereit. Sie pflegt den Mann damit über den Kopf zu schlagen, dass ihm der Schädel aufspringt. Dann pflegt der Mann zu sagen: ‚Du hast mich geschlagen, nun gib mir eine Sühnegabe!' Die Frau geht dann zu ihren Leuten und sagt, sie sei in Verlegenheit, da ihr Mann eine Sühnegabe von ihr fordere, weil sie ihn verprügelt habe. Sie habe aber gegenwärtig nichts an der Hand. Dann geben ihr die Väter oder auch ihre Schwestern ein Schwein oder eine Muschel. Dies gibt sie dann ihrem Mann. Der Mann pflegt es anzunehmen. Er sagt sich aber, dass die Frau ihn wieder schlagen könnte und und hütet sich, ihr ein böses Wort zu geben. Seine Leute aber höhnen ihn und sagen, dass die Frau sich ja wahrlich in einen Mann verwandelt habe. ‚Du als Mann bist ja wie eine Frau!' Mit solchen Worten verlachen sie ihn und machen ihm Vorwürfe. Sie pflegen ihn ‚die Frau' und seine Frau ‚den Mann' zu nennen".

Erschlägt ein Mann seine Frau, so muss er zur Sühne viele Opfertiere und Wertsachen geben, wenn er nicht selbst umgebracht werden und seine Gruppe in einen Krieg verwickeln will. „Wenn sich zwei Eheleute dauernd streiten, an den Haaren ziehen und zu verprügeln pflegen, so kommt es vor, dass der Mann seiner Frau die Rippen einschlägt und sie tötet. Er macht sich dann selbst schwere Vorwürfe: ‚Warum nur bin ich ein solcher?! Hätte ich doch zu ihren Reden geschwiegen! Wäre ich doch weggegangen zu den anderen Männern! Warum hielt ich mich immer um sie her auf und habe nun aus welchen Gründen eigentlich meine einzig-wertvolle Frau erschlagen?!' Er hackt sich dann ein Fingerglied ab, bestreut Haar und Bart mit Asche, beschmiert sich über und über mit gelber Erdfarbe, weint und hält die Klage. Seine *Mi*-Brüder pflegen dann zu sagen: ‚Was willst du mit dir selbst und deinen Kindern anfangen, wo nun die nasskalte (Diesig-Wetter-) Zeit über deinen *Kona* gekommen ist? In welcher Meinung und Absicht hast du das denn getan? Wirst du nun die Frau, die du dir aus den Augen geschafft hast, wieder zurückholen können?' Sie halten dann die Totenklage. — Die Leute der Erschlagenen beschmieren sich über und über mit Asche und gelber Erdfarbe, kommen alle zusammen in grossen Scharen klagend und heulend, die Arme in die Luft werfend, sich Haar und Bart raufend in tänzelnden Schritten im Kreise sich bewegend und klagend vorwärts-schreitend in den *Kona* des Mannes. Dort angekommen stürzen sie sofort auf das Frauenhaus los, reissen es nieder und legen Feuer an. Mütter und Schwestern der Erschlagenen halten den Leichnam auf dem Schoss und klagen: ‚Warum hat er dir das getan?' Der Ehemann und seine Brüder schlagen Pflöcke ein und binden Opfertiere an, legen Muscheln auf und sagen: ‚Dafür, dass wir (!) eure Frau getötet haben, geben wir diese Sühnegaben. Wir geben sie ‚auf ihr Haupt', d. h. als Opfergaben für sie und ihre Geister. Wir geben sie ‚den Leichnam einwickelnd', d. h. als Sühnegaben an euch'. — Es kommt dann noch zum Feilschen, bis man sich über die Höhe der Sühnegaben wirklich einigt. Bei der Annahme wird von den Vätern und Brüdern der Erschlagenen ‚das *Mi* anfassend' feierlich erklärt, dass man diese Sühnegaben annehme, weil man auf Blutrache verzichten wolle. Sie pflegen zu dem Manne zu sagen: ‚Wir nehmen nun die Schweine und Wertsachen mit uns fort. Du aber iss deine Mahlzeiten und verbringe deine Nächte mit deinen Waisenkindern, wo nun die nasskalte (Diesig-Wetter-) Zeit über deinen *Kona* gekommen ist, so wie du das ja wolltest, als du es verübtest. Wir kehren dir nun für immer den Rücken und gehen unserer Wege!" — (Der Singular der Anrede bezieht sich ebenso auf die ganze Gruppe.) Versöhnung mit ihr gibt es nun nicht. Die „Sühne"-Gaben sind nur Schadenersatz und „Schmerzensgeld" und sollen verhindern, dass es über dem Mord zu Streit und Krieg kommt. Dieser Unterschied ist wichtig.

h) Sühnegaben bei Verstössen gegen Tabu-Regeln: Die Schwiegereltern pflegen den Schwiegersohn nicht bei seinem Namen zu nennen, sondern nennen ihn etwa *nonda*, Pilz, oder bei allerlei anderen Decknamen. Wenn sie unter sich im Gespräch einmal vergesslicherweise doch den Namen des Schwiegersohnes aussprechen, so erschrecken sie und der Betreffende sagt dann, nun habe ich wahrlich nicht daran gedacht und habe den „Pilz" bei seinem Namen genannt! Wenn sie aber in Gegenwart des Schwiegersohnes aus Vergesslichkeit dessen Namen gebrauchen, so geben sie ihm eine Sühnegabe. Hat die Schwiegermutter den Namen gebraucht, so gibt sie vielleicht einen Schweineschlegel oder auch ein kleines Ferkel. Ist es der Schwiegervater, so gibt er ebenfalls entweder ein Schwein oder aber eine Goldrand-Muschel mit den Worten: „Ich habe deinen Namen gebraucht und schäme mich; deshalb gebe ich dir dies zur Sühne." — Wenn der Schwiegersohn es einmal vergisst und die Schwiegereltern statt mit einem Decknamen direkt anredet, so erschrickt er und denkt bei sich: „Nun werden die beiden im Ärger mir sicherlich die Frau wegnehmen!" Er gibt dann ein Schwein, ein Beil oder eine Muschel als Sühnegabe. — Auch seiner Frau gegenüber darf er nicht die Namen ihrer Eltern gebrauchen. Passiert es ihm doch einmal, so stellt ihn die Frau sofort zur Rede und fragt, ob ihre Eltern wohl seine Sachen weggenommen oder weggegessen hätten, ohne ihm Gegengaben zu geben, weil er hier ihren Namen gebrauche? Ob er das wohl aus Vergeltung und Rache-Zorn tue? Dann gibt es zwischen beiden einen heftigen Wortwechsel. Die Frau nennt ihren Mann etwa einen armen Schlucker, bei dem ihr der Mund vom Schweinefett — guten Einvernehmen — stets trocken bliebe. Er nennt sie die widerborstige Tochter eines „Armenhäuslers". Im Zorn greift die Frau vielleicht zuerst nach einem Prügel. Der Mann tut desgleichen. Hat er das Pech, dass bei der Frau ein Striemen blutet, so rennt die Frau sofort zu ihrem Vater und berichtet ihm: „Zuerst hat er unverschämterweise deinen Namen gebraucht.

Als ich ihn darüber zur Rede stellte, schlug er mich blutig. ‚Blut essend komme ich nun zu dir!' " — Da muss der Mann schliesslich ein grosses Opfertier u n d eine Goldrand-Muschel zur Sühne geben. — Der Schwiegervater gibt dann aber nach einiger Zeit seiner Tochter ein kleines Schwein zum Aufziehen, damit sie es später ihrem Mann geben kann.

„Wir Männer pflegen auch die Frau des Bruders unserer Ehefrauen, des Schwagers also, nicht bei ihrem Namen zu nennen. Tun wir es doch einmal, so sagt die Frau zu unserer Ehefrau: ‚Dein Mann hat wohl Sachen für mich gegeben, dass er mich bei meinem Namen nennt?' Die Ehefrau sagt es dann ihrem Mann, dass er eine Sühnegabe geben soll. Sie beschliessen dann beide, ein kleines Schweinchen zu schlachten und der Schwägerin davon zu geben. — Weigert sich aber der Mann, etwas zu geben, so meiden Schwager und Schwägerin ihn und seine Frau. Sie pflegen dann nicht mehr zu Besuch zu kommen, und wenn sie sich draussen irgendwo begegnen, so gehen sie ‚mit totem Gesicht' an ihnen vorüber. Dann pflegt die Frau zu ihrem Manne zu sagen: ‚Nun kommen die beiden nicht mehr in deinen *Kona*. Die beiden kennen uns nicht mehr. Siehst du das oder siehst du es nicht? Nun lass uns doch endlich eine Sühnegabe geben!' Dann geben sie, was sie eben zur Verfügung haben: Schweinefleisch und ein Beil oder eine Goldrand-Muschel."

i) Fälle, in denen man auf Klage und Forderung von Sühnegaben verzichtet: Hier handelt es sich um Fälle unter Verwandten und „Menschen innerhalb", wo auf Grund einer vorhergehenden Missetat die Geschädigten oder Beleidigten sofort Vergeltung üben. „Wenn ein Mann seine Schwester beleidigt oder ihr etwas entwendet, die Schwester ihm dann dafür auch etwas wegnimmt, so pflegt er dazu zu schweigen. Genauso pflegen sie es im umgekehrten Fall zu machen. Der Schwager pflegt es schweigend hinzunehmen, wenn sein Schwager wegen einer Beleidigung etwas von seinen Sachen entwendet. Die Mutter pflegt es schweigend hinzunehmen, wenn die Tochter es tut und umgekehrt. Der Schwiegervater pflegt es schweigend hinzunehmen, wenn der Schwiegersohn es tut. Der Onkel, der Neffe, die Tante, die Nichte, der Vetter, die Base, der Vater und der Sohn, alle pflegen es schweigend hinzunehmen, wenn einer auf Grund eines Vergehens etwas wegnimmt. Erst bei Krankheit beichten sie die vorhandene Verstimmung."

KAPITEL 36
SÜHNEGABEN AN DIE KRIEGSVERBÜNDETEN

Hier geht es um ein Vergehen besonderer Art, für das ebenfalls „Schadenersatz" geleistet werden muss. Es handelt sich darum, dass die Gruppe, die einen Krieg anfing, für die in solch' einem Krieg Gefallenen ihrer Verbündeten Sühnegaben geben muss. Die kriegsschuldige Gruppe wird als „Kriegsursächer" bezeichnet. Verbündete Gruppen kommen ihr zu Hilfe. Die Motive sind dabei nicht nur die bestehenden Heirats- und Wirtschaftsverbindungen, sondern vor allem die Aussicht auf die Belohnung und auf den möglichen Gewinn an Feldfrüchten, Wertsachen und Schweinen, falls man die Gegner besiegt. Denn dann kann man ihre Felder plündern und die Wertsachen und Schweine rauben. Freilich gibt es dabei auch bei den Verbündeten nicht etwa nur Verwundete, sondern auch Tote. Obwohl nun solche Kriegshilfe ganz freiwillig geschieht, gibt man doch dem Kriegsursächer allein die Schuld am Tode dieser Gefallenen. Der stehende Ausdruck für „Kriegsverbündete" ist darum *kui-wö*, „Sterbe-Mann", d. h. der Verbündete „stirbt für den Kriegsursächer". Er ist der Schuldige an ihrem schmerzlichen Verlust. Für diesen Verlust muss er sie entschädigen. Der „Sterbe-Mann" ist wegen seiner Gefallenen von Rache-Zorn gegen den Kriegsursächer erfüllt. Dieser ist nun bei ihm in schwerer Schuld, und solange er diese Schuld nicht bereinigt hat, nimmt sich sein „Sterbe-Mann" gegen ihn alles heraus. Auf Grund der vorliegenden Schuld holen sich die Verbündeten dann ganz frei und offen Früchte aus den Feldern des Kriegsschuldigen. Sie nehmen ihnen Wertsachen und Schweine ab und rechtfertigen es mit der vorliegenden Schuldverpflichtung. Die Gruppe, die einen Krieg anfing, ist nach langer Kriegsdauer nicht in der Lage, die hohen Sühnegaben für die Gefallenen ihrer Verbündeten sofort zu geben. Ich habe selbst Fälle erlebt, wo diese Sühnegaben erst nach 25 und mehr Jahren gegeben wurden! Gegen das dreiste Benehmen des „Sterbe-Mannes" kann sich die kriegsschuldige Gruppe kaum wehren, da sie es nicht auf eine Fehde mit ihren Verbündeten ankommen lassen kann. Sie muss es also schweigend hinnehmen, wenn ihr irgendwelche Güter einfach abgenommen werden. Man pflegt dann zu sagen: Unser ‚Sterbe-Mann' tut es. Was können wir da sagen!" Aber vergessen wird bei den *Mbowamb* natürlich nichts und alles, was ein „Sterbe-Mann" der Gruppe, die den Krieg anfing, etwa an Wertsachen, Früchten, Schweinen usw. abnimmt, wird ihm genau angerechnet.

Für jeden Gefallenen solcher Verbündeten müssen mindestens vier Opfertiere und vier Goldrand-Muscheln gegeben werden. Dazu noch sogenannte Zugaben an Salz, Muschelschnüren, Beilen usw. Die Übergabe dieser Sachen geschieht öffentlich und in derselben Weise wie ein Schweine-*Môka* (Kap. 53) oder wie ein Muschel-*Môka* (Kap. 54). Nicht jede solche öffentliche zeremoniale Übergabe von Wirtschaftsgütern ist also ein *Môka*. — Die öffentliche Übergabe der Sühneleistung für die Gefallenen eines Kriegsverbündeten geschieht nicht auf einmal, sondern in Stufen.

1. Das „Mann tragen": Die Gruppe, die den Krieg anfing, wodurch sie also ihrem Verbündeten Verluste verursachte, schlachtet eine Menge Opfertiere. Es müssen so viele sein, dass die sämtlichen *Rapa*-Gemeinschaften des „Sterbe-Mannes" genügend Fleisch erhalten können. Die Brüderschaftsgruppen der *Rapa*-Gemeinschaften des Kriegsursächers tragen alle dazu bei, die nötige Anzahl von Opfertieren zusammenzubringen. Man setzt seinen Stolz darein, dass man womöglich für jeden Gefallenen acht grössere und kleinere Tiere aufbringt. Die Kriegsschuldigen schlachten (opfern) diese Tiere auf ihren jeweiligen Zeremonialplätzen. Sie dämpfen das Fleisch in ihren eigenen Erdöfen, damit sich erst einmal ihre Totengeister an dem aufsteigenden, krafthaltigen Opferduft laben können. Dadurch stellen sie die Geister zufrieden und wenden Gefahren von dieser Seite von sich ab. Was beim Schlachten an „kleinen Sachen" abfällt, wird im Opfermahl verzehrt. Dieses Mahl erneuert das gute Einvernehmen in den eigenen Reihen. Von den grossen Fleischstücken verzehren sie nichts. Die Rücken- und Seitenstücke werden zum Zeremonialplatz des „Sterbe-Mannes" getragen. Dorthin hatte man natürlich schon lange vorher Botschaft geschickt. Dort ist nun die ganze Gruppe des „Sterbe-Mannes" versammelt und hat nach *Rapa*-Gemeinschaften Platz genommen. An

diese *Rapa*-Gemeinschaften wird dann das Fleisch verteilt, und diese nehmen es mit auf ihre eigenen Zeremonialplätze, wo sie es an ihre jeweiligen Altvater-Sohn-Gruppen verteilen und diese wieder an ihre Brüderschaftsgruppen. Die leiblichen Väter und Brüder der Gefallenen erhalten den doppelten Anteil. *Mi*-Verwandtschaft, nächste Blutsverwandtschaft und „distributive Gerechtigkeit" kommen also bei diesen wirtschaftlichen Dingen auch immer zu ihrem Recht. Das Fleisch wird dann in den eigenen Erdöfen zusammen mit viel vegetabilischer Nahrung wieder aufgewärmt und gedämpft. Der aufsteigende Opfergeruch kommt nun auch hier den Geistern und besonders den Gefallenen zugute. Das Opfermahl stellt das gute Einvernehmen zwischen ihnen und ihren Gefallenen und sonstigen Totengeistern wieder her; auch das gute Einvernehmen unter den Geistern selbst! Denn diese Mannen konnten im Krieg ja nur deshalb fallen, weil sie von ihren eigenen Geistern „ausgeliefert" worden waren. Es ist wichtig, diese religiöse Seite der Sache im Auge zu behalten, denn wie in allen wirtschaftlichen Dingen der *Mbowamb*, so geht es auch bei der Wiedergutmachungsleistung für Gefallene der Verbündeten nicht nur um materielle Dinge, sondern immer auch um die zwischenmenschlich-seelischen und hintergründigen Beziehungen. Diese öffentlich-zeremoniale Übergabe von Opferfleisch für die Kriegsgefallenen heisst in der Sprache der *Mbowamb* wörtlich das „Mann tragen". Es ist daran zu erinnern, dass das Verb „tragen" auch für „zeugen" und „gebären" verwendet wird, und dass nach dem Glauben der *Mbowamb* Kinder gleichsam aus dem Opfer „getragen" werden. Die Gruppe des „Sterbe-Mannes" wurde durch die Kriegsverluste an Männerkraft geschwächt. Dieses Opferfleisch soll die Toten und hintergründigen Mächte versöhnen und so wieder „Männer tragen".

2. „Auf dem Männer-Haupte tun": Das Verb „tun" bedeutet auch das kultische Tun. Hier handelt es sich um die Übergabe von Wertsachen an die Verbündeten zwecks weiterer Vergütung ihres Verlustes an Zeugungs-, Wehr- und Wirtschaftskraft durch ihre Gefallenen. Während das „Mann tragen" möglichst bald nach dem eingetretenen Friedensschluss getan werden soll, um durch die Opfer an die Geister das gute Einvernehmen mit ihnen und untereinander wieder zu erneuern, kann diese Übergabe der Wertsachen sich unter Umständen über viele Jahre hinziehen, bis sie endlich stattfinden kann. Die Wertsachen wollen ja auch erst zusammengebracht sein. Ich habe z. B. 1951 eine solche Übergabe miterlebt. Da wurden für zwölf Gefallene 120 Goldrand-Muscheln gegeben; für jeden also zehn. Das ist bei der heutigen „Muschel-Inflation" möglich. Aber auch früher setzte man seine Ehre darein, möglichst viel zu geben als Ausdruck der eigenen Mächtigkeit und magischen Kraft, als „Triumph" gegen die Feinde und zur Begründung oder Erneuerung der guten Reputation bei den „Sterbe-Männern", dass sie einem auch bei der nächsten Verwicklung wieder gerne als Verbündete zu Hilfe kommen. In dem angeführten Beispeil wurden dann drei Jahre später für jeden Gefallenen auch zehn lebende Opfertiere gegeben (s. u.). Der Krieg, in dem die Männer gefallen waren, musste mindestens schon vor 25 Jahren stattgefunden haben, denn die Leute sagten mir, es sei schon gewesen, lange bevor die Weissen kamen. — Auch die Übergabe von Wertsachen geschieht wieder als öffentlich-feierliche Zeremonie. Der Termin wird natürlich schon lange vorher zwischen den beteiligten Parteien festgesetzt. Wie wenig der Begriff „Bezahlung" anwendbar und richtig ist, geht nun daraus hervor, dass diese Wertsachen nicht einfach so übergeben werden, sondern der „Sterbe-Mann" bringt zum Tage der Übergabe eine dem

Wert der Wertsachen einigermassen entsprechende Anzahl lebender Opfertiere mit und übergibt sie an die *Rapa*-Gemeinschaften der „Kriegsanfänger", die sie dann wieder unter sich verteilen. Dann erfolgt die Übergabe der Wertsachen, die nun die *Rapa*-Gemeinschaften des „Sterbe-Mannes" mit heimnehmen und unter sich verteilen. Wieder erhalten die nächsten Verwandten der Gefallenen mehr als der grosse Kreis der *Mi*-Verwandten. Zu den acht oder zehn Goldrand-Muscheln für jeden Gefallenen hinzu erhält der „Sterbe-Mann" noch Kauri-Schnüre, Kasuare, Beile, Messer usw. als „Zugaben".

Warum nennt man diese öffentliche Übergabe nun nicht ein *Môka*, obwohl es diesem so ganz gleich ist? Warum nennt man es „auf dem Männerhaupte tun"? Weil es für die Häupter der Gefallenen ist, nicht nur als Entschädigung für die Lebenden, sondern als Versöhnung für die Toten. Es ist nicht nur wirtschaftliches, sondern vor allem auch kultisches Tun. Man muss hier auch daran denken, dass die *Mbowamb* ihre Opfertiere als „unsere Seele" bezeichnen können (Kap. 18, 10), denn es hängt ihr Leben daran. Die Gruppe nun, die den Krieg anfing, gab beim „Mann tragen" viele ihrer Opfertiere hin. Nun gibt dafür der „Sterbe-Mann" viele seiner Opfertiere her. Das ist mehr und etwas ganz anderes als „Bezahlung" oder „Vergütung". Es ist Austausch des Besten, was man hat und darum Wiederherstellung des Vertrauens und der guten Beziehungen, immer auch unter Einschluss der hintergründigen Mächte, die im beiderseitigen *Mi* wirksam sind.

In der Sprache der *Mbowamb* liegt dieses ganzheitliche Verständnis von Hause aus vor, aber in unserer Sprache muss man es infolge unseres säkularisierten Denkens, das alles in Sektionen spaltet, schon eigens erwähnen.

Auch die Wertsachen werden nun von den Empfängern nicht ohne Opfer in Besitz genommen. Man muss folgendes bedenken: Ihrem Rache-Zorn nach, dafür dass sie sterben mussten, beanspruchen die Toten, dass für sie Blutrache geübt wird. Die leiblichen Brüder der Gefallenen tragen deshalb auch jeder einen Knochen von jedem Gefallenen bei sich. „Den Knochen bei sich tragen" heisst soviel wie der Blutrachepflicht eingedenk sein, um sie eines Tages auszuführen. Da die Gruppe der „Kriegsanfänger" für den Tod der Gefallenen verantwortlich gemacht wird — denn man sagt, hätten sie keinen Krieg angefangen, so hätten unsere Brüder nicht sterben müssen — müsste man eigentlich für jeden der Gefallenen aus den eigenen Reihen einen Mann aus den Reihen des „Kriegsanfängers" umbringen. Das gäbe unendliche Feindschaft und blutige Kämpfe. Eben um das zu verhüten, leisten die „Kriegsanfänger" diese Wiedergutmachung, wodurch gewiss der Rache-Zorn der Verwandten der Gefallenen gestillt, vor allem aber auch die Versöhnung mit den Toten und damit Entbindung von der Blutrachepflicht erreicht werden soll. Darum nimmt man auch nach dem Empfang der oben erwähnten Wertsachen ein Opfertier und opfert jedem der Gefallenen. Im Opfergebet sagt man ihnen: „Wir wollen euren Tod an dem ‚Kriegsursächer' rächen, dem wir als Verbündete helfen mussten, wodurch ihr gefallen seid. Deshalb tragen wir eure Knochen noch immer bei uns. Erst nach vollzogener Blutrache wollten wir euch die Knochen zurückgeben (nämlich ins Grab). Aber seht, nun kommen die Wertsachen über uns wie eine Flut und reissen uns mit fort! Was sollen wir da sagen?! Darum seid uns nicht böse, dass wir keine Rache für euch üben werden, sondern freut euch mit uns an den Wertsachen! Wir bringen euch heute darum schon wieder ein Opfer dar, dass ihr den kräftigen Opfergeruch geniessen und euren Rache-Zorn stillen könnt. Wir werden euch immer wieder solche Opfer darbringen, damit zwischen euch und uns ‚fettes Fleisch — gutes Einvernehmen' herrscht. Geniesst nun das Opfer und benehmt euch ordentlich (!)", d. h. schickt uns nun nicht Unglück, Krankheit usw., weil wir nun keine Blutrache für euch üben.

3. „Schwein Haupt kochen und geben": Bald nach dem Empfang der Wertsachen schlachten die Empfänger eine Anzahl Schweine. Die Bezeichnung „Schwein Haupt kochen und geben" wird sonst gebraucht für das grosse Totenmahl, das man grossen Häuptlingen veranstaltet, die für eine ganze Ableger-*Mi*-Gruppe Bedeutung hatten (Kap. 56). Es handelt sich also auch hier um solch' ein grosses Totenmahl für die Gefallenen, die durch ihren Tod im Kampfe ebenfalls Bedeutung für ihre ganze Gruppe erlangten und nicht nur für die einzelne *Rapa*-Gemeinschaft, der sie zugehörten; oder gar nur für ihre eigene kleine Brüderschafts- oder Vater-Sohn-Gruppe. Von dem Fleisch bringen sie nun der Gruppe, die den Krieg anfing und der sie als Verbündete halfen. Wieder wird nach *Rapa*-Gemeinschaften davon verteilt. Diese verteilen es dann wieder weiter an ihre kleinen und kleinsten Untergliederungen. Ein besonders grosses Schwein, das schon geschlossene Eberhauer hat, bringen sie lebend mit. Sie schlagen einen Pfosten ein, binden es an und sagen: „Dies bringen wir euch mit, damit ihr uns später ‚Schweine auf dem Wege tuend gebt' ". Die Empfänger sagen dann: „Wir werden euch bald ‚Schweine auf dem Wege tuend geben' ". Das sagen sie „*Mi* anfassend", also gilt es für beide Seiten als rechtlich bindende Zusage. Es kann dieser letzte, die ganze Angelegenheit endgültig abschliessende Akt trotz des „bald" nämlich nicht sofort steigen. Was bei ihnen „bald" heisst, wissen die *Mbowamb* ja alle. Es müssen ja die einstigen „Kriegsursächer" erst die nötige Anzahl an „Schweine-Setzlingen" sich verschaffen, die dann erst aufgezogen werden müssen, ehe sie ihr Versprechen einlösen können.

4. „Schweine auf dem Wege tuend geben": Hier handelt es sich um die abschliessende Übergabe einer Anzahl lebender Opfertiere. Wie schon erwähnt, wurden bei der Gelegenheit, die ich selber verfolgen konnte, für jeden Gefallenen zehn lebende Schweine gegeben. Jede *Rapa*-Gemeinschaft der Gruppe, die einst den Krieg anfing, sieht zu, dass von ihren kleineren Untergruppen für diesen Zweck kleine Schweine bestimmt und aufgezogen werden. Sind sie dann gross genug, so werden sie zum bestimmten Termin alle zusammen auf den Zeremonialplatz des Häuptlings gebracht, der als der eigentliche Ursächer des einstigen Krieges galt oder gilt. Dort werden sie abgezählt und eingeteilt, dass Zahl und Grösse den *Rapa*-Gemeinschaften der Empfänger, also des „Sterbe-Mannes" entspricht. Man lädt dazu auch die führenden Männer des „Sterbe-Mannes" ein, damit sie in Augenschein nehmen können, was sie empfangen sollen. Bei dieser Gelegenheit bestimmt man für gewöhnlich auch den Termin der öffentlichen Übergabe.

Diese Übergabe findet nicht auf einem Zeremonialplatz statt, sondern auf dem Wege in das Siedlungsland der Verbündeten. Die Tiere werden an Pflöcken angebunden, die in einer langen Reihe auf dem Wege eingeschlagen sind. Die Geber rufen nun aus, welche Schweine für die verschiedenen *Rapa*-Gemeinschaften des „Sterbe-Mannes" bestimmt sind. — Jede *Rapa*-Gemeinschaft des „Sterbe-Mannes" hat ihrerseits ein grosses Schwein mitgebracht. Diese werden nun einzeln an den einstigen „Kriegsursächer" übergeben, und zwar jeweils eines von einem leiblichen Bruder eines Gefallenen. — Dann erst erfolgt die Übergabe der hundert und mehr Schweine an die Verbündeten. Sie nehmen sie in Empfang, indem einer oder mehrere ihrer *wö nuim* vom Anfang der langen Reihe aus die ganze lange Reihe der Tiere entlang springen und dann wieder an den Anfang zurück, wo sie mit dem Ruf *aŋk*-e, d. h. „o, mein lieber Freund und Bruderl" einen Luftsprung machen, um möglichst dröhnend auf dem Boden aufsetzen zu können. Dann führen sie die Tiere nach Hause. Daheim verteilen die Brüder der Gefallenen sie so, dass sie eines für jeden Gefallenen und eines für sich selbst, sowie eines für jeden weiteren leiblichen Bruder eines Gefallenen behalten. Die übrigen werden so verteilt, dass jede Brüderschaft mindestens eines erhält. Die Tiere werden dann gemeinsam geschlachtet und verspeist. Man salbt sich mit dem Fett ein, schmückt sich und tanzt.

Da also auch bei diesem letzten Akt der „Sterbe-Mann" nicht nur viele Opfertiere empfängt, sondern auch von seinen eigenen für jeden Gefallenen zwar nur eines, aber doch ein besonders grosses hingibt, so ist es zugleich wieder Austausch von Opfertieren, so dass „fettes Fleisch — gutes Einvernehmen" nicht nur unter den lebenden, sondern auch unter den toten Gliedern der beiden *Mi*-Gruppen vorhanden ist. Warum aber findet diese letzte Zeremonie auf dem Wege statt? „Weg" bedeutet auch „gute Beziehung", denn dann wird der Weg nicht vergrasen, sondern häufig begangen werden. Durch die Bereinigung der Schuld für die Gefallenen und durch die dadurch erzielte Beseitigung der Gefahr der Blutrache etwa durch Dingen von Mördern oder durch Anwendung von Todeszauberei, ist die friedliche Beziehung zwischen den beiden Gruppen endgültig wieder hergestellt und neu befestigt. Der Weg zwischen den beiden Gruppen ist wieder offen gangbar.

Dieses „Schweine auf dem Wege tuend geben" wird nicht nur mit Kriegsverbündeten gemacht, wo es den letzten und abschliessenden Teil der Bemühungen um die Wiederherstellung des religiösen und zeitlichen Friedens darstellt, der durch die Kriegsverluste gestört war, sondern wird auch als selbständige Zeremonie veranstaltet zwecks Austausch von Opfertieren zwischen den Altvater-Penis-Gruppen oder zwischen den *Pana-ru* innerhalb einer Ableger-*Mi*-Gemeinschaft oder auch zwischen Gruppen, die durch Heirat verwandt sind.

Etwas anderes ist das Bd. II, 157 zwar erwähnte, aber dort mit dem hier geschilderten Handeln wegen der Gefallenen der Verbündeten als e i n Ganzes Gesehene *edlka öŋndi*, „Bezahlung für einen, im Auftrag eines anderen geleisteten, Totschlag". Ob es sich dabei um einen im Kampf getöteten Feind im „Auftrag" des „Kriegsursächers" handelt, dem man als Verbündeter hilft, um Raubüberfall oder Blutrache im Auftrag einer anderen Gruppe, immer lässt man sich dafür bezahlen. Der „Kriegsursächer" muss also seinem „Sterbe-Mann" nicht nur die Gefallenen „vergüten", sondern auch die von ihm „für ihn" im Kampf erschlagenen Feinde. Allerdings gibt es da für jeden Erschlagenen etwa nur ein Schwein oder aber eine Muschel und eine „Zugabe". Bei der Schilderung Bd. II, 157 handelte es sich ganz offenbar nicht um *edlka*, sondern um *wö mei*, „Mann Tragen" und *wö peŋadl iti*, „auf dem Männer-Haupte tun". — Wieder etwas anderes ist die Bezahlung für Tote des Feindes, was bei den *Mbowamb* auch geübt wurde, aber nur dann, wenn man endlich wieder einmal zu einem Friedensschluss kommen wollte. War dann auf Seiten der einen oder anderen feindlichen Partei die Zahl der eigenen Gefallenen grösser als die, die man dem Feind erschlagen hatte, so dass dieser aus Blutrachepflicht immer noch danach streben musste, beim Gegner die gleiche Zahl an Erschlagenen zu erzielen, so bot man ihm als Ausgleich Wertsachen und Opfertiere an, wenn er sich dadurch zum Friedensschluss bereitfinden liess. Es wurde dann für jeden „überzähligen" Erschlagenen mindestens dasselbe gegeben, wie für einen Gefallenen des eigenen Verbündeten.

KAPITEL 37

GEWALTSAME RECHTSHILFE BEI ABLEHNUNG DER WIEDERGUTMACHUNG

Ist bei denen, die sich eines Vergehens schuldig machten, der Wille zur Wiedergutmachung und Wiederherstellung des guten Einvernehmens nicht vorhanden, und fehlen den Klägern eigentliche Zeugen und unwiderlegbare Beweise, so ist die Partei der Angeklagten nicht bereit, ihre Schuld einzugestehen. Besonders auch dann nicht, wenn sie sich stark fühlt und eine Fehde eher willkommen heisst als fürchtet. Man lässt sich dann nichts sagen und alle Anschuldigungen und Argumente der Kläger werden kräftig widerlegt ,indem man die dicksten Lügen aufträgt. Man geht dann auch seinerseits zur Anklage gegen die Kläger über, indem man alle Schandtaten, die sie verübt haben oder verübt haben sollen, aufzählt und gehörig herausstreicht. Besonders geschickte Redner verstehen es dann ausgezeichnet, die Kläger zu den eigentlichen Angeklagten zu machen. Sie weisen alles ,was gegen ihre Gruppe sprechen könnte, überzeugend zurück und verstehen es so darzustellen, dass alle Schuld auf die als Kläger aufgetretene Partei fällt. Vor Ärger und Rache-Zorn können die Kläger schliesslich überhaupt nichts mehr erwidern. Höhnend ruft dann die im Triumph abziehende Partei ihnen noch zu: „Bleibt ihr nur hier und redet weiter!" — und gehen voll unverhohlener Schadenfreude vom Gerichtsplatz. Solch' ein Benehmen wird von tatsächlich Schuldigen aber nur dann eingenommen, wenn ihnen die daraus sich ergebende Feindschaft und gewaltsame Auseinandersetzung mit den Waffen willkommen ist. Sie begingen dann ihre Vergehen schon mit der Absicht, Feindschaft und Fehde hervorzurufen. Mit derselben Absicht wirft man dann bei Verhandlungen den Gegnern alle möglichen und unmöglichen Dinge vor, eben um die Verhandlungen zum Scheitern zu bringen. Lassen die Gegner sich dies gefallen, ohne sofort zum Spiess zu greifen, so hat man den Triumph der grössten Schadenfreude und provoziert sie weiter durch andere Untaten.

Lehnt eine Partei die Wiedergutmachung ihres Unrechts ab, obwohl ihre Schuld klar zutage liegt, so kennen die *Mbowamb* die gewaltsame Rechtshilfe. Sie suchen sich dann an den Schuldigen auf allerlei Weise schadlos zu halten, ohne sofort zu den Waffen zu greifen. Diese Selbsthilfe ist nicht einfach sogenanntes „Faustrecht". Das geht daraus hervor, dass auch hier noch der Rechtsbegriff „anfassen, in die Hand nehmen" angewendet wird. Die Selbsthilfe hat also noch rechtliche Anerkennung, wenn sie in M a s s u n d G r e n z e bleibt. Ehe man also zum äussersten Mittel schreitet, nämlich zum Kriege, falls man sich dazu überhaupt stark genug fühlt und Verbündete hat, versucht man es erst mit der Selbsthilfe. Man lauert den Schuldigen etwa an Hohl- oder Kreuzwegen, an Flussübergängen oder im Gebüsch auf, besonders wenn sie etwa einzeln oder in kleinen Trupps anzutreffen sind, um ihnen ein dem Vergehen entsprechendes Schwein, Wert- oder Fleischstück abzunehmen. Setzen sie sich zur

Wehr, so schreckt man dabei allerdings auch vor Gewalt und Mord nicht zurück. — Man sucht die eigenen Schwestern, die bei den Schuldigen verheiratet sind, dafür zu gewinnen, dass sie Todeszauberstoff annehmen, um die Schuldigen damit zu treffen. — Man sucht herauszufinden, wo am Tage etwa eine Hütte der Schuldigen unbewacht ist. Dort bricht man durch die Hauswand ein und sucht mitzunehmen, was immer man darin finden kann; oder man holt sich Früchte aus den Feldern der Schuldigen.

Eine bei den *Mbowamb* besonders häufig geübte Art der Selbsthilfe war das sogenannte „Schweinehaus-Anfassen". „Wenn die schuldigen Gegengaben für gelieferte Schweine und Wertsachen unendlich lange nicht gegeben werden und bei Mahnungen nur immer wieder ‚Rede Brust gegeben' d. h. nur durch ‚Milch beruhigt' wird, statt die ‚festen' Gegengaben zu geben oder wenn eine Ehefrau einfach grundlos weggenommen wird, wenn für ein Vergehen die Wiedergutmachung trotz der zutage liegenden Schuld einfach abgelehnt wird, so schreitet man zur Selbsthilfe. Die Gruppe der Geschädigten beschliesst dann, bei den Missetätern ein Schweinehaus anzufassen", d. h. einen nächtlichen Überfall auf eines ihrer langen Frauenhäuser zu machen, in denen nachts die Schweine untergebracht werden. Das Schlafabteil der Frauen befindet sich in solchen Langhäusern ganz am Ende. Keinerlei Öffnung oder Tür führt dort ins Freie. Im langen mittleren Abteil sind die Schweine in einzelnen Ständen untergebracht und angebunden; durch die Mitte geht ein Gang. Nach vorne zu schliesst eine niedere Scheidewand den Koch- und Essraum ab, der den ersten Raum bildet vom Hauseingang her gesehen. Der Hauseingang befindet sich an der vorderen Schmalseite des Hauses. Seitlich, unmittelbar hinter der eben erwähnten niederen Scheidewand zwischen Kochraum und Schweinestall ist ein Aus- und Eingang für die Schweine. Beide Eingänge werden nachts fest verrammelt.

Die Männer besprechen sich erst und teilen jedem seine Rolle zu. Zwei oder drei werden dazu bestimmt, zuerst die nachts von innen immer fest verrammelte Türe des Männerhauses von aussen her zu verbarrikadieren, dass die Männer nur schwer herauskommen können, falls sie aufwachen sollten. Diese zwei oder drei müssen dann mit Prügeln bewaffnet Wache stehen, um jedem gleich einen Hieb auf den Kopf zu versetzen, der etwa durch die Türe oder durch das Dach nach aussen zu kommen versuchen sollte. Dort stehen sie solange Wache, bis der Einbruch in den Schweinestall beendet ist und die Männer mit den Tieren abgezogen sind. Erst dann gehen sie als Nachhut zurück. — Weitere drei oder vier der Männer werden dazu bestimmt, die Frauen vom Schreien abzuhalten, falls sie noch wach sein oder erwachen sollten. Andere werden bestimmt, die Bambusfackeln anzuzünden und zu leuchten. Andere, die Schweine im Hause totzuschlagen. Andere, die getöteten Tiere schnell nach aussen zu schieben, wo sie die dazu bestimmten Männer in Empfang nehmen und sofort je nach Grösse und Gewicht entweder zu zweien an einer Tragstange oder aber einer allein um die Schulter hängend wegzubringen. — Die ersten gehen also gegen das Männerhaus vor, um dort ihre Aufgabe zu beginnen. Die nächsten schleichen sich an das Frauenhaus heran, um festzustellen, ob drinnen noch Lichtschein vom Feuer ausgeht und die Frauen noch wach ums Feuer sitzen oder ob alles finster ist und die Frauen schon schlafen. Ist letzteres der Fall, so graben sie leise von aussen her durch Erde und Wand etliche Eingänge. Dort schlüpfen sie dann hinein. Zuerst gehen die voran, die dazu bestimmt sind, vor dem Frauen-Schlafabteil Wache zu stehen, falls die Frauen doch erwachen sollten. Sind dagegen die Frauen noch wach, so überrumpeln sie sie, halten ihnen sofort den Mund zu und stopfen ihnen Grasbüschel in den Mund. Sie streuen ihnen Staub und Asche in die Augen und stehen über ihnen Wache. Die anderen erschlagen schnell die Tiere mit treffsicheren Hieben. Wenn sie in ein Abteil gehen und merken, dass ein Schwein überhaupt nicht erschrickt, sich kraulen lässt und ganz ruhig ist, dann sind sie überzeugt, dass einer ihrer eigenen Verstorbenen dieses Schwein sich schon als Opfertier ausersehen und von den Toten der Überfallenen offenbar schon „eingehandelt" hat (!). Solch' ein Tier nehmen sie dann lebendig mit und bringen es daheim als „Dank-Opfer" dar dafür, dass die Geister den Überfall gelingen liessen. — Fängt aber das eine oder andere Tier an zu schreien, und gelingt es ihnen nicht, die ersten Tiere so zu treffen, dass sie nicht mehr laut schreien, dann sind sie überzeugt, dass die Geister der Überfallenen auf der Hut sind und dass die Sache misslingen wird. Sie lassen dann davon ab und gehen davon. Sie können dann höchstens ein oder zwei Schweine mitnehmen. Im anderen Fall gehen sie meist über alles Mass und rauben das ganze Haus aus. — Wachen die Männer im Männerhaus auf und versuchen, nach aussen zu kommen, so werden ihnen sofort kräftige Hiebe auf den Schädel versetzt. Sie können dann nichts machen. Erst wenn alles vorüber ist, gelingt es ihnen schliesslich ins Freie zu kommen, und dann versuchen sie die Verfolgung aufzunehmen. Aber die Einbrecher sind in der Dunkelheit schon entkommen. Die Männer rufen dann nach allen Seiten hin, so dass andere aufwachen und fragen, was denn los sei. Sie antworten dann: „Die Gruppe N. N. hat unser Schweinehaus soeben ausgeplündert. Ob sie wohl bei euch vorübergekommen sind?" Die Leute pflegen dann zu fragen: „Haben sie es auf Grund einer vorliegenden Schuld oder nur grundlos getan?" Wenn sie dann antworten, sie hätten es wegen jener Frau getan, die sie dem Ehemann wegnahmen oder wegen sonst einer Verschuldung, dann pflegen die Leute zu antworten: „So helfen sie sich also selbst zu ihrem Recht und halten sich schadlos. Was wollen wir da sagen?!" Sie pflegen dann den Beraubten nicht zu helfen, sondern sich wieder zurück in ihre Hütten zu begeben.

Kann man auf solche oder ähnliche Weile die Schuldigen selbst nicht treffen, so hält man sich an ihre Bluts- oder Eheverwandten und nimmt denen entsprechende Wertsachen, Schweine oder Schmuck ab oder man holt sich Früchte aus ihren Feldern. Dabei ruft man ihnen zu, es sei für die Vergehen von N. N., für die man die Wiedergutmachung bisher verweigert habe. Nun helfe man sich selber zu seinem Recht und halte sich eben nun an ihnen schadlos. Sie sollten sich jetzt nur an die Schuldigen wenden und von ihnen die Wiedergutmachung fordern. Sie seien ja verwandt. Da werde die Wiedergutmachung sicher nicht verweigert werden! — Die Sprache hat für diese Art der Selbsthilfe, bei der man sich nach dem Gesetz der Sippenhaftpflicht an Dritten schadlos hält, eigene Ausdrücke. So heisst z. B. „pflücken und nehmen" im entsprechenden Kontext, dass einer sich für ein ihm zugefügtes Unrecht, für das ihm die Wiedergutmachung verweigert wird, nun etwa an einem *Mi*-Genossen des Missetäters schadlos hält. Hat man dem Angehörigen einer anderen *Mi*-Gruppe die Wiedergutmachung bisher verweigert, dem eigenen *Mi*-Bruder gegenüber, dem nun etwa ein Schwein oder Wertstück abgenommen wurde, kann man sich nicht so verhalten. Ihn wird man nun für das, was ihm abgenommen wurde, sobald wie möglich entschädigen. Dafür sagt man „auf den Wurzelstock schlagend geben". — Auch die *Mi*-Brüder eines Geschädigten helfen mit, dass er zu seinem Recht kommt. Nehmen sie dem Täter oder einem seiner Verwandten etwas ab, um es ihrem geschädigten *Mi*-Bruder zu geben, so nennt man das „die Astgabel einrammend nehmen". An dieser „Astgabel" hängt dann, bildlich gesprochen, das Wertstück, und die Geschädigten können es sich dort holen. Die *Mi*-Brüder, die solche Hilfe leisten, werden dabei auch „die Astgabel einrammend reden", d. h. für die Geschädigten reden und die Sachlage klarlegen, warum sie die Sachen gewaltsam wegnahmen und dass dafür nicht mit einer Rückgabe oder Entschädigung zu rechnen sei. — Wurden *Mi*-Genossen oder rechtlich Verwandten der Missetäter, die keine Wiedergutmachung leisteten, Wertsachen oder Opfertiere abgenommen zwecks Schadloshaltung, so wenden diese sich an die, welche die Untat begangen haben und fordern sie nun ihrerseits zur Wiedergutmachung auf. Entweder, dass sie ihnen direkt die entsprechenden Sachen ersetzen müssen, oder aber, dass sie durch verspätete, aber entsprechende Wiedergutmachung dort, wo sie einst das Unrecht begingen, die abgenommenen Sachen wieder zurückholen und sie denen wieder zurückbringen sollen, welchen sie abgenommen wurden. Dies nennt man „Hand ausreissend für jemand herausholen".

Es ist klar, dass diese gewaltsame Selbsthilfe in Rechtssachen und das Schadloshalten an Dritten immer die Gefahr in sich birgt, dass daraus kriegerische Verwicklungen entstehen, wobei dann ganze Gruppen mit hineingezogen werden. Man schreitet im allgemeinen zu dieser Art, sich Entschädigung und Recht zu verschaffen nur dann, wenn über die Täterschaft nicht die geringsten Zweifel vorliegen und wenn man sich stark genug fühlt, irgendwelchen Verwicklungen ,die sich daraus ergeben können, zu begegnen. Bestehen dagegen Zweifel an der Täterschaft und fühlt man sich nicht stark genug, es auf eine Fehde ankommen zu lassen, so begnügt man sich mit der Anklage und Sühneforderung. Wird sie abgelehnt, so haben die Geschädigten nach dem Glauben der *Mbowamb* noch immer die Hoffnung auf ihr *Mi*, das ja die Gruppe und ihre Glieder schützt, also auch ihre rechtlichen Belange.

KAPITEL 38
RECHTSSCHUTZ UND RECHTSHILFE DURCH DAS MI

1. Die Reaktion des Mi.

Wie schon in Kapitel 33, 2 ausgeführt wurde, löst bei den *Mbowamb* jedes Vergehen gegen sie und Unrecht an ihnen eine heftige seelische Reaktion aus: den Rache-Zorn. Kann er nicht gestillt werden, entweder dadurch, dass die Übeltäter Schadenersatz, Wiedergutmachung und Sühne leisten oder durch Selbsthilfe, durch Schadloshalten an Dritten oder aber durch Fehde oder Krieg, so ziehen sich die Beleidigten, Geschädigten oder unrecht Behandelten ganz auf sich selbst zurück, brechen alle Beziehungen ab, nicht nur mit den „Menschen ausserhalb", sondern vor allem auch mit den „Menschen innerhalb", weil diese ihnen nicht zu ihrem Rechte verhelfen und spinnen sich so in ihren ungestillten Rache-Zorn ein, dass sie davon krank werden. Von solcher Krankheit sagt man dann nicht, dass sie von Geistern verursacht wird, sondern man sagt: *Mi-ents nonom*, „das *Mi* frisst" solche Kranke. Wie ist das zu verstehen? Das *Mi* „frisst" solche Kranke durchaus nicht etwa „zur Strafe" für ihren Rache-Zorn, sondern es „frisst" sie, weil die *Mi*-Gruppe nicht dafür sorgt, dass ihnen ihr Recht wird.

Im *Mi* hat ja die Gruppe ihr Leben und Wesen nicht nur im Sinne der gemeinsamen Abstammung, sondern auch im psychologischen, rechtlichen und religiösen Sinn. Das *Mi* ist die Verkörperung der zwischenmenschlich-seelischen und der hintergründigen Beziehungen und ist das Gemeinschaftsgewissen. Durch verheimlichtes und damit auch nicht bereinigtes Unrecht und durch ungesühnte Missetat und daraus folgenden Zank und Hader wird das *Mi* zur „fressenden" Macht. Es steht auf Seiten derer, denen Unrecht geschieht; denen Genugtuung, Wiedergutmachung oder Sühnegaben vorenthalten werden. Um die Gruppe sozusagen darauf aufmerksam zu machen, „frisst" es. Von solchen Kranken sagt man dann: *Mi mondoromen*, „sie haben das *Mi*", was soviel heisst wie „sie sind vor Rache-Zorn krank".

Es muss durchaus nicht sein, dass die ungerecht Behandelten selber krank werden. Nach dem Gesetz der Sippenhaftpflicht, das bei den *Mbowamb* darauf beruht, dass das Leben aller Glieder der *Mi*-Gemeinschaft vom gleichen *Mi* umschlossen ist, kann infolge unbereinigter Streitfälle, infolge verheimlichter und ungesühnter Schuld oder nicht vollzogener Vergeltung irgendein Glied der Gemeinschaft erkranken oder von sonstigem Unglück betroffen werden. Gegen alle Störungen des guten Einvernehmens in der Gemeinschaft, wenn sie nicht durch Wiedergutmachung beseitigt werden, reagiert das *Mi* auf's heftigste: das Leben der Gruppe erkrankt in der Wurzel. Das zeigt sich in akuten und sich häufenden Krankheitsfällen besonders der jüngeren Menschen, der Träger der Zeugungs- und Vermehrungskraft also einer jeweiligen Generation. Es zeigt sich aber auch in allgemeinem Misserfolg, in allerlei Unglück und Unfällen. Woher aber kommen Störungen des guten Einvernehmens in der Gemeinschaft? Eben durch allerlei Verstösse, Vergehen und Untaten und besonders durch Ableugnen solcher Dinge und daraus folgender Ablehnung der Wiedergutmachung. Daraus folgen Zank und Streit, was eine allgemeine Störung der tragenden Grundkräfte des Lebens der Gruppe mit sich bringt. Von dem daraus folgenden Unglück, Misserfolg, Unheil, Krankheit und Tod kann grundsätzlich jedes Glied der betreffenden Gemeinschaft befallen werden, ganz gleich, ob es am vorliegenden Fall von Unrecht und Hader selbst aktiv beteiligt ist oder nicht. Man sagt dann, „das *Mi* frisst uns". Die Gruppe ist eine Einheit wie ein Individuum. Die *Mbowamb* gebrauchen deshalb auch immer den Singular und sagen im vorliegenden Fall in ihrer Sprache „das *Mi* frisst m i c h". Dieser „Gruppen-Singular" wird auch sonst, besonders bei allen öffentlichen Angelegenheiten immer angewendet. — Es ist nicht unwichtig, zu erwähnen, dass von der Reaktion des *Mi* auch die aus der betreffenden Gruppe stammenden Frauen, die ja immer in anderen *Mi*- oder Ableger-*Mi*-Gruppen verheiratet sind, getroffen werden können. Ebenso auch ihre Kinder und Kindeskinder. Das beruht auf der durch die Frau und Mutter vermittelten Wachstumskraft. Auf diesem Zusammenhang beruht die von den *Mbowamb* in gewissen Rechtshändeln geübte Praxis der Übergabe eines Kindes oder eines fremden *Mi* (Kapitel 41).

Das *Mi* ist gruppen-gebunden. Es kann also immer nur auf die Glieder der eigenen Gruppe einwirken. Auf Menschen in Gruppe B, die über eine Mutter, Gross- oder Urgrossmutter mit Grupe A zusammenhängen, kann das *Mi* der Gruppe A nur in bedingter Weise einwirken, wie wir noch sehen werden. Besteht keinerlei Verwandtschaft zwischen Gruppe A und C, so kann das Mi von Gruppe A nicht auf Glieder der Gruppe C einwirken. Dies gilt auch umgekehrt. Aber jede Gruppe der *Mbowamb* glaubt nicht nur an die Wirksamkeit und Reaktion ihres eigenen *Mi*, sondern sie ist ebenso überzeugt von der Wirksamkeit und eventuellen Reaktion des *Mi* der anderen Gruppe innerhalb deren Bereich. Für Rechtshändel bedeutet das, dass man die Wirksamkeit des jeweiligen *Mi* gegenseitig anerkennt. Darauf beruht einmal die Möglichkeit der Hoffnung ungerecht Behandelter, denen Genugtuung und Wiedergutmachung durch Missetäter aus einer anderen *Mi*-Gruppe verweigert wird, weil sie die Täterschaft ableugnen, dass deren *Mi* sie eventuell krank machen wird wegen ihrer Verheimlichung und Ableugnung. Dies gilt allerdings nur dann, wenn eine, wenn auch noch so entfernte Verwandtschaft besteht. Zum anderen beruht darauf die Möglichkeit der Berufung auf das eigene *Mi* in Fällen ungerechter Beschuldigung und unbegründeter Forderung auf Genugtuung, Wiedergutmachung oder Sühne.

2. Die allgemeine Beichte.

Auf dem Glauben an die Reaktion des *Mi* beruht die von den *Mbowamb* geübte allgemeine Beichte. Sie wurde praktiziert vor jeder gemeinsamen Veranstaltung, vor jedem grossen Fest und vor jedem Kriegszug. Zum guten Gelingen solcher Unternehmungen sind ungestörte Beziehungen innerhalb der Gemeinschaft die unbedingte Voraussetzung. Offenbare Vergehen unter den „Menschen innerhalb" müssen daher vor einer grossen Unternehmung erst ins Reine gebracht werden, wenn sie gelingen soll. Da man aber niemals sicher sein kann, ob nicht irgendwelche verheimlichte und damit auch unbereinigte Vergehen vorliegen, die bei den dadurch Geschädigten und ungerecht Behandelten seelische Verstimmung und Rache-Zorn verursacht haben, so dass in der Gruppe im Grunde eben keine Einigkeit und kein seelischer Gleichklang besteht, muss man fürchten, dass die Reaktion des *Mi*, sein Machtentzug also, gerade zum Misslingen geplanter Unternehmungen führen könnte. Trotz aller gegenseitigen Beobachtung und Überwachung kann man doch nie ganz sicher wissen, ob nicht doch solche verheimlichte Vergehen und ungeschlichtete Dinge und damit Kränkungen, Verstimmungen und ungestilltes Verlangen nach Wiedergutmachung oder aber Vergeltung innerhalb der eigenen Gruppe vorliegen. Vor jeder gemeinsamen Unternehmung kamen darum die führenden Männer einer Gruppe zusammen und befragten ihre Leute, forschten vorsichtig und weislich den geheimen Dingen nach und forderten ganz allgemein zur Beichte auf. Besonders auch die „kleinen Leute" wurden vorgenommen und eingehend befragt. Für dieses Befragen, Nachforschen, Beichten und ans Licht bringen hat die Sprache jeweils eigene Ausdrücke. Ebenso für die dadurch erzielte innere Übereinstimmung. Was immer an unbereinigten Dingen zutage gefördert wurde, wurde dann durch eingehende Aussprache und durch Sühnegeschenke auf dem üblichen Rechtswege ins Reine gebracht. Der möglichst vollkommene seelische Einklang der Glieder der Gemeinschaft, das ungestört wirksame *Mi* als das gute „Gesamt-Wissen" oder Gewissen gab dann erst die Gewähr des gemeinsamen Vorhabens.

3. Die Hoffnung auf die Reaktion des Mi.

Um Wiedergutmachung für ein Vergehen und Sühne für eine Schuld fordern zu können ist es nötig, dass man die Schuldigen ohne allen Zweifel kennt und die Übeltäter entweder auf frischer Tat ertappt oder doch wenigstens unwiderlegliche Beweise hat, so dass sie ihre Vergehen zugeben, ihre Schuld eingestehen und die entsprechende Wiedergutmachung und Sühne leisten müssen, wenn ihnen daran gelegen ist, dass es darüber nicht zu Kampf und Krieg kommen soll. Man kann bei den *Mbowamb* nicht auf friedliche Wiedergutmachung oder

Sühne hoffen, solange die Schuldigen sich nicht selbst zu ihrer Untat bekennen und ihre Schuld nicht zugeben. Eingeständnis und Bekennen sind die Voraussetzung zur friedlichen Beilegung von Störungen der rechtlichen Beziehungen. Von daher wird noch einmal die Bedeutung der Beichte klar. Wird das Eingeständnis der Täterschaft und das Bekenntnis zur Schuld verweigert und damit auch die Wiedergutmachung abgelehnt, so bleibt, wie wir sahen, die Möglichkeit der Selbsthilfe oder Schadloshaltung an Dritten. Aber das setzt unzweifelhafte Kenntnis der Täter und vor allem die Bereitschaft voraus, es auf eine Auseinandersetzung mit Waffen ankommen zu lassen, auch auf die Gefahr hin, dass sich daraus ein Krieg entwickelt. Will man das nicht, was dann? Was dann, wenn die Täter zwar bekannt, aber nicht willens sind, ihre Tat einzugestehen, weil sie keine Wiedergutmachung leisten wollen? Dann bleibt den Geschädigten nach dem Glauben der *Mbowamb* noch immer die Hoffung auf ihr *Mi*, das ja ihre Belange schützt. Sollte z. B. in der Gruppe der Übeltäter plötzlich einer ihrer führenden Männer erkranken, so würde man das auslegen als die erhoffte Reaktion des *Mi*. Ihr *Mi* macht den Mann krank wegen der Verheimlichung und Ableugnung der Untat. Wenn sie nun ihr Unrecht nicht eingestehen und auch weiterhin die Wiedergutmachung ablehnen, wird der Mann ohne Zweifel sterben müssen. Diese Auffassung des Krankheitsfalles tragen ihnen dann die Geschädigten auch mit aller wünschenswerten Deutlichkeit vor. Aus Angst vor dieser Reaktion des *Mi* kommt es dann bei den *Mbowamb* soweit, dass in solchen Fällen das Unrecht eingestanden und wiedergutgemacht wird. Dann kann auch der Mann wieder genesen. Davon sind sie überzeugt. — Das eben Gesagte trifft allerdings nur dann zu, wenn es sich bei dem Erkrankten um jemanden aus der eigenen *Mi*-Gruppe handelt, wenn die Untat also innerhalb der Gruppe begangen worden war. Oder aber, falls Angehörige einer anderen Gruppe die Untat begingen, wenn dann der Erkrankte ein Sohn oder Enkel ist einer Frau, die aus der Gruppe der Geschädigten stammt. Denn wie wir sahen, ist das *Mi* gruppen-gebunden. Nur in solchen Fällen kann eine Erkrankung als eine Reaktion des *Mi* aufgefasst werden und nur dann haben die Gegner Angst, diesen ihren Mann tatsächlich zu verlieren, wenn sie die geforderte Wiedergutmachung auch weiterhin verweigern. — „Wenn bei einem Diebstahl innerhalb der eigenen *Mi*-Gruppe der Mann es ableugnet, auf den der zwingende Verdacht der Täterschaft fällt, so pflegen sie bei seinem hartnäckigen Ableugnen nicht weiter in ihn zu dringen. Sie warten dann aber ab, wie es ihm und seiner Bruderschaft- oder *Rapa*-Gruppe gehen wird. Wird er selbst oder einer aus seiner Gruppe krank oder bekommt rheumatische Schmerzen, dass sich seine Glieder krümmen, dann pflegen sie zu ihm oder dem mutmasslichen Täter zu sagen: ‚Wie du schon öfters Sachen gestohlen und verheimlicht hast, so auch in unserem Falle. Darum frisst dich (Gruppen-Singular) jetzt das *Mi*. Gestehe nun, dass du es wirklich warst!' Weil der Mann dann fürchtet, dass er — oder wer immer der Kranke aus seiner Gruppe ist — sterben muss, pflegt er zu bekennen: ‚Ich habe des N. N. Schwein gestohlen und heimlich geschlachtet. Ich habe hier Bananen gestohlen, dort Taro entwendet, an jener Frau mich vergangen. Ich habe mir Zauberstoff gegen einen *Mi*-Genossen geben lassen', usw. — Dann sagen die anderen: ‚Da du es nun bekennst, sollst du nicht sterben. Wir wollen auch nicht weiter auf Sühnegaben bestehen. Es hat dich ja schon krank gemacht'. — Der Mann gibt dann den Geschädigten eine kleine Sache als Sühnegabe. Etwa ein Päckchen Aschensalz oder ein Steinbeil, ein Ferkel oder so etwas. Dann wird er wieder gesund".

4. Die falsche Anklage und die Berufung auf das Mi.

Obwohl die *Mbowamb* einander eigentlich immer irdengwie beobachten und genau kennen, kommt es doch recht häufig vor, dass Vergehen und Verbrechen heimlich und ohne Zeugen vollbracht werden. Die Betroffenen können dann nur ihrem Verdacht folgen, und da kommt es dann ebenso oft zu falschen Verdächtigungen, grundlosen Beschuldigungen, unrechtmässigen Anklagen und unbegründeten Sühneforderungen. Wie sollen die also Angeklagten dann ihre Unschuld erweisen? Wie sollen sie sich von dem Verdacht reinigen? Wie sollen sie den immer sehr aufgebrachten und von Rache-Zorn erfüllten Klägern beweisen, dass sie mit ihrer Forderung auf Wiedergutmachung an die unrechte Adresse geraten sind? Hier tritt die schützende Funktion des *Mi* sehr deutlich zutage. Das können auch Aussenstehende und Fremde sehen. Man kann nämlich in jeder von *Mbowamb* bewohnten Gegend bei schwierigen und verwickelten Rechtshändeln folgende Beobachtung machen: Die eines Diebstahls, eines Raubüberfalls, der Dingung eines Mörders, der Todeszauberei, der üblen Nachrede oder sonst irgendeines Vergehens (zu Unrecht) Angeklagten oder ein *Mi*-Genosse, der ihr Sprecher ist, holen sich bei der erregten Auseinandersetzung plötzlich einen Zweig ihres Gesäss-Decklaubes (Cordyline) vor, wenn die Cordyline ihr *Mi* ist, machen einen Knoten hinein und sagen: „Ich bin es nicht (der die Untat beging, deren ihr mich anklagt), *Ndika Mi!*" Mit diesen Worten wirft man den Zweig mit dem Knoten von sich. Man beruft sich also auf das *Mi*. Man kann nicht irgendein allgemeines *Mi* anrufen, das gibt es ja nicht. Die Angehörigen jeder *Mi*-Gemeinschaft berufen sich immer auf ihr jeweiliges eigenes *Mi*. Hier ist es ein *Ndika*, darum sagt er „*Ndika Mi*", was den Sinn hat „beim *Mi* der *Ndika*". Andere nennen eben den Namen i h r e r *Mi*-Gemeinschaft, also etwa *Neŋka Mi*, „beim *Mi* der *Neŋka*", *Ulkö Mi*, *Ukörni Mi*, *Kurup Mi* usw.

Diese Anrufung des *Mi* unter Beteuerung der eigenen Unschuld ist stehende Formel. Sie heisst bei allen *Mbowamb:* „Ich bin es nicht — beim *Mi* der ...!" Hier nennt man den Namen der eigenen *Mi*-Gruppe. Zu dieser Formel kommt das Anfassen des jeweiligen *Mi*. Dazu das Knüpfen eines Knotens, falls das *Mi* sich zum Knüpfen eignet. *Mi*-Gruppen, deren *Mi* nicht die Cordyline ist oder irgendeine andere Pflanze oder sonst etwas, in das sich ein Knoten machen lässt, tun folgendes: Die *Mineimbi* z. B., deren *Mi* der Stein ist, nehmen einen Stein in die Hand (irgendeinen, da eben „Stein" ihr *Mi* ist und also jeder einzelne Stein an ihrem *Mi* partizipiert), l e c k e n i h n a n, sprechen die Formel: „Ich bin es nicht, *Mineimbi Mi!*" und werfen den Stein von sich. Andere nehmen ein Blatt ihres *Mi*-Strauches oder *Mi*-Baumes, b e i s s e n h i n e i n oder z e r k a u e n es, sprechen die Formel und werfen das zerbissene Blatt fort oder spucken das zerkaute aus. Was soll das alles bedeuten? Das Knüpfen eines Knotens, das Anlecken, das Kauen oder gar Zerkauen ist doch ganz offenbar eine V e r l e t z u n g des *Mi*, des eigenen „Bruders" also. Das *Mi* ist für die Gruppe tabu. Hier verstösst man also bewusst gegen das Tabu des *Mi*, offenbar um das *Mi* z u r e i z e n. Das *Mi* soll gegen die eigenen Angehörigen reagieren, wenn die von den anderen vorgebrachte Anklage zu Recht besteht, wenn man sich also nur heuchlerischer- und fälschlicherweise auf das eigene *Mi* berufen hat. Man will den Klägern zeigen, dass man sich nicht zu fürchten braucht vor einer Reaktion des *Mi*, weil man unschuldig ist. Zum Beweise dafür reizt man auf eine der angegebenen Weisen das eigene *Mi*. Zuweilen geht man darin noch viel weiter, indem man Federn, Haare, Blätter oder Zweige des eigenen *Mi* verbrennt, um das *Mi* zu einer Reaktion zu reizen. — Zum Eid gehört bei den *Mbowamb* also, dass man das eigene *Mi* in die Hand nimmt, es reizt und die stehende Eidesformel ausspricht.

Die stehende Erwiderungsformel seitens der Kläger lautet dann: *kopa nen, moglop könöimin"*, du sprichst die Wahrheit, lass uns sehen, was daraus wird!" Damit ziehen sich dann bei solcher Berufung der Angeklagten auf ihr *Mi* die Kläger sofort zurück, ohne die Anklage nochmals zu wiederholen oder noch im geringsten etwas von Wiedergutmachung, Entschädigung oder Sühne zu erwähnen. Das *Mi* hat jetzt die Entscheidung. Nach dem Glauben der *Mbowamb* haben die sich auf ihr *Mi* Berufenden ihr Leben eingesetzt zum Erweis ihrer Unschuld. Kläger sowohl wie Angeklagte sind davon überzeugt, dass bei wissentlich falscher Berufung auf das *Mi*, bei Meineid also, das *Mi* heftig reagieren wird: Unglück, Unheil, Krankheit und Tod der Meineidigen wird unabwendbar folgen. Vielleicht nicht sofort, aber doch im Laufe der Zeit. Man kann das abwarten. „Lass uns sehen, was daraus wird!" — Auf dem Glauben an die Reaktion des *Mi* bei Meineid beruht bei den *Mbowamb* die Möglichkeit sich bei falscher Anklage auf das *Mi* zu berufen und unbegründete Forderungen zurückzuweisen, ohne dass es dann gleich zu Kampf und Krieg kommt.

Tritt in der Gruppe — fälschlich — Angeklagter, die unter Berufung auf ihr *Mi* die — unbegründete — Forderung irgendwelcher Wiedergutmachung zurückwiesen, tatsächlich Unheil, Krankheit und Tod ein, so ist das für die Gruppe der Kläger ein handgreiflicher Beweis dafür, dass die Angeklagten sich lügnerischerweise auf ihr *Mi* berufen hatten. Wären sie unschuldig, so würde sie doch nun kein Unheil treffen! Sie drängen dann aber nicht auf Sühnegaben für das Vergehen, dessen sie sie angeklagt hatten, denn Krankheit und Tod der anderen sind ihnen dann entsprechende Sühne. Der Triumph, die andere Gruppe zur fälschlichen Berufung auf ihr *Mi* gedrängt zu haben, was sich nun so bitter an ihnen rächt, ist ihnen köstlich. Die Schande der anderen ist ihnen tiefste Genugtuung. — Hier wird noch einmal sehr deutlich, warum Krankheit und Tod und irgendein Unheil bei den *Mbowamb* von den Betroffenen so überaus tragisch genommen wird. — Für unsere Begriffe ist durch diesen Glauben an die Reaktion des *Mi* der Willkür Tür und Tor offen. Es können ja auch Unschuldige von Unheil betroffen werden, können krank werden und sterben. Nicht so für die *Mbowamb*, die nicht individualistisch denken. Sie meinen mit der Anschuldigung nicht nur den einzelnen, sondern immer auch seine Gruppe. Die Berufung auf das *Mi* ist ebenso immer Berufung auf das Gruppen-*Mi*. Wenn dabei sprachlich die Einzahl gebraucht wird, so ist es der „Gruppen-Singular", was auch klar daraus hervorgeht, dass man nicht den Personen-Namen des einzelnen dabei gebraucht, sondern ihn immer nur mit dem Namen seiner Gruppe anredet. Mögen also die einzelnen Angeschuldigten aus einer Gruppe tatsächlich unschuldig sein und sich in gutem Glauben auf ihr Gruppen-*Mi* berufen, es müssen doch einige andere aus ihrer Gruppe die betreffende Tat vollbracht und geschickt verheimlicht haben, so dass die, die sich zur Beteuerung ihrer Unschuld auf ihr *Mi* beriefen, nichts davon wussten. Die allen sichtbare Reaktion des *Mi* beweist es ja, dass in der Gruppe verheimlichte Schuld vorliegt und also die Berufung auf das *Mi* zu Unrecht geschah, auch wenn die Betreffenden in bester Meinung sich auf das *Mi* beriefen. Nach dem Gesetz der Sippenhaftpflicht hat sie oder ihre *Mi*-Genossen nun das gereizte *Mi* getroffen. Das *Mi* ist ja keine richterliche Instanz, die „gesetzliche Strafen" verhängt. Es steht für Einheit, Gemeinschaft und Gewissen der g a n z e n G r u p p e. Verheimlichen und leugnen i r g e n d w e l c h e einzelnen Glieder ihre Untaten und lehnen damit auch die Wiedergutmachung ab, so tritt seine Reaktion ein. Es steht also für den Grundsatz der *Mbowamb*, dass Vergehen offen bekannt und eingestanden und durch Wiedergutmachung bereinigt werden sollen. Es ist unvermeidbar, dass einzelne infolge dieses Glaubens an die Reaktion des *Mi* oft ganz unbegründeterweise verdächtigt und beschuldigt werden. So hatte z. B. eine Brüderschaftsgruppe der *Kombogla* viele Krankheits- und Todesfälle unter ihrer Jungmannschaft. Da gerade dies nicht auf die Geister, sondern auf den Machtentzug des *Mi* zurückgeführt wird, war es für alle anderen ein klarer Beweis, dass bei dieser Brüderschaftsgruppe viele verheimlichte Vergehen vorliegen mussten. Der führende Mann dieser Gruppe wurde darum immer wieder der heimlichen Todeszauberei an anderen angeklagt. Er m u s s t e solche heimliche Zauberei treiben, da ihm so viele seiner jungen Leute krank wurden und starben. Zu dieser Not hinzu traf ihn also auch noch der heimliche Verdacht und immer wieder einmal die offene Anklage auf Zauberei. Würde er nicht andere verzaubern und es dann unter Berufung auf sein *Mi* ableugnen, so würde sein *Mi* doch nicht immer wieder seiner Gruppe die Lebenskraft entziehen, wie man an ihren häufigen Krankheitsfällen mit nicht selten tödlichem Ausgang ja deutlich sehen könne! Dieser Mann sagte mir, er habe sich an den Blättern seines *Mi*-Baumes schon alle Zähne ausgebissen, weil er sich immer wieder auf sein *Mi* berufen müsse, um den vielen Anschuldigungen und Sühneforderungen zu entgehen. Immerhin hatte ihn die Berufung auf sein *Mi* vor dem Tode auf dem Scheiterhaufen bewahrt, denn solche immer wieder der Zauberei Verdächtigten, die das Unglück hatten, dass Unheil, Krankheit und Tod in den eigenen Reihen zu dem auf ihnen ruhenden Verdacht den nötigen „Beweis" lieferten, hatte man früher schliesslich auf dem Scheiterhaufen verbrannt.

Der Glaube an die Reaktion des *Mi* bei falscher Berufung auf dasselbe war bei den *Mbowamb* allgemein. Es ist wichtig, zu vermerken, dass sich gerade auch schwächere Gruppen gegenüber stärkeren und „kleine Leute" gegenüber „grossen Leuten" auf ihr *Mi* berufen konnten, und dass auch die stärkeren und die „grösseren" dies unbedingt achteten und nicht weiter auf — unbegründeten — Sühneforderungen oder Vergeltung bestanden. So gewährte das *Mi* doch einen gewissen Rechtsschutz, und es ist nicht so, dass einfach das Faustrecht herrschte und jeder sofort zur Selbsthilfe oder zu den Waffen griff. Das tat man normalerweise nur, wenn man ganz klare Beweise der Schuld, der Verheimlichung und Ableugnung und Verweigerung der Wiedergutmachung hatte.

5. Verheimlichung und Ableugnung

eines begangenen Unrechts ist bei den *Mbowamb* viel schlimmer als das Unrecht selbst. Das offenbare Unrecht und offen eingestandene Vergehen können durch Sühnegaben bereinigt und damit die Rechtsordnung und die friedlichen Beziehungen wieder hergestellt werden. Man braucht dann auch keine Reaktion des *Mi* zu fürchten. Vergehen und Unrecht auch innerhalb einer *Mi*-Gemeinschaft und ihrer Untergliederungen kommen immer wieder vor. Das ist nicht das Schlimme. Erst ihre Verheimlichung und Ableugnung, und damit ja auch Ablehnung der Wiedergutmachung ist das Schlimme, denn das bringt Unordnung und Verwirrung in das Gemeinschaftsleben. Das *Mi* reagiert nicht schon auf die böse Tat. Sie kann ja durch

Wiedergutmachung bereinigt werden. Das *Mi* reagiert erst auf die Verheimlichung und Ableugnung, denn dadurch wird das Unrecht nicht bereinigt und das Verlangen nach Wiedergutmachung oder aber Vergeltung nicht gestillt. Das *Mi* ist ja der Gruppe „hingelegt" als Garant ihres Lebens. Es charakterisiert die Gruppe nicht nur als Abstammungs-, sondern auch als Rechtsgemeinschaft. Es legt die bindende Verpflichtung auf die Glieder der Gemeinschaft zu gegenseitiger Lebenshilfe, zur Vermeidung sexueller Beziehungen innerhalb der *Mi*-Gruppe, zur gegenseitigen Achtung als *Mi*-Geschwister, zu gegenseitiger Ehrlichkeit und Offenheit. Hier wird der tiefere Zusammenhang des in Bd. II, 100 oben erwähnten *wan ui*, „heimliches Essen", deutlich, und warum bei den *Mbowamb* alles heimliche Reden, heimliche Nehmen, heimliche Essen, heimliche Tun innerhalb der eigenen Gemeinschaft so verpönt ist, dass es mit „Diebstahl" gleichgesetzt wird. — Obwohl das *Mi* die friedlichen Beziehungen und das Wohlergehen der Gemeinschaft will, reagiert es doch nicht schon auf Vergehen und Unrecht, wenn diese offen eingestanden und bereinigt werden. Vergehen und Unrecht sollen offen bekannt werden, denn dann können sie auf rechtlichem Wege geschlichtet, durch Sühnegaben wieder gutgemacht, die gestörten Beziehungen können wieder hergestellt, und damit das *Mi* vom Eintreten in seine „fressende" Funktion abgehalten werden. Bei Ableugnung des begangenen Unrechts und Verweigerung der Wiedergutmachung unter falscher Berufung auf das *Mi* fürchten alle *Mbowamb ten Mi-ents nomba*, „das *Mi* wird uns fressen", d. h. unsere Lebenskraft entziehen, dass wir krank werden und sterben müssen. Oder noch schlimmer: *ten Mi-ents nomba mbo nom-ndomba*, „das *Mi* wird uns fressen und den Setzling verfaulen machen", d. h. die ganze Gruppe wird aussterben und zugrunde gehen. Durch Eintracht, Offenheit und gegenseitige Lebenshilfe wird die das Leben der Gemeinschaft tragende, bewahrende und mehrende Kraft des *Mi* in ihrer lebenswichtigen Funktion erhalten. Wogegen das Verheimlichen und Ableugnen es unmöglich macht, die gefürchteten Folgen abzuwenden, die irgendein Glied der Gemeinschaft oder auch die ganze Gemeinschaft treffen können. Daher wird das Verheimlichen und Ableugnen von den *Mbowamb* als viel schlimmer bewertet, als die eingestandene Missetat und das offenbare Unrecht selbst. Dass das *Mi* Offenheit und Ehrlichkeit will, geht auch aus der üblichen Beteuerung der Wahrhaftigkeit hervor, wenn diese angezweifelt wird. Man sagt dann: *ten-ŋa Mi tetem*, „wir haben ein *Mi*". Der Sinn ist, „wir sprechen die Wahrheit" oder „wir verheimlichen nichts". Dies ist dann nur eine Beteuerung, kein Eid. Denn, wie wir sahen, gehört zum Eid, dass man das *Mi* in die Hand nimmt, es reizt und die stehende Formel ausspricht, so wie bei uns etwa die drei erhobenen Finger zum Eidschwur gehören.

KAPITEL 39
DAS MI-BRENNEN

1. Art und Zweck.

Beim *Mi*-Brennen handelt es sich offenbar um eine besonders heftige Form, das *Mi* zu einer Reaktion zu reizen. Man verbrennt dabei natürlich nicht das „ganze *Mi*", sondern nur etliche Federn, Haare, Stengel, Blätter oder Zweige des jeweiligen *Mi*. Der sprachliche Ausdruck dafür ist *Mi kaglepa köni*, „*Mi* brennen und sehen", was daraus wird, nämlich, wen die

Reaktion des *Mi* treffen wird. Wie schon die Berufung auf das *Mi*, so ist das *Mi*-Brennen noch mehr eine Art „Gottesurteil", nur dass die Reaktion nicht etwa dem *Tei*- oder Oben-Mann zugeschrieben wird, der das *Mi* einer Gruppe einst „hingelegt" hat, sondern eben dem *Mi* selbst. Man sagt auch hier wie bei der Berufung auf das *Mi*: „Wenn wir unter Verheimlichung und Ableugnung einer Missetat unser *Mi* brennen werden, wird es uns fressen". Dies ist der stehende Ausdruck für die Furcht vor der falschen Anwendung des *Mi*-Brennens. Man veranstaltet es entweder zum Erweis der eigenen Unschuld — hier unterscheidet es sich also dem Zwecke nach nicht von der Berufung auf das *Mi* — oder aber, damit es die heimlichen Missetäter entlarven soll.

Die Angehörigen der Männer, die auf dem *Mi*-Brennen bestehen, um ihre Unschuld zu erweisen, wehren erst sehr heftig ab und zwar deshalb, weil man immer fürchten muss, dass Verheimlicher sich auch in den eigenen Reihen finden und dass dann die Reaktion des *Mi* sich gegen die eigene Gruppe kehren wird, die ihre Unschuld erwiesen haben wollte. Sie gehen soweit, dass sie die Männer, die zum *Mi*-Brennen schreiten wollen, festhalten. Sie möchten das Brennen gerne verhindern, denn sie sind unsicher, ob sich die Ankläger nicht vielleicht doch an die richtige Gruppe gewendet haben. Sie kennen nur die wirklichen Täter aus dieser Gruppe vielleicht nicht und klagen deshalb den oder die Unschuldigen an. Man kann ja nie wissen. Da jedoch die gerade Beschuldigten sich tatsächlich unschuldig wissen, bestehen sie zum Erweis ihrer Unschuld auf dem *Mi*-Brennen. Da aber das *Mi* nicht nur den einzelnen gilt, wie wir wissen, sondern der ganzen Gruppe, darum kann auch das Brennen, so wie die Berufung auf das *Mi*, wenn es auch im guten Glauben, aber doch zu Unrecht geschieht, die gefürchteten Folgen für irgendwelche anderen Glieder der Gruppe oder auch für die ganze Gruppe haben. Daher also der Versuch, das Brennen zu verhindern. Wenn dann aber Kläger und Verklagte in ihrem Rache-Zorn und Vergeltungswillen doch darauf bestehen, so wird es gemacht. Wird dann in einigermassen absehbarer Zeit aus der Gruppe der Angeklagten tatsächlich jemand krank oder stirbt, so sagen die Kläger: „*Mi* brennend machten wir, dass es ins Zentrum traf", d. h. die Wahrheit unserer Anklage ist durch die nun eingetretene Reaktion des *Mi* erwiesen! Tritt ein Todesfall ein, so sagen sie: „*Mi* brennend haben wir (die Schuldigen) getötet!" Hatte man z. B. eine Gruppe der Todeszauberei angeklagt, die Angeklagten bestanden aber zum Erweis ihrer Unschuld doch auf *Mi*-Brennen, und es stirbt dann einer von ihnen, so sagen die Kläger: „Sie hatten wahrhaftig unseren Mann (der an Zauberei starb) geschlagen, d. h. durch Todeszauber umgebracht! Nun hat dafür ihr *Mi* einen der ihren gefressen. Das ist aber recht." Sie sagen dann: „Nun ist es entsprechend", d. h. der Verlust ist auf beiden Seiten gleich gross. Damit ist die Sache dann abgetan. War aber der Verstorbene körperlich und dem Ansehen nach ein „grosser Mann", und ist der, den sein *Mi* „frisst" nur ein „kleiner Mann", so sagen die Brüder des an Zauberei Verstorbenen: „Die beiden entsprechen einander nicht. Wir müssen für unseren Toten noch einen (durch Zauberei) umbringen!" Ihre *Mi*-Genossen aber widersprechen und sagen: „Wenn ihr frevelhaft reden und handeln wollt, dann wird Schuld auf uns kommen. Das *Mi* hat den Mann (der Gegenpartei) ‚gefressen'. Das ist genug".

Tritt nach dem *Mi*-Brennen bei den Angeklagten aber weder ein Unglück noch Krankheit und Tod ein, so sagt man: „Wir haben durch *Mi*-Brennen die Anklage als Lüge erwiesen".

Man fordert dann, wie auch bei der als richtig erwiesenen Berufung auf das *Mi*, von denen, die die ungerechte Beschuldigung erhoben und dadurch zum *Mi*-Brennen gezwungen hatten, eine entsprechende Sühnegabe.

Die oben erwähnten Medlpa-Ausdrücke im Zusammenhang mit dem Mi-Brennen sind stehende Redensarten, bei denen man meist das Wort „Mi" weglasst, weil jeder weiss, worum es sich handelt. Man sagt also einfach etwa „lasst uns brennen und sehen, durch Brennen haben wir einen Treffer erzielt, durch Brennen haben wir getötet" und die Angeklagten sagen „durch Brennen haben wir es als Lüge erwiesen".

2. Beispiele von Mi-Brennen.

Ein Mann namens *Nikints* aus der *Mi*-Gruppe der *Têpoka* behauptete, dass einer namens *Mötip* aus der *Mi*-Gruppe der *Kombogla* sein Schwein gestohlen habe. Zusammen mit *Mötips Mi*-Brüdern hätten sie es dann heimlich geschlachtet und verzehrt. — Um für seine Behauptung Beweismaterial zu finden, lief *Nikints* überall herum und suchte, wo er etwa Spuren des Diebes oder des heimlichen Schlachtfestes finden könnte. Als er dann Fussspuren entdeckt hatte, kam er zu *Kombogla Mötip* und erhob Anklage auf verheimlichten Diebstahl wider ihn. Als er ihn des Diebstahles und der Verheimlichung bezichtigte, sagte *Kombogla Mötip*, er habe es nicht getan, er sei unschuldig. *Têpaka Nikints* aber bestand auf seiner Behauptung und sagte: „Du hast es freilich getan. Ich habe ja die Fussspuren gesehen!" *Kombogla Mötip* setzte der Anklage nur sein beharrliches Nein entgegen und beteuerte die Wahrheit seiner Rede mit dem Ausruf: *Na mon, ama Mi*, „beim *Mi*, ich habe es nicht getan!" Er lehnte es ab, auf diese ungerechte Beschuldigung hin nun einfach eines seiner Schweine herauszugeben.

Die Väter und Brüder des *Nikints* waren sehr aufgebracht über die Verweigerung der Wiedergutmachung und forderten zum Kriegszug gegen die *Kombogla* auf. Als die *Kombogla* das hörten sprachen sie: „Da du, *Têpoka*-Gruppe, nicht von deiner Behauptung ablässt, dass ich, *Kombogla*-Gruppe, dein Schwein gestohlen habe und mir deshalb nun mit einem Angriff drohst, biete ich dir das *Mi*-Brennen an. Mein *Mi* soll mich fressen, wenn ich getan habe, dessen du mich beschuldigst. Wenn du die Wahrheit sprichst und ich lügnerischerweise *Mi* brenne, wird mich mein *Mi* fressen, dass du es wirst sehen können. Lass uns beide also durch *Mi*-Brennen sehen, was daraus wird!" Die *Têpoka*-Gruppe liess antworten: „Dein Vorschlag ist gut. Lass uns beide durch *Mi*-Brennen Urteil finden!" Zum festgesetzten Termin kamen die *Têpoka* auf den Zeremonialplatz der *Kombogla*. Die *Kombogla* holten einen Zweig ihres *Mi*-Baumens namens *Uin*. Es wurde ein Feuer angezündet. Die *Kombogla* fassten den Zweig auf der einen Seite an, die *Têpoka* auf der anderen. Als sie sich so anschickten, den Zweig über das Feuer zu halten, wehrte ein Teil der *Kombogla*-Männer energisch ab. Sie sprachen zu *Mötip:* „Kennst du den Sinn-Zusammenhang des *Uin*-Baumes nicht, dass du so unbesonnen zum Brennen schreitest?" Mit diesen Worten sprangen sie zu und hielten die fest, die den *Uin*-Zweig anfassend am Feuer standen. *Mötip* aber und seine Brüder sprachen: „Die gegen mich vorgebrachte Anschuldigung wird nicht verstummen. Darum will ich durch *Mi*- Brennen Licht in die Sache bringen und die Anklage als Lüge erweisen!" Sie verbrannten den Zweig.

Mötip noch irgendeinen seiner näheren Verwandten traf weder ein Unglück, noch kamen Krankheit und Tod über sie. Die *Kombogla* warteten lange Zeit, aber eines Tages sprachen sie: „Man hat uns grundlos und fälschlicherweise beschuldigt und zum *Mi*-Brennen gedrängt durch drohen mit den Waffen. Nun lasst uns dafür eine Sühnegabe fordern!" Sie schickten Botschaft zu den *Têpoka* und verlangten Sühne für die falsche Anklage. Die *Têpoka* sprachen: „Die *Kombogla*-Gruppe hat durch *Mi*-Brennen unsere Anklage als falsch erwiesen. Unser Schwein müssen andere heimlich gestohlen und geschlachtet haben. Lasst uns mit den *Kombogla* wieder ins Reine kommen!" Sie haben ihnen dann als Sühnegabe für die falsche Anschuldigung ein Wertstück gegeben.

„Ein Mann der *Kuglkö* im *Temboka*-Gebiet wurde angeklagt, er habe sich an einer Frau der *Tena* vergangen. Der Mann leugnete alles ab und weigerte sich, die Frauenschürze zu knüpfen, d. h. als Sühnegabe für sein Vergehen ein Opfertier zu geben. Die *Tena* aber bestanden auf ihrer Forderung und drohten, sie würden sich schon zu ihrem Rechte zu verhelfen wissen. Da sprachen die *Kuglkö:* ‚Lass uns beide *Mi* brennen und sehen!' — Das *Mi* der *Kuglkö* ist die Liane namens *Kugl.* Nach ihr sind sie auch genannt. Sie holten also eine *Kugl*-Liane, zerhackten sie vor den Augen der *Tena* in Stücke und warfen diese ins Feuer. Die *Tena* gingen dann nach Hause und warteten ab. — Als dann später ein Kind aus der *Rapa*-Gemeinschaft des beschuldigten *Kuglkö* sehr krank wurde und starb, kamen die *Tena* zurück und sagten: ‚Als du, *Kuglkö*-Gruppe, dein *Mi* branntest, glaubten wir wahrhaft, du hättest das Vergehen, dessen wir dich beschuldigten, nicht begangen. Nun aber sehen wir, dass wir durch *Mi*-Brennen einen Treffer erzielt haben. Das ist aber recht!' Die *Tena* empfanden grosse Schadenfreude, begnügten sich aber nicht damit, denn sie sagten, es sei ja nur ein Kind gestorben. Das sei nicht ‚entsprechend'. Sie forderten dann wieder die Sühnegabe und die *Kuglkö* gaben ihnen ein Schwein".

„Als die *Waglopka* von den *Keme* der Todeszauberei beschuldigt wurden und die *Keme* Sühnegaben forderten, lehnten die *Waglopka* das ab. Schliesslich schritten sie zum *Mi*-Brennen, um ihnen zu zeigen, dass sie keine Reaktion ihres *Mi* zu fürchten brauchten. — Als aber dann bald darauf einer ihrer führenden Männer schwer krank wurde, dass sie fürchteten, er müsse sterben, da kamen die *Waglopka* zu den *Keme* und bekannten, dass sie doch gezaubert hatten. Sie hätten das *Mi*-Brennen lügnerischerweise veranstaltet, und deshalb müsse ihr Mann nun sicher sterben. Da sagten die Keme: ‚Als ihr *Mi* branntet und eure Unschuld beteuertet, glaubten wir wahrlich, ihr hättet damals unseren Mann doch nicht durch Zauberei umgebracht. Nun aber euer Mann erkrankt ist und ihr fürchten müsst, dass euer *Mi* ihn frisst und er sterben muss, kommt ihr aus Angst zu uns und bekennt nun tatsächlich eure heimliche Zauberei an uns. Das ist aber recht! Nun ihr eure Schuld endlich eingesteht, soll euer Mann nicht sterben, wenn ihr uns die Sühnegaben für unseren Toten gebt'. Das taten die *Waglopka* denn auch, und ihr Mann wurde dann wieder gesund".

In den bisherigen Beispielen handelt es sich darum, wie man durch *Mi*-Brennen die eigene Unschuld erweisen will, oder man kann auch sagen, wie die Kläger erreichen wollen, dass die Verheimlicher und Lügner von ihrem eigenen *Mi* „gefressen" werden. Nun soll noch ein Beispiel dafür gegeben werden, wie man durch *Mi*-Brennen innerhalb der eigenen *Mi*-Gruppe die heimlichen Täter entlarven und die friedlichen Beziehungen wieder herstellen will: Wenn nämlich in einer *Mi*- oder Ableger-*Mi*-Gruppe Krankheits- und Todesfälle sich auffallend häufen, dann führt man das nicht mehr lediglich auf die Einwirkung der Toten und sonstiger Geister zurück. Bei vereinzelt auftretenden Krankheits- und Todesfällen, die nur von Zeit zu Zeit kommen, aber nicht gehäuft und zur gleichen Zeit, spricht man entweder von Todeszauberei oder führt es auf die eigenen Verstorbenen zurück, die aus irgendeinem Vergeltungswillen heraus die Hinterbliebenen krank machen. Ein verstorbener Vater, eine tote Mutter, Schwester oder Bruder bringen einem Krankheit, Unfall, Aussatz, Frambösie oder sonstiges Unheil. Auch da, wo etwa Todeszauber, Waffengewalt, Sumpf-, Wald- oder Wildgeister und Dämonen als Ursächer angesehen werden, sind die eigenen Toten immer noch beteiligt insofern, als sie aus irgendeinem Rache-Zorn ihren Schutz zurückgezogen und den betreffenden Menschen erst preisgegeben haben. Hätten sie das nämlich nicht getan, so hätten nach dem Glauben der *Mbowamb* diese anderen Geister und Dämonen, der Zauber, die Waffen usw., keine Macht über diesen Menschen gehabt oder die Krankheit hätte an ihm nicht wirksam werden können. Nun gehören ja auch die Verstorbenen noch zur *Mi*-Gemeinschaft. Sollten sie da nicht eigentlich in gutem Einvernehmen mit ihren noch lebenden *Mi*-Genossen stehen? Warum zeigen sie oft so feindliches Verhalten, dass sie ihre eigenen Hinterbliebenen an feindliche Mächte preisgeben oder auch selbst die Unheilsmächte gegen sie „anwerben"? Die Ursache dafür ist keine andere als bei den Störungen der friedlichen Beziehungen unter den Lebenden selbst. Auch zu den „toten" Gliedern der *Mi*-Gemeinschaft stört man das gute Verhältnis durch Vernachlässigung und ungerechte Behandlung. Wie mit den Lebenden, so stört dies auch mit den Toten die friedlichen Beziehungen. Auch die Toten bestehen dann auf Wiedergutmachung (durch Opfer) oder aber auf Vergeltung. Wie den Lebenden gegenüber, so geht es auch gegenüber den Toten immer um p e r s o n h a f t e B e z i e h u n g e n, die sorgsam in acht genommen werden müssen, weil sie durch Nachlässigkeit, Gleichgültigkeit, Versäumnisse oder gar ungerechte Behandlung gestört werden können, was dann weder unter Lebenden noch bei den Toten ohne Folgen bleibt. Die gestörten Beziehungen müssen wieder hergestellt werden, wenn Unheil verhütet oder überwunden werden soll. Unglück, Unfall, Unheil, Krankheit und Tod sind darum bei den *Mbowamb* immer eine F o l g e der Störung lebenswichtiger Beziehungen. Die Störung und ihre Folgen können durch Versäumnis r e l i g i ö s e r Pflichten gegenüber den Geistern und den Toten verursacht worden sein. In diesem Fall ist dann bei den *Mbowamb* das Opfer d a s Mittel, die Störung zu überwinden. Das Opfer hat sühnende und versöhnende Kraft. Nun gibt es aber auch Unglück, Unheil und Krankheit, wo alle Opfer an die Geister und die Toten wirkungslos bleiben. Das gilt dann den *Mbowamb* als klarer Beweis dafür, dass kein Versäumnis ihnen gegenüber vorliegt, dass die gute Beziehung zu ihnen nicht gestört sein kann. Der Grund für das Unheil muss also woanders liegen. Es gibt Zeiten, wo sich Unglück, Unheil, Krankheit und Todesfälle so auffallend häufen und dieselbe Gruppe immer wieder befallen, dass man dann die Gründe dafür in einer anderen und, wie ich glaube, tieferen Schicht suchen muss, nämlich im *Mi*-Komplex. Nun sind die tragenden Grundkräfte des Lebens der *Mi*-Gemeinschaft in die Störung hineingerissen und die Existenz der ganzen Gruppe steht auf dem Spiel. Bei solch' auffallend häufigem, und immer wieder auf dieselbe Gruppe fallendem, Unheil sind die *Mbowamb* überzeugt, dass sie nun den Grund n i c h t m e h r b e i a n d e r e n, sondern in ihrer e i g e n e n Gruppe suchen müssen. Es müssen u n t e r i h n e n s e l b s t verheimlichte und darum unbereinigte Vergehen, verborgene und darum ungesühnte Schuld vorliegen. Die daraus resultierende seelische Verstimmung, das ungestillte Verlangen der geschädigten und beleidigten Glieder der eigenen Gruppe nach Wiedergutmachung oder aber Vergeltung, und die daraus folgende tiefe Störung der guten Beziehungen zwischenmenschlich-persönlicher und hintergründiger Art, müssen die Ursache des häufigen Unheils sein. Man versucht es dann wohl mit einer allgemeinen Beichte, aber weil manche Glieder der Gruppe offenbar all' ihr heimliches Tun und Treiben bisher schon ableugnen, darum begnügt man sich nicht mehr damit, was sie vielleicht beichten, denn da das Unheil schon hereingebrochen ist, ist es fraglich geworden, ob sie sich zu ihrer grossen Schuld bekennen werden. Man schreitet daher zum *Mi*-Brennen innerhalb der eigenen Gruppe.

„Es gab einmal viel Unheil, Krankheit und häufige Todesfälle bei den *Kombogla*, denn es herrschte Rache-Zorn, Unfriede und Streit zwischen den Untergliederungen der *Kombogla*-Gruppe. Dies brachte eine allgemein empfundene Störung des seelischen Einvernehmens der *Kombogla* mit sich. Alle Opfer an die Geister und die Toten waren vergebens. Das Unheil nahm immer wieder seinen Lauf. Da sagten die führenden Männer der *Kombogla:* ‚Unter uns muss es Leute geben, die ‚nach innen hin' (innerhalb der eigenen Gruppe) Todeszauberei treiben, Diebstähle begehen, Frauen schänden, Schweine stehlen, Felder plündern, üble Nachreden verbreiten, Hetzreden hinter unserem Rücken gegen uns führen, Feindschaft hegen und dies alles zu verbergen und zu verheimlichen wissen. Diese Zustände bringen den Tod über uns *Kombogla*-Männer alle. Unser *Mi* wird uns fressen und unseren Setzling verfaulen machen!' — Ganz in Übereinstimmung mit der Auffassung von Kranksein, Unheil und Sterben bei allen *Mbowamb* wurden also auch bei den *Kombogla* die sich häufenden Krankheits- und Todesfälle verstanden als Folge der tiefen Störung der guten Beziehungen. Das *Mi* der *Kombogla* als Garant ihres Lebens und ihrer Gemeinschaft ist gegen die Verheimlichung und Nichtbereinigung all' dieser Vergehen, weil sie die Einheit gefährden. Die Störung im seelischen Bereich, zu dem gerade auch die gemeinsame Beziehung zum *Mi* gehört, bringt Gefährdung und schliesslich Versiegen der Lebens- und Vermehrungskraft der Gruppe mit sich. Wird die tiefe Störung nicht beseitigt, so fallen ihr nach und nach alle Männer aus der betreffenden Gruppe zum Opfer, — so fürchtet man. — Die *Kombogla* legten sich darum die Frage vor, welche ihrer Untergruppen wohl den Anfang gemacht hatte, der zu den gegenwärtigen Zuständen führte. Sie sagten: ‚Lasst uns *Mi* brennen und sehen!'"

„In Befolgung dieses Beschlusses zum *Mi*-Brennen kamen die *Kombogla* drunten in *Kaempke* zusammen. Das ist ihr ‚Ort schöpferischen Geschehens', wo einst der Urahne den ‚Bruder' und das gemeinsame *Mi* aller *Kombogla*, den Laubbaum namens *Uin* ‚fand' und den Opfer-Anspruch erfuhr. Dorthin brachte jede *Rapa*-Gemeinschaft der *Kombogla* etliche Opfertiere mit. Sie wurden den ‚toten' Gliedern der Gemeinschaft geopfert und sie wurden im Opfergebet aufgefordert, die heimlichen Missetäter unter den *Kombogla* nicht zu schützen, sondern sie preiszugeben. Wir wollen sie durch *Mi*-Brennen töten, so sagte man. Man holte einen langen Ast des *Uin*-Baumes. Etliche *Kombogla* fassten den Ast an der einen, etliche andere auf der anderen Seite an. So schickten sie sich an zum *Mi*-Brennen. Manche zitterten vor Angst und sagten: ‚Wenn wir den Ast verbrennen, wird uns der Baum *Uin* alle fressen und unser grosser ‚Name *Kombogla*' wird aussterben!' Die führenden Männer blieben aber fest bei dem gemeinsamen Beschluss. Sie sprachen: ‚Wenn wir heute ein *Mi*-Brennen veranstalten, so werden diejenigen endlich offenbar werden, die mit ihren heimlichen Untaten den Grund legten zu den gegenwärtigen unter uns herrschenden Zuständen, wo alle bösen Sitten — auch

Unheil, Krankheit usw. fallen unter diesen Begriff ‚böse Sitten' — wie eine Flut über uns hereinbrechen. Lass das *Mi* die Schuldigen fressen, dass wir es alle sehen können! Wenn wir heute vor dem *Mi*-Brennen wieder zurückschrecken, werden die eingerissenen bösen Sitten uns noch alle zugrunde richten!' Sie bestanden also auf dem *Mi*-Brennen und führten es durch. Nach dem Brennen nahmen sie das Fleisch aus den Erdöfen und hielten das Opfermahl. Als wir dann auseinandergingen, um nach Hause zu gehen, da waren wir kaum ein Stückchen gegangen, als der Mann namens *Anda* aus der Altvater-Penis-Gruppe der ‚oberen *Kombogla*' einen Brechanfall bekam. Er musste sich immer wieder erbrechen und blieb schliesslich tot liegen. Da kamen wir *Kombogla* alle wieder zusammen und sprachen: ‚Die schlechten Sitten, von denen wir reden, deren Ursprung und Schuld liegt bei den oberen *Kombogla*. Nun ist es ja klar am Tage! Da nun ihr heimliches Treiben offenbar wird, stirbt einer ihrer Mannen. Seht ihr es denn nicht: der Baum *Uin* frisst ihn! — Nun sollen wir *Kombogla* alle unter uns und innerhalb unserer eigenen Gruppe keine bösen Sitten mehr treiben! Tun wir es trotzdem wieder, so wird es uns nicht anders ergehen als hier den oberen *Kombogla*. Zaubern, Stehlen, Verleumden und alle anderen schlechten Sitten lasst uns nun nicht mehr begehen! Lasst uns keine bösen Sitten tun und sie dann verheimlichen! Sonst wird uns der Baum *Uin* noch alle fressen!' Sie fassten dann den gemeinsamen Beschluss, dass alle *Kombogla* untereinander keine Untaten mehr vollbringen sollten und geschehene Untaten niemals verheimlichen oder ableugnen sollten."

KAPITEL 40
SAKRAMENTALE VERSÖHNUNGSZEREMONIE

1. Der Sinnzusammenhang.

Die hier zu beschreibende *Mi*-Zeremonie wird von den *Mbowamb* als *Mi kugli*, „*Mi* schöpfen", bezeichnet. Diese Bezeichnung kommt daher, dass bei der Zeremonie Wasser verwendet wird. Wir sahen früher, dass bei den *Mbowamb* „junges Wasser" als hervorragender Träger von Lebenskraft gilt. Die Reaktion des *Mi* bedeutet Machtentzug. Daher Krankheit, Siechtum, Sterben. Was kann getan werden, wenn das *Mi* wegen verheimlichtem und nicht wieder gutgemachtem Unrecht bereits in seine „fressende" Funktion eingetreten und wegen der gestörten Beziehungen bereits einen oder mehrere *Mi*-Zugehörige krank gemacht hat? Durch Beichten und Bekennen, durch eiligst nachgeholte Wiedergutmachung und Sühne kann es vom „Weiterfressen" abgehalten werden. Kann aber auch das Unheil von denen wieder abgewendet werden, die die Reaktion des *Mi* bereits krank gemacht hat? Wie kann den Kranken dann wieder Genesung verschafft werden? Bei Krankheiten, die auf Versäumnisse religiöser Pflichten gegen die Toten- und andere Geister zurückgehen, ist das Opfer, also die Darbringung von Schweinen das einzig wirksame Mittel. Bei Verstössen und Vergehen gegen die rechtlich geordneten zwischenmenschlich-seelischen und persönlichen Beziehungen aber, auf die das *Mi* reagiert, wenn sie nicht offen bekannt und wieder in Ordnung gebracht werden, sind die Grundkräfte des Lebens und der Existenz der Gruppe, ihre Zeugungs-, Wachstums- und Vermehrungskraft in Mitleidenschaft gezogen. Es geht hier also nicht um Geister, Dämonen und

Tote, sondern um die in den mythologischen Uranfängen beim Ursprung der *Mi*-Gruppen zeugend-schöpferisch tätige Macht. Verstösse gegen die rechtliche Ordnung richten sich darum nicht nur gegen die davon betroffenen Menschen, sondern auch gegen die zeugend-schöpferische Macht. Auf menschlicher Ebene können diese Verstösse durch Wertsachen, Schweine, Feldfrüchte und andere materielle Dinge wieder in Ordnung gebracht werden. Wir sahen aber schon, dass sie auch da noch nicht die Versöhnung, sondern nur die Voraussetzung zur Versöhnung bedeuten. Weil auch die verstorbenen Mitglieder der *Mi*-Gemeinschaft an allem leidenschaftlich teilnehmen, sind sie ebenfalls von solchen Verstössen gegen „ihre" Leute betroffen, und darum muss die Versöhnung durch ein Opfer und Opfermahl vollzogen werden. Wie aber kann das *Mi* von seiner „fressenden" Funktion wieder in seine tragende — das Verb „tragen" heisst in *Medlpa* auch „zeugen" und „gebären" — schützende und bewahrende Funktion zurückgebracht werden? Da rät der Medizinmann zur sakramentalen Versöhnungszeremonie des *Mi*-Schöpfens. Das „junge Wasser" soll den zurückgehaltenen Kraftstrom, dessen „Leitung" oder „Instrument" das *Mi* ist, wieder „in Fluss bringen". (Man mag hier vielleicht auch in magisch-mystischer Weise an die Bedeutung des Fruchtwassers denken). Zur Versöhnung der *Mi*-Macht gehörten also Beichten und Bekennen verheimlichter Dinge, die (materielle) Wiedergutmachung, Darbringung eines Opfers und die sakramentale Besprengung mit „jungem Wasser".

2. Der Anlass.

„Treten in einer Gruppe sehr häufige und immer wiederkehrende, oft zu Siechtum führende Krankheiten oder rasch hintereinander folgende Todesfälle junger Menschen auf, und kann dieses Unheil weder durch Opfer an die Toten und die Gross-Geister, noch durch magisches Vertreiben böser Geister und Dämonen in seinem Laufe eingehalten werden, so pflegt der Medizinmann zu sagen: ‚Das Unheil ist eine Folge von Verstimmung, Rache-Zorn, Streit und Unfrieden in eurer eigenen Mitte. Es muss bei euch verheimlichtes und nicht gesühntes Unrecht vorliegen!' Die führenden Männer forschen dann nach, fordern alle zur Beichte auf und zum Bekennen verborgener Verstimmungen und heimlichen Grolls. Dann pflegt ein Teil von ihnen zu bekennen: ‚Unsere *Mi*-Brüder haben uns wirtschaftlich nicht geholfen. Als wir sie um ein Wertstück oder um ein Opfertier angingen, da schlugen sie nicht nur unsere Bitte ab, sondern schalten uns auch noch ‚arme Teufel', die wir doch wahrlich gemeinsame Nachkommen unseres wesentlichen Altvater-Vaters sind! Sie haben uns verächtlich behandelt. Da stieg in unseren Herzen der Rache-Zorn auf. Darum frisst das *Mi* nun unsere Gruppe.' Andere bekennen, dass es bei ihnen einen heftigen Wortwechsel gab, als die Schweine Gärten und Felder verwüsteten oder heimliche Felddiebstähle oder sonstiges heimliches Nehmen begangen wurde. Wieder andere bekennen, dass ihnen von *Mi*-Genossen ein Opfertier ‚hinter ihrem Rücken' geschlachtet wurde, als sie bei ihren Eheverwandten um Wertsachen bittend herumliefen. Oder dass *Mi*-Brüder mit ihren schuldigen Gegengaben schon viel zu lange im Rückstand sind und sie nur immer mit Vertröstungen auf später abspeisen. Ein junger Mann bekennt vielleicht, dass er heimlichen Groll im Herzen trägt, weil seine Brüderschaftsgruppe keine Anstrengungen macht, ihm eine Frau zu erwerben."

3. Das Mi-Schöpfen.

Sind die in heimlichem Groll lebenden Parteien ermittelt, so bringen beide etliche halbwüchsige Schweine, die man austauscht und den Toten opfert, denn diese sind mit in die Störungen des guten Verhältnisses zwischen ihren „Opfer-Männern" hineingezogen. Dann macht man eine Art Napf aus Blättern der *Keŋena*-Banane. Wegen ihres frischen Grüns sind sie Träger magischer Lebenskräfte. In diesen Blätternapf giesst der Medizinmann „junges Wasser", das er aus einer Quelle schöpft (s. Kap. 60, 2). Die im Unfrieden lebenden Parteien setzen sich nun einander gegenüber, zwischen sich den Napf mit dem Wasser. In den Händen halten sie lange, ganz verwirrte und verknotete Grasstengel — ein Sinnbild dafür, wie ihre Herzen und seelischen Beziehungen verwirrt und verknotet sind. Die eine Partei erklärt nun der anderen: „Wir haben uns bei jenen Äusserungen, die ihr so übel aufnahmt, nicht viel gedacht und hatten sie auch längst vergessen. Eure Herzen aber haben sie mit anhaltendem Rache-Zorn erfüllt. Darum lasst uns nun ‚*Mi* schöpfen', solange unsere Kranken noch am Leben sind. Würden sie sterben, so würde ‚es böse sein' — als Totengeister könnten sie dann Rache nehmen durch ‚Anwerben' von allerlei Unglück und Krankheit gegen uns." — Auf Geheiss des Medizinmannes tauchen darauf beide Parteien die Grasstengel ins Wasser und entwirren und entknoten sie — ein sichtbares Zeichen dafür, dass sie willens sind, die verwirrten und verknoteten Beziehungen zueinander wieder zu lösen und die lebenswichtigen Beziehungen zur hintergründigen *Mi*-Macht wieder in Ordnung zu bringen. Dann besprengen sie sich — zuweilen macht das auch der Medizinmann für sie — und die kranken *Mi*-Genossen mit dem heilenden und versöhnenden Wasser. Der Medizinmann gibt den Kranken auch davon zu trinken. — Inzwischen ist nun auch das Opferfleisch zusammen mit allerlei Gemüse, Bananen und Süsskartoffeln in den Erdöfen fertig gedämpft. Es wird alles herausgenommen, verteilt und als gemeinsames Opfermahl verspeist. Damit ist dann die Versöhnungszeremonie abgeschlossen. Die Versöhnung ist vollzogen und die gute Beziehung zwischen den lebenden und verstorbenen Gliedern der Gemeinschaft und der *Mi*-Macht wieder hergestellt. Nun kann das erkrankte Leben der *Mi*-Gruppe wieder gesunden, und die kranken Glieder können wieder genesen.

Man sieht, Erkrankungen aus seelischen Ursachen sind den *Mbowamb* wohlbekannt. Die ungerecht Behandelten werden entweder selber krank, oder man versteht Erkrankungen anderer Glieder der Gruppe als eine Folge der durch Ungerechtigkeit in der Gruppe ausgelösten Störung der zwischenmenschlich-seelischen Beziehungen. Versagen wirtschaftlicher Hilfe, Vergehen am Eigentum usw. ist n i c h t n u r m a t e r i e l l e r Schaden, sondern vor allem auch menschlich-persönliche Missachtung. Die Betroffenen sind von den ihnen zugefügten Kränkungen so geschlagen, dass sie gar nichts mehr sagen können, wenn die Sache auch noch abgeleugnet und damit die Genugtuung und Wiedergutmachung verweigert wird. Es bleibt ihnen dann entweder eine gewaltsame Lösung des Konflikts durch Anwendung von Todeszauberei oder offener Waffengewalt oder aber, „dass sie sich ganz auf sich selbst zurückziehen, den ‚Weg' zu allen anderen ‚abschneiden' und sich so in ihren Groll und in ihre düsteren Gedanken einspinnen, dass sie immer nur denken müssen: ‚Die eigenen *Mi*-Genossen tun uns das an! Würden wir nur sterben und könnten uns dann als Geister an euch rächen. Dann wollten wir aber sehen, wie es euch erginge!'" Der Rache-Zorn nagt an ihrer Lebenskraft. Sie pflegen dann krank zu werden. Der „Primitive", dem die guten zwischenmenschlichen Beziehungen innerhalb der eigenen Gemeinschaft über alles gehen und ihm lebensnotwendig sind, wird durch ihre Missachtung am Lebensmark getroffen. Er wird krank und kann daran zugrunde gehen, wenn ihm nicht Hilfe wird. Hier liegt auch einer der grössten Gefahrenpunkte im Zusammentreffen der Eingeborenenkultur mit der westlichen Zivilisation und ihrem unpersönlichen, nur „sachlichen" Betrieb, mit ihrer Vergötzung von Sachwerten und Missachtung der zwischenmenschlich-seelischen und hintergründigen Beziehungen, auf die es dem „Primitiven" so sehr ankommt, die der „westliche Materialismus" aber beiseite schiebt und damit bei den Eingeborenen im Laufe der Zeit eine ins Tiefste gehende Abneigung und Ablehnung hervorruft.

KAPITEL 41
INTER-GRUPPEN-BEZIEHUNGEN UND MI

1. Das Mi ist gruppen-gebunden

und kann darum, wie wir sahen, nicht auf andere Gruppen einwirken. Die Reaktion eines gereizten *Mi* trifft die ihm zugehörige Gruppe, wenn in ihrer Mitte verheimlichtes und darum unbereinigtes Unrecht vorhanden ist oder wenn man sich eigenen *Mi*-Genossen gegenüber fälschlicherweise auf das *Mi* beruft. Dieses Gebundensein der Wirkung des *Mi* an die eigene Gruppe bedeutet aber durchaus nicht, dass die *Mi*-Macht für die Inter-Gruppen-Beziehungen keine Bedeutung hat. Weil der Glaube an die *Mi*-Macht und an ihre Reaktion auf Verheimlichung und Ableugnung allen *Mbowamb* gemeisam ist, darum ist er auch für die Inter-Gruppen-Beziehungen von Bedeutung. Wir sahen z. B. schon, dass die Berufung auf das *Mi*, der Eid also, auch Klägern aus anderen *Mi*-, bzw. Ableger-*Mi*-Gruppen gegenüber möglich ist, weil auch diese der Überzeugung sind, dass bei Meineid eine Reaktion des *Mi* der Angeklagten einsetzen wird. Von allen wird der Eid noch wie eine Anrufung eines „Gottesurteils" verstanden. So konnten sich bei den *Mbowamb* auch schwächere gegenüber stärkeren Gruppen durch die Berufung auf ihr *Mi* vor unbegründeten und ungerechten Forderungen schützen. Zum Verständnis dieser Dinge ist der Hinweis auf das magische Denken der *Mbowamb* unerlässlich. Für das magische Denken nimmt das gegensätzliche Begriffspaar, Macht — Ohnmacht, grundlegende Stellung ein. Beide nicht rational, sondern eben magisch-hintergründig verstanden. Gerade auch die Inter-Gruppen-Beziehungen werden von diesem Begriffspaar beherrscht. Die Reaktion des *Mi* einer Gruppe ist nicht „Strafe", sondern Ohn-Macht. Weil sie verheimlichen und ableugnen, haben sie ein ohn-mächtiges Gemein-Wissen. Ihr *Mi* zeigt sich macht-los, die Zuleitung der Macht ist gleichsam unterbrochen. Weil die Begriffe Macht — Ohnmacht so grundlegend sind, darum ist die sich in der Reaktion des *Mi* zeigende Ohn-Macht einer Gruppe den anderen entsprechende Genugtuung. Sie lassen die Ohn-Macht als „Gegenleistung" und anstelle der — materiellen — Wiedergutmachung gelten; ja sie geniessen diesen — zeitweiligen — Machtverlust der anderen sogar als eigenen Triumph. Denn solcher Machtverlust ist Einbusse an Zeugungs-, Wehr- und Wirtschaftskraft der betroffenen Gruppe und starker Prestige-Verlust. Man hat nun der betroffenen Gruppe gegenüber das gleiche Empfinden der Erhöhung der eigenen Macht und des eigenen Ansehens, wie man das bei den *Mbowamb* bei gelungenen Unternehmungen immer hat. Auch kultisch-wirtschaftliche Veranstaltungen haben ja als ein Hauptmotiv die Steigerung der eigenen Macht (-Empfindung) gegenüber den anderen Gruppen. Im Preise der eigenen Macht und des eigenen Ansehens ersteigt bei solchen Anlässen die oratorische Fähigkeit der Sprecher der Gruppe ihre schwindelnde Höhe. Unter Anwendung des „Gruppen-Singulars" macht man dabei die anderen Gruppen nacheinander herunter, so gut das nur immer geht: „Du Hungerleider, der dir immer der Mund trocken bleibt von fettem Fleisch! Ob dein Name so wie der meinige wohl einmal ausgehen wird an alle Horizonte? Warum sind denn deine Leute krank und sterben? Wo sind denn deine guten Kunststücke? Was ist denn wohl mit deiner starken Sache? Ich mache dich zu Schanden. Tu es mir nach, wenn du kannst!" Von dieser grundlegenden Bedeutung der magisch-hintergründigen Macht oder Ohn-Macht her ist auch die Übergabe eines anderen *Mi* oder die eines Kindes zu verstehen.

2. Die Ubergabe eines fremden Mi.

Das *Mi* der väterlichen *Mi*-Gruppe einer Frau wirkt bei Verstössen gegen die Gesellschafts- und Rechtsordnung auf ihre Nachkommen ein, wie wir schon am Beispiel der *Ndika Kuip-öŋgidl*, „Zikaden-Esser" (Kapitel 12, 2), sahen. Das Inter-Gruppen-Verhältnis zwischen den durch Heirat rechtlich verwandten Gruppen wird durch das *Mi* nicht nur hinsichtlich Heirat und Ehe geregelt, sondern das *Mi* der anderen Gruppe spielt auch bei verheimlichtem Unrecht gegen die heiratsverwandte Gruppe eine Rolle. Die Frauen selber gehören ja auch in der Ehe noch immer ihrer jeweiligen väterlichen *Mi*-Gruppe an. Bei Verheimlichung und Ableugnung eines Unrechts an des Ehemannes Gruppe seitens der väterlichen *Mi*-Gruppe einer Frau kann also die Reaktion des *Mi* auch die Frau treffen. So hatte z. B. einmal eine bei den *Ndika Oprmbo* verheiratete *Paŋaka*-Frau eine sehr schwere Geburt. Die *Oprmbo* hatten vorher einen Todesfall gehabt, den sie darauf zurückführten, dass die *Paŋaka* Todeszauber gegen sie gebraucht hätten. Die *Paŋaka* hatten aber die Anklage und Forderung auf Entschädigung unter Berufung auf ihr *Mi* zurückgewiesen. Jetzt waren die *Oprmbo* überzeugt, dass die Not der Frau als Reaktion des *Paŋaka-Mi* aufzufassen war. Sie rannten zu den *Paŋaka* und fragten, ob sie haben wollten, dass ihre Frau und das Kind zugrundegehen sollten. Da bekannten die *Paŋaka*, dass sie doch Todeszauber angewendet hätten. Da sagten die *Oprmbo:* „Nun ihr es bekennt, soll eure Frau bei uns nicht sterben". Mutter und Kind blieben dann auch am Leben. — Wird nun aber umgekehrt die Gruppe, in die eine Frau eingeheiratet hat, von der väterlichen *Mi*-Gruppe der Frau eines verheimlichten Unrechts beschuldigt, so hat sie zwei Möglichkeiten, sich gegen die Beschuldigung zu wehren, wenn sie auf falschem Verdacht beruht: Sie kann sich entweder auf ihr eigenes *Mi* berufen oder sie kann das ihr fremde *Mi* der Eheverwandten nehmen und es ihnen „anfassend geben" (Kapitel 31, 1). Im letzteren Fall berufen sie sich dann nicht auf ihr eigenes *Mi*, setzen also nicht sämtliche Mitglieder ihrer patrilokalen Gruppe der evtl. Reaktion ihres eigenen *Mi* aus, sondern reizen das *Mi* ihrer Eheverwandten dadurch zur Reaktion, dass sie es ihnen „anfassend überreichen". Der Rechtsbegriff „anfassen" weist auf den Sinn der Sache. Es handelt sich offenbar um die rechtliche Rückgabe der Lebenskraft und Wachstumsmacht an die *Mi*-Gruppe, aus der die Mutter eines jetzt (zu Unrecht) Angeklagten kam und einen Teil von deren Lebens- und Wachstumskraft — nicht Zeugungs- und Vermehrungskraft, denn die ist patrilinear — mitbrachte, wofür man ja auch den „Kaufpreis" gab. Mit dem Überreichen ihres *Mi* in der rechtsüblichen Form bringt man den Willen zum Ausdruck, ihnen den abgetretenen Teil ihrer Lebenskraft wieder zurückgeben zu wollen, falls ihre Klage zu Recht besteht, d. h., man ist willens, denjenigen Gliedern der eigenen *Mi*-Gruppe die von der Mutter überkommene Lebenskraft entziehen zu lassen, falls wirklich ein verheimlichtes Vergehen vorläge, die die betreffende Frau zur Mutter haben oder hatten. Eben diese einst rechtlich erworbene Lebenskraft gibt man nun, da vielleicht der erwachsene Sohn dieser Frau eines verheimlichten Vergehens an der Gruppe seiner Onkel und Vettern angeklagt wird, durch Überreichung des *Mi* der Verwandten an sie zurück. Weil sie einst rechtlich erworben wurde, muss auch die Rückgabe in rechtsgültiger Form erfolgen. Der entsprechende sprachliche Ausdruck heisst *Mi nopepa amboglpa ŋui*, „ein nicht zugehöriges *Mi* anfassen und übergeben". Erst durch und nach dieser rechtswirksamen Übergabe kann das *Mi* einer Mutter dann an ihren Söhnen, falls sie oder ihre väterliche Gruppe doch schuldig sind, seine „fressende" Funktion ausüben. Auch hier ist es nicht notwendig, dass die angeklagten nahen Verwandten selber die heimlichen Täter waren. Wenn es andere Angehörige ihrer patrilinearen Gruppe waren, wird die Rückgabe des *Mi* an die patrilineare Gruppe ihrer Mutter bei den Beschuldigten auf Grund ihrer Einheit mit den übrigen Gliedern ihrer patrilinearen Gruppe eine Reaktion des *Mi* der Gruppe ihrer Mutter auslösen. Sollten sie krank werden und sterben, so hätte ja auch die Gruppe ihrer eigenen Väter und *Mi*-Brüder allein die Einbusse an Zeugungs-, Wehr- und Wirtschaftskraft. Dies ist noch an einem Beispiel zu verdeutlichen:

Wenn z. B. die *Mineimbi* und *Roglaka*, die durch Heirat miteinander verwandt sind, sich eines verheimlichten Vergehens am anderen anklagen, so pflegen sie Stein oder Cordyline anzufassen und der klagenden Partei zu übergeben. So klagten z. B. einmal die *Roglaka* ihren Vetter, den *Mineimbi Paka*, des Missbrauchs einer *Roglaka*-Frau an. Er sollte dafür die übliche Sühnegabe, nämlich ein grösseres Opfertier geben. *Paka* erklärte, er sei unschuldig. Man klage ihn dieses Vergehens zu Unrecht an. Selbstverständlich stellten sich alle seine *Mi*-Genossen, also die *Mineimbi*, wie immer in Rechtshändeln, geschlossen auf seine Seite. Sie verweigerten die Sühnegabe. Die *Roglaka* aber gaben sich nicht zufrieden, da die betreffende *Roglaka*-Frau den *Mineimbi Paka* angegeben hatte. Schliesslich bestand *Paka* darauf, seine väterliche *Mineimbi-Mi*-Gruppe solle den *Roglaka* ihr *Mi* „anfassend übergeben", weil er sich unschuldig wusste. Seine Mutter war eine geborene *Roglaka* gewesen. *Paka* drängte darauf, die *Mineimbi* sollten eine *Roglaka*-Cordyline nehmen und mit ihr den Teil seiner Lebenskraft an die *Roglaka* rechtens zurückgeben, den er durch seine Mutter von den *Roglaka* überkommen hatte. War er oder auch ein anderer *Mineimbi* des Vergehens schuldig, dessen er von seinen Vettern bezichtigt wurde, so sollte die Reaktion des *Roglaka-Mi* ihn treffen; es sollte ihn dann „fressen". Freilich konnte es auch seinen leiblichen Bruder, den *Mineimbi Rump* treffen, weil ja der mütterliche Teil der Lebenskraft beider dann an die *Roglaka* zurückgegeben wurde. Man kann nun meinen, *Paka* konnte leicht zur Übergabe des *Roglaka-Mi* raten, weil er sich selbst unschuldig wusste. Tatsächlich musste er aber damit rechnen, dass doch irgendeiner seiner *Mineimbi Mi*-Genossen die Tat begangen, aber verheimlicht hatte, so dass dann ihn oder seinen Bruder *Rump* das *Roglaka-Mi* „fressen" würde, zumal jene Frau der *Roglaka* behauptete, es sei ein *Mineimbi* gewesen. — Die *Mineimbi* nahmen also eine *Roglaka*-Cordyline und übergaben sie der klagenden *Roglaka*-Partei. Würden nun in absehbarer Zeit *Paka* oder *Rump* von einem auffallenden Unglück oder von schwerer Krankheit heimgesucht, so wäre ihre Schuld erwiesen; nicht unbedingt ihre eigene, persönliche Schuld, wohl aber die der *Mineimbi* als Gruppe. Es muss dann doch einer aus ihr gewesen sein. Auf den Nachweis von Schuld oder Unschuld kommt es ja auch nur indirekt an. Direkt kommt es auf Wiedergutmachung und Sühne an. — Im vorliegenden Fall, so erzählen die *Mineimbi*, wurde *Paka* auch tatsächlich bald darauf krank und starb. Damit war den *Mineimbi* der Anteil an *Roglaka*-Kraft wieder entrissen, den sie einst durch die Mutter des *Paka* erworben hatten und ihnen in *Paka*, der ein *wö nuim* der *Mineimbi* war, zugute gekommen war. Das war nun für die *Roglaka* „entsprechender" Schadenersatz für das Vergehen an der Frau. Merkwürdigerweise starb bald darauf auch der jüngere Bruder *Rump*. Konnte man den Tod des *Paka* bei den *Mineimbi* noch als Folge der Anwendung von Todeszauber durch die *Roglaka* erklären, die sich an ihm rächen wollten, so konnte man das nach dem Tode des *Rump* nicht mehr. Denn einander folgende Todesfälle zweier Brüder können nach allgemeiner Auffassung der *Mbowamb* nicht durch Zauberei verursacht sein, sondern da kann nur ein Entzug der Lebenskraft des *Mi* vorliegen. Tatsächlich hatte ein *Mineimbi* jene *Roglaka*-Frau vergewaltigt. Da die Frau den *Paka* genannt hatte, sah der Schuldige keinen Anlass, sich zu seiner Untat zu bekennen. Jetzt aber wurde er von schrecklicher Scham-Furcht erfüllt und gab den Fall zu. Denn nun fürchtete er die Rache der beiden Verstorbenen. Die Leute sagten mir auch, *Paka* habe aus Rache-Zorn gegen seine eigenen *Mineimbi Mi*-Brüder auf der Übergabe des *Roglaka-Mi* bestanden, weil sie ihm als ihrem *wö nuim* immer wieder viel Ärger und Verdruss bereitet hätten. *Paka* habe deshalb geäussert, wenn er nach Übergabe des *Roglaka-Mi* krank werde und sterbe und dann „auf dem Hofplatz stehe", d. h. als Totengeist anwesend sei, könne er denjenigen *Mineimbi* gewiss „durchschauen", der die Frau der *Roglaka* vergewaltigt habe und könne dann an ihm Rache üben. Davor hatte der Missetäter nun nach dem Tode von *Paka* und *Rump* solche Angst, dass er seine Untat eingestand. Er hatte nach der Auffassung der Leute nicht nur ein sittliches Vergehen, sondern auch „Selbstmord" begangen durch das Töten zweier *Mi*-Brüder. Da erfüllte schreckliche Scham-Furcht und Reue alle *Mineimbi* und sie hielten eine grosse Klage.

3. Die Übergabe eines Kindes.

Statt des *Mi* übergibt man an die Verwandten der Frau und Mutter eines ihrer Kinder, wenn sie den Mann und Vater oder andere aus seiner Gruppe eines verheimlichten Vergehens anklagen. Der Sinn ist ganz derselbe wie bei der Übergabe des fremden *Mi*. Auch hier geschieht die Übergabe in rechtswirksamer Form, d. h. man übergibt es „anfassend". In dem Kinde wird ebenfalls der Teil der Lebenskraft, den die Frau aus ihrer *Mi*-Gruppe in die ihres Mannes mitbrachte und in ihren Kindern mit wirksam ist, an ihre väterliche *Mi*-Gruppe zurückgegeben, sozusagen ihrem Mi zum „Fressen" zur Verfügung gestellt, so dass das Kind oder auch eines oder mehrere seiner Geschwister krank werden und sterben sollen als Sühne für das Unrecht, falls dieses wirklich von der Gruppe des Vaters begangen wurde und nur verheimlicht und abgeleugnet wird. Das Kind, das man „(*Mi*) anfassend übergibt", wird natürlich nicht tatsächlich von den Verwandten mitgenommen. Man stellt nur von der Mutter überkommenen Anteil seiner Lebenskraft der anklagenden väterlichen *Mi*-Gruppe der Mutter rechtlich zur Verfügung, falls ihre Anklage zu Recht besteht. — Statt des *Mi* wird ein Kind „übergeben" in all' den Fällen, wo das *Mi* der Klage erhebenden Eheverwandten sich schlecht zur Übergabe eignet; so z. B. wenn ihr *Mi* etwa nur ein Name ist oder ein Vogel, ein Wassertümpel usw. Ist es dagegen eine Pflanze, so übergibt man ihnen einen Setzling dieser Pflanze. Die Kläger nehmen diesen Setzling dann mit heim und pflanzen ihn auf dem Erdwall um ihr Männerhaus ein. Wurzelt er ein und wächst weiter, so wird die Reaktion des *Mi* niemand von den Verwandten, die man anklagte, treffen; man hatte sie zu Unrecht beschuldigt und gibt ihnen dann eine entsprechende Sühnegabe.

4. Der Friedensschluss und das Mi.

Dass das *Mi* auch für die Inter-Gruppen-Beziehungen nicht-verwandter Gruppen eine Rolle spielt, geht aus seinem Gebrauch bei Friedensschlüssen hervor. Wenn man nach langen Kriegen endlich wieder Frieden schliessen wollte, so geschah dies „das *Mi* anfassend". Der Krieg bedrohte nicht nur die Leiber, sondern auch die Seelen- und Lebenskraft der kriegführenden Gruppen. Darum war der Friedensschluss nicht nur Angelegenheit der Gruppen, sondern gerade auch ihrer jeweiligen *Mi*. Es wurde für den Friedensschluss ein Platz gesäubert und schön hergerichtet. Dort wurde von jeder der kriegsführenden Parteien ihr *Mi* „hingelegt". Solch ein Platz war Abbild des *Kona wiŋndi*, an dem einst zur Zeit der Ur-Anfänge der *Mi*-Gruppen jeder Gruppe ihr jeweiliges *Mi* von einem *Tei*-Mann „hingelegt" wurde. Es war also nicht nur ein „Gedächtnisplatz" (Bd. II, 177 unter „Friedenszeiten"), sondern Wiederholung des lebenzeugenden mythologischen Geschehens.

Auch die dort erwähnten *ak-kona* waren nicht nur „Gedächtnisplätze" oder „Denkmäler", sondern Vergegenwärtigung der Verluste an Zeugungs- und Vermehrungskraft, die eine Gruppe im Kriege — oder auch durch Todeszauberei — hatte. Nur bei Gleichheit der Verluste auf beiden Seiten oder aber durch entsprechend ausgleichende Sühnegaben bei Ungleichheit der Verluste, konnten die friedlichen Beziehungen wieder hergestellt werden

Zum Friedensschluss kamen die kriegführenden Parteien auf dem geschmückten Platz zusammen. Dort setzten sie sich einander gegenüber. In der Mitte wurde ein sog. „Kriegsbaum" errichtet, d. h. man setzte ein etwa 2 m hohes Stück eines Hartholzbaumes von etwa 10 cm Durchmesser in den Boden. Als Hartholz war er Träger von Lebenskräften, die nun wieder zur vollen Wirksamkeit kommen sollten. Auf diesen „Kriegsbaum" setzte man Vogelfederschmuck des *Ndoa*, also des Vogels, in dessen Gestalt der mythologische Vater in den Herkunftssagen der Gruppen sehr oft auftritt. Der „Kriegsbaum" galt als Versöhnungszeichen. Um ihn wurde von den streitenden Parteien das jeweilige *Mi* „hingelegt", d. h. man pflanzte dort Cordylinen ein oder aber Setzlinge des Baumes, Strauches oder der Pflanze, die das *Mi* der betreffenden Gruppe war. Von den Gruppen, deren *Mi* ein Stein, Tier usw. ist, wurde es — oder ein Teil von ihm — nur in die Hand genommen. Dort am Versöhnungszeichen standen dann die Sprecher der einzelnen Gruppen und hielten das „*Mi* anfassend" ihre Reden, sprachen also rechtsverbindlich. Dort wurden auch die Wertsachen und das Opferfleisch von der Partei niedergelegt, die für „überzählige" Erschlagene der Gegenpartei Sühnegaben zu geben hatte, wenn der Friede wirklich zustandekommen sollte. Waren alle Verhandlungen endlich soweit gediehen, dass man auf beiden Seiten ehrlich den Frieden wollte, so überreichten die führenden Männer der beteiligten Gruppen den anderen das *Mi* ihrer jeweiligen Gruppe. Das geschah „Mi-Rede anfassend", also in rechtsgültiger und verpflichtender Form. Jeder Sprecher einer Gruppe sprach dabei die feststehende Formel aus: *ten-ŋa Mi tetem*, „wir haben ein *Mi*". Man überreichte sich also gegenseitig das jeweilige eigene *Mi* als bindende Verpflichtung zur Beachtung und Wahrung rechtlich geordneter gegenseitiger Beziehungen. Wie man das eigene *Mi* innerhalb der eigenen Gruppe als gegenseitiges „Geschwisterverhältnis" achtete, so verpflichteten sich nun die vorher feindlichen Gruppen zur gleichen Achtung des *Mi* der anderen Gruppe. Jeder Verstoss dagegen wurde dann als „*Mi* ausgrabendes Tun" bezeichnet, welches Wiedergutmachung und Sühne forderte entsprechend seinem Ausmass und Umfang. Bekannte man sich nicht dazu und leugnete ab, so musste man mit der Reaktion des eigenen *Mi* rechnen. Wollte man aber später einmal die eingegangene Verpflichtung überhaupt nicht mehr einhalten, sondern wieder einmal zum Krieg schreiten, so misshandelte man das einst rechtlich überreichte *Mi* der anderen. Das war dann Abbruch der friedlichen Beziehungen (Kap. 29, 4) und offene Kampfansage (Kap. 46, 2e), so wie beim Friedensschluss die Annahme des *Mi* der anderen die rechtsverbindliche Zusage zur Achtung und Einhaltung geordneter Beziehungen war. Jede der beteiligten Gruppen musste darum ihren Willen zur Einhaltung der Ordnung „*Mi*-Rede anfassend" in Worten zum Ausdruck bringen.

KAPITEL 42
GRENZEN VON GEWISSEN, MORAL UND RECHT

1. Bedingt durch das magische Weltverständnis.

Denken und Verhalten der *Mbowamb* beruhen, wie ich glaube, auf dem grundlegenden Erlebnis von Macht und Ohn-Macht, die beide magisch verstanden werden. Macht kommt in Gesundheit, Glück, Gedeihen, Wohlergehen, Überlegenheit über die Feinde, Ruhm und Ansehen, in Kinderreichtum, guten Ernten und ähnlichem zum Ausdruck, aber ebenso auch in einer gelungenen Lüge oder etwa in einem gelungenen Diebstahl, den man so zu verbergen versteht, dass auch nicht einmal der leiseste Verdacht auf einen fällt, so dass man auch keine Anklage und Forderung auf Wiedergutmachung zu fürchten hat. „Wo kein Kläger ist, da ist auch kein Richter" heisst auf die *Mbowamb* abgewandelt: Wo keine Anklage auf verheimlichtes Unrecht und keine Forderung auf Wiedergutmachung erhoben wird, da ist auch keine Reaktion des Mi zu fürchten. — Die magische Ohn-Macht kommt zum Vorschein etwa, wenn eine Aussage sich anders herausstellt; sie ist dann kein Irrtum, sondern gleich eine Lüge. Sie kommt zum Vorschein bei Niederlagen vor dem Feind, bei Misswuchs, Unfall, Unglück oder sonstigem Unheil; vor allem aber in Krankheits- und Todesfällen, denen darum auch irgendein verheimlichtes Vergehen zugrundeliegen m u s s , weil die Äusserungen hintergründiger Macht immer nur als Wille für oder aber gegen jemanden (Kapitel 19, 4; 29, 2), also personhaft verstanden werden können. Entweder muss ein religiöses Vergehen vorliegen, weil man etwa zu lange keine Opfer dargebracht hat. Oder es muss ein moralisch-rechtliches Vergehen vorliegen, das man verheimlicht und damit die Wiedergutmachung unterlassen hat, so dass nun eine Reaktion des *Mi* eingetreten ist. Oder aber es muss ein magisches Vergehen vorliegen, nämlich die Anwendung von Todeszauber. Auf dieses letztere Vergehen schliesst man besonders dann, wenn es sich bei dem Kranken oder Verstorbenen um einen angesehenen Mann handelt. Sein Ansehen beruht ja gerade auf seiner besonderen magischen Mächtigkeit. Ihn kann doch nur der von feindlicher Seite aus Neid und Rivalität angewendete Träger gefährlichster Todeskräfte zu Fall bringen. Sie müssen gezaubert haben! Gerade am Zauberglauben tritt die Grenze von Gewissen, Moral und Recht, die durch das magische Denken bedingt ist, am stärksten hervor. Ich sollte hier nicht mehr nur von „Grenze" oder Begrenzung sprechen, sondern von Verirrung und Verwirrung. Aus dem Zauberglauben kommt das tiefste Misstrauen, die dunkelste Verdächtigung, die rational nicht mehr zu erklärende Anschuldigung, die unheimliche und bei den *Mbowamb* oft durch geheime Verbindungen geübte Blutrache, wobei man auch vor Schändung des Gastrechtes nicht zurückschreckte. Aus dem Zauberglauben kommen tiefste Feindschaft und unmenschlichste Vergehen, wobei man z. B. gerade auch die eigenen Ehefrauen der Zwischenträgerdienste beschuldigte, mit Lianen an Händen und Füssen band, zum nächsten Fluss hinunterschleifte, dort in Stücke zerhackte und in den Fluss warf, wie es z. B. mit der Mutter des *Ndika Rumints*, der *Moke*-Frau *Mbom* geschehen ist, obwohl die *Ndika* gerade *Moke*-Mädchen — und umgekehrt — häufig heiraten. (Kapitel 16, 6).

Wie wir sahen, können wir den umfassenden Begriff *ugl* (Kapitel 14, 2) sowohl mit „Sitte, Gepflogenheit" als auch mit „Kunststück, Wundertat, Machtäusserung" übersetzen. Das bedeutet aber, dass in der Sprache der *Mbowamb* — und damit auch in dieser Sache — zwischen Sitte und Recht auf der einen Seite und magischer Macht auf der anderen nicht unterschieden wird. Diese im magischen Denken gründende Reaktion zwischen Macht und Recht muss als starke Begrenzung von Gewissen, Moral und Recht bezeichnet werden. Die Begriffe „gut" und „böse" sind den beherrschenden Oberbegriffen Macht und Ohn-Macht untergeordnet. Dabei ist „gut" nicht einfach und in jedem Fall gleich „Macht" und „böse" nicht etwa „Ohn-Macht", sondern das zu eigenem Vorteil gelungene „böse Kunststück" ist für die, denen es gelungen ist, eben ein „gutes Kunststück". Es gibt keine „guten Sitten" im Sinne eines absolut und unter allen Umständen Guten, sondern nur im Sinne des Vorteilhaften, Wohlwollenden und Nützlichen. Ebenso spricht man von „bösen Sitten" nur im Sinne des für die eigenen friedlichen Beziehungen Nachteiligen, Schädlichen und Feindlichen.

Die Grenzen von Gewissen, Moral und Recht sind wohl auch durch die völlige Gleichsetzung von Tradition mit Religion und Recht bedingt. Was einst in grauer Vorzeit geschah, von den Urahnen und Stammvätern der Gruppen getan und dann von Generation zu Generation tradiert wurde, enthielt immer wieder nur dieselben, an Zahl und Reichweite sehr beschränkten und eigentlich stereotypen Leitmotive und Leitbilder. Die Herkunfts- und Abstammungssagen der einzelnen *Mi*- und Ableger-*Mi*-Gruppen der *Mbowamb* enthalten immer Angaben über den Charakter und die Betätigung des Urahnen oder Stammvaters. War er ein friedlicher Mann, der seine Felder bebaute und den wirtschaftlichen Dingen nachging, so gilt das auch von allen seinen Nachkommen. War er streitsüchtig, diebisch, dreist und frech, so gilt das ebenfalls von allen seinen Nachkommen. Hat der wandernde Stammvater einst auf seiner Wanderschaft einen Schweinestrick mitgebracht, so gedeiht bei seinen Nachkommen die friedliche Schweinezucht; brachte er dagegen Bogen und Pfeil mit, so sind alle seine Nachkommen vor allem kriegerisch veranlagt. Es gibt bei den *Mbowamb* Gruppen, denen man Friedensliebe nachsagt. Ihre friedliche Gesinnung führt man auf ihren Urahnen zurück. Es gibt andere, die als besonders rücksichtslos und streitsüchtig gelten. Auch bei ihnen führt man das auf ihren Urahnen und auf die Stammväter der Untergruppen zurück. Wie die Urahnen und Stammväter waren und was sie taten wirkt nicht nur als Tradition, sondern a u c h a u f m a g i s c h e W e i s e durch die Generationen hin. — Auch die Umwelt und „Geschichte" war statisch oder immer gleiche Wiederholung. Sie bot keine neuen Anstösse. Wie Abstammung und seelische Struktur, so konnten auch moralisches Gewissen und sittliche Haltung des einzelnen nichts anderes sein als ein Anteilhaben am Gemeinschaftsgewissen und an der in der Gemeinschaft als recht und richtig, unantastbar oder „heilig" geltenden, von den Urahnen und Stammvätern überkommenen Tradition. Diese Tradition und der durch ihre Beobachtung und durch kultische Wiederholung des mythologischen Geschehens immer wieder vergegenwärtigte magisch-religiöse Zusammenhang mit den Urahnen und Stammvätern einer jeden Gruppe bot Schutz und Lebenshilfe und ermöglichte es jeder Generation, ihr Leben in den alten, von Kindheit an vertrauten Bahnen zu führen und mit innerer Befriedigung zu meistern. Die Zeit, Kulturstufe und Umwelt machte die Schaffung neuer Leitbilder weder möglich, noch bedurfte sie ihrer. Die überkommenen Rechtsgepflogenheiten, Kulte, gesellschaftlichen Gruppierungen und moralischen Erwartungen, die die Gruppe an ihre Glieder stellte, genügten, um allen Anforderungen des Lebens zu begegnen und sie zu bestehen. Dazu half auch die relative Kleinheit der einzelnen Gruppe und ihrer Untergliederungen, denen man verpflichtet war und die verhältnismässig beschränkte Anzahl der Beziehungen zu anderen Gruppen und der Verpflichtungen ihnen gegenüber. Wenn auch beides bei den *Mbowamb* und anderen Hochländern doch wohl grössere Kreise umfasste als vielleicht in anderen Teilen Neuguineas, und eine Gruppe infolge der herrschenden Exogamie verhältnismässig viele Heirats- und damit Verwandtschaftsbeziehungen hatte, und so der Kreis der Rechtsgültigkeit beträchtlich erweitert wurde, so hatten doch Recht und moralische Verpflichtung immer distributiven Charakter; d. h. sie gelten nicht allgemein und nicht gegenüber allen Menschen in gleicher Weise. Auch in Bezug auf das moralische Gewissen und die Rechtsübungen gilt, was schon von der Anteilhabe an der Gemeinschaft, an der Bluts- und Eheverwandtschaft und am Siedlungsland gesagt wurde, nämlich, dass diese Anteilhabe immer abgestuft und verteilt ist auf weitere, enge und engste Kreise (Kapitel 31, a). So nimmt auch die moralische und rechtliche Verpflichtung ab oder aber zu, je nachdem, ob sie aus dem weiteren, engeren oder engsten Kreis verwandtschaftlicher Beziehungen kommt. Das moralische Gewissen ist als Funktion des *Mi* grundsätzlich gruppen-gebunden wie eben des *Mi* selbst. Infolge des immer vorhandenen, tiefen Misstrauens der Gruppen gegeneinander und der zwischen ihnen herrschenden, oft masslosen Rivalität — was beides mit dem magisch-religiösen Machtglauben zusammenhängt — kamen die *Mbowamb* nicht zu einem grösseren politisch-sozialen Zusammenschluss, der zu einer umfassenderen Gemeinschaft mit neuen, über die herkömmlichen weiter hinausführenden Anstössen, Anforderungen, Bindungen und Verpflichtungen geführt hätte. So wurden Gewissen, Moral und Recht von Generation zu Generation auf die überkommenen Grenzen beschränkt. Diese Grenzen waren dann immer auch

2. Bedingt durch die Unterscheidung zwischen „innerhalb" und „ausserhalb".

Wie man zwischen den „Menschen innerhalb" und den „Menschen ausserhalb" der eigenen *Mi*-, bzw. Ableger-*Mi*-Gruppe und zwischen der „Seele innerhalb" und der „Seele ausserhalb", zwischen dem „*Kona* innerhalb" und dem „*Kona* ausserhalb" des eigenen Siedlungsgebietes unterscheidet, so unterscheidet man auch bei allen *ugl*, „Machtäusserungen, Sitten, Gepflogenheiten, Taten", die man als *kits*, „schlecht, böse", beurteilt, noch einmal danach, ob sie nun „innerhalb" oder aber „ausserhalb" geübt wurden. Es gibt schlechterdings kein Vergehen und kein Unrecht, bei dem die *Mbowamb* nicht das Wörtlein *ruk*, „innerhalb" oder *ekö*, „ausserhalb" dazusetzen. So unterscheidet man z. B. zwischen „Diebstahl innerhalb" und „Diebstahl ausserhalb", zwischen sittlichen Vergehen innerhalb und ausserhalb, ebenso zwischen Zauberei, Verleumdung, Streit, Krieg usw. innerhalb und ausserhalb. Geschieht z. B. ein Vergehen am Eigentum eines „Menschen innerhalb", so wird es als „überaus böses Kunststück" bewertet. Geschieht aber dasselbe Vergehen an einem „Menschen ausserhalb" so gilt es unter Umständen als ein „gutes Kunststück". „Totschlag innerhalb" gilt, wie wir sahen, als eine Art Selbstmord. Dagegen k a n n „Totschlag ausserhalb" als eine sehr gute Tat laut gepriesen und als ein sehr willkommenes Offenbarwerden der magischen Ohn-Macht der anderen Gruppe voller Schadenfreude genossen und als eine gewaltige Erhöhung der eigenen Mächtigkeit verstanden werden. Jeder *ugl* wird danach als „gut" oder „böse" beurteilt, ob er Ausdruck der eigenen magischen Mächtigkeit ist oder aber der eigenen magischen Ohn-Macht. Je nachdem ist er dann den „Menschen innerhalb" und ihren friedlichen Beziehungen, sowie ihrem Ansehen und Ruhm von Vorteil oder Nachteil, also dann „gut" oder aber „böse". Fördert ein *ugl* das eigene Prestige, so fördert er damit auch das gute Einvernehmen mit den „Menschen innerhalb" und gilt deshalb als „gut", auch wenn er in unseren Augen dieses Prädikat durchaus nicht verdient. So müssen Prestige und Rivalität, das bohrende Verlangen nach Überlegenheit, Anerkennung und Gepriesenwerden als starke Begrenzung für Gewissen, Moral und Recht genannt werden. Aus Rivalität und um des Ansehens willen lässt man sich immer wieder zu allerlei Untaten hinreissen. Nicht nur den anderen Gruppen gegenüber, sondern auch innerhalb der eigenen Gemeinschaft spielen magische Macht und Mächtigkeit, Überlegenheit, Rivalität und „Gesicht" eine grosse Rolle. Der magisch Überlegene und Mächtige versucht immer wieder sich gegen die Schwächeren rücksichtslos durchzusetzen. Er tut eventuell Dinge, die die Gemeinschaft zwar nicht billigt, aber auch nicht hindert, weil man sich seiner magischen Mächtigkeit beugt. Nur die Angst vor der Störung des guten Einvernehmens und der Reaktion des *Mi* hält den Willen zum rücksichtslosen Sich-Durchsetzen einigermassen in Schach. Noch mehr zeigt sich dieser Wille den „Menschen ausserhalb" gegenüber. Freilich kann man auch ihnen nicht alle „bösen Kunststücke" einfach wild und ungezähmt, wie man gerne möchte, zufügen, ohne den äusseren Frieden zu gefährden und die eigene Gruppe in Streit und Krieg hineinzuziehen. Oft ist es nur die Rücksicht darauf, die als letzte starke Schranke wirkt.

Was man als „schlecht, böse" bezeichnet, wenn es gegen einen selbst sich richtet, vollbringt man selbst als „gutes Kunststück", wenn man damit rechnen kann, dass es zum Vorteil der eigenen und zum Nachteil der anderen Gruppe ausschlagen wird. So besteht man z. B. bei Vergehen anderer gegen die eigene Gruppe oder eines ihrer Glieder unnachgiebig auf Wiedergutmachung und Sühne oder aber auf entsprechender Vergeltung und Rache. Das hindert einen aber nicht, eigene Vergehen so gut und so lange, wie nur irgend möglich, zu verheimlichen und abzuleugnen oder auch auf Dritte abzuwälzen. Es hindert einen auch nicht, eine andere Gruppe, die eine Schuld auf sich geladen hat gegen Dritte und sich anschickt, ihnen dafür Sühnegaben zu geben, durch alle Schliche der Überredungskunst vom Geben der Sühnegaben abzuhalten und sie zu überreden, es auf eine Fehde ankommen zu lassen. — Wenn ein Mitglied der eigenen Gruppe nicht vom „heimlichen Nehmen innerhalb" lassen kann, so kann man es ermahnen, doch nicht „innerhalb", sondern viel lieber „ausserhalb" zu stehlen. Hat er Angst „ausserhalb" zu stehlen, weil man ihn erwischen und entsprechend behandeln könnte, so ermahnt man ihn, es eben so geschickt anzufangen, dass man ihn nicht erwischen kann. Falls er aber doch ertappt würde, so wolle man schon für die Wiedergutmachung aufkommen. Dies dafür, dass er nun vom Stehlen „innerhalb" gelassen habe! Hier zeigt sich eine weitere Grenze von Gewissen, Moral und Recht. Sie ist

3. Bedingt durch die Beschaffenheit des Herzens.

Man gesteht dem notorischen Dieb zu, dass er eben nicht anders kann. Seine „Verlangensseelen", die *kôm* (Kap. 18, 3) treiben ihn dazu. Die *Mbowamb* wissen ja alle aus ihrer eigenen Erfahrung, dass auch ihre „Verlangensseelen" sie immer wieder zu allerlei Vergehen und Untaten treiben. „Wenn wir einen Mann aus einer anderen Gruppe sehen, der viele wirtschaftliche Beziehungen hat und deshalb immer wieder schöne Feste veranstalten kann, die sein Ansehen immer mehr steigern, so denken wir im Herzen: ‚Könnte ich dich nur totschlagen!' Wir überreden dann unsere Schwester, die mit ihm verheiratet ist, dass sie Todeszauber von uns annimmt, um ihm etwa im Schlaf heimlich etwas davon auf den Kopf zu schütten oder es ihm heimlich in sein Essen zu mischen. — Wenn wir im Gebüsch ein Schwein unbewacht herumlaufen sehen, dann ‚machen wir *kôm* in unserem Inneren dasein' und schlachten es heimlich. — Wenn uns an einer Wegkreuzung einer entgegenkommt, der ein Wertstück bei sich trägt, dann haben wir danach Verlangen und denken bei uns selbst: ‚Könnte ich das Wertstück nur besitzen!' Im nächsten Augenblick entreissen wir es ihm auch schon. — Wenn sie irgendwo Fleisch verteilen und geben uns nichts, dann spüren wir, wie unsere Verlangensseele abbrechen will'. Dann kommt bei uns der Rache-Zorn hoch, weil man uns so schmählich übergeht und wir denken: ‚Wenn ich es dir nur vergelten könnte!' Dann treffen wir den Fleischverteiler mit dem tödlichen Augenpfeil. — Wenn ein Bruder ein schönes Wertstück oder Opfertier nicht dem Bruder gibt, sondern einem anderen, dann steigt beim Bruder der Rache-Zorn auf. Er bricht dann mit dem Bruder alle Beziehungen ab, dass der Weg zwischen den beiden sich mit Gras überzieht. Erst wenn ihm der Bruder eine Sühnegabe gibt, stellt er sich zu ihm wieder freundlich."

Diese wenigen Beispiele mögen genügen, um die Vorherrschaft des Empfindungslebens, die Rolle des „bösen Begehrens", das Verlangen nach Anerkennung und Geltung und bei

Missachtung — oder schon, wenn man übersehen wird — den starken Rache-Zorn und das Verlangen nach Vergeltung zu zeigen. Diese Dinge „pflegen unsere Vernunft mit sich fortzutragen, dass wir dann wie von Sinnen sind und irgendein böses Kunststück vollbringen, über das wir nachher oft Reue empfinden".

Obwohl den *Mbowamb* das gute Einvernehmen und die friedlichen Beziehungen sehr wichtig sind, verführt sie doch immer wieder das eigene Herz dazu, das gute Einvernehmen zu zerstören. Das könnte an vielen Beispielen aller möglichen Beziehungen dargestellt werden. Es sei aber hier nur am Beispiel der Ehe gezeigt. Auch bei den *Mbowamb* wird in der Ehe das gute Einvernehmen zwischen Mann und Frau sehr geschätzt, aber durch den Mangel an Selbstdisziplin doch immer wieder gestört und ruiniert. „Wenn wir eine andere Frau sehen, die uns besser gefällt als die eigene, dann pflegen wir nach ihr Verlangen zu haben. Wir denken dann bei uns selbst: ‚Hätte ich doch diese Frau genommen statt der meinigen!' Wenn wir eine schöne Jungfrau sehen, dann denken wir: ‚Könnte ich dich doch heiraten!' — Wenn dann unsere Ehefrau in ihrer Arbeit lässig ist, dann denken wir an die schöne Jungfrau, die in uns eine ‚Verlangensseele dasein macht'. Wir pflegen dann unserer Ehefrau sehr heftige Vorwürfe zu machen und sie zu verprügeln. Die Frau pflegt dann fortzugehen und längere Zeit in ihrem väterlichen *Kona* zu bleiben. Wir gehen ihr dann nicht nach, sondern denken bei uns selbst: ‚Meine Frau pflegt mir immer zu widersprechen und dann bei ihren Leuten herumzusitzen. Sie behandelt mich schlecht! Nun soll sie auch einmal ein wenig spüren, wie das ist. Ich will mir jene Jungfrau nehmen! So kann ich mich an ihr rächen und es ihr auch einmal so schlecht machen, wie sie es mir schlecht zu machen pflegt.' — Wenn dann unsere Ehefrau plötzlich bei ihren Leuten hört: ‚Man hat eine Jungfrau gesalbt und zu deinem Manne gebracht! Er hat die Schweine, die du aufgezogen hast, dafür gegeben' —, dann denkt die Frau bei sich: ‚Nun kommt dieses hergelaufene Mädchen und nimmt die Schweine, die ich grossgefüttert habe und die Felder, die ich bepflanzt habe, in Besitz! Sie wird mich verächtlich behandeln und mir allen Schimpf antun.' — In der Nacht kommt dann diese unsere erste Frau zurück, versteckt sich und stellt sich am Morgen hinter die Tür des Frauenhauses. Wenn dann unsere zweite Frau auf den Hofplatz gehen will, schlägt die erste sie mit einem Prügel über den Kopf, dass ihr die Kopfhaut aufspringt, greift sie an und verrenkt ihr alle Glieder. Dann springen wir hinzu und fragen, was ihr da eigentlich einfalle. Erst behandle sie uns so schlecht und laufe davon. Nun wir eine zweite Frau nähmen, wolle sie sie wohl verjagen?! Wir verprügeln sie dann, dass auch ihr die Haut aufspringt. Dann kommen ihre Väter und Brüder und sagen: ‚Was behandelt ihr unsere Frau auf solche Weise? Was fällt euch eigentlich ein!' Dann pflegen wir uns gegenseitig zu raufen, an den Haaren zu ziehen und zu verprügeln. Schliesslich sagen wir: ‚Lasst uns gegenseitig Sühnegaben geben und wieder in gutem Einvernehmen miteinander leben!' Wir geben dann gegenseitig Sühnegaben. Aber unsere erste Frau kann sich nicht damit abfinden. Sie hegt viel Rache-Zorn im Herzen. Ebenso aber auch die zweite Frau. Dann wird bei uns jemand krank und wir pflegen dann zu opfern und *Mi* zu schöpfen. Aber dann erzählt die zweite Frau wieder einmal draussen den anderen Leuten, dass der Ehemann nur mit ihr das Essen teile, nicht mit der Hauptfrau; dass die Kinder der Hauptfrau nur der Mutter an der Schürze hingen wie einer Witwe; dass der Mann nur sie, die zweite, gerne habe und nur zu ihr komme. — Die Leute hören sich das an und pflegen dann zur Hauptfrau zu sagen, es gefiele ihnen gar nicht, dass diese zweite komme und sich wie die Hauptfrau aufspiele, während sie doch nur eine Nebenfrau sei! — Wenn die Leute unsere Hauptfrau so aufstacheln, dann pflegen die beiden Frauen sich gegenseitig wütende und aufreizende Reden zu sagen und einander zu hassen. Wir versuchen dann unser bestes, Frieden zu stiften. Wir, die Ehemänner, pflegen dann zu sagen: ‚Ihr seid doch beide zu uns gekommen! Wir bemühen uns durch peinlich gerechte Zuteilung der Feldabteile, der Schweine und der Lebensmittel ganz unparteiisch zu erscheinen. Aber die Hauptfrau wirft uns immer wieder vor, wir bevorzugten die Nebenfrau in allem.' Dann streiten wir uns wieder und wir pflegen zu unserer ersten Frau zu sagen: ‚Du bist doch die Frau, die ich verworfen und eine andere genommen habe.' Warum sie denn überhaupt noch hier sei! — Die erste Frau will dann die zweite umbringen. Sie holt sich Rat bei solchen, die Eifersuchtzauber machen. Sie verweisen sie an den Medizinmann. Dieser rät ihr, sie solle etliche Haarsträhnen, eine abgelegte Schürze oder sonst etwas von der Nebenfrau heimlich zu erlangen suchen und es dann an einem Wasserfall in einer Grube zu vergraben. Wenn sie so ihre Seele ‚festbinde', müsse die Nebenfrau gewiss bald sterben. Sie solle nur beim Eingraben dieser Sachen den Namen der Nebenfrau aussprechen und sagen: ‚Komme du nicht mehr zu unserem Ehemann zurück! Ich habe um ihn her Dornen eingepflanzt und Bambusspitzen, die dich stechen werden. Ich habe um ihn her ein Feuer angezündet, das dich verzehren wird. Darum bleibe du hier an dem kühlen Ort, an den ich dich nun versetzte!' Indem sie diese Worte vor sich hinmurmelt, vergräbt sie das Haar oder was immer sie von der Nebenfrau entwenden konnte, beschwert es mit Steinen, füllt die Grube mit Erde und stampft die Erde fest. Sie denkt dann: ‚Hier wird sie keinen Atem mehr bekommen und ersticken!' — Wenn aber dann die Nebenfrau doch fröhlich weiterlebt, und der Ehemann sich nur mit ihr abgibt, wird die Hauptfrau von Eifersucht verzehrt. Sie hängt sich dann an andere Männer. Davon sagt sie ihrem Manne nichts. Sie macht ihm aber schliesslich doch in ihrer Eifersucht einmal die Bemerkung, ob er wohl im Hinterkopf auch ein Auge habe, dass er sehen könne, wenn man hinter seinem Rücken allerlei gegen ihn vollbringe. — Dann überlegt sich der Ehemann, worauf sie wohl anspielen könnte. Andere kommen schliesslich zu ihm und fragen ihn, ob er wisse, was seine Hauptfrau hinter seinem Rücken treibe? — Er fordert dann von den Männern, mit denen sie ‚heimliches Essen isst', Sühnegaben. Sie pflegen sie ihm mit der spitzen Bemerkung zu geben, dass nicht sie die Frau verführt hätten, sondern die Frau sei zu ihnen gekommen und habe sie dazu aufgefordert. Warum er wohl seine erste Frau dazu getrieben habe? — Wenn der Mann dann die Sühnegaben nimmt und mit seinen *Mi*-Brüdern verteilt, dann machen auch diese ihm Vorwürfe, warum er seine erste Frau so beleidigt habe und so nachlässig behandle. Sie pflegen dann zu sagen: ‚Wir wollen doch viele Frauen haben! Aber wenn wir es so machen wie du, wird die Polygamie sich nicht ausbreiten können.' — Zuweilen wird der Ehemann so zornig, dass er die Hauptfrau mit einem Prügel so unglücklich trifft, dass sie stirbt. — Zuweilen verlässt ihn die Hauptfrau endgültig. Dann kommen ihre Väter und Brüder und verlangen eine Aufteilung der Kinder. Für gewöhnlich nehmen sie dann die Mädchen mit und die Jungen bleiben im *Kona* ihres Vaters."

Neben dem starken Verlangen nach Achtung und Anerkennung, nach Sühne oder aber Vergeltung und ausser dem schnellen Aufbrausen und Rache-Zorn sieht man hier auch etwas von der a n d e r e n Seite der Polygamie (vgl. Kap. 31, b).

I. INTEGRATION

KAPITEL 43
INDIVIDUUM UND GEMEINSCHAFT

1. Individuum ohne die Gemeinschaft.

In der europäisch-westlichen Gesellschaft gilt die möglichst vollkommen ausgeglichene Persönlichkeit des einzelnen als das Ideal. Es soll erreicht werden durch die möglichst vollkommene Integration aller seelischen Schichten und ihrer Funktionen. Das integrale Verhalten ist aufzubauen vom einzelnen Ich. Es gilt als Wahl- und Entscheidungsinstanz. Alle Konflikte, einschliesslich der Minderwertigkeitskomplexe bis hin zu pathologischen Fällen, sind Folgen unvollständiger und unvollkommener Integration. Für die Integration ist das einzelne Ich an die eigene kleine Seele und ihre beschränkten Möglichkeiten verwiesen. Wenn man unter den *Mbowamb* lebt, so bekommt man nicht den Eindruck, dass ihr Seelenleben so sehr verschieden von dem unseren ist. Aber man gewinnt mit der Zeit die Überzeugung, dass sie einen anderen Weg zur Integration und zu integralem Verhalten gefunden haben. Bei uns geht es um die Integration des Individuums als Individuum. Bei den *Mbowamb* ist das Individuum ohne seine Gemeinschaft nichts. Ohne die Gemeinschaft ist es in der Einsamkeit und dort ist nichts. Deshalb behaupten die *Mbowamb* vom einzelnen, der sich von seiner Gemeinschaft löst und sich im *wapra-kona*, im „unbewohnten, unbebauten, öden Land" aufhält, dass „es ihm sein Seelenleben versiegen macht". Sie sagen, dass der von der Gemeinschaft losgelöste Mensch „sein Innenleben schnell verbraucht" und dass es ihm *wapra*, leer, unbebaut, öde, wird. Uns geht es um den einzelnen und um sein Glücklichsein. Integrales Verhalten soll dazu helfen. Bei den *Mbowamb* ist der einzelne allein nicht glücklich, weder in äusseren noch in inneren Dingen. Losgelöst von der Gemeinschaft kann der einzelne sein Seelenleben so wenig „kultivieren", wie er das Ödland allein bebauen und bewahren kann. *Wapra*, das Ödland, ist darum auch zugleich das „Elend" im Sinne von „Fremde", wo das Seelenleben verkümmert und verkommt. *Wapra* ist darum auch der „gesetzlose Bezirk", wo die Männer die Frau, die sich von ihrer Gemeinschaft löste, „*wapra* schlagen", d. h. zur Hure machen, so dass sie dann für alle gebrandmarkt ist als *wapra-amb*, Ödlands-, Elendsfrau, Hure. Ein Wesen, deren Innenleben verbraucht, versiegt ist. —

„Wenn einer seine Brüderschaftsgruppe verlässt und sich im *wapra-kona*, Ödlandsgebiet, niederlässt, so ist er *kou*, einsam, allein. Es pflegt ihn die Angst der Einsamkeit zu überfallen. Sein *nôman*, Sinn, Vernunft, Innenleben, wird dann selbst *wapra*, öde, leer, unbebaut." Er ist nicht nur äusserlich allen Gefahren des „gesetzlosen Bereiches" ausgesetzt, sondern auch innerlich. Damit bringen die *Mbowamb* zum Ausdruck, dass sie die magisch-hintergründige Macht, dass sie das Leben nur in Gemeinschaft haben. Dafür ist ja auch, wie wir sahen, das *Mi* und der *Mi*-Komplex der stärkste Ausdruck. Das Individuum hat seinen Halt nicht in sich selbst. Sein fester Standort liegt nicht in seiner eigenen Persönlichkeit, sondern in seiner Gemeinschaft. Seine Macht, sein Leben und Innenleben ist immer nur Anteilhabe an der Macht, dem Leben und Seelenleben der *Mi*-Gemeinschaft. Losgelöst hat er daran nicht mehr Anteil. Er kann dann als Mensch nicht mehr bestehen. Er geht im gesetzlosen, allen dämonischen Mächten unterliegenden *wapra-kona* zugrunde. Als einzelner kann er sich der dortigen Gefahren und Nöte äusserer und innerer Einsamkeit nicht erwehren. Es gibt aber eine einzige Hilfe und Rettung für ihn: das *ruk-ruŋ ui*, „Zurückkommen in den Drinnen-Bereich", d. h. Rückkehr in die Heimat und Geborgenheit der Gemeinschaft. Dort kann sein Innenleben wieder gesunden und gedeihen. Dort findet er seelischen und sittlichen Halt, Schutz und Lebenshilfe, weil er da wieder Anteil hat an der Macht und dem Leben der Gemeinschaft. Wo es um Macht, um Leben geht, geht es um die ursprüngliche Beziehung, die wir Religion nennen. Gemeinschaft darf also nicht im Sinne säkularisierter Auffassung verstanden werden. Die primitive Gemeinschaft ist nicht aufgeteilt und aufgespalten in einzelne, miteinander kaum noch kommunizierende Lebensgebiete und Betätigungsfelder, sondern ist immer ganzheitlich. So gehört etwa zum Gebiet der Wirtschaft immer der Opferdienst als sein Komplement. Losgelöst vom religiösen Sinnbezug bleibt alle Betätigung stückhaft, unerfüllt, unbefriedigend und unbefriedigt. Mit anderen Worten gehören zum Leben und integralen Verhalten in der Gemeinschaft nicht nur die zwischenmenschlich-seelischen, sondern auch die hintergründig-religiösen Beziehungen. Dieses Verständnis des Begriffes „Gemeinschaft" und des Lebens in der Gemeinschaft vorausgesetzt, sind die Herkunfts- und Abstammungssagen der einzelnen Gruppen der *Mbowamb* Ausdruck ihrer Ganz-Antizipation des Lebens: das Finden zwischenmenschlich-seelischer und hintergründig-religiöser Gemeinschaft.

Nach den Abstammungssagen fühlt sich der Stammvater einer Gruppe auf seiner Wanderung einsam und verlassen. „Wohin werde ich mich wohl noch wenden?" Er muss sich die täglichen Süsskartoffeln aus anderer Leute Felder heimlich nehmen. Er lebt von der Jagd und bebaut kein Land. Er dämpft die erlegten Vögel oder Beuteltiere abseits in einem Walde oder im Gebüsch. Er „ist aus der Reihe geschlagen". Es fehlt ihm die Ergänzung. Er ist nicht im „Drinnen-", sondern im „Draussen-Bereich". Er schläft in flüchtig errichteten Übernachtungshütten. Er wacht darum bei jedem Geräusch auf. Nicht bebautes Land, sondern der *wapra-kona*, das unbebaute Land, umgibt ihn. Darum ist auch sein Sinn ebenfalls *wapra* — einsam, öde, leer. Er hat weder innerlich noch äusserlich eine Bleibestätte. Er meidet die Menschen, denn sie begegnen ihm feindlich. Auch mit der fremden Umwelt besteht kein gutes Einvernehmen. Sie wird von ihm ebenfalls als feindlich empfunden. Überall lauern Gefahren. Erst durch das „Finden" des *Mi*, durch die „Begegnung" mit dem *öŋin*, Geschwister gleichen Geschlechts, also dem Baum, Vogel, Tier oder was immer er als *Mi* und *öŋin* „finden" mag, begegnet ihm aus der Umwelt ein freundliches, helfendes, schützendes und Macht vermittelndes Gegenüber. Es wird ihm zum *medl men-mudl*, zur „Sache lebender Eintracht". Nun ändert sich auch sein Verhältnis zur Umwelt im näheren und weiteren Bereich des Ortes, an dem ihm der *öŋin* begegnete. Dieser Bereich wird dem Stammvater der Gruppe nun zum „Drinnen-Bereich", zur Heimat für ihn und seine Nachkommen. Nun hat er, nun hat seine Gruppe auch mit der „Welt" Gemeinschaft.

Auch mit der Unter- und Überwelt muss etwas Gemeinsames hergestellt werden, wenn der Mensch und seine Gruppe leben soll. Wie die Umwelt, so wird auch die Unter- und Überwelt als feindlich empfunden, solange kein Gemeinsames hergestellt ist. Den von daher drohenden Gefahren begegnen die *Mbowamb* immer wieder mit den Opfern. Durch die Opfer soll auch mit der Unter- und Überwelt so weit wie irgend möglich *men*, das gute Einvernehmen, hergestellt, befestigt und immer wieder erneuert werden. Man kann aber nicht einfach irgendwo opfern. Dafür braucht man Opferstätten. Der zunächst einsame Urahne hatte noch keine Gräber seiner Angehörigen, an denen er Opfer hätte darbringen können, um in gutem Einvernehmen mit toten *Mi*-Genossen zu leben, die besseren Zugang zur Macht hatten. Der wandernde Stammvater hat mit dem väterlichen *Kona* nicht nur die Gräber verstorbener *Mi*-Genossen und die guten Platzgeister verlassen, als welche bei den *Mbowamb* die *kôr wagl* gelten, sondern damit auch die Opferstätten. Nun weiss er nicht, wo er in der Fremde seine Opfer darbringen könnte. Da erlebt er in dem *Mi* den Opfer-Anspruch. Damit wird ihm auch ein Platz in der Fremde als Opferstätte bezeichnet. Dort kann er durch Opfer das gute Einvernehmen von sich aus herstellen mit den Überirdischen, die ihm das *Mi*, den *öŋin* gerade an diesem Ort „hingelegt" haben. Opferstätte und Heimstätte gehören zusammen. Nun hat er, hat seine Gruppe eine äussere und innere Bleibestätte, und es besteht gutes Einvernehmen wenigstens mit einem Teil der vorder- und hintergründigen Um- und Überwelt. Denn ohne ein Gemeinsames mit ihr kann der Mensch, kann seine Gruppe nicht leben. Darum gehören bei den *Mbowamb* das *Mi* und *men*, das gute Einvernehmen, zusammen. Damit ist sowohl eine Rechtsbasis, als auch eine menschlich verständliche Art der Beziehungen für die Setzlingsmenschen geschaffen.

2. Auf bebautem Land innerhalb der Gemeinschaft.

Der Geltungsbereich des *Mi*, des Geschwisters gleichen Geschlechts, ist Geltungsbereich der Gemeinschaft, des Gemeinsamseins und der rechtlich geordneten Beziehungen. Auf dem Siedlungsgebiet der *Mi*-Gemeinschaft befinden sich nicht nur die vor Wind und Wetter und der kalten, gefahrvollen Nacht schützenden Hütten, sondern auch die Gärten, Felder und Baumbestände. Es ist bebautes Land. Wie wir sahen, erhalten schon die Kinder ihre Feldabteile zugewiesen. Hier sind vertraute Wege. Hier kennt man auch die Wasserstellen, wo es ungefährlich ist, zu schöpfen und zu trinken. Nahe bei den Siedlungen auf Hügeln unter schattigen Bäumen liegen die Gräber verstorbener *Mi*-Genossen mit den Opferhäuschen. Hinter dem grossen, gemeinsamen Männerhaus der führenden Männer der *Rapa*-Gemeinschaft liegt die Kultstätte der Gross-Geister. Um einen Weiher, Tümpel oder Hügel liegt der von hohen Hartholzbäumen bestandene, gemeinsame „Ort schöpferischen Geschehens" der Ableger-*Mi*-Gruppe. In den Siedlungen und auf angrenzendem Weideland zieht man die Opfertiere gross.

In der Gemeinschaft herrscht — oder soll dem Ideale nach herrschen — *men*, das gute Einvernehmen. Man erfährt es praktisch in der täglichen Essgemeinschaft und bei den Opfermahlzeiten. Aber auch in gegenseitiger Hilfe beim Haus- und Feldbau, beim Erwerb einer Frau, in allen wirtschaftlichen Dingen, in rechtlichen Schwierigkeiten, in Unglücks- und Krankheitsfällen, im gemeinschaftlichen Gedankenaustausch, bei frohen Festen. Die Gemeinschaft bietet Lebenshilfe in jeder Beziehung. Aber auch Schutz vor Gefahren und Feinden. Dieser Hilfs- und Schutzbereich der Gemeinschaft ist dargestellt und umgrenzt durch das gemeinsame *Mi*. Wie wir sahen, erhält auch das Reden, Geben, Nehmen und Tun der einzelnen Glieder der Gemeinschaft durch „Anfassen" ihres Gruppen-*Mi* seine Gültigkeit und wird rechtlich anerkannt auch von anderen Gruppen und ihren Gliedern. Durch Berufung auf das *Mi* können auch einzelne sich unter Umständen vor Unrecht und Gewalttat schützen. Wie *men* niemals nur innerliche, gefühlsmässige und unanschauliche Grösse ist, so auch die *Mi*-Beziehung. Darum sagen die *Mbowamb* von ihrem *Mi* auch, dass es schützt, warnt und ermutigt.Es warnt sie vor Unglück und Niederlagen. Wie z. B. bei den „Hunde-Leuten vom Olt-Felsen" erwähnt wurde (Kap. 8, 2) warnt der Hund sie vor Schaden und Gefahr. Er erscheint ihnen entweder nachts im Traum. Ein solcher Traum, in dem einem das *Mi* erscheint, wird *mi-kump*, *Mi*-Traum, genannt, im Unterschied zum gewöhnlichen *ur-kump*, Schlaf-Traum. Oder der Hund macht sich dadurch bemerkbar, dass er nachts vor die Hütte kommt und dort warnende Fuss-Spuren hinterlässt; oder er läuft in Gestalt irgendeines fremden Hundes ihnen am Tage über den Weg. — „Wenn bei uns Zikaden-Leuten eine Zikade ins Haus fliegt und ins Feuer schwirrt, erschrecken wir und sagen, wir müssen auf der Hut sein. Unsere Feinde wollen einem von uns einen Hinterhalt legen. Oder sie wollen einem von uns heimlich Todeszauber verabreichen lassen. Unsere ‚Geschwister gleichen Geschlechts', die Zikade, warnt uns! — Wenn wir Wertsachen oder Opfertiere erbittend herumlaufen wollen und es kommt auf dem Wege eine Zikade direkt auf uns zugeschwirrt, so sagen wir, unser *öŋin* zeigt sich. Er kommt aus seinem Versteck hervor, um uns zu warnen. Das ‚Herumlaufen' wird ein Misserfolg oder könnte gar mit einem Unglück für einen von uns enden. Lasst uns umkehren! Wir geben dann unser Vorhaben auf und bleiben zu Hause." — Dasselbe sagen auch die *Muntka* von ihrer *Muntka-Rapa* und alle anderen von ihrem jeweiligen *Mi*.

Die *Ndika Maep-aŋgedl* wissen von ihrem Bambus zu erzählen: „Als sich unsere Väter einst zum Kriegszug gerüstet hatten, lagen an dem Morgen, an dem sie zum Angriff auszogen, auffallend viele Bambusblätter am Boden und viele Bambusspitzen waren geknickt. Sie sahen wohl, dass das *Mi* sie warnen wollte durch ein Zeichen der Ohn-Macht, sie zogen aber trotzdem aus. Sie wurden mit Verlusten zurückgeschlagen. Da sagten sie, unser *Mi* wollte uns ‚festhalten'. Wären wir doch nicht frevelhafterweise ausgezogen!" — Dies ist ein Beispiel dafür, wie sich auch eine Pflanze als *Mi* warnend bemerkbar machen kann. — Ähnliches wissen alle von ihrem *Mi* zu sagen. Besonders häufig sind die *mi-kump*, wo das *Mi* im Traume gesehen wird. „Wenn wir *Pir*-Bananen-Leute im Traum eine reife Banane sehen, dann sagen wir es in der Frühe allen unseren Leuten und warnen sie, den schützenden *Kona* zu verlassen. Lässt einer sich nicht warnen, dann sagen wir: Er ist reif zum Sterben. Darum geht er nach draussen!" Die „Pandanus-Leute" sagen dasselbe, wenn sie im Traume ihr *Mi* als reife Pandanus sehen.

Ermunterung und Ermutigung durch das *Mi* findet sich ebenfalls. Die *Kentipi* z. B. sagen: „Wenn wir nachts einen Hund schweifwedelnd auf uns zukommen sehen, der uns die Hand leckt und uns zum Mitgehen auffordert, dann teilen wir es in der Frühe allen anderen mit." Warum? Weil das *Mi* ihnen ein Zeichen von Macht gegeben hat. Das geplante Fest wird gelingen. Der vorgenommene Besuch wird sich lohnen. Der geplante Kriegszug wird gelingen. Es wird ihnen kein Unglück zustossen, kein Misserfolg beschieden sein. — Hierher gehört auch die früher erwähnte Sage der *Nöglkö*, wonach bei ihrer Umsiedlung das *Mi* zu dieser Umsiedlung aufforderte, selbst voranging und sich in der neuen Gegend niederliess. Ist das *Mi* eine Pflanze, ein Stein usw., so finden die Auswanderer in der Gegend, in der sie sich niederlassen sollen, dieselbe Pflanze in einer auffallend geschlossenen Gruppe oder den Stein in auffallender Form anwesend. Das *Mi* zeigt sich. Hier ist sein Schutzbereich, in dem man sich ansiedeln soll. Wie die *Mi*-Beziehung einen schützenden Bereich guten Einvernehmens bedeutet, so sollen sich auch die Menschen guten Einvernehmens gegenseitig schützen und helfen. Darum bedeutet *men*, wie Kap. 9, 14 ausgeführt wurde, nicht nur Gemeinschaft des guten Einvernehmens, sondern immer auch der gegenseitigen Lebenshilfe. Die Gemeinschaft und Lebenshilfe, die der einzelne in der Familie erfährt, ist ihm dargestellt in der Gruppe vom „Vater und seiner Söhneschaft". Die Lebenshilfe, die der einzelne vor allem in der wichtigen Frage der Heirat und den persönlichen, rechtlichen und wirtschaftlichen Beziehungen zu seinen Eheverwandten erfährt, ist ihm dargestellt vor allem in seiner „Brüderschaftsgruppe". Gerade diese Untergliederung der Ableger-*Mi*-Gemeinschaft in zahlreiche „Brüderschaftsgruppen" ist für den einzelnen von grösster praktischer Bedeutung. Wo er in den grösseren Untergruppen, wie z. B. in der Altvater-Penis- oder *Pana-ru*-Gruppe, wenig oder keine Lebenshilfe für seine persönlichen Belange finden würde, in der Brüderschaftsgruppe darf er jederzeit auf solche Hilfe bauen. Der Bruder ist immer verpflichtet und bereit, dem Bruder zu helfen. — Die Lebenshilfe, die die vielen „Väter-Söhneschaften", die Familien also, erfahren, ist ihnen dargestellt in der *Rapa*-Gemeinschaft. Die Lebenshilfe, die die vielen Brüderschaftsgruppen in ihren gemeinsamen Anliegen erfahren, ist ihnen dargestellt in den Altvater-Penis- und *Pana-ru*-Gruppen. Gegen die gemeinsame Bedrohung der Gemeinschaft von seiten äusserer Feinde aber tritt die Ableger-*Mi*-Gruppe als Ganzes in Aktion. Wie die Anteilhabe an der Gemeinschaft, so wird also auch die Lebenshilfe durch die Gemeinschaft in verschiedenen Abstufungen und Kreisen erfahren. Dies bedeutet aber durchaus keine Aufspaltung in eine „weltliche" und eine „geistliche" Gemeinschaft. Die *Mbowamb* kennen nur die e i n e Gemeinschaft, die sowohl die vorder- als auch die hintergründigen Beziehungen umspannt. Das Leben ist noch ein Ganzes. Es erscheint im *Mi*-Komplex in verschiedenerlei Formen, bei denen es aber immer um das g a n z h e i t l i c h e und gemeinsame L e b e n i n d e r G e m e i n s c h a f t geht.

3. Die Loyalität gegen die Gemeinschaft.

Es scheint mir, dass bei den *Mbowamb* die Loyalität zur eigenen *Mi*-Gemeinschaft an Stelle unseres Persönlichkeitsideals steht. Nicht die möglichst vollkommene Ausbildung der Persönlichkeit und nicht die Integration des Individuums als Individuum ist das Ziel, sondern die Einreihung in die Gemeinschaft und der Beitrag zu ihrem Gedeihen und Ansehen. Durch die gemeinsame *Mi*-Beziehung werden die vielen einzelnen untereinander „Geschwister".

Schon das Kind lernt, dass das *Mi* seiner Gruppe sein „Geschwister gleichen Geschlechts" ist. Es wird ihm eingeprägt, dass es dieses „Geschwister" nicht verletzen darf. Nicht einmal seinen Namen darf es aussprechen. Wie das *Mi* tabu ist und nicht verletzt werden soll, so ist auch die Gemeinschaft „heilig" und darf nicht verletzt werden. Der Gemeinschaft tritt man nicht bei wie einem Verein; man wird in sie hineingeboren. Der einzelne ist eingebettet in seine *Mi*-Gemeinschaft. Das kommt z. B. auch darin zum Ausdruck, dass sein Personenname allein ihm unter den vielen einzelnen noch keinen beziehungsvollen Standort zuweist. Das geschieht immer erst durch den „grossen Namen" seiner *Mi*-Gruppe und die Namen ihrer Untergliederungen. An der Stelle, die ihm erst diese Namen zuweisen, ist er ein wertvolles Glied seiner Gemeinschaft (Kap. 11, 13). Nur als Glied erfährt er seine Wichtigkeit, Bedeutung und innere Befriedigung. Als Glied im Organismus seiner Gemeinschaft findet er seine Bestimmung und Erfüllung. Darum braucht auch seine Loyalität gegenüber der Gemeinschaft nicht erst auf eine „eigene Überzeugung" gegründet zu werden. Wie die Zugehörigkeit zur Gemeinschaft selbstverständlich ist (Kap. 1, 1), so ist es auch die Loyalität ihr gegenüber. Die Loyalität ist kein abstraktes Prinzip. Sie zeigt sich praktisch vor allem in Loyalität gegen die Väter und die führenden Männer. Auf sie verlässt man sich, und ihnen hält man treue Gefolgschaft.

KAPITEL 44
DIE AUFNAHME NEUGEBORENER

in die patrilokale Siedlung erfolgt schon durch das Anpflanzen der Cordyline über der vergrabenen Plazenta. Wie schon in Kap. 11, 10 erwähnt wurde, glauben die *Mbowamb* ganz allgemein an einen Lebenszusammenhang zwischen ihnen und der Cordyline. Für jedes Neugeborene wird in der väterlichen Siedlung eine Cordyline gepflanzt. Auch dann, wenn die Frauen aus irgendeinem Rache-Zorn gegen den Ehemann die Plazenta, die Nabelschnur und das Kindspech vielleicht in ein Sumpfloch stecken oder in den nahen Fluss werfen. Wenn sie das tun, so ist es ein Zeichen tiefster Verstimmung gegen den Ehemann und seine Gruppe. Sie wollen dann nicht, dass das Kind am Leben bleibt. — Der Ehemann und Vater richtet einen Platz schön her, hebt eine Grube aus und macht einen Zaun herum. Nachdem die Placenta usw. dort vergraben ist, pflanzt er die Cordyline. Es ist an den „Ort schöpferischen Geschehens" in den Ursprungssagen zu erinnern, wo der überirdische Vater auch einen Platz richtet und Sträucher und Bäume einpflanzt. Der irdische Vater tut hier dasselbe für sein Kind. Zwischen dem Kind und der Cordyline besteht ein Lebenszusammenhang (Kap. 14, 5 unten). Beim Pflanzen der Cordyline wird den verstorbenen Gliedern der Familie ein Opfer dargebracht. Die Cordyline wird niemals im *Kona* der Mutter, sondern immer im *Kona* des Vaters angepflanzt. Damit ist die patrilokale *Kona*-Zugehörigkeit dargetan. In der Cordyline ist das neue Mitglied von nun an in der väterlichen Siedlung anwesend. Es ist als „Setzling gepflanzt"!

„Wenn ein neugeborenes Kind nach einiger Zeit ‚setzlingsmenschliches Aussehen' angenommen hat, verlässt die Mutter mit dem Kind die Absonderungshütte und bringt es mit in das Frauenhaus. Dann pflegen die Väter des Kinder zu sagen: Lasst uns nun das ‚Vogelfütterungsfleisch' geben! Sie pflegen dann ein grosses Opfertier zu schlachten. An dem aufsteigenden Opferduft laben sich die verstorbenen Angehörigen. Der Vater des Kindes und seine Brüder essen beim Opfermahl nur die ‚kleinen Sachen'. Die grossen Stücke und alles fette Fleisch geben sie der Väter- und Brüderschaft der Frau und Mutter. Mit den Worten: ‚Wir geben euch hier das *maepogla-kuŋ*, ‚Vogelfütterungsfleisch' (Bd. II, 243 *kuŋ mapokla*, übersetzt mit ‚Geburtsmahl'), überreichen sie es ihnen. Die Empfänger dämpfen es dann in ihren Erdöfen und halten ein Mahl. Sie bringen davon auch der Mutter mit dem Kinde." — Wieder ist an die Ursprungssagen zu denken, wo der überirdische Vater seinen „hochgeborenen" Sohn selbst mit Opferfleisch füttert. Das vermittelt dem Knäblein Macht und Lebenskraft, so dass er wunderbar gedeiht und schnell gross wird. Dieses mythologische Geschehen wird hier also an jedem kleinen Kinde wiederholt. Der mythologische Vater trat in Vogelgestalt auf. Daher wird also diese Zeremonie als „Geben des Vogelfütterungsfleisches" bezeichnet. Ich glaube deshalb nicht, dass es sich dabei um „Die Ablösung des Kindes von der Sippe der Mutter und seine Aufnahme in die Sippe des Vaters . . ." handelt (Bd. II, 242). Es ist ein Opfer, das dem Kinde Macht und Lebenskraft vermitteln und „alle guten Geister" zu seiner Förderung und Bewahrung gewinnen soll. Es ist ein Opfermahl, das auf beiden Seiten das gute Einvernehmen kräftigen soll. Natürlich wissen auch die *Mbowamb*, dass ihre Säuglinge noch kein Opferfleisch essen können. Aber wenn die Väter- und Brüderschaft der Mutter davon essen und die Mutter selbst, wenn auch nur durch einen kleinen Bissen am Opfermahl teilnimmt, dann geht durch die Muttermilch die Lebenskraft des Opfertieres und die durch das Opfer entbundene Macht auch auf das Kind über, so dass es gedeihen kann. Unterliesse man diese „Vogelfütterung", so würde das Kind nicht gedeihen; es würde krank werden und vielleicht sterben. Würde es doch leben, so bliebe es auf alle Fälle ein kümmerliches Wesen. Darum wird von allen Beteiligten dieses „Vogelfüttern" so wichtig genommen, dass man möglicherweise so weit geht, einem Mann die Frau und das Kind wegzunehmen, wenn er das Fleisch zu diesem Opfer nicht aufbringen kann. Es muss ja auch nicht gleich ein ganzes Opfertier sein. Bei Ärmeren genügt es schon, wenn wenigstens ein Schlegel zu diesem Zweck zur Verfügung gestellt wird.

Es geht nach meinem Dafürhalten bei dieser Zeremonie auch nicht darum, dass der Vater die Verwandtschaft der Mutter „für das Kind entschädigen" (ibid.) muss. Noch auch darum, dass „ein Kind von der Sippe der Frau losgekauft" werden muss. Es ist ein Opfer, das für das Kind Macht und Leben bringen soll. Es ist ein Opfermahl zur Bekräftigung des guten Einvernehmens auf beiden Seiten. Gewiss hat es auch wirtschaftliche Bedeutung, aber das gehört nebenbei immer dazu. Irgendein „Loskaufen" kommt schon deshalb nicht in Frage, weil beide Gruppen immer ihr Interesse an dem Kinde behalten. Die Familie ist zwar nach Abstammung und *Kona*-Zugehörigkeit unilateral. Aber nach dem biologischen Zusammenhang ist sie bilateral. Die Gruppe der Mutter hat den Kindern eines Mannes, der zu einer anderen *Mi*-Gruppe gehört, etwas von ihrer Lebenskraft abgegeben. Deshalb bleibt sie immer an diesen Kindern interessiert. Der Abstammung nach gehören die Kinder schon im Mutterleib der Gruppe des Mannes. Darum verlangt sie auch z. B. bei Abtreibung Entschädigung. Die grundlegende Auffassung der *Mbowamb* über die patrilineare Abstammung und patrilokale *Kona*-Zugehörigkeit ist ja in den Ursprungsmythen und Abstammungssagen verankert. Würde von der väterlichen Gruppe erst ein Anrecht auf die Kleinkinder durch Gaben erworben werden müssen, so würden sicher die Väter nicht gerade die Geister vor oder bei der Geburt gestorbener Kinder als ihre ganz besonderen Schutzgeister ansehen und ihnen Opfer bringen (Kap. 22, 1). Dass sie es tun, zeigt wohl unwiderleglich, dass die von ihnen gezeugten Kinder auch von Anfang an zu ihrer *Mi*-Gruppe gehören.

Die Entwöhnung von der Mutter erfolgt bei den *Mbowamb* erst nach zwei bis drei Jahren. Während beim Einpflanzen der Cordyline und bei der „Vogelfütterung" das Opferfleisch vom Vater des Kindes oder, wenn er selbst keines hat, von einem seiner Brüder gestellt wird, wird es bei der Entwöhnung des Kindes von der Väter- und Brüderschaft der Mutter gestellt. Der Wirtschaftsaustausch beruht ja immer auf dem Gabe-Gegengabe-System. Er kann niemals einseitig sein, wenn er das gute Einvernehmen fördern soll, sondern muss eben deshalb immer auf Gegenseitigkeit beruhen. Darum nimmt die Väter- und Brüderschaft der Frau die Entwöhnung des Kindes als eine gute Gelegenheit wahr, für das früher empfangene „Vogelfütterungsfleisch" nun die Gegengabe in Gestalt des „Mutterbrustentwöhnungsfleisches" zu geben. Auch hier wird das Opfertier von den Besitzern geschlachtet, um so durch das Opfer und Opfermahl erst das gute Einvernehmen in der eigenen Väter -und Brüderschaft und mit ihren verstorbenen *Mi*-Genossen zu befestigen. Dann überbringt man die grossen Stücke an die Gruppe des Schwagers und übergibt sie ihnen mit den Worten: „Hier wollen wir die Mutterbrust abschlagen." Die Empfänger dämpfen nun wiederum das Fleisch in ihren Erdöfen und bringen so auch ihren hintergründigen Mächten wieder ein Opfer dar. Die Entwöhnung des Kindes stellt einen wichtigen Einschnitt dar, und zwar zunächst einmal für seine beiden Eltern selbst. Nach der Auffassung der *Mbowamb* dürfen nämlich Mann und Frau erst nach der Entwöhnung des Kindes wieder eheliche Gemeinschaft haben. Verkehr während der 2 bis 3 Jahre, wo die Mutter das Kind noch immer stillt, würde das Kind in tödliche Gefahr bringen. Die Muttermilch würde gerinnen und der Säugling würde davon schwer krank werden. — Die Entwöhnung bedeutet aber auch für das Kind selbst einen wichtigen Abschnitt in seinem jungen Leben, denn von nun an soll es ohne die durch die Muttermilch vermittelte Lebenskraft der mütterlichen *Mi*-Gruppe leben. Dieser Einschnitt bedeutet eine Gefahr für das Kind. Wären seine Verwandten mütterlicherseits etwa aus irgendeinem Anlass verstimmt, so müsste man Unglück, Unfall, Krankheit oder dergleichen für das Kind befürchten. Sie bringen deshalb ihren guten Willen und ihr gutes Einvernehmen handgreiflich durch ein Opfer und die Übergabe von Opferfleisch zum Ausdruck. Durch Entzug der Muttermilch könnte das Kleinkind selbst in einen gefährlichen *popogl* geraten. Das Opfer soll ihn überwinden. — So wird also das Kind auf allen wichtigen Entwicklungsstufen begleitet von beiden Gemeinschaften, die durch Wiederholung des mythologischen Geschehens das Leben und Gedeihen des Kindes fördern, Gefahren und Ohn-Macht aber von ihm fernhalten wollen.

KAPITEL 45
DIE KINDER ZWISCHEN VATERS UND MUTTERS GRUPPE

Die Kinder gehören in ihre väterliche *Mi*-Gruppe. Jedes Kind erhält anlässlich des „Vogelfütterungs"-Opfers einen Namen. Er kann von väterlicher oder mütterlicher Seite vorgeschlagen werden. Darin besteht keine feste Regel. Ohne Ausnahme aber ist es, dass jedes Kind vor seinem Personennamen den „grossen Namen" seiner patrilinearen *Mi*-Gruppe trägt. Damit ist es unmissverständlich dort eingegliedert, wo es hingehört. Die *Mi*-Gruppe seiner Mutter aber nimmt, wie wir sahen, an seiner Entwicklung einen stark interessierten Anteil. Was die Knaben betrifft, so hoffen die Onkel mütterlicherseits und die Vettern später einmal in regen Wirtschaftsaustausch mit ihnen zu treten. Bezüglich der Mädchen hoffen sie auf einen entsprechenden Anteil an den Wertsachen und Opfertieren, die einmal für diese Mädchen eingehen werden, wie man normalerweise erwarten darf. Zum Erwerb einer Frau für einen jungen Mann tragen auch immer die Onkel mütterlicherseits ihren Teil bei. Es gehört das zum guten Einvernehmen und zur Lebenshilfe unter Verwandten und ist nur ein Teilausschnitt aus dem regen Wirtschaftsaustausch unter Verwandten. Kommt es in einer Ehe zu Konflikten oder stirbt der Ehemann, so ist die väterliche *Mi*-Gruppe der Frau und Mutter um des Gewinnes an Lebens-, Wehr- und Wirtschaftskraft willen jederzeit bereit, mit der Frau und Mutter auch ihre Söhne und Töchter bei sich aufzunehmen, sofern sich das machen lässt, ohne dass es zu kriegerischen Verwicklungen darüber kommt.

Die Kinder haben jederzeit die Freiheit, in den väterlichen *Kona* ihrer Mutter zu gehen und dort zu bleiben, solange es ihnen beliebt. Man warnt sie zwar sonst immer, in anderer Leute Hütten und Siedlungen sich herumzutreiben und Essachen von anderen Leuten anzunehmen, damit sie nicht heimlich verzaubert werden. Die Furcht vor der Zauberei wird in ihnen von klein auf entwickelt. Aber man warnt sie nicht, in die Siedlung ihrer Onkel und Vettern zu gehen, falls sie das wollen und falls diese für Kinder nicht allzuweit entfernt liegt. Aus Rücksicht auf ihre Mutter und deren Gruppe kann man sie nicht davon abhalten. Diese Freiheit der Wahl, zwischen den beiden *Kona* der Väterschaft und der Onkelschaft hin und her zu wechseln, trägt sehr dazu bei, in ihnen das Verlangen nach Freiheit, Selbständigkeit und einer gewissen Unabhängigkeit zu entwickeln. Erziehung in unserem Sinne ist dabei nicht möglich. „Wenn die Kinder ihre Väter um ein Stück Fleisch, um Taro, Zuckerrohr angehen oder um Vogelschmuck, um ein Messer und andere Dinge, und die Väter können oder wollen es ihnen nicht geben, dann pflegen die Kinder im Trotz wegzulaufen in den *Kona* ihrer Onkelschaft. Dort gibt man ihnen alles, was sie wollen; man verpflegt sie und lässt sie da wohnen und schlafen." Man kann sie nicht ohne weiteres wegschicken und nicht zurückholen, um nicht das „Gesicht" vor den Verwandten zu verlieren. Man lässt sie deshalb gewähren. So entstehen dann die *kara-pi* „Abstehenden", d. h. die Typen, die sich nicht in die soziale Ordnung fügen wollen und sich gegen andere alles herausnehmen. Solange sie das gegen feindliche Gruppen tun, lobt man sie ja auch noch dafür. Wenn sie es aber innerhalb der eigenen Gruppe und den Verwandten gegenüber tun, dann jammert man, dass die missratenen Kinder einem viel Schmerzen machen und einen in Schuld verwickeln. — Nun behaupten die *Mbowamb* ja, dass die Eltern in ihrer Haltung gegenüber ihren Kindern sehr verschieden sind. Man muss sich also vor Verallgemeinerungen hüten. Sie sagen, dass es „barbarische Eltern" gibt, die ihre Kinder zum Stehlen bei anderen und zu allen anderen bösen Kunststücken auffordern; dass es aber auch „friedliebende Eltern" gibt, die das nicht tun, sondern ihre Kinder ermahnen, nur den guten Sitten zu folgen, um nicht in Schuld sich zu verwickeln und keine Schuld auf die eigene Gruppe zu bringen. Im allgemeinen wird man sagen dürfen, dass dies nur mit Einschränkung geschieht, nämlich in bezug auf die eigene Gruppe und die Verwandten. Den feinlichen Gruppen gegenüber muss man die Kinder sozusagen zu einem anderen Verhalten erziehen. Da ermahnt man sie, sich nichts gefallen zu lassen, weil man sich sonst ihnen gegenüber alles erlauben würde. Bei den feindlichen Gruppen sollen die Kinder auch stehlen, aber sich nur nicht erwischen lassen. Ihnen gegenüber braucht man auch nicht die Wahrheit zu sagen. Da es nur in sehr wenigen Brüderschaften, Familien und Ehen nicht auch einmal zu schwereren Auseinandersetzungen mit wüsten Schimpfereien und Prügeleien kommt, werden auch die Kinder schon zum Aufbrausen und zu Gewalttätigkeiten erzogen.

Im allgemeinen kann man bei den *Mbowamb* eine auffallend stärkere Anhänglichkeit der Kinder an die Väter beobachten. Nicht nur die ganz kleinen Knaben, sondern auch die kleinen Mädchen kann man an der Hand ihrer Väter oder auf ihrem Schosse sitzend sehen. So üben die Väter im allgemeinen einen starken Einfluss auf die Kinder aus; besonders auf die Knaben, die schon bald zum Vater ins kleine Männerhaus ziehen. „Wenn ein Knabe alle Zähne hat, sprechen und laufen kann, dann pflegt der Vater zu ihm zu sagen: Nun wollen wir beide zusammen im Männerhaus schlafen! So pflegen sie es dann auch zu tun. Die Mutter denkt dann bei sich: Nun hat er die Mutterbrust vergessen. Er wird auch mich vergessen: Ich möchte nun wieder ein anderes Kind haben!" — Die Väter pflegen ihre Söhne „an ihren Ellbogen zu stellen", d. h. sie bei allen Arbeiten zusehen zu lassen, wie es gemacht wird. Sie zeigen ihnen, wie man Felder anlegt, Holz spaltet, Waffen fertigt, Hütten baut, Handel treibt. „Die Väter und Mütter pflegen ihre Kinder durch Unterweisung festzumachen." Je nach Veranlagung sind die Kinder, besonders die kleineren, immer bei ihrer Väterschaft und weniger bei der Mutter. Die kleinen Kinder werden viel getragen, geküsst, umarmt und verhätschelt. So entwickelt sich bei den Kindern das starke Bedürfnis und die Erwartung, dass sie immer beachtet und anerkannt, dass ihnen alle Wünsche erfüllt werden. Geschieht dies einmal nicht, so schreien sie, schlagen um sich, und schon zeigt sich auch bei ihnen der *popogl*, „Rache-Zorn", der im Leben der erwachsenen *Mbowamb* eine so grosse Rolle spielt. In diesem Zusammenhang darf wohl auch daran erinnert werden, dass bei den *Mbowamb* zwischen den beiden mittleren Generationen durch die gegenseitig gleiche Anredeform der Generationsunterschied aufgehoben wird (Kap. 13:2, e). Das trägt wohl auch dazu bei, dass die Kinder sich frei und frech entwickeln. Im Rache-Zorn laufen sie in den *Kona* der mütterlichen Verwandten, wo man sie freudig aufnimmt. Laufen manche Kinder auf diese Weise immer wieder fort, so wissen sich die Eltern nicht anders zu helfen, als dass sie ihre Kinder auffordern, bei den Verwandten alles mögliche zu stehlen. Damit wollen sie erreichen, dass man sie dort nicht mehr so freudig aufnimmt und fortschickt. „Wenn die Kinder im *Kona* ihrer mütterlichen Verwandten dann stehlen, pflegen die Kinder der Verwandten zu ihnen zu sagen: Warum treibt ihr Hergelaufenen euch immer hier herum? Eure Väter haben euch wohl vertrieben! Darüber ärgern sie sich dann und schämen sich und kehren in ihren väterlichen *Kona* zurück. Sie pflegen dann zu bleiben, wo sie hingehören. Ihre Onkel besuchen sie dann aber wieder, unterhalten sich mit ihnen, geben ihnen ein Stück Fleisch oder sonst etwas und stellen das gute Einvernehmen wieder her." — Die soziale Ordnung verlangt, dass die Söhne auf alle Fälle in den *Kona* des Vaters gehören. Die Mädchen aber verheiratet man später sowieso in ganz verschiedene *Kona*.

KAPITEL 46
DAS GRUPPENVERHALTEN

1. Das Verhalten in der eigenen Gruppe.

a) Gemeinschafts-gebundenes Verhalten.

Man kann wohl sagen, dass das Verhalten der einzelnen bei den *Mbowamb* immer Gruppenverhalten ist. Es ist bestimmt und geformt vom Gruppenverhalten und ist ausgerichtet auf die Gruppe. Schon auf die kleine Frage „wer bist du?" erhält man bei den *Mbowamb* allermeist nicht des Gefragten eigenen Rufnamen, sondern den „grossen Namen" seiner *Mi*-Gruppe: „Ich bin ein *Moke*", „Ich bin ein *Neŋka*", usw. Dringt man weiter in ihn, so erhält man noch den Namen seiner Ableger-*Mi*-Gruppe und dann noch die Namen ihrer Untergliederungen. Der Mensch ist, besonders den Aussenstehenden gegenüber, ein Teil seiner Gruppe. Das ist er auch in seinem Verhalten und Benehmen. Das schliesst ein kräftiges Ichbewusstsein und ein starkes Verlangen, die eigene Person und ihre Belange durchzusetzen, nicht aus. Besonders in allen öffentlichen Angelegenheiten und in Rechtshändeln gebrauchen die einzelnen Redner immer das Wörtlein „ich". In den stichelnden, herausfordernden, den eigenen, hohen, moralischen Wert herausstreichenden Reden heisst es immer „ich". In den Teilen der Rede, in denen man mit grossem oratorischem Aufgebot die Schlechtigkeit und die Missetaten des Gegenübers hervorkehrt, gebraucht man immer das Wörtlein „du". Es hat daher den Anschein, dass es sich da also immer um Einzelpersönlichkeiten und um Belange der Individuen handele. Das ist aber durchaus nicht der Fall! Es ist vielmehr mit Nachdruck darauf hinzuweisen, dass bei den *Mbowamb* immer der Gebrauch des „Gruppen-Singulars" in allen öffentlichen Angelegenheiten üblich ist. Hinter dem „Ich" und „Du" stehen immer die beteiligten Gruppen. Für die *Mbowamb* ist das selbstverständlich. Wenn z. B. ein Festredner die Grösse „seines" Festes und „seine" grandiose Leistung unter Anwendung der 1. Pers. sing. herausstellt, so fühlen sich alle Glieder seiner Gruppe in diesem „Ich" eingeschlossen. Sie haben ja auch alle zum Fest und seinem Gelingen beigetragen. Wenn die Festgäste dem Redner unter Anwendung des „Du" antworten und die Bewirtung und die Gaben als „deine grossartige Wundertat" rühmen und preisen, so fühlen sich auch alle Glieder der veranstaltenden Gruppe in dem „Du" eingeschlossen und geniessen das öffentliche Lob, dass „ihnen die Haut hüpft". Die Sprecher identifizieren sich also mit ihrer Gruppe. Die Gruppe ist das Individuum, das hier spricht und handelt. Gerade dieser bei den *Mbowamb* übliche „Gruppen-Singular" zeigt aufs deutlichste, wie sehr das Einzel-Ich und das Gruppen-Ich identisch sind.

Die Sprache hat ein eigenes Fragewort nach der Gruppen-Zugehörigkeit. In seiner Anwendung muss man aber vorsichtig sein, denn es ist für den anderen eigentlich eine Beleidigung, wenn man nicht weiss, zu welcher Gruppe er gehört und etwa gar den berühmten „grossen Namen" seiner Gruppe nicht kennt. Der leiseste Anklang an Unfreundlichkeit im Tonfall überzeugt den anderen, dass man ihn mit der Frage nur verhöhnen will. Die *Mbowamb* selber stellen einander diese Frage nämlich sehr oft im herausfordernden und verächtlichen Sinn. Etwa im Sinne von „wo gehörst du denn eigentlich hin? Wer bist du schon?" Das Schlimmste, was man bei den *Mbowamb* einem Menschen sagen kann, ist, dass er ein „abgebrochener" oder ein „Ödlands-Mensch", ein „Mann in der Leere" sei, d. h. ohne Familie, ohne Brüderschaft und *Rapa*-Gemeinschaft. Solches ihm zu sagen, heisst, ihn tödlich beleidigen, ihm das Leben absprechen. Wer keine Gruppe hinter sich hat, weil sie ihm vielleicht ausgestorben ist oder ausgerottet wurde, kann bei den *Mbowamb* nicht mitreden. Versucht er es doch einmal, so ruft man ihm zu: „Du Ausgestorbener, du Erkalteter, du Verwester! Was willst du uns sagen! Setz dich und schweig!" Dies zeigt deutlich, wie der magisch-religiöse Machtgedanke allem Verhalten der *Mbowamb* zugrunde liegt. Die Macht ist gruppen-gebunden wie das *Mi* selber. Die intakte Gruppe hat und ist für den einzelnen das Leben. Wir sahen ja schon, dass die *Mbowamb* sagen, ein Mensch kann ohne Gemeinschaft weder äusserlich noch innerlich existieren.

b) Die Eigenpersönlichkeit.

Das bisher Gesagte bedeutet nun aber durchaus nicht, dass die *Mbowamb* innerhalb ihrer Gemeinschaft nur wenig oder nicht ausgeprägte Massenmenschen sind. Es gibt unter ihnen sehr viele, die man innerhalb ihrer eigenen Welt und ihrer Brüderschaftsgruppe als ausgeprägte Persönlichkeit bezeichnen kann. Sie erreichen innerhalb ihrer Gemeinschaft eine Integration, Haltung und Ausgeglichenheit, die erstaunlich ist. Das Bewusstsein, ein wertvolles Glied der Gemeinschaft zu sein, scheint dabei eine grundlegende Rolle zu spielen. Sie sind Persönlichkeit in dem Bewustsein, dass die Gruppe hinter ihnen steht und dass sie für die Gruppe stehen. Wie jedes Glied und Organ des Körpers als ein Teil desselben nach dem Glauben der *Mbowamb* den g a n z e n Menschen enthält und darstellt, so stellt auch das Individuum als ein Glied der Gemeinschaft die ganze Gemeinschaft dar. Darum identifiziert sich das Einzel-Ich immer wieder mit dem Gruppen-Ich. Wie das Individuum auf eine uns vielleicht schwer vorstellbare Weise in einem Büschel Haare, in einem abgehackten Fingerglied, in den Exkrementen usw. einen Teil seiner Seele, seines Wesens und seiner selbst also, verliert, so verliert die Gemeinschaft mit dem einzelnen Glied einen Teil ihrer selbst. Diesen Wert und die Bedeutung für die Gemeinschaft will nun jedes einzelne aus den kleineren oder grösseren Gemeinschaftsgruppen immer wieder z e i g e n. Man erzielt Leistungen und Errungenschaften nicht so sehr um ihres Eigenwertes willen, als vielmehr in der Absicht, den anderen zu zeigen, welche Bedeutung man für Macht und Ehre der Gemeinschaft hat. Man streicht das auch bei jeder Gelegenheit in grosser Redekunst ganz unverblümt heraus.

Es ist charakteristisch für die *Mbowamb* — wie wohl für alle Menschen —, dass sie von den Mitmenschen beachtet, anerkannt, gelobt und womöglich laut und öffentlich gepriesen sein wollen. Wie man andererseits auch das laute Mitleid und das „Sterben vor Mitgefühl" schätzt. Bleibt das Lob oder Mitleid aus, so ist man schwer beleidigt. Dann gibt es wüste Schimpfereien und Anwendung physischer Gewalt auch in den eigenen Reihen. Denn die *Mbowamb* sind auch untereinander leicht zum Zorn gereizt und schnell beleidigt. Ein Hauptmotiv wirtschaftlicher Leistungen ist gewiss die Notwendigkeit immer wiederholter Opfer. Opfer und Opfermahl müssen die vorder- und hintergründigen guten Beziehungen zwecks Erhaltung des Machtzuflusses immer wieder erneuern und befestigen. Hart daneben aber liegt das andere Motiv, das nach Anerkennung und Geltung, Ehre und Ruhm strebt. Daraus ergibt sich die gegenseitige Eifersucht und Rivalität nicht nur zwischen den verschiedenen Gruppen, sondern auch unter Brüdern und *Mi*-Genossen. Männer und Frauen sind eifersüchtig auf ihr Prestige bedacht. Das gegenseitige gute Einvernehmen kann nur aufrecht erhalten werden, wenn man von beiden Seiten auf das Verlangen nach Beachtung, Gleichberechtigung, Lob und Anerkennung immer Rücksicht nimmt.

Niemand will sich gern dem anderen unterordnen. Beim geringsten Anlass ruft man aus: Wir beide — oder wir — sind doch wahrhaftig *wö kapogla*, gleichwertige Männer, oder *amb kapogla*, gleichwertige Frauen! Dieser Begriff der Gleichwertigkeit spielt eine grosse Rolle im gegenseitigen Verhalten, besonders unter den „schönen, guten Männern", d. h. den führenden Leuten ihrer jeweiligen Gruppen. Man ist sich also des eigenen Wertes für die Gemeinschaft und der eigenen Persönlichkeit als Ausdruck und Träger der Gruppen-Macht sehr bewusst und ist sehr empfindlich gegen ihre Missachtung.

c) Differenziertes Verhalten.

Der Begriff der Gleichwertigkeit bedeutet, dass es andere gibt, die nicht gleichwertig für die Gemeinschaft sind. Dieser Begriff bedeutet also für das Verhalten eine Differenzierung nach Ansehen und Stand. „Gleichwertige Männer" sollen sich gegenseitig mit Achtung begegnen, durch Wirtschaftsaustausch das gute Einvernehmen pflegen und dabei immer das geltende Gabe-Gegengabe-System achten und einhalten. Dagegen kann man sich gegen „ungleichwertige Männer" schon allerlei erlauben. — Worauf beruht nun aber diese Unterscheidung? Gibt es doch soziale Klassen? Es ist der Unterschied an Macht-Zufluss (Kap. 14, 8). Der Zusammenhang zwischen dem magischen Denken und dem Verhalten, sowie die Abhängigkeit des Verhaltens von der magisch-religiösen Grundhaltung der *Mbowamb*, tritt in der Unterscheidung zwischen guten und schlechten (bösen), grossen und kleinen, reichen und armen Leuten sehr deutlich hervor. Ansehen und Stand innerhalb der Gruppe sind nicht erblich. Man wird nicht in einen Stand oder eine Klasse hineingeboren, sondern immer nur in die Gruppe. Ansehen und Stand innerhalb der Gruppe — und dann auch bei anderen Gruppen — beruhen ganz und gar auf dem grösseren oder geringeren Zufluss hintergründiger Macht, der sich wie bei der Gruppe, so auch beim einzelnen, in Gesundheit, Glück, Kinderreichtum, Besitz usw. zeigt.

Der Begriff der Gleichwertigkeit schliesst, wie er schon selbst besagt, ein Werturteil ein. Ein Werturteil wird gefällt nach einem Masstab. Welches aber ist der Masstab der *Mbowamb*, nach dem sie einander als arm oder reich, gross oder klein, gut oder schlecht beurteilen und sich den also Beurteilten gegenüber dann auch dementsprechend verhalten? Es ist der Grad an Zufluss hintergründiger Macht, der ihnen als Masstab dient für Wert oder Unwert von Individuen sowohl als auch von Gruppen. Der Zufluss an Macht oder aber sein Stocken und Versagen liegt ihnen ja immer offen zutage. Er kann an der Gesundheit, dem Kinderreichtum, dem Wohlergehen, dem Glück usw. oder aber auch an deren Gegenteil abgelesen werden. Gerade auch die wirtschaftlichen Dinge wie das Erlangen von Wertsachen, das Gedeihen der Schweine, der Felder und ähnliches ist ja ebenfalls immer Ausdruck von Macht. Wer sie besitzt, erlangt Ansehen und Achtung, gehört zu den „grossen" und zu den „guten" Leuten. Daher die grosse Bedeutung des Wirtschaftlichen für das Ansehen und für die guten Beziehungen. Die Macht zeigt sich aber auch im Körper des Menschen, seiner Kraft und Gesundheit. Daher die grosse

Bedeutung des Körpers und des Körperlichen. Die *Mbowamb* sagen ja, „der Körper ist der Mensch selbst" (Kap. 18, 2). Bei den *Mbowamb* kann keiner auf eine angesehene Stellung in der Gruppe und auf Ansehen bei anderen hoffen, der körperlich nicht gross, stattlich und kräftig ist. Daher auch die Bedeutung der physischen Kraft und Gewalt. Die ö f f e n t l i c h e Wertschätzung und Hochachtung und dann das dementsprechende Verhalten liegen also nicht begründet in abstrakten moralischen Grundsätzen und charakterlichen Qualitäten des Menschen, sondern in dem Grade an Macht, die sich an ihm, in seinen Unternehmungen und Taten zeigt.

d) Wertschätzung des Körpers.

Von diesen Zusammenhängen her ist nach meinem Dafürhalten z. B. auch das offene Zeigen und zur Schau stellen körperlicher Qualitäten zu verstehen. Bei jeder öffentlichen Angelegenheit salbt man auch schon die kleinen Kinder mit dem magisch stärkenden und schützenden Fett der Opfertiere ein. Man behängt sie mit Wertstücken, schmückt sie mit Vogelschmuck und lehrt sie die rhythmischen Bewegungen bereits viele Abende vor dem öffentlichen Tanz. Man lobt laut ihre körperliche Schönheit und fordert sie auf, diese zu zeigen, damit die Leute davon reden. — Bei den Erwachsenen spielt der Körper selbstverständlich keine geringere Rolle. Vor der geschmückten Tänzerreihe der Burschen und Männer stehen oder sitzen die Mädchen und Frauen und bestaunen und bewundern sie. Die Gestalt, der Schmuck und die Bewegungen jedes einzelnen bieten nicht nur während des Festes, sondern auch noch nächtelang danach den Gesprächsstoff. In diesem Zusammenhang gehört auch der „Liebeswerbetanz", bei dem sich die Geschlechter, ein jedes seinem ausgewählten Partner gegenübersitzen, die Beine gegeneinander schieben, Kopf und Oberkörper in rhythmischen Bewegungen einander nähern, bis die Nasen sich berühren und sich dann gegenseitig die Nasen reiben und drücken. Nach einem öffentlichen Tanz besingen Frauen und Mädchen ihren Liebsten als den herrlichsten aller Männer. „So hoch und stramm wie eine Kasuarine stand er da. Er war mir die leuchtende Bambusfackel in dunkler Nacht. Wie eine Reihe schöner Opfertiere waren die Schweineschwänze an seiner Festschürze aufgereiht. Als Deckzweige steckte er sich einen Wald von *Piltin*-Cordylinen in den hohen Rindengürtel, dass es rauschte wie der Flug einer Schar von *Poglma*-Vögeln. Die Endstücke seiner Lendenschürze standen wie ein Feld voller Lebensbäume. Das Fett stand auf seiner Haut wie eine glänzende Flut. Golden schimmerte die Perlmuttermuschel auf seiner Brust. Von den Ohren hingen in geschwungener Linie die Gehänge der schillernden Grünschnecke. Allen bösen Einflüssen verwehrte die grosse Nasenscheibe den Zutritt. Eine Reihe kleiner Nassa-Schnecken lag um seine Nasenflügel wie eine Feldabgrenzung. Das grosse Nassa-Schnecken-Band lag auf der Stirn wie das schimmende Stück Quarz, das vom Himmel fällt. Schneidig ging der Mann einher. Die Bäume neigten sich alle vor ihm!" Ebenso werden natürlich die schönen Frauen und Mädchen besungen. „Mein einzig-schönes Schmuckstück will ich nehmen. Drunten im *Mökö*-Tal will ich es holen. — Wie es im Osten den Frühschein auf die Berge legt! Wie die Faltenschnecke sich wölbt! Hell glänzt der Leib des Fisches im *Mökö*-Fluss! *Paea-waea, pero-lero.* — Im Hain, wo der Laubbaum *Wantep* steht, gurrt am Abend die *Rombena*-Taube. Ob ich wohl gehe? Ob ich nicht gehe? Ob ich wohl bleibe? Ob ich nicht bleibe? Mein einzig-schönes Schmuckstück will ich nehmen! Drunten im *Mökö*-Tal will ich es holen! *Paea-waea, pero-lero.*" — Die Bedeutung des Körpers wird auch deutlich daran, dass man eine ganze Reihe von Gefühlen und Empfindungen an Körperteile und Organe gebunden glaubt. Bei grosser Freude, die aus Anerkennung und beim Empfangen von Gaben kommt, sagt man, dass einem „die Haut hüpft". Auch die Seele kann ohne den Körper nicht als Seele bestehen, sondern muss dann übergehen in die Existenzform der Geister, wenn der Körper dem Tode verfällt. Sie ist auf ihn als auf ihren Träger angewiesen.

Von der Bedeutung des gesunden, kräftigen und schöngeformten Körpers her als Ausdruck von Macht zeigt sich uns noch einmal, warum Krankheit und Tod auch als Schimpf und Schande empfunden werden. „Wenn in unserer Brüderschaft oder in der *Rapa*-Gemeinschaft jemand schwer krank wurde, so pflegten wir für den Kranken im Gebüsch eine ‚Versteck-Hütte' zu bauen, damit die Besucher unseren Kranken nicht sehen und anderen nicht erzählen konnten, wie schlecht es ihm ging. Wir pflegten ihn heimlich zu versorgen. Wir gaben ihm das beste Essen, damit er wieder gesund wurde und ein kräftiges Aussehen bekam. Wenn dann irgendwo ein Fest veranstaltet wurde, pflegten wir den wieder Gesunden zu salben und zu schmücken. Wir nahmen ihn in unsere Mitte und zogen im Triumph mit ihm auf dem Festplatz ein. Wenn das unsere Feinde sahen, erschraken sie und ärgerten sich." Man suchte also den gestörten Machtzufluss zu verbergen, den erneuerten Machtzufluss aber öffentlich zu zeigen und zu geniessen. — Für uns wird das alles nur dann einigermassen verständlich, wenn wir uns die gegenseitige Rivalität, die immer vorhandene latente Spannung und Feindschaft und das abgrundtiefe Misstrauen auf Grund des Glaubens an die magisch-religiöse Macht, sowie die Furcht und Angst vor der Ohn-Macht zu vergegenwärtigen suchen. — Hier liegt auch der Grund, warum die *Mbowamb* einander nicht nur im Nehmen, sondern auch im Geben immer wieder zu übertrumpfen trachten. Bei öffentlichen Angelegenheiten gibt man alles her und verbraucht alle Reserven, auch wenn man nachher selbst wieder betteln gehen und hungern muss. Der Triumph, den anderen die eigene Macht zu zeigen, ist das wohl wert! Aber nur niemals, sofern es sich irgend machen lässt, vor dem anderen Ohn-Macht zeigen.

e) Öffentliches und privates Verhalten

Es ist noch hinzuweisen auf den starken Unterschied im Verhalten vor der Öffentlichkeit und in der eigenen Familie, Brüderschaftsgruppe und *Rapa*-Gemeinschaft. In der Öffentlichkeit und anderen gegenüber wird das forsche Auftreten, das sich nichts gefallen lässt und die Rücksichtlosigkeit, die sich durchzusetzen versteht, von den eigenen Leuten geschätzt, für richtig gehalten und laut gepriesen. Nicht so innerhalb der eigenen Gemeinschaft und Verwandtschaft, wo das gute Einvernehmen, die gegenseitige Lebenshilfe und die friedlichen Beziehungen als das Ideal gelten. Dort soll man leise miteinander sprechen, sich nicht aufspielen, freundlich und hilfsbereit sein, immer alles miteinander teilen, Mitgefühl und Mitleid beweisen. Im „Draussen-Bereich" gilt der starke und rücksichtslose Mann. Wenn die *Mbowamb* aber von „draussen" heimkommen, dann sind die friedlichen und gütigen Menschen am höchsten geschätzt. Nach der „Hitze draussen" gilt als Ideal der „kühle Schatten", den das *men*, das gute Einvernehmen, Eintracht und Liebe über alle Glieder der Gemeinschaft breitet. Hier erwartet man vom führenden Mann, dass er seine Gruppe gut versorgt, sich ihrer annimmt, sie behütet, gegen offene und geheime Gefahren verteidigt und ihr immer wieder einmal ein frohes Fest veranstaltet. Dafür hilft man ihm auch, indem man für ihn arbeitet, ihm Opfertiere und Wertsachen zur Verfügung stellt.

f) Das Verhalten und die moralische Verpflichtung

innerhalb der eigenen *Mi*-, bzw. Ableger-*Mi*-Gemeinschaft ist nicht allen ihren Untergliederungen gegenüber gleich. Von den grösseren Untergliederungen, wie den *Pana-ru* und Altvater-Penis-Gruppen, zu denen die eigene *Rapa*-Gemeinschaft nicht gehört, erwartet man in den alltäglichen Dingen wenig oder keine Lebenshilfe und gibt sie darum auch nicht. Aber auch von dem *Pana-ru* und von der Altvater-Penis-Gruppe, zu der die eigene *Rapa*-Gemeinschaft gehört, erwartet man nicht dieselbe Fürsorge wie von den Gliedern der eigenen *Rapa*-Gemeinschaft. Von diesen wiederum nicht denselben Grad an Fürsorge und Lebenshilfe wie von den eigenen Vätern und Brüdern. Entsprechend ist dann ihnen gegenüber auch das Verhalten und die Verpflichtung weniger stark vom Ideal des guten Einvernehmens und der gegenseitigen Lebenshilfe bestimmt. Man darf nicht vergessen, dass der ursprüngliche Setzling, von dem man herstammt und von dem man in der Ursprungssage Kunde hat, an den Anfängen keine grosse Gruppe, sondern nur ein „Vater und seine Söhneschaft" war, eine Familie also (Kap. 11:12, VIII). Dasselbe gilt dann wieder von dem Ursprung einer Ableger-*Mi*-Gruppe. Auch sie war am Anfang keine Gruppe, sondern ebenfalls nur ein „Vater und seine Söhneschaft", also auch nur eine patrilineare und -lokale Familie, die ihre Beziehungen zu den Verwandten der Frau und Mutter hatten. Als die Söhne dann heirateten, hielten sie auf dem väterlichen Siedlungsland als eine „Brüderschaftsgruppe" zusammen, und jeder der Brüder hatte und pflegte seine Beziehungen zu den Verwandten seiner Ehefrau. — So ist auch heute noch die partilineare und -lokale Familie als der eigentliche „Setzling", als kleinste Gemeinschaft unter den Gemeinschaftsgliederungen einer *Mi*-Gruppe die Zelle, aus der die Kinder kommen, „durch Unterweisung festgemacht" und in ihrem Verhalten geformt werden. Ihr und dann der Brüderschaftsgruppe weiss man sich am meisten verbunden und verpflichtet, weil man da auch von Kind auf schon die meiste Lebenshilfe erfahren hat. Aber schon zwischen den führenden Männern der Brüderschaftsgruppe und den eigenen Vätern macht man einen starken Unterschied. „Wenn zwei leibliche Brüder sich streiten, und der führende Mann ihrer Gruppe mahnt sie zum Frieden, so fragen sie ihn, ob er vielleicht der Mann sei, der sie beide gezeugt habe. Sie lassen sich dann von ihm nichts sagen. Ihr Vater gibt ihnen dann ein kleines Schweinchen. Das opfern sie und versöhnen sich beim Opfermahl." Demnach kommt den Vätern und Familienhäuptern in ihrem kleineren Bereich eine grosse Autorität zu. Freilich auch wieder nur, wenn sich die „väterliche Qualität" oder „Vater-Macht" an ihnen zeigt. — Sogar unter leiblichen Brüdern ist eine Abstufung im Verhalten vorhanden nach der Altersfolge: „Wenn der ältere Bruder das Verhalten eines jüngeren Bruders rügen will, so sagt er es ihm nicht selber, sondern wendet sich an den Bruder, der dem anderen ‚die Mutterbrust gegeben hat', dass er es ihm sagen soll, weil er es von diesem eher annimmt."

Dieser Begriff „die Mutterbrust geben" spielt unter Geschwistern eine grosse Rolle. Es herrscht nicht einfach die Autorität des ältesten Bruders. Auch sind die nachfolgenden Geschwister ihm nicht einfach alle gleich verpflichtet. Verhalten und Verpflichtung im Geschwisterkreis richtet sich nach der Geburts- oder Altersfolge. Man fühlt sich immer demjenigen am meisten verbunden und verpflichtet, das in der Geschwisterreihe dem Alter nach unmittelbar vor einem kommt. Dieses hat einem die Mutterbrust sozusagen abgegeben, also die erste wichtige Lebenshilfe geleistet.

2. Das Verhalten gegenüber anderen Gruppen

a) ist abhängig von dem Grade persönlicher Beziehungen.

Wie in der eigenen Gruppe, so ist das praktische Verhalten auch anderen Gruppen gegenüber nicht nach einem allgemeinen und abstrakten ethischen Masstab ausgerichtet, sondern ist immer gebunden an persönliche Beziehungen, an den Grad von Macht oder Ohn-Macht, der sich in der Stellung und wirtschaftlichen Kraft des anderen zeigt, wonach sich ja dann auch die praktische Lebenshilfe gestalten wird, die er einem leisten kann oder auch nicht. Hier nehmen nun neben den eigenen Blutsverwandten die Eheverwandten im Leben der *Mbowamb* eine hervorragende Stellung ein. Sie gehören ja immer einer anderen *Mi*-Gruppe an. Indem sie einem eine ihrer Töchter zur Frau geben, leisten sie einem hervorragende Lebenshilfe. Darum fühlt man sich ihnen auch besonders verbunden und verpflichtet. Man fühlt sich ihnen mehr verbunden und verpflichtet und benimmt sich ihnen gegenüber rücksichtsvoller als etwa gegen die Mitglieder der grösseren Untergliederungen der eigenen Ableger-*Mi*-Gruppe. Dies gilt allerdings nur in bezug auf die Väter- und Brüderschaft der Ehefrau und allenfalls noch deren Altvater-Sohnschaft und *Rapa*-Gemeinschaft, nicht aber in bezug auf deren ganze Ableger-*Mi*-Gruppe. Mit ihr ist die eigene Gruppe ja immer mehr oder weniger verfeindet. Es ist eine sehr merkwürdige Tatsache, dass bei den *Mbowamb* immer die Gruppen, denen man eigene Töchter zur Ehe gibt oder aus deren *Rapa*-Gemeinschaften man selber Töchter zur Ehe nimmt, irgendwie auch miteinander verfeindet sind. Solange das gute Einvernehmen und die friedlichen Beziehungen zweier Gruppen noch derart sind, dass man noch keine Fehde miteinander hatte, sind diese beiden gegenseitig auch noch nicht exogam, d. h. sie gehören dann noch zur selben *Mi*- bzw. Ableger-*Mi*-Gruppe.

b) Verhalten gegenüber feindlichen Gruppen.

Den feindlichen Gruppen gegenüber gilt das ausgesprochen rücksichtslose Verhalten, das sich nichts bieten lässt. Die gegenseitige Rivalität und Feindschaft bestimmt das Verhalten. Man traut einander nicht über den Weg und erwartet voneinander nichts Gutes. Da nun aber die eigenen Eheverwandten in der feindlichen Gruppe leben, pflegt man mit ihnen auch Wirtschaftsaustausch, wenn nicht gerade ein latenter Kriegszustand oder schon Krieg herrscht. Man veranstaltet sich dabei gegenseitig öffentliche Feste. Dabei werden dann auch immer grosse Reden gehalten, in denen man die eigene Macht und Grösse und moralische Qualität gehörig herausstreicht; ebenso aber auch die Mängel und Fehler der anderen Gruppe. So werden dann solche Feste oft wieder zu einem neuen Anlass zu weiteren Auseinandersetzungen, Kampf und Streit. — Es gibt unter den vielen *Mi*-Gruppen solche, mit denen man nur gelegentlich einmal eine Fehde hat. Es gibt auch solche, die als die traditionellen Feinde der eigenen

Gruppe gelten. Trotzdem nimmt man aber auch aus ihren *Rapa*-Gemeinschaften Töchter zur Ehe oder gibt ihnen eigene Töchter. Streitereien in bezug auf Frauen, bzw. den damit verbundenen wirtschaftlichen Dingen, werden dann auch nicht selten der Anlass, dass wieder einmal eine Fehde oder ein Krieg ausbricht. Andere Kriegsgründe sind Landstreitigkeiten, Diebstahl von Opfertieren, Wertsachen, Feldfrüchten; Streit um Wald- und Baumbestände, um Schweineweiden im Ödland, um Fischereirechte; ein häufiger Kriegsgrund ist natürlich die Todeszauberei, Vergewaltigung einer Jungfrau, sonstige Gewalttätigkeiten, Totschlag; überhaupt jedes Vergehen, das man nicht bekennen und bereinigen, noch auch dem *Mi* zur Entscheidung anheimstellen will, weil man den Gegnern den Triumph und die Schadenfreude nicht gönnt, die sie auskosten würden, wenn man nach einer Berufung auf das eigene *Mi* einen Unfall, ein Unglück, einen Krankheits- oder Todesfall haben sollte. Zwecks Aufrechterhaltung (der Fiktion) der Macht der eigenen Gruppe lässt man es gelegentlich lieber auf eine Auseinandersetzung mit den Waffen ankommen.

c) Das Gastrecht.

Zum Gesamtbild des Verhaltens der *Mbowamb* anderen gegenüber gehört auch das Gastrecht. Auch dieses gilt nicht einfach allgemein, sondern ist wieder an persönliche Beziehungen und Verpflichtungen gebunden. Dem Gast bietet man als erstes ein erfrischendes Zuckerrohr an. Während die Frau das Essen bereitet, unterhält man sich mit ihm. Schon das Anreden der Leute und das freundliche Begrüssen wird sehr geschätzt. Im Gruss liegt die Versicherung friedlicher Gesinnung und Absichten. „Wenn einer, der in der Ferne wohnt, nach langer Zeit wieder einmal zu seinen Vettern zu Besuch kommt, dann begrüssen sie ihn mit grosser Freude. Manche weinen auch vor Freude. Sie geben ihm gutes Essen und Fleisch. Wenn sie ein Beil, ein Wertstück oder sonst etwas im Hause liegen haben, dann geben sie ihm ein Gastgeschenk. Sie führen ein kleines Opfertier zum Gräberplatz. Sie fordern den Gast auf, das Tier zu töten. Das Opfergebet kann er nicht sprechen, weil es sich nicht um seine verstorbenen *Mi*-Genossen handelt. Er nimmt aber am Opfermahl teil, und sie geben ihm ein Stück von dem Opferfleisch mit nach Hause. — Wenn er dann später wieder einmal zu Besuch kommt, dann bringt er für das früher Empfangene eine entsprechende Gegengabe mit. Dann freuen sie sich sehr, und er ist sehr willkommen. — Wenn einer keine Gegengabe mitbringt und nur in der Hoffnung auf ein weiteres Geschenk kommt, dann behandeln sie ihn wie einen Fremden" (s. a. Bd. II, 86). — Fremden gewährte man Gastrecht, wenn sie als Handelsfreunde kamen, wie z. B. die *Kewa* (Kap. 1, 4). Sonst nahm man Fremde nur auf, wenn sie in Begleitung eines (fernen) Verwandten kamen. Denn der Fremde ist gefährlich. Man fürchtet seine fremde Macht. Aus eben diesem Grunde geht man auch nicht bei Fremden zu Gast, wenn man nicht dazu gezwungen ist.

d) Das Dingen von Mördern.

gehört ebenfalls in das Gesamtbild des Verhaltens der *Mbowamb* anderen gegenüber. In Fällen von Rache oder Blutrache schreckten die *Mbowamb* auch vor Missbrauch des Gastrechts nicht zurück. So wollten sich z. B. die *Jamka* einmal an den *Neŋka* rächen. Die *Jamka* hatten einen Todesfall. Einer ihrer angesehenen Männer, der eine *Neŋka* zur Frau hatte, wurde plötzlich krank und starb. Man redete von Todeszauberei und beschuldigte die *Neŋka*-Frau, sie habe im Auftrag ihrer Brüder ihren Ehemann verzaubert. Die *Jamka* wollten nun zwecks Blutrache einen führenden Mann der *Neŋka* umbringen. Sie wollten es aber nicht auf einen offenen Kampf ankommen lassen. Sie wollten sich auch nicht mit Zauberei begnügen, sondern den Mann auf eine zuverlässigere Weise umbringen. Wie aber an ihn herankommen? Die *Neŋka* wohnen 25–30 km von den *Jamka* entfernt. Man konnte auch nicht einfach mit den Waffen in der Hand bei ihnen auftauchen, da man ja keinen offenen Kampf wollte. Die *Jamka* beschritten einen Weg, der bei den *Mbowamb* bis in die neueste Zeit immer wieder einmal beschritten wurde: die Dingung von Mördern gegen Bezahlung. Um bei dem ausersehenen Opfer keinen Verdacht aufkommen zu lassen, macht man die Sache heimlich mit Hilfe von Eheverwandten durch verschiedene Gruppen hin. Die *Jamka* beschlossen, dass sie einem oder einer Gruppe, die willens wären, den *Neŋka* für sie umzubringen, einen Kasuar, acht Schweine und acht Muscheln geben würden. Ein *Jamka*, der eine *Kentka* zur Frau hatte, machte sich mit seiner Brüderschaft auf zu einem Besuch bei seinen Schwägern in *Kentka*. Sie brachten ihnen eine schöne Muschel als Geschenk mit. Dann rückten sie mit ihrem Plan heraus: die *Kentka* sollten die *Muntka* dafür gewinnen, den *Neŋka* umzubringen. Verwandten soll man eine Bitte nie abschlagen, zumal dann nicht, wenn man eben erst ein Geschenk von ihnen angenommen hat. Die *Kentka* gingen aber vorsichtshalber nicht direkt zu den *Muntka*, sondern gewannen ihre Schwäger in der *Uglkö*-Gruppe für den Plan. Die *Uglkö* erklärten sich bereit, ihre Schwäger unter den *Muntka* für die Sache zu gewinnen. Sie berichteten in aller Heimlichkeit der mit ihnen verschwägerten *Muntka*-Gruppe, dass die *Jamka* die Zahlung eines hohen Lohnes versprochen hätten. Als die *Muntka* sich bereit erklärten, den *Neŋka* umzubringen, schickten die *Uglkö* über die *Kentka* heimliche Botschaft an die *Jamka*. Es wurde ein Termin einer heimlichen Zusammenkunft mit einigen *Muntka* vereinbart. Die Zusammenkunft fand bei den Schwägern der *Jamka* in *Kentka* statt. Die *Jamka* hatten inzwischen einen Speer mit Knochenspitzen zubereitet. In den Speerschaft hatten sie etwas von der Leiche ihres Verstorbenen gestopft. Dann hatten sie dem Toten ein Opfer dargebracht und ihn im Opfergebet eingeladen, zu kommen und sich auf die Speerspitze zu setzen, d. h. bei dem Mordanschlag behilflich zu sein. Als der Bruder des Toten anfing zu zittern und sich am Boden zu wälzen, waren sie überzeugt, dass der Geist des Toten seine Hilfe zusagte. So setzten sie die Speerspitze ein und rieben die Beilklinge, die als weiteres Mordwerkzeug dienen sollte, mit dem Fett des Opfertieres ein. Speer und Beil brachten sie dann heimlich nach *Kentka*. Dort übergaben sie beides den *Muntka*. Dazu auch eine grosse Muschel als Anzahlung. Für die versprochenen Sachen überreichten sie drei Stäbchen: eins für den Kasuar, eins für die acht Schweine und eins für die acht Muscheln. — Die *Muntka* nahmen das alles an sich. Die *Jamka* steckten sich nun zu Hause *Neŋ*-Zweige auf die Basthauben. Der *Neŋ*-Baum ist das *Mi* der *Neŋka*. Damit wollten die *Jamka* die Macht der *Neŋka* auf magische Weise brechen, so wie sie die *Neŋ*-Zweige abbrachen. — Die *Muntka*, die die Nachbarn der *Neŋka* sind, schickten nun eines Tages Botschaft an den bestimmten *Neŋka*, er solle zu ihnen auf Besuch kommen. Da ihre Schwester in der Gruppe des ausersehenen *Neŋka* verheiratet war, nahm der *Neŋka* die Aufforderung zum Besuch bei den verwandten *Muntka* nichtsahnend an. Natürlich bestand zwischen den *Neŋka* und *Muntka* trotz der Eheverwandtschaft auch die übliche Feindschaft, wie das mehr oder weniger immer der Fall war zwischen den verschiedenen Gruppen. Rivalen waren sie immer, irgendwelche Rechtshändel und Verstimmungen lagen ebenfalls immer vor. Trotzdem hatten aber die einzelnen, wir wir sahen, auch immer ihre gegenseitigen Beziehungen verwandtschaftlicher und wirtschaftlicher Art. Jener *Neŋka* kam also zu der betreffenden *Muntka*-Gruppe zu Gast. Er wurde aufs freundlichste begrüsst. Man gab ihm das übliche Zuckerrohr. Man unterhielt sich mit ihm im Männerhaus. Man ass zusammen, was die Hauptfrau an Essen bereitete. Schliesslich zeigte man dem Gast die schöne Muschel, die zu empfangen man ihn eingeladen habe. Er freute sich sehr über das feine Gastgeschenk. Schliesslich schickte er sich an zu gehen. Wie auch sonst immer üblich begleitete man den Gast noch ein Stück des Weges bis hinunter zum nächsten Fluss. Dort hatten sie ihn schnell erledigt. Ein Speerstich in den Rücken, dass die Spitze abbrach und in der tiefen Wunde stecken blieb. Etliche Hiebe mit dem Beil gegen Schläfe und Halsschlagader. Dann riss man ihm den Leib auf, nahm die Eingeweide heraus und warf sie in den Fluss. Den Leichnam liessen sie liegen. Er wurde später von etlichen *Ndika* gefunden und zu den *Neŋka* gebracht. Dafür wurden diese *Ndika* dann später zum grossen Leichenschmaus eingeladen als Gegengabe für ihre Dienste. — Im *Medlpa*-Gebiet kam auch einmal ein solcher Fall vor. Damals hoben die Meuchelmörder im Flussbett eine Grube aus, versenkten den Leichnam und beschwerten ihn mit einem Haufen Fluss-Steinen. Es dauerte lange, bis die Sache ans Licht kam und die Täter, die Helfershelfer und Anstifter ermittelt werden konnten. — Die *Muntka* schickten nach vollbrachter Tat den zerbrochenen Speer in *Neŋ*-Zweige gewickelt über die *Uglkö* und *Kentka* an die *Jamka*. Bei den *Jamka* herrschte nun eitel Freude. Sie bemühten sich nicht mehr, die Sache geheim zu halten. Sie schmückten sich, tanzten und bereiteten den Empfang der *Muntka* vor. Die *Neŋka* waren mit der Trauer über ihren Toten beschäftigt. Einen offenen Kriegszug gegen die *Jamka* konnten sie nicht wagen, weil sie keine Verbündeten hatten. — Die *Muntka* kamen nun bewaffnet und geschmückt zu den *Jamka* gezogen, wo sie ihren versprochenen Lohn im Empfang nahmen.

e) Die Kampfansage.

Die Art, wie man einer feindlichen Gruppe den Kampf ansagt, wenn man sie mit Krieg überziehen will, zeigt wiederum, wie das Verhalten der *Mbowamb* vom Machtglauben bestimmt ist. Weil die *Mi*-Beziehung Macht bedeutet, deshalb geht man erst gegen das *Mi* der Gruppe an, die man angreifen will. Um diese Macht- und Schutzzone anzugreifen, misshandelt oder tötet man erst ihr *Mi*. Man macht das vor denen — oder irgend einem ihrer Vertreter — die man angreifen will, denn es ist Kampfansage und „Abbruch des Weges". Deshalb sollen sie die Ohn-Macht ihres *Mi* sehen und vom Gefühl der Unterlegenheit ergriffen werden. Will man z. B. die *Muntka* angreifen, die im *Temboka*-Gebiet wohnen, so quält man oder tötet in ihrem Beisein erst eine *Muntka-Rapa* (Eidechse). Sie wissen dann, dass man sie entweder durch Zauberei, Mord oder Krieg umbringen will. Dasselbe macht man im Falle der *Kentka* mit der Zikade. Will man die *Kentipi* oder *Olt-Pöi* angreifen, so steckt man ein Büschel Hundehaare in das Armband oder vorne auf die Basthaube. Die Feinde der *Kukidlka* stecken sich ein Blatt der Betelpalme an. Die der *Waepka* schmieren sich etwas von der Erdfarbe *waep* auf die Stirn. Plant man einen Angriff auf die *Kimkö*, so richtet man an der Grenze der *Kimkö*-Gemarkung einen Platz schön her und streut ihn dann voller *Kim*-Blätter. Wenn sie verwelkt sind, kehrt man sie ostentativ auf den Abfallhaufen. — Es ist klar, dass dies alles nicht nur Kampfansage ist und nicht nur Ausdruck dafür, dass man das Leben des Gegners nun nicht mehr zu achten gedenkt. Es ist mehr. Nach der Auffassung der *Mbowamb* soll der Gegner magisch-religiös schon überwunden werden, bevor der Kampf selbst beginnt. Die ostentative Misshandlung oder Tötung des *Mi* einer Gruppe ist Abbruch der rechtlichen Beziehungen, ist offene Gewalt an einem „Bruder" der Gruppe, ist vor allem Bekämpfung der Macht der anderen Gruppe. Das Zeigen der eigenen Macht und das Aufzeigen der Ohn-Macht der anderen Gruppe ist nach meinem Dafürhalten das Hauptmotiv im Verhalten der *Mbowamb* gegen die anderen und in ihrem Handeln mit ihnen oder gegen sie.

Das Feueranzunden, das Bd. II, 159 erwahnt ist, war bei einem Angriff das Alarmzeichen für die umwohnenden Freunde und Verbündeten, sich eilends zu Kampf und Abwehr einzustellen. — Im *Medlpa-* und *Kopon*-Gebiet stellte man auf Hügeln Beobachter aus, die beim Anrücken der Feinde weithin leuchtende frische Bananenrinde, die man auf Bambusstäben ausgespannt hatte, hoch in die Luft hielten und hin und her wendeten. — Als eine Art Ultimatum, die ausstehenden Schulden zu bezahlen, im Weigerungsfalle aber sich zum Kampf zu stellen, wurde auch das Feueranzünden an der Grenze der anderen geübt. Oder man stellte dort ein Brett auf, auf das mit Rötel eine Perlmuschel gezeichnet war. Die Jungmänner hielten dann dort abwechselnd Wache. Es sollte niemand mehr hinuber und herüber gehen. Die friedlichen Beziehungen waren schon abgebrochen, denn man hatte schon *Mi*-Zweige der anderen abgebrochen. Der offene Kampf mit den Waffen konnte nur durch sofortige Begleichung der Schulden vermieden werden

f) Gruppen-Verrücktsein.

Etwas sehr Merkwürdiges war bei den *Mbowamb* die *kondoŋa*, eine seelische Störung, die ansteckend wirkte und wie eine Art Epidemie auftrat. Plötzlich benahm sich einer in einer Gruppe wie ein Geistesgestörter und trieb allerlei Unsinn. Andere wurden davon ergriffen und schliesslich die ganze Gruppe. Diese Erscheinung blieb aber nicht auf sie beschränkt, sondern griff auch auf andere Gruppen über. So wurden schliesslich sämtliche Gruppen einer ganzen Landschaft von dieser „Gruppen-Verrücktheit" erfasst. Man sprach dann von einer *kondoŋa-ui*, „Zeit der allgemeinen Verrücktheit". Es geschah nichts Bösartiges, sondern war nur eine Art „Faschingszeit". Ich habe das Geschilderte bei den *Mbowamb* selber nie miterlebt, aber viele versicherten, dass es in früheren Zeiten immer wieder aufzutreten pflegte. Es war nicht auf den Genuss irgendwelcher Nüsse oder Pilze zurückzuführen, denn das Berauscht- oder Verstörtsein, das von derartigen pflanzlichen Dingen kommt, wird nicht als *kondoŋa* bezeichnet. Es war auch nicht *kekedlip*, wie Bd. II, 129 vermutet wird, denn das ist wirkliche Geistesgestörtheit, die mit Erkrankungen zusammenhängt und von den *Mbowamb* auf die Einwirkung von Geistern zurückgeführt wurde. Die ansteckende Wirkung, die das *kondoŋa* hatte, weist auf das labile Seelenleben, auf das Verlangen nach Abwechslung und Besonderem, nach Beachtung und Anerkennung, sowie auf die Abhängigkeit nicht nur der einzelnen von der Gruppe, sondern auch der Gruppen von einander im Seelenleben und Verhalten hin.

g) Überlegenheitsempfinden.

Das Überlegenheitsgefühl über die anderen auf Grund von gesteigertem Machtzufluss ist sehr begehrt, sehr geschätzt und wird bis zur Neige ausgekostet. Darum führt man den Genesenen gesalbt und geschmückt im Triumphzug denen vor, die sicher bei einem auf ein Versagen der Macht gehofft hatten, um ihre Schadenfreude zu geniessen. Darum rühmt und preist man öffentlich die eigene grosse Leistung bei Opfer- und Wirtschaftsfesten und macht sich lustig über die jämmerlichen „Feste" der anderen Gruppen. Voller Stolz empfiehlt man ihnen, es einem doch nachzutun, so man könne!

h) Verhalten gegenüber Geistern und Himmlischen.

Das bisher geschilderte Verhalten gegenüber den anderen nehmen die *Mbowamb* auch gegenüber ihren Geistern und Oben-Leuten ein. Ist ihre Angst vor einem Macht-Entzug durch Darbringung von Opfern zur Ruhe gebracht, so legen die *Mbowamb* auch gleich ein für uns kaum vorstellbares Überlegenheits- und Machtbewusstsein an den Tag. Wenn die Opfer dargebracht sind, sind sie überzeugt, dass ihnen nun ganz besondere Macht und Kräfte zur Verfügung stehen. Sie sind dann allen ihren Feinden weit überlegen. Die anderen aber sind arme Schlucker. Nun kann man allen Trotz bieten! Dieses Überlegenheitsgefühl zeigt man aber nicht nur den anderen Gruppen, sondern auch den eigenen Geistern. Bei den grossen Opferfesten für die Gross-Geister zeigt sich das Überlegenheitsgefühl z. B. darin, dass die Veranstalter zum Schluss hoch aufgeputzt und glänzend eingefettet in wohlgeordneter Formation aus dem Kultplatz auf den öffentlichen und allgemeinen Festplatz ziehen, sich allen Leuten zeigen und dies als „die Geister sich mit uns verbinden machen" bezeichnen. Schaut alle her! Wir sind es, die durch unsere Opfer bewirken, dass die Geister sich mit uns verbinden. Nun kann im Himmel und auf Erden nichts und niemand uns etwas anhaben! — Noch interessanter ist der Abschluss des „Oben-Anrufs" (Kap. 57), denn da führt einerseits das Schuldgefühl und andererseits dieses Überlegenheitsgefühl auf Grund der eben dargebrachten Opfer dazu, dass die Veranstalter des Opferfestes schliesslich zwei Parteien bilden: Die eine Partei ergreift den Mann in der Maske, der den „Oben-Mann" darstellte, um ihm heftige Vorwürfe zu machen und ihn mit Schmutz zu bewerfen, weil er alle Wachstumskraft „zu sich hinaufgenommen habe", so dass eine allgemeine Hungersnot drohte. Hier äussert sich das Überlegenheitsgefühl, das man nun auf Grund der vollzogenen Opfer auch dem Oben-Mann gegenüber empfindet, der sich ja durch Annahme dieser „Gabe" als von den *Mbowamb* immerhin abhängig zeigte (!), sogar in feindlichen Handlungen ihm gegenüber. So ist es ja auch unter den Menschen. Schuldnern gegenüber empfinden die *Mbowamb* „Scham-Furcht" und Schuldgefühl, das sie kleinlaut macht. Sobald man aber die Gegengaben und zur Erhöhung des eigenen Überlegenheitsgefühls noch etwas mehr gegeben hat, als man eigentlich zu geben verpflichtet war, tritt man sehr grosspurig auf. Genauso macht man es gegenüber dem Oben-Mann. — Die andere Partei aber wehrt ab, befreit den Oben-Mann von seinen Angreifern und nimmt die Schilde, Speere, Bogen und Pfeile, zerbricht sie und wirft die Stücke in den nahen Fluss, weil sie um die Schuld weiss: Der Oben-Mann nahm deshalb die Wachstumskraft zu sich hinauf und schickte eine Hungersnot, weil wir Setzlingsmenschen so lange Zeit Streit und Krieg hatten, entgegen unserem vom Oben-Mann „hingelegten" *Mi*, das den Frieden, das gute Einvernehmen und die gegenseitige Lebenshilfe will! So nahe sind Schuldbewusstsein und Unterlegenheitsgefühl, Leistungsbewusstsein und Überlegenheitsgefühl bei den *Mbowamb* immer beisammen.

KAPITEL 47
DIE MENTALITÄT DER MBOWAMB

1. Paarweise Zusammenfassung und Klassifizierung.

Alles bisher Gesagte ist auch Ausdruck der Mentalität der *Mbowamb*. Schon Kap. 4 wurde auf die Eigentümlichkeit hingewiesen, dass sie das Einzelstehende immer als ein Unerfülltes, Ergänzungsbedürftiges und „aus der Reihe Geschlagenes" empfinden. Es ist ein geistiges Bedürfnis der *Mbowamb*, das Einzelstehende durch ein Dazugehöriges zu ergänzen. So ist jeder einzelne Mensch eingereiht als Glied seiner Gruppe und ihrer kleineren und kleinsten Untergliederungen. Dazu ist jeder nach seinem Alter eingefügt in die Altersklassen. In der Geschwisterreihe ist jedes eingefügt, je nachdem als ältestes, mittleres oder jüngstes der Geschwister. Von ihnen sind wieder je zwei einander nochmals besonders verbunden durch das „Weitergeben der Mutterbrust". Es kommt hierin nicht nur das Verlangen nach Gruppierung und Eingliederung zum Ausdruck, sondern das Gesetz der Gleichheit von Form und Wesen. Zum Seelenleben der *Mbowamb* gehört das tiefe Bedürfnis nach Gemeinschaft. Man kann aber Gemeinschaft nicht pflegen ohne feste Formen. Nur in diesen Gemeinschafts formen hat man die Gemeinschaft, oder man hat sie eben nicht.

Das Bedürfnis nach Gruppierung und Klassifizierung beschränkt sich nicht auf die Menschen. Es werden auch alle Wesen und Dinge der organischen und anorganischen Umwelt als Gattungen zusammengefasst. Die Namen der einzelnen Spezies gebraucht man nie allein, sondern setzt immer den Gattungsnamen davor:

Gattung	Spezies
Eɪp, Ameise	Ameise *Krapedl*, Ameise *Moip*, Ameise *Ponts* usw.
Wimbö, Kriechtier	Kriechtier *Rapa* (Eidechse namens *Rapa*)
	Kriechtier *Opr* (schwarze Giftschlange *Opr*)
Köi, Vogel	Vogel *Parka* (roter Paradiesvogel)
	Vogel *Kora* (Huhn) Vogel *Reglan* (Ente)
Po, das Zuckerrohr	Zuckerrohr *Pagla*, Zuckerrohr *Rarema*, usw.
Kim, das Gemüse	Gemüse *Kunt*, Gemüse *Keŋgepa*, usw.
Oka, die Süsskartoffel	Süsskartoffel *Opae*, Süsskartoffel *Kateglroka*
Rouö, die Banane	Banane *Glae*, Banane *Keŋgepa*, usw.
Nde, der Baum, das Holz	Baum *Kraep*, Baum *Waema*, usw.
Ku, der Stein	Stein *Kurumugl*, Stein *Karegl*, usw.
Nô, Wasser, Fluss	Fluss *Wagi*, Fluss *Rurugl*, usw.
Mugl, der Himmel, dient als Gattungsname für „Gebirge", denn sie sind „Himmelsstützen".	„Himmel", *Ogla*, das *Ogla*-Gebirge (Kubor Mts.) „Himmel", *Mudl*, das Hagen-Gebirge, usw. (Der einzelne Berg dagegen heisst *Komŋa*.)

Diese Gruppierung erstreckt sich bis in die Religion hinein. Die Dämonen, Natur- und Totengeister fallen alle unter den Kollektivbegriff *kôr*. Die als „Leute" vorgestellten Bewohner der Oberwelt fallen alle unter den Kollektivbegriff *Ogla*, „Oben" oder *Tei*, „Hinlegen". Die der Unterwelt unter *kidlömbömb*, „Erdbeben" (Kap. 20:1, 2).

2. Differenzierung.

Neben dem Bedürfnis zur Eingliederung und Gruppierung steht das Unterscheidungsbedürfnis. Die Fähigkeit der *Mbowamb*, die Erscheinungen und Vorgänge bis in Nuancen hinein zu unterscheiden, ist erstaunlich. Sie nehmen das, was uns als unwichtig und nebensächlich gilt, genau so wichtig wie das, was uns als allein beachtenswerte Hauptsache gilt. *Medlpa* hat z. B. neun verschiedene Ausdrücke für „tragen", je nachdem, was oder wie getragen wird. Dazu hat es aber auch ein Verb, das ganz allgemein „tragen" bedeutet. Man macht genaue Angaben darüber, womit oder wodurch eine Tätigkeit ausgeführt wird. Als Beispiel diene das kausative Verb „auseinandergehen machen". Man kann „machen, dass jemand oder etwas auseinandergeht, sich trennt, scheidet" durch: Anfassen, Auswählen, Schneiden, Beissen, Jagen, Treten, Schlagen, Stossen, Nehmen, Legen, Tun, Sehen, Reden (Wollen), Hören (Empfinden, Denken, Wissen). Dies ergibt dann verbale Zusammensetzungen von grosser Mannigfaltigkeit. — Man differenziert auch nach dem Zweck der Verwendung, z. B. beim Opferfleisch:

Kradl-kuŋ	„Bastschnur *Kradl*-Fleisch", d. i. Fleisch, das man der Gruppe der Braut gibt, wenn sie die Braut bringen und der Gruppe des Ehemannes übergeben.
Amb rökndi-kuŋ	„Frau Verpacken-Fleisch", d. i. Fleisch, das der Braut von ihren Leuten bei demselben Anlass mitgegeben wird.
Por-kuŋ	„End-Fleisch"; so bezeichnet man Opfertiere, die zum Abschluss eines grossen Festes geopfert werden.
Mbadl-kan-kuŋ	„Männerschürze-Schnur-Fleisch", d. i. Fleisch, das man opfert, wenn man einem Toten die Schürze abnimmt.
Edlep-rui-kuŋ	„um die Schulter hängend tragen Schwein", d. h. ein halbwüchsiges Schwein, das die Gruppe der Frau als Opfer in den *Kona* des Ehemannes bringt, wenn ein Kind stirbt.
Peŋ-ndi-kuŋ	„Haupthaar-Opfertier", d. h. Schweine, die zum Abschluss der Trauerfeiern nach dem Ableben eines Häuptlings geschlachtet werden.
Kôr-kuŋ	„Geister-Schweine", d. h. solche, die als Opfertiere für ein grosses Geisterfest bestimmt sind.

Kennzeichnend für die Mentalität der *Mbowamb* ist auch der Glaube, dass schon der Säugling seinen künftigen Ehepartner also die Ergänzung seines Geschlechts, „finden" muss, wenn er sich zu einem gesunden und normalen Menschen entwickeln soll (Kap. 4, 1). Im Geschlecht zeigt sich die geheimnisvolle zeugend-schöpferische Macht der Uranfänge der *Mi*-Gruppen. Im männlichen Geschlecht sehen die *Mbowamb* die Zeugungs- und Vermehrungskraft, im weiblichen die Wachstumskraft. Gerade diese Macht bedarf der festen Ordnung, wenn sie Leben schaffen und nicht zerstören soll. Das Bedürfnis nach Eingliederung und Gruppierung dient also auch der Ordnung. Wie den *Mbowamb* ohne feste Gemeinschaftsformen keine Gemeinschaft gegeben ist, so auch keine Lebensordnung ohne Eingliederung und Gruppierung. Die drängende Zeugungs- und Wachstumsmacht bedarf der Ordnung. Darum wird auch jeder einzelne bei den *Mbowamb* auf Grund der Differenzierung nach Geschlecht nicht nur eingereiht in das komplizierte Schema der Abstammung, Bluts- und Eheverwandtschaft, sondern trägt vor seinem Rufnamen immer auch die Geschlechtsbezeichnung (die zugleich auch die Altersklasse angibt). Man gebraucht also niemals nur den Rufnamen eines Menschen allein, sondern sagt immer z. B. „der Junge (namens) *Parka*", „das Mädchen (namens) *Kae*". Sobald das heiratsfähige Alter erreicht ist, sagt man nicht mehr nur „der Jüngling *Parka*, die Jungfrau *Kae*", sondern man sagt dann sogar „der Mann-Jüngling *Parka*, die Frau-Jungfrau *Kae*". Obgleich, wie wir sahen, den Benennungen sowohl für die Bluts- als auch für die Eheverwandtschaft schon der Unterschied im Geschlecht zugrundeliegt, setzt man doch auch da nochmals diese Geschlechtsbezeichnungen dazu. Man sagt also z. B. „des Mann-Jünglings *Parka* älteres Geschwister anderen Geschlechts die Frau-Jungfrau *Kae*". Ebenso sagt man „der Frau-Jungfrau *Kae* jüngeres Geschwister anderen Geschlechts der Mann-Jüngling *Parka*". Neben der Gruppierung nach Alter und Geschlecht kommt die Eingliederung in die Gruppe noch durch Vorstellen des „grossen Namens" der *Mi*-Gruppe und ihrer Untergliederungen vor diese Alters- und Geschlechtsbezeichnungen und den Rufnamen des einzelnen zum Ausdruck (Kap. 11, 13).

Natürlich unterscheiden die *Mbowamb* auch bei Tieren, einschliesslich Vögel, zwischen männlichen und weiblichen. Ich stiess merkwürdigerweise aber auf kein Verständnis in dieser Hinsicht auf botanischem Gebiet, wohl jedoch unterscheiden die *Mbowamb* bei Steinen und Quellen zwischen „männlichen" und „weiblichen". Allerdings sprechen sie dann eben nicht mehr von Steinen und Quellen, sondern von Geistern. Ein Stein ist ihnen dann je nach seiner Form und eine Quelle je nach ihrer Kraft ein „Mann-Geist" oder ein „Frau-Geist". (Wir stossen hier also auf die Kollektivvorstellung der Gleichheit von Intensität der Machtäusserung und Wesen.) Solche Steine und Quellen sind ihnen Träger und Vermittler der magisch-hintergründigen Macht (Kap. 20, 6 u. Kap. 60). Mit anderen Worten geht es bei dieser Unterscheidung nach dem Geschlecht im Falle von Steinen und Quellen überhaupt nicht mehr um den vordergründigen Bezug des Geschlechtlichen (das Sexuelle), sondern um die hintergründige Vater- und Mutter-Macht, die sich ihnen „hier unten" als mütterliche Wachstumskraft und „dort oben" als väterliche Zeugungs- und Schöpfermacht zeigt. Steine oder Quellen sind nicht selbst diese Vater- und Mutter-Macht. Sie gelten aber als Träger dieser Macht — und können sie darum auch vermitteln —, weil die merkwürdige Form der Steine darauf hinweist; ebenso auch das geheimnisvolle, unaufhörliche Sprudeln und Hervorquellen des Wassers.

Diese Vater- und Mutter-Macht in der eigenen *Mi*-Gruppe vereinigt und zur wirksamen Verfügung zu haben in dem Sinne, dass man für die Fortpflanzung überhaupt nicht mehr auf die Frauen aus den anderen *Mi*-Gruppen angewiesen wäre, so wie die „Oben-Männer" oder „Hinleger" nach den Ursprungssagen sich nicht etwa eine „Oben-Frau" zur Ehe nehmen mussten, um einen Menschensetzling zu zeugen, ist, wie ich glaube, das Ideal der *Mbowamb*. In den grossen Kult- und Opferfesten suchen die Setzlingsmänner dieses Ideal zu erreichen oder ihm wenigstens für eine Zeitlang nahe zu kommen. Darum ist während der Kultfeste jeglicher Geschlechtsverkehr zu meiden. Weil die „Oben-Männer" mit den „Oben-Frauen" keinen Geschlechtsverkehr pflegen, wie auch innerhab der *Mi*-Gemeinschaft dementsprechend kein Geschlechtsverkehr stattfinden soll, so ist er überhaupt zu meiden, sobald und sooft man das mythologische Geschehen darstellt und damit wiederholt, nämlich bei den Kult- und Opferfesten. Es liegt darin keine Bewertung oder Abwertung des Geschlechtsverkehrs im moralischen

Sinn, wie schon in Kap. 10, d ausgeführt wurde. Wohl aber liegt darin eine Bewertung im magisch-hintergründigen Sinne: Im Geschlechtsverkehr kommt man in Berührung mit der fremden Macht der *Mi*-Gruppe, aus der die Frau kommt. Fremde Macht aber ist immer gefährlich. Die Gefahr ist für die Setzlingsmänner nicht ethischer, sondern mystisch-magischer Natur. Die Gefährlichkeit der fremden Macht, die in der Ehefrau dem Mann begegnet, würde sich für ihn bis zur Todesgefahr steigern, wenn er mit dem Menstruationsblut in Berührung käme, welches bei allen *Mbowamb* als Träger schlimmster Todeskräfte sehr gefürchtet ist. Die „fremde Mutter-Macht" haftet natürlich auch den eigenen Müttern und Schwestern an. Wenn sie sich beim „Gehen in den Busch" nicht richtig zu verstecken wissen, so dass Knaben oder Männer sie sehen können, so bringen sie solche Knaben oder Männer dadurch schon magischerweise in Gefahr und müssen deshalb für ihr magisches Vergehen eine Sühnegabe geben.

3. Mentalität und Sprache.

Die gegenseitige Rivalität, das Geltungsbedürfnis und das Auskosten des Überlegenheitsgefühls, wann immer man dazu einen in den Augen der *Mbowamb* gültigen Anlass hat, kommt sehr stark in den beliebten öffentlichen Reden zum Ausdruck. Wenn z. B. ein Mädchen nicht schon mit etwa 15, sondern vielleicht erst mit 18 Jahren einen Mann findet, empfindet der Vater das als Verlust an Ansehen. Wenn es dann aber soweit ist, dass sie als Braut öffentlich übergeben werden kann, geniesst der Vater den Triumph und in einer öffentlichen Rede erklärt er allen Zuhörern: „Die Leute glaubten wahrlich, meine Tochter müsse als alte Jungfer sterben. Ich wollte die herrliche Jungfrau nur nicht jedem hergelaufenen Habenichts geben! Seht alle her, welchen Brautpreis ich für sie erhalte!" (Damit zählt er alles an den Fingern auf und preist die Güte der erhaltenen Sachen.) Zum Schluss sagt er: „Nun macht mir das nach, wenn ihr die (magische) Kraft dazu habt! Meine Tochter wird nun nicht als alte Jungfer sterben. Merkt euch das!"

Das Innenleben der *Mbowamb* sowohl, wie auch die geistige Durchdringung ihrer Umwelt, finden in der Sprache einen adäquaten Ausdruck. Selbstverständlich sind die Vergleiche, Bilder und überhaupt die Begriffsinhalte hergenommen aus der Umwelt, dem eigenen Seelenleben und dem gesellschaftlichen Zusammenleben als Freund und Feind. Es gibt eine Fülle von Ausdrücken und Redewendungen, die sich lexikalisch und grammatisch zwar bestimmen lassen, inhaltlich aber ohne Kenntnis des Kontextes, den das Leben liefert, völlig unverständlich bleiben. Bei jeder öffentlichen Übergabe von Wertsachen und Opfertieren beispielsweise werden auch Reden gehalten. Es sind dabei ja immer Hunderte von Gästen und ebensoviele Zuschauer anwesend. Die Veranstalter setzen sich dann in ihren Reden, die keine falsche Bescheidenheit kennen, immer auch mit ihren Rivalen auseinander. Zum Schluss erklärt der Sprecher mit grosser Pose: „Dich heute schlagend trage ich für dich." Die wörtliche Übersetzung hilft uns nur einsehen, dass wir den Sinn nicht verstehen. Zum Verständnis dieses kurzen Satzes muss man um die gegenseitige Eifersucht und Rivalität wissen. Man muss wissen, dass sich das „du" auf eine andere Gruppe bezieht, die hier angesprochen wird. Dass das Objekt zu „tragen" nicht ausgesprochen ist. Dass das „trage ich für dich" auf die Bezahlung für die Gefallenen der Kriegsverbündeten anspielt, wie jeder *Mbowamb* weiss. Durch die glänzende Festveranstaltung hat die Gruppe des Sprechers ihren Rivalen im öffentlichen Ansehen gleichsam „erschlagen". Als Mann von Ehre und Reichtum leistet der Sprecher für den „Erschlagenen" gleichsam wie für Gefallene von Kriegsverbündeten „Bezahlung" — nämlich Spott und Hohn, weil er ihm ja wie ein Feind ist. Der Sinn des kurzen Satzes ist also eigentlich: Mit meinem Fest habe ich es dir nun einmal gründlich heimgezahlt! Nun bist du in den Augen der Öffentlichkeit erledigt, denn du wirst niemals fähig sein, eine ähnlich gewaltige Menge von Opfertieren und Wertsachen wie ich hier zusammenzubringen, um deine Verpflichtungen in so glänzender Weise zu erfüllen, wie ich das nun getan habe! — Ein anderes Beispiel: „Wir nehmen unsere Frau und machen sie jung liegen", heisst, dass wir unsere jungverheiratete Tochter veranlassen, sich nicht ihrem Manne hinzugeben, solange der Brautpreis nicht völlig entrichtet ist. Hier kommt die Einstellung der *Mbowamb* zum Ausdruck, dass Gemeinschaft und Liebe nicht unanschaulich, nicht nur geistig, innerlich, gefühlsmässig und damit eigentlich unwirklich bleiben darf, sondern sich in handfesten Dingen und konkreter Lebens- und Wirtschaftshilfe zeigen muss. — Die rhetorische Frage „man wird euch wohl Taro zu essen geben?" enthält neben dem Spott die Versicherung, dass man sie wie Feinde behandeln werde. — Bescheidenheit ist bei den *Mbowamb* keine öffentliche Tugend. Der bescheidene Mann, der zu Hause arbeitet, seine Zäune und Häuser gut instand hält, die Seinen gut versorgt, immer viele Opfertiere und Wertsachen hat und damit anderen aushelfen oder selber Feste veranstalten kann, wird von den Seinen getadelt, wenn er bescheiden auftritt und nicht seine Verdienste laut rühmt und preist. Das Beste, was die „kleinen Leute" ihrem „grossen Mann" antun können, ist, dass sie „sein Lob raunen und seinen Namen preisen, dass dieser ausgeht bis an alle Horizonte".

Selbstverständlich kommen die animistischen Kollektivvorstellungen gerade in der Sprache zum Vorschein. Der Gegensatz Macht (Belebtes, Beseeltes) und Ohn-Macht (Unbelebtes, Unbeseeltes) zeigt sich z. B. darin, dass die Sprache zwei Verba hat für „liegen", was ja auch „dasein, vorhandensein" bedeutet. Der einfache Satz „Süsskartoffeln liegen" kann je nachdem, welches der beiden Verba für „liegen" verwendet wird, bedeuten, dass vom lebendigen Wurzelstock abgerissene, also ausgegrabene Süsskartoffeln da sind. Oder es kann bedeuten: es gibt Süsskartoffeln, nämlich im Felde, wo sie noch in „lebendigem" Zusammenhang mit ihrem Wurzelstock in der Erde liegen. „Das Wasserrohr liegt" kann je nach dem Verb für „liegen" heissen, dass es leer ist (also „leblos, kraft-los) oder aber, dass es gefüllt ist (also mit „jungem, frischem, lebendigem" Wasser „da ist"). — „Sie gruben die Araukarie aus" heisst im entsprechenden Zusammenhang: Sie verliessen mit Kind und Kegel ihre Heimat.

Es ist dem magischen Denken schwer, die Grenzen des Möglichen und Unmöglichen zu sehen. „Die Sonne dasein machend, kamen wir heim", heisst: wir kamen noch bei Tageslicht zurück. Man hält es auch nicht für unmöglich, „dass wir durch nächtelange Unterhaltung den Tag anbrechen machen". „Jemanden anschauen und ihm das Blut eintrocknen machen", ihn also durch den bösen Blick vernichten, liegt durchaus im Bereich des Möglichen. Ebenso, dass die *Mbowamb* „durch Opfer alle guten Machtäusserungen von oben herunterholen". — Das magische Denken führt zu unmöglichen, für die *Mbowamb* aber durchaus vernünftigen Ansichten: „Wenn Schmeissfliegen dort, wo Speichelsaft der Schweine liegt, Eier hinlegen und nachher im Glauben, dass junge Fliegen herauskommen, ihnen zum Ausschlüpfen verhelfen, siehe, da sind es junge Schweineläuse!" — Die Schweine frieren nicht, weil sie der Sage nach das Feuer verschluckt haben, das sie den Menschen bringen sollten. Der Hund brachte den

Menschen das Feuer, darum friert er und wärmt sich nun immer am Feuer der Menschen. — Das untere Ende des Männerhauspfostens wurde mit dem Fett der Opfertiere eingerieben und eine Schweinsgebärmutter herumgewickelt. Dadurch sollte die Schweinezucht gedeihen. In die Grube wurde vor dem Aufstellen des Pfostens ein kleiner Papagei versenkt. So, wie sein Federkleid glänzte, werden im Hause nun immer die Muscheln glänzen. Von den magischen Voraussetzungen der *Mbowamb* aus waren das durchaus l o g i s c h e Handlungen, genauso, wie es von diesen Voraussetzungen aus ein logischer Schluss war, dass der Himmel nicht einfällt, weil die Hochgebirge ihn stützen.

4. Die Eigenart der Mentalität

der *Mbowamb* kommt auch in ihrem Verständnis von Raum und Zeit zum Ausdruck. Ihr Sinn ist nicht abstrakt, sondern konkret gerichtet. Für die Erfassung von Entfernungen z. B. bedeutet das, dass sie immer nur schätzungs- und vergleichsweise geschieht. Da die *Mbowamb* viel Zeit haben, spielen Entfernungen praktisch keine solche Rolle in ihrem alltäglichen Leben, dass es auf exakte Erfassung ankäme. Auch zur Orientierung im Raum bedienen sie sich nicht abstrakter, sondern konkreter Begriffe. So sind die Bd. II, 321 f. angeführten Bezeichnungen der Himmelsrichtungen auch nicht abstrakte Begriffe, sondern sind von der Topographie abhängig. *Adl* für „Osten" bedeutet eigentlich „da, wo es hinausgeht", wo das Land offen ist, nämlich das weite *Wagi*-Tal hinab. *Wudl* für „Westen" bedeutet „da, wo es verschlossen ist", nämlich durch die hohen Gebirgszüge, die die westliche Grenze des Landes der *Mbowamb* bilden. Beide Begriffe verwendet man darum z. B. auch beim Hausinnern für die Seite nach der Türe zu, „wo es hinausgeht" und gegen die hintere Hauswand zu, „wo es verschlossen ist". Man kann also sagen, dass die traute Heimstätte auch der Orientierung im Raume dient. *Wi* bezieht sich auf das aufsteigende und höher gelegene Land. Es ist also kein abstrakter Begriff für „Norden". Es gibt den Ort „oben" oder „droben" an. Ebenso gibt *mets* den Ort „unten" oder „drunten" an. Dass es kein abstrakter Begriff für „Süden" ist, geht schon daraus hervor, dass man z. B. von der im Norden gelegenen Landschaft *Kopon* als von *mets Kopon* spricht, weil das *Kopon*-Gebiet auch so, wie die im Süden gelegenen Gebiete, eben viel tiefer liegt als die übrigen Landschaften der *Mbowamb*. Bei den Begriffen *adl* und *wudl* spielt neben der Topographie sicher auch der Sonnenauf- und -untergang eine Rolle. Der Mittelpunkt, von dem aus jede *Mi*-Gemeinschaft den näheren und ferneren Raum ihrer Umwelt erfasst, ist sicher ihr „Ort schöpferischen Geschehens", denn er wird ja zugleich auch „Nabelort, Zentrum" genannt (Kap. 18, 9). „Wir wohnen hier im Zentrum des Landes". Von hier aus gesehen wohnen die anderen *Mi*-Gruppen alle im „Draussen-Bereich", und zwar je nachdem „nach draussen zu, nach hinten zu, nach oben zu, nach unten zu". Von hier aus gesehen, erstreckt sich das Land in die verschiedenen Richtungen hin. Jenseits des Siedlungslandes der Setzlingsmenschen erstrecken sich „die fortwärtigen Wohnbereiche" der Geister und Dämonen. Auf den Flüssen gehen die Seelen der Verstorbenen abwärts „in das Land für immer". Unter der Erde wohnen die „Erdbebenleute" und über ihr die „Oben-Leute". Das klassifizierende Denken der *Mbowamb* zeigt sich auch in der Erfassung des Raumes. Ebenso das Stellen der eigenen Gruppe in den Mittelpunkt. Jede Gruppe sagt: „Wir wohnen hier im Mittelpunkt. Ihr anderen alle wohnt hin und her."

Was von der Erfassung des Raumes gilt, gilt auch von der Zeit. Die Zeit ist kein abstrakter Begriff oder ein „ununterbrochener Strom". Die Anfänge liegen im mythologischen Bereich als das *Mi* „hingelegt wurde" und der Urahne „*Mi* anfassend lebte" (Kap. 32, 1). Seitdem „pflegen die Setzlingsmenschen alle zeugend sich vermehrend und wohnend herwärts und herwärts zu kommen". Die Zeit ist den *Mbowamb* durchaus kein ungegliedertes Einerlei. Sie ist gegliedert in *mömp*, Zeitpunkte; *kaŋgeb*, Termine; *kadlimp*, Monde und *ui*, besondere Zeiten. So gibt es *pana-ui*, Pflanz- und Frucht-(Ernte)-Zeiten; *edl-ui*, Kriegszeiten; *wamb kui-ŋa ui*, Leute Sterben-Zeiten; *kuŋ koromen-ui* „Schweine sie pflegen zu Sterben-Zeiten; *wamb kopen mondorom-ui*, Leute es macht sie im Frieden Leben-Zeiten". Das sind die Kult- und Festzeiten. Es gibt auch *ui we*, Zeiten, in denen nicht Besonderes los ist. Alle diese *ui* fasst man zusammen in *pedla-kana-ui mbö*, „alle die Hören-Sehen-Zeiten". Sie werden beurteilt nach Wohl und Wehe, das sie bringen.

Die *Mbowamb* haben folgende Nacht- und Tagesnamen::

1. *akop*, heute
2. *utimö*, morgen
   (*oukö*, gestern)
3. *radl*, übermorgen
   (oder vorgestern)
4. *wekapogl*, von heute ab der 4. Tag
5. *embiköpogl*, von heute ab der 5. Tag
6. *roepogl*, von heute ab der 6. Tag
7. *molkapogl*, von heute ab der 7. Tag
8. *waepogl*, von heute ab der 8. Tag

Man zählt die Nächte oder Tage an den Fingern ab. Man geht dabei immer von dem jeweiligen konkreten „Heute" aus und rechnet von da aus vor- oder rückwärts. Es handelt sich also nicht um eine abstrakte Wocheneinteilung. Es zeigt sich wieder die Grundhaltung der *Mbowamb*, die an einer persönlich unbeteiligten, rein sachlich-objektiven Erfassung der Dinge nicht interessiert ist. Jeder neue Tag mit seinen lebensvollen Interessen ist immer wieder das wichtige „Heute", um das man die in acht oder zehn Tage (oder Nächte) gegliederte nächste Zukunft oder Vergangenheit gruppiert.

9. *ints-köndpogl*, von heute ab der neunte Tag vor- oder rückwärts
10. *jand-köndpogl*, von heute ab der zehnte Tag vor- oder rückwärts.

Dass die Bezeichnungen für den neunten und zehnten Tag zusammengesetzt sind mit den Adverbien „hin" und „zurück", will besagen, dass damit nicht nur der neunte Tag benannt ist, sondern dazu noch „weitere Tage (Nächte) hinwärts", die man z. B. zu einem Fest, zu einer grossen Reise, zu kriegerischen Unternehmungen usw. zu den acht als fest und sicher benötigten Tagen und Nächten hinzu noch weiter gebrauchen mag. Vom 10. Tag ab versetzt man sich sozusagen an den Schluss der Reise, der Unternehmung usw. und sagt: „Das ist der zehnte Tag und was von da an etwa herwärts noch weiter benötigt ist."

Für den konkreten Tag wird *ants*, Sonne, gebraucht. Er wird eingeteilt in *epri unts*, früheste Morgenstunden, wenn es noch ganz dunkel ist. *Mökmö*, Frühe, Morgen; *ou-röŋmö*, Gross-Tag, wenn die Sonne im *im*, Zenith, steht; *epndama*, Spät-Nachmittag; *kogla-pagl-mömp*, Zeitpunkt, wo es farblos wird; *rumbugl*, Nacht. Sie wird eingeteilt in *epri*, finstere Nacht; *ou-rumbugl*, Gross-Nacht, Mitternacht; dann „die Zeit, wenn der Hahn lügt" (etwa nachts 2 Uhr), und *epri unts*, die frühesten Morgenstunden. Natürlich gibt es dazwischen noch viele Untereinteilungen, die sich alle nach konkreten Dingen ausrichten, wie z. B. dem jeweiligen

Stand der Sonne: *adl keŋ-oroŋa*, „Osten Backen-Seite", Vormittag; *wudl keŋ-oroŋa* „Westen Backen-Seite", (Früh-)Nachmittag. Oder nach den Mahlzeiten, dem leichten oder tiefen Schlaf, den Schatten- und Lichtverhältnissen. — Tag und Nacht werden zu einem Gruppenpaar zusammengefasst: *ants rumbugl ragl*. Man kann also nicht sagen, dass die *Mbowamb* nur nach Nächten zählen. Sie wissen auch zwischen *ants*, Sonne, also dem konkreten Tag und *rumbugl*, der konkreten Nacht auf der einen Seite und *röŋmö* (oder *röŋmöŋö, röŋgidlmö*, „das Anbrechen") für „Tag" und *epri* für „Nacht" im abstrakten Sinn auf der anderen Seite zu unterscheiden. Auch diese beiden werden zu einem Paar zusammengefasst und im abstrakten Sinne gebraucht: *epri röŋmö ragl*, „Nacht und Tag die beiden". *Röŋmö* gebraucht man sogar im Sinne von „Lebenstag" und *epri* im Sinne von „Todesnacht". Die *Mbowamb* sagten und ermahnten sich auch als Heiden schon: „Lasst uns zu Lebzeiten bedenken, wie wir nach dem Sterben zu liegen kommen werden!" Das beste, das man hoffen konnte, war, dass man im „Land für immer" zuerst den verstorbenen Vettern und Onkel, Tanten und Basen begegnen werde, die einen zu den verstorbenen Eltern führen würden. Man wollte also zuerst zu Verstorbenen aus dem *Kona* der Verwandten mütterlicherseits kommen, mit denen im Leben keine geschlechtlichen Beziehungen bestanden, denn die „Scham-Furcht" vor dem Geschlechtlichen ist verwandt oder gleich mit der Todes- und Geisterfurcht.

Die Monde sind:

1. *Pidl komon akedl ragl*	Januar/Februar (Regen)
2. *Tiŋ komon akedl ragl*	März/April (Pflanzzeit)
3. *Owidl komon akedl ragl*	Mai/Juni
	(trocken)
4. *Pan komon akedl ragl*	Juli/August
5. *Pon komon akedl ragl*	September/Oktober (Regenschauer und Pflanzzeit)
6. *Tepan komon akedl ragl*	November/Dezember (Regen)

Man fasst immer zwei als „ältere und jüngere die beiden" wie zu einem Bruderpaar zusammen. (Vgl. Bd. II, 311 ff.)

5. Zahlensystem und Zählweise

der *Mbowamb* lassen uns ebenfalls einen Blick tun in ihre Mentalität. Es gibt nur vier primäre Zahlwörter (für Neuguinea-Verhältnisse sind das schon viele). Diese sind: *tenda* eins, *ragl* zwei, *tembokak* vier und *eŋak* acht. Alle anderen sind zusammengesetzt. Das Zahlensystem ist auf zwei, vier, acht aufgebaut. Acht empfindet man als eine natürliche Zahleinheit. Zum Zählen benützt man die Finger, wie auch anderwärts in Neuguinea. Charakteristisch für die Hagen-Leute ist aber, dass man die v i e r Finger einer Hand als eine Einheit empfindet und nicht die fünf. Der Daumen ist „aus der Reihe geschlagen". Die ausgestreckten Finger bedeuten „die leere Hand", in der sich nichts befindet, das zu greifen und festzuhalten wäre. Es ist also auch nicht nötig, dass man einen Finger krümmt oder einbiegt. Die nicht eingebogenen Finger stehen also für „Null". Man zählt also die Finger, die sich einbiegen, wie um etwas zu greifen! Sind die vier Finger der linken Hand eingebogen, so geht man über zu den vier Fingern der rechten Hand (Handflächen nach oben und vom kleinen Finger aus). Sind an beiden Händen je vier abgezählt, so legt man die beiden Fäuste schön aneinander, so dass die entsprechenden

Finger aufeinander zu liegen kommen; die Daumen hält man aufrecht. Diese vier und vier = acht nennt man nun *ki tenda*, „eine Hand". Man kann auch sagen *eŋak ki tsi*, „eine Achter-Hand" oder auch „Stückhand" und „Achter-Stückhand", weil die mit eingebogenen Fingern aneinander gelegten Hände wie ein „abgehacktes Stück" aussehen. „Eine Hand" steht bei den *Mbowamb* also für „acht". „Zwei Hände" sind zwei Achter, also sechzehn, usw. — Man schickt also dem Partner etwa folgende Botschaft: Ich werde dir geben:

an Opfertieren eine Achterhand.
an Muscheln eine Achterhand und aufgesplitterte vier.
Summa: Zwei Stück-Hände und aufgesplitterte vier.

Die paarweise Zählung:

Wie die Hagen-Leute überhaupt Menschen und Dinge gerne paarweise zusammenfassen, so zählt man auch gerne paarweise ab. Die an Pflöcken angebundenen Schweine oder die in einer Linie ausgelegten Wertsachen fügt man mit Hilfe eines Stöckchens zeichenhaft zu Paaren zusammen; oder, falls man die Finger benützt, biegt man sie paarweise ein und stellt dazu fest:

	i ragl pem-o	diese Zwei liegt-o
	i ragl pem-o	diese Zwei liegt-o
Summa:	*tembokak pem-o*	vier liegt-o

Dasselbe nach der anderen Hand und dann:

Vier liegt-o, Vier liegt-o: acht liegt-o, eine Stück-Hand!

Genauso zählt man dann die nächsten zwei, vier und acht. Diese feierliche Art der Abzählung wird vor allem bei öffentlichen Transaktionen von Wertsachen geübt. Die erste Abzählung geschieht durch die Geber. Die zweite, wieder auf genauso feierliche Weise vollzogene, durch die Empfänger. Es geht also dabei durchaus nicht nur um die Zahlen und Sachen, sondern um die persönliche Genugtuung, um Ruhm, Ehre, gutes Einvernehmen und Lebenshilfe!

Die Einzelzählung:

Sozusagen für den Hausgebrauch ist die stückweise Abzählung. Sie geschieht mit Einschluss der Daumen:

Linke Hand:		Rechte Hand:	
tenda	1	*pömp ragl gudl*, Daumen zwei abseits:	6
ragl	2	*pömp ragltika gudl*, Daumen drei abseits:	7
ragltika	3	*eŋak*	8
tembokak	4	*pömp tsi pip*, Daumen einer Stöpsel:	9
pömp tsi gudl, Daumen einer abseits:	5	*pömp ragl pip*, Daumen zwei Stöpsel:	10

Man sieht, dass das Wort *pömp*, Daumen, als Hilfskonstruktion verwendet wird. Der Ausdruck für neun und zehn kommt daher, dass man beim Aneinanderlegen der Fäuste hier die Daumen nicht hochhält, sondern wie einen Stöpsel auf die eingebogenen Finger drückt. — Da man für elf und zwölf keine weiteren Finger mehr zur Verfügung hat, hilft man sich, indem man erst den Daumenhöcker der linken, dann den der rechten Hand anleckt und dabei sagt: „Daumen Speichel der eine" (11), „Daumen Speichel der andere" (12).

Man kann die Einzelzählung von 12 ab weiterführen. Dann sagt man für zwölf:

Acht, vier geteilt	12
Acht, vier geteilt, Daumen einer abseits	13
Acht, vier geteilt, Daumen zwei abseits	14
Acht, vier geteilt, Daumen drei abseits	15
Achter-Stückhände zwei	16
Achter-Stückhände zwei, Daumen einer abseits	17
Achter-Stückhände zwei, Daumen zwei abseits	18
Achter-Stückhände zwei, Daumen drei abseits	19
Achter-Stückhände zwei, vier geteilt	20

Die *Mbowamb* könnten diese schwerfälligen Konstruktionen auch über zwanzig hinaus weiterführen. Hat man aber mit wiederholter Zuhilfenahme der Finger bis zu zwanzig gezählt, so sagt man als Summa: Meine Hände und Füsse sind alle zusammen fertig. Man weist also immerhin auf die Füsse (Zehen) hin, auch wenn die *Mbowamb* sie nicht wie andere Eingeborene zum Abzählen benützen, weil sie, wenn nötig, die beweglichen Daumen einschalten. Will man weitere zwanzig abzählen, so wiederholt man Obiges und weist dann zwecks Abschluss und Zusammenfassung auf Hände und Füsse des anderen hin, indem man sagt: „Nun sind deine Hände und Füsse alle zusammen fertig."

Auch bei der Einzelzählung können die *Mbowamb* nur die Achter-Einheit anstreben, d. h. beim Zählen die Daumen weglassen und von den vier Fingern der einen zu den vier Fingern der anderen Hand übergehen. Sind noch Reste da, so sagt man: „Eine Achterhand ist da und drei abseits"; oder „fünf abseits" usw.

Auf grossen Festen sind oft Hunderte von Muscheln und Schweinen abzuzählen. Ist da nach der paarweisen Zählmethode ein Achter abgezählt, so stellt man fest: „Nun ist eine Hand ‚verstöpselt' und zusammengebracht." Dies bestätigt man nochmals: „Nun ist eine Achter-Stückhand da!" So zählt man acht oder auch zwölf Achter-Stückhände und fasst dann jedesmal wieder zusammen: „Nun sind drei, vier, fünf usw. Achter-Stückhände da!" — Man sieht hier den einteilenden und klassifizierenden Sinn der *Mbowamb* am Werk, der aber nur immer gewisse Grössen zusammenfassen kann; umfassende Grössen nicht mehr als Ganzes, sondern nur in Untergliederungen erfassen und sich vergegenwärtigen, aber nicht abstrakt bewältigen kann. — Die Zählung in Achter-Einheiten muss auch als ein Teil der „Geschäftsmoral" verstanden werden. Der Achter ist der allgemein anerkannte Standard im Gabe-Gegengabe-Schema zwischen den Gruppen. Bei der öffentlichen Gegengabe für all' die vorher über einen längeren Zeitraum hin empfangenen Gaben darf man niemals weniger als acht Stück geben, seien es Muscheln, Opfertiere oder sogen. Zugaben. Mit bloss sieben Stück kann man sich nicht in der Öffentlichkeit sehen lassen, und kein Empfänger wäre je damit zufrieden. Sogar wer die erforderlichen acht beisammen hat, tut nur, was er zu tun schuldig ist, hat damit aber noch nichts Sonderliches und nichts Rühmenswertes getan. Gerade darauf kommt es aber den *Mbowamb* der Schweine- und Muschelkultur sehr wesentlich an. Wer es sich irgend leisten kann, wird darum als öffentliche Transaktionseinheit nicht nur acht, sondern zehn oder gar zwölf auflegen. Dann kann er nach jeder Abzählung einer Achter-Hand noch triumphierend hinzufügen: die zwei Daumen gebe ich dazu! Oder gar: „vier geteilt" gebe ich dazu! Gibt z. B. einer vier Achter-Hände und bei jedem Achter noch „zwei Daumen dazu", so hat der Empfänger nicht nur 32, sondern schon 40 Sachen erhalten. Kein Wunder, dass dann des Gebers „Name nach oben geht".

6. Die Richtung zum Konkreten

und das Überwiegen des Gefühlsmässigen zeigt sich auch hier: Veranstalter, Empfänger und Zuschauer berichten lange Zeit und „an allen Orten" über das herrlichste aller Feste und über die unzähligen vielen Schweine, Muscheln und Lebensmittel. Beim Erzählen biegen sie unermüdlich die Finger ein, legen untentwegt Achter-Stückhände aneinder. Natürlich stellt man sich die Gesamtsumme nicht als abstrakte Zahlen vor. Die sind ja so unwichtig! Man sieht im Geiste die langen Reihen glänzender Goldrandmuscheln vor sich und die vielen angepflockten Schweine. Am gefühlsmässigen Eindruck liegt dabei alles und nichts an exakten rechnerischen Vorstellungen. Ganz überwältigt stellt man schliesslich fest: „Die Achterhände wurden alle!", d. h. die Hände aller Menschen hätten niemals ausgereicht, die unübersehbaren Mengen alle zu zählen! Daran wird auch deutlich, dass die *Mbowamb* mit allen Fasern des Herzens an irdischen Gütern hängen und „machen, dass in ihrem Innern sehr viele Verlangensseelen danach vorhanden sind". Das Erleben des Trieblebens als einer Seelenmacht besonderer Art (Kap. 18, 3), das Vorherrschen des Gefühlslebens, der Hang zum geheimnisvoll Hintergründigen, der die befriedigende Erklärung erst in magisch-religiösen Zusammenhängen findet (Kap. 14, 9), das Verlangen nach Abwechslung und nach dem „mysterium tremendum", das Erleben der Macht als Wille und Forderung, wobei es immer „für" oder aber „gegen" jemanden geht, weil man ein absichtsloses, rein sachlich-objektives Handeln nicht kennt (Kap. 19,4; 28,4), die Geisteshaltung, die dem Gabe-Gegengabe-Schema zugrundeliegt (Kap. 31, f), der Rache-Zorn und das Verlangen nach Vergeltung (Kap. 33, 2), die Wiedergutmachung (Kap. 34, 1), die Wiederherstellung des geschätzten Selbstbewusstseins (Kap. 46:2, g), die Erwartung der praktischen Lebenshilfe durch „Heruntergeben" oder magisches Vermitteln von Wachstum, Wertsachen, Gesundheit, Macht, Glück und Heil und das tiefe Verlangen nach menschlicher und hintergründiger Gemeinschaft: alles das kommt in den verschiedenen Einzelopfern und Opferkulten, von denen das Wirtschaftliche ja auch ein Teil ist, immer wieder zum Ausdruck und sucht darin Befriedigung und Erfüllung. Nach dem Opfermahl sind sie sich dann gegenseitig „vom Vogel durch das *Mi* (als Instrument oder Zuleitung) Gefütterte" (Kap. 9, 14).

Für die Mentalität der *Mbowamb* ist auch kennzeichnend, dass ihnen Autorität nicht allein in der Tradition und in der sozialen Stellung liegt, sondern vor allem auch immer wieder begründet werden muss durch einen entsprechenden Beitrag an praktischer Lebenshilfe zwecks guten Einvernehmens und durch geheimnisvolle, magisch-religiöse Mächtigkeit. Die wirklich führenden Häuptlinge sind darum bei den *Mbowamb* zugleich auch immer die Priester, die die Opfer darbringen; es sind die Männer, denen das Gruppen-*Mi* auf besondere Weise „anfassend übergeben" ist und die machtgeladene Steine als Fetische „mit sich herumtragen"; die auch einen verstorbenen Vater oder Bruder „bei sich dasein machen". Wer kein Geheimnis hat, d. h. wer keine geheimnisvoll hintergründige Bindung kennt, kann bei den *Mbowamb* auch keine Autorität beanspruchen.

Die Geisteshaltung der *Mbowamb* ist ganzheitlich. Sie umfasst immer zugleich die vorder- und die hintergründige Welt. „Westlicher Materialismus", der die menschlich-persönlichen Beziehungen über den Sachen vernachlässigt, ist ihnen fremd. Ebenso die säkularisierte Haltung, die die Welt aufspaltet in Abteilungen der Wirtschaft, des Rechts, der Religion usw. Ihre Welt ist eine vorder-hintergründige Einheit. Ihre Haltung ist eine, die immer auf das Ganze ausgerichtet ist.

KAPITEL 48
DIE INITIATION

1. Die Einführung in den Opferkult.

Die *Mbowamb* kennen die Einführung der Jungen in den Opferkult des *Ou-kum* (Kap. 27, 2) und die Pubertätsweihe für Jungen und Mädchen. Bei der Einführung in den Opferkult des *Ou-kum* handelt es sich um die Teilnahme der jungen Knaben an den grossen Kultfesten, die vom ganzen *Ou-kum* veranstaltet werden. Diese Einführung geschieht bei den *Mbowamb* schon sehr früh. Vier- bis Sechsjährige dürfen schon teilnehmen. Es mag das daran liegen, dass ein *Ou-kum*, ein solches grosses Opferfest, bei dem Hunderte von Schweinen und grosse Mengen von Lebensmitteln gebraucht werden, bestenfalls nur alle 6—10 Jahre gefeiert wird; zuweilen auch in noch grösseren Abständen, so dass manche der Jungen dann schon 10 Jahre und älter sind, wenn sie zum erstenmal eingeführt werden. Da mit dieser Einführung in den Opferkult keine rechtlichen Dinge verbunden sind, kann man auch schon ganz junge Knaben zulassen. Im Opferkult geht es ja um Anreicherung und Mehrung von Wachstums- und Lebenskraft und um Abwendung von Krankheiten, Unglück und Sterben. Je früher die Jungen also teilnehmen, desto besser. Wie die Einführung in die Kultgemeinschaft des *Ou-kum* geschieht, soll im Zusammenhang mit dem *Eimb*-Kult dargestellt werden (Kap. 60). Den Uneingeweihten wird immer wieder gesagt, dass sie nun Geister sehen werden. Ihre Angst, die „weglaufen möchte" und sich doch immer „wieder angezogen fühlt" von dem Geheimnis, ist dann auch dementsprechend gross (Kap. 28, 2). Viele Männer unter den *Mbowamb* haben mir gesagt, dass es die erste grosse Enttäuschung ihres Lebens war, dass sie keine Geister, sondern nur Steine oder Wasserquellen sahen.

Die Eingeweihten heissen *koepa-köni-kaŋ* (oder *-wö*), d. h. solche Jungen (oder Männer), „die gekocht und gesehen haben", also solche, die wissen, wie man opfert. Dagegen sind die *kaŋ mor* „die Uneingeweihten".

2. Die Pubertätsweihen.

Warum tragen bei den *Mbowamb* alle Jünglinge und Männer Basthauben? Ist das nur Schutz oder Schmuck? Warum wird das übliche Abschneiden der Haare beim Einliefern ins Gefängnis von den heidnischen Sträflingen leidenschaftlich abgelehnt? Warum lehnen die Christen das Weitertragen der Basthauben ab? Warum endlich fällt das erste Aufsetzen der Basthaube mit der Pubertätszeit zusammen? — Die *Mbowamb* haben keine Beschneidung, wie sie sich in anderen Gebieten Neuguineas fand. Von ähnlicher Bedeutung ist bei ihnen das Aufsetzen der Basthaube bei Jungen im Alter von 10-14 Jahren. Diese Basthaube der Erwachsenen, die also das Zeichen der Reife ist, kann zum erstenmal dann aufgesetzt werden, wenn die Haare lang, schön gekräuselt und in grosser Fülle vorhanden sind. Jeder Junge ist daher auf seinen Haarwuchs besonders bedacht. Ebenso aber auch die Mädchen. Frauen und Mädchen tragen zwar keine Haube, dafür aber Kopfnetze. Wenn sie den Kopf von diesen Netzen entblössen sollen, empfinden sie Scham-Furcht. Bei der Pubertätsweihe geht es also um die Haare und das Haupt. *Peŋ*, der Kopf, das Haupt, ist der Körperteil, der dabei allein wichtig ist. *Peŋ ndi*, die Kopfhaare, gelten als besonders mana-haltig und das Haupt und der Kreis über und hinter dem Haupt gilt als Sitz der *min*, Seele, Lebenskraft (Kap. 18, 2). Ein Schlag auf den Kopf wirkt ja betäubend oder tödlich. Sitzt man nachts am Feuer, so sieht man im Scheine des Feuers an der gegenüberliegenden Wand mit Erschrecken und Verwunderung sein eigenes Gegenüber als Schatten — vor allem den Kopf. Die Schädel der Toten bringt man in Schädelhäuschen unter, und dort bringt man Totenopfer dar. — Bei den Lebenden aber schweben die bewahrenden Totengeister, insonderheit die Geister verstorbener Väter und Mütter, Brüder oder Schwestern über den Häuptern. Sie gehen mit ihren Angehörigen, die ihnen opfern, eine ganz enge Verbindung ein. Wie aber stellt man sich diese Verbindung vor? Darüber können uns sprachliche Ausdrücke Aufschluss geben. Die *Mbowamb* sagen z. B. „unsere toten Eltern fassen unser Haupt an", d. h. sie behüten uns. Oder „sie fassen unsere Häupter zusammen", d. h. sie erhalten uns am Leben. Man sagt auch, „sie bauen uns ein Schädelhaus und tragen uns pfleglich umher", also sie versorgen und stärken uns. Nicht nur die Lebenden bauen also den Toten ein Schädelhaus, sondern auch umgekehrt. Es ist ja auch sonst immer alles gegenseitig. Vor allem aber sagt man: „Die Toten spinnen Fäden wie ein Spinnennetz von sich aus zu unserem Haupthaar herüber." Bd. II, 15, 77 u. a. O. ist erwähnt, dass man nicht „im Rücken gewisser Personen herumlaufen soll", weil sie tabu sind. Der stehende Ausdruck dafür heisst nur, man solle „nicht abbrechen, abreissen". Es wird aber, wie so oft in solchen Redewendungen der *Mbowamb*, das Objekt nicht genannt, das hier nicht abgerissen oder abgebrochen werden soll. Die Warnung wird erst verständlich, wenn man die hier erwähnten Zusammenhänge kennt. Dann erst sieht man den eigentlichen Grund, warum es als ganz unschicklich gilt, sich hinter jemanden zu stellen, zu setzen oder herumzutreiben und zwar ganz allgemein. Nicht nur bei Personen, zu denen man in einem besonderen Tabu-Verhältnis steht. Es geht um die Rücksicht auf die Verbindung eines Menschen mit seinen verstorbenen nächsten Angehörigen. Diese Rücksicht wird von jedem erwartet. Am meisten freilich von denen, die in besonderer Beziehung zueinander stehen wie die Eheverwandten; oder deren Verbindung mit ihren Toten nicht nur für sie selbst, sondern auch für die ganze Gemeinschaft von grosser Bedeutung ist, wie z. B. bei den Häuptlingen und Medizinmännern. Das feine Fadengewebe der Verbindung mit den Geistern soll also nicht abgerissen werden. Hier sieht man übrigens wieder sehr deutlich, wie sich die *Mbowamb* nichts nur „rein geistig" vorstellen können. Seelenkräfte sind wie ein Fluidum, die Verbindung mit den Geistern ist einem feinen Spinngewebe vergleichbar. — Das Haupt gilt also als „heiliger Bezirk" (vgl. „Heiligenschein" und sonstige Bedeutung des „Hauptes" in der Religionsgeschichte). *Peŋ ndi*, die Haupthaare, werden oft einfach nur mit *peŋ*, Haupt, bezeichnet (pars pro toto kann also auch umgekehrt angewendet werden). Sie sind äusserst wichtig für das feine Fadengewebe der Verbindung zu den Geistern. Daher sind sie alle so sehr auf ihre Haare bedacht. Abschneiden der Haare bedeutet Abschneiden der Verbindung zu den Geistern. „Die Geister fassen den Kopf (die Haare) zusammen", bedeutet soviel wie die Erhaltung und Förderung der Lebenskraft. Erst von hier aus wird es richtig verständlich, warum die *Mbowamb* bei Krankheit meist nicht nur von *kui*, Krankheit, allein sprechen, sondern immer von *kui peŋ*, Krankheit und Kopf(-weh). Auch in den Opfergebeten bittet man immer: „Krankheit und Kopf" sollen uns nicht befallen! Es ist geradezu kennzeichnend, wie Kopfschmerzen die *Mbowamb* sofort seelisch bedrücken und schwerkrank machen. Das liegt sicher nicht nur daran, dass sich in den Kopfschmerzen oft eine schwere Malaria oder Erkältungskrankheit kundtut, sondern sie sind für die *Mbowamb* das Alarmzeichen dafür, dass die eigenen Verstorbenen aus irgendeinem Rache-Zorn heraus die lebenswichtige Verbindung zum Haupt abbrechen und damit das Leben des Betroffenen selbst gefährden. Darum ist *peŋ mumuk-rui*, das Zusammenfassen des Kopfes, ein wichtiger Begriff in der religiösen Sprache der *Mbowamb*. Der Häuptling, der den Toten seiner Gruppe Opfer darbringt, bittet, sie sollen „die Köpfe seiner Leute zusammenfassen", d. h. die Gruppe vor Krankheit, Todeszauberei und Todesfall behüten. Der Häuptling in seiner priesterlichen Funktion heisst *wö mumuk* und der oberste Kriegshäuptling *wö peŋ mumuk* (Kap. 26:2, c, e, f). Der „Mann Haupt Zusammenfasser" sammelt durch die Opfer die Geister zur Hilfe. Sie „fassen ihm das Haupt zusammen", so dass er nun seinerseits mächtig ist, die verschiedenen Gruppen „unter einen Hut zu bringen" und die Feinde zu schlagen.

Der „Hut", unter dem die Lebenskraft, die durch die Geister vermittelte Macht, „zusammengefasst" werden soll, ist bei den Männern und Jungen die Basthaube, bei den Mädchen und Frauen das Kopfnetz. Das erste Aufsetzen der Basthaube und des Kopfnetzes ist bei den *Mbowamb* Angelegenheit der Familien, der Brüderschaften, Altvater-Sohn-Gruppen und *Rapa*-Gemeinschaften eines *kedl-kum* (Kap. 27, 1). Wäre es Angelegenheit des *Ou-kum*, so würde auch diese Pubertätsweihe, wie die Einführung in den Gross-Opferkult, anlässlich der grossen Kultfeste stattfinden, die immer Angelegenheit eines ganzen *Ou-kum* sind. Weil aber die „Zusammenfassung des Hauptes" der einzelnen nicht von den Gross-Geistern, sondern von den „Setzlingsgeistern" (Kap. 20, 1) erwartet wird und zwar von den verstorbenen nächsten Verwandten eines jeden einzelnen, darum ist die Pubertätsweihe Angelegenheit der Familien etc.

Die führenden Männer halten dabei den Jungen ihre begangenen Fehler vor und ermahnen sie. Die Väter und Mütter „machen ihre Söhne und Töchter durch Unterweisung fest". Der Vater schenkt seinem Jungen bei dieser Gelegenheit Bogen und Pfeil als Ausdruck dafür, dass er nun in die Wehrgemeinschaft der Väter- und Brüderschaft und damit auch des *kedl-kum* und *ou-kum* eintreten wird. Er ermahnt ihn, mit Bluts- und Eheverwandten gute Beziehungen und Lebenshilfe zu pflegen, sich aber von den Feinden nichts gefallen zu lassen. Die Mutter schenkt ihm eine Festschürze, denn von nun an wird er als vollwertiges Glied an allen Festen teilnehmen. Den „Setzlingsgeistern" wird ein Opfer dargebracht. Sie werden im Opfergebet angerufen, des Jungen „Haupt zusammenzufassen". Der Junge steht von nun an in dem durch das *Mi* vergegenwärtigten Lebensstrom seiner Ableger-*Mi*-Gruppe als vollwertiges und vollberechtigtes Mitglied. Von nun an kann er selbst einem etwa verstorbenen Vater oder Bruder ein Einzelopfer darbringen. Nun kann er auch ans Heiraten denken. Durch die Basthaube ist er zum Mann geworden. — Vor dieser Pubertätsweihe heissen die Jungen *wönö nö-pöki*, „Basthaube nicht-umgetane"; nachher heissen sie *wönö pöki*, „Basthaube umgetane". — Es ist also nicht so, wie es Bd. II, 180 ff. am Schluss einer Abhandlung über „die Initiation" heisst: „Die *Mbowamb* behaupten allgemein, dass es heute eine solche nicht gibt; dagegen scheint früher eine Jugendweihe dagewesen zu sein." Unsere Sprachkenntnisse waren damals noch recht lückenhaft, sonst hätten uns z. B. die oben angeführten Ausdrücke über „Eingeweihte" und „Nicht-Eingeweihte" aufmerksam machen können. Eine Sache von solcher Wichtigkeit, wie es die Einführung der Jugend in die Kult-, Rechts- und Lebensgemeinschaft ihrer Gruppe ist, könnte wohl auch nicht ohne tiefgreifende Einwirkungen eines völlig Neuen einfach „abgeschafft" worden sein!

Die Mädchen werden bei dieser Gelegenheit von Frauen und Müttern „durch Unterweisung festgemacht". Der Vater schenkt seiner Tochter Armbänder und vielleicht eine kleine Muschel zum Umhängen. Die Mütter geben die Kopfnetze; auch neue Schürzen. Vor allem aber werden den Mädchen ganze Wülste von Schweinsblasen und Gebärmutterteilen der Opfertiere um die Handgelenke gewickelt. Das ist neben der offensichtlichen magischen Bedeutung ein deutlicher Wink an die anderen *Mi*-Gruppen, dass hier eine heiratsfähige Jungfrau zu haben ist. Von nun an beginnt das „Frauen-Flüster-Rede-Sagen", Verhandlungen über eine mögliche Heirat.

Mit dem Glauben an die Bedeutung des Haupthaars hängt eine Heilmethode der Medizinmänner zusammen, die man „die Haupthaare wirkungskräftig machen" nennt. Durch die Krankheit ist die Funktion des Haupthaares geschwächt. Es wird wie immer erst ein Opfer dargebracht. Dann fasst der Medizinmann die Haare des Kranken Büschel um Büschel an und zieht sehr kräftig daran. Dadurch soll das geheimnisvolle Gewebe zu den Geistern über dem Haupte hin wieder neu belebt werden. Heil- und Lebenskräfte sollen dem Kranken wieder zufliessen. Das Ziehen der Haare, das der Kranke wirklich spüren soll, gibt ihm ja wohl auch die Gewissheit, dass ihm da oben nun wieder neue Kräfte zuströmen.

KAPITEL 49
DIE VERLOBUNG

1. Pöndö mindi.

„Wenn etwa eine Vater-Sohn-Gruppe der *Ndika* bei einer Gruppe der *Jamka* ein vielleicht vier- bis sechsjähriges Mädchen sieht, das ihnen gefällt, so kommt sie zu den Eltern und sagt: ‚Wir haben einen kleinen Jungen dieses Alters. Wir möchten einmal, wenn es Zeit ist, euer Mädchen für unseren Jungen erwerben.' — Wenn die *Jamka* zustimmen, so pflegen dann die *Ndika* dem kleinen Mädchen eine schöne Schürze zu geben. Sooft die *Ndika* schlachten, pflegen sie diesem Mädchen auch etwas von dem Fleisch zu geben. Wenn es grösser ist, geben sie ihm gelegentlich auch einen Netzsack und kleinere Muscheln." — Diese Abmachung zwischen Eltern heisst *ambogla pöndö mindi* „einem ein Mädchen versprechen". — Dieses „Mädchen-Versprechen" ist aber nicht die Regel, sondern die Ausnahme, denn dieser Weg wird nur beschritten, wenn zwei Gruppen, die sich besonders nahestehen, die spätere Heirat der beiden Kinder sicherstellen möchten. Die Eltern des Mädchens geben damit das Versprechen, dass sie ihre Tochter einmal keinem anderen Mann geben werden.

2. Das Zusammenleben der Geschlechter.

Es ist üblich, dass man mit dem Finden einer Braut und der Brautwerbung wartet bis um die Zeit der Pubertätsweihen. Natürlich finden die Burschen und Mädchen Gefallen aneinander, besonders, wenn sie nach der Jugendweihe zum sog. Liebeswerbetanz in den Häusern schöner Jungfrauen zusammenkommen, wo sich dann die Geschlechter nach freier Wahl gegenübersitzen und man „sich gegenseitig die Nase reibt" (Bd. II, 190 ff.). Weil Eltern und sonstige Erwachsene dabei waren, blieb diese Sache meist in gewissen Grenzen. Trotzdem kamen aber hin und wieder Ausschreitungen vor, weil die Burschen sich oft rauften und verprügelten, was leicht zu Streit und Kampf der Gruppen führte. — Beim Liebeswerben halfen Burschen wie Mädchen durch Verabreichnug von Liebeszauber nach. — Will man zu erkennen geben, dass man Heiratsabsichten hegt, so zerkaut man etliche Blätter von Gewürzpflanzen. Der Partner merkt beim Nasenreiben den würzigen Geruch und weiss, woran er ist. Bei Zustimmung verständigt man den Partner auf dieselbe Weise. Die Verständigung erfolgt auch durch die Liebeslieder (Kap. 46, 1:c; Bd. II, 193, 195 f.). Das Mädchen singt etwa (in recht monotoner Weise):

1. Mein (Vogel-)Junges, du schöner Bursche!
Du willst, ich soll dir was sagen?
Wollest du mir Armen doch eine kleine Rede sagen!
Wolltest du mich Arme doch ein wenig mit dem Prügel schlagen!
Tepora von Kota wendet mir den Rücken zu —
Tepora von Kota wendet mir das Angesicht zu —
Tepora von Kota, sag, was ist mit mir Armen los?
Mein (Vogel-)Junges, du schöner Bursche!
Ewae pawaeo — ewae pawaeo —

Sie nennt ihren Liebsten *wagl*, Junges. *Wagl* ist das Vogeljunge und Junge von anderen Tieren. Zärtlicherweise sprechen auch Eltern von ihren Kindern als „unsere Jungen". Es ist eine Erinnerung daran, dass einst der Urahne der *Mi*-Gruppe als „Vogeljunges" des mythologischen Vogels aus einem Vogelei kam. Wenn der Eros erwacht, so ist auch der Liebste ein „hochgeborenes Vogel-Junges". — Der Ausdruck „mit dem Prügel schlagen" ist hier eine Anspielung auf das Sexuelle.

2. Was hab' ich nun in *Murip* schon für Zeit verbracht!
Ob ich wohl jetzt nicht doch lieber gehen werde?
Oder vielleicht doch erst am Morgen?
Die Hütte in Vaters *Kona* ist zerfallen!
Das Feld, das ich einst pflanzte, ist mit Busch überzogen!
O Vater, unter der Matte ist es heiss — so heiss!
Wie im Osten der Frühschein über die Berge fällt!
Ob ich wohl jetzt nicht doch gehen werde?
Ole waea mbera waea ran owee

3. Mein (Vogel-)Junges, du guter Jüngling!
Tena Mann-Jüngling *Mbaem* wie die Kasuarine!
Tena Mann-Jüngling *Mbaem* wie der Lebensbaum!
Wie die Vögel sich sammeln auf dem Vogelbeerbaum
so will ich in den *Kona* nach *Tena* kommen!
Paea pawae-owee Paea pawae-owee

Der Jüngling singt (auf dieselbe monotone Weise):

1. *Kudli* Frau-Jungfrau *Mara* wie die *Olka*-Blüte!
So sage mir doch eine kleine Rede!
Du willst, ich soll dir etwas sagen?
Dahinten, dort oben im Baumbestand,
Da höre ich meine schöne Taube gurren.
Ich steige schnell durch die Felsen hoch.
Da fliegt sie mir fort in die Kronen der *Kraep*- und *Koron*-Bäume!
Epae-e waeo-wee Epae-e waeo-wee —
2. Droben in *Minimb* am Sumpf unterm Bambusgebüsch
Einen schillernden Frosch fing ich und legte ihn hin —
Drunten am Weiher in *Kelta* zum *Moke*-Burschen geht sie *aea!*
Aea olero epaea waea, aea olero epaea waea —
Die Bambusfackel anzündend will ich zum Froschfang gehen!
Ndi-Kuip Frau-Jungfrau „Frosch", dich will ich nehmen!
Aea olero epaea waea, aea olero epaea waea —
(Der Name der Jungfrau ist hier *Rok*, „Frosch")
3. Ich bin hier in *Makae* und sehe und siehe
Drunten im Tal über dem *Pongönts-Kona*
Weisse Wölkchen am Himmel und Sonnenschein!
Frau-Jungfrau *Kalöp* vom *Pongönts-Kona!*
Nimmt dich der *Kapiö Tembang* und trägt dich fort?
Ich will kommen und sehen! Ich will dich entreissen! —
Drunten im Tal über dem *Pongönts-Kona*
Weisse Wölkchen am Himmel und Sonnenschein!
Role piru pera wae, role piru pera wae — —

Diese Liebeslieder verdanke ich *Muntka Ketapara*, der bei mir Schreibmaschinenunterricht nahm und mir dann u. a. auch vierzig solcher Liebeslieder aufschrieb.

3. Heirat ist Gruppenangelegenheit.

Wie die Übergabe von „Vogelfütterungsfleisch" und von „Mutterbrust-Entwöhnungsfleisch" (Kap. 44), und wie die Jugendweihe (Kap. 48), so ist auch die Verheiratung der jungen Menschen Angelegenheit der Vater-Sohn-Gruppen, der Brüderschaften und Altvater-Sohnschaften der einzelnen *Rapa*-Gemeinschaften einer Ableger-*Mi*-Gruppe, sowie der Verwandten mütterlicherseits (Brüder und Schwestern der Mutter) und auch der Schwestern des Vaters, die ja alle in ganz verschiedene *Kona* verheiratet sind.

„Wenn einer eine heiratsfähige Tochter hat, so hängt er ihr allerlei Muscheln um, macht ihr Arm- und Beinringe, salbt sie mit dem Fett der Opfertiere ein und denkt bei sich: Ich werde einen hohen Brautpreis für sie erhalten! Er weiss aber noch nicht, wo dieser Brautpreis herkommen wird. — Ein anderer hat einen Sohn, dem er eine Frau erwerben möchte. Er denkt daran, wie er den Brautpreis zusammenbringen könne. Während er dafür die entsprechenden Massnahmen ergreift, pflegt er die Jungfrauen, die etwa in Frage kommen könnten, betrachtend und beobachtend herumzulaufen. Er denkt bei sich: Eine wie beschaffene Jungfrau soll ich meinem Sohne wohl nehmen? Wenn ich ihm eine ungeschickte nehmen würde, würde sie nicht fleissig und gehorsam sein, nichts arbeiten, die Schweine nicht richtig versorgen und nicht in unserem *Kona* bleiben, sondern immer bei ihren Leuten herumsitzen. Ich würde dann meinem einzig-artigen Sohn einen schlechten Dienst erweisen! — Er pflegt deshalb auch die Leute heimlich zu fragen, die die Jungfrauen kennen, ob eine fleissig und gehorsam ist oder nur ‚nach oben schauend herumläuft'. Er pflegt sich auch nach den wirtschaftlichen Leistungen der Gruppen verschiedener Jungfrauen zu erkundigen. Wenn er dann von einer erfährt, dass sie fleissig in den Feldern arbeitet, die Schweine versorgen hilft und ihren Eltern in allem an die Hand geht und immer um sie ist, dann sagt er zu Hause zu seiner Frau: ‚Ich habe eine Jungfrau gefunden, die für den Jungen gut passen würde.' Wenn er dann berichtet hat, sagt die Frau zu ihm: ‚Ich habe nun lange genug alle Arbeiten allein verrichtet, die Leute mit Essen versorgt, die Gäste bewirtet, die Schweine gefüttert. Nun gefällt es mir nicht mehr allein. Lass uns deshalb für unseren Sohn mit aller Vorsicht eine passende Frau finden! Sie soll mir dann helfen, mich pfleglich herumtragen und alles so verrichten, wie ich es zu machen pflegte. Eine solche lass uns finden!' — Der Mann erwidert dann: ‚Ich habe nun alle, die etwa in Frage kämen, schon ausgeforscht. Diese eine, von der ich dir sage, scheint mir die allein richtige zu sein.' — Die Eltern fragen dann den Sohn, ob die von ihnen auserwählte Jungfrau auch die von ihm Erkorene sei." — Es ist also nicht so, dass die Eltern, Brüder und Verwandten einfach bestimmen, ohne den jungen Mann zu fragen. Normalerweise verständigt man sich in diesen Dingen gegenseitig. Natürlich tritt nicht immer der Idealfall ein, dass alle Beteiligten von vornherein sich einig sind. Bestehen Differenzen, so verlegt man sich aufs Abwarten und Ermahnen. Sehr oft beugt sich der junge Mann dem Willen der Gruppe. Zuweilen kommt es aber auch zu schweren Verwicklungen (Kap. 35, d).

4. Erwerben eines Erstanspruchsrechtes.

Die Liebe allein erwirbt sich bei den *Mbowamb* noch keine Frau. Wie *men* — das gute Einvernehmen — zugleich auch die Bedeutung von „praktische Lebenshilfe" hat und sich darin zeigen muss, wenn es bestehenbleiben soll, so muss der junge Mann auch seiner Auserkorenen immer wieder einmal eine Gabe geben, damit sie und ihre Gruppe erkennen kann, dass es ernst gemeint ist. Der junge Mann gibt ihr Armbänder, Muscheln und Schweinefleisch. Natürlich kann er diese Gaben nicht einfach selber auftreiben, sondern ist auch darin, wie in allen Dingen, auf die Hilfe seiner Gruppe angewiesen. „Vater, Mutter, Bruder, Onkel, Tante, Schwester und Schwager pflegen dem jungen Mann einen Schweineschlegel oder eine Muschel zu geben und zu sagen: ‚Trage das in den *Kona* deines Mädchens und gib es ihr. Sage, sie sollen sie keiner anderen Gruppe geben, auch wenn andere kommen, um sie anhalten und einen hohen Brautpreis bieten. Sie sollen auf uns warten, bis wir den Brautpreis beisammen haben, was nun bald geschehen wird!" — Natürlich behält das Mädchen diese wiederholten Gaben nicht für sich, sondern gibt sie weiter an ihre Angehörigen und Verwandten. Die beiderseitigen Eltern besuchen sich auch gegenseitig, bewirten einander und geben „Eingewickeltes" mit nach Hause. So beginnt man bereits den gegenseitigen Wirtschaftsaustausch sozusagen versuchsweise und stellt gegenseitiges Vertrauen her durch Essgemeinschaft. Dieses gegenseitige

Besuchen nennt man „Rede-Brücke bauen". So erwirbt man sich das erste Anrecht auf das Mädchen vor anderen Gruppen. „Wenn andere kommen und das Mädchen haben wollen, pflegen die Eltern zu sagen: ‚Es ist schon einer da, der sich durch Gaben das erste Anrecht auf sie erworben hat.' — Wenn aber eine Gruppe dann einen sehr hohen Kaufpreis anbietet, pflegen manche das Mädchen dieser doch zu geben. Die anderen fordern dann die Erstanrechts-Gaben zurück. Dabei kommt es oft zu Streit und Prügelei. — Nach der Hochzeit läuft dann die junge Frau dem Mann, den sie nicht wollte, gewöhnlich bald davon und geht in den *Kona* des Mannes, der ihr die Erstanspruch-Gaben zu geben pflegte. Dann kommt es wieder zu Auseinandersetzungen. Ihre Gruppe muss den Brautpreis wieder herausgeben, sonst kommt es zu Kampf und Streit." — Wenn umgekehrt die Gruppe des jungen Mannes auf ihr Erstanspruchsrecht schliesslich doch verzichtet und ein Mädchen aus einer anderen Gruppe erwirbt, dann kommt die Gruppe des Mädchens, dem sie Erstanspruchsgaben zu geben pflegten, anlässlich der Hochzeit bewaffnet angerückt und zündet auf dem Weg zur Siedlung der Hochzeiter „das Frauenfeuer" an. Dieses Feuer verkündet der Gruppe des Mannes, dass sie nun einen Anteil am Brautpreis herausrücken oder sich zum Kampfe stellen muss. Gewöhnlich gibt sie dann den Bewaffneten entweder ein grosses Opfertier oder eine grosse Goldrandmuschel als eine Art Abfindung. Sie nehmen sie und ziehen grollend ab. Zwischen den beiden Gruppen besteht dann lange Zeit ein sehr gespanntes Verhältnis. — Wieder anders ist es, wenn die Gruppe des Mannes sieht, dass ein Mädchen, auf das sie sich durch Gaben das erste Anrecht erworben hatten, plötzlich einem jungen Mann aus einer anderen Gruppe ihre Zuneigung schenkt. Dann pflegen sie zu sagen: „Das Mädchen wird ihres Herzens Neigung folgen!" Sie verzichten dann meist auf ihr Recht, begnügen sich mit der Gegengabe — meist ein grosses Opfertier — für ihre Erstanspruchsgaben und erwerben ihrem Burschen ein Mädchen aus einer anderen Gruppe. — Man sieht also, dass es über der Frage der Verheiratung junger Leute zu vielerlei Verwicklungen kommen kann.

5. Verschmähte Jungfrauen.

Wenn eine Jungfrau „sitzen bleibt", dann holen die Väter und Brüder einen Medizinmann. Sie sind nämlich überzeugt, dass etwa die verstorbenen Eltern der Jungfrau sie aus irgendeinem Grunde „anpflocken, festhalten", d. h. die jungen Männer ihr abgeneigt machen, dass sie sie verschmähen und so für diese Jungfrau dann kein Brautpreis eingeht. Sie nehmen deshalb ein kleineres Opfertier, bringen es zur Grabstätte, wo der Medizinmann für sie das Opfer darbringt. Ein „Vater" oder Bruder der Jungfrau spricht das Opfergebet: „Ihr beide macht, dass die Männer diese Jungfrau verschmähen. Wir bringen euch hier ein Opfer dar, damit ihr beide das nicht mehr tut. Ihr beide sollt uns diesen Schaden nun wiedergutmachen! Wir wollen die Jungfrau an einen Mann vergeben. Darum geniesst ihr beide nun den Opfergeruch und verhaltet euch so, wie es sich gehört!" Nach dem gemeinsamen Opfermahl führen sie die Jungfrau an den Fluss. „Dort legt ihr der Medizinmann je einen Stein auf beide Füsse, gräbt mit seinem Kasuarknochendolch den Boden um die Jungfrau herum auf", d. h. er sprengt den magischen Bannkreis durch den bisher die Männer von ihr abgehalten werden. „Dann fordert er sie auf, die beiden Steine — als Verkörperung der magischen ‚Belastung' unter der sie lebt — nacheinander in das Gebüsch zu schleudern. Daraufhin versichert er den Angehörigen, er ‚sähe' bereits einen Brautwerber in ihren *Kona* kommen." — Auf seinen Gängen durch das Land macht er auf diese Jungfrau aufmerksam. Sie sei für einen vernünftigen Brautpreis zu haben. — „Bald nach dieser Zeremonie stellen sich dann gewöhnlich die Brautwerber ein."

6. Weisung vom „Vogel-Vater".

„Wenn die jungen Burschen die Basthaube aufgesetzt haben (Kap. 48, 2) und bei sich denken: Woher soll ich mir wohl eine Frau nehmen? gehen sie an den ‚Ort schöpferischen Geschehens' ihrer Gruppe, um auf die Vogelstimmen zu achten. Dann pflegen sie aus einer bestimmten Richtung die Stimme des Vogels *Ndoa* ähnlich einer menschlichen Stimme zu hören. Wenn die Stimme aus der Richtung kommt, in der ihre Liebeswerbetänzerin wohnt, ‚werden sie innerlich fest und bekennen dann ihrer Väter- und Brüderschaft', dass sie an die Jungfrau N. N. denken. — Wenn die Stimme aber aus einer anderen Richtung kommt, dann leben sie eine Zeitlang im Zweifel. Später gehen sie dann nochmals und horchen wieder. Kommt die Vogelstimme wieder aus einer anderen Richtung, dann denken manche: ‚Ob es mich wohl dumm machen will?' Wenn sie dann bei ihrer Wahl bleiben, pflegt es später mit der Frau zu allerlei Schwierigkeiten zu kommen. — Andere bekennen es ihrer Väter- und Brüderschaft, lassen von ihrer Wahl ab und suchen dann eine Frau in der Gegend zu erwerben, aus der die Vogelstimme so deutlich zu hören war. Dann pflegt es gut zu sein."

KAPITEL 50
DIE HEIRAT

1. „Frau-Flüsterrede sagen"

Wenn sich die Eltern und Angehörigen eines jungen Mannes mit ihm über die Frau einig sind, die sie für ihn werben wollen, dann schickt der Vater — oder falls dieser schon tot ist, einer der „Väter" oder auch einer der Brüder — einen seiner Verwandten aus, um mit der Väter-, Brüder- und Onkelschaft der Jungfrau über den Brautpreis zu verhandeln. Er pflegt aber den Brautwerber zu ermahnen: „Sage nicht sofort, wieviel wir zu geben in der Lage sind, sonst werden sie gleich noch viel mehr verlangen. Sondern sage, dass wir leider nicht sehr viel werden geben können. Setze uns herunter und mach uns schlecht! Nachher können wir immer noch mehr geben!" Der Brautwerber geht also und sagt den Eltern der ausersehenen Jungfrau, dass Gruppe N. N. die Jungfrau für ihren Sohn nun wirklich werben möchte. Er sagt: „Die armen Schlucker reden nur immer davon. Aber zu bieten haben sie nichts!" Da antworten die Eltern des Mädchens: „Wir werden gewiss auch keine Forderungen stellen, solange wir das Mädchen noch bei uns im Hause haben! Das pflegt man doch erst zu tun, wenn man die Braut in den *Kona* des Bräutigams bringt. Da sie nun die Anfrage an uns richten, wollen wir das Mädchen hinbringen. Dabei werden wir dann sehen, was sie zu bieten haben und — wenn es uns nicht genug ist — dann lassen wir es. Geh du, sieh dich genau um, damit du uns klar sagen kannst, wieviele Muscheln wir der Braut werden umhängen müssen. (Für jede „Achter-Hand" an Schweinen oder Wertsachen, die man erhalten wird, muss man nämlich der Braut eine Muschel umhängen.) Komme du mit klarem Bescheid zurück!" —

2. „Den Mund fragen"

d. h. die Stimme, die Meinung des Mädchens hören. Wenn die Eltern für ihre Tochter einen jungen Mann im Auge haben, dessen Gruppe in der Lage ist, einen hohen Brautpreis zu geben, dann „fragen sie den Mund der Jungfrau". Sie soll sich klar äussern und soll „bekennen", ob sie nicht vielleicht an einen ihrer Liebeswerbetänzer denkt. Dieses Befragen tut man nicht ohne Opfer. Dabei trägt einer der Väter oder Brüder der Jungfrau den Toten das Anliegen vor und bittet sie: „Kommt und macht das Mädchen seiner Meinung gewiss, damit sie uns klaren Bescheid gibt. Wir werden euch dann auch von dem Brautpreis später ein Opfer darbringen. Wir möchten nicht, dass wir etwas Unrichtiges tun und später vielleicht den Brautpreis wieder herausgeben müssen, wenn uns das Mädchen jetzt nicht die Wahrheit sagen sollte. Darum kommt und steht auf eurem Posten!" — Wenn sich die Geister an dem vom Erdofen aufsteigenden Opfergeruch gesättigt haben, nimmt man Fleisch, Gemüse usw. aus dem Erdofen und legt es zum Opfermahl bereit. Erst sagt man zu dem Mädchen: „Wir fragen dich in aller Stille. Wenn du innerlich zu dem festen Entschluss gekommen bist, dass du uns die Sachen (nämlich den Brautpreis) geben willst, wollen wir sie nehmen. Wenn du aber an einen anderen Mann denkst, der dir besser entspricht, dann gib uns jetzt darüber klaren Bescheid." Das Mädchen pflegt zu sagen: „Mein Vater und meine Mutter, ihr beide habt mich ‚getragen' (gezeugt, geboren). Es steht bei euch beiden, zu sagen, was ich tun soll. Auf euch beide will ich hören. Ihr, die ihr die einzigartig mir vorbestimmten Willensäusserer seid, euren Willen will ich tun. Wer anders soll mir vielleicht sonst sagen, was ich tun soll! Ich sehe, meine Brüder sind auch eurer Meinung. Nehmt die Sachen (den Brautpreis), von denen ihr sprecht!" — Manche Jungfrauen sagen aber auch: „Nein, ich will nicht zu dem Manne gehen, den ihr mir nennt. Wenn ihr mir einen meiner Liebeswerbetänzer nennt, will ich ihn heiraten." Dann pflegen die Eltern und Brüder zu sagen: „Sie spricht die Wahrheit! Lasst sie selbst denjenigen nennen, den sie haben möchte. Dann wollen wir sie ihm geben." In diesem Fall pflegen sie dann die Jungfrau dem Manne zu geben, den sie selber nennt.

„Manche wilden, barbarischen Eltern und Brüder pflegen jedoch zu sagen: ‚Könnten wir doch die vielen Schweine und Wertsachen empfangen, von denen wir wissen! Warum widersprichst du uns eigentlich?' Sie pflegen sie dann zu verprügeln. Sie halten das Mädchen einfach fest, salben und schmücken es zum Überbringen in den *Kona* des Mannes, den sie ausersehen haben und zwingen das Mädchen zur Heirat. Das Mädchen denkt dann immer bei sich: ‚Könnte ich doch ausreissen!' Ihre Leute nehmen den Brautpreis für sie in Empfang und verteilen ihn. Aber sie freuen sich zu früh. Die junge Frau denkt bei sich: ‚Ihr habt mich übel behandelt. Nun will ich es mit euch auch so machen!' Sie läuft dann aus des aufgezwungenen Ehemannes *Kona* fort und geht in den *Kona* des Mannes, den sie sich auf einem Fest oder beim Liebeswerbetanz ausgesucht hat. Dort bleibt sie. Auch wenn die Leute dort sie fortschicken wollen, geht sie nicht. Sie erklärt ihnen einfach: ‚Ich bin doch zu euch gekommen. Hier werde ich auch bleiben!' Die Leute pflegen dann zu sagen: ‚Sie hat recht! Wir können sie doch nicht fortschicken!' Sie nehmen dann Verhandlungen auf, und schliesslich pflegt das Mädchen seinen Willen durchzusetzen. — Es gibt aber auch Fälle, wo solch eine junge Frau fortgejagt wird. Sie geht dann aber weder in den *Kona* ihres Vaters, noch in den ihres aufgezwungenen Ehemannes zurück, sondern immer wieder zu einem anderen Mann, bis sie schliesslich einer heiratet. Wenn nicht, dann wird sie zur ‚Ödlandsfrau' (Hure). — Die Gruppe des betrogenen Ehemannes verlangt natürlich den Brautpreis zurück. Dann pflegen die Eltern und Brüder der entlaufenen Frau zu sagen: ‚Warum nur liessen wir es nicht sein, als sie ‚beim Mundfragen' nein sagte! Warum nur haben wir frevelhaft gehandelt! Nun müssen wir den Brautpreis ‚ausgrabend zurückgeben'! Das tun sie dann auch. Würden sie sich weigern, so käme es wegen der Sache zum Kriege. — Die Mädchen wie die Burschen haben also bei den *Mbowamb* bis zu einem gewissen Grad freie Wahl. Man sieht auch, welche Rolle der Liebeswerbetanz spielt (Kap. 46:1, c). Gerade deshalb wird er von den Leuten immer mit unter die Kriegsursachen gerechnet, weil sich dabei oft von den Eltern und Gruppen unerwünschte Verbindungen anbahnen. — Endlich sieht man die Bedeutung des guten Einvernehmens auch mit den toten *Mi*-Genossen. Wären diese aus irgendeinem Rache-Zorn bösen Willens, so könnten sie die Sinne der Jungfrau verwirren, so dass man in grosse Schwierigkeiten käme. Man verspricht ihnen darum auch einen Anteil am Brautpreis!"

3. Das Aufbringen des Brautpreises.

Aus Ermangelung eines besseren Wortes habe ich das Wort „Brautpreis" gebraucht. In der Sprache der *Mbowamb* heisst es *kuimö*. Dieses Wort wird niemals im Sinne von „Kaufpreis, Preis, Bezahlung" angewendet. Dafur haben sie andere Worte. *Kuimö* bezeichnet ausschliesslich die Gegengaben für die Braut, die ja die Gabe darstellt. Ich werde also das Wort *kuimö* gebrauchen.

Seitdem mit den Weissen auch viele Wertsachen ins Land kamen, ist bei den *Mbowamb* der Standard-*kuimö:* acht lebende Opfertiere, acht grosse Muscheln und acht sog. Zugaben (d. h. einzelne Fleischstücke, ein Kasuar, Messer, Beile, Netze, kleinere Muscheln). Bei solchen, die weniger Wirtschaftsbeziehungen und damit weniger Ansehen — weil weniger magische Kraft — hatten, war er entsprechend niedriger (Bd. II, 206). Heutzutage kann man auch erleben, dass 16, 24, 32 oder gar 40 Muscheln als *kuimö* gegeben werden. Die *kuimö* aufzubringen, ist immer eine grosse Leistung, zumal man ja bei dem dauernden Wirtschaftsumlauf nach dem Gabe-Gegengabe-Schema gleichzeitig auch immer noch andere Verpflichtungen hat, denen es nachzukommen gilt. Da das Wirtschaftliche immer das gute Einvernehmen und die gegenseitige Lebenshilfe zum Ziel hat, helfen auch eines jungen Mannes Väter und Brüder, die Ehemänner seiner bereits verheirateten Schwestern, Vettern, die schon erwachsen sind, Mutters Brüder und die Ehemänner von Vaters Schwestern alle zusammen, die *kuimö* aufzubringen. Jeder trägt irgendein grösseres oder kleineres Schwein oder Wertstück oder auch eine der Zugaben bei. Der Beitrag, den einer leistet, ist aber nicht willkürlich, sondern hängt davon ab, wie stark er verpflichtet ist. Es ist auch nicht etwa ein Geschenk, sondern ist eine Gabe — falls es nicht eine Gegengabe ist für früher Empfangenes — die die Gruppe des Bräutigams zu einer späteren Gegengabe verpflichtet. Vergessen wird nichts. Auch nicht, wenn es zwanzig und mehr Jahre dauern sollte, bis die Gegengabe kommt. Vielleicht erhält man sie erst, wenn einmal für eine Tochter des nun zu verheiratenden Paares *kuimö* eingehen werden. — Dazu kommt, dass jeder auch denselben Beitrag erwartet, wenn er einmal für seinen eigenen Sohn eine Frau erwerben will. — Die einzelnen Beiträge werden alle in das Haus der Eltern des Bräutigams gebracht. Dort häuft man sie auf, zählt unermüdlich ab und vergleicht, ob nun schon eine „Achter-Hand" zusammengebracht ist. Fehlt vielleicht noch eine Goldrandmuschel oder ein Schwein, so wird man „bittend herumlaufen" und wenn man das Fehlende auftreibt, wird man dafür vielleicht ein Schwein- oder Muschel-*Môka* versprechen.

„Der Brautwerber pflegt zurückzukommen und den Eltern des Bräutigams zu sagen: ‚Ich komme von den Eltern der Braut. Sie lassen fragen, wie viele Goldrandmuscheln sie der Braut umhängen sollen, wenn sie sie bringen werden. Sie möchten von euch genauen Bescheid. Werdet euch also ganz klar, wie viele ‚Achter-Hände' ihr als *kuimö* zu geben gedenkt!' Die Eltern des Bräutigams sagen dann zum Brautwerber etwa: ‚Gehe zurück und sage ihnen, sie sollen der Braut zwei Muscheln umhängen und ein Opfertier schlachten und einpacken.' An dieser Botschaft können die Brauteltern dann erkennen, dass man die Absicht hat, ihnen drei ‚Achter-Hände' als *kuimö* zu geben."

4. Das Abschiedsopfer.

Das Verlassen des väterlichen *Kona* und der Übertritt in den *Kona* des künftigen Ehemannes bedeutet für eine junge Frau einen sehr tiefgehenden Einschnitt in ihrem Leben. Eine Fülle neuer Gefahren drohen. Ehe man die Braut fortgibt, bringt man darum in ihrem väterlichen *Kona* den „Setzlingsgeistern" erst noch ein Opfer dar. Im Opfergebet sagt man ihnen: „Ihr Geister alle! Ihr sollt nicht machen, dass die junge Frau Missfallen und Ablehnung begegnet. Verhaltet euch richtig, damit sie der jungen Frau Wertsachen und Schweine geben. Die Schweine, die sie aufziehen wird, sollen gedeihen. Die Felder, die sie bepflanzen wird, sollen in Fülle tragen. Krankheit und Kopfschmerzen sollen sie nicht befallen. Sie soll mit rechtem Sinn ihrem Manne gehorchen und fleissig arbeiten, dass es die Sinne der beiden Eheleute nicht auseinandergehen macht. Kommt, fasst das Haupt der Jungfrau an und geht ihr voran!" — Wäre irgendeine geheime Verstimmung vorhanden, so müsste man um das Wohl der jungen Frau in ihrer neuen Umgebung bangen. Darum sucht man durch Wiedergutmachung etwa vorliegende Dinge zu bereinigen und fordert zum Beichten verheimlichter Vergehen oder verborgenen Grolles auf (Kap. 38, 2). Das Opfermahl vereinigt alle lebenden und „toten" Glieder der Familie und Verwandtschaft, denn bei diesen Opfern an die Verstorbenen teilt man bei den *Mbowamb* auch den Frauen und Mädchen etwas von dem Opferfleisch zu, weil es dabei nicht um Opfer auf *Mi*- d. h. Gruppen-Ebene, geht, sondern um Einzelopfer. Von dem Fett der Opfertiere nimmt man und salbt damit die Braut ein, um sie in den *Kona* des Bräutigams zu führen. Auch ihre Kopf- und Tragnetze fettet man damit ein. Ebenso den Grabstock, den die väterliche Gruppe ihrer Tochter mitgibt. Im Opfergebet werden die verstorbenen Angehörigen aufgefordert, ihr „den Grabstock in die Hand zu geben". Der Grabstock vergegenwärtigt nicht nur die Arbeitskraft, die die Braut-Gruppe nun an die Gruppe des Bräutigams abgibt, sondern auch die mütterliche Wachstums-, Nähr- und Hegekraft. Diesen Grabstock trägt jede Braut auf dem Gang aus ihrem väterlichen *Kona* in den des künftigen Ehemannes. Er wirkt wie der verkörperte Wille der einen Gruppe, von nun an durch diese Frau als eines ihrer Glieder im *Kona* der *Mi*-Gemeinschaft des Ehemannes lebenswichtige Dienste im Feld und Haus zu tun, nämlich den Boden dort umzugraben und Pflänzlinge zu stecken, um Menschen und Opfertiere zu nähren und aufzuziehen. Deshalb wird dieser Grabstock auch von dem führenden Mann der Väter- und Brüderschaftsgruppe des Bräutigams feierlich in Empfang genommen. Übergabe und Übernahme des Grabstocks ist Ausdruck der konkret zu bestätigenden gegenseitigen Lebenshilfe.

5. Das Empfangs-Opfermahl.

Die Braut wird an einem Tage überbracht, den die Väter- und Brüderschaft des Bräutigams bestimmen. Der Hochzeitstermin ist ja vom Zusammenbringen der *kuimö* abhängig. Erst wenn sie sehen, dass sie alles beisammen haben, schicken sie den Brautwerber mit der Aufforderung, man solle nun die Braut bringen. Erst nach Empfang dieser Botschaft vollzieht man im *Kona* der Braut obiges Abschiedsopfer. Bei der Salbung der Braut reicht ihre Mutter das Fett dar, und die Schwägerinnen der Braut, also die Frauen ihrer Brüder, mit denen sie ja als „Geschwister anderen Geschlechts des Ehemannes" gruppiert ist, salben ihre „Schwester" ein. Ihr Vater hängt ihr die erforderlichen Goldrandmuscheln um den Hals und legt ihr ein von der Mutter gestricktes neues Kopfnetz auf als „Zusammenfassung ihres Hauptes". Die anderen „Väter" und die Brüder packen das „Frau-Einpack-Fleisch" in die Netzsäcke, die von „Schwestern" der Braut getragen werden. Neben dem Grabstock bringt die Braut also auch Opferfleisch in den *Kona* ihres Bräutigams mit. — Um die Braut abzuholen, kommen vom *Kona* des Bräutigams gewöhnlich zwei seiner Schwägerinnen zusammen mit dem Brautwerber. Sie sind Vertreterinnen der „Schwestern" aus dem *Kona* des Bräutigams, die von nun an die junge Frau in ihre Gemeinschaft aufnehmen werden. Der Bräutigam selbst hält sich an diesem Tage im grossen Männerhaus seiner *Rapa*-Gemeinschaft auf und lässt sich nicht blicken. Die Brauteltern und ihre Brüder begleiten die Braut ein Stück des Weges. Dann verabschieden sie sie und kehren um. — Im *Kona* des Bräutigams wartet man auf das Kommen der Braut. Man dämpft in den Erdöfen Süsskartoffeln und Gemüse in Erwartung des Opferfleisches, das die Braut mitbringen wird. Die Ankommenden werden dann begrüsst: „Ihr bringt ja ein ganz fremdes Mädchen mit! Warum macht ihr denn das? Sogar frisches Opferfleisch bringt ihr mit! Ist das nicht Leichtsinn?" — Dann macht man sich sofort an das Auspacken des Fleisches. Die grossen Stücke werden zurückgelegt. Die inneren Teile, vor allem die Leber und die Nieren, werden aufgewärmt, so dass auch die Toten im *Kona* des Bräutigams am Opfermahl teilnehmen können, indem sie den beim Aufwärmen aufsteigenden Opfergeruch geniessen. So geniessen also die Toten der beiden beteiligten Gruppen vom gleichen Opferfleisch. Dadurch werden auch unter ihnen gute Beziehungen hergestellt. Die Angehörigen des Bräutigams mit ihren Familien nehmen nun alles Gedämpfte und Aufgewärmte aus den Erdöfen und verzehren es. Dann schickt man Botschaft in alle *Mi*-Gruppen und *Kona* der verschiedenen Schwestern von Vater und Mutter, zu den Schwägern, Mutter-Brüdern und Vettern, soweit sie einen Beitrag zu den *kuimö* leisteten. Nachdem sie dann alle gekommen sind, verteilt der Vater des Bräutigams an sie die grossen, zurückgelegten Fleischstücke, so dass jeder, seinem Beitrag zum *kuimö* entsprechend, ein grösseres oder kleineres Stück erhält. Dadurch erhalten also auch sie alle einen kleinen Anteil am Opferfleisch der Braut-Gruppe. Sie nennen es „Knorren-Fleisch" (im Sinn von Kap. 28, 3 also „Schuld-Fleisch"), weil zwischen den beteiligten Gruppen ja Schuld und Verfeindung vorliegt. Indem sie und ihre Toten von dem Opferfleisch der Braut-Gruppe essen, sollen böse Folgen der vorliegenden Gruppen-Schuld und Gruppen-Feindschaft abgewendet und gutes Einvernehmen hergestellt werden. — Natürlich kann Opferfleisch niemals nur empfangen, sondern muss auch gegeben werden, denn alles muss immer gegenseitig geschehen.

6. Verhandlungen über die kuimö.

Ist eine der Begleiterinnen, die mit der Braut aus ihrem *Kona* kamen und im Frauenhaus des *Kona* der Gruppe des Bräutigams zusammen übernachteten, wieder in den *Kona* der Braut-Gruppe zurückgekehrt mit der Botschaft, dass nun die Sippe und Verwandtschaft der Braut kommen sollen, dann machen sie sich sofort auf den Weg. Es kommen alle mit, die berechtigt sind, einen Anteil an den *kuimö* zu erhalten. Das sind die Väter-, Mütter-, Brüder-, Schwestern-, Onkel-, Tanten-, Vettern- und Basenschaften der Braut. Aber auch die führenden Männer der Altvater-Sohn-Gruppen der *Rapa*-Gemeinschaft, aus der die Braut stammt, kommen mit. Dazu auch die Schlichter. Sie sagen: „Wir wollen mitkommen und die Forderungen für das Mädchen vertreten!" Auch allerlei sonstiges Volk stellt sich als Zuschauer ein. Sie werden im *Kona* des Bräutigams begrüsst und mit Süsskartoffeln und Gemüse bewirtet. Der Brautwerber kommt dabei unauffällig zum Vater der Braut und sagt ihm leise, wie viele *kuimö* im Hause aufgelegt sind. „Wir werden ja sehen!" — Schliesslich schlagen sie auf dem Hofplatz die Pflöcke ein und binden die Schweine daran. Dann öffnen sie im Hause die Umhüllungen der Wertsachen und legen sie in Reihen auf. Sie fordern nun die Empfänger auf, sich im Hause die Sachen alle anzusehen. „Wenn sie euch nicht gefallen, könnt ihr es ja lassen und eure Tochter wieder mitnehmen! Oder meint ihr, sie sei hier in der Nacht vielleicht beschädigt worden? Haben wir sie vielleicht mit einem Bündel Salz gekauft? Oder mit Fleischstücken? So unberührt, wie sie bei euch zu schlafen pflegt, so hat sie auch bei uns im Frauenhaus geschlafen! Also könnt ihr sie ohne Schaden wieder mitnehmen, wenn euch die *kuimö* nicht entsprechen sollten. Wir haben die Sachen nur zur Besichtigung aufgelegt. Sie verpflichtet euch zu nichts." — Nach der Besichtigung zieht sich die ganze Sippe und Verwandtschaft der Braut draussen auf den Hof zurück, zählt an den Fingern immer wieder nach, ob die gebotenen Sachen genügen werden, alle Ansprüche zu erfüllen. Nun gibt es lange Verhandlungen. Schliesslich müssen die einzelnen vielleicht ihre Ansprüche zurückschrauben. Oder die Gruppe des Bräutigams muss sich bereitfinden, noch mehr zu geben. Sie müsse doch Ehre und Ansehen bedenken! — Es kann vorkommen, dass man die Braut wieder mit nach Hause nimmt. Sehr oft werden aber lieber allerlei Versprechungen auf spätere Leistungen gemacht. Das führt dann leicht zu gewissen Schwierigkeiten und Komplikationen. Man fordert dann die Tochter und Schwester, also die Braut auf, sich nicht ihrem Mann hinzugeben, bevor die *kuimö* nicht voll geleistet sind. Das führt zu Konflikten in der Ehe, zuweilen zu Abtreibungen, Streit und Wegnahme der Ehefrau, gefolgt von der Forderung nach Rückgabe der geleisteten *kuimö*, die aber inzwischen dann längst in alle Himmelsrichtungen fortgetragen und fortgegeben sind, so dass es vieler Verhandlungen bedarf, bis sie wieder „ausgegraben" sind und zurückgegeben werden können. Dass es darüber zu Streit und Krieg kommen kann, lässt sich denken. — Darum gilt es als die Regel, dass die *kuimö* in genau entsprechender Zahl beisammen sein sollen, wenn man zum Beschauen einlädt.

Ist man mit den angebotenen *kuimö* zufrieden, so werden sie entweder wieder eingepackt, um später, meist gleich am folgenden Tage, in den *Kona*, aus dem die Braut kommt, überbracht und dort öffentlich-rechtlich ubergeben zu werden. Oder man gibt sie gleich mit. Dann dürfen sie aber noch nicht verteilt werden, sondern müssen für die öffentlich-rechtliche Übergabe aufbewahrt werden. Als Gegengabe für das empfangene „Frau-Einpack-Fleisch" gibt man nun der Gruppe der Braut das sog. „Bastschnur-*kradl*-Fleisch" mit, damit also auch sie und ihre Toten vom Opferfleisch aus der Gruppe des Bräutigams essen können, um so auch von dieser Seite zur Versöhnung beizutragen und möglichen Gefahren zu begegnen.

7. Das Hochzeitsopfer.

Nachdem die Braut anlässlich des Empfangsopfers im *Kona* ihres Bräutigams öffentlich vorgestellt und die *kuimö* öffentlich gezeigt worden sind, werden zum Abschluss noch Verhandlungen geführt über Zahl und Grösse der sog. *penadl-kuŋ*. Wörtlich übersetzt heisst dies „auf-dem-Hofplatz-Schwein". Sinngemäss ist es als „öffentliches Hochzeitsopfer" zu übersetzen. Zahl und Grösse der Opfertiere, die die Väter- und Brüderschaft des Bräutigams dabei schlachten sollen, werden von Vätern und Brüdern der Braut bestimmt. Sie müssen nämlich dafür wieder Opfertiere aus ihrem eigenen Bestand als Gegengabe geben. Sie geben deshalb die Grösse der Tiere an, die sie als Gegengabe bereithalten. Entsprechend grosse sollen von des Bräutigams Seite geschlachtet, also geopfert, werden. Die Brautgruppe übergibt ihre Tiere dagegen lebend. Gewöhnlich handelt es sich dabei auf beiden Seiten um je zwei Tiere. Man kann sich aber auch auf je nur eines oder auf je drei oder vier einigen. Dies hat nichts mit den *kuimö* zu tun, sondern es geht hier ganz und gar um einen Austausch von Opfertieren bzw. Opferfleisch. Man fürchtet nämlich, dass nach der Hochzeit irgendwelche Vergehen der *Mi*-Gruppe des jungen Ehemannes gegen die *Mi*-Gruppe seiner Frau und damit dementsprechende seelische Verstimmungen zur Folge haben könnten, dass die Geister oder das *Mi* der Braut-Gruppe die Sinne der jungen Frau verwirren oder Krankheit, Unglück usw. über sie bringen könnten. Darum bittet man im Opfer-Gebet, die verstorbenen *Mi*-Genossen sollen sich am Opferfleisch laben, Vergehen und Feindschaften nicht rächen, sondern sich ordentlich verhalten. — Das Opferfleisch wird in den *Kona* der Braut-Gruppe überbracht. Auch die Braut übernimmt einen der Netzsäcke, in die das Fleisch verpackt wird. Vor dem Hause ihrer Eltern werden die Lasten niedergelegt und dann feierlich übergeben. Dafür nimmt man dann die zwei lebenden Opfertiere aus den Beständen der Braut-Gruppe in Empfang. — Hatten sie die *kuimö* schon vorher mit heimgebracht, so bittet man sie, alle Muscheln auf dem Zeremonialplatz in einer Reihe zur Schau auszulegen und dazu die Schweine an den Pflöcken anzubinden. Hatte man dagegen die Sachen noch zu Hause behalten, so bringt man sie jetzt mit. Auf dem Zeremonialplatz der *Rapa*-Gemeinschaft, aus der die Braut kommt, wird nun also die Braut von ihrem Vater „das *Mi* anfassend" übergeben. Dazu die Mitgift.

Die Mitgift richtet sich nach den *kuimö* und umgekehrt. Wird man z. B. acht Schweine erhalten, so gibt man der Braut vier Schweine als Mitgift mit. Mit anderen Worten beträgt die Mitgift normalerweise die Hälfte der Anzahl der *kuimö*. Die Muscheln, die der Braut umgehängt werden, kann man nicht unter die Mitgift rechnen, denn dafür werden nach Grösse und Wert ganz genau entsprechende Muscheln vom Bräutigam dem Vater der Braut zurückgegeben. — Bei den *kuimö* unterscheidet man genau zwischen den Tieren und Muscheln, die wirklich als Entschädigung für die Braut gegeben werden, ohne dass man dafür dann wieder eine Gegengabe erwartet. Die Braut ist ja die Gabe, und die *kuimö* sind dafür die Gegengabe. Die Tiere bezeichnet man als „lebendige *kuimö*". Es handelt sich ja um Opfertiere, die die *Mbowamb* auch als „unsere Seelen" bezeichnen (Kap. 18, 10). Sie geben also für das Leben, das sie in der Braut empfangen, auch wieder Lebendiges (Seelen-Macht) hin. Die Muscheln bezeichnen sie als „auf-dem-Frauen-Haupte-Muscheln" und ihre Übergabe als „auf-dem-Frauen-Haupte-tun". Man gebraucht hier also denselben Ausdruck wie bei der Bezahlung von Gefallenen der Kriegsverbündeten (Kap. 36, 2). Aus den Häuptern der Gruppe der Braut ist nun gleichsam ein Haupt ausgefallen. Dafür muss Schadenersatz geleistet werden, und die Geister, die dieses „Haupt anfassen", müssen durch Opfergaben besänftigt werden. Das Verb „tun" bedeutet ja auch das kultische Tun. — Unsere Vorstellungen von „Kaufehe" und „Kaufpreis" sind doch wohl irgendwie nicht zutreffend. Auf jeden Fall geht es den *Mbowamb* dabei um die persönlichen Beziehungen vorder- und hintergründiger Art. — Nun erst werden die *kuimö*, also die Tiere, Goldrandmuscheln und Zugaben vom Vater des Bräutigams und dessen Brüdern „anfassend" übergeben und vom Vater der Braut und ihren Brüdern in Empfang genommen. Dies geschieht natürlich unter dem üblichen wiederholten Abzählen und Ausrufen.

8. Verteilung von Mitgift und kuimö.

Die Mitgift geht in der Gruppe des Bräutigams zu denen, die ein Opfertier oder eine Muschel zu den *kuimö* beitrugen. Sie reicht natürlich nicht aus, um für alle Beiträge zu den *kuimö* nun gleich die entsprechenden Gegengaben zu geben. Der Bräutigam und seine Väter helfen ja dafür auch wieder den anderen, wenn sie eine Frau erwerben wollen. Dadurch leistet man dann die Gegengabe. Oder man verspricht, sie später auf irgendeine andere Weise zu geben. Alle, die irgendetwas zu den *kuimö* beigetragen haben, werden sich später einmal zur Stelle melden — falls sie dann noch leben — wenn für eine Tochter aus dieser Ehe *kuimö* eingehen werden. — Man sieht hieran, dass das G a b e - G e g e n g a b e - Verhältnis bei den *Mbowamb* ein D a u e r verhältnis ist. E s s o l l n i e m a l s u n t e r b r o c h e n w e r d e n durch eine endgültige Begleichung der Schulden. Das käme ja einem Abbruch der guten Beziehungen gleich!

Bei der Verteilung der *kuimö* im *Kona* des Vaters der Braut behält sich der Vater je nachdem ein oder auch zwei Opfertiere und eine Muschel; dasselbe vielleicht auch der ältere Bruder, wenn er derjenige ist, der sich von allen Brüdern der Braut am meisten ihrer angenommen hat. Sonst eben irgendeiner der Brüder, der ihr einst „die Mutterbrust weitergab" oder dem sie sie weitergab. Wer etwa ein Tier zur Mitgift für die Braut beitrug, erhält nun auch wieder eines dafür. Überhaupt richtet sich der Anteil an den *kuimö* ganz nach den bestehenden Leistungen und Verpflichtungen. Der Mutter der Braut wird ein Tier und eine Muschel überreicht mit den Worten: „Du musstest einst viel Schmerz leiden und die Exkremente wegwischen, als das Kind noch klein war." Jeder der Onkel mütterlicherseits erhält einen Anteil; auch die Tanten, also die Schwestern des Vaters, sowie die „Mütter", also die Schwestern der Mutter. Ebenso erhalten alle die einen Anteil, die einst zu den *kuimö* für die Mutter der Braut beigetragen hatten. Die ferneren Verwandten müssen mit einem Stückchen Fleisch zufrieden sein. Oft wollen die *kuimö* durchaus nicht reichen, um jedem auch nur ein wenig zu geben. Man kann sich denken, dass allerlei Möglichkeiten zu Verstimmungen und Verwicklungen gegeben sind.

9. Das „Haus-Opfer"

bildet den Abschluss der Hochzeitsfeierlichkeiten. Es wird im *Kona* des Ehemannes veranstaltet. Seine Väter- und Brüderschaften liefern dazu die Opfertiere. Zuweilen muss man auch weitere Mitglieder der Altvater-Söhneschaften um Tiere angehen, weil man selber keine genügende Anzahl mehr hat. Es müssen nämlich nochmals so viele Opfertiere geschlachtet werden, dass die ganze Verwandtschaft der Braut etwas von dem Opferfleisch erhalten kann. Die junge Frau und ihre „Schwestern" tragen während der folgenden Tage dauernd Fleisch in die Häuser sämtlicher Verwandten der Frau. Sie bleiben dort oft über Nacht, essen aber selbst nichts von dem Fleisch. Die junge Frau erhält nämlich dafür von den Verwandten entweder Salzbündel oder Beile, Vogelschmuck und junge Ferkel. Das meiste davon geht dann gleich wieder an diejenigen, die Opfertiere zur Verfügung gestellt haben.

10. Die Opferstätte der Ehefrau

Auf Grund der Exogamie stammen die Ehefrauen immer aus anderen *Mi*- bzw. Ableger-*Mi*-Gruppen als die Ehemänner. Schwestern können niemals in denselben *Kona* einheiraten. Auch gegenseitigen Schwestern-Austausch gibt es nicht. Die *Mbowamb* sagen, das ist nicht nur wegen des *Mi*, das nur eine einmalige Verbindung zulässt (Kap. 13, 3), sondern auch um des gegenseitigen Wirtschaftsaustausches willen. Weil man das Gabe-Gegengabe-Verhältnis mit möglichst vielen Gruppen pflegen will, heiraten die Männer einer *Rapa*-Gemeinschaft niemals mehrere Frauen aus der gleichen *Rapa*-Gemeinschaft der anderen *Mi*-Gruppe, sondern jeder von ihnen nimmt seine Frau aus einer *Rapa*-Gemeinschaft einer anderen *Mi* bzw. Ableger-*Mi*-Gruppe. An der Opfergemeinschaft ihrer Ehemänner auf Gruppen-Ebene können diese Frauen niemals teilnehmen. Das können sie ja nicht einmal in der eigenen väterlichen *Mi*-Gruppe, weil es bei den Opfern auf Gruppen-Ebene um Aneignung und Mehrung der Zeugungs- und Fortpflanzungskraft geht, deren Träger die Männer sind. Bei gewissen Einzelopfern an Verstorbene lässt man Frauen und Kinder am Opfermahl teilnehmen, damit nicht die Rache der Toten über sie komme. Die Frauen können aber auch selber ihren verstorbenen nächsten Angehörigen Opfer bringen. Jede Frau hat in der Ecke des Frauenhauses ihren Opferplatz, wo sie etwa verstorbenen Eltern, Brüdern oder Schwestern opfert. Für solche Opfer können sie aber kein ganzes Schwein opfern, sondern sie sind immer darauf angewiesen, dass sie hier und da von den Ehemännern oder von ihren Verwandten kleine Stücke Fleisch erhalten. Solch ein Stück dämpfen sie dann in dem kleinen Erdofen in einer Ecke des Frauenhauses. Dabei murmeln sie ein Opfergebet. Ein solches Gebet einer jungen Frau an ihre verstorbenen Eltern lautet: „Herr Vater und Frau Mutter! Esst das Stück Fleisch, das ich euch hier darbringe und seid mir gut gesinnt. Fasst mein Haupt an und tragt mich pfleglich umher. Macht mich klug und fest. Werbt keine Krankheit und Kopfschmerzen gegen mich an. Es soll mich nicht in einen Abgrund schlagen. Das Wasser soll mich nicht mitnehmen. Lasst mich meinen Fuss nicht an einen Stein stossen. Ich bin hier in meines Ehemannes *Kona*. Darum steht mir bei. Lasst mich gesund bleiben und gebt mir ein Kind."

11. Die rechtlichen Vertreter der Frau

sind bei den *Mbowamb* in erster Linie der leibliche Vater und die leiblichen Brüder. Aber ebenso auch die anderen „Väter" (Vaters Brüder) und deren Söhne. Sodann Mutters Brüder und deren erwachsene Söhne. In Rechtshändeln stehen sich niemals nur einzelne, sondern immer die Väter-, Brüder-, Onkel- und Vetternschaften der beiden Seiten gegenüber.

KAPITEL 51
DER WIRTSCHAFTSAUSTAUSCH ALS MITTEL DES GUTEN EINVERNEHMENS

1. Innerhalb der eigenen Mi- bzw. Ableger-Mi-Gruppe.

Die Bedeutung der Wirtschaftsgüter für das Gemeinschaftsleben zeigt sich bei den *Mbowamb* darin, dass sie als Mittel betrachtet werden zur Verwirklichung, Erhaltung und Stärkung des guten Einvernehmens. Hier ist an das zu erinnern, was schon in Kap. 31, c über das Eigentum gesagt wurde. „Gutes Einvernehmen, Eintracht, Gemeinschaft" oder wie immer man *men* (Kap. 9, 14) übersetzen mag, muss sich immer in konkreter Lebenshilfe zeigen, und das heisst vor allem auch in Hilfe auf wirtschaftlichem Gebiet. In unserer Gesellschaft gehört zum guten Einvernehmen nicht unbedingt die Essgemeinschaft, noch auch die Religion. Bei den *Mbowamb* gehört beides nicht nur dazu, sondern ist die Grundlage der Gemeinschaft. Mit den hintergründigen Mächten kann man nur Gemeinschaft haben, wenn man ihnen Opfer bringt und am Opfermahl teilnimmt. Das gute Einvernehmen mit den oberen Mächten wirkt sich dann darin aus, dass sie Wachstum und Gedeihen, Lebensmittel und Wertsachen immer wieder von „oben heruntergehen machen und geben". Sie nicht nach „oben nehmen". Tun sie letzteres, so ist es ein klares Zeichen der Störung der Eintracht und Gemeinschaft. Darum gehören bei den *Mbowamb* auch Wirtschaft und Religion zusammen. (Hier liegen die Wurzeln für das, was man Cargo-Cult nennt, bereits vor.) Das gute Einvernehmen wird gleichgesetzt mit Wohlstand. Darum sind auch Glück, Gesundheit und Wohlergehen in jeder Hinsicht untrügliche Zeichen der bestehenden guten Beziehungen zu den hintergründigen Mächten.

Dieser Grundsatz wird von den *Mbowamb* auch auf die Menschen und ihre wirtschaftlichen Beziehungen untereinander angewendet. Der Händler verkauft seine Waren für Geld. Der Tauschhändler tauscht sie gegen andere Dinge ein. Das ist kein Zeichen guten Einvernehmens und guter, persönlicher Beziehungen. Der Bluts- oder Eheverwandte gibt sie zunächst einmal grundsätzlich um des guten Einvernehmens willen. Er verlangt nicht sofort eine Gegenleistung. Da Gemeinschaft immer Gegenseitigkeit voraussetzt, darf man auch hoffen und erwarten, dass der andere die — hoffentlich grössere — Gegengabe zu seiner Zeit auch geben wird. Nur diese Form des Wirtschaftsaustausches, wo man erst einmal gibt und dem

Empfänger Zeit lässt, die Gegengabe später einmal zu geben, entspricht bei den *Mbowamb* wirklich dem Grundsatz, dass die wirtschaftlichen Dinge ein Mittel zu gutem Einvernehmen sind. Diese Form des Wirtschaftsaustausches gilt darum als „ausserordentlich gute Sitte". Darum tauschen die Untergliederungen einer Ableger-*Mi*-Gemeinschaft immer wieder einmal ihre Opfertiere und Wertsachen aus. „Tauschen" ist nicht der richtige Ausdruck, weil er die Vorstellung des „Tauschhandels" erweckt. Vielmehr gibt etwa ein *kedl-kum* dem anderen eine Menge Opfertiere „auf dem Wege" (Kap. 36, 4). Die Empfänger nehmen sie heim, opfern und verzehren sie im gemeinsamen Opfermahl. Man muss bedenken, die Geber haben damit nicht nur wirtschaftliche Werte, sondern „ihre Seelen" weggegeben. So wird die Gemeinschaft nicht nur mit den lebenden, sondern auch mit den „toten" Gliedern des anderen *kedl-kum* untermauert. Erst später gibt dann dieser *kedl-kum* auch wieder „seine Seelen", d. h. eine Menge Opfertiere „auf dem Wege tuend" zurück. So wird dann dieser *kedl-kum*, der zuerst seine Tiere hingab, in die Lage versetzt, nun auch seinen Toten Opfertiere des anderen *kedl-kum* zu schlachten und so die Gemeinschaft mit den Toten und unter den Toten selbst zu pflegen. Innerhalb einer Ableger-*Mi*-Gruppe gibt man sich auch von einer Altvater-Penis-Gruppe zur anderen sog. „Gruppen-Essen" *(röŋ mbi ŋui)*. Eine Gruppe macht den Anfang. Sie gibt ihrer Nachbargruppe ein grosses Essen: Eine Menge Süsskartoffeln, Gemüse und Opferfleisch. Alles wird in den eigenen Erdöfen gedämpft und dann verteilt. So geht es durch sämtliche Altvater-Penis-Gruppen, bis es schliesslich zu der Gruppe zurückkommt, die den Anfang machte. Man speist sich also gegenseitig. Durch das Opferfleisch können auch die „toten" Glieder jeder Gruppe am Mahl teilnehmen und haben so auch untereinander Gemeinschaft. Wie Lebensmittel, so gibt man auch einzelne Wertsachen an *Mi*-Genossen weiter. Dies ist kein *Môka*, denn es wurde auch geübt in den Gegenden, wohin sich das *Môka* noch nicht verbreitet hatte, wie z. B. im *Medlpa*- und *Kopon*-Gebiet. Dorthin hat sich das *Môka* erst allmählich ausgebreitet. Durch Weitergeben von Wertstücken half man den *Mi*-Genossen in der anderen Altvater-Penis-Gruppe laufende Verpflichtungen zu erfüllen. Wenn dann im Laufe der Zeit die eigene Gruppe mit der Gruppen-Speisung an die Reihe kam, kamen auch die Gegengaben für diese Wertstücke zurück. So hatte man eine dauernde Zirkulation von Opfertieren, Lebensmitteln und Wertsachen innerhalb der eigenen *Mi*-Gemeinschaft. Dazu kam dann noch das Schweine- und Muschel-*Môka*. Dieses hat sich erst allmählich von Westen nach Osten ausgebreitet. Es besteht wohl ein gewisser Zusammenhang mit der ähnlichen Einrichtung des *Te* bei den *Enga* westlich vom Hagengebirge (Kap. 2:1, d). Während aber das *Te* der *Enga* offenbar auf Gruppen-Ebene organisiert und durchgeführt wird, so wie bei den Hagen-Leuten die Entschädigung für Gefallene der Kriegsverbündeten, die Gruppen-Speisungen, das „Schweine-auf dem-Wege-tun", die Zirkulation von Wertsachen innerhalb der Ableger-*Mi*-Gruppen und der Inter-Gruppen-Handel (Kap. 31, f), geht das *Moka* grundsätzlich auf die Initiative der einzelnen zurück und kann von zwei Partnern als ein sog. „Haus-*Môka*" — ohne Beteiligung ihrer Gruppen — durchgeführt werden. Oder es kann auf der Ebene der Brüderschaftsgruppen vorgenommen werden. Will man dagegen ein sog. „grosses *Môka*" auf der Ebene der Ableger-*Mi*-Gruppen veranstalten, so müssen die einzelnen *Môka*-Geber und -Empfänger ihre jeweiligen *Môka* erst zu koordinieren und auf den gleichen Termin zu verlegen suchen, so dass es als gemeinsame Aktion der ganzen Gruppe in Erscheinung treten kann. Dies erfordert natürlich immer endlose Verhandlungen und ist der Grund, warum die Veranstaltung eines „grossen *Môka*" immer von einem Monat zum anderen verschoben wird, bis endlich die vielen einzelnen Teilnehmer alle unter einen Hut gebracht sind.

2. Wirtschaftsaustausch unter Eheverwandten.

Wie der Vater seinem Sohn die erste Goldrandmuschel gibt, so dass er damit „einen Setzling" zu seinem ersten *Môka* „pflanzen" kann, und wie der Bruder dem Bruder „Schweinesetzlinge" gibt, um ihm die Grundlage zu einer Schweinezucht zu legen, so auch der Schwager dem Schwager, der Onkel dem Neffen und der Neffe dem Onkel. Gerade auch unter den Eheverwandten muss das gute Einvernehmen sich in dem Austausch wirtschaftlicher Güter immer wieder konkretisieren. In unserer Gesellschaft kann das gute Einvernehmen unter Freunden und Verwandten „rein geistig" sein, bei den *Mbowamb* muss es immer wieder Tat und konkrete Hilfe sein. Wie wir sahen, ist es eine wesentliche Aufgabe der verheirateten Frauen, darauf zu achten, dass ihre Ehemänner die Schweine und Wertsachen nicht nur an andere, sondern vor allem an die Väter und Brüder der Ehefrau weitergeben, mit ihnen *Môka* machen. Der Wirtschaftsaustausch mit den Eheverwandten beginnt schon, wenn man sich durch Gaben das erste Anrecht auf ein Mädchen sicherzustellen sucht, und wenn die Eltern sich dann gegenseitig besuchen und Essgemeinschaft pflegen. Wie wir sahen, findet bei der Verheiratung ein gegenseitiges Geben und Nehmen statt. Der sog. „Brautpreis" steht nicht zusammenhangslos als blosser „Kauf" oder „Bezahlung" da, wie die verschiedenen Opfer und der Austausch von Opfertieren und -fleisch während der Hochzeitstage zeigen. Das Leisten des „Brautpreises" stellt keinen Abschluss der Verpflichtungen gegenüber der Gruppe der Frau dar. Die eingegangene Verbindung soll sich in einem regen Austausch wirtschaftlicher Güter unter den Eheverwandten zeigen. Die Leistungen bei der „Vogelfütterung" und „Entwöhnung" sind eine Fortsetzung des bei der Verlobung und Verheiratung Begonnenen. Sie stehen also nicht isoliert da, sondern hängen zusammen und richten sich in ihrem Umfang nach dem, was man sich während und nach der Hochzeit gegenseitig schon alles gab. Auch bei der Jugendweihe helfen die Eheverwandten wieder mit, die nötigen Opfertiere und die für das Festessen nötigen Mengen an Lebensmitteln zusammenzubringen. Auf Grund dessen hat man dann im Falle der Nichten ein ganz bestimmtes Recht auf einen gebührenden Anteil an den *kuimö*. Die jungen Burschen aber beginnen bald nach der Jugendweihe, dem nächsten Bruder der Mutter Schweine und Wertsachen zu geben. Das geschieht ganz in der Form des *Môka*, heisst aber nicht *Môka*, sondern *mam-ŋa rapadl ŋui*, „in-der-Mutter-Männerhaus-geben". Es ist bei den *Mbowamb* also nicht alles, was die Form des *Môka* hat, auch als *Môka* benannt (vgl. auch Kap. 36, 2). Der junge Mann zollt damit der Gruppe, aus der seine Mutter kommt, Dank und Anerkennung. Seine Onkel tragen dann dafür später aber auch wieder bei zu den *kuimö*, die für den Erwerb einer Frau für den Neffen nötig sind. Onkel und Neffen geben sich dann gegenseitig auch immer wieder einmal ein *Môka*. Alles Wirtschaftliche unter Verwandten ist zugleich auch immer ein Teil des dauernden Opferdienstes und damit der Gewinnung von Macht und Leben, was sich wieder in guten Beziehungen, in Heil, Gesundheit und auch immer neuer wirtschaftlicher Kraft äussert. Das gegenseitige Nehmen und Geben unter Eheverwandten nennt man die „Wege unserer Kraft". Die beiden Gruppen gehen also durch eine Heirat immer eine Art

Symbiose ein. Die Verbindung der tragenden Lebenskräfte beider Gruppen bringt alle ihre Glieder nicht nur in das System eheverwandtschaftlicher Beziehungen, sondern führt sie auch zu einer *„men"*-Gemeinschaft zusammen. Natürlich geben die beiden Gruppen ihre Selbständigkeit nicht auf. Sie stehen sich gleichberechtigt und gleichverpflichtet gegenüber. Beide sind immer darauf bedacht, das Gleichgewicht im Geben und Nehmen aufrechtzuerhalten. Wie sich denken lässt, hat das mehr oder weniger dauernde Verhandlungen, oft auch Auseinandersetzungen und Streitigkeiten zur Folge.

KAPITEL 52
DAS MÔKA

1. Der Ursprung des Môka.*

Im Zusammenhang mit den Ursprungs- und Abstammungssagen der *Mbowamb* wurde darauf hingewiesen, dass die Vögel und Beuteltiere als den *Tei*- oder Oben-Leuten gehörig betrachtet werden, und dass die Vorstellungen über die Oben-Leute offensichtlich mit den Beobachtungen über die geheimnisvollen Eigenschaften gerade der Vögel zusammenhängen, in deren Gestalt die Oben-Leute ja auch besonders gern auftreten. Ein sehr geheimnisvoller Vogel ist für die *Mbowamb* der Laubenvogel, den sie *mber* oder *kitökitökomb* nennen. Er ist einer der zehn Arten, die es in Neuguinea gibt. Er baut seine Laube im Regenwald, wo er noch in Höhen von 2500 m angetroffen wird. Von ihm sagen die *Mbowamb*, dass er sie das *Môka* gelehrt habe. „Er legt sich einen *môka-pena*, *Môka*-Zeremonialplatz, an, schmückt ihn mit bunten Blüten und reiht Steinchen und Früchte auf, die in der Sonne schimmern wie die Goldrandmuscheln. Auf dem Kopfe trägt er einen herrlichen Schmuck. Wie er es zu machen pflegt, so säubern auch wir einen Platz, pflanzen Ziersträucher, legen die Muscheln in Reihen auf, schmücken uns mit Vogelfedern und tanzen." Wenn die *Mbowamb* einen *môka-pena* anlegen, so sagen sie, „wir richten den Platz des Vogels her". Wenn das neue Männerhaus, das man zu einem grossen *Môka*-Fest baut, eingeweiht wird, so sagen sie, dass sie die Hütte des Vogels gebaut haben. Sie nehmen einzelne Federn des Laubenvogels und legen sie in die Muscheltaschen, damit die Federn viele Muscheln anziehen, denn „der Vogel macht alle starken Machterweise und sagt nur ins Ziel treffende Rede". Seine Tätigkeit erinnert sehr an das Herrichten des „Ortes schöpferischen Geschehens" in den Ursprungssagen, an dem vom Oben-Mann ja auch getanzt wird. Wenn sie vor der Übergabe eines *Môka* alle die Muscheln im „Schau-Haus" aufstellen, so nennen sie dabei den Namen des Laubenvogels, „singen sein Lob und machen seinen Namen dasein". Dieses magisch mächtige Singen soll ihn veranlassen, die Leute willig zu machen, dass sie Muscheln und Wertsachen bringen und geben. Bei der Bd. II, 180 ff. geschilderten *köi-tamb-maŋa*, „Vogel-Machtding-Hütte", ging es ebenfalls um diesen Laubenvogel *mber* oder *kitökitökomb*; die Flötentöne ahmten die Vogelstimme nach. Die Opfer galten den Oben-Männern oder „Hinlegern", die in der Gestalt des Vogels und der Flöten gegenwärtig waren. Sie sollten Schweine und Wertsachen vermitteln.

* *Môka* hat ein enges o im Unterschied zu *moka*, „Abmagerung", mit weitem o.

2. Opfer und Magie beim Môka.

Bei jeder Veranstaltung eines *Môka* werden also demselben Vogel Opfer dargebracht und wird sein Ruhm und Preis gesungen, um die Opfertiere und Wertsachen zu mehren. Jedes neue Männerhaus, das man vor Veranstaltung eines grossen *Môka*-Festes baut, wird darum als *köi-ŋa maŋa*, „Haus des Vogels", bezeichnet. Bei der Setzung der Pfosten werden die üblichen Opfer dargebracht, damit auch die Toten mithelfen, Schweine und Wertsachen zu mehren. Um die begehrten Dinge zu erlangen, braucht man die Dienste eines Medizinmannes. Da man früher die Goldrandmuscheln nur auf der in Kap. 1, 4 erwähnten Handelsroute erhielt, musste der Medizinmann oder Zauberer den Weg der Muscheln durch seine mächtigen Sprüche verfolgen, um sie magisch in die Gewalt zu bekommen und dorthin zu „ziehen", wohin man sie haben wollte. Wenn in dem oben erwähnten „Schau-Haus" die vorhandenen Muscheln ausgestellt waren, so versammelte man sich dort des Nachts, und der Zauberer begann nach dem gemeinsamen Genuss von Opferfleisch seinen Spruch:

Komm und klebe an, komm und klebe an!
Vorder- und Hinterschlegel komm und klebe an!
Breite und runde Muschel komm und klebe an!
An Schweinen komme viel und klebe an!
An Wertsachen komme alles und klebe an!
Komm hierher! Komm! Komm! Komm!
Ich möchte nur immer einnehmend wohnen!
Wie die Nacht- und Tagvögel wollen wir essen!
(„Essen" wird auch sonst gebraucht für „empfangen")
Komm hierher! Komm! Komm! Komm!
Der Wertsachen See mache ich durch meine Kunst hier dasein!
Komm hierher! Komm! Komm hierher! Komm!
Breites *Werma*-Band komm! Glänzende Muschel komm!
Fliegen sind da! Schmeissfliegen sind da! (d. h. es wird geschlachtet, geopfert)
Komm! Komm!
Komm in das grosse Männerhaus!
Komm häufig, komm immer wieder!
Kewa-Muschel komm! So kommt doch! Komm!

Da man annimmt, dass die Muscheln und Schweine bei den Besitzern magisch „festgebunden" sind, muss der Medizinmann die begehrten Dinge „ausgraben", indem er mit seinem Kasuarknochendolch zeichenhaft den Boden aufgräbt. Dadurch sollen auch die Schweinepflöcke anderer *Môka*-Veranstalter, die sie schon eingeschlagen haben, um die Schweine daran festzubinden, wieder „ausgegraben" werden. Hierzu dient folgender Spruch:

Die *Jamka*-Burschen haben Pflöcke eingeschlagen — ich grabe sie ihnen aus!
Die *Ndika*-Burschen haben Pflöcke eingeschlagen — ich grabe sie ihnen aus!
Die *Moke*-Burschen haben Pflöcke eingeschlagen — ich grabe sie ihnen aus!
Wie der Frosch *metedl* am Flussufer verborgen lebt, so sollen sie verborgen leben! (d. h. durch *Môka* sich keinen Namen machen)

Wie die Nachteule nicht singt, so sollen sie keine öffentlichen Lobreden auf ihr Fest halten können!

Sie sollen nur eine „Haus-Schlachtung" und ein „Haus-*Môka*" veranstalten können! (weil diese keinen Ruhm einbringen und keine grossen Gegenleistungen der Empfänger).

Beim Einschlagen der Pflöcke sollen sie sich schwer verrechnet haben! (d. h. viel weniger Tiere bekommen, als sie dachten).

Sie sollen sich nur bei ihren Frauen aufhalten! (d. h. nicht Wertsachen und Schweine „erbittend herumlaufen").

Ich grabe ihnen alle Pflöcke aus und werfe sie fort!

Wenn das grosse Männerhaus für das *Môka* gebaut war, so wurde es mit Opfer und Opfermahl eingeweiht. Dabei kehrte man draussen den Hof, indem man sang: Der Vogel *kitökitökomb* kehrt den Platz sauber. Der Vogel *kitökitökomb* schmückt den Platz, dass es leuchtet! Er richtet den Platz auf dem Höhenzug her! Auf dem Parallel-Höhenzug schmückt er den Platz! — Durch dieses „Loben und Preisen des schöpferischen Vogels" sollte er willig gemacht werden, Schweine und Wertsachen herbeizuschaffen. Der Medizinmann „fand" bei seinem „Ausgraben" auch immer etliche Steinchen. Er murmelte dabei ebenfalls den Namen des *köi wiŋndi*, „schöpferischen Vogels", vor sich hin. Die *Môka*-Veranstalter mussten sich dann draussen bei dem *pogla-mbo* (Kap. 14, 6) aufstellen und ebenfalls „den Vogel-Namen dasein machen". Der Medizinmann gab ihnen dann dort die Steinchen. Die warfen sie dann nach den verschiedenen Richtungen hin ins Gebüsch. „Der Laubenvogel soll sie für seinen schönen Platz nehmen und dann die Menschen willig machen, dass sie uns viele Schweine und Muscheln bringen!"

Danach begibt man sich wieder in das „Schau-Haus", wo die bereits vorhandenen Muscheln aufgestellt sind. Nun zündet der Medizinmann eine Bambusfackel an, und indem er damit die Muschelreihen entlangläuft und sie ableuchtet, sagt er folgenden Spruch:

Drunten im Haus des *Kewa Juimp* will ich die Fackel anzünden!
Fackel! Fackel! Fackel o-weee — —
Im Haus des *Tilkepe Meroa* will ich die Fackel anzünden!
Im Haus des *Uglmö* von *Roglea* will ich die Fackel anzünden!
Fackel! Fackel! Fackel o-weee — —

So ging er, seinen Spruch singend, auf magische Weise den Weg nach, den die Muscheln vom Land der *Kewa* aus (Kap. 1, 4) nahmen, bis sie schliesslich zu den *Mbowamb* kamen. Der oben genannte *Kewa Juimp* war ein Medizinmann oder Segenszauberer der *Kewa*. Er zog durch seine Sprüche die Muscheln aus der Ferne an. Der weiter zu den *Mbowamb* herwärts wohnende *Tilkepe Meroa* hinwiederum „löste" die Muscheln durch seine Sprüche von den *Kewa* los. Nur dadurch wurden die *Kewa* überhaupt willig, Muscheln weiterzugeben. Ein anderer Segenszauberer namens *Uglmö* von *Roglea* musste durch seine magischen Sprüche die Muscheln weiter herlocken. So immer weiter von Gruppe zu Gruppe. Der Segenszauberer, den sich *Môka*-Veranstalter holten, musste die Muscheln zu ihnen hinleiten, indem er durch Anzünden der Fackel und Nennung der Namen aller gegen das Land der *Kewa* hin wohnenden Medizinmänner deren magische Sprüche sozusagen durch seinen Spruch überhöhte und so alle Muscheln zum gewünschten Platz hinzog. „Er lobte die Magier der anderen Gruppen und pries die Muscheln, indem er sie ableuchtete, dass sie glänzten. Darum kamen sie dann alle zu uns!"

Im Laufe der Nacht nahmen dann die Fest-Veranstalter Blätter und Zweige vom Vogelbeerbaum *Kipö:* wie sich dort die Vögel sammeln, so sollen sich alle Leute mit Muscheln und Schweinen bei uns einstellen! „Das Lob des Vogelbeerbaumes singend", wippten sie mit diesen Blättern und Zweigen rhythmisch auf und ab. Nachher ebenso mit *Kuglumb*-Blättern, die als Plattform der Geister gelten (Kap. 20, 4). Diese Blätter nahmen sie in die Hand, wippten damit auf und ab und sprachen zusammen im Chor in singendem Ton: ······ ··········

Kuglumb erhitzen (über dem Feuer), erhitzend ankleben eee —
Hier im Gross-Männerhaus erhitzen o-weee —
erhitzend ankleben eee —
Hier im Muschel-Haus will ich sie erhitzen eee —
erhitzend ankleben eee —
Kipö- und *Kuglumb*-Blätter erhitzend ankleben o-weee —

Hitze und Wärme ist Kraft (Kap. 14, 3 am Schluss). Die Wertsachen sollen nicht weiterwandern zu anderen Leuten, sondern sollen hier „ankleben", d. h. zu uns kommen. — Den Geistern, deren „Plattform" man ins Haus holt, damit sie darauf anwesend sein und auch mithelfen können, bringt man schon dauernd immer wieder kleine Opfer dar. Schon wenn man sich anschickt, „Schweine-Setzlinge" zu erwerben, die für ein künftiges *Môka* aufgezogen werden sollen, opfert man und bittet die Geister im Opfergebet: „Wir wollen für ein *Môka* junge Schweinchen eintun. Kommt und geht uns voran, dass wir dabei Glück haben und solche erwerben können!" — Die eigenen Geister müssen ja immer erst vorausgehen und die Geister der Besitzer von Wertsachen und Schweinen erst willig machen, sich von ihren Sachen zu trennen und sie herauszugeben. Alle Phasen des *Môka* sind immer wieder von kleinen Opfern begleitet, und die grossen *Môka* stehen in engem Zusammenhang mit den grossen Opferfesten. Kurz vor einem *Môka* opfert man und bittet die Geister: „Auf dem *Môka* soll es keine Streitigkeiten geben. Es soll das Fest nicht verregnen. Es soll bei uns niemand krank werden oder sterben. Kommt, ihr Geister, steht vorne an, nehmt alle bösen Kunststücke und macht sie in der Ferne dasein!"

Bei Tagesgrauen gehen die Festveranstalter hinaus auf den Hofplatz, machen den Marschtanz und singen: *„ooooo, kagl-oooo, ooooo, kagl-ooooo."* Dann machen sie ein „*Môka*-Siegesgeschrei", das die ganze Umgegend erfüllt. „Wenn das die Schuldner in der Ferne hören, sagen sie: ‚Nun ist das Fest angebrochen! Was sollen wir da machen?' Sie pflegen dann die Muscheln und Schweine, die sie schulden, den Festveranstaltern zu bringen, damit diese ein grosses *Môka* machen können."

3. Die Eigenart des Môka.

Die *Mbowamb* unterscheiden zwischen *kuŋ-Môka,* Schweine-*Môka* und *ken-Môka,* Muschel-*Môka.* Beiden ist gemeinsam, dass die Initiative dazu nicht von einer Gruppe, sondern von einzelnen Personen ausgeht und zwar entweder von dem, der dem anderen ein *Môka* geben will oder aber von dem, der ein solches vom anderen empfangen will. Ein *Môka* wird niemals „verliehen", sondern es wird — nach der Sprache der *Mbowamb* — „gepflanzt". Man muss in Gärten und Feldern erst Samen säen oder Setzlinge pflanzen, ehe man ernten kann. Genauso verhält es sich mit dem *kuŋ-* und *ken-Môka*. Niemand erhält ein *Môka*, der nicht zuerst über eine längere Zeit hin die entsprechenden Gaben gegeben hat. Dieses Geben bezeichnet man allgemein entweder als „Schweine- und Wertsachen-Setzlinge pflanzen" und als „*Môka* Setzlinge pflanzen" oder aber genauer spezifiziert als „*kuŋ-Môka* Setzlinge pflanzen" und „*ken-Môka* Setzlinge pflanzen". Diese „Setzlinge" tragen dann eines Tages „Frucht" in Form eines *Môka*. Ein *Môka* stellt zunächst einmal die Gegengaben dar für die über eine längere Zeit hin gelieferten Gaben. Die Gegengaben werden dann alle an einem Tag auf einmal gegeben. Der „*Môka*-Pflanzer" hat also die Möglichkeit über eine, zwei oder noch mehr Fruchtzeiten hin einzelne Schweine und einzelne Fleisch- und Wertstücke, die er gelegentlich zur Verfügung hat, bei seinem Partner sozusagen „einzuzahlen", um sich dadurch die Gegengaben in Form eines *Môka* zu erwerben. Gerade dies, dass er die Gegengaben nicht sofort und nicht für jedes einzelne gelieferte Stück erwartet, sondern als einmalige Leistung seines Partners für alle gelieferten Dinge zusammen, und dass er den Zeitpunkt dieser Leistung zunächst einmal in das Belieben des Partners stellt, entspricht dem Ideal der *Mbowamb*, dass zwischen Bluts- und Eheverwandten womöglich kein Tauschhandel und vor allem nicht „die böse Sitte" des Kaufens und Verkaufens mit sofortigem Bezahlen geübt werden soll. Dieses Ideal liegt ja auch den anderen Formen des Gebens und Nehmens wirtschaftlicher Güter unter Bluts- und Eheverwandten zugrunde. Der Unterschied zum *Môka* aber besteht darin: Bei jenen anderen Formen des Gebens und Nehmens wie z. B. beim Brautpreis, beim „Schweine auf dem Wege tun", beim „Männer-Tragen", beim Gruppen-Essen, bei dem Beitrag zu den *kuimö*, usw. liegt immer eine rechtliche Verpflichtung vor. Das kann auch beim *Môka* der Fall sein, muss es aber nicht. Zur *Môka*-Partnerschaft aber liegt grundsätzlich nur eine moralische Verpflichtung vor auf Grund der Bluts- oder Eheverwandtschaft.

Betrachtet man das *Môka* nur unter wirtschaftlichen Gesichtspunkten, so bleibt der Enthusiasmus ganz unverständlich, den die *Mbowamb* ihm entgegenbringen. Uns wird dieser *Môka*-Enthusiasmus nur dann einigermassen verständlich, wenn wir die magisch-religiöse und die gruppen-psychologische Seite der Sache ins Auge fassen. Dazu ist erst noch ein Zweifaches klarzustellen. Erstens: Es gehört zum *Môka*, dass man für die vorher empfangenen Gaben nicht nur die schuldigen Gegengaben gibt — sonst wäre es kein *Môka* — sondern dass man mehr gibt. Erst das, was man über die schuldigen Gegengaben hinaus gibt, erregt Staunen und Verwunderung und begründet Ansehen und Ruhm des Gebers. Erst dadurch erweist er Gemeinschaft, leistet wirklich dem Empfänger praktische Hilfe und trägt dazu bei, dass die Kette des Nehmens und Gebens nicht abreisst. (In Wahrheit ist das, was man über die schuldigen Gegengaben hinaus gibt, natürlich kein Geschenk. Die *Mbowamb* wissen es gar nicht anders, als dass der jetzige Empfänger bei einer späteren Runde, bei der er Geber sein wird, dann eben auch mehr geben wird, als was er schuldig ist. Solche zukünftigen Dinge bringt man aber jetzt nicht in Anschlag. Im konkreten Augenblick, der allein wichtig ist, hat man auf jeden Fall mehr gegeben, als man schuldig war, und hat mehr empfangen, als man hoffen durfte. Das ist wie ein Wunder!) Zweitens: Ein Mann hat *Môka*-Beziehungen niemals nur nach einer Seite hin.

Er hat sie immer nach zwei Seiten hin. Mit anderen Worten: von der einen Seite her werden bei ihm „*Môka*-Setzlinge gepflanzt", das heisst er empfängt Gaben, meist von mehreren Männern, um ihnen später ein *Môka* zu geben. Nach der anderen Seite hin benützt er diese Gaben gleich wieder, um bei anderen selbst „*Môka*-Setzlinge zu pflanzen". Die Kunst besteht für ihn darin, die *Môka*, die ihm als „Frucht" seines „Pflanzens" zustehen, zuerst „einzuernten", um dann sofort seine Verpflichtungen nach der anderen Seite hin zu erfüllen, d. h. denen nun *Môka* zu geben, die bei ihm „gepflanzt" haben. Der „mächtige" Mann versteht Geben und Nehmen zu koordinieren, so dass er das Einnehmen der ihm zustehenden *Môka* und das Geben der *Môka*, die er schuldet, zur gleichen Zeit als ein grosses Fest aufziehen kann. Das erfordert allerdings nicht nur viele Verhandlungen, sondern vor allem auch die Hilfe der Geister und der Magie. Der Laubenvogel als der grosse *Môka*-Künstler, die verstorbenen *Mi*-Genossen und der Zauberer, sie alle müssen in der oben beschriebenen Weise mithelfen, dem Festveranstalter die *Môka* zuzuführen, die man ihm schuldet. Will der eine oder andere seiner Schuldner ihn im Stich lassen, so gibt es schwere Auseinandersetzungen, Drohungen und oft Gewaltanwendung. Die öffentliche Moral erwartet jedoch, dass man einen „Grossen", der alles für ein *Môka*-Fest vorbereitet hat, um des guten Einvernehmens willen nicht im Stich lässt. So kommen denn in seinem *Kona* auf einmal eine Menge Wertsachen und Schweine zusammen. Die „ganze Welt" macht sich auf und kommt in diesen *Kona*, um die Mengen der Sachen und Tiere zu bestaunen. Dass solche Mengen auf einem Platz zusammenkommen können! Dass so etwas möglich ist! Jedermann hängt doch an seinen Opfertieren und Wertsachen. Dass sie nun auf einmal willig sind, alles in diesen einen *Kona* zu bringen und hinzugeben! Da zeigt sich Macht! Da sieht man handgreiflich, wie „der schöpferische Vogel", die Geister und die Magie diesem Mann hier und seiner Brüderschaft zu Willen sind! Das ist ja wahrlich ein „überaus schönes Kunststück"! Dieser Mann und mit ihm seine Väter- und Brüderschaft, seine „kleinen" und „schlechten" Leute und seine Eheverwandten erleben nun aber auch eine uns kaum vorstellbare Erhöhung ihres Lebensgefühls, ihres Machtbewusstseins und ihrer Bedeutung. Man salbt sich, schmückt sich, tanzt und kostet den Triumph der Überlegenheit aus über alle anderen Gruppen und besonders über die Feinde. Denn hier ist nicht nur wirtschaftliche Leistung des Festveranstalters und seiner Gruppe, sondern hier ist für alle ein sichtbarer Beweis der hohen Gunst, in der dieser mächtig-starke Mann und seine Gruppe bei den überirdischen Mächten stehen müssen, dass sie so günstig reagierten auf die dargebrachten Opfer und auf die Anwendung der verschiedenen Arten von Segenszauber, so dass die vielen Goldrandmuscheln und Schweine gerade hier zu dem Platz dieser Gruppe gezogen wurden! Der Veranstalter hält darum auch grosse Reden, in denen er seine Rivalen und Feinde nach Strich und Faden heruntermacht: „Macht es mir nach, wenn ihr könnt, ihr armen Schlucker. Aber da ist niemand, der es mir gleichtun könnte!" Seine Leute „raunen sein Lob und machen seinen Namen ausgehen bis an alle Horizonte".

„*Môka*-Setzlinge pflanzen" und dann später „*Môka* essen", d. h. ein *Môka* empfangen, kann selbstverständlich nur einer, der die nötigen „Setzlinge" zur Verfügung hat. Dazu aber muss man vor allem eine eigene Schweinezucht haben. Die Schweine sind sozusagen die „Deckung" für die „Muschelwährung". In diesem Zusammenhang ist auf die Seite der Polygamie hinzuweisen, die in Kap. 31, b als ihre „eine Seite" erwähnt ist. Wie aber ebenfalls dort schon erwähnt, sind viele Frauen allein auch noch nicht im Stande, die grossen Felder anzulegen, die vielen Schweine aufzuziehen und alle die weiteren Arbeiten zu verrichten, die die Veranstaltung grosser Feste möglich machen. Es müssen dazu auch die sogenannten „kleinen Leute" und die vielleicht ehelosen, vor allem aber kinderlosen Männer, einer Gruppe mithelfen. Sie helfen in diesem umfassenden Sinne aber nur demjenigen Mann aus ihrer Gruppe, bei dem sich die Macht in körperlicher Stärke und Grösse, in Redebegabung, in furchtlosem Auftreten nach aussen hin, in Organisationstalent und vor allem in der Fähigkeit zeigt, seine „kleinen Leute" zu schützen und gut zu versorgen, ihnen z. B. immer wieder einmal Fleischgaben und ein gemeinsames Essen zu geben. Diese Hilfe leisten sie nur ihren *wö nuim* und *wö peŋ* (Kap. 26, 2). Diese Männer müssen rastlos planen und tätig sein; sie müssen viele Beziehungen auch zu anderen Gruppen haben, müssen immer unterwegs sein, sowie Fähigkeit und Geschick haben, immer wieder Wertsachen und Schweine „herumlaufend zu erbitten". Sie müssen die nötigen magisch-religiösen Qualitäten besitzen. Die Macht muss sich an ihnen in besonderer Weise zeigen. Sie können die Macht durch immer wiederholte Opfer erhalten und mehren, aber sie können sie nicht erst durch *Môka*-Veranstaltungen erwerben. Besitz von Macht und besonderer Zugang zu ihr durch die Opfer und Magie ist dazu die Voraussetzung.

Es gibt keine Instanz oder Organisation, die einen jungen Mann erst als möglichen *Môka*-Veranstalter prüfen und zulassen oder aber ablehnen würde. Ein Vater gibt seinem Sohn ein Schwein oder eine Muschel als einen ersten „*Môka*-Setzling". Er „pflanzt" ihn etwa bei einem seiner Onkel, der ihn wissen liess, dass er ihm später ein *Môka* zu geben gewillt ist. Der Vater gibt sie aber nur dem Sohn, bei dem sich die oben erwähnten Äusserungen der hintergründigen Macht zeigen. Ist ein Sohn weniger gross und stattlich, fehlt ihm die Redegewandtheit, mangelt es ihm an Mut und energischem Auftreten vor der Öffentlichkeit, zeigt er keine Initiative, so kommt er für eigene *Môka*-Unternehmungen nicht in Frage. Denn es ist ja noch nicht damit getan, dass ein Vater seinem Sohn etliche „*Môka*-Setzlinge" gibt. Um von einem anderen ein *Môka* zu erhalten, muss man den Partner erst über eine längere Zeit hin mit Fleischgaben beliefern, für die man im Falle des *ken-Môka* nichts zurückerhält. Sie sind für die Ehre. die einem der Partner durch die öffentliche Übergabe eines *Môka* später erweisen will. Zu diesen Fleischgaben hinzu muss man dem Partner, von dem man ein *ken-Môka* erhalten will, erst mindestens zwei grosse Goldrandmuscheln und mindestens zwei grosse, lebende Opfertiere geben. Diese Leistungen wollen erst vollbracht sein, bevor man ein *Môka* „essen" kann. Auch ist es allein mit dem Empfang eines *Môka* nicht getan. Er verpflichtet zur Gegenleistung. Hat z. B. ein Onkel seinem Neffen ein *Môka* gegeben, so möchte in angemessener Zeit auch der Onkel bei seinem Neffen „*Môka* essen". Er wird bei ihm zwar auch erst „pflanzen", ehe er hoffen kann „zu ernten", aber wenn dann die Zeit der „Ernte" gekommen ist, muss der Neffe im Falle eines *ken-Môka*, wenn es ihm Ansehen und Ehre einbringen soll, mindestens zehn Muscheln und acht sog. Zugaben — Kasuar, Stirnband, Nautilus, Kauri-Schnüre, Beile, Vogelschmuck — zusammenbringen und dem Onkel als *Môka* geben. Dabei müssen selbstverständlich auch immer Opfertiere geschlachtet werden, denn ohne Opfer geht es nicht. Woher soll dann der Neffe alle diese Dinge nehmen? Er muss schon die nötige Redegabe und Überzeugungskraft besitzen, seine Bluts- und Eheverwandten dazu zu bringen, dass sie Beiträge zu seinem *Môka* liefern, sonst kann er es nicht geben. Das Beispiel des *Neŋka Ruimb* soll dies veranschaulichen. Um seinen *Môka*-Verpflichtungen nachkommen zu können, erhielt *Neŋka Ruimb* von seinen Verwandten folgendes:

1. *Ruimb's* Bruder gab 1 *ken**. Die Gegengabe dafür hatte *Ruimb* damals noch nicht geleistet. Beim *Môka* erhielt der Bruder einen Vorderschlegel.

2. Der Bruder von *Rimb's* Frau gab 1 *ken*. Erhielt als Gegengabe 1 *ken*. Beim *Môka* erhielt er einen Hinterschlegel.

3. Der Mann von *Ruimb's* Schwester, *Komka Wak*, gab 1 *ken*. Die Gegengabe war *Ruimb* noch schuldig. *Wak* erhielt einen Hinterschlegel.

4. *Wak's* Vater, *Komka Uip*, gab 1 *ken*. Gegengabe ist noch zu leisten. Erhielt einen Vorderschlegel.

5. Ehemann der Schwester von *Ruimb's* Frau gab 1 *ken*. Erhielt als Gegengabe 1 *ken*. Erhielt beim *Môka* ein Rückenstück.

6. Ehemann von *Ruimb's* Bruders Frau Schwester gab 2 *ken*. Gegengaben sind noch zu leisten. Erhielt beim *Môka* 1 Vorder- und 1 Hinterschlegel.

7. Ehemann von *Ruimb's* zweiter Schwester gab 4 *ken*, als er sah, dass *Ruimb* seine Verpflichtungen sonst nicht erfüllen konnte. Für diese sind die Gegengaben noch zu leisten. Dieser Schwager des *Ruimp* erhielt eine Schweineseite.

8. *Ruimb's* Vetter, Sohn von *Ruimb's* Vaters Schwester, gab 1 *ken*. Gegengabe ist noch zu leisten. Erhielt einen Hinterschlegel.

9. *Ruimb's* Vetter, Sohn des Bruders von der Mutter, gab 1 *ken* und 1 *Nassa*-Stirnband. Erhielt als Gegengabe 1 *ken*. Für das Stirnband ist die Gegengabe noch zu leisten. Erhielt einen Vorderschlegel.

Neun Verwandte gaben so dem *Neŋka Ruimb* 13 *ken* und 1 Stirnband. Damit konnte er einen Satz von 10 Muscheln zusammenstellen und seinem Onkel als *Môka* geben. An Zugaben ist nur das eine Stirnband erwähnt. Er braucht aber für ein richtiges *Môka* acht Zugaben. Einen Kasuar hatte er selbst aufgezogen. Kauri-Schnüre, Beile usw. musste er sich durch entsprechende Gaben von Opferfleisch erwerben oder sie bei weiteren Gruppen-Genossen und Verwandten „herumlaufend erbitten". Die restlichen drei Muscheln verwendete er zusammen mit zwei lebenden Opfertieren, um bei einem *Mi*-Bruder „*Môka*-Setzlinge zu pflanzen". Einen Teil des zuerst von seinem Onkel erhaltenen *Môka* hatte er verwendet, um bei einem seiner Schwäger ebenfalls „*Môka*-Setzlinge zu pflanzen". Einen anderen Teil hatte er verwendet, um „Schweine-Setzlinge" zu bekommen, etliche drängende Einzelschulden zu begleichen und schliesslich noch mitzuhelfen, einem seiner jüngeren Brüder eine Frau zu erwerben.

Die Verwandten gaben ihm die oben erwähnten Dinge natürlich nicht als Geschenk, sondern als Hilfe, d. h. als Gabe, für die die entsprechende Gegengabe — und sei es erst nach vielen Jahren — erwartet wird. Für ihre Hilfe erhalten sie, wie man aus den obigen Beispielen sieht, Opferfleisch. Damit sind sie in die Lage versetzt, ihren Toten ein Opfer darzubringen, sie können etwas von dem Fleisch — oder auch alles — für sich und ihre Angehörigen verwenden, und sie können davon auch kleine Gaben zwecks Erlangung einer späteren Gegen-

* *ken* ist das *Medlpa*-Wort für die Goldrand-(goldlip) Muschel.

gabe weitergeben oder auch kleine Gegengaben leisten, die sie selber schuldig sind. Für das Opferfleisch werden sie *Ruimb's* Lob singen und ihn preisen. — Dies ist für *Ruimb* auch ein Motiv seiner *Môka*-Unternehmung. Die Vorder- und Hinterschlegel oder ganze Schweineseiten, die sie nach obigen Beispielen von *Ruimb* erhielten, sind also nicht etwa *Ruimb's* Gegengaben für die von den Verwandten erhaltenen Muscheln, sondern sind nur eine Anerkennung ihrer Hilfe. Sie sind eine „Wundertat" des *Ruimb* zur Fleischversorgung seiner Leute und Verwandten. Für die gegebenen Muscheln aber wollen sie auch wieder je eine Muschel erhalten als Gegengabe, und zwar womöglich eine schönere und grössere als die war, die sie dem *Ruimb* gaben. Auf keinen Fall werden sie eine weniger wertvolle Muschel dafür nehmen. Wie die obigen Beispiele zeigen, hatte *Ruimb* bis dahin nur für drei der empfangenen Muscheln die Gegengaben geleistet. Für die zehn übrigen war er sie noch schuldig. Woher nahm er das Fleisch zu den Fleischgaben und zu den Fleischlieferungen an seine zwei neuen *Môka*-Partner? Er kann natürlich aus seinen eigenen Beständen Tiere schlachten. Er muss ja auch immer wieder seinen Geistern opfern, damit sie ihm bei seinen Unternehmungen „vorangehen" und die Leute willig machen, ihm zu helfen. Im übrigen erhält er von den Bluts- und Eheverwandten nicht nur einzelne Beiträge an Muscheln, wie oben gezeigt, sondern ebenso auch einzelne Beiträge an lebenden Tieren oder aber Fleisch von bereits geschlachteten. So sind Verwandte gegenseitig immer alle einander verpflichtet in dem Kreislauf des gegenseitigen Nehmens und Gebens. Der Kreislauf darf nicht unterbrochen werden — etwa durch eine abschliessende und endgültige Begleichung der Schulden —, denn das würde ja einem Abbruch der guten Beziehungen gleichkommen! Natürlich ergeben das dauernde Be- und Versprechen auch allerlei Spannungen und Verstimmungen. Besonders die *Môka*-Macher selber können oft — nach ihren eigenen Aussagen — nicht schlafen, sondern liegen wach, um an den Fingern alles nachzuzählen, zu überdenken und zu planen. — Man sieht übrigens schon an dem bisher Geschilderten, dass das *Môka* nicht Angelegenheit einzelner ist. Wenn auch einzelne, wie erwähnt, die Initiative ergreifen, ein *Môka* planen, organisieren und durchführen, so ist doch immer ihre ganze jeweilige Verwandtschaft und Sippe aufs lebhafteste daran beteiligt. Auch die Toten sind wie an allen wirtschaftlichen Dingen der *Mbowamb* so auch am *Môka* um der Opfer willen höchst interessiert.

Wenn also ein junger Mann, der zum erstenmal ein *Môka* erhalten soll, im Verlaufe von vielleicht einer, zwei oder drei Fruchtzeiten seinem *Môka*-Partner (Vater, Bruder, Onkel oder Schwager) die für ein *ken-Môka* nötigen Fleischgaben, lebende Tiere und Goldrandmuscheln geliefert hat, und wenn sein Partner dann in der Lage sein wird, ihm dafür als Gegenleistung das *Môka* öffentlich zu übergeben, so sagt er bei dieser Gelegenheit zu dem jungen *Môka*-Empfänger: „Ich richte dir mit diesem *Môka* die Bambusstäbchen zu." Der junge Mann kann sich nämlich jetzt das erste Bambusstäbchen umhängen für das empfangene *Môka*. Dadurch kommt er nun in der Öffentlichkeit in den Ruf eines Mannes, der *Môka* macht. Das ist für ihn wichtig. Er muss erst in den Ruf eines *Môka*-Machers kommen, ehe andere willig sind, mit ihm in *Môka*-Beziehungen zu treten. Denn erst, wenn einer ihm ein *Môka* gegeben hat, darf man einigermassen gewiss sein, dass er die Fähigkeiten besitzt und die Voraussetzungen, die nötig sind, um „*Môka*-Setzlinge zu pflanzen" und selber *Môka* zu geben. Das erste *Môka* ist nur ein Anfang. Aber es ist ein Beweis, dass der Mann fähig ist, Wertsachen und Schweine magisch

„anzuziehen". Nun wird mindestens e i n anderer gerne bereit sein, bei ihm „zu pflanzen". Was er da erhält, kann er nun sofort dazu verwenden, bei einem dritten oder vierten seinerseits „zu pflanzen". So erhält er dann eines Tages von dieser dritten und vierten Seite selber je ein *Môka*. Davon kann er dann denen ein *Môka* geben, die bei ihm „gepflanzt" haben. Zum Teil kann er davon nehmen und Einzelverpflichtungen erfüllen oder aber, um bei noch weiteren Partnern „zu pflanzen". Hier beginnt sich schon der komplizierte Charakter des *Môka* abzuzeichnen, zumal wenn man im Auge behält, dass ja die Bluts- und Eheverwandten eines *Môka*-Machers durch ihre Einzel-Beiträge alle mit in das „Geschäft" verwickelt sind. Sooft ein *Môka*-Macher ein *Môka* empfängt, und sooft er eines gibt, kann er sich ein weiteres Bambusstäbchen umhängen. Diese *omak* genannten Bambusstäbchen (Kap. 14, 5) zeigen also an, wie viele *Môka* einer schon empfangen und gegeben hat. Sie zeigen nicht an, dass er ein reicher Mann in dem Sinne ist, dass er viele Wertsachen zu Hause liegen hat, sondern in dem Sinne, dass Wertsachen, Opfertiere und Opferfleisch „durch seine Hände gehen". Sie zeigen n i c h t an, wie viele Wertstücke und Schweine er besitzt, sondern sie zeigen an, dass er einer ist, der in der allgemeinen Zirkulation der Wirtschaftsgüter an einem Knotenpunkt steht, d. h. der die erforderlichen magischen Qualitäten besitzt, die allgemein begehrten Dinge „anzuziehen", den Umlauf zu organisieren, seiner Gruppe und ihren Verwandten, einschliesslich ihrer Toten, zugute kommen zu lassen und ihnen immer wieder einmal durch Veranstaltung eines Opfer-Wirtschafts-Festes von neuem Macht, Leben, Erhöhung des Lebensgefühls und Machtbewusstseins als Überlegenheit über alle vorder- und hintergründigen Feinde zu vermitteln (Kap. 14, 5).

KAPITEL 53
DAS SCHWEINE- ODER KUNG-MÔKA

1. Die wirtschaftliche Bedeutung.

Es ist auf die bedeutende Rolle hinzuweisen, die das „Handeln" mit Schweinefleisch in Form von Schweineschlegeln und ganzen Fleischseiten spielt. Man wird im Lande der *Mbowamb* kaum einen Weg gehen, ohne jemandem mit einem „Fleischpaket" oder auch zwei Leuten zu begegnen, die eine oder auch mehrere Fleischseiten an einer Stange tragen; dabei handelt es sich um gegenseitige Fleischversorgung. Die Eingeborenen kennen ja keine Fleischkonservierung. Bei dem Klima bliebe den Leuten nichts anderes übrig, als beim Schlachten alles Fleisch möglichst sofort zu verzehren. Dann hätte man lange Zeit wieder gar nichts. Deshalb verbrauchen die *Mbowamb* beim Schlachten nur den geringeren Teil selbst; die Schlegel oder Seiten aber bringen sie denen in anderen Gruppen, mit denen sie in wirtschaftlichem Austausch der Erzeugnisse und Wertsachen stehen. Anlässlich der grossen Opferfeste lädt man sie zum Fest ein, wo sie dann ihren Anteil an Fleisch bei der öffentlichen Fleischverteilung erhalten. — Für die Empfänger sind diese Fleischgaben niemals nur ein Geschenk, vielmehr ist damit die für Eingeborene selbstverständliche Verpflichtung zu einer entsprechenden Gegengabe verbunden, die zwar nicht sofort, aber doch in angemessener Zeit gegeben werden soll. Solche Fleischgaben erhält man also in gewissen Zeitabständen immer wieder einmal von den Bluts- und Eheverwandten. Daraus ergibt sich dann auch die Verpflichtung zu Gegengaben nach all' diesen Seiten hin. Zudem steht bei den *Mbowamb* jeder Mann in einer Dauerverpflichtung, seine Familie, und jeder Häuptling seine Gruppe immer wieder mit dem nötigen Fleisch zu versorgen. Beim Empfang von Fleischgaben verbraucht man daher gewöhnlich nicht alles selbst, sondern gibt einen Teil davon gleich wieder weiter, um den eigenen Verpflichtungen zu Gegengaben nachzukommen oder aber durch eine Gabe den Grund für eine später zu erwartende Gegengabe zu legen. Dieser distributive Fleischkonsum der *Mbowamb* ist für die Ernährung von Bedeutung.

2. Die religiöse Bedeutung.

Fleisch ist bei den *Mbowamb* immer Opferfleisch. Hat oder erhält man Schweinefleisch, so kann man Opfer darbringen und damit die lebens- und fortkommenswichtige Opfer- und Mahlgemeinschaft zwischen lebenden und verstorbenen Gliedern der Gruppen und ihrer Untergliederungen sowie auch mit den hintergründigen Mächten aufrecht erhalten. Ausserdem besteht für jeden Ehemann die Verpflichtung, seiner Frau oder seinen Frauen immer wieder einmal Schweinefleisch zu verschaffen, damit auch sie ihren verstorbenen Eltern und nächsten Verwandten in der Ecke des Frauenhauses von Zeit zu Zeit ein Opfer darbringen können. Dafür sind die eingehenden Fleischgaben sehr gut zu gebrauchen. Auch in Krankheitsfällen machen diese eingehenden Fleischgaben ein Opfer möglich, ohne dass man immer gleich ein Schwein aus dem eigenen Bestand für ein notwendig gewordenes Opfer zu töten braucht. Hier zeigt sich also deutlich der religiöse Zusammenhang dieser wirtschaftlichen Einrichtung des *kuŋ-Môka*. Man sieht, wie verkehrt und wie west-europäisch es gedacht wäre, wenn man die gegenseitige Fleischversorgung der *Mbowamb* etwa als einen — vielleicht gar geplanten und organisierten — „Konsumverein" verstehen wollte. Man kann k e i n e S e i t e d e r W i r t s c h a f t der Eingeborenen n u r unter ö k o n o m i s c h e n und r a t i o n a l e n Gesichtspunkten betrachten. Die Wirtschaft ist aufs engste mit der Religion verquickt. Das Leben ist nicht aufgespalten etwa in einen wirtschaftlichen und einen religiösen Sektor, sondern ist eine Einheit und Ganzheit.

3. Die Veranstaltung eines Schweine-Môka.

a) Wie kommt es zustande?

Als Beispiel seien *Poiaka Nore* und sein *pam*, der Bruder seiner Mutter, *Komonka Möi*, angeführt. Wenn etwa *Poiaka Möi* in Verlegenheit ist, wie er seinen Verpflichtungen zu Opfern und zur Fleischversorgung der Seinen sowie zu Gegengaben für das von anderen Empfangene nachkommen soll, so macht er seinem Onkel, *Komonka Möi*, einen Besuch. Nach langer Unterhaltung über allerlei andere Dinge sagt er dann beim Fortgehen noch: „O, mein Onkel! Ich bin zu dir gekommen, weil ich in einer Sache in Verlegenheit bin. Gib mir ein ‚Fleischpaket' und eine Muschel. Ich werde dir später einmal ein ‚Ferkel' geben." — Der Onkel versteht schon, dass „Ferkel" hier nur als bescheidene Deckrede für „Schweine-*Môka*" gebraucht ist. Er antwortet daher seinem Neffen: „Es ist fein, was du sagst!" Er nimmt dann eine Goldrandmuschel aus der Umschnürung und reicht sie Nore mit den Worten: „Du sollst mir später ein *kuŋ-môka geben*. Aber keine kleinen Tiere! Es ist recht und billig, dass du mir, deinem Onkel, ein *Môka* geben willst. Indem du es mir gibst, als ob es zu meinem Abschied vor meinem Tode wäre, sollst du mir recht viele Schweine geben!" — Er überreicht dem Neffen dann noch einen Schlegel, und beide verabschieden sich. Den Schlegel hatte er vielleicht eben von jemanden als Gabe oder auch als Gegengabe erhalten.

b) Fleischlieferungen

Von nun an bringt *Möi* seinem Neffen *Nore* immer wieder einmal Fleischstücke, die er von anderen „herumlaufend erbittet". Er liefert ihm vielleicht im Laufe einer oder zweier Fruchtzeiten soviel, dass es etwa dem Wert von drei grossen Schweinen entspricht. *Nore* wird seinem Onkel in der Zwischenzeit für die empfangene Muschel eine andere zurückgeben, denn diese Muschel ist nicht Bestandteil des Schweine-*Môka*, sondern ist nur Ausdruck der Freude des Onkels darüber, dass sein Neffe ihn mit einem *Môka* beehren will. Diese Freudengabe muss mit gleicher Freude mit einer entsprechenden Gegengabe quittiert werden.

c) Verwendung des Fleisches

Die Fleischlieferungen seines Onkels setzen *Nore* instand, seiner Verpflichtung den Seinen und seiner Gruppe gegenüber nachzukommen. Zudem wird er einen grossen Teil des empfangenen Fleisches dazu verwenden, laufenden Verpflichtungen gegenüber seinen Schwieger- und Schwägerschaften, seinen Onkel- und Vetternschaften mütterlicherseits sowie Verpflichtungen aus bereits eingegangenen oder einzugehenden Muschel-*Môka*-Versprechungen nachzukommen. Es ist ein dauerndes Nehmen und Geben. Jedem „Mann von Ehre" ist es ein Anliegen, die guten Beziehungen zu all' den vielen Bluts- und Eheverwandten ständig wieder durch Gaben zu untermauern und damit das eigene Empfangen immer wieder sicherzustellen.

d) Kung peng – „Das Hauptschwein"

Hat *Nore* von seinem Onkel *Möi* soviel Fleisch in Gestalt von Schlegeln und Seiten-Stücken erhalten, dass sowohl er als auch *Möi* der übereinstimmenden Überzeugung sind, dass es nun dem Werte drei grosser Schweine entspricht, so hören die Fleischlieferungen auf. Nach einiger Zeit schickt dann *Nore* seinem Onkel *Möi* folgende Botschaft: „Koche mir nun das Hauptschwein". Es wird so bezeichnet, weil es die Haupt- und Abschlusslieferung an Fleisch ist, die dem *Nore* nicht nur ein Stück einbringt, wie jeweils bei allen vorangegangenen Lieferungen, sondern den ganzen Fleischertrag dieses Tieres. Auch handelt es sich hier nicht wie bisher meist lediglich um Weitergabe von Fleisch, welches *Möi* selbst von anderen erhalten hatte, sondern jetzt schlachtet *Möi* ein Schwein aus dem Bestand seiner eigenen Siedlung. Es mag ihm nicht persönlich gehören, sondern einem seiner „kleinen Leute" oder einer seiner Frauen, in welchem Fall er dem Besitzer entsprechende Gegengabe schuldet. Aber immerhin ist es aus dem Bestand seiner Leute. Dieses Schwein wird aber dem *Nore* auch nicht lebend übergeben, sondern wird erst „gekocht", d. h. nun immer auch „geopfert". *Möi* wird es erst seinen *mbo-kôr* als Opfer darbringen. Sie sollen sich am Opfergeruch ergötzen, die Lebenskraft des Schweines verzehren, um *Möi* und seiner Gruppe auch weiterhin gut gesinnt zu sein.

Ihr Erst-Anspruch auf das Schwein muss geachtet werden, denn es sind ja die Geister, die die Schweine aufziehen! Darum wird also dieses Schwein im eigenen *Kona* geschlachtet und dort in den Erdöfen gedämpft, damit den *mbo-kôr* der Opfergeruch und die Lebenskraft des Opfertieres zugute kommt. Was beim Schlachten an „kleinen Sachen" abfällt, wird von *Möi* und seinen Leuten beim Opfermahl verzehrt. Die Hauptmasse des Fleisches aber wird in Netzsäcke verpackt und *Möi's* Frauen und kinderlose Männer bringen es in Nore's Siedlung, wo *Möi* es dem Nore übergibt.

Nore nimmt es aus den Netzsäcken und legt es auf zuvor ausgebreitete Bananenblätter. Dann spricht er zu *Möi:* „Die Schweine, die ich dir als *kuŋ-Môka* versprochen habe, sind noch etwas klein. Wenn sie in einigen Monaten an Grösse und Gewicht entsprechend sein werden, will ich dir das *kuŋ-Môka* geben. — Er nimmt nun eines seiner kleinen Schweine, spaltet ihm ein Ohr und sagt: Dies ist dein Schwein. Wenn es gross sein wird, will ich dir das *kuŋ-Môka* geben. Gäbe ich es dir jetzt schon, so würde ich von allen mir gleichstehenden Männern verlacht werden und sie würden hämisch und schadenfroh sagen, ich gäbe meinem Onkel ja nur kleine Schweine. Das lasse ich mir nicht nachreden!" — Hier klingt also ein wesentliches Motiv zum *Môka*-Geben kräftig auf. Man will damit Ansehen und Ruhm gewinnen. — *Möi* muss nun wohl oder übel warten, bis Nore ihm das *Môka* geben wird.

e) Erstes kung pup-rundi –

d. h. „dem Partner die Schweinepflöcke einschlagen": Es handelt sich hier um eine Vorschau etlicher Schweine, die *Möi* bei der Übergabe des *kuŋ-Môka* erhalten soll. Sie findet mehrere Wochen vor der Übergabe auf dem Platz vor Nore's Frauenhaus statt. Dort hat Nore einige Pflöcke eingeschlagen und an *Möi* Botschaft geschickt, zu kommen. Hier werden nur vier Schweine angebunden und dem *Möi* gezeigt; also nur so viele, wie der Menge der empfangenen Fleischlieferungen einschliesslich der abschliessenden Hauptlieferung entsprechen. *Möi* kann nun zu jedem einzelnen der vier Schweine seine Zustimmung oder Ablehnung aussprechen. Lehnt er das eine oder andere als zu klein ab, so gibt es lange Verhandlungen. Vielleicht ist *Möi* zu überzeugen, dass die Schweine „entsprechend" sind, vielleicht besteht er aber darauf, dass das eine oder andere ersetzt werden muss durch ein fetteres und grösseres. Das ist für Nore dann nicht leicht, denn alle Schweine seines Bestandes sind ja schon irgendwie für einen Zweck bestimmt; sie sind schon da- und dorthin an andere versprochen, von denen man dafür vielleicht auch ein *kuŋ*- oder *ken-Môka* zu erhalten hofft. Auch hat Nore nicht einfach das alleinige Verfügungsrecht über die Tiere, die er nicht selbst, sondern etwa seine Frauen und „kleinen Leute" als Ferkel eingetan haben und grossfüttern. Sie werden solch' ein Schwein, wenn es nicht überhaupt schon anderweitig versprochen und bestimmt ist, nur gegen Zusicherung einer entsprechenden Gegengabe herausgeben. Ist aber von daher überhaupt kein Schwein zu haben, so bedeutet es für Nore noch viel „herumlaufend Erbitten", um bei Schwägern, Brüdern oder sonstigen Verwandten ein passendes Tier aufzutreiben; natürlich auch wieder nur gegen entsprechende Verpflichtung seinerseits. Vielleicht hat er jemandem ein Muschel-*Môka* versprochen, von dem er nun als Vor-Leistung ein Schwein erhalten kann, um es hier für sein zurückgewiesenes *kuŋ-môka*-Schwein einzusetzen.

f) Zweites kung pup-rundi

Diese zweite und letzte Schweineschau findet auf dem Zeremonialplatz des *Nore* statt. Sind die für das *Môka* bestimmten Schweine gross genug geworden, so dass *Nore* überzeugt sein kann, damit den erwünschten Eindruck zu machen, so schickt er an *Möi* Botschaft, er solle eine Anzahl neuer Schweinestricke drehen und damit an dem und dem Tage kommen. Auf dem Zeremonialplatz des *Nore* wird die entsprechende Anzahl von Pflöcken eingeschlagen. *Nore* wird nämlich seinem Onkel *Möi* nicht nur die vier früher gezeigten Schweine als *Môka* geben, sondern mindestens acht. Wie beim Muschel-*Môka*, so ist auch beim Schweine-*Môka* die Zahl acht die grundlegende Einheit, die nach Recht und Ansehen in der Gesellschaft gilt (Kap. 47, 5). Acht ist das mindeste, was zu geben ist. Weniger als acht kann man nicht geben, wenn es ein *Môka* sein soll. Vier davon sind die aufgeschobene Bezahlung für Empfangenes. Die anderen vier sind die freiwillige *Môka*-Gabe. So ist es auch beim Muschel-*Môka*. Das *Môka* kann also nicht nur als hinausgeschobene Vergütung für vorher Empfangenes betrachtet werden. Das ist es auch, aber darüber hinaus werden von den *Mbowamb* die zweiten vier als freiwillige Gaben verstanden. Sie sind natürlich wiederum keine Geschenke, sondern der Empfänger ist zur gleichen Gabe verpflichtet bei der nächsten Runde, bei welcher dann er der Geber sein wird. Man muss beim Schweine-*Môka* also mindestens acht lebende Tiere übergeben, wenn es als *Môka* anerkannt werden soll. Damit hat man aber nur seine Pflicht getan und darf noch nicht auf besondere Anerkennung seitens der Empfänger und Zuschauer rechnen. Da es jedoch beim *Môka* gerade auf Lob und Anerkennung sehr wesentlich ankommt, ist die über die Zahl acht noch hinausgehende *pendepa-ŋui*, „Zugabe", sehr wichtig. Wessen Name „gross werden und in alle Lande ausgehen" soll, der muss nicht nur acht, sondern wenigstens acht plus zwei oder noch besser acht plus vier Schweine (oder Muscheln) geben.

Die Frauen und „kleinen Leute" des *Nore* binden einen Strick um den linken Vorderfuss eines jeden der ausersehenen Schweine, malen ihnen weisse Kalkstriche auf Rücken und Bauchseiten als Schutz gegen Krankheit und sonstige böse Einflüsse und führen sie dann auf den Zeremonialplatz, wo sie an die Pflöcke gebunden und dann von *Nore* dem *Möi* gezeigt werden. *Möi* schaut sich nun vor allem genau an, ob die vier, ihm schon früher gezeigten Tiere, wirklich die gleichen sind, denn auf sie hat er ja auf Grund seiner Fleischlieferungen Rechtsanspruch, während alle anderen ihm nur nach Sitte und Brauch des *Môka* zustehen.

Nore lässt neun Schweine anbinden. Also nur „einen Daumen als Zugabe". *Möi* prüft alle Schweine ganz genau und gibt dann schliesslich seiner Enttäuschung darüber Ausdruck, dass es nur neun sind. „Ich bin doch gekommen, um noch ein weiteres Schwein als Zugabe zu empfangen. Acht plus zwei hättest du mir als deinem Onkel schon geben sollen! Was du hier geben willst, ist nicht entsprechend (unserer Onkel-Neffen-Beziehung)! Gib wenigstens noch ein Körbchen Aschensalz und eine Kauri-Muschelschnur dazu." *Nore* anwortet: „Was ich dir hier zeige und dir als *Môka* geben will, ist wahrlich genug! Redest du vielleicht so, weil du siehst, dass ich von jemand anderem ein grösseres *Môka* erhalten habe? Habe ich dir vielleicht eine entsprechende Anzahl vorenthalten? Davon kann keine Rede sein! Alle, denen ich gab, lassen mich mit ihren Gegengaben in Stich. So weiss ich nicht, wie ich dir noch mehr geben sollte, als das, was ich dir hier vorführe. Ich gebe dir acht Schweine und ein neuntes als Zugabe, das ist genug! Mein Onkel, was du hier sagst, das lasse ungesagt. Ein andermal will ich dir dann einen weiteren Daumen (ein zehntes) dazulegen. Für diesmal ist es genug!"

g) Die öffentlich-rechtliche Übergabe

ist beim Schweine- und Muschel-*Môka* ganz die gleiche. Sie erfolgt noch nicht an dem Tage, wo die zu übergebenden Sachen den Empfängern gezeigt werden. Sind die Empfänger aus der Gruppe der Geber, so übernehmen sie, bzw. ihre Frauen und „kleinen Leute", die Schweine bereits dann, wenn sie auf dem Zeremonialplatz öffentlich gezeigt worden sind und führen sie heim. Sind die Empfänger dagegen aus einer anderen Gruppe, also von weiter her, so bleiben sie in der Siedlung des *Môka*-Gebers, wo sie die Schweine bereits unter ihre Obhut nehmen. Die Zeremonie der öffentlich-rechtlichen Übergabe erfolgt dann am nächsten Tage unter Beteiligung einer grossen Zuschauermenge. Die Schweine werden zum Zwecke der Übergabe wieder herbeigeholt und an die Pflöcke gebunden.

Austausch zweier Opfertiere

Das neunte Schwein, das *Nore* als Zugabe gibt und das besonders gross und fett ist, wird in Wahrheit nicht einfach „dazugegeben". Die Bezeichnung „Zugabe" besteht nur insofern zu Recht, als *Nore* durchaus nicht verpflichtet wäre, dieses Schwein dem *Möi* zu geben. Dem Rechte nach hätte *Nore* durch Übergabe von acht Schweinen schon genug getan. Das neunte Schwein als Zulage erhält darum *Möi* nicht einfach umsonst; er muss vielmehr am Tage der öffentlichen Übergabe des *Môka* ebenfalls ein Schwein mitbringen, das an Grösse und Gewicht dem „Zugabe-Schwein" des *Nore* nicht nachstehen darf. *Möi* bezeichnet es als *por-kuŋ*, welcher Ausdruck besagt, dass dies seine letzte und abschliessende Lieferung an *Nore* im Zusammenhang mit dem gegenwärtigen Schweine-*Môka* ist. Diese beiden Tiere werden von *Möi* und *Nore* öffentlich vor aller Augen ausgetauscht. Gerade in diesem Austausch, der über jede rechtliche und moralische Verpflichtung hinaus ganz freiwillig und ein Austausch des Besten ist, was man hat, nämlich lebendiger Opfertiere, woran die beiderseitigen Totengeister leidenschaftlich interessiert sind, liegt für die *Mbowamb* der erlebnismässige Höhepunkt des *Môka*. Unter wirtschaftlichem Gesichtspunkt und unter dem von Vorteil und Gewinn bleiben sowohl Schweine- wie Muschel-*Môka* ganz unverständlich. Es ist die Stärkung und Aktivierung der zwischenmenschlich-seelischen Beziehungen unter Einschluss der Beziehungen zu den hintergründigen Mächten, auf die es den *Mbowamb* dabei vor allem ankommt. Der Austausch wirtschaftlicher Güter besagt nicht, dass es nur um Sachwerte geht, sondern diese sind das Hilfsmittel zur Herstellung und Befestigung der guten Beziehungen. Die menschlichen Beziehungen sind verankert in der Religion, und deshalb tauscht man hier die Opfertiere, damit auch die hintergründigen Mächte, also der „schöpferische Vogel" und das *Mi*, die Gross-Geister und die Totengeister der beteiligten Gruppen untereinander Gemeinschaft haben, denn ohne diese wird kein wirtschaftliches Unternehmen gelingen. Stünden sich die Geister und Mächte der beteiligten Gruppen hüben und drüben feindlich gegenüber, so wäre jede wirtschaftliche Beziehung hin und her unmöglich. Der Austausch der genannten zwei Opfertiere wird als *kuŋ tepam rui* bezeichnet, was eben diesen Opferzusammenhang des Handels und der Wirtschaft bedeutet.

h) Die öffentliche Abzählung

Nore und seine Leute, sowie *Möi* und dessen Leute, laufen nun an der Reihe der an Pflöcke gebundenen Schweine entlang. Dabei zählt Nore ab: „Diese zwei und diese zwei — zusammen vier. Diese zwei und diese zwei — zusammen vier. Vier und vier — das sind acht. Das neunte gebe ich als *têpam* — als Zeichen der freundschaftlichen Beziehungen zwischen unseren Gruppen." Beim Abzählen wird jedes Schwein „angefasst", indem es der Zählende etwa mit dem Fuss anstösst oder mit dem Stöckchen berührt, das er zum Abzählen verwendet. Nore hält dann noch eine kleine Rede: „Mein Onkel, ich gebe dir heute ein *kuŋ-Môka*, weil du mich schon als kleinen Jungen in deine Gemeinschaft aufgenommen hast. Wer von den jungen Männern meinesgleichen seiner Onkelschaft noch kein solches *Môka* gegeben hat, sondern müssig geht, nehme sich an mir ein Beispiel und gebe so viele und so grosse Schweine, wie ich hier meinem Onkel gebe!" — Nun halten Nore, *Möi* und ihre Mannen ihre Zeremonialbeile in der rechten Hand etwas vor und rennen je zwei und zwei die Reihe der Schweine entlang nach oben und dann wieder zurück nach unten. Am unteren Ende der Reihe angekommen, macht Nore einen Sprung und springt klatschend auf den Boden, indem er ruft: „So viele, wie ihr hier seht, gebe ich!" *Möi* tut dasselbe und ruft: „So viele, wie ihr seht, empfange ich — *aŋ-ke!*"

i) Die Verteilung der Schweine

Möi verteilt die empfangenen Schweine etwa wie folgt: Er löst eines vom Pflock und übergibt es seiner Hauptfrau mit den Worten: „Dieses führe du!" Ein zweites übergibt er seinem erstgeborenen Sohn: „Dieses führe du!" Ein drittes erhält die Nebenfrau: „Dieses führe du!" Das vierte übergibt er einem Mann mit folgenden Worten: „Du hast jenes Schwein gekocht, und ich weiss, ich bin es dir noch schuldig. Fasse dieses an und führe es!" — *Möi* bezieht sich hier auf das unter d) erwähnte „Hauptschwein". Weil er damals keines hatte, schlachtete er das Schwein eines seiner Mannen und lieferte das Fleisch an Nore. Nun erhält also dieser Mann ein Schwein dafür zurück. Weil er einen Rechtsanspruch darauf hat, heisst es in der Übergabe an ihn ausdrücklich „Fasse dieses an".

Hat ein Mann mehr als zwei Frauen, so muss er auch der dritten und vierten je ein Schwein geben. Tut er es nicht, so *maŋa ndip nomba*, „wird das Haus brennen". Er würde dann also keine ruhige Stunde mehr haben. Da *Möi* nur zwei Frauen hat, behält er die vier anderen Schweine und das von Nore eingetauschte zu seiner eigenen Verfügung. Er übergibt sie aber zunächst seinen Frauen zur Obhut und ermahnt sie: „Ich muss nun wieder viel ‚herumlaufen'. Bindet jedem der Schweine einen Knüppel in den Strick, damit sie nicht davonlaufen. Wie wolltet ihr sie dann wiedererkennen und zurückholen?" Die Frauen tun denn auch nach seinem Geheiss und geben wochenlang auf die Schweine acht und füttern sie. Wenn sie dann merken, dass sie sich eingewöhnt haben, lassen sie sie frei laufen.

j) Verwendung der Schweine

Von den Frauen kann jede das ihr zugeteilte Schwein für ihre eigenen Zwecke verwenden. Sie werden es wahrscheinlich eines Tages ihren toten Eltern als Opfer darbieten, einen

Teil des Opferfleisches dann mit ihren Kindern zusammen verzehren und das übrige fortgeben, um ihre Verpflichtungen ihren Verwandten gegenüber zu erfüllen, von denen sie auch öfters Fleischgaben oder kleine Wertstücke, Aschensalz oder dergl. erhalten, wofür sie natürlich wieder Gegengaben geben müssen. — *Möi* selber wird das eine oder andere der Schweine, die er zu seiner eigenen Verfügung behielt, vielleicht nehmen, um „Muschel-*Môka*-Setzlinge zu pflanzen". Dasselbe wird sein Erstgeborener tun.

k) Abschluß des kung-Môka

Möi wird eines Tages von Nore geladen werden, zusammen als Abschluss des *kuŋ-Môka* ihren Leuten ein Schlacht- und Opferfest zu veranstalten. Das ist dann für Nore der Abschluss dieses einen *kuŋ-Môka* mit seinem Onkel. *Möi* wird aber auch Nore und seine Leute laden zu dem abschliessenden Fest, welches *Möi* auf seinem *pena* halten wird. Die Schweine, die *Möi* für sich zurückbehielt, werden dann geschlachtet werden. Das grosse Schwein, das er gegen ein eigenes von Nore eingetauscht hat, wird er vor allem seinen verstorbenen Eltern darbringen. Für jede seiner Frauen wird er zwei oder mehr Schweine schlachten müssen, damit sie mit all' ihren Verwandten an dem grossen Mahl teilnehmen können. Das ist dann zugleich eine Gegengabe an seine Frauen für ihre Arbeit mit den Schweinen, die sie für ihn aufziehen. Da *Möi* zu dieser Essgemeinschaft auch alle seine Verwandten mütterlicherseits einladen wird, dazu seine Brüderschaft und Schwesterschaft, wird er zu den von Nore erhaltenen Schweinen hinzu noch weitere schlachten müssen, die sich vielleicht aus einem weiteren, inzwischen von einer anderen Seite her erhaltenen Schweine-*Môka* oder aus Voraus-Leistungen für Muschel-*Môka*, die er anderen zu geben versprochen hat, vielleicht auch aus dem einen oder anderen „herumlaufend erbetenen" Schwein rekrutieren werden. Bei der Fleischverteilung werden sowohl alle Bluts- und Eheverwandten des *Möi*, an deren Schlacht- und Opferfest *Möi* und seine Leute entweder früher einmal teilgenommen haben oder später teilnehmen wollen, als auch Nore und seine Gruppe mit der entsprechenden Fleischgabe bedacht werden müssen. Auch alle die, die dem *Möi* seinerzeit Schlegel und Fleischseiten zur Verfügung stellten, um Nore mit den für das *kuŋ-Môka* nötigen Fleischlieferungen versehen zu können, werden nun ebenfalls auf die fällige Gegengabe warten. Diese *Môka*-Helfer werden bei der Fleischverteilung eigens bei Namen genannt und mit einer entsprechenden Fleischgabe geehrt. — *Möi* wird bei dieser Gelegenheit auch versuchen, die Ferkel, die er von anderen erwarb und seinen Frauen zur Aufzucht übergab, mit einem Schlegel oder einer Fleischseite abzuzahlen. Es wird ihm aber nachher der eine oder andere erklären, er wolle für den erhaltenen Schlegel oder die Seite später lieber auch wieder einen Schlegel oder eine Seite als Gegengabe geben. Das gelieferte Ferkel soll *Möi* lieber eines Tages mit einem lebenden Schwein begleichen, denn das Ferkel würde ja bald gross werden und dann mehr wert sein, als nur einen Schlegel oder eine Fleischseite! So gehen die Verhandlungen nie zu Ende. Tatsächlich lässt man sich Ferkel nicht gerne vergüten, solange sie noch klein sind, sondern erst, wenn sie gross sind. Denn dann kann man sagen: „Das hast du von mir!" und eine dementsprechende Gegengabe fordern.

Mit dem Schlachtfest, der Fleischverteilung und der Opfermahlgemeinschaft mit seiner ganzen Gruppe und all' ihren Verwandten ist nun für *Möi* das mit Nore veranstaltete *kuŋ-Môka* zu Ende gebracht. *Möi* sowohl, wie Nore, werden nun aber schon wieder nach neuen

„Schweinesetzlingen" herumlaufen, die sie ihren Frauen zur Aufzucht übergeben können zwecks Veranstaltung weiterer *kuŋ-* und *ken-Môka.*

l) Reichweite eines Schweine-Môka

Ein *kuŋ-Môka* erstreckt sich nicht auf so viele Partner weiter wie ein *ken-Môka.* Oft wird es nur unter zweien abgemacht, wie oben dargestellt wurde. Trotzdem kann man *kuŋ-Môka* grossen Stiles sehen. Es handelt sich dann um eine Koordination mehrerer *kuŋ-Môka,* die ein Mann von verschiedenen Seiten her zu erhalten hat. Ausserdem haben ja alle führenden Männer eines *kedl-kum* und *ou-kum* nach dem Beispiel des *Möi* und *Nore* ebenfalls ihre eigenen *Môka*-Beziehungen. Alle diese Männer eines *kedl-* oder *ou-kum* kommen dann in ihrer Ratsversammlung überein, ihre jeweiligen Schweine-*Môka* nicht einzeln und zu verschiedenen Zeiten abzuhalten, sondern dies zu einem gleichen Termin zu tun, damit es ein gemeinsames, grosses Fest für den ganzen *kedl-* oder *ou-kum* wird, verbunden mit Tanz, grossem Essen und Verteilung gewaltiger Fleischmengen; auch wenn man danach lange Zeit wird hungern müssen. Die mit einem solchen Fest verbundene Ehre und die Befestigung des guten Einvernehmens sind das schon wert!

m) Motive des kung-Môka

Wie alle wirtschaftlichen Unternehmungen der *Mbowamb,* so steht auch das *kuŋ-Môka* nicht isoliert da, sondern hängt aufs engste mit dem Opferdienst zusammen. Ein Motiv ist ohne Frage die Ehre und Selbstglorifikation der Veranstalter. Es wird dadurch „ihr Name gross und geht aus bis an alle Horizonte." Ein weiteres, sehr wichtiges Motiv ist aber auch die Stärkung und Erneuerung der freundschaftlichen Beziehungen unter den Verwandten und ihren Gruppen, die ja immer ganz verschiedenen, oft feindlichen *ou-kum* angehören. Freilich sind sowohl *kuŋ-* wie *ken-Môka* nicht selten der Anlass zu Streit und Verstimmungen, die zuweilen statt zur Befestigung eher zur Zerreissung der Beziehungen führen. Das ist aber keine Widerlegung der guten Absicht, die guten Beziehungen dadurch zu stärken. Das eigentliche Motiv scheint jedoch das magisch-religiöse zu sein. Es steht ganz ohne Frage nicht nur ein intensives religiöses „Interesse" dahinter, sondern nach dem Glauben der *Mbowamb* sind wirtschaftliches Gedeihen und Wohlergehen, Gesundheit und Heil von der Veranstaltung dieser Opferfeste und dem Vollzug der Riten und magischen Handlungen abhängig. Gerade auch die verstorbenen Mitglieder der Gruppe sind aufs lebhafteste daran beteiligt. Ihre Mithilfe ist von vornherein eine unerlässliche Bedingung für das Gelingen. Sie müssen alle magischen Kräfte und Mächte, die störend und hindernd eingreifen könnten, fernhalten. Das geht aus folgendem hervor:

1. Ist *Möi* auf den Vorschlag Nore's eingegangen, mit ihm in eine *Môka*-Beziehung einzutreten, so nimmt Nore den ersten von *Möi* erhaltenen Schlegel erst einmal zu seinem „Geisteropferhaus", um dort ein Opfer darzubringen. Er wärmt das Fleisch dort auf, und die Geister geniessen den aufsteigenden Opfergeruch. Im Opfergebet wendet Nore sich hauptsächlich an seinen verstorbenen Vater: „Mein Vater! Nimm dieses Opferfleisch hin, fasse es an, zerlege es in kleine Stücke und teile es aus unter all' die ‚kleinen Geister'. Iss du auch

selbst davon! Ich bin im Begriff ein *kuŋ-Môka* zu machen. Da sollen meine Schweine nicht von einer Seuche oder Krankheit befallen werden. Meine Schuldner sollen sich nicht weigern, mir die ausstehenden Gegengaben an Wertsachen, Fleisch und Schweinen, die sie mir schulden, auf meine Mahnung hin zu geben. Deshalb bringe ich dir dieses Opfer dar. Gehe du mir voran, wenn ich nun Wertsachen und Schweine erbittend herumlaufen werde. Meine Frauen und Kinder sollen nicht von Krankheiten und Kopfschmerzen befallen werden. Deshalb halte du unsere Häupter zusammengefasst!" — Auch *Möi* bringt solche Opfer dar und wendet sich im Opfergebet mit den gleichen Anliegen an seine Geister.

2. Das Fleisch, das *Möi* dem Nore liefert, ist nicht rohes, sondern gekochtes Fleisch. Weshalb? Es ist Opferfleisch. Niemand gibt nach Möglichkeit ein Schwein lebend weiter, sondern schlachtet und opfert es zuvor, um nicht — wie im Falle der Weitergabe lebender Schweine — ihre „Seele" mit wegzugeben. Es ist aber auch im bereits gedämpften Fleisch immer noch etwas von der Lebenskraft des Opfertieres enthalten. Darum kann der Empfänger es durch nochmaliges Dämpfen ebenfalls noch als Opfer darbringen. So steht also das Schweine-*Môka* ganz im Dienste des Opfergedankens, d. h. der Erhaltung und Förderung des Lebens. Um des Opfers willen wird darum auch das „Hauptschwein" dem Empfänger nicht lebend überbracht, sondern wird erst als Opfer dargebracht. Von daher ist auch der wichtige Austausch zweier lebender Opfertiere als Höhepunkt der öffentlichen Übergabe zu verstehen.

3. Beim Empfang dieses „Hauptschweines" ist Nore in der Lage, wieder ein grösseres Opfer darzubringen, um den ungehinderten Fortgang der Unternehmung sicherzustellen. Er spricht zu seinem Vater folgendes Opfergebet: „Mein Vater! Weil du mir (in meinen Handels- und Wirtschaftsunternehmungen) vorangehst, habe ich auf meinen Bittgängen Erfolg. Meine Schuldner hören auf mich und geben mir die schuldigen Gegengaben, ohne sich zu sträuben. Meinen Frauen und Kindern begegnet keine Krankheit und kein Kopfschmerz. Wenn du aber merken solltest, dass einer der ‚kleinen Geister' mir Schwierigkeiten und Hindernisse bereiten möchte, dann schlage du ihn zurück und halte ihn fern von mir! Wenn ich sehe, dass du auch künftig an meinem Ellbogen stehst und meine Sachen gelingen lässt, werde ich dir auch weiterhin Opfer darbringen, wenn immer Schweinefleisch vorhanden sein wird. Fasse mein Haupt zusammen und trage mich umher!"

4. Bei der Übergabe des *kuŋ-Môka* redet Nore stolze Worte. Das ist nicht nur Stolz auf seine Leistung, sondern vor allem auch das Bewusstsein, dass seine *mbo-kôr*, voran sein toter Vater, es ihm gelingen liessen. Das gibt ihm und seiner ganzen Gruppe eine ganz grosse Steigerung ihres Lebensgefühls und Selbstbewusstseins. Sie fühlen Macht und wissen sich dadurch allen Rivalen und Feinden überlegen.

5. *Möi* hat es durch seine Fleischlieferungen dem Nore immer wieder ermöglicht, seinen Geistern zu opfern. Das haben sie auch anerkannt durch ihre Hilfe und Abwehr aller Schwierigkeiten. Durch die Übergabe der Schweine an *Möi* verhilft nun auch Nore, dem *Möi* ein grosses Opfer darzubringen. Eben deshalb ist nun die Gemeinschaft zwischen *Möi* und Nore und ihren beiden Gruppen auf's neue gesichert. Auch die beiderseitigen Toten haben durch das Opfermahl Gemeinschaft miteinander und mit den Lebenden. Der Ring des ganzheitlichen Lebens ist wiederum geschlossen.

KAPITEL 54
DAS MUSCHEL- ODER KEN-MÔKA

1. Wie „pflanzt" man ein ken-Môka?

Ken ist das Wort der *Mbowamb* für die Goldrand-(goldlip)Muschel. Wer von einem anderen ein *ken-Môka* erhalten möchte, muss ihm über eine längere Zeit hin erst folgendes liefern:

a) Eine besonders grosse und schöne Goldrandmuschel. Sie heisst „Balzplatzsäuberungsmuschel". Wenn man einen *môka-pena*, *Môka*-Zeremonialplatz, herrichtet, so sagt man ja auch: „Wir richten den Platz des Vogels her". Die „*Môka*-Sprache" zeigt durchweg die Beziehung zum „schöpferischen Vogel".

b) Eine Muschel, die nicht ganz so gross zu sein braucht wie die erste. Sie heisst „Einebnungsmuschel". Der *môka-pena* soll schön eingeebnet werden. Es soll sich alles ohne Hindernisse abwickeln.

c) Ein grosses Opfertier. Es heisst „Erwerbsschwein". Es soll ein *ken-Môka* erwerben.

d) Das Fleisch von mindestens zwei, besser noch von vier geschlachteten Opfertieren.

e) Einzelne Gaben von gedämpftem Fleisch in Abständen über eine längere Zeit hin. Bei dem Fleisch handelt es sich, wie beim *kuŋ-Môka*, immer um Opferfleisch, das sowohl Geber wie Empfänger ihren jeweiligen Opferstätten als Opfer darbringen, bevor sie es weitergeben oder verbrauchen. Die hintergründigen Mächte sollen zum Gelingen beitragen. Auch soll die Unternehmung weder durch Krankheit noch durch Unglück unter Menschen und Tieren gestört werden.

2. Wie „isst" man ein ken-Môka?

In der Sprache der *Mbowamb* sagt man nicht: ein *Môka* „empfangen", sondern „essen". Nach der Art, wie einem ein *Môka* gegeben wird, unterscheidet man:

a) Das „Haus-Môka".

Es wird „unten", d. h. unauffällig und ohne Tanz, nicht öffentlich, sondern nur im Hause übergeben. Das Erwerben oder Leihen des zu einem Tanz nötigen Vogelschmuckes verursacht ja dem Veranstalter eine Menge besonderer Auslagen. Auch muss er bei einer öffentlichen Veranstaltung mit Tanz viel mehr Opfertiere schlachten, um die vielen Teilnehmer zu speisen. Wer das nicht leisten kann oder will, sagt dem Partner gleich von vornherein, dass er ihm nur ein „Haus-*Môka*" geben wird. Danach richtet sich dann der Umfang der Vor-Leistungen. Die oben unter a-e angegebenen Leistungen berechtigen nur zum Empfang eines „Haus-*Môka*". Ein solches spielt sich nur zwischen zwei Partnern ab. Wenn der eine diese Vor-Leistungen vollbracht hat, und der andere ihm dann dafür das *ken-Môka* geben will, so breitet er im Haus eine Anzahl Pandanus-Matten aus. Dort werden die zu übergebenden Muscheln und Zugaben aufgereiht. Zur Übergabe stellt sich nur die eigene Väter- und Brüderschaft ein. Sie ist ja durch Einzelbeiträge auch mitbeteiligt. Auch der Empfänger bringt seine Väter- und

Brüderschaft mit in das Haus des Gebers. Die Muscheln sind wie immer beim *Môka* mit einem Ring von Baumharz eingefasst. Das Harz belebt magisch ihren Glanz und erhöht ihren Wert, weil sie durch das Harz Verbindung mit den geheimnisvollen Bäumen erhalten, auf denen sie nach dem Glauben der *Mbowamb* gewachsen sind. Daher auch der sprachliche Ausdruck „Muscheln pflücken". Der „schöpferische Vogel" und die Totengeister haben Zugang zu den „Muschelbäumen", um sie dort zu „pflücken", sonst könnten sie nicht ins Land der *Mbowamb* kommen. — Der Harzring wird mit Rötel bestrichen, denn die rötliche Farbe gilt als hervorragender Machtträger. Auch das *Werma*-Tragband und die Rindentasche (s. Bd. I, 118 Abb. 26 u. 27) werden eingerötelt. Der Geber und der Empfänger zählen beide die Muscheln ab. Der Geber übereicht sie dem Empfänger „das *Mi* anfassend", also in rechtsgültiger Weise. Dabei helfen auch immer die beiderseitigen Väter und Brüder mit, um zu zeigen, dass sie mitbeteiligt sind. Die Muscheln werden in einer Reihe aufgelegt, nach Grösse und Qualität geordnet. Die grösste und schönste liegt immer vorne. Die kleinste, am wenigsten wertvolle am Schluss. Die Abzählung geschieht paarweise. Auch bei einem *ken-Môka* müssen mindestens acht *ken* gegeben werden. Das ist der feststehende Satz. Es liegt also die Zahleinheit acht oder die „Achter-Hand" zugrunde (Kap. 47, 5). Weniger als acht kann man nicht geben, sonst ist es kein *Môka*. Gegen die oben unter a) und b) angegebenen zwei Muscheln werden nun die zwei ersten aus den acht Muscheln aufgerechnet. Die zwei nächsten sind Gegengabe für das „Erwerbsschwein". Für die zwei oder vier geschlachteten Opfertiere schlachtet nun der *Môka*-Geber ebenfalls zwei oder vier Tiere und gibt das Fleisch dem *Môka*-Empfänger. Wir haben also auch beim *ken-Môka* den Austausch von Opferfleisch, dessen Genuss die Gemeinschaft befestigen soll zwischen den lebenden und toten Angehörigen der beiderseitigen Gruppen. — Die restlichen vier Muscheln gibt der *Môka*-Geber nach der Auffassung der *Mbowamb* umsonst. Denn das von dem *Môka*-Empfänger vorher gelieferte Fleisch wird nicht angerechnet. Es ist nicht gegengabepflichtig. Es ist für die Ehre, die der andere einem erweist, indem er ihm ein *ken-Môka* gibt. Selbstverständlich ist es auch beim *ken-Môka* sehr geschätzt, wenn der Geber über die obligatorischen acht hinaus, noch eine 9. und 10., besser noch eine 11. und 12. Muschel geben kann. Vom Empfänger wird das dann als eine unglaublich grosse Ehre geschätzt, und der Geber hebt es dann ganz besonders hervor, dass er noch einige „drauflegt", und „alle Welt rühmt ihn" dafür. Diese über die acht hinaus noch zusätzlich gegebenen Muscheln werden aber keineswegs nicht umsonst gegeben. Sie sind kein Geschenk, sondern der Empfänger muss selbstverständlich bei der nächsten Runde, wenn e r der Geber sein wird, dann auch die gleiche Zahl zugeben. Man wird dann aber auch i h m im konkreten Augenblick, der allein wichtig ist, zugestehen, dass er diese „schöne Wundertat" auch „freiwillig" und „umsonst" vollbringt.

b) Das „kleine Môka"

Dieses findet öffentlich auf dem *môka-pena* statt. Man schmückt sich und tanzt. Dabei werden aber keine Federmosaiks, sondern nur einzelne Federschmuckstücke vom weissen und roten Paradiesvogel getragen. Will ein *Môka*-Empfänger haben, dass der *Môka*-Geber ihm ein solches „kleines *Môka*" mit Schmuck und Tanz veranstalten soll, so muss er bei seinen Vor-Leistungen über die oben angegebenen Dinge hinaus noch eine weitere Muschel geben.

Sie heisst „Verstrebungsmuschel", weil der *Môka*-Geber mit dem Erwerben oder Leihen von Vogelschmuck und mit der Speisung der Tänzer und Gäste allerlei Mehrausgaben haben wird. Die Übergabe der Muscheln mit dem üblichen Abzählen, dem Rühmen der einzelnen Stücke und den Reden hin und her erfolgt beim „kleinen *Môka*" öffentlich auf dem *môka-pena*. Da sind dann auch die Angehörigen der Brüderschaftsgruppen der beiderseitigen Altvater-Sohn-Gruppen und ihre Eheverwandten zum Teil dabei, um das Fest mitzumachen. Dabei handelt es sich auch nicht nur um die Übergabe eines einzigen *Môka*, sondern hier koordinieren mehrere Männer aus einer Brüderschaftsgruppe ihre einzelnen *Môka*, die sie zu empfangen oder zu geben haben, damit sie alle zum gleichen Zeitpunkt als ein gemeinsames, kleines Fest stattfinden. Der Anlass zu einem solchen „kleinen *Môka*" ist immer dann gegeben, wenn man nicht genügend Opfertiere zur Verfügung hat, um ein „grosses *Môka*" zu halten. Das tritt zum Beispiel dann ein, wenn man von anderen gedrängt wird, die schon lange bei einem die „*Môka*-Setzlinge gepflanzt" haben und nun stürmisch danach verlangen, auch „die Frucht zu essen", d. h. die überfälligen *Môka* endlich zu erlangen. Zwar wollte man ein „grosses *Môka*" veranstalten, aber eine andere Gruppe ist einem zeitlich zuvorgekommen. Sie ruft schon überall aus, dass sie dabei sei, ein „grosses *Môka*" zu machen. Darum sollen nun alle ihre Schuldner ihnen die schuldigen *Môka* geben, so dass es wirklich ein „grosses *Môka*" wird. Alle diejenigen, die ihnen ein *Môka* versprachen und darum von ihnen die entsprechenden „*Môka*-Setzlinge" erhielten, müssen nun ihre anderweitigen, eigenen Pläne aufgeben; d. h. sie müssen die *Môka*-Verbindungen, die sie nach vielen anderen Seiten hin ebenfalls mit der Absicht eingegangen sind, ein „grosses *Môka*" veranstalten zu können, nun zu Gunsten der ihnen zeitlich vorausgekommenen Gruppe abbrechen, die ihnen zustehenden *Môka* also vorzeitig einfordern, um sie der Gruppe zu geben, die nun ein „grosses *Môka*" machen will. Dieses vorzeitige Einfordern von ausstehenden *Môka* zugunsten einer Gruppe, die ein „grosses *Môka*" veranstalten will, wobei die eigenen Partner zeitlich noch nicht so weit sind, dass sie von ihren weiteren Partnern schon ein *Môka* erhalten können, nennt man die „*Môka*-Kette abhauen". Diese eilig eingetriebenen *Môka* empfängt und gibt man dann als sogenanntes „kleines *Môka*".

c) Das „große Môka".

Dieses findet mindestens auf der Ebene der *Anda-Noimp-* oder *Pana-ru*-Gruppen statt, am liebsten gleich auf der Ebene der ganzen Ableger-*Mi*-Gemeinschaft. Das „grosse *Môka*" zeichnet sich also dadurch aus, dass hier nicht nur etliche, sondern sämtliche führenden Männer der Untergliederungen eines *Pana-ru* oder auch sämtlicher *Pana-ru* einer Ableger-*Mi*-Gruppe ihre Einzel-*Môka* koordinieren und als gemeinsames Fest veranstalten. Ferner ist es dadurch gekennzeichnet, dass dabei nicht nur *Môka* „hinausgegeben", sondern zuerst einmal ausstehende *Môka* „eingezogen" werden, die von den Festveranstaltern schon im Hinblick auf das Fest bei anderen „gepflanzt" wurden. Jeder der Festgeber wird auf das Fest hin auch danach trachten, nicht nur e i n *Môka* zu „pflanzen", sondern mehrere. Die Kunst, bei einem solchen Fest als „*Môka*-Macher" aufzutreten, besteht also unter anderem auch darin, dass ein Mann es fertigbringt, erst einmal über eine gewisse Zeit hin nicht nur für e i n *Môka*, sondern für möglichst viele die nötigen „*Môka*-Setzlinge zu pflanzen", so dass er dann anlässlich des Festes erst viele „*Môka* essen"- d. h. einnehmen kann. Natürlich muss er die nötige Energie besitzen, die so „gepflanzten" *Môka* zum Fest rechtzeitig „einzuziehen". Denn nur dadurch wird es ihm möglich sein, auf eben diesem Feste dann allen denen ein *Môka* zu geben, die vorher bei ihm „pflanzten". Darum braucht er zum (magisch verstandenen) „Einziehen" seiner ausstehenden *Môka* die Hilfe des „schöpferischen Vogels", der *pogla-mbo*, der Geister, und der Magie, wobei der „Segensspruch-Mann" mitwirken muss (Kap. 52, 1). So werden also beim *môka mam*, „gewaltiggrossen *Môka*", möglichst alle *Môka*-Macher versuchen, die bei ihren Verwandten und sonstigen Partnern im Hinblick auf das geplante Fest „*Môka*-Setzlinge pflanzten", die ihnen dafür zustehenden *Môka* „einzuziehen", um sie an ihre jeweiligen anderen Partner, die bei ihnen „pflanzten", dann „hinauszugeben". Auf diese Weise kommen einige hunderte von Schweinen und heutzutage tausende von Goldrandmuscheln und viele sog. „Zugaben" auf den *môka-pena* der festgebenden Gruppe zusammen. Dazu auch eine gewaltige Menschenmenge. Das ist dann eine „allerschönste Wundertat" und ein „überaus guter Machterweis". — Endlich zeichnet sich das „grosse *Môka*" auch noch dadurch aus, dass hier beim Tanz die grossen Federmosaiks getragen werden (Bd. I, 115, Abb. 24/25). Wünscht der *Môka*-Empfänger, dass ihm ein *Môka* bei der Veranstaltung eines „grossen *Môka*" übergeben wird, wo „alle Welt" es bestaunen kann, so muss er für diese besondere Ehre über die „Muschel für das Säubern des Balzplatzes" und die „Verstrebungsmuschel" hinaus noch eine dritte Muschel als Vor-Leistung geben und zu dem „Erwerbsschwein" hinzu noch ein weiteres grosses Opfertier. Dies nennt man das „Vogel-Schwein". Wer dies nicht leisten will, kann auch nicht die Ehre haben, auf einem „grossen *Môka*" mit einem *Môka* beehrt zu werden, sondern muss mit einem „kleinen *Môka*" oder gar einem „Haus-*Môka*" zufrieden sein. — Da ein *Môka*-Macher bei einem grossen *Môka* immer von mehreren Partnern, bei denen er „gepflanzt" hat, je ein *Môka* bekommt und anderen, die bei ihm „gepflanzt" haben, je ein *Môka* gibt, macht er sich für jedes *Môka*, das er empfangen und dann weitergeben wird, ein sog. „*kundidl*", (Kasuarfedertürmchen) (Bd. I, 138, Abb. 56). Wird er etwa acht *Môka* empfangen — und dann weitergeben —, so steckt er sich 4-5 *kundidl* auf seine Basthaube. Die restlichen steckt er entweder auf seine Pfeile oder lässt sie seine Söhne tragen. Für jedes *Môka*, das er „isst", nimmt er dann ein solches *kundidl* ab und übergibt es seinem anderen Partner, dem er selber ein *Môka* schuldet und nun auf diesem Fest auch gleich übergeben wird. Dabei wird ihm dann jeder der Empfänger dieses *kundidl* wieder zurückgeben als Zeichen dafür, dass er nun auch sein *Môka* empfangen hat. Diese *kundidl* sind aber nicht etwa sozusagen „Schuldschein" und „Quittung", sondern sind die Vergegenwärtigung des „schöpferischen Vogels". Nach dem Fest sieht man noch lange sämtliche *kundidl* an den *pogla-mbo* hängen, wo dann die Vorübergehenden noch immer nachzählen und staunen können, wieviele *ken-Môka* so ein „grosser" und „starker" Mann empfangen und weitergegeben hat.

Ehe es zu einem solchen grossen Fest auf *Pana-ru-* oder Ableger-*Mi*-Gruppen-Ebene kommen kann, bedarf es vieler und langer Diskussionen. Die Ratsversammlungen der *kedl-kum* und *ou-kum* beraten oft und lange die ganze Angelegenheit. Wie in allen öffentlichen Dingen, so gibt es bei den *Mbowamb* auch hier keine Majorisierung einer Minderheit einfach durch Mehrheitsbeschlüsse, sondern alle öffentlich-rechtlichen und religiös-wirtschaftlichen Angelegenheiten werden immer lange diskutiert, bis ein Gemeinschaftsbeschluss reift. So ist es auch beim grossen *Môka*. Ist man zu dem gemeinsamen Beschluss der Veranstaltung eines grossen Festes gekommen, so laufen alle „grossen" und „kleinen" Leute zu ihren *Môka*-Partnern, bei denen sie „Setzlinge gepflanzt" haben, um ihnen den Termin mitzuteilen. „Wir verlassen uns auf euch, dass ihr uns bis dahin die *Môka* geben werdet. die wir uns durch ‚Pflanzen' bei euch erworben haben!" Die jeweiligen Partner versprechen, ihr Bestes zu tun, wenn sie selber die *Môka*, die sie wiederum bei anderen „pflanzten", rechtzeitig erhalten werden. Lehnen sie es ab, die *Môka* bis zum angegebenen Zeitpunkt zu geben, so führt dies oft zu schweren Auseinandersetzungen. Es werden die „*Môka*-Setzlinge", die man „pflanzte", dann wieder „ausgegraben", d. h. die bereits gemachten Vor-Leistungen auf ein *ken-Môka* werden wieder zurückverlangt. Dadurch kommen dann diese Partner wieder in grosse Schwierigkeiten, denn niemand behält ja die empfangenen „*Môka*-Setzlinge" lange bei sich, sondern jeder verwendet sie sogleich wieder, um bei einem dritten, vierten usw. zu „pflanzen" oder auch sonstigen Verpflichtungen nachzukommen.

3. Die „Môka-Kette".

Durch das dauernde Weitergeben der Sachen von einem zum anderen, wobei jeder dem eigenen Partner wieder Versprechungen macht, dass er die „*Môka*-Setzlinge" annehme, weil er später ganz bestimmt ein *Môka* geben wolle, und jeder zum anderen sagt, er werde das *Môka* sofort geben, wenn er seinerseits vom anderen Partner das versprochene *Môka* erhalten habe, ergibt sich eine endlose *môka-kan*, „*Môka*-Kette", die von einer Gruppe zur anderen weiterläuft. Dieser „Kette" muss man dann nachgehen, sie irgendwo „abzuhauen" versuchen, d. h. jemanden soweit bringen, dass er seinem Partner das versprochene *ken-Môka* gibt. Dort muss man dann wieder auf der Hut sein, dass der Empfänger es nicht an einen falschen, sondern an den richtigen Partner weitergibt. So muss man es von Partner zu Partner verfolgen, um es endlich auch selbst zu erhalten. Denn jeder hat ja *Môka*-Beziehungen nach verschiedenen Seiten hin, und bei jedem stellen sich die verschiedenen Partner ein, um „ihr" *Môka* zu erhalten. So ist es kein Wunder, dass man Riten und Magie zu Hilfe nahm, um die *Môka* „anzuziehen". Lange vor dem Fest trugen daher die *Môka*-Geber auch immer die — ebenfalls *môka-kan* genannte — Kette aus etwa 1 cm breiten Pandanusstreifen, die „umeinander gefaltet werden, so dass ein leicht elastisches und im Querschnitt quadratisches Gebilde entsteht" (Bd. I, 140, Abb. 58). Dies sollte den *Môka*-Partnern anzeigen, dass man fest damit rechnete, dass sie einem die schuldigen *Môka* zum Fest ganz bestimmt geben werden. Aber darin erschöpfte sich die Bedeutung der *môka-kan* durchaus nicht. Mit Hilfe dieser Môka-Kette aus Pandanus, also aus dem Lebensbereich des „schöpferischen Vogels", wollte man magischerweise jene andere „*Môka*-Kette", d. h. die *Môka*-Beziehungen von Partner zu Partner durch die verschiedensten Gruppen hin in die Gewalt bekommen, so dass die ausstehenden *Môka* nicht an die „unrechten" Partner weitergegeben wurden. Dem gleichen Zweck diente auch die Bd. I, 139, Abb. 57 dargestellte und dort „*korbedl*" genannte Nachahmung der Röhrenreuse (Bd. I, 202, Abb. 85). Durch Analogiezauber sollten hier diejenigen *Môka*-Partner schliesslich doch noch magisch „eingefangen" werden, die es bis zum Beginn des

Festes verstanden hatten, sich wie Aale in ihren Höhlen zu verstecken, d. h. die schuldigen *Môka* nicht zu geben.

4. Die Darstellung des ken-Môka

soll nun der Sachlichkeit wegen an Hand der *Môka*-Beziehungen erfolgen, die der 1946 verstorbene alte Häuptling *Gope* von der Ableger-*Mi*-Gruppe der *Kents Komonka* hatte.

a) Die erste „Môka-Kette" des Gope:

2 — *Mindip Möi*, Gopes Onkel	1 — *Kents Komonka Gope*	3 — *Ndika Koma-pei Nukints* (Ihm hatte Gope Kriegshilfe geleistet.)
6 — *Muntka Ongka*, Neffe des *Nanudl*	5 — *Kuglkö Nanudl*, Schwager des *Roimb*	4 — *Kungunkö Roimb*, Neffe des *Nukints*
7 — *Komonka Pou*, Schwager des *Ongka*	8 — *Poiaka Wöngi*, Vetter des *Pou*	9 — *Tena Jan*, Schwipp-Schwager des *Wöngi*
12 — *Komka Romba*, *Rep's* Schwager	11 — *Ndika Rep*, Vetter des *Pup*	10 — *Uglkö Pup*, klassifiziert als *Jan's* „Bruder"
13 — *Peraka Telts*, *Romba's* Kriegshelfer		

Bis hierher konnte *Gope* die Kette verfolgen. Dann ging sie in ein dem *Gope* ganz fremdes Gebiet über. Es war für *Gope* auch nicht nötig, sie weiter zu verfolgen. Jeder hält sich immer nur an seine Partner.

Die Initiative zur Eingliederung in diese Kette ging von Gope selber aus. Er sagte zu *Nukints:* „Ich habe gegenwärtig keine Muschel in Besitz. Mein Onkel, *Mindip Möi*, wird mir aber Sachen liefern, weil ich ihm ein *ken-Môka* versprechen werde. Ich möchte deshalb gerne von dir ein *ken-Môka* erhalten und bin bereit, die ‚Setzlinge zu pflanzen', wenn du mir ein *Môka* versprichst." Das versprach *Nukints* gerne (3). *Gope* ging nun zu seinem Onkel (2) und sprach: „*Ndika Nukints* will mir ein *ken-Môka* geben. Wenn er mir ein *ken-Môka* gibt, dann möchte ich dir gern eines geben. Ich komme zu dir, damit du mir die ‚Muschel zum Säubern des Balzplatzes' gibst". Der Onkel entschnürte eine schöne Muschel aus der Rindentasche: „Das ist recht, mein Neffe, dass du mir ein *Môka* zu geben gedenkst! Ich will den Balzplatz schön herrichten." Mit diesen Worten überreichte er *Gope* die *ken*. *Gope* lobte seinen Onkel als einen guten Mann und nahm die *ken* mit heim. — Selbstverständlich hatte auch dieser *Mindip Möi*, *Gopes* Onkel, seine *Môka*-Beziehungen. Die Kette nimmt bei ihm also nicht ihren Anfang, sondern kommt von einem anderen her und läuft dann von *Peraka Telts* (13) aus noch weiter durch immer neue Gruppen. *Gope* (1) schaltet sich als ein Glied in der Kette des Nehmens und Gebens ein. Ebenso ist dieser *Ndika Nukints* nur deshalb in der Lage, dem *Gope* ein *ken-Môka* zu versprechen, weil er von anderer Seite her auch eines erhalten wird.

Gope behielt diese erste Muschel, die er von seinem Onkel erhielt, einige Tage bei sich. Dann trug er sie zu *Ndika Nukints*, um sie dort als „ersten Setzling" für das später zu erhaltende *Môka* zu „pflanzen". Nach Ablauf mehrerer Wochen kam dann *Nukints* wieder zu *Gope* und sprach: „Du hast mir die erste Muschel ‚zum Säubern des Balzplatzes' gegeben. Nun komme ich, um die „Verstrebungsmuschel" zu erbitten. Ich könnte auch gleich das „Erwerbsschwein" gebrauchen, falls du es jetzt schon geben kannst." *Gope* sprach: „Ich will gehen und hören, was mein Onkel zu sagen hat". *Nukints* sprach: „Du sagst die Wahrheit. Gehe und höre deinen Onkel!" — Als *Gope* mehrere Tage später seinem Onkel das Anliegen vortrug, gab ihm der Onkel eine zweite Muschel und ein Schwein mit den Worten: „Diese zwei Sachen gebe ich dir. Haben sie die entsprechende Grösse oder sind sie zu klein? Betrachte sie mit deinen beiden Augen!" *Gope* versicherte dem Onkel: „Du gibst die entsprechende Grösse. Ich will sie nun dem *Ndika Nukints* geben und sehen, was er zu sagen hat." — Etliche Tage später schickte *Gope* Botschaft zu *Nukints:* „Man hat mir eine schlechte Muschel und ein Ferkel gegeben — man liebt es sich ‚bescheiden' auszudrücken — komme und hole die Sachen ab." *Nukints* kam zu *Gope* und sprach: „Man hat dir eine Muschel und ein Schwein gegeben. Ich komme, um beides abzuholen." *Gope* erwidert: „Du sprichst wahr" und überreichte ihm beides. Er nahm Muschel und Schwein nach Hause.

Wie die obige Kette zeigt, verwendete *Nukints* die von *Gope* erhaltenen Dinge dazu, seinerseits bei seinem Neffen (4) „zu pflanzen". *Roimb* war ein Sohn von *Nukints'* Mutters Bruder. *Roimb* nahm die Sachen und verwendete sie als „Setzlinge" bei seinem Schwager (5). So ging es die ganze Kette hindurch und noch immer weiter. —

Gope musste dann dem *Nukints* noch die sog. „Einebnungsmuschel" geben. Später gab er ihm den Fleischertrag von zwei geschlachteten Opfertieren und ausserdem über eine längere Zeit hin viele einzelne Fleischstücke. Dieses Fleisch erhielt er nicht alles von *Möi*, sondern *Gope* musste dazu auch aus seinem eigenen Bestand gelegentlich ein Tier schlachten oder sich von seinen

Brüdern und *Mi*-Genossen Einzelbeiträge geben lassen, denen er dann dafür natürlich die entsprechende Gegengabe schuldete. Das Fleisch opferte *Gope* vor der Weitergabe an *Nukints* erst seinen Geistern, damit sie ihm bei seiner Unternehmung „vorangingen". Ebenso konnte *Nukints* von dem von *Gope* erhaltenen Fleisch immer wieder einmal etwas für sich und die Seinen verwenden, wobei er es ebenfalls erst seinen Geistern als Opfer darbringen konnte. Natürlich musste er dann das Verbrauchte anderweitig ergänzen, um seinen Verpflichtungen gegenüber *Roimb* (4) nachzukommen.

In dem bisher Beschriebenen ist ein reibungsloser Ablauf des „Pflanzens der *Môka*-Setzlinge" und der Entwicklung der „Kette" vorausgesetzt. Wie sich denken lässt, treten aber gewöhnlich allerlei Komplikationen auf. So kam z. B. *Roimb* schon zu *Nukints* und verlangte von ihm das „Erwerbsschwein" zu einer Zeit, als *Nukints* dieses noch gar nicht von *Gope* erhalten hatte. *Roimb* tat dies, weil er von seinem Schwager (5) gedrängt wurde. Dieser tat es, weil er wiederum von *Muntka Ongka* (6) gedrängt wurde. *Ongka* konnte damals anderweitige Verpflichtungen nicht erfüllen. Deshalb drohte man ihm mit den Waffen. Um *Ongka* zu helfen, entschloss sich *Roimb*, ihm ein Schwein aus seinen Beständen zu geben. *Roimbs* Frau war aber dagegen gewesen. Er verprügelte sie und entriss ihr das Schwein. Darauf lief ihm die Frau davon. Erst als *Nukints* ihm dann das von *Gope* erhaltene „Erwerbsschwein" geben konnte, holte *Roimb* seine Frau wieder zurück, weil er ihr nun dieses Schwein für das entrissene geben konnte. Er musste ihr aber ausserdem noch eine Sühnegabe für die Prügel geben. Weil *Ongka* das Schwein damals brauchte, um den ihm drohenden Angriff zu verhindern, konnte er es nicht an seinen Partner (7) weitergeben. Das bedeutete eine Verzögerung der ganzen Kette. *Ongka* musste erst ein weiteres Schwein bei anderen „herumlaufend erbitten", bevor er diesen „*Môka*-Setzling pflanzen" konnte. Durch solche Verzögerungen im „Pflanzen" wird natürlich dann auch die „Ernte" für alle „Glieder der Kette" verzögert, denn jeder von ihnen wird ja seinem Partner das *Môka* erst dann geben, wenn er seinerseits für sein „Pflanzen" das *Môka* erhalten hat.

Wie diese *Môka*-Kette zeigt, handelt es sich dabei nicht um eine Art Planung oder Organisation durch die verschiedenen Gruppen hin. Jeder hat es immer nur mit dem Mann vor und nach ihm zu tun. Jeder von ihnen verspricht ein *Môka* nach der einen Seite hin und verwendet dann die auf Grund des Versprechens erhaltenen „Setzlinge", um nach der anderen Seite hin, wo ihm selbst ein Môka versprochen ist, ebenfalls „zu pflanzen". Natürlich versucht dabei jeder, kleine Vorteile zu erlangen, etwa durch Geben kleinerer Fleischstücke als er sie selbst erhalten hat oder durch Austausch einer schlechteren Muschel gegen eine bessere. — Die obige Kette zeigt ferner, dass die Handlung sich vorwiegend unter Verwandten abspielt. Nur zwei Kriegsverbündete sind dabei. Die Verwandten sind hier immer Eheverwandte. Es geben sich aber auch Blutsverwandte gegenseitig *kuŋ-Môka* und *ken-Môka*, obwohl das weniger häufig der Fall ist, weil man gerade durch das *Môka* Schweinefleisch und Wertsachen anderer Gruppen in die eigene Gruppe ziehen will.

Wann kommt es nun bei dieser Kette eigentlich zur „rückläufigen Bewegung", d. h. wann geben sie sich das versprochene *Môka*? Natürlich erst, wenn alle Vor-Leistungen gemacht sind. Um dann das *Môka* zu erhalten, wendet jeder sich an seinen „Vordermann", der ihm das *Môka* versprochen hat. Einer drängt dann den anderen. Als zum Beispiel *Gope* damals alle für ein „kleines *Môka*" nötigen Lieferungen an *Nukints* dem allgemein anerkannten Mass entsprechend geleistet hatte, fing er an, den *Nukints* zu mahnen, es sei an der Zeit, dass er ihm nun das versprochene *Môka* gebe. Er werde von seinem Onkel, *Mindip Möi*, schon dauernd gefragt, wann er ihm wohl sein *Môka* geben werde. *Nukints* berief sich dann darauf, dass ihm erst sein Neffe das *Môka* geben müsse, bevor er es *Gope* geben könne. — *Nukints* ging dann zu *Roimb* und mahnte ihn, es sei an der Zeit, das versprochene *Môka* zu geben. *Gope* dränge ihn schon andauernd. — *Roimb* ging und mahnte seinen Schwager *Nanudl*, usw. Obwohl nun jeder von ihnen ein Ehrenmann sein will, der sein Wort hält und Versprochenes auch gibt, reicht dieses von einem zum anderen weiterlaufende Mahnen und Drängen sehr oft doch nicht aus. Es kommt dann das oben erwähnte „Abhauen der *Môka*-Kette" ins Spiel. *Gope* hörte beispielsweise damals, dass *Ndika Rep* (11) von irgend jemandem ein *Môka* eben gerade erhalten habe. *Gope* machte sich sofort mit seinen Mannen auf; natürlich bewaffnet, denn damals herrschte noch die allgemeine Unsicherheit. Er kam in den *Kona* des *Ndika Rep* und sagte: „Ich gab ein grosses Opfertier." (Er meint damit alle seine Lieferungen an *Ndika Nukints*. Dass man sie zusammenfassend als „Opfertier" bezeichnet, zeigt sehr deutlich, dass der ganze „Handel" zugleich Opferdienst ist.) „Man hat mein Opfertier überall herumgetragen, bis es zu dir gekommen ist. Ich höre, dass man dir ein *ken-Môka* gegeben hat. Du hast die Muscheln noch im Hause liegen." *Ndika Rep* antwortet: „Du sprichst die Wahrheit. Aber hast du vielleicht direkt bei mir Setzlinge gepflanzt, dass ich dir nun das *Môka* geben soll? Bei mir hat *Uglkö Pup* (10) Setzlinge gepflanzt. Ihm will ich dieses *Môka* geben." — Eben dies wollte *Gope* hören. Es kam ihm ja nur darauf an, dass *Rep* dieses *Môka* nicht etwa an einen ganz anderen seiner Partner gab, der kein Glied dieser vorliegenden Kette war. *Gope* erkundigte sich dann noch genau nach dem Termin der Übergabe. *Rep* sagte, er habe die Muscheln, die er *Pup* geben wolle, noch nicht vollzählig beisammen. Man gibt ja nicht die bei einem *Môka* erhaltenen Muscheln einfach genauso weiter; man sieht vielmehr einen Vorteil des *Môka* ja gerade darin, dass man sich von den beim *Môka* erhaltenen Muscheln erst einmal die besten Exemplare heraussuchen und diese dann durch weniger gute ersetzen kann. Zu einem *Môka*-Empfänger kommen darum alle seine Brüder und Verwandten mit ihren weniger wertvollen Muscheln, um sie gegen schönere auszutauschen. Die schönsten Exemplare verwendet man etwa zum Erwerb einer Frau oder zur Erfüllung anderweitiger Verpflichtungen. Wenn man ein *Môka* erhält, so lässt man sich die einmalige Gelegenheit nicht entgehen, sich die schönsten Muscheln für die eigenen Zwecke herauszusuchen. Gerade dies ist ja auch ein Antrieb zum *Môka*-Machen. — *Rep* sagte damals, er warte noch auf Einzelbeiträge seiner *Mi*-Genossen, um das *Môka* für *Pup* zusammenzustellen. Er hoffe es in zwei bis drei Tagen zu übergeben. — Mit diesem Bescheid musste sich *Gope* zufriedengeben. Natürlich hatte *Gope* seine Späher und Zuträger, die ihm Mitteilung machten, dass *Pup* nun von *Rep* das *Môka* erhalten habe. *Gope* begab sich daraufhin sofort mit seinen bewaffneten Mannen in die Siedlung des *Pup*. *Pup* begrüsste sie: „Ihr seid mir ja ganz unbekannte Männer! Woher wird mir die Ehre, dass ihr in meinen *Kona* kommt?" *Gope* sprach: „Ich gab vor langer Zeit ein grosses Opfertier. Die Männer trugen es umher, bis es auch zu dir kam. Ich höre, *Ndika Rep* hat dir ein *Môka* gegeben. Ich möchte meinem Partner das versprochene *Môka* geben, darum komme ich zu dir." *Pup* antwortete: „Es ist wahr, du bist der Besitzer des grossen Opfertieres. Ich werde dich nicht in die Irre führen. Die Muscheln, die ich erhielt, habe ich im Hause liegen. Aber bist du denn vielleicht mein Partner, dass ich dir nun ein *Môka* geben werde? Du wohnst als *wö nuim* in einem anderen *kona*. Ich gedenke, das *Môka* dem *Tena Jan* zu geben." *Gope* erkundigte sich nach dem genauen Termin. *Pup* sagte, er wolle erst noch Muscheln und Wertsachen erbittend herumlaufen. Er könne natürlich auch nicht sagen, ob nicht die anderen Männer da draussen, durch deren Hände *Gope's* grosses „Opfertier" gegangen sei, die *Môka*-Kette nicht „festliegend machen werden". — *Gope* suchte dann noch einmal den *Ndika Nukints* auf und sprach: „Mein Herumlaufen in allen Gegenden ist ganz vergebens! Warum hast du mir denn ein *Môka* versprochen? Warum haben sie mein grosses Opfertier in allen Gegenden herumgetragen? Gehe du nun wieder einmal zu deinem Partner und dränge ihn, dass er Druck auf seinen Partner ausübe. Kann ich vielleicht zu allen den Männern gehen, mit denen ich direkt ja nichts zu tun hatte!" *Nukints* ging also wieder zu *Roimb*. *Roimb* zu *Nanudl*, *Nanudl* zu *Ongka*. *Ongka* sprach: „Ich habe ja das grosse Opfertier nicht irgendwelchen Leuten gegeben, die wie Baumwipfel sich hin und her neigen. Ich gab es meinem Verwandten. Von ihm werde ich das *Môka* bestimmt erhalten. So habt doch Geduld!" Diese Botschaft nahm den Weg zurück zu *Gope*: „Hab Geduld!" *Gope* konnte nichts weiter tun als warten. Denn von *Tena* aus ging das *Môka* nach *Poiaka* droben, wo es zum Hagenberg-Pass hinaufgeht. Das war feindliches Gebiet. *Gope* konnte also nur seine Späher ausschicken, um einigermassen sichere Kunde zu erhalten, wann *Poiaka Wöngi* (8) dem *Komonka Pou* (7) und dieser dem *Muntka Ongka* (6) ein *Môka* geben würde. Als es dann endlich zu *Muntka Ongka* kam, machte *Gope* sich selber wieder auf den Weg, denn die *Muntka* und *Kents Komonka* sind Nachbarn. Er musste sicherstellen, dass *Ongka* das *Môka* nicht einen „falschen Weg" gehen liess. Es ist also kein Wunder, dass nur Männer mit Initiative, Rednergabe, Überredungskunst, Schlauheit und Mut *Môka* machen können.

Weil *Gope* noch immer warten musste, bis *Nukints* ihm endlich das versprochene *Môka* gab, machte *Gope's* Frau ihrem Mann heftige Vorwürfe: „Du läufst bei allen anderen herum, lässt dir *Môka* versprechen, trägst alles fort, um *Môka*-Setzlinge zu pflanzen, und dann kannst du ewig kein *Môka* geniessen! Warum hast du bei diesem *Ndika Nukints Môka* gepflanzt, statt bei meinem Bruder? Meinen Bruder lässt du sitzen und läufst anderen nach. Dabei hat mein Bruder dir schon viele Sachen gegeben, um dir zu helfen!" Da sprach *Gope*: „Was kann ich machen, wenn man mein grosses Opferschwein isst und dann fortläuft?" Da schrie die Frau: „Ich merke schon deine sanften Reden, die du vor den Männern führst, die alle deine *Môka*-Setzlinge essen und dir kein *Môka* geben. Wir werden nie ein *Môka* geniessen!" Da sprach *Gope*: „Mich, der ich grosse Schmerzensarbeit verrichtet und in allen Gegenden herumlaufen und schlechte Reden anhören muss, dass mir davon die Haut brennt, schreist du auch noch an! Lass das jetzt sein. Wenn *Nukints* mir das *Môka* geben wird, soll dein Bruder seine schlechte Muschel bringen, die er immer zu Hause liegen hat und sie gegen eine schöne austauschen. Sage ihm das. Sage ihm auch, er solle mir ein fettes Opfertier mitbringen. Ich muss das haben, wenn ich meinem Onkel das *Môka* geben werde." — Als *Nukints* dem *Gope* das versprochene *Môka* endlich geben konnte, ging *Gope's* Frau und richtete ihrem Bruder diese Botschaft aus. Der Bruder sprach: „Euch beide kitzelt es wohl im Hals, dass ihr Schweinefleisch essen möchtet!

Warum hat denn dein Mann nicht bei mir ein *Môka* gepflanzt? Warum hat er die schönen Setzlinge alle zu dem *Ndika Nukints* getragen? Ich soll ihm nun ein fettes Opfertier geben? Will er wohl mir das *Môka* geben oder seinem Onkel, dem *Mindip Möi*? Geh nur, du und dein Mann, ihr beide seid arme Schlucker. Euch soll die Kehle trocken bleiben von meinem Opferfleisch!" Als ihr Bruder so redete, kam *Gopes* Frau tief beschämt nach Hause und machte *Gope* wieder die grössten Vorwürfe. Da sprach *Gope*: „Was will er denn? Als ich ihn aufforderte, bei mir ein *Môka* zu pflanzen, hingen so viele seiner *Môka*-Partner an ihm, wie er Läuse auf dem Kopf hat. Er wusste mir nicht zu antworten, sondern sah nur an seinem Beilstiel hinunter! Wenn er nicht dein Bruder wäre, sollte er nie mehr etwas von mir bekommen und in Schimpf und Schande davongehen!" Da sprach *Gope's* Frau: „Wenn du so sprichst, wird Rache-Zorn zwischen deiner und meiner Gruppe liegen. Unsere Kinder werden Krankheiten und Kopfschmerzen ‚finden'. Das *Mi* wird sie fressen!" Da erwiderte *Gope*: „Du sprichst die Wahrheit. Sage deinem Bruder, ich werde ihm auch bald ein *Môka* geben, damit zwischen uns gutes Einvernehmen bestehen bleibe!"

So ist das *Môka*, das doch dem guten Einvernehmen dienen soll, dauernd die Ursache für allerlei Verstimmungen und Auseinandersetzungen. Besonders die Ehefrauen haben bei den *Mbowamb* die Aufgabe, darauf zu achten, dass ihre Ehemänner in erster Linie immer wieder bei den nächsten Verwandten der Frau *Môka* pflanzen oder von ihnen bei sich pflanzen zu lassen, um sich so gegenseitig *Môka* zu geben. „Verspricht ein Mann einem der Brüder seiner Frau ein *Môka*, so dass dieser bei ihm die nötigen Setzlinge pflanzt, die der Mann dann nimmt, um vielleicht bei einem seiner Verwandten väterlicherseits ein *Môka* zu pflanzen, und er gibt dann dieses *Môka*, wenn er es von dem Verwandten väterlicherseits erhält, nicht dem Bruder der Frau, sondern einem anderen seiner *Môka*-Partner, so wird die Frau das ihrem Bruder sofort berichten. Der Bruder wird dann sehr verstimmt sein und Schimpfreden gegen seinen Schwager führen. Dies wird zur Folge haben, dass die Kinder des Schwagers körperlich sich nicht recht entwickeln, viel krank sein werden, und vielleicht werden sie sogar sterben müssen, so glaubt man. Ebenso werden die Schweine nicht gedeihen, die die Frau aufziehen will. Es wird erst anders werden, wenn der Mann seine Schuld einsieht, seinem Schwager bekennt, dass er ihm Unrecht tat, als er ihn mit dem *Môka* zurücksetzte und ihm dann ein *Môka* gibt. Dann wird der Bruder der Frau wieder frohen Mutes, und die guten Beziehungen werden wieder hergestellt sein. Nun werden auch die Kinder gesund und kräftig, und die Schweinezucht wird gedeihen. Wenn dann seine *Mi*-Genossen ihn zur Rede stellen, dass er alles nur in den *Kona* seiner Frau hintrage und nur dort *Môka*-Setzlinge pflanze und *Môka* gebe, wird der Mann sich vor ihnen schämen. Er wird es aber nicht zugeben, dass er von dort kaum etwas dafür erhält. Um das Gesicht zu wahren wird er ihnen erzählen, seine Schwäger hätten ihm so viele Sachen gegeben, darum müsse er ihnen *Môka* geben. In Wahrheit gibt er ihnen oft ein *Môka* aus Angst, dass anderenfalls seine Kinder krank werden und sterben könnten und dass seine Schweinezucht ein Fehlschlag werden könnte." — Aus diesem Text geht sehr deutlich hervor, dass das *Môka*, wie alle wirtschaftlichen Unternehmungen der *Mbowamb*, den seelischen Gleichklang innerhalb der Gruppe und mit den durch Heirat verbundenen Gruppen herstellen und erhalten soll, weil nur dann die lebenswichtige *Mi*-Macht Gesundheit, Heil und Leben bewirken kann.

b) Die acht Môka-Ketten des Gope

Für das von *Nukints* empfangene *Môka* und für das seinem Onkel dann gegebene *Môka* konnte *Gope* sich je ein *Omak*-Stäbchen zulegen. Will jemand durch *Môka* viel Ansehen erwerben, so muss er also viel mehr *Môka*-Verbindungen eingehen; sonst wird er als „Zwei-Stäbchen-Herumhänger" verhöhnt. *Gope* beschloss darum, ein „grosses *Môka*" zu veranstalten. Dazu ging er folgende *Môka*-Beziehungen ein:

Partner, denen Gope ein Môka zu geben versprach:		Partner, die versprachen, Gope ein Môka zu geben:
Kette 1: *Ndika Koma-pei Nukints*, Kriegsursächer		Kette 1: *Mindip Möi*, Gope's Onkel
Kette 2: *Glaglka Paea*, klassifiziert als Gope's „Bruder"		Kette 2: *Ndika Mukökö Aka*, Gope's Neffe
Kette 3: *Muntka Dlaka*, Gope's Schwiegersohn		Kette 3: *Mindip Röruö*, ein Eingebürgerter
Kette 4: *Ndi Pareglemb Pouö*, Beschützer des Gope	**Kents Komonka**	Kette 4: *Kuglkö Poke*, Gope's Schwiegersohn
Kette 5: *Neŋka Ketekaŋ*, mit Gope „einer Nabelschnur"	**GOPE**	Kette 5: *Glöpkö Guluö*, Gope's Schwager
Kette 6: *Medlaka Koteme*, hatte Gope's jüngstes Töchterchen für seinen Sohn ausersehen.		Kette 6: *Jamka Pok*, Gope's Schwipp-Schwager
Kette 7: *Paglka Röp*, „Sterbe-Mann"		Kette 7: *Memka Jok*, „Kriegsursächer"
Kette 8: *Ndi Kuntkö Nur*, Gope's Schwager		Kette 8: *Padlem Ruimb*, ferner Verwandter

Damit hatte *Gope* sich durch seine Initiative in acht *Môka*-Ketten als ein Glied eingefügt. Die acht Männer der linken Seite, denen *Gope* je ein *Môka* zu geben versprach, begannen nun mit den dafür nötigen Leistungen. *Gope* konnte die gelieferten Sachen dann zum Teil benutzen, um seinerseits die Lieferungen zu leisten für die *Môka*, die er von den Männern der rechten Seite zu erhalten hoffte. Einen Teil des Opferfleisches, welches er in Teilstücken von den Männern der linken Seite nun von Zeit zu Zeit erhielt, musste er für seine Geisteropfer und dann für seine Leute verwenden, die ihm die für ein grosses *Môka* nötigen Vorarbeiten verrichteten: grosse Felder anlegen, die Zäune machen, die Felder instandhalten, die Schweine füttern, den *môka-pena* säubern, ein neues Männerhaus bauen, Stösse von Feuerholz herbeischaffen, Unterkunftshütten für die vielen Gäste bauen, die *glapa-podl*, d. h. hohe Gerüste und Plattformen errichten zur grossen Fleischverteilung beim *Môka*-Fest. Es waren auch Bräute zu erwerben für zwei Jungmänner aus *Gope's* Gruppe, deren Hochzeit dann anlässlich des grossen *Môka* stattfand. Für den Brautpreis musste *Gope* als der führende Mann mehrere Schweine und Muscheln beitragen. *Gope* war darum zur Erfüllung aller seiner Verpflichtungen auch auf Einzelbeiträge seitens seiner *Mi*-Genossen und sonstigen Verwandten angewiesen. Auf ihre Beiträge war er erst recht angewiesen, als das grosse *Môka* dann schliesslich herankam. Denn da gab er den acht Männern der linken Seite je ein *Môka*. Er konnte diese acht *Môka* nicht einfach decken mit den von den acht Männern der rechten Seite erhaltenen *Môka*. Da Gope mit seinem grossen *Môka* Ansehen und Ruhm ernten wollte, gab er jedem seiner Partner zwei Muscheln mehr, als er von der anderen Seite erhalten hatte; d. h., dass er deshalb schon 16 Muscheln mehr aufzubringen hatte, als er von den Männern der rechten Seite erhielt. Zudem konnte *Memka Jok* (7) dem Gope damals das *Môka* nicht rechtzeitig zu dem grossen Fest geben. Das führte zu einer bösen Verstimmung, aber Gope wollte den *Paglka Röp* das nicht entgelten lassen, zumal er versprochen hatte, ihm das *Môka* anlässlich des grossen Festes zu übergeben, und *Röp* dann auch die entsprechenden Leistungen aufgebracht hatte. Wird bei solch' grossen Festen ein *Môka*-Anwärter enttäuscht und übergangen, so ist das für den betreffenden Mann nicht nur eine wirtschaftliche Schädigung. Diese könnte er noch verschmerzen, denn sie wäre ja nur vorübergehend, und er würde sein *Môka* später auf jeden Fall erhalten. Es ist in erster Linie die Zurücksetzung gegenüber den anderen, die Missachtung, die Kränkung, die Schande, die nicht zu ertragen wäre. Es kam vor, dass solche Männer sich vor Scham erhängten. Denn beim *Môka* ist ja gerade das Motiv der Achtung und Ehre so sehr wesentlich. Wird man dabei übergangen, obwohl man berechtigter Anwärter auf ein *Môka* ist, so bedeutet das die furchtbarste Kränkung und Beleidigung für den Betroffenen und einen Zusammenbruch nicht nur seiner Ehre und seiner Hoffnungen, sondern auch seines Vertrauens auf seine magisch-religiösen Kräfte. Wir Weissen sind leicht geneigt, diesen letzten Punkt zu übersehen und zu glauben, es ginge bei den Eingeborenen nur um das „Gesicht". — Weil Gope dem *Paglka Röp* dies also nicht antun wollte, hatte er für ihn erst noch einen ganzen *Môka*-Satz von 10 Muscheln zusammenzustellen. Er hatte also über die von der einen Seite empfangenen Muscheln hinaus im ganzen 26 weitere Muscheln aufzubringen. Woher nahm er diese? Er musste sie „herumlaufend erbitten" nach dem Muster des *Neŋka Ruimb*, wie in Kap. 52, 2 beschrieben.

c) Gründe für die Abkommen

Kette 1: Gope sprach zu *Ndika Koma-pei Nukints:* „Du hast mir ein *Môka* gegeben, weil ich dein ‚Sterbe-Mann' bin (Kap. 36). Du hast damals den Krieg gegen die Moke angefangen, und ich kam dir zu Hilfe. Ich bin der Mann, der für dich ganz und gar ausgestorben ist! Darum hast du recht getan, mir ein *Môka* zu geben. Ich plane nun ein grosses *Môka* und will dabei für das von dir erhaltene ‚den *Môka*-Fuss ausgraben' " (d. h. dir nun auch ein *Môka* geben). *Nukints* antwortete: „Du sprichts die Wahrheit. Weil ich dich als meinen ‚Sterbe-Mann' in jenem Krieg ganz ‚aufgefressen' habe, will ich dir Muscheln, Schweine und Fleisch geben als (vorausgehende) Leistung für das *Môka*, von dem du sagst, dass du es mir anlässlich deines geplanten Festes geben willst. Damit wollen wir unsere guten Beziehungen fortsetzen. Ich habe dir damals ja auch die Gaben für deine Gefallenen, die ich ‚erschlagen und gefressen habe' zu deiner grossen Zufriedenheit gegeben. Es ist recht von dir, dass du mich bei deinem Fest durch Übergabe eines *Môka* ehren willst. Ich will dir jetzt gleich die ‚Muschel zum Säubern des Balzplatzes' mitgeben. Die ‚Verstrebungsmuschel', die ‚Einebnungsmuschel', das ‚Erwerbsschwein', das ,Vogel-Schwein', den Ertrag an Fleisch von vier geschlachteten Opfertieren und viele eingewickelte Fleischstücke sollst du im Laufe der Zeit von mir erhalten. Bei deinem grossen Fest sollst du mir dann aber auch eine ,Achterhand' und ,aufgesplitterte vier' geben!" (Kap. 47, 5).*

Als *Gope* diese von *Nukints* empfangene Muschel zu *Mindip Möi* brachte und ihm sagte, er plane ein grosses *Môka*, und *Möi* solle ihm dabei ein *Môka* geben, antwortete der Onkel: „Deine Mutter war meine Schwester. Ich freue mich sehr, dass du ein grosses *Môka*-Fest veranstalten willst. Ich werde dir als Beitrag dazu ein *Môka* geben. Dein Name soll ,nach oben gehen', das wird mich freuen!"

Kette 2: *Gope* ging zu *Glaglka Paea*. Dieser war klassifiziert als sein „Bruder", denn beider Mütter waren Schwestern. *Gope* sprach: „Mein Bruder, ich plane ein grosses Fest. Da möchte ich auch dir ein *Môka* geben. Hilf mir also den Balzplatz säubern." — Die Muschel, die *Paea* ihm gab, brachte *Gope* zu seinem Neffen, *Ndika Mukökö Aka*. Er sprach: „Deine Mutter ist meine Schwester. Darum möchte ich, dass du nicht ein armer Schlucker bleibst, sondern *Môka* machst. Man soll wissen, dass ich dein Onkel bin! Ich bringe dir hier eine Muschel und werde dir im Laufe der Zeit alle Voraus-Leistungen zu einem *Môka* machen. Wenn dann mein grosses Fest gekommen ist, sollst du mir das *Môka* geben." Der Neffe sprach: „Mein guter Onkel, das machst du recht! Ich werde dir ein *Môka* geben. Du wirst mir dann mein erstes Bambusstäbchen zurichten und umhängen. Dann soll man mich einen Reichen nennen!"

Kette 3: *Gope* sagt zu seinem Schwiegersohn, *Muntka Dlaka*: „Du hast meine Tochter geheiratet. Ich will dir wegen des empfangenen Brautpreises ein *Môka* geben und zwar öffentlich mit Festschmuck und Tanz bei einem grossen *Môka*, das ich plane! Hilf mir nun also, den ,Balzplatz säubern'." — *Gope* brachte eine Muschel zu *Mindip Röruö* und sprach: „Als deine Feinde dich seinerzeit besiegt hatten und dich — die *Mindip*-Gruppe — ganz ausrotten wollten, hatte ich mit dir Mitleid und siedelte dich hier auf meinem Lande an, bürgerte dich ein und sorge seitdem für dich. Darum möchte ich, dass du mir zu meinem geplanten Fest ein *Môka* gibst. Ich werde die üblichen Voraus-Leistungen machen. Hier habe ich schon die erste Muschel mitgebracht."

Kette 4: In diesem Falle ging nicht *Gope*, um ein *Môka*-Angebot zu machen, sondern *Kuglkö Poke* bot das *Môka* dem *Gope* an: „Ich habe deine Tochter geheiratet. Deshalb möchte ich mit dir in *Môka*-Beziehung treten. Wenn es dir recht ist, dann mache mir die üblichen Voraus-Leistungen. Ich werde dir dann das *Môka* zu dem grossen Fest geben, welches, wie ich höre, geplant ist." (*Poke* hatte nicht *Gope's* leibliche Tochter zur Frau, sondern die von *Gope's* Bruder. Da sie als *Gope's* Tochter klassifiziert wird, ist *Gope* auch *Poke's* Schwiegervater.) — *Ndi Pareglemb Pouö* kam zu *Gope* und bat ihn um ein *Môka*. Er sprach: „Als die *Moke* dich (die *Kentka*-Gruppe) angreifen wollten, kam ich und ,legte mich quer', (d. h. verhinderte den Angriff und schützte dich, indem ich mich in dem Niemandsland zwischen *Moke* und *Kentka* ansiedelte). Nun möchte ich, dass du mir ein *Môka* gibst. Ich habe die erste Muschel schon mitgebracht. Das übrige werde ich dann im Laufe der Zeit leisten."

---

* Die pron. pers. sing. in diesem Gespräch sind der „Gruppen-Singular". *Nukints* spricht als *Ndika* im Namen seiner Gruppe; *Gope* als *Kentka* im Namen seiner Gruppe. (Kap. 46, 1.)

Kette 5: *Gope* ging zu *Neŋka Ketekaŋ* und sprach: „Weisst du, dass wir ferne Verwandte sind? Früher herrschte zwischen unseren Vorvätern gutes Einvernehmen. Wir beide sind ‚von einer Nabelschnur' (d. h. vor etlichen Generationen war eine von zwei Schwestern an einen *Neŋka*, die andere an einen *Kentka* verheiratet). Wir beide haben nun ‚verschiedene Gesichtszüge' angenommen. Aber ich will, dass zwischen uns wieder gutes Einvernehmen herrscht. Ich möchte dir ein *Môka* geben. Hilf mir den Balzplatz richten!" *Ketekaŋ* sprach: „Das ist aber recht, was du sagst! Lass uns Wirtschaftsaustausch machen, damit zwischen uns beiden wieder eine lebendige Verbindung besteht!" Mit diesen Worten gab er *Gope* die erste *ken*. — *Gope* brachte diese darauf seinem Schwager, dem *Glöpkö Guluö* mit den Worten: „Ich habe deine Schwester geheiratet. Ich gab einen viel höheren Brautpreis, als sonst üblich ist. Ich möchte, dass du mir ein *Môka* gibst als Beitrag zu einem grossen Fest, das ich veranstalten will."

Kette 6: *Gope* besuchte seinen Schwipp-Schwager, *Jamka Pok*. Er sprach: „Du hast die um viele Jahre jüngere Schwester meiner Frau geheiratet. So sind wir beide (klassifiziert als) Brüder. Von dem Brautpreis, den du in reichem Masse gabst, wie ich wohl hörte, erhielt ich nichts in nennenswertem, grösserem Masse. Darum gib mir als nachträgliche Zulage zu dem Brautpreis ein *Môka*. Komme doch herauf in meine Siedlung. Dort will ich dir dann die erste Muschel übergeben." — Inzwischen kam dann *Medlaka Koteme* zu *Gope* und sprach: „Deine kleine Tochter möchte ich einmal gerne für meinen Sohn erwerben. Darum lass uns beide jetzt schon Wirtschaftsaustausch pflegen! Da ich bis jetzt keinerlei Verbindung mit einem *Kentka* habe, behalte ich immer einen ‚trockenen Mund', wenn die *Kentka* eine grosse Wundertat vollbringen. Ich will jetzt mit dir die *Môka*-Kette knüpfen."

Kette 7: *Gope* sprach zu *Paglka Röp:* „Alle deine Männer sind für mich gestorben als ich einen Krieg verschuldet hatte. Ich habe dir die Gaben für deine Gefallenen gegeben und du warst sehr damit zufrieden. Ich möchte dir nun aber auch ein *Môka* geben, u. z. bei dem grossen Fest, das ich vorhabe, damit alle Leute sehen, wie ich meinen ‚Sterbe-Mann' ehre!" — *Gope* gab eine Muschel dem *Memka Jok*, dem *Gope* einst Kriegshilfe geleistet hatte. Er sprach: „Als du (*Memka*-Gruppe) einen Krieg verschuldet hattest, da starb ich (*Kentka*-Gruppe) für dich nur so nacheinander hin! Du hast mir die Vergütung für meine Gefallenen gegeben. Aber nun möchte ich, dass du mir ein *Môka* gibst. Komme zu mir, und ich will dir die zweite Muschel geben."

Kette 8: *Gope* sprach zu seinem Schwager, *Kuntkö Nur:* „Ich habe deine Schwester geheiratet. Deshalb will ich dir nun ein *Môka* geben. Gib mir die erste Muschel." — *Gope* nahm diese Muschel mit nach Hause. Dann schickte er Botschaft in die Ferne zu *Padlem Ruimb* und liess ihm sagen: „Lass uns beide die Beziehungen wieder knüpfen, die schon seit langem abgerissen sind. Weisst du noch, dass unsere Ur-Urgrossmütter Schwestern waren? Gib mir ein *Môka*. Ich schicke dir hiermit einstweilen die erste Muschel zu."

Von den 16 Männern, mit denen *Gope* so in *Môka*-Partnerschaft getreten war, hatte natürlich jeder auch seine weiteren Partner. Wir sehen hier also nur ein Stück der unendlichen *Môka*-Ketten, die sich durch alle Gruppen der *Mbowamb* hin erstrecken, indem jeder wieder von seinen Verwandten *Môka*-Setzlinge empfängt und gibt. — *Gope* war unter den führenden Männern der Ableger-*Mi*-Gruppe der *Kents Komonka* zwar der grösste, aber nicht der einzige *Môka*-Macher. Die anderen führenden Männer hatten ebenfalls ihre *Môka*-Ketten. In der Ratsversammlung hatten sie gemeinsam beschlossen, ein grosses *Môka*-Fest zu machen. Sie mussten dann alle ihr Bestes tun, *Môka*-Setzlinge zu pflanzen und die dafür zu erhaltenden *Môka* rechtzeitig zum Fest „einzuziehen". Sie mussten darum viel unterwegs sein, um die einzelnen Ketten zu verfolgen und dann „abzuhauen". Manche *Môka* erhielten sie schon lange vor dem Fest. Die empfangenen Sachen bewahrte man dann in grossen Netzsäcken auf für das Fest. Dabei musste man immer mit den Waffen bereit sein, die Sachen gegen mögliche Raubüberfälle zu schützen. Man musste die einzelnen *Môka* auch möglichst heimlich heimzubringen versuchen, weil manche, denen man zwar auch verpflichtet war, jetzt aber noch kein *Môka* geben konnte oder wollte, um ein solches anhielten, wenn sie die Netze voller Muscheln zu sehen bekamen. Man musste die nötigen „Schweine-Setzlinge" sich zu verschaffen wissen, damit für das grosse Fest auch eine grosse Menge Opfertiere vorhanden waren. Beim Erwerben der Ferkel wurden dann auch wieder Versprechungen gemacht: „Beim grossen Fest werdet ihr die Gegengabe erhalten!" Solche Versprechungen konnte man oft nicht einlösen. Das gab dann wieder schwere Verstimmungen. Inzwischen werden auch weitere verlockende *Môka*-Angebote gemacht, denen man nicht widerstehen kann. So gibt es neue Verpflichtungen, denen man nicht rechtzeitig nachkommen kann. Man versucht dann, auf später zu vertrösten. Kommt man zu sehr ins Gedränge, so lässt man sich verleiten, weitere *Môka* zu versprechen, weil man dafür die Voraus-Leistungen erhält, mit denen man die dringendsten Anforderungen erfüllen zu können hofft. Aber dann reicht es doch wieder nicht aus. So kam es früher wegen des *Môka* nicht selten zu schweren Auseinandersetzungen und Waffengängen; — heutzutage zu häufigen court-cases. —

5. Das grosse Môka-Fest der Kents Komonka

Als Auftakt zu dem grossen Fest liess *Gope* seinen *môka-pena* von Gras und Unkraut reinigen und kehren. Das geschah, indem man dabei „das Lob des *Môka*-Vogels" sang. Holzvorräte und grosse Mengen von Kochsteinen wurden herbeigeschafft. Vor allem wurde ein neues Männerhaus gebaut, sowie ein *glapa-maŋa* „Schau-Haus", in dem die eingehenden Muscheln aufgestellt wurden. Die für das Fest bestimmten grossen Felder mussten angelegt und die Opfertiere grossgezogen sein. Wie *Gope*, so liessen auch die *Môka*-Veranstalter der anderen *Pana-ru* und *Anda-Noimp* der *Kents Komonka* die entsprechenden Vorbereitungen in ihren jeweiligen *Kona* und auf ihren *môka-pena* machen. Bei der Einweihung der neuen Männerhäuser und *glapa-maŋa* wurden dann alle die Riten und Opferhandlungen durch die Zauberpriester ausgeführt, wie in Kap. 52 beschrieben, um die Wertsachen und Schweine magisch herbeizuziehen, damit sie von den jeweiligen Schuldnern nicht an deren anderweitige Partner in anderen Gruppen weitergegeben, sondern zu den *Kents Komonka* gebracht wurden. Wie *Gope* und seine Mannen, so waren auch die anderen *Môka*-Macher dauernd unterwegs, um die *Môka* einzutreiben, die ihnen auf Grund der vorher gelieferten Sachen zustanden; um die Ketten „abzuhauen", an denen sie als „Glieder der Kette" beteiligt waren. Dabei mussten die Geister „vorangehen". Deshalb hatte man ja immer wieder Opfer dargebracht. — Auf den *môka-pena* wurde schon viele Abende vor dem Fest von den „kleinen Leuten" des *Gope* und der anderen führenden Männer getanzt. Man war weit herumgelaufen und hatte sich Tanzschmuck erworben oder geborgt, indem man dafür Gaben an Opferfleisch versprach. Die

Tänze geschahen zu Ehren der Geister und des *Môka*-Vogels. Man führte sie um die *pogla-mbo* her auf; diese waren magisch wirksam, denn man schöpfte beim Pflanzen der *pogla-mbo* aus den Wassertümpeln am „Ort schöpferischen Geschehens" viel „junges Wasser" und goss es in das Pflanzloch der *pogla-mbo* (Kap. 14, 6), denn dieses Wasser ist Träger derselben Lebens-, Zeugungs-, Vermehrungs- und Wachstumskraft, die sich am *kona wiŋndi* für die ganze *Mi*-Gruppe als zeugend-schöpferisch zeigte. Diese Macht schliesst nach dem Verständnis der *Mbowamb* auch die Wirtschaftskraft ein. Die Tanzgesänge und Tänze werden ebenfalls als „Baum-Setzlings-Gesänge" bezeichnet und sind „Raunen des Lobes der *pogla-mbo*". Dieses „Lob" ist magisch mächtiges Wort, das die Wertsachen und Opfertiere „herbeizieht". Den Gesang und Tanz vernahmen die umliegenden Gruppen und sie pflegten dann zu sagen: „Er will wahrlich sein grosses *Môka* machen. Hört ihr! Er veranstaltet schon den öffentlichen Tanz. Nun lasst uns ihm *Môka* geben, Wertsachen und Schweine zubringen, damit er seine gute Wundertat vollbringen kann! Lasst uns unsere *Môka*-Ketten abhauen und ihm *Môka* geben für alle die Sachen, die wir von ihm schon erhalten haben. Er soll dann die Muscheln sortieren und alles so zurechtlegen, wie er *Môka* zu geben gedenkt."

Die Festtage des großen Môka-Festes verlaufen dann wie folgt:

1. Am ersten Tage gehen die Boten aus zu allen denen, die den Festgebern noch immer das versprochene *Môka* zu geben haben.

2. Am zweiten Tage sind alle „kleinen Leute" der Festgeber vollauf beschäftigt, um die grossen Mengen an Feldfrüchten und Gemüse herbeizuschaffen, die während der Festtage zusammen mit dem Fleisch verzehrt werden.

3. Am dritten Tage werden die eingehenden *Môka* in Empfang genommen. Von den erhaltenen Muscheln sucht man sich die schönsten Exemplare aus und legt sie zurück, um sie etwa als Brautpreis, zum Bezahlen von Kriegsverbündeten, zu neuem „*Môka*-Pflanzen" oder zur Leistung schuldiger Gegengaben zu verwenden. Diese einem *Môka*-Satz entnommenen Muscheln müssen dann ersetzt werden durch andere, die man für weniger wertvoll hält. Woher aber den Ersatz nehmen? Hier kommen die Einzelbeiträge der Bluts- und Eheverwandten, sowie der „kleinen Leute" eines „grossen Herrn" in's Spiel nach dem Beispiel des *Neŋka Ruimb* (Kap. 52, 2).

4. Diese Einzelbeiträge werden am vierten Tage gebracht und in Empfang genommen. Dann werden die *Môka*-Sätze in Ordnung gebracht, die man ausgeben will an diejenigen Partner, die bei einem „gepflanzt" hatten, um beim „grossen *Môka*" ein *Môka* zu erhalten.

5. Diese ausgehenden *Môka* werden am fünften Tage den Empfängern erst einmal öffentlich gezeigt. Die einzelnen *Môka*-Sätze werden also auf dem Festplatz draussen aufgelegt, von den Gebern im einzelnen feierlich abgezählt und dann von den Empfängern in der gleichen Weise noch einmal nachgezählt. Dabei kommt es dann meist nochmals zu Verhandlungen, wenn die Empfänger mit Grösse und Wert einzelner Stücke nicht zufrieden sind. Sie müssen dann eventuell durch bessere Stücke ersetzt werden, wenn es den Gebern nicht gelingt, die Empfänger von der Güte des Angebotenen zu überzeugen. Die also öffentlich gezeigten *Môka* werden an diesem Tage noch nicht übergeben, sondern bleiben noch im *Kona* der Geber. Man

will die Sachen möglichst lange bei sich behalten, um den nun einmal im eigenen *Kona* gegenwärtigen Reichtum an hunderten — oder heutzutage auch an tausenden — von Muscheln und vielen Opfertieren so lange wie möglich zu geniessen. Denn gerade daran, dass sich dieser gewaltige Reichtum hier in dieser einen Gruppe zusammengefunden hat, erlebt man die eigene magisch-religiöse Mächtigkeit und Überlegenheit über die anderen Gruppen. Auf das damit verbundene Ansehen und Erleben des religiösen Machtgefühls der ganzen Gruppe kommt es ja bei der *Môka*-Veranstaltung viel mehr an, als auf die wirtschaftliche Seite der Sache.

6. Am sechsten Tage wird eine grosse Menge von Opfertieren geschlachtet und als grosses Opfer dargebracht. Während an den vorhergehenden Tagen nur mit wenig angelegtem Schmuck getanzt wird, wird an diesem und den zwei folgenden Nachmittagen unter Entfaltung der ganzen Herrlichkeit des Vogelschmuckes getanzt, also mit den prächtigen Feder-Mosaiks. Das ist Vergegenwärtigung des „schöpferischen Vogels", der ja auch nach den Herkunftssagen die Gestalt des mythologischen Vaters einer Gruppe repräsentiert. Wer den Festveranstaltern Vogelschmuck geliehen hat, erhält dafür an diesem Tage Gaben von Opferfleisch.

7. Am siebten Tage wird das Opferfleisch an die Festgäste verteilt. Dies wird zum grössten Teil von ihnen mit nach Hause genommen.

8. Am achten und letzten Tage des grossen Festes werden die *Môka* den Empfängern unter wiederholtem feierlichem Abzählen seitens der Partner übergeben. Diese Übergabe geschieht „das *Mi* anfassend", also in rechtsgültiger Weise. Dabei werden die Muscheln nicht nur von denen feierlich in die Hand genommen, von denen die Initiative zum *Môka* ausgeht, sondern auch von ihren Vätern und Brüdern. Denn obwohl die Initiative von einzelnen ausgeht, sind die *Môka*-Veranstaltungen doch immer Gruppen-Angelegenheit. Die Sprecher der Gruppen reden dabei zwar immer nur wie von sich selbst im Singular. Es ist aber der „Gruppen-Singular", in dem sich alle Glieder einer Gruppe eingeschlossen fühlen. Die ganze Gruppe erlebt Tage der Freude, des Ruhmes, der Erhöhung des Lebensgefühls, der Opfer- und Essgemeinschaft, der Eintracht und des religiösen Machtbewusstseins. —

Bevor die Muscheln, Schweine und Zugaben von den Empfängern mit nach Hause genommen werden können, werden sie erst noch in riesengrosse Netze gesteckt und in den nahen Wald gebracht und von dort dann von Männern mit eingerussten Gesichtern unter Triumpfgeschrei, an dem sich die ganze Volksmenge beteiligt, auf den Festplatz zurückgetragen. Die Männer gelten als Abgesandte des „schöpferischen Vogels", des Initiators des *Môka*. So wird hier noch einmal allen der geheimnisvolle Zusammenhang alles Wirtschaftlichen mit der hintergründigen Macht vor Augen geführt. Alles Wirtschaftliche ist aufgenommen in die mythologische Sphäre. —

Mit dem Ende des grossen Festes ist noch nicht der endgültige Abschluss des *ken-Môka* erreicht. Nach einiger Zeit veranstalten Geber und Empfänger noch ein gemeinsames grosses Opferfest. Das Opfermahl schliesst Lebende und Tote noch einmal zusammen zu einer Gemeinschaft des guten Einvernehmens und der gegenseitigen Hilfe. Die erlebte Stärkung des magisch-religiösen Selbstgefühls und Machtbewusstseins regt an zu neuen Unternehmungen gegen die Feinde. Gerade anlässlich solcher Wirtschafts- und Opferfeste wurde immer wieder die Anwendung von Todeszauberei gegen Rivalen und Feinde beschlossen, Kriegszugspläne wurden geschmiedet und Kriegsbündnisse gefestigt oder neu geschlossen. So war das Ende einer festlichen Periode zugleich auch immer das Ende einer kurzen Friedenszeit.

In der „neuen Zeit" ist das *ken-Môka* infolge der Muschel-Inflation zu einer Affäre ohne Mass und Grenzen geworden. Dazu kommt, dass man heute vor den Waffen der anderen Gruppen keine Angst mehr zu haben braucht wie in alten Zeiten, wo man nicht einfach gewissenlos nach allen Seiten hin *Môka*-Versprechungen machen konnte, solange Recht und Zucht der Eingeborenen-Gemeinschaften intakt und auch der Muschel-Umlauf im Vergleich zu heute sehr gering war. Statt der Muscheln können heute junge, durch Kartenspiel, Lotterie und missverstandene Ideen über das Bank- und Zinswesen verdorbene Elemente beim *Môka* auch „Geld-Pakete" verwenden. Es artet dadurch aus zu einer Art gambling und trägt so bei zur Zersetzung des guten Einvernehmens und der guten Beziehungen unter den Gruppen der *Mbowamb*. Gewiss war das *Môka* auch in der alten Zeit schon oft der Anlass zu Streit und Kämpfen, aber diese blieben doch immer in gewissen Grenzen. Vor allem wurden die Konflikte dann von den Eingeborenen selbst auf ihre Art beigelegt. Sie könnten das auch heute noch. Wollte man das *Môka* als wertvolle Institution der *Mbowamb* erhalten, so müsste ihm eine neue Motivierung gegeben werden. Ich bezweifle nicht, dass verantwortungsbewusste, christliche *Mbowamb* dies zustande bringen könnten. Man müsste ihnen aber freie Hand lassen zur Zuchtübung, und alle Weissen müssten die christliche Motivierung dieser Institution unterstützen. Durch den Einfluss der westlichen Zivilisation mit ihrer säkularisierten Wirtschaft wird sonst das *Môka* allmählich völlig entarten und zerfallen. An seiner Stelle wird dann bei den *Mbowamb* ein gefährliches Vakuum entstehen.

K. OPFERDIENST

I. DIE OPFER AN DIE TOTEN

KAPITEL 55
DIE OPFER AN DIE TOTEN ALS ANGELEGENHEIT DER EINZELNEN

1. Das Leben nach dem Tode.

Über die Gestalt der Toten und über ihre unheimliche Aktivität und Macht vergl. Kap. 19; über ihren Willen und ihre Wirkungsweise vergl. Kap. 20, 5, 7. Die Verstorbenen sind nach dem Glauben der *Mbowamb* in ihrer Existenz als Geister abhängig von den Opfern, die ihnen die Hinterbliebenen darbringen. Die Totengeister nähren sich von der Lebenskraft der Opfertiere. Diese Lebenskraft ist enthalten in dem *tirndêglem*, „Wohlgeruch, der vom Opfer aufsteigt" (Kap. 9; 12, 13). Je mehr Opfer einem Verstorbenen dargebracht werden, um so höher ist seine „soziale Stellung" unter den Totengeistern. Auch für ihre Unterkunft und für den Schutz gegen Nacht und Kälte, Wind und Regen sind die Verstorbenen auf ihre Hinterbliebenen angewiesen. Bauen diese ihnen kein Geister-Wohnhaus, so müssen sie frieren, wie sie hungern müssen, wenn jene ihnen keine Opfer darbringen. Die Toten werden sich aber dann dafür rächen. — Wie die Toten von den Lebenden, so sind umgekehrt auch die Lebenden von den Toten abhängig nach Gesundheit, Wohlergehen, Glück und Heil. Die Abhängigkeit ist also gegenseitig. Das Mittel, das gegenseitige gute Einvernehmen herzustellen und immer wieder zu erneuern, ist das Opfer mit dem Opfermahl. Die guten Beziehungen bedeuten Glück und Heil für die Lebenden, gestörte und schlechte Beziehungen aber Unheil.

Während die *Mi*-Macht der Gemeinschaft dient und dementsprechend auch die Opfer an die *Tei*- oder Oben-Leute Gemeinschaftssache sind, bietet die Hilfe der eigenen Verstorbenen jedem einzelnen die Möglichkeit, den Macht-Zufluss auf sich selbst und seine Belange zu lenken. Dementsprechend sind hier dann auch die Opfer Individual-Opfer. Darum bittet bei den *Mbowamb* jeder einzelne, ob Mann oder Frau, gerade „s e i n e n Toten", nämlich etwa einen verstorbenen Vater oder Bruder, eine tote Mutter oder Schwester um Zuwendung aller *ugl kae* und Abwendung aller *ugl kits* (Kap. 14, 2). Wie das *Mi* immer gruppen-gebunden ist, also nur bei den eigenen *Mi*-Zugehörigen sich wirksam erweist, so auch die Toten: nur e i g e n e Väter oder Mütter, Brüder oder Schwestern, nicht die der anderen, können als Tote einem schaden oder nützen.

2. Opfer an verstorbene Eltern

Vater und Mutter gelten neben verstorbenen leiblichen Brüdern und Schwestern in hervorragender Weise als „Hilfsgeister". Wie sie im Leben eben die hilfreichen Eltern oder Geschwister waren, so darf man erwarten, dass sie auch als Verstorbene *ten etek mek öndiŋ*, „uns pfleglich herumtragen werden", d. h. vor Unglück, Krankheiten, Misserfolg und jeglichem Unheil behüten, dass sie „die Felder und Fruchtgärten für uns machen werden", dass sie „die Schweine für uns aufziehen werden", uns auf Reisen und Handelsgängen „vorangehen", Kinderreichtum gewähren, unsere Wertsachen mehren, uns in jeder Hinsicht „am Ellbogen stehen", d. h. zur Seite stehen werden. Man baut deshalb diesen Toten bei ihrem Grab Opferhütten, bringt ihnen dort Schweinefleisch als Opfer dar und spricht dabei folgendes Opfergebet:

„Herr Vater und Frau Mutter, ihr beiden! Falls ihr anwesend seid, so esst dieses Opfer. Wenn ihr es gegessen habt, sollen sowohl ich als auch meine Frau(-en) und Kinder immer gesund bleiben. Krankheiten und Kopf(-schmerzen) sollt ihr beide nicht gegen uns anwerben. Ihr beide sollt uns immer vorangehen, dass uns kein Unfall zustösst und wir nicht in einen Hinterhalt der Feinde geraten. Ihr beide sollt uns am Ellbogen stehen, die Kinder zusammenfassen und wie in einem Zaun dasein lassen. Ihr beide sollt mir die Schweine gross machen und mir die Felder und Gärten pflanzen. Wenn ich von anderen Wertsachen und Schweine erbittend herumlaufen will, werde ich euch beide nehmen und mir vorangehen lassen. Wenn ich dann von zu Hause abwesend bin, sollt ihr beide meine Leute und Kinder nicht nehmen und in die Leere hin tun (d. h. sie nicht den vorder- und hintergründigen Feinden preisgeben). Wenn ich sehe, dass ihr beide euch ‚querlegt' (uns beschützt), dass ihr beide unsere Häupter ‚zusammenfasst' (uns am Leben erhaltet) und uns pfleglich herumtragt, will ich euch beiden immer wieder ein Opfer darbringen. Kommt, esst dieses Opferfleisch und verhaltet euch ordentlich!"

3. Einzelopfer vor der Feldbestellung

an den verstorbenen Besitzer eines alten, längst wieder mit Gebüsch überzogenen Feldes, das man wieder bebauen möchte: Am Rande des alten Feldes wird als erstes ein Stück Fleisch auf dem Feuer geröstet und dabei folgendes Opfergebet gesprochen: „O wö *rara* (etwa: o Herr)! Wenn ich dieses Feld nun wieder bepflanze, so sollst du die Früchte nicht ausgraben und verzehren. Ich bringe dir hier ein Opfer dar. Iss es, lass dein Inneres leicht werden und sei nicht betrübt, dass ich dieses Feld in Besitz nehme. Wenn dir mein Tun missfällt und du mir böse bist, werde ich eine Missernte haben. Darum labe dich an dem Opfer und sei mir gut gesinnt. Komm und setze dich auf den Grabstock (d. h. gib magische Kraft zur Feldbestellung) und lass mir die Früchte gedeihen und gross werden, damit ich sie mit meinen Leuten und Kindern essen kann. Wenn ich sehe, dass (von den Früchten dieses Feldes) die Schweine gross und fett werden, will ich dir wieder ein Opfer darbringen. Nun komm, iss dieses Opfer und stehe vorne an!" (d. h. wende Unwetter und Schaden von diesem Felde ab)!

4. Einzelopfer vor einem „Bittgang"

Bei dem „Bittgang" handelt es sich um das bei den *Mbowamb* übliche „Schweine und Wertsachen erbittend Herumlaufen" (Kap. 30). Hat ein Mann erfahren, dass sein Verwandter

z. B. ein Wertstück erworben und noch bei sich im Hause liegen hat, so beschliesst er, ihn um dieses Wertstück zu bitten. Bevor er den Gang zu diesem Verwandten antritt, wird er aber erst etwa seinem verstorbenen Bruder ein kleines Opfer darbringen. Dabei spricht er folgendes Opfer-Gebet: „Mein lieber Bruder! Ich will Wertsachen erbittend herumlaufen. Ich habe in Erfahrung gebracht, dass N. N. ein Wertstück im Hause liegen hat. Komme du und gehe mir voran! Wenn du mir hilfst, dass ich nicht mit leeren Händen zurückkomme, will ich dir bald wieder ein Opfer darbringen. Ich will dich nehmen und mir vorangehen lassen. Darum komme und labe dich an diesem Opfergeruch!"

Warum soll der Tote vorangehen? Der Besitzer eines Wertstückes oder Schweines hängt mit allen Fasern seines Herzens an diesem Besitz. Nach der Überzeugung der *Mbowamb* handelt es sich um ein m a g i s c h e s Festhalten des Besitzes. Das kann niemand durch noch so grosse Überredungskunst überwinden, noch den Besitzer zur Herausgabe willig machen. Der Besitz gehört ja auch den verstorbenen Angehörigen des Besitzers. Von ihnen hat er ihn entweder überkommen oder sie halfen ihm, diesen Besitz zu erwerben. Nur wenn sie das Herz des Besitzers von dem Besitze lösen, wird er willig sein, etwa ein Wertstück herauszugeben. Alles Wirtschaftliche und aller Besitz ist bei den *Mbowamb* in die magisch-mythische Sphäre aufgenommen. Wie nun jeder Wirtschafts- und Handelsunternehmung der ganzen Gemeinschaft Opfer vorangehen, sie begleiten und ihr folgen müssen, so muss auch der einzelne seinem, ihm besonders nahestehenden, Toten vor jeder Unternehmung ein Opfer darbringen, wenn diese gelingen soll. Gerade auch, wenn er „Wertsachen erbittend herumlaufen" will, muss der einzelne Mann die Unterstützung „seines Toten" haben. Der durch das Opfer erfreute Tote muss erst vorangehen und den (oder die) Toten des Besitzers etwa eines Wertstückes überreden, dieses doch herauszugeben (vgl. Kap. 21). Ist der Tote dazu willig, so wird er auch das Herz des Besitzers von dem Wertstück lösen, und er wird dann der Bitte des anderen entsprechen. In diesem Zusammenhang ist der tiefere Sinn der allgemeinen Anschauung der *Mbowamb* klar, dass es gegen die gute Sitte verstösst, eine Bitte abzuschlagen (Kap. 30). Damit bringt man den anderen nicht nur in wirtschaftliche, sondern auch in religiöse Verlegenheit: er hat entweder nicht geopfert oder aber seinem Toten fehlt es an Macht. — Wird einem Mann seine Bitte um ein Wertstück oder Opfertier abgeschlagen, so sucht er den Grund dafür nicht etwa in seiner mangelnden Überredungskunst oder wenig entwickelten Geschäftstüchtigkeit, auch nicht nur in einer Unfreundlichkeit dessen, der ihm die Bitte nicht gewährte, sondern er sucht den eigentlichen Grund im religiösen Bereich. Er denkt bei sich: „Ich muss wohl etwas Verkehrtes begangen haben!" und meint damit, dass er sich auf den Weg gemacht hatte, ohne erst ein Opfer darzubringen. Oder er sagt: „Ich muss wohl eine unrechte Äusserung getan haben" und meint damit, dass er etwa ein Schwein, das als Opfertier einem seiner verstorbenen Angehörigen zugesprochen war, dann doch einem Handelsfreund versprach, was der Tote übel aufnahm und ihm nun deshalb auf diesem Bittgang nicht „voranging". Nun „empfindet er Reue", weil ihm die Verweigerung des Wertstückes zeigt, dass „sein Toter" ihm gram ist. Erst durch folgendes G e l ö b n i s steigt die Zuversicht auf Erfolg wieder: „Nun will ich meinem toten Bruder — oder Vater — ein Geister-Wohnhaus errichten, will ihn da unterbringen und ihm opfern. Wenn ich dann wieder auf einen Bittgang gehe, so lasst uns sehen, was sich dann ereignen wird!"

5. Opfer und Opfer-Gebet eines Mannes

vor der Niederkunft seiner Frau. Er kann nicht etwa den verstorbenen Angehörigen seiner Frau ein Opfer darbringen, sondern nur seinen eigenen verstorbenen Angehörigen. Dabei spricht er folgendes Opfer-Gebet: „Ihr Toten! Steht auf euren Posten und helft! Meine Frau soll keine Geburtsschmerzen ausstehen müssen. Sie soll das Kind ohne Schmerzen gebären, es in den Netzsack legen und bei sich haben. Esst dieses Opferfleisch. Seid mir wohlgesinnt. Steht vorne an und redet für mich!" — Seine Toten sollen bei den verstorbenen Angehörigen seiner Frau ein gutes Wort einlegen, dass sie nicht das Leben von Mutter und Kind gefährden.

6. Opfer und Opfer-Gebet eines Vaters

an seine Toten für seine zwei kleinen Söhne: „Ihr Toten alle! Kommt herzu und esst das Opferfleisch, damit die innere Spannung bei euch sich löst und ihr guten Sinnes seid. Fasst die Häupter meiner beiden Söhne an und tragt sie pfleglich umher. Lasst sie nicht in Tümpel, Flüsse oder Abgründe fallen. Bewahrt sie, dass sie nicht in die Hände meiner Feinde geraten; sich nicht in anderer Leute Hütten herumtreiben. Bewahrt sie vor ‚bösem Essen' (Todeszauber) und vor dem bösen Blick. Macht sie mir verständig und fest. Wenn ich sehe, dass sie wachsen und stark werden, will ich euch immer wieder ein Opfer darbringen, so oft ich einen Schweine-Schlegel oder ein Seitenstück auftreibe. Kommt und steht auf eurem Posten!"

7. Opfer und Opfer-Gebet eines Witwers

an seine verstorbene Frau: „O meine Frau! Wenn du da bist, dann iss dieses Opferfleisch und lass dein Inneres sich dadurch entspannen, so dass du wieder guten Mutes wirst. Wirb keine Krankheiten und Kopf(-schmerzen) gegen die Kinder an. Lasse sie nicht in der Leere (unbehütet) dasein. Gib du selbst mit ganzer Hingabe acht auf sie, dass ihnen kein Unglück zustösst. Komm und stehe an ihren Ellbogen!"

8. Opfer und Opfer-Gebet einer jungen Frau und Mutter

an ihre verstorbenen Eltern (Kap. 50, 10): „Mutter und Vater, ihr beide! Labt euch an dem Opferfleisch und bleibt mir gut. Macht mir die Schweine gross und fett. Lasst mir die Felder und Fruchtgärten gedeihen. Macht, dass mein Ehemann das Essen immer gerne isst, welches ich ihm koche. Macht mir die Kinder verständig und weise, dass sie mir folgen und mir bei der Arbeit helfen. Kommt und geht mir immer voran!"

9. Opfer und Opfer-Gebet eines jungen Mannes

an seinen leiblichen Bruder, der durch Todeszauber — oder Waffengewalt — umgebracht wurde. Der junge Mann ist überzeugt, dass dieselben Feinde auch seinen Tod planen. Deshalb will er durch das Opfer den Geist des toten Bruders einladen, eine besonders enge Verbindung mit ihm einzugehen. Er soll ihm „ankleben" und sich Tag und Nacht nicht von ihm „lösen". Er muss deshalb das Opfer dem Toten ganz allein darbringen. Auch seine Frau und Kinder dürfen nicht an dem Opfermahl teilnehmen, wie es sonst bei den Individual-Opfern gewöhnlich der Fall ist. Die Gemeinschaft am Opfermahl soll hier eine besonders enge Verbindung allein zwischen dem Opfernden und „seinem Toten" herstellen. Der Opfernde muss Essgemeinschaft mit irgendeinem Glied der feindlichen Gruppe unter allen Umständen meiden, selbst wenn eine Frau aus dieser feindlichen Gruppe die eigene Ehefrau wäre. Würde der Opfernde das Opfermahl mit seinen Familienangehörigen teilen, und sie würden dann — vielleicht unbedacht — mit anderen, die den Feinden des Toten nahestehen, gelegentlich Essgemeinschaft haben, so würde dies sofort dazu führen, dass der Tote sich von seinem Bruder wieder „lösen" würde. Darum bleibt die Gemeinschaft am Opfermahl ganz und gar auf den Toten und seinen Bruder beschränkt. Zwischen den beiden besteht so die innigste Gemeinschaft. Der Bruder fühlt sich durch den Schutz seines toten Bruders absolut sicher vor seinen Feinden und irgendwelchen ihrer Tücken. Nur die eine Bedingung muss er erfüllen: Er darf keinerlei Essgemeinschaft mit Aussenstehenden haben. Geht er auswärts, so nimmt er sich immer etwas zu essen mit. Abends kommt er immer heim, selbst wenn es erst spät in der Nacht sein sollte, um ja nicht in Versuchung zu kommen, von irgend jemandem etwas zu essen anzunehmen und mit anderen Essgemeinschaft zu haben, damit er nicht die enge Verbindung mit „seinem Geist" gefährde. — Dieses Opfer und die daraus folgende enge Lebensgemeinschaft zwischen dem Toten und dem Lebenden erregt bei den anderen Furcht und Schrecken. Man nennt es daher auch *kôr minŋö'n-kui*, „Geist Schreckens-Opfer".

Um mit dem Bruder diese Opfer- und Essgemeinschaft zu pflegen, errichtet der lebende Bruder ein eigenes Opferhäuschen, das auch einen besonderen Namen führt, nämlich *kôr pagl-maŋa*. Im Innern der Hütte stellt er ein Geflecht als Opferaltar auf.

Es handelt sich dabei um eine Astgabel von etwa 1 m Höhe, die in den Boden gesteckt wird. Zu den zwei oder drei natürlichen Zinken der Astgabel hinzu werden noch weitere Zinken eingesetzt, so dass es im ganzen acht sind. Die künstlichen Zinken werden unterhalb der sich konisch nach oben öffnenden Gabelung mit Rotang festgebunden und dann in gleichen Abständen miteinander verflochten, so dass es eine Art Korb von 25-30 cm Durchmesser gibt zur Aufnahme des Opferfleisches. Dieses wird vor der Opferhütte auf einem Feuer geröstet. Wenn er es dann auf das Opfergestell legt, spricht er folgendes Opfer-Gebet:

„Mein lieber Bruder! Wenn wir beide noch zusammen am Leben wären, würden wir gemeinsame Schlacht- und Opferfeste veranstalten, zusammen *Môka* machen, gemeinsam in den Kampf ziehen und unsere Feinde besiegen. Jeder von uns würde sich eine Frau nehmen und wir würden Kinder aufziehen. Wir würden alle ‚guten Kunststücke' zusammen machen! Weil ich nun aber allein dastehe, gedenken die Feinde mich zu vernichten. Darum sollst du dich ‚querlegen'. Du sollst mir ‚ankleben', dass wir als Zwei-Einheit umherlaufen. Kein Zauber irgendwelcher Art soll mir ins Essen gemischt oder im Schlaf auf den Kopf gestreut werden. Wunden und Krankheiten sollen sich nicht an mich hängen. Damit ich in Handel und Wandel erfolgreich und meinen Feinden immer überlegen bin, sei du stets mit dem Zweig um mich." ("Zweig" bezieht sich hier auf das Gruppen-*Mi* der beiden. Der Tote soll dem Lebenden die *Mī*-Macht in besonderer Weise zuleiten.)

10. Ogla podl idlö kui

„Oben auf dem Gestell opfern", nennt man das Einzelopfer an einen Verstorbenen, wobei das Opfertier zwar auf dem *pena* der Brüderschaftsgruppe geschlachtet und von dem Opferfleisch auch Frauen und Kindern zugeteilt wird, ein Bruder des Verstorbenen dann aber ein besonderes Stück, etwa die Leber oder ein Lenden- oder Rückenstück, für den Toten zurücklegt, um es ihm allein zu opfern, wenn die anderen sich wieder in die Hütten ihrer Siedlung begeben haben. Er braucht des Toten Hilfe in besonderer Weise, darum muss er ihm auch noch besonders opfern. Wie beim oben beschriebenen „Geist Schreckens-Opfer", so wird auch hier in dem Opferhäuschen das Opfergestell zur Aufnahme des Fleisches aufgestellt. Das zurückgelegte Stück wird auch hier auf einem Feuer direkt vor dem Eingang der Opferhütte gebraten. Hat der Opfernde einen schon älteren Sohn, so übernimmt dieser das Rösten des Fleisches, das er dann seinem Vater hinreicht, damit er es auf den Opferaltar in der Hütte legen kann. Dabei spricht er folgendes Opfer-Gebet:

„O mein Bruder! Iss dieses Opfer und stehe als schützender Geist auf deinem Posten. Meine Schweine sollen nicht abmagern und nicht von einer Seuche befallen werden. Führe du selber die Aufsicht über die Opfertiere. Lass das Gewebe über meinem Haupte nicht abreissen (Kap. 48, 2). Wenn ich *Môka* machen will, sollen wir beide Wertsachen und Schweine erbittend herumlaufen. Dann werde ich nicht mit leeren Händen heimkehren müssen. Wie sollte ich einzelner, wenn ich für mich allein herumliefe, die von deinen und meinen früheren wirtschaftlichen Unternehmungen noch ausstehenden Gegengaben an Wertsachen und Schweinen eintreiben können! Wenn du als mein helfender Begleiter kommst und mir vorangehst, dann wird es gelingen. Was sollte ich Armer allein ausrichten! Darum opfere ich hier dieses Fleisch. Iss es und stehe auf deinem Posten!"

11. Einzelopfer zwecks Vergewisserung.

In Krankheitsfällen finden die Opfer an den Totengeist, der die Krankheit verursacht hat, unter Teilnahme aller Angehöriger des Kranken statt. Am Opfermahl nehmen auch alle verstorbenen Familienangehörigen teil. Tote und Lebende gehören ja zusammen. Wie nun aber die einzelnen Menschen oft ein bestimmtes Stück des Opfertieres bevorzugen und besonders gerne essen, so nimmt man dies auch von den Toten an. Es handelt sich dabei immer um Stücke, von denen man glaubt, dass sie besonders viel Lebenskraft des Opfertieres enthalten. Dass nun die Geister einen Menschen krank machen, geschieht unter Umständen nicht nur deshalb, weil die Toten wieder einmal ein Opfer haben möchten, sondern weil einer der Toten es gerade auf einen besonderen Leckerbissen abgesehen hat! Daraus folgt nun aber, dass ein Kranker nicht absolut sicher sein kann, ob der Totengeist, der seine Krankheit verursacht, bei der allgemeinen Opfermahlzeit nun auch wirklich dieses besondere Stück erhalten hat, nach welchem er Verlangen trug. Vielleicht hat es ihm ein anderer aus der Schar der Totengeister weggenommen! Der um seinen Leckerbissen betrogene Tote würde dann wahrscheinlich nicht von dem Kranken ablassen. Deshalb lässt der Kranke beim Schlachten ein besonderes Stück für den Toten zurücklegen, von dem — etwa durch den Medizinmann — festgestellt worden ist, dass er die Krankheit angeworben habe, um ein besonders gutes Stück Opferfleisch zu erhalten. — Ist die allgemeine Opfermahlzeit vorüber, so nimmt etwa der Bruder des Kranken — oder auch der Kranke selbst — dieses zurückgelegte Stück und legt es drinnen in der Opferhütte auf den Opferaltar. Dabei spricht er folgendes Opfer-Gebet:

„Mein Vater! Da du eine böse Krankheit angeworben und mir zugeschickt hattest, wurde ich sehr krank und dachte, ich müsste sterben. Nun hast du aber nur ein stürmisches Verlangen nach einem Opfer zeigen wollen. Deshalb haben wir dir jetzt das Opfertier geschlachtet. Falls es aber dieses kleine Stuck hier sein sollte, um das es dir vor allem zu tun war, wie du es auch zu deinen Lebzeiten schon besonders gerne gegessen hast, bringe ich es dir hier im Innern des Hauses dar, damit du es hier allein und ungestört verzehren kannst. Was wir draussen auf dem Platz opferten, ist schon von allen gemeinschaftlich verzehrt worden. Damit dir keiner dein besonderes Stück wegessen konnte, bringe ich es dir allein dar. Nun iss es und lass ab von mir, damit ich wieder gesund werde!" — Dieses kleine Stück Opferfleisch wird später nicht vom Opfernden verzehrt, wie es sonst üblich ist, sondern man überlässt es dort den Vögeln und Nagetieren.

12. Opfer und Opfer-Gebet beim Aufstellen eines Schädelhäuschens.

Am Mittellauf des *Kâkudl* (*Kaugel*-River) hatte der alte, einäugige *Monga* von *Tsipoglam* unter wilden Brotfruchtbäumen ein Schädelhäuschen aufgestellt. Darin hatte er auf Farnkräutern den Schädel seiner verstorbenen Tochter aufgestellt. Nach seiner Aussage sollte sie seine umliegenden Felder gedeihen lassen und auf Felddiebe achtgeben. Hinter den Feldern lag die Schweineweide. Die dort weidenden Tiere sollte sie ebenfalls bewachen und wachsen lassen. Als er den Schädel von der Grabstätte holte und in das Schädelhäuschen verbrachte, hob er vor dem Schädelhäuschen eine Kochgrube aus und dämpfte darin das Fleisch eines kleinen Opfertieres und sprach dabei folgendes Opfergebet:

„O meine Tochter! Ich habe dir hier ein Schädelhaus gebaut und lasse dich hier wohnen. Labe dich an dem Opfergeruch und lasse deinen betrübten Sinn wieder froh werden. Bewache meine Schweine, Felder und Fruchtgärten und lasse sie gedeihen. Wenn du siehst, dass Diebe kommen, so mache mich innerlich unruhig, damit ich komme und die Diebe erhasche. Ich will dir immer wieder opfern. Darum sei getrost und verhalte dich ordentlich!"

Während der Alte von *Tsipoglam* beim Aufstellen des Schädelhäuschens das Opferfleisch zusammen mit seinen Frauen und Kindern verzehrte, weil es sich um den Schädel seiner eigenen Tochter handelte, verzehren sonst die Männer beim Aufstellen von Schädelhäuschen für die Schädel mächtiger Toter das Opferfleisch allein, weil solche Toten Frauen und Kindern gefährlich würden. Beim Opfer, das immer mit der Aufstellung der Schädel verbunden ist, spricht der führende Mann der Brüderschafts- oder Altvater-Sohn-Gruppe folgendes Opfergebet: „Ihr Männer-Geister! Fasst die Häupter von uns Männern zusammen! Lasst keinen von uns Männern sterben. Wenn unsere Frauen von unseren Feinden irgendwelchen Todeszauber annehmen mit dem Auftrag, ihn gegen uns anzuwenden, so soll er unwirksam bleiben. Baut uns ein Schädelhaus (im übertragenen Sinn gebraucht: erhaltet unser Leben), damit aus der Reihe unserer Häupter keines ausfällt. Dann wollen wir unsere Feinde bekämpfen und ihnen überlegen sein; wollen Opferfeste veranstalten, *Môka* machen und alle ‚schönen Kunststücke' veranstalten, damit unserer Gruppe Ansehen und Ruhm sich mehre. Werbt gegen unsere Frauen und Kinder weder Krankheit noch Unglück an, dass nicht Ohn-Macht und Schande über uns komme. Wir bringen euch hier zusammen, lassen euch hier im Schädelhaus wohnen und bringen euch Opfer dar, damit ihr uns nicht etwa (die Lebenskraft) aufzehrt oder sonst böse Machterweise gegen uns zeigt. Nährt euch vom Opferfleisch und seid friedlicher Gesinnung. Brecht das Gewebe zu unseren Häuptern nicht ab (Kap. 48, 2) und lasst uns im Frieden leben!"

KAPITEL 56
DIE OPFER AN DIE TOTEN ALS GRUPPENANGELEGENHEIT

Bei den Einzelopfern handelt es sich, wie wir sahen, vorwiegend darum, dass jeder einzelne etwa seiner verstorbenen Frau, Mutter oder leiblichen Schwester, seinem toten Vater oder Bruder allein ein Opfer darbringt, weil man mit einem Toten die besondere Verbindung weiterpflegen möchte, die im Leben durch Bluts- und Familienbande bestand. Bei der Darbringung solcher Einzelopfer kann man die anderen Familienmitglieder hinzuziehen, man kann die Opfer aber auch ganz allein vollziehen. Wie bei den Lebenden, so ist es auch bei den Verstorbenen nicht leicht, dass einer allein ein Stück Opferfleisch verzehren kann, ohne es mit nächsten Angehörigen teilen zu müssen. Das Einzel-Opfer bezweckt aber die spezielle Einzelverbindung. Darum soll es einem bestimmten Toten — oder auch zweien, wie im Falle verstorbener Eltern — den alleinigen Genuss des Opfers ermöglichen oder doch wenigstens den Genuss eines besonderen Leckerbissens.

1. Toten-Opfer auf Gruppen-Ebene

dagegen vereinigen beim Opfermahl wie alle lebenden, auch alle verstorbenen Glieder der betreffenden Gruppe. Die Toten der Gruppe stellen sich dabei immer a l l e ein. Da lässt sich keiner ausschliessen. Wie nun der führende Mann etwa einer Brüderschafts- oder Altvater-Sohn-Gruppe bei den Mahlzeiten die Fleischverteilung vornimmt, so muss auch der führende Mann unter den Toten der Gruppe die Verteilung des Opferfleisches übernehmen. Unter den Toten herrscht noch dieselbe Rang- und Gesellschaftsordnung wie unter den Lebenden. Auch ihrer magischen Mächtigkeit nach unterscheidet man bei den Totengeistern ganz wie unter den Lebenden zwischen „guten und schlechten, armen und reichen, grossen und kleinen" (Kap. 14, 8: a-c). Für die Opfer erwartet man Schutz und Hilfe der Totengeister, Mehrung des Wohlstandes, Glück und Gesundheit, gute Ernten, Erfolg und reichen Ertrag aller Unternehmungen, langes Leben und Lebenshilfe auf jede Weise. Man erwartet aber, so wenig wie von allen lebenden Gliedern der Gruppe, von allen ihren Toten in gleicher Weise solche Lebenshilfe. Von den (magisch) „unbedeuteten, armen und schlechten" Toten kann man nicht viel Gutes erwarten, da sich an ihnen schon zu Lebzeiten Ohn-Macht zeigte. Aber gerade deshalb gelten sie als neidisch und boshaft. Man glaubt, dass sie einem als Totengeister viel Schaden zufügen können. Deshalb kommt es bei den Opfern gerade auch darauf an, diese Schar der ewig unzufriedenen Geister immer wieder zu besänftigen und sie bei guter Laune zu erhalten. Es ist aber praktisch unmöglich, ihnen allen einzeln Opfer darzubringen. Der führende Mann der Gruppe, der in seiner priesterlichen Funktion auch das Opfer-Gebet spricht, wendet sich darum an seinen verstorbenen Häuptling-Vater. Er soll die Verteilung des Opferfleisches vornehmen. Er soll es zerlegen und an alle „armen, kleinen und schlechten" Geister austeilen, ganz so, wie er es im Leben als der Häuptling seiner Leute bei Schlachtfesten und Fleischverteilungen auch immer zu tun pflegte.

2. Gruppen-Opfer an besonders machtvolle Tote.

Von der eigenen Familie und den nächsten Verwandten wird jedem Verstorbenen schon bei der Totenklage und Bestattung ein Opfer dargebracht, ganz gleich, ob er alt oder jung starb, bedeutend oder unbedeutend war, denn man will ihn dadurch versöhnen und veranlassen, sich nun als Totengeist nicht länger in der Siedlung aufzuhalten, sondern im Geister-Wohnhaus am Gräberplatz. Dieses *kôr-maŋa-rapa*, „Geister-Versammlungshaus", wird am Begräbnisplatz einer jeden Brüderschaftsgruppe für alle ihre Verstorbenen zusammen errichtet. Insofern werden also auch von der Gruppe a l l e ihre Verstorbenen versorgt und verehrt, auch die, die bei Lebzeiten aus Mangel an Macht für die Gruppe keine besondere Bedeutung hatten. „Wenn die Geister unserer Verstorbenen ohne ein schützendes Dach über ihrem Haupte in Wind und Wetter, Kälte und Regen, Nacht und Nebel draussen sein müssen, dann werden sie Krankheiten und Unglück über uns bringen, weil wir nicht für sie sorgen. Lasst uns ihnen deshalb ein *kôr-maŋa-rapa* errichten! Wir wollen dann alle unsere Verstorbenen, gross und klein, Männer, Frauen und Kinder, die starben, sie alle wollen wir dann dort unterbringen, damit sie trocken, warm und geschützt wohnen können. Dann werden sie uns dafür unsere Felder gedeihen lassen, die Schweine mehren, unsere Frauen, Kinder und Schweine vor Seuchen und Krankheiten bewahren, Zauberei und böse Geister von uns abwehren und unser Leben erhalten und mehren." Ist solch ein *kôr-maŋa-rapa* bei den Gräbern errichtet, so wird ein Opfertier geschlachtet und im Erdofen vor dem *kôr-maŋa-rapa* gedämpft. Der führende Mann der Brüderschaftsgruppe wendet sich im Opfergebet an alle Toten seiner Gruppe. Er lädt sie zur Opfermahlzeit ein und zum Beziehen ihres „Wohnhauses". Von diesem Hause sagt man, „es ist das Haus, in dem wir die Totengeister alle zur Gemeinschaft zusammenfassen und dasein lassen". Im übrigen aber bringt die Brüderschaftsgruppe als Einheit dort keine weiteren Opfer dar. Das ist Sache der einzelnen Familien oder ihrer einzelnen Glieder, die die weiteren Opfer an ihre jeweiligen Verstorbenen dann in den kleinen Opferhäuschen beim Grabe des betreffenden Toten darbringen.

Dagegen bringt die Brüderschaftsgruppe geschlossen einem einzelnen Toten dann Opfer dar, wenn er zu seinen Lebzeiten zu ihren führenden Männern zählte und deshalb für sie als Gruppe von Bedeutung war. Darin zeigte sich ja seine Mächtigkeit, die nun bei dem Toten noch gesteigert ist.

3. Das erste Opfer an einen mächtigen Toten als Vorbereitung der Blutrache

wird ihm von seiner Brüderschaftsgruppe dargebracht. Es findet sofort statt, nachdem der Tod des „mächtig-starken Mannes" eingetreten ist, entweder durch Zauber — oder aber durch Waffengewalt seiner Feinde. Dieses erste Opfer hat einen besonderen Namen. Es heisst *mbadl-*

kan-kuŋ-kui, „Männerschürze-Schnur-Opfer". Der Name kommt daher, dass man dem Toten unter Opfergebet und Darbringung des Opfers die Schürze abnimmt. Die Schürze als wichtigstes Kleidungsstück steht dabei für die ganze Kleidung, zu der auch die Schmuckstücke zählen. Man nimmt dem Toten nicht nur die Schürze ab, sondern alle Kleidungs- und Schmuckstücke. Es handelt sich also um ein völliges Entkleiden des Toten. Jeder der wehrfähigen Männer seiner Gruppe will nämlich irgend eines der Kleidungs- oder Schmuckstücke des Toten bei sich tragen als eine Art Fetisch.

Dieses erste Opfer an einen mächtigen Toten soll nicht nur die unmittelbare Gefahr weiterer Todesfälle abwenden, die ja durch den Einbruch magischer Todeskräfte und durch den Rache-Zorn des Toten für die Gruppe sehr akut ist; es soll dem Toten zugleich ein sicheres Versprechen dafür sein, dass man für ihn Blutrache üben wird. Bei den *Mbowamb* übt man die Blutrache als tatsächlichen Rachezug nur bei solchen Toten, die für die ganze Gruppe von Bedeutung waren. Bei den anderen begnügt man sich mit Drohungen und Anwendung von Todeszauber, um bei den Feinden auch einen Todesfall herbeizuführen. Durch dieses erste Opfer soll der mächtige Tote nicht nur die Versicherung erhalten, dass man wirklich einen Rachezug für ihn unternehmen wird, sondern er soll zugleich auch selbst zur Mithilfe bei diesem Rachezug aufgefordert werden. Durch die Blutrache will man des Toten Rache-Zorn stillen und zugleich auch die durch den Todesfall geschändete Ehre der eigenen Gruppe, sowie das Gleichgewicht an Macht wieder herstellen.

Man hat den Leichnam im Geister-Versammlungshaus liegen. Dort bringt man ihm mindestens vier, zuweilen acht oder gar zwölf lebende Opfertiere hin. Die Zahl der Opfertiere richtet sich nach der Bedeutung des Mannes. Die wehrfähigen Männer seiner Brüderschaftsgruppe sind versammelt. Ihr *wö nuim mumuk* (Kap. 26, 2: e) fasst alle Stricke der zu opfernden Tiere, mit denen sie am Vorderfuss angebunden sind, in seinen Händen zusammen und spricht zu dem Toten: „Du bist nun gestorben. Wir bringen dir acht Opfertiere dar und geben dir noch vier als Zugabe. Nimm sie mit dir (ihre Seele, Lebenskraft) und wisse, wir geben dir diese zwölf Tiere mit, damit du den, der dich schlug (durch Zauber oder Waffen), selbst schlagen sollst. Komme und gehe uns voran. Löse du selbst den Mann los (aus dem Schutzgewebe seiner Geister) und übergib ihn uns, dass wir ihn für dich umbringen. Komme, gehe nach oben und setze dich!"

Dieser Ausdruck „gehe nach oben und setze dich" bezieht sich auf die neuen Waffen, auf deren Spitzen der Tote „sich setzen" soll. Schon während das Opfergebet gesprochen wird, wird einer der anwesenden Männer, meist ein leiblicher Bruder des Verstorbenen, vom Geist des Toten ergriffen und geschüttelt, dass er Zuckungen und Krämpfe bekommt, herumtanzt und schliesslich erschöpft zu Boden fällt. Schaum steht ihm vor dem Munde. In die neuen Pfeile, die man beim Rachezug verwenden will, werden nun Knochenspitzen eingesetzt. Von einem der inzwischen geschlachteten Opfertiere nimmt man dann ein fettes Lendenstück und röstet es auf dem Feuer. Darauf fordert man den vom Geist des Toten Ergriffenen auf, er solle nun alle Pfeile und Speere in seinen Händen zusammenfassen. Mit dem Fett des gebratenen Lendenstückes werden die Pfeile und Speere eingerieben, damit der Totengeist dem Fettgeruch folgt. Denn er wird nun bei seinem Namen gerufen und aufgefordert: „Komm und gehe hinauf (sc. auf die Pfeil- und Speerspitzen)! Wir wollen es sehen!" Der vom Geist Ergriffene wird nun von neuem geschüttelt und gezerrt. Er stampft auf den Boden und stösst das Siegesgeschrei *„aaaaaaa"* aus. Da rufen alle: „Seht! Er kommt und setzt sich wahrhaftig auf die Speere und Pfeile!" Nun ist man gewiss, dass der Tote selbst beim Rache-Zug vorangehen wird.

Beim Auseinandergehen nimmt jeder der Männer irgend etwas von dem Toten mit: der eine die Netztasche, ein anderer die Basthaube, ein dritter die Muscheltasche, den Rindengürtel, die Schürze, die Gesäss-Deckzweige, usw. Sie hängen sich die Sachen um oder stecken sie sonst irgendwie zu sich. Damit hat man die Macht des Toten — oder eigentlich den Toten selbst — bei sich und vergewissert sich so, dass er selbst wirklich mit auszieht in den Kampf.

Mit grosser Kampffreudigkeit und Siegesgewissheit zieht man dann aus zum Rachezug. Man weiss, dass der Tote vorangeht, die Schutzgeister dessen, den man umzubringen gedenkt, zurückschlägt und sie „in die Ferne hintut", den Mann selbst aber „in der Leere dasein lässt", die Pfeile und Speere auf ihr Ziel hinlenkt. Man kann den Feind ja nur dann zur Strecke bringen, wenn er ohne seinen hintergründigen Schutz und völlig preisgegeben ist.

4. Das Opfer nach vollzogener Blutrache.

Haben sie Blutrache geübt und den Mann umgebracht, auf den sie es abgesehen hatten, so kommen sie wieder beim Geister-Versammlungshaus zusammen und bringen wieder ein oder auch mehrere Opfertiere mit; ebenso die dem Toten abgenommenen Dinge. Der Mann, der „den Schweinestrick anfassend" das Opfergebet spricht, sagt: „Den Mann, den wir für dich erschlagen wollten, haben wir nun getötet und fortgeschüttelt (wie Staub). Du bist recht!", d. h., wir sind mit dir zufrieden, weil du uns beim Rachezug geholfen hast. — Beim Opfermahl folgt nun die symbolisch-magische Verspeisung des Feindes (Kap. 18, 2).

Der Geist des eigenen Toten wird gelobt und gepriesen, dass er durch seine tatkräftige Mithilfe die Blutrache für ihn zum Erfolg führte. Wenn dagegen ein Rachezug ergebnislos verlief oder gar mit einem Verlust abgebrochen werden musste, hält man auch mit dem Tadel des Toten nicht zurück, für den man Blutrache üben wollte. Man sagt dann von ihm: „Wie er, der jämmerliche Bursche, schon zu Lebzeiten immer nur um die Frauen war und sich nicht angelegen sein liess, was Männerwort und Männertat ist, so taugt er auch im Tode nichts. Er lässt uns im Stich, der Nichtsnutz und Habenichts!"

5. Das Opfer bei der Bestattung.

Wie schon die Art der Beisetzung sich nach Liebe und Verehrung des Toten und nach seiner magischen Mächtigkeit richtet, so auch die Anzahl und Grösse der Opfer, die man ihm darbringt. Schon bei der Totenklage macht man Unterschiede. Wenig oder nicht geliebte Tote beklagt man nur, indem man den Leichnam auf dem Boden liegen hat. Auch seine wenigen Habseligkeiten bringt man dann nicht herbei. Man lässt den Toten auch nicht lange im Hause liegen, sondern begräbt ihn sofort. Menschen, von denen ein *kôm*, „fressendes Wesen" (Kap. 18, 3), Besitz ergriffen hat, welches der Medizinmann vergebens zu vertreiben suchte (Kap. 23, 4), begräbt man schliesslich sogar vor ihrem Tode, damit der *kôm* nicht auf andere übergehen kann. Grosse Angst hat man vor Frauen, die während der Geburt sterben. Überhaupt vor Ehefrauen, mit denen kein gutes Eheverhältnis bestand und die man zu Lebzeiten immer schlecht behandelte. Bei ihrem Tode lässt man entweder den Leichnam durch ihre Verwandten fortschaffen, die ja immer einer anderen *Mi*-Gruppe angehören, damit sie ihn bei sich zu Hause begraben oder man wartet am liebsten gar nicht erst die Ankunft der Verwandten ab, sondern lässt den Leichnam gleich durch eigene *Mi*-Genossen fortschaffen und begraben. Sie verstopfen der Leiche erst Augen und Ohren mit Blätterstöpseln, brechen ihr Arm- und Beinknochen, legen sie mit dem Gesicht nach unten in das Grab, stampfen die Erde über der Leiche fest, indem sie darauf herumtrampeln, und beschweren schliesslich das Grab noch mit Steinen. Solchen Toten bringt man auch keine Opfer dar, und ihren Geist lässt man durch den Medizinmann vertreiben (Kap. 23, 6). Geliebte Tote dagegen, mit denen man auch nach ihrem Tode das gute Verhältnis weiterpflegen will, werden nicht sofort begraben. Man behält den Leichnam länger im Hause und hält die Totenklage. Die nächsten Angehörigen hacken sich ein Fingerglied ab und raufen sich Haar und Bart. Alle Trauernden schmieren sich mit gelbem Ocker und Asche ein. Angehörige von auswärts kommen in Kreisen springend und tanzend an, wobei sie immer wieder die Arme in die Luft werfen und sich schliesslich auf die Leiche stürzen und rufen: „Warum gehst du denn fort von uns? Warum gehst du den Weg für immer?" Die Leiche wird in den meisten Fällen von den Verwandten gleichen Geschlechts hergerichtet. Es werden ihr keine Knochen gebrochen, wie bei den Toten, mit denen man nichts mehr zu tun haben will, aber immerhin werden Arme und Beine in den Ellbogen und Kniegelenken eingebogen und mit Lianen festgebunden. Auch „gute Verstorbene" sollen nicht mehr überall herumlaufen und nicht mehr alles anfassen können. Der Leichnam wird dann auf zwei Brettchen gelegt, an eine Stange gebunden und auf zwei, etwa 2 m hohen Pfosten aufgebahrt. An die beiden Enden der Stange und an die Pfosten hängt man nun alle Habseligkeiten des Verstorbenen; bei Reichen besonders die Taschen und Netzsäcke mit den Wertstücken. Dadurch wird unter Lebenden und Toten „ihr Name gross werden", wie auch durch die Opfer, die man ihnen darbringt. Bei der Aufbahrung findet die öffentliche Totenklage statt. Auch bei der Bestattung macht man Unterschiede, je nach Rang und Stand des Verstorbenen, also je nach seiner magischen Mächtigkeit. Der Leichnam wird in *Pints*- und *Poketa*-Blätter gewickelt (Kap. 16, 4) und mit Lianen verschnürt. Über das offene Grab werden Stangen gelegt, auf die der Leichnam gebettet wird. Er wird dort mit Ästen und Zweigen zugedeckt. Zum Schutz gegen Hunde und Schweine macht man aussen herum einen Zaun. Am anderen Morgen bringt man dort das Bestattungsopfer dar. Bald danach werden dann die Leichname „gewöhnlicher Sterblicher" ins Grab gelegt und die Erde wird aufgefüllt. Mächtige Tote dagegen, die für das Leben und die Kampfkraft der Gruppe auch weiterhin wichtig sind, deckt man nicht mit Erde zu, sondern nur mit Ästen und Zweigen. Man will ja leichten Zugang zum Knochengerüst behalten, wenn die Leiche verwest ist, um dann die Knochen für die Pfeilspitzen und den Schädel für das Schädelhaus herauszunehmen. Bei der Bestattung grosser Häuptlinge legte man vom Grabe aus eine Seitenhöhle an, in die man die Leiche schob. (Die Erklärung hierzu findet sich unter Kap. 18, 2.)

6. Das Opfer nach der Bestattung.

Dieses Opfer heisst *kuŋ edlep-ropa-kui*, „Schweine um die Schulter hängend tragen und opfern". Es muss bald nach der Beisetzung stattfinden. Seinen Namen hat es daher, dass man nur kleinere Opfertiere schlachtet, die man um die Schulter hängend zum Opferplatz trägt, wobei man die Vorder- und Hinterfüsse der Tiere zusammenbindet, einen Stock durchschiebt und daran die Tragschlinge befestigt, so dass man sie an der Schlinge um die Schulter tragen kann.

Dieses Opfer bringt man aus folgenden Gründen dar: Zwischen der Beisetzung, wenn das Bestattungsopfer dargebracht wird, und dem Totenmahl vergeht eine lange Zeit; besonders dann, wenn es sich um das Totenmahl für einen mächtigen Toten handelt, denn da müssen gelegentlich hunderte von Opfertieren geschlachtet werden. Man muss sich dafür erst die nötige Anzahl Ferkel besorgen und aufziehen. Auch besondere, für das Totenmahl bestimmte Felder müssen erst angelegt werden. Durch die lange Wartezeit könnte der Tote von Rache-Zorn erfüllt werden, weil er so lange Zeit kein Opfer mehr erhält. Er könnte dann allerlei Krankheiten und Unglück verursachen. Als Vorbereitung auf die lange Wartezeit bringt man ihm also dieses kleine Opfer dar und sagt ihm dabei im Opfer-Gebet folgendes: „Wir bringen dir hier nur kleine Tiere zum Opfer. Sei zufrieden und bleibe uns wohlgesinnt. Wir Männer werden nun wieder öfters von zu Hause abwesend sein. Wir werden auch mit Anlegen der Felder für dein grosses Totenmahl viel Arbeit leisten müssen. Komme du nicht zurück in die Siedlung, um uns zu fressen. Bringe keine Blut- und Zauberstoffsachen über uns; auch keinen Unfall oder Krankheiten. Werde nicht von Rache-Zorn erfüllt, indem du vielleicht meinst, dies sei schon das grosse Totenmahl für dich. Das wollen wir erst später zu gegebener Zeit für dich veranstalten. Darum nimm nun diese kleineren Tiere und verhalte dich ordentlich!"

7. Das Totenmahl

heisst *peŋ-ndi-kuŋ-kui*, „Haupt-Haar-Opfer". Hierbei geht es darum, dass der Verstorbene das feine Gewebe zum Haupthaar seiner Angehörigen herstellen soll (Kap. 18, 2 u. 48, 2). Das Totenmahl ist also nicht nur eine gesellschaftliche, sondern eine religiöse Angelegenheit. Es ist ein Opfer. Grösse des Opfers, d. h. Anzahl der Opfertiere und der Teilnehmer richtet sich dabei wieder nach der magischen Mächtigkeit des Toten und somit auch nach der Bedeutung für seine Gruppe. Den „armen, kleinen und unbedeutenden" Toten veranstaltet man nur ein kleines Totenmahl. Ein Totenmahl findet also je nachdem nur auf der Ebene der Brüderschafts- oder Altvater-Sohn-Gruppe statt; oder aber auf der Ebene der *Rapa*-Gemeinschaft, des *Anda-Noimp* oder *Pana-ru*. Für einen besonders mächtigen Häuptling aber findet es auf der Ebene der Ableger-*Mi*-Gemeinschaft statt. Alle ihre *Pana-ru* mit Untergliederungen steuern dann Opfertiere und Nahrungsmittel dazu bei. Es werden auch alle Eheverwandten dazu eingeladen. So kommen zuweilen zu einem Totenmahl für einen grossen Toten tausende von Menschen zusammen. Hunderte von Opfertieren werden geschlachtet. Grosse Mengen Nahrungsmittel werden aus den für das Mahl bestimmten Feldern herbeigeholt. Die führenden Männer des *Oukum* (Kap. 27, 2) fassen die Stricke der Opfertiere in ihren Händen zusammen und einer von ihnen spricht das Opfer-Gebet: „Heute bringen wir dir dein grosses ‚Haupthaar-Opfer' dar. Nimm die Schweine mit dir nach oben und sei zufrieden. (Furcht vor seiner Macht.) Fasse unsere Häupter zusammen, dass keiner aus der Reihe der Lebenden geschlagen wird. Gib uns gute Ernten, viele Wertsachen, Schweine und Kinder. Schlage alle Geister bösen Willens zurück und lasse sie ferne von uns sein. Hilf uns gegen unsere Feinde, damit Ruhm und Ehre unserer Gruppe gross werde. (Hoffnung auf seine Macht.) Hätten dein Vater und deine Mutter (als mächtige Tote) dich nicht preisgeben, so wärest du nicht gestorben. (Versicherung, dass man an seinem Tode nicht schuld ist.) Weil die beiden dich umgebracht (!; sc. durch Zurückziehung ihres Schutzes) und dich uns weggenommen haben, der du für uns von solch' grosser Bedeutung warst (Werben um seine Macht durch ‚Raunen seines Lobes'), werden wir den beiden nun keine Opfer mehr darbringen, sondern nur noch dir! Heute nehmen wir mit dir die Verbindung auf. Lass uns als Zwei-Einheit herumlaufen! Nimm diese Opfertiere mit nach oben und lass deinen betrübten Sinn wieder froh werden. Trage uns fürsorglich umher!"

Zum Verständnis dieses Obergebetes ist daran zu denken, dass nach dem Glauben der *Mbowamb* die mächtigen Häuptlinge nach ihrem Tode „nach oben gehen", zu den "Oben-Leuten" oder „Hinlegern", von denen nicht nur alles den „Setzlingsmenschen" Lebensnotwendige stammt, sondern auch die *Mi*-Macht ihrer Gruppen, das Leben selbst.

II. DIE OPFER AN DIE TEI- ODER OBEN-LEUTE

Hier handelt es sich um Opfer-Feste auf Gruppen-Ebene. Sie wurden immer von einem ganzen *ou-kum*, „Gross-Paket", veranstaltet, wobei alle *kedl-kum*, „Klein-Pakete", (Kap. 27, 2) eines *ou-kum* zusammenhalfen. Die Opfer galten den *tei-wamb*, „Hinlegern", auch *ogla-wamb*, „Oben-Leute", genannt (Kap. 9, 11). Beim Anruf dieser „Oberen" wandte sich aber jeder *ou-kum* besonders an den *tei-wö*, „Tei-Mann, Hinleger", der nach der Herkunftssage eines *ou-kum* einst den jeweiligen *kona wiŋndi* (Kap. 6, 10) „schön herrichtete" und dort das *tei-medl*, „Hingelegte, Bleibende, Verlässliche" (Kap. 9, 5), der Gruppe „hinlegte". Ihm galt das Opfer in erster Linie. Aber wie alle Verwandten der „Setzlings-Menschen" und der Toten sich gern zu einem Opfermahl einstellen, so auch die Oben-Leute. — Im folgenden geht es um drei verschiedene Kultfeste, wobei die Opfer den Überirdischen galten: *ogla-mörn*, *köi-tamb-maŋa* und Kultfest der *Mineimbi*.

KAPITEL 57
OGLA-MÖRN ODER OGLA-WI-RUI: DER OBEN-ANRUF

1. Verbreitung und Eigenart.

Dieser Kult fand sich in allen Landschaften der *Mbowamb* (Kap. 2, 2). Die Namen, der einzelnen *Tei*- oder Oben-Leute, die man dabei anrief, waren aber nicht in allen Landschaften die gleichen, besonders die Namen für die Oben-Frauen waren immer wieder andere. Bei allen bekannt waren die Namen der Oben-Männer *Nuŋ-Nuŋ* (oder *Nuk-Nuk*), *Nggugl* und *Nggagla* (Kap. 9, 11). Der Name für den Kult selbst war überall der gleiche, nämlich *ogla-mörn* oder *ogla-wi-rui*. (Über den Begriff *ogla*, oben, vgl. Kap. 9, 11). Wie dort ausgeführt, wird er als

Gruppen- oder Gattungsname vor die Personennamen der einzelnen Oben-Männer und Oben-Frauen gestellt. Es ist hier zum Verständnis dieses Kultfestes auch im Auge zu behalten, was dort gesagt ist über den Gebrauch von „er selbst, der Oben", sowie über den häufigen Gebrauch von (nach) „oben nehmen" und (von) „oben heruntergehen lassen und geben". Das Wort *mörn* bedeutet „das magisch mächtige Wort", das je nach Intention des *mörn-wö*, Zauberspruch-Mann, entweder Segen oder Fluch bringen kann. Dass dieses mächtige Wort von den Medizinmännern nicht nur in den Dienst der Erhaltung und Förderung des Lebens, sondern auch zu seiner Vernichtung gebraucht wurde, ist bereits in Kap. 17, 3 gesagt. Ebenso, dass der Medizinmann schon durch R u f e n d e s N a m e n s die Person selbst gegenwärtig sein lassen konnte. Dasselbe geschah im *ogla-mörn*-Kult: durch lautes Rufen der Namen von Oben-Männern und Oben-Frauen veranlasste sie der als Priester fungierende Medizinmann beim Opfer-Kult gegenwärtig zu sein und die Opfer anzunehmen. Es wurden dabei keine, dem Volke vielleicht unverständlichen, magischen Sprüche oder Formeln gebraucht, sondern es wurden nur die Einzelnamen der jeweiligen Oben-Menschen vom Priester laut nach oben gerufen. Das in weiten Kreisen um ihn her knieende Volk, das in lautloser Stille verharren und den Blick auf den Boden gerichtet halten musste, wiederholte jedesmal den laut gerufenen Namen im Chor. Der zweite Name für diesen Opferkult bringt diesen besonderen Zug noch deutlicher zum Ausdruck als der erste, nämlich *ogla-wi-rui*, den „Oben-Ruf-Schlagen". Ich gebrauche deshalb für dieses Opferfest der *Mbowamb* die Bezeichnung: „Der O b e n - A n r u f ".

In Bd. II, S. 416 ist dieser Kult als „Das Fruchtbarkeitsfest" beschrieben. Es ging dabei aber nicht nur um Fruchtbarkeit. Dieses Opferfest wurde ja immer nur nach langer Kriegszeit veranstaltet. Durch einen langen Krieg war nicht nur das Wirtschafts-, sondern das ganze Gemeinschaftsleben nach allen Seiten hin in Unordnung geraten. Irgendwie wusste man auch um die eigene Schuld (Kap. 46, g am Schluss). Durch die Opfer sollte das Gemeinschaftsleben wieder in Ordnung gebracht werden. Die drohende oder bereits eingetretene Hungersnot, die dezimierten Schweinebestände, die Stockung im Handel und Wirtschaftsaustausch wurden nicht einfach rationalerweise als Folgen des langen Krieges verstanden, sondern als Folgen der tiefen Störungen im zwischenmenschlich-seelischen und übermenschlichen Bereich. Diese Folgen würden mit dem Aufhören des Krieges auch nicht einfach von selbst verschwinden, sondern konnten nur durch Opfer an die in den Uranfängen der *Mi*-Gruppen zeugend-schöpferisch tätigen und als Väter sich in Vogelgestalt zeigenden „Oberen" oder „Hinleger" überwunden werden. Weil es im „Oben-Anruf" um die Grundlagen des Lebens der Gruppen ging, die durch den langen Krieg bedroht waren, darum genügte es nicht, dass man sich mit Opfern etwa an die Toten oder Gross-Geister wandte, sondern hier wandte man sich an diejenigen, welche die „Setzlings-Menschen" einst „pflanzten", damit sie wieder Heil und Frieden, Zeugungs- und Vermehrungskraft, Gesundheit und Lebenskraft, gutes Einvernehmen und alles zum Leben Notwendige von „oben heruntergehen machten und gaben", so wie sie das zu mythischen Urzeiten alles „hinlegten". Darum ist nach meinem Dafürhalten das kultische Handeln im „Oben-Anruf" eine magisch wirksame Darstellung der überirdischen Herkunft der Urahnen der *Mi*-Gruppen.

Die Bedrohung des Lebens der Guppen durch einen grossen Krieg lag nicht nur darin, dass man die Felder nicht mehr ordentlich bestellen, der Schweinezucht nicht obliegen, den Wirtschaftsaustausch mit den Eheverwandten in den anderen Gruppen nicht mehr pflegen und keine Opferfeste mehr veranstalten konnte; auch nicht nur darin, dass während einer *edl-ui*, Kriegs-Zeit, *ugl kits mbö rolteŋa rurum* „die bösen Machterweise (wie eine Flut) alles wahllos überschwemmten". Sondern die Bedrohung lag vor allem darin, dass durch einen solchen grossen Krieg auch „das wertvolle Irdische", das Opfertier (Kap. 9, 12), in seinem Bestand gefährdet war, so dass immer die Gefahr drohte, schliesslich „überhaupt nichts mehr zu haben, was man noch als Opfer darbringen könnte.

2. Der machtvolle Ruf zwecks Vermehrung der Schweine.

Im „Oben-Anruf" ging es deshalb auch um die Schweinezucht. Nach Glauben der *Mbowamb* wurden die verschieden-farbigen Schweine nicht von „oben heruntergegeben", sondern wurden von den „Oben-Männern" aus den Tümpeln und Weihern ihres Landes „herausgerufen", damit die Setzlings-Menschen etwas haben, was sie den „Oben-Männern" opfern können. Der erste Akt im Kult des „Oben-Anrufs" war deshalb die Nachahmung dieses „schöpferischen Rufes" durch den *mörn-wö*, Machtspruch-Mann. Hatten alle *pana-ru* eines *ou-kum* die wenigen Schweine, die nach einem grossen Kriege noch verblieben waren, zusammengebracht und ihren jeweiligen *mbo-kôr* (Kap. 20, 1) vorgestellt, um ihnen zu sagen, dass sie nicht von Rache-Zorn erfüllt werden sollten, wenn man diese Schweine nun nicht ihnen, sondern den „Oben-Leuten" opfere, und dass sie sich „ordentlich verhalten" sollten, so brachte man diese Schweine zum *kona-wiŋndi*. Der „Oben-Anruf" fand nämlich auf dem *kona wiŋndi* der *Mi*- oder Ableger-*Mi*-Gruppe statt. Dort wurden die Tiere, bzw. die Stricke, an die diese gebunden waren, vom *wö nuim mumuk* der Gruppe „in der Hand zusammengefasst" als Ausdruck des Gruppen-Opfers. Im Opfer-Gebet wandte er sich an den letzten grossen Häuptling der Gruppe, der nach „oben" gegangen war. Er sollte offenbar auf die „Oben-Leute" zugunsten seiner Gruppe einwirken. — Auf ein Zeichen des *mörn-wö* hin mussten sich dann alle anwesenden Männer und Burschen plötzlich hinknieen. Dabei sollte es „keinen aus der Reihe schlagen", d. h. sie sollten sich alle gleichzeitig hinknien, dass dabei in der Reihe keine Lücke entstand, denn das galt als böses Omen. Wer beim Niederknien etwa hinfiel oder noch stand, während alle anderen schon knieten, musste bald sterben. Dasselbe Schicksal stand dem bevor, der bei der Zeremonie etwa sprechen oder lachen würde. Der *mörn-wö* selbst kniete in einer Rund-Grube nieder, an deren Rand die mit einem Knüppel erschlagenen Opfertiere so hingelegt wurden, dass die Rüssel über den Grubenrand vorstanden, so dass das aus der Nase tropfende Opfer-Blut in die Grube fiel. Der *mörn-wö* kreuzte dabei die Hände über der Brust, bewegte den Kopf hin und her und rief laut:

Epe Kadla-kuŋ	Weiher *Kadla*-Schwein!
Epe Mbabörna-kuŋ	Weiher *Mbabörna*-Schwein!
Epe Murup-kuŋ	Weiher *Murup*-Schwein!

Auf diese Weise rief er durch sein magisch mächtiges Wort aus fünfzig bis sechzig bekannten und unbekannten Wassertümpeln und Weihern die „schwarzen, weissen und gefleckten Schweine" heraus. Nach jedem Ruf ahmte er das Grunzen der Schweine nach als Zeichen dafür, dass sie sich auf seinen Ruf hin tatsächlich einstellen. Durch diese Nachahmung des „schöpferischen Rufes" der „Oben-Männer" war die Vermehrung und das Gedeihen der Opfertiere wieder sichergestellt.

Dieses magische Herausrufen der Schweine fand am Vormittag des Opferfestes statt. Anschliessend wurden sofort die Opfertiere zerlegt und das Fleisch in den Erdöfen gedämpft.

3. Der Anruf der Überirdischen.

Während in den frühen Nachmittagsstunden der Kochdampf von den Erdöfen als Opferduft aufstieg, geschah der Anruf der „Oben-Leute". Ein Mann setzte sich eine Maske aus frischer, hell leuchtender Bananenrinde auf. Die „Oben-Leute" stellt man sich ja hellhäutig vor (vom Blitz her?). Der Mann in der Maske stieg auf eine hohe Kasuarine. Er repräsentierte die „Oben-Leute". Er gab auf den Anruf von unten her für die „Oben-Leute" Antwort! Warum stieg er auf einen Baum? Es wurde schon früher darauf hingewiesen, dass die Vorstellungen über die „Oben-Leute" weitgehend von dem geheimnisvollen Tun und Treiben der Vögel und Beuteltiere geformt sind. Die mythologische Gestalt des überirdischen Vaters einer jeden *Mi*-Gruppe tritt in ihrer Herkunftssage auch als Vogel auf. Der „Vogel-Vater" füttert den aus einem Vogel-Ei hervorgegangenen Knaben. In dem Opfer-Kult des „Oben-Anrufs" wurden die „Oben-Leute" also durch einen Menschen dargestellt und vergegenwärtigt. Dieser Kult war ausgezeichnet durch das Fehlen eines dinglichen Kult-Objekts. Man wandte sich in Wort und Opfer direkt an die „Oben-Leute"! In dem Mann in der Maske waren sie gegenwärtig. Er gab deshalb Antwort für jeden „Oben-Mann" und für jede „Oben-Frau", deren Namen von unten her zu ihm hinaufgerufen wurden. In manchen Gegenden gab es aber auch folgende Variante: als Representant der „Oben-Frauen" stieg ein zweiter Eingeborener (also ein Mann!) auf dieselbe Kasuarine. Während der erste sich in den Gipfel stellte, blieb der zweite etwa in der Mitte der Krone stehen; dieser gab Antwort für die „Oben-Frauen", deren Name man von unten her rief.

Wie schon beim „Herausrufen der Schweine", so kniete der *mörn-wö* auch beim Anruf der „Oben-Leute" in einer Rund-Grube nieder. Diese Grube nannte man *mi-maŋa* „Reisig-Hütte, Nest" (Kap. 6:4, a). Sie stellte also das Vogelnest der Herkunftssagen dar, in dem sich jeweils das geheimnisvolle Ei fand, aus dem der Urahne der betreffenden *Mi*-Gruppe hervorging. Diese Grube wurde deshalb auch wie ein Nest mit allerlei Blättern und Zweigen ausgelegt. Es wurden abwechselnd Reihen von silbergrauen und roten Blättern hineingelegt, wahrscheinlich als Nachahmung des vom „Oben-Mann" einst schön hergerichteten Ortes schöpferischen Geschehens". Wie der überirdische Vater einst dem Ei und dann dem Knaben „eine schöne Unterlage richtete", so wurden auf den Boden der Grube viele Blätter der Wasserpflanze *kopen* hingelegt. Wie in Kap. 29, 4 schon gesagt ist, bedeutet *kopen* auch Friede und zwar den Frieden zwischen den Gruppen. Durch die Opfer des *ogla-mörn*, die ja nach einem grossen Kriege dargebracht wurden, sollten die „Oben-Leute machen, dass wir Setzlingsmenschen wieder im Frieden leben können". — Der *mörn-wö* kniete in der Grube und deckte sich beim Anruf der Oben-Leute mit einer Pandanus-Matte zu. Die in Bd. II, 417 oben ausgesprochene Vermutung, dass unter der Matte „die zeugende Bewegung ausgeführt wurde", lässt sich durch nichts bestätigen. Der *mörn-wö* in der Gruppe stellt das Vogel-Junge dar, den Erstgeborenen seiner *Mi*-Gruppe, der vom Vogel-Vater mit Opferfleisch gefüttert wurde, damit er schnell wuchs und zum Stammvater einer Gruppe von Setzlingsmenschen wurde. Die Matte symbolisiert wohl den auf dem Ei sitzenden Vogel. Der *mörn-wö* durfte sie ja auch nicht selbst wegnehmen, sondern nach dem vollzogenen „Oben-Anruf" kam der Mann in der Maske herunter und nahm diese Matte weg. Erst dann durfte der *mörn-wö* aus der Grube steigen. Wie die rings um die Grube hingelegten Opfertiere und das in die Grube tröpfelnde „frische Nasenblut" wohl die geheimnisvolle Fütterung des hochgeborenen Knaben darstellte, so das Wegnehmen der Matte seine Entfaltung als Stammvater einer Gruppe von Menschen. Wie er und seine Nachkommen einst in Frieden, Wohlstand und Glück lebten, so soll das alles auch jetzt wieder der ganzen Gruppe aus den dargebrachten Opfern zufliessen.

Während der *mörn-wö* mit der Matte zugedeckt in der Grube hockte, knieten die Männer und Burschen um die Grube herum. Der *mörn-wö* rief laut vor, und die anderen riefen es im Chor laut nach. Der Mann in der Maske rief als Antwort vom Baum herunter nur: **wao?** Dieser **wao**-Ruf ist bei den *Mbowamb* üblich, wenn sie einander über eine grössere Entfernung hin zurufen; sie rufen dann **wao** zurück, was soviel heisst wie „was ist los?".

mörn-wö: *Ogla Nuk-Nuk-o!* O Oben-Donnerer! (ferner Donner)
Chor: dasselbe
von oben: **wao?**

mörn-wö: *Ogla Nggugl-ŋgagla-o!* O Oben Donnerer (krachender Donner)
Chor: dasselbe
von oben: **wao?**

mörn-wö: *Ogla-amb Mambagl-o!* O Oben-Frau *Mambagl!*
Chor: dasselbe
von oben: **wao?**

mörn-wö: *Ogla-amb* **Kedlep-o!** O Oben-Frau **Kedlep!**
von oben: **wao?**

Wie schon oben vermerkt, gebrauchten die *mörn-wö* der verschiedenen Gegenden der *Mbowamb* bei diesem „Oben-Anruf" nicht immer die gleichen Namen fur die „Oben-Leute". Auch riefen manche weniger, andere noch mehr „Oben-Leute" an. Der Bd. II, 416 erwähnte Name *Ketlpo* ist wohl identisch mit dem hier genannten *Kedlep* — das o ist ja nur Vokativzeichen. Das Äquivalent für den Begriff „Untere Frau (ibid.) ist mir in der Hagen-Sprache nicht begegnet. Die *Mbowamb* sprachen immer nur von *Tei-* oder „Oben-Leuten", Erdbeben-Leuten, Kunde-Leuten und Setzlings-Leuten (Kap. 20, 1); dementsprechend dann in der Einzahl von *Tei-* oder „Oben-Mann", *Tei-* oder „Oben-Frau", usw. — Die Bezeichnung etlicher „Oben-Männer" als „Donnerer" zeigt klar, dass die hintergründige Macht auch gerade in den Schrecken erregenden Gewittern erlebt wurde. Den zundenden Blitzschlag und den sofort folgenden Donnerschlag verstanden sie als zwei grimmige Eber, die miteinander kämpfen, wobei der eine aus der Erde fuhr, und der andere von oben herab sich auf ihn sturzte, dass die Feuerfunken spruhten und zundeten. (Nach einer Variation der Feuer-Sage hat ja das Schwein als das Opfertier das Feuer verzehrt und trägt es deshalb in sich, so dass es nie friert; wogegen der Hund friert und sich bei den Menschen am Feuer wärmt, weil er das Feuer den Menschen übergab; Kap. 9, 7). — Die Oben-Frauen wurden nach Aussage der *Mbowamb* deshalb angerufen, weil sie die Nährpflanzen für die Menschen zwar nicht erschufen — sie wurden von den „Oben-Männern" hingelegt" —, aber doch die Samen und Setzlinge aller Nährpflanzen aufbewarten, um sie in Notzeiten den Menschen „herunterzugeben", wenn die „Oben-Männer" über die Menschen zornig waren und ihnen alle Wachstumskraft aus den Feldern und Gärten nach „oben nahmen".

Fortsetzung des „Oben-Anrufs":

Waren auf die angegebene Weise mehrere „Oben-Leute" angerufen, und hatte der Mann in der Maske als ihr Repräsentant nach jedem Anruf gefragt: *wao* — was ist los?, so wurde weiter folgendes gerufen:

mörn-wö: über die Menschen soll wieder der Friede gehen!
Chor: dasselbe
von oben: es soll wieder Friede sein!

mörn-wö: die Frauen und Kinder sollen wieder (ungestört) leben!
Chor: dasselbe
von oben: sie sollen wieder leben!

mörn-wö: die Schweine sollen wieder gedeihen!
Chor: dasselbe
von oben: sie sollen wieder gedeihen! (Des zum Zeichen liess er einen Schweinestrick herunterfallen.)

mörn-wö: gib uns die Süsskartoffeln wieder herunter!
Chor: dasselbe
von oben: ich gebe sie wieder hinunter! (Er liess ein Stück Süsskartoffel herunterfallen.)

So wurde um alle wichtigen Nahrungsmittel nach „oben gerufen". Zum Schluss hiess es dann:

mörn-wö: Lass kein Haupt aus der Reihe (der Männer-Häupter) fallen.
Chor: dasselbe
von oben: es soll keines aus der Reihe fallen!

mörn-wö: Komme du herunter!
Chor: dasselbe
von oben: ich komme hinunter!

4. Min kan kugli – „Seele Liane binden", die Seelenschnur knüpfen.

Nun kletterte der Mann in der Maske vom Baume herunter und nahm die Matte weg, mit der sich der *mörn-wö* bedeckt hatte. Der *mörn-wö* stieg dann aus der Grube, nahm eine sehr lange Liane (manche sagen, dass mehrere Lianen zusammengeknüpft wurden) und zog sie unter den Knien der Männer und Burschen durch, die schweigend in langen Reihen dasassen. Dabei sprach er immer wieder folgenden Spruch: „Ich nehme die Menschen-Seele und mache, dass sie anklebt. Die Menschen sollen nicht sterben, sie sollen leben!" (Kap. 24.)

Es ging bei diesem Opfer-Kult also um die Wiederherstellung der guten Beziehungen zu den Überirdischen, vor allem zu den „Oben-Männern". Von den „Oben-Frauen" sagte man, sie seien nicht böse, sondern würden den Menschen die Setzlinge und Samen aller lebensnotwendigen Nahrungsmittel „heruntergeben", wenn die „Oben-Männer" sie nicht daran hinderten; diese seien nämlich zornig darüber, dass die Menschen so lange gegeneinander Krieg führten, trotz des einer jeden Gruppe „hingelegten" *Mi*, welches Frieden, Eintracht, Leben und Wohlstand einer jeden Gruppe will. Die Opfer sollten die Versöhnung bringen und damit auch das seelische und leibliche Wohlergehen und Heil der Menschen.

5. Das Opfer an die Erde.

Nach der Zeremonie des „Seelenschnurziehens" grub der *mörn-wö* auf dem Boden des Erdofens ein rundes Loch. Vom Wassertümpel am *kona wiŋndi* hatte er Wasser geschöpft. Dieses goss er nun in das Loch und legte eine *rondoka*, Wurst oder Fleischpaket (wo zerkleinertes Fleisch und würzhaltiges Gemüse entweder in die Schweinemagen oder aber in grosse Blätter gefüllt, verschnürt und gedämpft wurde), in das Loch. Dabei sprach er: „Das gebe ich der Erde und mache so alle Feldfrüchte ankleben, dass sie in grosser Fülle wachsen werden." Die Wachstumskraft des Wassers und das Opferfleisch sollten also die drohende Hungersnot abwenden. —

Über den Abschluss dieses Kultfestes, nämlich die Bildung zweier Parteien, die Behandlung des Mannes in der Maske und das Zerbrechen der Waffen vgl. Kap. 46, g.

KAPITEL 58
DER KÖI-TAMB-KULT

1. Verbreitung und Eigenart.

Auch dieser Kult war in allen Gauen der *Mbowamb* verbreitet. Seinen Namen hatte er daher, dass man „dem Vogel eine Hütte baute, Opfer darbrachte und den Vogel auf der Schulter trug". Es ging in diesem Kult um die Gemeinschaft mit dem überirdischen Vater einer Gruppe, der sich nach den Herkunftssagen ja schon zu Urzeiten dem jeweiligen Urahnen einer *Mi*-Gruppe als Vogel zeigte, ihm sagte, er sei sein Vater und ihn hegte und pflegte, so dass er schnell gross wurde (Kap. 9, 10). Dem Vogel brachte man Opfer dar, damit man selber als *köi-wagl*, Vogel-Junges, von dem „grossmächtigen Vogel" im Opfermahl gefüttert wurde, d. h. von ihm Macht und Leben erlangte; aber auch „Kinderreichtum, Erntesegen, Gedeihen der Schweine, viele Wertsachen, Körperkraft, eine herrliche Gestalt und einen grossen Namen". Man schabte von dem Futter des Vogels, nämlich von allerlei Früchten und Kräutern etwas auf das Fleisch, das man verzehrte, um durch diese *tamb*, Machtträger, von denen sich der Vogel nährt, auch „die herrliche Gestalt und die schöpferischen Machterweise des Vogels" zu erlangen. Die Opfer des *köi-tamb*-Kultes fanden am *kona wiŋndi*, Ort schöpferischen Geschehens, der Gruppe statt. Er war durch einen hohen Zaun von der Aussenwelt abgeschlossen. Hinter dem Zaun baute man ein *maŋa rogl*, langes Haus, ähnlich dem *glapa-maŋa* beim *Môka*. Wie dort nannte man den „schön gerichteten Platz" auch „Platz des Vogels" und das Haus ebenfalls „Haus des Vogels" (Kap. 52, 1). Für alle Teilnehmer baute man dort Unterkunftshäuser und Kochhütten. Natürlich durften nur die Männer und Knaben der Gruppe teilnehmen.

2. Die magische Vergegenwärtigung des mythologischen Vogel-Vaters.

Es ging beim *köi-tamb-maŋa* nicht nur darum, dem Vogel Opfer darzubringen, sondern auch um imitative Magie. Man ahmte das Leben der Vögel nach. Wie die Vögel sich geheimnisvoll zurückziehen, so zogen die Männer und Knaben sich auf den Geheimplatz zurück. Wie die Vögel, so musste man von dort aus auf Nahrungssuche gehen. Man durfte nur „Vogel-Nahrung" zu sich nehmen, nämlich Bananen, Früchte und Fleisch. Die Bananen, Früchte und Schweine musste man „heimlich nehmen", d. h. man schlich sich am Spätnachmittag in die Felder und Gärten und auf die Schweineweiden und holte von dort, was man brauchte. Von Frauen und Mädchen der eigenen Gruppe und von Leuten anderer Gruppen durfte man dabei nicht gesehen werden, sonst wurde man „kraftlos". Auf dem Geheimplatz blies man Bambusflöten. Die Flöten hatten nur vier Löcher. Solche Flöten werden von manchen Männern und Burschen auch heute noch geblasen und zwar öffentlich; damals aber durften sie nur auf dem Geheimplatz geblasen werden, denn es handelte sich um die Nachahmung der Vogelstimme. In der Stimme war der mythologische Vogel gegenwärtig. So konnte man ihm opfern. Das Opferfleisch wurde in Erdöfen gedämpft. „Wenn von dort der Dampf und Geruch aufstieg, bliesen sie die Flöten und luden den Vogel ein, zu kommen und sich ihnen auf die Schulter zu setzen; sie trugen ihn dann umher und raunten sein Lob." Es handelte sich nicht darum, „dass sie den Vogel Op (Jams) blasen wollen" (Bd. II, 182), denn *köi op-rui* heisst nicht „den Vogel Op blasen", sondern „den Vogel auf der Schulter tragen". Die Männer erzählten den Aussenstehenden, den Uneingeweihten und den Frauen und Mädchen, dass „der Vogel zu uns kommt, sich uns auf die Schulter setzt und wir ihn umhertragen". Die Bambusflöten waren also nicht etwa das Kultobjekt, sondern sie vergegenwärtigten durch Imitation der Stimme den mythologischen Vogel als den überirdischen Zeuger-Schöpfer der Gruppe. Die Gemeinschaft mit ihm bedeutete Heil, Leben, Gesundheit, Wohlstand und Macht über die Feinde.

3. Die Vergegenwärtigung des kona wingndi.

Wie es zu den charakteristischen Zügen des *kona wiŋndi*, des „Ortes schöpferischen Geschehens", gehört, dass dort viele Ziersträucher und Harthölzer einen kleinen Hain bilden, und dass ganz in der Nähe Wasserquellen oder auch ein Bach, Weiher oder Wassertümpel sind, in denen die Macht des *nô konts*, des „jungen Wassers", gegenwärtig ist, so wurden auch beim *köi-tamb-maŋa* von den Männern am Geheimplatz viele Ziersträucher gepflanzt und Wassergräben gezogen (vgl. den *kôr Eimb*-Kult Kap. 60). Es wurde Wasser geschöpft und in Gruben gefüllt. Die Männer nahmen öfters ein Bad der Reinigung, denn der Sage nach wurde der Mann, der die erste Bambusflöte im Walde „fand", auf dem Heimweg von seiner Frau ins Wasser gestossen (Bd. III, Nr. 18). In der Frau ist die fremde Macht wirksam, die dem Mann gefährlich werden kann (Kap. 47, 2 unter Vater- und Mutter-Macht). Darum sonderten sich die Männer ab und lebten auf dem Geheimplatz lange Zeit für sich. Dort hatten sie als „Vogel-Träger" mit der zeugend-schöpferisch tätigen Macht ihrer patrilinearen *Mi*-Gruppe im Opfermahl engste Gemeinschaft.

4. Der Abschluß des Kultfestes.

Zum Abschluss des *köi-tamb-maŋa* wurden alle verwandten Gruppen eingeladen, die sich vor dem Geheimplatz versammelten. In der Frühe schlachtete man eine Menge Schweine als Abschluss-Opfer. Die letzte Nacht auf dem Geheimplatz wurde von den Männern als „die lange Nacht" wachend verbracht. Sie schlossen sich alle in das lange „Haus des Vogels" ein und unterhielten die ganze Nacht ein grosses Feuer, so dass sie vor Hitze schwitzen und „sterben" mussten. Einer der stärksten Wünsche der *Mbowamb* ist *tikidl ruimin-iantko*, „würden wir uns doch nur häuten"!, d. h. immer wieder verjüngen, immerzu leben! Die Teilnahme am Kult galt als ein „Sterben "und durch das Eingeschlossensein und die Hitze im Hause, sowie die „lange Nacht des Schweigens" wurde wohl die Todesangst und das Sterben dargestellt und der Wunsch des „Sich-Häutens" auf mystische Weise realisiert. Letzteres wohl besonders durch das immer wiederholte Waschen und Baden im nahen Fluss.

„Die Abschiedsklage an den Vogel"

brachte im *köi-tamb*-Kult als Teil des Ritus das Leid über das Ende der „heiligen Zeit" zum Ausdruck:

O Vogel *mber*, lass du das Weinen sein!
Wir beide haben ja nun lange beisammen gewohnt!
Doch es tut mir leid, von dir zu gehen!
Als dein Vogeljunges hast du mich geatzt.
Nun gehe ich in den Draussen-Bereich.
Das macht mich traurig —
O Vogel *mber*, lass du das Weinen sein!

Manche nannten ihn auch den Vogel *kitökitökomb*. Diese beiden Namen haben wir beim *môka* schon kennengelernt (Kap. 52). In den Landschaften, in denen das *môka* noch nicht üblich war, nannte man ihm auch den Vogel *koltör*, den Vogel *ŋgoglŋa* usw. In den religös-magischen Zeremonien des *môka* ging es also auch um die helfende Macht dieses hintergründigen Vogels. Damit mag es zusammenhängen, dass der *köi-tamb*-Kult nicht mehr vollzogen wurde, seitdem durch die Weissen viele Muscheln ins Land kamen, denn in den *môka*-Zeremonien hatte man dann mit demselben Vogel Gemeinschaft und damit auch die Macht, die er vermittelte. Die Generation der Alten erinnert sich noch lebhaft daran, da sie in ihrer Jugend den *köi-tamb*-Kult noch mitmachten.

Wie bei allen Kultfesten der *Mbowamb*, so fand auch beim *köi-tamb*-Kult zum Abschluss eine allgemeine Fleischverteilung statt. Alle Verwandten wurden mit Opferfleisch versorgt. Auch war der Auszug der Männer in geschlossener Formation aus dem Geheimplatz üblich. Sie schmückten sich dabei mit den Vogelfedern, salbten die Körper ein mit dem Fett der Opfertiere und bemalten ihre Gesichter mit Erdfarben. „Die Menge der Zuschauer musste dann staunen und sich sehr wundern über die Kraft, Gesundheit und Stärke der Männer und Knaben." Diese wussten sich nun allen ihren vorder- und hintergründigen Feinden überlegen.

Hinsichtlich der Bd. II, 183 f ausgesprochenen Vermutung, dass es sich beim *köi-tamb-maŋa* („Vogel-Machtding-Haus") um die — später aufgegebene — Jugendweihe gehandelt habe, vergl. Kap. 48, 2.

KAPITEL 59
DAS KULTFEST DER MINEIMBI

1. Die Mineimbi.

Die *Mineimbi* sind mit rund 7000 Seelen die zahlenmässig stärkste *Mi*-Gruppe der *Mbowamb*. Sie wohnen um den Aeng-Berg, also im Gebiet der Wasserscheide zwischen den Flussgebieten des Wahgi (Purari) und des Yuat (Sepik). Über die geheimnisvolle Geburt ihres Urahnen, über ihren Ort schöpferischen Geschehens und ihr *Mi* vergl. Kap. 7, 1. Von altersher hatten sie ihre Opfer auf Gruppen-Ebene am Aeng-Berg dargebracht, und zwar galten diese Opfer den Oben-Leuten. Von Zeit zu Zeit vollzogen sie auch den *Eimb*-Kult (Kap. 60). Dagegen hatte sich keiner der anderen Gross-Geist-Kulte bis zu ihnen hin ausgebreitet, auch nicht der *Ngênap*-Kult. Das Opfer am Aeng-Berg an die Oben-Leute weist gemeinsame Züge mit dem bereits beschriebenen „Oben-Anruf" und dem *köi-tamb*-Kult auf. Der auffallendste Zug bei den Opfern an die Oben-Leute, in welch' kultischer Ausprägung auch immer sie dargebracht wurden, ist dies, dass dabei kein dingliches Kult-Objekt verwendet wurde. Das Kultfest der *Mineimbi* ist nun insofern besonders interessant, als seit etlichen Generationen eine besonders schöne Steinschale als Kult-Objekt in diesen Opfer-Dienst der Oben-Leute aufgenommen wurde. Sie wurde vor Frauen und Kindern und erst recht vor Fremden natürlich immer geheim gehalten. Im Jahre 1949 wurde sie mir von den führenden Männern der *Mineimbi* übergeben, als sie den Beschluss gefasst hatten, das Christentum anzunehmen. Sie befindet sich jetzt im Hamburgischen Museum für Völkerkunde. Solche Steinschalen oder Mörser, Stössel, Sternkeulen usw. werden von den *Mbowamb* nicht hergestellt, sondern im Boden gefunden. Über die Auffindung dieser Steinschale der *Mineimbi* erzählten mir die alten Männer dort folgendes:

2. Wie die Steinschale gefunden wurde.

„*Mineimbi Opa*, der vor etwa 30 Jahren starb, war einst ein *wö nuim mumuk*, ‚priesterlicher Häuptling' unter den *Mineimbi*. Einmal hatte er wieder wie so oft alle führenden Männer in seinem grossen Männerhaus versammelt. Auch sein Schwager *Kewa* war dabei. Während sie noch spät in der Nacht in gemeinsamer Beratung beisammen sassen, hörte man plötzlich draussen hinter dem Männerhaus in der Nähe des Schweinezaunes einen dumpfen Schlag, wie wenn ein schwerer, harter Gegenstand von einem hohen Baum herab auf die Erde gefallen wäre. Alle erschraken, und jäh verstummte die lebhaft geführte Unterhaltung. *Opa* aber stand sofort auf und ging schweigend hinaus. — Nach geraumer Zeit kam er zurück und trug einen schweren Gegenstand, der in Blätter eingehüllt war. Feierlich und umständlich entfernte er die Umhüllung und stellte dann die Steinschale mit den zehn Höckern um ihren oberen Rand unter die Häuptlinge, die bei ihrem Anblick von bebendem Erstaunen und zitternder Ehrfurcht ergriffen wurden. *Opa* sprach: *Mineimbi na wiŋnditim na-ŋa wö rara-i kandep tents*, ‚der mich, die *Mineimbi*-Gruppe auf schöpferische Weise hervorgebracht hat, meinen Mann Vater-Herrn habe ich gefunden'. Er zählte dann an den zehn Höckern der Schale (zehn Finger zweier Hände, die eine Schale halten?), die Namen der zehn Ableger-*Mi*-Gruppen der *Mineimbi* auf mit den

Worten: ‚Wie ich, die *Mineimbi*-Gruppe, mich vermehren und in zehn Ableger-*Mi*-Gruppen teilen würde, so hat es hier (in den zehn Höckern) auf schöpferische Weise einen überaus guten Machterweis vollbracht.' Man sah also in den zehn Höckern der Schale die heutigen zehn Ableger-*Mi*-Gruppen der *Mineimbi* auf geheimnisvolle Weise im voraus dargestellt. — Als die Männer noch um den Stein versammelt waren, ging draussen ein schweres Gewitter nieder. *Opa* trat zur Tür, sah hinaus und sprach zu den Männern: ‚Seht ihr unseren Mann Vater-Herrn droben? Ich sehe ihn!' Die Männer fürchteten sich sehr." —

Abb. 3. Die Steinschale der *Mineimbi*

Höhe 14,2 cm, Tiefe der von oben gesehen leicht ovalen Aushöhlung 5 cm.

Obwohl also *Opa* einerseits von der Steinschale selber sagte, dass er in ihr den „Mann Vater-Herrn" der *Mineimbi* „gefunden" habe, sagte er andererseits auch, dass dieser „Mann Vater-Herr" *ogla*, „oben", sei, und in dem Bericht über *Opa's* Tod und Begräbnis (s. w. u.) wird dieser Oben-Mann *Ogla*- oder *Tei-Nggola* genannt, der im Gewitter „mit einem Fuss" (Blitz?) auf der Erde stehe. Merkwürdigerweise steht auch das Holzgeflecht „auf einem Fuss" und wird auch einfach als *kömp*, „Fuss", bezeichnet, in dem *Opa* die Steinschale aufbewahrte. Dieses Holzgeflecht mit dem einen Fuss ist aber ganz dasselbe, wie es bei Einzelopfern an Tote verwendet wurde und Seite 381 beschrieben ist; nur dass *Opa* noch zwei weitere Zinken einsetzte, so dass es zehn waren, um der Anzahl der Höcker und Ableger-*Mi*-Gruppen zu entsprechen. — Sehr merkwürdig ist ferner, dass die *Mineimbi* diese Steinschale nicht als *kôr*, Geist, bezeichneten, denn während sonst bei den *Mbowamb* solche Steinmörser, Stössel, Keulen und überhaupt alle merkwürdig und auffallend geformten Steine immer als das Werk von Geistern, ja, (nach der Formel von Einheit, von Form und Wesen), als Vergegenwärtigung des betreffenden Geistes selbst aufgefasst und folglich nicht als *ku*, Stein, sondern als *kôr*, Geist, bezeichnet werden, sahen die *Mineimbi* in dieser Steinschale ihren *wö rara*, „Mann Vater-Herrn", und zugleich ihre ganze *Mi*-Gruppe mit ihren zehn Ablegern dargestellt und nannten sie einfach *Mineimbi-ku*, den „*Mineimbi*-Stein". — Ich kann die Erklärung dafür nur darin sehen, dass *ku*, Stein, ja das *Mi* der *Mineimbi* ist. Bei der Berufung auf das *Mi* können sie i r g e n d - e i n e n Stein aufnehmen und anlecken (Kap. 38, 4). So sah *Opa* auch in dieser Steinschale ganz offenbar das *Mineimbi-Mi*, weshalb er sie auch mit Ursprung und Vermehrung der

Mineimbi zusammenbrachte. Das *Mi* aber wird niemals als „Geist" bezeichnet. Es wird auch nie von einem Geist „hingelegt", sondern immer von einem Oben-Mann. Weil es kein Geist ist, darum „kommt" es auch nicht (Kap. 20, 3, 6) zu *Opa*, sondern wird von ihm „gefunden". Wie wir sahen, wurde das *Mi* nach den Herkunftssagen immer auch als Opfer-Anspruch verstanden. Die Opfer selber aber galten nicht dem *Mi*, sondern den Oben-Leuten. Das *Mi* einer Gruppe wurde freilich beim Opfer an die Oben-Leute niemals als Kult-Objekt aufgestellt. Wenn nun die *Mineimbi* das mit dieser Steinschale taten, so galten die Opfer im Grunde doch nicht ihr, sondern den Oben-Leuten, wie *Opa's* Opfergebet klar zeigt (vgl. diese Seite unten).

3. Darstellung des Kultfestes.

„*Opa* liess den Aeng-Berg hinauf eine Reihe Opferhütten errichten. Er ging damit den Weg nach, den einst — nach der Herkunftssage der *Mineimbi* — der überirdische Vater des *Mineimbi*-Vogels in Gestalt des Vogels *Ndoa* nahm, als er den Knaben auf dem Aeng-Berg mit Opferfleisch fütterte. Oben auf dem Aeng-Berg bei jener Felsplatte — auf der der Knabe sass und das Opferfleisch verzehrte — errichtete *Opa* selbst eine Opferhütte. Er sagte: ‚Dort oben werde ich durch Opfer unsere Oben-Leute herunterholen.' Am Bach drunten im Walde wurden Unterkunftshütten für alle Männer und Knaben der *Mineimbi* gebaut. Die Vorbereitungen zum Kultfest zogen sich über zwei Fruchtzeiten hin. Als schliesslich der Termin herbeigekommen war, stieg *Opa* auf den Berg und blies dort oben die Bambusflöte namens *peruli-miŋ*. Alle Männer und Knaben der *Mineimbi* versammelten sich am Fusse des Berges auf dem Geheimplatz, den sie aussen herum mit Ziersträuchern bepflanzt und durch einen hohen Zaun von der Aussenwelt abgeschlossen hatten. Dort bliesen die Männer die Bambusflöten. Wenn die Frauen und Mädchen und Angehörige anderer *Mi*-Gruppen die Flötenstimme hörten, sagten sie: ‚der *Mineimbi* macht eine grosse Wundertat!' Sie hielten sich dann von dem Platze fern. Zu Beginn des Festes wurde eine Anzahl Opfertiere geschlachtet. *Opa* kam vom Berg herunter und sprach ein Gebet an die *mbo-kôr*, die verstorbenen *Mi*-Genossen der *Mineimbi*. Er sagte ihnen, sie sollten sich ordentlich verhalten und nicht von Rache-Zorn erfüllt werden, weil man nun die Opfer nicht ihnen, sondern den Oben-Leuten darbringe. Dann wurden die Tiere geschlachtet. Der grössere Teil des Fleisches wurde in den Erdöfen auf dem Geheimplatz gedämpft. Den Rest nahmen *Opa* und andere, um in den Opferhütten den Berghang hinauf Opfer darzubringen. Oben auf dem Gipfel, auf der ‚Aeng-Stein' genannten Felsplatte schichteten sie das letzte Opferfeuer auf, und indem von dort der Opferrauch und -duft aufstieg, sprach *Opa* folgendes Opfer-Gebet: ‚O ihr Oben-Leute! Heute hole ich euch durch Opfer alle herunter. Kommt zu mir, dem *Mineimbi*, und bleibt bei mir! Macht, dass ich mich vermehre und ausbreite! Macht, dass meine Felder reiche Ernten geben und alle Nahrungsmittel in Überfluss vorhanden sind! Lasst die Schweine gedeihen. Lasst mich viele Wertsachen erwerben. Bringt alle eure guten Machtäusserungen mit herunter. Lasst keine droben! Fasst mein — der *Mineimbi*-Gruppe — Haupt zusammen, dass keiner der Männer (durch Krankheit und Tod) aus der geschlossenen Reihe gezogen werde. Lasst keine Lücke entstehen! Macht mich stark und lasst mich allen meinen Feinden überlegen sein, dass der *Mineimbi*-Name weit erschalle! Ich, der *Mineimbi*, versammle mich heute zu euch und bringe euch Opfer dar. Versammelt euch zu mir! Bringt alle guten Machtäusserungen von oben herunter. Lasst keine droben, hört ihr?! Kommt und esst euer Opferfleisch!'

Wenn die Opfer am Berge dargebracht wurden, pflegten sich dort Wolken und Nebel auf den Wald herabzusenken. Wenn die anderen Leute das sahen, wurden sie von Ehrfurcht erfüllt und sprachen:,Der *Mineimbi* holt heute wirklich seine Oben-Leute alle von oben herunter!' "

Die Männer und Burschen der *Mineimbi* blieben dann viele Tage auf dem Geheimplatz. Sie salbten sich mit Schweinefett ein, schmückten sich mit Vogelfedern und kamen auf den offenen Platz vor dem Geheimplatz. Dort sahen ihnen alle Leute beim Tanzen zu. Bei Einbruch der Dunkelheit begaben sie sich wieder auf den Geheimplatz, wo sie die Nächte verbrachten. In einer rechteckig gebauten und an der Frontseite offenen Hütte stellte *Opa* die Steinschale in dem Fuss (Opfergestell) auf. Im Walde hatte er Schweinefett in die Schale tropfen lassen. Mit diesem Fett salbten sich die Männer ein. Aussen bestrich er die Schale mit Fett und verzierte sie mit Erdfarben. Dann füllte er die Schale mit dem Blut der Opfertiere. Im flackernden Schein des Feuers sass die Jungmannschaft um die Steinschale. *Opa* rezitierte dann die Herkunftssage der *Mineimbi* und zählte an den zehn Höckern der Schale die Namen der zehn Ableger-*Mi*-Gruppen der *Mineimbi* auf. Alle lauschten ehrfürchtig, und wenn die Zählung fertig war, stellten sie staunend fest, dass der *Mineimbi*-Stein alle zehn Ableger-*Mi*-Gruppen der *Mineimbi* zusammenfasst. (Die Namen der fünf älteren Ableger-*Mi*-Gruppen der *Mineimbi* finden sich in Kap. 7, 1. Die Namen der fünf jüngeren sind: *Enga-mbo*, *Ki-mbo*, *Jidlip-mbo*, *Rogl-mbo* und *Mamp-mbo*. Sie sind offenbar erst durch starke Vermehrung entstandene spätere Ableger (vgl. Kap. 11).

Die Nacht vor dem Abschluss des Opferfestes verbrachten sie wachend als „die lange Nacht", wie sie uns auch aus anderen Opfer-Kulten der *Mbowamb* bekannt ist. „Die Männer sassen schweigend da und schauten in das Feuer. Dabei sahen sie, wer von ihren Feinden sterben würde und freuten sich. Wenn sie aber sahen, dass von ihren eigenen führenden Männern einer umkommen würde, waren sie traurig, denn so wie sie es gesehen hatten, so pflegte es auch zu geschehen." Den Abschluss des Kultfestes bildete die bekannte grosse Fleischverteilung an alle Verwandten, die sich als Zuschauer und Gäste eingestellt hatten, und schliesslich kam der feierliche Auszug aus dem Geheimplatz in geschlossener Formation, wobei die geschmückten Tänzer ganz leise auftreten mussten und weder singen noch reden durften, um die Oben-Leute nicht zu verscheuchen, die ja nach dem Glauben der *Mbowamb* bei jedem unguten Geräusch sofort (wie Vögel) nach „oben gehen". Darum ermahnte man auch die eigenen Angehörigen noch eine Zeitlang nach dem Fest: „Da wir erst den Oben-Leuten geopfert haben, sollt ihr nur leise mit uns reden, in unserer Nähe keinen Lärm machen und Stoss oder Schlag vermeiden. Wenn ihr laut ruft, schreit oder starke Geräusche verursacht, wird die Verbindung (mit den Oben-Leuten) abreissen. Dann wird uns Armut, Unglück, Krankheit, Misswuchs, Unfrieden, Streit und Krieg befallen." Die durch die Opfer mit den Oben-Leuten hergestellte Verbindung konnte also durch un-kultisches Verhalten zerstört werden. — *Opa* ermahnte die Jungmänner der *Mineimbi*: „Macht es so wie ich durch alle Generationen weiter, dann wird der *Mineimbi*-Name gross werden!"

4. Bericht über Opa's Hinscheiden.

Tod und Begräbnis des *Opa* erfolgten nach den Aussagen der Alten unter den *Mineimbi* unter ungewöhnlichen Umständen: „Sie hatten den Leichnam des *Opa* auf eine Tragbahre geschnürt und die Tragbahre draussen vor dem Männerhaus so aufgestellt, dass das Kopfende auf dem unteren Rande des Grasdaches ruhte. Urplötzlich brach ein furchtbarer Gewittersturm los. Der Sturmwind brauste vom Aeng-Berg herunter. Unaufhörlich zuckten die Blitze und schauerlich rollte der Donner. Grosse Furcht fiel auf alle. Sie liessen die Leiche stehen und suchten Schutz in ihren Hütten. Erst als die Nacht hereingebrochen war, verzog sich das Gewitter. Im Mondenschein bemerkten dann die Leute, wie die Verstorbenen über den Hofplatz in die Hütten kamen. Sie sprachen: ‚Wir Toten und Lebenden sind hier zusammen. Aber seht hinaus auf den Hof!' Wer hinauszublicken wagte, sah, wie vom Himmel herabragend der *Tei*- oder Oben-Mann *Nggola* seinen Fuss auf die Erde aufgesetzt hatte. Die Leute erschraken so furchtbar, dass ihnen vor Angst Stuhl und Wasser abgingen. — Als sie am anderen Morgen auf den Hof hinaustraten, waren die Fruchtgärten und Felder verwüstet. Der Leichnam stand noch da, wie sie ihn hingestellt hatten. Sie begruben ihn dann droben am Aeng-Berg. — Später sahen sie, dass an seinem Grabe viele Spuren von gelbem Ocker waren. Da verwunderten sie sich sehr und sprachen: *Opa* ist ja wahrlich *ogla purum* ‚nach oben gegangen'!" — Der Sage nach kamen nämlich früher die Oben-Leute immer an einer Liane herunter (vgl. Bd. III, Nr. 12) und gruben Ocker, den sie dann nach oben nahmen. — Ausser Vögeln und Beuteltieren hat vor allem auch das Erlebnis des Gewitters die Vorstellungen der *Mbowamb* von den Oben-Leuten geformt. Von einer „Begattung zweier Schweine" im Gewitter (Bd. III, Nr. 8) hörte ich allerdings nichts. Sie sprachen mir nur immer von *kuŋ tap ragl*, „zwei Ebern", die grimmig aufeinander losfahren (Kap. 57, c).

Das Opferfest der *Mineimbi* wurde von Paul Wirz nach meinen Angaben unter dem Titel „Die heilige Steinschale der *Mineimbi*" in seinem Beitrag zur Speiser-Gedenkschrift, Basel 1951, beschrieben. Wirz kam mit den *Mineimbi* persönlich nicht in Berührung, so sind ihm dabei etliche Ungenauigkeiten und Irrtümer unterlaufen. Als den Tatsachen ganz widersprechend muss die von Wirz hergestellte Verbindung zwischen dem Kultfest der *Mineimbi* und dem „*kôr ngenab*" bezeichnet werden, denn das Verbreitungsgebiet des *kôr ŋênap* erstreckte sich niemals bis zu den *Mineimbi*. Auch ist mir nie bekannt geworden, dass „die älteren Männer . . . , jeder mit einem Geisterstein in den ausgestreckten Händen, mehrmals das Geisterhaus . . ." umkreisen, noch dass „die Männer ein Zittern" befällt, obwohl ich dieses Kultfest des *ŋênap* etliche Male von Anfang bis zu Ende mitmachte.

III. DIE OPFER AN DIE NATURGEISTER

Es handelt sich hier um die Geister namens *Eimb*, *Wöp*, *Ngenap* und *Pöŋönts*, von denen man glaubte, dass sie die geheimnisvolle Macht des Wachstums, der Gesundheit, der Fruchtbarkeit, des Reichtums und der Vermehrung auf besonders wirksame Weise vermitteln können, wenn man ihnen Opfer darbringt. Im Unterschied zu den Feld-, Fluss-, Sumpf-, Wald-, Luft-, Höhlen-, Platz- und Totengeistern wurden sie nicht nur als *kôr*, Geister, sondern als *kôr ou*, g r o s s e Geister, klassifiziert.

KAPITEL 60
DER EIMB-KULT

1. Eine Eimb-Sage.

„Einst ging ein Mann droben in dem tiefen Wald namens *Kuglimb* (‚Ich werde sterben') auf Beuteltierjagd. Als er so im Walde umherstreifte, sah er plötzlich auf einer Astgabel des *Nöng*-Baumes ein Beuteltier *Kepa* sitzen. Er setzte zum Sprung an, um das *Kepa* schnell mit den Händen zu greifen und zu töten. Unten am Baum war ein tiefer Wassertümpel, der von Quellen unaufhörlich gespeist wurde. Um den Tümpel herum standen ausser den *Nöng*-Bäumen auch *Mara-*, *Pundikmö-*, *Kondomb-*, *Pöiö-* und *Wöipö*-Bäume, von denen die *kan*-Lianen *Toagl*, *Keu* und *Kuglŋa* herabhingen. Als jener Mann im Begriffe war, das *Kepa* zu greifen, löste sich der Wurzelstock des Baumes, so dass der Baum umfiel und der Mann in den Wassertümpel stürzte. Er wollte noch rufen: ‚Wenn du ein Geist bist, dann zeige dich!' — Aber der Sog erfasste ihn und riss ihn in die Tiefe. Er dachte: ‚*Nô waŋgep kuglimb* — ich werde Wasser schlucken und sterben.' Das Wasser trug ihn aber unterirdisch weiter, so dass der grosse *Weagl* (ein Berg) weit oben zurückblieb. Der Mann wurde vom Wasser zu Tal getragen. Dort kam er aber nicht ans Tageslicht, sondern der Wasserwirbel schob den Mann in der Nähe von *Kump* (nicht weit vom Einstieg zum Hagenberg-Pass) in einen hohlen *Mara*-Baum. (Dort tritt der unterirdische Flusslauf zutage.) Der Mann stieg im Baum innen hoch; er kam aber nicht heraus. Voll Angst und Schrecken stiess er da drinnen in seiner Not Hilferufe aus. — Schliesslich kam ein Mann des Weges und hörte die dumpfen Rufe aus dem Innern des Baumes. Vorsichtig legte er soviel von Rinde und Holz des Baumes frei, dass er den Mann finden und herausnehmen konnte. Der Mann sagte: ‚Ich meinte, ich müsste sterben. Aber nun hat es — er, sie? — mich ja wahrlich genommen und herausgehen lassen! Drinnen musste ich meine Augen schliessen (*kumbidl*) und nun kann ich sie wieder öffnen (*mökidl*). Da sehe ich wahrlich, dass es — er, sie? — eine sehr gute Wundertat (Machterweis) vollbracht hat!' — Zu Hause erzählte er alles seiner Brüderschaft. Sie sprachen: ‚*eimb muglimb nemba em-eka*, Er wollte dich wahrhaftig nur festhalten! (um dich vom Ertrinken zu retten). Das hat er aber recht gemacht!' — Sie beschlossen, dem Geist *Eimb* ein Opfer darzubringen. Sie gingen in den Wald. Der Machtspruch-Mann legte mit einem Knochendolch die Quellen frei. Sie gruben zwei Gräben und nannten sie *kumbidl mökidl ragl*, ‚das Schliessen und das Öffnen, die beiden'. Die Quellen nannten sie *kôr môŋ*, Geist-Augen. Sie richteten den Platz dann schön her, pflanzten Ziersträucher und machten einen Zaun herum. Sie bauten auch zwei Hütten; die eine nannten sie *röŋ-maŋa*, Lebensmittelhütte, die andere *kui-maŋa*, Beuteltier-Hütte. In der Mitte bauten sie ein ungeheuer hohes Haus. Im Hause hoben sie eine Kochgrube aus und schlachteten dort Opfertiere. Sie raunten das Lob und sangen den Preis des *kôr eimb*. Sie riefen alle ihre Leute zusammen, bewirteten sie und verteilten das Fleisch. Der Machtspruch-Mann schöpfte aus den Quellen und gab das Wasser den Männern zu trinken. Sie legten auch Setzlinge der Nahrungsmittelpflanzen in die Quellen. Die Männer der anderen Gruppen sahen alles und sprachen: ‚Da vollbringen sie ja eine wirklich echte Wundertat. Das wollen wir auch machen!' Sie suchten auf ihrem Siedlungsland Quellen und opferten dort dem *kôr eimb*. So machten es dann alle *Mbowamb* in allen Gegenden. Wie sie es damals machten, so opferten sie forthin dem *kôr eimb* von Generation zu Generation."

(Erzählt von *Muntka Ton*, *Ketapara*, *Parka*, *Könggli* u. a.)

2. Verbreitung und Eigenart des Eimb-Kultes.

Die mythologische Vorstellung von der Macht des *nô konts*, „junges Wasser", die im *Eimb*-Kult in den Quellen gesehen und verehrt wird, ist in obiger Sage doch wohl verbunden mit einem tatsächlichen Erlebnis voll Angst und Grauen und glücklicher Errettung an einem der nicht seltenen unterirdischen Flussläufe in den Bergen. Es sind konkrete Ortangaben gemacht. Wenn in der Sage von den Bewohnern der dortigen Gegend der Anspruch erhoben wird, der *Eimb*-Kult sei zuerst bei ihnen gefeiert worden und habe sich von ihrer Gegend aus im Laufe der Generationen allmählich in alle Landschaften der *Mbowamb* verbreitet, so ist zu bemerken, dass die mythologische Grundlage des *Eimb*-Kultes in allen diesen Landschaften verbunden wurde mit geheimnisvollen Erlebnissen und Umstandsangaben jeweils lokaler Herkunft, so dass sich Variationen obiger Sage überall finden, die ebenfalls immer den Anspruch auf die Urheberschaft dieses Kultes erheben. Als Tatsachen können wir nur feststellen, dass es in diesem Kult um die Macht des „jungen Wassers" geht, dass er bei allen *Mbowamb* und immer an Quellen gefeiert wurde, dass ein Geist namens *Eimb* als Vermittler dieser Macht galt, dass dieser Geist *Eimb* zu den *kôr ou*, Gross-Geistern, zählt, also nicht von einzelnen, sondern immer auf der Ebene der *ou-kum* (Ableger-*Mi*-Gruppen) gefeiert wurde, dass dabei Schweine als Opfer dargebracht wurden, und dass im *Eimb*-Kult Steine keine Rolle spielten.

Die Macht des Wassers

ist es also, die im *Eimb*-Kult verehrt wird. Das Wasser kommt in sprudelnden Quellen aus der Erde hervor. Quellen werden auch abgesehen vom *Eimb*-Kult als „immerwährend" bezeichnet. „Das Wasser quillt hervor, kommt und geht immerfort". Das erregt Erstaunen, Verwunderung, Scheu und Ehrfurcht. Das Wasser kommt aber im Regen auch *ogla mana*, von oben herab, von den *ogla-wamb*, Oben-Leuten, also. Der Regen gilt mythologisch als Urin der *Tei*-Frauen (Bd. III, Nr. 6) oder als die Tränen der *Tei*-Leute. Sie weinen, wenn die Menschen Vögel und Beuteltiere erlegen, denn das sind ja die Tiere der *Tei*- oder Oben-Leute (Kap. 9, 12). Auch in der obigen *Eimb*-Sage wird der Mann in den Wassertümpel geschleudert, als er sich an dem Beuteltier vergreifen will. Durch diesen Frevel gerät er in Lebensgefahr. Der Wurzelstock des Lebensbaumes löst sich. — Darum hat den Frevler auch nicht ein Oben-Mann, sondern der Geist *Eimb* „festgehalten", damit er nicht den „Weg für immer" (Kap. 18, 8) gehen musste.

In den Erzählungen der *Mbowamb* vom „Wald-*Nikints*" — ein Waldvogel, in dessen Gestalt der *Tei*- oder Oben-Mann *Nikints* in den Märchen und Sagen häufig auftritt — wird eine Frau schwanger, die unwissend vom Urin des *Nikints* trinkt und gebiert in kürzester Frist einen Wunderknaben (Bd. III, 23 unten; dort *Nikent* geschrieben). Es war helles und klares Wasser, welches sie trank. Im Wasser ist also nicht nur die mütterliche Wachstums-Kraft (Urin der *Tei*-Frauen) enthalten, sondern auch die väterliche Zeugungskraft. Dementsprechend wird auch der Geist der Quellen und des Wassers, der *kôr eimb*, nicht wie die anderen Gross-Geister des *ŋênap*, *wöp*, *maep* und *poŋönts* entweder als *wö*, Mann, oder als *amb*, Frau, bezeichnet, denn er soll ja sowohl die väterliche Zeugungskraft als auch die mütterliche Wachstumskraft, beides im Wasser vereinigt, vermitteln. Während bei den anderen Gross-Geistern in den zugehörigen Mythen der Geist in menschlicher Gestalt auftritt und dann jeweils entweder als *wö-kôr*, Mann-Geist, oder als *amb-kôr*, Frau-Geist, bezeichnet wird, ist das Auffallende am *kôr eimb*, dass die *Mbowamb* ihn zwar zu den Gross-Geistern zählen, ihn aber nicht einem der beiden Geschlechter zuweisen. Er tritt auch nie in menschlicher Gestalt auf. Seine Gestalt ist die des Wassers. Sie bleibt im Wasser und in den Quellen ganz verborgen. In der obigen *Eimb*-Sage kann jener Mann nur noch die Worte ausstossen: „Wenn du ein Geist bist, dann zeige dich!" Aber er versinkt mit seiner Frage im Wasser.

Wie von den Oben-Leuten, so erwarten die *Mbowamb* auch vom Geist *Eimb* für die ihm dargebrachten Opfer Kinderreichtum, gedeihliche Schweinezucht, gute Ernten, Reichtum an Wertsachen, langes Leben, Überlegenheit über die Feinde, Ruhm und Ehre für ihre Gruppe. Das Wasser hat aber nicht nur Leben zeugende und das Wachstum und Gedeihen fördernde, sondern auch r e i n i g e n d e Kraft. „Reinigen" darf hier nur nicht sogleich und vornehmlich im religiös-ethischen Sinn verstanden werden. Im Sinne der *Mbowamb* ist es in erster Linie ein Reinigen im religiös-magischen und kultischen Sinn. Also ein Reinigen von allen *ugl kits*, bösen Machtäusserungen, wie Wunden, Krankheiten, Seuchen, Misswuchs, Mangel an Wertsachen, Todeszauber, Unterlegenheit gegenüber den Feinden, Unfall, Unglück, Unheil. Die Macht des Wassers sollte auf magische Weise aber auch alle Unstimmigkeiten, Neid und Streit, Verärgerung und Rache-Zorn unter den Gliedern der Ableger-*Mi*-Gruppe beseitigen, damit sie nicht Macht und Leben der Gruppe gefährdeten (Kap. 40). *Eimb*-Kult und *Mi*-Komplex haben also viel Gemeinsames, nur dass hier ein Geist die Vermittlung der hintergründigen Macht übernimmt, weshalb die Opfer auch ihm und nicht den Oben-Leuten galten.

Es ist nun noch zu zeigen, w i e die Kraft des Wassers, welche Zeugungs- und Wachstumskraft, Heil und Segen, Macht und Leben vermittelt, im Kult angeeignet wird.

3. Vorbereitung des Kultfestes.

Im November 1949 hatte ich Gelegenheit, bei einer Ableger-*Mi*-Gruppe der *Neŋka*, den *Edlpuglumb*, ein *Eimb*-Kultfest von Anfang bis zu Ende zu beobachten. Dabei zeigte es sich, dass *kôr eimb* und *kôr wöp* zwar viel Gemeinsames haben, dass es sich mit beiden aber doch nicht so verhält, wie Bd. II, 421 gesagt ist: „Nach den vorliegenden Berichten — von Eingeborenen — haben wir es . . . mit e i n e m Geist und mit dem gleichen Fest zu tun." Es handelt sich vielmehr, wie wir jetzt wissen, um z w e i ganz v e r s c h i e d e n e *kôr* und damit auch um z w e i v e r s c h i e d e n e K u l t f e s t e. Ein Hauptunterschied liegt darin, dass beim *Eimb*-Kult Steine überhaupt keine Rolle spielen.

Da ein Gross-Geist-Kultfest immer Angelegenheit eines *ou-kum*, „Gross-Pakets" (Ableger-*Mi*-Gruppe) ist, braucht man dazu viele Opfertiere. So hatten auch die *Edlpuglumb* schon mindestens zwei Jahre vor dem Fest viele Ferkel zur Aufzucht eingetan. Die Tiere sind ja tagsüber auf der Weide und werden nur abends gefüttert, wenn man sie für die Nacht in die Hütten holt. Den Rest der abendlichen Fütterung gibt man ihnen am Morgen, bevor sie wieder auf die Weide gelassen werden. Bei dieser Art Fütterung brauchen die Tiere mindestens zwei Jahre, meist noch viel länger, um wirklich gross und fett zu werden. Etwa 7-10 Monate vor einem solchen Kultfest beginnt man, besonders grosse Felder anzulegen. Diejenigen, die sich auf die Herstellung des Tanzschmuckes verstehen, beschäftigen sich hiermit. Andere machen sich auf den Weg zu fernen Verwandten und Bekannten, um dort vielleicht solchen Schmuck für das Fest leihweise zu erhalten, wofür sie dann eine Gabe an Opferfleisch oder Muscheln versprechen. Inzwischen haben natürlich auch die Vorarbeiten auf dem Kultplatz eingesetzt. Beim *Eimb*-Kult liegt der Kultplatz immer in der Nähe der Quellen. Er muss erst wieder von Gras und Gebüsch gereinigt, vielleicht auch neu eingeebnet werden. Diesen Kultplatz nennt man den *kôr-kon-pena*, „Geist-richtig-Platz", denn auf diesem Platz „werden wir tuend — d. h. kultisch handelnd — den Geist veranlassen, richtig da zu sein". „Richtig" bedeutet hier, dass der Geist durch die Opfer „in die richtige Position und Disposition" gebracht werden soll, dass sein Da-sein nicht Gefahr, sondern Hilfe bedeutet. Die Macht des Wassers soll der opfernden Ableger-*Mi*-Gemeinschaft nicht Unheil, sondern Heil bringen, und zwar Heil für das biologisch-psychologische, politische, wirtschaftliche und gesellschaftliche Leben der Gruppe.

4. Der Abschluß des Kultplatzes.

Der Kultplatz lag bei den *Neŋka Edlpuglumb* — wie es auch sonst bei den anderen Gross-Geist-Kultfesten immer üblich ist — hinter dem *môka-pena*. Er war nach aussen, also gegen den *môka-pena* hin abgeschlossen durch den *ou-röprö*, Gross-Zaun, der auch *wö-röprö*, Männer-Zaun, genannt wird (Bd. I, 153). Mit diesem Gross-Zaun schliesst man den Kultplatz bei allen Gross-Geist-Festen gegen die Seite des öffentlichen Verkehrs hin ab. Nach Beendigung eines Kultfestes lässt man diesen Zaun verfallen. Es ist also nicht so, dass die Kultplätze der Gross-Geister andauernd abgeschlossen sind. In den langen Jahren der kultischen Pause sind ja die Kult-Steine des *wöp* u. a. v e r g r a b e n , und die Quellen des *Eimb* sind wieder von Wasserpflanzen, Moos und Laub bedeckt. Die Geister haben sich wieder in die Verborgenheit zurückgezogen. In solchen Zeiten war es bei den *Mbowamb* für einen Weissen niemals schwierig gewesen, einen Kultplatz zu betreten. Die *Mbowamb* selber empfanden natürlich auch dann eine Scheu vor diesen Plätzen und betraten nicht die Plätze der anderen Gruppen. Aber wirklich gefährlich war die Macht der Geister für Aussenstehende nur während der Kultfeste. Das waren die Hoch-Zeiten aufs äusserste gesteigerter Aktivität der Gross-Geister, wenn die Kult-Steine oder -quellen a u s i h r e r V e r b o r g e n h e i t herausgeholt, offen dargestellt und damit auch offen wirksam waren. Für jedes Kultfest musste daher der den Kultplatz nach aussen hin abschliessende Gross-Zaun von neuem errichtet werden.

Beim *kôr ŋênap* wurde der Kultplatz nur durch diesen Gross-Zaun von 3–4 m Höhe nach aussen hin abgeschlossen (Bd. I, 150). Beim *kôr wöp* und *eimb* dagegen errichtete man etwa 1–2 m vor dem Gross-Zaun noch eine 15–18 m hohe Laubfassade, *költapa* genannt. *Költapa* bedeutet sonst die in steinigen Flussbetten hochstehenden Gesteinsränder, die aufstauend wirken, so dass sich dahinter jeweils mehr oder weniger tiefe Wassertümpel bilden. So ist hier auf dem Kultplatz hinter der *költapa* die geheimnisvolle Macht des Wassers gleichsam aufgestaut. — Die *költapa* wirkt wie ein Triumphbogen. Sie ist Ausdruck der Macht. (Bd. I, Abb. 66 ist wohl eine Nachbildung der *költapa* des *kôr eimb*). Sie schliesst die ganze Breite des *môka-pena* nach dem Kultplatz hin ab, ist also an ihrer Basis 30–40 m breit. Bei den *Edlpuglumb* stand sie nicht wie sonst üblich v o r dem *ou-röprö*, sondern war mit ihm in eins gearbeitet.

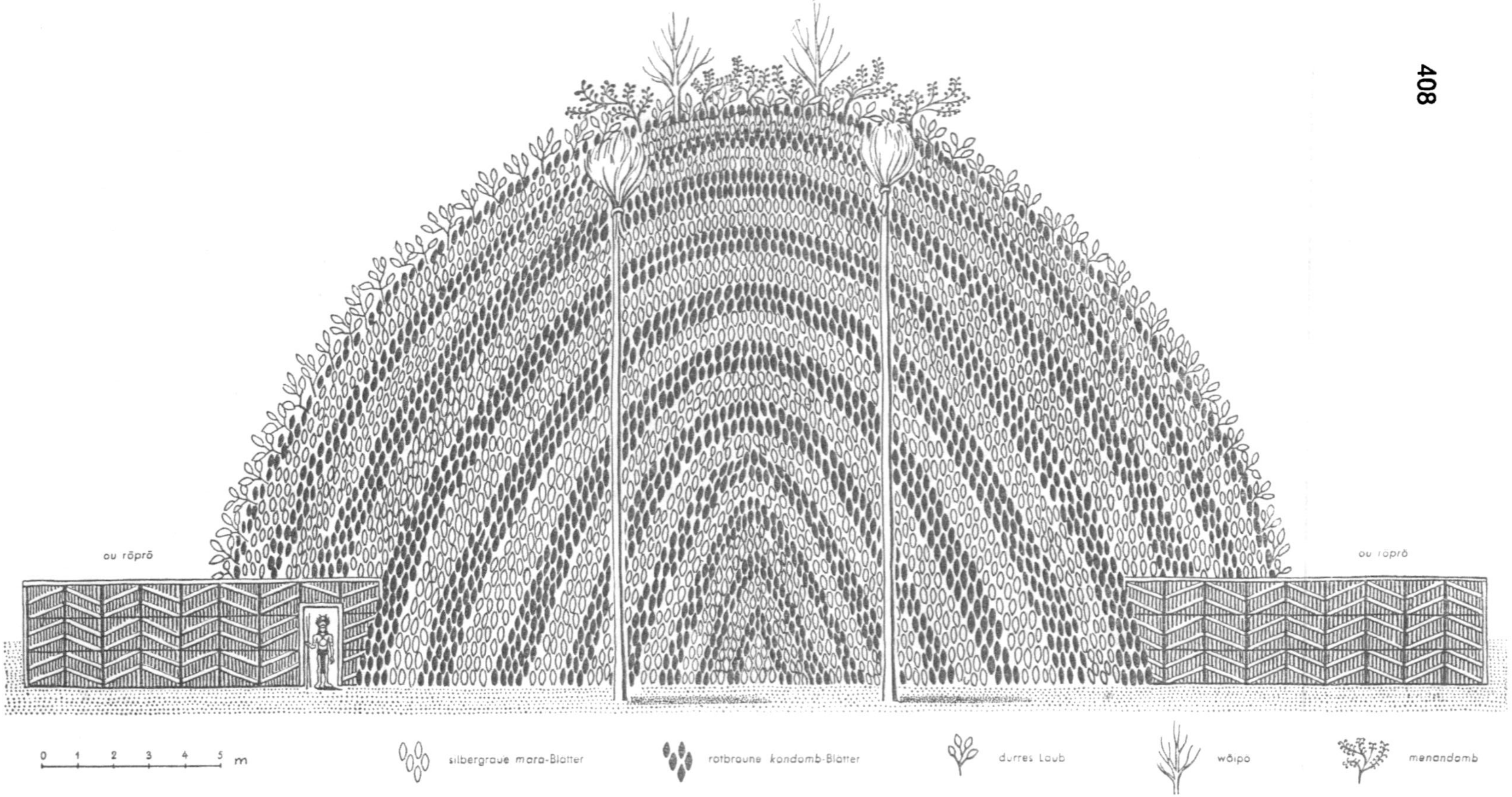

Abb. 4. *Költapa*, Laubfassade oder „Triumphbogen" beim *Wöp*- und *Eimb*-Fest.

Höhe 15–18 m, Breite etwa 30 m. An verschiedenen Plätzen zwischen Hagenberg und Mt. Kiluwe gesehen; hier direkt mit dem etwa 45–50 m breiten *ou röprö* verbunden, — daher Eingang seitlich. Meistens steht der Bogen aber in etwa 2 m Abstand vor dem *ou röprö*, dessen Eingang in der Mitte er dann abdeckt, — was wohl auch beabsichtigt ist.

Menandamb ist ein sehr kleinblättriges Gewächs, welches erst am Morgen des „Dämpftages" aufgesteckt wird, damit dann jedermann weiss, dass der „grosse Tag", an dem das Fest beginnt, gekommen ist. Etwa 50 cm vor der *költapa* stehen zwei hohe Stangen, *röprö-nde*, die an den Spitzen mit Laubbüscheln geschmückt sind; sie dienen dazu, den Eindruck der gewaltigen Höhe zu betonen.

Daher befand sich dort auch der Eingang auf der Seite, wogegen sich sonst, wenn die *költapa* vor dem *ou-röprö* steht, zwei Eingänge zum Kultplatz finden; nämlich der Eingang durch die *költapa*, der dann in der Mitte liegt, und der Eingang durch den *ou-röprö*, welcher sich seitlich befindet, so dass er durch den davorstehenden Triumphbogen verdeckt wird.

Der Triumphbogen *költapa* ist aus Längs- und Querstangen errichtet, die durch Rotan miteinander verbunden und verstrebt sind. Auf dieses Geflecht sind Zweige und Blätter gebunden, so dass eine dichte Wand entsteht. In diese Wand sind nach der Seite des öffentlichen Verkehrs hin in abwechselnden Reihen Blätter des *Mara-* und *Kondomb*-Baumes gesteckt. Die *Mara*-Blätter sind auf der Vorderseite hellbraun, auf der Rückseite silbergrau. Diese silbergraue Rückseite erscheint auf der Fassade. Ebenso werden auch die *Kondomb*-Blätter mit der Rückseite nach vorne eingesteckt, und zwar ist sie beim *kondomb* fast dunkelbraun, die Vorderseite dagegen dunkelgrün. Beide Blattarten sind länglich-oval und etwa 18 cm lang. Beide Bäume gelten als *podl* (Kap. 20, 4) des Wassergeistes *Eimb;* sie standen ja auch um jenen Wassertümpel der *eimb*-Mythe. — Etwa einen halben Meter vor der *költapa* stehen zwei hohe Stangen, *röprö nde*, aus *pundikmö*-Hölzern — ebenfalls in der Mythe genannt —, die oben mit Laubbüscheln geschmückt sind. Sie dienen nicht nur der Steigerung des Eindruckes des Machtvollen und Gewaltigen, sondern sind wie die ganze *költapa* Darstellung und damit Vergegenwärtigung des mythologischen Platzes des *kôr eimb* und damit Vergegenwärtigung des *eimb* selber, der auf seinen *podl* anwesend ist. Die beiden Stangen werden mit demselben Gemisch von Schweinefett und Holzkohle eingerieben, mit dem auch die Festteilnehmer sich einsalben. Diese Schicht wirkt schützend gegen alle magisch bösen Einflüsse von aussen. — Oben auf dem Triumphbogen stecken zwei frische *Wöipö*-Bäumchen. Sie sollen der Kopfschmuck des *kôr eimb* sein, so wie die Tänzer beim Fest Kopfschmuck tragen. Neben und zwischen diesen beiden Bäumchen stecken frische Zweige eines kleinblätterigen Gewächses namens *menendamb*. Diese Zweige werden erst am letzten Abend vor dem Beginn des Festes geholt und auf die *költapa* gesteckt. Dann weiss jedermann, dass das Fest am folgenden Tag wirklich seinen Anfang nehmen wird. Die Vorbereitungen dauern ja immer viele Monate, und die Leute fragen ungeduldig, wann das Fest nun endlich stattfinden wird. Wenn sie so fragen, weist man sie auf das *menendamb* hin und sagt, es gebe ihnen doch vom Walde her dauernd den Bescheid, dass es noch nicht abgeholt, noch nicht auf die Fassade gesteckt sei. „Erst wenn man mich holt und aufsteckt, werdet ihr gewiss kein können, dass es nun so weit ist!"

Ein Stück weit hinter dem *ou-röprö* kommt man zum *kedl-röprö*, Klein-Zaun, auch *kaŋ-röprö*, Jungen-Zaun, genannt. Die Entfernung zwischen den beiden Zäunen hängt jeweils von der Tiefe des Kultplatzes ab. Wenn die *koepa-nö-köni-kaŋ*, die Uneingeweihten (Kap. 48, 1), auf den Kultplatz geführt werden, dann prägt man ihnen vor diesem Zaun noch einmal ein, dass sie nun nicht auf einen „gewöhnlichen" Platz, sondern auf den *kôr-kon-pena* kommen und den Geist sehen werden.

5. Die glapa podl

ist eine in 2–3 m Höhe errichtete und etwa 3 m breite Plattform, die an der einen Längsseite des *môka-pena* entlang läuft und meist auch noch quer über die ganze Breite des Platzes. Sie ist also etwa 110–140 m lang. Die *glapa podl* gehört zum Gesamtbild aller Gross-Geister-

Kultfeste der *Mbowamb*, bei deren Abschluss es immer grosse Fleischverteilungen an die vielen Hunderte von Gästen gibt. Das in den Erdöfen gedämpfte Fleisch wird auf der Plattform aufgereiht. Von dort oben aus wird es an die Menge der männlichen Festgäste verteilt. Dabei stehen die Austeiler auf der Plattform und reichen es den Empfängern herunter, so wie sie — nach *rapa*-Gemeinschaften — aufgerufen werden und vortreten. Frauen und Mädchen der den Kult veranstalteten Gruppe erhalten hier auch etwas von dem Fleisch, denn es ist ja nicht auf dem Kultplatz des Geistes gedämpft worden, sondern auf dem *môka-pena*. Dagegen erhalten sie nichts von dem Fleisch, das auf dem Kultplatz selbst gedämpft wurde, denn dieses ist Opferfleisch des Gross-Geistes, und alle Gross-Geister sind den Frauen und Mädchen feindlich.

Die *glapa-podl* wird getragen von armdicken Pfosten. die oben in einer Gabel enden. Drei solcher Pfosten stehen immer in einer Reihe hinter einander: einer vorne, der andere in der Mitte und der dritte hinten. Diese Pfosten oder Träger werden in Abständen von etwa 2 m aufgestellt. In die Gabelungen sind Querstangen gelegt und mit Lianen festgebunden. Eng aneinander gelegte Rundhölzer, die mit Lianen an die Querstangen gebunden sind, bilden die Plattform.

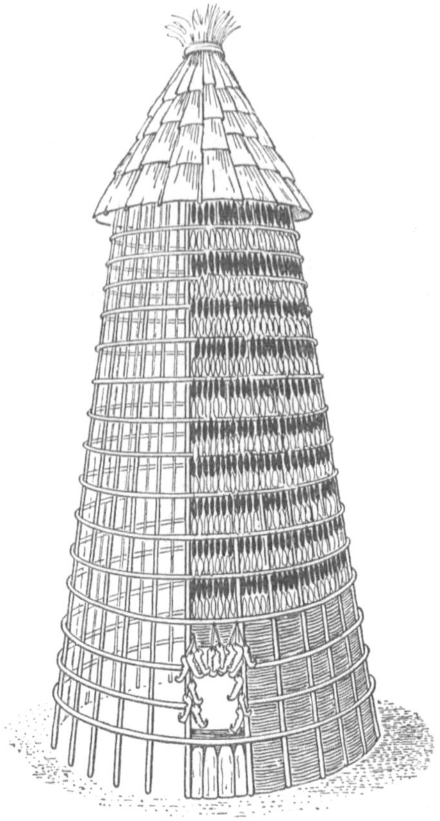

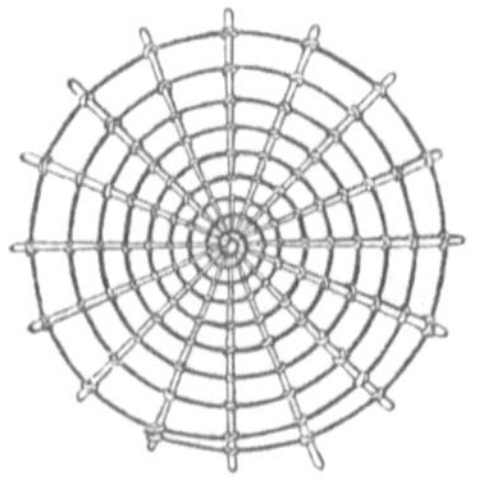

Abb. 5. Das *maŋa keu ŋgadloa*, das „weithin leuchtende Haus".

Die Wand des etwa 8–10 m hohen konischen Rundhauses besteht — wie auch das Dach — aus grauschwarzen Rindenstücken des *nöŋ*-Baumes, die zwischen Längsstreben und Querringen eingesteckt sind. Innen und aussen trägt die Wand von oben bis unten eine Verkleidung — wie die *költapa* — aus abwechselnden Reihen von silbergrauen *mara*- und rotbraunen *kondomb*-Blättern, die zu jedem Fest frisch erneuert werden. Das Grasbüschel auf der Dachspitze heisst *kôr kum*, „Geist-Paket" und stellt die Haare (das Haupt) des Geistes dar. Die Dachpfette (Skizze rechts oben) besteht aus einer einzigen fortlaufenden Spirale, an der die Dachsparren aus *nöŋ*-Hölzern an den Kreuzungen befestigt sind. — Der etwa 1 m hohe Türeingang wird oben an den Seiten von Schweinekiefern eingerahmt.

6. Die Häuser auf dem Kultplatz.

Das *maŋa keu-ŋgadloa*, das „weithin leuchtende Haus" bildet den Mittelpunkt des *Eimb*-Kultplatzes. Es ist 8–10 m hoch und hat am Boden einen Umfang von 14–16 m. Die konisch gestellten Pfosten sind aus *Mara*-Holz gefertigt. Das Haus ist also eine Nachahmung jenes hohlen *Mara*-Baumes der Mythe.

Dieses „weithin leuchtende Haus" ist für die *Mbowamb* ein „ganz ungeheuer hohes Haus". Sie halten ja ihre eigenen Hütten sonst immer sehr niedrig wegen Wind und Wetter und nächtlicher Kälte. In der Sprache der Festveranstalter reicht dieses *maŋa keu-ŋgadloa*, „bis an den Himmel". Darin liegt auch sein Sinn: es soll bis zu den Oben-Leuten reichen, deren einer ja nach der Mythe als Beuteltier auf jenem *Nöŋ*-Baum sass, weshalb wohl auch das Dach hier aus *Nöŋ*-Hölzern und *Nöŋ*-Rinde hergestellt wird. (Abb. 5, S. 410).

Auf dem Kultplatz wurden auch zwei, 50–70 m lange, aber kaum 2 m breite Langhütten errichtet. Die eine hiess, wie in der *Eimb*-Sage, die *röŋ-maŋa*, Lebensmittelhütte, die andere *kui-maŋa*, Beuteltierhütte.

7. Die Erdöfen

oder Kochgruben, von den *Mbowamb rokopa* genannt, wurden bei einem grossen Kultfest sowohl auf dem *môko-pena*, als auch auf dem *kôr-kon-pena*, dem Kultplatz, ausgehoben.

A. Die Erdöfen auf dem môka pena.

Bei den *Edlpuglumb* zählte ich auf dem *môka pena*, also auf dem öffentlichen Tanz- und Handelsplatz, 20 Kochgruben. Die einen waren rund, die anderen viereckig ausgehoben und von unterschiedlicher Grösse. Es gab dort 7 *kedl-kona* „Klein-Platz" genannte Kochgruben und 7, die *ou-kona* „Gross-Platz", zwei die *kuŋmem-kona* „Schweine-Blut-Platz" und vier, die *kiuglö* (statt *rokopa*) genannt wurden.

a) Die *kedl-kona* sind rund, haben etwa 80 cm Durchmesser und sind etwa 18 cm tief. In ihnen wird nur die Leber und mageres Fleisch zusammen mit allerlei Gemüse gedämpft.

b) Die *ou-kona* haben etwa 1,20 m Durchmesser und sind 1,40 m tief. In ihnen werden zusammen mit Bananen, Yams und gewissen Gemüsesorten folgende Teile der Opfertiere gedämpft: Rückenstücke, Köpfe, Eingeweide — letztere werden vorher am nahen Fluss sauber gewaschen.

c) Die *kuŋ-mem-kona* sind etwa 2 m lang, 1,40 m breit und etwa 60 cm tief. In diesen beiden Gruben wurden die getöteten Tiere erst auf dem Feuer gesengt. Schon der Geruch vom Sengen ist ja *tirndêglem*, lieblicher Opferduft! Nach dem Sengen werden die beiden Gruben dann von Asche usw. gereinigt und als Dämpfgruben verwendet, und zwar für Blut und Fett, das beim Schlachten und Zerlegen der Tiere mit allerlei Gemüseblättern aufgefangen und dann zu einer Art Paket mit Hilfe der grossen Blätter des *keŋgepa*-Gemüses verpackt und verschnürt wird. Diese Wurst-Pakete, *rondoka* genannt, werden in den beiden Gruben auf heisse Steine gepackt und gedämpft.

d) Die *kiuglö* sind etwa 4 m lang, 1,20 m breit und 1,20 m tief; es gibt aber auch kleinere *kiuglö*. In ihnen werden die grossen Fleischseiten und Schlegel zusammen mit allerlei Gemüse gedämpft. — Alle Dämpfgruben werden übrigens immer erst mit Bananenblättern schön ausgelegt.

Zum Dämpfen sind heisse Steine nötig. Sie werden auf schön aufgeschichteten Holzfeuern erhitzt, bis sie fast rotglühend sind, dann mit Hilfe von Holzzangen vom Feuer genommen und schichtweise zwischen die Lebensmittel in die Dämpfgruben gelegt. Auch etwas Salz wird mit in die Kochgruben gestreut und Wasser darauf geschüttet, gerade genug für die gewünschte Dampfbildung. Sind die Erdöfen gefüllt, so werden sie mit Blättern, Laub und Gras fest zugepackt. So lässt man sie dann zwei bis drei Stunden lang dämpfen. Der aufsteigende Dampf gilt als Opfergeruch, der die Lebenskraft der Opfertiere enthält und von den Geistern mit grossem Wohlgefallen aufgenommen wird. — Beim Kultfest sind die Feuerstellen zum Erhitzen der Steine übrigens mit dicken Balken eingefasst, die auf grossen Steinen ruhen. — Zur Beförderung des Fleisches wird eine etwa 2–3 m lange und 60 cm breite Tragbahre verwendet. Am Schlachttag werden die grossen Fleischseiten nämlich noch nicht verteilt und verzehrt, sondern auf dieser Tragbahre zum Kultplatz getragen und dort in der „Lebensmittelhütte" auf hohen Gerüsten abgelegt; sie kommen erst zum Abschluss des Festes zur Verteilung.

B. Die Erdöfen auf dem kôr kon pena.

Bei den *Edlpuglumb* zählte ich auf dem *kôr kon pena*, also auf dem von der Aussenwelt a b g e s c h l o s s e n e n Geheim- oder Kultplatz sechs verschiedene Kochgruben; nämlich vier *randa-kuŋ rokopa*, „Seitenstücke-Dämpfgruben" und zwei *kuŋ-öi-mou rokopa*, „Rückgrat-Haufen-Dämpfgruben".

a) Die *randa-kuŋ rokopa* sind etwa 1,80 m im Durchmesser, 1 m tief und stets überdacht. Eine davon lag vor dem „Beuteltierhaus", eine vor der „Lebensmittelhütte", eine im „weithin leuchtenden Haus" und eine vor dem *pôrombedl* (siehe weiter unten). In einer von ihnen wurden nur die Schweinemagen gedämpft, die man mit zerkleinerten Nieren-, Leber-, Herz- und Lendenstücken, sowie würzhaltigen Pflanzen gefüllt hatte. Zu diesem Zweck wurden die Magen an einer Stelle mit dem Bambusmesser etwas geöffnet und nach dem Füllen mit Bastfaden und Knochennadel wieder zugenäht. — In den anderen drei Gruben wurden die grossen Fleischstücke zusammen mit Bananen, Süsskartoffeln, Yams und allerlei Gemüse gedämpft und von den Opfernden während der Festtage auf dem Kultplatz auch verzehrt.

b) Die *kuŋ-öi-mou rokopa* sind etwa 2 m im Durchmesser und 1 m tief. In ihnen wurden nur Rückenstücke zusammen mit Rohrgemüse, Bananen, Taro und allerlei Gemüsearten gedämft.

Die Kochgruben, wie sie hier beschrieben sind, gehören zu allen Opferfesten auf Gruppen-Ebene, also nicht nur zum *Eimb*-Kult. Ebenso gehört das Füllen dieser Gruben mit den jeweils richtigen Teilen vom Fleisch der Opfertiere, zusammen mit den jeweils richtigen Arten von Lebensmitteln, zum Ritus dieser Opferfeste.

8. Die *kôr mông ragl*,

die beiden „Geist-Augen" des Geistes *Eimb*, in denen er sich zeigt und zu den Kultveranstaltern „kommt" (Kap. 20, 6), sind die Quellen, bei denen der Kult veranstaltet wird. Auf einem schmalen Pfad einen kurzen Abhang hinunter gelangte man bei den *Edlpuglumb* zu diesen Quellen. Auf dem Pfad waren an drei Stellen *mi*-Zeichen, Verbotszeichen für alle Aussenstehenden und Eigentumszeichen des Gross-Geistes an die Opfernden aufgestellt. Sie sind „seine" Leute, denen er hier Macht übermittelt.

Die Säuberung der Quellen

Die führenden Männer der Ableger-*Mi*-Gemeinschaft, die in ihrer Ratsversammlung beschlossen hat, ein *Eimb*-Kultfest zu veranstalten, bitten einen *mörn-wö*, der mit dem *kôr eimb* umzugehen weiss, um seine Dienste. Den *mbo-kôr*, also den verstorbenen *Mi*-Genossen, wird erst ein kleines Opfer dargebracht, damit sie beim Aufsuchen der Quellen mithelfen und nicht etwa den ganzen Plan zu vereiteln suchen. Nach dem Opfer begibt man sich hinunter ins Gebüsch, wo das Quellgebiet eines kleinen Waldbächleins ist. Selbstverständlich weiss man, dass dort Quellen sind. Aber sie sind ganz vermoost, versumpft und von Laub bedeckt. Daher ist auch der Geist „verdeckt", er ruht. Er muss erst aufgeweckt und in die gewünschte Bewegung versetzt werden, damit er „kommt". Der *mörn-wö* stochert mit seinem Kasuarknochendolch zeichenhaft im Laub und Sumpf umher; schliesslich legt er zwei passende Quellen frei. Sie werden gereinigt, so dass man das Wasser darin wirklich sprudeln sehen kann, denn erst dann „kommt" der Geist. Darauf werden die Quellen mit einem Zweiggeflecht eingefasst. Aussen herum steckt man Zweige des *Nöŋ*, *Mara*, *Kondomb* und anderer Bäume, die in der *Eimb*-Mythe genannt werden und als *podl* des *Eimb* gelten. Damit die Quellen auch richtig sprudeln und fliessen, der Geist also in die gewünschte Aktion tritt, zieht man Abzugsrinnen, die ein Stück weit mit Rundhölzern bedeckt werden. Ich glaube, die eine Quelle stellt die gefährliche Macht des Wassers dar, die jenen Mann in den Tod reissen wollte, so dass er seine Augen schliessen musste (*kumbidl*); die andere aber die helfende, heilvolle Macht des Wassers, die den Mann wieder freigab. Den „Geist-Augen-Platz" schliesst man durch einen Zaun nach allen Seiten hin ab, von wo etwa unerwünschter Zugang gesucht werden könnte. (Abb. 6, S. 414).

9. Der Beginn des Kultfestes

ist auch beim *Eimb*-Kult, wie bei allen anderen Gross-Geist-Kultfesten der *Mbowamb*, gekennzeichnet durch das Opfer an die Toten, das von den Brüderschaften aller *Rapa*-Gemeinschaften der Ableger-*Mi*-Gruppen, die das Kultfest begeht, auf ihren jeweiligen Opferplätzen ihren eigenen Verstorbenen dargebracht wird. Die Verstorbenen gehören ja auch mit zur Gemeinschaft der Lebenden und sie müssen „richtig dasein", d. h. durch das Opfer an sie erst in die richtige Position und Disposition gebracht werden, wenn das Kultfest ungestört vor sich gehen soll. Sie könnten ja sonst bei dem Fest etwa schlechtes Wetter, ein Unglück oder einen störenden Krankheitsfall verursachen. Weil infolge von vielleicht unbekannten Verstimmungen und unbereinigten Vergehen auch eine Reaktion des *Mi* einsetzen könnte, geht den grossen Kultfesten auch immer eine allgemeine Beichte voraus (Kap. 38, 2) und, falls notwendig, auch

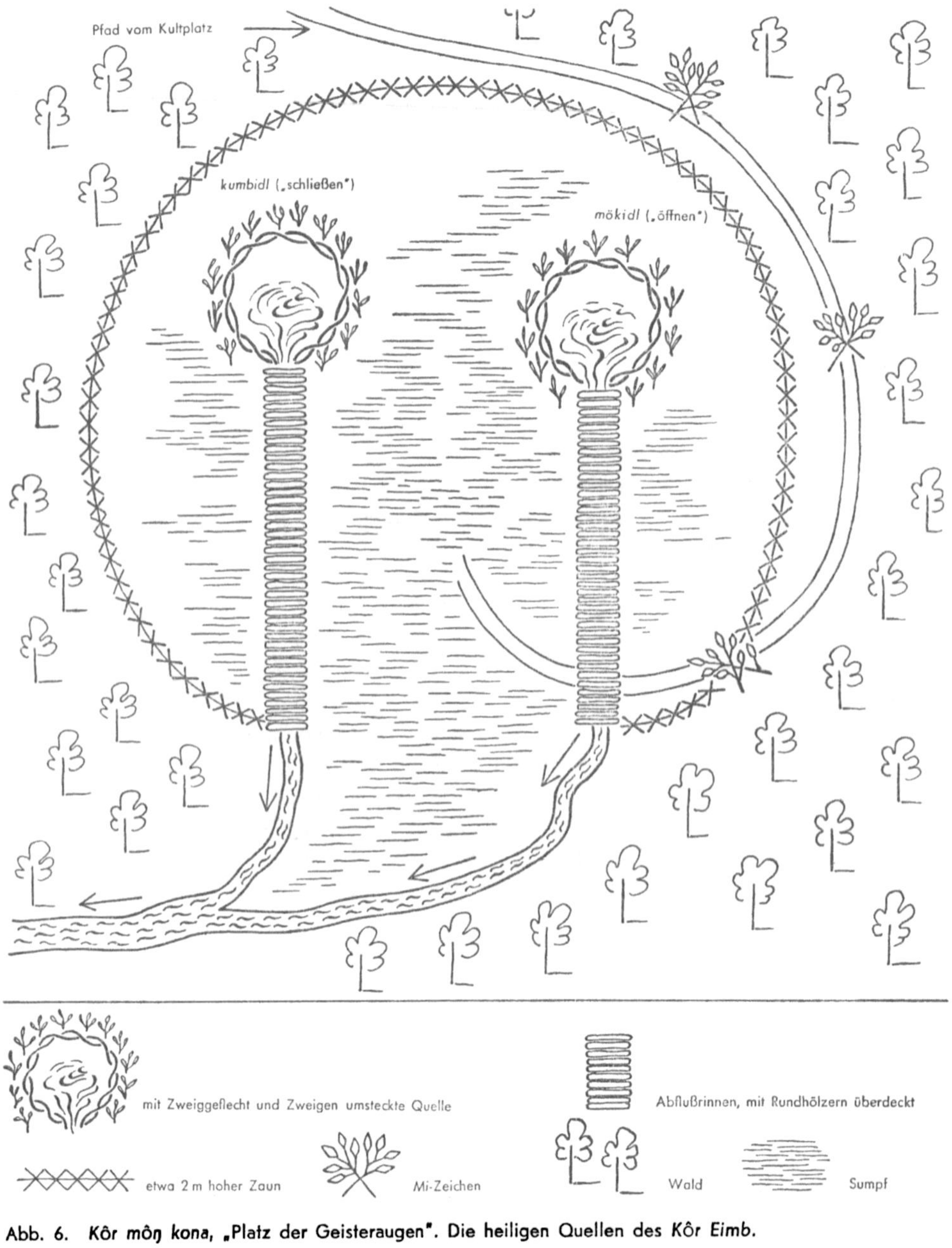

Abb. 6. *Kôr môŋ kona*, „Platz der Geisteraugen". Die heiligen Quellen des *Kôr Eimb.*

Die ganze Anlage hat eine Breite von etwa 15 x 20 m. Der die Quellen umschliessende Zaun hat keine Tür, sondern *Mi*-Zeichen, die beim Passieren des Weges jedesmal herausgenommen und wieder in die Erde gesteckt werden. Die zwei Quellen, *kôr moŋ*, sind mit Laub eingefasst, und die Abflussrinnen ganz dicht mit Rundhölzern bedeckt, um das heilige Wasser vor Verunreinigung zu schützen.

sakramentale Versöhnungszeremonien (Kap. 40). Die Opfer an die Toten sind Bd. II, 438 ff. unter der Überschrift „Das allgemeine Opfer" beschrieben. Es ist hier nur noch zu bemerken, dass es nicht in dem Sinne „öffentlich vollzogen wird", dass Fremde dabei wären. Dass Frauen und Kinder etwas von dem Opferfleisch erhalten, ist ja auch sonst bei den Totenopfern auf den Begräbnisplätzen üblich, wenn es sich nicht um Einzelopfer handelt, wo der einzelne Opfernde eine ganz besondere Verbindung mit einem Toten eingehen will (Kap. 55, 9–12). Weil diese Opfer an die Toten als Auftakt zum Kultfest des Gross-Geistes nicht dem Gross-Geist selbst, sondern eben den Verstorbenen gelten, darum finden sie auch nicht auf dem Kultplatz des Gross-Geistes statt, sondern auf den jeweiligen Opferplätzen der Untergliederungen der das Fest begehenden Ableger-*Mi*-Gruppe. Diese Opferplätze liegen bei den Gräbern. Dorthin bringt man Opferfleisch. Die S c h l a c h t u n g der Opfertiere aber findet auf den Tanzplätzen (*môka-pena*) der einzelnen *Rapa*-Gemeinschaften statt, wo die Tiere erst dem letztverstorbenen *wö peŋ* der *Rapa*-Gemeinschaft im Opfergebet dargebracht werden. Zu diesem Zweck stellt man in der Mitte des Platzes ein *peŋ-maŋa*, Schädel-Haus, auf, in dem man den Schädel dieses *wö peŋ* unterbringt. Damit ist er selbst gegenwärtig, um das Opferfleisch an alle die „kleinen, schlechten und armen Totengeister" der Gruppe auszuteilen, so wie er es zu seinen Lebzeiten allen seinen „kleinen Leuten" zuzuteilen pflegte (Kap. 56, 1). Beim Wöp-Fest in *Poiaka* (Kap. 61) sah ich das im *Kâwudl*- und *Aua*-Gebiet übliche Schädel-

Abb. 7. Typ der Schädelhäuschen im *Kâwudl*- und *Aua*-Gebiet.

Sie sind entweder mit Schilfgras oder mit Rinde verkleidet; ihre Grösse schwankt zwischen etwa 50 cm und 1 m Seitenlänge.

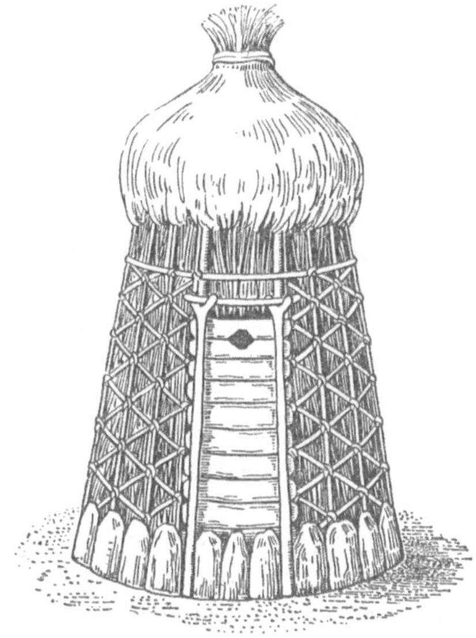

Abb. 8. Typ der Schädelhäuschen im *Medlpa*- und *Kopon*-Gebiet.

Die gekreuzten Wandstäbe des etwa 4 m hohen konischen Kegeldachhäuschens bestehen aus gespleisstem Bambus; das dürre graubraune Alang-Alang-Gras der Rundwand wird innen durch gebogene Querstäbe festgehalten.

häuschen (Kap. 55, 12) auf dem *môka-pena*, etwa 20 m vor der *költapa*, aufgestellt. Es ruht auf vier armdicken Pfosten etwa 1–1,20 m über dem Boden. Der Schädel liegt im Innern des Häuschens auf einem mit Farnkräutern bedeckten Bambusgestell in Höhe des Gucklochs. Diese Öffnung in 1,50 bis 170 m Augenhöhe heisst *kor moŋ*, Geist-Auge.
(Zum Schädelhäuschen für das *Koma*- und *Temboka*-Gebiet vgl. Bd. I, Abb. 77).
Durch das „Geist-Auge" sieht der Totengeist nicht nur von innen heraus, sondern er geht durch dieses auch aus und ein. — Der Kasten des *Kâwudl*-Schädelhauses sowohl, als auch das ganze *Medlpa*-Schädelhäuschen besteht aus Rundhölzern und Schilfrohr. Mit Bastschnur darauf gebundenes Schilfgras bildet die Wände. Wie die *Mbowamb* auch bei ihren eigenen Häusern niemals wirkliche Bretter als Türverschluss kannten, sondern nur Verschlusshölzer (Bd, I, Abb. 75), so war auch der Zugang zu den Schädelhäuschen immer nur mit solchen Hölzern oder auch nur mit Rundhölzern verschlossen, deren Enden durch einen Schlitz gesteckt wurden, welcher durch zwei übereinander angebrachte Längshölzer an beiden Türseiten gebildet war. Auch das „Geist-Auge" war nicht als rundes Loch in ein Brett gearbeitet, sondern mit dem Steinbeil aus zwei Verschluss- oder Rundhölzern so herausgehauen, dass die beiden Hälften zusammen eine augenähnliche Öffnung bildeten.

10. Die Einführung der Uneingeweihten

in den Kult eines Gross-Geistes (Kap. 48, 1) geschieht nach den Opfern an die Toten beim Einzug der Männer und Burschen auf den *kôr-kon-pena*, „Geist-richtig-Platz". Dabei wirken natürlich die *mörn-wö*, „Machtspruch-Männer" mit, welche die *man-êk*, „machtvolle Rede" und die *mörn-êk*, „machtvolle Sprüche", (Kap. 14, 3) kennen, auf die ein Gross-Geist in der gewünschten Weise reagiert. Alle tragen Stücke von Schweinefleisch auf den Schultern. Sie gehen schweigend und in gebückter Stellung. Das gilt auch für die Eingeweihten. Nach Durchschreiten der *költapa* und des Gross-Zaunes wird vor dem *kaŋ-röprö*, „Knaben-Zaun", den Neulingen noch einmal eingeprägt, dass sie nun den Geist sehen werden, dessen Kultfest man feiert. — Das Verhalten beim Kultfest wurde mit ihnen schon vorher eingeübt; ebenso die magischen Sprüche, die mit einem der *mörn-wö* als Responsorien gerufen werden. Im übrigen erleben die Neulinge auf dem Kultplatz kaum eigentliche Überraschungen. Nichts ist darauf angelegt, ihnen besonderen Schrecken einzujagen. Es geht auch durchaus nicht nur um sie, sondern um die ganze Gruppe. Es geht um die Gewinnung hintergründiger Macht für die Gruppe. Für die Neulinge ist das eigentlich Entscheidende, dass sie nun das erste Mal an allem teilnehmen, was auf dem Kultplatz vor sich geht und dass ihnen als wertvollen Gliedern der Gruppe durch diese Teilnahme Macht und Leben zugeführt wird. Sie werden darum auch während des Kultes nicht wirklich als eine Gruppe für sich behandelt, sondern schliessen sich einfach an die älteren Glieder ihrer jeweiligen *Rapa*-Gemeinschaft an. Durch ihre Teilnahme am kultischen Geschehen eines Gross-Geist-Opferfestes werden sie zu Eingeweihten. Sie heissen von da ab *koepa-könikaŋ*, „solche, die wissen, wie man opfert". Damit sind sie in den für die Gruppe lebenswichtigen Opferdienst eingereiht, den sie nunmehr als Erwachsene werden fortsetzen können. — Als Neulinge fungieren sie während des Festes zunächst einmal als eine Art Ministranten. Sie müssen nämlich während der Tage auf dem Kultplatz, wo die Teilnehmer alle als *mouwi*, „abgesondert, heilig", gelten, die Lebensmittel zum Dämpfen in den Kochgruben herrichten. Die

Frauen und Mädchen, die die benötigten Lebensmittel von aussen heranbringen und durch den Zaun hereinreichen, dürfen z. B. die Süsskartoffeln nicht waschen; diese müssen am Abfluss der Quellen mit dem machthaltigen Wasser von den Knaben gewaschen werden. Um beim Kochdienst zu helfen, wohnen sie während des Festes in der *röŋ-maŋa*, „Lebensmittelhütte".

11. Der machtvolle Ruf.

Beim Einzug auf den Kultplatz stellen sich die Männer und Burschen nach *Rapa*-Gemeinschaften auf. Die Neulinge schliessen sich am Ende des Zuges ihrer jeweiligen *Rapa*-Gemeinschaft an. Alle tragen Stücke rohen Fleisches, das in den Erdöfen auf dem Kultplatz gedämpft werden soll als Opfer an den Gross-Geist. Vor dem Eintritt auf den Kultplatz durch den *kaŋröprö* gibt der *mörn-wö* jedem einzelnen mit einem Zweig einen S c h l a g auf den Rücken. Dieser Schlag hat r e i n i g e n d e Bedeutung. Niemand darf ein Wort sprechen. Schweigend und in gebückter Stellung tragen sie das Opferfleisch zum *röŋ-maŋa*, wo es zunächst abgelegt wird. Dann versammeln sie sich um das „weithin leuchtende Haus" (*maŋa keu ŋadloa*, vgl. dieses Kapitel Abschnitt 6), wo sie wieder nach *Rapa*-Gemeinschaften niederknieen. Der *mörn-wö* steht in der Mitte. Er sieht nach oben und ruft mit lauter Stimme:

mörn-wö:	**Chor:**
Pöruö-kuŋ wal	*Pöruö-kuŋ wal*
„Scheckig-Schwein komm!"	
Kunt-kuŋ wal	*Kunt-kuŋ wal*
„Rot-Schwein komm!"	
Pönts-kuŋ wal	*Pönts-kuŋ wal*
„Schwarz-Schwein komm!"	

Nach dreimaliger Wiederholung dieses ganzen Rufes folgt dann:

Ogla nam-o ?	*Ogla nam-o?*
„Oben ist wer?"	(dreimal wiederholt)
Ogla Nuŋ-Nuŋ-ol	*Ogla Nuŋ-Nuŋ-ol*
Ogla amb Juwin-ol	*Ogla amb Juwin-ol*
„Oben Frau Juwin!"	
Ogla amb Jawin-ol	*Ogla amb Jawin-ol*
Ogla amb Er-ol	*Ogla amb Er-ol*
	(dreimal wiederholt)
Ipa Glont-ol	*Ipa Glont-ol*
Ipa Rumö-ol	*Ipa Rumö-ol*
Ipa Rep-ol	*Ipa Rep-ol*
	(dreimal wiederholt)

„*Ipa*" ist ein Fremdwort für *Medlpa* „*elte*" oder „*nô*", Wasser, Fluss, Tümpel, Weiher, Der oben genannte *Glont* ist ein Fluss. *Rumö* ist ein Wassertümpel und *Rep* ein Weiher.

Dieser „machtvolle Ruf" beim *Eimb*-Kult enthält also Elemente aus dem „Oben-Anruf" (Kap. 57, 2 und 3), doch wird hier der Oben-Mann nicht dargestellt und es erfolgt daher auch keine Antwort von oben. Als erstes wird auch hier um Opfertiere gerufen. Der Anruf der Oben-Leute hängt hier offenbar damit zusammen, dass das machtvolle „junge Wasser" eben von oben herabkommt. In Quellen kommt es aber auch aus der Erde, fliesst dahin oder steht. Daher der Ruf von Tümpel-, Weiher- und Flussnamen. — Der kultisch-magische Ruf hat vergegenwärtigende Kraft. Die Macht des Wassers ist nunmehr anwesend. Jetzt dürfen die Opfernden den Kultplatz nicht mehr verlassen bis zum gemeinsamen feierlichen Auszug, der den Schlussakt bildet.

12. Das Trinken des Wassers.

Während das Opferfleisch in den Kochgruben gedämpft wird, und der Opferduft von den Kochgruben aufsteigt, begeben sich die Männer nach der von den *mörn-wö* getroffenen Einteilung in das *röŋ-maŋa* und *kui-maŋa*. Die Feuerstelle geht auch hier, wie beim *kôr ŋênap*, ganz durch die beiden langen Hütten und teilt sie so in zwei Hälften. Dieses ist auch ein gemeinsamer Zug aller Gross-Geist-Kulte der *Mbowamb*. Die eine Seite des Langhauses repräsentiert das Männerhaus, die andere das Frauenhaus. Dementsprechend sitzen also die Männer eingeteilt als „Frauen "auf der einen und als Männer auf der anderen Seite. Sie alle sitzen schweigend, mit gesenkten Blicken, die Beine untergeschlagen, und warten auf das Wasser von den Quellen. Zwei junge Knaben sind von den *mörn-wö* als Gehilfen ausgewählt worden. Die *mörn-wö* schöpfen nun aus den Quellen Wasser und reichen es den beiden Knaben, die die gefüllten Kalebassen zu den Männern bringen. Sie reichen es ihnen je auf einer Seite hinein, und die Kalebassen gehen von Mund zu Mund. Sind sie leer getrunken, so nehmen die Knaben sie zurück zu den schöpfenden *mörn-wö*, die sie neu füllen, bis alle getrunken haben. Bleibt ein Rest in den Gefässen, so darf er nicht einfach weggeschüttet werden, sondern muss zu den Quellen zurückgetragen und in diese wieder hinein geschüttet werden.

Bemerkenswert ist, dass man die beiden Knaben *edl-rup-kaŋ*, „Vogelpfeil-Knaben", nennt, denn es erinnert doch sehr an die beiden Knaben, die nach der *kôr ŋênap*-Mythe (Bd. III, Nr. 16) auf Vogeljagd waren, als sie jenen Vogel anschossen, der sich nachher als „verschlossene Jungfrau", also als eine Oben-Frau, entpuppte.

Die Trinkzeremonie wird während der Festtage öfters wiederholt. Auch während der Tänze gehen die Wassergefässe zwischen den schöpfenden *mörn-wö* und den trinkenden Tänzern hin und her. „Wenn wir das *nô konts* ‚junge, frische, lebendige Wasser' trinken, werden wir nicht sterben, sondern immerfort leben; Krankheiten und Kopf(-schmerzen) werden uns nicht begegnen." Durch das Wasser nimmt man die Lebenskraft in sich auf. Man kann sich diese aber nur während des Kultfestes aneignen. Durch die Opfer ist sie dem Menschen zu Willen gebracht und durch den machtvollen Ruf, der während des Kultfestes auch öfters wiederholt wird, ist sie vergegenwärtigt. Dieser machtvolle Ruf wird von den *Mbowamb* auch als *rom*, Preis, und *kaep*, Lob, bezeichnet. „Wir raunen das Lob des Wassers und singen seinen Preis." Dadurch bestätigt man gleichsam dem Wasser, dass es machtvoll ist und aktiviert so seine Macht. Sobald das Kultfest vorüber ist, zieht sich die Macht wieder zurück. Man lässt dann die

Quellen nicht nur wieder versanden und sich mit Pflanzen und Laub völlig bedecken, sondern man verstopft die Quellen sogar zum Abschluss des Kultfestes: die heilige Zeit, die Festzeit ist vorüber, in der die Wirkung des Wassers durch Lob bestätigt und aktiviert, durch Opfer zum willigen Zufluss gebracht, durch Trinken einverleibt wurde.

13. Das magische Feld.

Die Kraft, die im Wasser wirksam ist und die man sich durch Trinken einverleibt, ist dieselbe, die auch als Wachstumskraft in den Gärten und Feldern wirksam ist. Um reiche Ernten zu erzielen, werden deshalb während der Kultfeier Setzlinge von Zuckerrohr, Taro, Yams,

Gemüse	Taro und Yams
Bananen	*Mui, Ropen* (Rohrgemüse) Flaschenkürbis
Zuckerrohr	Süsskartoffeln

Abb. 9. Das magische Feld auf dem Kultplatz.
(Seitenlänge etwa 4 m.)

Süsskartoffeln und Gemüsepflanzen in die Quellen gelegt. Man kann natürlich nicht sämtliche Setzlinge, die man in den vielen Feldern pflanzen wird, hineinlegen. Das ist auch nicht notwendig, denn es gilt auch hier pars pro toto, und die Übertragung der Wachstumskraft auf die Felder geschieht auf magischem Wege. Beim „weithin leuchtenden Haus" werden vom *mörn-wö* mit dem Kasuarknochendolch die Umrisse und Abteile eines Feldes in den Erdboden geritzt. Dies geschieht am dritten Tage des Festes, an dem in der Frühe wieder neue Opfertiere geschlachtet und gedämpft werden. Während der Opferduft aufsteigt wird noch einmal der machtvolle Ruf in der oben beschriebenen Weise wiederholt. Dann nimmt man die eingelegten Setzlinge aus den Quellen heraus und bringt sie hinauf zum Kultplatz, wo sie von einem der *mörn-wö* in das magische Feld gepflanzt werden.

Der amtierende *mörn-wö* legt die Setzlinge zunächst vor sich nieder. Die Männer knieen im weiten Kreis um das Feld herum, und nun wird wieder der machtvolle Ruf vollzogen. Dann werden die Setzlinge unter Mithilfe aller anwesenden *mörn-wö* (meist sind es 4–6) eingepflanzt. Diese Zeremonie findet am Spätnachmittag statt. Die Setzlinge bleiben während der Nacht im Feld, denn nachts findet um das Feld herum etlichemale ein Tanz statt. (Nach den Herkunftsmythen tanzt ja auch immer der Oben-Mann auf dem *kona wiŋndi*, wenn er dort den Platz schön hergerichtet und allerlei Baum- und Pflanzen-Setzlinge gepflanzt hat). — Am nächsten Morgen werden die Setzlinge herausgenommen, nach *Rapa*-Gemeinschaften verteilt und den Frauen und Dienstleuten draussen vor dem Zaune übergeben, die sie in den Gärten und Feldern pflanzen. Die in ihnen aufgenommene Wachstumskraft geht auf die Gärten und Felder über und „unsere Nahrungsmittel werden eine reiche Fülle sein".

14. Min kan kugli

das „Seele Schnur ziehen" (Seelenschnurknüpfen) konnte ich sowohl 1949 beim Kultfest des *Eimb*, als auch 1950 beim Kultfest des Wöp beobachten. Es erfolgte am vierten Tage des Festes. Nachdem wieder einmal der machtvolle Ruf vollzogen war, löste ein *mörn-wö* eine lange Liane, die um den *kôr kum* des „weithin leuchtenden Hauses" gewickelt und mit dem einen Ende daran befestigt war. Diese Liane heisst *kuglŋa* und war 14 m lang. Beim Wöp-Fest in *Poiaka* (Kap. 61) wurde sie um einen der Pfosten des Hauses gewickelt, beim *Eimb*-Fest dagegen liess man sie lose vom Dach herunterhängen. Der *mörn-wö* nahm das untere Ende und vergrub es in der Erde. Bei diesem Seelenschnurknüpfen handelt es sich nicht um das Zurückholen der von Geistern festgehaltenen Seele eines Kranken (Kap. 24), sondern um ein Neubefestigen und Bestätigen der Seelenverbindung zwischen den Menschen und den hintergründigen Mächten sowohl, als auch der Menschen unter einander innerhalb ihrer Gemeinschaft (Kap. 18, 1). Die Liane, die hier nach den Aussagen der *Mbowamb* „vom Himmel bis in die Erde reicht", bedeutet das ungehinderte und durch nichts unterbrochene Zusammenwirken der Kräfte von „oben" und „unten" zum Heil der Menschen. Wenn die *Mbowamb* diese Zeremonie als *min kan kugli*, „Seele Schnur ziehen" bezeichnen, so gibt Wort und Handlung des *mörn-wö* den Kommentar dazu. Er sagte nämlich beim Eindrücken des unteren Endes der Liane in die Erde: „Damit meine Leute nicht sterben, nehme ich sie, fasse ihre Häupter zusammen und errette sie" (vor Krankheit, Unfall, Unheil, Not und Tod). Er wiederholt aber das Eindrücken des Schnurendes mehrere Male und sagt dabei weiter: „Ich mache, dass die Schweine ankleben, dass die Wertsachen ankleben, dass die Süsskartoffeln ankleben, dass Taro und Yams ankleben, dass Männer, Frauen und Kinder ankleben. Ich will, dass es nicht abreisst!" — Zum ununterbrochenen Macht- und Lebensstrom gehört also nicht nur die *min*, Seele, damit der Mensch lebe, sondern auch die lebensnotwendigen Dinge des Leibes, die Opfertiere, die Wertsachen, die Nahrungsmittel und die lebendigen Glieder der Gemeinschaft. Diese sollen nicht sterben und der Zustrom der anderen Dinge soll nicht abreissen. Alles dieses zusammen gehört zum Wohlsein und guten Einvernehmen vorder- und hintergründiger Art. Die Seelen, sowie die leiblichen und irdischen Dinge fliessen alle aus derselben Quelle.

Die kan keu

eine andere, fast armdicke Liane, an die viele Blätterbüschel der Lebenspflanze, der roten Cordyline, gebunden waren, wurde im Anschluss an das Seelenschnurknüpfen von den Gliedern der Opfergemeinschaft tanzend im Kreise herumgetragen als Darstellung der neugewonnenen Verbindung und Gemeinschaft untereinander und mit der Leben gebenden Macht. Dieses tanzende Umhertragen der *kan keu* ist nach ihrer Aussage „Lob und Preis" der Macht. Wie immer beim Tanz des *Eimb* und Wöp ahmte man dabei durch Ausstossen eines *ts ts ts* die Stimme der *köi wagl*, der Vogeljungen, nach, welche die dargereichte Nahrung aufnehmen.

15. Der Tanz-Kopfschmuck beim Eimb-Fest

besteht aus einem etwa 50–60 cm hohen Federtürmchen, dessen Gerüst ein Bambusrohr bildet, welches mit Baumbaststoff leicht konisch sich nach oben verjüngend umwickelt ist. In mühsamer Kleinarbeit werden dann in diesen Baststoff weisse Kakadufedern und grüne, rote und blaue Papagei- bzw. Paradiesvogelfedern derart gesteckt, dass die verschiedenen Farben jeweils einzelne unterschiedliche geometrische Felder bilden, die aber auch bei den einzelnen Türmchen wiederum verschieden angeordnet sind und nach Grösse und Form variieren. Aus dem Türmchen ragen seitwärts 10 weisse Kakadufedern in drei Reihen angeordnet heraus, deren untere Reihe aus zwei, die beiden oberen Reihen aus je vier radial eingesteckten Federn bestehen. Um die Kiele der letzteren vier Federn sind noch jeweils einige kaffeebohnengrosse schwarzbraune Früchte vom *koron*-Baum gesteckt. Die Spitze des Türmchens zieren noch die Bälge vom roten Paradiesvogel und die emailleblauen Kopffedern des Wimpelparadiesvogels; zuweilen auch nur einige andere lange Federn. Den unteren Rand des Türmchens bildet ein ca. 7 cm breiter graubrauner Baumbärfellstreifen. Schliesslich ist nahe dem oberen Ende des Türmchens die Schnur befestigt, an deren Holzgriff der Schmuck beim Tanzen mit der linken Hand gehalten wird. (Siehe Abb. 10, Seite 422).

16. Die Fleischverteilung.

Die Kultfeste der *Mbowamb* stehen auch immer im Dienst der Erhaltung und Befestigung verwandtschaftlicher Beziehungen zu anderen Gruppen. Wodurch aber könnten diese Beziehungen besser gepflegt werden, als durch Gaben von Opferfleisch? Darum werden bei jedem Gross-Geist-Opferfest gegen Schluss des Festes unter Wiederholung des machtvollen Rufes zuweilen hunderte von Schweinen geschlachtet, wobei die Festveranstalter selbst nur einen sehr geringen Teil des Fleisches verzehren. Die Hauptmasse des Fleisches wird nach dem Opfer verteilt an alle die vielen Onkel- und Vetternschaften mütterlicherseits, an die Schwiegerväter und Schwäger, an die Ehemänner der eigenen Schwestern und an die als „Brüder" klassifizierten Ehemänner der Schwestern der eigenen Ehefrauen. Da diese alle auf Grund der Exogamie

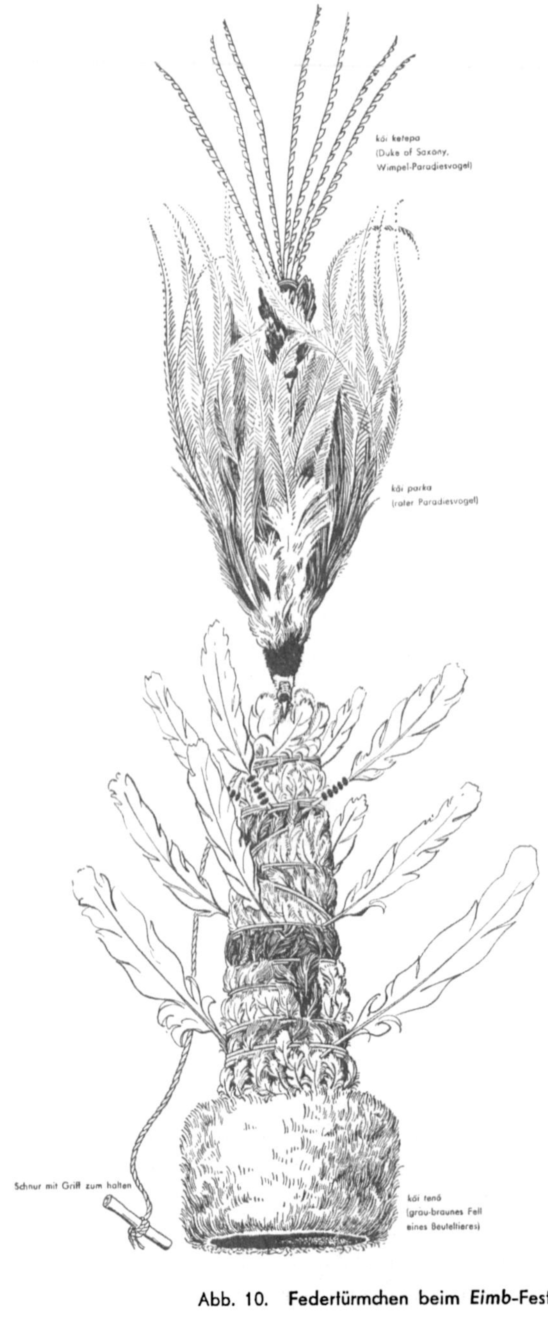

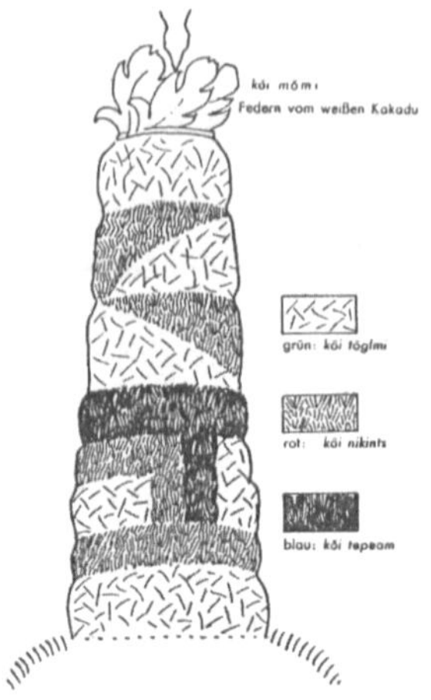

Schematische Darstellung
der Farbverteilung der Federn.

Abb. 10. **Federtürmchen beim *Eimb*-Fest als Kopfschmuck getragen.**

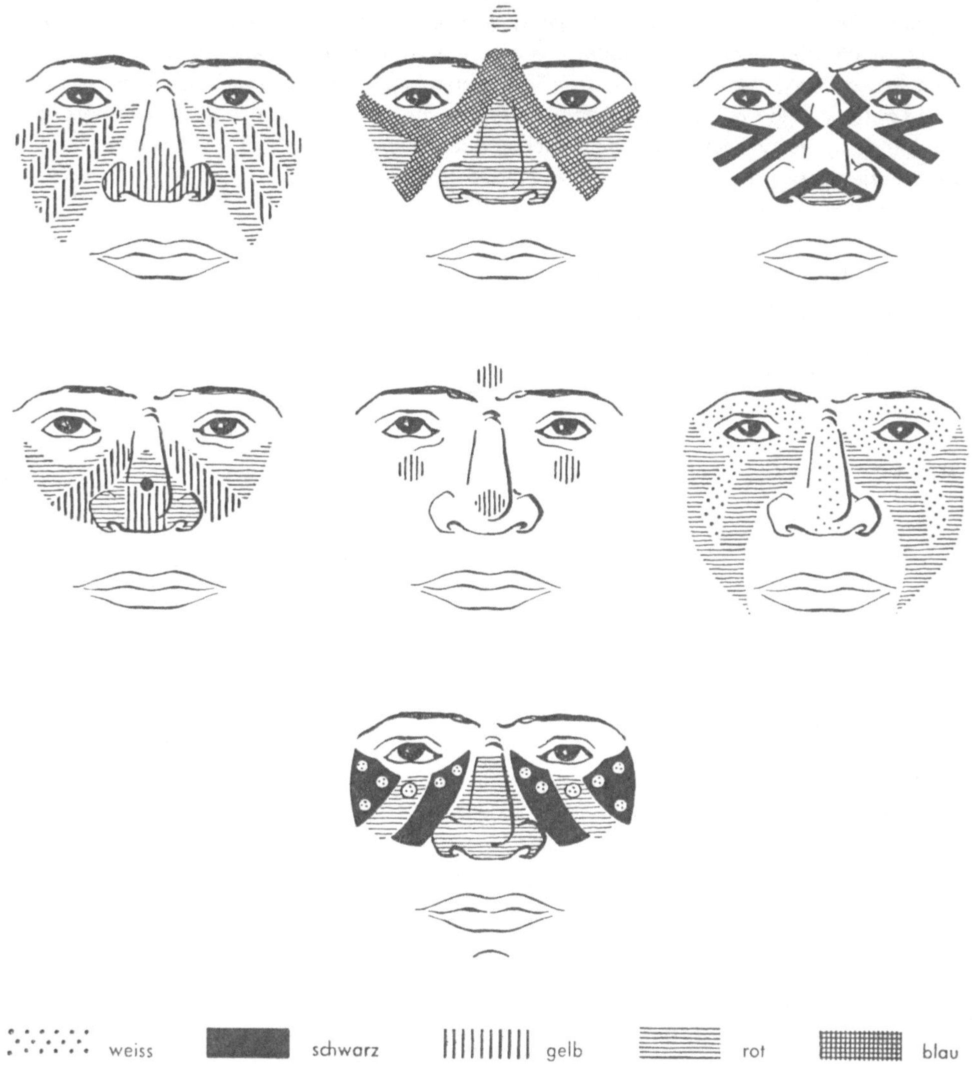

Abb. 11. Gesichtsbemalungen als Körperschmuck beim *Eimb*-Fest der *Neŋka Edlpuglumb*.

Sie gehören aber auch zum Gesamtbild aller anderen Kultfeste der *Mbowamb*. Die Farberden, roter und gelber Ocker, weisser Kalk und eine graublaue Farberde werden nach den Sagen „von den Oben-Leuten hier unten ausgegraben und nach oben gebracht"; schwarz, *örmö*, ist Holzkohlenruss mit Schweinefett vermischt.

den verschiedensten *Mi*- oder Ableger-*Mi*-Gruppen angehören, brachten die grossen Kultfeste der *Mbowamb* auch immer einen starken Inter-Gruppenverkehr mit sich und konnten nur zu Friedenszeiten veranstalt werden. Aber selbst dann konnte man zu einem solchen Fest immer nur mit den Waffen gehen. So ähnelte eine derartige Massenansammlung von Menschen auch immer einem Wald von Waffen. — Zur Fleischverteilung wird das Fleisch auf dem Kultplatz aufbereitet und dann auf die *glapa-podl* getragen, draussen auf dem öffentlichen Platz, auf dem die Festgäste sich aufhalten. Die Verteilung dauert meist bis in die Nacht hin. Ist sie vorüber, so ziehen sich die Festgeber wieder auf den Kultplatz zurück.

17. Der Auszug aus dem Kultplatz.

Ihm ging die „lange Nacht des Schweigens" voran, in der die Kult-Teilnehmer nach *Rapa*-Gemeinschaften geordnet sich abwechselnd in dem „weithin leuchtenden Haus" eng zusammendrängten um das Feuer in der Opfergrube (vergl. Kap. 58, 4) und gleichsam die Todesangts jenes Mannes in dem unterirdischen Flusslauf und hohlen *Mara*-Baum der *Eimb*-Mythe nacherlebten und „vor Furcht starben"; dann aber auch seine Befreiung und das neugeschenkte Leben durch Heraustreten und den Tanz auf dem freien Platz vor Sonnenaufgang nacherlebten und auf mystische Weise nachvollzogen. Es ging also im *Eimb*-Kult für die Teilnehmer um ein „Sterben" und eine „Neugeburt" im Sinne des mythisch-magisch verstandenen „Sich-Häutens" (ewigen Verjüngens). Sie wurden deshalb auch beim Auszug aus dem Kultplatz von der Volksmenge gleichsam wie neugeboren mit grosser Neugierde und Scheu begrüsst. Sie verhielten sich noch lange Zeit danach als *mouwi* „abgesondert, heilig", um die Verbindung mit dem einzigartigen Macht- und Lebensträger, die im Opferkult gewonnen worden war, durch keinen Träger von Todeskräften zu gefährden.

Vor dem Auszug am achten und letzten Tage des Festes wurde auf dem Kultpaltz zum letzten Mal der machtvolle Ruf vollzogen. Dann wurden die Quellen mit Blätterbüscheln verstopft und zugedeckt. Danach richteten sich die Männer und Knaben für den Auszug aus dem Kultplatz. Wie an den vorhergehenden Tagen salbten sich sich wieder mit dem Fett der Opfertiere, welches mit der Holzkohle vom Opferfeuer gemischt war. Sie setzten den Vogelschmuck auf und legten die Festschürzen, Bein- und Armbänder und Manschetten an. Die führenden Männer trugen eine ganz besondere Festschürze, an deren Enden Schwänze von Opfertieren eingeflochten waren. Sie stellten sich wieder nach *Rapa*-Gemeinschaften im Zuge auf, meist in Viererreihen. Draussen auf dem öffentlichen Platz war eine grosse Volksmenge versammelt, um den Auszug der Festveranstalter zu sehen. Gesalbt und geschmückt kamen sie in geschlossener Formation heraus, ganz offensichtlich erfüllt von einem gewaltigen magisch-religiösen Machtbewusstsein: „Schaut alle her! Wir sind es, die (durch die Opfer) machen, dass der Gross-Geist *Eimb* sich mit uns verbündet. Nun kann uns im Himmel und auf Erden niemand und nichts etwas anhaben!" Nun fühlte man sich *kundidl*, „von Lebenskraft erfüllt", *ama rondogl-we*, „ganz ausserordentlich stark", *nôman tenda*, „eines Sinnes", *wö-kum tenda*, „e i n Männer-Paket", eine geschlossene Gemeinschaft durch die Teilnahme am gemeinsamen Opfermahl und Wassertrunk. Nun konnte man mit Hochgefühl und neuer Zuversicht (Kap. 46, g) wieder ins Leben zurückkehren.

KAPITEL 61
DER WÖP-KULT

1. Eine Wöp-Sage.

„Es war ein Ehepaar. Sie hatten kein Kind. Eines Abends gingen sie beide zusammen zum Froschfang. Sie zündeten Bambusfackeln an und gingen flussaufwärts. Plötzlich sah der Mann ein Knäblein auf einem der vielen Felsblöcke im Flusse liegen. Er ging und brachte es ans Ufer zu seiner Frau. Er sprach: ‚Wir laufen beide seit Jahren kinderlos herum, und nun kommt dieses Knäblein zu uns. Das ist aber recht!' Mit diesen Worten übergab er den Knaben der Frau, die ihn auf ihre Schultern setzte. — Sie gingen dann weiter den Fröschen nach. Der Mann übergab alle gefangenen Frösche der Frau, die sie in den Netzsack steckte. So kamen sie schliesslich zu einer Übernachtungshütte am oberen Flusslauf. Sie gingen in die Hütte und zündeten ein Feuer an. Die Frau wollte den Knaben von ihren Schultern nehmen, aber er weigerte sich, herunterzukommen. Da liess sie ihn oben sitzen und briet die Froschschenkel am Feuer. Sie verzehrten die Froschschenkel und assen Süsskartoffeln. Als sie sich schlafen legten, blieb der Knabe hartnäckig der Frau im Nacken sitzen. Der Mann legte sich auf der einen Seite der Feuerstelle schlafen, die Frau auf der anderen.

In der Nacht riss der Knabe der Frau den Kopf ab. Er trug ihn davon. Der Mann erwachte und hatte das Empfinden, dass der Knabe nicht mehr da war. Er zündete an der noch glimmenden Kohle den Stumpen einer abgebrannten Bambusfackel an. Im flackernden Schein der Fackel sah er zu seinem Entsetzen den Rumpf seiner Ehefrau liegen. Der Knabe war verschwunden! Dem Mann tat das Herz weh. Er zündete eine frische Bambusfackel an und nahm die Verfolgung auf. Seinem Bruder in der Nähe rief er zu, dass man seine Frau ermordet habe und sie (pars pro toto) davontrage. ‚Komm, und lass uns die Verfolgung aufnehmen!' Beide suchten nun gemeinsam nach den Fusspuren des Knaben und folgten ihnen. Sie fanden auch deutlich die Blutspuren. Als sie eine Zeitlang den Spuren gefolgt waren, sahen sie, wie er irgendwo drunten Holz und Kochsteine aufgeschichtet hatte, um den Kopf der Frau im Erdofen zu dämpfen. Als er die beiden Männer herbeieilen sah, nahm er schnell den Kopf auf und rannte damit weiter. Als die beiden schon im Begriff zu sein glaubten, ihn zu fassen und zu töten, sprang er in einen Abgrund und ging in einem Flusslauf aufwärts. Die beiden folgten ihm mit grosser Mühe. Als sie ihn greifen wollten, lief er schnell in eine Felsengrotte. Am Zugang zur Grotte errichtete er rasch ein *mi*-Verbotszeichen aus Zweigen des Laubbaumens *kraep* (s. u. das *mi* des wöp). Er verschloss den Eingang zur Grotte. Drinnen machte er ein Feuer und sengte die Haare vom Kopf der Frau. Der Ehemann drang in die Grotte ein. Da schob er schnell den Kopf unter dem Arm durch nach hinten. Der Mann fragte, was er denn da für Haare abgesengt habe? Er sprach: ‚Ich habe ein Beuteltier gefangen, gebraten und soeben verzehrt. Schade, dass du nicht früher gekommen bist!' — Es war aber kein Knabe mehr, sondern da sass nun ein Mann von heruntergekommenem Aussehen. Als der Ehemann ihn aufforderte, zu zeigen, was er verstecke, sprach er: ‚Hier ist nichts!' Der Mann aber griff zu und zog den Schädel seiner Frau hervor. Da sprach der heruntergekommene Mensch: ‚Töte mich nicht! Ich will dir alle meine *man-êk* (machtvolle Rede) geben!' Da liess der Mann von ihm ab. Er unterwies ihn, wie ihm von den Männern Opfer gebracht werden sollten. In einem Bündel gab er ihm Zweige vom *kraep*-Baum mit. Er sagte, er solle das Bündel erst zu Hause öffnen. Wenn man ihm Opfer darbrächte, würde er in Zukunft die Frauen der Menschen verschonen und Kindersegen verleihen, damit die Männer nicht mehr mit unfruchtbaren Frauen zusammen leben müssten, wie der Mann ja bisher getan habe. Er wolle die Menschen vor Krankheit behüten und ihnen viele Wertsachen, gute Ernten, Macht über die Feinde, Glück und Heil gewähren. —

Inzwischen drang auch der Bruder des Mannes in die Felsengrotte ein, und ehe man wusste, was geschah, stürzte er sich auf den hässlichen Kleinen und warf ihn zu Boden. Da griff der Mann schnell nach dem Kopf seiner Frau, rannte damit zurück zu dem Rumpf, sprach die machtvolle Rede und klebte den Kopf an den Rumpf. Er wuchs wieder an, und die Frau erwachte. Da sprach der Ehemann: ‚Der Geist Wöp hat wahr gesprochen! Ich werde ihm Opfer darbringen.' Sein Bruder aber wollte den heruntergekommenen Menschen töten, konnte ihm aber nur die rechte Hand abschlagen, dann war er verschwunden. Er hatte sich schnell in einen Stein mit tiefen Rillen und Einbuchtungen verwandelt. Der Mann nahm die abgeschlagene Hand und den Stein mit. — Der Ehemann ging und holte den Stein aus dem Fluss, auf dem der Knabe gelegen hatte. Der Stein hatte eine schalenförmige Vertiefung. Da sagten die beiden: ‚Wir haben den *kôr wöp*, (Geist Wöp) gefunden.' Sie nannten ihn Wöp, weil er den Kopf der Frau heimlich entwendet hatte (von *wöp ti*, heimlich nehmen). Die abgehackte Hand behielten sie bei sich. Sie blieb immer *konts*, neu, frisch, jung, lebendig. Die Mitglieder ihrer Brüderschaft fanden im Fluss noch mehr Wöp (-Steine). Sie vergruben die Steine hinter ihrem Männerhaus. Sie fütterten viele Schweine. Als diese fett waren, opferten sie die Schweine dem Geist Wöp. Sie stellten die Steine auf, fetteten sie ein, füllten die Schalen mit Schweineblut und verzierten sie aussen mit Erdfarben. Den Frauen und Mädchen gaben sie nichts von dem Opferfleisch. Sie durften auch nicht zum Wöp-Platz kommen, damit der Geist sie nicht tötete. Als die Opfer dargebracht waren, teilten die Veranstalter Fleisch an ihre Gäste aus. — So, wie sie es machten, so opferte man später von Generation zu Generation dem *kôr wöp*. — Wenn sie das Fleisch aus den Erdöfen nehmen wollten, berührten sie es nicht mit den Händen, sondern nahmen jene abgehackte Hand und holten es damit heraus. Aber eines Tages brannte das Haus ab, in dem sie die Hand aufbewahrt hatten. Die Hand verbrannte und an der Brandstelle fanden sie später einen Wöp(-Stein). Wäre die Hand nicht verbrannt, so könnten wir sie noch heute sehen. So pflegten unsere Alten zu sagen." Erzählt von *Komonka Nanudl*.

2. Die Wöp-Steine.

Das Kultfest des *kôr wöp*
konnte ich im November 1950 bei den *Poiaka*, am Rande der sumpfigen Hochfläche vor *Tomba*, am Wege von *Glörnt* nach *Papragl*, in allen Einzelheiten beobachten.

Die *Poiaka* hatten drei nicht besonders schöne Steinschalen oder Mörser, einen grösseren Mörser, zwei Stössel und zwei, offenbar durch den steten Tropfen ausgehöhlte Steine. Dazu noch 24 kleinere Steine mit auffallenden Rillen oder Vertiefungen, die aber ganz offenbar Natursteine waren. In dem grösseren Mörser lagen zwei kleine, runde Flussteinchen. Von ihnen sagten die *Poiaka*, dass hier der *kôr wöp* zwei *wagl*, Junge, gekriegt habe, die später auch grosse, tellerförmige Wöp(-Steine) werden würden. (Die *Mbowamb* glauben ja von den Steinen überhaupt, dass sie Junge bekämen, die dann in der Erde zu grossen Steinen heranwachsen.) Die Kultsteine werden von den *Mbowamb* nicht mehr als *ku*, Steine, bezeichnet, sondern als *kôr wöp* (oder im Falle des *kôr ŋênap* eben als *kôr ŋênap*). Wer von den *Poiaka*-Männern im Fluss oder sonst irgendwo auf einen solchen Wöp(-Stein) stiess, der erschrak und sprach: „*Kôr wöp na-ken onom, i ama pöp* — ‚der Geist Wöp k o m m t zu mir (Kap. 20, 6), das ist aber recht!"

Als Kultsteine werden von den *Mbowamb* sowohl künstlich bearbeitete Steine wie auch unbearbeitete Fluss-Steine verwendet. Bei ersteren handelt es sich um Steinschalen, Mörser, Stampfer, Pistille, Keulenknäufe oder um Steine, die eine hundekopf- oder vogelähnliche Gestalt haben; letztere sind Steine, die durch das Wasser rund und glatt geschliffen bzw. ausgehöhlt sind.

Die *Mbowamb* kennen ausser der Herstellung von Steinbeilklingen heute k e i n e künstliche Bearbeitung von Steinen, sie stellen solche Kultobjekte demnach auch nicht selbst her, vielmehr werden Mörser, Schalen, Keulen und dergleichen gelegentlich im Boden gefunden und gehören offenbar einer Kultur und Bevölkerung an, über deren Alter und Zugehörigkeit wir bisher nichts wissen. Für die *Mbowamb* gilt es jedoch als sicher, dass solche Schalen und andere für sie auffällig und ungewöhnlich geformte Steinobjekte n i c h t von Menschenhand gemacht worden sind.

Sowohl künstlich bearbeitete, wie auch von der Natur besonders geformte Steine gelten ihrer merkwürdigen Form wegen als T r ä g e r g e h e i m n i s v o l l e r M a c h t. Nach dem magischen Denkgesetz der Analogie von Form und Wesen kommt in ihrer auffallenden Gestalt ein geniales, schöpferisches Wesen zum Ausdruck. Solche Dinge gelten als beseelt und vermehren sich, indem sie Junge bekommen. Daher befinden sich unter den bei einem Kultfest aufgestellten Steinen auch immer einige kleine, die als *wagl*, Junge, bezeichnet werden; ihnen eignet besondere Fruchtbarkeit, und diese Eigenschaft will man sich im Kult aneignen.

Die Steinschalen sind Vergegenwärtigungen des mythologischen Vogelnestes, in welchen das Ei lag, aus dem der Stammes-Erste kam. Kleine runde Steine, die man beim Kult in die Steinschalen legt, verkörpern das mythologische Vogelei (Abb. 12, Nr. 7 u. 8). Der Fruchtbarkeitskult bringt daher Kinderreichtum und somit Vermehrung des Stammes.

Steine, die als Kultobjekte Verwendung finden, sind für die *Mbowamb* k e i n e S t e i n e, sie nennen sie daher auch nicht „Stein", sondern entweder mit dem Namen ihrer Gruppe – wie der *Mineimbi*-Stein (Abb. 3, S. 400) oder aber mit dem Namen eines Fruchtbarkeitsgeistes (*Wöp, Ngenap, Maep, Pöŋönts*). N a m e und P e r s o n sind für das magische Denken identisch. Man hat also im Kultobjekt keinen Stein vor sich, sondern die Verkörperung der Zeugungs- und Mehrungskraft der Gruppe (ihr Totem) oder aber einen der Fruchtbarkeitsgeister.

Diese Fruchtbarkeitsgeister erscheinen in den jeweiligen Kult-Sagen entweder als Knabe (Mann) oder als Jungfrau mit verschlossenem Geschlechtsteil. Dementsprechend gelten sie als männliche oder aber als weibliche Fruchtbarkeitsgeister. Ihre Verkörperungen – die Kultsteine – sind daher männlichen oder weiblichen Geschlechts.

Es ist nun ausserordentlich bemerkenswert, dass die *Mbowamb* n i c h t etwa längliche (phallische) Steine als männlich betrachten, sondern als weiblich; in ihnen ist der weibliche Fruchtbarkeitsgeist gegenwärtig (Abb. 12, Nr. 1–5). Dass er nicht nur in einem, sondern in vielen Steinen verkörpert sein kann, bedeutet für die magische Weltauffassung keine Denkschwierigkeit. Die Steine des weiblichen Fruchtbarkeitsgeistes müssen ganz glatt und ohne Rillen oder Vertiefungen sein, denn der weibliche Fruchtbarkeitsgeist hat einen verschlossenen Geschlechtsteil. Die Steine der männlichen Fruchtbarkeitsgeister dagegen müssen schalen- oder nestförmige Vertiefungen aufweisen (Abb. 12, Nr. 7 u. 8).

Abb. 12. Kultsteine der *Mbowamb*.

Nr. 1—5 sind *kôr ŋênap*, d. h. Verkörperungen des als Jungfrau vorgestellten Fruchtbarkeitsgeistes namens *ŋênap*.

Nr. 6 ist der *kôr maep*, der Geist *Maep*, so genannt nach einem kleinen Hain namens *maep*, in welchem dieser Geist zu den dort siedelnden Menschen „kam". Da der *kôr maep* nicht in weiteren Verkörperungen (d. h. in noch mehreren Steinen dieser Art) zu den Menschen kam, wurde auch nur dieser e i n e Stein als Kultobjekt beim Kultfest aufgestellt, und der *Maep*-Kult wurde auch nur von der um den *Maep*-Hain siedelnden Gruppe gefeiert. Dieser Stein hat eine höchst eigenartige Form: einerseits hat er die längliche geschlossene Form, die als Verkörperung des weiblichen Fruchtbarkeitsgeistes gilt, andererseits zeigt er die schalenförmige Aushöhlung, welche als die Verkörperung des männlichen Fruchtbarkeitsgeistes betrachtet wird. Trotz dieser Zwitterhaftigkeit des Steines erblickten seine Besitzer jedoch k e i n „Zweigeschlechterwesen" in ihm. Dementsprechend opferten sie auch beim *Maep*-Kultfest nicht etwa gleichzeitig einem männlichen u n d einem weiblichen Geist, denn das wäre gänzlich gegen die Auffassung der *Mbowamb*, nach welcher man nicht gleichzeitig Fruchtbarkeitsgeistern beiderlei Geschlechts opfern kann. Sie schliessen vielmehr einander aus, sind eifersüchtig aufeinander, und gleichzeitige Opfer an beide bei demselben Kultfest würden für die Gruppe nicht Heil, sondern Unheil zur Folge haben. Beim Kultfest ist das Geschlechtliche ja gerade das zu Meidende! Wurde der *kôr maep* beim *Maep*-Kultfest so aufgestellt, dass die schalenförmige Aushöhlung oben war, so vergegenwärtigte er nach Auffassung der *Mbowamb* auch nur den männlichen Fruchbarkeitsgeist und ihm allein galten dann die Opfer. In diesem Falle spielte der untere Teil des Steines nur die Rolle des *kömp*, Fusses, oder der *podl*, Plattform des Geistes, auf der er gegenwärtig war. — Wollte man der Gruppe die Fruchtbarkeitskraft des weiblichen Geistes vermitteln, also dem weiblichen Fruchtbarkeitsgeist die Opfer darbringen, so musste man auf diesem Kultfest den *Maep*(-Stein) herumdrehen, also so aufstellen, dass der Teil mit der schalenförmigen Aushöhlung als Fuss oder Plattform des weiblichen Geistes diente, welcher in dem oberen, geschlossenen Teil des Steines gegenwärtig war. Auf diesem Kultfest wurde dann der männliche Fruchtbarkeitsgeist nicht aktiviert. Je nach diesen zwei Möglichkeiten war dann die Ausübung des Kultfestes entweder eine Variante des Wöp- (männlich) oder aber des *Ngenap*- (weiblich) Kultfestes. Nicht nur beim *Maep*-, sondern auch bei den anderen Fruchtbarkeits-Kultfesten hing es vom Willen der Veranstalter ab, welchem Fruchbarkeitsgeist man opfern wollte — einem männlichen oder einem weiblichen.

Nr. 7 und 8 sind Wöp-Steine. (Hierüber vgl. dieses Kap. S. 426, 427, 429, sowie die Steinschale der *Mineimbi*, Abb. 3 S. 400.)

Nr. 9: In dieser Art von Steinen erblicken die *Mbowamb* k e i n e n Fruchtbarkeitsgeist gegenwärtig; es handelt sich hier vielmehr um eine Art Kraftträger oder Talismane, die ihrem Besitzer Mut im Kampf, Überlegenheit über die Feinde verleihen, sowie die magische Fähigkeit, viele Perlmuscheln und viele Frauen zu erwerben. Solchen Steinen wurden k e i n e O p f e r dargebracht; man trug sie nur als magische Kraftträger bei sich. Sie hatten auch keine Heilswirkung für die Gruppe, sondern nur für den einzelnen Besitzer eines solchen Steines.

B e s c h r e i b u n g d e r K u l t s t e i n e.

Nr. 1. Eiförmig, schwarzer, poriger Stein mit Spuren hellroter und weisser Streifenbemalung. H. 14,4 cm; Ø 11,7 : 10 cm.

Nr. 2. Zylindrischer, oben abgerundeter Stein mit leichter Krümmung. Grauer, poriger Stein mit hellroter und weisser Streifenbemalung. H. 10 cm; Ø 4,2 cm.

Nr. 3. Pistill. Schaft am Griffende leicht konkav. Naturfarben gelblicher Stein. H. 24,3 cm; Ø 10,2 cm.

Nr. 4. Langgestreckt mit abgerundeten Enden. Dunkelgrauer Stein mit hellroter und weisser Bemalung. H. 36,5 cm; Ø 11,5 cm.

Nr. 5. Vierkantig, oben abgerundet. Dunkelgrauer Stein mit weisser und hellroter Bemalung. H. 13,5 cm; Br. 8,2 : 7 cm.

Nr. 6. Zuckerhutförmig mit Wulst und stark verbreiterter Basis, die muldenartig 5,5 cm tief ausgehöhlt ist. Grauer Stein mit Spuren mehrfacher Bemalung in weiss, rot und gelb. H. 34,5 cm; Ø 26 cm.

Nr. 7. Schalenförmig; hellrot, weiss und schwarz bemalt. In der 6 cm tiefen Aushöhlung liegen 2 kleine glatte, eiförmige, schwarze Steine, die *wagl*. H. der Schale 11,6 cm; Ø 16,5 : 14,3 cm.

Nr. 8. Schalenförmig; unterhalb des oberen äusseren Randes eine Reihe rundlicher Buckel. In der 6 cm tiefen Aushöhlung ein schwarzer, eiförmiger Stein (*wagl*). Dunkelgrauer Stein ohne Bemalung. H. 9,5 cm; Ø 16,3 cm.

Nr. 9. Pistill. Grauer leichter Stein ohne Bemalung. H. 15 cm; Ø 3,5 cm.

Alle Querschnitte sind in verkleinertem Masstab wiedergegeben.

Steine, die als *Wöp*(-Steine) gelten sollen, müssen immer irgendwie eine Vertiefung, Einbuchtung oder Rillen aufweisen. Irgendeine künstliche oder natürliche Einwirkung auf sie muss vorhanden sein, so dass die Oberfläche nicht mehr glatt und gleichmässig, sondern irgendwie konkav erscheint. Nach den verschiedenen Variationen der Wöp-Sage, von denen oben eine wiedergegeben ist, hat sich der Geist Wöp als „Knabe" und als „Mann" gezeigt. Er wird darum unter den *kôr ou*, Gross-Geistern, als *wö-kôr*, Mann-Geist, bezeichnet, und die Steine, in denen er zu den einzelnen Männern „kommt", gelten dementsprechend ebenfalls als Mann-Geist. (Vgl. dagegen den *kôr eimb*, über dessen Geschlecht man keine Aussage macht.) Wenn ein *Wöp*(-Stein) zu einem Manne „kommt", so offenbart er das schauererregende Geheimnis in aller Heimlichkeit seiner Brüderschaft. Sie bringen dann den Stein auf den Kultplatz des *Wöp*, wo sie ihn vergraben. So machen sie es mit allen *Wöp*(-Steinen), die zu ihrer Gruppe „kommen". Dann holen sie von dem *kona wiŋndi* ihrer Gruppe junge Bäumchen des Laubbaumes *kraep*, der als *mi* des *kôr wöp* gilt. Diese Bäumchen pflanzen sie um die vergrabenen Steine ein. Dieses *mi* ist „Verbotszeichen" für alle Aussenstehenden. Sie dürfen den Platz nicht betreten. Für die, die dem Wöp opfern werden, ist es „Eigentumszeichen". Sie sind „seine" Leute.

3. Das vorläufige Opfer

an den *kôr wöp*, einige Zeit bevor das grosse Kultfest stattfindet, ist ganz ähnlich dem des *kôr ŋênap*, welches Bd. II, 367 f. beschrieben ist. Es heisst ebenfalls *kôr nde-moŋ kui*, „Geist-Ast-Knorren-Opfer". Dieses Opfer hat grosse Ähnlichkeit mit dem *Mi*-Brennen (Kap. 39) und hat auch denselben Sinn. Für das bevorstehende grosse Fest braucht man vor allem Frieden untereinander innerhalb der eigenen Ableger-*Mi*-Gruppe und ihren Untergliederungen. Deshalb geht ja auch allen Kultfesten, ganz gleich welchen Namen sie haben und wem sie gelten, bei den *Mbowamb* immer ein allgemeines Beichten der Gruppe voraus, die das Fest veranstalten will. Da aber trotz des Beichtens und trotz aller umsichtigen Nachforschungen der führenden Männer unter ihren „kleinen Leuten" immer mit Verheimlichungen und damit auch unbereinigten Vergehen auch innerhalb der Gruppe zu rechnen ist, veranstaltet man vor dem Kultfest im Kreise der führenden Männer ein vorläufiges Opfer. Im Falle eines geplanten Wöp-Kultfestes gilt dieses vorläufige Opfer als dem Gross-Geist Wöp. Sollten noch unbekannte Schuldige in der eigenen Gruppe sein, die einen „Knorren dasein lassen" (Kap. 28, 3) und dadurch das bevorstehende Fest gefährden, so soll der Wöp sie krank machen, dass sie offenbar werden und ihre Schuld eingestehen, so dass sie bereinigt werden kann und nicht verborgene Schuld das Gelingen des grossen Festes, das man nun bald begehen will, in Frage stellt. Es könnte sonst gerade zum Fest einer der führenden Männer krank werden. Es könnte sich schlechtes Wetter einstellen oder Streit und Krieg ausbrechen, so dass man überhaupt nicht zum Veranstalten des Festes käme. In jedem Fall müsste man dann grosse *pipidl*, Scham-Furcht, haben und sehr an *nôman kundidl*, vertrauensvollem Lebensgefühl, verlieren. — Das vorläufige Opfer soll also vielleicht noch unbekannte Schuldige innerhalb der eigenen Gruppe offenbaren. Liegen dagegen bereits irgendwelche Krankheitsfälle vor, so soll es Versöhnung und damit auch Genesung bringen, damit das grosse Opferfest ohne Störung begangen werden kann.

Dass sowohl dieses vorläufige Opfer, wie auch die Zwischenopfer, die man den Steinen des *kôr wöp* oder auch des *ŋênap* darbringt, wenn in hartnäckigen Krankheitsfällen ein Opfer an die Toten erfolglos bleibt, immer nur von den Männern — unter Mitwirkung eines *mörn-wö* — ausgeführt werden, zu denen ein *wöp-* oder *ŋênap*-Stein „gekommen" ist, bedeutet nach meinem Dafürhalten nicht, dass „dieser Kult nur für die Reichen da" ist und dass „die Armen davon ausgeschlossen" werden (Bd. II, 367). Die Wirkung der Opfer soll doch der ganzen Gruppe zugute kommen. Dem gefürchteten Gross-Geist dürfen aber nur die Männer nahen und opfern, zu denen er „gekommen" ist. Für alle anderen wäre ja der direkte Umgang mit den Geistern (sc. den Steinen) lebensgefährlich. Das „viele magische Beiwerk" (ibid.) beim Kult hat zum Teil gerade den Sinn, die immer gefahrbringende Berührung mit dem Geist in direkter Nähe der Steine für alle die Knaben und „kleinen Männer" auszuschalten, zu denen kein „Stein" gekommen ist, die aber trotzdem beim grossen Fest mit auf dem Kultplatz sein, den machtvollen Ruf, die Opfer und alles andere mitmachen dürfen. Sie brauchen gerade deshalb den besonderen Schutz durch die Magie der *mörn-wö*. Unter diesem Schutz wird ihnen dann auch die Anteilhabe an der Macht zuteil, die durch die Geister (die Steine) der ganzen Gruppe vermittelt wird, die ihnen ihre Opfertiere schlachten.

4. Den Mittelpunkt des Kultplatzes beim kôr-wöp-Fest

der *Poiaka* bildete die *wöp rumörnt*, eine etwa 12 m hohe offene Rundhütte, die eigentlich nur als Überdachung einer grossen *kiuglö*-Kochgrube erschien (Abb. 13, S. 432). Sie steht beim Wöp-Kult an Stelle des „weithin leuchtenden Hauses" des *Eimb*-Kultes. Da sie offen ist, wird die „lange Nacht des Schweigens" auch nicht in ihr verbracht, sondern in den Längshütten (Kap. 60, 6), die nach Grösse, Verwendungszweck und Bauart ganz dieselben sind wie beim *Eimb-* und *ŋênap*-Fest. Diese Längshütten sind von einem Ende bis zum andern durch eine Feuergrube in zwei Hälften geteilt. Die Männer, die auf der einen Seite entlang der Feuergrube sitzen, repräsentieren die männlichen Glieder der Gruppe, die das Kultfest begeht, während ihre weiblichen Glieder, die ja vom Opfer ausgeschlossen sind, durch die Männer auf der anderen Seite der Feuergrube dargestellt werden.

Die *wöp rumörnt*, die offene Hütte, dient nicht nur als Überdachung einer Kochgrube, sondern auch der Zeremonie des Seelenschnurknüpfens, die beim *kôr wöp* in *Poiaka* genau dieselbe war, wie sie oben beim *kôr eimb* der *Neŋka Edlpuglumb* beschrieben wurde (Kap. 60, 14). Im Anschluss daran wurde auch das dort erwähnte tanzende Herumtragen der *min-kan*, „Seelen-Liane", vollzogen.

Der Abschluss des Kultplatzes nach der Seite des öffentlichen Verkehrs hin erfolgte auch beim *kôr wöp* durch den *ou-röprö* und die davor stehende *költapa*, sowie durch den *kedl-röprö*. Auch die verschiedenen Arten von Kochgruben waren vertreten, wie bei allen Gross-Geist-Kultfesten (Kap. 60, 11). Ebenso bildete das Opfer an die Toten den Auftakt zum Kultfest (Kap. 60, 9). Bei der Einführung der Uneingeweihten wurde ihnen genau so eingeprägt, dass sie nun den Geist *wöp* sehen würden, wie beim *Eimb*-Kult (Kap. 60, 10); nur dass der Geist hier nicht in Quellen, sonden in den Steinen „gekommen" war und nicht *eimb*, sondern *wöp* hiess.

Abb. 13. Die *wöp rumörnt*, die offene Hütte, in der Mitte des Kultplatzes. Links das *mi* des *wöp*.

Sie dient zur Überdachung eines runden Erdofens von etwa 1,8 m Durchmesser und zur Zeremonie des Seelenschnur-Knüpfens. Die *min kan*, Seelenschnur (eine Liane), ist oben am Dachring angebunden und hängt auf den Boden herab. Dieses untere Ende der Liane wird vom Medizinmann beim aufsteigenden Opferrauch in den Erdboden gesteckt. Die dadurch entstehende Verbindung der Kräfte oben und unten soll die Glieder der Gruppe am Leben erhalten. Auf der Dachspitze die Haare (Haupt) des Geistes (*kôr kum*, „Geist-Paket") in Gestalt eines Grasbüschels.

Das Dach der offenen Kegeldachhütte ist mit Rindenstücken des *kraep*-Baumes gedeckt. Aus dem Holz des gleichen Baumes bestehen die Pfosten.

Etwa 8 m von der *wöp rumörnt* entfernt steht das *mi* des *wöp* in Gestalt eines ca. 1,5 m hohen entrindeten Stammes eines jungen *kraep*-Baumes, um den oben gelbgrüne *kopogl-kapogl*-Stengel (einer auf Bäumen wachsenden Schmarotzerpflanze) und *mara-omoŋ*, silbergraue *mara*-Blätter, gebunden sind.

5. Der machtvolle Ruf,

der auch beim Wöp-Kult in *Poiaka* während der acht Festtage auf dem Kultplatz unter Vollzug von Schweineopfern des öfteren wiederholt wurde, und bei dem der jeweils amtierende der vier dort vertretenen *mörn-wö* ebenfalls in der Mitte stand und die Kultteilnehmer im Kreise um ihn herum knieten, hiess:

mörn-wö	Chor
Inipel	*Inipel*
Anipel	*Anipel*
Tsiapel	*Tsiapel*
Popiapel	*Popiapel*
Kimipel	*Kimipel*

Jeder einzelne Ruf wurde vom mörn-wö und Chor dreimal wiederholt. Es handelt sich wieder um Namen von Wassertümpeln, Weihern und Flüssen. Der Geist Wöp hat sich ja der Sage nach in einem Fluss gezeigt und viele Wöp(-Steine) werden in Flüssen gefunden. Darum wird der Wöp-Kult auch immer in der Nähe eines Flusses, eines Sumpfes oder bei Quellen veranstaltet. Nur werden die Quellen nicht eingefasst; auch ist das Wassertrinken nicht Teil des Ritus wie beim *Eimb*-Kult. Wohl aber fand in *Poiaka* das Bepflanzen des magischen Feldes statt (Kap. 60, 13). Die Setzlinge wurden nur in Sumpflöcher hinter dem Kultplatz gelegt. — Irgendwelche Oben-Leute wurden beim machtvollen Ruf des Geistes Wöp nicht angerufen; ebenso fehlte das Herausrufen der Schweine (Kap. 57, b; 60, 11).

6. Das mi des wöp

war in *Poiaka* etwa 8 m vom *wöp rumörnt* entfernt aufgestellt (Abb. 13, S. 432). Es gilt als *mi*, Verbotszeichen, des Wöp-Geistes für alle Aussenstehenden, dass sie sich von dem Kultplatz fernhalten sollen, auf dem ihm geopfert wird. Zugleich ist es „Anspruchs- und Eigentumszeichen" das Wöp-Geistes an die Gruppe, die ihm hier die Opfer darbringt. Als *mi* ist es so wie das *Mi* der *Mi*-Gruppen auch „Macht-Leiter" und heisst deshalb auch *kôr pôrombedl*, „Macht-Ding des Geistes". Es wird von allen Kult-Teilnehmern während der Tage und Nächte auf dem Kultplatz immer wieder angefasst. Die Leute sagten: „Wenn wir es anfassen, werden wir stark, damit wir gesund bleiben und nicht sterben müssen, viele Kinder bekommen, reiche Ernten, viele Wertsachen und Macht über unsere Feinde haben. Wenn wir es nicht berühren würden, würden wir krank und müssten sterben." Die Macht oder Lebens- und Wachstumskraft zeigt sich eben nicht nur im Wasser oder in sonderbar geformten Steinen, sondern auch in den Pflanzen, Bäumen, Sträuchern usw. Sie zeigt sich vor allem am *kona wiŋndi*, „Ort schöpferischen Geschehens", also in Verbindung mit der Entstehung und Vermehrung der *Mi*-Gruppe, der man angehört. Deshalb wird dieser junge Hartholzbaum *kraep* zur Errichtung des „Macht-Dinges des Geistes" *(Wöp)* bezeichnenderweise nicht irgendwo im Wald geholt, sondern eben vom jeweiligen *kona wiŋndi* der Gruppe, die den Wöp-Kult begehen will. Als „Macht-Leiter", der nicht etwa Todeskräfte, sondern Macht zum Leben vermitteln soll, darf er nichts an sich haben, was als Träger von Todeskräften gilt, wie z. B. die Rinde. Sie wird deshalb von dem Stamm, der als *pôrombedl* aufgestellt wird, abgeschält. Dieses Abschälen ist zugleich Ausdruck des „Sich-Häutens", also der ewigen Verjüngung, denn die *Mbowamb* sagen ja von den Hartholzbäumen, dass sie „sich häuten" wie die Schlangen, was eben als ein Sich-immer-wieder-verjüngen aufgefasst wird. Die Harthölzer bezeichnet man mit *moglopa-mints-pi*, „immer weitergehendes Leben". Dass es für das grosse Kultfest als „Macht-Ding des Geistes", dem man die Opfer darbringt, gerade ein Baum vom eigenen *kona wiŋndi* sein muss, erinnert natürlich an den ganzen *Mi*-Komplex (Kap. 9). Die Macht, die im *Mi* der Gruppe sich zeigte und zeigt, ist eben keine andere als die, die sich z. B. auch in den Harthölzern erweist. Durch ein grosses Kultfest soll sie in der eigenen Gruppe angereichert und vermehrt werden. — Vor dem „Macht-Ding" befindet sich eine grosse Kochgrube. Es soll auch von hier der Opferduft aufsteigen wie von den anderen Kochgruben im *rumörnt*, in den Längshütten und im *kôr-maŋa rapa ambŋa* (s. u.). Dem „Macht-Ding" durften die Männer immer nur schweigend und mit gesenkten Blicken nahen, um es zu berühren. Vor ihm wurde auch der „machtvolle Ruf" vollzogen, und während der „langen Nacht des Schweigens" gingen die Kult-Teilnehmer immer wieder einmal hinaus, um dort den trippelnden Tanz aufzuführen, der als „Geistertanz" gilt. Das „Macht-Ding" wurde genauso auch beim *kôr maep* und *kôr pöŋönts* aufgestellt; nicht aber beim *kôr ŋênap* (s. Kap. 62).

7. Die Aufstellung der Steine

des *kôr wöp* in *Poiaka* war die gleiche wie beim *kôr ŋênap* in zwei Hütten, von denen die eine *kôr-maŋa rapa*, Geist-Männerhaus, die andere *kôr-maŋa ambŋa*, Geist-Frauenhaus, hiess, also genauso, wie die beiden Abteile in den Längshütten, in denen die Kultteilnehmer in Männer und „Frauen" getrennt sitzen. Ein Teil der Wöp(-Steine) war im Männerhaus und ein Teil im Frauenhaus untergebracht. Das Männerhaus hatte zwei Eingänge, das Frauenhaus aber nur einen, weil beim Opfer das Fleisch in das Männerhaus getragen wird, nicht aber in das Frauenhaus, wobei der Zug, der das Opferfleisch auf den Schultern tragenden Männer, zu einem Eingang hineingeht und zum anderen wieder herauskommt. Diese beiden Eingänge befinden sich auf der Giebelseite der Hütte ganz nah beieinander. Übrigens werden für die Steine nicht immer zwei getrennte Hütten errichtet. In *Tembogl* im *Kâwudl*-Gebiet war bei dem dortigen Wöp-Fest (1951) für die Steine nur e i n e Hütte errichtet und durch eine Zwischenwand in zwei Abteile geteilt. Das vordere Abteil hiess *maŋa rapa*, Männerhaus, das rückwärtige hiess *maŋa ambŋa*, Frauenhaus. So war es auch beim *kôr ŋênap*. Im Männerhaus war immer eine rechteckige, im Frauenhaus eine runde Kochgrube. Unmittelbar hinter diesen beiden Kochgruben waren die Steine im Halbkreis dicht nebeneinander und in mehreren Reihen hintereinander aufgebaut. Für das Fest hatte man die Steine ausgegraben und dabei das oben beschriebene „vorläufige Opfer" dargebracht. Jede Berührung mit diesen Steinen ist ja auch immer g e f ä h r l i c h. Wie alle Geister, so sind auch die in den Steinen „kommenden" Gross-Geister nicht einfach eindeutig guten Willens. Sie können, wenn sie wollen, nicht nur Macht zum Leben für die, die ihnen Opfer darbringen wollen, sondern auch Macht zum Tode gegen sie „anwerben" (Kap. 20, 5). Man muss sie daher durch die Opfer immer erst günstig stimmen. Darum werden die Steine, nachdem sie gewaschen sind, auch mit dem Fett der Opfertiere eingerieben. Das Fett bildet eine Isolierschicht gegen böse Wirkungen. Die Steine werden mit Rötel und Ocker verziert. Man „macht ihren grossen Namen dasein" und „singt ihr Lob". Dadurch erweist man ihnen E h r e und bewegt sie so zu gutem Willen. Der ganze Raum, in dem sie aufgestellt werden, wird mit Zweigen und Blättern ausgeschmückt, die als *podl* (Kap. 20, 4) des jeweiligen Gross-Geistes gelten. „Darauf mag er gerne dasein." An der Wand hinter den Steinen werden Goldrandmuscheln aufgehängt, denn ausser guten Ernten, Gesundheit, Kinderreichtum, Gedeihen der Schweinezucht usw. sollen die Gross-Geister vor allem auch viele Muscheln und andere Wertsachen „anziehen".

8. Das Opfer an die Erde.

Bei dem Wöp-Fest in *Poiaka* konnte ich auch wieder „das Opfer an die Erde" beobachten wie damals im Frühjahr 1939 auf dem *ŋênap*-Fest bei den *Neŋka* (Bd. II, 445). Auf dem Boden der Kochgrube im Männerhaus wurde ein kleines, rundes Loch ausgehoben. Der amtierende *mörn-wö* goss hier erst etwas Wasser in das Loch, dann legte er ein kleines Fischlein hinein und oben darauf etwas Nierenfett und Gebärmutterteile der Opfertiere. Daraufhin wurde auf die oben beschriebene Weise wieder der „machtvolle Ruf" vollzogen und die farbigen Blätter entfernt, mit denen die Kochgrube ganz wie beim „Oben-Anruf" ausgelegt war. Auf dem Boden der Grube lagen ebenfalls viele *kopen*-Blätter (Kap. 57, 3), denn auch ein Gross-Geist-Kultfest soll der Gruppe *kopen*, Frieden, und *men*, gutes Einvernehmen, bringen. Die Männer, die bisher kniend und schweigend verharrten, brachten nun schnell Feuerholz herbei, legten es in die Kochgrube und zündeten es an. Auf spitze Hölzer steckten sie dann kleine Stückchen Opferfleisch und rösteten dieses über dem Feuer. Jeder verzehrte darauf das von ihm geröstete Stück. Sie sprachen: „Das Wasser aus dem Fluss, den Fisch, die Gebärmutterstücke und das Nierenfett der Schweine g e b e n w i r d e r E r d e, damit unsere Felder reichen Ertrag bringen und die Schweine gedeihen, wenn wir sie mit den Feldfrüchten füttern." Hier muss man sich wohl daran erinnern, dass mythologisch das Opfertier als „das wertvolle Irdische" aus Wassertümpeln und Seen kam. Die Vermehrungs- und Wachstumskraft der Schweine liegt also im Wasser. Sie soll hier offenbar durch das Ausgiessen von Flusswasser und durch den Fisch auf die Felder übertragen werden, damit Nahrung und Gedeihen der lebenswichtigen Opfertiere sichergestellt werden (vergl. Kap. 57, e).

9. Das Essen des Kult-Mi.

Nach dem Opfer an die Erde nahmen die Männer das Operfleisch wieder auf den Rücken, stellten sich in Dreierreihen auf und zogen schweigend und in gebückter Haltung zum *mi* des *wöp*. Bei diesem Umherziehen mit dem Opferfleisch gehen immer die *mörn-wö* voran. In der Kochgrube vor dem *mi* des *wöp* hatten zwei *mörn-wö* inzwischen schon zwei Kochsteine erhitzt und darauf Blätter vom *kraep*-Baum, also vom *mi* des *wöp*, verkohlen lassen, die sie dann in ein Bündel packten. Ebenso hatten sie darauf kleine Fleischstücke geröstet. Davon gab nun ein *mörn-wö* jedem Kult-Teilnehmer einen kleinen Bissen in die Hand, während ein anderer *mörn-wö* jedem etwas von den verkohlten Blättern aus dem Bündel darauf streute. Das Kauen einer Rinde und Anblasen der Männer durch einen dritten *mörn-wö* wie seinerzeit in *Neŋka* (Bd. II, 443 „die sakramentale Handlung") wurde hier beim *wöp*-Kult nicht praktiziert. Nachdem jeder der Männer seinen Bissen empfangen hatte, mussten sie ihn auf ein Zeichen des *mörn-wö* hin alle gleichzeitig verzehren. Wer hier „aus der Reihe fällt" und seinen Bissen schon vorher isst oder noch zögernd in der Hand hält, während die anderen ihn schon fast verzehrt haben, wird bald sterben müssen, denn seine Voreiligkeit oder aber sein Zögern werden als ein böses Vorzeichen einer Störung der Eintracht in der Gruppe betrachtet und einen Todesfall zur Folge haben. Denn gerade das g l e i c h z e i t i g e Essen — wie auch das gleichzeitige Hinsetzen und Aufstehen — soll die ungestörte Eintracht in der Gruppe darstellen. Das Essen der verkohlten Blätter des Kult-*Mi* und die Anschauung, dass voreiliges oder zögerndes Verspeisen eine (kommende) Störung der Eintracht in der Gruppe und damit einen Todesfall verursachen wird, erinnert an das Reizen und die Reaktion des Gruppen-*Mi* durch Zerkauen (Kap. 38, 4) oder *Mi*-Brennen (Kap. 39). Dieses gemeinsame Verzehren von verkohlten Blättern des Kult-*Mi* soll, wie die Gemeinschaft am Opfermahl überhaupt, das gute Einvernehmen in der Gruppe und die friedlichen Beziehungen zu den übermenschlichen Mächten erneuern und befestigen. Solche aber, die es stören, sollen dem Tode verfallen.

Nach dieser Zeremonie wurden alle Schweineseiten und Rückenstücke in die grossen Erdöfen gepackt und zusammen mit viel Gemüse, Bananen und Süsskartoffeln mit Hilfe heisser Steine gedämpft. Während der Opferduft aufstieg, wurde vor den verschiedenen Erdöfen immer wieder der „machtvolle Ruf" wiederholt. Immer wieder wurde das „Machtding des Geistes" (*Wöp*) berührt. Der öffentliche Tanz, die Fleischverteilung und schliesslich der Auszug aus dem Kultplatz vollzog sich in der gleichen Weise wie beim *Eimb*-Kult.

Der *maep*-Kult wurde in Teilen des *Koma*-Gebietes gepflegt. Da er nur eine Variante des wöp-Kultfestes darstellte, kann hier auf seine Darstellung verzichtet werden.

KAPITEL 62
DER NGENAP-KULT

1. Eine ngênap-Sage

aus dem *Kâwudl*-Gebiet (Kap. 2:2, e), von wo der Kult des *ŋênap* sich erst in geschichtlicher Zeit (s. w. u.) in das *Temboka*- und den grösseren Teil des *Koma*-Gebietes ausgebreitet hat, lautet:

„Ein Mann ging in den Wald auf Beuteltierjagd. Er folgte einem Flusslauf bis zur Quelle. Dort, wo das Wasser immerzu hervorquoll, sah er, wie eine grosses Beuteltier sich eben in das Gebüsch zurückziehen wollte. Der Mann zog rasch sein Steinbeil aus dem Gürtel und schlug damit nach dem Beuteltier. Aber siehe, er hatte auf einen länglichen Stein geschlagen, und aus der Beilklinge war ein ganzes Stück ausgebrochen! Er erschrak darüber sehr und dachte bei sich: ‚Wessen Beuteltier war es denn nur, dass ich an dem Stein mein einzig-gutes Beil verdarb? Es macht mir da ja wahrlich ein böses Vorzeichen! Es will mir wohl einen *ugl kits*, ‚schlechten Machterweis', machen?' Der Mann nahm den Stein und wickelte ihn in Blätter. Dann nahm er sein Beil und ging heim. Den Stein trug er mit sich. Zu Hause warf er ihn ins Gebüsch hinter dem Männerhaus. — Später wollte er das verdorbene Beil und den Stein seinen Brüdern zeigen. Aber es zog ein schweres Gewitter auf. Es blitzte und donnerte, und dann ging ein Wolkenbruch nieder. Der Mann legte sich mit seinen Brüdern im Männerhaus schlafen. In der Nacht sah er im Traum, wie eine Jungfrau *ŋgem pim*, ‚mit verschlossenen Geschlechtsteilen', im Gebüsch hinter dem Männerhaus sich zu schaffen machte. Er hörte auch, wie dort der *mödlö*-Tanz aufgeführt wurde. —

Am anderen Morgen offenbarte er den Traum seinen Brüdern. Als er ihnen dann im Gebüsch jenen Stein und das schartige Beil zeigen wollte, konnte er weder Stein noch Beil finden. Zusammen mit seinen Brüdern suchte er lange vergeblich. Da fiel irgendwo ein weisser Paradiesvogel ein. Als sie an die Stelle kamen, sahen sie, dass dort der gesuchte Stein in einer Vertiefung stand. Ringsum war der Platz gesäubert und man konnte deutlich erkennen, dass hier getanzt worden war. Auch waren rote Cordylinen gepflanzt. — Darüber waren die Männer sehr erstaunt und sprachen: ‚Hier macht es uns ja wahrlich einen überaus guten Machterweis. Das ist aber recht!' — Sie holten ein Schwein und schlachteten es. Sie merkten aber, dass sie keine Kochsteine hatten. Sie holten Kochsteine. Darauf merkten sie, dass sie auch kein Feuer hatten. Der Vogel sprach: ‚Wenn ihr mir opfern wollt, sollt ihr immer mit der Bambussehne Feuer reiben.' So machten sie es denn auch. Der Vogel gab ihnen auch *man-êk*, ‚machtvolle Rede'. (Diese bestand in einer langen Liste von Namen bekannter und unbekannter Weiher, Wassertümpel und Flüsse.) Ebenso gab er ihnen Anweisungen über ihr Verhalten:

Sondert euch ab von euren Frauen!
Frauen und Mädchen sollen nicht kommen!
Sie sollen nichts vom Opferfleisch essen!
Ihr sollt (auf dem Kultplatz) kein Holz spalten!
Keine gebratenen Süsskartoffeln essen!
(Sondern nur im Erdofen gedämpfte.)
Ihr sollt meinen Namen gross machen!

Später fanden die Männer noch mehr Steine des *kôr ŋênap*. Wer einen solchen Stein fand, freute sich und sprach: *na-ŋa amb na-ken onom*, ‚meine Frau kommt zu mir'. Sie brachten die Steine zu dem Platz im Gebüsch und vergruben sie dort. Später bauten sie Hütten, errichteten einen kleinen und einen grossen Zaun um den Platz, stellten die Steine in dem Männerhaus und Frauenhaus auf und schlachteten viele Schweine. Das Fleisch verteilten sie dann an ihre Verwandten. Wie sie es machten, so machten es dann auch andere Gruppen."

Erzählt von *Jan Mara*.

2. Die Ausbreitung des ngênap-Kultfestes.

Nach den übereinstimmenden Aussagen der Hagenberg-Eingeborenen wurde das Kultfest des *ŋênap* früher nur im *Kâwudl*-Gebiet gefeiert. Von dort verbreitete es sich ins *Aua*-Gebiet und dann in das *Temboka*- und *Koma*-Gebiet. Es ist anzunehmen, dass es sich auch noch in das *Medlpa*- und *Kopon*-Gebiet ausgebreitet hätte, wenn nicht durch das Kommen der Weissen und der Missionen die Entwicklung eine andere Richtung genommen hätte. Im *Temboka*-Gebiet beanspruchen die *Muntka* die Ehre, als erste den Kult aus dem *Kâwudl*-Gebiet übernommen zu haben (vergl. die Herkunft der *Muntka Temboka-öŋgidl* aus dem *Kâwudl*-Gebiet, Kap. 6, 2). Sie wissen darüber folgendes zu berichten:

„Männer der Ableger-*Mi*-Gruppe der *Muntka* im *Temboka*-Gebiet machten einen Besuch bei den *Muntka*, die im *Kâwudl*-Gebiet wohnen. Als sie von diesem Besuch wieder zurückgekommen waren, wurde einer der Männer schwer krank. Sie opferten den Geistern ihrer Toten, aber es half nichts. Sie opferten dem *kôr wöp* und dem *kôr maep*, aber auch das half nichts. Sie forderten alle zur Beichte auf und verbrannten ihr *Mi* (Zweige vom *Munt*-Strauch), die Krankheit des Mannes verschlimmerte sich aber nur noch. — Da kam einer ihrer Verwandten aus dem *Kâwudl*-Gebiet herunter, um sie zu besuchen. Er wusste nichts von der Krankheit, sondern wollte ihnen nur einen Besuch machen. Als sie ihm ihre Not klagten und den Kranken zeigten, der nun im Sterben lag, sprach der Besucher: ‚Da sehe ich ja wahrlich, dass meine *Kâwudl*-Frau euch nachfolgte, als ihr damals von eurem Besuch bei uns nach Hause kamt! Ihr müsst dem *kôr ŋênap* ofern, wenn euer Mann nicht sterben soll!' Er führte sie dann in den *ŋênap*-Kult ein, und sie brachten nach seiner Anweisung dem Geist *ŋênap* ein Opfer dar. Da wurde jener Mann wieder gesund und stark. Sie veranstalteten darauf nach den Anweisungen der *mörn-wö* aus dem *Kâwudl*-Gebiet ein *ŋênap*-Kultfest. Wie sie es machten, so machten es dann später auch die *Kentka, Ndika, Jamka* und andere." Erzählt von *Muntka Ran.*

Der *kôr ŋênap* gilt als *amb-kôr*, „Frau-Geist", denn er hat sich nach der *ŋênap*-Mythe als „verschlossene Jungfrau" gezeigt. Sie wird auch als *Kâwudl-amb, Kâwudl*-Frau, bezeichnet, weil der Kult von dort kam. Für das *Koma*-Gebiet beanspruchen die *Ndika*, den Kult als erste gefeiert zu haben. Sie erzählen dazu folgendes:

„Im *Koma*-Gebiet herrschte einst eine grosse Trockenheit. Die Sonne verbrannte alle Gärten und Felder, so dass eine grosse Hungersnot drohte. Die Bäche und Flüsse trockneten aus und die Quellen drohten zu versiegen. Wenn die *Koma*-Leute nach Südwesten blickten, sahen sie, dass über den Wäldern des *Kâwudl*-Gebietes ungeheure Regenwolken hingen. Sie sprachen: ‚Bei uns ist alles verbrannt von der heissen Sonne und dort oben regnet es immer wieder! Woher mag das nur kommen? Lasst uns doch in die Ferne ziehen und den Grund erforschen!' — Es begaben sich viele Männer auf die Wanderung. Nachdem sie unterwegs etliche Male übernachtet hatten, und die Regenwolken noch immer in der Ferne waren, kehrten viele wieder nach Hause zurück. Die anderen jedoch gingen weiter. Aber auch von ihnen kehrten immer wieder einige um, weil die Regenwolken noch immer in weiter Ferne erschienen. Schliesslich waren es nur noch zwei, die den Mut hatten, immer weiterzuziehen. Sie setzten ihre Wanderung so lange fort, bis sie ganz nahe an die Regenwolken herankamen. Da bauten sie sich eine Hütte und beschlossen, dort zu bleiben, um den Grund für den Regen im *Kâwudl*-Gebiet zu erfahren. — In der Nacht erwachten sie beide und hörten wie draussen im Gebüsch der *mödlö*-Tanz aufgeführt wurde. Als sie am anderen Morgen nachsahen, war ein Platz mit roten Cordylinen bepflanzt und schön hergerichtet. Man konnte auch die Spuren des nächtlichen Tanzes sehen (vergl. Kap. 8, 1, wo nach der Herkunftssage der *Kentipi* von einem Oben-Mann ebenfalls dieser *mödlö*-Tanz aufgeführt wurde). Als sie in der folgenden Nacht wieder aufwachten und hinausblickten, sahen sie draussen auf dem Platz zwei Jungfrauen tanzen. — Am folgenden Morgen entdeckten sie, dass die Jungfrauen ihnen allerlei zu essen hingelegt hatten. Die Männer assen sich daran satt, nahmen Pfeil und Bogen und gingen auf die Vogeljagd. Einer der beiden schoss auf einen weissen Paradiesvogel. Er traf ihn, aber der Vogel flog mit dem Pfeil fort. Sie nahmen die Verfolgung auf und mussten sehr weit laufen. Es ging über Berg und Tal. Schliesslich kamen sie mitten im Urwald in eine lichte Gegend. Dort waren Felder angelegt und auch Hütten zu sehen. Die beiden erschraken und staunten über die schöne Gegend. Sie kamen an einem Abgrund vorüber, in den viele verendete Schweine hinuntergeworfen waren. In einer Hütte sassen zwei Jungfrauen. Eine von diesen hatte einen verbundenen Arm. Sie sprach: ‚Das ist aber recht, dass ihr beide kommt! Dort an der Wand ist jener Pfeil. Ich habe ihn hierher gebracht. Ihr beide könnt ihn nun wieder mitnehmen!' Die beiden Männer erschraken sehr, nahmen aber den Pfeil an sich. Sie wollten der schönen Jungfrau dafür ein Stück Schweinefleisch geben. Sie lehnte es ab, gab den beiden aber ein Bündel mit den Worten:

,Tragt dies heim in eure Siedlung und öffnet es im Gebüsch hinter eurem Männerhaus! Meine Schwester und ich werden dann später nachkommen. Geht nun, ihr beide! Richtet uns im Gebüsch hinter eurem Männerhaus einen Platz schön her!' — Da machten sich die beiden Männer sofort auf den Heimweg. Sie mussten oft übernachten, bis sie endlich wieder in ihr *Koma*-Gebiet gelangten. Hier säuberten sie hinter ihrem Männerhaus einen Platz und öffneten das Bündel. Neben allerlei Essachen lagen darin nur Setzlinge der roten Cordyline. Diese pflanzten sie ein. In der folgenden Nacht kam ein Sturm. Die Blitze zuckten und der Donner rollte. Dann setzte der langersehnte Regen ein. Da sprachen die beiden Männer: ,Jene beiden Jungfrauen haben wahr gesprochen. Sie sind uns wahrhaftig nachgefolgt!' — Als sie am anderen Morgen auf dem Platz hinter dem Männerhaus nachsahen, waren zwei lange Steine gekommen und standen dort! Da sagten die beiden zu den anderen Männern: ,Ihr seid wieder umgekehrt; wir beide aber sind in die Ferne gezogen und haben zwei wesenhafte Dinge mitgebracht! Ihr alle hättet vor Sonnenhitze noch verhungern und verdursten müssen, wenn diese lebensspendende Sache nicht zu uns gekommen wäre, weil sie nun unseren Fusspuren folgen konnte!' — Die beiden hohen Steine bekamen dann viele *wagl*, Junge. Jeder der Männer nahm davon einen Stein und sprach: ,Meine Frau kommt zu mir.' Sie vergruben die Steine alle an dem Platz, wo die beiden langen Steine waren. Dann holten sie vom *Kâwudl*-Gebiet etliche *mörnwö* und brachten nach ihrer Anweisung dem *ŋênap* ein grosses Opfer dar. Wie sie es machten, so machten es dann auch die *Jamka*, *Kukidlka* und andere. Von da ab regnete es auch im *Koma*-Gebiet immer wieder zur rechten Zeit. Die Gärten und Felder trugen reiche Frucht, die Schweine gediehen, und die Menschen wurden stark und blieben gesund."

Erzählt von *Ndika Muglmana Pup.*

Nach dieser Variante der *ŋênap*-Mythe beanspruchen die *Ndika* nicht nur die Einführung des *ŋênap*-Kultfestes in das *Koma*-Gebiet, sondern auch ein unmittelbares Erlebnis mit den „verschlossenen Jungfrauen", die in länglichen Steinen als der *amb kôr*, „Frau-Geist" *ŋênap* zu den Männern „kommen" (vergl. die *Jamka*-Varianten Bd. III, Nr. 16 und 17). — Die *Muntka* behaupten, die *Ndika* hätten das Fest von ihnen übernommen und dafür Muscheln und Schweine bezahlt. Ebenso liessen die *Ndika* sich Muscheln und Schweine von den Gruppen geben, die das Fest von ihnen übernahmen.

3. Gestalt, Herkunft und Wirkung des ngênap-Geistes.

Nach der oben wiedergegebenen *Kâwudl*-Variante der *ŋênap*-Mythe verwandelte sich ein Beuteltier in einen länglichen Stein. Nach der *Ndika*-Variante verwandelten sich zwei Jungfrauen in zwei hohe Steine, die viele „Junge" bekamen. Jenes Beuteltier war in Wahrheit jene „Jungfrau mit verschlossenem Geschlechtsteil", die sich nachher dem Manne im Traume zeigte. Ein weisser Paradiesvogel tritt auf, der Anweisungen gibt. Der angeschossene Vogel entpuppt sich später als Jungfrau. Wie wir schon wissen, gehören Beuteltiere und Vögel nach dem Glauben der *Mbowamb* in besonderer Weise den Oben-Leuten zu. Auch das Gewitter gehört in den Ideenkreis um die Oben-Leute (vergl. *Nuk-Nuk* und *ŋgugl-ŋgagla* „die Donnerer" Kap. 57, 1 und das Gewitter mit der Erscheinung des Oben-Mannes *ŋgola* Kap. 59). Ebenso kommen der *mödlö*-Tanz, der schöpferisch hergerichtete Platz, das Pflanzen von Harthölzern, Cordylinen und anderen Gewächsen in den Herkunftssagen aller Gruppen der *Mbowamb* vor.

Vor allem treten die „verschlossenen Jungfrauen" in vielen Märchen und Sagen der *Mbowamb* als *amb waŋen*, kinderlose Frauen, oder *kent-mant-amb*, Dienstmägde der Oben-Männer auf (Kap. 10, c). Alle diese mythologischen Elemente aus dem Ideenkreis um die Oben-Leute sind also mit in die *ŋênap*-Mythe aufgenommen und kehren in den lokalen Varianten dieser Mythe in verschiedenen Kombinationen wieder (vergl. auch die von *Jamka Ko* erzählten *Jamka*-Varianten Bd. III, Nr. 16 und 17). Ich kann mich daher nicht der Auffassung anschliessen, die dort in einer Vorbemerkung zu Nr. 16 zum Ausdruck gebracht ist, dass der *kôr ŋênap* „nicht zum ursprünglichen Ideengut der Eingeborenen am Hagenberg" gehöre, obwohl dann dort andererseits gesagt wird, er stelle „das Herzstück der Religion der Eingeborenen am Hagenberg dar". Nach meinem Dafürhalten steht der *kôr ŋênap* durchaus in der Reihe der anderen Kultfeste der *Mbowamb*. Er findet sich ja auch nicht ausserhalb des Bereiches der *Mbowamb*, und nur unter ihnen hat er sich ausgebreitet; denn er wurde nicht als etwas Fremdes empfunden.

Auch die Erwartungen, welche die *Mbowamb* für den Kult-Vollzug des *ŋênap* hegen, sind die gleichen, wie bei den anderen Kultfesten: reiches Wachstum der Lebensmittel, der Schweine, Vermehrung der Gruppe durch Kinderreichtum, Überlegenheit über die Feinde, Reichtum an Wertsachen, Eintracht und gutes Einvernehmen der „Menschen innerhalb", Glück, Gesundheit, langes Leben, Heil. Also Macht, Leben. Und Abwehr aller das glückhafte Leben störenden und gefährdenden Kräfte wie Misserfolg, Misswuchs, Krankheit, Streit und Unfrieden innerhalb der Gruppe, Unterlegenheit unter die Feinde; kurz: Abwehr magisch-religiöser Ohn-Macht in jeder Gestalt und dafür Zuleitung magisch-religiöser Macht. Wie bei allen Geistern, Gross-Geistern und Oben-Leuten der *Mbowamb*, wird dies auch beim *ŋênap* erreicht durch Opfer. Denn auch der *ŋênap* ist nicht eindeutig nur guten Willens und zeigt nicht nur *ugl kae*, gute Machterweise. Er tut das erst auf die Opfer hin. Wird ihm nicht geopfert, wird dieser Geist also missachtet, so schlägt er zurück, indem er Krankheit, Unglück, Unheil usw. „anwirbt".

Der Geist *ŋênap* wird Bd. II, 423 ff. („Das *Kor Nganap*-Fest") als „weibliches Prinzip", als „neutrisches Wesen" und als „die allgemeine Kraft und Macht des Universums" bezeichnet. In der Sprache der *Mbowamb* bezieht man sich auf ihn als der *amb*, Frau, oder *amb wendep ŋgem-pim*, „Jungfrau mit verschlossenem Geschlechtsteil". Im Sagenkreis der *Tei*- oder Oben-Leute werden so ihre „kinderlosen Frauen" oder „Dienstmägde" bezeichnet. Die Oben-Männer pflegen mit ihnen keinen Geschlechtsverkehr. Wohl aber verstanden es die „Setzlingsmänner" zu den mythologischen Urzeiten der Anfänge der *Mi*-Gruppen, solche „Dienstmägde" der Oben-Männer zu ihren, der Menschen, Ehefrauen zu machen. Ein Beispiel dafür ist in der Herkunftssage der *Pirkö*-Leute gegeben (Kap. 10, b). Dort ist auch gesagt, dass sich dieses Motiv in allerlei anderen Sagen und Märchen der *Mbowamb* findet, und zwar in verschiedenen Kombinationen. Vor allem findet es sich auch in den Gegenden, in denen das *ŋênap*-Fest nie gefeiert wurde, wie z. B. bei den *Pirkö* im *Medlpa*-Gebiet. Wir müssen also feststellen: die Idee der „verschlossenen Jungfrauen" findet sich sowohl in dem Sagenkreis, dessen Kennwörter „*Tei*- oder Oben-Leute, *Tei-medl, Mi, kona wiŋndi*" sind, als auch in dem, dessen Kennwörter *kôr*, „*Geist*" und *ogl*, „kommen" sind (Kap. 20, 6). Als *kôr*, Geist, aber kann weder der *kôr wöp*, noch der *ŋênap* „Prinzip" oder „die allgemeine Kraft und Macht des Universums" oder eine „Erscheinungsform" der „Übernatürlichen Macht" sein. Nach dem Sagenkreis, den ich um der Kürze des Ausdrucks willen als den *Mi*-Komplex bezeichne (Kap. 9), wird die *mana*-ähnlich vorgestellte Macht der Gruppe zugeleitet durch ihr Gruppen-*Mi*. Auch die Toten- und Naturgeister können diese Macht nur „anwerben" und „zuleiten". Der Gross-Geist *Eimb* vermittelt sie durch das Wasser aus den Quellen, das man trinkt und in das man die Feldfrüchte legt. Der Gross-Geist *Wöp* vermittelt sie durch sein Kult-*Mi*, das „Macht-Ding", das man deshalb immer wieder berühren muss und dessen verkohlte Blätter man auf die Bissen von Opferfleisch streut und verzehrt. Beim Gross-Geist *ŋênap* ist es nicht anders. Er selbst ist in den Steinen anwesend, aber die Lebensmacht vermittelt er durch sein Kult-*Mi*, die rote Cordyline. Er lässt sie als sein *mi*, „Verbots- und Eigentumszeichen", anpflanzen. Ihre Blätter aber werden beim Kultfest auch als *mi* „Spreu, (Vogel-)Nest" (Kap. 6, 4 ist der vorder- und hintergründige Sinn des Begriffes „*mi*" dargelegt) im *möri-omoŋ-maŋa* auf ein Brett gelegt, welches in der Mitte des Hauses unter dem Dach angebracht ist. Die Kult-Teilnehmer müssen diese Blätter immer wieder berühren, damit die Lebensmacht auf sie übergeht, die der Geist ihnen zuleiten will. Wie beim *wöp*-Fest, so lässt man auch hier die Blätter auf heissen Steinen verkohlen, und die *mörn-wö* streuen etwas von der Asche auf kleine Bissen von Opferfleisch, die dann zur Förderung der Gemeinschaft gemeinsam verzehrt werden (Kap. 61, 1).

4. Die ngênap-Steine.

Die *ŋênap*-Steine werden in den *ŋênap*-Sagen immer als *rogl*, lang, hoch, bezeichnet. Nach den Aussagen der *Mbowamb* müssen sie „ganz, unversehrt, nicht angebrochen, verschlossen" sein, wie die Frauen oder Jungfrauen auch „verschlossen" sind, die in solchen Steinen zu den Männern „kommen". Nur länglich-dicke Steine gelten als *ŋênap*. Sind sie irgendwie *paka-maka*, mit „Zacken und Zinken", so gelten sie nicht mehr als *ŋênap*, sondern als *wöp*. Es sind also sonst als phallisch aufgefasste Steine, die für die *Mbowamb* die „verschlossenen Jungfrauen" vergegenwärtigen (Abb. 12, Nr. 1–5, S. 428).

Die Gross-Geister sind aufeinander eifersüchtig und untereinander Rivalen, wie die Gruppen der *Mbowamb*. Nach den übereinstimmenden Aussagen der Alten, die selber noch Geisterfeste veranstaltet haben, dürfen bei einem Kutlfeste nicht etwa *wöp* und *ŋênap* (-Steine) zusammen aufgestellt werden, da das Fest sonst misslingen wird. So hätten die *Jamka* bei einem *ŋênap*-Fest nicht beachtet, dass sich ein *wöp* unter die *ŋênap* gemischt hatte. Deshalb sei ihnen das ganze Fest nicht nur durch anhaltenden Regen, sondern auch durch Krankheitsfälle verdorben worden. Schon deshalb kann man nicht sagen, dass im *ŋênap*-Fest „der *Kor Wöp* als männliches und der *Kor Nganap* als weibliches Prinzip verehrt" wird (Bd. II, 449). Es geht bei jedem Geisterfest der *Mbowamb* immer nur um den Geist, dessen Namen das Fest trägt. Es ist auch nicht so, dass „durch die Steine ... die beiden Geschlechter ganz deutlich dargestellt" sind (Bd. II, 435); noch auch, dass sie „die Steine teilweise den Verstorbenen, also den Geistern (zueignen)"; oder dass „teilweise ... Lebende durch die Steine verkörpert" werden (ebd. S. 429). Die Steine verkörpern weder lebende noch verstorbene Menschen, sondern in ihnen ist der betreffende Gross-Geist anwesend, sei es *ŋênap*, *wöp*, *maep* oder wie immer er heissen mag. Dass derselbe Geist in vielen Steinen „kommt", stört das mythische Denken nicht. Es kommt ja besonders beim *ŋênap* darauf an, aber auch beim *wöp*, dass der Geist zu jedem magisch-mächtigen Mann und womöglich zu seinen Söhnen einzeln „kommt". Von dem Stein, den einer gefunden hat, sagt er dann im Falle des *wöp*: „mein *kôr* ist zu mir gekommen" und im Falle des *ŋênap:* „meine Frau ist zu mir gekommen". Je mehr Steine zu den Männern einer Gruppe „kommen" und zu ihren Söhnen, desto mächtiger wird die Gruppe sein. Den Stein eines verstorbenen Vaters übernahm der Sohn. Aber auch dann verkörperte der Stein nicht etwa den toten Vater, sondern den betreffenden Gross-Geist.

Weil die Steine wegen ihrer auffallenden Form für die *Mbowamb* eben nicht mehr Steine sind, sondern ein *kôr ou,* „*Gross-Geist*", deshalb erübrigt sich auch die Frage, woher die Steine ihre Macht bekommen oder zu Kraftträgern werden. Als *kôr ou* haben sie besonderen Zugang zur Macht, können diese für oder aber gegen die Menschen „anwerben", ihnen Heil oder Unheil „zuschicken".

Die Aufbewahrung, Behandlung und Aufstellung der *ŋênap* (-Steine) geschah ganz so wie beim *kôr wöp* (Kap. 61, g). Weil diese glatt geschliffenen Steine immer in Flussläufen gefunden wurden, spielte auch im *ŋênap*-Kult, wie vor allem im *Eimb*-, aber auch im Wöp-Kult der Gedanke von der im Wasser enthaltenen Zeugungs- und Wachstumskraft eine grosse Rolle. Wenn dabei auch das „magische Feld" und das Einlegen von Setzlingen in Quellen oder Wasserlöchern fehlte, so fand doch das Opfer an die Erde statt, wobei auch Wasser ausgegossen wurde. Dazu kommt der Zusammenhang mit dem Gewitter und dem fruchtbaren Regen. So ging es auch im *ŋênap*-Kult um dieselben Anliegen wie in allen anderen Opfer-Kulten der *Mbowamb.*

5. Die Absonderung und Enthaltsamkeit

in geschlechtlicher Beziehung ist beim *ŋênap-Kult* diegleiche wie bei allen anderen Kultfesten. Eine Besonderheit aber ist das Verbot, geröstete Süsskartoffeln zu essen. Der Sinn dieses Tabus ist nicht deutlich. Beim Verbot, während des Festes Holz zu spalten, könnte es sich darum handeln, dass im Angesicht der „ganzen, unberührten Jungfrauen" (*ŋênap*-Steine) nichts „gespaltet" werden soll. Doch kommt es beim Tabu nicht auf „Sinn und Zweck" im Sinne der Zweckmässigkeit an. Alles ist sinn- und zweckvoll, was die Gewinnung der heilbringenden Macht fördert oder aber die Gefährlichkeit der überschäumenden Macht ableitet. Darum dürfen auch die Frauen und Mädchen an dem Kult nicht teilnehmen und nichts vom Opferfleisch geniessen. Die durch den Opferkult in Aktion gesetzte Macht würde nicht nur ihnen gefährlich, sondern umgekehrt würde auch die ihnen anhaftende fremde Macht der Macht widerstehen, die die Männer im Kult zu erlangen wünschen. Nach dem Sagenkreis um die Oben-Leute stammen die Frauen der Menschen von den „Dienstmägden" der Oben-Männer ab. Diese „Dienstmägde" gehörten zu den „verschlossenen Jungfrauen". Die *mbo-wö,* Setzlingsmänner, steckten aber Muschel- oder Axtklingensplitter in die Bananenstauden, an denen sich die „Jungfrauen" immer zu reiben pflegen. Auf diese Weise schlitzte sich dann ein Teil jener „Dienstmägde" den „verschlossenen Geschlechtsteil" auf (ruptura hymenis), und die Setzlingsmänner nahmen sie dann zu Ehefrauen. *Jamka Ko* hat dieses Motiv mit in die Erzählung der *ŋênap*-Mythe aufgenommen (Bd. III, Nr. 16). Nach verschiedenen Märchen der *Mbowamb* über die Oben-Leute gab der eine oder andere der Oben-Männer gelegentlich eine solche „verschlossene Jungfrau" einem Setzlingsmann mit. Er wurde dann durch sie ungeheuer reich, bekam viele Frauen, zeugte viele Kinder, seine Felder brachten reiche Ernten, er war gesund und stark, allen Feinden überlegen und erntete viel Ruhm. Diese Macht wurde ihm durch die „verschlossene Jungfrau" vermittelt. Es war nur die eine Bedingung gestellt, dass der Setzlingsmann mit dieser Dienstmagd keinen Geschlechtsverkehr pflege, so wie zwischen Angehörigen derselben *Mi*-Gruppe der Geschlechtsverkehr tabu ist. Schon der Versuch dazu veranlasst in den Märchen diese Dienstmagd, sofort zu verschwinden. Mit ihr schwindet dann auch Glück und Wohlstand dahin. Nach den Herkunftssagen der *Mi*-Gruppen werden Glück und Wohlstand durch das Gruppen-*Mi* vermittelt. Obwohl nun diese Märchen über „verschlossene Jungfrauen" als Dienstmägde ganz allgemein und ohne Bezugnahme auf die Entstehung der *Mi*-Gruppen erzählt werden, vermitteln diese Dienstmägde die Macht, die zu Glück und Wohlstand, Kinderreichtum, Ansehen usw. führt, bezeichnenderweise dadurch, dass sie einen Platz genial herrichten, dort Cordylinen und andere Ziersträucher und Bäume pflanzen, wie die Oben-Männer der Herkunftssagen dieses taten. Es eignet ihnen auch die Fähigkeit, sich in Beuteltiere und Vögel zu verwandeln. Sie werden in den Märchen auch niemals als *kôr*, Geist, bezeichnet. Dies geschieht aber im Sagenkreis des Stein-Kultes, nach welchem besonders geformte Steine *kôr* sind, und wo man in länglich-dicken, „verschlossenen" Steinen „verschlossene Jungfrauen" kommen sieht. Weil in diesen Steinen solche „Dienstmägde kommen", ist mit ihnen und in ihrer Gegenwart kein Geschlechtsverkehr zu pflegen. Während des Kultfestes und noch längere Zeit danach ist das Geschlechtliche zu meiden. Auch dies hat der *ŋênap*-Kult mit den anderen Kultfesten der *Mbowamb* gemein. Es liegt darin keine Abwertung und Verurteilung des Geschlechtlichen im ethischen Sinn, sondern eine Lebenserfahrung im magisch-religiösen Sinn: Die Mächtigkeit des Menschen und seiner Gruppe, die er auf andere Gruppen und in seiner Umwelt-Betätigung auszuüben vermag, hat ihre Quelle zu einem nicht unwesentlichen Teil im Geschlechtsleben. Die Eheverwandtschaft mit anderen Gruppen bringt gute Beziehungen und Wirtschaftsaustausch mit ihnen. Die Vermeidung geschlechtlicher Beziehungen innerhalb der Blutsverwandtschaft bedeutet heilvolle Ordnung, „Geschwisterverhältnis" guten Einvernehmens und gegenseitiger Lebenshilfe. Im Opfer-Kult sucht man die geschlechtliche Mächtigkeit der Träger der Zeugungskraft der Gruppe zu sammeln und anzureichern. Wie die Macht überhaupt, so wird die geschlechtliche Mächtigkeit im besonderen nicht nur eindeutig als „guten Willens" und nur heilvoll erlebt. Die „Verlangensseelen" der Männer nach der Frau (Kap. 18, 3) können sie zu unerlaubtem Verkehr veranlassen, woraus dann Streit, Verlust an Wertsachen oder aber Fehde folgt. Die kultische Enthaltsamkeit hat nichts mit einem Keuschheitsideal zu tun. Im *ŋênap*-Kult sagt jeder der Männer und Burschen „meine Frau kommt zu mir". Sie ist aber „verschlossen" und lehnt den Geschlechtstrieb ab, um ihn in die r i c h t i g e B a h n zu lenken, nämlich in die Ehe mit Frauen aus anderen *Mi*-, bzw. Ableger-*Mi*-Gruppen. Darum sagt z. B., auch jene *amb waŋen*, kinderlose Frau, in der *Nikint*-Sage (Kap. 10, c) ausdrücklich zu dem Manne: „Du willst doch sicher heiraten. Geh' und hole dir eine Frau!"

Der Enthaltsamkeit in Verbindung mit den Kultfesten liegt aber nach meinem Dafürhalten auch noch das zugrunde, was ich Kap. 10, d „das Ideal der patrilinearen *Mi*-Gruppe" genannt habe. Ein weiterer Gesichtspunkt ist dort ebenfalls schon berührt, nämlich dass im Geschlechtsleben der Frau für die *mbo-wö*, „Setzlingsmänner", sich fremde Macht zeigt. Man muss für die Frau eigene Macht (Opfertiere, Wertsachen) hingeben und das Blut bei Menses und Geburt gilt als äusserst gefährlicher Träger der Todesmacht. Diese fremde Macht der Frau gilt es beim Opfer-Kult auszuschalten, weil sie der dort zu erlangenden Lebensmacht widerstehen würde. — Die *Mbowamb* sagen auch, dass ihre eigenen Töchter, wenn sie am Opfermahl teilnehmen dürften, die Lebensmacht dann in die Gruppen ihrer Ehemänner tragen und diese (meist feindlichen Gruppen) in ihren Söhnen stärken würden. Um dies zu verhindern, lasse man sie nicht am Opferkult teilnehmen.

6. Der Sinn des ngênap-Kultfestes.

„Der letzte Sinn der Festes liegt . . . in dem Leben-Tod-Problem begründet" (Bd. II, 450). Es wird dann aber das „Leben-Tod-Problem" sofort aus dem Zeugungstrieb gedeutet, wenn es dort weiter heisst: „Da man den Tod dadurch verschuldet hat, dass man als Mensch Leben zeugte . . .". Die *Mbowamb* selber bringen Zeugung und Tod nicht auf diese Weise in Zusammenhang. Die Mythe über den Einbruch des Todes in die Menschenwelt (Kap. 16, 4) war uns damals noch nicht bekannt. Wie diese Mythe klar sagt, liegt das Verhängnis nicht etwa in der Zeugung jenes Knaben durch die beiden Uralten. Eine solche Auffassung der Zeugung liegt im Denken der *Mbowamb* nicht vor. Die Todesmacht entstand nicht erst durch die Zeugung des Knaben. Sie war schon da, konnte aber das Leben des Knaben nicht gefährden, wenn seine *min*, „Lebenskraft", nicht mit Trägern von Todeskräften in Verbindung gebracht wurde. Das Verhängnis hat vielmehr mit dem verkehrten Willen der Uralten zu tun, der sie zu einem magischen Vergehen verleitete. Durch Anwendung von Leitern der Todesmacht ermöglichte sie es ihr, auf das Leben des Knaben verhängnisvollen Einfluss zu bekommen. — So wenig, wie in allen anderen Kultfesten der *Mbowamb*, geht es also auch im *ŋênap*-Kult darum, dass „die Menschen . . . durch den Geschlechtsverkehr gefallen und von der übernatürlichen Macht abgewichen" sind. Diese Auffassung widerspräche allen Herkunftssagen der *Mi*-Gruppen der *Mbowamb*, wonach Zeugungs- und Vermehrungskraft gerade zu dem Besten gehören, was die hintergründige Macht den *Mi*-Gruppen „hingelegt" hat. Darum kann ich mich auch nicht der Auffassung anschliessen, dass „der ganze *Kor Nganap*-Kult nichts anderes (ist), als der Versuch der Männer, sich (der) neutrischen übernatürlichen Macht anzugleichen" (Bd. II, 424). Auch im *ŋênap*-Kult geht es nicht nur um das Geschlechtliche und die „Urzeugungsidee". Gewiss geht es dabei a u c h um den Geschlechtstrieb. Es geht aber ebensosehr z. B. um den Nahrungstrieb. Darum soll die Wachstumskraft des Wassers, der fruchtbare Regen, auf die Gärten und Felder geleitet werden. Es soll reiche Ernten geben. Die Schweine sollen gedeihen. Dies nicht nur um den Fleischhunger zu stillen, sondern auch um die Opfer zu ermöglichen, durch die man Macht zum Leben gewinnt. Es geht also auch um den magisch-religiösen Machttrieb. Die Gruppe will Kinderreichtum erlangen, um immer zahlreicher und damit auch politisch immer stärker zu werden. Es geht also auch um den politischen Machttrieb und um das Verlangen nach Reichtum. Es sollen viele Muscheln und andere Wertsachen „angezogen" werden. Die Wirtschaftskraft der Gruppe soll gestärkt werden. Es geht vor allem auch um das gute Einvernehmen innerhalb der Gruppe, um die Stärkung ihrer Gemeinschaft, um die Abwehr aller Krankheits-, Unheils- und Todeskräfte und um die Gewinnung von Gesundheit und langem Leben. In allen diesem geht es auch um das Verlangen nach Ehre und Ansehen der Gruppe. Denn religiös-magische Macht bedeutet auch Ruhm, und Ohn-Macht bedeutet Schande. Gewiss geht es auch um das Numinose des Geschlechtstriebes, um die Zeugungsmächtigkeit, die im Kult gesteigert und von der durch sie besonders gegebenen Berührung mit gefährlichsten Trägern von Todeskräften gereinigt werden soll. So geht es in den Kultfesten der *Mbowamb* gewiss letztlich um das „Leben-Tod-Problem": um die Überwindung des Todes durch Abwehr aller Todeskräfte und Abstreifen der *kits-köŋ*, „Schlecht-Haut", d. h. des magisch „schlechten Körpers", der den Krankheiten und dem Tode verfallen ist. Durch diese „Häutung" will man neues Leben gewinnen im Sinne des Sich-verjüngens.

Auf eine Darstellung des *ŋênap*-Festes im einzelnen kann hier verzichtet werden, weil es Bd. II, 423 ff. ausführlich beschrieben ist und weil der Ablauf des Festes ganz ähnlich dem des *Eimb*- und Wöb-Festes war. Der Kultplatz wurde nur durch den *ou*- und *kedl-röprö* abgeschlossen. Es fehlte also die *költapa* (Kap. 60, 4). Der „machtvolle Ruf" bestand nur in einer langen Liste von Namen bekannter und unbekannter Flüsse, Weiher und Tümpel. Durch das Rufen dieser Namen vergegenwärtigte man auch im *ŋênap*-Kult die Macht, der die Opfer galten und die man gewinnen wollte. Die Namen wechselten je nachdem, aus welcher Gegend die *mörn-wö* kamen. Da aber im Wasser von den *Mbowamb* der die Wachstumskraft enthaltende Urin der Oben-Frauen und der die Zeugungs- und Vermehrungskraft enthaltende Urin der Oben-Männer gesehen wurde, ging es in den Gross-Geist-Kultfesten um die Gewinnung derselben Macht, deren Leiter das Gruppen-*Mi* ist. Der Gross-Geist des jeweiligen Kultfestes sollte diese selbe Macht durch sein Kult-*Mi* vermitteln. Deshalb überbrachte z. B. auch der *kôr ŋênap* die Lebenspflanze, die rote Cordyline; dazu Vogelschmuck als Vergegenwärtigung der mythologischen Gestalt des überirdischen Vaters des Urahnen der *Mi*-Gruppe (Bd. III, Nr. 16).

KAPITEL 63
DER PÖNGÖNTS-KULT

1. Eine pöngönts-Sage.

„Es kam ein Schweine-Sterben. In den Gärten und Feldern wuchsen infolge der grossen Trockenheit nur kümmerliche Früchte. Die Leute wussten nicht, was noch werden sollte. — Ein Mann ging in den Wald auf Beuteltierjagd. Aber er konnte kein Wild finden. Immer weiter drang er in den tiefen Wald vor. Als er an einem hohen Baum eine Baumhöhle gewahrte, freute er sich, weil er hoffte, darin ein Beuteltier zu finden. Er wollte sich an einer Liane hochziehen, sie riss aber ab und er fiel zu Boden. Er erschrak und sprach: ‚Wenn du ein Geist bist, dann zeige dich!' Als er um sich blickte, lief drüben ein Mann fort. Seine Basthaube hing tief herunter. Das Gesicht konnte der Mann nicht sehen, weil der andere sich umdrehte. Da merkte er, dass sein Rücken aussah wie ein zerrissener und bemooster Felsen. — Der Mann fürchtete sich und wollte schnell davongehen. Aber da lief ihm ein Hund in den Weg. Der Mann wunderte sich, dass im tiefen Walde ein Hund umherlief und dachte, wessen Hund das wohl sein möge. Als er dem Hunde folgte, merkte er, dass dieser sich in eine Felsengrotte zurückzog. Die Felsen waren zerrissen und mit Moos überzogen. Vor der Grotte befand sich ein Wassertümpel, der immerfort von Quellen gespeist wurde. Aussen herum standen Cordylinen und allerlei Sträucher und Hartholzbäume. Von dort ging ein Fluss durch den Wald dem Tale zu. Als der Mann in die

Felsengrotte blickte, sah er zu seinem Erstaunen einen grossen runden Stein mit einer Vertiefung wie eine Kochgrube. Unweit davon lag heisse Asche, die dauernd glühte. Der Mann dachte: ‚Wer hat denn wohl in dieser Felsengrotte übernachtet und Essen gekocht?' Er wollte gehen. Da rief ein Vogel wie mit Menschenstimme von oben:

Hier sollt ihr für mich Schweine kochen (opfern)!
Meinen Stein sollt ihr mit Fett einsalben!
Frauen und Mädchen sollen nicht mitkommen!
Ihr sollt euch absondern!
Ihr sollt nicht auf dem Wege gehen!
Feuer sollt ihr nicht mitbringen!
Ihr sollt mein Lob sagen!
Ihr sollt mich tuend (kultisch handelnd) umhertragen!

Der Mann dachte: ‚Es – er, sie – redet ja wie mit Menschenstimme. Es ist ein *kôr*, Geist!' Er eilte schnell nach Hause und erzählte dort alles seinen Brüdern. Sie sprachen: ‚Du hast ja wahrlich den Geist *pöŋönts* gesehen! Er will einen *ugl rondogl*, ‚starken Macht-Erweis', machen. Lasst uns ihm opfern!' Sie nahmen Schweine, banden sie an die Tragstangen, füllten Taro und Yams in Netzsäcke, schnürten Süsskartoffeln in Blätterbündel ein, holten Zuckerrohr und Gemüse und trugen alles fort in den Wald. Ihre Frauen liessen sie in Unwissenheit zurück. Sie gingen nicht auf dem Wege, sondern folgten dem Flusslauf bis zur Quelle. Am Zugang zur Felsengrotte machten sie einen kleinen Zaun; weiter aussen einen grossen. Vor der Grotte schlachteten sie die Schweine. Das Blut liessen sie in den hohlen Stein fliessen. Die Ränder des Steines fetteten sie ein. Feuerholz holten sie in der Nähe. Sie entfachten die noch immer heisse Asche zur Glut und schürten ein grosses Feuer. Kleine Fleischstücke steckten sie auf Spiesse und brieten sie so über dem Feuer. Gleichzeitig verzehrten sie alle zusammen die gebratenen Stücke. Sie sangen das Lob des *pöŋönts*. Die grossen Fleischstücke trugen sie in gebückter Stellung in die Grotte und legten sie dort nieder. Später packten sie sie in grosse Netzsäcke und trugen sie zurück in ihre Siedlung. Wieder gingen sie nicht auf dem Wege, sondern im Fluss. Niemand sollte sie sehen. Wer sie sah, musste sterben. — In ihrer Siedlung errichteten sie abseits einen grossen Zaun und lebten abgeschlossen. Sie gingen nicht in ihre Häuser zurück. Sie salbten und schmückten sich und tanzten, dämpften die grossen Fleischstücke und sagten das Lob des *pöŋönts*. Dann verteilten sie das Fleisch an ihre Verwandten. Den Frauen und Mädchen gaben sie nichts. Sie blieben dann noch viele Monate in der Umzäunung. Das Schweine-Sterben hörte auf. Es kam ein Gewitter und fruchtbarer Regen. Die Männer rüsteten zum Kampf. Sie zogen aus, besiegten die Feinde und kamen mit Siegesgeschrei zurück. — Wie sie es damals machten, so pflegte man von Generation zu Generation dem Gross-Geist *pöŋönts* zu opfern." Erzählt von *Rumalka Edl*

2. Das pöngönts-Kultfest

wurde nur im *Medpa*- und *Kopon*-Gebiet gefeiert und da wiederum nur dort, wo es Wälder gibt. Der *kôr pöŋönts* gilt als Waldgeist. Weil ihm nicht nur von einzelnen, sondern immer von einem ganzen *ou-kum*, Gross-Bund, Ableger-*Mi*-Gruppe geopfert wurde, gilt er als Gross-Geist. Wer ihm im Walde begegnete, musste ihm opfern. Wurde das Opfer unterlassen, so wurden die Leute und die Schweine krank. Die Feldfrüchte verkümmerten. Seine Gestalt ist in der obigen Sage geschildert. Er läuft wie ein Mensch umher, im Rücken aber gleicht er einem bemoosten Felsen. Weil er in der Gestalt eines Mannes gesehen wurde, gilt er als *wö-kôr*, „Mann-Geist". Auch er hat wieder die Fähigkeit, sich in Beuteltiere, Vögel, Steine usw. zu verwandeln. Sein Stein hat die konkave Form des *kôr wöp*. Es handelt sich dabei aber um grosse, ausgehöhlte oder vertiefte Steine im Waldboden. Sie können also nicht wie die Steine des *wöp*, *ŋênap*, *maep* in die Siedlungen getragen werden. Man musste die Opfertiere immer in den Wald zur jeweiligen Felsengrotte bringen. — Auch hier gibt wieder ein Vogel Anweisungen und Verhaltensmassregeln. Weitere uns schon bekannte Züge sind: Cordyline, bepflanzter Platz, Quelle, Wassertümpel, Flusslauf. Eigentümlich ist das Tabu des Waldweges und das Gebot, im Flusslauf zu gehen. Der sagenhafte Hund erinnert an den Hund *Pöi*, der den Menschen das Feuer brachte. Er tritt auch in manchen Herkunfts- und Abstammungssagen am *kona wiŋndi* auf (Kap. 9, 7). Daran erinnert hier auch die Felsengrotte und das Opferfeuer.

3. Darstellung des Kultfestes.

Dieses wurde durch das uns schon bekannte „vorläufige Opfer" an den Gross-Geist *pöŋönts* eingeleitet. Zu diesem Zwecke nahmen die Männer nur ein kleines Schwein, das sie um die Schulter hängend zum Kultplatz im Walde trugen. Dort wurde es geopfert und verzehrt. Der Sinn dieses vorläufigen Opfers war derselbe, wie er Kap. 61; 2, c beschrieben ist. Bei dieser Gelegenheit machten die Männer bereits den grossen und den kleinen Zaun und errichteten Übernachtungshütten. Besondere „Geister-Hütten" wurden dort auf dem Kultplatz im Walde nicht errichtet. Die Stelle des *keu-ŋgadloa* (Kap. 60, c) und des *rumörnt* (Kap. 61; 2, d) nahm hier wohl die Felsengrotte ein. Die grossen Opfertiere wurden an Stricken in den Wald geführt, die kleineren an Tragstangen und die ganz kleinen um die Schulter hängend getragen. Auch Taro, Yams, Süsskartoffeln, Bananen, Zuckerrohr und Gemüse wurden mitgenommen. Dagegen war es verboten, Trinkwasser und Feuer (Glut) aus der Siedlung mitzunehmen. Wie das Wasser aus der Quelle am heiligen Ort immerzu hervorsprudelt, so war auch der Glaube an das immerwährende brennende Opferfeuer vorhanden. (Die Eingeweihten machten natürlich in der Grotte mit Hilfe der Bambussehne Feuer.) Die Neulinge, die das erste Mal in den Opferkult eingeführt wurden, waren belehrt, sie würden das immerwährende Feuer brennen sehen.

Als Auftakt zum Kult fasste der *wö nuim mumuk* der Gruppe die Stricke, mit denen die Opfertiere gebunden waren, alle in seinen Händen zusammen (was in der Sprache der *Mbowamb* ebenfalls *mumuk rui* heisst) und führte die Tiere im Opfergebet den *mbo-kôr* der Gruppe vor, damit sie nicht etwa aus Neid das Fest zum Misslingen brachten. Da sie als Tote ebenfalls noch zur Gemeinschaft der betreffenden Ableger-*Mi*-Gruppe gehörten, sollten sie am bevorstehenden grossen Opfermahl Anteil nehmen.

Wenn die Opfertiere erschlagen werden sollten, wurden sie erst mit dem Prügel bedroht. Das gehörte übrigens auch in allen anderen Opferriten mit zum Ritual. Die Opfertiere werden ja von den *Mbowamb* als „unsere Seelen" bezeichnet. Sie erklärten mir, sie wollten die „Seelen" nicht zugleich mit den Tieren erschlagen. Durch die vorausgehende Bedrohung mit dem Prügel sollten die Seelen zum Verlassen der todgeweihten Tiere veranlasst werden. Die erschlagenen Tiere bluteten stark aus der Nase. Dieses „Nasenblut" liess man in den hohlen Stein rinnen und legte dann die sterbenden Tiere rings um den Stein (wie beim „Oben-Anruf" um die Kochgrube Kap. 57, 2). Dann wurde der „machtvolle Ruf" vom *mörn-wö* laut vor- und von den knienden Männern laut nachgesprochen.

Der erste, dreimal wiederholte Ruf galt dem *kôr pöŋönts.* Man war überzeugt, dass er mit dem *wao*-Ruf antwortete. Man erzählte, es erscheine ein vogelähnliches Wesen und rufe dreimal *wa-o*, „was ist los?" (vergl. Kap. 57, 3). Der nächste, ebenfalls je dreimal wiederholte Ruf galt folgenden Oben-Männern: *Ogla-ŋgola, Ogla-tiktik, Ogla-Nikint;* und folgenden Oben-Frauen:*Ogla-amb Göp, Ogla-amb Pondidl, Ogla-amb Mambagl.* Dann folgte eine lange Reihe von Tümpel-, Weiher- und Flussnamen, die ebenfalls je dreimal gerufen wurden. Davon sagte man: „Wir raunen das Lob des Wassers und singen den Preis der Oben-Leute". Man wollte dadurch die zeugend-schöpferische Vater-Macht, wie sie sich „oben" und die mütterliche Wachstums- und Hegekraft, wie sie sich hier „unten" zeigt, vergegenwärtigen, zur Annahme der Opfer veranlassen und dadurch diese Macht zu Heil und Segen der Gruppe gewinnen. Es lag hier also eine weitgehende Ähnlichkeit mit dem „Oben-Anruf" (Kap. 57) und mit dem *Eimb*-Kult (Kap. 60, 11) vor, nur dass das „Herausrufen der Schweine" nicht geübt wurde. Wohl aber wurde der Wassertrunk vollzogen (Kap. 60, 12) und das Einlegen von Setzlingen in die Quellen mit dem Bepflanzen des „magischen Feldes" (Kap. 60, 13). Dazu kam das Berühren des Kult-*Mi*, der Cordyline, und das Essen des Kult-*Mi* (Kap. 61; 2, i). Zum Abschluss folgte das „Seele Liane ziehen" in derselben Weise, wie in Kap. 57, 4 beschrieben.

Durch den genauen Vollzug der mit den Opfern verbundenen Riten sollte der Gross-Geist *pöŋönts* folgendes vermitteln: „Wir wollten *wö kae*, gute Männer, werden." Gute Männer heisst hier in erster Linie magisch mächtige Männer, die für Leben, Vermehrung, Eintracht, Reichtum und Ansehen ihrer Gruppe wirklich etwas leisten und bedeuten. „Wir wollten Kinderreichtum, um Heil und Frieden für unsere Gruppe, grosse Fülle an Nahrungsmitteln und Wertsachen, Überlegenheit über unsere Feinde. Krankheit, Tod und Unfall sollte uns nicht begegnen. Wir wollten *peŋ konts*, ‚mit frischem, jungem, lebendigem Haupte dasein'", d. h. gesund an Leib und Leben (vergl. das Haupt als Sitz der Seele Kap. 18, 2 und als Verbindungsglied zu den Geistern Kap. 48, 2). „Es – er, – sie sollte uns ‚Häupter-Zusammenfassung machen', und wir wollten dann leben", d. h. wir wollten als e i n e G e m e i n s c h a f t leben, in der es keinen „aus der Reihe schlägt". „Unsere Opfertiere sollten gedeihen und es sollte viele Wertsachen in unsere Siedlung ‚ziehen'. Im Kampfe sollten wir unseren Feinden überlegen sein. Alle *ugl kae*, ‚guten Kunststücke, Grosstaten, Sitten' sollten bei uns sein und unser grosser Name sollte nach oben gehen", d. h. die Gruppe sollte geachtet und gefürchtet sein.

4. Die Rückkehr in die Siedlung.

Waren die Riten auf dem Kultplatz im Walde vollzogen, so rüstete man zum Aufbruch. Das Opferfleisch wurde eingepackt, und dem Flusslauf folgend kehrte man in die Siedlung zurück. Dort hatte man einen „heiligen Platz" bei Quellen oder Wassertümpeln durch einen Zaun abgeschlossen. Darin hatte man „Langhäuser" errichtet, in denen aber keine durchgehende Feuergrube war, sondern mehrere runde Feuerstellen. Dorthin begaben sich die

Feiernden mit dem zurückgebrachten Opferfleisch, das dort in Erdöfen gedämpft wurde. Dabei wiederholte man den „machtvollen Ruf". Es wurde getanzt, und auf die uns schon bekannte Weise fand auch die grosse Fleischverteilung an alle Verwandten der Gruppe statt.

Die Rückkehr vom Kultplatz im Walde zu der Siedlung musste heimlich vor sich gehen, d. h. weder Frauen und Mädchen, noch Männer anderer Gruppen sollten die — das Opferfleisch tragenden — Männer sehen. Hier war Macht so offen und konzentriert, dass jeder Aussenstehende hätte sterben müssen, der die das Opferfleisch tragenden „Abgesonderten, Heiligen" gesehen hätte. Deshalb findet ja bei den anderen Kultfesten das Umhertragen des Opferfleisches immer hinter Zäunen auf dem Kultplatz statt. Beim *pöŋönts*-Kult war aber die grosse Entfernung zwischen den beiden heiligen Plätzen vorhanden. Die Verbindung zwischen ihnen wurde durch den „Wasserweg" hergestellt. Der gewöhnliche Weg oder Pfad war zu meiden. Die *mana*-ähnliche Macht braucht ja immer stoffliche „Träger" oder „Leiter". Der gewöhnliche Pfad war kein solcher. Aber auf dem *nô konts*, „jungen, frischen, lebendigen Wasser", konnte die Macht, konnten die ihr Geweihten zu dem anderen Platz bei der Siedlung kommen, ohne Gefahr zu laufen, dass die geheimnisvolle Verbindung oder „Leitung" unterbrochen wurde. Es ist hier auch daran zu denken, dass nach dem Glauben der *Mbowamb* die Seelen Verstorbener den Flüssen folgen (Kap. 18, 8). Bei der Teilnahme an einem Opferkult handelt es sich ja nach dem Glauben der *Mbowamb* auch um ein „Sterben". Die „Gestorbenen" folgen also hier – wie die Seelen Verstorbener – dem „Wasserweg". So wurde auch die Todesangst „dargestellt", indem sich alle Teilnehmer am Kult in der „langen Nacht des Schweigens" in einem der Langhäuser zusammendrängten und darin ein so mächtiges Feuer schürten, dass sie „vor Dampf und Hitze sterben mussten". Vor Sonnenaufgang durfte man heraus auf den freien Platz. Das war dann wie eine „neue Geburt" im Sinne des „Sich-Häutens", der immer wiederkehrenden „Verjüngung". —

5. Der Abschluß der Festzeit.

Eine Besonderheit des *kôr pöŋönts* lag noch im Abschluss des Kultfestes insofern, als der bei den anderen Kultfesten übliche feierliche Auszug aus dem Klutplatz hier sofort als Kriegszug stattfand. Nachdem sich die Männer nach der Fleischverteilung und der „langen Nacht" noch monatelang auf dem Geheimplatz aufgehalten und sich *mouwi*, „abgesondert", verhalten hatten, machten sie einen Überfall auf ihre Feinde. Das durch die vollzogenen Opfer und Riten ganz ungeheuer gestärkte religiös-magische Machtbewusstsein (Kap. 60, 17) führte hier also sofort, sozusagen als abschliessender Teil des Kultfestes, zu einem Angriff auf die Feinde. Dies steht ganz im Gegensatz zum „Oben-Anruf", wo am Ende des Festes die Waffen zerbrochen wurden (Kap. 46, g). Dort wollte man ja auch die Folgen eines langen Krieges überwinden. Waren dagegen die Kultfeste der Gross-Geister vorüber, so kam es auch bei allen bald wieder zu Kampf und Streit. Das Besondere beim Gross-Geist *pöŋönts* ist demgegenüber also nur dies, dass der erste Kriegszug schon aus dem abgesonderten Platz heraus zur Beendigung der festlichen Zeit und als erste Tat der „Rückkehr ins Leben" begangen wurde. Vom Kriegszug, der in Wahrheit oft nur in gewaltigem Kriegs- und Siegesgeschrei bestehen mochte, kam man mit dem triumphierenden Gefühl unbesiegbarer Überlegenheit zurück und kostete dies auch unter Aufbietung alles oratorischen Können bis zur Neige aus.

IV. ABSCHLIESSENDE BETRACHTUNGEN ÜBER DEN OPFERDIENST DER MBOWAMB

KAPITEL 64
GEMEINSAME GRUNDZÜGE TROTZ VERSCHIEDENER GESTALTUNG

1. Verbreitung der Kultfeste.

Wie wir gesehen haben, wurde der „Oben-Anruf", das *köi-tamb-maŋa* und der *Eimb*-Kult in allen Landschaften der *Mbowamb* gefeiert. Dagegen waren *pöŋönts*, *maep*, *ŋênap* und *wöp* an jeweils verschiedene Landschaften gebunden. Das sind aber die Kulte, in denen S t e i n e als Kult-Objekt aufgestellt werden. Sie waren also orts- und landschaftsgebunden, wogegen dies bei anderen, in denen keine Steine verwendet wurden, nicht der Fall war.

2. Häufigkeit des Vollzugs der Kultfeste.

Diese Kulte, bei denen immer ein grosses Aufgebot an Opfertieren nötig war, wurden nicht sehr häufig gefeiert. Im besten Falle fand alle sechs Jahre ein Kultfest statt, im allgemeinen nur alle zehn, zuweilen sogar nur alle zwanzig Jahre. Es musste auch ein bestimmter A n l a s s dazu vorliegen. So sahen wir, dass z. B. der „Oben-Anruf" nur nach einem langen Kriege vollzogen wurde. In den lokalen Varianten derselben Kult-Mythe werden als Anlässe zur Veranstaltung eines bestimmten Kultfestes z. B. anhaltende Dürre, Krankheit, Schweinesterben, Misswuchs oder auch ein besonderes Erlebnis eines einzelnen genannt. Je nach Anlass wurde dann auch das eine oder andere Kultfest begangen. Man vollzog also nicht einfach immer wieder nur ein und denselben Kult. Das blosse Bedürfnis nach Abwechslung mag dabei auch eine Rolle gespielt haben. Anfang 1939 machte ich bei den *Neŋka Edlpuglumb* am Fuss des Hagenberges das *ŋênap*-Fest mit (Bd. II, 423 ff.). Ende 1949 konnte ich auf demselben Kultplatz das *Eimb*-Fest miterleben. In der Zwischenzeit hatten sie keines veranstaltet und diejenigen, die 1939 nach führende Männer gewesen waren, hatten inzwischen die Führung an ihre Söhne abgegeben. Sie sagten, sie wollten nun dem *eimb* opfern, nachdem sie dem *ŋênap* „erst" geopfert hätten. Man wollte es offenbar auch mit den verschiedenen Geistern nicht verderben. So konnten unter Umständen Jahrzehnte vergehen, ehe man demselben Gross-Geist wieder einmal ein Opfer veranstaltete. Solche langen Zwischenzeiten bedeuteten aber nicht, dass man den einen oder anderen Kult „aufgegeben" oder dass der eine den anderen „abgelöst" habe. Solche Urteile müssen als vorschnell und unbegründet erscheinen. Es wäre z. B. auch durchaus denkbar, dass unter anderen Umständen, als sie nun gegeben sind, das *köi-tamb-maŋa* ebenfalls wieder veranstaltet worden wäre, auch wenn eine Generation es hat ausfallen lassen. Beobachtet man das Leben der Eingeborenen nur eine kürzere Zeit oder selbst eine Reihe von Jahren hindurch, so kann man in mehr als einer Hinsicht noch keine gültigen Schlüsse ziehen.

3. Die Veranstaltung als Gruppen-Angelegenheit.

Allen verschiedenen grossen Opferkultfesten der *Mbowamb* ist gemeinsam, dass sie nicht von einer kleinen Untergliederung allein, sonden immer von einem ganzen *ou-kum*, Gross-Bund, also von der Ableger-*Mi*-Gruppe veranstaltet wurden. Wir haben sie als die grösste politisch-rechtliche Einheit der *Mbowamb* kennengelernt, die zu gemeinsamen Entschlüssen und Taten kommen kann. Sie ist auch die exogame Einheit innerhalb der grösseren *Mi*-Gruppe, unter deren Ableger-*Mi*-Gruppe unverhohlene Rivalität, wenn nicht offene Feindschaft, herrscht, so dass die umfassende *Mi*-Gruppe auch kultisch — wenigstens in den meisten Fällen — keine Einheit bildet, d. h. kein gemeinsames Kultfest zusammen mit allen ihren Ableger-*Mi*-Gruppen veranstalten kann. — Wenn ein Gross-Geist „in Steinen kommt", so kommt er zwar zu dem einzelnen Mann, der ja dann auch sagt „mein Geist kommt zu mir" (oder beim *ŋênap* „meine Frau kommt zu mir"), aber der Geist weist den einzelnen Mann sofort an seine Gemeinschaft. Die einzelnen Steine, in denen immer derselbe *kôr ou*, Gross-Geist, kommt, wollen nicht einzeln verehrt sein, sondern in der Gemeinschaft. Darum werden sie alle an derselben Stelle zusammen vergraben, denn es ist die e i n e Macht, die im Kult der ganzen Gemeinschaft vermittelt und gewonnen werden soll. Während den Toten im allgemeinen nur von ihren Blutsverwandten, oft nur einem einzelnen Toten von einem Hinterbliebenen allein geopfert wird, und die Toten dementsprechend auch nur zu ihren Blutsverwandten oder nur zu einzelnen von ihnen „kommen", ihnen helfen und sie schützen können, reicht die Einfluss- und Wirkungsmöglichkeit der *kôr ou* weiter, nämlich über den ganzen *ou-kum* hin. Der Macht-Erweis ist zwar abgestuft, er zeigt sich an den einzelnen Gliedern des *ou-kum* in verschiedener Stärke, aber er gilt doch allen, wenn auch den „armen, kleinen und schlechten Männern" nur in geringerem Masse.

4. Die Mitwirkung der mörn-wö bei den Kultfesten.

Zum Gemeinsamen der grossen Kultfeste gehört ferner, dass die Berührung mit der Macht und ihre „Behandlung" von Medizinmännern in ihrer Funktion als Priester sozusagen gesteuert und in die rechten Bahnen gelenkt werden muss, denn die Macht ist nie eindeutig „guten Willens". Sie kann immer auch „böse Kunststücke" zeigen. Man muss wissen, welche Pflanzen, Sträucher, Bäume oder Steine die *podl*, „Plattformen", des jeweiligen Gross-Geistes sind oder sein *mi*, „Verbots- und Anspruchszeichen", und „Macht-Leiter". Ein Gemeinsames ist ferner, dass man den *kôr ou* nicht wie den Toten Opfer-Gebete sagt, ihnen gegenüber auch nicht einfach unverständliche magische Formeln murmelnd gebraucht, wie gegenüber den *kôr rakra*, „verwilderten Geistern", und gegenüber den *kôm*, sondern dass man ihre *man-êk*, „machtvolle Rede", wissen muss, mit der man sie ruft und in die rechte Position versetzt, sie „lobt" *(rom)*, sie „rühmt" *(kaep)*, „ihre Ehre verkündet" *(mbi mundi)*, „sie verherrlicht" *(rau)*, „sie preist" *(putndi)*, so wie man es mit den *wö peŋ* und *wö mumuk* macht; ihnen also kräftig bestätigt, dass sie mächtig sind und sie dadurch veranlasst, die erwünschte Macht zuzuführen. Dem entspricht es auch, dass man sie „ruft", damit sie gleichsam wie der oberste Kriegshäuptling ihre Macht sammeln und konzentrieren, um sie für die einzelnen *pana-ru* der Ableger-*Mi*-Gruppe zum Einsatz zu bringen, die ihnen nun hier auf dem grossen Kultfest grosse Opfer darbringt.

5. Ui kae, die „gute Zeit", die Zeit äusseren Friedens.

Gemeinsam ist allen Kultfesten der *Mbowamb* ferner, dass die Zeit ihrer Veranstaltung als *ui kae*, „gute Zeit", gilt. Ein gewisser Friedenszustand nach aussen hin und gutes Einvernehmen innerhalb der Gruppe war ja die Voraussetzung für ihre Veranstaltung. Solche Kultfeste konnte man nicht veranstalten, wenn äussere Feinde mit einem Angriff drohten oder wenn Streit, Krankheit, Unfall usw. den inneren Frieden störten. Freilich wollte solch' eine „gute Zeit" erst herbeigeführt sein, was nicht ohne grosse Anstrengungen nach vielen Seiten hin möglich war. Dies ist ein Faktor, der sehr stark mit in Anschlag gebracht werden muss, um die langen Zwischenzeiten zwischen den einzelnen Kultfesten recht zu verstehen. Man musste erst mit den Feinden, mit denen man eben noch in Kämpfe verwickelt war, zu einem, wenn auch nur bedingten, Frieden kommen. Die „Sterbe-Männer", also die eigenen Verbündeten mussten für ihre Verluste bezahlt sein, wenn sie einen in Ruhe lassen sollten. Opfer an die Toten mussten dargebracht werden, damit von ihrer Seite kein Strich durch die Rechnung gemacht wurde, sondern dass sie vielmehr „vorangingen, am Ellbogen standen, sich querlegten, ihre feinen Fäden zu den Häuptern spannten und die Häupter zusammenfassten". Innerhalb der Gemeinschaft galt es, durch Beichten, *Mi*-Brennen und Versöhnungsopfer das gute Einvernehmen herzustellen, das für das Gelingen eines grossen Kultfestes Voraussetzung war. Dazu kamen dann ja noch alle die äusseren Vorbereitungen eines grossen Festes.

6. Der Festzyklus.

Ein Kultfest der *Mbowamb* stand niemals für sich allein da. Es war eingebettet in die „gute Zeit", die durch den Friedensschluss mit den äusseren Feinden eingeleitet wurde. Da dieser Friedensschluss öffentlich und mit Darbringung von Opfern gefeiert wurde, begann damit schon die festliche Zeit, die dann einen ganzen Kranz von Festen mit sich brachte; zugleich aber auch eine rege Aktivität und grosse Anstrengungen, denn die Friedenszeit brachte die Möglichkeit des Wirtschaftsaustausches. Da die Transaktionen von Muscheln und Opfertieren zwischen den Gruppen öffentlich und unter Darbringung von Opfern und mit Tanz stattfanden, ging es sozusagen von Fest zu Fest, natürlich verteilt auf lange Zwischenzeiten. Dazu kam das schon erwähnte Bezahlen der Gefallenen der Kriegsverbündeten, das ebenfalls immer als festliche Angelegenheit vollzogen wurde. Die festliche Zeit war auch die Zeit der Heiraten und Hochzeiten. Das grosse Kultfest selbst bildete zwar den Höhepunkt, aber noch lange nicht den Abschluss der festlichen Veranstaltungen. Den Abschluss stellte erst das sogenannte *por-kuŋ* dar, das abschliessende Opfermahl zusammen mit allen den vielen Eheverwandten aus vielen anderen *Mi*- bzw. Ableger-*Mi*-Gruppen. Dabei gab es dann auch immer viele Möglichkeiten, den Grund zu neuen Verwicklungen zu legen.

7. Das Gemeinsame der Opfer an die Oben-Leute und Gross-Geister.

Wie die Verehrung der Toten- und Ahnengeister, so ist auch die der Gross-Geister und Oben-Leute im wesentlichen ein Opferdienst. Die Begegnung mit ihnen wird — wie die mit dem *Mi* — als Opfer-Anspruch verstanden. In der Sprache der *Mbowamb* heisst „opfern" im Falle der Totenopfer *ateŋa ropa kui*, „Gebet schlagen und (im Erdofen mit heissen Steinen) dämpfen". Im Falle der Oben-Leute heisst es *ogla wi ropa kui*, „Oben Ruf schlagen und dämpfen". Im Falle der Gross-Geister: *kôr ou kuindi*, „für den Gross-Geist dämpfen". Der aufsteigende Opferduft enthält die Lebenskraft der Opfertiere, die von den Toten, den Geistern oder Oben-Leuten „gegessen" wird. Das Wort „dämpfen", in der Kochgrube kochen, hat also neben seiner vordergründigen, zugleich eine kultische Bedeutung. Jedes Dämpfen von Nahrungsmitteln in Erdöfen auch ausserhalb der Kultfeste öffnet für die *Mbowamb* immer den Sinnbezug auf das Kultische und auf das Opfermahl. Daher die grosse Bedeutung und Wertschätzung jeder Essgemeinschaft. —

Wie die Einzeldarstellung der verschiedenen Opferfeste der *Mbowamb* schon gezeigt hat, haben die Opfer an die Oben-Leute und die an die Gross-Geister vieles gemein. Trotz mancher Unterschiede in den Namen, in den örtlichen Verhältnissen, in der äusseren Gestaltung, in den Riten und magischen Handlungen, überwiegt doch das Gemeinsame. Ihnen allen liegt die charakteristische Seelenhaltung, das magisch-mystische Denken und ganzheitliche Weltverständnis der *Mbowamb* zugrunde, dem die vorder- und hintergründigen Wirklichkeiten konkreter und imaginativer Art sich gegenseitig ergänzen zur ungeteilten „Zwei-Einheit" (Kap. 4). Diese ganzheitliche Welt ist durchwaltet von einer geheimnisvollen Macht. Die Erscheinungsformen dieser Macht sind so vielgestaltig und mannigfaltig wie das Leben selber. Sie kann böse und gute „Kunststücke" zeigen. Und immer will diese Macht etwas von den „Setzlingsmenschen". Dieser Wille wird immer als Opfer-Anspruch verstanden, ganz gleich, ob er sich von seiten der Toten, der Naturgeister oder der Oben-Leute zeigt. Und das Opfer ist d a s Mittel, sie günstig zu stimmen, dass sie f ü r und nicht g e g e n die Menschen sind; dass sie nicht „Macht zum Tode" gegen sie einsetzen, sondern die begehrte „Macht zum Leben" ihnen „zuleiten". Nicht, dass die Macht sich als „männliches" und „weibliches Prinzip" zeigt, ist für die *Mbowamb* das brennende Problem, sondern, dass sie sich neben dem „Willen zum Leben" auch als „Wille zur Vernichtung" zeigt. Die „Macht zum Tode" begegnet ihnen auf allen Stufen des Lebens und auf vielerlei Weise. Sie erfahren die Bedrohung ihres Lebens durch diese „Macht zum Tode" nicht etwa nur auf geschlechtlichem Gebiet, wo Leben und Tod sich besonders nahe berühren, sondern ebenso auch auf leib-seelischem, wirtschaftlichem, sozialem, politischem, moralischem, rechtlichem und magisch-religiösem Gebiet. Die Umwelt, die Unter- und Überwelt ist voll von Trägern dieser Macht zum Tode. Ihre Wirkungen zeigen sich in Wunden, Seuchen, Krankheiten, Todeszauberstoffen und Todesfällen besonders lebensbedrohend; aber auch in Misswuchs, Hungersnot, Schweinesterben, Unwetter, Unglücksfällen, Misserfolg, Armut und Mangel an Wertsachen, in Streit und Unfrieden innerhalb und zwischen den Gruppen, in Rache-Zorn und Vergeltung, in Streit und Krieg. In jeglichem Unheil zeigt sich die Macht zum Tode auch als Wille zur Vernichtung. Ihn gilt es auf alle mögliche Weise abzuwehren: für die Gruppe durch das schützende und helfende Gruppen-*Mi* und durch die Opfer an die Oben-Leute, an die Gross-Geister oder auch an besonders mächtige Tote, die nach ihrem Tode nach „oben" gingen zu den Oben-Leuten, wie vor allem der Urahne jeder *Mi*-Gruppe und Stammvater jeder Ableger-*Mi*-Gruppe, aber auch die *wö peŋ* und *wö mumuk* ihrer verschiedenen Untergliederungen. — Für die kleineren und kleinsten Untergliederungen und für die einzelnen auch durch Einzelopfer an ihre jeweiligen verstorbenen *wö nuim* oder Eltern, Brüder, Schwestern oder auch an verstorbene Söhne oder Töchter und sogar an „Kinder-Geister", die nie zum vollen Leben als „Setzlingsmenschen" kamen (Kap. 22). Durch die verschiedenen Arten von Opfern auf Einzel- oder Gruppen-Ebene an die Totengeister, Naturgeister oder Oben-Leute, unter Anwendung verschiedener magischer Praktiken, unter Vollzug des machtvollen Rufs an verschiedene Namen und Grössen, durch verschiedene Opfer-Gebete und Riten soll doch immer dies eine Ziel erreicht werden: die Abwendung der Macht zum Tode mit ihrem Willen zur Vernichtung und die Gewinnung der Macht zum Leben mit ihrem Willen zur Erhaltung. Denn die Umwelt, die Unter- und Überwelt ist auch voll von Trägern dieser Macht zum Leben mit dem Willen zur Erhaltung. Ihre Wirkungen zeigen sich besonders deutlich in Gesundheit, körperlich-seelischer Stärke, in langem Leben, in der Vermehrung durch Kinderreichtum, im guten Einvernehmen der „Menschen innerhalb", in der Überlegenheit über die vorder- und hintergründigen Feinde. Aber auch in guten Ernten, blühender Schweinezucht, in einer Fülle von Wertsachen, in Glück und Erfolg im Handel, in regem Wirtschaftsaustausch, in guten Beziehungen zu den Eheverwandten in anderen Gruppen, in äusserem Frieden, in guten, friedliebenden, aber auch willensstarken, festen und unternehmungsfreudigen Häuptlingen, in Ehre und Ansehen der eigenen Gruppe. Also in der Zuwendung aller *ugl kae*, „guten Kunststücke", und in der Abwehr aller *ugl kits*, „bösen Kunststücke". Und dies darum, damit in der Gruppe, der man angehört, wirklich *men moglaŋga*, „Gemeinschaft lebe". Denn über alles eudämonistische Streben hinaus geht es den *Mbowamb* im Grunde um die zwischenmenschlichen und „mystischen" Beziehungen in der „Geschwistergemeinschaft" durch das *Mi* und in der Kult- und Mahlgemeinschaft durch die Opfer. Sie wollen zwischenmenschlich-seelische und hintergründige Gemeinschaft finden. Freilich ist da immer wieder auch *popogl*, der „Rache-Zorn", der bei jedem kleinsten Vergehen, das nicht durch eine Sühnegabe bereinigt wird, und bei jeder scheinbaren oder wirklichen Nichtbeachtung aus den Herzen der *Mbowamb* aufsteigt und in gesteigertem Masse auch bei ihren Toten- und anderen Geistern vorhanden ist, so dass unter Umständen nicht einmal mehr das Opfer hilft, sondern solche Geister durch magische Mittel vertrieben werden müssen, wodurch aber die Furcht vor ihrem *popogl* nicht überwunden wird. Der *popogl* veranlasst auch das Gruppen-*Mi* zur Reaktion, so dass die Ausdrücke *mi mondogl*, „das *Mi* haben", und *popogl mondogl*, „Rache-Zorn haben", denselben Sinn bekommen und das sonst so hilfreiche *Mi* seine Menschen „frisst". Sogar die zeugend-schöpferischen Oben-Männer und *tei-wö*, „Hinleger" aller *ugl kae*, „guten Sitten", und aller, den Menschen lebensnotwendigen Dinge werden durch den *popogl* möglicherweise veranlasst, alle diese *ugl kae* aus dem Leben der „Setzlingsmenschen" und aus ihren Fruchtgärten und Feldern hinweg noch „oben zu nehmen", so dass *ugl kits mbö rolteŋa rorom*, „alle bösen Kunststücke wahllos (wie eine Flut) alles überschwemmen". So öffnet der *popogl* der Irdischen und Überirdischen immer wieder den Zugang für die Macht zum Tode und ihren Willen zur Vernichtung.

Aus diesem Grunde wohl enden die schönsten Märchen der *Mbowamb* trotz aller ihrer Lebenslust fast immer mit einem pessimistischen Ton wie z. B. das Märchen vom Hunde *Pöi*. Er hatte seinem verlassenen Herrn einen schönen Platz zur Ansiedlung gezeigt. Hatte ihm das Feuer gebracht, Setzlinge aller Nahrungsmittel, junge Schweinchen zur Aufzucht, viele Wertsachen und schliesslich sogar eine Frau gebracht. Sie lebten in grossem Glück. Aber hinter ihrem Rücken lauerte das Verhängnis. In ihrer Abwesenheit brannte eines Tages das Haus nieder. Der Hund *Pöi* lief in das brennende Haus und suchte Wertsachen, Samen und Setzlinge zu retten. Er hatte schon viele Brandwunden. Aber da fiel ihm noch die geliebte *peruli-miŋ*, die Bambusflöte seines Herrn, ein. Er holte sie noch aus dem Feuer, brach aber draussen tot zusammen. Als Herr und Frau nach Hause kamen, sahen sie die verbrannte Heimstätte und in der Nähe lag der tote Hund *Pöi*, die verkohlte Flöte zwischen den verbrannten Pfoten. Aus Schmerz und Scham über diese Vernichtung erhängten sich die beiden.

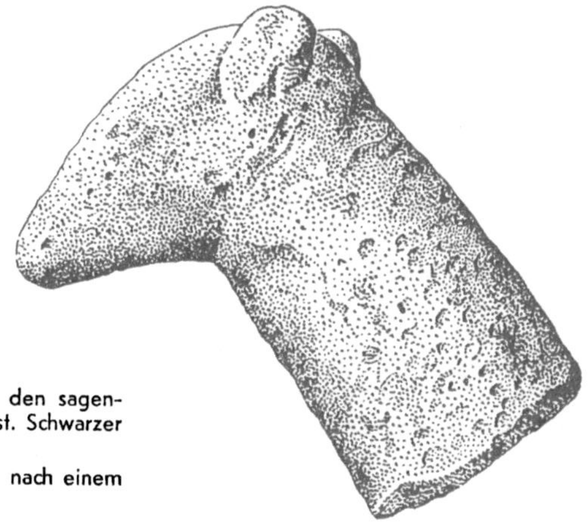

Abb. 14.
Kleine „prähistorische" Steinskulptur von den *Kentipi*, den sagenhaften Hund *Pöi* darstellend, der das *Mi* der *Kentipi* ist. Schwarzer Stein, Höhe ca. 12 cm.
(Mit freundlicher Genehmigung von Christoph *Jaeschke* nach einem Photo aus dessen Besitz gezeichnet.)

DAS MÄRCHEN VON DER SÜSSKARTOFFEL

Es sei hier ein kurzes Stück eingefügt, welches ein klein wenig von der Geistesart dieser Leute zeigt. Es handelt vom Umgehen mit der Hauptnahrung dieser Inländer, nämlich der Süsskartoffel:

Eine Frau wurde auf eine Hochzeit eingeladen. Vor dem Weggehen grub sie noch in aller Eile Süsskartoffeln aus, um damit nach ihrer späten Rückkehr am Abend ihre Leute zu speisen und auch die Schweine zu füttern. Mit ihren Gedanken war sie nicht bei der Arbeit, sondern schon beim Hochzeitsmahl, an dem sie sich gütlichzutun gedachte. Um schnell fortzukommen, riss sie ganz wahllos grosse und kleine Süsskartoffeln zusammen aus. Sie schonte nicht den Wurzelstock und vergass, die blossgelegten Wurzeln wieder sorgfältig mit Erde und Laub zu bedecken, wie das zur Aufgabe einer sorgfältigen Hausfrau gehört. Sie raffte die ausgerissenen Früchte zusammen und trug sie im Netzsack schnell ins Frauenhaus. Dort schüttete sie diese auf den Boden und bedeckte sie nur flüchtig mit dürrem Laub. Der nur lose bedeckte Haufen Süsskartoffeln wurde bald von den frei herumlaufenden Schweinen entdeckt. Sie frassen sie bis auf einen kleinen Rest auf. Im Felde brannte unbarmherzig die heisse Sonne auf die blossgelegten Ranken und Wurzeln. Sie wurden welk und vertrockneten. An dieser Stelle des Feldes waren keine Früchte mehr zu erwarten!

Als die Sonne schon lange hinter den Felsen des Hagengebirges untergegangen war, kehrte die Frau vom Hochzeitsfest zurück. Zu ihrem nicht geringem Erstaunen hörte sie schon von weitem in ihrem eigenen Frauenhaus lautes Weinen und Wehklagen. Sie konnte sich nicht denken, welche Leute in ihrem Hause zu solcher Klage zusammengekommen sein sollten. Sie trat auf die hintere Hauswand zu und lauschte. Von innen kamen unter Weinen und Wehklagen sehr deutlich vernehmbare Worte:

Nur noch über und über Verwelktes!
Nur noch abgestorbene Ranken und Schnüre!
Um welchen Lohn nur bin ich denn hier?
Wenn ich den Schweinen gute Ruh gebracht —
Wenn ich den Menschen guten Schlaf geschafft —
Um welchen Lohn nur bin ich denn hier?

Angst und Schrecken überfielen die Frau. Sie wusste, warum die Süsskartoffel also klagte und weinte. Sie lief weg ins Männerhaus. Dort sprach sie zu den Männern: Wir glauben, die Süsskartoffel sei stumm und seelenlos. Wir essen sie und füttern sie den Schweinen. Nun habe ich gehört, wie sie weint und klagt. Grauen und Entsetzen wie vor den Geistern hat mich ergriffen! Da sprachen die Männer: Lasst uns mit der Süsskartoffel umgehen wie mit einem beseelten Wesen!

SCHLUSSWORT

Die in diesem Buche beschriebenen Sitten und Gebräuche, die Kultfeste, der Opferdienst, das Rechts- und Gemeinschaftsleben der *Mbowamb* sind heute in ihrer ursprünglichen Eigenart kaum noch zu beobachten. Sie unterliegen durch den Einfluss der westlichen Zivilisation einem nicht aufzuhaltenden Wandel. Die junge Generation kennt die alte Tradition nur noch sehr unvollkommen. Die Märchen und Sagen, die zugleich auch Lehrstücke waren und immer wieder erzählt wurden, um schon die Kinder in die Stammesüberlieferungen einzuführen und zu richtigem Verhalten in der Stammesgemeinschaft zu erziehen, werden nicht mehr weitergegeben; Rechtsfälle nicht mehr auf die alte Weise beigelegt. Die alten Autoritäten im Gruppenverband werden nicht mehr so wie früher anerkannt, obwohl natürlich die Stammeszugehörigkeit in sozialer und politischer Hinsicht nach wie vor weit mehr bedeutet, als es in dieser Zeit der Gärung nach aussen hin den Anschein hat. Das Streben nach gutem Einvernehmen in der Gemeinschaft wird verdrängt durch das Verlangen nach Geld und materiellen Gütern. Das alte Leitbild der Eingliederung in das Gemeinschafts-, Rechts- und Wirtschaftsleben der eigenen Gruppe tritt immer mehr zurück gegenüber einem neuen Ziel, das geformt ist durch neue Bedürfnisse, die zu befriedigen die alte Gemeinschaft nicht in der Lage ist. Die Jugend will den Anschluss an die Wirtschaft, den technischen Fortschritt und an die Bildung der zivilisierten Welt. Rein äusserlich zeigt sich das zuweilen in grotesken Bildern: Noch mit der alten Männerschürze bekleidet und das Gesäss mit dem herkömmlichen Cordylinen-Laub bedeckt, fahren sie auf Rädern oder noch lieber auf Motorrädern und Autos umher. Es wäre zwecklos, den Fortschrittswillen aufhalten zu wollen. Es kommt darauf an, ihn in die richtigen Bahnen zu lenken. Möge ihnen dabei auf einer neuen religiösen Grundlage die Besinnung auf die inneren Werte der eigenen Gemeinschaft neu geschenkt werden, damit sie nach einer Periode von Sturm und Drang und Verwirrung den eigenen Weg finden!

MEDLPA-WÖRTERVERZEICHNIS

adl	Ort oder Richtung, wo(-hin) ein Raum, eine Landschaft sich frei erstreckt; Osten (denn dort liegt das weite, offene Wagi-Tal).
adlt	Adlativ: nach dem freien Raume hin; nach Osten.
adlt ndui	Verb der Bewegung: jemanden oder etwas veranlassen, in den freien Raum hinein, nach Osten, zu gehen.
adlt ndopa	allgemeine Richtungsangabe: raum-wärts; ostwärts.
adl oroŋa	auf der Seite des offenen Raumes; auf der Ostseite des Landes.
aem	die Mutterbrust, Zitzen.
aem kots rui	Mutterbrust Loslösung schlagen = ein Kind entwöhnen (dies wird durch ein Opfermahl begangen, wobei die Gruppe der Mutter die Opfertiere schlachtet).
aem ŋui	die Mutterbrust geben, Kind stillen.
êk aem ŋui	Rede Mutterbrust geben = beschwichtigende Reden fuhren, durch blosse Versprechungen zufriedenstellen.
aem nomba ŋui	Mutterbrust trinken und (weiter-)geben = die Mutterbrust an das nächstfolgende Geschwister abgeben.
na aem nomba ŋurum iä	dasjenige Geschwister, das einem in der Geschwisterreihe am nächsten steht, weil es die Mutterbrust an mich weitergegeben hat = mein nachstaltestes Geschwister.
aepa, aepa rui	das Flechtmuster, ein Muster flechten.
aya	Anrede für das Geschwister anderen Geschlechts.
êk aepa rui	Rede flechten = ein Programm aufstellen (für den Ablauf eines Festes).
êk aepa ropa pindi	ein Programm aufstellen und zum festen Beschluss erheben.
agla	die Manschette (geflochten aus Bambusgras, etwa 12 cm breit; oder aus Bastfasern des *kombek*-Strauches).
agla rui	eine Manschette flechten.
ki agla	die Hand-stulpe.
kämb agla	die Fuss-stulpe.
aglpa	wesenhaft, echt.
mugl aglpa	wirksam, ganz echt und recht.
aglwa	gegenseitig.
aglwa iti	abwechselnd, gegenseitig tun.
aka	Verhau.
aka ŋui	versperren, verbieten.
akedl	zuletzt, hinterher.
akedl tei	zuletzt-, hinterher-kommen.
öŋin akedl	das jüngste Geschwister gleichen Geschlechts.
kaŋem kaŋ akedl	mein, sein jüngster Sohn.
kimun akedl	das jungste Geschwister anderen Geschlechts.
tepam akedl	mein, sein jungster Vater = der jüngste Bruder meines, seines Vaters.
akedlma	ganz bestimmt, unaufgebbar.
amb	Frau
ambom, ambomadl	meine/seine Frau, meine/unsere/ihre Frauen.
amb-ents mei	deine Frau, deine/eure Frauen. von der Frau Geborene(r) = Bezeichnung für solche, die ihre patrilokale Gruppe verlassen und bei der Gruppe wohnen, aus der ihre Mutter kam.
amb mel	Frau Wertsachen = die Wertsachen, die man als Frauenkaufpreis gibt oder empfängt.
amb akepedla	die jüngste, zuletzt in eine polygame Ehe geheiratete Frau.
amb peŋ amb	die Hauptfrau.
amb ruk mbö	die Nebenfrauen.
wödlik amb	die Eifersuchtsfrauen = zusammenfassende Bezeichnung fur die Frauen eines Polygamisten.
amb ti	Frau nehmen = heiraten.
ambogla	das Madchen.
mboglam	meine, seine/ihre Tochter.
mboglamadl	meine, seine/ihre Töchter.
mboglanem	deine, eure Tochter.
mboglanemadl	deine, eure Tochter.

ana	Anrede für das Geschwister gleichen Geschlechts.
anda	Grossvater.
anda kaŋem	Grossvater (und) sein Sohn = Bezeichnung für die Untergliederung einer *Rapa*-Gemeinschaft.
anda noimp	Grossvater Penis = Name für die soziologische Gruppe, in die eine *pana-ru* Feldabteil-Gruppe aufgegliedert ist.
anda tepam	der Altvater.
anêk	geizig.
anêk iti	andern in wirtschaftlichen Dingen nicht beistehen.
ants	die Sonne.
ants mana pi	Sonne untergehen.
ants nui	Sonne stechen.
ants ogla ui	Sonne aufgehen.
ants rui	Sonne scheinen.
aŋ	Freund (nur als Anrede gebraucht).
ap	Anredeform für die Grossmutter und ihre Schwiegertochter.
apom	meine, seine Grossmutter; — Schwiegertochter.
apomadl	unsere, ihre Grossmütter.
aponom, aponomadl	deine Grossmutter, eure Grossmütter.
apopa	die Luft
êk apopa	Rede Luft = das Gerücht.
keta apopa	Mund Luft = der Atem, Hauch.
apopa pi	Luft gehen = ohne Gewicht sein.
apra	das Vergessen.
apra ni	impers. vergessen.
apra ndui	tr. jemanden oder etwas vergessen.
apra mapra ni	völlig vergessen.
ata	Anrede für Vaters Schwester.
ötin, ätinödl	meine, seine Tante / unsere, ihre Tanten.
atena, atenadl	deine Tante, eure Tanten.
ateŋa	das Holzgestell über dem Feuerplatz.
atseŋa	das Opfergebet.
atseŋa rui	das Opfergebet sprechen.
atseŋa ropa kui	das Opfergebet sprechen und das Opfer darbringen.
öki	graben, auf-, ausgraben.
êk äki	Rede ausgraben = widersprechen, anschuldigen.
medl äki	Wertsachen ausgraben = den Frauenkaufpreis wieder zurückverlangen.
öm	Pandanusfrucht.
ömb	Erdwall.
ömbidl	anfassen, in die Hand nehmen; rechtsgültig machen.
wuö tsi ambolgpa mudl	einen Mann anfassend dasein = sich auf jemanden verlassen, Vertrauen zu ihm haben.
ömbidl	verb. adj. anfassbar, ungefährlich, Vertrauen erweckend.
medl ömbidl tsi	eine ungefährliche, vertrauenerweckende Sache.
wuö ömbidl	ein ungefährlicher, vertrauenerweckender Mann.
ömbidl n-ömbidl	nicht anfassbar, Misstrauen erweckend, gefährlich.
amboglpa pidli	anfassen und empfinden = Bekanntschaft machen mit, Verbindung herstellen zu jemandem oder etwas; vertraut werden.
amboglpa pedlpa iti	gründlich machen.
têpa amboglpa iti	sich dreist das Recht herausnehmen, etwas zu sagen, zu tun.
têpa amboglpa ui	ohne Einladung kommen.
öŋgidl	intr. stehen.
öŋndi	tr. veranlassen, zu stehen = aufstellen, aufrichten.
aŋgedlpa ti	stehend nehmen = mit Fremden in der Fremde Tauschhandel treiben.
öp	Schadenfreude.
öp nui	schadenfroh sein.
örnt	Wildschwein.
öts	Fütterung, Aufzucht.
öts rui	füttern, aufziehen.
kuŋ öts rui	Schweine aufziehen.
kuŋ öts-its	das Schosschweinchen.
baka (auch beka)	das Verständigungszeichen über weite Entfernung hin: man zieht weisse Rinde der *pôkan*-Banane auf einem Holzrahmen auf, den man auf eine hohe Stange steckt; die weisse Rinde leuchtet in der Sonne weithin und die fernen Freunde wissen, dass dies eine Aufforderung an sie ist, dorthin zu kommen, weil etwa ein Festessen fertig ist oder weil jemand gestorben ist oder die Feinde einen Überfall planen.
baka tei	solch ein Zeichen aufstellen.
bem	die Zuversicht.
bem êk	die zuversichtliche, gewissheitsfrohe Rede.
bem êk ni	zuversichtlich reden, seiner Sache gewiss sein.
bem êk tepa mudl	gewissheitsfroh, zuversichtlich auftreten.
bi	Futur für *pi*, gehen: ich werde gehen.
bi	Name.
bi ampoglpa mepa ogla pi	den eigenen Namen rühmen, sich brüsten.
bi tei	den Namen nennen.
bi tepa ŋui	jemandem einen Namen geben, den Namen nennen.
bitö	schwefelhaltige Erde.

bo	Pflänzling, Setzling; soziologisch: der Stamm. bo bezeichnet auch den Menschen, im Gegensatz zu Geistern, Überirdischen und Unterirdischen; heutzutage wird bo auch gebraucht, um den Gegensatz zu fremden Eingeborenen und zu den Weissen auszudrücken.
bo amb	Setzling Frau = die menschliche Frau (im Gegensatz zu verstorbenen Frauen usw.), jetzt auch: die einheimische Frau.
bo wamb	die Menschen, die Einheimischen.
bo wuö	der „menschliche Mann", der Mensch; der Einheimische.
bo edl	der Bogen der Menschen (im Gegensatz zum Gewehr der Weissen), der einheimische Bogen.
bo êk	die Sprache der Menschen (im Gegensatz zu der der Geister und aller Fremden); die eigene, die verständliche Sprache.
bo kiŋ	der menschliche Körper.
bo rui	das Beil der Menschen, das Steinbeil.
bo pindi	veranlassen, dass Setzlinge da sind.
kuŋ bo pindi	jemandem etliche Ferkel geben, so dass er eine Schweinezucht bekommt.
medl bo pindi	jemandem ein Wertstück geben als Grundlage zum Wertsachen-Erwerb und Wirtschaftsaustausch.
moka bo pindi	an einen Partner die Vorleistungen zum Empfang eines Moka machen.
röŋ bo	Saatgut, Samen, Setzlinge.
röŋ bo mundi	pflanzen, säen.
röŋ bo rögli	Pflanzen setzen.
de bo tei	Bäume pflanzen.
bo nuŋgli	den Feinden kleine Kinder rauben.
obi	das Umfallen.
boi ndui	veranlassen, dass jemand oder etwas umfällt = niederschlagen, umhauen.
boi ni	umfallen.
bon	schwer.
bon ni	schwer sein.
boŋen	das gute Aussehen der Pflanzen, die Gesundheit, das Gedeihen.
boŋen iti	gedeihen, voller Lebenskraft sein.
boŋen ti	machen, dass jemand oder etwas gedeiht, voller Lebenskraft ist.
kôr kui e na etepa boŋen tênêm	der Geist des Verstorbenen erhält mich bei Leben und Gesundheit.
bugl	der Rücken.
bugl rui	Wehen haben.
bur	das Fliegen.
bur ndui	veranlassen, zu fliegen.
bur ni	fliegen.
burlung	rückseitig.
burlung oroŋa	hinter dem Rücken; als Beiwort bei Verwandschaftsbezeichnungen bringt es die entfernte Verwandtschaft zum Ausdruck.
têpa bugl ŋui	nehmen und Rücken geben = jemandem oder etwas den Rücken kehren, ablehnen, aufgeben.
burkörnö	bezeichnet das Vettern- oder Basenverhältnis.
da	Dubitativ: ob wohl?
i da	ob es wohl so ist? Wer weiss es?
da da iti	ausstreuen.
dae	Sago.
dae röm ropa mondopa têpa ömbidl	Sago gewinnen und aufbereiten.
dagl	Dachsparren.
dagl kögli	Dachsparren aufbinden.
de	Baum, Staude, Stengel.
kanapa de	der Maisstengel.
mui de	Stengel des Rohrgemüses.
rouä de	der Bananenstamm.
de pugl	der Wurzelstock.
de pugl etepa tei	verborgen, versteckt halten.
de pugl ken	Wurzelstock-Goldrandmuschel = eine grosse Goldrandmuschel, die verborgengehalten wird, um auf magische Weise viele Goldrandmuscheln herbeizuziehen.
de pugl öki	den Wurzelstock ausgraben.
dedla	Stäbchen, Stöckchen.
dedla öŋndi	ein Stöckchen hineinstecken.
demb	die Linie, die Reihe.
demb ŋui	eine Linie bilden, Linie machen.
Dika demb ŋomba moglpa pôrôm	Dika in Linien lebend er geht = es gibt viele Dika, die Dika sind eine volkreiche Gruppe.
dêmoŋ	die Trägheit.
dêmoŋ ti	träge sein.
di	eisig kalt.
di ni	unangenehm kalt sein.
nô di nenem	das Wasser ist eiskalt.
di	das Taroherzblatt.
Di-ka	die Taro-Herzblättler = Name der Dika-Gruppe.
di	Haar, Borste, Feder.
di kömbogli	nachlassen, schlapp sein.
di mökri	Feder verjagen = von keinem Unglück getroffen werden können, unverletzbar sein.
di ŋui	Federn geben = ein wirtschaftliches Versprechen einlösen.
dip	Feuer.
dip anembedl	Feuerflamme.
dip eglka	glühende Kohlen.
dip kik	Asche.
dip kögli	Feuer anzünden.

dip kumbugli	Feuer verlöschen.
dip nui	Feuer brennen.
doa	Verdacht.
doa ŋui	verdächtigen, anschuldigen ohne Beweis.
na wan doa ŋoŋ	sie verdächtigen mich des Diebstahls.
dui	in Bewegung versetzen, veranlassen; wird verwendet zur Bildung von a) Richtungs- oder Bewegungsverben, b) kausativen Verben, c) um intr. verba transitiv zu machen.
edl	der Bogen, Kampf, Krieg.
edl êk	die öffentliche Rede.
edl êk ni	öffentliche Rede halten.
edl iti	kämpfen, Krieg führen.
edl glöŋi	der Kriegsrat.
edl glöŋi ni	Kriegsrat halten, Kriegszugsplan machen.
edlka	Blut-Lohn.
edlka öŋndi	einem, den man gedingt hat, die Bezahlung dafür geben, dass er entweder aus dem Hinterhalt oder auch im offenen Kampf einen, den man ihm genannt hat, umgebracht hat.
edl kaka maŋa	Unterkunftshütte für die Krieger an der Kampffront.
edl kaka maŋa röki	solche Unterkunftshütten bauen.
edl kopanda	Bogen Speer = die Waffen.
edl mepa ekit pi	zum Angriff ausrücken.
edl nombogla	Kriegspfad; Weg der zum Kampfplatz führt.
edl môŋ	Pfeil.
edl môŋ pugli	die Pfeilspitze in den Boden stecken = die vom Medizinmann durchgeführte Geisterbefragung.
edl pagla maŋa	Palisaden zum Schutz gegen die Feinde.
edl pugl ti	einen Krieg verursachen.
edlêm	pers. pron. er, sie, es.
edlêm	wesentlich, wahr, eigentlich.
edlik	die Reue.
edlik rui	Reue empfinden.
edlik ropa köni	bereuen und die Schuld einsehen.
edlik ropa pidl nö-pidl	keine Reue empfinden, nicht einsehen.
edlpa	andere, anders; nicht hierher gehörig.
wamp edlpa	andere, nicht zur eigenen Gruppe gehörige Leute.
edlpa edlpa	die verschiedensten.
êk edlpa edlpa bö	die verschiedensten, andersartigen Aussagen.
eglkögl	der üble Geruch, Gestank.
eglkögl rui	übel riechen.
eip	die Ameise; das Aschensalz.
êk	Geräusch, Laut, Ton, Rede, Sprache.
êk bo	Rede Pflanzling = Unterweisung, Lehre.
êk bo indi	jemanden unterweisen, unterrichten.
êk bo wuö	Rede Pflänzling Mann = Lehrer, Missionar.
êk dui	veranlassen zu tönen = Musik machen, spielen, flöten, klingeln, läuten.
êk ni	rauschen, tönen, sprechen, reden.
êk kum rui	Rede Paket machen = beschliessen.
êk pilŋa dui	einen Beschluss durch Nichtbefolgen zunichte machen.
êk ruŋndi	jemanden ansprechen, ins Gespräch ziehen.
êk re	Widerspruch.
êk têpa re ndui	sich widersetzen, widersprechen.
êk teŋ	Gehorsam.
êk teŋ dui	einen Auftrag befolgen, gehorsam ausführen.
ekö oder ekit	aussen.
ekit oroŋa	auf der Aussenseite, ausserhalb (der eigenen Gruppe).
ekit oroŋa wamp	die Menschen, die nicht zur eigenen Gruppe und Verwandtschaft gehören.
ekö pi	hinausgehen, die eigene Gruppe verlassen.
ekit ti	herausnehmen.
wamb ti ekit têpa mo-ndopa ni	jemanden auf die Seite nehmen und etwas heimlich mit ihm besprechen.
ekit ui	herauskommen, ankommen.
ekpogl	bedeutungslos, verachtenswert.
ekpogl dui	für gering, bedeutungslos achten, missachten, verachten.
ekpogl ni	bedeutungslos, verächtlich sein.
ema	Busch und Gras.
ema pona	das unkultivierte, mit Busch bestandene Land.
embi	weiblich, Weibchen.
wuö embi	einer, der anderen in wirtschaftlichen Dingen nicht hilft, alles für sich zurückhält.
epri	dunkel.
epri unts	noch bei Nacht; in aller Frühe, wenn es noch dunkel ist.
erêm	ein Wildgeist, der Krätze verursacht und dem man Vögel zum Opfer bringt, damit die Krätze wieder aufhört.
eta, eta iti	Unkraut, Unkraut jäten.
eta	Stiel.
rui eta	Beilstiel.
wamb eta	Dienstleute.
eta puti	Stiel herausziehen.
eta potepa ni	ein bisher geheimgehaltenes Vorhaben bekanntgeben, etwa zum geplanten Angriff aufrufen oder zum geplanten Wertsachen-Empfang öffentlich auffordern.
amboglpa eta pendeba ŋui	anfassen Stiel haben lassen und geben = dem Empfänger ein Wertstück mit grösster Wichtigkeit übergeben, wobei das Wertstück hochgehalten, etwas geschüttelt und der Arm vorwärtsgestossen wird.
etepa pilti	verlorengehen.
etepa ti	retten, aus Lebensgefahr helfen.

etepa we koltêpa pi	straflos ausgehen.
etepa we koltêpa pi nö-pi	nicht straflos ausgehen, nicht ungestraft davonkommen.
gaken	Angstgeschrei.
gaken ömbidl	Angstgeschrei ausstossen.
gao dui	zerbrechen, zerscherben.
gao ni	in Stücke zerbrechen.
gar ni	direkt, ohne Umschweife aufs Ziel losgehen.
ge	Ansatz, Stiel der Espenwaaben.
ge pugli	einen Ansatzpunkt schaffen, den Anfang machen.
ge pendepa ti	von Stamm zu Stamm weitersagen lassen, dass jemand, der weit entfernt wohnt, kommen solle.
gegl	stark, robust, rücksichtslos.
ombedl gegl ni	robust, draufgängerisch sein.
geglêp	fremd, feindlich.
wuö geglêp e	der Angehörige eines fremden Stammes, der Feind.
geka ni	sich abspalten, sich lostrennen.
wamb geka ni	sich in Parteien spalten, sich trennen.
gekr gakr ti	knarren (Äste im Wind); sich gegenseitig beschimpfen.
gem ŋui	geben, ohne eine Gegengabe zu erwarten.
glaka tei	abschlitzen.
glaka maka tepa mugli	ganz getrennt, jedes für sich leben.
glamp dui	verweilen.
pelpa glamp dui	sich genau informieren.
glaŋ	Vergeltung.
glaŋ glaŋ	die gegenseitige Vergeltung.
glaŋ iti	vergelten.
glaŋ glaŋ iti	sich gegenseitig vergelten.
glaŋ rui	einen Schlag, Angriff vergelten.
glapa	Vorbereitung, Zurichtung, Ordnung.
glapa maŋa	Hütte mit offener Frontseite, in der die Goldrandmuscheln den letzten Schliff erhalten und auf einer Art Bank an den Wänden entlang auf einer Farnkrautunterlage aufgereiht werden als Zurüstung zum Môka-Fest.
glapa podl	das etwa 2 m hohe Gerüst auf dem Tanzplatz, auf dem die Fleischstücke zur Verteilung aufgelegt und von dort oben herab an die Festgäste verteilt werden.
glapa rui	vorbereiten, herrichten, ordentlich zurechtlegen.
glapa ropa pindi	sich genaue Pläne machen, einüben, einstudieren.
glapa ti	beruhigen, zur Ordnung bringen.
wamp glapa têpa mudl	eine Menschenmenge sich ordentlich und diszipliniert verhalten.
glapeta	Rauhreif und schneeiger Regen.
glapeta rui	Rauhreif haben, schneeiger Regen fallen.
glawa	das Verkehrte, das Vergehen.
glawa iti	verkehrt machen, sich vergehen.
glawa etepa ni	eine verkehrte Aussage machen.
etepa glawa mundi	sich religiös vergehen (nämlich die Opfer vorenthalten).
glöki	mit ganzer Wucht tun, fürchterlich schimpfen.
glakêpa mundi	mit Schimpf und Schande davonjagen.
kona ant e glakêpa nonom	die Sonne sticht fürchterlich.
kona glakêpa ronom	es regnet fürchterlich.
tembogl-ent glakêpa rui	fürchterlich verprügeln.
glöŋi	Kriegsrat.
edl glöŋi ni	Kriegszugspläne machen.
glöpêti	säubern (z. B. einen gefällten Baum von Ästen säubern); sich ordentlich und still verhalten.
nomba glöpêti	das Feuer etwas reinbrennen.
gloŋ	die innere Anregung, der Anstoss.
gloŋ ti	die innere Anregung zu etwas empfangen.
gloŋ têpa iti	das, was ein anderer tut, den Anstoss dazu geben, dass man es auch so schön und gut macht, wie er.
glumpugli	nachforschen.
glomboglpa köni	der Sache auf den Grund gehen, den Tatbestand erheben.
go ni	loswerden, sich lockern, ausfallen.
go dui	tr. etwas ausziehen, herausnehmen.
goi ni	vorstrecken (Hals).
goi gae ni	überall auftauchen, sich herumtreiben.
göluö ni	sich nichts sagen lassen.
êk göluö ni	Mahnungen in den Wind schlagen.
gu, gu nui	Zahn, Horn; Zahnschmerzen haben.
gugl gagla	Donnerer; der krachende Donner.
gugl gagla ni	krachend donnern.
i	1. adv. der Richtung, korrelat zur angeredeten Person: in Richtung auf dich zu; aber auch von dir aus hinwärts.
i pa	gehe du weiter (sc. in die Richtung, in die zu gehen, du vorhast).
i	2. adv. der Art und Weise: so.
i-iti	so beschaffene(r), solche(s).
idla	an dem Ort, nach dem Ort hin.
ŋa idla	Korrelat zur 1. Pers.: hier (wo ich bin).
im	Scheitelpunkt, Zenith.
imbugl wömbugl wuö	der Uralte.
int	Korrelat zur 2. Pers.: hin zu dir; aber auch: von dir aus hinwärts, fortwärts.
iglkigl	dicht gedrängt; zeitlich: dicht aufeinanderfolgend.
irki rui	aus der richtigen Lage kommen; schief.
kömp irki ronom	sich den Fuss vertreten.

iti	tun, machen; veranstalten; religiös: begehen, opfern.
kûŋ medl bö iti	Schweine und Wertsachen austauschen.
kûŋ eŋak etek, medl eŋak-ku eŋ	sie gaben 8 Schweine und auch 8 Muscheln.
môka iti	eine öffentliche Übergabe von Goldrandmuscheln veranstalten.
ugl ti iti	a) eine grossartige Veranstaltung machen; b) etwas Fremdes, Furchterregendes sich ereignen.
ugl kae	die guten Sitten; das magisch gute, heilbringende Ereignis.
ugl kits	die bösen Sitten; das Unheil bringende Ereignis.
ja	adv. Korrelat zur 1. Person: hier, wo ich bin.
ja idla	Lokativ: hier, an dem Ort, wo ich bin.
jarnt	hierher in die Richtung, wo ich bin.
jarnt dui	jemanden oder etwas veranlassen, sich nach mir her zu bewegen.
têpa jarnt dopa köni	zu mir herschauen.
têpa jarnt dopa ŋui	mir hergeben.
jarnt ŋui	mir zurückgeben.
jarnt ui	(zu mir) zurückkommen.
jae	Speichel.
jae-êk	„Speichel-Rede" = das Gerücht.
keta yae nombogla antem-adl neŋ pents	es scheint mir, sie sagten es nur auf Grund eines Gerüchtes.
jiŋ-jöŋ ti	vor Freude hüpfen.
joka	die Sühnegabe.
joka kögli	zwecks Wiedergutmachung Sühne leisten.
-ka	Suffix, das nur an Gruppennamen auftritt und die Wesensbeziehung zum jeweiligen *Mi* (Totem) der Gruppe zum Ausdruck bringt.
Kenap-ka	die „Paradiesvog-ler", die Gruppe, deren Totem der rote Paradiesvogel ist.
Neŋ-ka	die Gruppe, deren Totem der Laubbaum Neng ist.
ka; ka dla dla	Weinen; das Weinen eines Säuglings.
ka iti	weinen.
ka ralts iti	irgend zwei Weinen tun = viel Unglück, viel Trübsal und Schmerz erleiden.
kadlimb	Mond.
kadlimb tei	Mond scheinen.
kadlimb-ken pi	mit dem Mond gehen = im Mondschein gehen.
kadlimb ke rui	Neumond eintreten.
kadlimb kugli	das letzte Viertel zu Ende gehen.
kadlimb woŋauŋa ui	Vollmond sein.
kae	gut, schon.
ama kae	sehr schön.
ama kae we	überaus schön.
kae iti	schön sein, gut sein; eine Sache gelingen.
kae köni	„schön schauen" = unbekümmert, nachlässig, gleichgültig sein.
kaep	das Lob.
kaep ni	loben.
wuö ti-ŋa kaep nindi	eines Mannes Lob sagen = man singt und sagt eines Mannes Lob, um ihn dadurch magisch in die Gewalt zu bekommen, weil man ihn nämlich zu töten beabsichtigt.
kaep	die Blutrache.
kaep rui	Blutrache üben.
kaep ropa ti	die Blutrache erfolgreich ausüben.
kaemb	die Leber (sie gilt als Sitz des Mitleids).
kaemb iti	Leber machen = Mitleid haben.
na kaemb enem	mich Leber es macht = ich empfinde Mitleid.
kaemb kugli	Leber sterben = tiefstes Mitleid empfinden.
kaemb tenda	Leber Eine = eherechtlich verwandt sein.
kagl	die Schärfe, Schneide.
kagl mugli	scharf sein; angriffsfreudig, kampflustig sein.
wuö kagl	ein Draufgänger.
kagl-kagl mundi	rühmen und preisen.
kak	Baum, aus dessen Rinde man den Rindengürtel herstellt; daher ist *kak* auch Name für den Rindengürtel.
kak rögli	den Rindengürtel anziehen.
kak rundi	jemanden über alle Massen loben.
kakörna; kakörna iti	die Fülle; in Fülle vorhanden sein.
amboglpa kakörna indi	veranlassen, dass alles in Fülle vorhanden ist.
kan	a) Bastfaser, Liane, Schnur, Strick, Bindematerial; b) Verbindung, Beziehung.
kan iti	Verbindung, Beziehung dasein; Gleichgewicht zwischen zwei Gruppen vorhanden sein; auch: das Gleichgewicht, den Ausgleich herstellen.
nêm nö-un e-ŋa kan etep na unt	du kamst nicht, deshalb schuf ich den Ausgleich für dich = ich trat an deine Stelle.
ten-ŋa kan etepa kurum	er starb an unserer Statt.
kan kopa rui	Schnur verknüpfen.
kan kugli	binden, verschnüren, anbinden.
kan pögli	Bastmaterial spalten.
kan pidlŋa ni	Schnur, Verschnürung sich lösen.
kan pidlŋa dui	Verschnurung veranlassen, dass sie sich auflöst = aufschnüren, Umschnürung lösen.
kan tiŋa ni	siehe *kan pidlŋa ni*.
kan tiŋa dui	siehe *kan pidlŋa dui*.
kan konts	die frische Liane, das neue Bindematerial; die lebendige Beziehung, das ungestörte Verhältnis.

ten kan konts idla namba taŋka nek ten ruiŋ	was werden sie uns denn bei der zwischen uns herrschenden guten Beziehung (durch Zauber oder mit Waffen) bekämpfen?
kan pei	Schwur, gute Beziehung vorhanden sein.
kôr kan petêm	es ist eine Beziehung zu den Geistern vorhanden.
amb kui rom iö kôr kan pem tients enem da	ob es wohl an der vorliegenden Geister-Beziehung liegt, dass die Frau krank ist? = ein verstorbener Verwandter der Frau macht die Frau krank, weil zwischen ihres Mannes Sippe und der Sippe der Frau Unstimmigkeiten vorliegen.
kûŋ kan	Schweinestrick, mit dem man die Schweine anbindet.
kûŋ kan pei	eine gedeihliche Schweinezucht vorhanden sein.
kûŋ kan-ents nonom, kuglimb mor	der Schweinestrick frisst mir die Lebenskraft weg, ich werde sterben (so sagt einer, wenn er krank wird, nachdem er eines Sippengenossen Schwein heimlich geschlachtet und verzehrt hat).
kan pogla pei	Schnur-Abbruch vorliegen = Abbruch der guten Beziehungen eingetreten sein.
kan pogla wamb	Beziehung Abbruch Leute = die Feinde.
ten etepa kan pogla pindi	die guten Beziehungen zu uns durch schlechtes Handeln veranlassen, abzubrechen.
poglpa kan ti	jemandem beispringen, aufhelfen (wenn er z. B. im Kampfe zu unterliegen scheint).
kanan	Lied, Tanz.
kanan iti	tanzen.
amb kanan	der Liebeswerbetanz, bei dem sich die Burschen und Mädchen mit untergeschlagenen Beinen in langen Reihen gegenübersitzen, den Oberkörper und Kopf hin und her wiegen und sich schliesslich vorbeugend die Nasen aneinander reiben.
amb kanan iti	den Liebeswerbetanz veranstalten (er galt als eine der Kriegsursachen).
kanda	die als Balance dienende Verlängerung des Klingenschaftes am Hagenberg-Beil.
kanda	dem Mass entsprechen, genügend, genug.
kanda iti	entsprechen (z. B. die Gegengabe im
(s. *kapogla*)	rechten Verhältnis zur Gabe stehen).
kaaŋ; kaaŋ rui	Sage, Märchen; ... erzählen.
kaaŋ rom rui	Sage, Märchen erzählen und dabei hie und da ein kleines Lied einflechten, das vom Erzähler gesungen wird.
kaŋ	Knabe, Junge.
kaŋ ambogla	Knabe (und) Mädchen.
kaŋambogla e; kaŋambogla bö	das Kind; die Kinder.
kaŋambogla mei	Kinter tragen = vom Mann: zeugen; von der Frau: gebären.
kaŋambogla etepa ou dui	Kinder durch Pflege veranlassen, dass sie gross werden = Kinder aufziehen.
kaŋambogla omoŋ wadl	Kind Blätter Netzsack = das Netz, in das die Säuglinge gelegt werden, wobei man eine Pandanusmatte und Laub als Unterlage und Schutz verwendet.
kaŋambogla omoŋ wadl oendopa rui	das Säuglingsnetz ausschütten und schlagen = mit einer Frau, die einen Säugling hat, geschlechtlich verkehren (weil man glaubt, der männliche Same geht in die Muttermilch und bringt das Kind in Lebensgefahr, ist Geschlechtsverkehr während der Stillperiode von 2 bis 3 Jahren verpönt).
kaŋgöp	die festgesetzte Zeit, der Termin.
kaŋgöp ömbidl	Termin anfassen = Termin bestimmen.
kapa tei	am Boden liegen.
têpa kapa tei	jemanden ohrfeigen, dass er zu Boden fällt.
ropa kapa tei	jemanden zu Boden schlagen.
kapedl	Blödsinn, Unsinn.
êk kapedl	dummdreistes, unsinniges Gerede.
kapogla	siehe unter *kanda*.
peŋ kapogla	gleichaltrig, gleichgross sein.
wuö kapogla	die ebenbürtigen Männer (unter denen keiner sich vom anderen etwas bieten lässt).
kapogla mindi	genau aufeinander passen, genau abmessen; dem Recht entsprechend tun.
êk kapogla mindi	Reden aneinander abmessen = im Wortstreit einander angemessen „herausgeben"; sich gegenseitig Wahrheiten an den Kopf werfen und dabei einer dem andern nichts schuldig bleiben.
edl kapogla mindi	Bogen aneinander messen = einander an feindlichen Herausforderungen nichts schuldig bleiben.
kar ni	mit aller Kraft tun.
kopanda-ent kar nemba poglom	er stach mit dem Speer mit aller Kraft hinein.
kara	verbogen; flegelhaft, störrisch.
kara pi	sich wie ein Flegel benehmen, rüpelhaft sein; sich mit Leuten und guten Sitten verwerfen.
kara rui	sich verbiegen, verwerfen und deshalb abstehen, nicht mehr fest anliegen, nicht mehr fest schliessen.
kats	ein Teil; irgendwelche andere.
wamb bo kats	eine andere, fremde Volksgruppe.
kawa	das Herausfallen (aus Lage, Stelle, Reihe, Gruppe).
kawa dui	veranlassen, dass etwas oder jemand aus der Lage, Reihe, Stellung, Linie, Gemeinschaft herausfällt.
koŋ kawa donom	ein einzelner Vogel aus der geschlossenen Reihe herausfallen.
wuö e kawa dopa morom	der Mann lebt von seiner Sippe getrennt.
êk ti ropa kawa dui	eines anderen Rede zu Fall bringen, seine Vorschläge völlig zerpflücken.

keaka	vorübergehend, nur auf Zeit.
keakaŋa kona	Platz, Gegend, wo man sich nur vorübergehend aufhält.
keakaŋa ui	nur auf gewisse Zeit kommen.
kedl	klein.
kedlamemp êk	die letzten Worte eines Sterbenden, von denen man glaubt, dass sie besonderen Segen in sich tragen.
keglmbogl ni	unschicklich, unziemlich sein.
kêkou rui	unzufrieden sein.
kements pugli	eingebildet, hochmütig, herausfordernd sein.
ken	die Perlmuttermuschel.
kentêlouö iti	sich unsichtbar machen.
kep	der Abhang.
êk kep ni	flunkern, etwas zusammenlügen.
kere pi	daneben, fehlgehen.
têpa kere mundi	nehmen und machen, dass etwas fehlschlägt = verfehlen.
kere ömbidl	daneben greifen, etwas fallen lassen.
keta	Öffnung, Eingang, Mund.
keta ömbidl	Mund anfassen = der Mund wie verschlossen sein.
na keta amonom	es fasst mir den Mund an = es ist mir nicht zum Reden, mir ist der Mund wie verschlossen; geniere mich, etwas zu sagen.
keta öndi	Mund herumlaufen = ein Wort in aller Munde sein.
keta mama iti	einem schwerfallen, zu reden.
keta möra mogl êk ni	das Reden einem leichtfallen, freudig reden.
keta-mel iti	sich gegenseitig verhören.
têpa keta-medl indi	zwei Missetäter einander konfrontieren und hören, was sie zu sagen haben.
keta muglŋa	Hauch.
keta puglpugl	die Türöffnung, der Hauseingang.
ketadl ropa ni	auf den Mund schlagend reden = jemanden in die Rede fallen, wiedersprechen.
keta wölti	befragen.
amb keta wölti	Frau Mund befragen = eine Jungfrau befragen, wer ihr Erkorener sei.
Kewa	Name der Eingeborenen im Kagua-Gebiet, Southern Highlands; vor Ankunft der Weissen vermittelten die *Kewa* den Hagenleuten Perlmuttermuscheln, die von der Küste von Papua her von Stamm zu Stamm weiter verhandelt wurden und so schliesslich ihren Weg auch ins Hochland fanden; weiter brachten die *Kewa* den Hagenleuten das begehrte Öl in langen Bambusrohren, das im Kewa-Land aus dem Boden sickert; es wurde mit Steinbeilen oder Schweinefleisch bezahlt und neben Schweinefett zum Einfetten des Körpers bei Tanzfesten und wenn man auf Besuch ging, verwendet.

Kewa	heute allgemein auf alle fremdstämmigen Eingeborenen angewendet im Sinn von: Handelsfreund aus fremder Gegend.
ki	Hand.
ki koglpa ruk ndopa pi	sich von den Sippengenossen trennen (ihre Hand loslassen und ablehnen).
ki ŋui	Hand geben = alles Gute erweisen.
ki ömbidl	Hand anfassen, führen.
ki öŋgidl	Hand stehen = Hände haben.
ki pendepa ti	Hand veranlassen, da zu sein und zu nehmen = jemanden herholen lassen, hinzuziehen, einlagen.
ki ti	Hand nehmen = die Hand geben (war früher nicht Sitte).
kidlimbugl ni	umsonst sein; umkommen, zunichte werden, ohne seinen Zweck erfüllt zu haben (z. B. für ein Fest aufgehäufte Lebensmittel und Berge von Schweinefleisch verderben, weil ein plötzlicher Todesfall eintritt).
kidlökögl ni	überzeugend sein, innere Zustimmung finden.
kiglmö	der Aschenplatz, die Feuerstelle.
kik	die Asche.
kik mana ui	ein vulkanischer Aschenregen fallen.
kik pögl	Aschen-Leiter = die leiterartige Holzknüppelreihe am Dach über dem Feuerplatz, um die Funken vom Grasdach abzuhalten.
kilts; kilts kögli	Harz; Harz über dem Feuer erhitzen.
kilts kaglpa ui kedla mundi	Harz erhitzen und einen Harzring um die Perlmuttermuschel legen und ihn mit Rötel einreiben.
kimum	das Geschwister gleichen Geschlechts des Ehepartners, also je nachdem, Schwager oder Schwägerin.
kemuma (sing.)	zur Ehefrau gesagt: dein Schwager; zum Ehemann gesagt: deine Schwägerin.
kemumadl (pl.)	deine Schwäger, deine Schwägerinnen (Doppelheirat ist ausgeschlossen).
kimum (sing.)	mein oder ihr Schwager, meine/seine Schwägerin.
kimumödl (pl.)	meine/seine Schwägerinnen; meine/ihre Schwäger.
kimun	das Geschwister anderen Geschlechts; also je nachdem Bruder oder Schwester.
kemuna, kemunadl	dein(e) Geschwister anderen Geschlechts (Anredeform: *aja*).
kimun, kimunödl	mein(e) oder sein(e), ihre(e) Geschwister anderen Geschlechts.
kimun kimun ragl	die beiden Geschwister (also ein Bruder und eine Schwester).
kits	schlecht, böse.
kits iti	schlecht, böse sein.
kits mugli	böse dasein = nicht geraten, misslingen.
etepa kits mundi	tun und schlecht dasein lassen = schlecht machen.
nemba kits kits mundi	jemanden schlecht machen, verunglimpfen.

kitsim	die Eingeweide (Sitz von Weh und Leid).
kitsim amboglpa tiŋ rui	Eingeweide anfassen und auswinden = grosses Weh und Leid tragen.
kitsim pei nö-pi	Eingeweide nicht liegen = sich vom Essen nicht gestärkt fühlen; sie elend fühlen.
kitökitökomb	der Laubenvogel (weil er seinen Balzplatz schön herrichtet, gilt er als Urheber der Tanzplatze der *Mbowamb*).
ko (s. kae);	gut, schön.
ants ko ui	Sonne schön kommen = schönes Wetter sein.
ko; ko mudl	Stachel; Stacheln haben.
ko ŋui	Stacheln geben = tadeln, Vorwürfe machen.
ko ti	Stacheln nehmen = im Zweifel, im Unklaren sein, herumrätseln, ungewisse Annahme machen.
ko têpa ni	aus einer ungewissen Annahme heraus etwas sagen.
koa; koa gena	Bambus; Baumbusschössling.
koa pedla miŋ	die Bambusflöte.
koemb	die Nase; das noch nicht erledigte Stück.
koemb-adl mugli	auf der Nase dasein = vorne sein, den Anführer machen, in vorderster Reihe sitzen, liegen.
koemb-adl mugl wuö	der Vorsitzende, der Leiter, Vorsteher.
ma ta ragl koembal mugli	die verstorbenen Eltern vorne dasein; der Glaube ist, dass die toten Eltern, Geschwister, Verwandten einem alle Widerstände, alles Unheil, Misserfolg usw. aus dem Wege räumen.
têpa koemb-adl dui	nehmen und veranlassen, einem voranzugehen = Totengeist(er) durch ein Opfer oder wenigstens durch Versprechen eines Opfers willig machen, dass sie einem vorangehen und alle Widerstände beseitigen.
koemb-keta	Nase-Mund = Gesicht, Antlitz.
koembketa köni	Gesicht sehen = Friedensversammlung halten, Frieden schliessen.
koemb têi	voraus . . .
koemb tepa pi	vorausgehen.
kôgl	winzig, bedauernswert.
kogl	Einsenkung, Vertiefung.
kona kogl	vertiefte Stelle, tiefer gelegenes Stück Land; leere Stelle, auf der ein Haus gebaut werden soll (Bauplatz) oder auf der einmal ein Haus stand (verlassener und verfallener Wohnplatz); der leere Platz eines Verstorbenen.
kona kogl nui	eine Vertiefung ausheben, Bauplatz herrichten.
kona kogl nundui	für Flüchtlinge eine Bleibestätte schaffen.
kogl-adl mugli	an die Stelle von jemandem treten.
kogl ropa ŋui	anstelle von etwas anderem geben.
amb kogl ropa ŋui	für eine entlaufene Frau eine andere geben.
kôgla	Sammelname für Muschel.
kogla	Trauerklage.
koglamaŋa iti	den Leichenschmaus halten.
koglamaŋa mugli	im Haus des Verstorbenen zur Totenklage zusammenkommen.
koglom, koglomadl	mein/sein Schwager; meine/ihre Schwäger (= Bruder der Ehefrau, Anrede: *nornta* Pilz, weil sein Name tabu ist).
koglonom-, koglonomadl	dein Schwager, eure Schwäger.
kokoma	Falter, Schmetterling.
anda kokoma	die Vorvater (die nach dem Glauben der *Mbowamb* so wie alle Toten schliesslich zu Nachtfaltern werden, ins nächtliche Herdfeuer flogen und verbrannten).
kôm	a) vogelähnliche Wesen, die an Flüssen, in Steinklüften und Höhlen hausen, Erdrutsche und Steinschlag verursachen und sich vom Seelenstoff der Schweine und Menschen nähren, in denen sie sich festsetzen und sie von innen her auszehren. Die *kôm* können sich in Tiere, Skorpione, Bäume usw. verwandeln, aber ihre eigentliche Gestalt ist ein vogelähnlicher Stein. b) in der menschlichen Seele hausen viele *kôm*; sie verkorpern das Triebleben des Menschen. Ein solcher *kôm* kann „abbrechen", wenn das betreffende Verlangen oder Begehren nicht gestillt wird; dann wird der Mensch krank und stirbt. Daher muss man alle Wünsche möglichst erfüllen, besonders Kindern und magisch gefährlichen Menschen. Diese *kôm* können auch aus dem Menschen „ausfliegen", sich in anderen festsetzen und sie von innen her aufzehren.
koma	eine Moosart; die wohltuende Kühle; das friedfertige Wesen.
koma oroŋa	Name fur die Gegend um *Oglbeng* und Mount Hagen (so genannt wegen ihres kühlen Klimas).
koma têi	Kuhlung hinlegen = friedlich, gütig sein.
komon	erstgeboren, Erstlingsfrucht, grundlegend, erstrangig, wesentlich.
ambogla komon e	das erstgeborene Mädchen.
kaŋ komon e	der erstgeborene Junge.
öŋin komon e	das erstgeborene Geschwister gleichen Geschlechts.
medl komon e	das wesentliche Ding.
kûŋ e medl komon e	das Schwein ist das erstrangige Ding (sc. das Opfertier).
kombedla iti	bitter sein.
nêm-ŋa êk kombedla enem	deine Rede schmeckt bitter.
kôn	abgenutzt, abgetragen.
kon	gerade, richtig.
kon ni	das Rechte sagen, recht haben.
kon pi	gerade, richtig sein.

kon poglpa ti	direkt stechend nehmen = unrechtmässig an sich nehmen.
kon ui	gerade, direkt hierher kommen.
bo kon ui	(als) richtiger Setzling kommen = ein Verstorbener in seiner menschlichen Gestalt (nicht als Geist) erscheinen; einem so erscheinen, wie man ihn zu seinen Lebzeiten gekannt hat.
kandepa kon indi	für sie im Erdofen dämpfen und veranlassen, dass sie in richtiger Disposition sind = den Opferdienst vollziehen und dadurch die Geister zum rechten (erwünschten) Verhalten veranlassen.
kona	Platz, Gegend, Land.
maŋ(a)kona	Haus und Platz = die Siedlung, der Wohnort.
möi kona	Erde und Platz = der eigene Grund und Boden, das Heimatland.
möi maŋ kona	Erde Haus Platz = die Heimstätte, Heimat.
wamb pêi kona	das bewohnte, bebaute Land.
wapra kona	das Ödland.
kona uglimb	Nabel-Ort = Zentrum, Mitte der Erdscheibe, wo die Menschen wohnen; im Gegensatz zu den Aussengebieten, wo die Geister hausen. Aber auch jede einzelne Gruppe spricht von ihrem „Platz schöpferischen Geschehens" als von ihrem *kona uglimb*.
kona wiŋndi	Platz, Ort schöpferischen Geschehens, sc. der Platz, an dem einst das *Mi* (Stammestotem) sich dem Stammesersten zeigte.
kona	der Regen, das Wetter (im Nachbardialekt: *glo*).
kondoŋa	das Gruppen-Verrücktsein.
kondoŋa ui	Zeit allgemeinen Verrücktseins; einer fing an, allerlei verrücktes Zeug zu machen; andere schlossen sich ihm an, die ganze Gruppe wurde angesteckt und schliesslich auch andere Gruppen; so ging es durch das ganze Land der *Mbowamb*; irgendwelche berauschende Mittel (Nüsse, Pilze) sollen dabei nach Aussage der Leute keine Rolle gespielt haben. Mit dem Kommen der Weissen sei diese Erscheinung verschwunden.
konts	neu, frisch, unberührt, lebendig.
nemba konts pindi	durch Zureden veranlassen, unberührt zu bleiben, sc. eine jungverheiratete Tochter überreden, sich ihrem Ehemann zu verweigern, weil der Brautpreis noch nicht völlig bezahlt ist.
etepa peŋ konts ti	machen und Kopf lebendig nehmen = jemanden aus Todesgefahr erretten.
koŋon, koŋon iti	die Arbeit, arbeiten.
koŋoŋee pi	in gebückter Haltung auf den Kultplatz einziehen (wer aufrecht gehen und umherblicken würde, würde vom Geist getötet).
kôpa	Wolke.
kopa	Wahrheit.
kopen	breitblättrige Wasserpflanze (gilt als heilkräftig und wird vom Medizinmann verabreicht).
num idla kopen peetem	der See ist mit den breiten Blättern dieser Wasserpflanze bedeckt (gilt als Bild des Friedens).
kopen	der Friede.
kopêrna	1. Ingwer, 2. Todeszauber.
nui-kopêrna	der essbare Ingwer.
nö-ni-kopêrna	der nicht essbare Ingwer = Todeszauberstoff.
kopêrna-ents rui	durch Todeszauber umbringen.
kopêrna ketadl wuö	Todeszauber in-den-Mund-Mann = der Zwischenträger, der gegen Bezahlung es auf sich nimmt, den Todeszauberstoff dem schlafenden Opfer in den offenen Mund oder heimlich ins Essen zu schütten.
kopêrna köiö wuä	der Besitzer des Zauberstoffes, der den Zauberstoff niemals selbst verabreicht, sondern sich immer der Zwischenträger bedient, die sich dafür bezahlen lassen.
kôr	Geist, Sammelname für alle Natur- und Totengeister.
kôr dema pugli	die Geister an ihren Ort bannen.
kôr kui	Geister verstorbene = die Totengeister (sie erscheinen mit weit aufgerissenen Augen, Hände zu Augenhöhe erhoben, Finger wie zum Greifen gekrümmt, mit offenem Mund und heraushängender Zunge).
kôr köni	die Rache der Geister auf sich ziehen.
kôr môŋ	Geister Auge = Name für die Quellen des *Kôr Eimb*.
kôr môŋ köni	ein Geist einen anblicken (bedeutet, dass der Angeblickte krank wird).
kôr mundi	von einem Geist besessen sein.
kôr têpak ui	ein Verstorbener als Wahrsagergeist kommen.
kôr wagl	Platzgeister.
kögl (auch kigl)	Numerussuffix für den Plural.
ya kögl	dem. pron. diese (hier mir).
int kögl	diese (da bei dir).
kögli	auf dem Feuer braten.
köi	Vogel.
köi mi maŋa	Vogelnest.
köi mugl	Vogelei.
köi wagl	Vogeljunges (auch das Kind im Mutterleib wird als *köi wagl* bezeichnet, weil der Stammeserste einst aus einem Vogelei kam).
köiö	die Cordyline (wird als Gesässdecklaub verwendet, gilt als Lebenspflanze).
köiö ömbidl	die Cordyline anfassen = *mi ömbidl* siehe dies.
költapa	Laubfassade, Triumpfbogen beim Wöp- und *Eimb*-Fest.
kömb	Fuss.

kömb kan mundi den Fuss anbinden = für ein ganz kleines Mädchen bereits ein Angeld geben, um sie später für den eigenen Sohn als Frau zu erwerben.

kömbidli treten.

kambedlpa pindi auf etwas treten; ein Vergehen verheimlichen.

könts die ganz persönliche, unaufgebbare Beziehung (zu den Eltern, zur Sippe, zum Boden, zur Heimat).

köntik-êk der letzte Wille eines Sterbenden, der seine Hinterlassenschaft an seine Erben verteilt.

köni sehen.

kandepa mundi durch Anblicken veranlassen, zu leben = Glaube an den guten Blick, der segnende und bewahrende Kraft hat.

nêm kandep mondont, molkon koglöin ich schaue dich mit guten Blicken an; du sollst ein langes Leben haben!

tantepa ti sehen und nehmen = finden.

kumbidl; môŋ kumbidl schliessen; die Augen schliessen.

kûŋ Schwein.

ma Mutter (die gegenseitige Anredeform für Mutter und Kind.

mam, mamadl meine/seine Mutter; meine/unsere; seine, ihre Mütter.

manem, manemadl deine Mutter; deine/ihre Mütter.

man die Ermahnung, Unterweisung, der magische Kraft innewohnt.

man-êk die unterweisende Rede, der magische Mächtigkeit eignet, das magisch machtvolle Wort, Macht-Spruch.

man die gegenseitige Anredeform zwischen einer Ehefrau und den Schwestern des Mannes.

mönin, möninödl meine/ihre Schwägerin; meine/ihre Schwägerinnen.

manena, manenadl deine Schwägerin, deine/eure Schwägerinnen.

mana unten.

mana dui veranlassen, nach unten zu gehen = hinunter . . .

mana dopa têi hinunterlegen.

mana pi, mana ui hinuntergehen, herunterkommen.

mana ŋui unten geben = (Wertsachen, Schweine übergeben, ohne ein öffentliches Fest dabei zu veranstalten).

mana dopa ŋui (die Himmlischen) von oben alles zum Leben Notwendige heruntergeben.

manda (siehe kanda, kapogla) entsprechend, genug.

maŋa Haus

maŋa amb-ŋa Haus Frau-dafür = das Frauenhaus.

maŋa keu ŋgadloa das „weithin leuchtende Haus" (Mittelpunkt des *Eimb*-Kultplatzes).

maŋa rapa das Männerhaus.

kor maŋa rapa das Geister-Männerhaus.

maŋa röki Haus bauen.

maŋ-keta die Türöffnung des Hauses.

maŋ-keta puglpugl des Hauses Schwelle, der Hauseingang.

maŋ-kona der Wohnort, die Siedlung.

maŋ-kouö die flüchtig errichtete Übernachtungshütte.

maŋ-kumba die Haustür.

maŋa ropa kögli Haus schlagen und rösten = zur Hausweihe ein Schweineopfer darbringen.

me; me ŋuiŋ iö Taro; ihr meint wohl, sie werden euch Taro geben = rhetorische Frage, deren Sinn ist: glaubt nur nicht etwa, dass sie euch ungerupft davonkommen lassen!

mêi tragen.

kaŋambogla mêi Kinder tragen = Kinder zeugen; aber auch: Kinder gebären (dahinter steht der Glaube, dass Kindersegen als Gegengabe fur die dargebrachten Opfer (weg-)getragen wird).

meka die Auflehnung.

meka rui sich gegen Sippenmitglieder auflehnen, die Alters- und Rangordnung missachten, freventlich gegen die Gemeinschaft handeln.

mema (auch mem) Blut.

mem-kopêrna Leichensaft und der Zauberstoff aus Leichensaft (gilt als sehr gefährlicher Todeszauberstoff).

mem kum rui Blut sich zum Paket verschnüren = empfangen, schwanger werden.

men das Speckige, die tieferen Schichten; die freundschaftlichen Beziehungen, das gute Einvernehmen, die Gemeinschaft.

kûŋ men die Schweinespeckschicht, das fette Fleisch.

möi men der Erd-Speck = die tieferen Erdschichten.

oka men das „Fleisch" der Süsskartoffeln, nicht Haut und Schale, sondern was darunterliegt.

wamb men Menschen, die in Eintracht leben und sich gegenseitig Lebenshilfe leisten.

men mugli Gemeinschaft gegenseitiger Lebenshilfe vorhanden sein.

men mundi durch entsprechende Taten veranlassen, dass hilfreiche Gemeinschaft untereinander besteht.

mêndidl, . . . iti Schmerz; schmerzen.

mi a) welkes Gras, welkes Laub, das man um einen Stock wickelt, um ein Zeichen aufzustellen;

mi b) daher: Verbotszeichen; Zeichen, das Wiedergutmachung fordert; Rechtsanspruchszeichen;

mi c) das Gruppentotem, das der Gruppe beisteht, das ihr „Bruder" genannt wird, sie schützt, warnt, die exogame Heirat regelt, auf unrechtes, gemeinschaftswidriges Verhalten in der Gruppe durch Entzug der Lebensmacht reagiert, die Gruppe als patrilineare und -lokale kennzeichnet, sie an die Opferpflicht erinnert, in grauer Vorzeit vom überirdischen Erzeuger (Vogel = Vater) des Urahnen der Gruppe als Verkörperung oder Garant geheimnisvoller Beziehung von magischer Mächtigkeit „hingelegt" (gegeben) wurde, damit die Gruppe etwas hat, worauf sie sich verlassen kann.

mi-êk die *Mi*-Rede = die rechtsgültige, verbindliche und verpflichtende Rede.

mi-êk ömbidl *Mi*-Rede anfassen = rechtsgültige, bindende Aussage machen.

mi go dui Verbotszeichen ausziehen = sich am Eigentum eines anderen vergehen; einen Rechtsbeschluss missachten.

mi etepa ge dui das Totem einer anderen Gruppe misshandeln, schänden; dies bedeutet Abbruch der Beziehungen und Kampfansage, Kriegserklärung.

mi kögli etwas vom eigenen Totem, nämlich Haare, Federn, Stengel, Zweige oder auch nur ein symbolisches Zeichen auf dem Feuer verbrennen, um das *Mi* zu einer Reaktion zu veranlassen: tritt danach Krankheit, Unfall, Unheil, Tod ein, so gilt das als Beweis dafür, dass verheimlichte Schuld vorliegt, die die Eintracht gefährdet; tritt dagegen nach dem *Mi*-Brennen nichts Aussergewöhnliches ein, so ist das ein Beweis, dass eine Anklage zu unrecht erhoben worden ist.

mi kaglpa kere pindi durch *Mi*-Brennen ins Leere treffen lassen = eine Anklage durch das *Mi*-Brennen als unbegründet erweisen.

mi kaglpa kodl pindi durch *Mi*-Brennen eine Klage als Lüge erweisen.

mi kaglpa kundi durch *Mi*-Brennen töten = durch *Mi*-Brennen den Tod eines Missetäters, der sein Vergehen verheimlichte, verursachen.

mi kaglpa praem pindi durch *Mi*-Brennen veranlassen, dass es ins Schwarze (ins Zentrum) trifft = durch das *Mi*-Brennen den Missetäter entlarven.

mi kugli *Mi*-Ziehen oder *Mi*-Schöpfen = eine sakramentale Versöhnungszeremonie, um entzweite *Mi*-Genossen (Sippenangehörige) zu versöhnen; die Zeremonie muss von einem Medizinmann vollzogen werden.

mi nopopa das *Mi* (Totem) einer anderen, fremden Gruppe.

mi nopopa amboglpa ŋui das *Mi* der Gruppe, aus der die Ehefrau stammt, rechtens zurückgeben, weil sie die (erwachsenen) Söhne dieser Frau, also die Neffen und Vettern mütterlicherseits, eines Vergehens bezichtigen. Der Sinn ist folgender: Wenn ihr, unsere Onkel und Vettern mütterlicherseits, uns zu recht anklagt, dann soll einer (oder auch mehrere) von uns krank werden und sterben. — Dahinter steht der Glaube, dass man mit dem *Mi* der Gruppe der Mutter zugleich den Anteil an Lebenskraft, den die Mutter (und damit ihre Gruppe) einem schenkte, zurückgibt, was dann bei ihren Kindern, ob klein oder auch erwachsen, Krankheit und Tod zur Folge haben wird. Dies jedoch nur dann, wenn man das *Mi* der Gruppe der Mutter unter Verheimlichung und Ableugnung eines tatsächlich begangenen Unrechts zurückgibt.

mi ömbidl *Mi* anfassen = rechtskräftig, rechtsgültig machen.

mi amboglpa iti nach Recht und Sitte, rechtsverbindlich handeln.

mi amboglpa ni rechtskräftig, verbindlich und verpflichtend reden, einen Eid leisten.

mi amboglpa ŋui geben, so dass es rechtsgültig ist.

mi amboglpa pindi ein Vorhaben rechtsgültig festlegen.

mi amboglpa ti auf rechtsgültige Weise empfangen.

mi-ents nui das *Mi* (als agens) einen fressen = die Lebensmacht entziehen, so dass er (sie, es) sterben muss (als Reaktion gegen verheimlichtes Unrecht).

mi-ents nomba bo num dui das *Mi* fressen und den Setzling vernichten = eine ganze Sippe aussterben, weil sie Unrecht und Missetat in den eigenen Reihen nicht in Ordnung bringt und dadurch die seelische Eintracht und Gemeinschaft untereinander zerstört.

mi pugli ein *Mi*-Zeichen hineinstecken, um dadurch den Rechtsanspruch auf ein Stück Land, einen Baum, eine Nährpflanze usw. öffentlich kundzutun.

mi rui rechtlich verbieten.

mi têi ein Totem haben.

ten-ŋa mi tetêm wir haben ein Totem! = stehende Eidesformel in Rechtshändeln, um eine (falsche) Anklage und (unbegründete) Sühneforderung abzuweisen und die eigene Unschuld zu beteuern;
statt *ten-ŋa mi tetêm* sagt man auch einfach den Gruppennamen und *mi* dazu; z.B. *Dika mi* beim Totem der Dika!

mieiŋ von Gewicht, Bedeutung, wertsein.

midl Falle mit Spannhebel und Schlinge.

midl midl entscheidend, führend, lebendig vorwärtsdrängend.

de midl midl die Wachstumsspitze des Baumes.

êk midl midl das entscheidende Wort.

nô midl midl die fortreissende Kraft des Wassers.

koŋon midl midl die überragende Arbeitsleistung.

min Spiegelbild im Wasser; die Seele, die als ein Anderes zum Menschen hinzukommt; die Lebensmacht, der Seelenstoff.

min ekit pi — die Seele ausgehen (nachts im Schlaf, um gewisse Baumfruchte zu essen, die auch von den Totengeistern gegessen werden).

min kan kugli — die Seelen-Schnur ziehen = eine entwichene oder von Geistern entführte Seele wieder einfangen (muss durch den Medizinmannn geschehen).

min kae — die gute Seele des Menschen, die mit ihm zusammenlebt (im Gegensatz zur *min rakra*).

min i peŋ idla ogla dui — die Seele veranlassen, auf das Haupt zu gehen = das Haupt gilt als Sitz der Seele, die des Menschen Gefahrte ist; verlässt sie ihren Sitz doch einmal, so muss ein Medizinmann sie wieder dorthin zuruck versetzen.

min pêi — eine Seele haben.

mindi — für jemanden tragen.

kûŋ mindi — die (4) Schweine, die die Brautsippe für die als Frauenkaufpreis empfangenen Schweine an die Sippe des Bräutigams gibt.

etepa mindi — übertreffen (durch grössere Leistung).

ropa mindi — a) einen der Verbündeten der feindlichen Gruppe, die den Krieg verursachte, erschlagen;
b) durch eine besonders grossartige Festveranstaltung und Wertsachenubergabe die Veranstaltung eines Rivalen zuschanden machen, sein Ansehen in der Öffentlichkeit gleichsam „erschlagen".

mineimbidl — die Blutschuld, die Schuld.

mineimbidl rui — die Schuld begleichen.

minŋön — das Grauen, Entsetzen (vor dem Numinosen).

na minŋön pônôm — mich erfasst das Grauen.

minŋön mundi — von Entsetzen erfüllt sein.

moka — das Abmagern.

moka nui — abmagern.

môka — a) Name für den ganzen, über längere Zeit sich erstreckenden Vorgang der Belieferung mit Wertsachen und Schweine (-fleisch) und auch des späteren Ruckempfanges der Gegengaben.
b) Name für das öffentliche Fest, das man zwecks Übergabe und Empfang der Gegengaben veranstaltet.

ken môka — Perlmuttermuschel-*Moka* (Goldrandmuschel).
Die grundlegende Werteinheit dabei ist 8, d. h. die Vorleistungen an Muscheln, Schweinen und Fleisch müssen den Wert von 8 grossen Goldrandmuscheln ausmachen, bevor man die Gegengabe von 8 Muscheln unter Veranstaltung eines öffentlichen Festes erwarten kann.

kûŋ-môka — Schweine-*Môka*; so genannt, weil es dabei nur um Schweine und Schweinefleisch, nicht aber um Goldrandmuscheln geht. Auch hier müssen erst lebende Tiere und Fleisch im Werte von 8 grossen Schweinen an den Partner geliefert werden, ehe man von ihm die „Bezahlung" (=Gegengaben) in Gestalt von mindestens 8 Schweinen unter festlicher Verbrämung erwarten kann.

môka bo pindi — Moka-Setzlinge pflanzen, d. h. fur den spateren, offentlichen Empfang von Muscheln und (oder) Schweinen, die erforderlichen wirtschaftlichen Vorleistungen machen.

môka nui — *Moka* essen = ein *Moka* empfangen; die fälligen Gegengaben unter festlicher Verbrämung nun alle zusammen empfangen.

môka ŋui — *Moka* geben; die fällige „Bezahlung" für die über eine längere Zeit hin empfangenen Wirtschaftsgüter leisten, weil man die Bezahlung (= die Gegengaben) anstehen liess, um sie eines Tages unter Veranstaltung eines Tanzfestes alle zusammen öffentlich zu ubergeben, wobei nicht die wirtschaftlichen Güter selbst, sondern der offentliche Ruhm und die Untermauerung der gegenseitigen guten Beziehungen zwischen Geber und Empfänger das Hauptmotiv und der Hauptzweck sind.

môka pena — *Moka*-Festplatz; auf dem aber nicht nur *Moka*-Feste, sondern öffentliche Feste jeglicher Art veranstaltet werden, sofern dabei Wirtschaftsguter (heiratsfähige Mädchen eingeschlossen) übergeben und empfangen werden, wogegen Kulthandlungen und Opfer auf abgeschlossenen Geheimplätzen vollzogen werden.

môka pepêdl — Bezeichnung für die Aschensalzpakete, Steinbeile, Muschelschnüre, *Nassa*-Stirnbänder usw., die bei einem *Moka* zu den Goldrandmuschel n und Schweinen hinzu als *tamb-medl*, Dreingaben, gegeben werden.

mon; mon rui — Verzierung (Schriftzeichen), verzieren (schreiben).

wamb mon pi — Menschen Verzierung dasein = in Frieden, Eintracht und Wohlstand leben.

môŋ — die runde Frucht, das Auge.

môŋ-edl — Augenpfeil = der böse Blick.

môŋ-edl köni — mit dem bösen Blick anschauen (verursacht Krankheit und Tod).

môŋ orogl — die Flug- und Treff-Kraft des Blickes (der wie ein Pfeil (daher *orogl*) fortschnellt und trifft.

môŋ orogl rui — mit der Kraft des bösen Blickes töten.

kôr-ents ten môŋ we oroŋa köni — die Geister uns feindlich ansehen (bedeutet Misserfolg, Unglück, Unheil).

moŋ — der Astknorren, der Knorren im Brett; der Fehler, das Vergehen.

moŋ mundi — veranlassen, dass ein Astknorren da ist = sich vergehen, Schuld auf sich laden.

moŋ pêi	Knorren liegen = ein Vergehen vorliegen.
moŋ uli	einen Astknorren wegmachen = ein Vergehen wieder gutmachen.
môŋ we oroŋa köni	aus den Augenwinkeln anschauen = mit ablehnenden Blicken betrachten, feindselig anblicken.
mor; kaŋ mor	uneingeweiht, Novize.
mou dui	abgesondert dasein lassen = sich enthalten, Taburegeln beachten.
mouwi mugli	sich abgesondert halten, Tabu einhalten.
mödlö	Tanz der Frauen, wobei sie ihren Liebsten besingen.
möi	Erde, Erdboden, Land.
möi mudl wuö	einer, der auf eigener Scholle sitz (im Gegensatz zu den Zugezogenen).
möi wuö	die Einheimischen, denen das Land gehört.
mömp	der gegenwärtige Zeitpunkt.
utima i-iti mömp	morgen um diese Zeit.
möŋi	wegnehmen, scheiden, widerrechtlich zertrennen.
amb möŋi	jemandem die Ehefrau widerrechtlich wegnehmen.
möi möŋi	das Land widerrechtlich wegnehmen.
möra; möra rui	a) Wohlgeruch, gut riechen, duften; b) Anstrengung, Hingabe.
möra mundi	mit Eifer, Hingabe tun.
mörn (mön)	weisse und schwarze Magie.
mörn-êk	das magisch mächtige Wort, Zauberspruch; der laute Anruf an die Überirdischen.
ogla-mörn	der machtvolle Ruf nach oben = ein Kultfest, bei dem ein Überirdischer, dargestellt durch einen Mann auf einem Baum oben, auf den Anruf der ihm ein Opfer Darbringenden hin vom Baume herab Antwort gab.
mörn rui	Zaubersprüche murmeln, einem Kranken allerlei Kräuter, Rinden, Erden usw. verabreichen, die Geister bannen; kurz: die Tätigkeit eines Medizinmannes ausüben.
mörn wuö	der Medizinmann.
murnt	das zu einer Rundhöhlung aufgeworfene Rundbeet.
murnt	die Brusthöhle.
murnt-moŋ	Brusthöhlen-Knorren = die Furcht, die aus irgend einem Schuldgefühl kommt.
murntmôŋ	Brusthöhlen-Frucht = das Herz; aber auch die Angst, Furcht.
murntmôŋ iti	Angst haben, sich fürchten.
mugl	Wärme, Dampf, Himmel; der Kern, das Echte, Gehaltvolle.
mugl-wuö	Himmelsmann.
mûgl	das Ei.
köi mûgl	das Vogelei.
mumuk	das Zusammenfassen.
mumuk rui	zusammenfassen.
wö mumuk	der Häuptling (der alle Sippenhäupter zusammenfasst) in seiner priesterlichen Funktion.
wuö nuim mumuk	der Häuptling als Herr und Priester.
wuö peŋ mumuk	der oberste Kriegshäuptling.
na; nanêm; na-ŋa	ich; ich selbst; meines, für mich.
naka	was für einer Gruppe angehörig?
naam	wer.
namba	was für eine (-r, -es)?
namba (ugl) etepa	was für ein (-e Weise) tuend = aus welchem Grunde, weshalb.
namba-iti	was für eine (-r, -es), wie beschaffen?
naan; naan kugli	Erbarmen, Erbarmen haben.
nants; nants-ken	welche (-r, -es); welcher-mit = wann.
nedlaam; wamb nedlaam	jung, im besten Alter; die Leute im besten Alter.
nedlagla	Vorbote, Angeld.
nedlagla ui	als Vorbote kommen (z. B. Dosendeckel, eine schartige Eisenbeilklinge und ein roter Tuchfetzen, die ihren Weg ins Land der *Mbowamb* fanden, lange vor Ankunft der Weissen; als dann die Weissen kamen, wurden diese Dinge als Vorboten, Angeld des Eigentlichen, was nun kam, angesehen.)
nêm; nenêm; nêm-ŋa	du, du selbst, deines, für dich.
neen	Kraft, Unverzagtheit, Festigkeit.
neen ni	fest, hart, verschlossen, unnachgiebig, unverzagt sein.
niits	die Beschädigung; die Schuld.
ten niits idla ruiŋ	sie werden uns aufgrund der Beschädigung (= der vorliegenden Schuld, weil wir früher einmal einen der ihren verzauberten oder erschlugen) feindlich angreifen.
nô; nô kerntemba	Wasser; die Wasserschöpfstelle.
nô konts	das frische, junge, lebenskräftige Wasser.
nô kugli; nô nui	Wasser schöpfen; Wasser trinken.
nôman	das Innenleben des Menschen.
nôman bo	die menschliche Vernunft, der Verstand.
nôman iti	Lust haben zu etwas, Gefallen finden an jemandem oder etwas.
nôman ments kögl	die tieferen Schichten des Bewusstsein, aus denen Nachdenken, Abwägen, Zustimmung oder Ablehnung, Selbstanklage und Reue, Selbstrechtfertigung und Beschwichtigung aufsteigen.
nôman ŋui	das Innere geben = eingenommen sein von jemandem oder etwas, gern haben, lieben.
nôman ökpukö ti	im Zweifel, in innerer Ungewissheit sein.
nôman wönts kögl	die oberen Schichten des Bewusstseins, aus denen ohne weiteres Nachdenken spontane Aktion oder Reaktion hervorgehen.
nô	Wasser.
nombogla	Weg
nombogla öndi	unterwegs sein.

nombogla paka	die Wegkreuzung.
nombogla pakadl tepa nuki	am Kreuzweg auflauern, um einen Raubüberfall zu machen.
nui; röŋ nui	essen (trinken, rauchen); Essen zu sich nehmen.
nuim	angesehen, von magischer Mächtigkeit sein.
wuö nuim	der führende Mann einer Brüderschaftsgruppe.
num	Weiher, See.
wamb num pêi	eine grosse Menschenmenge dasein.
nuŋ ni	ein polterndes Geräusch machen.
ogla nuŋ nuŋ	der überirdische Polterer, der Donnerer.
ŋamŋa ni	wimmeln.
ŋe ni	zustimmen.
ŋênöuö	schief.
ŋona	ablehnend.
têpa ŋona köni	wegschauen, weil man jemanden nicht sehen, nicht hören will.
ŋui; na ŋui	geben; mir geben.
nêm ŋui; ten ŋui	dir geben, uns geben.
odl	Speichel; der Flüsterton.
odl êk	Flüster-Rede = Unterhaltung; Versprechen.
amb odl êk ni	auf Brautwerbung gehen (ein Unterhändler).
odl êk ŋui	ein Versprechen geben.
odl rui	ausspucken.
odl ropa ti	von einem anderen etwas entlehnen.
odl têi	im Flüsterton unterhandeln.
ogl	Leib, Bauch.
ogla	oben.
ogla amb	Ober-Frau = die Überirdische(n).
ogla wamb	Oben-Leute = die Überirdischen.
ogla wuö	Oben-Mann = der Überirdische, die Überirdischen.
ogla dui	Richtungsverb: veranlassen, nach oben zu gehen; = nach oben . . .; hinauf.
ogla dopa têi	hinauflegen.
ogla mana dui	von oben herunter . . .
ogla mana dopa ŋui	von oben heruntergeben (von den Überirdischen gebraucht, die alles dem Menschen Lebensnotwendige von oben heruntergegeben haben).
Edlêm ogla e auch:	Er selbst der oben = E i n höchstes Wesen (?).
Ogla edlêm e	Urvater aller *ogla-wamb*, Oben-Leute?
ogla pi	nach oben gehen, hinaufgehen.
wuo peŋ tsi koglpa ogla pi	ein Hauptling sterben und hinaufgehen; (von den grossen Häuptlingen glaubte man, dass sie nicht ins Totenreich gehen, sondern „nach oben", weshalb es bei ihrem Begräbnis donnerte).
ogla ti	a) nach oben nehmen, hinaufnehmen. b) missraten, verkümmern, verderben, zugrundegehen (bei Missernten und Misswuchs von Früchten, Schweinen, Kindern sagte man: Er Selbst der oben (oder auch allgemein die Oben-Leute) haben wegen Streit und Krieg unter den Menschen alle Wachstums- und Lebenskraft hinweggenommen und nach oben verbracht).
ogla ui	nach oben kommen, heraufkommen.
oi	Grenze.
okapona oi	das Längsabteil im Süsskartoffelfeld.
okapona oi rui	die Feldabteile unter die Familien- und Sippenglieder aufteilen.
oi rui	Grenze ziehen.
oglk ti	eine Art Schamanentanz aufführen (junger Medizinmann, der zum erstenmal von einem Geist eines verstorbenen Medizinmannes ergriffen wird).
omb	Henkel des Netzsacks; Leiter, Vorsteher.
wamb omb ömbidl	den Leuten vorstehen.
ombedl	Knochen; Kraft, Stärke.
ombedl atets mêi	einen Knochen eines Verstorbenen bei sich tragen als ständige Erinnerung an die Blutrachepflicht, die eines Tages ausgeführt werden muss.
ombedl ömbidl	Kraft verleihen, stark machen.
oka ten ombedl amborom	die Süsskartoffel verleiht uns Kraft.
ten-ŋa nombogla ombedl	unser Kraft-Weg = der gegenseitige Wirtschaftsaustausch zwischen der Sippe eines Mannes und der seiner Ehefrau.
on	Leiche, Leichnam.
wamb on	Leichnam eines Menschen.
wamb on kum ropa ŋui	den Leichnam einwickelnd geben = Sühnegaben für einen Erschlagenen geben.
oŋ	Witz.
êk oŋ kulti	Witze machen.
opa; opa iti	Fehde, Krieg; Krieg fuhren (siehe *edl*).
oroŋa	Seite, Hälfte.
Medlpa oroŋa	die *Medlpa*-Seite des Landes = *Medlpa*-Gegend.
ekit oroŋa	der Draussen-Bereich = ausserhalb der eigenen Gruppe; der Wohnbereich fremder Gruppen.
rukruŋ oroŋa	der Drinnen-Bereich = die hegende, schützende Umwelt innerhalb der eigenen Gruppe.
ou ou iti	Schuldbewusstsein sich regen.
ou röpró	Zaun an den Seiten der *költapa*.
owa, owa pöi	Hund; der sagenhafte Hund Pöi, der den Menschen das Feuer brachte.
ödl rui	die schützenden Geister sich zurückziehen, weil ihnen keine Opfer dargebracht werden.
ökêpuka ti	im Zweifel sein, innerlich unsicher sein.
öm	Pandanus.

öm-kan die *Môka*-Schnur aus Pandanusblättern; wird umgehängt als Zeichen, dass einer nun die *Môka*-Gegengaben, die er so lange aufgeschoben hat, wirklich geben will. Die öffentlich umgehängte Schnur ist eine Aufforderung an alle seine Schuldner, ihre Schuld bei ihm zu begleichen, damit er alle die nötigen *Môka*-Gegengaben zusammenbringt.

ömbidl in die Hand nehmen, anfassen.

amboglpa ni in die Hand nehmend reden = rechtskräftige Aussagen machen (siehe *mi ömbidl*).

ömndui veranlassen, in die Hand zu nehmen (sc. die Waffe) = herausfordern.

öntipa weit entfernt.

öŋgidl stehen.

öŋndi veranlassen, zu stehen = aufstellen, errichten.

öŋin mein/sein Geschwister gleichen Geschlechts.

öŋinödl meine/seine Geschwister gleichen Geschlechts; Name für die Untergliederungen einer *anda-kaŋem*-Gruppe = die Brüderschaft(-sgruppe).

öp; öp nui die Schadenfreude; schadenfroh sein.

örnt das Wildschwein.

öts rui (Tiere) aufziehen.

wuö e kôr-ents öts ropa mepa anderöm den Mann ziehen die Geister gross = sie verschaffen ihm viele Kinder, Schweine, Wertsachen, Nahrungsmittel.

kuŋ öts-its das (von einer Frau an der eigenen Brust genährte) Schoss-Schweinchen.

padlŋa Schweinestand, Abteil für Schweine im Hause.

pae Voraussage, Ankündigung künftiger Dinge.

pagla; pagla iti Zaun; einen Zaun machen.

paka die Astgabel.

nombogla paka die Wegkreuzung.

paka pugli sich selbst zu seinem Recht verhelfen.

paka rui unterstützen, beistehen.

konts-paka neuartig, bisher unbekannt.

êk konts-paka eine bisher noch nicht vorgekommene Rede, ein neuartiges Problem.

kona konts-paka ein ganz neuer Platz, eine bisher noch nicht betretene Gegend.

pana (auch pona) Feld.

kim-pana Gemüsegarten.

pana rögli einen Garten bepflanzen.

pana ru a) die Feld-Abteile; b) Name für die Untergliederungen einer Ableger-Mi-Gruppe.

papa die Kinder einer Frau und die Schwestern dieser Frau, die nach aussen hin unter dem Mutter-Kind-Verhältnis klassifiziert werden, stehen unter sich im *Papa*-Verhältnis; weshalb sie sich auch gegenseitig „*Papa*" anreden.

papamen Plural für *papa*.

para; para pi weit, breit; sich ausbreiten.

para têi offen zutage liegen.

nemba para dui bekennen, beichten.

patêkêdl rui öffnen.

ek patêkêdl rui Gründe aufdecken, Sachverhalt genau darlegen.

pe bedeutungslos, nichtssagend, wirkungslos, zwecklos.

pe mundi als ganz unwichtig abtun.

pe pi ganz unwichtig sein, sich als Nichtsnutz erweisen, völlig wirkungslos verpuffen.

pe rui einebnen.

pea; pea dui leicht; machen, dass etwas leicht ist.

pea ni leicht sein.

pedl die Querleisten am Zaun, die Dachlatten.

pêdla; kuŋ pêdla männlich; das männliche Schwein.

pedlêŋ, pedlêŋ iti Magen; satt sein.

pen ni ganz geschwind sein.

pena der eingeebnete Platz, der Hofplatz.

môka pena der *Môka*-Platz = Platz für alle öffentlichen Veranstaltungen, die nicht-kultischen Charakter haben.

penadl pindi veranlassen, dass es auf den Hofplatz zu liegen kommt = öffentlich tun, öffentlich verhandeln.

nemba penadl pindi auf dem öffentlichen Platz Anklage erheben.

penadl kûŋ auf dem Hofplatz Schwein = Name für das öffentliche Hochzeitsopfer.

pena pi Hofplatz gehen = hinausgehen.

pena ti Hofplatz nehmen = hinausnehmen (von Geistern gesagt, die eines Menschen Seele entführen und draussen festhalten.)

pena ui Hofplatz kommen = herauskommen.

peŋ der Kopf, das Haupt.

peŋ di das Kopfhaar.

peŋ di mugli ungeschorenes, langes Haar haben.

peŋ di nui Kopfhaar essen = Todeszauber (unwissend essen).

peŋ di ŋui Todeszauber verabreichen.

peŋ dui veranlassen, dass es Kopf geht = hinunterschlucken.

peŋ koia das Gehirn.

pey koia pêi Gehirn vorhanden sein = wissen, was man zu tun hat.

peŋ kumaŋ rui der Medizinmann unter Murmeln von Zaubersprüchen einem die Haare ziehen (soll gegen schwere Kopfschmerzen und Geistesstörung helfen.)

peŋ konts ti Kopf lebendig nehmen = aus Lebensgefahr erretten.

peŋ maŋa; peŋ maŋa röki Schädelhäuschen; ... errichten.

peŋ maŋa röŋamb wadl	die spinnwebenartige Verbindung zwischen den Verstorbenen und den Hinterbliebenen, die zum Hinterhaupt der Menschen hin besteht.
peŋ e min e-ŋa mi-maŋa	das Haupt ist das Nest der Seele = der Sitz der Seele, die zum vollen Menschen als ein Zweites hinzukommt, befindet sich auf dem Haupt.
peŋ mugli	Kopf dasein = die herkömmliche Kopfhaube mit Schmuck tragen = ein vollwertiges Mitglied der Gruppe sein.
peŋ mudl wuö	ein Mann, der einen Kopf hat = der die Kopfhaube trägt = der durch die Initiation in die Gemeinschaft der Männer aufgenommen ist.
peŋ ömbidl	den Kopf anfassen = sich die Haare ausraufen.
ten peŋ amboglpa mepa öndi	uns den Kopf anfassen und fürsorglich umhertragen = einen Menschen behüten und bewahren (wird von den verstorbenen Eltern und Verwandten gesagt, die einen behüten).
peŋ amboglpa ti	Kopf anfassend nehmen = von Krankheit, Gefahr, Unfall, Tod bewahren.
peŋ röp iti	den Kopf bewachen=jemandem ein wirklicher Freund sein (sc. den Sitz seiner Seele bewahren, sein Leben behüten).
peŋ röp wuö	der wahre Freund.
wuö peŋ	Mann-Haupt = der Häuptling.
perka pi	sich ungebührlich aufführen.
peruli miŋ	die kleine Pan-Flöte.
peta rui	querliegen; in die Quere kommen.
pii (oder pêi)	liegen.
pidli	hören; empfinden.
pindi	zum Liegen veranlassen = hinlegen.
têpa ur pindi	(ein Kind) nehmen und Schlaf liegen machen = zum Schlafen hinlegen.
êk ti pendepa ni	gegen jemanden eine Anklage habend reden.
pints	ein Farnkraut, das zum Einwickeln von Leichen verwendet wird (und daher als Träger von Todeskräften gilt).
pipidl; pipidl iti	Scham und Scheu; sich schämen, scheuen.
kôr pipidl iti	sich vor den Geistern „schämen" = scheuen.
pirpagla	Schlafabteil im Männerhaus (jeder hat ein Abteil für sich, damit nicht ein Schlafkamerad dem andern, wenn er in tiefem Schlaf liegt, Todeszauber in den offenen Mund schütten kann!).
podl	die Plattform.
podl etepa ti	eine Plattform gebrauchend nehmen = mit fremden Gruppen Tauschhandel treiben, indem man die Vermittlung anderer Gruppen beansprucht.
de podl; nô podl	die Leiter; die Brücke.
rats podl	das Gestell.
glapa podl	die etwa zwei Meter hohe und sehr lange Plattform, von der aus bei grossen Festen die Fleischverteilung erfolgt.
kôr e-ŋa podl	Geister-Plattform = die Geister haben irgendeine Pflanze usw. als Plattform oder Unterlage als ihren „Träger"; ohne ihre eigene Plattform können sie nicht dasein.
pogla; de pogla	Zweig; Zweige der Bäume.
pogla bo	a) Zweig Setzling = Deckname für die Cordyline, die man bei der Geburt eines Kindes pflanzt und zwar dort, wo man die Plazenta und die abgefallene Nabelschnur begräbt. In der Cordyline glaubt man die gleiche Lebensmacht wirksam wie in dem betreffenden Kind; daher das Gedeihen dieser Cordyline auch Gedeihen des Kindes bedeutet; ihr Misswuchs aber Krankheit und Tod.
pogla bo	b) Deckname für die Zierstrauchständer (Kulthügel) auf den *môkapena* der *Mbowamb*. Die Ziersträucher holt man vom gemeinsamen *kona wiŋndi*, Ort schöpferischen Geschehens, der *Mi*-Gruppe und pflanzt sie auf dem eigenen *môka pena* der Brüderschaftsgruppe ein; so hat man seinen besonderen Anteil an der *Mi*-Macht der ganzen Gruppe.
pogla bo	c) Deckname für die auffällig geformten Steine, welche die Wachstumsgeister repräsentieren; etliche solcher Steine werden unter den Zierstrauchstandern vergraben.
pogla bo moglpa amb na, kûŋ medl bö kondopa taŋga	der Zierstrauchständer soll Frauen, Schweine und Wertsachen für uns herbeiziehen.
pogla ŋui	d) Deckname für Todeszauber = einem gegen Bezahlung gedingten Zwischenträger den Todeszauberstoff aushändigen, dass er ihn dem ausersehenen Opfer heimlich ins Essen oder im Schlaf auf den Kopf oder in den offenen Mund schütten soll.
ropa pogla ŋui	nach erfolgreicher Verabreichung des Todeszaubers einen Cordylinenzweig an den Auftraggeber überbringen, um den versprochenen Lohn einzufordern.
pogla köiö	Cordylinenzweige, die die Männer als Gesässbekleidung tragen.
pogla rui	Zweig abschlagen = abbrechen.
nombogla pogla rui	den Weg abbrechen = die Beziehungen abbrechen.
pona (siehe pana)	das Feld, der Garten.
ema pona	das Busch-Feld, das mit Buschen und hohem Gras bestandene Land.
kim-pona, oka-pona	Gemüsegarten; Süsskartoffelfeld.
pona okapona bö	alle die bebauten Felder.
poneŋ (siehe tema)	Besucher, Gast; etwas Neues, bisher Unbekanntes.
poneŋ pi, poneŋ ui	auf Besuch gehen; auf Besuch kommen.
têpa poneŋ indi	gastlich aufnehmen.

êk poneŋ	eine Rede, die von aussenher kommt; die uns neu ist.
medl poneŋ	Wertstück oder Gegenstand, der hier neu ist.
pontorn	die Nachkommen aus einer weit zurückliegenden Eheverwandtschaft.
poŋ rui	ausnahmslos, restlos.
poŋ ropa ui	alles kommen, ohne dass auch nur eines zuruckbleibt.
poŋgla ni (auch: *pöŋglou*)	rasend dahinfegen (z. B. Grasbrand).
edl poŋgla nemba ints mêi	der Kampf, der nach der Seite des Feindes hin wogt; die feindliche Front ins Wanken kommen.
poŋendaam	der Abgerissene, Gemeinschaftslose.
pop dui	zu einem Haufen ansammeln, aufstapeln.
popogl	die schwere Verstimmung; Zorn, der nach Rache verlangt.
pôra dui; pora ni	alle machen, aufbrauchen; alle sein, . . . werden.
pora pi	sich von selbst verbreiten.
pradl iti	sich um etwas streiten.
pradl ni	hell, klar, licht werden.
praem	das Ziel, das Zentrum der Zielscheibe.
êk praem	das treffende Wort, die unwiderlegbare Wahrheit.
praem pi	ins Ziel treffen, den Nagel auf den Kopf treffen.
nemba praem pindi	wahrmachen, was man gesagt, versprochen hat.
pu; pu rui	Urin; urinieren.
pugl	Wurzelstock; Grund, Ursprung, Anfang; Sinn und Bedeutung, Erklärung.
edl pugl popogl iö	die Ursache des Krieges ist der Rache-Zorn.
pugl mundi	den Anfang mit etwas machen.
pugl-wuö	der, der den Grund legt = der Ursächer, Urheber, Erfinder, und eben deshalb auch: der Besitzer.
pund; pund iti	kurz; kurz sein; das Endstück von etwas sein.
pund	die Schulden, die ausstehenden Gegengaben (als fehlendes Endstück zu den Gaben).
pund ropa ŋui	die Schulden bezahlen.
pup; kûŋ pup	Pflock; Schweinepflock (bei öffentlicher Übergabe von Schweinen an eine andere Gruppe, wird jedes Tier an einen Pflock gebunden, so dass lange Reihen angepflockter Schweine dastehen.
pup öki	Pflock ausgraben = Nutzzauber machen, um viele Schweine und Wertsachen zu gewinnen. Die Vorstellung dabei ist die, dass böse Menschen oder Geister den Zustrom von Wertsachen und Schweinen nach der Siedlung der Festveranstalter durch Einrammen eines magischen Pflockes (= Fluchzauber) unterbunden haben. Der Medizinmann muss diesen Pflock ausgraben (= den Fluchzauber entkräftigen), indem er mit einem Kasuarknochendolch den Boden um die vorhandenen Wertsachen und Schweine her aufgräbt, also den magischen Bannkreis sprengt, der weitere Leute davon abhält, auch Wertstücke oder Schweine zum kommenden Fest beizutragen.
pup pugli	einen Pflock einrammen.
pup rui	Pflock einschlagen = Fluchzauber machen, der den Zustrom wirtschaftlicher Güter zur Siedlung der Rivalen und Feinde unterbinden soll.
radl	der 2. Tag von heute aus gesehen und zwar sowohl vorwärts als auch rückwärts.
ragl (mit Druckakzent)	Zahlwort: zwei.
ragl (ohne Druckakzent)	pers. pron. 3. p. dualis: sie beide.
rak dui	gemeinsam.
ten-ŋa rak dopa	für uns alle gemeinsam.
raka; raka ni	Ruhe, Stille; still (schweigend) verhalten.
raka rui	mit der Wurzel ausreissen.
oka raka rui	ein Süsskartoffelfeld völlig abräumen.
ki raka rui	Hand ausreissen = Lösegeld geben (damit die Hand, die jemanden oder etwas festhält, loslässt).
êk raka rundi	jemanden bei anderen schlecht machen.
rapa	das Männerhaus als Name für die Aufgliederungen der *Anda-Noimp*-Gruppen.
maŋa rapa	das (konkrete) Männerhaus.
rapadl ŋui	ins Männerhaus hineingeben = dem Ehemann der eigenen Tochter oder Schwester Sühnegaben geben, weil sie ihm untreu war.
rara	Anrede für nicht-verwandte Respektspersonen, etwa unserem „Herr" entsprechend.
rara-je ni	„mein Herr sagen" = es ist recht, ich will tun, was du sagst.
raŋamaŋamb	Spinne.
raŋamaŋamb wadl	Spinngewebe.
raŋamaŋamb wadl kugli	ein Spinngewebe herstellen (die toten Angehörigen spinnen ein feines Gewebe zum Haupt ihrer Hinterbliebenen hin).
raŋörnt	a) die hell-leuchtenden Sterne; b) Name einer Überirdischen (wenn sie uriniert, regnet es auf Erden).
mipidl raŋörnt ragl	die kleinen und die grossen Sterne.
rareŋ (auch râp) rui	Tauschhandel treiben.
reglaep rui	sich in einer Linie aufstellen.
rênaŋ	Kunde.
kump rênaŋ tsi iti	eine Traum-Botschaft erhalten (dass es Krieg geben wird usw.).

rênaŋ-wamb	Kunde-Leute = menschenähnliche Wesen, die auf hohen Bergen hausen und von dort Kunde kommender Ereignisse ins Land der Menschen schicken.
rogl	lang, weit.
rondogl	stark, mächtig.
ten-ŋa medl rondogl e	unser machtvolles Ding = das Gruppen-*Mi*.
rokopa	der Erdofen, die Kochgrube.
rom	das Raunen des Windes in den Bäumen; das Lob.
rom rundi	jemandes Lob singen.
röŋ rom iti	denen ein Festessen geben, die für einen gearbeitet haben.
rönts; oka rönts rui	Bündel; ein Bündel Süsskartoffeln, in Schilfgras eingeschlagen, mitnehmen, wenn man auf Handelsgänge oder Besuch ausgeht.
rögli	tr. pflanzen; intr. wachsen, werden, sich verwandeln in etwas.
têpa röndi	nehmen und veranlassen ein . . . zu werden = naturalisieren, einbürgern.
rödlip; amb rödlip rui	Polygamie; sich viele Frauen nehmen.
röŋ	die vegetabile Nahrung.
kûŋ röŋ bö	die vegetabile und die Fleisch-Nahrung.
röŋ nui	essen.
röŋ ŋui	zu essen geben, bewirten.
rapa röŋ ŋui	bei grossen Festen das Essen an die *Rapa*-Gemeinschaften verteilen.
röŋ pêi	Essen liegen = Todeszauber aus Leichensaft, Haaren, Nägeln usw. zu sich genommen haben (so dass nun „Essen [im Magen] liegt").
röŋi; de môŋ röŋi	brechen, pflücken; Früchte pflücken.
êk röŋi	Rede brechen = Anklage erheben.
kona röŋi	Land brechen = Tag anbrechen.
têpa röŋi	nehmen und brechen = die schuldigen Gegengaben nicht leisten.
raŋgêpa ti	brechend nehmen = sich an einem Dritten schadlos halten (sc. an einem Sippenbruder des Missetäters gemäss der Sippenhaftpflicht), wenn Gegengaben oder auch Suhnegaben verweigert werden; die beteiligten Sippengenossen sollen es dann unter sich selbst ausmachen.
röŋmö	der Tag; auch im Sinn von „Lebenszeit" gebraucht.
epri röŋmö ragl	Tag und Nacht (als Zeitbegriff im Gegensatz zu *rumbugl ants ragl* natürliche[r] Tag und Nacht).
ou-röŋmö	Gross-Tag = der Mittag.
röŋgidlmö	am Tage.
röŋgidlmö arndepa mugli	am Tage umhersein = noch am Leben sein.
roŋa; roŋa iti	Angst; aus Angst entweichen.
rorwargle	durcheinander.
rorwargle iti	durcheinandermachen (den Sinn der Leute, so dass sie nicht mehr wissen, woran sie sind).
ru; rui kui	Graben; einen Graben ausheben.
ru kon	die Längsgräben der Felder.
ru pogla	die Quergräben.
rui	Verbalnomen: das Schlagen; Schläger = Beil.
rui	verb: schlagen, angreifen, bekämpfen.
ropa kundi	durch Schlag zum Sterben veranlassen = erschlagen, töten.
ropa nui	schlagen und fressen = einem die Lebenskraft aufzehren und dadurch vernichten (sc. durch Anwendung von Todeszauber oder durch Herausforderung des Gruppen-*Mi* durch gemeinschaftswidriges Verhalten).
ruk; rukruŋ (rukur)	innen, mitten; innen drin.
rukruŋ oroŋa	auf der Innenseite; der „Drinnen-Bereich" = Lebensbereich der eigenen Gruppe.
rukruŋ ui	zurückkehren in die Heimat und ihre Gemeinschaft.
rumbugl; rumbugl rui	Nacht; Nacht schlagen = Nacht einbrechen.
ou-rumbugl	Gross-Nacht = Mitternacht.
rumints	der Hauptpfosten.
wuö rumints	der Mann, der Halt und Stütze seiner Sippe ist.
rupndi	geschickt sein, können; meisterhaft machen.
ruri	aushöhlen, bohren.
ruti	abschaben, glatt machen, polieren.
êk ruti	einen Streitfall schlichten.
ta	Vater (ohne Beziehungssuffix).
tepam, tepamadl	mein/sein Vater; meine, unsere Vater. seine/ihre Väter.
tepanem, tepanemadl	dein/euer Vater; deine/eure Väter.
wo-ta; kaŋ wo-ta,	Mann-Vater; Knabe Mann-Vater;
ambogla wo-ta	Mädchen Mann-Vater = gegenseitige Anredeformen zwischen einem Vater und seinen Kindern (Vater und Kinder sind unter dem *Ta*-Verhältnis klassifiziert; daher diese gegenseitigen Anredeformen).
tamb	Dreingaben; Träger magischer Macht, die Gesundheit, Heil und Glück bringen (insonderheit von den Rinden, Kräutern, Erden usw. gesagt, die die Medizinmänner zur magischen Heilkur verwenden).
te; te têi	Exkremente; Notdurft verrichten.
te pu ragl etepa kögli	Stuhl und Wasser unwillkürlich abgehen und sich damit verunreinigen = von Schrecken und Entsetzen gepackt werden.
tedl	wir beide.
têi	tr. hinlegen; intr. liegen, vorhanden sein.
têi-medl	das Hingelegte, Bleibende, Verlässliche; Bezeichnung für das Gruppen-*Mi* in seiner religiös-rechtlichen Funktion.

têi-wamb	Hinleg-Leute = die Überirdischen (siehe *ogla-wamb*), die alles für den Menschen Lebensnotwendige bereitgelegt haben.
Têi-wuö	Hinleg-Mann, Hinleger; Überirdischer (ein Überirdischer hat jeweils einen „Menschensetzling gepflanzt", d. h. er ist der Vater des „hochwohlgeborenen Knabens, der aus dem Vogelei kam und der Erste seines Stammes wurde, dem dann dieser überirdische Vater auch das Gruppen-*Mi* ,hinlegte' ").
teem	die Nabelschnur; wird auch gebraucht, um die Verwandtschaft mütterlicherseits anzuzeigen, mit der Heiratsbeziehungen ausgeschlossen sind.
temadl	Vorzeichen, Omen.
temadl kona	ein Platz, der magisch gefährlich und deshalb zu meiden ist.
temaan	Geschichte, Erzählung.
kaŋ temaan	Märchen (Sagen) und Geschichten.
temba rui	umfullen (von einem Gefäss in ein anderes).
kandepa temba ropa mugli	sehen und umfüllen (sc. ins eigene Gedächtnis) = von anderen abschauen, um es auch so zu machen.
tembop iti	die eigene Gruppe zur Beichte verheimlichter Vergehen, Misstimmungen auffordern (geschah vor einem Kriegszug oder Handelsunternehmen, Hochzeit, Tanzfest usw.), damit innerhalb der Gruppe nichts Trennendes vorliege, das ihre magische Machtigkeit beeinträchtigen könnte und so das geplante Unternehmen misslingen musste.
ten; ten-ŋa; ten-ken	wir; unser/für uns; mit uns.
tetêkel ni	Locher vorhanden sein (in einem Zaun).
tetêkedl dui	tr. durchlöchern (von den Geistern sagt man, wenn man ihnen keine Opfer darbringt, dann durchlochern sie [den schützenden Zaun] und öffnen allem Unheil Tür und Tor).
ti	irgendeine (-r, -s).
ti	nehmen.
têpa mindi	nehmen und für jemanden tragen = helfen.
têpa mundi	nehmen und dasein lassen = hintun, unterbringen, aufnehmen.
têpa mundi bö	die Aufgenommenen (Menschen aus einer anderen patrilokalen Gruppe, die also ihrer patrilinearen Abstammung nach nicht in die Gruppe gehören, die sie aufgenommen hat).
têpa pindi	nehmen und machen, dass er (sie, es) liegt = hinlegen, aufbewahren; da wohnen lassen.
têpa pindi bö	dasselbe wie *têpa mundi bö.*
têpa pindi pindi iti	nehmen und Hinlegen tun = einem innerlich immer vorschweben (z. B. das Bild eines Verstorbenen); einem dauernd im Sinn liegen, immer eingedenk sein.
tii ni; wamb-ent tini	voll sein; von Leuten voll sein.
tiki pugli	sich verirren.
tiki pundi	machen (veranlassen), dass sich jemand verirrt.
tiki rui	jemanden anführen, „zum besten halten".
tikidl rui	sich häuten (Schlangen) Rinde abwerfen (Bäume) vom Menschen: sich verjüngen.
kui-ken tikidl ragl	das Sterben und das Sich-verjüngen.
na-glpon tikidl ruimin i	Würden wir doch nicht sterben müssen, sondern uns ewig verjüngen!
timum ti	rauschen, brausen; mächtigen Eindruck machen.
tip; ki tip	Ecke; Ellbogen.
tepam-ŋa ki tip köni	des Vaters Ellbogen beobachten = ihm bei der Arbeit, im Handel, beim Hausbau usw. zusehen, um zu lernen, wie man es macht.
ki tip idla mugli	am Ellbogen stehen (von den Geistern gesagt) = einem beistehen, so dass er in allen Unternehmungen Glück hat.
tip keta iti	umdrehen (in vertikaler Richtung).
tipö	dasselbe wie *kôr* (*tipö* wird nur in der *Medlpa*- und *Kopon*-Gegend gebraucht).
tipêkö; tipêkö têi	halbvoll; nur halbvoll sein.
tiprögl; tiprögl-pona	Gurke; Gurkenfeld.
tirndêglem	der vom Opfer aufsteigende Wohlgeruch.
to; to ti	das Mass; vergleichen.
êk to têpa ni	einen Vergleich gebrauchen.
môŋ to têpa iti	Auge Mass nehmen und tun = nachahmen, nachmachen.
to rui	Mass schlagen = abmessen.
to ropa kapogla mindi	abmessen, dass beides gleich lang ist.
ugl (kurzes *u*)	Gepflogenheit, Sitte, Brauch; Art und Weise; grossartige Veranstaltung, Kunststück; Vorgang, Ereignis numinoser, mysteriöser Art.
ugl kae	gute Sitten; Festveranstaltung richtiger Art (sc. mit viel gutem Essen, vielen Wertsachen); geheimnisvolles Ereignis, das Heil bringt.
ugl kits	schlechte, bose Sitten; schlechte Festveranstaltung; geheimnisvolles Ereignis, das Unheil bedeutet.
ugl (langes *u*); *uglŋa*	adv. für immer, ewig; adj. ewige (-r, -s).
ugl pidli	für immer wissen; einem unvergesslich sein.
uglŋa kona	das Land fur immer = das Totenreich.
uglŋa nombogla	der Weg für immer = der Weg ins Totenreich.
uglŋa nombogla pi	den Weg für immer gehen = sterben.
uglŋa ui	kommen, um für immer zu bleiben (siehe *keakaŋa*)
uglimb; kona uglimb	Nabel; Nabelort, Zentrum.
kona uglimb i tetêm	da, wo der Mittelpunkt des Landes (der Erde) ist, wohnen wir! (aussenherum woh-

idla ten pep moromon	nen die Geister).
ten-ŋa kona uglimb i	unser Mittelpunkts-Platz (jede Gruppe hat ihren eigenen *kona uglimb;* es ist der Platz, an dem der Urahne des Stammes einst die geheimnisvolle Verbindung mit seinem überirdischen Erzeuger erlebte und ihm das Gruppentotem zum erstenmal begegnete).
uglödl ui	ein Ereignis „eintrittsreif" sein = vor der Tür stehen, nun in Bälde hereinbrechen.
ui (langes u); ui têi	a) Dreck, Pfütze; Pfützen dasein, Weg schmutzig sein.
ui; ui kedla	b) Farberde; Rötel.
ui kaem; ui koka	weisse . . .; gelbe Farberde.
ui muuk; ui waema	bläuliche Farberde; farbiger Saft des Waema-Baumes.
ui pöki	sich mit Erdfarben — ohne besondere Muster — einschmieren.
ui pundi	(Schweine) mit (weisser) Farberde einschmieren, damit sie gesund bleiben und fett werden.
ui waep iti	sich mit Farberden bemalen (um die Augen, den Nasenrücken, die Stirn, das Kinn, die Wangen).
ui (kurzes u)	das Kommen (Verbalnomen); Zeitabschnitt, Zeit.
pana ui bö	die Fruchtzeiten und besondere Zeitabschnitte.
pedla kana ui bö	die Sehen-Hören-Zeitabschnitte = alle Zeit.
pedla kana ui bidla	= zu allen Zeiten.
edl ui	die Kriegszeit.
wamb menao ui	die Leute-Sterbe-Zeit = Zeit, in der eine Epidemie auftritt.
ui nontopa iti	die besondere Zeit, für die etwas vorgesehen ist, nahekommen.
ui	verb: kommen.
ui ui	der vorgesehene Zeitabschnitt kommen.
ur kugli	heilen.
ur; ur pêi	der Schlaf; Schlaf liegen = schlafen.
ur kump; ur kump iti	Traum; träumen.
ur kump etepa köni	im Traum sehen.
ur pindi	tr. jemanden zum Schlafen hinlegen.
ur ui	einem der Schlaf kommen.
utima	morgiger Tag, morgen.
utima radl ragl	der morgige und übermorgige Tag = gelegentlich; in nächster Zukunft.
utima kanimin i	wir können wohl den morgigen Tag sehen =wir können wohl in die Zukunft schauen?
wadl; wadl iti	Netz(-sack); Netz stricken.
wagl idlö	Blattrippe vom *kunung*-Strauch, die als Einlage beim Netzstricken verwendet wird, um die Grösse der Maschen zu bestimmen.
wadl kum	Netzsack für die Habseligkeiten einer Frau.
wadl kumbana	Netztasche der Männer.

de kumba wadl	Baumrindennetz = die Rindentasche, in die die Goldrandmuscheln gesteckt werden.
wadl mêi	ein Netz tragen.
wadl rökidli	in den Netzsack stecken.
wagl; köi wagl	das Junge; das Vogeljunge (auch für das Kind im Mutterleib gebraucht, weil ja der Stammes-Erste einst aus einem Vogelei kam).
kûŋ wagl	Ferkel.
wagl mundi	trächtig sein.
wagl ti	Junge nehmen — Junge kriegen.
waglêm	einzigartige (-r, -es), unvergleichliche (-r, -s).
wak iti	beobachten, auflauern.
wak rui	loslassen, sein lassen.
waka	Leere; der Luftraum.
waka iti	Leere machen = Verlangen haben.
röŋ waka iti	Speise Leere machen = Hunger haben.
nô waka iti	Durst haben.
waka dui	machen, dass eine Leere da ist = ausweichen.
wakadl mugli	in der Leere leben = allein dastehen (wörtlich und im übertragenen Sinn).
têpa wakadl mundi	nehmen und machen, dass man in der Leere da ist = die guten Geister ihren Schutz zurückziehen, weil man die religiösen Pflichten ihnen gegenüber versäumt hat.
waka têi	frei, leer unbesetzt sein (ein Platz); (eine Gegend) unbesiedelt, unbebaut sein.
wam; wamadl	mein/sein, ihr Ehepartner; die Mehrzahl davon.
wanem; wanemadl	dein/euer Ehepartner; die Mehrzahl davon.
wam amb e	die Ehefrau (*amb*, Frau, und *wuö*, Mann, wird also gebraucht, um das Geschlecht des Ehepartners zu benennen).
wam wuö e	der Ehemann.
wamb (w = engl. w)	Leute, Menschen (zusammengesetzt aus *wuö*, Mann, und *amb*, Frau); wird auch singul. gebraucht im Sinne von Mensch.
wamb edlka öŋndi	demjenigen Bezahlung leisten, den man beauftragt hat, einen anderen im offenen Kampf oder aus dem Hinterhalt umzubringen.
wamb kôr kui bö	die Verstorbenen.
wamb maŋa rui	Leute Haus schlagen = einen nächtlichen Überfall auf die Bewohner eines Hauses machen.
wamb nui wamb	Leute Essen Leute=Menschenfresser (nach der Überlieferung der *Mbowamb* gab es hellhäutige Menschen, die die *Mbowamb* erschlugen und auffrassen, wenn einer der ihren sich in das sagenhafte Land dieser Menschenfresser verirrte; als die ersten Weissen kamen, glaubte man, diese hellhäutigen Menschenfresser seien nun in das Land der *Mbowamb* eingebrochen. Weiter

wurde von manchen ihrer hellhäutigen Frauen gesagt, dass sie nachts zu den frischen Gräbern gehen, dort Fleischteile der Leiche herausschnitten, ins Netz steckten und zuhause heimlich brieten und verzehrten).

wamb öŋndi — Leute aufstellen = beerdigen (in offener Grube auf Holzgestell; die Leiche wurde nur mit Zweigen bedeckt und aussen wurde ein Zaun errichtet als Schutz gegen Hunde, Schweine usw. Das Fleisch sollte verwesen und abfallen, damit man die Schädelknochen fürs Schädelhäuschen und andere Knochen für Speer- und Pfeilspitzen leicht holen konnte).

wamb pagla — Menschen Zaun = Zaun um die Gräber.

wamb pêi — Menschen liegen = Todeszauberstoff aus Leichensaft, Fleisch, Haaren, Nägeln usw.; auf dem Feuer geröstet und zerstampft, einem im Magen liegen.

wamb räŋ ti — Leute Essen nehmen = von solchem Zauber befreien (durch den Medizinmann, der solchen Patienten abführende Kräuter gab).

wan oder waneŋ — heimlich.

wan . . ., waneŋ nui — heimlich essen.

waneŋ röŋ nui — Heimlichkeitsessen essen=sich geschlechtlich vergehen.

wan . . ., waneŋ ti — heimlich entwenden.

waŋ dui — langsam, ruhig, beruhigend tun, . . . sein, beruhigend wirken.

  nôman waŋ dui — sich innerlich beruhigen, den befriedigten, wieder ganz ausgeglichenen Seelenzustand erreichen.

waŋ dopa nemba ti — jemanden beruhigen, trösten, befriedigen.

waŋ ni — sich beruhigen, die innere Spannung nachlassen, wieder Seelenfriede herrschen, völlig befriedigt sein.

  popogl waŋ ni — der Rache-Zorn (durch vollzogene Rache oder erhaltene Sühnegaben) völlig gestillt, ganz abreagiert sein.

waŋen — ohne magische Mächtigkeit sein = klein von Wuchs, von geringer Habe, geringem Ansehen, völlig ohne Einfluss und ohne Nachkommen sein.

  amb waŋen (wuö waŋen) — unansehnliche, einflusslose und kinderlose Frau (. . . Mann).

waŋen mundi — zu einem *waŋen* machen (Subjekt sind die Geister).

waŋen pi — unfruchtbar, kinderlos, ohne Ansehen und Einfluss sein.

wapra — unbebaut, öde, wüst; zuchtlos, rechtlos; herrenlos.

wapra amb — Ödlandsfrau = die Hure.

wapra kona — das Ödland, recht- und herrenlose Land.

wapra maŋa — Hütte im Ödland, wo man die Schweine weiden lässt.

wapra pindi — machen, dass es wüst liegt = verwüsten.

wapra rui — plündern und zerstören.

  amb wapra rui — Frauen vergewaltigen.

  röŋ wapra rui — Felder ausplündern (im Krieg).

  ropa wapra pindi — (die Feinde) im Kampf besiegen und Häuser, Felder, Baumbestände völlig verwüsten.

  wamb nôman e ropa wapra pindi — eines Menschen Innenleben zerstören.

wawa (s. papa) — die Kinder eines Mannes und die Brüder dieses Mannes, die nach aussen hin unter dem Vater-Kind-Verhältnis klassifiziert sind, stehen unter sich (innerhalb der Sippe) im Wawa-Verhältnis; weshalb sie sich auch gegenseitig „*wawa*" anreden (wobei Generationstufe und Geschlecht durch den Zusatz von *wuö* Mann-*wawa*, *kaŋ* Junge-Wawa und *ambogla* Mädchen-*Wawa* bestimmt werden).

wawamen — Plural für *wawa*.

we — adv. absichts-, grund-, zwecklos.
adj. inhalts- und bedeutungslos; gewöhnlich.

we iti (mugli, ni, pi, ui) — ohne Grund und Zweck tun (dasein, reden, gehen, kommen).

  êk we mats ni — grund-, zweck- und bedeutungslose Reden führen.

  kona we nemba röŋi — der Tag zwecklos anbrechen = die ganze Nacht nicht geschlafen haben.

  wamb we bö — die gewöhnlichen Leute (die für uns keine Bedeutung haben), die Unbeteiligten; die blossen Zuschauer.

we-mants iti — alle Spuren verwischen.

wenda; amb wenda — die Altmutter; die alte Frau.

wend anda ragl — die beiden Alten (Alte und Alter).

wend ap — die Grossmutter.

wendep; amb wendep — Jungfer; Jungfrau.

wi — oben; topographisch: dort, wo das Land ansteigt, höher liegt.

wints (wönts) — nach oben zu.

wi; wi rui — Ruf; rufen.

wimbö — Kriechtiere.

wiŋndi — auf schöpferische Weise hervorbringen.

  kona wiŋndi — der Platz schöpferischen Geschehens (der Platz, den nach den Ursprungssagen ein „Oben-Mann" (siehe *ogla wuö*) oder *Têi*-Mann (siehe *têi-wüö*) zum Tanzplatz herrichtete, mit allerlei Ziersträuchern und Bäumen bepflanzte, dort dann den Ware-Tanz tanzte und wieder „nach oben" ging; der Urahne jeder Gruppe fand dann diesen Platz, sah dort „ewiges" Feuer brennen (Opferfeuer), brachte ein Opfer dar und dort begegnete ihm dann der „Bruder", das Gruppentotem.

wolt (s. wudl) — geographische Richtung: nach der Seite des Sonnenuntergangs zu, nach Westen.

wödlik — Eifersucht und Eifersuchtszauber.

wödlik amb — Eifersuchtsfrau=Mitfrau in polygamer Ehe.

wödlik-medl iti	gegenseitig eifersüchtig sein; sich gegenseitig durch Zaubermittel um die Zuneigung des gemeinsamen Eheherrn bringen.
wödlik rui	eifersüchtig sein; durch Zauber die Zuneigung des Eheherrn von den Mitfrauen weg und auf sich selbst hinwenden (man bespricht das Essen, das man dem Ehemann kocht, reibt sich mit wohlriechenden Blättern ein, steckt Pflöcke in den Boden vor der Tür der Mitfrauen, um einen magischen Bannkreis um sie zu ziehen).
wöjö; amb wöjö	Witwengras; die Witwe.
wömbugl-wambugl amb (wuö)	die Uralte (der Uralte).
wökögl rui	bedenkenlos, von keinem tabu beschränkt.
keta wökögl indi	jemandem den Mund bedenkenlos, tabufrei machen = ihn durch ein Opfer von seinem Fasten befreien (einem, der sich mit seinem eigenen Beil usw. verletzt hat, nimmt der Verwandte, der Zeuge war, dieses Beil usw. ab, damit der unzufriedene Totengeist es nicht noch einmal gegen ihn als Waffe verwenden kann; der Verletzte muss dann solange gewisse Speiseverbote auf sich nehmen, bis der Augenzeuge des Unfalls dem Geist des Verstorbenen des Verletzten ein kleines Schweinchen opfert, und sie beide das Opfermahl gehalten haben; das Werkzeug behält der Augenzeuge des Unfalls.)
wönö	die Basthaube der Männer.
wadl wönö	die einer Netztasche ähnliche Kopfbedekkung der Frauen, in der sie zugleich allerlei kleine Habseligkeiten mit sich führen.
wönö mana dui	jemandem die erste Basthaube aufsetzen = Akt der Pubertätsweihe.
wönö päki	sich die Basthaube aufsetzen.
wönö-pöki-kaŋ	der Basthaubenträger = der als Vollmitglied in die Gemeinschaft der Männer Aufgenommene.
wönö na-pöki-kaŋ	die ohne Basthaube = die Knaben, die die Jugendweihe noch vor sich haben.
wudl	die Seite des Landes, auf der die Sonne untergeht; Westen.
wudlö	ein Geist, der die Menschen dumm macht.
wudlö mundi	(Geist) einen Menschen veranlassen, dumm zu handeln (z. B. einen zu hohen Kaufpreis zu fordern, so dass aus der Sache nichts wird).
wudlö pi	vom Geist dumm gemacht sein.
wudlö wudlö iti	Verdummungszauber machen (unter Verwendung von Blättern, die als „Plattform" (siehe unter *podl*) des Verdummungsgeistes gelten, um jemandem die Sinne zu verwirren (um z. B. einen Dieb noch mehr zum Stehlen zu veranlassen, dass man ihn erwischen kann).
wudlö wudlö nô	Verdummungswasser = Wasser vom Platz des *wuglö*-Geistes, das man jemandem ins Trinkwasser mischt, um ihn zu verdummen.
wuö; wuö etemb	a) Mann; Mann von zwerghaftem Wuchs (solchen schreibt man besondere Schlauheit zu). b) der Männerhauspfosten (um ihn zu setzen, bringt man ein Opfer dar, legt besonders mana-haltige Fleischstücke in die Grube, bannt den Namen eines Rivalen und Feindes in die Grube und setzt dann den Pfosten darauf. Der Männerhauspfosten gilt als Sitz der verstorbenen Väter und Brüder, die so mit im Männerhaus anwesend sind. Der Pfosten zieht Wertsachen, Schweine und Frauen aus anderen Gruppen an, dass sie sie zu diesem Männerhaus bringen.)
wuö amb iti	Mann Frau tun = eheliche Gemeinschaft haben.
wuö mêi	Männer tragen = Schweine als Sühnegaben für die Gefallenen derer, die einem im Kriege geholfen haben.
wuö peŋ-adl iti	auf dem Haupte der Männer veranstalten = Wertsachen (besonders Goldrandmuscheln) denen öffentlich übergeben, die einem im Kriege geholfen haben, als Sühnegaben für ihre Gefallenen.
wuö pi	Mann gehen = heiraten (von der Frau; siehe *amb ti*).

SACHREGISTER

(Die Zahlen vor dem Doppelpunkt bedeuten die Kapitel, die Zahlen dahinter die Abschnitte oder Absätze.)

LITERATUR

Aufenanger, H. / Höltker, G. Die Gende in Zentral Zentral-Neuguinea. Wien-Mödling 1942.

Bamler, G. Tami. (In Neuhauss, R., Deutsch-Neuguinea, Bd. 3, Berlin 1911.)

Capell, A. Distribution of Languages in the Central Highlands, New Guinea. (Oceania, vol. 19, 1948/49.)

Elkin, A. P. The Australian Aborigines. How to understand them. London 1938.

Elkin, A. P. Delayed Exchange in Wabag Sub-District, Central Highlands of New Guinea, with Notes of the social Organization. (Oceania, vol. 23, 1952/53.)

Firth, R. An native Voyage to Rennell. (Oceania, vol. 2, 1931/32.)

Gitlow, A. L. Economics of the Mount Hagen Tribes, New Guinea. (Monographs of the Amer. Ethnol. Soc. vol. 12), New York 1947.

Groves, W. C. Secret Beliefs and Practices in New Ireland. (Oceania, vol. 7, 1936/37.)

Hogbin, A. Local Grouping in Melanesia. (Oceania, vol. 23, 1952/53.)

Hogbin, A. Shame (Maya). A Study of social Conformity in a New Guinea Village. (Oceania, vol. 17, 1946/47.)

Keysser, Ch. Aus dem Leben der Kaileute. (In Neuhauss, R., Deutsch-Neuguinea, Bd. 3. Berlin 1911.)

Lehner, St. Geister- und Seelenglaube der Bukaua und anderer Eingeborenenstämme am Huongolf, Neuguinea. (Mitt. a. d. Mus. f. Völkerk. Hamburg, Bd. 14.) Hamburg 1930.

Lehner, St. Die Bukaua (In Neuhauss, R., Deutsch-Neuguinea, Bd. 3. Berlin 1911.)

Levy-Bruhl, L. Das Denken der Naturvölker, Wien 1926.

Levy-Bruhl, L. Die Seele der Primitiven. Wien/Leipzig 1930.

Malinowski, B. Argonauts of the Western Pacific. London 1922.

Neuhauss, R. Deutsch-Neuguinea. Bd. 1-3. Berlin 1911.

Nilles, J. Natives of the Bismarck Mountains, New Guinea. (Oceania, vol. 14, 1943/44.)

Read, K. The social organization in the Markham Valley. (Oceania, vol. 17, 1946/47.)

Van der Leeuw, G. Phänomenologie der Religion.

Vicedom, G. / Tischner, H. Die Mbowamb. Die Kultur der Hagenbergstämme im östlichen Zentral-Neuguinea. 3 Bde. (Hamburg. Museum f. Völkerkunde. Monographien zur Völkerkunde I.) Hamburg 1943-48.

Williams, F. E. Natives of Lake Kutubu, Papua. (Oceania, Monographs No. 6, 1940.)

Wirz, P. Die Marindanim von Holländisch-Süd-Neuguinea. 2 Bde. Hamburg 1922/25.

Zahn, H. Die Jabim. (In Neuhauss, R., Deutsch-Neuguinea, Bd. 3. Berlin 1911.)

BILD-TAFELN

ALLE FARB- UND SCHWARZ-WEISS-BILDER
NACH PHOTOS VON HERMANN STRAUSS

Bild 1

Ja Köwudl wö kigl ken bö môka itiŋ ila mek pok moromen. Wal rukur ila mumök rok, ken wal rakelek, wandepent enemen.
Eŋa wamb peŋ etemen-mel. Aŋinal kimunal bö-ŋa peŋ di mat tek, rok ruk ruk etek, peŋ etemen.

Hier sind Bewohner der *Köwudl*-Landschaft. Sie tragen Perlmuttermuscheln zum *Môka*-Festplatz. Die Muscheln hängen in einem grossen Tragnetz, das an einer Stange getragen wird.

Die Perücke der Männer ist *Eŋa*-Einfluss. Man fugt zum eigenen Haupthaar noch Haare verwandter Männer und Frauen hinzu und zieht das Haarnetz darüber.

Bild 1

Bild 2

Mör etek, wö bö reglaep rok, mör etek pek, ditiŋ rok, ron ndok, móra kopetem rok, ogla mana etek petemen. Bal ralk moromen ia amb-bö-ent wö bal endetemen. Ken raem bö rombolk,
köi parka na bö-ŋa
di polk etek petemen.

Beim *Mör*-Tanz. Die Männer stehen in einer langen Reihe und gehen im Takt der Trommeln auf Zehenspitzen, dann in die Kniebeuge, immer auf und ab. Die Festschurzen sind aus Bastschnur gestrickt (Frauenarbeit). Auf der Brust tragen sie Faltenschnecken oder Perlmuttermuscheln. Der Kopfputz besteht aus Paradiesvogelfedern.

Bild 3

Dika Wak el ik nemba morom.
Wö peŋ-al etek, elem-ŋa kui
wö ni ŋomba enem.
Wö ti-ŋa ken eŋak ŋomba,
ti-ŋa enak ŋomba, kuŋ
pendepa ŋorom.
Ken ambolk moromen ia
wamb bö kandek nöiŋ nek enemen.

Hier halt *Dika Wak* eine Rede. Es geht hier um die Entschadigung der Kriegsverbündeten für ihre Gefallenen. Der Kriegsschuldige gibt für jeden Gefallenen seiner Verbundeten mindestens 8 Perlmuttermuscheln und Opfertiere. Die Manner halten die Muscheln an Bändern hoch, damit jedermann sie bewundern und den Geber laut loben und preisen kann.

Bild 2

Bild 3

Bild 4 und 5

Peŋ etek köi wal rok
(köi parka, kuri, maŋa, kete-
pa na köi mat-ŋa di bö)
Möi duma pendepa,
Ikraem pendepa,
koglepoke mo-ndopa,
ken rombolk moromen.
Ken bö kilt kalk,
ui kela roroŋ. Môka etek
kanan niŋ moromen.

Der Kopfschmuck ist ein Mosaik aus Federn vom roten, gelben, blauen Paradiesvogel und bunten Papagaienfedern. Manche tragen ein Muschelstirnband, andere eine Stirnscheibe (Cymbiumschneckenstück) einige tragen auch die Nasenscheibe (Conusschnekkenboden). Auf der Brust tragen sie die mit einem Baumharzring eingefassten Perlmuttermuscheln. Sie stehen aufgereiht zum Tanz beim Môka-Fest.

Bild 6

Ken kumndi rok, môka tiŋ
wö kigl ŋuiŋ enemen. Ken
bö kömp rok teŋkragl enemen.
Môka bo pendek jant ŋoroŋ
e-ŋa punt rok int ŋoromen.
Môka ŋoŋ wö bö, teŋ wö bö
kandek kaep nindiŋ e-ŋa
nek etek, wö mat rok mindiŋ
pelek, ten wö rondogl ugl
bö etemon wö, i nek etemen.
Men kan peaŋka moglöinin
nek, etep kôr kui bö numan
waŋ ndöimin nek etemen.
Môka e-ŋa popogl menal etek,
el etek, kort etek etemen.

Die aufgereihten Perlmuscheln werden an die Empfänger übergeben. Dabei werden sie etliche Male feierlich abgezählt.
Das Môka ist die offentliche Schuldentilgung für empfangene Wirtschaftsgüter. Es hat eine stark emotionale Seite in Richtung auf die Verherrlichung der Geber und Empfanger und der moralischen Genugtuung, den Rivalen und Gegnern (jedenfalls im Augenblick) wirtschaftlich und magisch überlegen zu sein.

Es dient der Untermauerung der guten Beziehungen zwischen den Gruppen, einschliesslich ihrer toten Sippengenossen. Entgegen dieser Intention war es aber oft Anlass zu Streit und Stammesfehden und heutzutage zu Gerichtsverhandlungen.

Bild 7

Kuŋ koelŋena tirndeglem
poglŋa petmen. Ja kuŋ bö
roŋgok moromen.

Ein Schlachtfest ist zugleich Opferfest. Hier werden die Opfertiere zerlegt (mit Bambusmessern).

Bild 4

Bild 5

Bild 6

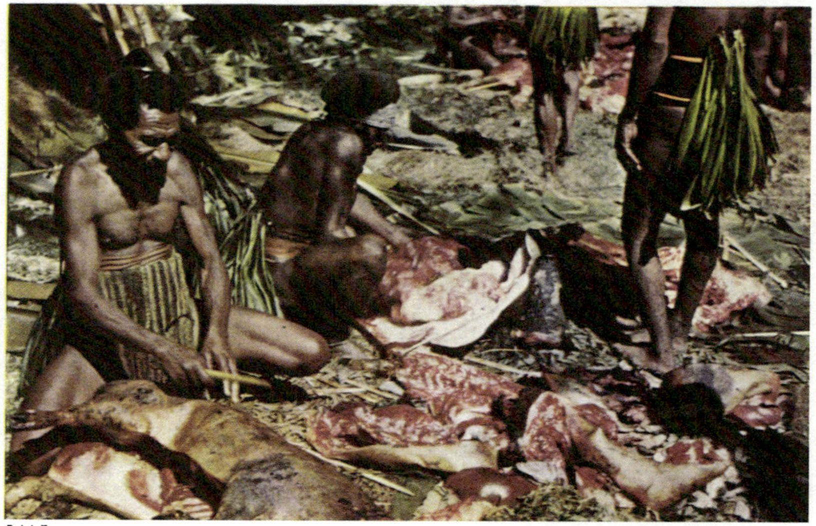
Bild 7

Bild 8

Köi rödl ila
köi di rogl ti poromen ia
kandek numan ŋoromen.
Rukruŋ moŋagl miŋ ila
mugl mat penaŋgel etek,
köi di elpa elpa aprek tek,
polk pendek poglŋena mon petem.

Das Federtürmchen mit der Paradieselsterfeder auf der Spitze gilt als besonders schöner Kopfschmuck.
Um ein Bambusrohr wird Basttuch gewickelt und in muhsamer Kleinarbeit werden die bunten Papagaienfedern zu einem Farbenmosaik zusammengesteckt.

Bild 9

Amb mat werlt rok pek,
köi doa mugl wagl etek,
duma na koglepoke mondok,
ui waep etek, raem rombolk,
gel wönöm ralk, i etek
werlt rok petemen.

Frauen beim Frauentanz. Sie haben sich Federn des Neuguinea-Adlers aufgesteckt, dazu Stirn- und Nasenscheiben angelegt, das Gesicht bemalt, Cymbiummuscheln umgehangt, sich gelbleuchtende Binsenschurzen gemacht, und so tanzen sie.

Bild 10

Komka-ken Poika ragl-ken
möi oi ila Poika-ent mi
mo-ndopa, ken-mel ui waep
etek pendeteŋ. Poika wö
ti räp etepa morom.
Ea mel bö tek noroŋ e-ŋa
punt rok ŋöiŋ nek eteŋ.
Ngui na-ŋoŋ ndam, Poika
mi-ent Komka kigl nomba.

Auf der Grenze zwischen den *Komka* und den *Poika* haben die *Poika* ein *Mi*-Zeichen aufgerichtet, auf dem mit Ocker eine Perlmuttermuschel aufgemalt ist. Ein junger *Poika*-Mann steht daneben Wache.
Das *Mi*-Zeichen ist ein Ultimatum an die *Komka*, ihre ausstehenden Schulden zu begleichen.
Wenn sie es nicht tun, wird das *Mi* der *Poika* die *Komka* „fressen" (d. h. die bei den *Komka* verheirateten *Poika*-Frauen oder deren Nachkommen werden plötzlich krank werden und sterben müssen, wenn keine Versohnung durch Bezahlung der Schulden erfolgt).

Bild 11

Mörn wö e rokopa de omoŋ-ent ou
ndopa peetem.

Der Zauberpriester sitzt in der mit bunten Blättern ausgelegten Kochgrube. (Vgl. hierzu die ausfuhrliche Beschreibung des „Oben-Anrufs" in Kap. 57:3, S. 393.)

Bild 8

Bild 9

Bild 10

Bild 11

Bild 12

Mörn wö koŋon ki tip-köni
wö e mörn omba wi ndonom.
Öpugl ti amboglpa morom.
Mörn wö-ent mörn ropa
kôr mondonom nemba, tepa
mo-ndondonom.
Mörn wö ti mundimin nek kanemen.

Der Schuler des Medizinmannes wird vom Geist ergriffen und heftig geschüttelt. Er muss sich an einem Stock festhalten. Sein Lehrer murmelt Zaubersprüche uber ihn, indem er ihm den „Geist-Empfang" bestatigt. Für die Öffentlichkeit ist dies seine Legitimation als angehender Medizinmann.

Bild 13

Kuŋ kakerna etepa, koglpa
ugl ti iti na-taŋga nemba
mörn rorom.
Kuŋ i ten-ŋa min i netemen.
E-mel mörn ugl kalk, ken na,
kuŋ kömp na ti noromen.

Der Medizinmann bespricht die Schweine, dass sie gedeihen und sich vermehren und keiner Seuche zum Opfer fallen.
Als Opfertiere sind die Schweine lebensnotwendig. Der Medizinmann erhalt als Bezahlung eine Muschel oder einen Schweineschlegel. (Hierzu siehe auch den Text zu Bild 35.)

Bild 12

Bild 13

ZU DEN SCHWARZ-WEISS-TAFELN

Als Erläuterungen zu den Tafeln werden im Folgenden Originaltexte wiedergegeben, die der Eingeborene *Dika Komapii Kombamoŋ* wörtlich zu den einzelnen Bildern gab. Hieraus erklären sich gewisse stilistische Mängel der sich so eng wie möglich an den *Medlpa*-Text haltenden deutschen Übersetzung.

Bild 14

Wö nuim Kaepa nempa ni ogla aŋgelpa, moke etepa mo-ntopa, el ik nemba morom.

Hier steht der Wö *nuim* namens *Kaepa* (Kasuarine) in seiner Festkleidung und hält eine öffentliche Rede.

Ateŋa rop koep ent e-mel kôr ou kel bä-ent elem tek rap ndok itiŋ nempa, pelepa ruk ntopa möra mo-ndopa nemba enem.

Er spricht in dem Bewusstsein, dass nun alle grossen und kleinen Geister zu seinen Diensten stehen, nachdem er ihnen die Opfer dargebracht hat.

Wö nuim e wänä pakepa,
koi raima poglpa,
Ikraem pendepa, poke mo-ndopa,
omak pendepa,
kak raglpa,
kuŋ öi bal raglpa,
pogla köiö raglpa,
el amboglpa, i etepa moglpa
el ik nemba morom.

Der Wö *nuim* steht da mit der Basthaube und dem Kasuarfederbusch auf dem Kopf, dazu mit dem schmaleren Stirnband (*Ikraem*), der Nasenscheibe, den *Môka*-Stäbchen, dem Rindengürtel, der Festschurze mit den eingeflochtenen Schwänzen der Opfertiere, dem Gesass-Decklaub und mit Pfeil und Bogen in der Hand, und so hält er die Festrede.

Ea elem-ŋa wamb kekl kedl bä tepa keköp etepa-ken, kôr ateŋa ropa, kôr kui bä kontopa nemba-mel:

Er führt aus, wie er all' sein Volk zusammengebracht und den toten Sippengenossen geopfert hat, indem er im Opfergebet so zu ihnen sprach:

Na môka etep, kuŋ koep,
ugl bä itimb ent. E-ken enim
ok koemp-al pok,
kuŋ mel bä akek etaŋena
kona bila antep,
kuŋ mel bö tep mep omp,
moka etep,
kuŋ koep i etaimp.

Ich bin dabei, ein *Môka*-Fest zu geben und zu opfern. Kommt ihr nun also und geht mir voran, indem ihr die Leute willig macht, mir die Schweine und Muscheln zu geben (die sie mir schulden), so dass ich in allen Siedlungen, in die ich gehen werde, Schweine und Muscheln heimbringen, das *Môka* geben und Opfer darbringen kann!

Enim wamb kui bä ok koemp-al molk, eil rui na-röi, kon moglöi. Ten tek kil na-kelöi.

Ihr Geister, steht vorne an und haltet euch nicht abseits, steht auf euerm Posten! Verlasst uns nicht!

Enim teeteköl rok etaŋena
wamb kui ropa,
kona ropa, ten wamb bö
ropa bogl bagl etemba,
nemb enim-ŋa kuŋ koendep,
ateŋa rontop ent.
Ea pelek nok, numan kae pelek,
ok koemp-al pok, no röp etek
mek antaŋena, ugl bö kapogla
mint etep kae mondöimp.
I etek moglaŋena,
na ugl int bö-mel kantek,
wamb bö-ent na-ŋa bi pelek,
wö nuim ti moglpa enem
nek pelöi.
Ugl bö etep mondamba
enim i-ku etek ok koemp-al
paŋena, el pogla wamp rop int pentep,
ik nemp int pendep,
amb tep, kaŋambogla mep etöimb!
Enim-ent na ompel amboglaŋena,
nanem möi ila rondogl mondop,
moglamba
bi paŋka.
Kopêna nomb,
kui peŋ kantep
itimb. E-ŋa i-ku etek röp
etek, peŋ ambolk mek antöi.
Na peŋ numuk etek moglöi-o!
Ja wamb min ila ogla moglpa,
el ik nenem ia môka etepa,
pora dopa-ken, wö mat ropa
mendepa, nemba-mel:
Na môka ent-mel etöi-o!
Kuŋ koent-mel kuiöi-o!
Na nanem wamb kui bö-ent
ok koemp-al poglŋena,
ugl rondogl bö etep mondont
e-mel kandek,
itimin nek peleŋ kaŋ mat-ent
i etek mek pöi-o!

Solltet ihr Durchlass verschaffen, so würden (zum Fest) meine Leute krank, es würde (das Fest) verregnen und es wurde uns Menschen alle verjagen. Deshalb opfere ich euch und spreche zu euch das Opfergebet.

Nehmt das mit Freuden an, kommt und geht mir voran, nehmt mich in eure Hut und lasst mich alle Grosstaten glücklich vollbringen!

Wenn ihr das tut, und die Leute meine mächtigen Taten sehen, werden sie meinen Namen kennen und wissen, dass ich ein machtvoller Mann bin, der alles dies vollbringt.

Nach einem glücklichen Festverlauf sollt ihr mir dann weiterhin vorangehen, so dass ich meine Feinde vertreiben, alle Anklagen zurückweisen, Frauen nehmen und Kinder zeugen kann!

Ihr sollt mich stark machen, damit ich auf eigener Scholle ein machtvolles Dasein führen kann, so dass mein Ruhm weit erschalle!

Ich könnte dem Todeszauber erliegen, könnte Krankheiten und Kopfschmerzen mir zuziehen. Davor sollt ihr mich behüten und mein Haupt bewahren! Umgebt mein Haupt mit euerm Schutz!

Wie er nun auf dem Bilde steht und nach vollendetem *Môka*-Fest die Rede hält, macht er seine Rivalen herunter, indem er sagt:

Macht mir das *Môka* doch nach! Opfert doch so wie ich (wenn ihr konnt)! Seht doch, wie mir meine toten Sippengenossen den Weg bahnen, so dass ich alle machtvollen Taten vollbringe!

Wenn ihr Burschen das auch könnt, dann macht es mir doch einmal nach!

Bild 15

Wö ia elem peŋ etepa
wönö pakepa,
akenŋa pendepa,
el ampoglpa,
kak raglpa,
bal raglpa,
rui köp ropa, ruuŋ mondopa-i
etepa morom.

Der Mann hat sich erst eine schöne Frisur gemacht, die Kopfhaube aufgesetzt, das breite Stirnband (*akenŋa*) angelegt, hält Bogen und Pfeile in der Hand, hat den Rindengürtel um, dazu die Festschurze, sein Beil in den Rindengürtel gesteckt, hat Armbander um — so steht er da.

Bild 16

Koemp-al morom amb wendep e
wal wönö pakepa, wal mepa,
wöiö romboglpa,
ken mapa romboglpa,
ruuŋ mo-ndopa, ki agla
mo-ndopa, kuŋ pu
mo-ndopa,
kan wölana raglpa,
gel raglpa, etepa
kae etepa, wó keaka maŋal
ba pelpa morom.

Die Jungfrau, die vorn sitzt, hat Kopfnetze auf, trägt einen Netzsack, hat sich Früchte des Tränengrases (Coix) umgehangt, dazu eine kleine Perlmuttermuschel, sie hat Armbänder um, Handmanschetten, vertrocknete Schweinsgebärmutter um das Handgelenk (Zeichen der Fruchtbarkeit), trägt einen (aus gespaltenen Bambusfasern) geflochtenen Gürtel, hat die Frauenschürze an, hat sich schön gemacht, um zum Liebeswerbetanz zu gehen.

Bild 17

Ambogla e wal wönö pakepa,
wal mepa,
kolkötö ropa
koglamoŋ romboglpa
ken mapa romboglpa
kuŋ pu mo-ndopa,
kan keloa
mum raglpa,
gedl raglpa morom.

Das Madchen hat Kopfnetze auf, trägt einen Netzsack, ein Ohrgehange (Grünschnecke), eine Muschelkette um den Hals, auch eine kleine Perlmuttermuschel, vertrocknete Schweine-Uteri um die Handgelenke, Windungen von Rotan um den Leib, und hat die Mädchenschürze an.

Kaŋ mat-ent kantek kae pelek,
numan ŋok tek,
ku'mö menal ŋok etöiŋ nemba,
tepam-ent boglam mel bö
ropa romndopa, ruuŋ agla
pendepa etem.

Damit die Burschen Gefallen an ihr finden, sie lieben und heiraten und einen hohen Brautpreis geben, hat ihr Vater seiner Tochter alle diese Sachen umgehangt, ihr Armband und Manschette umgetan.

Bild 14

Bild 15

Bild 16

Bild 17

Bild 18

Wä ti elem mör etemba pelpa
ou nitim ilaŋa morom.
Köi wal ropa (parka,
kuri, maŋa, ketepa
köi kigl-ŋa di bö)
peŋ etepa teepa
möi duma pendepa,
mara ŋomoŋ pendepa,
kui raep
pendepa,
ui kaem moŋ akepa,
raem romboglpa,
kopanta oŋk
koma teepa,
kak raglpa,
bal kumin omp raglpa,
i etepa morom.

Hier ist ein Mann, der den Männertanz namens *Mör* tanzen will. Er hat sich ein Federmosaik aufgesteckt (Federn vom roten, gelben, blauen Paradiesvogel und vom Wimpelparadiesvogel), hat sich eine volle Frisur gemacht, die Stirnscheibe (Cymbium-stück) aufgebunden, Blätter vom *Mara*-Baum über die Basthaube gezogen, trägt ein Ohrgehänge aus Fellstücken (vom Beuteltier *Raep*), mit Erdfarben sein Gesicht bemalt, sich eine Cymbium umgehängt, hält einen Speer mit Kasuarknochenspitze über die Schulter gelegt, hat einen Rindengürtel um und trägt eine lange Festschürze, so ist er da.

Burlung oroŋa mör etek, moromen-mel
wamb mat kantek moromen.

Links stehen Zuschauer, die die Reihe der *Mör*-Tänzer rechts betrachten.

Bild 19

Wö ti mör etepa, köi wal poglpa,
duma pendepa, ui waep
etepa, ken mapa romboglpa,
omak pendepa, kak raglpa, bal
raglpa, kopanta oŋk ti
amboglpa, mör etepa peetem.

Einer der *Mör*-Tänzer mit dem Federmosaik, der Stirnscheibe, Gesichtsbemalung, einer kleinen Perlmuttermuschel, *Moka*-Stäbchen, Rindengürtel, Festschürze, Speer mit Kasuarknochen in der Hand, steht in der Tänzerreihe.

Bild 20

Wö kat mör reglaep rok petemen.
Köi wal polk, duma pendek,
kui raep pendek,
ken rombolk
ditiŋ rok, kopanta oŋk
koma teek, kak ralk,
bal ralk mör etek peetemen.

Hier stehen die Tänzer in der Reihe. Federmosaiks auf dem Kopf, Scheiben auf der Stirn, Beuteltierfell-Ohrgehänge, Muscheln umgehängt, die Trommel schlagend, den Kasuarknochenspeer haltend, mit Rindengurtel und Festschürze, so tanzen sie.

Bild 21

Wö ralt moke eteköql, ki bo
oroŋa morom wö e köi kurumugl
pou ralt, duma, raem
romboglpa, ruuŋ mondopa, kak,
bal raglpa, ditiŋ ropa
morom.

Zwei geschmückte Männer; der rechte hat 2 Flügel vom weissen Fischreiher aufgesteckt, Stirnband, Cymbium-Schale auf der Brust, Armband, Rindengürtel, Festschurze angelegt und steht die Trommel schlagend da.

Ki rar oroŋa wö ia köi ketepa
mondopa, möi duma pendepa,
koglepoke mondopa, ken mapa
romboglpa, kak na, bal bö
raglpa, ditiŋ amboglpa morom.

Der links steht, hat Wimpelparadiesvogel-Federn aufgesteckt, Stirn- und Nasenscheibe angelegt, eine kleine Perlmuttermuschel umgehängt, Rindengürtel und Festschurze um und hält eine Trommel in der Hand.

Bild 18

Bild 19

Bild 20

Bild 21

Bild 22

Wö kat mör reglaep rok etek
petemen, i etek
ron ndok, möra koetem rok,
ogla mana etek peetemen.
Köi Doa mugl wagl etek petemen
ea köi Doa elem-ent, nimtepanem
e ont, nemba ten, mbowamb bö-ŋa
anda tepam bö-ken urum.
Köi kuri parka bö raŋkek
möi duma pendek, kui raep pendek,
koglepope montok, ui
waep etek, ken raem bö
rombolk, bal kupin omp rolk,
mat-ent ditiŋ roglŋena,
mat kopanta amboglŋena,
i etek mör etek petemen.

Die Männer stehen in langer Reihe und tanzen den Mör-Tanz, indem sie sich auf die Zehenspitzen stellen und dann zurückgehen in Kniebeuge, immerzu auf und ab. Der Kopfputz ist aus Federn des Neuguinea-Adlers (Doa), der als Vogel-Vater zum Urahnen jeder Gruppe von uns *Mbowamb* kam.

Sie haben als Kopfschmuck auch rote und gelbe Paradiesvogelfedern, dazu Stirnscheiben, Ohrgehänge vom Raep-Fell, Nasenscheiben, Gesichtsbemalungen, Perlmuttermuscheln, Cymbium-Schalen, Festschurzen, manche schlagen die Trommel, andere halten Speere in den Händen, so machen sie den Mör-Tanz.

Bild 23

Wö kat köi Doa mugl wagl etek,
mat köi parka kuri bö polk,
mör etek pora ndok,
kanan ru rok,
kelek ponomen.

Manche Manner haben Adlerfederschmuck, andere rote und gelbe Paradiesvogelfedern, sie sind hier beim Abschluss des Mör-Tanzes, wobei sie sich in Reihen auflosen und weggehen.

Bild 22

Bild 23

Bild 24

Ɣa ila wamp num pepa, mör etek petemen wä bä kantek agli rok moromen.
Ea wö bo kat etepa kae mondonom, bo kat etepa kit mondonom, i kantek moromen.

Hier sieht man Tausende von Zuschauern vor der langen Tänzerreihe stehen und sie bewundern.

Die Zuschauer stellen fest, welche Gruppe sich besonders schön geschmückt hat und welcher Schmuck weniger schön ist.

Bild 25

Ɣa moromen wä kigl kuŋ kui etek moromen. Kuŋ kui etek, int yant, wolt alt etek, waepa rok etek petemen.
Pogla köiö rögli na-lk pogla mitik ralk etek petemen.

Dies ist der Schweine- und Beuteltiertanz (*kuŋ kui iti*), ein Volkstanz, bei dem die Tänzer sich bald zu Haufen ballen, bald in Reihen auflösen und sich dabei zu Schlingen und Figuren gruppieren.

Bei diesem Tanz tragen sie nicht Cordylinenlaub als Gesässbedeckung, sondern Bambuslaub.

Bild 26

Pulkimp pena ila môka etek, ken kumndi roroŋ e-mel kantek moromen.

Môka iti wä kigl ken kumndi rok, kömp rok, môka tiŋ wö kigl ŋoromen. I etek, wö mat rok mentek, enim wö köp bö, na ent e-mel etöi-o! Iti na-teŋ ndam, enim wö mon. Na wö rondogl e mor kŋ koep, ateŋa rop môka etep, amp rólip rop, kaŋambogla mep, kôr ou bö koep, raramen eteŋ-mel et wö e mor!

Hier ist ein *Môka*-Fest auf dem *Pulkimp* Festplatz. Die Menge betrachtet die aufgereihten Perlmuttermuscheln.
Die *Môka*-Veranstalter übergeben den *Môka*-Empfängern die Muscheln. Deshalb zählen sie sie ab. Dabei machen sie ihre Rivalen herunter und sagen, macht es uns nach, ihr armen Schlucker!

Wenn ihr es nicht tut, seid ihr keine Männer! Ich bin der starke Mann, der richtige Opfer darbringt, *Môka* macht, viele Frauen und Kinder hat, den hohen Furchtbarkeitsgeistern opfert und die Tradition der Alten fortführt.

Bild 24

Bild 25

Bild 26

Bild 27

Wö kigl röprö rukruŋ oroŋa moke etek moromen. Ken e tepa pendepa morom wö e köi raema poglpamorom. Ken e rukum tek- kilt kalk, kela rondok etemen-mel.

Die Männer sind auf dem Geheimplatz und schmukken sich. Der Mann, der die Perlmuttermuschel hochhalt, hat einen Kasuarfederschmuck auf. Die Muschel wird erst schön geschliffen, dann wird sie mit einem Ring von gebranntem Baumharz eingefasst und mit rotem Ocker gefarbt.

Bild 28

Kör koek pendek
wö kigl kôr kontok petemen.
Ea kona wiŋnti ila mon,
pena oroŋa ekit ok etemen,
wamb we bö-ent kanaiŋ nek etemen.
Wamb mör etemen e-mel mon,
kôr bö to tendek etemen,
ea kôr ateŋa rok, kôr mondok
moromen-mel.

Zum Abschluss des Geisteropferfestes tanzen die Manner den Geistertrippeltanz. Dies geschieht nicht auf dem Geheimplatz, sondern auf dem öffentlichen Festplatz, damit alle Welt die geschmückten Manner bestaunen kann.
Sie tanzen nicht wie Menschen, sondern ahmen den Geistertanz nach, weil durch die vollzogenen Opfer die Verbindung mit den Geistern schon eng geworden ist.

Bild 29

Kôr kondok, wö bö anda pok etemen. Ea unt pena ila kömp ruŋndok telŋena, wamb we bö kantek, rok pogla rui nö-röi nek etemen.

Die Geistertrippeltänzer ziehen immer im Kreise herum. Vorher wird dieser Kreis auf dem Tanzplatz markiert, damit die Zuschauer diesen magischen Kreis nicht durch Überschreiten kraftlos machen.

Bild 30

Koemp tepa, kôr ru amboglpa ponom-mel kantek poromen. Kôr kondok, 4 mona 5 etek mondok, röprö rukruŋ oroŋa poromen.

Hier sieht man den Vortanzer, wie er dem Zuge voraustanzt, damit sie ihm folgen. Sie tanzen 4-5mal im Kreise herum, dann gehen sie tanzend auf den Geheimplatz zurück.

Bild 27

Bild 28

Bild 29

Bild 30

Bild 31

Wö ti-ŋa amb tendek,
kuimö ŋok moromen.
Môkapena ila wal ti tetem
ila kuŋ rakelek mek oŋ.
Ea ateŋa rok koeŋ e-ŋa
amb wamb bö ŋok, ken
ŋuiŋ bö amboglk moromen
wamb bä kandek ögli ruiŋ e-ŋa.

Sie haben für einen ihrer Gruppe eine Frau erworben, für die sie nun die Gaben geben. Auf dem Platz steht ein Netzsack, angefüllt mit gedämpftem Schweinefleisch. Das ist Opferfleisch, welches sie der Sippe der Frau übergeben wollen. Die Perlmuschel, die sie übergeben, halten sie an Bändern hoch, damit jedermann die Gaben bewundern kann.

Bild 32

Wamb on paka rok ka etemen-mel.
Wamb on e kum rok, wöŋ
oroŋa paka polk, kum e
tek paka ila
ogla ndok, paka kum ila
elem moia ken bö kuipa rok,
ka etek, kik pakek,
ui pakek, peŋ ambolk,
ten namba em-al wak rokon
pun! Nil pon nda? Ten namken piimin?
Ten munt i mindil enem.
Ten wutö bun ka!
I nek ka rom rok etemen.

Hier sieht man, wie sie einen Leichnam zur Totenklage aufzuhängen pflegen.
Sie wickeln den Leichnam in Blätter ein, rammen huben und drüben je einen Pfosten mit Astgabeln ein, hängen den eingewickelten Leichnam an der Stange auf, dazu seine persönliche Habe, halten die Totenklage, wozu sie sich mit Asche und gelbem Ocker einschmieren, raufen sich die Haare aus und schreien: warum gehst du von uns! Wo willst du denn hin? Bei wem sollen wir denn nun bleiben? Unser Herz ist von Schmerz erfüllt. Wären wir doch miteinander fort! So halten sie die Totenklage.

Bild 33

Ladlip wöŋ oroŋa bowö ti
paka poglpa, peŋ maŋa rake-
pa, rat koglpa,
tepam kurum wö ni-ŋa peŋ
ki kömp ombel bö titim.
Peŋ maŋa ila kôr ateŋa
ropa, rara je, nim kona po-
rokon, öit kolkon itin
eŋa peŋ maŋa rakep, köp
ila mo-ndont. Köp ila pe-
ken, ten peŋ mumuk etana,
na, amb kaŋambogla bö kui
peŋ bö iti na-taŋga! Ten
peŋ ambolkon iti, na kope-
na-ent ruiŋ, nim okon koemp-
al pi ,ugl kae moglaŋga!
Koentent bö nokon, numan
waŋ naŋga, kon mul o!

In der Nähe von *Ialibu* hat ein *mbowö* auf 2 Pfosten ein Schädelhaus errichtet. Auf der Plattform unter dem Dach liegen Schädel-, Arm- und Beinknochen seines toten Vaters. Vor dem Schädelhäuschen bringt er die Totenopfer dar und sagt: Mein Vater, damit du nicht im Regen und in der Kälte draussen sein musst, habe ich dir ein Haus gebaut und dich trocken und warm untergebracht. Wohne gut darin, bewahre mein Haupt (= Sitz des Lebens), damit ich, meine Frau und Kinder, nicht krank werden und keine Kopfschmerzen bekommen! Bewahre unsere Häupter! Beschütze mich vor dem Todeszauber! Gehe mir voran, damit alle meine Unternehmungen gelingen! Iss nun das Opferfleisch, sei guten Mutes und stehe auf deinem Posten!

Bild 34

Kôr maŋa rapa ia elem-ŋa
aŋin komon e kurum ni-ŋa
maŋa rakndepa mo-ndopa
kuŋ ogla ndopa koepa
ogla pol-al pendenem.

Hier ist ein Geister-Wohnhaus, das der Mann für seinen verstorbenen Bruder gebaut hat, damit sein Geist darin wohne. Er opfert und legt Opferfleisch auf ein Bambusgeflecht, das auf einem Fuss steht.

Bild 32

Bild 33

Bild 34

Bild 35

Mörn wö e ketapugl pugl ila
moglpa, kuŋ mörn ropa, kuŋ
bö kakerna taŋga, murnt ropa
koglpa ugl ti na-taŋga,
nemba, kim amboglpa mörn
ropa: Têpa kump-ent kan-
depa kelpa om e-mel etek moglöiŋ!
Pedl nagl-ent kandepa
kelpa om e-mel na-ŋa ik i
rondogl paŋga!
Pögl mork kigl delmbira
etem-mel etek moglöiŋ!

Der Medizinmann sitzt vor der Haustür und vollzieht den Schweinezauber, damit die Schweine gedeihen und vor Rotlauf usw. bewahrt bleiben. Er halt heilkraftige Krauter vor den Mund und murmelt seinen Zauberspruch darauf: Die Schweine sollen sich vermehren wie die jungen Kurbisschosslinge!

Wie die Schuppen den Fisch bedecken, so soll mein machtvolles Wort die Schweine vor allen Seuchen bewahren!
Ihre Haut soll von Fett glanzen wie das Gemüse *pögl* und *mork!*

Bild 36

Pagla rukruŋ oroŋa kôr maŋa
rapa aŋgetem. Kôr kui bö
pena pek, kona porok, äit-
ent kolk, numan kit pelek,
jant ok ten rok nok itiŋ
nek maŋa rakndek, tep keköp
etamona, köp ila pek molk,
ten röp etek moglöiŋ, ten
peŋ ambolk mek antöiŋ.
Maŋa ia on kona de mam ruk
tiŋ ila petem. Keta pugl pugl
i pagla etek pendetemen, ea
kuŋ owa na wamb mat rolteŋa
rukruŋ piŋ.

Hinter dem Zaun steht ein sog. Geister-Wohnhaus. Ohne Haus mussten die Toten im Freien kampieren, wären Wind und Wetter ausgesetzt und würden sich dafur an den Lebenden bitter rachen. Sie bauen ihnen deshalb ein Wohnhaus und bringen ihre Toten im schutzenden und warmenden Hause unter. Dafur sollen die Toten ihnen Heil und Sicherheit verschaffen.

Das Haus steht im Graber-Hain unter hohen Bäumen. Den Eingang schliesst man mit einem Zaun ab, damit nicht Hunde und Schweine oder Fremde die Toten in der Ruhe stören.

Bild 37

Maŋ kimbugla ila Muntka
Mete koa pela miŋ ik ndopa
morom. Wö kumndip bö komŋa
moŋ tila molk ik doromen ea wendep
kae bö pelek wöiŋ nek etemen.
Unt köi tamb maŋa pek, ik
ndok eteŋ. Koa pela miŋ ik i
köi Doa ni anda tepam ko-
mon ni-ken urum na ogla wamb
bö-ŋa ik-mel ik netem.

Vor dem Hause steht *Muntka Mete* und bläst die 4locherige Bambusflöte. Junge Männer blasen diese Floten auf den Bergen ,damit schone Jungfrauen im Tale es horen und aufmerksam werden.

Früher bliesen sie diese Flote beim „Vogel Machtding Haus"-Kult. Sie sagten, die Flote vergegenwärtigt die Stimme des Vogelvaters und anderer Überirdischer.

Bild 38

Wö kumndip e maŋa rapa pena
ila morom. Köi bö teepa koglpa,
möi duma pendepa, kiŋ
kopoŋ kandepa,
ken mapa romboglpa,
i etepa moglpa wöte
môka pena ila kanan niŋ
tila ba pelpa morom.

Ein Jüngling steht auf dem Hofplatz draussen vor dem Mannerhaus. Er trägt Paradiesvogelschmuck und eine Stirnscheibe, seine Haut hat er mit dem Fett von Opfertieren eingerieben, auf der Brust tragt er eine kleine Perlmuttermuschel. Er ist unterwegs zum Tanzfest auf dem Môka-Festplatz.

Bild 35

Bild 36

Bild 37

Bild 38

Kolibri 360 GmbH
Ferdinand-Jühlke-Straße 7
99095 Erfurt, Deutschland
produktsicherheit@kolibri360.de